W0038205

ᓯᑰᑉ ᑐᑭᖏᑦ

ᐃᓄᖏᑦ ᐊᒻᒪᓗ ᓯᑯᒋᕙᒃᑕᖏᑦ ᐱᖓᓲᔪᓂᑦ ᓄᓇᓕᐅᔪᓂᑦ ᐅᑭᐅᖅᑕᖅᑐᒦᑦᑐᓂᑦ

International Polar Institute Press

Distributed by University Press of New England

ᓴᓇᔭᐅᓯᒪᔪᑦ Hᐊᕐᐸ ᐱᓕᕆᔨᖕᒋᑦᑐ ᑎᑎᖅᑎᐅᔪᑦ
ᓴᖅᑭᑎᕆᔨᐅᔪᑦ.

ᕿᒥᕐᕈᐊᒐᐅᑉ ᖄᖕᒐᓂᑦᑐᖅ ᐊᐃᒧ ᐸᓂᑐ ᓴᓇᙳᐊᖅᑕᖕᒐ.

ᓴᖅᑭᑕᐅᓯᒪᔪᑦ ᓯᓚᑦᑐᓴᕐᕕᔾᔪᐊᕐᒥᑦ ᓴᖅᑭᑎᕆᔨᐅᔪᓄᑦ
ᐃᖏᓚᓐᒥᑦ, www.upne.com.

ISBN: 978-0-9961938-8-7
ᓴᖅᑭᑕᐅᔪᑦ ᓴᐃᓇᒥᑦ.

Post Office Box 212
Hanover, New Hampshire 03755

ᑎᑎᕋᖅᑐᑦ

ᓯᐋᓇ ᕚᒃᓯ ᒋᐅᕐHᐊᑦ
ᓕᓇ ᑭᐅᓪᓴᓐ Hᐅᒻ
Hᐊᐃᓐᓄᓇ Hᐊᓐᑎᖕᑕᓐ
ᔮ ᒥᐊᓗ ᓕᕕᑦ
ᐋᓐᑎ ᒪHᐆᓂ
ᒪᒡᒍᓚᑦ ᐅᐱ
ᑑᑯ ᐅᓯᒪ
ᔪᐃᓕ ᓴᖑᔭ

ᐊᔾᔨᙳᐊᖅ ᖄᖓᓃᑦᑐᖅ

ᒪᐅᓕᓇᐊᖅ, ᑲᖏᖅᑐᓛᐱᒃ, ᓄᓇᕘᒥᑦ
(ᐊᐃᒧ ᐸᓂᓗ).

ᖁᔭᓕᔪᒻᒪᕆᐅᕗᒍᑦ ᐅᑯᓄᖓ ᑲᔪᔾᔨᖃᑎᒌᓄᑦ ᐊᒻᒪᓗ ᖃᓄᐃᓐᓇᖅ ᐃᑲᔪᖅᓯᒪᔪᓄᑦ ᑮᓇᐅᔭᖃᖅᑎᑦᑎᓯᒪᔪᓄᑦ ᓴᓇᑦᑐᑕ "ᓯᑰ ᑐᑭᖏᑦ".

ᑕᑯᒋᐊᒃᑲᓐᓂᕈᓐᓇᖅᑐᑎᑦ ᖁᔭᒋᔭᐅᔪᓄᑦ ᐃᑲᔪᖅᓯᓯᒪᔪᓄᑦ ᐊᒻᒪᓗ ᐃᒻᒥᒃᑯᑦ ᐃᑲᔪᖃᑦᑕᖅᓯᒪᔪᓄᑦ ᑲᔪᔾᔨᖃᑎᒌᓄᑦᑐ ᐃᑲᔪᖅᓯᒪᔪᓄᑦ ᑖᓐᓇ ᕿᒥᕐᕈᐊᒐᖅ ᓴᖅᑭᑦᑐᓐᓇᖅᓯᓯᒪᒻᒪᑦ.

ᑮᓇᐅᔭᖅᑖᕆᔭᐅᓯᒪᔪᑦ "ᓯᑰ ᑐᑭᖏᑦ"-ᓄᑦ ᓴᓇᑦᑐᒋᑦ ᑐᕌᖓᔪᑦ ᐃᑲᔫᑎᐅᑦᑐᑎᒃ ᓄᓇᓕᓐᓄᑦ ᖃᓈᖅᒥᑦ, ᑲᓛᓪᓕᑦ ᓄᓇᖓᓐᓂᑦ, ᑲᖏᖅᑐᓛᐱᖕᒥᑦ ᓄᓇᕘᒥᑦ, ᐊᒻᒪᓗ ᐅᑦᕿᐊᒡᕕᒃ, ᐊᓛᔅᑲᒥᑦ.

Ittaq Heritage and Research Centre

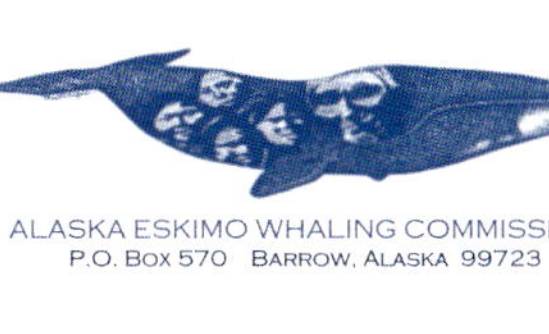

ZIA DESIGN GROUP

ᐊᕐᓇᐅᑦ ᕗᕆᐅᕈ ᐊᖏᓯᑦᑎᖅ

ᐅᐊᕋᓐ ᒪᑐᒥᐊᒃ

ᐆᓚᐃ ᐲᑕᓴᓐ

ᓴᐃᑯᐱ ᐸᓂᑉᐸᒃ

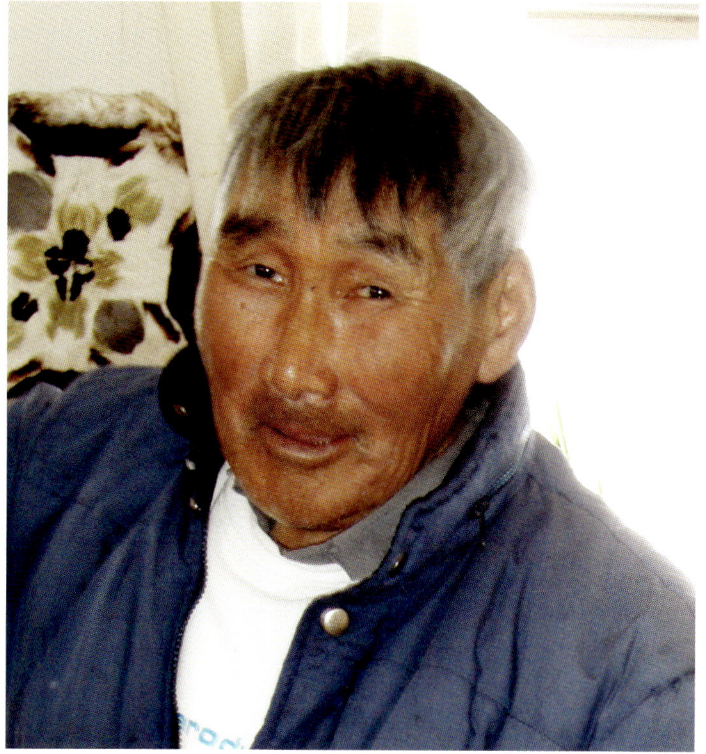

ᖄᕕᒐᙳᐊᖅ ᕿᔪᒃ

ᖁᓗᑎᙳᐊᖅ ᓵᐅᓇᒪᐃᔅᓴᓐ

ᐃᖅᑲᐅᒪᓪᓗᒋᑦ
ᐅᐊᕋᓐ ᒪᑐᒥᐊᒃ
ᐊᕐᓇᐅᑦ ᖁᕋᐅᕈ ᐊᖏᔪᑦᑎᖅ
ᐆᓚᐃ ᐲᑕᓴᓐ
ᓴᐃᑯᐱ ᐸᓂᑉᐸᒃ
ᖄᕕᒐᙳᐊᖅ ᕿᔪᒃ
ᖁᓗᑎᙳᐊᖅ ᓵᐅᓇᒪᐃᔅᓴᓐ

ᓇᑦᓕᒋᕗᖁᑦ ᐃᓚᖏᑦ, ᐃᓐᓄᖅᑲᐃᑦ, ᐊᒻᒪᓗ
ᐱᖅᑲᓐᓇᑎᓯᖁᑦ

“ᓯᑯ ᐱᐅᔪᐊᓘᕗᖅ ᐱᕈᖅᓯᕕᒃᓯᐊᖅ”, ᐃᓱᒪᒋᙳᐊᖅᓯᒪᔪᖕᒐ ᐅᐃᔅᓕ ᐊᐃᑲᓐ (ᑕᑯᒥᐊᕈᓐᓇᖅᑕᐃ ᐅᖅᑲᐅᓯᖅᑲᖅᓯᒪᔪᖅ) ᐊᒻᒪᓗ ᓴᓇᙳᐊᖅᓯᒪᔪᖅ ᑐᐊᕐᑎᐊ ᕿᓄ.

ᕿᒥᕐᕈᐊᒐᐅᑉ ᐃᓗᓕᖏᑦ

ᓇᓗᓇᐃᖅᑎᐅᖅᑲᖅᓯᒪᔪᑦ ᓄᓇᙳᐊᑦ, ᑐᑭᓯᒋᐊᕈᑏᑦ ᐊᒻᒪᓗ ᓇᓗᓇᐃᖅᓯᔾᔪᑏᑦ

ᓄᓇᙳᐊᑦ

ᓇᓗᓇᐃᖅᓯᔪᑦ

ᐃᓗᓕᖏᑦ

ᑐᓂᓯᓯᒪᔪᑦ

ᐋᕐᓄᕐ ᑎᒋᑦᕐᑰᕋᑦ ᕗᕋᐅ ᐊᖏᔪᒃᑎᖅ. ᐃᓅᔭᕕᓂᖅ ᒪᐃ 17, xix 1922-ᖑᑎᓪᓗᒍ ᐅᑯᓇᙵᑦ ᓵᓚ ᑏ. ᐊᒻᒪᓗ ᐊᓯᐊᓇᑕᖅ ᕗᕋᐅ. ᐊᕐᓇᐅᑦ ᐊᖏᔪᒃᑎᖅ. ᐋᓄᕐ ᐊᖏᔪᒃᑎᖅ. ᐱᓪᓚᓇᒋᔭᐅᓚᐅᖅᑐᖅ ᐅᑦᕿᐊᒡᕕᒃ, ᐊᓛᓯᑲᒥ. ᐱᖃᑕᐅᔭᕕᓂᖅ ᑕᐃᔅᓯᒪᓂ ᐅᓇᑕᕕᒡᔭᐊᖅᑐᖅᑲᖅᑎᓪᓗᒍ ᑭᖑᓪᓕᕐᒥᒃ ᐊᒻᒪᓗ ᑲᑭᖅᑯᐊᖅᑕᐅᓯᒪᓪᓗᓂ ᐃᒪᐃᑦᑐᓄᑦ American Theater Ribbon, Asiatic- Pacific Theater Ribbon, ᐊᒻᒪᓗ ᐅᓇᑕᑯᒡᔭᐊᖅᑐᖅᑲᖅᑎᓪᓗᒍ ᑭᖑᓪᓕᕐᒥᒃ ᓵᓚᒃᓴᐅᓯᐊᖅᑐᓂ. ᖁᑭᓇᐊᖅᑭᓚᐅᕐᒪᑦ ᐃᒪᐃᑦᑐᒧᑦ ᖁᑭᐅᑎᒧᑦ M1ᖁᑭᖁᑎᒧᑦ ᐊᒻᒪᓗ ᐃᓕᓐᓂᐊᖅᑐᓂ ᑲᑕᐅᑎᒧᑦ ᐅᓇᑕᖅᑐᓄᑦ ᑲᑕᖏᐅᖅᓴᓪᓗᓂᒥᒃ ᐊᒻᒪᓗ ᓯᕋᑦᑎᓇᓂᕐᒥᒃ ᐊᑐᕈᓐᓇᐃᓪᓚᑎᑦᑎᓂᕐᒥᒃ. ᓄᑉᐱᐊᖑᑎᓪᓗᒍ 14-ᓂᒃ ᐊᕐᕌᒍᖅᑲᖅᑐᓂ, ᐋᕐᓄ ᐊᑖᑕᖓᑕ ᓇᓛᕿᕈᓐᓇᖅᑎᓚᐅᖅᐹ ᓵᓐ ᐳᕋᓐᓴᔅᑯᒥ (San Francisco) ᐃᓕᓐᓂᐊᕐᓂᐊᕐᓗᓂ ᖁᑦᑎᖕᓂᖅᓴᒧᑦ ᐃᓕᓐᓂᐊᕐᓗᓂ ᐅᕝᕙᓘᓐᓃᑦ ᑐᒃᑐᐊᐱᖕᓂᒃ ᒥᐊᓂᖅᓯᔾᔨᐅᖃᑎᖃᕐᓗᓂ ᐊᖏᔪᒥᓂᒃ, ᑖᒥᒥᒃ. ᐊᖏᔪᐊᑕ ᒪᓂᒪᑎᑦᑎᕕᒋᓐᓂᖅᐹ ᕿᒻᒥᖅᑖᕈᓐᓇᕐᓂᕋᖅᑐᓂᐅᒃ ᕿᒧᒃᓯᖃᑦᑕᕐᓂᐊᕐᒪᑦ ᑐᒃᑐᐊᐱᖕᓂᑦ ᒥᐊᓂᖅᓯᔾᔨᓐᓈᕐᓗᓂ, ᖃᐅᔨᒪᖃᓯᐅᑎᒋᓪᓗᓂᐅᒃ ᐊᑐᐃᓐᓇᐅᑎᑕᐅᒋᕗᔫᖅ ᐃᓕᓐᓂᐊᒃᑲᓐᓃᓐᓇᕐᓂᕐᒥᒃ. ᑐᒃᑐᐊᐱᖕᓂᒃ ᒥᐊᓂᓇᔪᒪᖕᓘᓚᓚᐅᖅᐳᖅ, ᐱᔪᒪᖕᒎᖅᑕᓂ ᐅᒡᒍᐊᕈᑎᒋᓚᐅᙱᓛ ᐋᓄᕐ ᐊᕐᕌᒍᓗᓴᖕᓂᒃ ᐱᓱᖕᒥ ᖁᑦᑎᒃᑑᑦ ᑎᓱᖅᑲᖕᒐᑕ (North Slope) ᐊᕙᑖ ᒥᐊᓂᓇᕕᒋᓚᐅᖅᐹ ᑐᒃᑐᐊᐱᖕᓂᒃ. ᖁᑦᑎᒃᑑᑦ ᑎᓱᖅᑲᖕᒐᑕ ᓄᓇᖓ ᐃᓕᓚᐅᖅᐹ ᐊᑑᑎᔪᓐᓇᖅᑐᓪᓗ ᑭᓱᑐᐃᓐᓇᐃᑦ ᓄᓇᒦᑦᑐᑦ ᓇᒧᑐᐃᓐᓇᖅ ᐃᖏᕐᕋᓪᓗᓂ ᐊᖅᑰᔅᐸᒃᑕᖏᑦ ᐊᕙᑎᒥᓂ ᖃᑯᑎᑦᑯᓪᓗ ᑲᑕᑎᓯᑲᑕᒃᐸᒃᑐᓂ ᐃᓐᓇᓪᓚᓇᖕᓂᒃ. ᑐᕚᓇᖃᓯᐅᑎᓪᓗᓂᒋᑦ ᖃᐅᔨᒪᔭᖃᐅᑎᓂᕐᒧᑦ ᓄᐊᑉᐸᓪᓚᐊᔭᓂ ᓇᖕᒥᓂᖅ ᐊᑐᖅᐸᓪᓚᐊᔭᒥᓂᒃ ᖁᕕᐊᒋᖃᓯᐅᑎᖕᒥᔭᓂᓗ ᐱᖃᓯᐅᑎᓪᓗᒋᑦ ᐊᕐᕙᓕᓯᖕᓂᖅ, ᒥᑭᒋᐊᖃᐅᕐᓂᖅ, ᐊᒻᒪᓗᑦᑕᐅᖅ ᑭᓯᑐᐃᓐᓇᐃᑦ ᓄᓇᒦᙶᖅᑐᑦ. ᒥᑭᒋᐊᖕᒋᑦ ᐅᑦᕿᐊᒡᕕᐅᑦ ᓄᕗᐊᓂᑦ ᐃᖃᓗᒐᓯᒡᕕᖕᒥᓄᑦ ᐃᒃᐱᒃᐸᐅᑦ ᖁᑎᖅᑯᖅᐸᓯᐊᒍᑦ ᐊᒻᒪᓗ ᓯᑉ ᑰᖑᒧᑦ (Chipp River). ᐃᒃᐱᒃᐸᒃᐸᓯᖅ ᐅᐸᒃᐸᓚᐅᖅᐹ ᐊᒻᒪᓗᑦᑕᐅᖅ ᐃᓚᒌᖑᓪᓗᑎᒃ ᐊᑐᐃᓐᓇᖅᑲᐅᑦᑎᐊᖏᓐᓂᖅ ᑳᕈᔪᓚᕿᖓᒥᒃ ᑭᓯᑐᐃᓐᓇᖃᑦᑎᐊᕐᓂᐅᖕᒪᓪᓚ ᑭᓯᑐᐃᓐᓇᕐᓂᒃ (ᓲᕐᓗ ᐊᐅᓪᑎᕕᒃᑎᑐᐸᓗᒃ). ᐋᓄᕐ ᕗᕋᐅᔅ ᐊᖏᔪᒃᑎᖅ. 86- ᓂᒃ ᐊᕐᕌᒍᖃᓕᖅᑐᓂ ᐃᓅᔪᓐᓃᓚᐅᖅᐳᖅ ᐊᒻᒪᓗ ᓇᓂᓴᐅᓚᐅᖅᑐᓂ ᖁᑦᑎᒃᑑᑉ ᑎᓱᖅᑲᖅᐸᓯᐊᓂ ᐸᖅᓴᐃᔾᓂᑦ ᐆᑑᐱᓇ 7, 2008-ᖑᑎᓪᓗᒍ ᓯᑉ 4 (Chipp 4) ᑲᓇᖕᓇᖕᒐᓂ. ᑭᖑᓪᓕᖅᐹᖑᓚᐅᖅᐳᖅ ᖃᑕᙳᑎᒌᓂᒃ ᓵᓚ ᑏ ᕗᓚᐅᓯᒃᑯᓐᓂᑦ ᖃᑕᙳᑎᒌᓂᒃ ᐊᒻᒪᓗ ᐊᓐᓇᐅᒪᑎᑕᐅᓚᐅᓇᓪᓗᓂ ᕿᑐᙵᒥᓂᑦ 17-ᖑᔪᓂᑦ, 91-ᓂᒃ ᐃᕐᖑᑕᖃᐅᖅᑐᓂ, 76-ᓂᒃ ᐃᓗᓕᖃᐅᖅᑐᓂ. ᕿᒪᐃᓚᐅᖅᐳᖅ ᐊᕐᕙᒐᔪᒃᑎᐅᖃᑎᒌᓂᒃ ᐊᒥᓯᓂᒃ, ᐋᓄᕐ ᕗᕋᐅᐊᔅ ᐊᕐᕙᒐᔪᒃᑎᐅᖃᑎᒌᑦ ᐊᕕᒃᑐᖅᓯᒪᐅᖅᑐᑦ ᓲᕐᓗ (ᐄᐲᑏ). ᐄᐲᑏ ᐊᕐᕙᒐᔪᒃᑎᐅᖃᑎᒌᒃᑐᑦ ᐱᒋᐊᓕᓇᓪᓗᑎᒃᑕᐅᖅ ᕿᑐᕐᖓᖕᒋᓐᓂᑦ ᒫᓐᓇᓕ ᐃᕐᖑᑕᖕᒋᓐᓂᑦ ᐊᒻᒪᓗᑦᑕᐅᖅ ᑭᖑᕚᖕᒋᓐᓄᑦ ᑲᔪᓯᓂᐊᖅᑐᑎᒃ ᓯᕗᓂᒃᓴᑦᑎᓐᓄᑦ ᑕᐃᒪᐃᓪᓗᐊᖃᑎᒌᐸᓗᒃᑐᑦ (ᐊᕐᕌᒍᒥᑎᒍᑦ ᖃᓂᒌᖃᑎᒌᒃᑐᑦ).

ᐅᐊᕋᓐ ᒪᑐᒥᐊᖅ ᐃᓅᔭᕕᓂᐅᕗᖅ ᑏᓰᐱᓇ 26, 1927-ᖑᑎᓪᓗᒍ ᐅᑦᕿᐊᒡᕕᒃ, ᐊᓛᓯᑲᒥ. ᐊᖏᔪᒃᑎᐹᖑᓪᓗᓂ ᖃᑕᙳᑎᒌᑦ ᓴᐃᐸᓂᑦ (7) ᐃᓅᕗᑦ ᐅᑯᖕᓄᙵ ᐸᐅᓗᓯ ᐊᒻᒪ ᕚᐅᓚ ᓚᑎᒥᐊᒃᑯᖕᓄᑦ, ᐅᐊᕋᓐ ᐃᓕᓐᓂᐊᓚᐅᖅᐳᖅ ᐃᓕᓐᓂᐊᕐᓂᖕᒐ ᖁᑦᑎᖕᓂᓕᖕᒧᑦ 6-ᒥᒃ. ᖃᑕᙳᑎᖃᓕᖅᐳᖅ ᐊᑕᐅᓯᕐᒥᒃ, ᒨᑐᕐ ᐊᑰᑦᔫᒃᒥᒃ. ᖃᑕᙳᑎᒋᓚᐊᕐᒥᔭᖕᒋᑦᑕᐅᖅ ᐅᑯᓇᙵᑦ ᐸᐅᓗᓯᐅᑉ ᓄᓕᐊᓇᓚᐅᖅᑕᖓᑕᖓ ᑭᖑᓪᓕᖅ, ᒪᒦ, ᐱᖃᓯᐅᑎᓪᓗᒋᑦ Hᐋᑎ ᑖᖕ, ᔭᐃᒥᔅ ᒪᑐᒥᐊᖅ, ᐳᕋᒃ ᑐᒥᐊᖅ, ᐱᐊᓇ ᒪᑐᒥᐊᖅ, ᒍᐊᑕᓐ ᒪᑐᒥᐊᖅ, ᐊᒻᒪᓗᑦᑕᐅᖅ ᔫᓯ ᓄᑲᐱᒐᒃ. ᐅᐊᕋᓐ ᕿᑐᕐᖓᕐᒋᑦ ᓄᓕᐊᓇᓚᐅᖅᑕᒥᒍᑦ ᓯᕗᓪᓕᒃᑯᑦ ᒫᑕ (ᒍᐊᑕᓐ) ᒪᑐᒥᐊᖅ ᒪᑐᒥᐊᖅ ᐱᖃᓯᐅᑎᓪᓗᑎᒃ ᑖᓐ ᒍᐊᑕᓐ ᒪᑐᒥᐊᖅ, ᐅᐊᕋᓐ ᒪᑐᒥᐊᖅ ᓄᑲᖅᑎᖅ. (ᐃᓅᔪᓐᓃᖅᑐᖅ), ᐊᒻᒪᓗᑦᑕᐅᖅ ᐲᑕ ᒪᑐᒥᐊᖅ. ᕿᑐᕐᖓᖕᒋᑦ ᓄᓕᐊᒥᒍᑦ ᑭᖑᓪᓕᒃᑯᑦ ᒫᑕᒃᑯᑦ (ᐃᓚᑉᒐᒃ) ᒪᑐᒥᐊᖅ ᐱᖃᓯᐅᑎᓪᓗᒋᑦ ᐋᓕᓯ ᐊᒃᐱᒃ, ᑖᓛᓐ ᑲᒐᒃ, ᐊᒻᒪᓗᑦᑕᐅᖅ ᐋᓂ ᒪᓈ. ᒪᒃᑯᒃᑐᓂ ᐊᕐᕙᒐᔪᒃᑎᐅᓪᓗᓂ ᐊᑖᑕᖓᑕ ᐊᕐᕙᒐᔪᒃᑎᖏᑦ, ᐅᐊᕋᓐ ᖃᐅᔨᕙᓪᓕᓚᐅᖅᐳᖅ ᐊᕐᕙᒐᔪᖕᓂᕐᒥᒃ ᐊᒻᒪᓗᑦᑕᐅᖅ ᓯᑰᑉ ᖃᓄᐃᑦᑑᖃᑦᑕᕐᓂᖕᒐᓂᒃ. ᐊᖑᓇᓯᖕᓂᕐᒥᒃ ᖁᕕᐊᒋᔭᖃᐅᓇᕗᖅ ᐃᓚᒋᖃᓯᐅᑎᓪᓗᒋᑦ ᐊᖑᓂᖅ ᑐᒃᑐᐊᐱᖕᓂᒃ ᒥᐊᓂᖅᓯᔾᔨᐅᓪᓗᓂ ᓴᐅᒥᖕᒥᑦ ᑕᓕᖅᐱᖕᒧᑦ ᐱᖃᓯᐅᑎᓯᒪᕗᑦ ᓯᑯ-ᐃᓄᐃᑦ-HΔᓚ ᐱᓕᕆᐸᓪᓕᐊᑎᓪᓗᒋᑦ ᑲᑐᔾᔨᖃᑎᒌᒃᑐᓂᑦ (ᐱᓕᕆᐊᕆᓴᐅᔪᑦ "ᓯᑰᑉ ᑐᑭᖕᒋᑦ") ᐋᓄᕐ ᕗᓚᐅᓯ ᐊᖏᔪᒃᑎᖅ., ᐅᐊᕋᓐ ᒪᑐᒥᐊᖅ

ᓴᐅᒥᖕᒥᑦ ᑕᓕᖅᐱᖕᒧᑦ:
ᓴᐃᑯᐱ ᐸᓂᒃᐸᒃ, ᐆᓚᐃ ᐱᑕᓴᓐ

ᐅᐊᑦᑎᐊᕈᑲᑦᓚᐅᓚᐅᖅᑐᖅ. ᐊᕙᑎᒦᒻᒫᖅᑐᕋᔭᓂᒃ ᐊᓐᐅᒫᔾᔪᑎᖅᑲᓇᐊᒃᓴᖅ ᓈᒻᒪᒋᔭᖅᑲᑦᑎᐊᓚᐅᖅᐳᖅ. ᑲᔪᖏᓇᓯᖅᑲᓚᐅᖅᐳᖅ ᐃᓄᑉᐳᐊᖑᓪᓗᓂ ᐃᓐᖏᕐᓂᕐᒥᒃ ᐊᒻᒪᓗ ᕿᓚᐅᔾᔭᕐᓂᕐᒥᒃ, ᖁᕕᐊᒋᔭᖃᐅᑦᑎᐊᖅᑐᓂᓗ ᐱᔪᓐᓇᑦᑎᐊᖅᑕᒥᓂ ᑲᔪᖏᖅᓴᐃᔾᔪᑎᒋᕙᒃᑐᓂᒋᑦ ᐅᐊᕋᓐ ᐃᓅᔪᓐᓃᓚᐅᖅᐳᖅ ᑏᓰᐱᓇ 2010 ᐱᒋᐊᓕᕋᑖᕐᓂᖓᓂ. ᑐᕝᕕᓇᓴᐅᔾᔪᑎᒋᔪᓐᓇᖅᑕᖏᑦ ᖃᐅᔨᒪᓪᓚᓇᒍᓯᖏᓪᓗ ᐊᑑᑎᖃᑦᑎᐊᖅᓯᒪᒐᑦ ᐅᑯᓇᓂ ᐅᓂᒃᑳᓕᐊᓇᓯᒪᔪᓂ ᐊᓯᔾᔨᖅᑕᐅᔪᓐᓇᖏᓪᓗ.

ᓴᐃᑯᐱ ᐸᓂᒃᐸᒃ, ᑲᖏᖅᑐᓘᐱᖕᒥᐅᑕᖅ, ᓄᓇᕗᒥ, ᐃᓅᓚᐅᖅᐳᖅ 1935-ᖑᑎᓪᓗᒍ. ᒪᒃᑯᒃᑑᓪᓗᓂ ᓴᐃᑯᐱ ᐃᓕᑕᖅᑲᐅᓚᐅᖅᐳᖅ ᐃᖏᕐᕋᖅᑲᑦᑕᕐᓂᕐᒥᒃ ᐊᒻᒪᓪᓗᑦᑕᐅᖅ ᐊᖑᓇᓱᖕᓂᕐᒥᒃ ᐊᕙᑎᒋᔭᒥᓂ, ᑎᖕᒥᐊᕐᓱᖕᓂᕐᒥᒃ, ᐅᑲᓕᕐᓱᖕᓂᕐᒥᒃ, ᐊᕿᒡᒋᕐᓱᖕᓂᕐᒥᒡᓗ ᓄᑲᑉᐱᐊᖑᓪᓗᓂ. ᐊᖑᓇᓱᖕᓂᒃᑯᑦ ᖃᐅᔨᒪᓂᖓ ᑐᕝᕕᓇᓴᐅᑦᑎᐊᓚᐅᖅᐳᖅ ᐃᓅᓯᓕᒫᕐᒥᓂ, ᓇᑦᑎᕐᓱᖕᓂᖅ, ᓇᓄᓚᕐᓱᖕᓂᖅ, ᐊᒻᒪᓗ ᑐᒃᑐᓇᕐᓱᖕᓂᖅ ᕿᒧᒃᓯᒃᑯᑦ ᒪᒃᑯᖕᓂᕐᒥᓂ ᐊᒻᒪᓗ ᐃᖕᒋᕐᕋᖅᑕᐃᓐᓇᕐᓂᕐᒥᓂ, ᐊᖑᓇᓱᖕᓂᕐᒥᓂ, ᐊᒻᒪᓗ ᐃᖅᑲᓗᓴᕐᓱᖕᓂᕐᒥᓂ ᓯᕿᓗᒃᑯᑦ, ᐃᓅᔪᓐᓃᓚᐅᕐᓂᕐᒥᓄᑦ 2012-ᖑᑎᓪᓗᒍ. ᓴᐃᑯᐱᐅᑦ ᖃᐅᔨᒪᔭᓇᔭᖕᒋᑦ ᓯᑰᑦ ᒥᒃᓵᓄᑦ ᓯᓚᐅᓪᓗ ᒥᒃᓵᓄᑦ ᐱᓗᐊᙳᐊᖅᑐᒥᒃ ᖃᐅᔨᒪᔭᐅᑦᑎᐊᖅᑐᓂ ᑐᓯᕋᔭᐅᓪᓗᓂᓗ ᐊᒻᒪᓗᑦᑕᐅᖅ ᖃᐅᔨᒪᕙᕐᒥᖅᓂᕆᔭᖕᒋᑦ ᓯᓚᐅᑦ ᖃᓄᐃᑦᑑᓂᐊᕐᓂᖓᓂᒃ. ᐱᔪᓐᓇᓂᖅᑲᐅᒃᑲᓐᓂᓚᐅᕆᕗᖅ ᖃᐅᔨᒪᓂᕐᒥᒍᑦ ᓇᒨᐃᓐᓇᑦᑎᐊᖅ ᐃᖕᒋᕐᕋᖅᑕᕐᓂᕐᒥᒍᑦ ᐊᒻᒪᓗ ᐊᖑᓇᓱᖕᓂᒃᑯᑦ ᐊᒻᒪᓗ ᐃᓅᓯᕐᒥᓂ ᐃᖅᑲᓴᐃᔭᖅᑐᖅᓯᒪᓕᑦᑐᓂ ᐃᓕᓐᓂᐊᕐᕕᖕᒥ ᓴᓂᖅᑎᐅᓂᕐᒥᒃ ᐊᒻᒪᓗ ᓴᓇᐅᑎᐊᖅᑲᖅᐸᒃᑐᑦ ᐃᓚᔭᑎᐊᖅᑲᖅᑕᖅᑐᑦ ᑭᓯᑐᐃᓐᓇᐃᑦ, ᓂᖅᔪᓯᑎᓂᖅᒥᒃ ᐱᓕᑎᐊᖅᑲᖅᑕᖅᓂᑎᓯᒪᔭᖕᒋᑦ, ᐅᖅᓴᖅᓴᐃᖅᑲᖅᑕᖅᓂᖅᒥᒃ ᐊᒻᒪᓗ ᐊᐅᓚᐅᓯᐅᖅᑎᐅᓂᕐᒥᒃ, ᐅᖁᒪᐃᑦᑐᓕᓐᓂᕐᔪᑎᓂᒃ ᓄᓇᒃᑯᑭᑎᓂᒃ ᐊᐅᓚᑦᑎᕙᒃᑐᓂ ᐊᒻᒪᓗ ᒦᑲᓂᐅᑦᑐᓂ. ᐃᓅᓯᕐᒥ ᓴᐃᑯᐱ ᑐᓂᕐᕈᓯᐊᓚᐅᕐᓂᕋᖅ ᒫᕿᖕᓂᒃ ᐃᓅᓕᓱᐃᖕᓂᒃ-ᐃᓅᓕᓱᐃᖕᓂᒃ ᐱᕐᕈᐊᕿᔪᒥᒃ ᐊᒻᒪᓗᑦᑕᐅᖅ ᐅᓂᒃᓯᒪᙱᓐᓂᕐᒧᑦ ᐃᓯᒪᒃᑲᐅᑦᑐᕐᓂᕐᒧᑦ ᐱᓕᕆᐊᖅᑲᕆᐊᒃᓴᖅ ᑭᒡᓕᒋᔭᖅᑲᖏᓐᓂᕐᒥᒃ ᑎᒥᒥᒍᑦ ᓱᕐᕋᖓᔾᔭᐅᓯᒪᓕᐊᒃ ᐊᒻᒪᑦᑕᐅᖅ ᐃᒻᒥᓃᕐᓂᐅᓴᔭᒃ 1992-ᖑᑎᓪᓗᒍ. ᓴᐃᑯᐱᒃᑯᒃ ᓄᓕᐊᓂᒃ ᓅᐱᑲᒃᑯᒃ 9-ᓂᒃ ᕿᑐᕐᖓᖃᕐᖃᐅᓚᐅᖅᐳᒃ ᐊᒻᒪ 20 ᐅᖓᑖᓄᑦᑐᓂᒃ ᐃᓗᓕᖅᑲᖅᑐᑎᒃ. ᓅᐱᑲᐅᑦ ᐅᖃᐅᓯᓕᐅᖅᑕᖓ ᓴᐃᑯᐱᐅᑦ ᒥᒃᓵᓄᑦ, "ᐃᓄᑦᑎᐊᕙᐅᓚᐅᕐᒪᑦ ᒍᑎᒧᑦᑐ ᕵᖖᒋᑦᑐᓂ ᐊᒻᒪ ᐃᓅᓯᖓᓂᒃ ᐃᑲᔪᕈᒪᓪᓗᓂ. ᐃᓚᓂ ᐃᒃᐱᒋᑦᑎᐊᓚᐅᖅᐸᐃᑉ ᖃᓄᐃᖕᒋᑦᑎᐊᕐᑐᑎᒃ ᐃᓅᓯᖃᑦᑎᐊᕐᑯᑦᑐᓂᒋᑦ ᐱᓇᓱᒃᓯᓪᓗᓂᖓᓚᐅᓚᐅᖅᐹᖓ ᑕᐃᒫᒃ ᐃᒃᐱᒍᓱᒃᑎᑦᑐᓂᖓ. ᐱᓕᕆᑦᑎᐊᖅᐸᓚᐅᖅᐳᖅ ᐊᒻᒪᓗ ᐊᑐᐃᓐᓇᕐᖃᖅᑎᑦᑐᓂᑎᒧᑦ ᐃᓚᒌᑎᒧᑦ ᐊᒻᒪᓗ ᓄᓇᓖᑦ."

ᐆᓚᐃ ᕿᓪᓕᒃ ᒫᑎᒃ ᐄᓕ ᐱᑕᓴᓐ ᐃᓅᓚᐅᖅᐳᖅ ᓅᕝᐱᓇ 19, 1923-ᖑᑎᓪᓗᒍ ᖃᒫᖏᐃᖕᒥ, ᓱᐅᕋᐸᓘᑦ ᐊᒡᒍᖕᒫᖓᓂ, ᐊᕙᑭᑦᑐᒥᐅᑦ ᓄᓇᖓᓐᓂ (ᑲᓛᓪᓕᑦ ᓅᓈᓐᓂᑦ) ᐆᓚᐃ ᐊᓈᓇᖓ, ᐊᐃᓐ ᐲᑕᓴᓐ, ᐊᕙᓂᖅᓱᐊᑦ ᖃᓂᒋᔫᓂᓚᐅᖅ 18-ᓂᒃ ᐊᕐᕋᒍᖅᑐᓂ, ᐅᒥᐊᒃᑯᑦ ᑯᓅᑎᑦᑯᓐᓂ (ᑯᓅᑦ ᕋᓱᒥᐅᓴ) ᐃᓚᐅᓪᓗᓂ ᐅᐱᕐᓇᖓᕐᒥᑦ. ᐆᓚᐃᑉ ᐊᖑᑖ (ᐊᑖᑕᖓ), ᐃᑦᑐᑯᓯᒃ, ᑭᖑᕚᓇᓴᐅᖅᓯᐅᔾᔭᐅᓚᐅᖅᐳᖅ ᐃᒃᐱᒃᑐᕆᓂᕐᓂᑦ (ᐊᐅᓪᓛᖅᑐᕆᓂᕐᓂᑦ) ᑲᓇᑕᒥᑦ. ᐆᓚᐃ ᐱᔫᖅᓴᔪᕆᓂᖅ ᐊᑎᑭᕐᑐᖕᒥ ᓱᐅᕋᐸᓘᑦ ᖃᓂᒋᔭᓂᑦ. ᑖᓪᓕᒪᓂᒃ ᐊᕐᕌᒍᖃᖅᑐᓂ ᐊᖏᕐᕈᑎᖅᐸᓗᖕᒐᓚᐅᖅᐳᖅ ᒫᕈᓕᐊᖕᓂᒃ ᓄᑲᖅᑲᓕᖅᑐᓂ. ᐃᓕᓐᓂᐊᕐᓇᓕᓚᐅᖅᐳᖅ ᐱᓱᖕᒥ ᐊᑎᖅᑰᖕᒥᒃ ᓱᐅᕋᐸᓘᖕᒧᑦ. ᐊᓈᓇᓂ ᐃᑲᔪᓕᓚᐅᖅᐸᖕ ᓅᑲᖕᓂᒃ ᐱᓪᓗᓂᒃ, ᐱᖅᑳ ᐊᓖᖅᑐᓂᒃ ᐊᐃᑉᐸᖑᓗ ᐊᔾᔨᐅᓐᓇᖅᑐᓂᒃ. ᓇᔪᒍᒃᑖᓕᓚᐅᕐᓂᕈᖅ. ᓯᕈᓯᐅᓚᐅᖅᐳᑦ ᓯᓚ ᐊᑎᖅᑰᖕᒥ ᐊᑖᑕᐃᖅᑐᑎᒃ. ᐆᓚᐃ ᐱᕈᖅᓴᓪᓗᓂ ᐅᒪᔪᕐᓯᒃᑎᐅᓂᐊᓚᐅᖅᓯᒪᖕᒪᑦ, ᑎᑎᕋᓴᐅᓕᓚᐅᖅᐳᖅ ᐱᔪᓐᓇᑦᑎᐊᖅᑐᑦ ᐃᓚᒌᑦᑎᐊᖅᑐᑦ, ᐊᖑᓇᓱᖕᓂᒃ ᐃᓕᑎᑦᑐᕐᓕᐊᑦᑎᐊᖅᑐᓂ. ᐆᓚᐃ ᓄᓇᖅᑲᖅᑕᐅᓕᓚᐅᕐᓂᖅ ᕿᑭᖅᑕᖅᓯᐊᒥ (Herbert O) ᐊᒻᒪ ᓴᕝᓯᕙᖕᒥ. ᐃᓕᑉᐸᓕᐊᓂᓴᖓ ᐅᒪᔪᕐᓯᒃᑎᐅᓂᕐᒧᑦ ᓈᒻᒪᒃᐸᕐᒪᑦ, ᐊᓈᓇᒥᓄᑦ ᐅᑎᓕᓚᐅᕐᓂᕈᖅ ᐊᖑᑎᒃᓴᒥᓪᓗ. 17-ᓂᒃ ᐊᕐᕌᒍᖃᓕᖅᑐᓂ ᖃᔭᖅ Hᐅᓚᐅᖅᓯᒪᕗᖅ ᐊᒻᒪᓗᑦᑕᐅᖅ ᑭᖑᓂᐊᒍᑦ 7-ᓂᒃ ᕿᒻᒥᖅᑖᓕᓪᓗᓂ ᐊᓯᒥᓄᑦ ᐊᑐᖅᑕᐅᖃᑦᑕᖏᑦᑐᒃ ᐊᒻᒪ ᑖᒃᑯᐊ ᕿᒻᒦᑦ ᐊᑐᕐᓗᓂᒋᑦ ᓇᓄᒍᓇᖅᓯᑎᑦᑎᐊᖅᐳᖅ ᑖᕝᕙ. ᐆᓚᐃ ᐃᖕᒋᕐᕕᖃᖅᓯᒪᓕᖅᐸᖕ ᐊᕙᓂᖅᓱᐊᓕᓛᖅ ᐊᖑᓇᓱᑦᑐᓂ. ᐃᓯᒪᓂ ᐆᓚᐃ 24-ᓂ ᐊᕐᕌᒍᖃᓕᐊᖅᐸᓕᒪ ᐃᓚᕆᑦ ᐊᐅᓛᓂᖅᐳᑦ ᐅᒻᒪᓇᒧᑦ (Dundas), ᐊᒻᒪ 1948-ᖑᓕᖅᑎᓪᓗᒍ ᓄᓕᐊᓂᓚᐅᕐᓂᕈᖅ ᐅᔾᔪᒃ ᐊᑎᖅᑐᒥᒃ. ᐅᓇᑕᖅᕼᑦ ᐱᑐᓐᕝᐃᖕᒥ (Thule Air Base) ᐃᒪᐃᓕᖓᓚᐅᖅᓯᒪᓂᖅᐳᑦ ᖁᕕᐊᓱᒃᑎᕼᖕᓂᒥᒃ ᑲᑎᑎᑕᐅᕐᑖᖅᑐᖕᓄᑦ ᐱᔾᔪᑎᓕᖕᒥᒃ ᐊᒻᒪ ᖃᒧᑎᖕᒥᒃ ᐅᓯᑦᑐᖅᑐᑎᒃ ᑐᓂᖅᓯᐊᖅᑐᑎᑦ; ᐃᓕᖕᓪᓗᑦᑕᐅᖅ ᒫᓇᒧᑦ ᐊᒋᓴᐅᔪᑦ ᓯᓚ. ᐅᒻᒪᓇᕐᒥ ᖁᓚᐃᑯᒃ ᓄᓕᐊᓅᒃ ᒪᕿᖕᓂᒃ ᕿᑐᕐᖓᕐᖃᓚᐅᖅᐸᖕ. 1953-ᖑᑎᓪᓗᒍ ᐅᒻᒪᓇᒥᑦ ᓅᓪᓗᑎᒃ ᐊᐅᓪᓚᓂᐊᖅᑲᓚᐅᖅᐸᖕ, ᓇᓯᓕᕚᖑᖅᑐᑎᒡᓗ ᑖᕝᕙᓂ ᓄᓇᖅᑲᖅᑐᑎᒃ ᐅᑭᐅᒥ ᐊᒻᒪᑕᐅᖅ ᐅᒥᐊᒃᑯᑦ ᕿᑭᖅᑕᓄᑦ ᓅᓕᐅᖅᓯᓇᕗᒃ

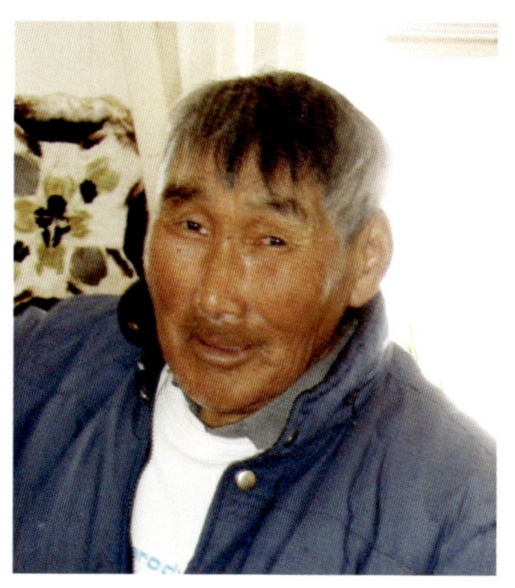

ᐊᐅᔭᒋᖅᑎᓪᓗᒍ. ᖃᑭᖅᑕᓂ 6-ᓂᒃ ᖃᑐᖕᒐᑖᒃᑲᓐᓂᖅᓂᕆᔫᒃ. ᐆᓚᐃ ᐃᓅᓯᖅᑲᓕᓚᐅᖅᐳ ᐱᓂᐊᑐᖅᓯᐊᖑᓂᖅᒥᒃ (ᐊᖑᓇᓱᒃᑎᒻᒪᕆᐅᓂᖅᒥᒃ), ᐊᖑᓇᓱᒃᑎᓪᓚᕆᐊᓗᒃ. ᐊᑕᐅᓯᐊᖁᓂ ᖃᓚᓗᒐᖅᓯᒪᓕᓚᐅᖅᐳᖅ ᐃᒡᓗᕆᑖᖕᓂᒃ. ᖃᑐᖕᒐᖕᕆᑦ, ᐱᖕᒐᓱᑦ ᐊᖑᑏᑦ ᐊᖅᓇᐃᓪᓗ ᑕᓪᓕᒪᑦ, ᐃᓐᓇᒋᖅᑎᓪᓗᕆᑦ ᖄᓈᖁᑦ ᓄᒃᑎᓪᓂᖅᓂᕆᔾᑦ 1972-ᖑᓕᖅᑎᓪᓗᒍ. ᐆᒪᔪᖁᓱᒃᑎᐅᖕᕆᓐᓇᕈᔪᓚᐅᖅᐳᑦ ᐃᓅᓯᖅᒥᓂ ᐆᒪᔪᖁᓱᒍᓐᓇᖅᓂᓂ ᑎᑭᑦᑐᒍ. ᑕᐃᔅᓯᒪᓂ 2008-ᖑᑎᓪᓗᒍ, ᐆᓚᐃᒃᑯᒃ ᓄᓕᐊᓃᒃ ᓇᑦᓕᐅᑎᓂᕆᔭᒥᓂᒃ ᓄᓕᐊᓃᖕᓂᖁᑦ ᓇᑦᓕᐅᓐᓂᖅᓯᐅᖅᐹᒃ ᐊᖅᖒᒍᓂᒃ 60-ᓂᒃ ᑲᑎᑎᑕᐅᓯᒪᓕᖅᑐᑎᒃ ᐊᒻᒪᓗ ᑕᐃᔅᓯᒪᓂ ᐊᖎᒍᒥ ᓴᕙᖃᔭᒃᑖᒥᓂ ᑐᓂᖅᑭᓯᐊᖅᓯᒪᕆᕗᖅ ᐱᓕᕆᑦᑎᐊᓯᒫᔭᓯᐊᖅᓯᒪᓂᖁᑦ ᑯᐃᖕᒥᑦ ᑎᐊᓐᒫᒥᑦ. ᐃᓅᔭᓐᓃᓕᐅᕆᕗᖅᓕ 2009-ᖑᑎᓪᓗᒍ 86-ᓂᒃ ᐊᖅᖎᒍᖅᑲᓕᖅᑐᓂ ᓇᓪᓕᒋᑦᑐᓂᐅᒃ ᓯᓕ, ᓄᓕᐊᓂ ᖃᒪᒃᑐᓂᐅᒃ, ᖃᑐᖕᒐᖅᓂ, 27-ᓗ ᐃᖑᑕᖅᓂ ᐊᒻᒪᓗᑦᑕᐅᖅ 21 ᐃᖑᑕᓂ.

ᖄᕙᓚᙳᐊᖅ ᖁᓱᒃ (ᐃᖑᑕᖅᒥᓄᑦ ᑎᑎᖄᖅᑕᖅ, ᑑᐃᐊᔅ ᐊᓚᑕᖅ). ᖃᕙᓚᙳᐊᖅ ᐃᓅᓚᐅᖅᐳᖅ ᓄᓇᖃᖅᕙᐅᒥ ᑯᓚHᐊᐸ ᐊᑎᓕᖕᒥ, ᓴᑦᓕᓂ, ᔦᓚᐃ 3, 1927-ᖑᑎᓪᓗᒍ. ᐊᖑᑖ ᖁᓱᒃ ᐄᑕᓴᐅᓚᐅᖅᐳᖅ ᐊᖅᓈᓗ ᐸᑦᓘᙳᐊᖑᑦᓗᓂ. Hᐊᐅᓂᖅᒥᒃ ᐊᖕᒋᔪᒋᔭᒥᓂᒃ ᓇᔭᖅᑲᓚᐅᖅᐳᖅ, ᐊᖕᒋᔪᐊᓗ ᑲᐅᒡᒍᐊᖅᓇᖅᒥᒃ ᐊᑎᖅᑲᖅᑐᓂ. ᓱᑯᓯᐅᑦᓗᓂ, ᖃᕙᓚᙳᐊᖅ ᓇᒥᑐᐃᓐᓈᓗᒃ ᓄᓇᖅᑲᖅᑲᑦᑕᖅᓯᒪᕗᖅ, ᐊᖕᒋᔪᖅᑳᖕᒋᒃ ᑕᕝᕙᓂᑦᑕᐃᓐᓇᖅ ᓄᓇᖅᑲᖅᐸᓚᐅᖕᒋᒻᒪᑎᒃ. ᓂᖅᔩᑦ ᓇᒦᓐᓂᖕᒋᓐᓅᖅᐸᓚᐅᖅᒪᑕ ᐊᖑᓇᓱᒡᕙᑦᑎᐊᕝᕕᓄᑦ ᐊᑎᒥᖕᓄᑦ. ᐅᑭᐅᒃᑯᑦ ᓇᒥᑐᐃᓐᓇᑦᑎᐊᖅ ᓄᓇᖅᑲᐅᐸᓚᐅᖅᒪᑕ ᓴᕙᔅᓯᕙᒃᒥᑦ ᖁᑦᑎᖕᓂᓴᓂᓗ. ᐃᑦᑐᖃ ᐅᖅᑲᐅᑎᖅᑲᖅᐸᓚᐅᕆᕗᖅ ᖃᑯᑎᒃᑯᑦ ᐃᒫᒃ ᐊᖅᓇᐃᖅᑐᕙᓂᐅᓂᖅᒥᓂᒃ ᒪᒃᑯᒃᑐᕙᓪᔭᐊᑯᑰᑦᓗᓂ. ᐱᓗᐊᙳᕆᕗᖅᓕ ᖄᕙᓚᙳᐊᖅ ᖃᒻᒥᓂᒃᑲᒥ ᖁᑦᑎᒃᑐᒦᓐᓂᖅᓴᐅᕚᓚᐅᖅᐳᖅ. ᐅᑮᕚᒃᑐᓂ ᐄᑕᒥ (Etah) ᖁᑦᑎᑐᒦᑖᕆᓯᒪᕆᕖ ᐊᓄᕆᑑᖅᒥ. ᐃᓐᓇᒋᒃᑲᓐᓂᖅᑐᓂ, ᐅᑎᖅᑕᖅᐸᓕᓚᐅᕆᕗᖅ ᐅᑯᖕᓇᓂ ᐃᓄᐊᖅfᐃᔅᓱᐊᖅ ᐊᒻᒪᓗ ᓂᖃ. ᑕᐃᔅᓯᒪᓂ ᖃᑐᖕᒐᓂᒃᐸᑦᓕᐊᓕᖅᑐᓂ ᑕᐃᒃᑯᓇᓂ ᓄᓇᖅᑲᓚᐅᖅᐸᓚᐅᖅᐳᖅ. ᖃᑐᖕᒐᖕᕆᑦ ᐱᖄᒥᑎᓪᓗᕆᑦ ᑖᒃᑯᐊ (ᓱᖅᑯᐃᕆᔭᒃᑯᑦ) ᐊᐅᓪᓛᖅᓂᕆᕗᑦ ᓯᐅᕿᐸᓗᖕᒍᑦ ᐊᒻᒪᓗᑦᑕᐅᖅ ᐅᐊᑦᑎᐊᒋᙳᖅᒪᑦ ᒨᕆᐅᓴᒍᑦ, ᐊᖑᓇᓱᒃᑎᐅᓪᓗᓂ ᓯᓕ. ᔫᓐᓄᐊᕆᐅᑦ ᑕᖅᑭᖕᒐᓂ, ᓂᕆᖅᐸᓯᐊᓄᑦ ᓇᓐᓂᐊᖅᓂᕆᕗᖅ, ᓂᕆᓂᖅᐹᓂ ᐅᐸᒃᓯᒪᔭᖕᒐ ᑯᓗᖅᓯᐊᖅᒍᑦ ᐊᒻᒪᓗ ᓅᑦᓯᐊᖅᒍᑦ ᐅᐱᖅᓇᕙᐅᑦ ᒥᒃᓵᓄᑦ. ᓇᓐᓄᒐᔦᓕᖅᑐᕙᓂᐅᓪᓗᓂ. ᖃᕙᓚᙳᐊᖅ ᐃᖑᑕᒥᓂᒃ ᒪᖅᐹᖕᓂᒃ ᐱᓯᒪᓚᐅᕆᕗᖅ ᐱᒋᖅᔮᒥᓂᒃ ᓇᖕᒥᓂᖅᒥᑐᑦ ᐊᒻᒪᓗ ᐃᓕᑎᑉᐸᑦᓕᐊᓪᓗᓂᕆᒃ ᐃᓅᓯᖅᑲᖅᓂᖅᒥᒃ ᐊᖑᓇᓲᖕᓂᑐᐃᓐᓇᐅᖕᕆᑦᑐᒥᒃ. ᓇᖕᒥᓂᖅ ᐃᓚᑐᐊᕆᙱᑕᓂ, ᑲᔪᖕᕆᖅᓱᖅᑐᓂᕆᑦ ᐊᒻᒪᓗᑦᑕᐅᖅ ᐅᖅᑲᐅᔾᔪᖅᓯᓈᖅᑐᓂᕆᑦ ᒪᒃᑯᖕᓂᖅᓴᐃᑦ ᐃᓅᓯᖅᒥᓂ ᑲᔪᖕᕆᓇᔭᖅᑲᐅᖅᑐ ᐊᑑᑎᑦᑎᐊᒋᓐᓇᖅᑐᓂᒃ ᐃᓅᓯᖅᒥ ᐊᖑᓇᓲᖕᓂᒥ ᐊᒻᒪᓗ ᐊᓐᓇᐅᒪᑦᑎᐊᖅᓂᖅᒥᒃ ᐊᖑᓇᓲᖕᓂᖅ ᐊᑐᖅᓗᒍ. ᐃᓐᓈᑦᓕᕆᐅᓕᖃᓗᐊᖅᑐᓂ, ᐊᖑᓇᓯᕆᐊᖅᓯᒪᑦᓗᓂ ᐊᒻᒪᓗ ᐃᓐᓇᑐᖅᑲᐃᑦᓗ ᑐᓂᓯᐅᖃᖅᕙᕆᑦᓗᓂᕆᑦ ᐊᖑᖃᑖᖅᑕᒥᓂ ᓂᖅᑭᖕᕆᓐᓂᒃ. ᐊᐅᑦᓚᖅᑲᑦᑕᐃᓐᓇᓚᐅᖅᐳᖅ ᐃᓅᓯᖅᒥ ᐃᓱᐊᓄᑦ. ᖃᕙᓚᙳᐊᖅ ᐱᑎᑕᐅᓚᐅᕆᕗᖅ ᐊᖕᒋᔪᖅᑳᑦᓚᕆᖕᒦᙵᖅᑐᒥᒃ ᓴᕙᖃᔭᑦᓚᕆᐅᑦᓗᓂ ᑯᐃᖕ ᒪᕐᒍᓚᑦ 11 ᑎᓐᒫᖅᒥᐅᑕᒥᑦ (Queen Margrethe 11 of Denmark). ᖃᕙᓚᙳᐊᖅ ᐃᓅᔭᓐᓃᓚᐅᖅᐳᖅ ᓅᕖᐱᕆ 29, 2007-ᖑᑎᓪᓗᒍ.

ᖁᓗᑕᙳᐊᖅ ᔫᑎᒥᐊᓯᓐ ᐃᓅᓂᖅᐳᖅ ᐊᒥᑦᓯᐊᒋᒻᒥ ᐋᕆᓯ 3, 1922-ᖑᑎᓪᓗᒍ. ᐊᖑᑖ ᐃᓅᓂᖅᐳᖅ ᐃᒦᓇᖅ ᐃᒦᓐᓇᒥ ᐊᒻᒪᓗ ᐊᖅᓈ ᐃᓅᓂᖅᐳᖅ ᕆᔩᓐ (Regine), ᐸᓂᖓ ᐆᒪᙵᖅᑐᓂ ᐃᓄᒃ ᑯᕆᔅᑕᓐᓴᓐ. 6-ᓂᒃ ᖃᑐᖕᒐᖅᑲᓚᐅᖅᐹᒃ, ᐊᒻᒪᓗᑦᑕᐅᖅ ᐊᖑᑖ ᐱᖕᒐᓱᒃᑲᓐᓂᖅᓂᒃ ᖃᑐᙵᖅᑲᒃᑲᓐᓂᖅᓂᕆᔪᖅ ᓄᓕᐊᕙᓂᖅᒥᒍᑦ ᐊᓯᐊᒍᑦ. ᖁᓗᑕᙳᐊᖅ ᐱᒋᖅᑐᕙᓂᐅᕗᖅ ᐃᑦᓗᓗᐊᖅᓯᐅᒻᒥ ᓇᑦᓗᖅᑐᖅ. ᐊᖑᑖ ᐊᐱᕆᔭᕙᓂᐅᕗᖅ ᐊᖕᒋᔪᖅᑳᒋᓯᐅᔦᓇᖅᒪᖕᖓᑦ ᓂᐅᕙᖅᕙᖕᒥ ᓯᐅᕿᐸᓗᖕᒦᑦᑐᒥ ᐊᓯᐃᑦᓛᒃ ᑕᐃᑲᙵᑦ ᐊᐅᓪᓛᖅᑐᕙᓂᐅᕗᑦ ᒪᓕᒃᑐᕙᓂᐅᑦᓗᓂ ᐄᓵᙳᐊᒥᒃ, ᐊᒃᑲᖕᒥᓂ, ᓴᕙᔅᓯᕙᒃ, ᐅᑎᖅᑲᑎᒃᓴᖅᑲᖅᓂᖕᕆᓐᓇᒥ ᓯᐅᕿᐸᓗᖕᒍᑦ, ᓴᕙᔅᓯᕙᖕᒦᖕᕆᓐᓇᖅᑐᕙᓂᐅᑦᓗᓂ ᐊᒻᒪᓗᑦᑕᐅᖅ ᑕᐃᑲᓂ ᐱᒋᖅᓴᓕᖅᑐᕙᓂᐅᑦᓗᓂ. ᓴᕙᔅᓯᕙᖕᒥ ᐊᓯᐃᑦᓛᒃ ᖃᒻᒥᓂᓕᖅᓂᕆᕗᖅ 12-ᓂᒃ ᐊᖎᒍᖅᑲᖅᑐᓂ (ᐄᓵᙳᐊᒥᑦ). ᓯᐅᕿᐸᓗᖕᒍᑦ ᐅᑎᖅᓂᕆᓪᓗᓂ 18-ᓂᒃ ᐊᖅᖎᒍᖅᑲᓕᖅᑐᓂ. ᖁᓗᑕᙳᐊᖅ ᐊᖑᑖ, ᐃᒦᓇ ᐃᒦᓇ, ᖃᐅᔾᒪᔭᐅᑦᑎᐊᓚᐅᖅᐳᖅ ᖃᓚᐅᔅᔭᒃᑦᑕᖅᑐᕙᓂᐅᓂᖕᒐᓄᑦ ᐊᒻᒪᓗ ᐃᙱᖅᑲᑦᑕᖅᓂᕙᓂᖕᒐᓄᑦ, ᑕᐃᒫᒃᑕᐅᖅ ᖁᓗᑕᙳᐊᖅ ᐱᔭᕆᐅᖅᓴᕚᑦᓕᐊᖕᕆᓐᓇᖅᑐᓂ ᐊᑐᖅᑲᑦᑕᖅᒥᒐᒥᐅᒃ ᐊᑐᒋᓐᓂᖅᓯᕚᑦᓕᐊᓕᕆᑦᓗᓂᐅᒃ. ᓯᐊᒻᒪᖅᓯᐊᕆᕚᑦᓕᐊᑦᓗᓂᓗ ᖃᓚᐅᔅᔭᓂᖅᒥᒃ ᐊᒻᒪᓗᑦᑕᐅᖅ ᐃᙱᖅᓂᖅᒥᒃ ᐃᓅᖅᑲᑎᒥᓄᑦ ᐃᓕᑦᑐᒪᓂᖅᑲᐅᖅᑐᓄᑦ. ᖁᓗᑕᙳᐊᖅ ᓄᓕᐊᕆᓚᐅᖅᒥᔭᖕᒐ, ᓈᐱᑲ, ᐊᐅᓚᑦᓯᕙᖕᒦᙲᖅᓂᑰᓐᓂᖅᐳᖅ ᐊᒻᒪᓗ ᑖᒃᑯᐊᒃ 9-ᓂᒃ ᖃᑐᖕᒐᖅᑲᖅᓂᖅᐹᒃ, ᐱᖕᒐᓱᑦᑕᐅᖅ ᐃᓅᔭᓐᓃᖅᓯᒪᓕᖅᒥᔦᑦ. ᖁᓗᑕᙳᐊᖅ ᑐᓂᖅᑭᓯᐊᖅᑲᑦᑕᖅᓯᒪᕗᖅ ᐊᒥᓯᐊᖅᑎᖅᑐᓂ. 1964-ᖑᑎᓪᓗᒍ,

ᑕᓕᖅᐱᖕᒧᑦ
ᓴᐅᒥᖕᒥᑦ:
ᖄᕙᓚᙳᐊᖅ ᖁᓱᒃ;
ᖁᓗᑕᙳᐊᖅ ᔫᑎᒥᐊᓴᓐ

ᓴᐅᒥᖕᒥᑦ ᑕᓕᖅᐱᖕᒧᑦ: ᐅᐊᔅᓕ ᐊᐃᑲᓐ; ᐃᖅᑯᒃ ᐊᖑᑎᕐᔪᐊᖅ (ᓄᓕᐊᖕᒐᓗ ᑲᓪᓗᒃ); ᐆᓴᖅᑳᒃ ᕼᐃᐊᓐᓴᓐ; ᕙᐊᓐᔭᒥᓐ ᐃᑦᑕ

ᑐᓂᕐᕈᓯᐊᑦᑎᐊᕐᓂᕆᒐᖅ ᑭᖕ ᑯᕆᑎᐊᓐ ᐊᒻᒪᓗ ᑯᐃᖕ ᐋᓕᒃᓴᑐᕆᓐ ᐱᓕᕆᐊᖅᑲᕐᕕᒋᔭᖕᒐᓂᑦ, (King Christian Queen Alexandrine's Foundation), ᑐᓂᕐᕈᓯᐊᕈᑖ ᐃᓅᓕᖅᓯᓂᕐᒧᑦ 6-ᓂᒃ ᐃᓄᖕᓂᒃ ᑲᑕᒃᑐᕙᓂᕐᓂᒃ ᕐᑯᖅᐸᒃᑯᑦ (ᓄᑎᖕᓂᒃᑯᒃ, ᐃᖅᐸᕐᓂᒃᑯᑦ). ᐃᓅᓕᓯᓐᓂᖅᐳᖅ ᑭᕙᑐᐃᓐᓇᕆᐊᖅᑲᓕᖅᑐᒥᒃ ᐊᒻᒪᓗᑦᑕᐅᖅ ᐊᓂᖅᖄᖅᑎᑦᑎᕆᓪᓗᓂ ᓰᕈᓯᕐᒥᒃ ᐃᐱᓕᖅᑐᒥᒃ. ᑐᓂᕐᕈᓯᐊᕆᓪᓗᓂᓗ ᓴᕙᕋᔭᖕᒥᒃ ᐃᓕᓴᕆᔭᐅᔾᔪᑎᑦᑎᐊᕙᖕᒥᒃ ᐃᔅᓯᒪᙵᑦ ᑯᐃᖕ ᒫᒍᕌᑦ 11 ᑎᐊᓐᒫᒃᒥᑦ, (Queen Margrethe 11 of Denmark) 2000-ᖑᕋᑖᕐᓂᖓᓂ, ᐃᓅᓯᕐᒥᒃ ᐊᑐᐊᑦᑎᐊᕐᓂᒥᓄ ᐅᔾᔨᕆᔭᐅᔾᔪᑎᒥᒃ ᐃᓅᖅᑲᑎᒥᓄᑦ. ᕐᑯᓗᑕᙳᐊᖅ ᐃᓅᔪᓐᓃᓚᐅᕆᒐᖅ ᕖᕗᐊᕆ, 2013-ᖑᑎᓪᓗᒍ. 90-ᓂᒃ ᐊᕐᕌᒍᖅᑲᓕᓚᐅᖅᑐᖅ.

* * *

ᐅᐊᔅᓕ ᐊᐃᑲᓐ ᐃᓅᔭᕙᓂᖅ ᔮᓄᐊᕆ 25, 1926-ᖑᑎᓪᓗᒍ ᐅᑦᕿᐊᒡᕙᒃ, ᐊᑖᓯᑲᒥ. ᑎᓴᒪᒋᔭᐅᔭᕙᓂᖅ ᖃᑕᙳᑎᒌᓂᑦ ᐅᑯᖕᓈᙳᑦ ᔫᓂ ᓘᓯ ᐊᐃᑲᓐᑯᖕᓂᑦ. ᐅᑯᐊᑦᑕᐅᖅ ᖃᑕᙳᑎᒋᔭᕙᖕᒋᑦ ᓗᐄᔅ ᐊᐃᑲᓐ, ᒥᐊᓇ ᓘ ᓕᕙᑦ, ᓃᐱᒃ ᐋᑕᒻᔅ, ᖀᒍᑦ ᐊᐃᑲᓐ ᐊᖕᒋᔪᒃᑎᐅᓚᐅᖅᑐᕐᓗ., ᔮᓇᑕᓐ ᐊᐃᑲᓐ, ᐋᒥ ᐊᐃᑲᑕᓐ, ᓗᐃᔅ ᐊᐃᑲᓐ, ᐊᒻᒪᓗ ᓗᐊᕋᑕ ᑭᓐᑕᓐ. ᐅᐊᔅᓕ ᐱᕈᖅᑐᕙᓂᐅᒐᖅ ᐃᓱᕐᒥ (Cape Halkett) ᐊᒻᒪᓗ ᖃᓗᕙᐸᓯᖕᒥ (Lonely) ᐅᖅᑭᐊᕙᐅᑦ ᑲᓐᓇᖅᐸᓯᐊᓂ . ᐅᐊᔅᓕ ᓄᓕᐊᖕᒐᓗ ᐋᓇᐅᒻ (ᖃᔩᑦᑕᖅ) ᓱᕈᓯᐅᓚᐅᖅᐳᑦ ᐅᑯᐊ ᒫᑕ ᔭᐃᓐ ᔅᑖᒃᕼᐊᐅᔅ (Stackhouse), ᓕᐅᓇ ᐊᐃᑲᓐ (ᑎᑎᕋᐅᔭᖅᑲᑕᐅᓯᒪᔪᖅ ᑕᕝᕙᓂ ᕿᒥᕐᕈᐊᒐᓂ; ᐊᓪᓕᖅᑏᑦ ᑕᑯᓗᒋᑦ), ᕉᑦ ᐊᐃᑲᓐ ᐊᒻᒪᓗᑦᑕᐅᖅ ᔫ ᒪᐃᑯᕐ ᐊᐃᑲᓐ (ᐃᓅᔪᓐᓃᖅᑐᖅ). ᐅᐊᔅᓕ, ᐊᕐᕙᒐᓯᒃᑎᐅᖅᑲᑎᒥᓂᒃ ᐃᓯᓕᑦᑎᓯᒪᓂᕐᒧᑦ ᑲᐱᑕᓇᔭᐅᓂᕐᒧᑦ ᓄᖅᑲᖕᒐᓕᖅᑐᖅ, ᐱᕐᑲᓯᐅᔾᔭᐅᑎᑦᑎᓯᒪᑦᑎᐊᖅᐳᖅ ᑖᒃᑯᐊ ᐃᓚᒋᑦᑎᐊᖅᑕᖕᒋᓐᓂᒃ ᕿᒥᕐᕈᐊᒐᐃᑦ ᖃᐅᔨᒪᔭᒥᒃ ᐊᑐᖅᓯᒪᔭᒥᓪᓗ ᐊᕐᕙᒐᓯᖕᓂᐅᑦ ᒥᒃᓵᓄᑦ ᐊᖑᓇᓱᖕᓂᐅᓪᓗ ᐃᓕᖅᑯᓯᓇᔭᐅᔪᑦᑐᖅᑲᕐᒥᒃ ᑖᒃᑯᓈᙳᑦ ᑯᑦᑎᒃᑐᒦᑦᑐᓂᑦ ᓯᕙᖕᒐᔪᕐᒥᐅᑦ ᐊᕙᑖᓂᒥᐅᓂᒃ.

ᐃᖅᑯᒃ ᐊᖑᑎᕐᔪᐊᖅ ᐃᓅᓚᐅᖅᐳᖅ ᐆᑦᑑᐱᕆᐅᑎᓪᓗᒍ, 1942-ᒥ ᐱᕈᖅᓴᑦᓗᓂᓗ ᑲᖏᖅᑐᐊᓗᒃᐸᓯᖕᒥ ᐊᕙᑖᓂᓗ ᑲᖏᖅᑐᓛᐱᐅᑦ ᐊᒡᒍᖕᓖᖕᒐᓂ, ᓄᓇᕗᒥ. ᑲᖏᖅᑐᓛᐱᒃᐸᓯᖕᒥᐅᑕᐅᓕᕐᓂᖅᐳᖅ ᑕᐅᕙᓂ 1960-ᕈᔪᖕᓂ ᐊᒻᒪᓗ ᑖᒪᓂ ᐃᓂᑦᓚᒃᑐᑎᒃ ᐃᓚᒦᑦ. ᐅᓇᑕᖅᑎᓴᐅᖅᑲᑕᐅᒐᖅ, ᓴᓐᖑᐊᖅᑎᑦᑕᕆᐅᓕᖅᑐᓂᓗ, ᐃᑎᔪᒥᓗ ᐃᖃᓗᒐᓯᒃᑎᐅᑦᑐᓂ, ᐊᐅᓪᓚᐅᔨᔨᓪᓚᕆᐅᓗᓂᓗ ᐳᓚᕋᑎᓄᑦ, ᐊᑐᖅᑕᐅᕙᓚᐅᖅᑐᓂᓗ ᖃᓅᒪᖕᒫᑦ ᐊᔪᓇᖅᓰᔾᔨᑦᑎᐊᐸᒃᑐ ᐃᓕᑎᑦᑎᕙᑦᑕᐊᕙᒃᑐᖅ, ᑭᓱᑐᐃᓐᓇᕐᓄᑦ ᐸᕐᑯᓴᐅᑎᖅᖃᖅᐸᒃᑐᓂ ᖃᐅᔨᕙᑦᑕᐊᓚᒥᒃ, ᓯᓚᐅᑦᑐ ᖃᓄᐃᑑᓂᐊᕐᓂᖓᓂᒃ ᖃᐅᔨᒪᕙᒃᑐᓂ, ᐅᖃᐅᓯᓕᕆᔨᐅᓯᒪᓪᓗᓂᓗ ᐃᓕᓐᓂᐊᕐᕕᖕᒥ, ᐊᔨᓕᐅᕆᔨᐅᓯᒪᓪᓗᓂ ᑕᕐᓂᓴᖅᑕᐅᒐᔭᖅᑐᓂᒃ ᐃᓄᐃᑦ ᑕᑯᓐᓇᒐᒃᓴᓕᕆᔾᔨᖕᒥᓄᑦ. ᐃᖅᑯᒃ ᓄᓕᐊᖕᒐᓄ ᑲᓪᓗᒃ ᐊᖑᑎᕐᔪᐊᖅ (ᑕᓕᖅᐱᐸᓯᐊᓂ ᐊᔾᔨᙳᐊᖅᑲᖅᐳᒃ ᑲᖏᖅᑐᓛᐱᖕᒥᐅᑕᐅᔪᖅ ᕿᕐᑐᖕᒐᑎᑦ ᐃᖖᒍᑕᑎᒡᓗ ᓄᓇᖅᑲᑎᒋᓪᓗᒋᑦ.

ᐆᓴᖅᑳᒃ ᕼᐃᐊᓐᓴᓐ ᐃᓅᓚᐅᖅᐳᖅ ᕖᕗᐊᕆ 3, 1937-ᖑᑎᓪᓗᒍ ᓴᕙᔅᓯᕙᒃ, ᑲᓛᓕᑦ ᓄᓈᓐᓂ. ᐊᖑᑖ ᐊᓇᐅᒃᑲᒥᑦ ᐊᑎᖅᑲᖅᐳᖅ ᐊᒻᒪᓗᑦᑕᐅᖅ ᐊᕐᓈ ᐊᑎᖅᑲᖅᑐᓂ ᐊᕙᐊᖅ ᕼᐃᐊᓐᓴᓐᒥᒃ. ᐆᓴᖅᑳᒃᑯᒃ ᓄᓕᐊᖕᒐᓗ ᓯᒥᒐᖅ ᕿᑐᖕᒐᖅᑲᖅᑐᑎᒃ 7-ᓂᒃ. ᐱᕈᖅᓴᐃᓚᐅᖅᐳᒃ ᓴᕙᔅᓯᕙᖕᒥ ᐊᒻᒪᓗ ᒫᒃᑯᑦᑐᑎᒃ ᑲᑎᕋᑖᖅᓯᒪᓪᓗᑎᒃ ᖃᓂᑦᑐᒧᑦ ᓅᑦᑐᕙᓂᐅᒐᒃ ᖄᓈᕐᒧᑦ ᑕᕝᕙᓂᓗ ᓄᓇᖅᑲᖅᑐᑎᒃ ᐃᓐᓇᕈᖅᑐᑎᒃ.

ᕙᐊᓐ ᐃᑦᑕ ᐃᓅᔭᕙᓂᐅᒐᖅ ᔫᓂ 15, 1936-ᖑᑎᓪᓗᒍ ᐃᐅᖅᒥ (Cape Halkett) ᑕᐃᑲᓂᓗ ᓄᓇᖅᑲᖅᑐᓂ 1942-ᒧᑦ ᐊᖕᒋᔪᖅᑳᖕᒋᒃ, ᕼᐊᐅᕈ (Harold) ᐊᒻᒪᓗᑦᑕᐅᖅ ᓗᐃᑕ ᐃᑦᑕ, ᐊᐅᓛᖅᑐᑎᑦ ᐅᖅᑭᐊᕙᖕᒧᑦ. ᕿᑐᕐᖓᖕᒋᑦ ᐅᑯᐊᖑᓪᓗᑎᑦ ᓴᐃᒪᓐ ᐃᑦᑕ, ᐅᐊᓯ ᐴᒃ ᐃᑦᑕ, ᐊᐃᒥ ᑖᓚᒃ, ᑑᒪᓯ ᐃᑦᑕ ᐊᖕᒋᔪᒃᑎᖅ. (ᐃᓅᔪᓐᓃᖅᑐᖅ) ᕉᑕ ᐃᑦᑕ (ᐃᓅᔪᓐᓃᖅᑐᖅ) ᕼᐊᓚᓐ ᐃᑦᑕ ᑕᑯᕐ, ᔮᐊᓇᑦ ᖕᒥᐊ (ᐊᖕᒋᔪᖅᑳᖕᒋᒃ), ᐊᒻᒪᑦᑕᐅᖅ ᔭᐃᓪᔅ ᐃᑦᑕ (ᐃᓅᔪᓐᓃᖅᑐᖅ). ᕙᐊᓐ ᐊᕐᕙᒐᓯᖕᓂᕐᒧᑦ ᑲᐱᑕᐃᓇᔭᐅᑦᑐᓂ ᓯᓕ ᒪᑭᑕᑦᑎᐊᖅᑐᓂ ᑯᑦᑕᖕᒐᐃᑦᑐᖅ ᐊᒻᒪᓗ ᖃᐅᔨᓯᒪᔭᓂ ᐃᓅᖅᑲᑎᒥᓄᑦ ᓯᑯᓕᕆᓂᐅᑦ ᒥᒃᓵᓄ ᖃᓄᐃᑦᑐᓕᕐᒪᖔᑦᑐ ᓯᐊᒻᒪᖅᑎᑉᐸᑦᑕᐊᑦᑐᓂᒥᑦ ᐊᒻᒪᓗ ᐊᖑᓇᓱᖕᓂᒧᑦᑐ ᐃᓕᓚᐅᖅᑕᓂ ᒫᒃᑯᑦᑐᓂ ᐊᕐᕙᒐᓯᖕᓂᕐᒧᑦ ᐊᑖᑕᒥᓗ ᐊᕐᕙᒐᓯᒃᑎᐅᖅᑲᑎᒦᑦ.

ᖃᐃᖅᖕᒑᖅ ᐱ.ᒪ.ᕙ. ᓃᐅᑦᓴᓐ ᐃᓅᓚᐅᖅᐳᖅ ᓯᑏᐱᕆ 30, 1942-ᖑᑎᓪᓗᒍ ᓴᕙᔅᓯᕙᒃᒥ, ᑲᓛᓕᑦ ᓄᓈᓐᓂ. ᖁᓕᒥᒎᓕᒃᑕᖅᑲᖅᑲᑦᑕᓚᐅᖅᑎᓐᓇᒍ ᐅᐊᑦᑎᐊᕈᕈᒃ, ᖃᐃᖅᖕᒑᖅ ᐃᑭᒪᔩᐊᖅᑲᖅᑲᑦᑕᕐᓂᖅᐳᖅ ᐃᓅᖅᑲᑎᒥᓂᒃ ᐊᒻᒪᓗ ᑎᑎᖅᑲᓂᒃ

ᓴᐅᒥᖕᒥᑦ ᑕᓕᖅᐱᐊᓐᓄᑦ:
ᖃᐃᖕᒑᖅ ᓃᐅᑦᓴᓐ
ᐊᒻᒪᓗᑦᑕᐅᖅ
ᔦᐃᓕ ᓴᖑᔭ, ᐆᓴᖅᑲᒃ
ᖁᔭᐅᑭᑦᓱᖅ; ᑕᑖᓚᖕᖑᐊᖅ ᐱᐊᕆ

ᐅᓯᔮᐅᓪᓗᓂ ᕿᒧᒃᓯᒃᑯᑦ, ᕿᒧᒃᓯᖅᑎᐅᒐᒥ. ᒪᒃᑯᑦᑎᐊᕐᓂᕐᒥᓂᑦ ᓂᕈᐊᕆᔭᐅᖃᓯᐅᔾᔭᐅᖃᑦᑕᓯᒪᒍᖅ ᑲᑎᒪᔨᓄᑦ ᓴᕕᔅᓯᕕᖕᒥ ᐆᒪᔪᕐᓂᐊᖅᑏᑦ ᑲᑐᔾᔨᖃᑎᒌᖏᓐᓄᑦ, ᓴᕕᔅᓯᕕᒻᒥ ᐱᓂᐊᖅᑐᑦ ᐱᖃᑎᒋᒃfᐃᐊᑦ ᐱᓂᐊᖅᑎᒌfᐃᐊᑦ, ᐊᒻᒪᓗ 1980-ᑦ ᓄᓐᖑᖅᐸᓯᐊᒍᑦ ᓂᕈᐊᕆᔭᐅᕙᖕᓂᕆᓪᓗᓂ ᒪᕐᕈᐊᖅᑎᖅᑐᓂ ᑎᓴᒪᓄᑦ ᐊᕐᕌᒍᓄᑦ ᑖᑯᓄᖓ ᑭᒡᒐᖅᑐᐃᔨᐅᕐᑯᔭᐅᓪᓗᓂ ᓯᓚᕐᔪᐊᒥ ᑲᓛᓪᓕᒻᒥᐅᑦ ᑲᑐᔾᔨᖃᑎᒌᓂᑦ ᐆᒪᔪᕐᓯᒃᑎᓂᑦ ᐃᖃᓗᒐᓯᒃᑎᓂᓪᓗ, ᑲᓛᓪᓕᑦ ᓄᓈᓐᓂᑦ ᐋᓕᓴᕐᑐᓪᓗ ᑲᑎ ᐃᐊᑦ. ᑕᐃᔅᓯᒪᓂ 1975-ᒥ, ᖃᐃᖕᒑᖅ ᓂᕈᐊᖅᑕᐅᖃᓯᐅᔾᔭᐅᓐᓂᓇᒍᖅ Hᐋᒪᓕᖕᒋᑕ ᑲᑎᒪᔾᖏᓐᓄᑦ ᖃᓈᕐᒍᑦ ᐅᓪᓗᒥᒍᑦ ᓯᓚ ᑲᑎᒪᔾᔪᐅᖃᑕᐅᒍᖅ. ᑕᐃᔅᓯᒪᓂᓂᑦ 2003-ᖑᑎᓪᓗᒍ ᖃᐃᖕᒑᖅ ᓇᑦᑎᐅᑦ ᕿᓯᖏᓐᓂᒃ ᓄᐊᑦᑎᕙᕕᓂᐅᒐᖅ ᑲᓛᓪᓕᒻᒥᐅᑦ ᓄᓇᕐᔪᐊᖓᓄᑦ ᐊᒻᒪᓗ ᐱᖃᑕᐅᓯᒪᓪᓗᓂ ᒪᑯᐊ ᐱᖃᓯᐅᑎᓪᓗᒥᑦ ᓄᓇᖃᖅᑎᐅᔪᓂ ᐊᒻᒪᓗᑦᑕᐅᖅ ᓄᓇᖅᑲᑕᐅᕕᒋᔭᖕᖑᓚᑕ ᐊᓯᐊᓐᓃᖑᖅᓯᒪᔪᓂᑦ ᐱᖃᓯᐅᑎᓪᓗᒍ ᐃᕙᔅ ᑕᕐᓇᔭᐅᑎᕐ, (Ivars Silis's Film), "ᐊᓐᑕᑉ ᐱᕐᓇᕐᓂᕋ" ("Andap Pernarnera") (ᑕᕐᓇᔭᐅᓯᐅᓇᐊᕐᓂᓇᔭᖕᖑᑦ ᐋᓐᑕᒃᑯᑦ). ᑕᐃᔅᓯᒪᓂ 2004-ᖑᑎᓪᓗᒍ, ᖃᐃᖕᒑᖅ ᑐᓂᕐᕈᓯᐊᕐᓂᓇᔭᖅ ᓴᕕᕙᔭᖕᒥᒃ ᓯᓚᔪᕐᓇᑦᑎᐊᖅᑐᒥᒃ ᐃᓅᓯᖅᑦᑎᐊᕐᓂᐅᑦ ᐱᔾᔪᑖᓂᒃ ᑎᐊᒫᒃ ᑯᐃᖕᖑᓂᑦ. ᖃᐃᖕᒑᖅ ᕿᒧᓯᒥ ᓱᒃᑲᓂᑭᓴᐅᑎᓂᒃᑯᑦ (ᕿᒧᒃᓯᐅᔾᔭᐊᕐᓂᒃᑯᑦ) ᐊᒥᓯᐊᖅᑎᖅᑐᓂ, ᐱᖃᓯᐅᑎᓪᓗᒋᑦᑕᐅᖅ ᐊᖅᑯᑕᓛᑦ ᐱᑐᒃfᐃᕐᒥ (ThuleAirbase). 2011-ᖑᑎᓪᓗᒍ ᖃᐃᖕᒑᖅ ᐃᒪᐃᑦᑐᕈᖅᑎᑕᐅᓐᓂᓇᒍᖅ ᐱᖃᓯᐅᔾᔭᐅᖑᔭᐃᓐᓇᕐᓗᓂ ᓯᓚᔪᕐᓇᑦᑎᐊᖅᑐᒥᒃ ᐃᓅᓯᖅᑦᑎᐊᕐᓂᑦ ᐱᔾᔪᑎᒋᔭᖕᖑᓂᒃ ᑕᐃᒃᑯᓇᖕᖑᑦ ᓴᕕᔅᓯᕕᒃ ᕿᒧᒃᓯᒥ ᓱᒃᑲᓂᐅᑦᑕᕐᑐᑦ ᐱᖃᑎᒌᒃfᐃᐊᑦ.

ᔦᐃᓕ ᓴᖑᔭ ᐊᖑᓇᓯᒃᑎ ᕿᒧᒃᓯᖅᑎᐅᓪᓗᓂᓗ ᑲᖏᖅᑐᒑᐱᖕᒥᐅᑕᖅ, ᓄᓇᕗᒥ. ᐊᕙᑎᑦᑎᓐᓂ ᐱᕈᖅᓴᓂᑰᑦᑐᓂ ᐊᒻᒪᓗ ᐃᓕᑦᑐᓂ ᖃᐅᔨᒪᔭᐅᕐᒥᓂᒃ ᖃᓄᐃᓐᓇᓲ ᐱᓕᕆᔾᔪᑎᓂᒃ ᐊᑖᑕᒥᓂᑦ ᐊᒃᑲᒐᓚᖕᒥᓂᑦᑐ. ᔦᐃᓕ ᐃᓕᓴᐃᔨᐅᓚᐅᖅᓯᒪᔪᖅ, ᐱᓕᕆᐊᖃᕈᓐᓇᕐᑎᐊᖅᑐᓂ ᓴᓇᕐᕈᑎᕈᔾᔪᐊᕐᑎᓂᒃ ᐱᖃᓯᐅᑎᓪᓗᒋ ᖃᔭᐃᑦ, ᖃᒧᑎᐅᕐᓂᕐᓗ, ᐊᓄᓂᒃ ᐊᒻᒪᓗᑦᑕᐅᖅ ᕿᒧᒃᓯᒥ ᐊᑑᑎᖃᐅᖅᑐᓂᒃ, ᐊᒻᒪᓗ ᖃᓄᐃᑦᑐᐃᓐᓇᐊᓂᒃ ᐊᖑᓇᓱᐊᕆᔪᓂᒃ. ᑕᕐᓇᔭᐅᓯᐅᖅᑎᐅᓪᓗᓂ ᐊᒻᒪᓗ ᓇᖕᒥᓂᖅᑲᑕᐅᓪᓗᓂ ᐱᒃᓯᒃ ᑕᕐᓇᔭᐅᓯᐅᓂᕐᒍᑦ ᓴᖕᒥᑦᑐᑎᒃ ᐱᔪᓇᐅᑎᓂᑦ. ᑕᕐᓇᔭᐅᓯᐊᓇᔭᐅᓯᒪᔪᑦ ᓛᓇᕐᓂᓴᐸᓗᐃᑦ ᐅᑯᐊᖑᖃᐅᑎᑦ "ᐋᖅᑭᐅᑦ ᖃᐅᔨᒪᔭᐅᖏᓐᓂᖏᑦ", "ᕿᒻᒥᑦ: ᐊᐳᖅᑎᓪᓗᒥᒃ ᒪᕐᕈᐃᑦ ᓰᑕᔪᑦ ᐊᒻᒪᓗ "ᓄᓇᕗᒥ ᕿᒧᒃᓯᐅᔾᔭᐊᖅᑐᑦ: ᕿᑭᖅᑖᓗᖕᒥ ᕿᒧᒃᓯᒥ ᓱᒃᑲᓂᑭᓴᐅᑎᔪᑦ". ᔦᐃᓕ ᐱᓕᕆᖃᑦᑕᖅᓯᒪᒐᖅ ᓯᕗᓕᖅᑎᐅᓪᓗᓂ ᐊᒻᒪᓗᑦᑕᐅᖅ ᖃᐅᔨᒪᔨᑕᐅᓪᓗᓂ ᐊᒥᓯᓂᒃ ᓄᓇᕗᒥ ᓴᖅᑭᑕᐅᕙᓪᓚᐊᔪᓂᒃ ᐅᑯᐊ ᐱᖃᓯᐅᑎᓪᓗᒋᑦ ᓄᓇᕗᑦ ᒐᕙᒪᖏᓐᓃᖑᖅᑐᑦ ᐃᓄᐃᑦ ᖃᐅᔨᒪᔭᑐᖃᖏᓐᓂᑦ ᓯᓚᐅᑉ ᐊᓯᔾᔨᖅᐸᓪᓕᐊᓂᖓ (ᖁᑦᑎᒃᑐᒥᐅᓂᑦ ᐅᖅᑯᕐᒥᐅᓂᓗ ᕿᑭᖅᑖᓗᖕᒥ) ᐊᒻᒪᓗ ᓴᖅᑮᓂᖅ ᐋᖅᑮᑦᑐᑎᒃ ᓂᖕᒋᖕᖑᓂᕐᒥᒃ, ᓯᕗᓪᓕᖅᐸᐅᖅ ᐊᕐᕕᖕᓄᑦ ᐃᓄᖕᓂᖕᖑᐃᑦᑐᒥᑦ ᐊᕐᕕᑦ ᐸᖅᑭᓴᐅᕕᒥᓂᐊᖅᑕᖕᖑᓂᒃ ᐊᒻᒪᑦᑕᐅᖅ ᑲᓇᑕᒥ ᓄᓇᖅᑲᖅᑳᖅᑐᕕᓃᑦ ᐃᒪᕐᒥ ᐅᒪᔪᖃᖅᓴᕐᒥᒃ. ᔦᐃᓕ ᑲᖏᖅᑐᒑᐱᖕᒥᐅᑕᐅᓂᐊᖅ ᓄᓕᐊᖅ ᐊᒻᒪᓗᑦᑕᐅᖅ ᑕᑦᑕᒪᓂᒃ ᕿᑐᕐᖓᖃᖅᑐᑎᒃ ᖁᓕᓂᒃ (10-ᓂᒃ) ᐃᕐᖑᑕᖃᖅᑐᑎᒃ, ᐊᒻᒪᓗ 24-ᓂᒃ ᕿᒻᒥᖃᐅᖅᑐᑎᒃ.

ᐆᓴᖅᑲᒃ ᖁᔭᐅᑭᑦᓱᖅ ᐃᓅᔪᕕᓂᖅ ᐆᒪᓐᓇᕐᒥ, ᑲᓛᓪᓕᑦ ᓄᓈᓐᓂ, 1948-ᖑᑎᓪᓗᒍ ᐊᖏᔪᖅᑳᒥᓄᑦ, ᖁᔭᐅᑭᑦᓱᖅ, ᐊᖑᓇᓯᒃᑎ, ᐊᕐᓈᓗ ᐃᕿᓚᓇ. ᐃᑕᓐᓂᐊᖅᑲᓯᐅᔾᔭᐅᓯᒪᒐᖅ ᓴᓇᕕᖕᒥ ᐊᖏᔪᖅᑳᑦ ᑐᓪᓚᓇᑦᑐᓂᐅᒃ ᐱᔪᓐᓇᐅᑎᖅᑲᖅᑐᓂᓗ ᐸᐃᐹᕐᒥᒃ ᓇᓗᓇᐃᖅᓯᓯᒪᔪᒥᒃ ᐃᑎᕐᕋᓯᐅᑕᓇᔾᔪᑎᒥᒃ ᐱᔪᓐᓇᕐᓂᕐᒥᒃ, ᓈᓚᐅᓯᓇᐃᓐᓇᕐᓂᖅᑐᓂ ᑐᓴᐅᒪᖃᑦᑕᐅᑎᕐᓂᒥᒃ ᐊᔪᕐᒋᔪᑎᖅᑲᖅᑐᓂ ᐊᒻᒪᓗ ᐊᐅᓚᐅᓯᓇᐱᐅᓂᖅᑐᓂ ᐃᖕᒋᖅᓯᐊᓇᐅᑎᓂᒃ ᐊᔪᕐᒋᕐᓂᕐᒍᑦ ᐱᖃᓇᓪᓗᓂ. ᐱᔪᓐᓇᐅᑎᖃᖅᑲᖅᓂᓇᓪᓗᓂᓗ ᐳᓚᕐᑐᓚᓂᕐᒍᑦ ᐱᔪᓐᓇᐅᑎᒥᒃ. 1971-ᒥᑦ 1975-ᒧᑦ ᐆᓴᖅᑲᖅ ᐃᒃᓯᕙᐅᑕᐅᓇᔭᐅᔭᕕᓂᐅᒍᖅ ᓄᓇᓕᖕᓂ ᑐᒃᓯᐊᕕᖕᒥ (ᑑᑐᕐᓇ ᑐᒃᓯᐊᕕᒃ) ᐊᒻᒪᓗ ᓂᕈᐊᖅᑕᐅᓯᐅᑎᓯᒪᓐᓂᓇᓪᓗᓂ ᓄᓇᓖᑦ ᑲᑎᒪᔨᖏᓐᓄᑦ (1971-ᒥᑦ - 1975-ᒧᑦ ᐊᒻᒪ 1988-ᒥᑦ - 1991-ᒧᑦ). ᑕᐃᒪᓐᖓᓂᑦ 1983-ᒥᑦ 1995-ᒧᑦ, ᓂᕈᐊᕆᔭᐅᖃᓯᐅᔾᔭᐅᓯᒪᔪᒋᕗᖅ ᓄᓇᓕᓐᓂᑦ, ᑲᓛᓪᓕᑦ ᓄᓈᓐᓄᑦ ᓴᐳᒻᒥᕐᑕ ᑲᑎᒪᔾᔪᖕᒋᓐᓄᑦ, ᑕᐃᒪᓐᖓᓂᑦ 1984-ᒥᑦ ᐃᓚᒋᔭᐅᖕᒋᓇᖅᓯᒪᒐᖅ ᐃᓄᐃᑦ ᐅᑭᐅᖅᑕᖅᑐᒧᑦ ᑲᑎᒪᔾᔪᐊᖕᒋᓐᓄᑦ, ᑕᐃᒪᓐᖓᓂᑦ 1996-ᒥᑦ ᐃᒃᓯᕙᐅᑕᓇᔭᐅᖕᒋᓇᖅᑐᓂ Hᐃᖕᒋᑕᒃᑯᓇᓂᑦ '54, ᐊᒻᒪᓗ ᓛᓐᓇᖃᑖᓂᑦ ᐃᒃᓯᕙᐅᑕᓇᔭᐅᓪᓗᓂ ᑲᑎᒪᔨᖃᑖᓂᑦ ᖄᖅᑎᑦᑎᔨᐅᔪᓄᑦ B-52 ᑲᑕᒃᑐᕕᓂᕐᒧᑦ ᐱᑐᒃfᐃᐅᑦ (Thule) ᓄᓇᓖᑦ ᖃᓂᒋᔮᓄᑦ 1986-ᖑᑎᓪᓗᒍ. ᑕᐃᔅᓯᒪᓂ 2004-ᖑᑎᓪᓗᒍ, ᐆᓴᖅᑲᒃ ᑐᓂᕐᕈᓯᐊᖅᓯᒪᒐᖅ ᖁᑦᑎᒃᑐᕐᓂᓐᖒᓯᒪᔪᒥᒃ ᓴᕕᕙᔭᖕᒥᒃ ᐊᒻᒪᓗ ᑕᐃᔅᓯᒪᓂᑦᑕᐃᓇᖅ ᐊᕐᓴᒧᒥ ᑐᓂᕐᕈᓯᐊᕐᓂᓇᓪᓗᓂ ᐃᓄᐃᑦ ᐅᑭᐅᖅᑕᖅᑐᒥ ᑲᑎᒪᔾᔪᐊᖕᒋᓇᓂᑦ ᐃᓅᑉ ᐱᓕᕆᔾᔪᑎᖕᖑᓇ ᑐᕌᖕᖑᔪᒥᒃ ᑐᓂᕐᕈᓯᐊᒥᒃ. 1998-ᖑᑎᓪᓗᒍ ᓄᓇᓕᑦ ᑲᑎᒪᔨᓂᑦ Hᐊᒻᒪᓚᑦᑯᓇᓂᑦ ᖁᔭᒋᔭᐅᓚᐅᓇᒍᖅ

ᓴᐅᒥᖕᒥᑦ ᑕᓕᖅᐱᖕᒧᑦ:
ᐊᐃᒡᒐ ᕼᐊᐃᓐᓄ ᑖᓐᓇᓗ ᒥᐊᕆ
ᑕᓯᒐᑦ, ᓚᐅᕆ ᐊᐃᑲᓐ

ᑲᑎᒪᔨᖏᓐᓂᑦ. ᐊᓯᐊᒍᑦ ᑲᑎᒪᔨᐅᓂᕐᒥ ᐱᖃᑕᐅᖃᑦᑕᕐᓂᖓᒍᑦ, ᐆᓯᖅᑲᒃ ᐊᖑᓇᓱᒃᑎᓪᓚᕆᐅᓯᒪᕗᖅ 1971-ᒥᑦ ᑲᑎᒪᔨᐅᖃᑦᑕᕐᓂᕐᒥ ᐊᓯᐊᒍᑦ, ᐆᓯᖅᑲᒃ ᐊᖑᓇᓱᒃᑎᐅᓯᒪᕗᖅ 1971-ᒥᑦ. ᖃᔭᖅᑲᖅᑐᓂ ᕿᒻᒥᖅᑲᐅᑐᓂᓗ, ᓴᓇᕐᕈᑎᓂᒃ ᐊᖑᓇᓱᑦᑕᕆᖕᓂᕐᒍᑦ ᑐᖁᖓᔪᓂᒃ ᐊᓐᓇᐅᒪᓇᓱᑦᑎᐊᕐᓂᕐᒍᑦ ᐊᖑᓇᓱᒃᑎᐅᓂᕐᒥᒃ ᐃᓅᓯᕐᒥᓂ ᐃᓕᖅᑯᓯᖅᑲᖅᑲᓯᐅᔾᔨᒍᖅ. ᐆᓯᖅᑲᒃᑯᒃ ᓄᓕᐊᕇᒃ ᖃᓈᕐᒥᐅᑕᐅᕗᒃ, ᐃᙵᕐ, ᑕᑦᓕᒪᓂᒡᓗ ᕿᑐᙵᖅᑲᐅᖅᑐᑎᒃ.

ᑖᓚᙳᐊᖅ ᐱᐅᕆ ᐃᓅᔭᕕᓂᖅ ᕿᑭᖅᑕᖅᓯᐊᖅ 1941-ᖑᑎᓪᓗᒍ ᓯᕗᓯᐅᕕᖃᓚᐅᖅᑐᕐᓕ ᐆᒻᒪᓐᓇᕐᒥ ᐃᓚᕇᑦ ᑕᐃᔅᓱᒧᖓ ᓄᒃᑎᖅᑐᕕᓂᐅᖕᒪᑕ. ᓱᑯᖕᒪᑦ, ᐃᓚᖏᑦ ᐃᔅᓯᐃᓲᖅᒧᒃ ᐊᐅᓛᖅᑐᕕᓃᑦ, ᐊᖑᑖ ᐊᐃᕝᕙᓯᓕᕐᓂᖅᑐᓂ ᑎᓇᒐᓂᐊᕐᓯᖕᓂᖅᑐᓂᓗ. ᑖᓚᙳᐊᖅ ᐊᖑᑖ ᓄᓕᐊᖅᑲᐅᓚᐅᖅᐳᖅ ᐱᖕᒐᓱᐊᑎᖅᑐᓂ, ᑕᑦᓕᒪᓂᒡᓗ ᕿᑐᙵᖅᑲᐅᖅᑐᓂ (ᐱᖕᒐᓱᓂᖅ ᐸᓂᖃᖅᑐᓂ ᒪᕐᕉᖕᓂᒡᓗ ᐃᕐᓂᖃᖅᑐᓂ) ᓄᓕᐊᒥᒍᑦ ᓯᕗᑦᑕᖅᐹᒃᑯᑦ, ᐱᖕᒐᓱᓂᒃ ᕿᑐᙵᖃᓇᑦᑐᓂ ᑭᖑᑦᓕᒃᑯᑦ ᓄᓕᐊᕐᒥᒍᑦ, ᑭᖑᑦᓕᖅᐹᒥᓪᓕ ᓄᓕᐊᖓᒍᑦ ᐃᕐᓂᖃᖅᑐᓂ (ᑖᓚᙳᐊᖅ) ᐊᒻᒪᓗ ᐸᓂᖃᖅᑐᓂ. 11-ᓂᒃ ᐊᕐᕌᒍᑲᖅᑎᓪᓗᒍ, 1953-ᖑᑎᓪᓗᒍ, ᐃᓚᕇᑦ ᐅᒻᒪᓐᓇᒥᑦ ᐊᐅᓪᓚᕆᐊᖃᓕᕐᒪᑕ (ᑐᓕᒥ ᒥᕝᕕᓕᐅᕐᓂᐊᓕᕐᒪᑕ) ᐊᐅᓪᓛᓕᕐᓂᖅᐳᑦ ᕿᑭᕐᑕᕐᓯᐊᕐᒍᑦ ᐊᐅᓪᓛᕐᓂᖅᐳᑦ ᑕᐃᑲᓂᓗ ᑖᓚᙳᐊᖅ ᐊᖑᓇᓱᖕᓂᕐᒥᒃ ᐃᓕᑉᐸᓪᓕᐊᓂᖓ ᑲᔪᓯᒃᑲᓐᓂᓕᓚᐅᖅᐳᖅ, ᐊᑖᑕᒥᓂᑦ. ᐅᐱᕐᖕᒑᑯᑦ, ᐆᑦᑐᖃᓕᖅᑎᓪᓗᒍ, ᑖᓚᙳᐊᒃᑯᒃ ᐊᑖᑕᕇᒃ ᐆᑦᑐᕐᓱᖕᓂᕐᒪᑎᒃ. ᐊᖑᑖ ᖁᑭᕆᐊᕐᕌᖕᒐᑦ ᖁᑭᖅᓯᕙᒍᓐᓃᕐᒪᑦ, ᑕᕝᕙ ᑖᓚᙳᐊᖅ ᐆᑦᑐᓕᐊᖃᑦᑕᓕᕐᓂᖅᐳᖅ ᖁᑭᖅᓯᖕᒋᑦᑕᕌᖕᒐᑦᓴᓐᓂᑦ, ᐊᖑᑖ ᐆᑦᑐᓕᐊᖖᒑᓕᖅᐸᒃᑭᑦᑐᓂ. ᑕᐃᒫᖑᖅᑲᑦᑕᓂᖅᐳᖅ ᐃᓕᑉᐸᓪᓕᐊᑦᑐᓂ. ᑖᓚᙳᐊᖅ ᑕᐃᒫᖏᓐᓇᖅ ᓂᕐᔪᑎᓐᓇᓯᖕᓂᖅ ᑲᑦᑐᓯᐅᑎᑦᑐᓂᐅᒃ ᐃᓅᓯᕐᒥᓄᑦ ᐊᑐᓕᓚᐅᖅᐸ ᐊᓐᓇᐳᖅᐸᑦᓕᐊᕐᒥᓄᑦ ᐅᑦᑐᕐᒥᑦ. ᓯᕗᑦᓕᕐᒥᒃ ᓄᓕᐊᕐᒥ ᑖᓚᙳᐊᒃᑯᒃ ᑎᓴᒪᓂ ᕿᑐᙵᖃᖅᐳᖅ, ᐱᖕᒐᓱᓂᒃ (Robert E. Peary), ᒥᐊᓕᒐᓂᒃ ᓄᓇᐸᒃ ᑲᔪᖕᒐᓗᓇ ᓯᕗᓕᖅᐸᒃᑎᑦᑐᓂᒃ ᐊᖏᔪᖅᑲᓇᔭᒃᑐᓂ ᓄᓇᓄᑦ ᑲᔪᖕᒐᓗᓈᖅᑐᕕᓃᑦ.

ᐊᐃᒡᒐ ᕼᐊᐃᓐᓄ ᑲᖏᖅᑐᒫᐱᖕᒥ, ᓄᓇᕗᒥ, ᐃᓅᔭᕕᓂᖅ ᑲᖏᖅᑐᒫᐱᖕᒥᐅᑕᐅᕙᓪᓕᕐᓯᖅᑐᖅ ᐃᓅᓯᕐᒥ. ᑎᓴᒪᓂ ᕿᑐᙵᕐᓴᓂ ᐃᓐᓇᐅᑕᐅᔭᐃᓐᓇᐅᑕᓕᑦᑐᑎᒃ. ᐊᐃᒡᒐᒃᑯᒃ ᔪᐊᕝᕙ ᐃᑦᑐᐊᖖᒐᒃ ᑲᑎᑎᑕᐅᓯᒪᕘᒃ ᐸᖕᓂᖅᑑᒥᐅᑕᒃᓴᔭᐅᑦᑐᓂ ᑲᖏᖅᑐᒫᐱᖕᒥᐅᑕᐅᓯᒪᓕᖅᑐᖅ ᐊᕐᕌᒍᓂᒃ 30-ᓂᒃ ᐅᑦᑐᒥᒍᑦ. ᐊᐃᒡᒐ ᐱᔪᓇᖅᑕᖃᐅᑦᑎᐊᕐᒥᖕᒪᑦ ᐱᖅᑲᓯᐅᑎᓯᒪᖕᒥᔭᖕᒐ ᓴᓇᙳᐊᖅᑲᑦᑕᖅᓂᖅ ᐊᒻᒪᓗ ᓴᓇᙳᐊᒐᖕᒥᑦ ᑕᑯᔭᐅᔪᓇᖅᑐᑎᒃ ᓂᐅᕕᕝᕕᖕᒥ ᖃᑦᑐᓈᓂᓗ ᓴᓇᙳᐊᒐᖅᑲᕕᖕᓂ. ᓴᓇᙳᐊᖅᑲᑦᑕᖅᐸᓪᓕᐊᓕᖅᑐᕕᓂᖅ ᑎᑎᕋᐅᔭᖅᑲᑦᑕᓕᖅᐸᓪᓕᐊᑦᑐᓂᓗ ᓯᕈᓯᐅᓂᕐᒥᓂᑦ, ᑕᒪᓐᓇ ᐱᔪᓇᕐᓂᓇᓕᖅᑕᖕᒐ ᐃᓕᑕᕝᕕᓂᓇᑦᑐᓂᐅᒃ ᐊᑖᑕᒥᓂᑦ ᓂᖕᕆᐅᕐᒥᓂᑦᓗ. ᐊᐃᒡᒐ ᐃᓕᒃᑲᓐᓂᕐᓂᓇᑦᑐᓂ ᐊᓐᓄᕋᔾᔭᐅᕐᓂᕐᒥᒃ ᐊᓐᓄᕋᓇᓗᔪᒃᑕᑦᑎᓐᓂᒃ ᐅᐊᑦᑎᐊᕈᓂᑦ ᐊᓈᓇᒥᒃ ᐃᓕᑦᑐᓂᐅᒃ ᓴᓇᑦᑎᐊᕈᓐᓇᖅᑐᒥᑦ ᐆᒪᔪᑦ ᕿᓯᖏᓐᓂᑦ. ᐅᑦᑐᒥ ᐊᐃᒡᒐ ᐱᖃᓯᐅᔭᖅᑲᑦᑕᖅᐳᖅ ᓴᓇᔭᒥᓂᑦᑐᓂᒃ ᐱᐅᓴᐅᑎᖏᓐᓂᒃ ᐃᓚᓚᐅᑎᔭᖏᓐᓂᒃ ᓴᓈᒥᒍᑦ, ᐱᓕᕆᐊᕆᔭᖏᑦ ᐊᔾᔨᕇᖏᑦᑐᑦ ᐊᒥᓱᖕᒪᑕ ᐊᒻᒪᓗ ᑕᒪᒃᑯᐊ ᓴᓈᓇᔾᔨᖏᑦ ᑭᓯᑐᐃᓐᓇᓴᓂᑦ ᐊᒥᓱᑦᑐᑎᒃ ᐊᔾᔨᖏᕐᓯᑦᑐᓃᖖᒎᖅᑐᑦ. ᐃᓕᓐᓂᐊᖅᑎᑦᑎᕙᒃᑭᑦᑐᓂ ᑕᑯᒥᓇᖅᑐᓂᒃ ᓴᓇᓂᕐᒥᒃ ᐱᔪᓇᐅᑎᕆᓕᖅᑕᓂ ᐊᑐᖅᑐᓂᐅᒃ ᓴᓇᓂᖅ ᐃᓕᓐᓂᐊᖅᑎᓂᒃ ᐃᓕᓐᓂᐊᑭᓯᕐᒥᒍᑦ ᖁᑦᑎᖕᓂᓕᖕᓂᒃ 9-ᒥᑦ 12-ᓄᑦ ᖁᓗᐊᖅ ᐃᓕᓐᓂᐊᕝᕕᖕᒥ ᑲᖏᖅᑐᒫᐱᖕᒥ ᐃᖅᑲᓇᐃᔭᕝᕕᕆᓯᒪᔭᓂ ᐊᕐᕌᒍᑦ 20 ᐊᓂᒍᖅᑐᑦ.

ᒥᐊᕆ ᑕᓯᒐᑦ ᓇᓗᖕᒥᔭᖕᒐᑦᑕᐅᖅ ᐊᖅᕌᒎᑦ ᓇᐃᓴᐅᑎᖓ ᓇᓕᐊᒃ ᐃᓅᕙᕙᓂᓂ, ᑭᓯᐊᓂᓕ ᐃᓚᒥ ᐅᖅᑲᐅᓯᖏᓐᓂᒃ ᐃᒫᖑᖅᑯᐃᔨᑦᑐᓂ ᐊᕐᕌᒍᓂᒃ 90 ᐅᖓᑖᓂᑦᑐᓂᒃ ᐆᒪᓕᖅᑐᖅ. ᖃᐅᔨᒪᒪᓗᐊᖅᑐᓂ ᐊᐅᔭᒃᑯᑦ ᐃᓅᔭᕕᓂᐅᔭᕆᐊᒃᓴᖅ, ᕿᕕᑦᑑᒥ, ᓄᓇᕗᒥ ᑲᖏᖅᑐᒫᐱᐅᑦ ᐅᖅᑯᓇᖕᒫᖅᑕᖕᒐᓂ ᕿᑭᖅᑕᕐᔪᐊᑦ ᖃᓂᕿᔭᓂ. ᐊᖑᑖ ᐃᓅᔭᐊᓐᓂᖅᑐᖕᓇᓂᐅᓯᖅᑐᓂ ᐃᓅᓚᐅᖅᑎᓐᓇᒍ ᓯᓚ ᐊᓈᓇᖃᕈᓐᓂᓚᐅᓐᑐᓂᓗ ᒪᒃᑯᒃᑐᕝᕕᖕᔭᐊᖑᑦᑐᓂ. ᒥᐊᕆᐅᑦ ᐊᕐᓈᑕ ᐊᓈᓇᙵᓂ ᓂᖕᕆᐅᕐᒥᓂ ᐱᕈᖅᓴᓕᕐᓂᖅᐳᖅ ᐃᑦᑐᙵᓗ ᑐᖅᓯᒐᐅᓚᐅᖅᑐᓂ ᓄᓇᒥᖕᓂ. ᓂᕕᐊᖅᓵᖑᑎᓪᓗᒍᓯᓚ, ᐃᑦᑐᐊᑕ ᐊᕐᕚᖅᑑᓚᐊᕈᑎᓐᓂᖅᑐᓂᒥᑦ ᑕᐅᕙᓂᒥᐅᑕᐅᓚᖅᑐᑎᓪᓗ ᐊᒻᒪᓗᑦᑕᐅᖅ ᐊᐅᔭᒃᑯᑦ ᓄᓇᖅᐸᖃᑦᑕᕐᓂᖅᑐᑎᒃ ᑐᒃᑐᓇᓱᒃᑐᑎᒃ ᓂᕿᒃᓴᒥᓂᒃ ᑐᒃᑐᖃᔭᓂᒡᓗ ᐅᖅᑯᒃᓴᐅᑎᒃᓴᒥᓂᒃ ᐊᓐᓄᕋᒃᓴᒥᓂᒃ ᐅᑭᐅᒃᑯᑦ. ᒥᐊᕆᐅᑦ ᐅᐃᖓ ᓇᐅᔭᕐᓚᒃ ᑕᓯᒐᑦ ᐊᑎᖃᖅᑐᕕᓂᖅ ᐊᖅᕌᒍᒥᓄᑦᑕᐅᖅ 90 ᐅᖓᑖᓄᑦ ᐃᓅᓚᐅᕐᒥᔭᖅ. ᑕᒪᕐᒥᒃ ᐱᓯᖃᑦᑕᓕᒪᔭᐊᓘᒃ ᐃᓅᓯᕐᒥᖕᓂ, ᐊᖑᓯᒃᑐᑎᒃ ᐃᓚᒥᓄᑦ. ᐃᓄᒐᓚᐃᑦ ᐅᖃᐅᑎᖃᖅᓯᒪᕆᒍᑦ ᐃᒫᒃ ᐃᓅᓯᖃᑐᖃᐅᔭᕐᓂᖏᓐᓂᒃ ᑕᒪᓐᓇ ᐱᓯᖃᑦᑕᖅᓯᒪᓂᖏᑦ ᐊᑑᑎᖃᕐᓂᑯᑦᑎᐊᖑᓯᕆᒃᓯᑦᑐᑎᒃ,

ᑕᒪᒃᑯᐊᖑᒐᓗᐊᖅᐳᑦᓕᑦᑕᐅᖅ ᓄᓇᐃᑦ ᐊᑎᖏᑦ ᖃᐅᔨᒪᐅᓕᖅᑕᓂ ᓄᓇᑐᐃᓐᓇᕐᓗ. ᒥᐊᓇ ᕿᑐᕐᖓᖃᓚᐅᖅᐳᖅ ᐱᖓᓱᓂᒃ ᐃᕐᖑᑕᖏᑦᑐ ᐊᒥᓲᓪᓗᑎᒃ ᐊᒻᒪᓗᑦᑕᐅᖅ ᐊᔭᐅᐱᐊᖏᑦ. ᖃᐅᔨᒪᓂᖃᑦᑎᐊᖅᑐᐊᓘᓪᓗᓂᓗ ᒥᖅᓱᕐᓂᕐᒥᒃ, ᐃᓄᐃᑦᑐ ᐃᓅᓯᓇᓚᐅᖅᑕᒥᓂᒃ ᐅᐊᑦᑎᐊᕈ. ᐅᑦᑐᒥᒧᑦ ᒥᐊᓇ ᓄᓇᓕᖕᓄᑦ ᓯᓕ ᐊᒃᑐᐊᑦᑎᐊᕈᓯᖓ ᐅᔾᔨᕐᓇᑦᑎᐊᖅᐳᖅ ᐃᑲᔪᕐᓂᖓᓗ ᐃᓕᑎᑦᑎᕙᑦᓕᐊᑦᑐᓂ ᑕᒪᑐᒥᖓ ᐃᓄᐃᑦ ᖃᐅᔨᒪᔭᑐᖃᖏᓐᓂᒃ, ᐊᑐᖅᑕᐅᕙᓪᓚᐅᖅᑐᒥᓪᓗ, ᐊᒻᒪᓗ ᐊᓐᓂᕐᓇᖅᑐᓂᒃ ᐃᓕᖅᑯᓯᕐᒦᑦᑐᓂᒃ.

ᓕᐅᓇ ᐊᐃᑲᓐ ᐃᓅᔪᕕᓂᐅᕗᖅ ᐱᕈᖅᓴᔪᕕᓂᐅᓪᓗᓂᓗ ᐅᑦᕿᐊᒡᕕᒃ, ᐊᓛᓯᑲᒥ. ᓕᐅᓇ ᐊᕐᕌᒍᓯᒃᑎᓐᓂᓐᓛᖅᓯᒪᕗᖅ ᐃᓚᒦᑦ. ᐊᖑᑖ, ᐅᐊᔅᓕ ᐊᐃᑲᓐ (ᐃᓐᓇᑦᓚᓇᐅᖅᑲᑕᐅᕗᖅ ᐅᖅᑭᐊᕙᖕᒥ ᓯᑯᓕᕆᐲᐅᔪᓂ), ᐃᓯᓕᑦᑎᓯᒪᔪᖅ ᐊᕐᕌᒍᓯᒃᑎᓄᑦ ᑲᐱᑕᐅᓂᕐᒥᒃ. ᐅᑦᑐᒥᓕ ᐊᕐᕌᒍᓯᕆᐊᖅᑲᑎᖅᑲᖅᑲᑦᑕᖅᐳᖅ ᔪᐊᔾᔨ ᐋᑕᒻᔅ ᐊᖏᔪᒃᑎᕐᒥᒃ., ᐊᖑᓇᓱᒃᑐᓂ ᐊᕐᕙᓯᒃᑎ ᐅᐱᕐᖔᒃᑯᑦ ᐅᑭᐊᒃᓵᒃᑯᓪᓗ ᐊᕐᕙᓯᖕᓂᐅᑎᑦᑐᒍ. ᓕᐅᓇ ᐊᖑᓇᓱᖕᓂᕐᒥᒃ ᐃᓅᓯᖃᖅᐳᖅ, ᐊᕐᕙᓯᖕᓂᕐᒥᒃ, ᑐᒃᑐᓇᓱᖕᓂᕐᒥᒃ, ᐃᖅᑲᓗᓯᐅᖕᓂᕐᒥᒃ ᐅᕝᕖᔫᓐᓂᑦ ᑎᖕᒥᐊᕋᓱᖕᓂᕐᒥᒃ. ᐊᖑᓇᓱᖕᓂᓂ ᐊᑐᓇᐊᖕᒐᑦᑕᐅᖅ ᐃᖅᑲᓗᓯᐅᖕᓂᓂᓗ ᓂᕿᒃᓴᓂᒐᖕᓂᓂ ᖁᕕᐊᕆᑦᑎᐊᖅᐹ, ᐃᓚᖅᑯᓯᕐᒥᒍᑦ ᐃᓄᐱᐊᖅᑎᑐᑦ ᐃᓅᓯᖃᕐᓂᓂ ᐊᑐᑦᑎᐊᓇᐊᖓ ᐱᕐᔪᐊᓇᖕᒥᒐᒥᐅᒃ ᓇᖕᒥᓂᖅ. ᓕᐅᓇ ᑎᑎᕋᐅᔭᖅᑎ ᓴᓇᙳᐊᓗᒃᑎᑦᑕᓇᐅᑦᑐᓂᓗ. ᐊᒥᐊᓇᖃᑦᑕᖅᐳᖅ ᖃᑦᑐᓈᖅᑕᒃᑯᑦ, ᐃᓄᐱᐊᖑᓂᒥ ᐱᖃᑦᑕᖅᑕᒥᓂᒃ ᐃᓅᓯᕐᒥ ᐊᑐᖅᑕᒥᓂᒃ ᐅᑭᐅᖅᑕᖅᑐᒥ. ᑎᑎᕋᐅᔭᓇᐊᒃᓴᖅ ᐊᒥᐊᓇᔭᓇᐊᒃᓴᖅᑐ ᓂᕐᔪᑎᙳᐊᓂᒃ ᐅᑭᐅᖅᑕᖅᑐᒥᐅᑕᙳᐊᓂᒃ, ᓄᓇᒥ ᐃᒪᕐᒥᐅᓐᓂᑦ. ᐱᑦᓚᑎᐅᑖᖑᖃᓯᐅᑎᖕᒥᔭᖕᒐᑦᑕᐅᖅ, ᓕᐅᓇ ᐃᓄᐱᐊᖑᓂᕐᒥᓂᒃ ᖁᕕᐊᕆᔭᖃᑦᑎᐊᕐᒥ.

ᓄᑲᐱᐊᙳᐊᖅ ᕼᐊᓐᑐᕆᒃᓴᓐ ᐃᓅᔪᕕᓂᖅ ᓅᕕᐱᕆ 17, 1961-ᖑᑎᓪᓗᒍ ᖃᓈᕐᒥ. ᐊᓈᓇᖓ ᐊᑎᖃᖅᑐᓂ ᑕᐱᑦ ᓯᒥᒐᖅ ᐊᑖᑕᖓᓗ ᐊᑎᖃᖅᑐᓂ ᐋᐅᔭᑯ ᒥᑎᖅ. ᓄᑲᐱᐊᙳᐊᖅ ᐱᕈᖅᓴᔭᐅᓐᓂᖅᐳᖅ, ᔫᑦ ᕼᐃᑐᕆᒃᓴᓐᒧᑦ ᓂᖏᐅᕐᒥᓄᑦ, ᐊᒻᒪᓗ ᓴᑲᐃᐊᔅ ᕼᐃᑐᕆᒃᓴᓐ, ᐃᑦᑐᖓ. ᐊᖏᔪᒃᑎᖅᐹᖑᓪᓗᓂ ᐊᓈᓇᒥ ᕿᑐᕐᖓᖏᓐᓂᒃ ᖃᑕᖑᑎᕌᓗ ᐅᑯᐊᖑᓪᓗᑎᒃ ᐸᔅᓲᖑᐊᖅ, ᓯᓛᓐ, ᐊᓂᑭ, ᓇᑐᒃ, ᕿᔅᒪᔅ ᐊᒻᒪᓗ ᑐᕙᐃᐊᓯ. ᖃᑕᖑᑎᖏᑦ ᐊᑖᑕᒥᓂ ᐅᑯᐊᖑᕗᑦ ᔨᐊᓐᔫᐊ, ᒪᓴᐅᓇ, ᐸᐅᓚᔅ, ᐊᒻᒪᓗ ᑕᐃᓇ. ᓄᑲᐱᐊᙳᐊᖅ ᐃᓅᓯᕐᒥᓂ ᐊᖑᓇᓱᒃᑎᐅᓂᒧᑦ ᐊᓐᓇᐅᒪᕗᖅ ᓯᐅᕋᐸᓗᖕᒥᓗ ᓄᓇᖃᖅᑐᓂ ᐱᕈᖅᓴᕕᕆᓚᐅᖅᑕᒥᓂ ᐊᒻᒪᓗᑦᑕᐅᖅ ᐅᒥᐊᖃᖅᑐᓂ ᕿᒻᒥᖃᐅᑦᑎᐊᖅᑐᓂᓗ. ᓄᑕᐊᖓ ᐸᑦᓱᕐᒥᒃ ᐊᑎᖃᖅᐳᖅ 7-ᓂᒡᓗ ᕿᑐᕐᖓᖃᖅᑐᑎᒃ, ᓂᕕᐊᖅᓯᐊᖅ, ᒪᔭᖅ, ᐃᓚᙳᐊᖅ, ᓴᑲᐃᐊᓯ, ᐊᐃᑉᐸᓪᓚᕼᐋ, ᐊᓯᐅᔪᒃ, ᐊᒻᒪᓗ ᐊᕿᑦᑕᖅ. ᓄᑲᐱᐊᙳᐊᖅ ᐊᖑᓇᓱᖕᓂᖅ ᖁᕕᐊᕆᑦᑎᐊᖅᐹ, ᓇᑦᑎᖅᓂᒃ ᐆᑦᑐᕋᓯᕆᐊᒃᓴᖅ, ᐅᒡᔪᓯᕆᐊᒃᓴᖅ, ᐊᐃᕝᕙᓯᕆᐊᒃᓴᖅ, ᐊᒻᒪᓗ ᓇᓐᓄᓯᕆᐊᒃᓴᖅ. ᐋᒡᕿᓯᐅᑎᓪᓗᒍ ᐅᒥᖕᒪᓯᐅᖅᑐᕕᓂᐅᓪᓗᓂ ᑐᒃᑐᓇᓱᒃᑐᕕᓂᐅᓪᓗᓂ ᐊᒻᒪᓗ ᐄᑕᐅᑦ ᓯᐅᕋᐸᒎᓪᓗ ᖃᓂᒌᔭᓂ ᐊᒃᐸᓕᐊᕐᔪᓯᐅᖅᑐᕕᓂᐅᓕᓪᓗᓂ.

ᓕᓇ ᑭᐅᑦᓴᓐ ᕼᐅᒻ ᐱᖃᑕᐅᖃᑦᑕᖅᓯᒪᓕᖅᑐᑦ ᑕᒪᒃᑯᓄᖓ ᐊᕙᑎᓕᕆᓂᖅ ᐊᒻᒪᓗ ᐆᒪᔪᓂᒃ ᖃᓄᐃᑦᑐᑐᐃᓐᓇᕐᓂᒃ ᐱᓕᕆᐊᖃᖅᐸᓕᐊᑦᑐᑎᒃ ᐅᖃᓪᓚᐅᑎᖃᖃᑦᑕᖅᑐᑦ ᑲᓛᓪᓕᑦ ᓄᓈᓐᓂᑦ ᐊᒻᒪᓗᑦᑕᐅᖅ ᐅᑭᐅᖅᑕᑐᓕᒫᒥ ᐊᕿᒍᓂᒃ ᐊᒥᓲᓕᖅᑐᓂᒃ. ᓛᓐᓇᐅᔭᕐᑕ ᐱᓕᕆᐊᖃᕐᒥᔪᖅ ᖃᐅᔨᓴᕐᓕᐊᕆᓯᖅᑕᒥᖕᓂᒃ ᐊᒻᒪᓗ ᐱᓕᕆᐃᔨᓂ ᓯᕗᓕᖅᑎᐅᑦᑐᓂ ᐱᓕᕆᖃᑎᒋᔭᖏᑦ ᑲᓛᓪᓕᑦ ᓄᓈᓐᓂ ᓯᓚᓕᕆᓂᖅ ᐱᔾᔪᑎᒋᓪᓗᒍ ᖃᐅᔨᓴᕐᓕᐊᕆᓯᖅᑎᐅᑦᑐᑎᒃ ᐱᓕᕆᕕᖕᒥ, ᓯᓚᓕᕆᓂᖅ ᐊᒻᒪᓗ ᐃᓅᖃᑎᒌᓐ ᑲᑎᖕᒪᔪᑦ, ᐃᑲᓂ ᐱᙳᖅᑎᑕᓕᕆffᐃᒃ..ᓛᓐᓇᑦᑎᐊᒍᑦ, ᓖᓇ ᐃᓄᐃᑦ ᐅᑭᐅᖅᑕᑐᒥ ᖃᑎᒪᔾᔪᐊᖏᓐᓄᑦ ᑲᓛᓪᓕᑦ ᓄᓈ ᐱᔾᔪᑎᒋᓪᓗᒍ ᐊᕐᕿᒍᓄᑦ ᖁᓚᐅᔭᕆᐊᑭᑦᑐᓄᑦ ᐱᓕᕆᐊᖃᑕᐅᕗᖅ ᐊᖏᔪᖅᑳᖑᑦᑐᓂ ᐱᓕᕆᐊᕆᔭᐅᕙᓪᓕᐊᔪᑦ ᐊᑐᖅᑕᐅᕙᓪᓕᐊᔭᕆᐊᖃᕐᓂᖓᓄᑦ ᑎᓕᐅᖅᑎᐅᑦᑐᓂ ᖃᐅᔨᓴᕐᓇᓯᒃᑕᐅᔪᑦ ᐊᒻᒪᓗ ᐆᒪᔪᓕᒫᑦ ᐱᔾᔪᑎᒋᓪᓗᒋᑦ ᐊᕿᒃᓯᐃᕙᓪᓕᐊᑦᑐᑎᒃ. ᐃᖅᑲᓇᐃᔭᖃᑦᑕᖅᓯᒪᓪᓗᓂ ᐊᒥᓱᑲᓪᓚᖕᓂᒃ ᖃᐅᔨᓴᐅᔾᔪᓕᐊᕆᓱᒃᑐᓂᒃ ᑖᑯᓇᓂ ᐅᕿᐅᑕᖅᑑᑦ ᑲᑎᒪᔩᖏᓐᓂᑦ ᐱᓕᕆᔨᐅᔪᓂᑦ ᑲᑎᕙᒃᑐᓂᑦ ᐆᒪᔪᐃᑦ ᐱᔾᔪᑎᒋᓪᓗᒋᑦ ᐊᕿᒃᓯᐃᕙᓪᓕᐊᔪᓂᑦ, ᐱᔾᔪᑎᒥᓗᐊᖅᑕᐅᒥᑦᑐᑎᒃ ᐊᖑᑕᐅᖕᒪᖕᒫᑕ ᐊᕐᓇᐅᖕᒪᖕᒫᑕᒍᓐᓂᑦ ᓄᓇᐅᑦ ᐱᔭᕐᓇᕐᓂᖏᑦ ᐱᔾᔪᑎᔭᐅᑦᑐᑎᒃ. ᐊᐅᓚᑦᑎᑦᑐᓂᓗ ᐃᓄᐃᑦ-ᓯᓚ ᐱᓕᕆᓂᕐᒧᑦ, ᐃᒪᐃᑦᑐᓂᓗ ᑲᓛᓪᓕᑦ ᓄᓈᓐᓂᒥᐅᑦ ᐆᒪᔪᕐᓯᐅᖅᑎᑦ, ᐃᖅᑲᓗᓯᐅᖅᑎᑦ, ᔫᐱᓕᕆᓂᕐᒧᑦ ᒥᐊᓂᖅᓯᔨᑦ, ᐊᒻᒪᓗ ᖃᐅᔨᒪᔨᐅᔪᑦ ᖃᐅᔨᒪᔭᖃᐅᖅᑑᑦ ᐅᓕᕐᓇᐃᖅᓯᓯᒪᔪᑦ ᑭᓱᑐᐃᓐᓇᕐᓂᒃ ᑕᒪᒃᑯᐊ ᖃᐅᔨᒪᔭᓂ ᓯᓚᐅᑦ ᐊᓯᔾᔨᖅᐸᓪᓕᐊᓂᖓᓂᒃ. ᓕᓇ, ᓄᓇᕕᓂᖃᖅᐳᖅ ᖃᖅᑯᖅᑐᖅ, ᑲᓛᓪᓕᑦ ᓄᓈᑦᑕ ᐅᖅᑯᕐᒥᐅᖕᖓᓐᓂᑦ, ᐊᓈᓇᒥᔭᐅᑦᑐᓂ ᒪᕐᕉᖕᓄᑦ ᓂᖏᐅᕆᔭᐅᑦᑐᓂᓗ ᐊᑕᐅᓯᕐᒧᑦ ᐊᒻᒪᓗ ᓅᒃᒥ ᓄᓇᖃᖅᑐᓂ, ᑲᓛᓪᓕᑦ ᓄᓈᑦᑕ ᓄᓇᓕᒃᔪᐊᖓᓂ.

ᓴᐅᒥᐊᓂᑦ ᑕᓕᖅᐱᐊᓄᑦ:
ᓄᑲᐱᐊᙳᐊᖅ
ᕼᐊᓐᑐᕆᒃᓴᓐ; ᓕᓇ ᑭᐅᑦᓴᓐ ᕼᐅᒻ
ᐊᒻᒪᓗ ᓯᐋᕆ ᕚᒃᓴ ᒋᐅᕼᐊᑦ,
ᐊᐃᑉᐸᖓ; ᕼᐊᐃᓐᓄᕆ
ᕼᐊᓐᑎᖕᑕᓐ

ᓴᐅᒥᐊᓂᑦ ᑕᓕᖅᐱᒻᒧᑦ: ᑕᐃᕕᑎ ᐃᒃᑲᕐᓇᐊᓗᒃ; ᒪᒪᕆᑦ ᑯᕆᔅᑕᓐᓴᓐ; ᔭᐊᔅᐱ ᑑᒃᑲᖅ ᓕᕕᑦ

ᓯᐋᕆ ᕘᒃᔅ ᒋᐅᕐHᐊᑦ (ᐊᕐᓇᕋᓛᖅ) ᐃᓅᓚᐅᖅᐳᖅ ᐱᕈᖅᓴᑦᑐᓂᓗ ᐋᓐᑎᐅᕆᐅ ᓂᒋᖓᓂ, ᑲᓇᑕᒥ. ᑲᔾᔮᕆᔾᔭᖅᑲᐅᔾᔭᐃᓐᓇᖅᑐᖅ ᐅᑭᐅᕐᒥᒃ ᐊᐳᑎᒥᓪᓗ. ᓇᔪᐊᑦᑕᑐᐊᓕᐅᕆᐊᒃᓴᖅ ᓯᓂᑲᐃᓐᓇᕐᑲᕐᕕᕐᑲᕐᑐᓂᓗ ᐊᑐᒐᓐᓈᕆᓚᐅᕆᕚ ᓱᕈᓯᐅᑦᑐᓂ ᑭᐱᙳᐃᔭᐅᑎᒋᔭᕆᐊᖓ ᑕᐃᒪᐃᓕᐅᒐᑦᑐᓂ, ᑕᐃᒫᒃ ᐊᕐᓈᑕ ᐱᖏᒐᐅᑎᒋᐸᔫᔭᓕᖅᐸᒃᑐᓂᐅᒃ. ᑕᐃᔅᓯᒪᓂ ᓄᓇᕘᒨᕈᓐᓇᕐᓂᖅᑲᑲᐃᓐᓇᕐᓂᕋᒥ ᐃᓕᓐᓂᐊᖅᐸᑦᓕᐊᑦᑐᓂ ᐊᕌᒍᑦ 15-ᖑᓗᐊᓕᖅᑐᖅ ᐊᓂᒍᖅᐳᑦ, ᓯᐋᕆ ᐊᖏᕐᕋᒃᓴᖅᓯᐅᓕᓚᐅᖅᐳᖅ ᐅᑭᐅᑕᖅᑐᒦᑦᑐᒥᒃ. ᐃᖅᑲᓇᐃᔭᑐᖅᑲᐅᔭᖅᓯᒪᕗᖅ ᐊᐅᓪᓚᕐᑎᓪᓗᓂᓗ ᐱᓕᕆᐊᕆᓯᓐᓈᕐᓗᑎᑦ ᒪᑯᐊ ᐃᓄᐃᑦ ᖃᐅᔨᒪᔭᖏᑦ ᐊᒻᒪᓗ ᐊᕙᑎᑦᑎᓐᓂᑦᑐᑦᓗ ᒪᓐᓇ ᓄᓇᓖᑦ ᑐᙵᓂᕆᔭᖓ ᐊᑐᖅᑐᒍ ᖃᐅᔨᓴᓪᓕᐊᓪᓗᒍ ᐊᒻᒪᓗᑦᑕᐅᖅ ᖃᐅᔾᓵᕆᓗᒍ (ᐃᒋᒫᕆᓪᓗᒍ). ᓄᓇ ᐊᒃᑑᑎᖅᑲᐅᖅᑐᓪᓗ ᑭᓱᑐᐃᓐᓇᑦᑎᐊᑦ ᐱᖅᑲᓯᐅᑎᓪᓗᒋᑦ ᐊᒻᒪᓗᑦᑕᐅᖅ ᖃᐅᔨᓴᓪᓕᐊᓇᓱᖕᓂᕐᒥᒃ ᑭᒡᓕᓯᓂᐊᕐᓂᒃᑯᑦ ᐅᑯᐊ ᐱᓕᕆᖅᑎᕆᓪᓗᒋᑦ ᓄᓇᖅᑲᕐᕕᖅᑎᖅᑯᖅᑐᑦ ᓯᐊᒻᒪᖕᒐᓪᓗᑎᒃ ᓇᓗᓇᐃᖅᑕᐅᓯᒪᔪᒥ (ᓲᕐᓗ ᑲᓇᑕ) ᐃᒫᒃ ᐅᖅᑲᐅᑎᒋᓗᒍ ᓄᓇᖅᑲᕐᕕᖅᑎᖅᑯᖅᑐᑦ ᐊᐳᑎ ᐊᒻᒪᓗ ᓯᑯᓕᕆᓂᕐᒥᒃ ᓄᐊᐸᒃᑕᐅᓯᒪᔪᑦ ᐱᓕᕆᕝ (NSIDC) ᐃᓕᓐᓂᐊᕐᕕᒡᔪᐊᒥ ᑰᓗᕌᑐ ᕘᑐᒥ, ᓄᓇᓕᖕᒥᐅᑕᐅᓕᕐᓂᓂ ᐃᖅᑲᓇᐃᔮᖅᑐᓂ ᑲᖏᖅᑐᒑᐱᖕᒥᐅᑕᐅᕗᖅ 2004-ᒥᑦ. ᐅᐃᖓᓗ ᔭᐃᒃ, ᓯᐋᕆᑯᒃ ᐱᓐᓇᕆᔭᖅᑎᐊᕆᕚᒃ ᖁᒃᓯᖅᑕᓂᕐᒥᑦ. ᖃᐅᑎᑦᑯᑦ, ᑖᓐᓇ ᔭᐃᒃᑯ ᓇᓂᔭᐅᔪᓐᓇᖅᑦᑕᖅᐳᑦ ᐱᓕᕆᐊᖅᑎᑦᑐᒋᑦ ᕿᒻᒥᒥᓂᒃ 21-ᓂᒃ ᖁᒃᓯᖅᑕᐅᑎᒋᕙᒃᑕᒥᓂᒃ.

ᕼᐊᐃᓐᓄᕆ ᕼᐊᓐᑎᖕᑕᓐ ᐅᔾᔨᕈᓯᕆᐊᕐᖓᖅᓯᒪᕗ ᓯᑯᒥᒃ ᐊᕐᕌᒍᖅᑐᓂ ᑕᑦᓕᒪᓂᒃ (5), ᓂᓚᖕᒥᒃ ᑎᓯᕋᐅᑎᖅᑐᓂ ᑐᓚᒃᑕᕐᕕᐅᑦ ᓱᓪᔭᖓᓂ ᐃᑦᑐᒃᑯᒥ ᐃᓪᓗᖓᑦᑕ ᖃᓂᒋᔮᓂ ᑕᐃᑲᓂ ᕿᑭᖅᑕᑯᑖᒃ (Long Island), ᓂᐅᔪᐊᒃᒥ. ᖁᐊᐃᑦᑐᓂ ᖃᐅᒥᒍᑦᓗ ᑭᓕᖅᑐᓂ, ᑕᑦᓕᒪᐃᖅᓱᖅᑕᐅᑦᓗᓂ ᑲᒃᑭᓯᔭᐅᑦᓗᓂ ᐊᒻᒪᓗᑦᑕᐅᖅ ᒫᓐᓇᒧᑦ ᕿᓕᕈᐊ ᑕᑯᒃᓴᐅᒐᖅ ᐊᔾᔨᙳᐊᒥ ᖁᕝᕙᓯᒃᑐᒥ ᓴᐅᒥᖕᒥᕐᒥᒧᑦ ᖃᑦᑐᒥᒧᑦ. ᐊᓄᑦᓚᖕᒋᑦᑎᐊᕐᒥ, ᕼᐊᐃᓐᓇᓕ ᐅᑭᐅᖅᑕᕐᔫᒥᓂᖅᓴᒥᑦ ᐃᖅᑲᓇᐃᔫᖅᑖᖅᐳᖅ ᖁᑦᑎᖕᓂᖅᓴᒥ ᐃᓕᓐᓂᐊᓚᐅᖅᑐᓂ, ᓴᓂᖅᑎᐅᓚᐅᖅᑐᓂ ᑕᐃᔅᓯᒪᓂ ᒪᒃᒧᖅ ᓯᑕᐃᓴᓐᒥ (McMurdo Station), ᓄᓇᕐᔪᐊᑦ ᐳᑐᒍᖕᒫᖓᓂ. ᖁᑦᑎᖕᓂᖅᓴᒥ ᐃᓕᓐᓂᐊᒃᑲᓂᖅᑕᓂ ᐱᔭᕇᕐᒥᐅᒃ ᐅᖅᑭᐊᕕᖕᒨᖅᑐᕕᓂᐅᒐᖅ ᐊᕐᕕᖕᓂᒃ ᓇᐃᓴᐃᔭᖅᑐᖅᑐᓂ, ᐊᑯᓂᐅᖕᒋᑦᑎᐊᑐᕐᓗ ᓵᑕᖅᑲᖅᐳᖅ ᐱᓐᓇᕆᓚᖅᑐᒋᑦᓗ ᐃᓄᖕᒋᑦ ᐊᕙᑖᓗᑦᑕᐅᖅ. ᐃᓕᓐᓂᐊᖅᑕᒥᓂᒃ ᐃᖅᑲᓇᐃᖅᓯᒐᒥ ᐱᓕᕆᐊᕆᔭᕆᐊᖅᑲᖅᑕᒥᓂᒃ, ᐅᑦᕿᐊᒡᕕᖕᒧᑦ ᐅᑎᖅᐳᖅ ᐊᕐᕋᒍᒐᓵᙱᑦᑐᓂᒃ, ᓇᒃᑐᕋᓕᒃ ᑰᓕᖕᒧᑦ (Eagle River) ᐊᐅᓪᓛᓕᕐᓂᕆᑦᑐᓂ, ᐊᓛᓯᑲᒥ (ᐊᖕᑯᕆᔾᔨ ᖃᓂᒋᔮᓃᑦᑐᒧᑦ), ᑕᐃᔅᓯᒪᓂ 1994-ᒥ ᐃᖅᑲᓇᐃᔭᕐᓂᐊᖅᑐᓂ ᐃᓄᐃᑦ ᐅᑭᐅᖅᑕᖅᑐᒥ ᑲᑎᒪᔩᕐᔪᐊᖏᓐᓄᑦ. ᑕᐃᔅᓯᒪᓂ 1997-ᖑᑎᓪᓗᒍ, ᓇᖕᒥᓂ ᐃᖅᑲᓇᐃᔮᖅᑲᓕᖅᑐᓂ ᐱᓕᕆᓪᓗᓂ ᐃᒪᐃᑦᑑᔪᒥᒃ ᖃᐅᔨᓴᓪᓕᐊᓇᓱᒃᑐᓂ ᐱᓕᕆᐊᕆᔭᒥ ᐊᑑᑎᒋᔭᖓᓄᑦ ᑭᒡᓕᓯᓂᐊᕐᓂᖅᒥᒃ. 2009-ᖑᑎᓗᒍ, ᑲᑦᑐᑎᒐᖅ ᑕᐃᒃᑯᓄᖓ ᐱᐅ ᑐᓂᖅᑯᑎᖅᑲᖅᐸᒃᑐᓄ ᑮᓇᐅᔭᓂᒃ ᐊᐅᓚᑦᑎᔨᐅᑦᑐᓂ ᐅᑭᐅᖅᑕᖅᑐᒥ ᑐᑯᒫᖅᑲᕐᓂᕐᒥᒃ ᐱᓕᕆᐊᖅᑐᓄᑦ. ᓄᓇᖅᑲᖅᐳᕐᓕ ᓇᒃᑐᕋᓕᖕᓂ ᑰᓕᒥ (Eagle River) ᓄᓕᐊᖓᓗ ᑳᑎ, ᐃᕐᓂᖏᓪᓗ ᑲᐃᓚᑉ ᐊᒻᒪᓗ ᑖᒪᔅ, ᐱᖅᑕᐅᓯᒪᔫᒃ 2007-ᖑᑎᓪᓗᒍ ᓂᐅᕐᕈᖅᑕᐅᓪᓗᑎᒃ ᐅᖅᑭᐊᕕᖕᒧᑦ ᐊᒻᒪᓗ ᐱᔭᕇᖅᓯᒐᒥᒃ ᑲᖏᖅᑐᒑᐱᖕᒧᑦ ᓂᐅᕐᕈᖅᑕᐅᒋᓪᓗᑎᒃ ᐅᐱᕐᖔᒧᑦ 2010-ᖑᑎᓪᓗᒍ.

ᑕᐃᕕᑎ ᐃᒃᑲᕐᓇᐊᓗᒃ ᐃᓅᔪᕕᓂᖅ 1954-ᖑᑎᓪᓗᒍ, ᐱᕈᖅᓴᓐᓂᖅᑐᓂ ᓇᒥᑐᐃᓐᓇᖅ ᐊᕙᑎᑦᑎᓐᓃᑦᑐᓂᒃ ᐊᒻᒪᓗ ᐊᖑᓇᓱᖕᓂᕐᒧᑦ ᐃᕕᖅᑎᑉᐸᑦᓕᐊᓕᖅᑐᕕᓂᖅ ᑲᖏᖅᑐᒑᐱᖕᒥᑦ. ᖁᒃᓯᖅᑎᐅᔪᖅ ᖃᐅᔨᒪᔭᖅᑲᐅᑎᐊᖅᑐᓂᓗ ᐃᓄᐃᑦ ᐊᓐᓇᐅᒪᓇᓱᖕᓂᖓᓂᒃ ᐊᖑᓇᓱᖕᓃᑦᑐ ᖃᓄᖅ ᐊᑐᕆᐊᖅᒪᖕᒫᑕ ᖃᐅᔨᒪᐅᑎᐊᖅᑐᓂᒥᑦ. 1999-ᒥ ᓂᕈᐊᕆᔭᐅᓚᐅᖅᑐᓂ ᓄᓇᕗᑦ ᐋᖅᑭᒃᑕᐅᕙᓪᓕᐊᓕᖅᑎᓪᓗᒍ, ᑕᐃᕕᑎ ᑲᑎᒪᔨᐅᖅᑕᐅᓕᕐᓂᖅᐳᖅ ᓄᓇᕗᒥ ᒪᓕᒐᓕᐅᖅᑎᐅᖅᑕᐅᓂᕐᒧᑦ ᐊᑯᓐᓂᕐᒥᐅᓄᑦ ᐱᖅᑲᓯᐅᑎᓪᓗᒍ ᑲᖏᖅᑐᒑᐱᒃ (1999–2004). ᓄᓇᓕᖕᓂ ᑲᑐᔾᔨᖅᑎᓖᓄᑦ ᐱᓕᕆᖅᑕᕐᓂᕐᑐᑦ ᐊᒥᓱᒃᓚᖕᓂᒃ, ᑲᑎᒪᔨᐅᕕᖅᑐᖅᑐᓂᓗ, ᐊᒻᒪᓗᑦᑕᐅᖅ ᓄᓇᓕᕆᔨᐅᓂᕐᒧᑦ ᐊᒻᒪᓗ ᐃᒥᖅ ᐊᒃᑐᖅᑕᐅᓯᒪᓂᖓᓄᑦ ᐱᔾᔪᑎᒋᓪᓗᒍ ᑲᑎᒪᔨᐅᑦᑐᓂ. ᐅᑦᑐᒥᓕ, ᑕᐃᕕᑎ ᐃᓕᓴᐃᔨᐅᖅᑕᐅᒐᖅ ᐱᖅᑯᓯᓕᕆᕕᖕᒥ, ᐃᓄᖕᓄᑦ ᐃᓕᖅᑯᓯᖏᓐᓄᑦ ᑐᕌᖓᔪᓄᑦ ᓄᓇᕗᒥᐅᓄᑦ ᐅᕙᓃᑦᑐᒧᑦ ᑲᖏᖅᑐᒑᐱᖕᒥ. ᑲᖏᖅᑐᒑᐱᖕᒥᐅᑕᐅᔫᒃ ᓄᓕᐊᓂᒃ, ᐊᐃᒡᒐ, ᐃᒃᑲᕐᓇᐊᓗᒃ.

ᒪᒪᕆᑦ ᑯᕆᔅᑕᓐᓴᓐ ᐃᓅᔪᕕᓂᐅᒐᖅ ᐋᓐᓂᐊᕕᖕᒥ ᖃᓈᖅ, ᑲᓛᓪᓕᑦ ᓄᓈᓐᓂ, ᔩᓂ 8, 1959-ᖑᑎᓪᓗᒍ. ᐊᕐᓇᓇᓚᐅᖅᑕᖓ ᐸᑦᓗᙳᐊᖅ ᐊᖑᑖᓗ ᐊᖑᓇᓱᒃᑎᐅᓚᐅᖅᑐᓂ, ᒪᓴᐅᓇ. ᓱᕈᓯᐅᔪᕕᓂᐅᒐᖅ ᕿᕿᖅᑕᖅᓱᐊᒥ (Herbert Island), ᓱᕈᓯᐅᑦᑐᓂ ᓱᓕ ᒧᕆᐅᓴᒧᑦ ᐃᓚᒌᑦ ᐊᐅᓪᓛᕐᓂᖅᐳᑦ. ᖃᑕᙳᑎᒌᑦ 8-ᖑᖕᒪᑕ ᐃᓚᒌᓂ, ᐸᓂᒋᔭᐅᔪᑦ ᐱᖓᓲᑦᑐᑎᒃ ᐊᒻᒪᓗ ᒪᒪᕆᑦ ᐊᖑᑎᓂᑦ ᖃᑕᙳᑎᒌᓂᑦ

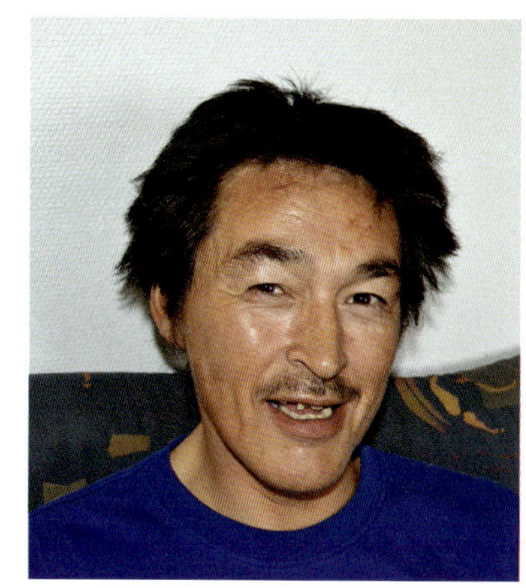

ᓴᐅᒥᖕᒥᑦ ᑕᓕᖅᐱᖑᒧᑦ: ᔩ ᒥᐊᓗ ᓕᕚᑦ; ᓈᓐᓯ ᓕᕚᑦ; ᐋᓐᑎ ᒪHᐆᓂ; ᓃᐅᑦᓴ ᒥᐅᖏ

ᐊᖏᔪᒃᑎᖅᐹᓂᔭᐅᓪᓗᓂ. ᐊᓈᓇᖓᓂᑦ, ᒪᒪᖁᑦ ᐃᑦᑐᒃᑯᖏᑦ ᐅᑯᐊᖑᕗᑦ ᑕᐅᑦᓯᐊᙱᐊᖅᓯᐊᖅ ᐊᒻᒪᓗ ᓄᓕᐊᖓ ᒪᑭᑉᓱᒃ ᒥᐅᖕ ᑕᐃᑲᙵᑦ ᕿᕿᖅᑕᖅᓯᐊᕐᒥᑦ, ᐃᓅᓯᖃᕆᕗᑦᑕᐅᖅ ᐊᖑᓇᓱᖕᓂᖅ ᐊᑐᖅᑐᒍ. ᐊᖑᑖᑕ ᒥᒃᓯᖕᓛᖕᒐᓃᑦᑐᑦ ᐃᑦᑐᒃᑯᖏᑦ ᐅᑯᐊᖑᕗᑦ ᖃᕙᒡᓯᐊᖅ, ᐃᖏᕐᕋᖅᑲᑦᑕᕐᓂᕐᒥᒃ ᖁᕙᐊᕆᔭᖅᑲᑦᑎᐊᖅᑐᖅ ᓄᓕᐊᖓᓗ ᕙᕙᐊᓐ ᑯᓂᔅᑕᓐᓴᓐ. ᖃᕙᒡᓯᐊᖅ ᐊᑕᐅᑦᑎᒃᑰᖅᑲᑕᐅᔪᕙᓂᐅᒍᖅ ᑯᓅᑎ ᕌᔅᒥᐅᓴᒃᑯᓐᓇᓂᑦ. ᒪᒪᖁᑦ ᐅᖅᑲᐅᓯᓇᔭᖕᖢᓂᑦ, ᓱᐳᓯᐅᓚᐅᖅᐳᖅᓯᑕ ᐃᒪᐃᓕᔪᖅᑲᖅᑲᑦᑕᓚᐅᒥᔪᖅ ᑕᐃᒍᖅᑕᐅᓪᓗᓂ ᐃᒫᒃ "ᑐᓵᙱᓯᖅᑐᖅ". ᐊᖑᓇᓯᒃᑎᐅᓕᓚᐅᖅᐳᖅ ᒪᒃᑯᒃᑑᓪᓗᓂ ᓯᓕ ᓵᖅᑲᐃᒪ ᐊᖑᓇᓯᖕᓂᖅ ᑐᕖᓇᔪᓕᑦᑎᐊᕋᒥᐅᒃ. ᐃᓐᓇᐅᓕᖅᑐᓂ, ᒪᒪᖁᑦ ᐊᒥᓯᐊᖅᑎᖅᑐᓂ ᓇᓐᓄᒐᓯᖅᑲᐅᖅᑲᑦᑕᖅᓯᒪᓕᖅᐳᖅ ᓴᕙᔅᓯᕙᖕᒥ ᖃᓂᒌᔭᓂᓗ ᐊᒻᒪᓗᑦᑕᐅᖅ ᑯᑦᑎᖕᓂᖅᓴᖕᖢᕐᒥ ᓄᓇᒋᔭᒥᑦ. ᐅᖅᑲᐅᑎᒋᖕᒥᔭᖕᖢᑦᑕᐅᖅ, "ᐊᖑᓇᓯᖕᓂᖅ ᖃᐅᔨᒪᓛᓂᖕᒥᓪᒃᑯ, ᐅᓪᓗᒥᒧᑦ ᐊᖑᓇᓯᒃᑎᐅᖏᓐᓇᖅᐳᖓ." ᒪᒪᖁᑦ ᐃᓅᖅᑎᖅᑲᓂᒐᖅ ᐱᖅᑲᓈᒥᓂᒃ ᐊᖒᒍᓚᓴᐅᓕᖅᑐᓂᒃ, ᑐᑯᒻᒥᖅ ᐱᐊᓂ, ᐸᓂᖅᑲᖅᐴᒃ, Hᐊᓐᓯᓐᔅ, ᐊᖅᒎᒍᖅᑲᖅᑐᓂ ᑎᓴᒪᓂᒃ.

ᔪᐊᔾᔨ ᑑᒃᑲᖅ ᓕᕚᑦ ᐃᓅᔭᕚᓂᐅᒐᖅ ᐱᕈᖅᓴᓪᓗᓂᓗ ᐅᑦᕿᐊᒡᕚᒃ, ᐊᓛᓯᑲᒥ. ᓴᓇᙳᐊᖅᑎᐅᓪᓗᓂ, ᑑᒃᑲᖅ ᐅᖅᑲᖅᓯᒪᒐᖅ ᐃᓚᖏᒡᒎᖅ ᐃᓅᓯᖅᑲᐅᕐᒪᑕ ᐱᐅᒃᓴᖅᑐᑎᓪᓗ ᑎᑎᕋᐅᔭᕐᓂᕐᒥᒃ ᑕᑯᒥᓇᖅᑐᓂᒃ ᑕᑯᔭᒐᓚᐊᓂᔭᖏᓐᓂᒃ ᐊᒥᐊᓂᓪᓗᓂ ᓴᓇᔭᖏᓐᓂᒃ. ᓄᒃᐸᐃᐊᖑᕋᑖᕐᓂᑰᓪᓗᓂ, ᑑᒃᑲᖅ ᐃᓕᐸᑉᐸᓪᓕᐊᓕᓚᐅᖅᐳᖅ ᕿᔪᖕᓂᒃ ᑎᔅᓴᕐᓗᑯᓂᒃ ᓱᓪᓴᒥᑦ ᑎᐱᓴᐅᓯᒪᔪᓂᒃ ᐅᑭᐅᖅᑕᖅᑑᑦ ᐃᒪᖓᓂᑦ. ᐱᓴᓐᓂᑦᑎᐊᖅᓯᒪᓪᓗᑎᒃ ᐊᒥᐊᖅᑲᑦᑕᖅᑕᖏᑦ ᒥᑎᙳᐊᑦ ᑑᓚᓂᒃ ᐊᒻᒪᓗᑦᑕᐅᖅ ᓱᖅᑲᕐᓂᑦ ᓴᓇᔪᒥᓇᓇᓛᓇᕚᒃᑐᓂᒋᑦ ᑕᑯᔭᒐᓚᐊᓂᓪᓗᓂᒋᑦ. ᑑᒃᑲᐅᑦ ᖃᑕᙱᑎᖏᑦ ᐅᑯᐊᖑᖅᑲᓯᐅᑎᒍᑦ ᒪᒡᒍᓚᑦ ᐅᐱ ᐊᒻᒪᓗ ᔩ ᓕᕚᑦ, ᐱᖅᑲᓯᐅᑎᕙᓚᐅᖅᒥᔫᒃ ᐱᓕᕆᖅᑎᑏᒃᐸᒃᑐᑎᒃ ᑕᐃᒪᐃᑦᑐᓕᕆᖅᑎᑏᒃᑐᑎᒃ.

ᔩ ᒥᐊᓗ ᓕᕚᑦ ᐃᓅᓐᓂᖅᐳᖅ ᕖᕝᕗᐊᕆ 26, 1959-ᖑᑎᓪᓗᒍ ᐅᑦᕿᐊᒡᕚᒃ, ᐊᓛᓯᑲᒥ, ᐅᑯᖕᓄᖕᒐ ᔫᑐ ᐊᒻᒪᓗ ᑯᐊᕋ ᓕᕚᑦ. ᔩ ᖃᑦᑕᙱᑎᖏᑦ ᐱᖅᑲᓯᐅᑎᓗᒋᑦ ᔪᐊᔾᔨ ᑑᒃᑲᖅ ᓕᕚᑦ ᐊᒻᒪᓗ ᒫᒍᓚᑦ ᐅᐱ ᑕᐃᓐᓇᑦᑕᐅᖅ ᐅᑯᓂᖓ ᐱᓕᕆᖅᑕᐅᓯᒪᓪᓗᓂ. ᔩ ᐃᓕᓐᓂᖅᑲᑦᑎᐊᕐᓂᖅᑲᖅᓯᒪᒐᑦ ᐊᕐᕌᒍᓯᖕᓂᕐᒥᒃ ᐊᒻᒪᓗ ᐊᖑᓇᓯᖕᓂᕐᒥᒃ ᐊᑖᑕᒥᓂᒃ, ᑐᕖᓇᔭᐅᖅᓯᐅᔅᔭᐅᑦᑎᐊᕐᒥᔪᖅ ᐊᕐᕌᒍᓯᖕᓂᕐᒧᑦ ᑲᐱᑕᓇᔭᐅᓪᓗᓂ. ᐊᖑᑖᑕ ᐃᓚᓂ ᐊᐅᓪᓚᐅᑎᖅᑲᑦᑕᓚᐅᖅᐸᐃᑦ ᐊᖑᓇᓯᒃᑐᑎ ᓯᓂᒃᑕᓇᐊᕐᓂᑕᓖᑦ ᓯᓚᐅᑦ ᐊᓯᕈᕐᓂᖓ ᐃᑳᕋᖓᑦ ᖃᐅᔨᒪᔭᓂᓗ ᑐᓂᖅᑭᑎᕆᕙᑦᑕᐊᓪᓗᓂᕆᑦ ᐃᓅᓯᕐᒥᓂ ᐊᑐᖅᑕᓂ ᓄᓇᑖᑦ ᓯᓚᑖᓂ ᖁᕙᐊᕆᓪᓗᓂᕆᑦ ᕿᑐᙵᒥᓅᖅᑲᖅᑐᓂᕆᑦ ᐊᒻᒪᓗ ᐃᓚᕆᖅᓯᐅᑎᔭᒥᓄᑦ. ᔩ ᐊᕐᕌᒍᓯᒃᑎᐅᖅᑲᑎᖏᓐᓂᑦ ᑲᐱᑕᐃᓇᔭᐅᒐᖅ, ᐊᖑᓇᓯᖕᓂᖅᑲᑦᑕᖅᑕᓂ ᓂᕐᔪᑎᓄᑦ, ᐊᒻᒪᓗᑦᑕᐅᖅ ᑭᒡᓕᓯᓂᐊᕐᓂᕐᒥᒃ ᐱᓕᕆᔪᑦ ᐋᔅᑲᑎᕆᕚᒃᑐᓂᕆᑦ ᖃᐅᔨᓇᓱᒃᐸᓪᓕᐊᓪᓗᓂ ᓱᑯᑦ ᒥᒃᓵᓄᑦ ᐅᖅᑭᐊᕙᐅᑦ ᖃᓂᒋᐅᔭᖅᑕᖓᓂ ᐊᕚᑖᓂ. ᑕᒪᓐᓇ ᖃᐅᔨᒪᓂᓂ ᐊᒻᒪᓗ ᐱᓕᕆᐊᖅᑭᓐᓇᑦᑎᐊᕐᓂᓂᓗ ᓲᕐᓗ ᐊᒥᖅᑲᕐᓂᕐᒥᒃ ᑖᒃᑯᑎᒎᓇᖅ ᕿᒥᕐᕈᐊᓗᖅᑎᒎᑦ ᐃᑲᔫᑎᖅᑲᖅᓯᐅᑎᑦᑎᐊᓇᒍᖅ ᑕᐅᒍᖓᓗ ᑭᖑᕝᕕᒃᓴᑦᑎᓐᓄᑦ.

ᓈᓐᓯ ᓂᐊᖅᑯᖅ ᓕᕚᑦ ᐃᓅᔭᕚᓂᖅ ᒫᑦᓯ 13, 1947-ᖑᑎᓪᓗᒍ ᐱᕈᖅᓴᓪᓗᓂᓗ ᐳᐊᐃᑦ ᓚᐃ, ᐊᓛᓯᑲᒥ. ᐊᖏᔪᖅᑳᖏᒃ ᐅᑯᐊᖑᓚᐅᖅᐴᒃ ᐅᐊᕋᓐ ᐊᒻᒪᓗ ᑐᐊᑲᓯ ᓂᐊᖅᑯᖅ. ᖃᑦᑕᙱᑎᕆᓚᐅᖅᑕᖏᑦ ᐅᑯᐊᖑᓪᓗᑎᒃ ᓕᓕ ᐊᓂᔅᑭᐊᑦ, ᐊᐅᒪ ᐹᐱᔅ, ᒪᓃ ᑐᕋᐃᓯ, ᔪᐊᑕᓐ ᐅᐱᒃᓱᓈ, ᔩ ᐅᐱᒃᓱᓈ ᐋᑕᓐ ᐅᐱᒃᓱᓈ (ᐃᓅᔪᓐᓃᖅᑐᖅ) ᐅᐊᕋᓐ ᓂᐊᖅᑯᖅ ᓄᒃᑎᖅ., ᔪᐊᓂᑕ ᓂᐊᖅᑯᖅ, (ᐆᒪᔪᓐᓃᖅᑐᖅ) ᐋᑕ ᐅᐱᒃᓱᓈ (ᐆᒪᔪᓐᓃᖅᑐᖅ), ᔮᒃ ᐅᐱᒃᓱᓈ (ᐆᒪᔪᓐᓃᖅᑐᖅ), ᐊᐅᕐᒪ ᐅᐱᒃᓱᓈ (ᐆᒪᔪᓐᓃᖅᑐ), ᐃᓚᓄᐊ ᐅᐱᒃᓱᓈ (ᐆᒪᔪᓐᓃᖅᑐᖅ)ᐊᒻᒪ ᒪᐃ ᔫᕐ (ᐆᒪᔪᓐᓃᖅᑐᖅ). ᓈᓐᓯ ᒥᖅᓱᓂᐅᑦᑎᐊᖅᓯᒪᔪᖅ ᓇᑦᑎᕋᔭᖕᓂᒃ (ᐅᒡᔪᓚᔭᖕᓂᒃ) ᐅᒥᐊ ᐊᒥᖏᓐᓂᒃ, ᐱᖅᑲᓯᐅᑎᓪᓗᒍ ᑐᒃᑑᑦ ᐅᓕᐅᑎᖏᓐᓂᒃ ᐱᕋᐃᓴᓇᐊᒃᓴᖅ ᐃᕙᓗᒃᓴᓂᒃ. ᐱᖅᑲᓯᐅᑎᖏᒥᔪᖅᑕᐅᖅ, ᒥᖅᓱᓇᐊᒃᓴᖅ ᖁᕙᐊᕆᓪᓗᓂᐅᒃ ᖁᓕᑦᑕᐅᔭᒃᓴᓂᒃ ᒥᖅᑯᓕᖕᓂᒃ ᐊᒻᒪᓗ ᔭᐃᑲᒃᓴᓂᒃ ᐃᓚᒥᓄᑦ.

ᐋᓐᑎ ᒪHᐆᓂ ᐱᕈᕐᓂᖅᑐᓂ ᑎᐊᕝᕙ, ᐃᖓᓚᒥ, (Devon England), ᐊᐳᑎ ᖃᑯᑎᒃᑯᐱᓐᓇᖅ ᐱᑕᖃᓚᐅᔫᖑᓪᓗᓂ ᑭᓯᐊᓂᓕ ᐃᖅᑲᐅᒪᓇᓚᐅᔫᖑᓪᓗᓂ ᐊᑑᑎᓕᒪᖏᒻᒪᑦ ᑕᑯᔪᒪᓪᓕᖅᓯᒪᓇᖅᑐᓂ. ᐅᑭᐅᖅᓱᓐᓂᒃᑐᒥᒃ ᓇᐃᒪᓚᐅᖅᑐᓂ ᒪᔪᕆᖅᓯᒪᓐᓂᕋᒥ ᓯᖅᑳᓯᑯᒃ ᓄᓇᖓᑕ ᓄᓇᑐᓂᖓᓂ, ᐊᐅᓪᓛᕐᓂᖅᐳᖅ ᐱᐅᕌᑭ, ᐊᓛᓯᑲᒧᑦ (Fairbanks, Alaska) (ᐊᐱᐅᓴᐃᓐᓇᕋᓗᐊᖅᑐᓂ ᑭᓯᐊᓂ ᐊᐳᔅᓴᓇᒃᑐᐊᓘᔪᓐᓇᕐᓇᓂ ᓈᒻᒪᒋᑦᑎᐊᕋᔭᖅᑕᒥᓂᖓ) ᐃᓕᓐᓇᓯᒃᑕᒥᓂᒃ ᖃᐅᔨᒻᒥᓂᕈᕐᓗᓂ ᐃᓅᑦ ᐃᓅᓯᖓ ᖃᓄᐃᑦᑐᑦᓚᓇᐅᖕᒪᖕᖢᑕ (Ph..D.) ᐃᒪᐃᑦᑐᒥᒃ ᓯᑯᐃᑦ ᖃᓄᐃᓕᖕᖑᑦᓚᓇᖕᓂᖏᓐᓂᒃ ᐊᓛᓯᑲᐅᑦ ᐃᓕᓐᓂᐊᕐᕕᒡᔪᐊᖅᑯᑖᓂ ᐱᐅᕝᕕᒃᓲᑦᑐᖅ (UAF). ᐃᓕᓐᓂᐊᕐᓂᓇᓴᓂ ᐃᖅᑲᓇᐃᔭᕐᒥᐅᒃ, ᐋᓐᑎᐅᑦ ᖃᐅᔨᕙᓪᓕᐊᔪᒪᔭᓂ ᑲᑐᔾᔨᓐᓇᖅᐹ ᓯᑯᐃ ᖃᓄᐃᓕᖓᓂᖏᑕ ᐃᓕᖅᑯᓯᖏᑦ ᐊᒻᒪᓗ ᐊᒃᑐᐊᓂᖅᑲᐅᖅᑐᑎᓪᓗ ᓯᓚᐅᑦ ᖃᓄᐃᑦᑑᓂᖏᓐᓄᑦ

xxviii

ᓴᐅᒥᖕᒥᑦ ᑕᓕᖅᐱᖕᒧᑦ:
ᒪᒃᑯᓚᑦ ᐅᐱ; ᒫᔅᓴᙳᐊᖅ ᐅᓯᒪ;
ᑑᑯ ᐅᓯᒪ; ᓚᐃᒥᑭ ᐸᑦᓗᖅ

ᐊᒻᒪᓗᑦᑕᐅᖅ ᐃᓄᖕᓄᒃ. 2009-ᖑᑎᓪᓗᒍ, ᐊᑲᐅᓈᕈᑎᑦᑎᐊᓕᕐᓂᖓᒍᖅ ᐊᑑᑎᓚᓕᖕᖏᑦᑐᒥᒃ ᒪᓂᒻᒪᒃᑐᖅᑲᖅᒪᑦ ᐅᑮᔪᓐᓇᕐᓂᕐᒥᒃ ᓄᓇᕐᔪᐊᑦ ᐳᑐᒍᖕᒫᖕᒪᓂ ᐃᑭᐅᑦ ᓯᑯᐊᑕ ᒥᒃᓵᓄᑦ ᖃᐅᔨᕙᑦᑕᐊᔭᒃᓴᒥᒃ ᓄᓇᖅᑲᖅᑳᕆᔭᑦᑕ ᐅᑭᐅᖅᑕᖅᑑᑦ ᐃᓗᒻᒪᕐᒫᖕᒪᓂ. ᐊᖅᑰᒪᓵᓗᖕᖏᑦᑐᑦ ᐊᓂᒍᖅᑎᓪᓗᒋᑦ ᐊᑖᓯᑲᒦᓚᐅᖅᑎᓪᓗᒍ, ᐋᓐᑎᒃᑯᒃ ᓄᓕᐊᓃᒃ ᐅᑎᖅᓂᖓᒍᒃ ᐱᐅᕝᕕᒃᓯᒪᔪᑦ (Fairbanks), ᐃᒪᐃᓕᖕᒪᓕᓂᓪᓗᓂ ᖃᐅᔨᓇᓱᒃᑎᒧᑦ ᑭᖑᓕᕆᔭᐅᓕᖅᑐᓂ ᖁᑦᑎᒃᑐᒥᓐᓂᖅᒥᒃ ᖃᐅᔨᓇᓱᒃᑎᐅᔪᑦ ᐃᓕᓐᓂᐊᕝᕕᐅᔪᐊᒥ (UAF).

ᓃᐅᓪᔅ ᒥᐅᕐᒋ ᐃᓅᔭᕕᓂᖅ ᖃᓈᕐᒥ, ᑲᓛᓪᓕᑦ ᓄᓈᓐᓂ, 1969-ᖑᑎᓪᓗᒍ. ᐊᖑᓇᓱᒃᑎᐅᓪᓗᓂ ᐊᒻᒪᑦᑕᐅᖅ ᑎᑎᕋᐅᔭᖅᑎᐅᓪᓗᓂ ᓴᓇᙳᐊᖅᑎᐅᓪᓗᓂᓗ. ᐱᕈᖅᓴᔭᕕᓂᐅᓪᓗᓂ ᕿᑭᖅᑕᕐᕋᕐᒥ, ᖃᓈᑦ ᖃᓂᒋᔮᓃᑦᑐᒥ, ᓄᓇᒋᔭᐅᔭᓐᓃᖅᑐᕐᓚ. ᓃᐅᔅ ᐱᕈᖅᓴᕕᖅᑲᓚᐅᖅᐳᖅ ᐃᑦᑐᒃᑯᒥᖕᓂ, ᒥᑭᔅᓯᔅᓯᐊᖅ ᐊᒻᒪᓗ ᑖᑦᓯᐊᙳᐊᖅ. ᐱᖕᒐᓱᓂᒃ ᕿᑐᕐᖓᓕᒃ ᐊᖑᑏᒃ ᒪᕐᕿᓪᓗᑎᒃ ᐊᕐᓇᕐᓗ. ᓃᐅᔅ ᐊᖑᓇᓱᒃᑎᐅᒐᖅ ᐅᖅᑲᐅᓯᓇᖅᑲᓯᐅᑎᒋᓪᓗᓂᐅᒃ ᐊᓐᓇᐅᒪᔾᔭᑎᖅᑲᖅᓂᖅᓴᐅᓂᖏᖅᑐᓂ ᑎᑎᕋᐅᔭᕐᓂᕐᒥᒃ ᓴᓇᙳᐊᕐᓂᕐᒥᓗ, ᐃᒪᐃᓕᖕᒪᔪᖅᑲᕐᓂᖕᒪᓄᑦᑕᐅᖅ ᐱᑕᖅᑲᓗᐊᖅᑐᓂᒃ ᒪᑯᓂᖕ ᒪᓕᒃᑕᐅᓴᕆᐊᓕᖕᓂᒃ ᐊᒻᒪᓗᑦᑕᐅᖅ ᐃᓱᓕᖅᑲᑦᑕᕐᓂᖕᖏᓐᓂᒃ ᐊᖑᓚᒃᓴᐅᔪᑦ ᐱᔪᑎᒋᓪᓗᒋᑦ. ᓃᐅᔅ ᓴᓇᙳᐊᖅᑕᖕᖏᑦ ᐃᒪᐃᑦᑐᓂᙱᖅᓯᒪᕙᑦ ᑑᒋᖅᓂᑦ ᑐᒃᑑᓪᓗ ᓇᓪᔪᖕᖏᓐᓂᑦ ᐊᒻᒪᓗᑦᑕᐅᖅ ᑕᑯᒥᓇᖅᓴᐅᑎᓂᒃ ᐱᓕᕆᐊᖅᑲᒃᑯᓪᓗᓂ (ᓇᒃᑯᐊᕐᒦᑦ, ᓯᐅᑎᒥᐅᑕᐃᑦ, ᐅᔭᒦᑦ).

ᒪᒃᑯᓚᑦ ᐃᐱ ᐃᓅᓚᐅᖅᑐᖅᓚ ᐱᕈᖅᓴᓚᐅᖅᑐᓂᓗ ᐅᑦᑭᐊᒃᕕᒃ, ᐊᓛᓯᑲᒥ. ᐸᓂᒋᔭᐅᓚᐅᖅᑐᖅ ᑕᐃᒃᑯᐊᖑᓚᐅᖅᑑᖕᖏᑦ ᔫᑐ ᐊᒪ ᑯᐊᖅ ᓚᕕᑦᑯᖕᖏᑦ ᖃᑕᙳᑎᖕᒋᑦᑐ ᐅᑯᐊᖑᖅᓯᐅᑎᓚᐅᖅᐳᑦ ᔩ ᒥᐊᓗ ᓚᕕᑦ ᐊᒻᒪᓗ ᔪᐊᔾᔨ ᑑᒃᑲᖅ ᓚᕕᑦ. ᒪᒃᑯᓚᑦ ᐱᓇᓇᓂᖏᑦ ᑕᐃᒪᐃᑦᑐᑐᖅᑲᖅᓂᒃ ᐃᓕᖅᑯᓯᑐᖅᑲᖅᒥᒃ, ᐱᓕᕆᓂᖏᓪᓗ ᐃᓕᖅᑯᓯᑐᖅᑲᖅᒥᒃ, ᐃᓕᖅᑯᓯᓪᓚᑦᑖᕆᒥᓂᓗ ᐊᖕᒋᔪᖅᑳᒥᓂᒃ ᐃᓕᓚᐅᖅᑕᒥᓂᒃ ᐊᒻᒪᓗᑦᑕᐅᖅ ᓯᕗᒧᑦ ᑲᔪᓯᑦᑎᑦᑏᓐᓇᕆᓪᓗᓂ ᐊᖑᓇᓱᖕᓂᓪᓚᕆᖕᒥᑦ ᐊᕝᕙᓗᓱᖕᓂᒋᓪᓗ ᐊᑐᖅᑕᐅᖑᔪᐃᓐᓇᖅᐸᒃᑐᓂᒃ ᐃᓕᖅᑯᓯᖅᑕᖕᒪᓂᒃ. ᐊᓂᒎᑎᓯᒪᓕᕋᕐᒥ ᐅᑭᐅᖅᑕᕐᓂᕐᒥᒃ ᓯᕙᖕᒪᔫᖅᑐᑦ ᓄᓇᖅᑲᖅᑳᕐᒥᑦ 2005-ᖑᑎᓪᓗᒍ ᐃᖅᑲᓇᐃᔭᖅᑲᕐᕕᓚᐅᖅᑕᒥᓂᒃ ᐃᑲᔪᖅᑎᑦᓯᓂᐅᓂᖅᒧᑦ ᒪᐃᔭᒧᑦ. ᑕᐃᒃᓯᒪᓂ 2006-ᒥ, ᐃᖅᑲᓇᐃᔮᖅᑲᖅᓂᖅᒧᑦ ᐅᑎᓕᓚᐅᕆᖓᖅ ᐊᐅᓚᑦᑎᓂᖅᒥᒃ ᑐᓴᐅᒪᑎᑦᑎᔪᓂᐊᖅᑲᖅᑐᓂ ᐃᓄᐃᑦ ᐅᑭᐅᖅᑕᖅᑐᒥ ᑲᑎᒪᔩᖕᖏᓐᓂᒃ (ICC). ᒪᒃᑯᓚᑦ ᐅᐃᖓᒃ ᑖᒪ ᑲᔫᓯᔪᒥᒃ ᐊᑐᖅᑲᑦᑕᖅᑰᐳᒃ ᐅᐱ ᓄᓇᖅᑲᖅᕝᕕᖕᒥᒃ ᐃᓚᖕᒋᑦᑐ ᐱᖅᑲᑕᐅᓪᓗᑎᒃ. ᒫᒃᑯᓚᑦ ᑎᑎᕋᖅᓯᒪᒐᖅ ᐃᒪᐃᓕᖕᒪᔪᓂᒃ, "ᐅᕝᕙᓕ ᐊᑕᖕᖏᓕᒫᑦᑎᐊᖅᑐᖑ ᖁᕝᕙᐊᕆᑦᑎᐊᖅᑕᓐᓂᒃ ᐱᓕᕆᕝᕕᖅᖃᕕᖏᓚᒃᑯ ᑕᒪᓐᓇ ᐱᓕᕆᔭᐅᑎᕆᔭᒐᑦ ᑐᙵᕕᕆᓇᔫᖅᑕᒐᑦ ᐃᓐᑐᖅᑲᖅᐳᑦ, ᐅᐊᔅᓕ ᐊᐃᑲᓐ ᐊᒻᒪᓗ ᐅᐊᖃᓐ ᒪᑐᒥᐊᖅ. ᖁᔭᓐᓇᒦᒃ ᐊᓅᒃ ᔫ ᓚᕕᑦ ᓄᓕᐊᖕᒪᓗ ᓈᓐᓯ ᐃᓅᓯᑦᑎᓐᓂᒃ ᐃᓕᖅᑯᓯᖅᑲᖅᑎᖕᖏᕐᖕᓂᑦᑎᓐᓂᒃ ᐃᓅᖅᑲᑎᒥᓄᒃ ᐊᕙᑎᓯᒃᑐᑦ ᐊᓂᖅᓇᑦᑎᐊᖅᑐᒥᒃ ᐆᒪᑎᑦᑎ" ᑐᑦ.

ᒫᔅᓴᙳᐊᖅ ᐅᓯᒪ ᐃᓅᔭᕕᓂᖅ ᔫᓂ 17, 1977-ᖑᑎᓪᓗᒍ, ᐋᓂᐊᕕᖕᒥ ᖃᓈᕐᒥ, ᑲᓛᓪᓕᑦ ᓄᓈᓐᓂ. ᐊᖏᔪᖅᑳᖕᒋᑦ ᐅᑯᐊᖑᒍᒃ ᐃᑯ ᐅᓱᒪ, ᑑᑭᐅ, ᔫᐸᓃᓯᒃᑯᓐᓂᑦ, ᐊᒻᒪᓗ ᐊᓇ ᐆᓯᒪ, ᐊᑎᕈᓯᑐᖅᑲᖕᒪ ᐃᒦᖑᑕᐅᖅᐳᖅ ᒪᓄᒥᓇ. ᐱᕈᖅᓴᓚᐅᖅᐳᖅ ᓯᐅᕋᐸᓗᖕᒥ ᐊᒻᒪᓗ ᐃᓅᓯᕐᒥᓂᒃ ᐃᓅᖅᑲᑎᒥᑎᑐᑦ ᐊᖑᓇᓱᖕᓂᕐᒥᒃ ᐊᑐᓂᓪᓗᓂ. ᐃᓚᒌᓂᒃ ᖃᑕᙳᑎᒌᑦ ᑕᓪᓚᒪᐅᒐᑦ ᐊᖏᔪᒃᑎᖅᐹᕐᒥᑦ ᓄᑲᖅᑎᐅᓪᓗᓂ ᐊᖑᑎᑐᐊᖑᓪᓗᓂᓗ. ᐊᖏᔪᓂ ᓇᔮ ᑑᑯ, ᐊᒻᒪᓗ ᐱᖕᒐᓱᓂᒃ ᓄᑲᖅᑎᖅᑕᖅᑲᐅᓂᓪᓗᓂ ᓇᔭᐃᓐᓇᓂᓪᓗᓂᒋᑦ ᒥᑲ, ᒪᒥ, ᐊᒻᒪᓗ ᐊᔮ. ᓱᕈᓯᐅᓪᓗᓂ ᒫᓴᙳᐊᖅ ᓴᓇᖅᕈᑎᓕᐅᕈᒪᐃᓐᓇᐅᓚᐅᕐᓇᒐᖅ ᐊᒻᒪᓗ ᑕᒪᒃᑯᐊ ᑭᓱᑐᐃᓐᓇᐃᑦ ᑕᑯᔭᓂ ᓴᓇᓇᓱᒃᐸᒃᑐᓂᒋᑦ. ᖃᓈᕐᔫᕐᓂᖅᐳᖅᑕ ᐃᓕᓐᓂᐊᓂᐊᖅᑐᓂ, ᓱᕈᓯᕐᓂᑦ ᐃᓕᓐᓂᐊᖅᑕᐅᕝᕙᒃᑐᑦ ᐱᔭᓃᖅᒥᒋᑦ ᑭᓯᐊᓂ ᐃᓱᓕᑦᑎᓪᓗᓂ. ᑭᖑᓂᖕᒫᖕᒪᒍᑦ ᖁᔭᓕᓇᓂᕐᒥᒃ ᐃᓕᓐᓇᓱᓕᓂᓪᓗᓂ ᐊᒻᒪᓗᑦᑕᐅᖅ ᐃᓕᑕᖅᑲᐅᒃᑲᓐᓂᓇᓪᓗᓂ ᑕᐃᒃᓯᒪᓂ. ᐅᑎᖅᒥ, ᖁᔭᓕᓇᓂᕐᒥᒃ ᐃᖅᑲᓇᐅᔫᖅᑲᑲᐃᓐᓇᓚᐅᓇᓪᓗᓂ ᐊᕐᕈᒍᓂᒃ ᐊᒥᓲᖕᒋᑦᑐᓂᒃ ᖃᓈᕐᒥᑦ ᐊᒻᒪᓗ ᓯᐅᕋᐸᓗᖕᒧᑦ ᓄᑎᓕᓚᐅᓇᒐᖅ ᐃᓅᓯᖅᑲᕐᓂᐊᓕᕐᒥ ᐱᐅᒋᑦᑎᐊᓂᖅᓴᓇᔪᒥᒃ ᐊᖑᓇᓱᒃᑎᐅᓂᕐᒥᒃ. ᐅᓪᓗᒥᐅᓕᖅᑐᖅ, ᐊᖑᓇᓱᒡᕕᑦᑎᐊᕝᕙᐅᔭᓐᓂ ᕿᖕᒪᓪ ᐃᓕᓐᓂᐊᖅᓯᒪᔪᓂ ᖁᔭᓕᓇᕐᓂᕐᒥᒃ ᐊᑐᖕᒫᓕᖅᐸᒃᑐᓂᐅᒃ. ᒫᔅᓴᙳᐊᖅ ᐃᓅᖅᑎᖅᐳᖅ ᐃᒦᒃ ᐊᑎᓕᖕᒥᑦ ᓱᓵ ᐃᑕᓵ ᕿᑐᕐᖓᖅᑕᖅᑐᑎᓗ ᐱᖕᒐᓱᓂᒃ: ᐃᓱᒪ, ᐊᖑᑕᐅᓪᓗᓂ ᐃᓅᔭᕕᓂᖅ 2001-ᖑᑎᓪᓗᒍ, Hᐊᓇ, ᐊᕐᓇᐅᓪᓗᓂ ᐃᓅᔭᕕᓂᖅ 2005-ᖑᑎᓪᓗᒍ ᐊᒻᒪᓗ ᑲᓐᑎ, ᐊᖑᑕᐅᓪᓗᓂ 2007-ᖑᑎᓪᓗᒍ. ᒫᔅᓴᙳᐊᖅ ᐱᓕᕆᔭᓐᓇᖅᑎᐊᕐᒪᑦ ᐊᕐᓇᐃᑦ ᐊᖑᑏᓪᓗ ᐱᓕᕆᐊᓕᕝᕙᒃᑕᖕᖏᓐᓂᒃ. ᓂᕐᔩ ᐊᒥᖕᒋᑦ, ᕿᓯᖕᒋᑦ ᐊᖑᑕᒥᓂᒃ ᐊᒻᒪᓗ ᒥᖅᓱᖅᑲᑦᑕᖅᑐᓂ ᐊᓄᕗᓂᒃ ᐃᓚᒥᓄᑦ. ᑕᐃᒪᐃᓕᐅᕈᓐᓇᕐᒥ, ᐃᓅᖅᑎᒋᑦᑎᐊᖅᑕᓂ ᐸᖅᑭᑦᑎᐊᖅᐹ, ᑕᐃᓐᓇᓗ ᐃᖅᑲᓇᐃᔮᖅᖢᓂ ᐃᓕᓴᐃᔨᐅᓂᕐᒥᒃ.

ᓴᐅᒥᖕᒥᑦ ᑕᓕᖅᐱᖕᒍᑦ:
ᐃᓚᙳᐊᖅ ᖃᐃᖕᒫᖅ; ᓛᑎᐊ ᖄᔫᖅ; ᓃᓇ ᕿᓪᓚᖅ ᐊᒻᒪᓗ ᑏᒪ ᕿᓪᓚᖅ

ᑑᑯ ᐆᓯᒪ ᐃᓅᔪᕕᓂᖅ ᖃᓈᖅ, ᑲᓛᓪᓚᑦ ᓄᓈᓐᓂ, ᓂᒡᓚᓱᒃᑐᐊᓘᑎᓪᓗᒍ ᐅᑭᐅᒃᑯᑦ, ᔮᓐᓄᐊᕆ 29, 1975-ᖑᑎᓪᓗᒍ. ᐊᖑᑖ, ᐃᑯ ᐆᓯᒪ, ᑑᑭᐅ, ᔮᑉᐸᓃᓯᒃᑯᓐᓂᑦ, ᐊᒻᒪᓗ ᐊᕐᓈ, ᐊᓇ, ᓯᐅᕋᐸᓗᖕᒦᖕᓛᖅᓯᒪᓪᓗᓂ, ᑲᓛᓪᓚᑦ ᓄᓈᓐᓂᑦ. ᐱᕈᖅᓴᓪᓗᓂ ᐊᖏᔪᒃᑎᖅᐹᖑᓪᓗᓂᓗ ᖃᑕᙳᑎᕌᓂᑦ ᑕᓪᓕᒪᓂᑦ, ᑐᑯ ᐊᖑᑎᙳᐊᖑᒐᔪᓚᐅᖅᐳᖅ ᐱᙳᐊᖅᑐᓂ ᐊᒻᒪᓗ ᓂᕐᔪᑎᓂᒃ ᐱᐅᒃᓴᑎᐊᑐᓂ. ᐃᓐᓇᐅᓕᕋᒥ, ᑑᑯ ᐅᐊᔭᓕᕆᔨᙳᓚᐅᖅᐳᖅ, ᐃᓕᙳᔭᖃᐅᑎᐊᓂᕐᒪᑦ ᐃᓕᓐᓂᐊᑦᑎᐊᖅᓯᒪᓗᓂ ᐊᖏᔪᖅᑳᖏᓐᓂᒃ ᑲᑐᐃᕐᑯᔭᐅᓚᐅᙱᓚ ᐱᓕᕆᑲᐅᑦᑐᕈᓐᓇᕐᑯᔭᐅᓪᓗᓂ, ᐃᓕᖅᑯᓯᕐᒥᓂᒃ ᖃᐅᔨᖏᓕᐊᖏᓐᓇᖅᑐᓂ ᐃᓕᖅᑯᓯᑎᓐᓂᒃ ᐊᑐᖅᑐᓂ ᐱᔾᓇᖅᓯᑎᐊᕐᓂᐊᕐᒪᕆᑦ ᐊᖑᓇᓱᖕᓂᖅ, ᐃᖃᓗᒐᓱᖕᓂᖅ, ᐊᒻᒪᓗ ᒥᖅᓱᕐᓂᖅ. ᐃᖅᑲᓇᐃᔭᕐᓂᕐᒥᒍᑦ ᐅᐊᔭᓕᕆᔨᐅᓪᓗᓂ, ᑑᑯ ᐅᐃᒃᓴᓂ ᑲᑎᓐᓂᖅᐹ, ᑭᒻ ᐋᑕᓯᓐ, ᐃᓕᑕᕆᓪᓗᓂᐅᒡᓗ ᐱᐅᒋᑎᐊᖅᑕᓂ ᐊᒻᒪᓗ ᐃᑲᔪᖅᓯᑎᐊᖅᑐᓂᐅᒡᓗ ᑕᒪᓐᓇ ᐃᓯᒪᒥᓂᒃ ᐊᑐᖅᑕᖕᒐ ᐊᖑᓇᓱᖕᓂᕐᒥᒃ ᐋᓇᐅᒪᓇᓱᖕᓂᕆᔪᒪᔭᖕᒐ ᓄᓇᑖᑦ ᓯᓚᑖᓂᑦ. 2005-ᖑᑎᓪᓗᒍ, ᑑᑯ ᐊᖑᓇᓱᒃᑎᓪᓚᕆᐅᓕᓚᐅᖅᐳᖅ ᐃᖃᓗᒐᓱᒃᑎᐅᓕᖅᑐᓂᓗ. ᑑᑯ, ᑭᒻ, ᕿᒻᒥᖕᒋᑦᑐ ᖃᓈᕐᒥᐅᑕᐅᕙᑦ.

ᓚᐃᒥᑭ ᐸᓪᓗᖅ ᐃᓅᓐᓂᖅᐳᖅ ᐊᐃᓚᖅᑕᓕᖕᒥ, ᐅᖓᓯᖕᓂᖅᑲᐸᔫᔭᖅᑐᓂ 25-ᑭᓛᒪᑐᓂᒃ ᑲᖏᖅᑑᓛᐱᒃ, ᓄᓇᕗᒥᑦ, ᐋᒡᒌᓯ 20, 1954-ᖑᑎᓪᓗᒍ. ᓯᕗᓪᓕᖅᐹᒥᒃ ᓯᖅᑯᐃᒋᔭᖓ ᓱᕈᓯᐅᓪᓗᓂ ᖃᓪᓗᓈᑦ ᓄᓇᖓᓐᓅᖅᐸᓪᓕᐊᓪᓗᓂ ᐅᒥᐊᕐᔪᐊᒃᑯᑦ ᐋᓐᓂᐊᕕᓕᐊᖅᐸᓪᓕᐊᓪᓗᓂ Hᐋᒧᑕᓐ, ᐊᓐᑎᐅᕆᐅᒨᑦ. ᐊᖏᕐᕋᖅᑐᕕᓂᖅ ᐊᕐᕌᒍᒃ ᒪᕐᕉᒃ ᐊᓂᒍᖅᑎᓪᓗᒋᒃ ᓇᖅᓵᓗᑯᓗᖕᒨᑦ ᐊᒻᒪᓗ ᓱᕈᓯᐅᓂᖓᑕ ᐃᓚᖓᓂᒃ ᑕᐃᑲᓂᒥᐅᑕᐅᓐᓂᖅᑐᑎᒃ. ᐃᓕᐸᓪᓕᐊᓂᕆᔭᕕᓂᖓᑕ ᐃᓚᖓ ᓄᑲᐱᐊᖑᓪᓗᓂ ᐊᔾᔨᖑᑦᑐᓂᒃ ᐱᔨᑦᑎᕋᐅᑎᖅᑲᐸᒃᑐᓂ ᐊᑐᓇᐊᖅᑲᑕᒥᓂᒡᓗ ᑎᓕᔭᐅᔾᔪᑎᒋᕙᒃᑕᕕᓂᕐᒥᒎᑦ. ᐃᓕᐸᓪᓕᐊᔭᕕᓂᖏᑕ ᐃᓚᖓᒍᑦ, ᐃᓚᐅᖅᑲᑦᑕᓕᖅᑐᕕᓂᐅᓪᓗᓂ ᐊᖑᓇᓱᒃᑐᓂᑦ. ᐱᕆᐊᕈᑎᕆᔭᕕᓂᕐᔫᖅᑕᒐ ᕿᑳᓗᖕᓂᖅ ᓂᒃᐸᖅᑐᖅᑲᖅᑎᓪᓗᒍ ᐊᒡᓗᒥ, ᓇᑎᕐᒥᒃ ᓂᒃᐸᕐᕕᕆᔭᐅᔪᒨᖅᑎᑎᓇᓱᒃᑐᓂ. ᐊᓯᐃᓪᓛᒃ ᐊᑐᖅᐸᒃᑕᓂ ᐃᓕᓐᓂᖅᐸᐃᑦ ᕿᒨᒃᓯᖅᑎᒍᑦ ᐱᓕᕆᐊᕆᐅᒃᑕᓂ, ᐅᐊᑎᐊᕈᙱᖅᑎᓪᓗᒍ ᐊᓪᓗᒃᑯᑦ ᓇᑎᕋᓱᖕᓂᖅ, ᐊᒻᒪᓗᑦᑕᐅᖅ ᐅᐊᑎᐊᕈᙱᒃᑲᓂᕐᒪᑦ ᓇᑎᖅᑲᑦᑕᓕᕆᓪᓗᓂ. ᐃᓕᒃᑲᓂᓕᕆᓪᓗᓂ ᕿᒧᒃᓯᕆᐅᓂᕐᒥᒃ ᕿᒻᒥᓂᓗ ᕿᒧᒋᐅᖅᓴᐃᓂᕐᒥᒃ ᐊᒻᒪᓗᑦᑕᐅᖅ ᕿᒻᒥᒥᒧᑦ ᕿᒧᒃᓯᖅᑲᑦᑕᓕᕆᓪᓗᓂ. ᐊᑯᓂᐊᓗᒃ, ᓚᐃᒥᑭᐅᑦ ᐃᓅᓯᕆᓯᒪᖔ ᓯᓚᐅᑦ ᐊᓯᔾᔨᖅᑲᑦᑕᕐᓂᖏᑦ ᒪᓕᐅᔭᐃᓐᓇᖅᑐᓂᕆᑦ. ᐃᓚᒥ ᖃᕐᒪᐅᔭᖕᖑᓈᓂᓚᐅᖅᑐᑎᒃ ᐅᑭᐅᖑᓂᖕᖑᓂ ᐊᒻᒪᓗᑦᑕᐅᖅ ᐅᐱᕐᖓᕐᖓᕐᖓᑦ ᓄᓇᑭᔭᒥ ᐊᓯᐊᓄᑦ ᓇᑎᐊᕕᓂᕋᓯᕆᐊᖅᐸᒃᑐᑎᒃ. ᑕᐃᔅᓯᒪᓂ 1970-ᒥ ᐃᓚᒌᑦ ᑲᖏᖅᑑᓛᐱᖕᒧᑦ ᖃᒡᓕᕆᐊᒃᑲᓂᕐᓂᖅᑐᑎᒃ, ᐃᓅᓯᕐᒥᓂ ᐊᑐᖅᑕᑦ ᐊᓯᕈᖅᐸᓪᓕᐊᓂᖕᒋᓐᓄᑦ ᐃᖕᒋᕋᓯᓘᑦ ᑕᒪᒃᑯᐊ ᐊᐳᑎᐅᑦ ᖃᖕᖑᒍᑦ ᐊᑐᖅᑕᐅᖃᑦᑕᖅᑎᓪᓗᒋᑦ ᑕᕝᕙ ᐃᓅᖃᑎᒌᓄᑦ ᓴᖅᑭᑕᐅᓯᒪᓕᖅᐳᑦ. ᓚᐃᒥᑭᒃᑯᑦ ᐃᓚᒌᑦ ᑲᖏᖅᑑᓛᐱᖕᒧᑦ ᐊᐅᓪᓛᕐᓂᕗᑦ 1985-ᖑᑎᓪᓗᒍ ᐊᒻᒪᓗ ᑕᐃᔅᓯᒪᓂ ᐃᓅᓯᐊ ᓄᑖᕕᔫᖅᑕᖕᖓᓂᒃ ᐊᑐᓕᕕᓪᓗᓂ, ᐱᖅᑕᐅᖅᑲᓯᐅᑎᒋᓪᓗᑎᒃᑕᐅᖅ ᓄᓇᓕᖕᓂ ᐱᓕᕆᖅᑕᐅᖅᑲᑦᑕᓕᕆᓪᓗᓂ ᑭᓯᐅᓐᓇᕐᓂᒃ ᐊᔾᔨᖏᖕᒋᑦᑐᓂᒃ. ᐅᓪᓗᒥ, ᓚᐃᒥᑭ ᑲᑎᒪᔨᐅᖅᑲᑕᐅᓕᕆᓪᓗᓂ ᐃᓕᓭᖅᓯᕕᒃᑯᑦ ᑲᑎᒪᔨᖏᓐᓂᑦ, ᐃᒃᓯᕙᐅᑕᕆᔭᐅᓪᓗᓂᓗ ᑐᒃᓯᐊᕐᕕᐅᑦ ᑲᑎᒪᔨᖏᓐᓂᑦ, ᐊᒻᒪᓗᑦᑕᐅᖅ ᐱᙳᐊᖅᑐᓕᕆᔨᒃᑯᑦ ᐃᒃᓯᕙᐅᑕᕆᓪᓗᓂᔾᔪᒃ ᑲᑎᒪᔨᖏᑕ. ᑲᖏᖅᑑᓛᐱᖕᒥᐅᑕᐅᕗᖅ ᐱᖅᑲᑖᓗ ᐊᓂ ᕿᑐᙵᖕᖏᑦᑐ ᑎᓴᒪᑦ. ᐊᒻᒪᓗᑦᑕᐅᖅ ᕿᒻᒥᖅᑲᕋᒥ ᕿᒧᒃᓯᖅᑲᑕᐃᓐᓇᖅᑐᓂ.

ᐃᓚᙳᐊᖅ ᖃᐃᖕᒫᖅ ᐃᓅᔪᕕᓂᖅ ᔫᓂ 12, 1960-ᖑᑎᓪᓗᒍ ᖃᓈᖅ, ᑲᓛᓪᓚᑦ ᓄᓈᓐᓂ. ᐊᖏᔪᖅᑳᖏᒃ ᐊᕙᑕᖅ (ᐊᑖᑕᖓ) ᐊᒻᒪᓗ ᒫᓕᐊ (ᐊᓈᓇᖓ) ᖃᐃᖕᒫᖅ. ᐱᕈᖅᓵᓕᔭᐅᔪᕕᓂᐅᕗᖅ ᕿᕿᖅᑕᕐᓯᐊᕐᒥᑦ (Herbert Island). ᐃᓚᙳᐊᖅ ᐊᒪᐅᖓ ᐊᖓᒃᑯᐊᓘᖅᑲᑕᐅᔪᕕᓂᐅᕗᖅ, ᖃᐃᖕᒫᖅᓯᐊᖅ. ᓱᕈᓯᐅᓪᓗᓂ, ᐃᓚᙳᐊᖅ ᕿᒧᒃᓯᖅᑐᕕᓂᐅᕗᖅ ᑯᓪᓗᕐᓯᐊᕐᒧᑦ, ᐊᕐᓈ ᐅᐱᕐᓇᕕᐅᑦ ᖃᓂᒌᔭᓂᒥᐅᑕᕕᓂᐅᖕᒪᑦ. ᒪᒃᑯᖕᓂᕐᒥᓂᑦ, ᐃᓚᙳᐊᖅ ᐆᒪᔪᕋᓯᖕᓂᒥᒃ ᐃᓕᖅᑯᓯᖃᐃᓐᓇᖅᓯᒪᔪᖅ, ᐊᒻᒪᑦᑕᐅᖅ ᐅᓪᓗᒥ ᓯᓕ ᑕᐃᒪᐃᓕᐅᖅᐳᖅ. ᐊᒥᓯᐊᖅᑎᒃᓪᓚᒃᑐᓂ ᓇᓂᐊᖃᑦᑕᖅᓯᒪᕗᖅ ᐃᑭᕐᒧᑦ ᐊᒻᒪᓗᑦᑕᐅᖅ ᓴᕕᔅᓯᕕᐅᑦ ᐅᐊᖕᓇᖕᖏᖕᖑᓄᑦ (ᓴᕕᔅᓯᕕᒃ ᓵᕙ, ᓵᑎᐊᖕᖓᓂ (ᓯᐅᔭᖕᖓᓂᐅᖕᒋᑦᑐᖅ) ᓴᕕᔅᓯᕕᐅᑦ). ᐊᑕᐅᓯᐊᖅᑐᓂ, ᐃᓚᙳᐊᖅ ᐊᐅᓯᐃᑦᑐᒧᑦ (Grise Fiord) ᑎᑭᐅᑎᓯᒪᕗᖅ (ᓄᓇᕗᒦᑦᑐᖅ, ᑲᓇᑕᒥ) ᒪᓕᒃᑕᐅᓪᓗᓂ ᕿᒧᒃᓯᐅᖅᑲᑎᒥᓂᑦ (ᕿᒧᔅᓯ ᖄᓪᓗᖓ). ᐃᓚᙳᐊᖅ ᐃᑦᑐᖓ ᑕᐃᒍᖅᑕᐅᓐᓂᖅᐳᖅ ᑕᐃᑦᓯᐊᙳᐊᕌᑦᓯᐊᖅ ᖃᓈᕐᒥ ᓄᓇᖅᑲᐅᖅᑐᓄᑦ, ᓄᓕᐊᖓᓗ ᓯᐊᒃᑲᙳᐊᖅ ᐊᑎᓇᓚᐅᖅᐹ. ᑕᐃᑦᓯᐊᙳᐊᕌᑦᓯᐊᖅ ᕿᓚᐅᔾᔭᖅᑐᖅᑲᖅᑎᓪᓗᒍ ᐃᖕᖏᒃᑲᐅᓛᖑᖅᑲᑕᐅᓐᓂᖅᐳᖅ ᑕᐃᑲᓂ ᐊᕙᓂᖅᓯᐊᕐᒥ.

xxx ᓴᐅᒥᖕᒥᑦ ᑕᓕᖅᐱᖕᒧᑦ: ᔩᓚ ᑎᒧᑦᓚᒐᖅ ᐊᒻᒪᓗ ᐊᐃᕙ ᓴᖕᒍᔭ; ᐋᑐ ᓯᒥᒐᖅ; ᔨᐊᓐᓯ ᑖᓂᐅᓴᓐ

ᑏᑎᐊ ᖃᔮᖅ ᐃᓅᔪᕕᓂᐅᕗᖅ ᓇᑦᑎᖅᓱᔫᑦ ᓯᓈᖓᓂ ᕖᕝᕗᐊᕆ 22, 1954-ᖑᑎᓪᓗᒍ ᐱᕈᖅᓴᓂᖅᐳᖅᓚ ᑲᖏᖅᑐᒦᑉᐱᐅᑦ ᒥᑎᒪᑕᓕᐅᓪᓗ ᖃᓂᒋᔮᓂ, ᓄᓇᕗᒻᒥ. ᓱᕈᓯᐅᓪᓗᓂ, ᓱᖅᑯᐃᒋᔭᖃᕇᕗᖅ ᐃᓅᔭᓕᐅᖅᑐᓂ (ᕿᑐᙱᑕᐅᔭᐸᓗᒃᑎᑐᑦ) ᑕᐅᑐᓕᒥᒃ ᐊᒻᒪᓗ ᐊᓄᖁᔾᔨᐅᙱᐊᖅᑐᓂᒋᑦ, ᐃᒪᐃᓕᖕᒐᖕᒪᑦ ᓱᕈᓰᑦ ᐊᓄᕋᙱᓕᐅᖅᑳᓯᐅᖑᖕᒪᑕ. ᓱᖅᑯᐃᓱᒃᑲᓂᖕᓪᓗᓂᓗ ᑎᓯᖅᑐᓂ, ᐊᖅᓴᙱᐊᖅᑐᓂ ᐊᐃᕙᐅᑦ ᖃᖅᑯᐊᖕᒐᓂᒃ (ᑎᒃᓴᑦᓵᑦᑎᐊᓱᖑᖕᒪᑕ) ᐊᒻᒪᓗ ᐃᒡᓗᙱᐊᖅᑐᓂ. ᐊᕿᓇᐅᒐᒥ, ᐋᑖᑕᓂ ᑎᑎᕋᐅᔭᖅᑎᓪᓗᒍ ᑕᑯᕋᓈᖅᐸᖕᓂᓪᓗᓂᐅᒃ, ᑕᐃᓖᒃᑕᐅᖅ ᑎᑎᕋᐅᔭᕈᓐᓇᖅᓯᒋᕗ, ᓄᓇᓕᖕᒥᐅᑕᐅᖏᓐᓇᒥᓗ ᓄᓇᓕᖕᓅᕋᒥᒃ ᑕᐃᔅᓯᒪᓂ ᐃᓕᓐᓂᐊᖅᑎᑦᑎᓪᓗᓂ ᐊᒻᒪᓗ ᐃᓕᓐᓂᐊᖅᑎᐅᖃᑕᐅᓐᓂᖅᑐᓂ. ᑏᑎᐊ ᓴᓇᙱᐊᖅᑕᑕᓕᕐᓂᖅᐳᖅ ᐊᕿᒍᖅᑲᖅᑐᓂ 15-ᓂᒃ ᐊᒻᒪᓗᑦᑕᐅᖅ ᓴᓇᙱᐊᒃᒍᑦᓗᓂ ᐅᕙᓘᓐᓃᑦ ᑎᑎᕋᐅᔭᒍᖏᑦᓗᓂ ᓇᓄᙱᐊᕐᓂᒃ, ᐃᓄᒃᓱᙱᐊᓂᒃ, ᐊᒻᒪᓗ ᑕᓖᓪᓚᔫᙱᐊᓂᒃ (ᐃᒪᐅᑦ ᒍᑎᙱᐊᖓ "ᖃᓪᓗᓈᑎᑐᑦ"). ᐱᓕᕆᐊᕆᖃᑦᑕᖅᑕᒥ ᐊᓯᐊᒎᑦ, ᑏᑎᐊ ᐊᖑᓇᓱᑦᑎᐊᒃᓴᖅ ᐃᖃᓗᒐᓱᑦᑎᐊᒃᓴᕐᓗ ᖁᕙᐊᑦᑎᔭᖅᑲᖅᑲᓂᓪᓗᓂ. ᑎᓴᒪᓂᒃ ᕿᑐᕐᖓᖃᖅᑐᓂ 13-ᓂᓗ ᐃᖑᑕᖃᖅᑐᓂ ᑲᖏᖅᑐᒦᑉᐱᖕᒥᓗ ᓄᓇᖃᖅᑐᓂ ᑕᒪᓂ ᐱᓕᕆᐊᕆᖃᑦᑕᖅᑕᒥᓂᒃ ᐱᓕᕆᖃᑦᑕᖅᐳᖅ.

ᐲᑕ ᕿᓪᓚᖅ ᐃᓅᔪᕕᓂᐅᕗᖅ ᔫᓂ 12, 1980-ᐅᑎᓪᓗᒍ. ᓱᕈᓯᐅᓪᓗᓂ ᓄᓇᖃᖅᑕᐅᓂᖅᐸᖅ ᐊᕿᒡᒍᓂᒃ 6-ᓂᒃ ᑲᖏᖅᑐᒦᑉᐱᐅᑦ ᓯᓚᑖᓂ, ᓄᓇᕗᒻᒥ ᐅᖓᓯᖕᓂᖅᑐᒥ 40-ᑮᓚᒥᑐᓂᒃ. ᓄᑲᖅᑎᖅᐸᒡᔪᑦᓗᓂ 6-ᓂ ᖃᑕᖓᒍᑎᖏᓂᑦ ᐅᑯᓇᖖᒐᖅᑐᑎᑦ ᑐᐱᖕᒐᑦ ᐊᒻᒪᓗ ᒥᐊᓕᐊ ᕿᓪᓚᖅ. ᐲᑕ ᐊᖑᓇᓱᒃᑕᐃᓐᓇᖅᑕᐅᕙᖅᑐᓂ ᓱᖅᑯᐃᓱᓕᕐᓂᕐᒥᑦ. ᐲᑕᐅᑦ ᓄᓕᐊᓂ ᑲᑎᓐᓂᖅᐸ, ᓃᓇ, ᐊᕿᒍᑦ ᕿᑐᓪᓗ (10) ᐊᓂᒍᖅᓯᒪᓕᕆᕗᑦ ᐊᒻᒪᓗ ᒫᕐᔫᓂᒃ ᐃᕐᓂᖅᑐᑎᒃ ᐊᒻᒪᓗ ᓂᕕᐊᖅᓵᖅᑯᒃ ᐊᑕᐅᓯᖅ, ᐊᖏᔪᒃᑎᖅᐸᖅ ᑭᐊᓐ ᔫᓯᐱ ᕿᓪᓚᖅ, ᐃᓐᓇᐅᓕᕆᓪᓗᓂ ᓚᐃᓇ ᓛᑕ ᕿᓪᓚᖅ, ᐊᒻᒪᓗ ᓄᑲᖅᑎᖅᐸᖕᒐᑦ ᔩᕚᒃ ᐱᔭᕙᓂᖅ ᕿᓪᓚᖅ. ᐲᑕ ᐃᖅᑲᓇᐃᔭᒃᑕᖅᓯᒪᕗᖅ ᐃᒡᓗᕐᐅᖅᑎᓂᒃ ᐊᒥᓱᒃᑖᔦᖕᓂᑦ ᐊᕿᒍᑦ 9 ᐊᓂᒍᖅᓯᒪᓕᕐᔦᓂ. 2006-ᖑᑎᓪᓗᒍ, ᐲᑕ ᐃᒪᐃᓕᐅᓕᕐᓂᕆᕗᖅ ᓱᑯᑦ ᖃᓄᐃᓕᕙᓕᐊᓂᖓᓂᒃ ᑲᒪᒋᔭᖅᑐᓂ ᓄᓇᓕᖕᓂᑦ ᐊᐅᓚᑕᐅᔪᑦ ᐱᒋᐊᓕᖅᑎᓪᓗᒍ ᓱᑯ-ᐃᓄᐃᑦ-Hᐃᓚ ᐱᓕᕆᐊᕆᔭᒃᓴᖅ. ᑕᒪᑐᒨᓇ ᖃᐅᔨᓴᖅᐸᓪᓕᐊᔭᕐᒧᑦ, ᐲᑕ ᐃᓕᑉᐹᓪᓚᓕᕆᕗᖅ ᖃᓄᖅ ᑕᒪᓐᓇ ᓯᓚ, ᑕᕆᐅᑦ ᓯᑯᐊ, ᐊᒻᒪᓗ ᐊᐳᑎ ᐊᓯᔾᔨᖅᐸᓪᓕᐊᓂᖏᓐᓂᒃ, ᐊᒻᒪᓗᑦᑕᐅᖅ ᐊᓂᖅᑕᕈᓐᓇᑦᑎᐊᖅᐸᒃᑐᓂ ᓯᓚᕐᓱᓂᑦᑐᑦ ᐊᒻᒪ ᐊᖑᓇᓱᖕᓂᖅ ᐱᖃᓯᐅᑎᔪᓐᓇᖅᑐᓂᐅᒃ ᐊᐅᓪᓚᖅᓯᒪᔭᕋᖕᒐᒥ. ᑕᒪᓐᓇ ᐋᑐᑎᑎᓐᓇᒍ ᐊᐅᓪᓚᖅᓯᒪᓂᖅ, Hᐋᑭᕐᓂᖅ ᐲᒪᐅᑦ ᐊᐅᓛᔪᑎᒋᓪᓗᓂᐅᒃ ᖁᕙᐊᒋᑦᑎᐊᕋᒥᐅᒃ.

ᓃᓇ ᕿᓪᓚᖅ ᐃᓅᔪᕙᓂᖅ ᒪᐃ 19, 1983-ᖑᑎᓪᓗᒍ ᖁᕙᐊᒋᔭᐅᑦᑎᐊᖅᑐᓂᓗ ᐊᖏᔪᖅᑳᖕᒋᖕᓂᑦ ᓕᓯᐅᑦ ᐊᒻᒪᓗ ᐃᓚᐃᔭ ᐸᓖᑦᑑᑦ. ᐊᖏᔫᒃᑎᖅᐸᑦ ᓄᑲᕆᓪᓗᓂᐅᒃ ᑕᓪᓕᒪᐅᓪᓗᑎᒃ ᖃᑕᙳᑎᒌᑦ ᐊᒻᒪᓗ ᐱᕈᖅᓴᐅᖅᑐᓂ ᑲᖏᖅᑐᒦᑉᐱᒃ, ᓄᓇᕗᒻᒥ. ᓃᓇ ᒥᖅᓱᕈᒻᒪᐅᓪᓗᓂ. ᒥᖅᓱᖃᑦᑕᓕᕐᓂᖅᑐᓂ ᓱᕈᓯᓪᓚᕆᐅᓪᓗᓂ ᐃᓕᓐᓂᐊᖅᑎᐅᓪᓗᓂ ᐊᒻᒪᓗ ᑕᐃᒪᙵᓂᑦ ᒥᖅᓱᖃᑦᑕᐃᓐᓇᓕᖅᑐᓂ. ᓃᓇ ᐃᖅᑲᓇᐃᔭᑲᐃᓐᓇᕐᓂᕆᕗᖅ ᖁᓗᐊᖅ ᐃᓕᓐᓂᐊᕙᖕᒥᑦ ᑲᖏᖅᑐᒦᑉᐱᖕᒥ 2003-ᖑᑎᓪᓗᒍ ᐊᒻᒪᓗᑦᑕᐅᖅ ᐃᖅᑲᓇᐃᔮᖅᑲᓕᖅᑐᓂ ᐃᓕᓴᖅᓯᕙᒃ ᓱᓴᐃᐊᑎᒃᑯᓐᓂ ᑕᕝᕙᓂᓗ ᐊᖏᔫᖅᑳᑦ ᑐᒡᓕᓐᓂᓕᖅᑐᓂᐅᒃ ᐊᖅᑲᒍᒐᓴᖕᓂᒃ ᐃᖅᑲᓇᐃᔮᖅᑲᖅᓯᒪᕆᓪᓗᓂᑦᑕᐅᖅ Hᐋᒻᒪᓚᒃᑯᓐᓂ ᑲᖏᖅᑐᒦᑉᐱᖕᒥᑦ ᐊᐅᓚᑦᑎᔾᔪᐅᓪᓗᓂ ᐱᙳᐊᖅᑐᓕᕆᔾᔪᑯᓐᓄᑦ ᐊᒻᒪᓗ ᓄᓇᓕᖕᓄᑦ ᐱᔾᔪᑎᖃᖅᑎᐅᓪᓗᓂ ᐱᓕᕆᓂᕐᒥᒍᑦ. ᐅᓪᓗᒥᓕ ᓃᓇ ᐊᓈᓇᕆᔭᐅᖕᒋᓐᓇᖅᑐᓂ ᐊᒻᒪᓗ ᒥᓱᕐᓂᕐᒥᒃ ᐱᓕᕆᐊᖅᑲᑦᑕᖅᑐᓂ. ᓃᓇᐅᑦ ᐲᑕ ᑲᑎᔭᕙᓂᕆᓪᓗᓂᐅᒃ ᐊᕿᒍᑦ ᖁᓕᑦ ᐊᓂᒍᖅᓯᒪᓕᕆᕗᑦ ᐱᖓᓱᓂᓗ ᕿᑐᕐᖓᖃᖅᑎᐊᖅᑐᑎᒃ.

ᐊᐃᕙ ᓴᖕᒍᔭ ᐱᕈᖅᐸᓪᓕᐊᔪᕙᓂᐅᕗᖅ ᓄᓇᓕᓪᓚᓐᓂᑦ ᓯᓚᑖᓂ ᐸᖕᓂᖅᑑᖅᐸᓯᖕᒥ ᓂᕆᖕᓛᖕᖓᓂ ᑲᖏᖅᑐᒦᑉᐱᖕᒧᑦ ᐊᐅᓛᓚᐅᖕᒋᓐᓂᕐᒥᓂᒃ ᒪᒃᑯᒃᑑᓪᓗᓂ. ᐊᐃᕙ ᐃᖅᑲᓇᐃᔭᖅᓯᒪᓕᖅᐳᖅ ᑲᖏᖅᑐᒦᑉᐱᖕᒥ ᐋᓐᓂᐊᕕᐊᓂ ᐊᕿᒍᑦ 30 ᐅᖓᑖᓄᑦ ᐊᒻᒪᓗ ᓄᓇᓕᖕᓂ ᐋᓐᓂᐊᖅᑲᖅᓇᖕᖏᑦᑐᓕᕆᔨᐅᓪᓗᓂ ᐊᕿᒍᑦ ᖃᓂᕝᕙᓯᐅᖃᕐᓗᒋᑦ 12. ᐃᖅᑲᓇᐃᔭᕈᓐᓇᑦᑎᐊᖅᑐᓂ ᐱᔪᒪᓂᕐᒥᒍᑦ ᐃᖅᑲᓇᐃᔾᔪᒥᓄᑦ ᐃᓅᓯᖅᑳᑎᐊᕐᓂᒧᑦ ᓴᙱᔪᒥᒃ ᐱᓕᕆᐊᒃᓴᓂᒃ ᑲᒋᖅᑐᒦᑉᐱᖕᒥ, ᐊᐃᕙ ᐃᓚᒋᔭᐅᖅᑲᓯᐅᔾᔭᐅᒋᕗᖅ ᓄᓇᓕᖕᓂ ᐃᓅᓯᖅᑳᑎᐊᕐᓂᕐᒧᑦ ᑲᑎᒪᔩᑦᑖᓄᑦ ᐊᒻᒪᓗ ᐃᓕᓴᖅᓯᕙᐅᑦ ᑲᑎᒪᔨᖓᓂ ᑲᑎᒪᔩᖅᑲᑕᐅᓚᐅᖅᓯᒪᓪᓗᓂ. ᐊᐃᕙ ᐊᐅᓪᓚᖅᓯᒪᓪᓗᓂ ᐱᓕᕆᔪᓐᓇᖅᑎᐊᕗᖅ, ᐊᓯᕙᖅᑕᐅᑲᑦᑲᐸᒃᑐᓂᓗ, ᕿᒧᒃᓯᑲᑕᓚᐅᖅᐸᒃᑐᓂ, ᐊᒻᒪᓗ ᓯᓂᒃᑕᕆᐊᖅᐸᒃᑭᓪᓗᑎᒃ ᐅᐃᑮᒃ ᐊᒻᒪᓗᑦᑕᐅᖅ ᐃᓚᖏᑦ ᐃᓚᐅᕙᒃᑭᓪᓗᑎᒃ. ᐊᐃᕙᐅᑦ ᐱᓕᕆᐊᕆᖃᑦᑕᖅᓯᒪᖕᒥᔭᖏᑦ ᐃᓚᖏᑦ ᐊᑯᓂᑲᓪᓚᐅᓕᖅᑐᖅ ᑐᔅᓴᐅᖃᑦᑕᖅᑐᓂ, ᐊᐅᓚᑎᓴᐅᖃᑦᑕᖅᑐᓂᓗ, ᐊᒻᒪᓗ ᐱᓕᕆᐊᒃᓴᓂᒃ ᐊᔾᔨᙳᖅᑎᑦᑐᓂᒃ ᐊᐅᓚᑎᕙᒃᑭᓪᓗᓂ. ᑖᓐᓇ ᐊᒻᒪᓗᑦᑕᐅᖅ ᐅᐃᖓ ᔦᐃᓕ ᑲᖏᖅᑐᒦᑉᐱᖕᒥᐅᑕᐅᖑᒃ ᕿᑐᕐᖓᖏᑦᑐ ᑕᓪᓕᒪᑦ, ᖁᓕᓂᓗ ᐃᖑᑕᖃᖅᑐᑎᒃ, ᐊᒻᒪᓗ 24-ᓂᒃ ᕿᒻᒥᖅᑲᐅᓇᓪᓗᑎᒃ.

ᔮᓚ ᑎᒍᑦᓚᒐᖅ ᐃᓅᔪᕕᓂᖅ ᐃᖅᑲᓗᐃᑦ, ᓄᓇᕗᑦ, ᐊᑎᖅᑲᖅᑎᑕᐅᖅᑳᑦᑕᖅᑎᓪᓗᒍ ᓯᓚ ᐳᕈᕕᓯ ᐸᐃ ᖃᓪᓗᓈᑎᑐᑦ. ᐱᕈᖅᓴᔪᕕᓂᐅᓪᓗᓂᓚ ᓇᓂᓯᕕᖕᒥ ᑲᖏᖅᑐᒫᐱᖕᒥᓪᓗ, ᐃᑦᑐᒃᑯᒥᖕᓂᒥᐅᑕᐅᓪᓗᓂ. ᒪᒃᑯᒃᑑᓪᓗᓂ ᓯᓚ ᑑᓴᔫᓂᕐᒥᒃ ᑎᑎᕋᖅᓯᒪᔪᓂᓪᓗ ᓇᓚᐊᖕᓄᑐᐃᓐᓇᖅ ᐃᓄᒃᑎᑑᓄᑦ ᐅᑉᐱᓘᓐᓃᑦ ᖃᓪᓗᓈᑎᑐᑦ ᑎᑎᖅᑲᓂᒃ ᓇᓚᐊᖕᓄᑐᐃᓐᓇᖅ ᐋᖅᑭᒃᓯᔪᓐᓇᖅᓯᔪᕕᓂᖅ ᐃᒪᐃᓚᐅᕐᓂᖏᑦ ᐋᖅᑭᒃᓯᒪᖕᒥᔪᒥᒃ ᓄᓇᕗᑦ ᓯᓚᑦᑐᖅᓴᕐᕕᖕᒥ ᐃᖅᑲᓗᖕᓂ ᐅᑎᕆᓪᓗᓂᓗ ᑲᖏᖅᑐᒫᐱᖕᒧᑦ ᐃᖅᑲᓇᐃᔭᕐᕕᖅᑳᖅᑕᒥᓄᑦ ᐱᓚᕆᐊᕆᔪᓐᓇᓚᕆᒃᑕᒥᓂᒃ ᐊᒥᓱᓪᓗᑎᓗ ᑎᑎᖅᑲᑦ ᐱᓚᕆᐊᕆᔭᖏᑦ, ᐱᖅᑯᐅᔾᔨᓪᓗᓂ ᑎᑎᖅᑲᑎᒍᑦ ᓇᓚᐊᖕᓄᑐᐃᓇ ᑑᓴᔫᓂᕐᒥᒍᑦ ᐋᖅᑭᒃᓯᐃᔪᓇᖅᑐᓂ ᓄᓇᒥᓂ ᐋᓂᐊᕙᕐᒥ ᐱᓚᕆᐊᕆᓪᓗᓂᐅᓪᓗ ᐊᕿᒍᒐᓴᖕᓂᒃ. ᔮᓚ ᐱᕈᖅᓯᐊᖅᖅᓯᒪᕗᖅ ᐱᖓᓱᓂᒃ ᓯᕈᓯᕐᓂᒃ, ᑖᑦ, ᑭᒧᓚ, ᐊᒻᒪᓗ ᑖᓴ, ᐊᒻᒪᓗᑦᑕᐅᖅ ᒪᕐᕈᒃᑲᓐᓃᒃ ᑎᒍᐊᖅᑖᕆᔭᐅᓯᒪᓕᖅᑐᑏᒃ. ᖃᕕᐊᕆᔭᖅᑐᖅ ᒥᖅᓱᕐᓂᕐᒥᒃ, ᓂᒃᓯᒃᑕᕆᐊᓴᖅ, ᐊᒻᒪᓗ ᓇᖕᒥᓂᖅ ᐃᓚᓂ ᓇᕐᔪᓂᕆᑦ. ᔮᓚ ᑲᖏᖅᑐᒫᐱᖕᒥᐅᑕᐅᕗᖅ ᕿᑐᕐᖓᓂᓗ ᐱᖅᓯᐅᑎᓪᓗᕆᑦ ᐊᒻᒪᓗ ᐃᖅᑲᓇᐃᔭᖅᑕᖅᑐᓂ ᑑᓴᔫᓪᓗᓂ ᓄᓇᕗᑦ ᐃᖅᑲᖅᑐᐃᕕᖕᒋᓐᓂ.

ᐋᒍ ᖃᔪᕋᖅᑰᐊᖅ ᓯᕗᓯ ᓯᒥᒐᖅ ᐃᓅᔪᕕᓂᖅ ᐃᓪᓗᒥ ᓯᐅᕋᐸᓗᖕᒥ ᖁᕕᐊᓯᒃᕕᐅᓚᐅᖅᑎᓪᓗᒍ ᖃᐅᑎᓪᓗᒍ 1961-ᖑᑎᓪᓗᒍ. ᐊᕐᓈ ᐱᓂᔮ (ᐱᓂᓇ) ᓴᑐᕋᓇ (Benigne Binenna) ᐊᖑᑖ ᑯᓅᑦ ᑯᓂᑦᑕᓴᓐ. ᐱᕈᖅᓴᕕᖅᑲᓚᐅᖅᐳᖅ ᐊᓈᓇᖓᑕ ᐊᖏᔪᖅᑳᕐᕆᓇᓂᑦ, ᐊᓇᕐᕈᒃᑯᑦ. ᓂᕕᒃᑲᙱᐊᖅ ᓂᖏᐅᖅᓄᓚᐅᖅᑕᖓ ᐊᒻᒪᓗ ᑲᐅᒍᓇᖅ ᐃᑦᑐᖅᑐᓂᐅᒃ (ᐋᑕᕐᕿᖅ), ᐱᕈᖅᓴᔭᐅᔪᕕᓂᐅᒐᖅ ᐋᒍ ᐊᑖᑕᒋᔭᒥᑐᑦᑎᐊᖅ. ᐋᒍ ᓄᑲᖅᑎᐅᑉᓗᓂ ᐊᖏᔪᒃᑎᖅᐹᒥᑦ ᖃᑕᙳᑎᒥᓂᑦ ᐊᓈᓇᒥᓂᑦ, ᐊᒻᒪᓗᑦᑕᐅᖅ ᐱᖓᓱᓂᒃ ᓇᔭᖅᑲᐅᑉᓗᓂ ᓄᑲᑉᓗᓂᕐᒋᑦ ᐊᒻᒪᓗ ᐱᖓᓱᓂᒃᑕᐅᖅ ᓄᑲᖅᑲᐅᑉᓗᓂ. ᓄᑲᖏᑕ ᐊᖏᔪᒃᑎᖅᐸᖓᑦ ᐃᓅᔪᓐᓃᖅᓯᒪᓕᕐᓗᓂ ᓄᑲᖅᑎᐸᕐᓗ, ᐃᓅᔪᓐᓃᑐᕕᓂᖅ ᖃᔭᒃᑯᒃ ᐱᕈᐊᕿᓪᓗᓂ. ᓄᑲᖅᑲᕗᖅᑕᐅᖅ (ᓄᒃ) ᐊᒻᒪᓗᑦᑕᐅᖅ ᓄᑲᓴᒥᓂᒃ ᓇᔭᖅᑲᓪᓗᓂ (ᓇᔭ) ᐊᑖᑕᒥᓂᑦ. ᐋᒍ ᐃᓕᓐᓂᐊᕆᐊᖃᑦᑕᓚᐅᙱᓚᖅ ᐃᑦᑐᒃᑯᖏᑦ, ᐱᕈᖅᕕᒋᔭᕕᓐᖏᑦ, ᐊᖑᓇᓯᐃᓐᓇᖅᑕᖅᑐᕕᓂᐅᖕᒪᑕ, ᐊᖑᓇᓱᒃᑕᓂ ᒪᓕᒃᐸᓪᓕᐊᑦᑐᓂᑦ, ᐃᓕᓐᓂᐊᕐᓂᕐᒧᑦ ᓄᖅᑲᙳᑎᖅᑲᓇᑎᒃ ᐅᕙᓃᓐᓂᑦ ᓂᐅᕕᕕᐅᑦ ᒪᑐᐃᕐᓂᐊᕐᓂᖓᓂᒃ. ᐃᒪᐃᓕᖓᓐᓂᕐᒥᔪᖅᑕᐅᒃ ᐋᒍ ᓴᐃᒻᒪᖅᑎᑕᐅᓚᐅᕆᓂ ᓯᓚ (ᑐᒃᓯᐊᕐᕕᖕᒥᑦ ᔫᑐᓐ ᑐᒃᓯᐊᕐᕕᖕᒥ, 14-ᓂᒃ ᐊᕿᒍᖅᑲᖅᑐᓂ) ᓇᖕᒥᓂᖅ ᕿᒻᒥᖅᑲᓕᓚᐅᖅᑐᖅ, ᓇᓄᒍᒪᓚᐅᕋᒥ ᐱᑖᕈᒪᓪᓗᓂ ᓇᓄᑦ (ᓇᓄᕋᐃᑦ ᓯᓚᑉᐹ) ᓴᐃᒻᒪᑎᑕᐅᓂᕈᓂ ᐊᑐᕋᔅᖅᑕᒥᓂ. ᐊᕿᒍ ᑕᐃᓐᓇᑦᑕᐅᖅ ᐊᑕᐅᓯᖅ ᐊᖏᔪᖅᑳᕐᒧᑦ ᓂᐅᕕᕐᕕᖕᒥ ᑐᖏᓕᐅᑲᐃᓐᓇᕐᓂᓪᓗᓂ ᑕᕝᕙᓄᑦ ᐱᖓᓱᓄᑦ, ᐃᒪᑦᐃᑐᐃᓐᓇᕙᖕᒥᕗᖅ ᐊᖑᓇᓱᒃᐊᕈᓐᓇᖅᑐᓂ ᖃᖓᑐᐃᓐᓇᕐᑎᐊᒃᑯᑦ ᐊᖑᓇᓱᒃᐊᕈᒪᓪᓕᕚᖓᒥ. ᐊᑯᓂᐊᓗᒃᒋᑦᑎᐊᖅᑐᖅ ᐃᖅᑲᓇᐃᔭᐃᓐᓇᖅᑐᕕᓂᖅ, ᐃᒫᓗ ᐅᖃᐅᑎᓯᒪᓪᓗᓂᐅᒃ: "ᐱᓂᐊᖅᑑᓂᖅ HᐃᓚᕐᕿᖅᓇᕐPHᐊᐅᒪᑦ (ᓯᓚᕐᓯᐊᖅᓇᕐᓂᕈᒪᓪᓗ) ᓄᐊᓂᕐᓂᕈᒪᓪᓗ"-"ᐃᒃᐱᒍᓱᑦᑎᐊᖅᓇᓂᖅᓴᐅᖕᒪᑦ (ᐊᖑᓇᓱᓂᖅ) ᐊᒻᒪᓗ ᐃᒃᐱᒋᓂᕋ ᐊᑲᐅᓂᖅᓴᐅᖅᑕᖅᐳᖅ ᐃᓅᓪᓗᓂ ᐊᖑᓯᕋᖕᒐᓕᓐ". ᐋᒍ ᐊᓈᓇᐅᒪᑦᑎᐊᕆᕗᖅ ᐃᓅᓯᕐᒥᓂ ᐸᖅᑭᓐᑯᑦ ᐅᓪᓗᒥ, ᐃᒪᐃᒻᒥᒐᒥᑦᑕᐅᖅ ᐃᓄᑦᑎᐊᕈᓐᓇᖅᓇᓂ ᐊᖑᓇᓱᓂᐅᑦ ᐊᑐᐃᓐᓇᐅᑎᑕᕐᒥᓐᓂᒃ ᐊᖑᔭᒃᓴᓂᒃ ᐊᒻᒪᓗᑦᑕᐅᖅ ᖃᒥᖅᑯᑎᒃᓴᒃᑲᐊᖅᑭᐸᓪᓗᓂ. ᐋᒍ ᑎᓴᒪᓂᒃ ᖃᐅᔨᓴᖅᑕᐅᖅᐳᖅ ᐊᖏᔪᒃᑎᕐ ᓄᓇᓕᒃᓯᓂᖅᓴᕐᒥᐅᑕᐅᓪᓗᑎᒃ.

ᔭᐊᓇᓯ ᑲᑭᐱᖅ ᑖᒧᓯ ᑖᓂᐅᓴᓐ ᐃᓅᓯᕕᓂᖅ ᒪᐃ 21, 1959-ᖑᑎᓪᓗᒍ ᓄᒃ, ᑲᓖᓪᓗᑦ ᓄᓈᓐᓂ. ᐊᕐᓈᑦ ᐊᑎᖓ ᒪᓕ ᑖᓂᐅᓴᓐ, ᑯᓂᑦᓴᓐᒥᖅ ᐊᑎᕈᓯᖅᑲᓚᕐᓂᕐᒥᐅᖅ ᐅᐃᑯ ᑲᑎᑎᑕᐅᓕᒃ ᐅᐃᖓᑕ ᐊᑎᖓ ᔭᐃᑯᑉ ᑯᓂᑦᓴᓐ, ᔭᐊᓇᐅᑦ ᐊᖑᑎᒃᓴᖓ. ᔭᐊᓇᐅᑦ ᓯᕗᓕᕆᑕᐅᖅᑕᕐᕆᑦ ᑕᐃᓯᒪᙱᖅᓯᒪᓂᖅᐳᑦ ᓅᓯᐊᖅ ᐅᐱᕐᓇᕕᐅᑦ ᖃᓂᕐᔭᓂ. ᔭᐊᓇᓯ ᓯᕈᓯᐅᓪᓗᓂ ᓯᓚ 1964-ᒥ ᐊᖏᔪᖅᑲᓇᖅ ᓄᑎᕐᓂᖅᐳᑦ ᒍᓇᐅᓴᒧᑦ ᐅᒥᐊᒃᑯᑦ, ᑕᐃᓯᒪᙵᓗ ᖃᓈᕐᒧᑦ 1990-ᐅᓕᖅᑎᓪᓗᒍ. ᓄᓚᐊᕆᒃ ᑲᑎᒪᐃᓐᓇᖅᐳᒃ, ᑲᑎᑎᑕᕕᓂᐅᓪᓗᑎᒃ 1986-ᖑᑎᓪᓗᒍ, 1980ᒥᑦ. ᓄᓚᐊᖓ ᐸᓂᖅᑲᕈᖅ ᐱᕈᖅᓴᓪᓗᓂᔪᒃ ᑕᒻᒪᑭᐅᓪᓗᑎᒃ ᐊᒻᒪᓗ 6-ᓂᒃ ᐃᕐᖑᑦᑲᐅᖅᑐᑎᒃ, ᐊᖑᑎᑦ ᐱᖓᓱᓪᓗᑎᒃ ᐊᒻᒪᓗ ᐊᕐᓇᐃᑦ ᐱᖓᓱᓪᓗᑎᒃ. ᐱᕈᖅᓯᐊᖅᓯᒪᓕᕐᓪᓗᑎᒃ ᒪᕐᕉᓐᓂᑦ ᐊᖑᑎᖕᓂᒃ ᐊᖏᔪᒃᑎᖅᐸᖕᓂᒃ. ᔭᐊᓇᓯ ᐃᓕᓐᓂᐊᖅᓯᒪᓂᕐᒥᒃ ᐃᓱᓕᑦᑎᓯᒪᕐᒥᓇᓂᖅ ᐱᕈᖅᓴᔭᐅᓚᐅᖅᓯᑦ ᐊᖑᓇᓱᒃᑎᓚᐊᓇᔭᐅᓪᓗᓂ. ᐊᖑᓇᓱᒃᑕᕐᓂᐅᑦ ᐊᓯᐊᒍᑦ ᐃᖏᕋᖅᑲᖅᑲᖅᑕᓇᕗᓕ ᖃᐅᔨᓇᓱᒃᑐᓂᒃ ᐃᓚᐸᓪᓕᐊᔪᒥᒃᑕᐅᖅ ᖃᒧᒃᓯᒃᑯᑦ ᐅᒥᐊᒃᑯᓪᓗ ᐊᒻᒪᓗ ᐃᑲᔪᖅᐸᒃᐳᓂ ᓂᕈᐊᖅᑎᓂ ᐆᒪᔪᓚᓇᓂᒥᒃ ᖃᐅᔨᓴᖅᑐᓂᒃ ᓯᐅᑎᒥᐅᑕᓕᖅᓯᖅᑕᐅᔪᓂᒃ ᓂᕕᖓᑖᐅᖅᑕᐅᔪᑦ ᓈᓚᐅᑎᓄᓪᓗ ᖃᐅᔨᓴᔪᐊᓇᕐᓂᖏᓐᓂᒃ ᐋᖅᑭᒃᓱᐃᕕᔪᑦ ᑎᖏᒥᑦ, ᓇᑦᑎᑦ, ᐊᐃᕖᑦ ᐊᓪᓚᕝᕕᐊᓖᑦ ᕿᓚᓗᒐᐃᑦ, ᐊᒻᒪᓗ ᖃᑯᕐᑕᐃᑦ ᕿᓚᓗᒐᐃᑦ. ᐳᓚᕆᓂᓗ ᐃᓚᐅᕕᐅᖅᑲᖅᑕᖅᑐᓂ ᕿᒧᒃᓯᒃᑯᑦ ᐅᒥᐊᒃᑯᓪᓗ. ᑕᐃᒪᓕ 1992-ᒥ, ᔭᐊᓇᓯ ᐱᖅᑲᐅᔭᕕᓂᐅᕆᕗᖅ

ᓴᐅᒥᖕᒥᑦ ᑕᓚᖅᐱᖕᒧᑦ;
ᐃᓄᑭᑦᓯᕐᓯᐊᖅ ᓴᑐᕋᓇ; ᑕᓛᓐ
ᒪᑐᒥᐊᒃ-ᑲᒐᒃ (ᐋᑖᓂ
ᐊᐃᐸᕆᑦᑐᓂᐅᒃ,
ᐅᐊᕋᓐ)

ᔩᑭᐸ ᕼᐊᐃᓐᓄ

ᐊᖑᑎᒃ ᒫᕿᐃᖑᑦᑐᑎᒃ ᕿᒨᒃᓯᒥ ᐊᑎᑲᖅᑐᒥᒃ ᐃᓄᐃᑦ ᓄᓈᓂᒃ ᑳᔭᑦᓀᓂᐊᓗᓐᓂᖅ, "ᕿᒥᕿᕈᓂᕐᒥᒃ ᐃᓄᐃᑦ ᓄᓇᖓᓐᓂᒃ. ᐊᖑᑎᑦ ᖄᓈᕐᒥᑦ ᐅᖅᑭᐊᕙᖕᒨᑦ ᕿᒨᒃᓯᖅᑐᑎᒃ. ᐊᕐᕋᒍᒐᓴᖕᓂᒃ ᔨᐊᓐᓯ ᓄᓇᓕᖕᓂ ᐸᓖᓯᙳᐊᖑᓯᒪᓕᖅᑐᖅ ᖄᓈᕐᒥᐅᓂ. ᑲᑎᒪᔩᐅᖅᑲᐅᑐᖅᑲᐅᔭᖅᓯᒪᓕᓐᓂᑦᑐᓂ ᑐᒃᓯᐊᕐᕕᐅᑦ ᑲᑎᒪᔩᖏᓐᓂ ᐊᕐᕌᒎᓂᒃ ᑎᓴᒪᓂᒃ (1979-1983) ᐊᒻᒪᓗ 1997- ᒥ ᓂᕈᐊᓇᔭᐅᖅᑲᓯᐅᔾᔭᐅᓯᒪᓕᓐᓂᑦᑐᓂ ᑲᑎᒪᔩᐅᖅᑲᑕᐅᑦᑐᓂ (KNAPK),) ᐆᒪᔪᓕᓐᓂᓂᖅ ᐊᒻᒪᓗ ᐃᖅᑲᓗᒐᓱᒃᑐᓕᓐᓂᓂᖅ ᑲᑐᔾᔨᖅᑲᑎᒌᑦ ᑲᓛᓖᑦ ᓄᓈᓂ. ᑕᐃᔅᓯᒪᓂ 1979-ᒥᑦ ᓂᕈᐊᖅᑕᐅᓯᒪᓂᖓᑕ ᐃᓚᒋᖅᑲᓯᐅᑎᓯᒪᖕᒥᔭᖓ, ᔨᐊᓐᓯ ᓂᖁᐊᓇᔭᐅᖅᑲᓯᐅᔾᔭᐅᓯᒪᒋᑦᑐᓂ ᖄᓈᕐᒥ ᓄᓇᓕᖕᓄᑦ ᑲᑎᒪᔩᐅᖅᑲᑕᐅᑦᑐᓂ, ᑕᕝᕙᓂᑦᑕᐅᖅ ᐱᓕᕆᐊᕆᓕᖅᑕᒥᓂᒃ ᒪᐃᔭᐅᓯᒪᓪᓗᓂ.

ᐃᓄᑭᑦᓱᕐᓯᐊᖅ ᓴᑐᕋ ᐃᓅᔪᕕᓂᐅᕗᖅ ᑲᖏᕐᓗᐊᕐᓱᒃ ᑲᓛᓖᑦ ᓄᓈᓂ ᔫᑏᐱ 15, 1952. ᐊᖏᔪᖅᑳᐱᓚᐅᖅᑕᖏᒃ ᓇᖕᓴᖅ ᐊᒻᒪ ᓯᓇᕈᔪᐊᒃ. ᐊᖑᑖ ᐃᓅᔪᕕᓂᖅ "ᑲᓇᑕᐅᑦ ᓄᓇᖔᖓᓂ" ᑕᐅᕝᕙᓂ ᐸᓗᒃ 1907, ᑕᐃᔅᓯᒪᓂ ᐱᐊᓂ ᓄᓇᕐᔪᐊᑦ ᑲᔾᔨᖓᓅᕐᓱᒃᑎᑦᑐᔾ. ᐃᓄᑭᑦᓱᖅᓯᐊᖅ ᓄᑲᖅᑲᐅᓚᐅᖅᐳᖅ ᒫᒃᑯᒃᑑᓕᖅᑐᓂᓗ ᓄᓇᓕᕐᓀᓂ ᑲᖏᕐᓗᐊᕐᓱᒃ (ᑎᓴᒪᐃᖑᑦᑐᑎᒃ ᐃᓚᒌᑦ, ᐃᓈᓐᓂᑦᑐ ᐃᓚᒌᖏᓐᓇᐅᓚᐅᖅᐸᒃᑐᑎᒃ) ᖃᑯᑎᒃᑯᑦᑐ ᐅᑭᐅᖅᓯᐅᓚᐅᖅᐸᒃᑭᑦᑐᑎᒃ ᐃᑲᓂ ᐊᑎᓕᖕᒥ ᕿᑭᖅᑕᑦ. ᑕᐃᔅᓯᒪᓂ ᖁᓕᑦ ᒥᒃᓵᓂ ᐊᕐᕌᒍᖅᑲᖅᑎᑦᑐᔾ, ᐃᓄᑭᑦᓱᖅᓯᐊᖅ ᐃᓕᓐᓂᐊᕆᐊᖅᑐᔫᓄᑦ ᓇᒤᖅᑕᐅᕙᒃᑐᒨᑦ ᐃᓕᓐᓂᐊᕆᐊᓚᐅᖅᓯᒪᔪᖅ ᖄᓈᕐᒨᑦ. ᐅᐊᑦᑎᐊᕈᙱᖅᑎᑦᑐᔾ, ᐊᖏᕐᓴᓕᓚᐅᖅᓯᒪᔪᖅ ᑲᖏᕐᓗᐊᕐᓯᖕᒨᑦ, ᐊᖑᓇᓱᒃᑎᐅᓃᕐᓂᕐᒥᓄᑦ ᐊᒻᒪᓗ ᐃᓐᓇᕈᖅᐸᑦᓕᐊᔫᒃ ᐊᖏᔪᖅᑳᖏᒃ ᓂᕿᖅᑲᑦᑎᐊᖏᑦᑑᖅᑯᓇᓂᒋᒃ. ᐊᓯᒥᑎᑐᑦᑕᐅᖅ, ᐊᖏᔪᖅᑳᓂ ᐊᓐᓇᐅᒪᑎᒃᑭᑦᑐᓂᒋᒃ. ᓱᖅᑯᐃᒋᑦᓚᑦᑖᑦᑎᐊᕐᒥᔭᖓᑦᑕᐅᖅ ᐃᓄᑭᑦᓱᖅᓯᐊᑦ ᐃᓯᒪᒥᐅᑕᓇᑦᑎᐊᖏᓐᓇᖅᑕᖓ ᓇᐅᓕᒃᓯᔭᓇᐅᕈᑎᒋᓚᐅᖅᑕᓂ ᕿᓚᓗᒐᕐᒥᒃ ᖃᑯᖅᑕᒥᒃ 15-ᓂᒃ ᐊᕋᒍᖅᑲᖅᑐᓂ, ᐃᒪᐃᒃᑲᓗᐊᕐᒥᑦᑐᔾ ᓇᑎᖅᓯᒪᕙᑏᓕᖅᑐᓂ ᓯᕗᓂᐊᒍᑦ ᖃᔭᖅᑐᖅᑐᓂ. ᐊᖑᓇᓯᕆᐊᒃᓴᖅ ᐃᓕᑦᑐᕕᓂᐅᕗᖅ ᐊᑖᑕᒥᓂᒃ, ᑕᐃᓐᓇ ᑐᓂᓯᓚᐅᖅᓯᒪᓚᐅᖏᑦᑐᖅ ᐱᔭᕇᖅᓯᒪᔪᒥᒃ ᐊᑑᑎᖅᑲᑦᑎᐊᖅᑲᑦᑕᖅᑐᒥᒃ ᐅᕝᕙᑰᓐᓃᑦ ᐊᖑᓇᔫᑎᓂᒃ, ᐃᑲᔪᖅᑲᑦᑕᕋᓗᐊᖅᑐᓂᐅᒃ ᓴᓇᓂᕐᒥᒃ ᑭᓯᐊᓂᓕ ᑕᒃᑯᓂᖓ ᐊᔪᓕᖅᓰᑎᕙᑦᓕᐊᑦᑐᓂᐅᒃ, ᓇᖏᓂᖅ ᐃᒻᒥᓄᑦ ᓴᓇᖅᑲᑦᑕᖅᑐᓂ.

ᑭᓯᐊᓂᓕᑦᑕᐅᖅ ᐊᖑᓇᓱᖕᓂᖅ ᐱᔭᕐᓂᕈᓐᓃᖅᑐᐊᓘᓚᐅᕆᕗᖅ 26-ᓂᒃ ᐊᕋᒍᖅᑐᓂ ᑎᒥᖓᑕ ᖃᓄᐃᔾᔪᑎᒋᔭᖓᓂᒃ ᖃᐅᔨᔭᐅᑦᑐᓂ ᓇᒡᒍᐊᕐᓗᖕᒥ ᐅᑦᓕᔫᒥᒃ (ᓇᒡᒍᐊᕐᓗᑐᐃᓐᓇᕐᓂᑦ ᐋᓐᓂᕐᓇᕐᓂᖅᓴᒥᒃ) ᓇᒡᒍᐊᖏᑦ ᔫᖑᔪᒨᑦ ᐊᒃᑐᖅᑕᐅᑦᑐᑎᒃ, ᐱᓗᐊᙳᐊᖅᑐᑎᒃ ᐊᒡᒐᖏᑦ ᐃᓯᒐᖏᑦᑐ, ᐊᒻᒪᓗᑦᑕᐅᖅ ᑕᐅᑐᖕᓂᖓ, ᑕᕝᕙ ᐃᒪᐃᓕᖓᓕᖅᑐᓂ ᐊᖑᓇᓯᐅᓇᐃᑦᓕᑦᑐᓂ. ᑕᒪᓇᓕ ᐊᑲᐅᖏᔾᔪᑎᒋᔭᖓ ᐊᓂᒎᑎᓐᓂᖅᐳᖅ 1990-ᐅᑎᑦᑐᔾ, ᑭᓯᐊᓂᓕ ᐃᓅᓯᑦᓚᑖᕐᒥᓄᑦ ᐅᑎᑦᑎᐊᖅᑯᑰᖏᓐᓇᒥ ᐊᖑᓇᓯᐅᓇᕐᓇᓂ. ᐃᓄᑭᑦᓱᕐᓯᐊᖅ ᓄᓇᖅᑲᖅᐳᖅ ᖄᓈᕐᒥ ᓄᓕᐊᖓᓗ. ᕿᑐᕐᖓᖏᑦ, ᐃᕐᖑᑕᖏᑦᑐ.

ᑖᓃᓐ ᒪᑐᒥᐊᒃ-ᑲᒐᒃ ᐋᓇᐅᓂᑐᐃᓐᓇᕐᒥᑦ ᐃᓅᓱᖅᑲᖅᐳᖅ ᐅᑦᕿᐊᓪᕙᒃ, ᐊᑖᓯᑲᒥ. ᑖᓐᓇ ᐃᓚᖏᑦᑐ ᐊᐅᓚᖅᑲᑦᑕᖅᐳᑦ ᓯᑭᑐᒃᑯᑦ ᐊᒻᒪᓗ ᐅᒥᐊᒃᑯᑦ ᐊᖑᓇᓯᕆᐊᖅᑐᑎᒃ ᐃᖅᑲᓕᐊᖅᑐᑎᓪᓗ. ᑖᓐᓇ ᐱᖅᑲᐅᓪᔪᑦᑐᓂ ᖃᓄᑐᐃᓐᓇᑦᑎᐊᖅ ᐊᕐᕋᒍᓕᒻᒥ ᐊᕙᓗᓯᖕᓂᕐᒥ ᐊᒻᒪᓗᑦᑕᐅᖅ ᐊᕙᓗᓯᖕᓂᕐᒨᑦ ᐸᕐᓇᒃᐸᑦᓕᐊᕈᔪᐃᓐᓇᖅᑐᓂ ᐅᑦᕿᐊᓪᕙᒃ. ᐊᑖᑏᒃ ᐅᐊᕋ ᒪᑐᒥᐊᒃᑯᒃ, ᐱᖅᑲᐅᓚᐅᖅᓯᒪᓪᓗᓂ ᐅᑦᕿᐊᓪᕙᐅᑦ ᑲᖏᖅᑑᓚᐱᖕᒥᐅᑦᑐ ᓂᐅᕈᖅᑲᑦᑕᐅᑎᓂᒃᑯᑦ ᑭᐳᖅᑲᑎᒌᖕᓂᕐᒥᒃ ᐊᑐᖅᑕᖓᑦ ᑕᐃᔭᐅᑦᑐᓂ ᑕᒪᓇᓗ ᐃᑲᔪᕐᓂᖅᑲᓚᐅᓇᑦᑐᓂ ᓴᖅᑭᑎᕆᐊᕐᓂᕐᒥᒃ ᓯᑯ-ᐃᓄᐃᑦ-ᕼᐃᓚ ᐊᐅᓚᔾᔭᒃᑕᐅᕙᑦᓕᐊᓕᖅᑎᑦᑐᔾ, ᐊᒻᒪᓗ ᐃᓚᖅᑲᒃᑲᓐᓂᓕᓐᓂᑦᑐᓂ ᑲᖏᖅᑑᓚᐱᖕᒥᐅᓂᒃ ᑐᙵᓴᐃᑦᑐᓂ ᐊᒻᒪᓗ ᖄᓈᕐᒥᐅᓂᒃ ᐅᑦᕿᐊᓪᕙᖕᒨᑦ ᓂᐅᕈᑎᑦᑐᒋᑦ 2007-ᖑᑎᑦᑐᔾ. ᑖᓐᓇ ᐊᔾᔨᙳᐊᖅᑲᖅᐳᖅ ᑕᕝᕗᖓ ᐊᑖᑕᖓᓗ, ᐅᐊᕋ.

ᔩᑭᐸ ᕼᐊᐃᓐᓄ ᐃᓄᒋᐊᒃᑑᑦᑐᑕ ᐃᓚᑏᒃᑐᒍᑦ ᖁᓕᐅᑦᑐᑕ ᖃᑕᙳᑎᑏᒃᑐᑕ, ᐱᕈᖅᓴᔭᐅᑦᑎᐊᓚᐅᖅᐳᒍᑦ ᓇᑦᓕᒋᔭᐅᑦᑎᐊᖅᑐᑕ ᐊᖏᔪᖅᑳᑦᑎᓐᓄᑦ ᔪᐊᓇᓯ ᕼᐊᐃᓐᓄᒍᑦ ᒥᐊᓕ ᕼᐊᐃᓐᓄᖕᒍᑦᑐ. ᓇᒻᒥᓂᕐᓕ ᑎᓴᒪᓂᒃ ᐃᕐᓂᖅᑐᖓ ᐅᐃᒐᓗ ᐋᒥ ᖃᖅᑲᓯᖅ. ᐊᔪᖏᔾᔪᑎᑖᖅᓯᒪᔪᖓ ᐳᖅᑐᓂᖅᓴᐅᔪᒥᑦ ᐃᓕᓐᓂᐊᕈᑎᒥᑦ ᓯᓚᑦᑐᖅᓴᕐᕚᔪᐊᖓᓂ ᐳᓇᔅ ᐃᐊᑦᔪᐃᑦᒥᑦ ᐊᒻᒪᓗ ᐃᓕᓴᐃᔨᐅᓯᒪᓪᓗᖓ ᐊᕋᒍᓂ 34ᓂᒃ. ᐃᖅᑲᓇᐃᔭᕐᓂᓐᓂ ᐃᓕᓐᓂᐊᕈᓯᐅᖅᑕᐅᖅᑕᑦᑕᖅᓯᒪᔪᖓ ᐊᒻᒪᓗ ᐱᖁᓯᑎᓐᓂᒃ ᐅᑎᖅᑎᑎᓇᓱᖅᑕᐅᖅᑕᑦᑕᖅᓯᒪᔪᖓ ᐅᑦᑐᒥᒧᑦ ᑕᒪᓐᓇ ᐅᕙᓐᓄᑦ ᐱᒻᒪᕆᐅᓯᒪᒻᒪᑦ.

ᐅᐊᔅᓕ ᐊᐃᑲᓐ, ᐊᖅᕙᓚᔾᑐᖅ ᐅᑦᕿᐊᒡᕕᒃ, ᐊᓛᓯᑲᒥ, ᑕᐃᔅᓯᒪᓂᐸᓗᒃ 1970-ᓂ (ᐊᔾᔨᙳᐊᖅ ᐅᑯᓇᖕᓛᖅᑐᖅ ᐊᐅᑲᓐ ᐃᓚᒌᓂᑦ). ᐋᓈᓇᒪ, ᐋᓇᐅᑦ, ᐅᖅᑯᒃᓴᐅᑎᓕᐅᖅᑕᕝᕙᓂᖕᒐ ᐊᑖᑕᒪ ᐊᑐᖅᑕᖏᑦ ᑕᕐᕙᓂ ᐊᔾᔨᙳᐊᖅᒥ. ᓂᐅᕕᔭᐃᑦ ᑖᒃᑯᐊ ᑐᐊᕐᓂᒃ ᐊᒪᕈᖅᔭᓂᙳᓛᖅᑐᕕᓃᑦ. ᐊᒪᕈᖅᔭᐃᑦ ᐱᓕᕆᓯᒪᓕᖅᑐᓂᑦ ᓂᐅᖕᒥᑦᑐ ᓄᐊᑉᐸᑦᑕᐊᑦᑐᓂᑦ ᖁᑕᒃᓴᐅᓂᐊᖅᒪᑕ (ᓂᐅᖕᒥᓐᓂᑦ). ᐊᒪᕈᖅᔭᐃᑦ ᓴᓗᒻᒪᖅᑕᕝᕙᓂᓇᑦᑐᓂᑦ 1954-ᖑᑎᓪᓗᒍ ᐊᒻᒪᓗ ᓂᐅᖃᔭᖏᑦ ᓴᓇᔭᓂ ᐱᔭᓈᖅᑕᕝᕙᓂᓇᑦᑐᓂᑦ 1956-ᒥ. ᐱᓕᕆᐊᕆᓐᓂᖅᐸᐃᑦ ᑖᒃᑯᐊ ᐊᖅᖄᒎᖕᓂᒃ ᒪᖅᐹᖕᓂᒃ." (ᒫᑕ ᓯᑖᒃᕼᐊᐅᓯ, ᐅᐊᔅᓕ ᐊᐃᑲᓐ ᐸᓂᖓ).

ᐊᐃᒡᒐ ᐊᒻᒪᓗ ᔪᐃᓕ ᓴᙳᔭ ᓄᖅᑲᖓᑲᐃᓐᓇᖅᑑᒃ ᖃᒧᒃᓯᒥ ᖃᓂᒋᔭᖓᓂ ᖄᓈᖅ, ᑲᓛᓕᑦ ᓄᓈᓐᓂ. ᖃᒧᒃᓯᖅᑲᑦᑕᓕᒪᑦᑎᐊᖅᑑᒃ (ᖃᒧᒃᓯᖅᑎᐅᓪᓗᑎᒃ) ᑲᖏᖅᑐᒑᐱᖕᒥᐅᑖᒃ, ᓄᓇᕘᒥᑦ, ᐊᐃᒡᒐ ᔪᐃᓕᓗ ᖄᓈᕐᒥᐅᑦ ᒪᐃᔭᖓᑦᑕ ᔨᐊᓐᓯ ᕿᒻᒥᖕᒋᓐᓄᑦ. ᓱᑲᓴᐅᓯᖕᒋᑦ ᐊᔾᔨᒋᔭᖕᒋᑦᑎᐊᕐᒪᒋᑦ, ᑭᓯᐊᓂᓕ ᖃᓃᖕᓂᖕᒋᑦ ᑕᐃᒃᑯᓄᖓ ᐊᒻᒪᓗ ᐃᓱᒪᖅᓱᕐᓂᖕᒋᑎᒍᑦ ᓯᑯᖅᑲᖅᓂᒃᑯᑦ ᐃᖏᕐᕋᖅᑕᕐᓂᕐᒥᒍᑦ ᖃᒧᒃᓯᒥ ᑕᐃᒪᐃᓪᓗᐊᖑᓚᐅᖅᐳᑦ.

ᑐᓴᐅᒪᔭᐅᑦᑎᐊᕐᓂᖅᑎᑦᑎᔾᔪᑎ

ᐅᖃᐅᑎᒋᖅᑳᖅᑐᒍ ᐆᒪ ᐊᒃᑐᐃᑦᑎᐊᖅᓯᒪᖅᑯᐃᓘᓐᒪᑦ ᐃᒪᐅᑦ ᓱᑯᐊ ᐱᕋᖅᔫᕕᑦᑎᐊᕚᓘᑦᑐᓂ. ᐃᓅᓯᑦᑎᓐᓂ ᐱᔪᓐᓇᖅᕕᖃᖅᓂᖅᓴᐅᖃᑦᑕᕆᐊᓖᑦᑕ ᐱᕋᖅᔫᕕᕆᔭᑦᑕ ᐊᑐᐃᓐᓇᐅᑎᑕᖏᓐᓂᒃ. ᐱᕋᖅᐸᑦᑕᐊᓚᐅᕋᒪ ᐊᖑᓇᓱᖕᓂᖅ ᐃᒪᕐᒥᐅᑕᕐᓂᒃ ᐊᑐᖅᑐᒍ ᐊᒻᒪᓗ ᐃᑖᒃ ᐊᕐᖁᑦ ᓇᑦᓕᖅᑕᖓ ᐃᒪᐃᓕᖅᑎᑦᑐᒍ (ᓃᓲᐱᓇ) ᐊᑐᓇᐊᖕᖓ ᓵᖓᓪᓚᓇᓕᖅᓯᒪᕆᑦᑐᒍ ᐊᓕᐅᑎᓯᒪᔭᑦᑐᑦ ᓇᑦᑎᖁᓯᖕᓂᖅ ᓄᑐᐊᖅᑲᖅᑐᖓ ᓂᖏᑦᑎᕙᒡᓗᖓ ᓄᑐᐊᓂᒃ ᓱᑯᑦ. ᕿᒧᒃᓯᒃᑯᑦ ᐊᐅᓪᓚᖅᑲᑦᑕᔪᕙᖓ ᐅᓪᓛᒃᑯᑦ ᑕᐃᔅᓯᒪᓂᒍ ᓂᖅᔪᑎᑖᒃ ᐃᓚᓐᓄᑦ ᕿᒻᒥᓐᓄᓪᓗ ᓂᖏᓇᖅᑲᑦᑕᔪᓪᓗᒋᑦ...
(ᐅᐊᔅᓯ ᐊᐃᑳᓐ, 2008).

ᓯᒻᔭᖅᑲᖅᑐᒥ ᐃᓅᔪᕕᓂᐅᒍᕕᑦ, ᐱᙳᐊᖅᑲᑦᑕᖅᑐᑎᑦ ᓱᑯᒥ, ᐃᓚᑎᓪᓗ ᐱᕋᖅᓴᔪᑦ ᑖᒪᓂ ᓇᔪᖅᑕᖅᓂ ᓱᑯᒥ, ᐱᓕᕆᖅᑲᑦᑕᖅᑐᒍ, ᐱᓕᕆᕕᒋᖅᑲᑦᑕᖅᑐᒍᓪᓗ, ᐃᓱᒪᒋᖅᑲᑦᑕᖅᑐᒍ ᐊᒻᒪᓗ ᖃᓄᖅᑑᖅᑐᑎᑦ ᖃᓄᒃᑲᓐᓂᖅ ᐋᑎᖅᑲᖅᑎᒃᑲᓐᓂᕆᐊᖓ ᐱᓗᒍ, ᐅᓪᓗᖅ ᖃᖓᑐᐃᓐᓇᑦᑎᐊᒃᑯᑦ-ᖃᓄᖅᓕ ᐅᖃᐅᑎᒋᑦᑎᐊᕆᐊᓐᓇᖁᔭᖅᐱᐅᒃ ᐃᓗᐃᑦᑑᓗᓂ ᐃᓅᓯᖅᒥ ᐱᖃᓯᐅᑎᓯᒪᑦᑎᐊᖅᓂᖓ, ᐱᐅᔾᔨᖅᑲᑦᑎᐊᖅᑐᐊᓘᓗᓂ ᐋᑎᖅᑲᑦᑎᐊᕆᐊᓐᓇᖅᑐᓂᓗ ᐃᓄᖕᓄᑦ, ᓇᔪᐃᓐᓇᖅᑐᒍ ᐃᓕᖅᑯᓯᖅᓂᒃ ᐊᑐᐃᓐᓇᓈᓐᓇᖅᑕᐃᑦ ᐋᑦᓚᒋᖕᒋᓐᓂᑯᒧᑦ ᖃᐅᔨᒪᑦᑎᐊᖅᐱᐅᒃ? ᐅᖃᐅᓯᖅᑎᒍᑦ, ᐊᔾᔨᙳᐊᑎᒍᑦ, ᑎᑎᕋᐅᔭᖅᓯᒪᔪᑎᒍᑦ, ᐅᓂᒃᑳᑎᒍᑦ, ᐊᒻᒪᓗ ᐃᓄᐃᑦ ᐃᓱᒪᖏᑎᒍᑦ, ᐃᓄᒃᑎᑐᐃᑦ, ᐊᒻᒪᓗ ᐃᓄᐱᐊᑦ, ᐅᑯᐊ ᕿᒥᕐᕈᐊᓚᐃᑦ ᐊᑐᐃᓐᓇᐃᒍᑦ ᐊᑐᐃᓐᓇᖅᑲᖅᑎᐅᔪᓂᑦ ᐅᖃᐅᑎᒋᔭᐅᒍᑦ ᓱᖁᑦ ᐃᓕᖅᑯᓯᖕᓚᓂᒃ ᐃᒪᐃᓐᓂᖕᓚᓂᒃ ᐅᑭᐅᖅᑖᑦ ᓄᓇᓕᖕᒋᓐᓄᑦ. ᓱᖁᓚᒥ ᑕᐃᒪᐃᑦᑐᓂᓗ ᐅᓂᒃᑳᕐᒥ ᑐᓂᓯᓯᒪᖅᑲᓯᐅᑎᓂᖏᓐᓄᑦ ᖃᐅᔨᒪᔭᓇᐊᖅᑲᓪᓚᓇᒃᑐᒥᒃ, ᐃᑖᒃᑕᐅᖅ ᐱᓗᐊᙱᑦᑐᐊᕐᒥᔪᒥᒃ, ᖃᐅᔨᒪᓂᕐᒥᒃ ᐱᖅᑲᓯᐅᔾᔮᐅᖁᖅᓯᒪᓕᕗᖅ, ᐊᒻᒪᓗ ᖃᐅᔨᒪᔪᑦᑕᐅᖅ ᓱᖁᑦ ᐃᒪᐃᓐᓂᖓᓄᑦ ᑐᑭᖃᐅᓯᖓᓂᒃ ᐊᑐᖅᑕᐅᓪᓗᓂᐅᕗᖅ ᐊᒻᒪᓗ ᐊᑐᖅᑕᐅᔪᓐᓇᖅᓂᖓᓄᑦ.

ᐅᑯᐊ ᕿᒥᕐᕈᐊᓚᐃᑦ ᐊᕕᒃᑐᖅᓯᒪᐅᕐᒥᖕᒪᑕ ᑎᓴᒪᐃᓄᑦ ᐱᔪᑎᖅᑲᐅᕈᑎᖏᓐᓂᑦ ᐅᔨᖅᓇᖅᑐᓄᑦ. ᓯᕗᑦᓕᖅᐹᓇᓪᓗᓂᐅᒃ, ᓱᒥ ᐃᒪᐃᕝᕕᒋᓗᒍ 'ᐊᖏᖅᖁᖅ,' ᖃᐅᔨᕚᓪᓕᐊᓪᓗᑎᒍ ᐊᑐᖅᓗᑎᒍᑦ ᓱᑯ ᐱᓯᒪᖅᑲᓯᐅᑎᖕᒪᑦ ᐱᓗᐊᙳᐊᖅᑐᒥᒃ ᐊᖏᖅᖁᐅᓂᖓ ᐊᒻᒪᓗ ᓇᖕᒥᓂᕆᔭᐅᔪᑎᑐᑦ ᐅᑯᓄᖓ ᐃᓄᐃᑦ, ᐃᓄᒃᑎᑐᐃᑦ, ᐃᓄᐱᐊᑦ ᐊᒻᒪᓗ ᓂᖅᔪᑎᓄᑦ ᐊᑐᓚᐅᖅᓯᒪᐅᑎᖕᒥᔪᓄᑦ ᓱᑯ ᑕᒻᔭᐅᖕᒪᑦ. ᑭᖑᓪᓕᖓᓗᒍᑦ, "ᓂᖅᐲᑦ" ᒥᒃᓵᓄᑦ, ᑕᑯᖅᑯᔭᐹᓪᓗᑕ ᐃᒪᐃᖅᑯᔮᔩᑎᒋᔭᑦᑎᓐᓂᒃ ᓱᑯ ᐊᑑᑎᒋᓪᓚᖅᑰᔮᕆᔭᕗᑦ, ᐊᖑᓇᓱᖕᕕᒋᔭᐅᓪᓗᓂ. ᐃᓕᑉᐹᓪᓕᐅᑎᒋᓪᓗᑎᒍ ᐅᑭᐅᑕᖅᑐᒥᐅᑦ ᐃᓚᒌᓂᒃ ᓂᖅᑭᖅᑲᖅᑎᑦᑎᖅᑲᑦᑕᖅᓂᖓ ᐊᒻᒪᓗ ᓄᓇᓕᖕᓂᒃ, ᐊᒻᒪᓗ ᑕᒪᑐᒪ ᐊᖑᓇᓱᖕᓂᐅᖅᑲᑦᑕᖅᑑᑦ ᓂᖅᑮᓴᖅᓯᐅᑐᓂ ᐊᒻᒪᓗ ᓂᖅᑯᑦ ᐊᓐᓇᐅᒪᑦᑎᐊᖅᑲᑦᑕᖅᓂᖅ ᒪᑭᑕᑎᑕᐅᑦᑎᐊᖅᑲᑦᑕᓂᖅ ᑎᒥᑐᐊᑦᑎᓐᓅᖓᑦᑐᖅ, ᐱᖅᑲᓯᐅᑎᕙᓪᓕᓐᓪᓗᑕ ᐱᔭᒪᓕᖅᐸᓪᓕᐊᓂᑦᑕ ᐊᑐᖅᐸᓪᓕᐊᓂᖓᓄᑦ. ᐱᖓᔪᐊᓪᓕ, ᓱᒃᑯᑦ ᑕᒪᓇ 'ᐃᓱᒪᖅᓱᖅᑲᑦᑕᖅᓂᖅ', ᐃᓕᐹᓪᓕᐊᖅᑲᑦᑕᓇᕗᑦ ᐊᒥᓱᓂᒃ ᐃᖏᖅᖂᕆᔭᐅᓇᖅᑕᑦᑎᓐᓄ ᓱᒃᑯᑦ, ᐱᖅᑲᓯᐅᑎᓪᓗᒍ ᖃᓄᖅ ᓱᑯ ᐊᑐᐃᓐᓇᕈᖅᐹᓪᓕᖅᑎᑦᑎᖅᑲᑦᑕᖅᓂᖓ ᓄᓇᓕᖕᓂᒃ ᐊᒻᒪᓗ ᐃᓄᖕᓂᒃ ᐊᑐᖅᓇᖅᓯᔭᖁᖓᑦ ᓇᒧᑐᐃᓐᓈᖅᕕᒃᓴᐅᓕᖅᑐᓂᓗ. ᐃᓚᖓᑦᑕᐅᖅ ᑕᑯᖅᑯᔭᕆᕗᖅ ᖃᓄᖅ ᐊᓯᕈᖅᐹᓪᓕᖅᓯᒪᓕᖅᓂᖓ ᓱᖁᑦ ᐊᒃᑐᐃᓯᒪᓪᓚᖓᒥᖕᒪᑦ ᐃᒫᑐᐊᖑᖏᑦᑐᖅ ᐃᓄᐃᑦ ᓇᒧᐃᓅᕋᓇᖅᓂᖏᓐᓂᒃ ᐊᒻᒪᓗ ᖃᓄᐃᓕᐅᖅᑕᖅᓂᖏᑦ, ᐃᒪᐃᓕᖓᔭᓇᖖᓚᖅᐸᒃᑭᓪᓗᑎᒃ ᐃᖏᖅᖂᕆᔭᓇᖅᑕᒥᒍᑦ, ᐊᖑᓇᓱᖕᓂᒃᑯᑦ, ᐊᒻᒪᓗ ᐃᖃᓗᓚᓱᖕᓂᒃᑯᑦ. ᑎᓴᒪᖓᑦ ᖃᐅᔨᕚᓪᓕᐊᓂᖅ ᒪᑯᓂᖓ 'ᐱᓇᓲᑎᓂᒃ ᐊᒻᒪᓗ ᐊᓐᓄᕌᓂᒃ' ᐃᒪᐃᑦᑐᓐᓇᓕᖅᑲᑦᑕᖅᑕ ᐱᓕᕆᐊᖅᑲᐅᕈᓐᓇᖅᓯᑦᑐᑦ ᐊᒻᒪᓗ ᓱᑯ ᐃᓅᕕᒋᔭᓐᓇᖅᓯᑦᑐᑎᒍ. ᐊᑐᖅᑕᐅᔭᓐᓇᖅᑐᑦ ᐅᖓᑖᒍᑦ, ᐱᓕᕆᔭᓐᓇᕈᑎᒋᓴᕗᑦ ᓱᑯᒥ ᐊᒻᒪᓗ ᐊᓐᓄᕋᑦ ᐃᒪᐃᑦᑑᖅᑲᓯᐅᑎᒋᕗᑦ ᐅᐃᒍᓯᓯᒪᑦᑐᑎᒃ, ᐱᓕᕆᔭᓐᓇᐅᑎᓂᒃ, ᖃᐅᔨᒪᐅᖅᑕᐅᑦᑕᓇᖏᖏᑦ ᐱᔭᓐᓇᖅᓂᕆᓴᐅᔭᑦ ᐊᖅᓇᓂᑦ, ᐊᖑᓇᓱᒃᑎᓂᑦ, ᐊᒻᒪᓗ ᐃᓐᓇᑦᑕᕆᖏᑦ.

ᐊᑐᓂᑦᑕᐅᖅ ᐊᕕᒃᑐᖅᓯᒪᓂᖏᑎᒍᑦ ᐱᖅᑲᓯᐅᔾᔨᓯᒪᓂᖏᑦ ᑎᑎᕋᐅᔭᖅᓂᒃᑯᑦ, ᑎᑎᖅᑲᑎᒍᑦ, ᓄᓇᙳᐊᑎᒍᑦ, ᐊᔾᔨᙳᐊᑎᒍᑦ, ᑐᑭᓕᐅᑕᐅᓂᖏᑎᒍᑦ ᐊᒻᒪᓗ ᐊᑭᙵᖅᑕᐅᓯᒪᓂᖏᑎᒍᑦ ᐅᑯᓇᙵᑦ ᐊᑐᓂᑦ ᐊᑐᖅᓯᒪᓕᖅᑕᑦᑎᒍᑦ ᑖᒃᑯᑎᒎᓇ ᐱᓕᕆᐊᕆᓯᒪᔭᑦᑎᒍᑦ ᐊᒻᒪᓗ ᐃᓅᓯᕆᔭᑦᑎᒍᑦ. ᐃᓖᖑᐸᔪᙳᐊᖅᑰᔾᔭᒍᑦ ᐃᓕᖕᓂᒃ, ᐅᖃᓖᖅᑎᐅᔪᒥᒃ, ᐃᒪᐃᓕᖓᔭᓇᖁᔪᙳᐊᖅᑰᔾᔭᓪᓗᑕ ᐃᓕᖅᑯᓯᕆᔭᑦᑎᒍᑦ ᑕᑯᔭᓯᒪᔭᑦᑎᒍᓪᓗ, ᑐᑭᓯᓗᒍ ᐅᕙᑦᑎᒍᑦ ᑕᒪᓇ ᓱᖁᑉ ᑐᑭᖓᑦ.

ᕿᒥᕐᕈᐊᒐᑦ ᐱᔾᔪᑎᒋᓗᒋᑦ

ᑎᑎᕋᖅᑎᐅᑦ ᐅᖃᐅᓯᕆᔭᖏᑦ

ᓯᑰᑉ ᑐᑭᖏᑦ ᖁᕕᐊᔫᖅᐳᑦ ᐅᑭᐅᑕᖅᑐᒥ ᓯᑯᐊ ᑕᑯᔭᐅᓯᒪᓪᓗᓂ ᐃᒪᐃᒃᑭᓪᓗᓂᑦᑕᐅᖅ ᓇᔪᖅᑕᐅᓪᓗᓂ ᐊᑐᖅᑕᐅᖃᑦᑕᕐᒪᑦ ᐅᑯᓇᙵᑦ ᐃᓄᐃᑦ, ᐃᓄᒃᕼᐅᐃᑦ ᐊᒻᒪᓗ ᐃᓄᐱᐊᑦ ᐃᓅᕕᒋᔭᐅᓪᓗᓂ ᐊᒻᒪᓗ ᐊᑐᖅᑕᐅᖃᑦᑕᖅᑐᓂᓗ ᖃᐅᑕᒫᑦ, ᑕᐃᒪᐃᖃᑦᑕᖅᓯᒪᓪᓗᑎᒡᓗ ᐊᑯᓂᐊᓗᒃ. ᓴᕿᑕᐅᒍᖅ ᑕᒪᓐᓇ ᐱᓕᕆᐊᖑᓪᓗᓂ ᐅᑯᓇᙵᑦ ᐃᓄᐃᑦ, ᐃᓄᒃᕼᐅᐃᑦ, ᐊᒻᒪᓗ ᐃᓄᐱᐊᑦ ᐃᓐᓇᖏᑦ, ᐊᖑᓇᓱᒃᑏᑦ, ᐊᒻᒪᓗᑦᑕᐅᖅ ᐊᓯᖏᑦ ᓄᓇᖃᑎᒐᓗᐊᖏᑦ ᑕᐃᒪᐃᓚᐅᕐᒥᔪᑦᑕᐅᖅ ᑕᒪᓐᓇ ᓯᑯ-ᐃᓄᐃᑦ-ᕼᐃᓚ ᐱᓕᕆᐊᕆᔭᐅᑎᓪᓗᒍ (ᕿᒥᕐᕈᓗᒍ ᑖᒃᑯᐊ ᓯᑯ-ᐃᓄᐃᑦ-ᕼᐃᓚ ᐱᓕᕆᐊᕆᔭᐅᓯᒪᔪᑦ), ᑭᓯᕐᖑᕆᒃᓯᖕᒋᓐᓂᑯᒧᑦ ᑕᒪᑐᒥᖓ ᐱᓕᕆᐊᕆᔭᒥᓂᒃ ᐊᕙᒋᓪᓗᒋᑦ ᐃᓅᖅᑎᑮᓚᒫᖑᒐᓗᐊᑦ ᑖᒃᑯᓂᖓ ᐱᓕᕆᐊᕆᓯᒪᔭᒥᓂᒃ ᖃᐅᔨᒪᓂᕐᓂᒃ ᐊᒻᒪᓗ ᖃᐅᔨᒪᓂᕐᓂᒥᓂᒡᓗ ᐅᓂᒃᑳᓯᒃᑯᑦ, ᑎᑎᖅᑲᑎᒍᑦ, ᐊᔪᕆᖅᓲᔾᔨᓯᒪᓂᖅᑎᒍᑦ, ᑲᑎᓪᓗᒋ ᓂᕆᔪᒥᓇᖅᑐᑎᒍᑦ, ᓴᓇᙳᐊᓯᒪᔪᑎᒍᑦ, ᐊᒻᒪᓗ ᐊᔾᔨᙳᐊᑎᒍᑦ ᓄᓇᖃᑎᒥᓂᑦ ᒪᒃᑯᒃᑐᓂᑦ, ᓄᓇᖃᑎᑐᐃᓐᓇᕐᒥᓂᒡᓗ, ᐊᔾᔨᓕᐅᕆᔾᔨᓂᒡᓗ, ᖃᐅᔨᓇᓱᖃᑦᑕᖅᑎᐅᔪᓂᒃ ᐊᒻᒪᓗ ᐊᓯᕗᑦ ᑕᒪᑐᒥᖓ ᐃᑲᔪᖅᓯᖅᓯᒪᔪᓂᒃ ᑕᒪᓐᓇ ᐱᓕᕆᐊᕆᔭᐅᑎᓪᓗᒍ.

ᒪᒪᕈᑦ ᑯᓇᔅᑕᓐᓴᓐ (ᓴᐅᒥᖕᒥᑦ) ᐊᒻᒪᓗ ᖃᐃᖕᓛᖅ ᓃᐅᕐᓴᓐ ᑲᓛᓕᑦ ᓄᓈᓐᓂᑦ, ᑕᑯᕋᓐᓈᖅᑑᒃ ᐊᕐᕕᖕᓂᑦ ᓯᓈᖓᓂ ᐅᑦᕿᐊᒡᕕᒃ, ᐊᓛᓯᑲ.

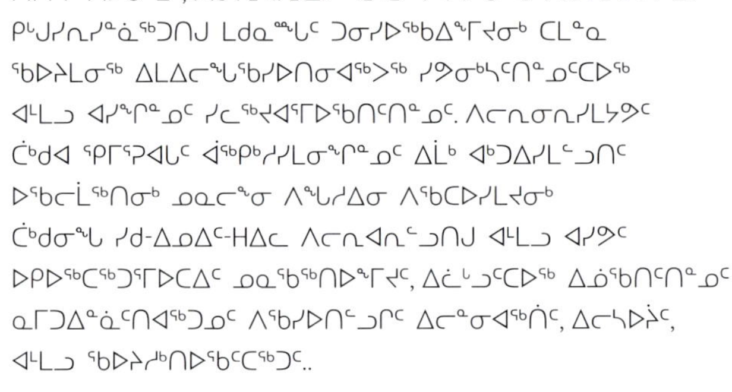

ᑎᑎᕋᖅᑎᐅᓂᕐᒧᑦ, ᐱᓕᕆᐊᕆᓚᐅᖅᑕᑦᑕ ᓴᖅᑮᔭᕐᓂᖓ ᐱᓕᕆᐊᑦᑎᓐᓄᑦ ᑭᒡᒍᓯᕆᓯᓐᓈᖅᑐᑎᒍ ᒪᑯᓇᙵᑦ ᑐᓂᓯᐅᖃᐃᖕᒥᔪᓂᒃ ᑕᒪᓐᓇ ᖃᐅᔨᒪᓂᖅ ᐃᒪᐃᓕᖕᒐᖃᓯᐅᑎᓂᐊᖅᐳᖅ ᓯᕗᓂᒃᓴᑦᑎᓐᓄᑦᑕᐅᖅ ᐊᒻᒪᓗ ᐊᓯᖏᓐᓄᑦ ᓯᓚᖅᔪᐊᕐᒥᐅᖃᑎᑦᑎᓐᓄᑦ. ᐱᓕᕆᓂᕆᓯᒪᔭᕗᑦ ᑖᒃᑯᐊ ᕿᒥᕐᕈᐊᒐᑦ ᐋᖅᑭᒃᓯᓯᒪᓂᖏᓐᓄᑦ ᐃᒫᒃ ᐊᒃᑐᐃᓯᒪᓪᓗᑎᑦ ᐅᖃᓚᒫᖅᑎᓂᒃ ᓄᓇᓕᖕᓂ ᐱᖑᓯᐃᓂ ᐱᖃᑕᐅᓯᒪᔪᓂᒃ ᑖᒃᑯᓂᖓ ᓯᑯ-ᐃᓄᐃᑦ-ᕼᐃᓚ ᐱᓕᕆᐊᕆᓪᓗᑎᒍ ᐊᒻᒪᓗ ᐊᓯᖏᑦ ᐅᑭᐅᖅᑕᖅᑐᕐᒥᐅᑕᐃᑦ ᓄᓇᖃᖅᑎᐅᖕᒥᔪᑦ, ᐃᓛᒡᓗᑦᑕᐅᖅ ᐃᓅᖅᑎᑦᑎᓐᓄᑦ ᓇᒥᑐᐃᓐᓈᑦᑎᐊᖅᑐᓄᑦ ᐱᖃᓯᐅᑎᑦᑐᓂᑦ ᐃᓕᓐᓂᐊᖅᑏᑦ, ᐃᓕᓴᐅᔩᑦ, ᐊᒻᒪᓗ ᖃᐅᔨᓴᖅᑎᐅᖃᑦᑕᖅᑐᑦ..

ᑖᒃᑯᐊ ᕿᒥᕐᕈᐊᒐᑦ ᐊᑎᓯᓯᒪᓪᓗᑎᒃ ᑐᓴᒐᐅᔫᑦ ᐆᒻᒪᑖᓂᒃ ᑕᒪᒃᑯᐊ ᐱᖃᓯᐅᔾᔨᑎᑦᑎᓯᒪᔪᑦ ᓇᒃᓯᐅᑎᒐᔭᙳᐊᑕᖕᒐᓐᓂᒃ.. ᑕᒪᓐᓇ ᓯᑯ, ᑕᑯᔭᐅᓪᓗᓂ ᐊᒻᒪᓗ ᑐᑭᓯᔭᐅᓪᓗᓂ ᐅᑯᓇᙵᑦ ᐃᓄᐃᑦ.

ᐃᓄᐱᐊᑦ ᐊᒻᒪᓗ ᐃᓄᒃᕼᐅᐃᑦ ᐃᒪᐃᑦᑐᑐᐃᓐᓇᐅᖕᒥᒻᒪᑕ ᑎᒥᒥᒍᑦ ᐃᓕᖅᑯᓯᖃᑐᐃᓐᓇᕐᓗᑎᒃ, ᑲᔪᖏᑦᑎᐊᕐᓂᖅ, ᐊᒻᒪᓗ ᐋᖅᑭᒃᐸᓪᓚᐊᑦᑎᐊᕐᓂᖅ. ᐅᑯᓄᖓ ᐃᓄᐃᑦ, ᐃᓄᒃᕼᐅᐃᑦ, ᐊᒻᒪᓗ ᐃᓄᐱᐊᑦ, ᓯᑯ ᐱᒻᒪᕆᖕᓂᖅᓴᐅᒃᑲᓐᓂᕆᒃᐳᖅ, ᐃᒫᖑᖕᒥᒻᒪᑦᑕᐅᖅ ᑐᑭᓯᑦᑎᐊᕐᔫᒥᑐᒍ ᓯᑯ, ᑐᑭᓯᑦᑎᐊᖅᑕᐅᓴᕆᐊᖃᖅᐳᖅ ᖃᓄᖅ ᓯᑯ ᖃᐅᔨᒪᔭᐅᕙ ᐊᒻᒪᓗ ᐊᒃᑐᐃᓯᒪᓂᖅᑲᖅᐸᑦ ᓲᕐᓗ ᐊᖏᕐᕋᒧᑦ, ᑎᒥᒧᑦ, ᐃᓕᖅᑯᓯᖃᐅᑎᒧᑦ, ᐊᒻᒪᓗ ᐃᑉᐱᒋᔭᖃᕐᓂᕐᒧᑦ ᑎᒥᐅᑦ ᐆᒪᑦᑎᐊᕈᑎᖏᓐᓄᑦ ᐊᖑᓇᓱᒃᓂᕐᒥᑦ, ᑭᑭᑕᖅᑐᖏᓐᓂᕐᒥᒃ, ᐊᒻᒪᓗ ᓂᕆᓂᕐᒥᑦ ᓂᕿᑐᖃᑦᑎᓐᓂᒃ, ᑐᓂᖅᑭᓯᐊᕆᔭᑦᑎᓐᓂᒡᓗ ᐃᓯᒪᖅᓯᕐᕕᒋᑦᑎᐊᕐᓗᒍ ᓲᕐᓗ ᐃᐹᑕᐅᓯᒪᑦᑎᐊᕐᓂᕐᒥᒃ, ᐃᖏᕐᕋᕕᒋᓗᒍ, ᐊᒻᒪᓗ ᑕᐃᒫᓪᓚᑦᑖᑎᐊᖅ ᐊᑑᑎᒋᔭᖕᒐᓄᑦ ᐊᒻᒪᓗ ᐃᓅᓕᖅᓯᔭᓐᓇᕐᓂᖕᒐᑕ ᐊᑑᑎᒋᑦᑎᐊᖅᑕᖕᒐᓂᒃ ᐊᐃᔪᒧᑦ ᐱᓇᓱᑎ ᐃᓅᓯᖏᓐᓄᑦ, ᐊᒻᒪᓗ ᐊᓐᓄᕌᓄᑦ ᐊᑐᖅᑕᐅᖃᑦᑕᖅᑐᓄᑦ ᖃᐅᑕᒫᑦ ᓯᑯᒥ. ᑕᒪᒃᑯᐊ ᑐᑭᓯᑦᑎᐊᕐᓂᐊᕐᓗᒋᑦ ᐃᒪᐃᒃᑭᕗᖅ ᑐᑭᓯᖃᓯᐅᑎᑦᑎᐊᕐᓗᒍ ᐃᒪᐅᑦ ᓯᑯᐊᑕ ᑐᑭᖃᐅᓯᕆᔭᖏᑦ ᑕᒪᒃᑯᓄᖓ ᐃᓅᓯᓕᖕᓄᑦ ᐊᑐᑎᑦᑐᑎᒃ ᐊᑦᑐᐊᓯᔪᓄᑦ ᐊᕐᕕᒍᑦ ᐊᑑᑎᒋᔭᖏᓐᓄᑦ ᐊᒻᒪᓗ ᓯᓚᑦᑕ ᐊᓯᕈᖅᑕᐅᑎᒋᔭᖏᑦ ᖃᐅᑕᒫᑦ.

ᐃᓄᒃᑎᑐᑦ ᑎᑎᕋᖅᑕᐅᓂᖓ ᕿᒥᕐᕈᐊᕐᕕᐅᑉ

ᑖᒃᑯᓇᓂ ᕿᒥᕐᕈᐊᕐᕕᖕᓂᒃ ᖃᐅᔨᓴᕐᓂᖅ ᐱᓕᕆᐊᖑᔪᑎᓪᓗᒍ ᐅᖃᐅᓯᕐᓂᒃ ᑎᓴᒪᓂᒃ ᐊᔾᔨᒋᖏᑦᑐᓂᒃ ᐊᑐᖅᓯᒪᕗᒍᑦ- ᑲᓛᓕᑦ, ᐃᓄᒃᑎᑐᑦ, ᐃᓄᐱᐊᑐᑦ, ᐊᒻᒪᓗ ᖃᑦᑐᓈᑎᑐᑦ.

ᑖᒃᑯᐊ ᕿᒥᕐᕈᐊᓚᑦ ᖃᑦᑐᓈᑎᑐᑦ ᑎᑎᕋᖅᑕᐅᓯᒪᖕᒪᑕ ᓴᓇᔭᐅᒐᒥᒃ. ᑕᐃᒪᖑᖅᑰᓯᕙᓪᓚᖕᒪᒃ ᑮᓇᐅᔭᖃᖅᑎᑦᑎᓯᒪᔪᑦ ᑖᒃᑯᓂᖓ, ᑕᐃᒫᒃ ᐊᒥᓱᐊᓗᙱᑦ ᐅᖃᓪᓚᒫᖅᑕᐅᔫᓇᖅᑯᑦᑐᑎᑦ ᐃᓕᑎᑦᑎᔫᓇᖅᑯᑦᑐᑎᑦ ᑎᑎᕋᖅᑕᐅᓯᒪᔪᓂᒃ. ᖃᑦᑐᓈᑎᑑᖅᑐᖅ ᐱᔮᖅᓯᒪᓕᖅᑎᑦᑐᒍ, ᑖᒃᑯᐊ ᐱᓕᕆᖃᑎᒌᒃᑐᑦ ᑎᑎᕋᓇᐊᓕᓚᐅᖅᓯᒪᓕᒫᑦ ᐅᖃᐅᓯᖅᑲᓇᔭᐅᔪᑎᒍᑦ - ᑲᓛᓕᑦ, ᐃᓄᒃᑎᑐᑦ, ᐊᒻᒪᓗ ᐃᓄᒃᐱᐊᑎᑐᑦ. ᑕᐃᒪᓕ ᑖᓐᓇ ᕿᒥᕐᕈᐊᓚᖅ ᐊᑐᐃᓐᓇᐅᓕᖅᐳᖅ ᑖᒃᑯᐊᓕᒫᑦ ᑎᓴᒪᑦ ᐅᖃᐅᓰᑦ ᐊᑐᖅᑐᒋᑦ.

ᐃᓄᒃᑎᑑᖅᑐᖅᓕ, ᐱᖃᓯᐅᔾᔭᐃᓯᒪᒐᖅ ᑕᐃᒫᒃ ᑎᑎᕋᖅᓯᒪᓂᖏᑦ ᒪᓕᒃᑐᒋᑦ ᐃᓚᖏᑦᑎᒍᑦ (ᐃᓚᖏᑦ ᐊᒥᓱᑲᓪᓛᖑᔪᐃᑦ ᐅᓂᒃᑳᖅᑕᐅᓯᒪᔪᑦ ᐃᓄᒃᑎᑐᑦ ᓂᐱᓕᐅᖅᑕᐅᓯᒪᓐᓂᖅᓚᑕ ᐊᒻᒪᓗ ᐅᖃᐅᓯᖅᑕᖏᑦᑕ ᐃᓚᖏᑦ), ᐃᓄᒃᑎᑑᓕᖅᑎᑦᑐᑎᒍᓪᓕ ᑕᒪᒃᑯᐊ ᑲᓛᓕᑑᖅᑐᖅ, ᖃᑦᑐᓈᑎᑑᖅᑐᑦ, ᐊᒻᒪᓗ ᐃᓄᐱᐊᖅᑎᑑᖅᑐᑦ. ᐃᓖᓐᓂᒃᑯᑦ ᑐᑭᓯᔭᕐᓂᕐᓂᖅᓴᐅᖅᑯᐃᔾᔭᕌᖓᑕ ᑎᑎᕋᖅᓯᒪᓂᖏᑦ ᒪᓕᒃᑐᒋᑦ ᑕᐃᒪᒃ ᐊᓯᔾᔨᖅᑕᐅᓯᒪᖏᓐᒥᒐᑦ (ᐃᓄᐱᐊᖅᑐᖅᑐᑦ, ᖃᑦᑐᓈᑎᑐᕐᑐᑦ ᐅᖓᓗᓐᓂ ᑲᓛᓕᑑᖅᑐᖅ ᐅᖃᐅᓯᖅᑕᖏᑦ) ᑕᐃᒪᐃᖅᑲᑦᑕᖅᓯᒪᕙᒌᑦ ᑕᐃᒪᑦᑕᓇᐊᖅᑲᕚᖓᑕ.

ᐃᓄᒃᑎᑑᖅᑐᖅ ᐊᑐᖅᑕᒌᑦ ᑲᖏᖅᑐᓖᐱᖕᒥᐅᒃᓴᔭᑎᑐᑦ ᐊᑐᖅᓯᒪᔭᒌᑦ ᐅᖃᐅᓯᑐᖃᕐᒥᒎᑦ, ᓄᓇᕘᒥᑦ, ᑕᐃᒫᒃ ᐅᖃᐅᓯᑐᖃᕐᓂᑦ ᐱᓕᕆᐊᖑᓯᒪᖕᒪᑕ, ᐅᖃᑦᑕᒃᓯᒪᔪᑦ, ᑎᑎᕋᖅᓯᒪᔪᑦ, ᐊᒻᒪᓗ ᐱᓕᕆᓯᒪᔪᑦ ᑖᒃᑯᓂᖓ ᐱᓕᕆᐊᖑᓯᒪᔪᓂᒃ.

ᐅᖃᐅᓯᒃᑲᓂᖅᑯᑦ ᐊᔾᔨᒋᙱᑦᑕᖓᓐ ᓅᖅᓯᓇᓯᒃᑐᓂ ᐱᔪᓐᓇᑦᑎᐊᓇᐊᖅᑲᕐᓂᖅᑕᖅ. ᐱᓇᓱᑦᑎᐊᕋᓱᒃᓯᒪᓪᓚᑲᐅᔭᖅᐳᑦ ᑎᑎᕋᖅᑐᑕ, ᐅᖃᐅᓯᑦᑎᐊᓐᓂᖓᓕᖅᑎᑦᑐᑕ, ᐊᒻᒪᓗ ᑐᑭᖏᓐᓂᒃ ᐊᔾᔨᑦᑕᐃᓚᒪᑦᑐᑕ ᑕᒪᒃᑯᐊ ᐅᓂᒃᑳᖅᑐᐃᓃᑦ ᐅᖃᐅᓯᖏᑦ ᐊᔾᔨᒍᑐᐊᕆᓂᐊᖏᓐᒪᑕ ᐅᓂᒃᑳᓇᓯᒪᔭᖏᑦ, ᓴᓇᖖᒍᐊᖅᓯᒪᔭᖏᑦ, ᐊᔾᔨᖖᒍᐊᑦ, ᓄᓇᖖᒍᐊᑦ, ᐊᒻᒪᓗ ᓴᓇᕈᑦᔪᖅᓯᒪᔭᖏᑦ. ᑕᐃᒪ ᐱᓇᓱᐊᓚᐅᖏᓐᓇᖅᑎᒍᑦ ᐅᖃᐅᓯᑦ ᐃᒻᒥᒃᑰᖅᑕᖅᓱᑎᑦ ᐅᖃᐅᓯᑎᓐᓄᖓᓪᓚᖅᑎᑦᑐᑎᒍᑦ. ᑭᓯᐊᓂᓕ, ᐅᖃᐅᓯᑎᓐᓄᖓᓪᓚᖅᑎᑦᑐᑎᒍᑦ, ᖃᐅᔨᒪᑦᑎᐊᕋᓱᐊᖏᓐᓇᖅᑐᑎᑦ ᐅᖃᑰᒃᓯᒪᔪᑦ, ᑕᐃᒃ ᐊᑐᑦᑎᐊᕈᒪᓪᓗᑕ ᐅᖃᐅᓯᑦᑎᐊᕙᖏᑦ ᑐᑭᑦᑎᐊᕈᓐᓇᖅᑕᖏᓐᓂᒃ ᐊᒻᒪᓗ ᐃᓄᒃᑎᑐᑦᑕᖅ ᐃᓱᒪᖃᑕᐅᖅᑐᑕ, ᐅᖃᓪᓚᒋᐊᖅᑐᑕ, ᐊᒻᒪᓗ ᑐᑭᓯᓇᖅᓯᑎᑦᑎᓇᓱᒃᑐᑕ ᐃᓄᒃᑎᑑᖅᑐᑦ ᐊᒥᓱᐃᖅᓱᖅᑐᑦ ᐋᖅᑭᒋᐊᖅᑕᐅᖃᑦᑕᐅᖅᐳᑦ ᑕᐃᑦᑎᐊᖁᒍᑦ ᐊᒻᒪᓗ ᐅᖃᐅᓯᖏᑦ ᖃᐅᔨᒪᔪᓕᓇᕐᓂᑦ ᖃᐅᔨᕙᓪᓕᐅᖅᑕᐅᒋᕙᓪᓚᒃᖃᐅᔨᕙᑦᑕᕐᒪᓗᒍ, ᑖᒃᑯᓇᖓᓗ ᑎᑎᕋᖅᓯᒪᔪᑦ, ᐊᒻᒪᓗ ᐃᓐᓇᓪᓗᖃᐃᑦ ᐱᖃᓯᐅᑎᓯᒪᔭᐅᖏᓐᓇᖅᑐᑎᒃ ᑎᑎᖅᑲᓂᒃ ᐋᖅᑭᑦᑎᐊᕆᐊᓕᒃᑎᓪᓗᑕ ᑕᐃᒻᒪ ᐅᖃᑦᑎᐊᖅᓯᒪᔪᓂᒃ ᑎᑎᕋᕆᐊᒃᑐᑕ. ᐊᒻᒪᓗᑦᑕᐅᖅ ᐅᖃᐅᓯᑐᖃᕐᓂᒃ ᐊᑐᕐᓂᖅᓴᐅᓯᒪᔪᑦ ᕿᒥᕐᕈᐊᓚᑦ ᑎᑎᕋᖅᑕᐅᑎᓪᓗᑎᑦ, ᑕᐃᒪ ᐅᖃᐅᓯᖏᑦ ᑐᐱᖓᓕᓗ ᐊᓯᐅᔨᒪᓐᖏᓪᓗᐊᒍᑦ. ᐃᓚᖏᑦ ᒪᒃᑯᖏᓐᓂᖅᓴᐅᔪᑦ ᐅᖃᓕᒫᔭᖅᑐᑦ ᐃᑲᔪᖅᑕᐅᓴᓇᐊᖅᑕᖅᓴᖅᑐᖅᓴᐅᔪᑦ ᑐᑭᓯᑎᐊᕈᒪᓪᓗᑎᒃ ᐃᓕᖕᓂᐊᕐᓂᒃ ᐅᖃᐅᓯᖅᑕᖏᓐᓂᒃ, ᑭᓯᐊᓂᓕ ᑕᒪᓐᓇ ᐱᐅᒋᐃᓐᓇᕆᕙᑦ ᑕᐃᒪᐃᒃᑲᓪᓚᖅᐸᑕ. ᑕᐃᒪᓕ ᐃᒻᒪᖑᖅᑯᓯᐅᓗᐊᖅᐳᑦ ᐃᓄᐃᑦ ᖃᐅᔨᒪᓪᓚᑦᑕᕐᒪᔪᖕᒪᕆᒃ ᐃᓕᑦᑎᔪᓐᓇᖅᑐᒍ, ᐅᖃᐅᓯᕐᓗ ᖃᐅᔨᕙᓪᓚᖅᑐᒍᑦ ᑖᒃᑯᓇᙵᑦ ᕿᒥᕐᕈᐊᒐᕐᓂᒃ.

ᖁᔭᓕᕗᑎᒋᔭᕗᑦ ᔫᓚᑦ ᔪᐊᓇᔅ ᑎᑎᖅᑲᖏᓐᓂᒃ ᕿᒥᕐᕈᐊᓚᓂᓕᑦ ᐃᓄᒃᑎᑐᑦ ᑕᓪᓕᒪᑦᑕᖅᓯᒪᖅᑯᐊᖅᑕᐅᓚᐅᖅᑐᑦ ᖃᐅᔨᒪᔭᐅᓇᓱᒃᐸᓪᓚᑦ ᐊᒻᒪᓗ ᐃᓅᓚᓂᖅᑲᐅᔪᑦ (ICI) ᑎᑎᕋᐅᓯᖏᓐᓂᒃ ᐊᑐᖅᑐᓂ ᐃᓄᒃᑐᑦ ᑎᑎᕋᑦᑎᐊᖅᓯᒪᓪᓚᐅᓚᐅᕐᒪᑕ. ᖁᔭᓕᕗᑎᒋᓪᓕᕗᒍᑦ ᐋᕙ ᐋᓇᐊᒃ ᐅᖃᓕᒫᖅᑕᐃᓐᓇᖅᓯᓂᖅᑕᐅᓪᓗᑎᑦ ᐃᓄᒃᑐᑦ ᑎᑎᕋᑦᑎᐊᖅᓯᒪᓪᓚᐅᕐᒪᑕ.

ᓯᐋᓇ ᕙᒃᔅ ᑭᐅᕐᕼᐊᑦ ᕿᒻᒥᒥᓂᑦᑐᖅ ᓯᑯᒥᑦᑐᓂᒃ ᑲᖏᖅᑐᒑᐱᒃᐸᓯᖏᑦ, ᓄᓇᕗᒥ.

ᐃᒫᒃ ᖃᐅᔨᒪᔭᒥᓂᒃ ᑎᑎᕋᖅᑕᐅᖃᑦ

ᐅᑯᐊ ᖃᒥᕐᖄᓗᑦ ᑕᐃᒫᒃ ᐋᖅᑭᓯᖅᓯᒪᓂᖏᓐᓂᒃ ᑎᑎᕋᖅᓯᒪᓚᔪᖕᒋᓪᓕᑦ ᐃᑲᔪᖅᓱᖅᑕᐅᓯᒪᙱᑦᑐᒃ ᐊᒻᒪᓗ ᓱᕐᓗ ᑲᖏᖕᓂᖅᑕᑎᑐᑦ ᖃᐅᔨᒪᓪᓚᕆᓐᓂᐅᔪᑦ ᑲᔪᙱᖅᓴᒃᑲᓐᓂᖅᑐᑦ ᐊᒥᓱᑦ ᐃᓄᐃᑦ ᐊᒻᒪᓗ ᑲᑐᔾᔨᖅᑎᕆᒃᑐᑦ. ᐃᓚᕆᒃᑐᑦ ᐱᒋᐊᕈᑎᕆᓪᓗᑎᑦ. ᖁᔭᓈᕐᒃ ᐃᑲᔪᖅᓯᐃᓂᐊᓐᓄᑦ ᐱᓕᕆᖅᑎᕆᔭᐅᓯᒪᔪᓕᑦ ᑕᒪᑐᒥᖓ ᐊᑐᖅᓯᐅᑎᓚᐅᖅᑐᔾᔪᑦ ᐳᓚᕋᖅᑕᐅᑎᓂᒃ, ᑲᒪᖅᑎᕆᓂᖕᓂᒃ, ᑎᑎᕋᖅᑐᑦᑕᖅᓂᒃ, ᑎᑎᕋᐅᔭᖅᑕᖅᓂᒃ, ᓄᓇᖕᒍᐊᓂᒃ ᓴᖅᑭᑎᑦᑎᓂᒃ, ᐊᒻᒪᓗ ᐊᓯᖏᑦᑕᐅᖅ ᐊᑦᓯᖕᒥᔪᑦ ᐱᔪᓇᖅᓯᐅᑎᔭᔾᔪᓂᒃ ᐊᑐᖅᑕᓯ ᑖᒃᑯᐊ ᕿᒥᕈᐊᓗᑦ ᐱᔭᕇᖅᓂᕐᕆᓐᓄᑦ ᐃᓯᓕᐊᓄᓯᒃᑐᑦ. ᐊᒥᓯᑦᑕᖅ ᐃᓚᑦ ᐃᓚᖏᑦ ᐱᖅᑕᐅᓯᒪᓪᓗᑎᒃ ᑕᒪᑐᒥᖓ ᐱᓕᕆᓪᓗᑎ ᑕᐃᔅᓯᒪᓂ ᓱᒃᑯᑦᑐᑦ; ᖁᔭᓈᕐᒃ ᐃᑲᔪᖅᓯᒪᓪᓚᕝ. ᖁᔭᓕᔭᕗᑦ ᐃᒃᑯᐊ ᓄᓇᓖᑦ ᐃᑲᔪᖅᓯᑎᐊᖅᑐᑦ ᑕᒪᑐᒥᖓ ᖃᐅᔨᓴᕐᓱᑦᑎᓐᓂᒃ ᐊᒻᒪᓗ ᑐᓴᕐᕕᑎᓪᓚᐅᖅᓯᓂᖅᑎᓐᓂᒃ:: ᐅᑦᕿᐊᓪᕕᒃ, ᐊᓖᓯᑲ, ᑲᖏᖅᑐᒡᕕᒃ, ᓄᓇᕗᑦ, ᐊᒻᒪᓗ ᖃᓈᑕ, ᓯᐅᕋᐸᓗᒃ ᐊᒻᒪ ᓴᕕᔨᕕᒃ, ᐊᑯᑭᑦᑐᑦ.

ᐃᓚᓯᒪᒃᑲᓐᓂᖅᓯᒪᓕᕐᓗᑎᒃ ᑕᐃᒃᑯᐊ ᑐᓂᓯᓂᒃᑯᑦ ᐃᑲᔪᖅᓯᒪᓪᓚᕆᒃᑐᑦ, ᐃᓐᓇᓪᓚᕆᑦ ᐊᒥᖅᑭᓪᓗᑎᒃ, ᐊᖑᓇᓱᒃᑎᑦ, ᐊᒻᒪᓗᑦᑕᐅᖅ ᓄᓇᖅᑲᑎᖕᓂᖕᖑᐊᓕᑦᑐᑦ ᖃᐅᔨᒪᔭᒥᓂᒃ ᐊᑐᖅᑲᑎᖕᓂᒃᑯᑦ ᑐᓂᓯᒪᔪᑦ ᐊᒻᒪᓗ ᐊᑐᐃᓐᓇᐅᑎᑦᑎᓯᒪᓪᓗᑎᒃ ᐃᑲᔪᖅᓯᐃᓂᖅᒥᒃ ᐊᒻᒪᓗ ᐅᖅᑲᐅᓯᕐᐊᖅᓂᖏᓐᒍᑦ ᑖᒃᑯᐊ ᐱᓕᕆᐊᕆᔭᐅᓂᖏᓐᓄᑦ. ᖁᔭᓈᕐᒃ, ᖁᔭᓇᖅᐸᕕ, ᖁᔭᓇᖅ ᐅᑯᐊ ᕙᓚ ᐋᑕᓯ, ᐅᐃᓚᒻ ᐋᑕᓯ, ᑐᖓᐃᐊᒃ ᐊᓚᑦᓯᖅ, ᑲᓪᓗᒃ ᐊᖑᑎᑦᔪᐊᖅ, ᔪᐊᓇ ᓯ ᐋᐸᒃ, ᓴᐃᑯ ᐋᓯᕗᒃ, ᒫᑕ ᐃᓄᐊᕋᖅ, ᓴᐃᑯᖅ ᕆᐅHᐆᑦ, ᓇᒃᓯᑦ ᕆᓚᓐ, ᑯᓇᒡ ᔪᐊᔨ, ᑐᒡᒪᒃ Hᐃᓐᓴᓐ, ᑦᓱᑯᒃ Hᐃᐸ, ᐅᐃᓚᒡ Hᐋᖏᓐ, ᐊᕐᓇᕐ ᐃᑦᓚᐅᖅ, ᓴᓇᖁᑦ ᓴᐆᑎ, ᕗᐊ ᔪᐊᓇᐃ, ᔫᓗᔾᔨᔅ ᑲᐅᑐᖅ, ᐋᑦ ᑰᔫᔾᔨ, ᑕᐃᕗᑦ ᓚᕕᑦ ᐊᖏᕝᑎᖅ, ᐃᓚᐃᔅ ᐸᓚᓐᑐᖅ, ᐊᑦᑖᑲᓐ ᐸᓪᓗᖅ, ᔫᓇᑕᓂ ᐸᓪᓗᖅ, ᐋᑦ ᐸᓂᐊᖅ, ᓈᕙᒃ ᐸᓂᒃᐸᒃ, ᑭᒻ ᐋᑦᓯᓐ, ᐊᕕᔅ ᐱᐅᖏᑦᑐᖅ, ᐋᐸᒃ ᖃᖅᑲᓯᖅ, ᓴᐃᒥᔨ ᕿᓪᓚᖅ, ᐊᑭᑎᖅ ᓴᔫᔅ, ᐊᒻᒪᓗ ᔪᐊᔨ ᑕᑯᕐ. ᖁᔭᓈᕐᒫᑦᑎᐊᖅ ᐅᖃᐅᓯᖅᐊᕐᐱᑎᓯᒪᔭᐅᔪᓐᓄᑦ, ᐃᑲᔪᖅᓯᒪᓂᐅᔪᓐᓄᑦ, ᐊᒻᒪᓗ ᐊᑐᐃᓐᓇᐅᑎᑦᑎᓯᒪᓕᐅᔪᓐᓄᑦ ᑕᕝᕗᖓ ᐱᓕᕆᐊᖃᑎᒌᓯᒪᔪᓐᓄ.

ᑲᔪᓯᑎᑎᔪᓐᓂᕐᑎᑦᑎᐊᕐᑕᑎᒍ ᑮᓇᐅᔭᖅᑎᑕᐅᓂᖅ ᑲᑐᔾᔨᖅᑎᕆᒃᑐᓂᑦ ᐃᑲᔪᖅᓯᓚᐅᖅᑐᑦ ᖃᐅᔨᓴᕐᓂᕐᓯᕐᓇᓐᓂᖅᑎᑦᑎᓐᓄᑦ, ᑎᑎᕋᖅᓂᒃᑦ, ᓴᖅᑭᑕᐅᔪᓐᓇᖅᓯᓂᕆᓪᓗᑎᑦ ᐅᑯᐊ ᕿᑭᖅᑖᓗᐃᑦ. ᐊᑦᓱᕆᑦᔫᖅᑐᑎᒃ ᑖᒃᑯᓂᖓ ᕿᑭᖅᑖᓗᒥ ᑐᓴᕐᓂᖅᓯᒪᕕᒃ ᖃᐅᔨᓴᕐᓱᑦᐸᑦᓕᐊᓂᖅ ᐊᐅᓚᑦᑕᐅᓚᐅᖅᑐᑦ ᐅᑯᑎᒍᓇᖅ ᓯᑯ-ᐃᓄᐃᑦ-Hᐊᓚ ᐱᓕᕆᓂᐅᓚᐅᖅᑐᒥᒃ, ᑕᒪᓐᓇ ᖃᐅᔨᕙᓪᓚᐊᖅᓂᖅ ᐊᑭᖃᖅᑎᑦᑕᐅᓚᐅᖅᑐᓂ ᒥᐊᓂᕆᔨᑦ ᓄᓇᖁᑎᓕᒫᓐᓄᑦ ᑭᒡᓕᓯᓂᐊᖅᓂᖅ ᑐᙵᕕᓕᖕᓄᑦ (NSF) ᑕᐃᒫᒃ ᐊᑎᓕᑦᑎᓕᖕᓄᑦ, "ᐱᓇᓱᓪᓚᕆᒃᑎᓪᓗᑎᒃ ᒪᑯᐊ ᐃᓄᐃᑦ-ᑕᕆᐅᑦ ᓯᑯᐊ ᐊᑦᑐᐊᖅᑎᕐᓂᖕᖏᓐᓄᑦ: ᖃᐅᔨᓇᓱᒃᐸᓪᓕᐊᓪᓗᑎᒃ ᐊᓯᑉᐸᓪᓕᐊᔪᒥᒃ ᐊᕙᑎᖓᓂ ᐃᓄᐃᑦ, ᓄᓇᕗᑦ ᐊᒻᒪᓗ ᑲᓛᓪᓕᑦ ᓄᓈᓂ". ᒥᐊᓂᕆᓂᑦ ᓯᓚᕐᔪᐊᓕᒫᒥ ᑭᓪᓕᓯᓂᐊᕐᓂᓕᕆᔨᓄᑦ ᑮᓇᐅᔭᖅᑲᖅᑎᑦᑎᔾᔪᑦ NSF ᐃᒪᐃᒃᑲᓂᖅᓯᒪᔨᑦᓗᑎᒃ ᐊᑐᐃᓐᓇᐅᑎᑦᑎᑦᓗᑎᒃ ᐃᓚᖅᑳᓂᑮᓐᓇᖅᑎᑕᐅᑦᓗᓂ ᑐᓂᕿᓯᐊᒃᑳᓂᑮᓐᓇᖅᑎᑦᑎᑦᓗᑎᒃ ᐃᑲᔪᖅᓯᐃᓂᖅ ᐃᓚᑦᓗᒍ ᓂᐅᖅᑭᖅᑎᕆᒍᓐᓇᖅᑐᑎᒃ ᖃᓈᖅ, ᑲᓛᓪᓕᑦ ᓄᓈᓐᓄᑦ, ᐊᖏᖅᓯᓯᒪᑦᑎᐊᖅᑐᑎᒃ ᓇᓂᓴᐅᒃᑳᓂᖃᔭᖅᑐᓂᒃ ᐊᒻᒪᓗ ᐋᖅᑭᑎᒃᑳᓂᐅᑎᕆᑲᔭᖅᑕᖏᓐᓂᒃ ᓄᓇᖑᐊᑦ ᐊᒻᒪᓗᑦᑕᐅᖅ ᒪᑯᐊ ᐊᓯᖏᑦ ᐱᖃᓯᐅᑎᑲᔭᖅᑐᑦ. ᖁᔭᕆᓇᓗᐊᖑᐊᖅᒥᔭᖅ ᐋᓇ ᑯᖅᑐᓚ (Anna Kerttula) ᐃᑳᓃᑦᑐᖅ ᒥᐊᓕᕈᐃᑦ ᓄᓇᖁᑎᓕᒫᒥᓄᑦ ᑭᒡᓕᓯᓂᐊᖅᓂᖅ ᑐᙵᕕᓕᖕᓄᑦ (at NSF) ᐃᑲᔪᖅᓱᖅᑲᑦᑕᖅᓂᐊ ᐊᖏᖒᖅᑲᑦᑐᖅ ᐱᓕᕆᐊᕆᔪᑦᑎᓐᓄᑦ ᐊᒻᒪᓗ ᓄᓇᖅᑲᖅᑯᕕᓂᖅᓂᒃ ᑐᓴᖅᑕᐅᔭᓐᓇᖅᑎᑦᑎᓂᖅᒥᒍᑦ ᓯᕗᓪᓕᐅᑎᑦᑎᓗᓂ ᐊᒻᒪᓗ ᐱᓕᕆᕕᐅᔭᖅ ᐅᑭᐅᑕᖅᑐᖅ ᐱᔭᕐᑎᕆᓪᓗᒍ ᖃᐅᔨᓇᓱᒡᕕᒃ. ᑖᓐᓇ 'ᓯᓚᐅᑦ ᐊᓯᑉᐸᓪᓕᐊᓂᖓ ᐊᒻᒪᓗ ᑲᓇᑕᐅᑦ ᐋᓐᓂᐊᑦᑕᐃᓕᓂᕆᔭᒃᑯᖏᑦ' ᐊᑐᐃᓐᓇᐅᑎᑎᓯᒪᖕᒪᑕ ᕿᓇᐅᔭᓂᒃ ᐃᑲᔪᖅᓯᐃᓂᖅᒧᑦ ᑕᒪᒃᑯᐊ ᓄᓇᖕᒍᐊᑦ ᐋᖅᐱᒃᑕᐅᖅᑲᓯᐅᔾᔪᐊᓇᖅᓂᕆᓇᓄᑦ ᐊᒻᒪᓗ ᑕᑯᒃᓴᐅᔪᓐᓇᖅᑎᑕᐅᔪᑦ ᕿᒥᕐᖄᓗᒃᑯᑦ. ᑖᒃᑯᐊ ᐅᑭᐅᖅᑕᖅᑐᒥ ᓯᕙᖓᔪᓕᖕᒥ ᓄᓇᖅᑲᑎᖅᑯᑦ ᐃᓕᓐᓂᐊᖅᑐᓕᕆᓃᒃᑯᑦ ᐅᑯᑎᒎᓇᖅ ᐃᓕᖅᑯᓯᖅᑐᓕᕆᓂᒃᑯᑦ ᐊᒻᒪᓗ ᐃᑦᑕᓂᖅᑐᓂᒃ ᑲᑐᔾᔨᖅᑎᕆᒃᑐᑦ' (ECHO) ᐊᐅᓚᑕᐅᔪᑦ, ᑖᒃᑯᐊ ᐅᒃᐱᐊᕝᕕᒃ ᐃᓄᐱᐊᑦ ᐱᓕᕆᖅᑎᕆᓂᖏᑦ, ᐊᒻᒪᓗ ᑖᒃᑯᐊ ᐅᑭᐅᖅᑕᖅᑐᒥ ᓯᕙᖓᔪᓕᖕᒥ ᐊᕙᑎᓕᖕᒥᐅᖅᑎᕆᓂᑦ ᐊᐅᓚᑦᑎᔩᐅᔪᑦ ᐊᑕᖏᖅᑐᑎᒃ ᑐᓂᕿᑎᖅᖃᖅᓯᐅᑎᓯᒪᒐᑦ ᑐᓂᓯᔪᓇᑦᑎᐊᖅᑐᑎᒃ ᑮᓇᐅᔭᖅᑎᑦᑎᑦᓗᑎᒃ ᐃᑲᔪᖅᓲᑎᕆᓂᐊᖅᑕᒥᓄᑦ ᕿᒥᕐᖄᓗᐃᑦ ᐱᔭᕇᖅᑕᐅᔪᓐᓇᖅᑎᑦᑎᐊᕐᓂᐊᖅᑕᖏᓐᓄᑦ ᑭᒃᑯᐃᓇᕐᓂᑦ ᐱᔭᐅᔪᓇᖅᓯᓂᐊᖅᓯᒪᓕᑕ ᐊᒻᒪᓗ ᑎᑎᕋᖅᑕᐅᓂᐊᕐᓂᐊᖅᑕᖏᓐᓄᑦ. ᖁᔭᓕᓂᑦᑕ ᐱᓪᓚᕆᐅᔾᔪᑎᖃᒃᑲᓐᓂᕆᓪᓗᓂ ᐅᑯᐊ ᐸᑑᒃ ᕿᓕᓐ, ᑳᑐᕆᓐ ᐊᕆᐊᒃ, ᐊᒻᒪᓗ ᑳᓚ ᑯᓚᔅ ᑕᐃᔅᓯᒪᓃᑦᑐᑦ (ECHO) ᐃᑲᔪᖅᑕᐅᓂᔅᓯᓐᓄᑦ.

ᐊᒥᓱᑦ ᑲᑐᔾᔨᖅᑎᕆᑦ ᐃᑲᔪᓚᐅᖅᐳᑦ ᐅᕝᕙᑎᓐᓂᒃ ᐊᑕᐅᑦᑎᒃᑯᖏᑦᑑᒐᓗᐊᖅ ᑕᒪᓐᓇ ᐱᓕᕆᐊᕆᑎᓪᓗᑎᒍ. ᐃᓄᐃᑦ ᐅᑭᐅᖅᑕᖅᑐᒥ ᑲᑎᒪᔩᑦᔪᐊᖏᑦ-ᑲᓛᓪᓕᑦ ᓄᓈᓂ ᓯᕗᓕᖅᑎᖏᔭᐅᓚᐅᖅᐳᖅ ᑐᓴᐅᒪᓂᒃᑯ ᐱᓕᕆᖅᑎᕆᓂᖕᓂᒃᑯᑦ ᖃᓈᖅ ᓯᕗᓕᖅᑎᖏᓐᓂᓪᓗ. ᐱᓕᕆᖅᑎᕆᒃᑐᑎᒍᑦ ᑐᓂᖅᑯᓯᐊᓚᐅᕆᕗᒍᑦ ᐊᒻᒪᓗ ᑲᔪᖏᖅᓱᖅᑕᐅᕆᐊᒃᑲᓂᖅᑐᑕ ᐱᓕᕆᐊᕆᔭᖅᓯᓕᓖᑦᑎᓐᓂᒃ ᐅᑯᓇᖓᑦ ᐃᓄᐃᑦ ᐅᑭᐅᖅᑕᖅᑐᒥ ᑲᑎᒪᔩᑦᔪᐊᖏᓐᓂᑦ ᐃᒃᓯᕙᐅᑕᕆᓴᐅᔪᑦ ᐊᖅᑲᓗᒃ ᓚᓐᔅ, ᐊᖏᔪᖅᑳᕆᓴᐅᔪᑦ ᐃᓄᐃᑦ ᐅᑭᐅᖅᑕᖅᑐᒥ ᑲᑎᒪᔩᑦᔪᐊᖏᑦ-ᑲᓛᓪᓕᑦ ᓄᓈᓂᑦ ᑲᐅᕈᖅ ᓴᔅ ᐆᔅᓴᓐ (ᐳᔪ), ᐃᓄᐃ ᐅᑭᐅᖅᑕᖅᑐᒥ ᑲᑎᒪᔩᑦᔪᐊᖏᑦ ᐊᓚᕙᐃᖓᓐᓂᑦ ᓄᓇ ᓴᑉᕗᐃᑦ, ᐊᒻᒪᓗ ᐃᓚᒋᖅᓯᒪᑎᖑᔭᕆᑦ ᐃᖅᑲᓇᐃᔭᖅᑎᖏᑦ ᐃᓄᐃᑦ ᐅᑭᐅᖅᑕᖅᑐᒥ ᑲᑎᒪᔩᑦᔪᐊᖏᑦ ᓅᒥ ᓄᓇᑖᑦ. ᖃᓈᖅ ᑯᒻᒧᓂᐊ, ᖃᓈᕐᒥᐅᑦ Hᐋᒻᒪᓚᒃᑯᖏᑦ ᐊᓚᖕᕙᖓᑦ, ᑐᙵᓱᒃᑎᑕᐅᑦᑎᐊᖅᑐᓂ ᐱᓕᕆᐊᖃᑦᓯᒐᑦ ᐊᒻᒪᓗ ᐃᑲᔪᖅᑕᐅᑦᑎᐊᖅᑐᑕ ᐅᐃᒍᖏᑎᒍᑦ, ᐱᖃᓯᐅᔾᔨᓪᓗᑎᒃ ᓂᕈᐊᖅᑕᖅᑐᑎᒃ ᓄᓇᓕᖕᓂ ᖃᐅᔨᒪᔾᔪᑎᓕᐅᕐᓂᐊᖅᑐᒥᒃ ᖃᐅᔨᓇᓱᖕᓂᖅᑲᑦ ᑐᕌᒐᕆᓂᐊᓕᖅᑕᖏᑦ ᓯᓇᐅᕙ ᐱᓕᕆᐊᕆᑦᑎᐊᕐᓗᑎᒍᓗ, ᐊᒻᒪᓗ

ᐃᒡᓗᖕᒫᖕᒪᕇᑦᑐᖅ: ᓄᑕᖅ ᐆᓚᐃ ᐲᑕᓴ (ᑕᑯᓗᑦ ᑐᓂᓯᓂᒃᑯᑦ ᐃᑲᔪᖅᓯᒪᔪᑦ) ᑕᐃᔅᓯᒪᓂ 1924-ᖑᑎᓪᓗᒍ ᐃᓚᓂᓗᑦᑕᐅᖅ ᐱᖅᑎᕆᓪᓗᓂᕆᑦ. ᐊᖅᓈ ᐋᓐ ᓴᖅᑕᐊᖅᓯᓪᓗᓂ ᑖᔅᓯᒥᙵ, ᐊᖑᑖ, ᐃᑦᑐᑯᓯᒃ, ᐊᔾᔨᙳᐊᖅᑲᖅᓯᐅᑎᕆᓪᓗᓂ ᓇᔾᔫ ᐊᕕᐊᖅ, ᐊᒻᒪᓗ ᕿᐊᔪᙳᐊᖅ. ᐊᔾᔨᙳᐊᖅ ᑖᓇ ᑕᖁᑦᔾᔨᓪᓗᓂ ᐃᒃᐱᒍᓱᖕᓂᖅ ᐱᖅᓯᐅᑎᓯᓈᖅᑐᒍ ᑐᑭᓯᓇᖅᓯᐅᑎᔪᒥᒃ ᐃᓅᓚᐅᕐᔪᓂᒃᑕᐅᖅ ᐅᐊᑦᑎᐊᕈ. ᐃᒫᖑᔾᔪᑎᖅᑲᒍᖅᑕᐅᖅ ᖃᐅᔨᒪᓂᑦᑎᒍᑦ, ᐱᓕᕆᔭᖅᓯᓂᑦᑎᒍᑦ, ᓯᕗᒧᑦ ᑲᔪᓯᔭᖅᓂᑦᑎᓐᓄᑦ, ᐊᒻᒪᓗ ᓇᒡᓕᖕᓂᖅ ᑕᕝᕙᐅᒐᑦᑕ ᓯᓚ ᐅᑦᑐᒥ.

[1] ᐅᓇ ᐱᙳᖅᑎᑕᐅᓯᒪᓂᖓ ᑐᙵᓂᖅᑲᖑᕙᖅ ᐃᖅᑲᐃᔭᖅᑏᑦ ᐃᑲᔪᖅᓯᐃᓯᒪᓂᖓᑦᑕ ᐱᔾᔪᓯᖅᑲᖅᓯᐅᑎᓪᓗᓂ ᓄᓇᖅᐅᖅᕕᕆᔭᑦᑎᓈᓂ ᑭᒡᓕᓯᓂᐊᖅᓂᖅ ᑐᙵᕕᕆᔭᖓᑦ ᐅᕙᓂ ᓇᐃᓭᐅᑎᓕᖕᒥ BCS 0624344-ᒥᒃ. ᖃᓄᐃᓈᓇᑦᑎᐊᖅ ᐅᖃᐅᑎᕆᔭᐅᔪᓈᖅᑐᑦ, ᓇᓂᓴᐅᔪᑦ, ᐊᒻᒪᓗ ᑕᐃᒪᐃᓕᖓᓕᐅᑎᕆᔭᖕᖏᓐᓄᑦ ᐅᕝᕙᓘᓐᓃᑦ ᐊᓯᑉᐸᓕᐊᓇᓯᑦᑐᑎᒃ ᐃᒃᐱᒍᓱᑎᕆᔭᐅᔪᓂᒃ ᑕᕝᕙᓂ ᓴᖅᑭᑕᑦᑎᓐᓂᒃ ᑕᒪᒃᑯᐊ ᑎᑎᕋᖅᑎᐅᔪᑦ ᐊᒻᒪᓗ ᐃᒪᐃᑦᑐᓂᒃ ᐊᑐᐊᖅᓯᖕᕆᒃᑲᓗᐊᖅᐸᑕ ᓯᖅᑯᑕᐅᕆᑦᑐᑦ ᑕᑯᒃᓴᐅᓂᖕᖏᓐᓂᒃ ᐅᑯᓈᖓᑦ ᓄᓇᓕᖅᑲᖅᓯᕙᓯᐊᕈᔪᐊᖅᑐᓂᑦ ᑭᒡᓕᓯᓂᐊᖅᓂᖅ ᑐᙵᕕᐅᔪᓂᑦ.

[2] ᑕᒪᓐᓇ ᑭᒃᑯᐃᓇᓅᕈᓇᖅᑎᑦᑎᓂᖅ ᐅᑯᓂᖓ ᖃᐅᔨᓴᕐᓂᒃ ᐊᑭᓕᖅᑕᐅᔪᓇᖅᓂᖓᑦ ᐃᑲᔪᖅᑕᐅᓯᒪᓕᓪᓗᓂ ECHO, ᐃᓕᓐᓂᐊᕈᓐᓇᖅᓂᐅᖕᒥᔪᖅ ᐃᓕᖅᑯᓯᓕᕆᓂᖅᒥᒃ ᐊᒻᒪᓗ ᐃᑦᑕᖅᓂᓴᓕᕆᓂᐅᑦ ᐱᓕᕆᖅᑎᕆᓂᖕᖏᓐᓂᑦ, CFDA 84.215Y. ᐱᔾᔪᑎᖅᑲᖅᓯᐅᑎᖕᒥᔪᑦᑕᐅᖅ ᐅᑯᐊ ECHO ᐱᓕᕆᐊᖅᑲᖅᕚᑦ ᐃᒪᐃᓕᖕᖓᖅᓯᐅᑎᓪᓗᑎᒃ ᑐᓴᖅᑕᐅᒃᑲᓂᖅᑯᓯᓪᓗᑎᒃ ᐃᓕᑕᐅᑦᑲᓂᑮᓐᓇᖅᑐᓂᒃ ᐃᑲᔫᑕᐅᔪᓐᓇᖅᑐᓂᒃ, ᐱᓯᒪᔭᖅᑲᖅᓯᐅᑎᓪᓗᑎᒃ ᐊᖏᓂᖅᓴᐅᓗᓂ ᐱᑎᑕᐅᓇᔾᔪᓂᖅᒥᒍᑦ ᓄᓇᓕᖕᓂᑦ ᐊᒻᒪᓗ ᓄᓇᖅᑲᖅᕙᖅᑲᖅᓯᐅᑎᔪᓇᕋᒥᒃ ᐃᑦᑕᖅᓂᓴᓕᕆᓂᖅ, ᐊᒻᒪᓗ ᓄᓇᓕᖕᓂᒃ ᐃᑲᔪᖅᓂᐅᓪᓗᓂ ᐃᒪᐃᓪᓗᓂ ᓴᙱᒃᑎᑦᑎᒃᑲᓂᖅᓗᑎᒃ ᐃᓅᖅᑎᕆᖕᓂᐅᓂᖅᒥᒃ ᐊᑐᓕᖅᒥᓴᑎᑕᓂᒃᑕᐅᖅ ᐊᑐᕈᓇᓚᐅᙱᑦᑎᑦᑎᒍᑦ ᓴᖅᑭᑕᐅᓯᒪᓕᖅᑐᑎᒍᑦ.

xxxix

ᐃᑲᔪᕐᓗᓂ ᓄᓇᖅᑲᑎᒥᓂᒃ, ᓱᓕᖅᑲᑎᒥᓂᒡᓗ, ᐊᒻᒪᓗᑦᑕᐅᑦ ᓄᓇᖅᑲᕐᕕᐅᔪᓂᒃ ᐃᖏᕐᕋᕐᑲᑦᑕᕐᓂᕐᒧᑦ ᐋᖅᑭᒃᓱᖅᓯᒪᓂᖏᓐᓄᑦ. ᓲᓴᓐ ᓴᐃᒎᕐ ᐊᒻᒪᓗ ᐃᖅᑲᓇᐃᔭᖅᑏᑦ ᐅᑯᓇᓂ CH2M ᐱᖑᖅ ᑲᔾᔮᖅᐸᓯᖕᒥᐅᑕᑦ ᐊᐅᓚᑦᑎᔨᖏᑦ ᑖᒃᑯᐊ ᐃᒪᐃᖅᑲᓯᐅᑎᓚᐅᓇᕗᑦ ᐊᓯᒃᓴᖅᓯᐅᕐᓇᖏᑦᑎᐊᖅᑐᓂᒃ ᐃᑲᔪᓕᖅᑐᑎᒃ ᐊᐅᓚᓃᑦᓕᐊᓂᖓᓂᒃ ᓱᒃᓴᖅᑎᑦ ᓲᕐᓗ ᐋᖅᑭᑦᑎᐊᖅᓯᒪᔪᓂᒃ ᐊᐅᓪᓚᖅᑲᑦᑕᕐᓂᐊᕐᓂᑦᑎᓐᓄᑦ ᐋᖅᑭᒃᓱᖅᑕᒥᖕᓂᒃ ᐅᑭᐅᖅᑕᖅᑑᓂᖓᓂᓪᓗ ᑲᓛᓪᓕᑦ ᓄᓈᑦᑕ. ᖁᔭᒋᕐᑲᓯᐅᑎᖕᒥᔭᕗᑦᑕᐅᖅ ᓄᓇᓖᑦ ᓯᐅᕋᐸᓗᖕᒥ, ᑐᖖᓱᕕᑎᑕᐅᓚᐅᕋᑦᑕ ᑎᑭᑎᓪᓗᑕ ᕿᒧᒃᓯᒃᑯᑦ, ᑲᑎᕐᑲᑎᕆᓪᓗᑎᒍᓪᓗ ᐃᓕᓐᓂᐊᕐᕕᖕᒥᑦ ᐋᔾᔭᖅᑲᑎᒌᒃᑐᑕ ᐃᓱᒪᒃᓴᖅᓯᐅᕈᑎᑦᑎᐊᕚᖕᓂᒃ ᐊᒻᒪᓗᑦᑕᐅᑦ ᖃᐅᔨᒪᔭᑦᑎᓐᓂᒃ. ᖁᔭᓐᓇᒦᕐᒥᔭᕗᑦ ᓯᐅᕋᐸᓗᖕᒥᐅᑕᐃᑦ, ᑐᖖᓱᕕᑎᑦᑎᓚᐅᕐᒪᑕ ᑎᑭᑎᓪᓗᑕ ᕿᒧᒃᓯᒃᑯᑦ, ᐊᒻᒪᓗ ᑲᑎᓯᓚᐅᕐᒪᑕ ᐅᕙᑦᑎᓐᓂᒃ ᐃᓕᓐᓂᐊᕐᕕᖕᒥᑦ ᖃᐅᔨᒪᓂᕐᒥᒃ ᐃᓱᒪᒋᔭᒥᓂᒡᓗ ᐅᖃᐅᓯᖃᓇᐊᖅᑐᖅᑐᑎᒃ. ᖁᔭᕆᑦᑎᐊᖅᑖᓗᕆᖕᒥᔭᕗᑦ ᐃᑯ ᐊᒻᒪᓗ ᐋᓇ ᐅᓯᒪ ᐊᖏᕐᕋᒥᓄᑦ ᑐᖖᓱᕕᑎᑦᑎᐊᓚᐅᕋᑦᑕ ᓯᐅᕋᐸᓗᖕᒥ, ᐊᒻᒪᓗ ᓂᕆᑎᑦᑎᐊᖅᑐᑕ ᑐᔪᕐᒥᑎᑕᐅᑦᑎᐊᖅᑐᑕᓗ. ᐃᓕᒃᑲᓇᓂᑦᑕᓚᐅᓇᒍᑦᓕ ᐊᒃᓱᒃᑲᓪᓚᒻᒪᕆᒃ ᑖᒃᑯᖕᓇᙳᑦ ᐅᓯᒫᑯᓐᓂᑦ ᐊᒻᒪᓗ ᐃᓅᖅᑲᓐᓂᕐᓂᕐᒥᒧᑦ ᐊᒃᑐᐃᑦᑎᐊᕐᒥᖕᒪᑎᒃ ᐅᕙᑦᑎᓐᓂᒃ ᐊᓐᓂᕈᑎᖏᑦᑎᐊᖅᑐᓂᑎᒍᓪᓗ ᖃᐅᔨᒪᔭᒥᓂᒃ ᐅᓂᒃᑲᐅᓯᓂᒃ ᐊᒻᒪᓗᑦᑕᐅᖅ ᖃᐅᔨᒪᐅᖅᑕᒥᓂᒃ. ᐅᕙᓚ ᓵᓐᑎᔅ ᐃᓚᐊᓴ ᐊᒻᒪᓗ ᑭᐊᓚ ᐃᓂᖑᐊᒃ ᑕᐃᑲᓂ ᐃᓄᐃᑦ ᐅᑭᐅᖅᑕᖅᑑᑦ ᑲᑎᒪᔾᔪᐊᖏᓐᓂ-ᐊᓛᓯᑲᒥ, ᐃᑲᔪᓚᐅᕆᖕᒥᒍᑦ ᑐᓴᐅᒪᖅᑲᑎᒌᒍᓐᓇᕐᓂᖅ ᐊᑐᐃᓐᓇᕈᖅᑎᑦᑐᓂᐅᒃ ᓄᓇᓕᖕᓄᑦ ᐊᒻᒪᓗ ᖃᓂᒌᒃᑐᑕᐅᔪᓄᑦ ᑲᑐᔾᔨᖅᑎᒌᓄᑦ ᐊᒻᒪᓗ ᐊᖏᔪᖅᑲᐅᑎᓄᑦ ᐊᒻᒪᓗ ᐃᑲᔪᒃᑲᓐᓂᓪᓗᓂ ᑎᑎᖅᑲᑎᒍᑦ ᑭᒃᑯᑐᐃᓐᓇᕐᓂᑦ ᐱᔭᐅᔪᓐᓇᖅᑐᓂᑦ ᐊᑭᑖᔾᔪᑕᐅᔪᓐᓇᖅᑐᓂᒃ. ᐊᓯᒃᑲᓇᓂᖏᑦᑕᐅᖅ ᑲᑐᔾᔨᖅᑲᑎᒌᖅᑲᓯᐅᑎᖕᒥᔪᑦ ᐊᑐᐃᓐᓇᐅᓯᒪᓕᕐᑐᑎᒃ ᐃᑲᔪᖅᓯᐃᓂᕐᒥᒃ, ᐅᖃᐅᔾᔨᕐᑎᐊᕐᓂᖅ ᐃᑲᔪᖅᑎᑦᑎᐊᕙᐅᔪᓐᓇᖅᑐᓂᑦ ᐱᓕᕆᖅᑲᑎᒌᖅᑐᓂᑦ ᐊᒻᒪᓗ ᐱᔭᑦᑎᖅᓯᓂᖅ ᐊᑐᕐᓗᒍ ᐱᓕᕆᐊᓕᖕᓂᑦ. ᖁᔭᓐᓇᒦᒃᑕᐅᖅ ᐊᐳᑎᐅᑦ ᒥᒃᓵᓄᑦ ᐱᓕᕆᐹᑦ ᐊᒻᒪᓗ ᓱᑯᓕᕆᓂᕆᔭᒥᓂᑦ ᖃᐅᔨᓴᕐᓂᓕᕆᔭᒥᓂᒃ ᑲᑎᑎᕐᓂᕐᒥᒃ ᐱᓕᕆᕝᕕᒃ ᐊᒻᒪᓗ ᑕᐃᓐᓇ ᐱᓕᕆᖅᑎᕐᖅᑲᑦᑕᕐᓂᕐᒧᑦ (ᑯᐊᐸᐅᓂᒃᑯᑦ) ᑐᕌᖅᑕᕐᕕᒃ ᑕᒪᒃᑯᓄᖓ ᖃᐅᔨᓇᓱᒃᑎᐅᔪᓄᒃ ᐊᕙᑎᑦᑎᓐᓃᑦᑐᓂᒃ ᑭᓪᓕᓯᓂᐊᕐᓂᖅ ᑕᐃᔅᓯᒪᓃᑦᑐᖅ ᓯᓚᑦᑐᖅᓴᕐᕕᓪᔪᐊᖅ ᑳᓗᕋᑐ ᕗᑐᒦᑦᑐᖅ, ᐅᑭᐅᖅᑕᖅᑐᒥ ᓯᓈᖓᓂ ᓄᓇᖅᑲᑎᒌᖕᓂᑯᑦ, GIS ᐊᓪᓚᓪᕕᖅᑲᕐᕕᖓᑦ, ᓄᓇᙳᒥ ᖃᐅᔨᓇᓱᖅᑲᑦᑕᖅᑐᓄᑦ ᐅᐸᑲᑦᑕᓇᔭᐅᖅᑲᑦᑕᖅᑐᖅ, ᐊᑯᑭᑦᑐᕐᒥᐅᑦ ᖃᖓᑕᓲᖏᑦ, ᙵᔅᑎᐊᒃᑯᑦ, ᒥᐊᓕᒐᐃᑦ ᐅᓇᑕᖅᑐᓴᖏᑦ ᓇᒧᑐᐃᓐᓇ ᖃᖓᑕᓯᐅᖏᑦ ᐊᖏᔪᖅᑳᖅᑲᕐᕕᐅᓪᓗᓂ, ᐃᓚᓴᖅᓯᕕᒃ ᑲᑐᔾᔨᖅᑎᑦ, ᐃᑦᑕᖅ ᐃᑦᑕᕐᓂᓴᓕᕆᔾᔪᑦ, ᐊᒻᒪᓗ ᖃᐅᔨᓇᓱᒃᑕᕐᕕᒃᑯᑦ ᐃᓂᓪᓚᒃᓯᒪᔪᑦ, ᐃᓄᐃᑦ ᐃᑦᑕᕐᓂᓴᓕᕆᓂᕐᒧᑦ ᑮᓇᐅᔭᖅᑲᖅᑎᑦᑎᔨᐅᔪᑦ, ᐅᑦᑭᐊᓪᕕᖕᒥ ᑲᐱᑕᐃᖏᑦᑕ ᑲᑎᒪᔨᖏᑦᑕ ᑲᑐᔾᔨᖅᑎᖏᑦ, ᐊᓛᓯᑲᒥᐅᑦ ᐃᓄᖏᑦᑕ ᐊᕐᕌᒍᑦᓯᐅᑎᖏᑦᑕ ᑎᓕᔭᐅᓯᒪᓂᖏᑦ, ᐊᒻᒪᓗ ᑐᔪᕐᒥᕝᕕᒃ ᖄᓇᕐᒥ. ᖁᔭᓐᓇᒦᖅᓂᒃᑯᑕᐅᖅ ᐱᓗᐊᙳᐊᕆᕙᒍᑦ ᐅᑯᐊ Barrow Arctic Science Consortium (BASC) ᐊᑐᐃᓐᓇᐅᑎᑦᑎᓂᖏᓐᓄᑦ ᐊᑐᕐᓂᐊᖅᑕᕗᑦ ᐋᖅᑭᒃᓱᖅᑕᐅᓯᒪᓂᖏᑦᑕ ᐃᑲᔪᖅᓱᖅᑕᐅᓯᒪᓂᖏᓐᓄᑦ ᐱᓕᕆᓂᑦᑎᓐᓂ ᐅᑦᑭᐊᓪᕕᖕᒥ ᖁᔭᓐᓇᒦᒃᑕᐅᖅ ᐅᑯᓄᖓ ᓄᓇᕗᑦ ᐅᑭᐅᖅᑕᖅᑐᐊᓂ ᓯᓚᑦᑐᖅᓴᕐᕖᑦ ᐊᑐᐃᓐᓇᐅᑎᑦᑎᓂᖏᓐᓄᑦ ᑲᑎᒪᖅᑲᑦᑕᕐᕕᖏᔭᓐᓇᖅᑕᑦᑎᓐᓂᒃ ᑲᖏᖅᑐᓛᐱᖕᒥ ᓯᑰᑦ ᒥᒃᓵᓄᑦ ᐱᓕᕆᔪᓄᑦ ᐅᑯᓄᙵᐅᔪᓄᑦ ᓯᑯ-ᐃᓄᐃᑦ-ᕼᐃᓚ ᐱᓕᕆᖅᑎᕆᒃᑐᓄᑦ ᑕᒪᓇ ᐱᓕᕆᖅᑲᑦᑕᕐᕕᒋᔭᕗᑦ ᐊᐅᓚᓂᖓᓂ. ᐊᒥᓲᑦ ᐊᑐᓂᑦ ᐃᑲᔪᖅᓯᒪᖕᒥᖕᒪᑕ ᑕᒪᑐᒥᖓ ᐱᓕᕆᐊᖅᑲᖅᑎᓪᓗᑕ.

ᐃᑯ ᐊᓐᓇᓗ, ᖁᔭᓇᖅ

ᖁᔭᓐᓇᒦᒃᑕᐅᖅ ᓯᓚᑦᑐᖅᓴᕐᕕᓪᔪᐊᕐᒥᑦ ᐃᖅᑲᓇᐃᔭᖅᑏᑦ ᑎᐊ ᑎᒪᕙᐊ, ᔩᓂ ᓈᐸᔅ, ᓯᓐᑎ ᐳᕙᒃ, ᑕᓪ ᔭᖕ, ᐊᒻᒪᓗ ᓈᓐ ᕋᖕᓂᐊᐃ, ᐃᒪᐃᓯᒪᖕᒥᔫᖅᑕᐅᖅ ᐃᑖᓐᓂᒃᑯᑦ ᐃᑲᔫᑎᐊᖅᑲᑦᑕᕐᓂᓚᐅᖅᑕᖓ ᑕᒪᒃᑯᐊ ᐱᔭᕆᐊᑖᑦ ᐃᑲᔫᕐᓂᓚᐅᖅᑕᖏᑦ ᑎᑎᖅᑲᑎᒍᑦ ᑕᒪᑐᒥᖓ ᐱᓕᕆᐊᑐᑦᑐᓂ ᐱᓕᕆᐊᕆᔭᕐᓂᑦᑎᐊᖏᑦᑐᖅ, ᐃᖏᕐᕋᕐᑲᑦᑕᕐᓃᑦ, ᑮᓇᐅᔭᖅᑲᐅᑎᑎᒍᑦ, ᖃᕋᓴᐅᔭᖅᑎᒍᓪᓗ. ᔫᕐ ᓯᐳᕋᖑᖅ, ᐃᖏᕐᕋᔪᓕᕆᓂᑦᑎᐊᕖᑐᓂᖓ ᖃᖓᒃᑕᐅᑎᓕᕆᓂᒃᑯᑦ ᑖᓕᓂ ᓄᓇᒥ, ᐋᖅᑭᖅᑲᑦᑕᓚᐅᕐᒪᒥᑦ ᑕᐅᒐᖓᓚᓖᖅᑯᐃᔅᔫᖓᓗᐊᑦ ᖃᖓᑦᑕᐅᑎᒃᓴᑦ ᐊᒻᒪᓗ ᐃᑲᔪᕐᓂᒃᑲᓐᓂᖅᓯᒪᖕᒥᔭᖓ ᐋᖅᑭᖅᑲᓯᐅᑎᔪᓂᒥᑦ ᖃᖓᑦᑕᐅᑎᒃᓴᑦᑕ ᓇᓕᖅᑲᖏᑦ ᖃᖓᑕᓯᐅᒃᑯᑦᑎᕆᖅᑲᑦᑕᓚᐅᖅᑕᕗᑦ, ᓄᓇᓯᐅᑎᒃᑯᑦ, ᐅᓯᒃᑯᑦ, ᖁᓚᒥᒎᓚᒃᑎᒍᑦ, ᕿᒧᒃᓯᖅᑎᒍᑦ, ᓯᑭᑐᒃᑯᑦ, ᐅᓇᑕᖅᑎᑦ ᓇᒨᖓᖅᑲᑦᑕᐅᑎᖏᑦᑎᒍᑦ, ᐊᒻᒪᓗ ᐊᓯᐊᓄᖏᑦᑎᒍᓪᓗ ᐊᑯᓂᖏᑦᑎᒍᑦ. ᐃᑦᑕ ᓱᑉᓗ ᑕᐃᑲᓂ BASC-ᒥᑦ ᐃᑲᔪᓚᐅᕐᒥᔪᖅ ᐋᖅᑭᒃᓱᐃᓪᓗᓂ, ᑕᑯᒃᓴᐅᓕᖅᑎᑦᑎᒃᑲᓂᖅᑐᓂᓗ, ᐊᒻᒪᓗ ᐊᐅᓪᓚᖅᑎᑦᑎᓪᓗᓂ ᑲᑎᒪᓂᖅᑎᒍᑦ ᐊᑐᖅᑕᐅᔪᒃᓴᓂᒃ ᐅᑦᑭᐊᓪᕕᖕᒥᑦ ᐱᓕᕆᔾᔭᓪᓚᓈᑦ ᐱᓕᕆᖅᑲᑎᒌᒃᑐᑦ. ᑖᒃᑕ ᖀᔾᔭ ᐅᓇ, ᑖᒃᑕ ᐹᒻ ᒪᔅᓚᓂᒃ. ᑖᒃᑕ ᔭᐊᔾᔮ ᐅᐃᓐᓯᖅ, ᑖᒃᑕ ᐲᒍᐊ ᑯᖅᐸᓂᒃ, ᐊᒻᒪᓗ ᑖᒃᑕ ᕼᐊᐃᔩ ᐊᐃᑲᓐ ᐊᑐᐃᓐᓇᕈᖅᑎᑦᑎᓚᐅᖅᑐᑦ ᖃᐅᔨᓇᓲᑎᕆᔭᐅᔪᒥᒃ ᐊᒻᒪᓗ ᑎᑎᕋᐅᑎᕆᔭᐅᓂᐊᖅᑐᓂᓪᓗ. ᑐᖑᑕᖅ ᓛᓴ ᐊᒻᒪᓗ ᔭᓐᓴ ᖃᕝᐊᐃᐅᓴ ᑕᐃᑲᓂ ᑲᓛᓪᓕᑦ ᓄᓈᑦᑕ ᓈᓚᐅᑎᖅᑲᕐᕕᐊ-ᑏᕖ (KNR-TV, ᐊᑯᑭᑦᑐᕐᒥᐅ ᓈᓚᐅᑎᖅᑲᕐᕕᖓᒍᑦ ᑲᑐᔾᔨᖅᑲᑎᒌᑎᒍᑦ) ᐱᓕᕆᖅᑎᖅᑲᖅᑕᐅᓚᐅᕆᕗᑦ ᖄᓇᕐᒥ ᑕᐃᓯᒪᓂ 2007-ᖑᑎᓪᓗᒍ ᐊᒻᒪᓗ ᐋᖅᑮᓪᓗᑎᒃ ᐅᓂᒃᑲᐅᓯᐊᓂᒃ ᑕᕐᓴᔭᐅᑎᓂᒃ ᐱᕆᐊᖅᑎᑦᑎᓇᓱᒃᑭᓪᓗᑎᒃ ᖃᐅᔨᒪᔭᐅᒃᑲᓐᓂᐅᑎᒃᓯᒥᒃ ᑕᒪᑐᒪ ᐱᓕᕆᐊᕆᔭᑦᑕ ᒥᒃᓵᓄᑦ ᐊᒻᒪᓗ ᓯᑯᓕᕆᓂᕐᒥᒃ ᐊᓯᕈᕐᒥᔪᒥᒃᑕᐅᖅ ᐊᑯᑭᑦᑐᓂ ᓄᓇᖅᑲᐅᕝᕕᕆᔭᕐᒥᓂ ᐊᑯᑭᑦᑐᒥ ᑏᕖᒃᑯᑦ (ᐃᓄᐃᑦ ᐃᓵᓐᓂᑦ ᓯᓛᓐᓇᖅ). ᖁᔭᓐᓇᒦᒃ ᐱᓕᕆᑦᑎᐊᕐᓂᕆᔭᓐᓄᑦ ᐱᖅᑲᓐᓂᖅᑐᓯᓗ ᐱᓕᕆᔾᔪᑦᑐᓯᒃ ᓯᑰᑦ ᒥᒃᓵᓄᑦ. ᑭᐊᓚ ᙳᑐᕐᓴ, ᖁᔭᓐᓇᒦᒃ ᐃᑲᔪᕐᓂᓚᐅᖅᑕᕐᓄᑦ ᐱᒋᐊᕐᓂᖓᒍᑦ ᑕᒪᑐᒪ ᑎᑎᕋᖅᓯᒪᔪᓄᑦ ᑐᓵᔭᐅᑦᑐᓯ ᐊᑯᑭᑦᑐᕐᒥᐅᑎᑐᑦ. ᕼᐋᓐ ᐊᒻᒪᓗ ᙳᑎ ᙳᑐᕐᓴ ᑐᔪᕐᒥᕕᒃ ᖄᓇᕐᒥ ᐃᒪᐃᑦᑐᑐᐃᓐᓇᐅᓚᐅᕐᒥᒪᑦ ᑐᔪᕐᒥᕕᑦᑎᐊᕙᑦᑐᑦᑐᓯ ᑐᔪᕐᒥᕕᖅᑲᖅᑎᐅᔪᓯ (ᐊᒻᒪᓗ ᙳᑎ ᓂᕿᓕᐅᖅᑎᑦᑎᐊᕙᑦᑐᑦᑐᓂ), ᐱᖅᑲᓐᓂᑦᑎᐊᖅᓯᒪᓕᖅᑎᓪᓗᑎᒃ ᑕᒪᑐᒨᓇ ᐱᓕᕆᓂᑦᑎᓐᓄᑦ, ᐃᑲᔫᑎᖃᐃᓐᓇᖅᑐᓯᓗ ᖃᐅᔨᒪᔭᓯᓂᒃ ᐊᔾᔨᙳᐊᑎᒍᑦ ᐊᒻᒪᓗ ᐱᕙᓪᓕᐊᔪᑎᒍᑦ ᐊᑯᑭᑦᑐᕐᒥᐅᑦ ᓄᓇᖓᓂᑦ. ᑖᓐᓇ ᒪᑐᒥᐊᖅ-ᑲᓗᒃ ᐊᒻᒪᓗ ᔭᐃᑯᑉ ᑲᓗᒃ ᑐᙱᓱᒃᑎᑦᑎᐊᔪᖕᒥᖕᒪᑎᒃ ᓂᐅᕐᕈᓯᒪᓂᑦᑎᓐᓂ ᐅᑦᑭᐊᓪᕕᖑᑦ, ᐋᔾᔭᓂᑦᑎᒍᑦ ᐅᖅᑲᐅᓯᒃᑯᑦ ᑭᑭᑕᖅᑲᑦᑎᐊᖅᑯᐃᔭᓇᓯᒃ ᐃᓕᓐᓂᐊᕐᓂᓗ ᖃᖓᑐᐃᓐᓇᑦᑎᐊᒃᑯᓪᓗ ᐊᑐᐃᓐᓇᐅᖅᑲᑎᒋᑐᑕ ᑲᑎᓯᒪᓂᑦᑎᓐᓂ, ᐊᒻᒪᓗᑦᑕᐅᖅ ᑐᑯᒻᒥᖅ ᐱᐊᓯ, ᕼᐊᓐᓯᔫᓐ ᖁᔭᐅᑭᔅᓯᖅ, ᐊᒻᒪᓗ ᑭᒻ ᐲᑕᓴᓐ ᖄᓇᕐᒥ.

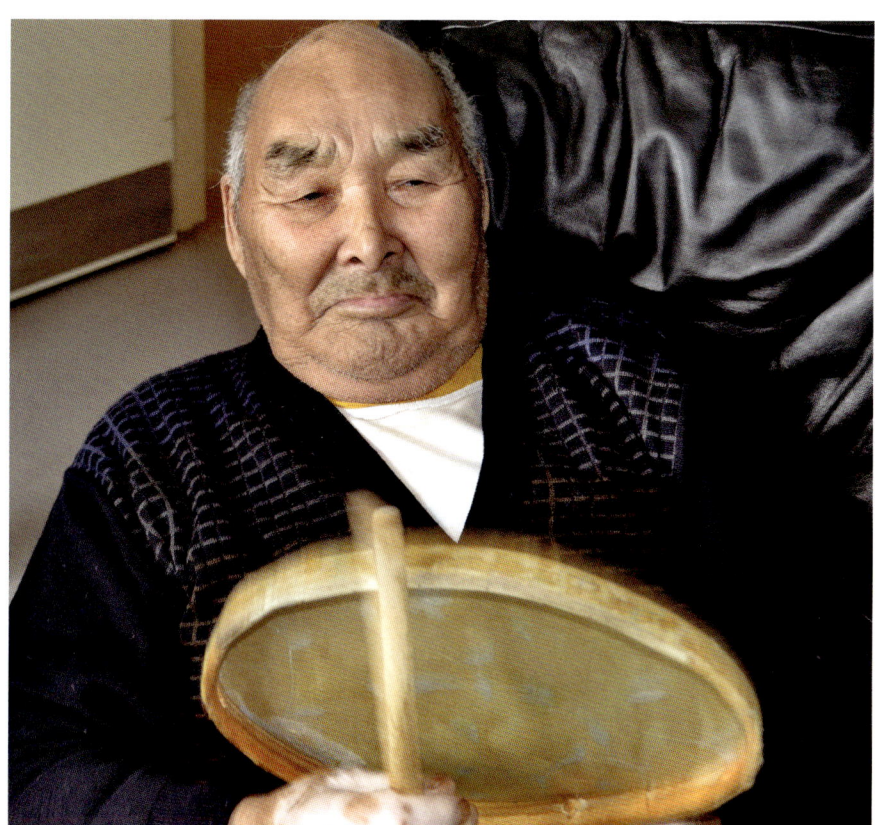

ᐃᒪᐃᓕᖓᓚᓚᑦᑕᓕ ᐊᒥᓯᕕᓪᔪᐊᖃᓗᖕᓂ ᑐᓴᐸᐹᑦᑐᒃᓯᒪᓂᖅᑲᖅᑐᑕ ᑕᒪᑐᒧᖓ ᑐᓂᕐᕈᓯᐊᖅᑲᑦᑎᐊᖅᓯᒪᓂᔭᓐᓄᑦ ᐊᒻᒪᓗ ᑲᔪᖏᑦᑎᐊᖅᓯᒪᓂᔭᓐᓄᑦ ᑖᔅᓯᒥᖓ ᓄᓇᙳᐊᑎᒍᑦ ᐱᓕᕆᖅᑎᕐᑭᖅᓯᒪᓂᔭᒍᑦ ᓲᕐᓗ ᐃᓕᑮᒃᑐᓯ ᑕᒪᑐᒨᓇ ᐃᑲᓂ Zia Design G roup/Zia Maps, LLC ᐃᑲᓂ ᙵᖅᑐ, ᑳᓗᖅᑐᒥ. ᔭᐃᒥᓯ ᖄᑉ, ᐅᐊᔅᓚ ᕼᐊᓐᑎᖕᑕᓐ, Fᐊᖅᑦ ᑕᕆᐃᐊᓐ, ᐊᒻᒪᓗ ᐹᐊᓯ ᑲᓯᓐᓯᑭ ᐱᔭᕇᖅᑕᐅᓚᐅᖅᐳᑦ ᓄᓇᙳᐊᑦ ᑖᒃᑯᓄᖓ "ᓯᑰᑉ ᑐᑭᖏᑦ." ᐱᓕᕆᓐᓇᓴᒃᑐᑎᑦ ᑐᐊᕕᐊᕆᓇᒧ ᐸᓂᖑᓕᒥ ᑎᓯᑦᑎᓯᐅᒥᒃ ᓂᓚᒪᔩᑦ ᖃᖓᓂ ᑎᑎᕋᐅᑎᓄᑦ ᑕᐅᑦᑐᖅᑲᖅᑐᓄᑦ ᐊᔾᔨᖑᐊᖅᑐᓂᒃ

ᑎᑎᖅᓯᕙᓐᓇᖅᑐᓂᒃ ᐊᒻᒪᓗ ᑎᑎᕋᐅᓯᖃᕐᓂᒃᑯᑦ (ᐊᑐᖅᑐᑎᒃ ᖃᓕᖅᓯᒪᓪᓗᒍ ᐃᓱᕕᖓᑦᑎᐊᖅᑐᒃᑯᓲᕐᑦᑐᒃᑯᑦ ᓇᓗᓇᐃᖅᓯᑦᑎᐊᖅᑐᓂ ᓄᓇᖕᒍᐊᑦ) ᐋᖅᑭᒃᑕᐅᑦᑎᐊᕐᒥ ᐱᐅᑦᑎᐊᓕᖅᑐᓂ ᓴᓇᔭᐅᔪᖅ. ᐱᓕᕆᐊᕆᔭᐅᑦᑎᐊᕐᒥ ᐃᓂᓕᐅᖅᑕᐅᑦᑎᐊᑐᓂ ᐊᕐᐊᖅᑎᖅᑕᐅᓇᓱᓂ, ᓄᓇᖕᒍᐊᒃᑯᑦ ᐊᑐᓂᑦ, ᐋᖅᑭᒃᓯᐃᑦᑎᐊᕈᒪᓗᑦ ᐋᖅᑭᑦᑎᐊᖅᑕᐅᓯᒪᓪᓗᑎᒃ ᑕᒪᒃᑯᐊ ᐃᓱᒪᓇᑐᓂᒃ ᐊᒻᒪᓗ ᑐᓴᐅᒪᔪᑎᑦᑎᐊᓂᒃ ᑐᑭᓯᒪᔭᐅᔾᔪᑎᖏᓐᓇᖅᑕᕐᕆᓂᒃ-ᐋᖅᑭᒃᓯᕕᐅᓪᓗᓂ ᓄᓇᖕᒍᐊᖅ ᐋᖅᑭᒃᓱᖅᑕᐅᑦᑎᐊᕐᒥᒃ ᐃᒫᒃ ᓇᓗᓇᐃᑦᑎᐊᖅᓯᒪᓪᓗᑎᒃ ᐊᒻᒪᓗ ᑕᒪᖅᓯᒪᕆᑦᑎᐊᑐᑎᒃ ᐋᖅᑭᒃᓯᑎᐊᕈᓐᓇᕐᓂᕐᒥᒃ ᐊᑐᖅᑐᑎᒃ. ᖁᔭᓕᑦᑎᐊᕈᒪᒍᑦ ᐆᒥᖓ ᔮᒻ ᕿᐸᒍᑦ, ᑲᑉᐱᐊᓱᒃᑲᕐᑦᑐᒍᑦ ᓄᓇᖕᒍᐊᓕᐅᖅᑎᒍᑦ ᓯᕗᓕᖅᑎᐅᓚᐅᑐᓂ ᐊᒻᒪᓗ ᐋᖅᑭᑦᑎᐊᖅᓯᒪᓂᖓᓂᒃ ᐃᓕᓯᕙᐃᓴᐅᓚᐅᑐᓂ. ᔮᒻ ᐱᓕᕆᑦᑎᐊᕐᓂᒍᑦ ᐱᓕᕆᐊᖃᑦᑎᐊᕐᓂᒍᑦ ᖃᕆᑕᐅᔭᒃᑯᐃᓐᓇᑐᓂ ᑲᔪᓯᖅᑕᐅᔭᓪᓚᑐᓂ ᑕᒪᓇ ᐱᓕᕆᐊᕆᔾᔪᑦ ᐃᑲᔪᖅᓯᑦᑎᐊᖅᑐᓂᒃ, ᐊᑐᐃᓐᓇᐅᓂᖅ ᐱᓕᕆᐊᕆᔾᔪᑦ ᐱᓕᕆᑎᐊᖅᑐᐊᓗᑦᑐᓂ ᐃᑲᔪᖅᐳᖅ, ᐅᖃᐅᓯᕆᐊᖅᐸᑦᑐᓗ, ᑕᐃᒪᐃᓐᓂᐊ ᐃᓱᒪᒋᓪᓕᑎᐊᕗᓗᕐᓂᒃ. ᖁᔭᓐᓇᒦᒃ ᔮᒻ, ᑕᒪᑐᒨᖓ ᐱᓕᕆᐊᖃᕐᓂᑎᓐᓄ ᖁᕕᐊᓇᖅᓯᑎᑦᑎᒃᑲᓐᓂᖅᕙᑦ ᐊᒻᒪᓗ ᑕᒥᓇᑦᑎᐊᖅᑎᑦᑎᑦᑐᑎᑦ.

"ᓯᑰᑉ ᑐᑭᖓᑦ" ᐱᓕᕆᐊᕆᔭᒃᓴᐅᒐᔭᙱᓚᖅ ᑎᑎᕋᐅᔭᕈᓇᖅᑐᖅᑲᐅᖏᑉᐸᑦ ᓄᓇᖅᑲᑎᑦᑎᓂᒃ (ᑎᑎᕋᐅᔭᖅᑕᐅᓯᒪᔪᑦ ᑕᑯᓕᑦ). ᐊᑭᓕᒃᓴᖅᑲᖅᐳᒍᑦ ᐆᒍᖓ ᑐᐊᑎᐊᓅ (ᐊᒥᐊᖅᓯᒪᔪᖅ ᐃᓴᕈᖅ ᐱᓕᕆᕕᐅᔪᒥ), ᑕᑯᒥᓇᑦᑎᐊᖅᑐᒥᒃ ᑎᑎᕋᐅᔭᒐᖅᑲᖅᑐᖅ ᓴᖅᑮᓯᒪᓪᓗᓂ ᐆᒥᖓ "ᑕᓇᐅᖅ ᐃᒪᖓ ᐱᕈᖅᓲᕕᑦᑎᐊᕚᓘᒐᖅ" ᑕᒃᓴᐅᔪᖅ ᖃᒥᖅᑯᐊᒐᐃᑦ ᐱᕆᐊᓂᖏᓐᓂ (ᑖᕙᐅᕆᓪᓗᓂᑦᑕᐅᖅ ᓈᓄᒐᓯᙳᐊᖅᑐᓂ ᑕᒃᓴᐅᔪᒥ ᓇᓗᓇᐃᖅᓯᓯᒪᔪᒥᒃ ᔪᐃᓕ ᓴᖑᔭᐅᑦ ᐅᓂᒃᑳᖏᓐᓂ ᓂᖅᑭᓕᐅᖅᓂᐅᑦ ᐃᓚᖓᓐᓂ). ᑐᓴᕐᓇᖓᖅᑐᑎᒍᑦ ᓯᕗᓪᓕᖅᐹᒥᒃ ᐅᐊᔅᓕ ᐊᐃᑲᓐ ᑎᑎᖅᓯᒪᔭᕆᑦ ᐱᕈᖅᓯᖅᕕᐅᑦ ᒥᒃᓵᓄᑦ, ᐃᒪᐃᓕᖓᔪᒍᑦ ᖃᓄᖅ ᑕᐅᑦᑐᖅᑲᖅᓭᖅᒪᖔᑦ ᑕᑯᓇᙳᐊᓚᐅᓗᑎᒍᑦ ᑕᑯᓗᑎᒍᑦ. ᑐᐊᑎᐊ ᐅᖅᑲᖅᑎᖅᑲᓚᐅᖅᑐᓂ ᐅᐊᔅᓕᒥᒃ ᐊᒻᒪᓗ ᐊᓯᖏᓐᓂᒃ ᑐᓂᓯᓯᒪᖕᒥᔪᓂᒃᑕᐅᖅ ᐊᐃᐅᒥᑦ ᐱᙳᖅᑎᑦᑎᓂᐊᖅᓗᓂ ᑕᒃᓴᐅᓂᖓᓂᒃ. ᐊᑐᖅᑕᐅᓪᓗᑎᒃ ᐅᐊᔅᓕᐅᑦ ᐅᖅᑲᐅᓯᖏᑦ ᐊᒻᒪᓗ ᐊᔾᔨᙳᐊᖅ ᐊᖅᑭᓴᖅᑎᙳᐊᑦ ᐊᒻᒪᓗ ᐅᑦᕿᐊᓪᕕᖏᒥᐅᑦ, ᑕᐅᑐᐊ ᑎᑎᕋᐅᔭᓕᐊᓕᖅᑐᓂ ᐅᖅᑲᐅᓯᓕᔭᐅᓯᒪᔫᑦ ᒥᒃᓴᐅᑉᓗᒍ ᓴᖅᑭᑎᑦᑎᓇᕐᒃᑐᓂ ᐱᕈᖅᔫᕕᑦᑎᐊᕙᐅᑦ ᑐᑭᖓ ᐊᑐᖅᑐᒍ, ᐊᒻᒪᓗ ᑕᒪᒃᑯᐊᖑᒐᓗᐊᖅᑎᓪᓗᑎᑦ ᐅᑦᕿᐊᓪᕕᖏᒥᐅᑦ ᐱᓕᖅᑲᑎᒃᑎᑦ, ᐊᓯᐃᑦᓖᒃ ᐱᔭᓃᖅᑕᐅᔪᓇᖅᓯᔪᒐᖅ. ᑕᐃᓐᓇ ᑎᑎᕋᐅᔭᖅᑐᓂ ᓴᖅᑭᑎᑦᑎᔪᓇᕐᓂᕐᒧᑦ ᑐᑭᖅᑲᖅᑎᑦᑎᔪᒥᒃ ᐅᖅᑲᐅᓯᖅ ᒪᓕᒃᑐᒍ ᑎᑎᕋᐅᔭᕐᓂᒃᑯᑦ ᓴᖅᑭᑎᑦᑎᓂᖅᐳᖅ ᐃᓱᒪᓇᖅᑑᑦ ᐃᓚᖓᓂᑦ, ᐃᒃᐱᕆᓇᖅᑐᖅ, ᐊᒻᒪᓗ ᐅᖅᑲᐅᓲᑦ ᐃᓐᓇᕐᓃᙵᖅᑑᑦ ᐃᓕᖅᑯᓯᕐᒥᓂᒃ ᐊᑐᖅᑑᑦ ᓯᑯ ᐱᔾᔪᑎᕆᓪᓗᒍ ᐅᖅᑲᐅᑎᕆᔭᐅᒍᓱᖕᒍᔪᒥᒃ ᐊᓯᖅᑲᕆᓪᒥᔪᖅ ᐱᕈᖅᓲᕕᒃ ᑭᓯᐊᓂ. ᖁᔭᓐᓇᒦᒃ, ᐄᑖᒃ, ᓱᐳᓯᒐᑖᖑᓄᑦ ᐊᒻᒪᓗ ᓄᓇᖅᑲᑎᕆᓄᑦ ᐊᑐᐃᓐᓇᐅᑎᑦᑎᓚᐅᖅᑐᓄᑦ ᑎᑎᕋᐅᔭᕐᓂᒃᑯᑦ ᑕᑯᓚᐅᖅᑦᑕᕐᓇᖅᑐᑎᒃ ᐅᑯᑎᒎᓇᖅ ᕿᒥᕐᕈᐊᓚᐅᖅᑎᒍᑦ.

"ᓯᑰᑉ ᑐᑭᖓᑦ" ᐃᒪᐃᓕᖓᓚᖅᑲᓯᐅᑎᒐᖅ ᑕᑯᒥᓇᖅᓯᑎᑦᑎᑲᓂᖅᑐᓂ ᐊᒥᓱᑎᒍᑦ ᐊᔾᔨᙳᐊᑎᒍᑦ. ᖁᕕᐊᔾᔪᑎᖃᒃᑲᓂᕆᒐᔪᑦ ᐃᒃᑯᓇᖓ ᐃᓚᕌᑦ ᐃᓚᖏᓐᓄᑦ, ᓄᓇᖅᑲᑎᕐᓄᑦ, ᐊᒻᒪᓗ ᐊᓯᖏᓐᓄᑦ ᑐᓂᓯᓂᒃᑯᑦ ᐃᑲᔪᑦᑎᐊᕈᓇᓚᐅᖅᑐᓄᑦ ᐊᔾᔨᙳᐊᓂᒃ ᑐᓂᓯᔪᓇᓚᐅᖅᑐᓄᑦ.

ᐃᒪᐃᒃᑭᒐᒍᑦᑕᐅᖅ ᖁᕕᐊᑦᑎᐊᖅᓯᒪᓪᓗᑕ ᑕᑯᒥᓇᑦᑎᐊᖅᑐᓂᒃ ᐊᔾᔨᙳᐊᓂᒃ ᐊᑐᐃᓐᓇᖅᖃᖅᕕᐅᓯᒪᓪᓚᑦᑕ ᐊᔾᔨᓕᐅᕆᑦᑎᐊᒃᑲᖅᓂᑦ ᑕᒪᔅ ᖠᐅᑲᓯ, ᒍᕆᑦᓴᓐ ᖠᐅᐹᓐᑦ, ᐲᑕ ᐃᖅᑲᓗᒡᔪᐊᖅ, ᐊᒻᒪᓗ ᑖᔅ ᐴᑦ. ᑯᕆᔅᑕᓐ ᒍᕆᐅᖅ ᑐᓂᓯᓯᒪᕆᒐᖅ ᐊᔾᔨᓐᖑᐊᖁᑎᒥᓂᒃ ᐊᒻᒪᓗᑦᑕᐅᖅ ᓯᑯᒃᑯᑦ ᐃᖕᕿᖃᓯᒪᓪᓗᓂ ᐅᕙᑦᑎᓐᓂᒃ ᐱᖅᑕᐅᓪᓗᓂ ᑲᖏᖅᑑᓕᐱᖕᒥ ᐱᖅᑕᐅᓪᓗᓂ ᓯᓚᖅᔪᐊᒥ ᐅᑭᐅᖅᑕᖅᓂᐅᑦ ᐊᖄᒍᐊ ᐊᑏᑎᑎᓪᓗᒍ, "ᐅᕙᒍᑦ ᐅᑭᐅᖅᑕᖅᓂᕋᑦ ᐃᑦᑕᖅᓂᓴᐅᓪᓗᓂᓗ". ᖁᕕᐊᕆᔭᒃᑎᐊᖅᒥᔪᑦᑕᐅᖅ ᐅᑯᓄᖓ ᐸᑉ ᕆᓚᓐ, ᓚᑕ ᕼᐋᑉᓴᓐ, ᒨᕈᖅ ᕼᐋᑉᓴᓐ, ᑕᐃᕚᓐ ᓛᖅᑕᓐ, ᖍᓄ ᕗᖑᐊ ᐊᖏᔪᒃᑎᖅ ᐊᒻᒪᓗ ᓯᑕᐸᓂ ᓯᑖᑦ ᐃᑲᙳᓪ Inupiat HeritageCenter ᐊᒻᒪᓗ Genevieve Lemoine, ᐃᑲᔪᖅᓂᓇᓯᒪᔭᖕᓇᓄᑦ ᐊᔾᔨᙳᐊᓂᒃ ᐅᐊᑦᑎᐊᕈᖅᓂᓴᓂᒃ ᐅᕙᙵᑦ Joseph Sonnenfeld ᐊᒻᒪᓗ Donald B. MacMillan ᓄᐊᓯᒪᔭᐅᔪᑦ ᑐᖅᑯᖅᑕᐅᓯᒪᑦᑎᐊᖅᑐᑎᓪᓗ. ᑭᖑᓪᓕᖅᐹᖑᓇᓂᑦ, ᑖᒃᑯᐊ Carnegie Museum of Natural History-ᑯᑦ ᐃᑲᔪᑦᑎᐊᖅᓯᒪᓂᓇᓚᐅᖅᑕᕆᓇᓂᑦ ᓇᓚᐅᑕᐅᓯᒪᑦᑎᐊᖅᑐᑎᒃ ᐊᒻᒪᓗ ᐱᔪᓇᖅᑎᑦᑎᓯᒪᓪᓗᑎᑦ ᐊᕆᖅᓯᓯᒪᓂᕐᒥᒃ ᐊᔾᔨᙳᐊᑦ ᐊᑐᖅᑕᐅᔪᓇᖅᑐᑎᒃ ᐅᑯᓈᙳᖅᑐᑦ ᓇᒥᓂᓴᒥᓂᑦ George W. Wyckoff ᑯᓇᓂᑦ ᓄᐊᑕᐅᓯᒪᔪᑦ.

ᐃᐊᑦᓇ ᐊᕆᐊᖅ ᒪᒃᑖᓐ ᐊᒻᒪᓗ ᐃᐊᒪ ᕓᑦᐱᓯ ᑐᙵᓇᑦᑎᐊᕐᑐᑎᒃ ᖃᒥᕐᕈᐊᒃᑲᓂᓯᒪᔭᒥᓂᒃ ᐃᓄᐱᐊᑎᑐᑦ ᑎᑎᖅᓯᒪᔪᑦ ᑕᒪᖅᓯᒪᕆᒃᑲᓗᐊᕐᒪᖔᑕ ᐊᒻᒪᓗ ᑐᑭᓴᕆᓪᓗ ᓇᓚᐅᑦᑎᑦᑎᐊᕋᓗᐊᕐᒪᖔᑕ ᐅᑯᓄᖓ ᐅᑦᕿᐊᓪᕕᒃᒥᐅᓄᑦ ᐅᖅᑲᐅᓯᖅᑕᖏᑦ ᓯᑰᑦ ᒥᒃᓴᓂᒃ ᐱᔾᔪᑎᖃᖅᑎᓪᓗᒋᑦ-ᖁᔭᓐᓇᒦᒃ ᑕᒪᒃᑭᖅᑐᓯᒃ.

IPI ᑎᑎᖅᑲᓂᒃ ᑐᓴᒐᒃᓴᓂᒃ ᓴᖅᑭᑎᑦᑎᓯᒪᔪᑦ, ᓴᖅᑭᑎᑦᑎᔨᕆᔭᒍᑦ ᑎᑎᕋᖅᓯᒪᔭᑦᑎᓐᓂᒃ, ᐅᑯᐊ ᖃᒥᕋᐊᓗᑦ ᓴᖅᑭᑕᐅᓯᒪᓕᒐᔭᕐᑦᑐᑦ ᑕᐃᒪᐃᓕᖓᓗᑎᒃ, ᐋᖅᑭᒃᓱᖅᓯᒪᐅᑦᑎᐊᕐᓗᑎᒃ, ᐊᒻᒪᓗ ᑐᑭᓯᓇᑦᑎᐊᕐᓗᑎᒃ ᐅᑭᐅᑕᖅᑐᒥᑦ ᐊᒻᒪᓗ ᐃᓄᖕᒋᓐᓂᑦ. ᐆᒃᑐᖅᑕᐅᓚᐅᕐᓗᑕ ᖃᐅᔨᓴᐅᑦᑎᐊᕈᓇᖕᕋᑦᑐᒍᑦ ᐊᑐᓇᖁᕐᓇᖅᑐᓂᓗ ᑕᒪᓇ ᐆᒍᖓ ᐲᑕ ᒥᑕᓐᑖᓪ ᐃᖅᑲᓇᐃᔭᖅᑎᖕᕆᓪᓗ ᕿᒃᑲᑑᓪᓗᑎᒃ ᐅᐃᒻᒪᒃᓯᒪᓇᑎᒃ, ᖃᐅᔨᒪᔪᑎᒍᑦ, ᐅᐃᒻᒪᒃᓯᒪᖕᕆᑦᑎᐊᕋᑦ. ᖁᔭᓐᓇᒦᒃ.

ᑭᖑᓪᓕᖅᐹᕐᓕ, ᐃᓅᓪᓚᑲᑎᐊᐳᒍᑦ ᐅᓇ ᑕᐃᒪᐃᓕᕗᖅ ᐹᑦ ᐋᓕᒃᓴ ᔨᐊᓴᓐ, ᐃᓅᔪᓈᓂᖅᑐᕕᓂᖅ ᐃᖕᖏᓐᓇᖅ ᑕᐃᔅᓯᒪᓂ 2010-ᖑᑎᓪᓗᒍ. ᐹᕐ ᐋᓕᒃᓴ ᐊᐅᓚᑦᑎᓯᑦᑎᐊᖑᓚᐅᕐᒪᑦ ᐊᑑᑎᑦᑎᐊᕈᓇᖅᑐᓂ ᐱᓕᕆᐊᒥᓄᑦ ᑕᒪᓇ ᐱᓕᕆᐊᕆᔭᕗᑦ ᐊᑯᑭᑦᑐᕐᒥᐅᓅᕈᑎᓪᑎᒍ ᐊᒻᒪᓗ ᐱᓕᕆᖅᑎᕆᒍᑎᕆᔭᕗᑦ ᖃᓈᕐᒍᑦ. ᑕᐃᓐᓇ ᓄᓕᐊᖓᓗ ᓵᓐᓯ ᐃᒪᐃᓐᓂᕆᑦᑲᒃ ᐃᑲᔪᖅᑎᐅᑉᓗᑎᒃ ᓯᕗᓂᑦᑎᐊᖓᒍᑦ ᓯᑯᓕᕆᓂᕐᒧᑦ ᖃᐅᔨᒪᔨᐅᔪᓂᒃ ᑲᑎᒪᓂᒃᑯᑦ ᖃᓈᕐᒥ. ᐹᑦ ᐋᓕᒃᓴ ᐃᒃᐱᒍᓱᑦᑎᖅᑲᓚᐅᕐᒪᑦ ᓄᓇᒥᓄᑦ ᐊᒻᒪᓗ ᑖᔅᓯᒥᖓ ᐱᓕᕆᐊᕆᔭᑦᑎᓐᓂᒃ, ᐊᒻᒪᓗ ᖁᔭᕆᑦᑐᑎᒍ ᐃᑲᔪᖅᓂᕆᓚᐅᖅᑕᖓᓄᑦ ᐱᖅᑲᓐᓂᕐᓂᖓᓄᑦᑐ.

ᐱᓕᕆᔨᐅᑦᑐᓂ ᑖᒃᑯᓂᖓ ᖃᒥᕐᕈᐊᖅᓂᒃ ᐊᒻᒪᓗ ᐋᖅᑭᒃᓱᖅᓯᒪᔪᓂᒃ ᑖᒃᑯᓂᖓ ᑎᑎᕋᖅᓯᒪᔪᓂᒃ ᐊᑕᖏᑦᑎᐊᖅᑐᑎᒃ ᐋᖅᑭᒃᓯᐃᔪᕕᓃᑦ ᐊᒻᒪᓗ ᑎᑎᕋᖅᑎᐅᔪᓂᒃ. ᖃᓄᐃᓐᓇᑦᑎᐊᖅ ᐅᖅᑲᐅᑎᕆᔭᕗᑦ ᐱᕆᒡᑎᒍᑦ, ᐱᖃᓯᐅᑎᕆᑦᑐᑎᒃᑕᐅᖅ ᓇᐅᒃᑯᐃᓐᓇᑦᑎᐊᖅ ᑕᒪᖅᓯᒪᔪᑦ.

ᐹᑦ ᐋᓕᒃᓴ ᐊᒻᒪᓗ ᓄᓕᐊᖓ
ᓵᓐᓯ, ᖃᓈᖅ, ᑲᓛᓪᓕᑦ ᓄᓈᑦ

ᑭᓱᒥᒃ ᐅᖃᐅᓯᖃᖃᑦᑕᖅᐱᑕ ᓱᑯᒥᒃ ᐅᖃᓪᓚᐅᑎᖃᓂᕌᖓᑕ? ᑖᓐᓇ 'ᐅᖃᐅᓯᖅ ᓄᕙᔭᑦ' ᑳᒃᑯᓐᓇᓂ ᒪᒃᐱᖅᓯᒪᔫᓐᓂ ᖃᓄᖅ ᑕᒪᒃᑯᐊ ᑭᒡᓕᓯᓂᐊᖅᑏᑦ ᓱᑯᒥ ᐅᖃᓪᓚᐅᑎᖃᓕᕌᖓᒥᒃ ᐊᒻᒪᓗᑦᑕᐅᖅ ᐃᓄᐃᑦ, ᐃᓄᒡᕼᐅᐃᑦ, ᐊᒻᒪᓗ ᐃᓄᐱᐊᑦ ᐅᖃᐅᓯᖃᖅᑐᑎᒃ ᓱᑯᒥᒃ- ᑕᒪᕐᒥᒃ ᑕᑯᔭᒥᒍᑦ ᖃᓄᖅ ᐱᔾᔪᑎᒋᔭᖕᒐᓂᒃ ᑐᑭᖕᒐᓂᒃ ᑕᒪᒃᑮᖕᓄᑦ. ᐅᖃᐅᓯᖅ ᓄᕙᔭᑦ ᐊᑐᖅᑕᐅᕙᑦ ᐱᔾᔪᑎᖃᖃᓯᐅᑎᖕᒪᑕ ᖃᐅᔨᓇᓱᒃᑐᓂ ᐅᖃᐅᓯᖕᒋᓐᓂᒃ ᐅᖃᐅᑎᖃᖅᐸᒃᑐᑦ ᑕᒪᒃᑯᓂᖓ ᐅᖃᐅᓯᕐᓂᒃ ᐊᑐᖅᑕᐅᓚᐅᖅᑐᑦ. ᐅᖃᐅᓯᖅ ᐊᖏᔫᓂᖅᓴᐅᒃᐸᑦ, ᐅᖃᐅᑎᒋᔭᐅᓚᐅᖕᓂᖅᓴᐅᕙᖅ ᐅᖃᐅᓯᖅᑎᒍᑦ. ᐅᓇ ᐅᖃᐅᓯᖅ ᓄᕙᔭ ᐋᖅᑭᒃᑕᐅᔭᕕᓂᐅᖕᒪᑦ ᐅᖃᐅᓰᑦ ᑲᑎᑕᐅᑦᑐᑎᒃ ᐊᔾᔨᒌᖕᒋᑦᑑᑦᑐᑎᒃ ᑐᓂᖅᑯᑕᐅᑦᑐᑎᒃ ᓯᓚᕐᔪᐊᕐᒥᐅᓄᑦ ᐊᐅᔭᐃᑦᑐᓕᕆᓂᕐᒧᑦ ᐃᓚᒌᒍᑎᖃᖅᑐᑦ ᓯᓚᕐᔪᐊᕐᒥᐅᑦ ᑲᑎᓯᒪᑦᑐᑎᒃ ᓱᑯᓚᕆᑦᑐᑎᒃ ᑕᑯᒃᓴᐅᔪᓂᒃ ᐊᒻᒪᓗ ᐅᒪᔪᖅᑎᑦᑐᑦ ᐊᐅᓚᔪᓐᓇᖅᓯᖃᑦᑕᖅᑐᑦ ᑕᐃᒪᒃ ᐱᔪᓐᓇᖅᑐᑦ ᑕᐃᔅᓯᒪᓂ 2010-ᖑᑎᓪᓗᒍ, ᐊᖏᓂᖅᐹᖑᓪᓗᓂ ᐊᒻᒪᓗ ᑐᑭᓯᓇᕐᓂᖅᐹᖑᓪᓗᓂᓗ ᑲᑎᒪᓂᖅ ᓯᓚᕐᔪᐊᕐᒥᐅᑦ ᓱᑯᒧᑦ ᑭᒡᓕᓯᓂᐊᖅᑐᓕᕆᓂᕐᒧᑦ ᐅᐊᑦᑎᐊᕈᐊᓘᖕᒋᑦᑐᖅ ᐊᕐᕌᒍᓂ ᐊᑐᖅᓯᒪᓕᖅᑕᑦᑎᓐᓂ. ᐸᐃᑉᐹᑦ ᑐᓂᔭᐅᔪᑦ ᑲᑎᒪᔪᖅᑎᓪᓗᒍ ᐱᔭᒃᓴᐅᕆᕙᑦ ᓇᓗᓇᐃᖅᓯᒪᓂᖕᒋᑎᒍᑦ ᐅᖃᐅᑎᕆᓯᒪᐅᖅᑐᑎᒃ ᐊᕿᒍᑦᑕᓖᑦ ᐊᐅᔭᐃᑦᑐᓕᕆᓂᖅ (ᐊᒥᓲᓂᖕᒋᑦ 52ᒪ ᐊᕕᑐᖅᓯᒪᓂᖕᒋᑦ 57).

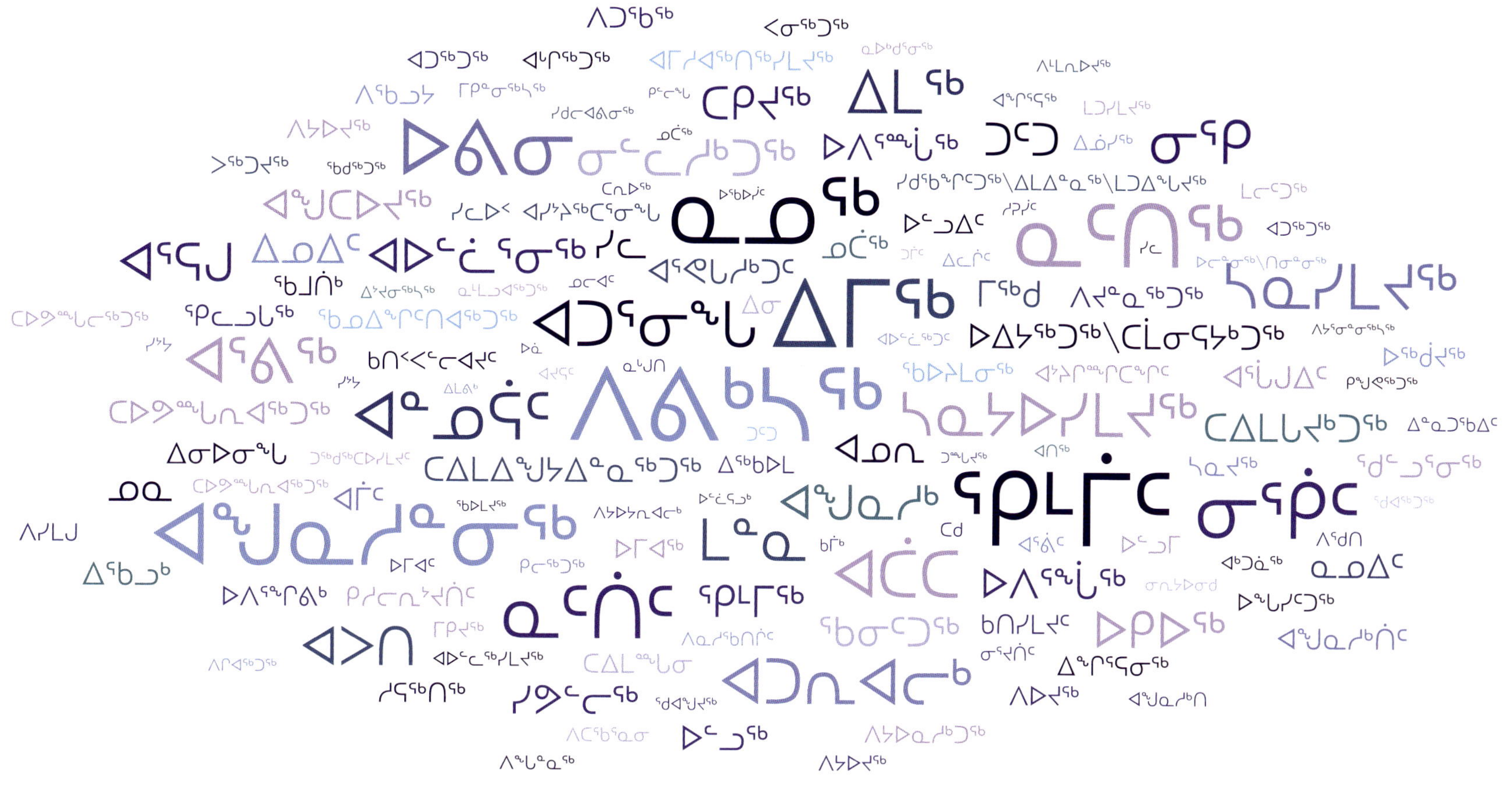

ᐅᖃᐅᓯᖅ ᓄᕗᔭ ᐋᖅᑭᒃᑕᐅᓯᒪᔪᖅ ᑲᑎᑕᐅᓯᒪᓪᓗᑎᑦ ᓴᖅᑭᑎᑕᐅᓯᒪᔪᑦ ᐅᖃᐅᑎᒋᔭᐅᓪᓗᑎᒃ ᖃᐅᔨᒪᔅᑎᐊᖑᔪᓂᑦ ᐱᓕᕆᖃᑎᒌᒃᑐᓂᑦ ᓄᓇᓕᖕᓂᑦ ᐱᖓᓱᐃᖑᔪᑦ ᐅᑯᓄᖓ ᓱᑯ-ᐃᓄᐃᑦ-Hᐃᓚ ᐱᓕᕆᔪᓂᑦ (ᑕᒪᓐᓇ ᖃᐅᔨᓇᓱᖕᓂᐅᔪᖅ ᐱᓕᕆᓂᖅ ᐅᑯᐊ ᓴᖅᑭᑕᐅᓚᐅᖅᑎᓐᓇᒥᑦ ᕿᒥᕐᕈᐊᓗᒡ, ᑕᑯᔭᐅᓕᑦ ᓱᑯ-ᐃᓄᐃᑦ-Hᐃᓚ ᐱᓕᕆᐊᕆᔭᐅᓯᒪᓂᖓᒡ). ᐅᖃᐅᓯᖅ ᓄᕗᔭᑦ ᐱᔾᔪᑎᖅᑲᖅᑲᓯᐅᑎᖕᒪᑦ ᐃᑲᔪᖅᑐᓂ ᖃᐅᔨᓴᐅᓇᓱᒃᑎᓪᓗᒍ ᐅᖃᐅᓯᖕᒐ ᓴᖅᑮᔭᖅᑐᑦ ᑖᒃᑯᐊ ᐅᖃᐅᓰᑦ ᐅᖃᐅᑎᒋᔭᐅᒐᔪᒃᑐᑦ. ᐅᖃᐅᓯᖅ ᐊᖏᓂᖅᓴᐅᒃᐸᑦ, ᐊᑐᖅᑕᐅᒐᔪᖕᓂᖅᓴᐅᕗᖅ ᑖᒃᑯᑎᒎᓇᖅ ᐅᖃᐅᓯᖅᑎᒍᑦ ᐊᑐᖅᑕᐅᔪᑎᒍᑦ. ᓇᓂᓴᕐᓂᖏᑦᑑᒋᕗᖅᑕᐅᖅ ᐅᖃᐅᓰᑦ ᐊᑑᑎᓕᑦ ᑕᒪᒃᑮᖕᓄᑦ ᓄᕗᔭᑎᒍᑦ ᐅᖃᐅᑎᒋᓯᒪᔪᑎᒍᑦ ᐊᑯᓐᓂᖓᑎᒍᑦ ᓲᕐᓗ ᐃᑳᓕᓇᐊᖅᑲᖅᑐᑎᒍ ᑭᓪᓕᓯᓂᐊᖅᓂᒃᑯᑦ ᐊᒻᒪᓗ ᓄᓇᖅᑲᖅᑳᕆᔭᒥ ᑐᑭᓯᓇᖅᓂᖓ ᓯᑯᑦ ᒥᒃᓵᓄᑦ, ᐅᑭᐅᖅᑕᖅᑐᖅ, ᓯᓚ ᖅᔪᐊᑦᑕᑦᑕᐅᖅ ᐃᓚᒋᖕᒥᔭᖁᓗᐊᖕᒐᒍᑦ ᓇᔪᖅᑕᑦᑕ ᑭᓯᐊᓂ ᐊᓯᐊᒍᑦ. ᐅᑯᐊ ᕿᒥᕐᕈᐊᓗᑦ ᐊᑕᐅᓯᐅᓂᕐᒥᒍᑦ ᐱᓇᓱᒃᑕᐅᓯᒪᓂᕐᒥᒍᑦ ᓄᓇᖅᑲᑎᒌᖕᓂᖅᑎᒍᑦ ᑐᑭᓯᔭᐅᔪᓐᓂᖅᓂᖕᒐ ᐅᖅᑭᑦᑑᕗᖅ.

ᐱᖓᓱᐃᑦ ᐅᑭᐅᖅᑕᖅᑐᒥ ᓄᓇᓖᑦ
ᐅᑦᖅᑭᐊᓪᕕᒃ · ᑲᖏᖅᑐᒑᐱᒃ · ᖅᑳᓅᖅ

ᐊᒥᐊᖅᑲᐅᑦᑎᐊᖅᑐᑦ ᐃᒡᓗᐃᑦ ᖄᓈᖅᒥ,
ᑲᓛᓪᓕᑦ ᓄᓈᓐᓂ.

ᐆᒪ ᓯᕗᓂᑦᑎᐊᖕᒐᓃᕋᑖᖅᑐᖅ ᒪᒃᐱᒐᖅ:
ᖄᓈᖖᒍᐊᖅ ᖁᓕᖅᐸᓯᐊᓘᖅᓯᒪᔪᖅ.

ᐱᖏᐊᕐᓂᖓᑦ ᓴᖅᑭᑕᐅᒋᐊᓕᕐᓂᖓᑕ

ᐃᓄᐃᑦ ᑭᒃᑯᐃᓐᓇᐅᓪᓗᑎᒃ ᑕᐃᒃᑯᐊ ᐋᖅᑭᒃᓱᕚᓃᑦ ᐃᓄᐃᑦ ᐃᓕᖅᑯᓯᓇᓕᖅᑕᖏᓐᓂᒃ ᐃᓂᓪᓚᐃᓐᓂᕐᒪᑕ ᐊᖏᔪᒥᑦ ᓄᓇᕐᔪᐊᕐᒥ ᑕᒪᒃᑯᓈᖓᑦ ᓄᓇᖅᑲᖅᑳᖅᑐᕚᓂᕐᓂᒃ, ᑕᐃᒃᑯᐊᕐᑲᐃ ᐱᖃᓯᐅᑎᙱᑦᑐᐊᓇᓗᒋᑦ ᐹᓚᓇᐃᓴᒥᒃ ᐃᓕᓴᓇᔪᐅᓂᓖᑦ. ᑯᓅᑎ ᕿᓯᒥᐅᓴᓐ, ᐊᑯᑭᑦᑐᕐᒥᐅᑕᐅᓪᓗᓂ - ᑕᐃᓃᓯ ᕿᓂᖅᑎᐅᓪᓗᓂᓗ ᓇᒍᑐᐃᓐᓇᖅ ᐃᓄᐃᓪᓗ ᑭᒃᑯᐃᓐᓇᑦᑎᐊᓂᑦ ᖃᐅᔨᓇᓱᒃᑎᐅᓪᓗᓂ, ᐃᖏᕐᕿᔭᕚᓂᖅ ᑕᐃᔅᓯᒪᓂ 1920-ᓂ ᐊᑯᑭᑦᑐᓂᑦ ᑕᐅᕙᖓ ᐊᑭᒥᓂᑦ ᖃᓂᒃᓴᐅᔭᖅᑐᒧᑦ ᐊᑎᓕᖓᒧᑦ ᕚᐅᓇᖅ ᓯᑐᓚᐃᑦ (Bering Strait), ᓇᓂᓯᕗ ᓪᓚᐊᓪᓗᓂᓗ ᑕᐅᕙᖓᓕᒫᖅ ᐃᓕᖅᑯᓯᖃᐅᖅᑐᓂᒃ ᐊᔾᔨᖏᑦᑐᓂᒃ ᐊᒻᒪᓗ ᐅᖃᐅᓯᖏᓐᓂᒃ, ᑐᑭᓯᖃᑎᒌᕈᕗᒃᑐᓂᒃ, ᐊᔾᔨᒌᐸᓗᖕᓂᒃ. ᑕᐃᒃᑯᐊ ᔩᐱᒃ ᐊᒻᒪᓗ ᓴᑰᑦᑲ, (ᐅᕙᓗᓐᓃᑦ ᐊᓗᑏᖅ) ᐊᓛᓯᑲᒥ, ᐊᒻᒪᓗ ᑕᐃᒃᑯᐊ ᔩᐱᒃ ᑕᐃᔅᓯᒪᓂᒥᐅᑕᐅᔪᑦ ᓴᑯᒃᑲ, ᕿᓴ, ᐅᖃᐅᓯᖃᕐᒥᔪᑦ ᒥᒃᓯᖃᖃᑎᖏᓐᓂᒃ ᐅᖃᐅᓯᕐᒥᒍᑦ, ᐅᐃᒍᒋᐊᒃᑲᓐᓂᕐᓗᒋᑦ ᑕᐅᕙᖓᐅᔾᖓᓂᖓᑕ ᐃᓕᖅᑯᓯᖏᑦ ᐊᒻᒪᓗ ᐅᖃᐅᓯᖏᑎᒎᑦ ᖃᓂᕐᔭᖏᑦ ᐃᒪᐃᒻᒪᑦᑐᑎᒃ ᑕᐅᕙᖓᒃᑲᓐᓂᖅ ᐅᖓᓯᖕᓂᖅᓴᒍᑦ. ᐱᔭᓇᐊᑭᓐᓂᖓᓄᑦ, ᐅᖃᐅᓯᖅᐳᒍᑦ ᐆᒥᖓ ᐃᒪᐃᓕᖓᔪᒥᒃ "ᐃᓄᐃᑦ" ᑕᐃᒫᒃ ᐅᖃᐅᓯᖃᓕᕚᖓᑦᑕ ᑐᑭᖅᑎᕇᖅᑯᐃᔾᔪᐃᔪᓂᒃ ᐃᓄᖕᓄᑦ ᓇᖕᒥᓂ ᐃᓕᖅᑯᓯᖅᑲᓂᕐᒥᒍᑦ, ᐊᒻᒪᓗ ᐱᔾᔪᑎᖃᓪᓚᑦᑖᖅᑐᒥᒃ ᑕᐃᔅᓱᒧᖓᑐᐊᖅ ᑐᑭᖅᑐᒥᒃ ᑎᑎᖅᑲᑎᒍᑦ ᑕᐃᒫᒃ ᓈᒻᒪᖕᓂᖅᓴᐅᔪᒥᒃ

ᐱᖓᓯᓂ ᓄᓇᓕᖕᓂ ᐅᑯᑎᒎᓇᖅ ᕿᒥᕿᐊᓚᖅᑎᒍᑦ-ᐅᑦᖃᐊᕝᕕᒃ, ᐊᓛᓯᑲ; ᑲᖏᖅᑐᒑᐱᒃ, ᓄᓇᕗᑦ; ᐊᒻᒪᓗ ᖃᓈᖅ, ᐊᑯᑭᑦᑐᑦ-ᓯᐊᒻᒪᒃᓯᒪᓂᖅᓴᐅᖕᒪᑦ ᐅᖃᐅᓯᓇᔭᐅᔪᑦ ᐃᓕᖅᑯᓯᕐᒥᒍᑦ ᐊᒻᒪᓗ ᐃᓂᖃᖅᕕᖏᔭᒥᓂ ᐃᓄᐃᑦ ᐃᓅᓯᖃᕕᖏᔭᖏᓐᓂᒃ. ᐅᖓᓯᒌᖕᓂᖏᑦ ᐱᔨᑎᕆᖏᓪᓗᒋᑦ ᐊᒻᒪᓗ ᐱᔾᔪᑎᖃᐅᕐᒥᒐᓗ ᐱᔭᕐᓂᐅᕐᒥᑦᑎᓗᐅᖅᑐᑎᒃ ᑐᑭᓯᔪᕐᓂᖅᓴᐅᕐᒥᑦᑐᑎᒃ ᓇᖏᓐᓂᖅ ᐅᖃᐅᓯᓇᖏᑦᑎᓂᒃ, ᐃᓄᐃᑦ ᑕᐃᒃᑯᐊ, ᖃᐅᔨᓴᕐᔪᓯᓐᓈᓚᐅᕐᒥᔭᑦᑕᐅᖅ ᐅᑯᐊ ᕿᒥᕿᐊᒐᑦ ᐱᓕᓇᐊᓇᖅᑲᓯᐅᑎᓪᓗᒋᑦ, ᓂᐅᕿᕗᓚᐅᕐᒥᔭᑦ ᓄᓇᒥᖕᒋᑦᑎᒥᓄᑦ ᐊᒻᒪᓗ ᑕᒪᒃᑯᐊᕈᑦ ᑐᑭᖅᑎᒃᑐᑎᒃ (ᑕᑯᓗ "ᐱᔭᑎᖅᑯᑎᒃ ᓯᑯ-ᐃᓄᐃᑦ-ᕼᐃᓚ ᐱᓕᓇᖅᑲᐅᔭᑦ"). ᐅᖃᐅᓯᑦ ᐱᓗᐊᙳᐊᕐᒥᔭᑦᑕᐅᖅ, ᒪᑯᐊ ᓂᕿᔭᑦ ᑕᐃᒍᖅᑕᐅᓂᖏᑦ ᐊᒻᒪᓗ ᐱᓗᐊᙳᐊᖅᑲᓯᐅᑎᖏᕐᒥᔭᑦ ᓯᑯᑦ ᒥᒃᓴᓄᑦ, ᐊᔾᔨᒌᒃᑐᑎᒃ ᐅᕙᓗᓐᓃᑦ ᐊᔾᔨᒌᐸᓗᒃᑐᑎᒃ. ᐊᙳᓇᓱᓂᖅ ᑕᒪᓐᓇ ᐱᓗᐊᙳᐊᖅᑐᒍ ᓄᓇᓖᑦ ᐱᔭᑎᖅᑲᐅᒪᑕ ᐊᒻᒪᓗ ᓇᓗᓇᐃᖅᑕᐅᔭᑎᖃᐅᓪᓗᑎᒃ. ᐃᓄᖏᑦ ᑐᙵᕙᖅᑐᑎᒃ, ᐊᒻᒪᓗ ᓂᐅᕿᕗᑦ ᐃᖕᒋᓇᖅ ᐃᓕᒋᓚᐅᑎᓪᓗᑎᒃ ᐅᑉᐸᑎᒥᓄᑦ ᖃᐅᔨᒪᔭᐅᓂᐊᖅᑐᒧᑦ ᐃᓪᓗᕕᖕᒋᓪᓗᓐᓃᑦ. ᐃᓕᒌᓚᐅᕐᒪᑦ.

ᐃᒫᖑᒍᓚᐅᓇᕙᖅᑕᐅᖅ ᐊᔾᔨᖏᑦᑎᐊᖅᑐᓂᒃ ᐃᓕᖅᑯᓯᖅᑲᐅᔪᓂᒃ. ᐅᖃᐅᔾᔭᑦ ᐊᔾᔨᖏᖕᒪᑎᒃ, ᐊᒻᒪᓗ ᐃᓄᐃᑦ ᐅᖃᐅᓯᑐᐊᓂᙵᕆᑦᑕᕆᑦ. ᐊᑐᖅᑕᐅᓯᒪᔪᑦ ᑕᐃᓂᒃᑯᖕᓂᑦ, ᑲᓇᑕᒥᑦ, ᐊᒻᒪᓗ ᒥᐊᓕᓚᐃᑦ ᐃᓅᓯᖏᓐᓂᑦ, ᑲᑎᒪᔾᔪᓂᑦ, ᑐᓴᖅᑦᑕᐅᑎᔾᔪᑏᑦ/ᑕᕐᓴᔭᐅᑏᑦ, ᐊᒻᒪᓗ ᐃᑦᑕᕐᓂᓴᐃᑦ ᐊᒃᑑᑎᖅᑲᐅᑎᓯᒪᖕᒪᑕ ᒪᑯᓄᖓ ᐅᐸᒃᑕᐅᓚᑦᑕᖏᑦᑑᓗᐊᓄᑦ ᓄᓇᓕᖕᓄᑦ ᐅᓪᓗᒥᐅᓕᖅᑐᖅ. ᐃᓯᒪᓕᐅᖅᑎᕆᔭᐅᔪᑎᒃᑰᖅᓯᒪᔪᑦ ᐊᒻᒪᓗ ᑮᓇᐅᔭᖅᑲᖅᓂᓴᔭᒥᓂᒃ ᐊᑐᖅᑕᒥᒍᑦ ᑕᒪᒃᑯᐊ ᓄᓇᓖᑦ ᐊᑐᓂᑦ ᐊᒻᒪᓗ ᓇᔪᖅᑕᖅᑲᖅᕕᒋᔭᖏᑦ ᐊᔾᔨᖏᓐᓂᒍᑦᑕᐅᖅ ᐊᒥᓱᑲᓪᓚᒪᓂᑦ, ᑕᒪᒃᑯᓈᖓᑦ ᐅᖅᓱᐊᓗᒃᓴᓂᑦ ᐊᒃᑐᐃᔪᑎᓕᖏᓐᓂᑦ ᖁᑦᑎᒃᑐᒥ ᑎᓯᖅᑲᓕᒃ (ᐊᓛᓯᑲ) ᖃᓄᖅᑑᕈᑎᖅᑲᖅᑐᑦ ᐱᐅᖅᓱᐊᕈᓇᖅᓗᒍ ᐃᓱᓕᕗᕚᒃᓴᖏᓐᓄᑦ, ᐊᑯᓂᒃᑲᓐᓂᖅ ᐊᑐᕈᓐᓇᖅᓯᐊᖅᓂᖏᓐᓄᑦ ᐅᑯᓄᖓ ᓄᓇᕗᑦ, ᐊᑯᑭᑦᑐᖅ, ᕿᓂᖅᓱᓈᖅᑐᓂ ᑮᓇᐅᔭᖅᑲᐅᑎᒃᓴᒥᒃ ᐊᒻᒪᓗ ᐱᔪᓐᓇᖅᑕᒥᓂᒃ ᐋᖅᑭᒃᓱᐃᒃᑲᓐᓂᕐᓂᕐᒥᒃ ᓇᐅᑦᑎᐅᒪᔪᖅᑎᑦᑎᔪᒪᓪᓗᑎᒃ ᑮᓇᐅᔭᖅᑕᖅᑲᕐᓂᕐᒥᒃ, ᐊᒻᒪᓗ ᐱᔪᑕᐅᓗᐊᙳᐊᕐᒥᔪᒥᒃ ᐊᑯᑎᑦᑐᕐᒥᐅᓂᑦ, ᐃᒫᒍᖅᑯᕐᒥᔪᖅ ᑲᑎᒪᓂᒃᑯᑦ ᐋᖅᑭᒃᑕᐅᔪᓐᓇᖅᑐᒥᒃ, ᐃᒥᓂᒃ ᐊᐅᓚᑦᑐᓐᓇᖅᓗᑎᒃ.

ᐃᓄᐃᑦ ᑐᑭᖃᐅᑎᕆᔭᕐᒥᑎᒍᑦ, ᐊᔾᔨᒋᙱᑦᑑᓚᐅᕐᒥᖕᒪᑕᑦᑕᐅᖅ. ᐱᔭᕐᓂᓛᖅ ᐃᒫᖑᑐᐃᓐᓇᓇᐊᖅᑲᓇᕙᖅ ᐃᒪᐃᑦᑑᓪᓚᑦᑖᕐᓂᕐᒥᒍᑦ ᑕᐃᒍᖅᑕᐅᓂᑦ ᐊᑐᓂᑦ ᐸᓯᔭᒃᓴᐅᔪᑎᖃᒻᒪᕆᓚᑦ. ᐅᑦᖃᐅᕝᕕᖕᒥ, "ᐃᓄᐃᑦ" ᑐᑭᖅᑐᐃᓐᓇᕐᒪᑦ ""ᐃᓄᐃᑦ" people, ᑭᒃᑐᐃᓐᓇᑦᑎᐊᑦ. ᑕᐃᒃᑯᐊ ᐃᓄᐃᑦ ᐃᒃᑯᐊᖑᕗᑦ ᐃᓄᐱᐊᑦ (ᐊᒥᓲᓂᖏᓐᓂᒃ ᐅᖃᐅᑎᖅᑐᑦ ᐃᓄᐱᐊᖅ), ᑐᓴᕈᓂᒃᑯᑦ ᐅᖃᐅᑎᒋᓗᒍ "ᑕᐃᒃᑯᐊ ᐃᓄᓪᓚᑦᑖᑦ", ᐅᕙᓗᓐᓃᑦ ᐃᒫᑐᐃᓐᓇᖅ "ᐅᕙᒍᑦ". ᑲᖏᖅᑐᒑᐱᖕᒥ (ᐃᓄᒃᑎᑐᑦ ᐊᑎᖓ ᓄᓇᓕᐅᑦ ᐱᓕᕆᖅᑎᕆᔪᕙᑦ ᐊᑐᖅᓯᒪᔪᐊᓂᖅᓴᐅᓚᐅᖅᑐᖅ ᖃᓪᓗᓈᑎᑐᑦ 'ᑲᓚᐃᑦ ᕆᕙ 'Clyde River'), ᐃᓄᖏᑦ ᐃᒫᒃ ᑕᐃᒍᖅᑕᐅᔪᒪᔪᑦ ᐃᓄᐃᑦ. ᐃᓄᐃᑦ ᑐᑭᖅᑐᐃᓐᓇᕐᒪᑦ "ᐃᓄᐃᑦ people" ᐅᕙᓗᓐᓃᑦ us", ᐊᒥᓲᓂᒃ ᐅᖃᐅᑎᖃᓗᓂ, ᐊᑕᐅᓯᕐᒥᒃ ᐅᖃᐅᑎᖃᓗᓂ "ᐃᓄᒃ". ᐃᓄᐃᑦ ᐅᖃᐅᓯᖏᑦ ᐃᒪᐃᑦᑐᖅᑕᖃᕐᒪᑕ ᒪᕐᕉᓂᒃ ᐅᖃᐅᑎᖃᓗᓂ, ᐃᓚᒋᖃᓯᐅᑎᓪᓗᓂ ᐊᑕᐅᓯᕐᒥᒃ ᐅᖃᐅᑎᖃᖅᑐᖅ ᐊᒻᒪᓗ ᐊᒥᓲᓂᒃ ᐅᖃᐅᑎᖃᖅᑐᖅ. ᑕᐃᒫᖑᒪᑦ, "ᐃᓅᒃ" ᑐᑭᖃᖅᐳᖅ ᐃᓅᖕᓂᒃ ᒪᕐᕉᖕᓂᒃ. ᖃᓈᕐᒥᐅᑦ ᐃᒻᒥᓂᒃ ᑕᐃᒍᖅᑐᑎᒃ ᐃᓄᐦᐅᐃᑦ, ᐊᔾᔨᑦᑎᐊᖏᒻᒥᔪᖓᓂᒃ ᐅᖃᐅᑎᔭᐅᑦᑎᐊᖅᑎᓪᓗᒍ ᐃᓄᐃᑦ, ᑭᓯᐊᓂᑦᑕᐅᖅ ᐊᑐᓂᑦ ᑐᑭᖃᖅᑎᑦᑎᐊᕐᒥᓇᑎᒃ ᐊᑯᑭᑦᑐᕐᒥᐅᑦ ᐃᓄᓕᒫᖏᓐᓂᑦ, ᑭᒃᑯᓪᓛᒃᑯᐊ ᑲᓛᓕᑦ.

ᑲᖏᖅᑐᒑᐱᒃ *1970*

ᐅᑦᑭᐊᒡᕕᒃ, ᐊᓛᓯᒃ 2011-ᒥ.

ᐃᒡᒎᐊᓃᑦᑐᖅ: ᓄᓈᖑᐊᖅ ᐅᑭᐅᖅᑕᖅᑐᒥ ᑕᑯᖅᑰᔾᔭᕗᖅ ᓄᓇᓕᖕᓂᒃ ᐱᖓᓱᓂᒃ ᑖᒃᑯᓂᖓ ᐅᑦᑭᐊᒡᕕᒃ, ᑲᖏᖅᑑᒪᐱᒃ, ᐊᒻᒪᓗ ᖁᑦᓈᖅ. ᑕᒪᒃᑯᐊ ᑐᖑᔭᖅᑐᑦ ᐊᕙᑎᖏᑎᒍᑦ ᑎᑎᖅᓯᒪᔪᑦ ᓇᓗᓇᐃᖅᓯᓯᒪᒋᕗᑦ ᖃᓂᒋᔭᐸᓗᖏᓐᓂᒃ ᐊᕙᑎᖏᓐᓂᒡᓗ ᐊᑐᖅᑕᐅᔭᕙᓂᕐᓂᒃ ᓇᓗᓇᐃᖅᑕᐅᓇᓱᒃᑎᑦᑐᒋᑦ ᑖᒃᑯᐊ ᓴᖅᑭᑕᐅᑦᑐᑎᒃ ᖃᓂᒋᔭᖏᓐᓃᑦᑐᑦ/ᓄᓇᖃᖅᑲᕿᔭᖏᑦ ᓄᓈᖑᐊᑦ ᐊᑐᕐᓂᖏᓐᓄᑦ ᓄᓇᓕᖕᓄᑦ ᑕᑯᔭᒃᓴᐅᑦᑐᑎᒃ ᑖᒻᒪᓂ ᐅᓂᒃᑳᓇᔭᐅᓯᒪᔪᓂᒃ.

ᐃᓄᐃᑦ ᐅᖃᐅᓯᖏᑎᒍᑦ, ᐅᖃᐅᓰᑦ ᓅᖑᐊᓃᑦᑐᑦ "-ᒥᐅᑦ" ᑐᑭᖃᖅᐳᖅ "ᐃᓄᖏᑦ" (ᑲᖏᖅᑐᒪᐱᖕᒥ ᐃᓚᖓᑦ (ᐱᓕᕆᖅᑎᒋᔭᖓᑦ) ᐅᖃᐅᑎᖃᖅᐳᑦ ᐃᖅᑲᐃᓯᕆᐊᒃᑲᓂᑐᖅ ᐅᕙᑦᑎᓐᓂᒃ ᑕᐃᓐᓇ -ᒥᐅᑦ ᐅᔾᔨᐅᔪᓐᓇᕐᒥᖕᒪᑦ, ᓂᕈᑎᑦ, ᐅᕚᓘᓐᓃᑦ ᑭᓱᑐᐃᓐᓇᖅ ᐃᓚᖃᖅᑐᓂ ᐃᒪᐃᓕᖓᔪᒥᒃ -ᒥᐅᑦ ᓇᓗᓇᐃᖅᓯᑦᑐᓂ ᓇᕿᙳᕐᓂᖏᓐᓂᒃ). ᐃᒫᖑᖕᒐᑦ, ᓄᓈᑦ ᐃᒪᐃᓕᖓᔪᒋᖕᒐᑦ, ᓄᓈᑦ ᖃᓈᕐᒥ ᑕᐃᔭᐅᖕᒥᖕᒪᑦ ᖃᓈᕐᒥᐅᑦ, ᐊᒻᒪᓗ ᐃᑖᓐᓂᑦ ᐃᒻᒥᓂᒃ ᐅᖃᐅᑎᒋᔪᖑᕆᑦᑐᑎᒃ ᐊᕙᓂᕐᓯᐊᕐᒥᐅᑦ, ᐅᕚᓘᓐᓃᑦ ᐃᓄᒃ ᐊᕙᓂᕐᓯᐊᕐᒥᐅᖅ, Hᐋᒪᓚᒃᑯᖏᑦ ᖃᓂᒋᔭᕐᒥᐅᑕᕈᔦᖕᒥᓂᒃ ᐅᖃᐅᑎᖃᕝᖓᒥᒃ ᖄᓐᓇᖅ ᐊᒻᒪᓗ ᖁᑦᑎᒃᑐᕐᒥᐅᓂᒃ ᐊᑯᑭᑦᑐᓂ. ᑲᖏᖅᑐᒫᐱᐅᑦ ᐃᓄᖏᑦ ᑲᖏᖅᑐᒫᐱᖕᒥᐅᑦ. ᐅᑦᑭᐊᒡᕕᖕᒥ, ᐅᖃᐅᓯᖅ ᑖᓐᓇ "ᐋᓯᑭᒎ" ᐃᒪᐃᖏᓪᒥᖕᒪᑦ ᐊᑲᐅᖏᑦᑑᑦᑐᓂ, ᑕᐃᒪᐃᒻᒥᖕᒪᑦᑕᐅᖅ ᑖᒪᓂ ᑲᓇᑕᐅᑦ ᑲᓇᖕᓇᖓᓂ. ᐄᓪᓚᑦᑖᖅ, ᐅᖃᐅᓯᖅᑕᖅᑲᓂᖕᖏᓪᓚᑦ ᑖᓯᒪ ᖃᓂᒌᔭᓃᑦᑐᒥᒃ ᑕᒪᑮᖕᓄᑦ ᑖᒃᑯᐊ ᐃᓄᐱᐊᑦ ᐊᒻᒪᓗ ᑖᒃᑯᐊ ᔩᐱᒃ, ᑖᒃᑯᐊ ᐃᓄᐃᑦ ᓂᒋᖓᓂ ᐅᐊᓕᓂᖅᐸᓯᐊᓂᒥᐅᑕᐃᑦ ᐊᓛᓯᒃᒥ ᑕᐃᒃᑯᐊ ᐅᖃᐅᓯᖏᑦ ᒥᒃᓵᓂᐸᒃᑐᓂᒃ ᐃᓄᐱᐊᖅ. ᑕᕝᕙᓕ, ᑲᑐᔾᔨᖅᑎᒌᑦ ᑖᒃᑐᑎᓄᖅ ᐊᓛᓯᒃ ᐋᓯᑭᒍᑦ ᐊᕙᓕᒃᑎᖏᑦ ᐋᖅᑭᒃᓯᒪᔪᑎᒋᔭᖏᑦ ᐃᓱᒪᒃᓯᑎᐊᖅᑐᒃ ᐅᖃᐅᓯᕐᒥ ᐊᑐᖅᑕᖅᐳᑦ. ᑭᓯᐊᓂ ᐊᔾᔨᖏᓐᓂᖅᑲᓐᖑᑦ ᐊᑲᐅᓈᖅᑐᓄᑦ ᑖᒃᑯᓈᖑ ᐊᒻᒪᓗ ᐅᐱᕆᓂᕐᒥᓄᑦ, ᐊᒻᒪᓗ ᑖᓐᓇ ᐊᑎᖅ "ᐃᓄᐱᐊᑦ", ᐊᑎᖅ ᑖᓐᓇ ᐃᒻᒥᓂᒃ ᑕᐃᔪᖅᑐᑦ, ᐊᑯᑐᐃᖕᒐᑦ ᐃᒃᐱᖕᓇᖅᑐᒥᒃ ᓂᐱᖅᐸᕆᐅᔦᒥ ᐃᓕᑦᑐᓯᓂ ᐊᑎᕐᒥ ᐊᓯᒥᓄᑦ ᑐᓂᕆᐅᔭᐅᓯᒪᔦᒥ ᐅᖓᓯᒃᑐᒥᑦ. ᑕᒫᓂ ᑲᓇᑕᐅᑦ ᑲᓇᖕᓇᖓᓂ ᐊᒻᒪᓗ ᐅᑯᐅᑐᓂ, ᐋᔨᖏᖅᑎᑦᑎᕙᓪᓕᐊᖕᒪᑦ "ᐋᓯᑭᒎᑦ" ᐃᒪᐃᒋᔭᐅᕗᖅ ᐊᑲᐅᖏᑦᑐᐅᖏᑦᑎᐊᖅᑐᖅ, ᐃᒪᐃᑕᐅᓯᒪᖏᓪᓚᑦ ᑖᓯᒪ ᑐᑭᖃᐅᓯᖕᖓ ᐊᑲᐅᖏᑦᑐᐅᖏᑦᑎᐊᖅᑐᓂ ᐊᑐᖅᑕᐅᑎᓪᓗᒍ ᓂᕆᖏᕐᒥᑦᑕᖏᓐᓂᑦ ᓄᓇᖅᑎᒍᑦᑕᐅᓯᒪᔪᑦ ᐊᒻᒪᓗ ᑭᖑᓂᖓᒍᑦ ᐊᑐᖅᑕᐅᕙᓪᓕᐊᖅᑐᓂ ᐊᒻᒪᓗ ᓯᐊᒻᒪᖅᑎᑦᑐᓂ ᑕᒪᒃᑯᖓᑦ ᑕᓇᐅᑦ ᐊᑭᐊᓂᒥᑦᑎᓂᑦ ᓂᐅᖅᐊᓂᑦ (ᑕᐃᒃᑯᐊ ᐅᔾᔨᕈᓱᑦᑐᖅᑯᖏᑦᑐᑦ ᐊᑲᐅᖏᑦᑐᐅᖏᓐᓂᖓᓂᒃ ᑲᔪᓯᓂᖓᓄᑦ).

ᑲᒪᓇᖅᑐᖅ, ᐱᓕᖅᑲᐅᓪᓚᑦ ᐊᔾᔨᒌᖏᑦᑐᓂᒃ ᐅᖃᐅᓯᕐᓂᒃ, ᑎᑎᕋᐅᓯᑦ, ᐊᒻᒪᓗ ᒪᑯᓂᖓᓪᓚᑦᑕᐅᖅ ᑎᑎᕋᐅᓯᕐᓂᒃ. ᑖᒪᓂ ᖃᐅᔨᕆᐊᖅᓯᐅᕐᒥᓂ ᓄᓇᕗᒥ, ᐃᓄᐃᑦ ᑎᑎᕋᐅᓯᓕᕆᖅᑕᒥᓂᒃ ᐊᑐᖅᑕᖅᑕᖅᐳᑦ ᑎᑎᕋᕐᖑᓪᓕᒃ ᐃᓄᒃᑎᑐᑦ ᑕᑯᔭᐅᔦᓇᖅᑐᓂᒃ ᑖᒃᑎᒎᓇᖅ ᖃᒥᖅᓴᐊᓪᓚᕐᑎᑐᑦ. ᑎᑎᕋᐅᓯᖏᑦ ᐊᑐᖅᑕᐅᔦᑦ ᖄᓐᓇᒥ ᐊᒻᒪᓗ ᐊᑐᖅᑕᐅᖏᔦᑦᑕᐅᖅ ᐅᑦᑭᐊᒡᕕᖕᒥ ᐊᔾᔨᖅᑎᕐᖏᓐᖏᑦᑕᐅᖅ ᐊᑐᕐᓂᒃ, ᐊᒻᒪᓗ ᐊᑐᓂᑦ ᐊᓯᔾᔨᖅᑕᖅᑕᐅᓪᓚᕐᒪᑦ ᐊᑐᖅᓯᒪᔭᕆᐊᓂ ᐊᓯᐊᖅᐸᓪᓕᐊᖕᓇᖅᑐᒥ ᑕᑯᔭᒃᓴᐅᓪᓗᑎᒃ ᐃᓄᐃᑦ ᑎᑎᕋᐅᓯᖏᑦ. ᑎᑎᕋᐅᓯᖅᑐᒥ ᐊᑐᖅᑕᐅᔪᑦ ᐅᖃᐅᓯᖅᑕᐅᓕᖅᑐᑦ ᐊᒃᓱᐊᓗᒃᑲᓐᓂᖅ ᐅᖃᐅᓯᕆᔭᐅᔪᑦ ᑖᓐᓇ "s" ᐅᖃᐅᓯᑦ ᐱᕆᐊᕐᓂᖅᑎᑦᑐᑦ, ᐊᑐᖅᑕᐅᖃᑦᑕᖅᑐᑎᓪᓚ ᐅᖃᐅᓯᕐᒥᑦᑐᑦ ᐅᑦᑭᐊᒡᕕᖕᒥ ᐊᒻᒪᓗ ᑲᖏᖅᑐᒫᐱᖕᒥ. ᖄᓐᓇᕐᒥ, ᐅᖃᐅᓯᖅ ᑕᐃᓐᓇᑦᑕᐃᓐᓇᖅ ᐱᕆᐊᕐᓂᖃᖅᑎᑕᐅᓪᓗᓂ ᐃᒫᒃ ᓂᐱᖃᖅᑐᒥᒃ "h". ᑕᕝᕙ ᓯᑯ, ᐃᒪᐃᓕᖓᓖᓕᖅᑐᓂ Hᐃᑯ. ᓯᓚ, ᓯᓚᐅᑦ ᖃᓄᐃᓕᖓᓂᖓ, ᐃᒪᐃᑦᑑᒐᑦ Hᐃᓚ. ᑕᒪᓐᓇ ᐃᒪᐃᓕᖓᑎᑕᐅᒃᑲᓂᕐᒥᔪᕐᓕ ᓇᓂᔭᒃᓴᐅᖕᒪᑦ ᓇᐅᒃᑯᐃᓐᓇᖅ ᐃᓄᐃᑦ ᐃᓅᓯᒋᑎᑦ. ᐊᔾᔩᖏᓐᓂᖅ ᐃᓱᒪᖅᑐᑎᒋᔭᐅᓪᓗᐊᖅᐳᑦ ᐊᑎᖓᓂᒃ ᖃᐅᔾᔮᐅᓇᓱᒃᑑᑦ ᐱᓕᕆᐊᖑᓂᖓᓂᑦ, ᐊᑐᕐᓂᖅᑲᕆᓚᑦᑎᑐᑦ ᐅᑯᓂᖓ "s" ᐊᒻᒪᓗ "h" ᑕᕝᕙ ᐊᑎᖓ ᐃᒪᐃᓕᖓᕗᖅ "ᓯᑯ-ᐃᓄᐃᑦ-Hᐃᓚ ᐱᓕᕆᐊᕆᔭᖅ". ᓂᐅᕈᖅᑲᓂᑦᑎᓐᓂ, ᖃᐅᔨᓴᖅᓯᑲᐅᖅᑐᓚᐅᖅᓯᒪᔪᖅ ᑕᒪᒃᑯᐊ ᐊᔾᔨᖕᖏᓐᓂᕈᑦ, ᑳᒃᑯᐊ ᐱᓕᕆᖅᑎᒌᒃᑐᑦ ᐃᒃᐱᒍᓱᑦᑎᐊᓂᕐᒥᒍᑦ ᐱᑦᓚᑦᑖᖅᑲᐅᖅᑐᐊᓘᓚᐅᖅᐳᑦ ᐃᓅᖅᑲᑎᒌᖕᓂᕐᒥᒍᑦ. ᐊᖑᓇᓱᖕᓂᕆᓴᖏᑦ ᐊᑐᓂᑦ ᐅᐊᒃᑖᓘᓚᐅᖅᑐᑦ ᑕᐃᒫᒃ ᐱᔪᓯᖅᑲᐅᔭᖅᑐᑎᒃ ᐊᑐᓃᕋᓗᐊᕐᒥᒃ. ᑲᖏᖅᑐᒫᐱᖕᒥᐅᑦ ᐊᒻᒪᓗ ᐅᑦᑭᐊᒡᕕᖕᒥᐅᑦ ᐊᖑᓇᓱᖕᓂᖏᑦ ᐅᐊᒃᑖᓚᐅᔦᐃᓐᓈᓗᑦᑐᑎᒃ ᑕᕐᓂᔭᐅᑎᕋᑖᒃᑯᑦ ᑕᑯᒃᓴᐅᑦᑐᑎᒃ ᒪᒪᕆᑦ ᑯᓂᑦᑕᓴᓐᑯᓐᓂ ᐊᔾᔨᓚᐅᖅᑕᐅᓯᒪᔦᑦ ᒪᓕᖅᓱᖅᑐᑦ ᖁᓚᓗᖑᕐᓂᒃ ᓇᐅᓕᒃᓯᕚᒃᑐᑎᒃ ᖃᔭᕐᒥᓂᑦ. ᒪᒪᕆᑦ, ᑐᑉᐹᓕᓚᐅᕆᐊᖅ, ᐊᑲᐅᒃᓴᑎᐊᓚᐅᖅᐳᖅ ᐃᒫᑐᐊᖑᕆᓪᒥᔦᖅ ᐊᕐᕌᒍᓂᒃ ᑕᑯᓂᕐᒥᑦ ᐅᑦᑭᐊᒡᕕᖕᒥ, ᐃᒫᒃᑲᓂᖅᓚᖅᑕᐅᖅ ᐊᕐᕕᖕᒥᑦ ᓇᐅᓚᒃᓯᔾᔪᓇᖅᑎᑕᐅᕙᒥ ᐊᒻᒪᓗ ᐋᖅᑭᑎᐊᖅᓯᒪᓕᖅᑐᓂ ᓇᐅᓚᒃᓯᕙᒥ ᐊᕐᕕᖕᒥᑦ ᐅᑦᑭᐊᒡᕕᐅᑦ ᐊᕙᓚᕕᖕᒥᑦ ᐊᐅᓚᐃᓇᐅᖅᑐᑎᒋᑦ ᐊᑐᐃᓐᓇᐅᖅᓯᒪᑎᑦᑐᓂᑦ ᐊᕙᖕᒋᑦᑐᑦ ᓯᓈᖓᑕ ᑭᒡᓕᖓᓅᖅᑕᐅᑦᑐᓂ ᐊᕝᕙᐊᖅᑕᐅᓂᐊᕐᒥ. ᐊᑕᐅᓯᐊᖃᑐᐊᖅᑐᓂ, ᐃᓅᖅᑎᑦᑎᑦ ᐅᑭᐅᖅᑕᖅᑐᒥᑕᐃᑦ ᓄᓇᖅᑲᐅᖅᑐᑦ ᐅᖓᓯᒃᑐᒥᑦ ᓂᐅᕈᓯᒪᓪᓗᐊᖅᑐᑎᒃ ᐊᖏᕋᖅᓯᒪᔪᑎᑦᑕᐅᖅ ᐊᑐᖅᑲᖅᑐᖓᔪᖅ.

ᑖᓐᓇ ᐅᑲᓇ, ᐅᔾᔨᕆᔭᐅᕆᐊᖕᖓᖅᑎᑦᑎᓚᐅᕆᕗᑦ ᓄᓈᑦ ᐱᖓᓱᐃᑦ, ᐅᖃᐅᓯᖅᑲᐅᖅᑐᑎᒃ ᐊᕐᕚᕈᓕᒫᒥ ᓯᓚᐅᑦ ᐊᓯᔾᔨᖅᑕᓂᖓ ᐊᓯᑭᐃᓐᓇᖅᑕᖅᑕᕆᐊᖅᑎᓪᓗᒍ ᐊᑐᖅᑕᖅᑕᖅᑕᒥᓂᒃ, ᐊᑐᐃᓐᓇᓕᖅᑕᖅᑕᖅᑕᒥᓂᓪᓗ ᓯᑯᒥᒃ ᐊᕙᑎᒥᓂ, ᐊᑐᖅᐸᓚᐅᖅᑕᒥᓂᒃ ᐅᓂᒃᑲᐅᓯᖄᔪᒍᓇᓚᐅᖅᑐᑎᒃ. ᑕᐃᒪᐃᖅᑲᑦᑕᖅᑕ ᐊᑕᖑᖏᒃᑲᓗᐊᖅᑐᑕ ᐃᕗᑦᑎᒍᑦ ᐊᒻᒪᓗ ᐅᖃᐅᓯᑦᑎᒍᑦ ᓄᓇᖃᖅᑳᕐᒥᔭᑦ ᒥᒃᓵᓄᑦ, ᐃᒫᒃᑲᓂᐅᕆᓪᓗᓂ ᐃᑲᔪᖅᑲᐅᓯᒪᑎᑦᓗᑎᒍ ᓄᓇᖅᑲᑎᕐᒥᕆᑕᕐᓗᐊᒐᑦ ᓂᐅᕈᓚᐅᖅᓯᒪᕆᑦᑐᓪᓗᐊᑦ ᐊᒥᓱᓄᑦ ᓇᒧᑐᐃᓐᓇᖅ ᑐᑭᓯᑎᐊᒃᑲᓂᕐᓂᕐᒥᓂᓐᓂᖅ ᓂᕆᐅᓇᖕᒥᑦᑑᓪᓗᐊᓂᒃ ᓴᖅᑭᑐᐃᓐᓇᕆᐊᓕᓐᓂᒃ ᑕᑯᓚᒻᒥᑕᖅᓯᐊᑦᑎᓐᓂᒃ ᐃᓅᓯᖅ ᓇᔪᓚᒻᒥᑕᑦᑎᓐᓂᓪᓗᓃᓐᓂᑦ ᐊᕙᑎᒥ. ᑕᒪᒃᑯᐊ ᓂᐅᕈᐊᑦ ᐱᔪᓇᖅᑎᑕᐅᖃᑦᑕᓪᓚᑦ ᐊᑐᓱᕆᔭᐃᓅᓗᒥᒃᑕᑦᑎᓐᓂᒃ ᐋᑐᑎᔪᑦ ᐃᓚᖏᓐᓂᒃ, ᑕᒪᒃᑯᐊ ᐊᑐᐃᓐᓇᐅᖏᓚᐅᖅᑲᑦᑕᖅᑐᑦ ᐃᓅᖅᑎᑦᑎᓐᓂ ᐊᑐᐃᓐᓇᕈᓚᐅᕐᔪᕐᒥᖕᒪᑦ ᐃᓄᖕᓂᑦ ᓇᒥᓕᒫᑦᑎᐊᖅ ᐊᑐᖅᑕᐅᓯᐊᑦᑐᑦ ᓇᑯᓇᐃᖅᓯᑐᑎᓗ ᓇᓂᔭᒥᓂᒃ ᐃᖏᕋᖅᑐᑎᒃ ᓇᖕᒥᓂᖅ ᐊᕙᑎᒥᖕᓂ.

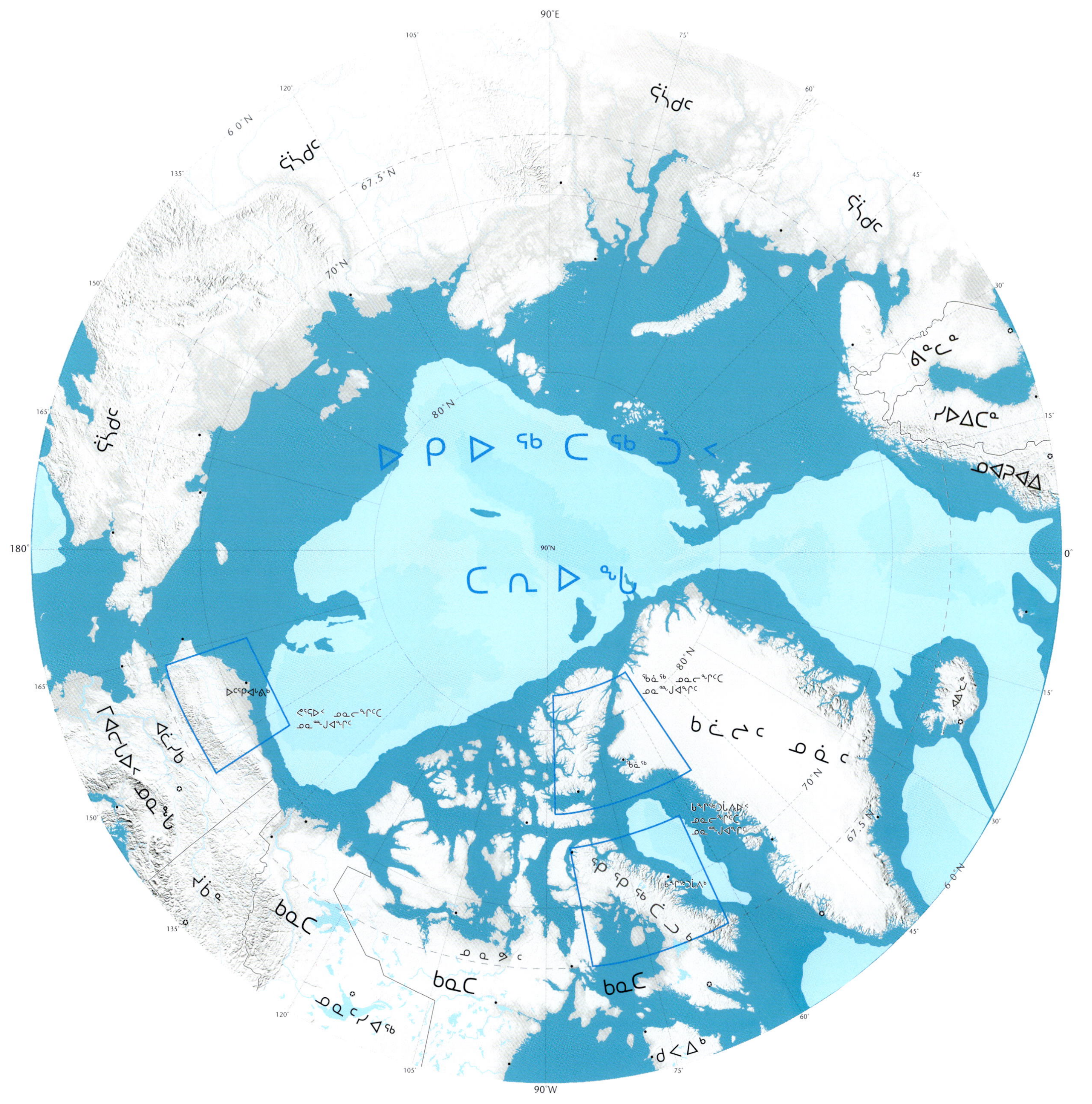

90°E
90°W
180°
0°
90°N
80°N
70°N
67.5°N
60°N
ᕈᓯᐊ
ᕈᓯᐊ
ᕈᓯᐊ
ᕈᓯᐊ
ᑲᓛᓖᑦ ᓄᓈᑦ
ᐊᓛᔅᑲ
ᒥᐊᓕᒐᐃᑦ ᓄᓇᖓ
ᔫᑳᓐ
ᑲᓇᑕ
ᑲᓇᑕ
ᑲᓇᑕ
ᑯᐯᒃ
ᐅᑭᐅᖅᑕᖅᑐᖅ
ᐅᑦᑯᐊᕐᕕᒃ
ᖃᓈᖅ
ᑲᖏᖅᖢᓂᐱᒃ

ᐅᑦᖅᑭᐊᒡᕕᒃ

ᐅᑦᖅᑭᐊᒡᕕᖕᒥ, ᓄᓇᓕᖕᓂ ᐊᖅᖀᒍᐊᑦ ᐱᕆᐊᖅᑲᑦᑕᖅᑐᖅ ᐊᐅᔭᒃᑯᑦ. ᐊᖅᕙᒐᓱᖕᓂᖅ ᐃᓱᓕᑦᑕᖅᑳᖕᒐᑦ, ᑕᕝᕙ ᓇᓗᒃᑕᖅ ᐅᕝᕙᓘᓐᓃᑦ ᖁᒻᒧᐊᖅᑲᑦᑕᖅᑎᑕᐅᓂᖅ ᖁᕕᐊᒍᑎᖅᑲᖅᑐᓂᒃ ᓇᓪᓕᖅᑎᓪᓗᒍ ᐊᑐᖅᑕᐅᖅᑲᑦᑕᕐᒪᑦ, ᐊᐅᓚᑕᐅᓪᓗᓂ ᑲᐱᑕᐃᓂᑦ ᐊᖅᕚᒃᑐᕕᓂᖅᓂᑦ ᓄᓇᓕᖕᓄᑦ ᑕᐃᔅᓱᒪᓂ ᐅᐱᕐᖔᒥ. ᐊᒻᒪᓗ ᒫᓇ ᑕᕝᕙ ᐸᖅᓇᕆᐊᖅᑲᓕᓇᕗᖅ ᑕᐃᒫᒃ ᓱᓕ ᐊᑏᓗᒃᑲᓐᓂᖅ.

ᐊᐅᔭᒃᑯᑦ ᓯᑯ ᓱᖁᑎᖅᓯᒪᓕᖅᑎᓪᓗᒍ, ᐅᒥᐊᑦ ᓱᒡᔭᒥᑦ ᓵᕕᑎᑕᐅᔪᓐᓇᖅᓯᑎᓪᓗᕆᑦ, ᐊᖑᓇᓱᒃᑏᑦ ᐅᓪᔪᖕᓂᐊᓇᐊᓕᖅᑲᑦᑕᖅᑐᑦ. ᐅᓪᔪᒐᔭᐃᑦ ᐅᒥᐊᕐᒧᑦ ᐊᒥᓇᔭᐅᖅᑲᑦᑕᖅᒪᑕ, ᐅᒥᐊᑦ ᐊᖅᕙᒐᓲᑎᕆᔭᐅᖅᑲᑦᑕᖅᑐᑦ ᐅᐊᑎᐊᕈᐊᓗᓂᑦ ᐊᑐᖅᑕᐅᖅᑲᑦᑕᖅᓯᒪᖕᒪᑕ. ᐅᓪᔪᒐᔭᐃᑦ ᐃᔾᔪᔾᔫᒥᓪᓗᑎᒃ ᓂᖖᒍᔫᓪᓗᑎᓪᓗ ᐊᑐᖅᑕᐅᖅᑲᑦᑕᖅᒥᖕᒪᑕ ᑲᒦᖕᓄᑦ ᐊᑐᖕᒐᕆᔭᐅᓪᓗᑎᒃ ᐅᑭᐅᒃᑯᑦ. ᓲᖅᑲᐃᒻᒪ, ᐅᖅᑲᐅᓯᖅ ᐊᑐᖅᑕᐅᖖᒑᓕᖅᓯᒪᔪᖅ ᖃᓪᓗᓈᑎᑐᑦ ᐃᓱᒐᖕᓄᑦ ᐊᑎᔭᐅᖅᑲᑦᑕᖅᑐᑦ ᔩᐱᒃᑯᓐᓃᖖᒑᓯᒪᔪᖅ ᐅᖅᑲᐅᓯᖅ ᐃᒫᖑᓪᓗᓂ ᐅᓪᔪᒐᔭᐅᒃᐸᑦ: ᒪᒃᑕᒃ. ᐅᓪᔪᒃᑐᖅᑲᓅᖅᑳᖓᒥ, ᓄᓇᒧᑦ ᐱᓱᖕᓇᖅᓯᕆᒍᖅ ᑐᒃᑐᓯᐅᕆᐊᖅᑐᓂ ᓂᖅᑭᒃᓴᓂᒃ, ᐊᓐᓄᖅᑳᒃᓴᓂᒃ, ᐊᒻᒪᓗ ᐊᓪᓕᓂᒃᓴᓂᒃ ᑐᐱᖅᒥ ᐃᒫᖖᒑᖅᔮᓐᓂᑦ ᐅᖅᑯᐃᓯᒪᓗᓂ. ᐃᖅᑲᓗᒐᓯᓕᑎᓪᓗᑎᒃ, ᒥᑎᖅᓂᒃ ᐊᒻᒪᓗ ᑲᖑᓂᒃ ᓂᖅᓵᖅᓂᒃᓗ ᑎᖕᒥᐊᕋᓯᓕᑎᓪᓗᑎᒃ, ᐅᑭᐊᒃᓵᖅ ᐊᖅᕙᒐᓱᖕᓂᖅ, ᐊᑏᓗᒃᑲᓐᓂᖅᑕᐅ ᑐᒃᑐᓐᓇᓱᖕᓂᖅ ᐃᖅᑲᓗᒐᓱᖕᓂᖅᓗ, ᒥᑎᖅᓯᓕᑎᓪᓗᑎᒃ ᓯᑯᖕᒪᑦ ᐊᒻᒪᓗ ᐊᖑᓇᓱᒃᑏᑦ ᓱᓪᓗᖅᐸᓯᐅᖕᒋᑦᔫᒐᓗᐊᖅᒧᑦ ᐊᐅᓪᓚᐳᓇᖅᓯᓪᓗᑎᒃ. ᐃᒫᖖᒑᖖᒍᓕᓇᕗᖅ

ᐊᖅᕙᒐᓱᒃᑐᑦ ᐅᒥᐊᑐᖅᑲᕐᒥᒃ ᐊᑐᖅᑐᑎᒃ (ᐅᒥᐊᖅ ᐊᒥᖅᓯᒪᔪᖅ) ᐃᓅᓯᕐᒥᓂᒃᑕᐅᖅ ᐊᑐᖅᑕᐅᓪᓚᑦᑖᖅᐳᖅ ᐊᒻᒪᓗ ᐃᓕᖅᑯᓯᕆᔭᐅᓪᓗᓂ ᐅᑦᖅᑭᐊᒡᕕᒃ, ᐊᓛᓯᑲ. ᓚᐅᓇ ᐊᐃᑲᓐ

ᑕᕝᕙ ᐸᖅᓇᒐᓱᑉᐸᓪᓕᐊᓕᓐᓂᓪᓗᑎᒃ ᐅᐱᕐᖓᖅ ᐊᖅᕙᒐᓱᓪᓛᖅᓂᖅᒥᓄᑦ, ᐱᕆᐊᖅᑐᑎᒃ ᕚᕝᕗᐊᓇᒥ ᒫᔅᓯᒥ ᔫᓐᓃᑦ ᐸᓇᐃᕝᕙᓪᓕᐊᓂᖕᒐᑦ ᐅᒥᐊᒥᓂᒃ ᐊᖑᓇᓯᒻᒋᑎᒥᓂᒃ, ᐅᐊᑎᐊᕈᐊᙳᓗᐊᖅᑎᓇᒍ ᐃᓪᓕᓂᒃᓴᒥᓂᒃ ᐊᑐᖅᑕᐅᔪᓐᓇᖅᓯᐸᓪᓕᐊᓕᓐᓂᓪᓗᑎᒃ ᒪᓂᓚᑎᒍᑦ ᓯᑯᒃᑯᑦ, ᓯᓈᖕᒐᓄᑦ, ᐅᐃᓐᓂᖅ, ᑕᒪᓇ ᓄᑎᖕᓂᖅ ᐊᖅᕖᖅ ᐊᖅᑯᓯᖅᓯᖅᑕᖕᒐᑦ ᐃᖕᒋᖅᓯᓗᑎᒃ ᑕᐃᓯᒪᓂᐅᓕᖅᐸᑦ ᐊᐃᖅᓇᓕ, ᒪᐃ, ᐊᒻᒪᓗ ᔫᓂᒥ.

ᑕᒪᓇ ᐅᑦᖅᑭᐊᒡᕕᒃᐸᓯᐅᑦ ᐊᕙᑖ ᐅᐊᑦᑎᐊᕈᐊᓗᓂᑦ ᓯᕗᓂᒃᑲᓂᖕᒐᓂᑦ ᔫᓐᓃᑦ ᐅᐊᑦᑎᐊᕈᒃᑲᓐᓂᖅᓂᑦ. ᐅᑦᖅᑭᐊᒡᕕᐅᑦ ᓄᕗᐊ, ᐃᒫᖖᒑᓂᑦ ᓄᕗᒃ (ᓄᕗᐊ), ᐋᖅᑭᒃᓯᒪᓪᓚᑦᑖᖅᒪᑦ ᐊᖑᓇᓱᒡᕕᐅᓂᖅᒥᒃ ᐊᖅᑯᓯᕐᒐᐅᖕᒪᑦ ᓇᕈᔭᓄᑦ ᐊᖅᕙᖕᓄᑦ ᑎᖕᒥᐊᓄᓪᓗ, ᐊᑐᐃᓐᓇᐅᑎᑦᑎᓪᓗᓂ ᐊᖑᓇᓱᒡᕕᐅᑎᑦᑎᐊᕐᓇᖅᓂᖅᒥᒃ ᖃᖓᑐᐃᓇᖅᑎᐊᒃᑯᑦ ᐊᒻᒪᓗ ᓯᓚᖓ. ᓄᓇᑖᑦᑕᐅᖅ ᐊᓯᐅᓚᖓᕆᑦ ᓄᓇᖅᕕᐅᕙᓚᐅᖅᒥᔪᑦ ᐊᕙᑖᓂ, ᐱᖅᓯᐊᑎᓪᓗᒍ ᓄᕗᐊᓂ. ᐱᓪᓂᖅ ᓇᔪᖅᑕᐅᔭᓇᓚᐅᓇᕗᖅ ᑕᐅᕙᓂ ᐅᔭᖅᐅᕈᔭᖕᓂᖕᒐ ᓄᕗᒃ ᑎᑭᐅᑎᓯᒪᖕᒪᒃ ᓄᓇᕕᐅᓂᖕᒐᓄᑦ, ᐊᒪᑦᑕᐅᖅ ᐅᓪᓗᒥᐅᓕᖅᑐᖅ ᐃᒪᐃᓕᖕᒐᕗᖅ ᓯᓕ ᐅᐸᒐᐅᓪᓗᓂ ᒥᑎᖅᓱᒃᑐᓄᑦ ᐅᐱᕐᖓᒃᑯᑦ ᐅᑭᐊᒃᓵᒃᑯᑦ ᓯᕕᑭᓐᓂᖓᒎᖅᕕᑎᔭᐅᓪᓗᓂ ᐃᐱᐅᑕᐅᔭᐅᓂᖓᒍᑦ ᖃᖓᑕᒥ ᓱᓪᓗᖅᐸᓱᒃᑯᑦ. ᐱᓪᓂᖅ ᐱᑦᑕᓇᕆᔭᐅᑦᑎᐊᖅᐳᖅ ᐃᑦᑕᖅᓂᓴᖅᑲᐅᑦᑎᐊᖅᑐᓂᓗ, ᐊᑦᑎᖅᓯᒪᓂᖕᒐ ᑎᑭᐅᑎᓯᒪᒍᖅ ᑭᓪᓕᓯᓂᐊᖅᓂᖅ ᐱᔭᑎᕆᓪᓗᒍ ᐅᖅᑲᓪᓚᐅᓯᓂᓴᐅᕙᒃᑐᓄᑦ ᓲᖅᓗ "ᕕᖅᓂᖅ" ᐅᖅᑲᐅᑎᖅᑲᖅᑐᑦ ᒥᒃᓱᖓᓂᒃ ᐱᖅᓯᐅᔾᔨᓪᓗᑎᒃ ᐃᓕᖅᑯᓯᖅᒥᒎᒃ ᐊᓵᓯᑕᑲᐅᑦ ᖁᑦᑎᒃᑐᐊᓂ ᓇᔪᖅᑕᐅᖅᑲᑦᑕᖅᓯᒪᔪᖅ.

ᐅᒃᐱᐊᒡᕕᒃ, ᐃᒫᖖᒑᓂᑦ "ᐅᒃᐱᒡᔭᐊᓕᒃ", ᐊᑎᖅ ᐊᑐᖅᑕᐅᖅᑲᑦᑕᖅᑐᖅ ᐅᐊᖅᑎᐊᕈᐊᓗᖕᓂᑦ ᐅᑦᖅᑭᐊᒡᕕᒃ ᑕᕝᕙᐅᕗᖅ. ᖃᒪᖅᑲᐅᖅᕕᕕᓃᑦ ᑕᒫᓃᒃᑭᒍᑦ ᐊᑯᓐᓂᖕᒐᓂ ᐃᑭᐅᑦ ᐊᒻᒪᓗ ᐅᑦᑐᒥ ᐃᓪᓗᕆᑕᖅᑕᒃᑯᑦ ᓯᐊᔾᔪᖅᓯᒪᓪᓗᑎᒃ ᐊᖅᑯᑎᒥ ᐊᑎᓕᖕᒥ ᓯᑏᕙᓐ ᓯᑐᑖᑦ. ᓯᓪᓗᖕᒐ ᓄᖖᒍᑉᐸᓪᓕᐊᖕᒥᒐᒥ ᖃᖕᒐᑐᐃᓐᓇᒃᑯᑦ ᐱᓗᐊᖅᓂᖅᓴᐅᓕᖅᐸᒃᑐᓂ ᓴᖅᑭᑦᑐᖅᑲᓚᐅᖅᑲᑦᑕᖅᑐᑦ ᓄᑖᓂᒃ ᐊᒻᒪᓗ ᓇᓂᔪᒥᓇᖅᑐᐊᓗᖕᓂᒃ ᓇᓂᓯᓚᐅᖅᓇᖅᐸᒃᑭᓪᓗᓂ ᐆᒪᓚᐅᖅᒥᔪᓂᑦ ᐃᓄᐱᐊᖑᓚᐅᖅᑐᓂᑦ ᑕᓇᐅᑦ ᐊᑭᐊᓃᖅᒫᖅᑐᑦ ᑎᑭᐅᑎᓚᐅᖅᑎᓇᕆᑦ. ᐅᑦᑐᒥ, ᐃᓄᐱᐊᑦ ᐊᑦᑎᖅᓯᒪᔭᖕᒐᑦ ᕙᐅᕈᒧᑦ ᐅᖅᑲᐅᓯᕆᓱᒃᑲᑦᑕᖅᒥᔪᖅ ᐃᒫᖖᒍᓪᓗᓂ ᐅᑦᖅᑭᐊᒡᕕᒃ, ᑐᑭᓕᓪᓚᑎᑯᔫᖕᒋᒃᑲᓗᐊᖅᑐᓂ ᐅᐊᑦᑎᐊᕈᖅᓂᓴᐅᖅᑰᖅᑐᓂ ᐊᖅᕙᒐᓱᒃᕕᐅᔭᕕᓂᖅᓂᑦ ᑮᓇᐅᔾᔭᒃᓴᓪᓗᑎᒃ ᐊᑰᑎᑦᑎᓪᓗᒍ. ᐅᐊᑦᑎᐊᕈᖅᓂᓴᐅᖅᑲᓯᐅᑎᒥᐊᑦᑕᐅᖅ ᓄᓇᖅᑲᕝᕕᓃᑦ ᐊᕚᑎᓐᓂᖅᑐᑦ ᐃᖅᑲᓗᒐᓱᒃᕕᐅᓪᓗᑎᒃ ᐊᖑᓇᓱᒃᕕᐅᓪᓗᑎᓗ ᑕᐃᓯᒪᓂ-ᑕᐃᒫᖑᔪᑦ ᓯᓚ-ᐱᓇᓱᒃᕕᒃᓴᐅᑎᑦᑎᐊᖅᑐᑎᒃ.

ᑕᓇᐅᑦ ᐊᑭᐊᓂᑦ ᖃᓪᓗᓈᑦ, ᐃᒪᐃᓐᓇᓂᖅᓴᐅᖅᒥᖓᑕ ᒫᓕᒐᓂᕐᑯᓂᖅᓴᐅᓗᐊᑦ, ᑭᐳᑎᑕᒃᓯᓂᖅᓴᐅᓪᓗᑎᒃ ᑭᓯᑐᐃᓇᓯᖅᓯᖅ ᑎᑭᐅᑎᔪᕕᓂᐅᒍᑦ

ᐊᓖᓯᑲᐅᑦ ᐅᑭᐅᖅᑕᖅᑐᐊᓄᑦ ᓯᕗᓂᑲᓪᓛᓗᐊᒍᑦ ᑕᐃᒃᑯᐊ ᐅᖓᓯᒃᑐᐊᓗᖏᙵᖖᖓᔪᓂᒃᑕᐅᖅ ᓇᖏᓂᖅ ᑕᒪᐅᙵᒪᐅᖅᓯᒪᑎᓐᓇᒋᑦ. ᓄᓇᒥ ᐊᒻᒪᑎᐅᔪᖅ ᕼᕗᑦ ᒪᒌ ᑐᑭᓯᐸᓘᔭᖅᓯᒪᓂᕐᒥᒍ ᐃᒫᒃ ᓴᕙᕋᔭᒃ ᓄᓇᖃᖅᑎᑐᖃᐅᖏᓐᒥᔪᑦ (Norse) ᐃᓂᓪᓚᓚᐅᖅᑐᕕᓂᐅᓚᐅᖅᓯᒪᖏᔪᑦ ᐊᑯᓂ ᐊᑯᑭᑦᑐᓄᑦ ᐃᖏᕋᖃᑕᐅᓂᖅᑐᓂ ᐃᓅᖓᓂᒃ ᓇᑐᓇᐃᖅᑕᐅᓯᒪᓪᓗᓂ ᑐᓕ ᑕᒻᐱᓚᐅᖅᓯᒪᔪᕕᓃᑦ, ᐊᑎᖅᑕᐅᔾᔪᑎᑎᒋᐊᖅᓯᒪᓂᖏᑕ ᐱᓇᓲᑕᐅᔪᓐᓇᖅᐸᒃᑐᕕᓃᑦ ᐊᒻᒪᓗ ᓇᔪᖅᑕᐅᓚᐅᖅᐸᓪᓕᖅᑐᕕᓃᑦ ᑕᐃᒃᑯᓄᖓ ᑖᒃᓯᔪᕕᓂᕐᓄᑦ. ᑖᒃᑯᐊ ᑕᐅᕗᖓ ᑎᑭᐅᑎᓚᐅᖅᓯᒪᔪᕕᓂᐅᔫᕐᒪᑦ ᐊᓖᓯᑲᒧᑦ ᓇᑭᓪᓚᑦᑖᖑᒐᓗᐊᑭᐊᖅ ᐊᓯᐊᓂᑦ.

ᓯᒥᐋᓐ ᑎᔅᓂᕝ, ᐃᖅᑲᓇᐃᔭᖅᑎᖁᑎᒋᔭᐅᓪᓗᓂ ᐆᒪ ᑦᓵᔅᕋ ᐊᓪᓚᒃᓴᐃ ᕈᒪᓅᕝ, ᑎᖏᕐᕋᐅᑕᓪᓚᒃᑯᑦ ᐃᖏᕋᓚᐅᖅᓯᒪᓂᕐᒪᑦ ᓄᓇᑦᑕ ᐃᓚᖓᑕ ᐊᑭᐊᑕᓗ ᐃᒪᖓᒍᑦ ᓄᓇᖏᒃ ᖃᓂᒌᖕᓂᖓᑕ ᑕᑯᓐᓂᙵᒋᑕᖓ ᐃᒪᖓᒍᑦ ᑕᐃᔅᓯᒪᓂ 1648-ᖑᑎᓪᓗᒍ, ᑕᑯᓚᐅᖅᓯᒪᓐᓂᖏᓪᒥᔭᖓ ᐊᓖᓯᑲ, ᐃᒫᖑᔪᒃᓴᐅᖏᔪᖅ ᑲᒃᓯᕐᒧᑦ. ᔭᐃᒥᓯ ᑯᒃ, ᑕᐃᓐᓇ ᐋᙶᓚᒥᑦ ᐅᐸᒍᒪᔭᒥᓄᑦ ᓇᒧᐃᓐᓇᖅ ᐊᑐᕈᒪᔭᒥᒍᑦ ᐃᖏᕐᕋᓚᐅᖅᑐᕕᓂᖅ, ᑎᖏᕐᕋᐅᑕᓪᓚᒃᑯᑦ ᐃᖏᕐᕋᓚᐅᖅᓯᒪᔪᕕᓂᖅ ᐅᑭᐅᖅᑕᖅᑐᖅ ᑎᓱᖅᑲᓪᓚᐅᑦ ᓯᒡᔭᖓᑕ ᖃᓂᕆᔭᖓᒍᑦ ᐃᒫᐸᓗᒃ ᖃᐅᓯᖅᑐᓂ ᖁᐊᖅᓯᒪᔪᖅ ᑕᓗ (Icy Cape) ᑕᐃᔅᓯᒪᓂ 1778- ᖑᑎᓪᓗᒍ, ᐅᑎᕆᐊᖅᑐᕕᓂᐅᓪᓗᓂ ᓯᑯᖃᕈᓐᓃᕐᓂᖓ ᐱᔾᔪᑎᕆᓪᓗᒍ. ᐊᓯᒃᑲᓂᖏᑦᑕᐅᖅ ᕿᒥᕈᐊᖅᑐᑎᒃ ᑕᑯᓇᓱᒃᑏᑦ ᑕᒪᐅᙵᖅᑲᓪᓕᕐᓂᕐᒥᔩᒐᓗᐊᑦ, ᖃᓂᖏᓗᐊᖅᑐᑎᒃ ᐊᑭᐊᖅᑕᖅᑑᑦ ᐊᑐᒐᒃᓴᐅᓂᖅᑲᕐᒪᖔᑦ, ᑭᖑᓂᐊᒍ ᑦ ᑭᓯᐊᓂ ᕿᓂᖔᓕᕆᓪᓗᑎᒃ ᔫᕐ ᕘᓐ ᐹᖅᑲᓐᐅᑦ ᐊᓯᐅᓯᒪᐅᕐᓂᖏᓐᓂᒃ, ᑭᖑᓪᓕᖅᐹᒥᒃ ᑕᒃᔭᐅᓚᐅᖅᓯᒪᔪᕕᓂᖅ ᐅᐊᓕᓂᐅᑦ ᒥᒃᓯᖖᖓᓄᑦ ᐃᖏᕋᔪᖅ ᑕᒪᐅᓇ ᑲᓇᑕᐅᑦ ᐅᑭᐅᑕᖅᑐᐊᒍᑦ ᕿᑭᖅᑕᐃᑦ ᐊᑯᓐᓂᖏᑎᒍᑦ ᑖᒻᒪᙵᑦ ᕿᑭᖅᑖᓗᒃᐸᓯᖏᑦ ᐊᖅᑯᑎᖅᑲᕐᓂᖓᑕ ᐃᓗᖔᖖᒍᑦ.

ᐱᖏᖕᓇᖅᑐᐊᓘᓪᓗᓂ, ᑕᐃᔅᓯᒪᓂ 1848-ᖑᑎᓪᓗᒍ, ᑖᒪᔅ ᕈᐊᔅ ᑎᖏᕐᕋᐅᑕᓪᓚᒃᑯᑦ ᐊᕐᕕᖓᓰᑎᒥᒍᑦ ᐅᒥᐊᕐᔪᐊᒃᑯᑦ, ᑖᓇ ᐱᕋᖖᖏᕐᑎᐊᕐᓂᑯᒧᑦ ᐊᔪᖏᑦᑐᖅ, ᐅᑭᐅᖅᑕᕐᓂᐅᑦ ᒥᒃᓯᖖᖓᓄᑦ ᓄᓇᐃᑦ ᖁᑭᓐᓂᖖᒍᑦ (Bering Str ait) ᐊᕐᕙᖓᓯᓪᕕᒃᓴᖅᓯᐅᖅᑐᓂ. ᐊᑑᑎᔪᓐᓇᑦᑎᐊᕐᓂᖅᑲᖅᑐᒥᒃ ᐸᕐᓚᒋᑦᑐᓂᑦᑕᐅᖅ ᐅᑭᐅᖅᑕᖅᑐᖅ ᐊᓖᓯᑲᒥ ᐃᖏᕐᕋᓯᓐᓂᖅᐳᖅ ᐊᕐᕌᒍᑦ-60 ᕿᓂᕆᐊᖅᑕᒥᓂᒃ ᐅᖅᓯᐊᓂᒃ ᐊᒻᒪᓗ ᓱᖅᑲᖏᓐᓂᒃ ᐊᕐᕕᐅᑦ, ᐱᖅᑲᓯᐅᑎᒋᓪᓗᒋᑦ ᐊᑑᑎᓚᓪᓚᖏᑦᑑᓗᐊᑦ ᐱᔪᒥᓇᕐᒥᔪᑦ ᔫᕐᓗ ᒪᑯᐊ ᐊᐃᕕᐅᑦ ᑑᓚᖏᑦ. ᑕᒪᐅᓇ ᐃᖏᕐᕋᕕᒋᔭᒥ ᐃᓚᖓᒍᑦ, ᐅᑦᕿᐊᖕᕕᒃ ᐊᒻᒪᓗᑦᑕᐅᖅ ᓄᓇᓖᑦ ᐊᓯᖏᑦ ᐊᕙᑖᓃᑦᑐᑦ ᐱᔭᓇᐅᖅᑎᑕᐅᓂᓇᕗᑦ ᓴᕙᕋᔭᖏᒃ, ᑭᐳᑎᑦᑎᔪᓐᓇᕐᓂᒃᑯᑦ ᐱᔭᒃᓴᐅᓪᓗᑎᒃ, ᐃᒥᐊᓗᐃᑦ, ᖃᓂᒪᓇᐅᔪᓪᓗ ᐊᑐᖅᑕᐅᓚᐅᖅᓯᒪᖏᑦᑐᑦ, ᖁᑭᐅᑎᓄᓪᓗ ᐊᑐᖅᑐᑦ, ᕿᔪᐃᓪᓗ ᐃᓪᓗᐃᑦ, ᐊᔪᓇᖅᓯᐃᔾᔭᒃᑯᑦ, ᐊᒻᒪᓗᑦᑕᐅ ᒪᑯᐊ ᑭᓯᑐᐃᓐᓇᐃᑦ ᓯᕗᓂᒃᓴᑦᑎᓐᓄᑦ ᐊᑐᖅᑐᒃᓴᕙᐅᑎᐅᖏᔪᑦ ᐃᓅᓯᕆᓕᖅᑕᒥ ᐊᑑᑎᖃᒃᑐᓕᖅᑐᑦ. ᑕᒪᒃᑯᐊᑦᑕᐅᖅ ᓯᓐᔭᒥᐅᑕᐅᓪᓗᑎᒃ ᐊᕐᕙᖓᓯᖏᓂᕐᒧᑦ ᐊᒻᒪᓗ ᓂᐅᕕᕐᕕᖃᑎᓖᑦ ᐊᐅᓚᑕᐅᓪᓗᓂ

ᓴᐅᒥ ᕗᓚᐊᒃ ᐊᒻᒪᓗ ᔪᐊᔾ ᓚᕕᑦ, ᓇᒃᓴᖅᑕᒃᑲᓪᓗᑎᒃ ᓯᕗᓪᓕᖅᐸᐅᔪᑎᒃ ᐃᓄᐱᐊᕐᒍᖏᑦᑐᒃ ᓄᓇᖃᖅᑎᐅᓂᐊᓕᖅᐳᑎᒃ ᐅᑦᕿᐊᖕᕕᖕᒧᑦ. ᐃᓕᓐᓂᓗ ᑕᐃᒪᐃᖏᓐᓇᓕᓐᓂᓪᓗᑎᒃ ᓇᓗᓯᔭᕐᖏᓐᓂᐅᓪᓗᑎᒃ ᐊᒻᒪᓗ ᐊᒥᒋᓕᓐᓂᓪᓗᑎᒃ ᐅᓪᓗᒥᒧᑦ.

ᑮᓇᐅᔭᓕᕆᖏᓐᓂᕐᒧᑦ ᐊᕙᓚᓯᑎᓐ ᐃᓱᓕᑦᑎᖏᓐᓂᖅᐳᑦ ᑕᐃᔅᓯᒪᓂ ᓯᕗᓪᓕᕐᒥ ᐅᓇᑕᕐᓚᔪᐊᓂᕐᒥ, ᑭᓯᐊᓂᓕᑦᑕᐅᖅ ᐅᑭᐅᖅᑕᖅᑑᑦ ᑎᓕᓂᐊᖏᑦ ᖁᔭᐃᑦ ᑎᓕᓂᐊᔭᖏᑦ ᐱᔭᔅᓴᐅᓕᖅᑐᐊᓘᓐᓂᒃ ᐊᓐᓇᒪᓚᓂᕐᒥᔅᒥᑦ ᐃᓅᓯᕐᒥᒃ ᐊᑲᐅᓪᓕᖅᑎᖅᑎᕙᓪᓕᓪᓚᕐᓂᕐᒥᔪᖅ ᐅᑭᐅᖅᑕᖅᑑᑦ ᓱᖃᒥ ᓄᓇᖅᑲᐅᑐᖅ. ᐅᔾᔨᕆᖕᖑᖅᑎᓪᓗᒍ, ᐅᓇᑕᓚᐅᔪᖅᑐᑦ ᑭᖑᓪᓕᕐᒥᒃ, ᒥᐊᓕᒫᑦ ᐅᓇᖅᑎᖏᑦ ᐃᒪᐃᓕᖓᓪᓚᐅᓂᕗᑦ ᓂᓪᓕᖅᑐᖅ ᑕᒪᓐᓇ ᐊᑐᖅᑕᐅᓂ ᖃᐅᔨᔭᐅᑎᑦᑎᓂᖅᑲᕐᓱᓕᓐᓂᓪᓗᓂ ᑭᓪᓕᓯᓂᐊᕐᓂᖅᑯᑦ, ᐋᖅᑭᒃᓯᐃᓪᓗᑎᒃ ᐅᒥᐊᕐᒧᑦ ᐅᓇᖅᑎᓂᒃ ᖃᐅᔨᓇᓱᒃᕕᓂᖅ ᐱᓕᕆᐊᖅᑲᓐᓂᓪᓗᑎᒃ ᐅᑦᑭᐊᕝᕕᐅᑦ ᖁᓚᖅᐸᓯᐊᓂᑦᑐᒃᑯᑦ ᑖᓇ ᖃᐅᔨᓇᓱᒃᕕᐅᔪᖅ ᐊᐅᓚᑕᐅᓪᓗᓂ ᐊᕐᕌᒍᑦ 30 ᐅᖓᑖᓄᑦ, ᐊᑐᐃᓐᓇᐅᖅᓯᑎᑎᑦᑎᓪᓗᑎᒃ ᐃᖅᑲᓇᐃᔮᓴᓂᒃ ᓄᓇᓕᖕᓄᑦ ᐊᒻᒪᓗ, ᐱᓗᐊᙱᑦᑐᒋᔭᖅᓴᐅᖅᑯᖅᑐᒥᒃ, ᖃᐅᔨᓇᓱᒃᓯᕗᔾᔨᓪᓗᑎᒃ ᐃᖅᑲᓇᐃᔭᒃᑎᖅᑲᕐᓂᕐᒥᒃ ᑭᓕᓯᐊᖅᑎᓂᒃ. ᐊᑐᖅᑕᐅᔪᖅ ᑕᒪᓐᓇ ᐃᒪᐃᒃᑭᓪᓗᓂ ᐅᓂᒃᑳᓯᖃᖅᑐᑎᒃ ᐱᓕᕆᖅᑎᕐᖔᖅᑕᒥᓂᒃ ᐊᑲᐅᖅᑐᓂᓗ ᑖᒃᑯᓄᖓ, ᑭᓪᓕᓯᓂᐊᖅᑏᑦ ᖃᐅᔨᕚᓪᓕᖅᑲᓂᓪᓗᑎᒃ ᐊᒃᓯᒃᑲᓐᓂᓪᓚᒃ ᐃᓄᐱᐊᑦ ᖃᐅᔨᓴᕐᓇᖅᑐᑦ ᑕᒪᒃᑯᖓ ᐊᕙᑎᒥ ᐃᓕᖅᑯᓯᖅᑲᖅᑕᖅᑐᖓᓂᒃ ᐊᒻᒪᓗᑕᐅᖅ ᐆᒪᔪᕈᔾᔭᐃᑦ ᖃᓄᖅ ᐆᒪᔪᓇᓪᒪᖔᑦ ᑖᒥᓂ ᐊᕙᑎᒥᒃ. ᑕᐅᕙᓂ 1950-ᕈᔪᓂ, ᒥᐊᓕᒫᑦ ᖃᖓᑕᓯᐅᑎᒍᑦ ᐊᖏᔪᖅᑲᐅᓯᕈᓇᕐᓂᕐᒧᑦ ᓄᓇᒥᐅᓂᒃ ᓴᖅᑭᑎᓚᐅᖅᐳᑦ (DEW Line), ᐃᒫᖔᕐᔫᓐᓂᑦ ᐅᖓᓯᒃᑑᓗᐊᓂᒃ ᖃᐅᔨᓴᖅᑏᑦ ᐱᖃᓯᐊᔾᔭᐃᓪᓗᑎᒃ ᓄᓇᑎᒍᑦ, ᐋᖅᑭᒃᓯᒪᓕᖅᑎᐊᖅᑐᑎᒃ ᓯᓚᒃᑯᑦ ᖃᐅᔨᓴᐅᑎᐅᔪᑦ ᑕᐅᕙᙵᑦ ᐊᓖᓯᑲᐅᑦ ᐅᐊᖓᓇᓕᑦ ᐊᑯᑭᑦᑐᒥᓄᑦ. ᐋᖅᑭᒃᓯᒪᔪᑦ ᖃᐅᔨᔪᓐᓇᐅᑎᔭᐅᓯᔭᖅᑐᑎᒃ ᐊᒥᖅᑐᓂ ᕋᓯᒥᐅᓂᙵᖅᑐᑎᒃ ᖃᖅᑕᓲᓂᒃ ᐃᒫᖔᕐᔫᓐᓂᑦ ᖃᖓᑕᓯᐅᓂᒃ, ᑕᒪᒃᑯᐊ ᐋᖅᑭᒃᑕᐅᓯᒪᓪᓗᑎᒃ ᓇᔪᖅᑕᐅᑦ ᐅᖓᓯᒌᖕᓂᖅᑲᐅᔅᓯᖅᐳᑦ ᐃᒫᐸᓗᒃ 100-ᑮᓚᒥᑐᕐᒥᑦ ᖃᓂᒋᔭᓃᑦᑐᒥᒃ (60-ᒪᐃᓕᓂᒃ), ᑕᐃᒪᐃᓪᓗᐊᖅᑕᐅᐸᓗᒃᓯᒪᔪᐃᓐᓇᐅᓪᓗᑎᒃ ᓇᔪᖅᑕᐅᓪᓗᑎᒃ ᐊᑐᐃᓐᓇᖅᓴᖅᑎᑦᑎᕙᓂᐊᓪᓚᑦ ᑐᓴᐅᒪᖃᖅᑕᐅᑎᓂᕐᒥᒃ ᐅᐃᒍᓕᕆᔭᖅᓯᒪᓪᓗᑎᒃ ᐋᖅᑭᒃᓯᒪᔅᓗᑎᒃ. ᓴᓇᑎᑎᓂᐅᔪᑦ ᑕᒪᑐᒥᖓ ᐃᖅᑲᓇᐃᔭᒃᓯᓂᕐᒥᒃ ᓄᓇᓕᖕᓂᒃ ᐊᑐᐃᓐᓇᐅᑎᑦᑎᑎᐊᕐᓂᖓᒍᑦ, ᐊᒻᒪᓗ ᐃᓕᖕᒋᑦ ᖃᐅᔨᓴᖅᑎᓪᓗᓈᑦ ᓇᔪᖅᑕᒥᒃᑯᖏᓐᓇᓕᓕᕐᓂᓪᓗᑎᒃ, ᑲᑎᑎᕐᓂᓪᓗᑎᒃ ᓄᓇᖅᑲᕕᒋᔭᒥᒃ, ᐊᒻᒪᓗ ᐃᓕᖕᒋᓂᒃ ᐊᑐᐃᓐᓇᓕᕐᕕᒋᓪᓗᓂᔭᖅ.

ᐋᓄᕐ ᕗᖅᐳᖅ ᐊᖏᔪᖅᑎᖅ., ᑭᖑᕚᖓ ᓴᐅᒥ ᕗᐅᐳᖅ, ᓇᓪᓕᖕᓇᓕᐅᖅᑐᖅ ᐊᒻᒪᓗ ᐱᖅᑲᓂᖅᑐᓂ, ᐊᒻᒪᓗ ᑐᓂᐅᖅᑲᐃᓪᓗᓂ ᐃᑲᔫᑎᒋᔭᒥᒃ ᑖᔅᓱᒪᖓ "ᓯᑰᑉ ᑐᑭᖏᑦ".

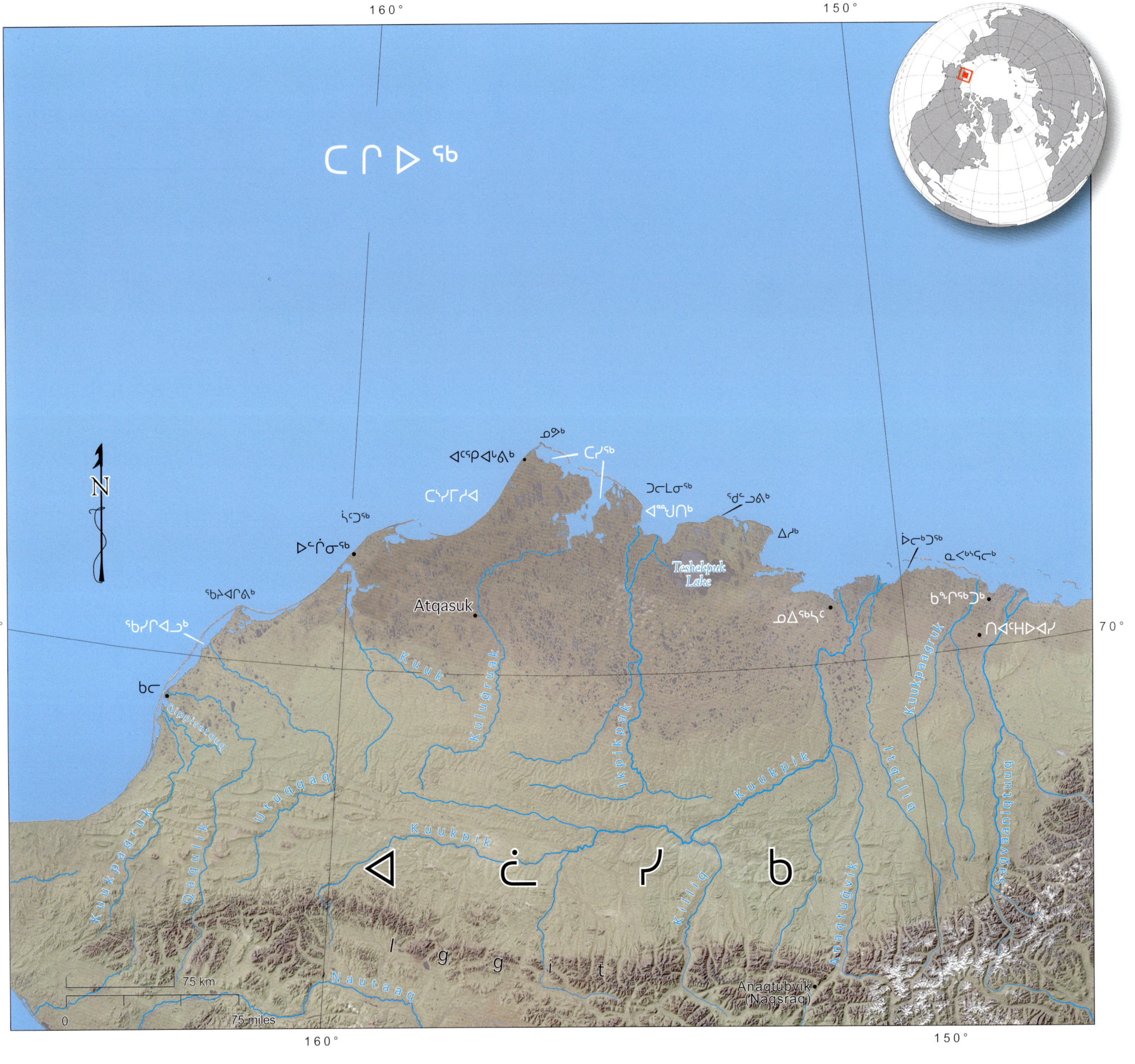

ᓄᓇᖑᐊᖑᓇ ᓇᓗᓇᐃᖅᓯᓯᒪᔪᖅ ᐊᕙᑎᒥᒃ ᑕᒪᑐᒥᖓ ᓄᓇᒥᒃ ᐊᒻᒪᓗ ᐃᑭᖅᒥᒃ ᑖᒃᑯᐊ ᐃᓄᐱᐊᑦ ᐱᓕᕆᐊᕆᔭᕐᑎᖏᓐᓂᑦ ᐃᒃᐱᒋᔭᖅᑲᖅᓯᐅᔾᔨᔪᑦ ᐃᓕᖅᑯᓯᑐᖅᑲᕐᒥᒍᑦ ᐸᐃᕆᔭᖅᑲᐅᔭᐃᓐᓇᕋᒥᒃ ᐱᖃᐃᓐᓇᖅᑯᐃᔾᔪᑦᓗᑎᒃ. ᑖᓐᓇ ᓄᓇᖑᐊᖅ ᑕᑯᒃᓴᐅᑎᑕᐅᒋᕗᖅ ᑕᒪᒃᑯᓂᖓ ᐊᑐᖅᑕᐅᓯᒪᓂᑯᒧᑦ ᓄᓇᐃᑦ ᐱᑦᑕᕆᒋᔭᐅᓂᖏᓐᓂᒃ ᐋᖅᑭᒃᓱᖅᑕᐅᓯᒪᔪᑎᒍᑦ ᓄᓇᖑᐊᒃᑯᑦ ᐱᓕᕆᐊᖅᑲᖅᑐᓂᒃ, ᐱᖃᓯᐅᑎᓯᒪᕐᑎᐊᖅᑐᑎᒃ ᐃᓄᐱᐊᑦ ᐊᖅᑎᖅᓯᒪᔭᖏᑦ ᓴᐅᒥᖓᒨᑐᑦ ᐊᒻᒪᓗ ᖃᑦᑐᓈᑎᑐᑦ ᑕᓕᖅᐱᖓᒨᑦᑐᑎᒃ.

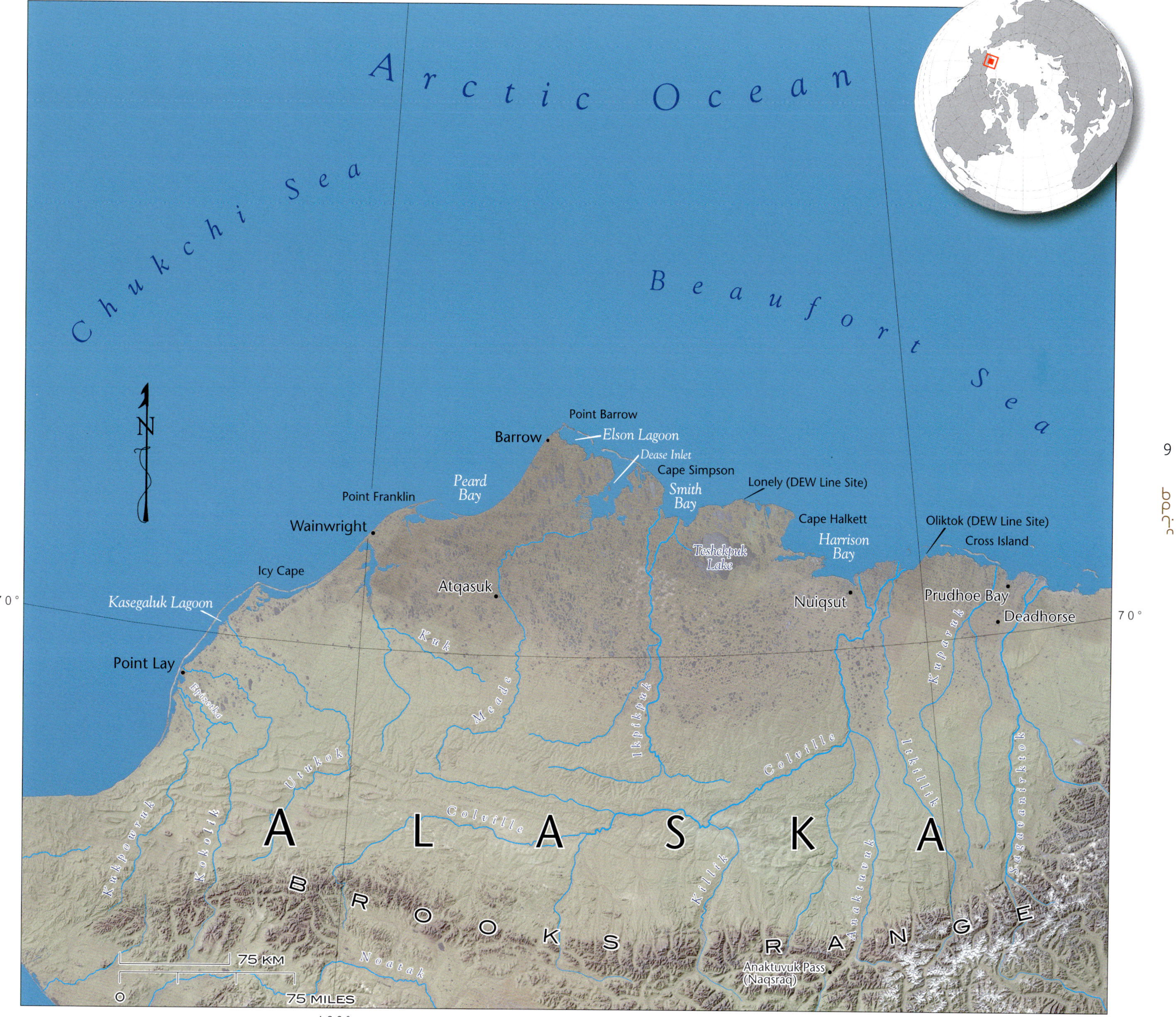
160°
150°
Arctic Ocean
Chukchi Sea
Beaufort Sea
N
Point Barrow
Barrow
Elson Lagoon
Dease Inlet
Cape Simpson
Smith Bay
Lonely (DEW Line Site)
Peard Bay
Point Franklin
Wainwright
Cape Halkett
Harrison Bay
Oliktok (DEW Line Site)
Cross Island
Teshekpuk Lake
Icy Cape
Atqasuk
Nuiqsut
Prudhoe Bay
Deadhorse
70°
Kasegaluk Lagoon
70°
Point Lay
Kuk
Meade
Ikpikpuk
Kuparuk
Epizetka
Utukok
Colville
Itkillik
Sagavanirktok
Kukpowruk
Kokolik
Killik
Anaktuvuk
ALASKA
BROOKS RANGE
Noatak
Anaktuvuk Pass
(Naqsraq)
75 KM
0
75 MILES
160°
150°

ᐃᒫᖑᓚᐅᖅᓯᒪᓕᑦᑐᓂ ᑕᐃᔅᓯᒪᓂ 1968-ᒥ ᐋᑑᑎᓚᐅᖅᓯᒪᔪᖅ ᖁᕝᕙᓇᐊᖅᑎᑦᑎᕙᒡᔪᐊᓚᐅᖅᓯᒪᔪᖅ ᑭᓯᑐᐃᓐᓇᓕᒫᕐᓂᒃ. ᐃᓄᐱᐊᑦ ᐅᖃᐅᑎᖃᓚᐅᖅᓯᒪᖕᒪᑕ ᐅᖅᓱᐊᓗᖕᒥᒃ ᐃᓯᖅᑯᔪᖅᑲᕐᓂᖅᑕᐅᓪᓗᓂ ᑕᒫᓂ ᐅᑭᐅᖅᑕᕐᓂᖓᓂᒃ ᑎᓯᖅᑲᓕᖓᓂᒃ ᑕᐃᔅᓰᖓ ᐆᓇᔅᑦ ᓚᕝᐃᐅᐊᕐᒍᑦ Ernest Leffingwell ᐅᔭᕋᒃᓯᐅᑎᒍᑦ ᐃᖅᑲᓇᐃᔭᖅᑎᐅᓪᓗᓂ ᓴᕙᒪᑐᖅᑲᒃᑯᓐᓄᑦ, ᐅᖃᐅᑎᓕᑦᑎᐊᖅᑐᓂᐅᒃ "ᓇᖕᒥᓂᖀᖅ" ᓇᓂᔭᖕᖓ ᐃᒃᑯᓄᖕᖓ ᐅᐊᓯᖕᑕᓐᓄᑦ ᑕᐃᔅᓯᒪᓂ 1917-ᖑᑎᓪᓗᒍ. ᑕᐃᓯᒪᓂ 1923-ᒥ, ᐅᓇᑕᖅᑎᒃᓴᐃᑦ ᐅᖅᓱᐊᓗᓕᕆᔩᖕᒋᑦ ᐃᓕᒃᑯᐊᖅᑲᖅᑐᑦ 4 Naval Petroleum Reserve 4 (ᐅᓪᓗᒥ ᖃᐅᔨᒪᔭᐅᓕᖅᑐᑦ ᐃᒪᐃᑦᑑᓪᓗᑎᒃ ᓄᓇᖅᑲᖅᑎᐅᔪᓐᓇᖅᑕᐅᔪᑦ ᐅᖅᓱᐊᓗᖕᓂᐊᖅᑏᑦ ᐃᓕᒃᑯᐊᖅᑲᖅᑐᑦ-ᐊᓛᓯᑲ) (today known as the National Petroleum Reserve-Alaska) ᓴᖅᑭᑎᑕᐅᓕᕐᓂᖅᐸᑦ, ᐊᕙᓗᓯᓪᓗᑎᒡᓗ ᐋᖅᑭᒃᑕᒥᒍᑦ ᐊᖕᒋᔪᑲᓚᖕᒥᒃ ᓄᓇᒥ ᑕᐃᔅᓯᒥᖕᖓ ᐊᑯᓐᓂᖅᐸᓯᐊᓂᒃ ᐅᑭᐅᖅᑕᖅᑑᑦ ᓯᕙᖕᖓᔪᖅᑲᕐᓂᖕᖓᓂ. ᐃᓚᖕᒋᑦ ᑲᐃᒍᖅᑕᐅᓐᓂᖅᐸᑦ, ᑭᓯᐊᓂ ᓇᓚᐊᖕᓂᑐᐃᓐᓇᖅ ᐊᒡᒍᖅᑕᐅᓕᖅᑐᖅᑲᕐᓂᖕᒋᑦᑎᐊᖅᑐᖅ ᐊᑐᕈᓐᓇᖅᓯᓗᑎᒃ, ᐃᓚᖕᖓᒍᑦ ᐃᒪᐃᑦᑐᕙᓂᐅᖕᒥᖕᒪᑦ ᐅᖕᖓᓯᓗᐊᕐᓂᖕᖓᓄᑦ ᑮᓇᐅᔾᔭᒃᓴᐅᑎᒋᔭᐅᔪᓐᓇᕐᓇᓂ.

ᐅᖅᓱᐊᓗᒃᓯᐅᖅᕙᒃᓴᖅ ᓇᓂᔭᐅᖕᒪ ᐸᕈᕼᐆ ᕚᐃ (Prudhoe Bay) 1968-ᖑᑎᓪᓗᒍ ᐊᓯᔾᔨᓯᕗᖅ ᐊᑕᖕᒋᖅᑐᒍ. ᐊᕐᕌᒍᑦ ᐱᖕᖓᓱᓂᒃ ᑕᐃᒃᑯᓇᓂ, ᐊᓛᓯᑲᒥ ᓄᓇᖅᑲᖅᑳᖅᑐᕙᓂᕐᓂ ᐊᖕᒋᖅᑲᑎᒌᒍᑎ ᓄᓇᕐᑯᑎᖅᑲᕐᓂᖅᒍᑦ ᐋᖅᑭᒃᑕᐅᓐᓂᖅᐸᖅ (1971-ᒥ) ᐋᖃᖅᑲᑎᒌᖕᓂᒃᑯᑦ, ᐱᖅᑲᓯᐅᔾᔭᐅᓪᓗᓂᓗ ᓱᓪᓗᓕᓚᐅᖅᑐᖅᑲᕈᓇᖅᓯᑎᑕᐅᓪᓗᓂᓗ ᐃᑲᙳᑦ ᐸᕈᕼᐆᒥᑦ (Prudhoe) ᑐᓚᒃᑕᕐᕙᖅᑲᖅᑐᔪᑦ ᕚᑏᔅᒍᑦ (to Valdez), ᐅᖕᖓᓯᖕᓂᖅᓴᐅᓪᓗᓂ 1200 ᑭᓚᒦᑕᒥᑦ (800 ᒪᐃᓕᒥᑦ) ᓂᖏᖕᖓᓄᑦ. ᐊᕐᕌᒍᓪᓗᐊᖅᑎᓪᓗᒍ, ᐃᓄᐱᐊᑦ ᐱᔪᓇᐅᑎᑖᕆᓂᐊᖅᑕᒥᓂᒃ ᐅᑭᐅᑕᖅᑐᒥ ᓯᕙᖕᖓᓂᓕᖕᒥ ᓄᓇᖅᑲᕐᕙᒃ, (North Slope Borough), ᓄᓇᖅᑲᕐᕙᐅᔪᑎᑐᑦ ᓴᕙᒪᖕᒋᑦ ᑐᕋᐅᑎᓕᖅᑐᑎᒃ (a country-like government aimed) ᐊᐅᓚᐅᔾᔭᐃᖅᓯᓪᓗᑎᒃ (ᓲᕐᓗ ᐊᓄᓯᓪᓗᑎᒃ) ᐃᒃᑲᒪᑖᒃᓯᒥᒃ ᐊᓯᒥᓅᔾᔭᐃᖅᓯᓪᓗᑎ ᐊᑭᓕᐅᑕᐅᔪᓂᒃ ᐅᖅᓱᐊᓗᖕᓂᐊᕐᕙᖕᓂᑦ. ᐃᖅᑲᖅᑐᐃᕙᒃᑯᑦ ᐹᕐᑲᑎᒋᒋᕋᒥᒃ (ᐋᖅᑭᒃᑕᐅᔭᓇᕐᒪᑦ ᐋᑑᑎᓕᑦᑎᐊᕈᓇᖅᑕᖕᖓ ᐃᑲᔪᕐᓂᖅᑲᐅᑦᑎᐊᕐᓗᓂ) ᓄᓇᖅᑲᕐᕙᓕᔭᐅᔪᓇᖅᑐᑦ ᐊᖕᒋᔪᖅᑲᐅᓯᕐᓯᖕᖓᑦ ᐃᓚᓴᕐᓇᖅᓯᑎᑕᐅᓪᓗᓂ, ᐊᒻᒪᑦᑕᐅᖅ ᑕᕝᕙᙵᑦ ᑕᐅᓴᑦ ᐊᒥᓯᐊᓘᖕᒋᑦᑑᖓᓗᐊᑦ ᓂᖕᒋᖅᑲᑦᑕᖅᑕᐅᓂᑦᑯᑦ ᑕᒪᑐᒪ ᐅᖅᓱᐊᓗᖕᓂᐊᕐᓂᕐᒥᑦ ᓄᓇᕐᑯᑎᒥᓂᑦ. ᐅᓪᓗᒥ, ᐅᖅᓱᐊᓗᖕᓂᐊᕐᕙᐅᔪᖅ ᐊᕙᑦᓚᖕᖓᓕᖅᑐᖅ 100 ᒪᐃᓕᓂᑦ ᓯᒡᔭᖅᑲᖅᑐᒃᑯᑦ ᐸᕈᕼᐆ ᕚᐃᖅᐸᓯᖕᒥᑦ, (Prudhoe Bay), ᐃᑭᕐᒍᓪᓗ ᓄᒃᑎᖅᓯᒪᔪᖅᑲᐅᓕᓈᓪᓗᓂ ᐃᑭᐅᑦ ᐊᑎᖕᖓ ᕚᐅᐸᐊᑦ ᓰ (Beaufort Sea). ᖃᓂᕝᕙᓯᐅᕐᓗᒍ 28 ᕙᓕᐊᓐ (billion) ᖃᑦᑕᐅᔭᐃᑦ ᐅᖅᓱᐊᓗᒃᑕᖅᑲᕐᓂᖕᖓ ᓇᓚᐅᑦᑖᖅᑕᐅᓯᒪᖅᑲᓯᐅᑎᒍᖅ ᐃᓕᒪᖕᒥᔪᖅ ᓴᒃᓯ ᐃᒪᖕᖓᓂ (Chukchi Sea), ᐃᒪᐃᑎᑦᑎᔪᓇᖅᑐᒥᒃ ᐊᑐᐃᓐᓇᐅᑎᑦᑎᓪᓗᓂ ᕿᓂᑦᑎᐊᖅᑕᐅᔪᓇᕐᓂᕐᒥᒃ ᐋᖅᑭᔪᖅᑲᕈᓇᕐᒥᔪᖅ ᑕᐅᕙᓂ, ᑕᐃᒪᐃᒃᑭᒍᖅᑕᐅᖅ. ᐃᓄᐱᐊᕐᓄᑦ, ᓄᓇᑎᒃ ᐋᖅᑭᑦᑎᐊᒃᑲᓐᓂᖅᑕᐅᓂᖕᖓ ᐊᖕᒋᖅᑲᑎᒋᑎᒍᑦ ᐃᒪᐃᑦᑐᒥᒃ ᐱᑕᖅᑲᒃᑲᓂᖅᓯᒪᕆᒐᖅ ᐊᒃᑐᖅᑕᐅᓂᐅᑦ ᐃᒃᐱᓇᐅᑎᖕᖓᑕ ᐱᖅᑲᓯᐅᑎᓯᒪᔭᖕᖓᓂᒃ, ᑕᐃᒃᑯᐊᑦᑕᐅᑦ ᐱᖅᑲᓯᐅᑎᓯᒪᔪᑦ ᑮᓇᐅᔭᖅᑎᒍᑦ ᓂᕆᖃᐅᑎᐅᖕᒋᑦᑎᐊᖅᑐᑎᒃ, ᐊᑐᐃᓐᓇᐅᓕᖅᑎᑦᑎᓯᒪᒃᑲᓂᖅᑐᑎᒃ ᐃᖅᑲᓇᐃᔮᒃᓴᓂᒃ ᐅᓪᓗᒥᓗ ᐃᓅᓯᑦᑎᓐᓄᑦ ᐊᓇᐅᒪᓂᕐᒍᑦ ᐃᓅᓯᑦᑎᓐᓂᒃ ᐱᖅᑲᓯᐅᔾᔨᓯᒪᓪᓗᑎᒃ ᐱᔪᓇᖅᓂᒃᑲᓂᕐᒥᒡᓗ ᐱᖅᑲᓯᐅᔾᔨᓯᒪᒃᑲᓂᓴᓪᓗᑎᒃ ᐃᓅᓯᕐᒥᓂᒃ ᐃᓕᖅᑯᓯᖅᑎᒃ ᖁᕝᕙᓇᐊᖅᑎᑦᑎᒃᑲᓂᕐᓗᒍ ᐊᑐᖅᑕᒥᒍᑦ ᐱᖅᑲᓯᐅᔾᔨᑦᑎᐊᒃᑲᓅᓇᕐᓂᕐᒥᒃ ᐊᒻᒪᓗ ᐃᓕᖅᑯᓯᕐᒥᓂᒃ ᓴᖅᑭᑦᑎᒃᑲᓂᕐᓂᕐᒥᒃ ᐱᓇᓱᒃᑲᓂᑦᑎᐊᕈᓇᖅᑲᓯᐅᑎᓕᖅᑐᑎᒃ ᐃᓄᐱᐊᑦ ᐊᑐᖅᓗᒍ ᓲᕐᓗ ᐊᕐᕙᓱᖕᓂᖅ.

ᐃᑭᕐᒥ ᐱᓕᕆᕙᒃᓴᓂᑦ ᐋᖅᑮᔪᑦ, ᐃᒫᙳᕐᓕᑦᑕᐅᖅ, ᑐᑭᖅᑲᖅᓯᐅᑎᒋᓪᓗᓂ ᐃᖅᑲᓇᐃᔭᕐᓗᓂ ᓯᑯᓕᖕᒥᒃ ᐊᕙᑎᓕᖕᒥᒃ, ᐊᕐᕚᑦ ᐊᑐᖅᑲᑦᑕᓪᓗᐊᖅᑕᖕᖓᑦᑎᒍᑦ. ᑕᒪᒃᑯᐊ ᐃᖅᑲᓇᐃᔮᑦ ᐊᒻᒪᑦᑕᐅᖅ ᑮᓇᐅᔭᐃᑦ ᐊᑐᕈᒥᓇᖅᑎᓪᓗᕆᑦ ᑕᐃᒫᒃ ᐋᖅᑭᒃᑕᐅᓯᒪᖑᒥᒃ, ᓄᓇᖅᑲᕐᕙᐅᔪᓇᖅᑐᖅ ᐃᒃᑲᒪᑖᒃᓯᑎᒍᑦ ᐱᔪᓇᕐᓂᖅᑲᖕᒋᑦᑎᐊᕐᒥᖕᒪᑕ ᐃᑭᕐᒦᑦᑐᓂᒃ ᐅᖅᓱᐊᓗᖕᓂᐊᕐᕙᖕᓂᒃ. ᐃᒫᖑᖅᑲᓯᐅᑎᖕᒥᖕᒪᑦᑕᐅᖅ ᐊᑦᑕᕐᓇᕐᕙᐅᖅᑲᓯᐅᑎᓪᓗᓂ ᐊᕐᕙᖕᓄᑦ, ᑕᒪᒃᑮᖕᖏᙱᓪᓚᖅᑑᖕᓄᒃ ᓂᐱᖕᖓᓂᒃ ᖃᐅᔾᔨᓴᖅᑕᐅᓂᖕᖓᑕ ᐊᐅᓚᑕᐅᓂᖕᒋᑕᓗ ᐊᒻᒪᓗ ᐅᖅᓱᐊᓗᖕᒥᒃ ᑯᕙᔪᖅᑐᐃᓇᖓᐊᖅᑲᕐᓂᖕᖓᑕ, ᐱᓗᐊᖅᑐᖓᔭᐅᑦᑐᒃ ᑕᑯᓇᖅᑕᐅᔪᕆᑎᖕᒪᕆᑦ. ᕿᑦᑎᓴᖕᓂᖓᔭᖕᖓ ᓇᓂᔭᐅᓚ, ᐊᒻᒪᓗ ᐃᓄᐱᐊᑦ ᐃᓚᖅᑯᓯᖕᖓᑦ ᐃᒪᐃᒃᑭᓪᓗᓂ ᐋᑑᐱᓐᓇᕐᓂᐊᖅᑐᓂ ᐅᖅᓱᐊᓗᖕᓂᐊᕐᓂᖅ ᐊᑐᖅᑕᐅᓂᖕᖓᓂ ᐊᓂᒍᖅᓯᒪᓕᕋᓗᐊᖅᑎᓪᓗᒍᓗᓐᓃᑦ, ᐅᓇᖕᒥᕆᔭᖅᑲᓂᖅ ᐱᓗᐊᕐᓂᐅᖅᑲᓯᐅᑎᓕᑦᑐᓂ 21 ᐊᕐᕌᒍᑦ ᖃᐅᓯᖕᖓᑦ ᓇᓪᓚᐅᑎᓯᒪᓂᖕᖓᓂ ᐅᑦᑭᐊᒡᕙᖕᒥ.

ᐊᑐᖅᑕᐅᖅᑲᑦᑕᖅᑐᑦ ᐱᕐᔪᐊᖑᖅᑲᓯᐅᑎᖕᒥᖕᒪᑕ ᐃᓄᐱᐊᑦ ᐃᓕᖅᑯᓯᖕᖏᓐᓄᑦ, ᐃᒫᒃᑕᐅᖅ ᐊᑐᖅᑕᐅᔪᓇᖅᑲᓯᐅᔾᔨᓯᒪᖕᒥᖕᒪᑦ ᓄᓇᖅᑲᕐᕙᐅᔪᓇᖅᑐᓂᒃ (countries) ᐃᓕᖅᑯᓯᖅ ᐊᑐᐃᓐᓇᕐᓗᒍ ᐊᑐᖅᑕᐅᔪᓇᐃᓐᓇᑎᒋᐊᕐᓗᒍᓗ ᐊᕐᕌᒍᑦ Hᐋᓇᓚᐃᑦ ᐅᖕᖓᑖᓄᑦ, ᐱᓗᐊᙳᐊᖅᑲᓯᐅᑎᖕᒥᖕᒪᑦ ᐋᑑᑎᓪᓗᓂ ᐃᑭᖅ, ᓯᑯᖅᑲᓯᐅᕐᒥ, ᐃᒪᕐᒥᐅᑕᐃᓪᓗ ᓂᕐᔪᑏᑦ ᑕᒫᓂ ᐆᒪᕙᒃᑐᑦ. ᐅᖅᑭᐊᕙᖕᒥ ᐊᖑᓇᓱᒃᑏᑦ ᐊᒻᒪᓗ ᐊᕙᓚᕆᒃᑏᑦ ᐋᖅᑭᓯᒪᓕᓚᕈᑦ ᖃᐅᔨᒪᔭᑐᖅᑲᕐᒥᓄᑦ ᐊᒻᒪᓗ ᐊᑐᕈᓐᓇᖅᑕᒥᓄ ᑎᒥᒥᒍᑦ ᐊᓇᐅᒪᓇᓱᖕᓂᕐᒥ ᑕᒪᓇ ᐊᑭᑦᑐᕋᐅᑎᒋᔪᓐᓇᖅᑕᖅ ᓱᑯ ᐃᒪᕐᒥᐅᑕᓂᒃ ᓇᓂᓯᔪᓐᓇᕐᓂᖅ, ᐊᒻᒪᓗᑦᑕᐅᖅ ᐅᑎᖅᑎᑦᑎᔪᒪᓂᖅ, ᐊᕐᕋᒍ ᐊᑐᕐᓂᖕᖓ ᐊᔾᔨᐅᖅᑲᓯᐅᑎᖕᒥᖕᒪᑕ ᑕᐃᒪᐃᓕᐅᓂᖅ ᐊᑐᖅᑕᖅᑐᖅ, ᐊᕐᕋᒍ ᑦ ᐊᓂᒍᖅᑕᖅᑐᑦ ᐊᒥᓱᐊᖅᑎᕐᓗᒥ, ᐃᓅᓲᑦ ᐊᓂᒍᖅᑕᖅᑐᑦ ᐊᒥᓱᐊᖅᑎᕐᒧᑦ. ᑕᒪᒃᑯᐊ ᑎᒥᒃᑯᑦ ᐊᑐᕈᓐᓇᖅᑕᑎᑦ ᐊᒻᒪᓗ ᖃᐅᔨᒪᔭᐅᔪᖅᑎᒃ ᒫᓇᒎᑦ ᓴᙱᔫᖕᒪᑕ ᓱᓕ ᐃᓄᐱᐊᑦ ᐃᓅᓯᕐᒥᓂ ᐃᓚᓴᓇᔭᐅᒪᔪᑦ ᐊᒻᒪᓗ ᐅᓪᓗᒥ ᐃᓅᓯᓇᔭᖕᖏᑦ, ᐊᒻᒪᓗ ᑕᒪᒃᑯᐊ ᐃᓂᖅᑲᐅᖅᐸᑦ ᑕᒪᒃᑯᑎᒎᓇᖅ ᓲᖑᓴᐅᑎᖅᑲᕙᕆᔪᓇᖅᑕᒥᒍᑦ ᐱᓯᒪᔭᓂ ᑕᑯᖅᑲᓯᐅᑎᓂᐊᕐᒥᔭᓯ ᐅᖁᑎᒎᓇᖅ ᕿᒥᕐᕈᐊᕙᖅᑎᒍᑦ.

ᐅᑦᕿᐊᕐᕕᒃ

ᐊᐃᕙ ᓴᙳᔭ ᐃᒪᐃᓕᑦᑐᓂ

ᖃᓈᕐᒧᑦ ᓯᐅᕐᕙᑦᑐᒧᑦᑐ ᑲᓕᖓᑦ ᓄᓈᓐᓂᑦ ᓂᐅᕐᕚᓯᑭᕐᓯᒪᓕᖅᑐᑦ ᐱᖃᓐᓇᓂᓕᖅᑕᕗᑦᑐ ᕿ ᓈᓯ ᓕᕕᑦ ᐅᑦᕿᐊᕐᕕᒥᒃᑐᒃ, ᓂᐅᖅᑭᕐᒪᔪᓕᕐᒥᓪᓚ ᓄᓇᖓᓐᓂᑦ ᐊᓕᓯᒃᒧᑦ.

ᐅᑦᕿᐊᕐᕕᖓᒧᑦ ᑎᑭᒃᑕᑦ, ᓂᕆᐅᕐᑎᑦᑎᐊᙵᕐᕆᓐᓂᒃ ᑕᑯᓕᕆᕙᙵ ᒥᐊᓕᒪᑦ ᓴᐃᓕᑎᖓᓐᓂᒃ, ᖃᐅᔨᒪᓪᓗᑎᐊᓗᑦᑐᙵ ᓄᓇᖅᑲᕆᔭᑦᑕ ᐊᓯᐊᓃᖅᑐᒧᑦ. ᑕᑯᓐᓇᙱᓚᐅᖅᓯᒪᕐᓇᖓ ᑕᐃᒪᐃᑦᑐᒥᒃ ᓴᐃᓕᒋᒥ ᓄᓇᕆᔭᐅᔪᕆᑦ ᑕᑯᓴᕆᐊᖅᓴᖅ ᐃᓅᖃᑎᒋᓐᓂᒃ ᐅᕙᑦᑐᑦ ᑕᐅᑐᑦᑐᕐᓂᒃ.

ᐃᓄᕐᓂᒃ ᑕᑯᒃᑕᑕᖅᑲᑦᑕᐊᓗᑕᑦ, ᖃᐅᔨᒪᓪᓗᑐᐊᖅᑐᖓ ᒪᒃᑯ ᐃᓅᖃᑎᑦᑕᑦᑖᓴᒃ ᐅᕙᑦᑐᑎᐊᖅ ᐃᒃᐱᖕᓇᕐᓂᕆᑦ ᐊᑭᕐᕋᕐᔪᒃᑐᖅᑎᓐᑑᖅᑐᑎᒃ ᐊᓪᓚᑐᑦᑕᐅᖅ ᑐᙵᓇᕐᑎᐊᓂᑦᑐᑎᒃᑕᐅᖅ ᐃᓅᖃᑎᒥᓂᒃ ᖃᓈᕐᒥᐅᑎᑦ. ᐃᒪᐃᒃᑲᓗᐊᖅᑎᑦᑐᕆᑦ ᐃᓐᓇᑦᑖᑦ ᐅᖃᐅᓯᖅᑲᕐᒥᓂᒃ ᐅᖃᑦᑕᒃᑲᓗᐊᖅᑎᑦᑐᕆᑦ, ᖃᑦᑐᓈᑎᑐᑦ ᐅᖃᐅᓯᑦᑕᕆᔭᐊᖅ ᐊᑐᖅᑕᐅᓂᖅᓴᐅᑕᐅᖅᓯᒪᕗᖅ. ᐅᖃᑦᑕᖅᑎᕆᑦᑐᕆᑦ ᐱᔭᕐᓂᖅᓯᐅᑎᑕᐅᖅᓯᒪᕗᖅ ᐊᑯᑦᑐᕐᒥᐅᑎᑐᑦ.

ᑕᑯᖅᓯᐅᑎᑦᑐᒍ ᐊᕙᓕᕐᑐᑦ ᐃᒃᐱᖕᓇᕐᑎᐊᖅᓯᐅᑎᑕᐅᖅᓯᒪᕗᖅ. ᐅᐊᑉᑕᐅᖅᓯᐅᑎᑕᐅᖅᓯᒪᓕᕐᕗᖅᑕᐅᖅ ᐃᓄᕐᒋᑦ ᖃᐅᔨᒪᓂᐊᕈᒪᕐᒥᑦ ᐊᓪᓗ ᖃᓄᐃᑦᑐᓇᐊᖅᓴᖅ ᐊᑐᖅᐸᒃᑕᕐᒥᓂᒃ ᐊᙳᓇᓱᓐᓂᕐᒥᒃ ᓂᕿᑦᑕᓇᕐᒥᓂᑦ ᐊᑐᖅᑕᓂ.

ᑕᑯᑦᑐᕆᑦ ᐅᔾᔨᓇᕐᑎᐊᒃᑲᓐᓂᖅᑐᕆᑦᑐ ᐃᓕᖅᑯᓯᕐᒥᓂᒃ ᓯᓕ ᐅᐊᑦᑎᐊᕈᓂᒃ ᐱᓯᒪᑦᑎᐊᕐᒥᒃ ᐊᑐᖅᑐᑦ ᐊᙳᓇᓱᙳᓂᕐᒥᓂᒃᑐ ᐅᔾᔨᓇᓇᒃᑲᓐᓂᖅᑲᓯᐅᑎᑕᐅᖅᓯᒪᕗᖅ ᐃᓱᒪᒃᑯᑦ ᐃᒻᒪᓐᓇᐅᓕᖅᑐᓂ ᐅᕙᓗᑦᑕᐅᖅ ᐅᑎᒧᑦ ᐊᑐᖅᑕᐅᖅᑲᑦᑕᖅᑐᕕᓃᑦ ᐅᑎᖅᕕᕆᒃᑲᓂᓇᐊᖅᑲᖅᑕᕗᑦ ᐃᓕᖅᑯᓯᑦᑎᓐᓃᑦᑐᑦ ᐊᓯᐅᕙᑦᑕᓕᐊᖅᑕᕗᑦ ᑖᓂ ᑲᓇᓕᒥ. ᐅᔾᔨᕆᑦᑕᕆᖃᕐᕋᑦᑕᐅᖅ ᖃᓄᖅ ᐃᓄᐃᑦ ᓇᔪᖅᑕᒥᓄᑦ ᐊᖅᑭᒍᑎᑦᑎᐊᓯᙳᓚᑕ ᓇᔪᖅᑕᒥ ᐊᕙᑦᑐ ᑕᒪᓇ ᖃᓄᐃᓐᓇᑦᑎᐊᖅ ᐊᑐᕐᕕᕆᔪᓐᓇᖅᓯᑦᑐᑦᑐᐅᒃ. ᓇᒻᒥᓂᖅᑕᐅᖅ ᖃᐅᔨᒪᖅᓯᐅᑎᑦᑐᐊᓕᑦᑐᒍ ᐃᓚᓴᓕᑦᑐᒍᑐ ᐊᓪᓗᑦᑕᐅᖅ ᐃᒃᐱᖕᓴᒃᑯᑦ ᐊᑲᐅᔫᑦᑕᕆᐳᕐᕆᑦᑐᒍ ᐱᖃᑕᐅᓯᒪᓂᓴᕋ ᓄᓇᑦ ᐃᒪᐃᓕᖑᕐᔪᕐᒧᑦᑕᐅᖅ ᐊᓯᐊᓄᑦ.

ᓂᕆᓴᖅᑲᓇᓴᒃᑐᖓ ᐃᒍᓇᕐᒥ ᓯᓈᖓᓂ ᐊᓕᓯᒥ ᑦᕙᕙ ᑕᐃᒫᙳᓴᕆᐊᖅᑲᐅᖅᑲ! ᓇᕐᒥᓂᖅᑕᐅᖅ ᖁᕕᐊᕆᑦᑕᕆᖅᓯᐅᑎᕐᒥᕐᑯ ᒪᑯᒃᑐᑦ ᐊᙳᓃᑦ ᑲᑎᖕᒥᔭᕗᖅ. ᐃᒪᒃᑕᐅᖅ ᐅᖃᐅᑎᖅᑲᔪᕆᑦᑐᑎᒃ ᐊᙳᓇᓱᒃᑎᐅᔪᒪᓂᕐᒥᒃ ᐊᕙᓕᓱᒃᑎᐅᑐᑎᒃ ᐅᕙᓕᑦᑕᕗᑦ ᖁᕕᐊᓇᕐᒥᒃ ᐃᒃᐱᖕᓴᓐᓂᒃ ᐊᑲᐅᔪᕐᒥᒃ ᐃᓄᖅᑭᖃᕐᕕᕆᑦᑐᐊᓂᕗᑦ ᑕᒪᓇ ᐱᑦᑐᒍ ᐊᓕᓯᒥᒃᑕᐃᑦ ᐃᓄᒻᒥᑦ ᐃᑲᔫᖅᓯᓂᓴᒪ ᐃᓕᕆᖅᑲᓯᐅᑎᑦᑐᓂᐅᒃ.

ᐃᒪᒃᑕᐅᖅ ᐅᖃᐅᑎᖅᑲᔪᕆᑦᑐᑎᒃ ᐊᙳᓇᓱᒃᑎᐅᔪᒪᓂᕐᒥᒃ ᐊᕙᓕᓱᒃᑎᐅᑐᑎᒃ ᐅᕙᓕᑦᑕᕗᑦ ᖁᕕᐊᓇᕐᒥᒃ ᐃᒃᐱᖕᓴᓐᓂᒃ ᐊᑲᐅᔪᕐᒥᒃ ᐃᓄᖅᑭᖃᕐᕕᕆᑦᑐᐊᓂᕗᑦ ᑕᒪᓇ ᐱᑦᑐᒍ ᐊᓕᓯᒥᒃᑕᐃᑦ ᐃᓄᒻᒥᑦ ᐃᑲᔫᖅᓯᓂᓴᒪ ᐃᓕᕆᖅᑲᓯᐅᑎᑦᑐᓂᐅᒃ.

ᓂᐅᕐᕚᒃᑐᓂ ᐅᕿᐊᕐᕕᒧᑦ ᑐᕋᒃᑕᐅᖅᓯᐅᑎᒋᕗᖅ ᐃᒪᐃᖅᓯᐅᑎᔪᕗᖅ ᓂᕿᖁᑎᖓᑦ ᒪᒪᓇᕐᑎᐊᑐᑦ ᐊᑐᐃᓐᓇᐅᑎᑕᐅᔪ! ᖁᕕᐊᓇᖅᓯᐅᑎᔪᒥᒃ ᓂᕿᖓᑦ ᐆᒃᑕᐃᓇᓂᕗᑦ, ᓇᒧᑐᐃᓐᓇᖅ ᐃᖕᒥᕐᒧᑦ ᓄᖅᑲᑲᐃᓐᓇᖅᑐᑦ ᓂᓇᓂᕐᒧᑦ.

ᒪᒃᑯᑦ ᐊᖑᑏ ᐃᑲᔪᕐᔪᑦᑕᐅᖅ ᐊᕕᐅᑐᓄᑦ ᐊᕙᓂᑦᑕᑦᑖᖅᑐᑦ. ᑭᒃᑯᐃᓇᑦᑎᐊᓂᑦ ᖁᕕᐊᕆᔭᐅᓴᓂᐊᖅᑕᖅᓯ ᐅᑯᐊ ᒪᒃᑯᑦ ᐊᖑᑏᑦ ᐃᓕᐸᑦᑕᕆᐊᑦᑐᑎᒃ ᐊᓪᓗ ᐱᔭᓂᐅᖅᓴᕐᓇᖅᑐᑎᒃ ᑕᒪᒃᑯᖓ ᐊᑐᖅᑕᐅᑎᐊᑐᓂᒃ ᐃᓕᖅᑯᓯᖏᑦ ᐊᓪᓗ ᖃᓄᖅ ᐊᑐᕐᓇᖅᓯᒍ ᐱᕆᖅᓯᐅᑎᓕᑦᑐᒍ.

ᐅᑦᕿᐊᒡᕕᒃ, ᐊᓛᓯᑲᒥ

ᔪᐃᓕ ᓴᙳᔭ ᐅᓂᒃᑳᖅᑐᖅ

ᐊᓪᓕᖅᐸᖅ: ᔩ ᓕᓇᑦ ᓴᐅᒥᖕᒥᑦᑐᖅ ᖃᐅᔨᒪᔪᓯᐊᓯᔪᓯᒪᓪᓚᑦ ᑕᒪᐃᒻᒪᑦᑐᓂ ᐃᒫᒃ ᐃᓕᖅᑯᓯᕐᒥᒍᑦ ᖃᐅᔨᒪᔭᖓ ᓯᑰᑦ ᒥᒃᓵᓄᑦ, ᐊᕙᓯᔪᕐᓂᖅ, ᐊᒻᒪᓗᑦᑕᐅᖅ ᐊᓯᐊᓗᖕᒋᓐᓂᒃ (ᔪᐃᓕ ᓴᙳᔭ, ᑕᓕᖅᐱᖕᒥᐅᑐᓂ).

ᑕᓕᖅᐱᖕᒥ: ᔩ ᓕᓇᑦ (ᐊᖑᓯᖕᓂᖅᓴᖅ) ᐊᑐᓕᕐᑐᓂᒃ ᖃᐅᔨᒪᓕᕐᑎᖕᒋᑦᑐᓂᖅᑕᕗᑦ ᐃᑲᔪᖅᑎᒋᔭᖓ ᐋᖅᑭᐃᕝᕕᔪᖅ ᐊᑐᓕᐅᑎᓂᒃ ᐊᑐᖅᑕᐅᓂᐊᖅᑐᖅ ᐊᕕᖕᒥᑦ ᖃᑭᑎᔪᖅᑎᕆᔪᓄᑦ ᓯᑯᒧᑦ.

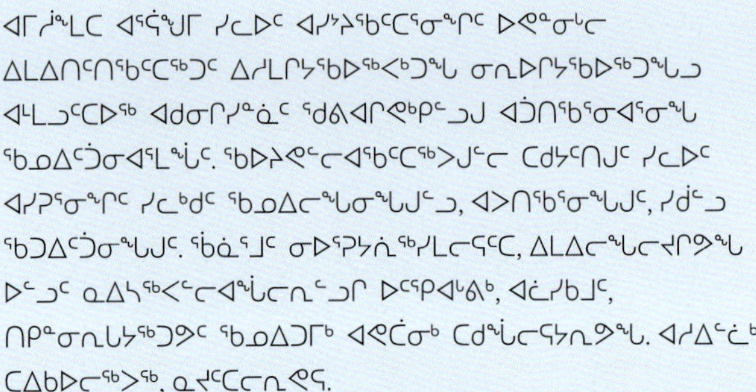

ᐊᒥᓲᖕᒪᑕ ᐊᕐᕚᖑᒥ ᓯᓚᐅᑦ ᐊᓯᔾᔨᖃᑦᑕᕐᓂᖏᑦ ᐅᕙᓐᓂᓪᓕ ᐃᒪᐃᑎᑦᑎᖃᑦᑕᖅᑐᑦ ᐃᓯᒪᒋᔭᖃᐅᖅᐸᒃᑐᖓ ᓂᕆᐅᒋᔭᖃᐅᖅᑐᖓᓗ ᐊᒻᒪᓗᑦᑕᐅᖅ ᐊᑯᓂᒋᓯᓐᓈᑦ ᖁᕕᐊᒋᕙᒃᑭᓪᓗᒍ ᐊᑰᑎᖃᕐᓂᐊᕐᓂᖓ ᖃᓄᐃᑦᑑᓂᐊᕐᒪᖔᑦ. ᖃᐅᔨᕙᓪᓕᐊᖃᑦᑕᖅᐳᒍᓪᓕ ᑕᑯᔭᑦᑎᒍᑦ ᓯᓚᐅᑦ ᐊᓯᕈᕐᓂᖏᑦ ᓯᓚᒃᑯᑦ ᖃᓄᐃᓕᖓᓂᖓᒍᓪᓗ, ᐊᐳᑎᖃᕐᓂᖓᒍᑦ, ᓯᑰᓪᓗ ᖃᑐᐃᑦᑑᓂᖓᒍᑦ. ᖄᓈᕐᒧᑦ ᓂᐅᕐᕈᔭᓈᖅᓯᒪᓕᕐᑦᑕ, ᐃᒪᐃᓕᖓᓕᕐᐱᒋᕗᖑ ᐅᓪᓗᑦ ᓇᐃᓴᖅᐸᓪᓕᐊᖔᓕᓇᓪᓗᒥ ᐅᑦᕿᐊᒡᕕᒃ, ᐊᓛᓯᑲᒧᑦ, ᑎᑭᓐᓂᓇᒐᓴᖅᑐᕗᑦ ᖃᓄᐃᑐᒥᒃ ᐊᕙᑖᓂᒃ ᑕᑯᖔᓕᕐᕋᓴᓇᕗᖓ. ᐊᓯᐃᓪᓛᒃ, ᑕᐃᑲᐅᓕᖅᐳᖅ, ᓇᔪᑦᑕᓕᓇᕙ.

ᐅᐃᔾᔭᓪᓚᒻᒪᕆᑦᐳᖓ ᐅᖅᑭᐊᕕᖕᒧᑦ ᑎᑭᐅᑎᖃᑕᐅᒐᒪ ᐱᖑᐸᓗᖕᒥᓪᓗ ᑕᑯᖏᑦᑎᐊᖅᑐᖓ. ᒥᕝᕕᖕᒥ ᐃᒡᓗᐊᓄᑦ ᐃᓯᖃᑦᑕ, ᑕᑰᖃᓕᖅᑐᒋ ᐃᓄᐱᐊᑦ ᐊᓐᓄᕌᖅᑐᖃᓇᔭᐅᕐᒥᔪᑦ ᓴᓇᐅᖅᓯᒪᕐᒥᔪᑦ ᐃᓕᖅᑯᓯᕐᒥᒍᑦᑕᐅᖅ ᐊᓐᓄᕌᓕᑦ, ᐊᓯᐃᓪᓛᒡᓕ ᑕᕝᕙ ᑐᑭᓯᒃᑲᓐᓂᕐᓂᓇᔭᒃᑯᑦ ᓯᕐᓗ ᐅᖃᐅᔾᔭᐅᓪᓗᖓ ᑕᕝᕙ ᑎᑭᐅᑎᕗᖓ ᐅᑦᕿᐊᒡᕕᒃ, ᐊᓛᓯᑲᒧᑦ. ᐃᓄᐃᑦ ᖃᓪᓗᓈᑎᑐᑦ ᐅᖃᓪᓚᒃᑐᑎᒃ ᒥᕝᕕᖕᒥ ᐊᒻᒪᓗᑕ ᖃᐅᔨᒪᔭᒃᑯᑦ ᐃᓅᖃᑎᒋᑦ ᑐᑭᓯᖃᑦᑕᐅᑎᓂᖏᓐᓂᒃ ᐅᖃᐅᓯᕐᒥᒍᑦ ᐊᒻᒪᓗ ᐃᒫᖑᔪᕐᒥᔪᖅ ᐃᒪᐃᑦᑐᖅᑕᖃᓗᐊᖃᓂ ᐅᖅᑲᐅᑎᒋᔭᐅᔭᓇᐊᖃᖅᑐᒥᒃ ᑐᑭᓯᔾᔨᑎᒋᒃᑲᓐᓂᕐᓂᐊᖅᑕᑎᓐᓂᒃ, ᐃᓄᐃᑦ ᑭᓇᑐᐃᓐᓇᕐᒧᑦ ᑲᑎᔭᒥᓄᑦ ᐊᑕᐅᓯᕐᒥᒃ ᐅᖃᐅᓯᕐᒥᒃ ᐊᑐᖅᑐᑎᒃ.

ᐃᒪᐃᒃᑲᔭᙳᐊᔪᓚᓗᐊᖅᑐᖓ ᓄᓇᑖᑦ ᕿᒥᕿᐊᓚᐅᕐᓗᒋᑦ ᑭᓯᐊᓂᓕ ᐃᓚᖅᖃᓯᐅᑎᔪᒋᕗᖅ ᑕᑯᔭᒃᓴᓂᒃ ᐃᖏᕐᕋᔾᔪᑎᒋᔭᕗᑦ ᐅᙳᐅᑎᖕᒪᑎᒍᑦ ᐃᓂᒋᓂᐊᖅᑕᑦᑎᓐᓄᑦ. ᑕᕝᕙᓂ ᐊᑰᑎᓂᐅᔪᒥ, ᐊᒥᓱᐊᓘᒋᓪᓗᑎᒃᑕᐅᖅ ᐅᔾᔨᕐᓇᖅᑐᑦ ᐊᒻᒪᓗ ᑲᓇᑕᒥᐅᑕᐅᓪᓗᓂ ᐊᔾᔨᐸᓗᒃᑖᓗᖏᑦ.

ᐊᓯᐃᓪᓛᒡᓕ, ᐅᓪᓗᖅ ᑎᑭᐅᑎᒋᓪᓗᓂ ᐅᕙᒍᑦ ᓯᑭᓗᒃᑯᕐᓂᐊᕐᓂᕗᑦ ᓇᓪᓕᐅᑎᒋᓪᓗᓂ ᑕᕝᕙᖕᓚᑦᑕᐃᓐᓇᐅᕐᒋᑦᑐᖅ. ᐊᑐᖅᑐᒍ ᐊᑖᑕᓐᓂᑦ ᐃᓚᑕᕙᓂᓯ, ᑲᒪᓕᓇᓪᓗᖓ ᑕᒪᓐᓇ ᐃᖏᕐᕋᓂᓗᔭᔭᑦ ᐊᑰᑎᒃᑲᓐᓂᕐᓂᐊᓕᕐᒍᒋᔭᕗᑦ ᐅᖅᓱᓐᓄᑦ ᕿᒥᕿᐊᒃᑲᓐᓂᖅᑐᖓ ᐊᒻᒪᓗᑦᑕᐅᖅ ᑕᒪᑐᒪ ᐊᕙᓐᑎᑦ ᖃᓄᐃᑦᑑᐸᓕᖕᓂᑦ ᑕᑯᖃᓪᓯᓂᑐᒍ. ᑕᒪᑐᒪ ᑕᐅᑦᑐᐊ ᐊᓯᐃᓪᓛᒃ ᑕᑯᓇᖅᑐᐊᓘᓪᓗᓂ. ᐊᑐᖅᓴᒃᑕᒃᑖᓂᒃ ᐊᑐᕐᓚᓕᓯᓪᓗᖓ ᐃᓕᖅᑯᓯᕐᒥᒍᑦ ᐃᓕᓐᓂᐊᕐᓂᕐᒥᑦ ᖃᓄᖅ ᐊᕐᕕᓕᓯᖃᑦᑕᕐᒪᖔᑕ ᑭᓯᐊᓂ ᐊᒻᒪᓗ ᖃᐅᔨᒪᓕᕐᓗᖓ ᐊᖑᓇᓱᒃᑎᐅᓂᕐᒥᒍᑦ ᑲᒪᒋᔭᐅᓇᓱᒃᑐᑦ ᐃᓅᖃᑎᒋᓐᓇᐅᑎᖏᓐᓂᒃ ᐊᒻᒪᓗ ᐊᕙᑎᒥᓄᑦ ᑕᒪᑐᒪ ᑕᐃᑯᓄᖓ ᐅᖃᐅᔾᔨᓚᐅᖅᑐᑦ ᐃᓅᓂᕐᒥᒍᑦ.

ᓯᓚᐅᑦ ᐋᖅᑭᒃᓯᒪᔪᕐᒋᓐᓂᒃ ᐊᐳᑎᐊᓂ ᐱᑕᖃᕐᓇᓂ ᓄᓇᑦᑎᓐᓂ ᐊᑐᖃᑦᑕᖅᑕᑦᑎᓐᓂᒃ ᓇᒧᑐᐃᓐᓇᖅ ᐃᖏᕐᕋᕕᒋᓇᓱᒃᑕᑦᑎᓐᓄᑦ ᖃᐅᔨᒪᔾᔪᑎᒋᕚᒃᑕᑦᑎᓐᓂᒃ, ᐊᒻᒪᓗ ᓄᓇᑐᔪᖅᑕᖃᕐᓂ ᖃᐅᔨᒪᔾᔪᑎᒋᓂᐊᖅᑕᑦᑎᓐᓂᒃ, ᐊᖏᕐᕋᒧᑦ ᖃᐅᔨᒪᔾᔪᑎᒋᓂᐊᖅᑕᑦᑎᓐᓂᒃ. ᓯᑯ ᒪᓃᑖᖅᑐᐊᓘᓪᓗᓂ ᐊᒻᒪᓗ ᓯᓚ ᑐᖑᓂᖅᑲᖅᑐᓂ ᓄᓇᑖᑦ ᖁᓕᑦᑎᐊᖓᒍᑦ. ᓯᑯ, ᒪᓃᑖᖅᑐᓂ ᐊᒻᒪᓗ ᒪᓃᑖᕐᔪᐊᖅᑕᖃᐅᖅᑐᓂ ᐃᑯᓂᐊᓗᖏᓐᓂᒃ ᑕᒪᒃᑯᐊ ᐃᓕᖅᑯᓯᓇᔭᐅᔪᓂᒃ ᖃᐅᔨᒪᔭᐅᒐᒥᒃ ᐃᓕᖅᑯᓯᖏᑦ ᑕᐃᒪᐃᓕᖓᒍᑦ ᐃᖏᕐᕋᓂᕐᒥᒍᑦ ᖃᐅᔨᒪᔪᐊᒍᓪᓗᑎᒃ. ᓇᖕᒥᓂᕐᓕ ᐊᑐᓚᐅᕐᒥᔭᕋ ᓯᑰᑦ ᐃᓚᐃᓐᓇᕙᒡᔪᐊᒍᓗᐊ, ᖃᐅᔨᔭᐃᓐᓇᓇᖏᑦᑎᐊᖅᑐᒍᓗ ᖃᓄᐃᓪᓕᑦ ᑖᒃᑯᐊ ᐃᓕᖅᑯᓯᓪᓚᓇᖏᑎᒍᑦ ᐊᑐᖅᑕᓪᓚᓇᒃᑕᖏ, ᐊᒻᒪᓗ ᖃᓄᖅ ᐸᕐᓇᒍᓯᓪᓚᓇᖏᑦ ᑕᒪᐅᖓ ᐊᕙᑎᒥᓄᑦ. ᑕᒪᓐᓇ ᐅᐊᑲᓪᓚᐅᓂᓇᔭᕐᒥᔭᖓᑦ, ᐊᑐᓇᐊᕐᓴᓇᓇᓪᓗᒍ ᑕᒪᑐᒪ ᓯᓚᖓᑕ ᐊᐅᓚᑕᖓ ᐊᒻᒪᓗ ᖃᓄᑎᒋᐊᓗᒃ ᖃᐅᔨᒪᔪᐅᓂᖓ.

ᑲᐱᑕᐃᑦ, ᐅᒥᐊᑦ, ᐊᖑᐊᖅᑎᑦ, ᐊᖁᑎᑦ, ᓇᐅᓕᒃᓯᐋᑦ, ᖁᑭᖅᓯᐋᑦ, ᐊᒻᒪᓗᑦᑕᐅᖅ ᐊᒥᓱᒃᑲᓐᓂᐊᓗᐃᑦ ᐊᑐᖅᑕᐅᕙᒃᑐᑦ ᐊᕐᕕᓕᓯᖃᑎᒌᒃᑐᑦ ᐊᕐᕕᓕᓰᑎᓂᒃ ᐅᒥᐊᓂᒃ ᑲᑎᖅᑕᓕᐅᖅᑕᕗᑦ ᐅᐱᖅᑐᑦ. ᒪᒃᑯᑦ ᐱᖃᑦᑕᑦᑎᐊᑕᓕᐅᓇᕗᑦ ᓯᑯᒥ ᓯᒍᑎᓇᓕᐊᖅᑕᐅᓯᒪᓪᓗᑎᒃ. ᐃᓄᐃᑦ ᐃᒪᐃᓕᐅᓄᕗᑦ ᐊᖑᓇᓯᐅᑎᓂᒃ ᐸᖅᑭᑦᑎᐊᖅᑐᑎᒃ. ᑕᒪᒃᑯᐊ ᐃᓄᖏᓐᓂᑦ ᐃᓚᐃᑎᑕᐅᓄᕗᑦ ᑕᐃᒪᑐᖅ ᑲᖏᕐᖃᑐᒪᐱᒥᓂᑦ ᑕᐃᒪᐃᓯᐅᑎᐅᔪᓇᓇᓯᐅᓇᕗᑦ ᑕᐃᑯᓄᖓ ᖃᐅᔨᕙᓪᓕᐊᑎᑦᑎᔪᓄᑦ ᐊᖑᓇᓱᒃᑎᐅᓂᕐᓄᑦ.

ᐊᑦᑎᑦᑎᐊᖅᑐᑦ ᓄᓇᖅᑲᖅᑎᒃᑭᑎᓐᓂᖃᖅᑐᑦ ᐱᖑᓯᐊᓂᑦ ᐊᕕᒃᑐᕐᓯᒪᓂᓐᓂᑦ ᐃᓕᓂᑦ ᐅᑦᖃᐅᓯᕐᓂᕐᓂᖓᓄᑦ ᐅᖃᓪᓚᒃᑐᓂᒃ ᐃᓕᓐᓂᐊᕐᓂᖅ ᑎᑎᕋᓱᒻᒪᓂᒃ ᖃᓄᖅ ᐊᕙᑎᑦᓯᖅᑎᓐᓂᒃ "ᐊᕕᒡᒥᒃ ᓇᓕᓐᓂᐊᖅᐳᖅ". ᑐᓴᖅᑕᐅᓂᓪᓗᑕ ᒪᓕᒐᖅᑎᒃᑲᓐᓂᖅᓯᒪᔪᓂᒃ ᖁᕕᐊᒋᔭᐅᓂᖃᕐᓂᕐᒥᒃ ᐊᒻᒪᓗ ᕿᓚᒥᑯᓗᒃ ᐃᓯᓕᖅᑐᖅᑐᓂ.

ᐃᖏᕐᕋᓯᑦᑐᑕ ᑕᐅᕗᖓ ᐊᕐᕙᓚᓲᕝᕕᑦᓯᐅᔪᒧᑦ ᐅᑕᖅᑭᐅᕝᕕᖓᓄᑦ ᓯᓈᖓᓂ. ᐊᖑᑏᑦ ᒪᕐᕉᒃ ᖃᑭᑦᑎᕙᐅᓂᐊᖅᑐᒨᕈᔾᔪᒃ ᐊᒃᑐᓈᕐᒥᒃ ᐊᒻᒪᓗ ᐊᕐᕙᒃᑕᐅᔪᖅ ᓄᓯᒃᑕᐅᕙᑦᑕᐊᑦᑐᓂ ᑕᕝᕗᖓ ᖃᑭᑕᐅᕕᒋᓂᐊᖅᑕᖓᓄᑦ ᓯᑯᒧᑦ.

ᐊᑕᐅᓯᖅᑕᐅᖅ ᐊᕐᕙᓲᒃᑏᑦ ᓴᐃᒻᒪᑎᕐᑯᑖᓂᒃ ᓇᑉᐸᐃᑦᑐᓂ ᐃᕗᓂᑦᓯᐊᓘᑦ ᐳᖅᑐᔫᑦ ᖄᖓᓄᑦ ᐊᖏᕐᕋᓕᓐᓂᑦᑐᓂ ᓇᔪᖅᑦᑎᓐᓂᑦ ᓴᐃᒻᒪᓯᖅᓯᔭᖅᑐᒃᑲᓐᓂᖅᑐᖅ ᑲᐱᑕᐃᒥ ᐃᒡᓗᖓᓄᑦ, ᓇᓗᓇᐃᓯᕗᖅ ᐊᖑᓂᕐᒥᓂᒃ. ᑕᐃᒪᐃᑦᑐᑦ ᐅᐊᑲᑦᓚᖓᒃ ᐊᐅᓚᑕᐅᔪᕗᑦ ᐋᖅᑭᑦᑎᐊᖅᓯᒪᔪᐊᓗᖓᒥᒃ.

ᐊᕐᕚᒃᑐᖅᑲᓇᕐᒪᑦ ᖃᑭᑕᐅᓚᐅᖅᑎᓇᒍ ᓯᓕ, ᐃᓅᑦ ᐃᓚᖓᑦ ᑐᒃᓯᐊᖅᑐᓂ, ᐅᕙᒍᑐᐊᖑᖏᑦᑐᖅ ᑐᒃᓯᐊᖅᑲᑎᒋᓖᑎᒍᑦ ᓯᑯᒥᐅᖅᑲᑎᒋᔭᕗᑦ, ᑭᓯᐊᓂᑦᑕᐅᖅ ᐅᕐᑲᓪᓚᐅᑎᕋᓛᒃᑯᑦ (VHF radio) ᓄᓇᓖᑦ ᐱᖅᑲᓯᐅᑎᓪᓗᑎᒃ ᓈᓚᖅᑲᓯᐅᑎᓪᓗᑎᒃ. ᑕᒪᓇ ᐆᒻᒪᑎᓐᓂᒃ ᐊᒃᑐᖅᓯᔪᔪᖅ.

ᓄᓇᓕᖕᓃᙵᖅᑐᑦ ᐃᓄᐱᐊᑦ ᑎᑭᐅᕋᓕᖅᑐᑎᒃ ᐃᑲᔪᕆᐊᖅᑐᑦ ᐊᒧᐊᓚᔭᐅᓂᐊᓕᕐᒪᑦ ᐊᕐᕙᒃᑕᐅᕋᑖᖅᑐᖅ ᓯᑰᑦ ᖃᖓᓄᑦ ᐊᒧᔾᔪᑎᓄᑦ ᐊᒃᓴᓗᐊᓕᖕᓄᑦ. ᓄᓯᒃᐸᓪᓕᐊᓕᕐᑎᒍ ᑕᒪᓇ ᐊᒃᑐᓇᐅᔭᖅ ᓯᓕᒃᑐᐊᓗᒃ, ᐊᕐᕙᓲᒃᑎᐅᑦ ᐃᓚᖓᑦ ᐊᒻᒪᓗ ᑲᐱᑕᐃᖓᑦ ᐅᖅᑲᖅᐸᓪᓕᐊᓪᓗᓂ (ᓲᕐᓗᓇ ᖃᓂᐅᖅᑲᖅᑐᖅ ᐊᒧᐊᓕᓯᓇᓲᑎᓪᓗᑕ) ᓯᑰᑦ ᖃᖓᓄᑦ. ᐊᒻᒪᒃᑲᓐᓂᖅᑕᐅᖅ, ᔩ ᓕᕚᑦ, ᐃᓕᑦᓯᕗᑦ ᓯᑯ -ᐃᓄᐃᑦ-Hᐃᓚ ᑖᒃᑰᔪᑎᒍᑦ ᐃᒪᐃᓕᓯᔪᓇᖅᑐᓂ ᐅᑎᕆᐊᔾᔭᐃᖅᓯᕐᑲᑦᑕᖅᑐᖅ ᐊᒃᑐᓇᐅᔭᕐᒥᒃ ᓱᒃᑲᔪᐊᕈᑎᓪᓗᒍ ᐃᒪᐃᑎᑦᑐᓂᐅᒃ ᐃᓄᐃᑦ ᐊᒧᐊᕐᒪᑕ ᐅᕐᑯᒪᐃᑦᑐᐊᓗᖓᒥᒃ ᐅᑎᕆᐊᔾᔭᐃᖅᓯᕐᑲᑦᑕᖅᑐᖅ ᐊᕐᕕᖓᒥᒃ ᐃᒫᓄᑦ. ᑕᐃᒪᐃᓕᐅᕐᓂᕆᔭᖓ ᐆᒻᒪᑎᓅᖅᓱᒃᑲᓂᖅᐳᖅ ᐊᒻᒪᓗ ᐃᓱᒪᓄᑦ ᓲᕐᑲᐃᒪ ᔩ ᖃᐅᔨᒪᔫᓗᖕᒥᓂᒃ ᐃᓕᖅᑯᓯᖅᓱᖅᑐᖅ ᐃᓕᑦᑲᓯᐅᑎᓪᓗᒍᓗ.

ᑖᒃᑯᐊ ᐊᖑᑦᑐᑦ ᖃᔪᑎᒥᓂᒃ ᑲᓕᓕᖅᐳᑦ ᐅᒥᐊᓕᔭᖅᑐᒥᒃ ᓴᐃᒻᒪᓯᖅᓯᒪᔪᒥᒃ ᓄᓇᓕᖕᓄᑦ ᐊᒻᒪᓗ ᓄᓇᖁᑦ ᓂᕆᖃᑎᒌᒃᑭᕗᑦ.

ᐊᒥᓲᒃᑲᓂᐊᔫᓚᐅᐊᑦ ᓯᓕ ᐅᓂᒃᑲᐅᓯᕆᔭᖅᑕᒃᑲ ᐅᑦᕿᐊᓪᕕᖑᒥᙵᖅᑐᑦ ᓄᓇᖓᑕ ᒥᒃᓵᓄᑦ, ᐃᑦᑕᕐᓂᓴᐃᑦ, ᐱᑐᖃᐅᖅᑐᖕᓂᒃ ᓄᐊᑦᑎᕙᒃᑐᑦ, ᐊᒻᒪᓗ ᐱᖃᓇᕆᔭᖅᑖᕆᓯᒪᓕᖅᑕᒃ. ᐅᑦᕿᐊᓪᕕᒃ ᓯᕗᓕᕆᓚᐅᖅᑕᑦᑎᓐᓂᑦ ᐊᖅᑯᓵᖅᑕᐅᓯᒪᖃᓯᐅᑎᖓᒪᑦ. ᐃᓅᓕᕐᓂᕆᑦᑐᖓ, ᐊᒻᒪᓗ ᐆᒪᕗᖓ ᑕᒫᓂ ᓄᓇᕆᓇᔭᒃᑕᓐᓂ ᓂᓪᓚᓯᐊᖓᔪᒥ ᐅᑭᐅᖅᑕᖅᑐᒥ ᓯᓚᕐᔪᐊᑦᑕ ᐃᓚᖓᓂ.

ᑕᒪᓇ ᓯᑯ ᐃᓅᓯᓐᓂ ᐊᑐᕐᑲᑦᑕᐅᔭᐃᓐᓇᖅᑕᕋ ᐱᑕᕐᑲᕐᓂᖓᓗ ᑕᒪᔾᔭᐅᓂᖓ ᐃᓯᒪᒃᑯᑦ ᐃᓅᓯᕐᒪ ᐃᓕᑦᓯᕐᑲᓯᐅᑎᑐᐃᓐᓇᖅᑯᐃᔩᕙᒃᑐᓂᐅᒃ. ᓯᑯ ᑕᒪᓇ ᐊᔾᔨᖏᓐᓈᕈᖕᓕᒪᑦ ᐊᔾᔨᖏᓐᓂᖓ ᐊᑐᖅᑕᐅᕐᑲᑦᑕᖅᐳᖅ ᐅᕙᑦᑎᓐᓄᑦ ᐃᓚᒃᑲᓐᓂᐊᕐᕕᐅᔪᒥ ᐅᖅᑲᐅᓯᕆᔭᕗᑦ, "ᑕᐃᑲᓃᓯᒪᔪᖓ". ᑕᐃᒫᒃ ᐅᖃᐅᓯᖅ ᐅᖃᐅᓯᕆᓗᓂᐅᒃ ᐊᑐᖅᑕᕐᒥᔪᖓ ᖁᕕᐊᓇᓂ ᐱᒃᑯᒍᓯᖕᓂᓂᓗ ᐊᓯᒥᓄᑦ ᐅᖃᖄᖓᒥ. ᐃᒦᒃᓇᓂᐅᕆᕗᑦᓕ, ᐅᑦᕿᐊᓪᕕᐅᑦ ᒥᒃᓵᓄᑦ ᐅᖃᐅᑎᕆᔪᒪᖕᒥᔭᕋ "ᐅᐸᒃᓯᒪᓚᐅᖅᓯᒪᔭᕋ".

ᖁᔭᓇᒦᒃ

ᐃᓚᒃᑲᓂᐊᕐᔪᐊ

ᖁᖓᓕᕐᓂᕐᒥᓗ ᐱᖃᓯᐅᔾᔨᓕᖅᑲᑦᑕᓚᑦᑐᖓ ᐃᓯᒪᕆᑦᑐᕆᒃ ᓈᖕᓯ ᐊᒻᒪᓗ ᔩ ᓄᓇᑦᑎᓐᓃᓕᐅᖅᓯᒪᖕᒥᔫᒃᑕᐅᖅ. ᓱᖅᑯᐃᕆᑦᑐᒍ ᐅᔾᔨᕆᓗᐊᙱᕐᑲᑦᑕᓕᑦᑐᒍ ᐃᖅᑲᓕᐊᖅᓯᒪᓕᐅᖅᑐᑦ ᐊᐅᓚᖅᓯᒪᓪᓗᑕ ᐅᓪᓗᓚᐦᓵᖑᕆᑦᑐᓂᒃ, ᐊᐃᕙᓗᑦᑐᓄᒃ ᐃᖏᖅᕋᑦᑐᓄᒃ ᓈᖕᓱᒃᑯᒃ ᔫᒃᑯᒃ ᑭᖑᓂᑦᑎᐊᖓᓃᑦᑐᓄᒃ ᐊᖏᕐᕋᖅᐸᓪᓕᐊᓕᖅᑐᑕ ᑲᖏᖅᑐᓖᐱᖕᒧᑦ ᓯᑭᑐᒃᑯᑦ. ᓄᓇᓕᓄᑦ ᑎᑭᐅᑎᕙᓪᓕᐊᓕᕋᑦᑕ ᐊᒻᒪᓗ ᐃᒡᓗᖏᑦ ᓴᖅᑭᑎᓪᓗᒋᑦ, ᓈᖕᓯ ᓯᑭᑐᖕᒥᐅᖅᑳ ᐅᐃᖓᑕ ᑕᓖᖓ ᖁᓪᓗᐊᒃᑎᑲᑕᑲᐃᓐᓇᖅᑕᖏᑦ ᖁᕕᐊᓇᖅᑯᒧᑦ. ᖁᖓᓯᔪᑎᕆᓚᐅᖅᓯᒪᕙᕋ ᐊᒻᒪᓗ ᐆᒪᑎᒐ ᖁᕙᖅᐸᓪᓚᖅᑎᑦᑐᓂᐅᒃ

ᐊᐃᕙ ᐊᒻᒪᓗ ᔭᐃᓕ ᓴᖑᔭ ᕿᒥᕿᕈᐊᖅᑑᒃ ᐊᕐᕙᓲᒃᑏᑦ ᐊᕕᐅᕈᑎᖓᑕ ᐃᓚᖓᓂᒃ ᐅᑦᕿᐊᓪᕕᐅᑦ ᓯᓈᖓᓂ.

13

ᑲᑭᒌᑦ

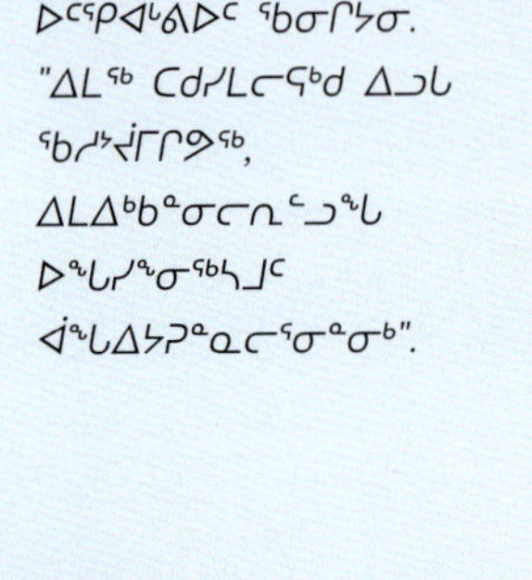

ᑕᓕᖅᐱᖕᒥ: ᐃᓄᐃᑦ ᐊᕐᕕᐅᖅᑐᑦ ᓯᓈᖓᓂ.

ᐊᓪᓕᖅ: ᑑᑯ ᐅᓯᒪ ᓯᓈᖓᓂ ᐅᑦᕿᐊᒡᕕᐅᑦ ᖃᓂᒋᔮᓂ. "ᐃᒪᖅ ᑕᑯᓯᒪᓕᖅᑯ ᐃᓗᒐ ᖃᓱᔾᕓᒥᒋᕗᖅ, ᐃᒪᐃᒃᑲᓂᓕᓐᓂᓪᓗᖓ ᐅᖓᓯᖕᓂᖅᓴᒧᑦ ᐋᖓᐃᔭᕈᓐᓇᓕᕐᓂᓐᓂᒃ".

ᐅᑦᕿᐊᒡᕕᒃ, ᐊᓛᓯᑲᒨᓚᐅᖅᓯᒪᓪᓚᑦᑕ

ᑑᑯ ᐅᓯᒪ ᐅᓂᒃᑳᖏᑦ

ᑕᐃᔅᓯᒪᓂ ᐅᐱᕐᖔᒃᑯᑦ ᓂᐅᕋᓚᐅᖅᓯᒪᓪᓚᑦᑕ ᐃᒃᑯᓄᖓ ᓇᒡᒍᐃᖅᑲᑎᑦ (ᐃᓅᖅᑲᑎᑦ) ᓄᓇᖓᓐᓄᑦ, ᐅᑦᕿᐊᒡᕕᖕᒧᑦ ᐊᓛᓯᑲᐅᑦ ᖁᑦᑎᖕᓂᖓᓄᑦ.

ᓯᕗᓪᓕᕐᒥᒃ, ᖃᓈᕐᒥᑦ ᐱᑐᒃᓯᐃᒧᑦ (ᑐᓕᒥᐅᑦ ᖃᖓᑕᓯᐅᖃᖅᕕᖓᓐᓄᑦ) ᐊᒻᒪᓗ ᐅᓪᓗᑦ ᐊᒥᓲᖏᑦᑐᑦ ᐋᕐᑕᒧᐊᒧᑦ (Baltimore). ᑕᐃᒃᑲᙵᑦ ᐃᖏᕐᕋᓂᕆᔾᑎᓐᓄᑦ ᐅᐸᓚᐅᖅᓯᒪᙵᑦᑎᓐᓄᑦ ᐊᐃᑉᐸᓕᐊᓕᕆᓪᓗᑕ ᐊᑐᖅᓯᒪᔾᑎᓐᓂᓕ. ᐱᕆᐊᕐᓂᖓᑐᑦ, ᑕᒻᒪᖃᑦᑕᕗᖅᑐᑦ, ᑲᓛᑦᑕᔾᔭᕐᓂᕐᓯᐃᑦ (ᐊᑯᑭᑦᑐᒥᐅᑎᑦᑐᑦ ᐃᓕᖅᑯᓯᖏᑎᒍᑦ ᐱᓪᓗᑕ). ᐊᖅᑯᓷᖃᑦᑕᕗᔭᖅᑐᑦ ᒥᐦᕚᑦ ᐊᖏᕚᑎᐊᓘᓪᓗᑎᒃ ᐃᓄᒋᐊᒃᑐᕖᕙᐊᕓᓘᓪᓗᑎᓗ, ᐊᔾᔨᒌᖏᑦᑐᐊᓘᓪᓗᑎᒃ ᐃᓂᒫᓃᑦᑐᑦ ᐅᐸᖃᑦᑕᖅᑕᑦᑎᓐᓂᓪᓕ ᐊᖏᕐᕋᑦᓂᓐᓂᑦ. ᐊᓯᐃᓪᓛᓪᓕ ᐊᓛᓯᑲᒧᑦ ᑎᑭᐅᑎᒍᑦ, ᑕᒪᑐᒪ ᓄᓇᖓ ᐅᑭᐅᖅᑕᕐᓂᖅᑲᖅᑐᒧᑦ ᐃᒪᐃᑦᑑᓕᖅᐸᓪᓕᐊᓪᓗᓂᓗ ᐊᖏᕐᕋᑦᑎᑐᑦ ᐃᒦᖑᕙᓪᓕᐊᖕᒪᑦ ᖁᑦᑎᒃᑐᓕᐊᖅᐸᓕᐊᓂᑦᑎᓐᓂᒃ. ᐊᔾᔨᒌᖏᔾᔭᖏᑎᔭᑐᐊᓇᕗᔭᖓ ᓯᕗᓪᓕᕐᒥᒃ (ᐋᖓᑯᓇᔾ-Anchorage) ᓯᐊᒻᒪᓯᕙᐊᓘᓪᓗᑎᒃ ᖁᕕᐊᓯᒡᕕᓯᐅᑎᐊᓗᐃᑦ ᓇᐹᖅᑐᑦ ᐊᒻᒪᓗ ᑐᒃᑐᑎᑐᐸᓘᔭᖅ ᑕᐅᑦᑐᓖᑦ (elks) ᓯᓚᑎᑦᑎᐊᖓᓂ ᑐᕙᕐᒥᕕᑦᑕ. ᐅᑭᐅᖅᑕᕐᓂᖓᓄᑦ ᑎᑭᐅᑎᓪᓗᑕ ᖁᑦᑎᒃᑑᓂᖓᓄᑦ, ᓄᓇᑭᑦᑑᔭᓗᖕᒨᖅᑐᑕ ᐱᖑᖅᑲᐅᖏᑦᑎᐊᖅᑐᒧᑦ ᐊᒻᒪᓗ ᑖᔅᓯᒪᓃᑲᐃᓐᓇᕐᓂᐊᓇᓪᓗᑕ.

ᐅᓪᓗᖅ ᑕᐃᓐᓇ ᓯᕗᓪᓕᖅᐹᖅ ᓱᕐᑯᑕᐅᕆᑦᑎᐊᖅᑐᓂ, ᐅᓪᓗᑦ ᑭᓯᐊᓂ ᖃᐅᑎᓪᓗᒍ ᑕᕝᕙᓕ ᐃᒃᑎᒍᓯᓕᖅᐸᓪᓕᐊᓕᖅᑐᖓ ᓂᕈᑭᓗᐊᑐᒦᓕᖅᐸᓪᓕᐊᖅᑯᐃᔾᔪᖓ ᓯᑯᒥ, ᐅᖓᓯᒃᑐᒧᑦ ᑕᑯᕕᒃᓴᐅᕆᒻᒪᑦ. ᑕᐅᓄᖓ ᑕᑯᒐᓗᐊᖅᑐᓂ ᑕᕝᕗᑐᐊᖑᓗᐃᑦ ᐳᖅᑐᕌᑎᐊᓗᐃᑦ ᒪᓃᓚᖑᓗᐃᑦ ᑕᑯᒃᓴᐅᕙᒃᑐᑎᒃ, ᐊᒻᒪᓗ ᓄᓇᐅᑦ ᒥᒃᓯᖔᖓᓄᑦ ᕿᕕᐊᖑᓗᐊᓇᓪᓗᓂ ᒪᓂᖑᐃᓐᓈᓗᒃ ᑕᑯᒃᓴᐅᓪᓗᓂ ᐱᖑᖅᑕᖅᑲᐅᕆᑦᑎᐊᖅᑐᓂ. ᓇᓗᓇᑦᑎᐊᖅᑐᓂᓗ ᐅᖅᑲᐅᑎᕆᔭᓇᐊᖓ ᑎᑭᐅᑎᓐᓂᓇᐊᓚ ᖃᙳᖅ (icefoot) ᓯᑯᒦᓕᓚᐅᖏᓐᓂᕐᒥ, ᓅᖅᑲᐃᒪ ᓱᖓᔭᖓ ᐳᒃᑭᑐᑯᔾᔪᖓᒪᑦ. ᑭᓯᐊᓂᓕ ᐃᓄᖏᑦ ᐱᖅᑲᓐᓂᑦᑎᐊᖅᑐᑎᒃ ᐊᒻᒪᓗ ᐱᖅᑲᑎᕆᔭᓇᐊᖃᖅ ᐊᑲᐅᑎᐊᖅᑐᑎᒃ.

ᐊᐅᓪᓚᓇᓪᓗᑕ ᓯᑯᒧᑦ ᓯᑭᓗᒃᑯᑦ, ᐱᖅᑲᑎᕆᓪᓗᑎᒍ ᐊᑕᖏᖅᑐᑕ ᐅᑦᕿᐊᒡᕕᖕᒥᐅᓪᓗ, ᐊᕐᕕᖅᓯᐅᕆᐊᖅᑐᑕ. ᑐᑭᒧᑐᐃᓇᖅ ᐃᖏᕐᕋᔪᓇᕐᓇᑕ ᓯᒃᑯᑦ, ᒪᓃᓚᖅᑐᐊᔪᖓᒪᑦ, ᐃᖏᕐᕋᓚᑦᑕ ᐊᖅᑯᑎᑦᑎᐊᕙᐅᓂᖏᑎᒍᑦ ᓴᐅᒥᖓᒧᑦ ᓴᖑᓚᐅᖅᐸᒃᑐᑕ ᑕᓕᖅᐱᖕᒫᕐᒧᑦ ᓴᖑᓕᖅᐸᒃᑭᓪᓗᑕ ᐃᖏᕐᕋᓂᓕᒫᑦᑎᓐᓂ ᐅᐸᓚᔾᑕᑦᑎᓐᓄᑦ. ᓴᖑᓪᓗᑕ ᒪᐅᖓᖕᒫᖅ ᐊᒻᒪᓗ ᑕᐃᒪᒃᑕᐅᖅ ᐃᖏᖅᑲᓂᓕᒫᑦᑎᓐᓂ ᐅᐸᓚᔾᑕᑦᑎᓐᓄᑦ. ᐊᓯᐃᓪᓛᒃ ᐃᒪᖅ ᑕᑯᔭᓇᖅᓯᑦᑕᖅᐸᕋ ᐃᓗᒃᑯᓪᓗ ᐊᑲᐅᓯᕖᓪᓕᒪᓇᒃᑐᖓ, ᐅᖓᓯᖕᓂᖅᓴᒧᑦ ᐋᖓᐃᔭᕈᓐᓇᖅᓯᔾᔪᒥᓚᓚ. ᐅᖅᑲᐅᔾᔭᓚᐅᖅᓯᒪᔪᑦ ᓂᐱᖅᑯᔭᐅᓇᑕ ᓯᓈᖓᓃᓐᓂᑦᑎᓐᓂ, ᐃᒪᐃᒃᑲᓗᐊᖅᑎᓪᓗᒍ ᐅᖓᓯᒋᓗᐊᙳᕆᑦᑎᓐᓂ ᓯᑭᓗᓚᓚᐃᑦ ᓂᐱᖅᑲᐅᖅᑐᐊᓂᑦᑎᓪᓗᑎᑦ. ᐃᓯᒪᓈᖅᑐᖅᑲᕗᖏᕐᒥᕗᓕ

ᓂᐱᖅᑯᔭᐅᖏᓐᓇᑦᑕ ᐅᐊᑦᑎᐊᕈᕐᓂᓴᐅᔩᖅᑐᓂ ᕿᓚᓗᒐᕐᓂᐊᑦ, ᐊᓪᓚᙳᐊᓂᒃ ᐊᒻᒪᓗ ᑯᔾᔪᓂᒃ, ᖃᑯᖅᑕᓂ ᕿᓚᓗᒐᕐᓂᐊᖅᑑᑦ, ᑕᐃᒪᐃᖅᑲᑦᑕᕐᓂᕐᒪᑦ, ᐅᓪᓗᒥᓕᑦᑕᐅᖅ ᖃᐅᔨᒪᓕᓐᓂᓪᓗᑕ ᑐᖅᑐᓚᒐᓗᐊᖅᑎᓪᓗᑕ, ᖃᐃᒐᓛᕋᓗᐊᖅᑎᓪᓗᑕ ᐊᕐᕕᖕᓄᑦ ᖃᐅᔨᖅᑲᑦᑕᕆᒻᒪᑦ ᑕᒪᑐᒥᖓ.

ᐊᑑᑎᓪᓗᐊᖅᑎᓪᓗᒍ ᑭᓯᐊᓂ ᐱᖅᑕᐅᓪᓗᐊᕗᖔᑦ ᐊᕐᕚᒃᑐᖅᑲᓪᓗᐊᕐᒪᑦ ᖃᓂᒋᔾᔭᑎᓐᓂ ᓇᕗᖅᑕᓴᔾᑎᓐᓂᑦ, ᐊᒻᒪᓗ ᐃᑲᕗᓇᓪᓗᑕ ᐊᕐᕕᒃ ᓯᑯᑦ ᖃᖓᓄᑦ ᐊᒎᐊᓚᓪᓗᑎᒍᑦ-ᐊᑲᐅᓈᑦᑎᐊᕗᖕᒪᑦ, ᐊᒻᒪᓗᑦᑕᐅᖅ ᖁᕕᐊᓇᖅᑲᓯᐅᑎᑦᑎᐊᓇᓪᓗᓂ. ᓂᕆᐅᕐᒥᖕᖏᑦᑎᓐᓂᒃ ᐊᑐᓕᓇᓪᓗᑎᑦ ᑐᓵᓪᓗᒋᑦ ᑐᖅᑐᓛᖅᑐᑎᑦ ᐊᕐᕕᐅᖅᑐᑎᓪᓗ, ᐃᓯᒪᖅᑲᕙᓗᐊᖅᑐᒍᑦ ᑐᓴᕋᓚᐊᒃᓴᖅ ᐃᓪᓕᖅᑲᑦᑕᖅᑐᓂᒃ ᐊᒻᒪᓗ ᖁᕕᐊᖕᓂᕐᒥᓂᒃ ᓂᓪᓕᐊᔭᕗᑎᖅᑲᖅᑐᑎᒃ ᐊᓯᐊᒍᑦᑕᐅᖅ. ᐃᓕᖅᑯᓯᕐᒥᓪᓕ ᐊᑐᖅᑐᑦ ᐊᑐᖅᑕᐅᓚᓕᕆᓪᓕᕙᕐᒥᒃ ᖁᕕᐊᓐᓂᕐᒍᑦᑕᐅᖅ ᐊᕐᕕᐅᕐᓂᒃᑯᑦ.

ᓄᓇᓖᑦ ᐅᑦᕿᐊᒡᕕᖕᒥᐅᑦ ᐊᔾᔨᖅᑲᕆᑦᑎᐊᓇᕗᑦ ᖃᓈᕐᒥᐅᓂᒃ. ᓯᑭᓗᖕᓂᓪᓕ ᐊᑐᖅᑕᕐᒪᑦ ᐊᙳᓇᓯᓕᕌᖓᒥᒃ ᐃᒦᖑᕆᓪᓕᕙᕐᓕ ᕿᒧᒃᓯᒃᑯᑦ ᐊᑐᖅᑕᖅᑕᑦᑎᓐᓂᒃ ᒦᓂ. ᓄᓇᑭᑦᑑᔭᕌᓗᖕᒪᕐᒥᒃ ᐅᕙᓐᓄᓪᓕ ᐊᑲᐅᑎᐊᕐᔭᖅᑐᖅ ᕿᒧᒃᓯᕐᕕᑎᔭᓇᐊᖓ.

ᐃᒪᐃᒃᑲᔾᙳᐊᖅᑎᒃᑭᙵᒃᑕᐅᖅ ᓯᕗᓂᒃᓴᑦᑎᓂ ᐃᓇᐅᓂᖅᓴᐃᑦ ᐅᑦᕿᐊᒡᕕᖕᒥᐅᑦ ᐊᑐᐃᓇᐅᕐᑯᕆᓪᓗᕆᑦ ᒪᒃᑯᖅ ᐱᖅᑕᐅᖅᑕᐃᓇᕐᓗᑎᒃ ᐊᑐᖅᑕᖅᑕᓕᒥᓄᑦ ᑭᓯᐅᐃᓇᕐᓄᑦ. ᐳᐃᒍᔾᔭᖏᓕᒥᔭᖅ ᑕᒪᓇ ᐃᓕᑕᖅ ᐊᒻᒪᓗ ᐊᑐᖅᑕᐅᓚᐅᕐᓂᓴᖅ ᑖᒪᓂ. ᐃᓇᕈᒃᑲᓂᑎᐊᖅᐳᖓ ᐊᖏᔪᒥ ᑲᑎᖕᒪᓪᓗᑕ ᐊᑐᓚᐅᖅᑕᑦᑎᓐᓂᒃ ᑕᒪᑐᒥᖓ ᐊᑐᖅᑲᑎᖄᓯᒪᓂᑦᑎᓐᓂᒃ. ᐃᒪᐃᒃᑲᓂᕗᖓᑦᑕᐅᖅ ᓂᕆᐅᕐᓯᒪᔭᖅᑐᖓ ᒪᒃᑯᓐᓂᖅᓴᐃᑦ ᐊᒥᓱᑦ ᐅᖅᑲᐅᓯᑐᖅᑲᕐᒥᒃ ᐅᖃᓪᓗᒃᓇᖅᑯᓪᓗᑦ ᓯᕗᓂᒃᓴᑦᑎᓐᓂ, ᓱᖃᐃᒪ ᐅᖃᐅᓰᑦ ᐊᑐᑦᑕᖏᑦ ᒥᒃᓯᒃᑲᑎᑭᒥᐊᑭᑐᑯᓗᐃᑦ ᐅᕙᑎᓐᓄᑦ ᐃᓚᒃ ᐅᖃᐅᓯᑎᓐᓄᑦ, ᐃᒪᐃᒻᒪᓂᖓᒪ ᓲᖃᐃᒪ ᐅᕙᒍᑦ ᔫᓐᓃᑦ ᑐᑭᓯᕙᓇᓪᓗᑎᒍᑦ ᓱᒃᑲᐃᓐᓂᖅᓴᒥᒃ ᐅᖃᓪᓚᒃᑎᓪᓗᑎᑦ.

ᖁᔭᓐᓇᖅᓯᐊᖅ (ᖁᔭᓇᒦᕕᐊᕗᐊᕋᓗᒃ) ᐃᒃᐱᒋᔭᐅᑎᐊᓚᐅᕋᑦ ᐃᓕᔅᓯᓐᓄᑦ ᓂᐅᕋᖅᑲᑎᓪᓗᑕ.

ᐊᑐᖅᑐᒍ ᐱᖃᑕᐅᕕᒋᓚᐅᖅᑕᕋ ᐊᓖᓯᑲᒥ

ᒪᒪᐆᑦ ᑯᓇᕐᑕᓐᓴᓐ ᐅᓂᒃᑳᖏᑦ

2007-ᖑᑎᓪᓗᒍ ᐅᑦᑭᐊᖕᕕᒃ ᐅᐸᓚᐅᖅᓯᒪᒐᑦᑎᒍ ᑖᒃᑯᑎᒎᓇᖅ ᓱᑯ-ᐃᓄᐃᑦ-Hᐃᓚ ᐱᓕᕆᐊᕆᔅᑎᒍ, ᐊᑲᐅᓪᓗᓂ ᐊᑑᑎᙯᑦ ᐊᑐᖅᑕᑦᑕ ᐃᒪᐃᒃᑲᓐᓂᕿᑎᒋᔪᓐᓇᖅᑐᑎᒍ ᑕᑯᖃᑦᑕᖅᑕᒍᑦ ᐊᒥᓱᕆᐊᒃᑲᓐᓂᕐᓗᒋᑦ ᐊᒍᖓᒃᑲᓐᓂᐅᔭᖅ ᑕᑯᒃᑲᓐᓂᖅᓯᒪᔭᖃᓕᕐᓗᑕ.

ᐅᐸᒃᓯᒪᔅᑎᓐᓂᒃ ᐊᕝᕚᒃᑐᓂᒃ ᐅᐸᒃᓯᓯᒪᓚᐅᖅᓯᒪᕙᒍᑦ ᑕᐅᕙᓂ, ᐃᓕᒃᑲᓐᓂᖁᓲᒃᑐᑕ ᐊᕝᕙᓱᖓᓂᖓᑦ ᐃᓕᒃᑲᓐᓂᕐᓂᐊᖁᑎᒍᑦ ᐃᓕᖅᑯᓯᖏᑎᒍᑦ. ᐊᑕᐅᓯᖅ ᑕᐃᓐᓇ ᐅᔾᔨᕆᓗᐊᙳᐊᕐᒥᔭᖁ ᕿᒻᒥᓂᒃ ᐊᑐᖃᑦᑕᖏᑦᑎᐊᖅᑐᑦ ᐊᖑᓇᓯᓕᕌᖓᒥᒃ, ᐱᖃᐅᖁᓗᐊᕈᑎᒃ, ᐊᒻᒪᓗ ᐃᒫᖑᕆᓪᓗᑎᒃ ᐊᐅᓚᐅᑎᓕᖓᓂᒃ ᓇᒨᖓᑲᑕᐅᑎᖃᖃᑦᑕᖅᑐᑦ ᐃᓕᖅᑯᓯᑦᑕ ᐊᔾᔨᖏᑦᑎᐊᖅᑕᖓᒍᑦ ᐱᔾᔪᓯᓖᑦ. ᒪᓕᒃᑐᑎᒍᑦ ᐊᖑᓇᓱᒋᐊᖅᑐᑦ ᐊᕝᕙᖑᓱᒋᐊᖅᑐᑦ ᓱᓈᖓᓂᑦ, ᑕᒪᓐᓇ ᐊᔾᔨᖃᓚᐅᖏᓐᓂᖔᖅ ᐊᑐᓕᒫᖏᑕᖔᑦ ᐊᑐᐃᓐᓇᐅᑎᓪᓗᒍ ᐅᕙᑦᑎᓐᓄᑦ ᐃᒪᐃᖅᑕᑦᑕᖓᔪᖏᓐᓇᒥᒃ ᒪᓕᒃᑎᑦᑎᓗᑎᒃ ᓄᓇᖅᑲᑎᒋᙳᕆᑕᒥᓂᒃ ᐊᖑᓇᓯᕆᐊᕐᓂᖅᒥᓂ ᑕᒪᓐᓇ ᐊᑐᖓᕆᔭᖑᑦᑕ ᐱᖅᑯᔭᕆᖅᑲᓯᐅᑎᓪᓗᓂᐅᒃ. ᑕᑯᓐᓇᓚᐅᖅᓯᒪᕙᖔᑦ ᐊᕝᕚᑎᓪᓗᒋᑦ ᐊᒻᒪᓗ ᓇᖕᒥᓂᖅᑕ ᑐᓯᕆᖕᒋᑦᑎᐊᖅᑐᒋᑦ ᐊᒃᑐᕕᓯᐊᕋᓗᖕᒥᒃ ᐱᔭᖅᖅᑎᓪᓗᒋᑦ. ᒪᓕᒃᑭᓪᓗᑎᒃᑕᐅᖅ ᓱᖓᓕᕐᒥᓂᑦ ᐊᑐᖅᑕᐅᔪᕕᓂᕐᓂᒃ ᐃᓕᖅᑯᓯᕆᑦ ᐃᓚᒋᖅᑲᓯᐅᑎᓕᕐᓂᕐᒪᒍ, ᐃᒪᐃᒃᑭᓪᓗᓂᑦᑕᐅᖅ ᐅᐊᑲᓪᓛᓗᖒᒃ ᐃᒃᐱᒍᓱᒃᑲᓯᐅᑎᓇᑦᑎᐊᖅᑐᖅ ᖃᐅᔨᓪᓗᒍ. ᓂᐅᕿᕕᒋᓯᒪᔭᑦᑕ ᖃᐃᖅᑯᓯᒪᒋᓪᓗᓂᑎᒍᑦ ᐃᑦᑕᕐᓂᓴᖅᖃᕐᕕᒋᔭᒥᓄᑦ ᑕᑯᔭᖅᑐᑐᐃᓇᕐᓂᐅᑦ ᐊᓯᐊᒍᑦ ᐊᐅᓚᑦᑎᕕᐅᖃᑦᑕᓇᓪᓗᓂ ᐊᒻᒪᓗ ᐅᐸᒃᓯᖃᓯᐅᑎᔾᔪᒥᔪᒍᑦ ᕿᓚᐅᔾᔭᖅᑐᓂᒃ ᒧᒥᖅᑐᖃᐅᖅᑐᓂ. ᖃᐃᖅᑲᒃᑯᒃ ᑑᒃᑯᒃ ᒧᒥᖃᑕᐅᓪᓗᑎᒃ ᐅᕙᖓᓚ ᐱᖃᑕᐅᓇᖓ ᐃᓕᖅᑯᓯᕆᖅᓯᐅᑎᖏᓐᓇᒃᑯ ᐃᓅᓯᑎᒍᑦ ᐊᒻᒪᓗ ᕿᓚᐅᔾᔭᕐᓂᖏᑦ ᐊᔾᔨᖏᑦᑎᐊᖅᑕᖓᓂᒃ ᓄᓇᑦᑎᓐᓂ ᐊᑐᖅᑕᐅᕚᒃᑑᑦ. ᑕᑯᕋᓈᖅᑐᒍ ᑕᑯᕋᓐᓂᖅᑑᒪᓇᐅᓪᓗᓂ, ᐊᒻᒪᓗ ᐃᓱᒪᒃᑯᑦᑕᐅᖅ ᐃᓚᒌᑦ ᐊᑕᖏᖅᑐᑎᒃ ᓇᖕᒥᓂᖅ ᕿᓚᐅᔾᔭᐅᑎᖃᕐᓗᑎᑦ ᐊᒻᒪᓗ ᒧᒥᐅᓯᖃᕐᓗᑎᒃ.

ᑲᑎᒪᓪᓗᑕ ᐅᑦᑭᐊᖕᕕᒃᒥ, ᐃᓐᓇᑐᖃᐃᑦ ᑐᙵᓇᑦᑎᐊᖅᑐᑎᒃ ᐱᖃᑕᐅᓂᖏᑦ ᐊᒻᒪᓗ ᐊᓐᓂᕈᔾᔨᓂᖅᑕᖃᕐᑎᑦᑎᐊᑐᑎᒃ ᖃᐅᔨᒪᓂᖏᑦ. ᐱᖃᑕᐅᔪᒪᑦᑎᐊᕐᓂᕐᒋᑦ ᐅᐊᖑᖃᓯᐅᑎᔪᕆᒐᖅ ᐱᖁᐊᖑᖃᓯᐅᑎᔪᐊᓘᓪᓗᑎᒡᓗ.

ᓂᕿ, ᐱᓗᐊᙳᐊᖅᑐᓂ ᐊᕕᖓᙶᒐᕕᓃᑦ ᐆᓈᓗᐃᑦ, ᒪᒪᖅᑐᐊᓘᓪᓗᑎᒃ. ᓄᓇᒧᑦ ᐃᓗᓕᐅᖅᓯᒪᔪᑦ ᖁᐊᒃᑯᕕᖏᑦ, ᓱᑲᓇᖅᑐᒥᒃ ᐊᑐᖏᑦᑎᐊᖅᑐᑦ, ᐱᖃᓯᐅᑎᓇᔪᖕᒥᔪᑦ ᑕᑯᔭᕆᐊᖏᑦ ᐅᐊᑲᓪᓚᒋᓇᖅᑐᑎᒃ ᑕᑯᔭᕆᐅᕐᓂᒃᑯᑦ.

ᒪᒪᐆᑦ ᑯᓇᕐᑕᓐᓴᓐ (ᓴᐅᒥᖕᒦᑦᑐᖅ) ᖃᐃᖕᒫᖅ ᓃᐅᕐᓴᓐ, ᐊᒻᒪᓗ ᔦᐃᓕ ᓴᖑᔭ ᕿᒥᕐᕈᐊᖅᑐᑦ ᐅᑦᑭᐊᖕᕕᖕᒥ ᐊᕕᐅᓂᕐᒧᑦ ᐱᓕᕆᔾᔭᑕᐅᖕᒥᔭᒥᒃ.

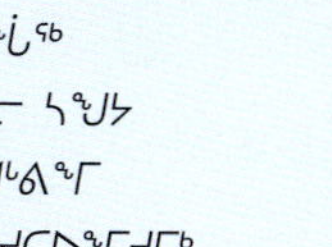

ᑲᖏᖅᑐᒑᐱᒃ

ᑲᖏᖅᑐᒑᐱᖕᒥ, ᐊᖑᓇᓱᖕᓂᖅ ᓇᒧᑐᐃᓐᓇᕐᓗ ᐃᖏᕐᕋᖅᑕᕐᓂᖅ ᐊᑑᑎᖃᑦᑕᖅᐳᖅ ᐊᕐᕌᒍᓕᒫᖅ. ᐊᑯᓂᓕᕈᑦ, (ᐊᒥᕋᐃᔭᐅᑦ) ᓲᐱᐱᓚᐅᑎᓪᓗᒍ, ᖃᐅᔨᒪᔭᐅᓪᓗᓂ ᓇᓕᐅᒪᑎᓪᓗᒍ ᐅᑕᖅᑭᕕᐅᓚᔪᒃᑐᖅ ᓯᓚᐅᑦ ᐊᓯᔾᔨᒃᑲᓂᕐᓂᐊᕐᓂᖓᓂᒃ. ᑕᒪᓐᓇ ᐊᑑᑎᑎᓪᓗᒍ ᐊᐳᑎᖂᖅᑲᑦᑕᓕᖅᐸᓪᓕᐊᓕᖅᑲᑦᑕᖅᐳᖅ ᓄᓇ, ᐅᕝᕙᓘᓐᓃᑦ ᖃᖓᑦᑎᐊᒃᑯᑦ ᐊᑑᑎᓕᕐᓂᐊᖅᑐᖅ, ᐊᒻᒪᓗ ᐃᓄᖏᑦ ᐅᑕᖅᑭᓕᖅᑐᑎᒃ ᓯᑯᓕᕐᓂᓇᒐᔭᖅᑕᖕᒐᓂᒃ. ᐊᖑᓇᓱᒃᐱᑦ ᓇᑎᖅᑲᑦᑕᖅᑐᑎᒃ ᐃᒪᑐᐃᓐᓇᕐᒥᑦ ᐅᒥᐅᒃᑯᑦ ᐊᒻᒪᓗ ᓄᓇᒥ ᐃᓄᖏᑦ ᖁᕕᐊᒃᑭᓪᓗᑎᒃ ᓄᓂᕗᖓᕕᒃᓴᐅᓕᕐᒪᑦ-ᐸᐅᖖᒐᓂᒃ, ᑭᒍᑕᖏᕐᓇᕐᓂᓪᓗ, ᐊᒻᒪᓗ ᕿᔪᒃᑖᓂᒃ (ᐊᑐᖅᑕᐅᖅᑲᑦᑕᖅᑐᑦ ᕿᔪᑦᔭᐅᓪᓗᑎᒃ ᐆᔪᓕᐅᖅᑐᓄᑦ ᐃᒐᓪᓗᑎᒃ). ᐊᒃᑑᕙᒥ ᐃᓄᐃᑦ ᐊᕿᒡᒋᖅᓯᐅᓕᖅᑐᑎᒃ ᐊᒻᒪᓗ ᕿᓚᓗᒐᕐᓂᐊᖅᑲᑦᑕᖅᑐᑎᒃ. ᒫᓐᓇᑦᑎᐊᖅ, ᑕᐃᒪ ᓯᑰᔭᐊᑦ, ᐳᒃᑖᑦ ᑎᑭᐅᑎᓂᐊᓕᕐᒥᖕᒪᑕ, ᖁᑦᑎᖕᓂᖅᓴᓅᖕᒫᖅᑲᑦᑕᖅᑐᑦ ᐃᒪᐅᑦ ᐃᖏᕐᕋᓂᖓ ᐊᑐᕐᓗᓂᔾᔪᒃ, ᖃᐅᔨᒪᔾᔪᑕᐅᖕᒥᔪᖅᑕᐅᖅ ᐊᖑᓇᓱᒃᑎᑦᓚᖓᓄᑦ ᖁᐊᖅᐸᑦᓕᐊᓂᖓ ᑕᐃᒪ ᑎᑭᐅᑎᔭᓇᐊᕿᒡᓕᕆᕗᖅ. ᐊᓯᐃᑦᑏᓪᓕ, ᐃᒪᖅ ᓯᑯᐊᖅᑲᑦᑕᓕᕐᒪᑦ ᓯᑯᓕᖅᑐᓂ ᑕᕝᕙ ᑎᑭᐅᑎᕗᖅ. ᐊᑎᖅ ᑖᓇ ᓅᕕᐸ, "ᑐᓴᖅᑑᑦ" ᐃᓕᓴᕋᐃᓐᓇᖅᑐᓂ ᐊᑑᑎᔪᖅ ᑖᒪᓂᐅᑎᓪᓗᒍ ᓇᓗᓇᐃᖅᓯᖕᒥᔪᖅ ᓯᑯᕗᖅ ᐊᓯᐃᑦᑏᑦ ᓇᑦᓕᕈᑎᕙᒥ. ᑐᓴᖅᑑᑦ ᑐᑭᖃᖅᐳᖅ, ᐊᑑᑎᓪᓚᓐᓇᒃᑐᒥᒃ, 'ᑐᓴᖅᑕᐅᑎᓲᖑᓂᖅ ᐊᑑᑎᕗᖅ'. ᐅᐊᑦᑎᐊᕈᕐᓂᓴᐅᓪᓗᓂ, ᓯᑯᑎᓪᓗᒍ ᑐᑭᖃᖅᑐᓂ ᑕᕝᕙ ᐃᓄᐃᑦ ᐃᖏᕐᕋᔪᓐᓇᖅᓯᕗᑦ ᑕᒪᐃᓐᓄᑦ

ᑕᓕᖅᐱᖕᒥᑦ: ᐊᖅᑯᑎ ᐃᓄᒋᐊᒃᑎᕙᓪᓕᐊᑎᓪᓗᒍ ᑲᖏᖅᑐᒑᐱᖕᒥ ᑕᐃᓱᒪᓂ 1970-ᓂ.

ᐊᓪᓚᖅ: ᑕᒪᓐᓇᑦᑕᐃᓐᓇᐅᒐᓗᐊᖅ ᐊᖅᑯᑎ ᑕᑯᒃᓴᐅᔪᖅ ᑲᖏᖅᑐᒑᐱᖕᒥ ᐃᒫᐸᓗᑦᑎᐊᖅ ᐊᕐᕌᒍᑦ 30-ᐸᓗᐃᑦ ᑭᖑᓂᖓᒍᑦ, ᑕᐃᒃᒪᓂ 2008-ᖑᑎᓪᓗᒍ.

ᐱᔭᓇᐊᑭᓐᓂᖅᓴᐅᓕᖅᑐᓂ ᐅᖓᓯᒋᔭᕋᓗᐊᖓᓂᑦ ᓄᓇᓕᖕᓂᑦ ᐊᒻᒪᓗ ᑲᑎᔾᔪᑎᔪᓐᓇᒃᑲᓐᓂᓕᕋᒍᑦ. ᑕᖅᑭᒐᓴᐃᑦ ᐃᒪᐅᓪᓗᓂ ᐊᒻᒪᓗ ᑲᑎᖕᒪᖅᑎᕆᓪᓗᐅᕐᒥᒪᑕ, ᑐᓴᐅᒪᒃᑲᓐᓂᕈᓐᓇᖅᓯᒍᑦ ᐊᑐᓚᐅᖅᑐᓂᒃ ᐱᖅᑲᓐᓇᓇᔭᒍᑦ ᐊᒻᒪᓗᑦᑕᐅᖅ ᐃᓚᒍᑦ ᑕᖅᑭᐅᔪᔪᓂᑦ ᐱᓪᓗᒍ ᓇᒧᑐᐃᓐᓇᖅ ᐃᖏᕋᖅᑕᕐᓂᐅᑦ ᒥᒃᓵᓄᑦ, ᐊᖑᓇᓱᖕᓂᖅ, ᐃᓅᔪᕕᓃᑦ, ᐊᒻᒪᓗ ᐃᓅᔪᓐᓂᑐᕕᓃᑦ. ᑐᓴᖅᑑᑦ ᓯᑯᖃᓕᓇᕐᓂᐅᑦ ᐱᕆᐊᕐᓂᓇᓐᓂᕐᒪᒍ ᐊᕐᕌᒍᒥᑦᑕᐅᖅ ᐊᑑᑎᖃᓯᐅᑎᔪᑦ ᐃᓚᒋᓪᓗᓂᔾᔪᒃ ᐊᒻᒪᓗ ᐃᓅᓯᑦᑕ ᖃᓄᐃᓕᖖᒐᓂᖏᑦ ᐊᒥᓲᒋᓪᓗᑎᑦ ᑐᓴᖅᑕᐅᔪᑦ ᐃᓅᖅᑲᑎᒋᔭᒍᑦ, ᐃᖏᕐᕋᖅᑕᕐᓂᖅ, ᐊᒻᒪᓗ ᐊᖑᓇᓱᖕᓂᖅ.

ᓯᑯᖕᒪᑦ ᑕᐅᕙ, ᓯᕿᓂᖅᑲᕈᓐᓃᖅᑐᓂ, ᐊᒻᒪᓗ ᐲᓯᐱᓇ ᑎᑭᐅᑎᓚᐅᖅᑎᓐᓇᒍ ᓯᕿᓐᖑᔭᐅᑦ ᐃᑲᕋᖕᒐᓂ ᑖᖅᑕᐃᓐᓇᓕᖅᑐᓂ ᑕᐃᓯᒪᓂ ᑭᓯᐊᓂ ᑕᐃᓯᔫᖕᒐ ᔫᓐᓄᐊᓇ ᐊᒃᐸᓇᐊᓕᕐᓂᖓᓄᑦ. ᐃᓄᐃᑦ ᐊᑐᖅᑲᑦᑕᖅᑕᖏᑦ ᓄᖅᑲᖅᑲᑦᑕᖏᒻᒪᑕ, ᐃᒫᒃᑲᓐᓂᐅᕆᒐᕐᓯᑦᑕᐅᖅ, ᐊᒻᒪᓗ ᑕᒪᒃᑯᐊ ᑕᖅᑮᑦ ᐃᒪᐃᑦᑐᓄᑦ ᓇᓪᓕᖅᑕᐅᓯᒪᒃᑲᓐᓂᕙᑦ ᑐᒃᑐᓐᓇᓱᙵᐅᓪᓗᑎᒃ ᐊᒻᒪᓗ ᓇᑦᑏᑦ ᐊᓪᓗᑎᒍᑦ. ᕚᕝᑯᐊᓇᒥ ᐃᒪᐃᓕᖅᓯᐅᑎᖅᑕᓂᕙᖅ ᓂᓪᓚᓱᒃᑐᐊᓗᒃ ᑎᑭᐅᑎᓪᓗᓂ ᐊᒻᒪᓗ ᐱᖅᓱᖕᓃᑦ, ᑭᓯᐊᓂᑦᑕᐅᖅ ᐃᖅᑲᓗᒐᓱᖕᓂᐊᓗᐃᑦ ᓯᑯᒃᑯᑦ ᐊᒻᒪᓗ ᓇᑦᑏᑦ ᓄᓇᖅᔭᓕᐅᕐᓂᖏᑦ ᖃᖓᑦᑖᖅᓯᐅᓕᕐᒪᑦ ᓇᓂᔭᐅᖅᑲᑦᑕᖅᐸᓪᓕᐊᓕᓪᓗᑎᒃ. ᐃᓄᐃᑦ ᓇᒧᑐᐃᓐᓇᐅᕙᓪᓕᐊᓕᓪᓗᑎᒃ ᐃᖏᕐᕋᓪᓗᑎᒃ ᕿᔾᔪᒃᓯᒃᑯᑦ ᑖᓂ ᐊᑑᑎᓕᖅᑎᓪᓗᒍ ᐊᒻᒪᓗ ᑖᒃᑯᐊᒃ ᒫᑦᓯ ᐊᒻᒪᓗ ᐊᐃᑉᐸᓕ ᐃᖏᕋᕕᒃᓴᑦ ᓇᒧᑐᐃᓐᓇᑦᑎᐊᖅ ᐊᑑᑎᑦᑎᐊᓕᓪᓗᑎᒃ. ᓯᕿᓂᖅ ᓴᖅᑭᑲᐅᖅᑐᖅᑲᑦᑕᖅᑐᓂ ᐊᒻᒪ ᒪᐃᖑᓕᖅᑎᓪᓗᒍ ᓯᕿᓐᓃᓐᓇᖅᑲᑦᑕᓕᓪᓗᓂ. ᖃᓐᓂᕋᓗᐊᕌᖓᒥ ᐊᐃᕐᓇᓕᐅᑎᓪᓗᒍ ᐊᐳᑎᓕᐅᒐᓗᐊᖅ ᑎᓯᔪᒥᒃ ᐅᑭᐅᖓᓂᑦ ᑎᓯᒃᑎᓯᒪᔭᖓᓂᒃ ᐊᕿᓐᓂᖅᓴᐅᓕᖅᑲᑦᑕᖅᐳᖅ, ᐊᒻᒪᓗ ᐋᔪᕋᑦ ᓯᑯᒃᑯᑦ

ᓇᑦᑎᕐᑲᐅᕐᓂᖅᓴᐅᓕᖅᑦᑕᓇᓪᓗᑎᒃ ᐆᑦᑐᓂᒃ. ᐊᓯᕈᖅᑐᑦ ᐊᓄᓇ ᓴᖅᑭᑎᓪᓗᒍ ᓯᒡᔭᖅᐸᓯᒃᑐᑦ ᓯᑰᑦ ᐃᓚᖕᖓ ᐊᒻᒪᓗ ᐊᖑᓇᓱᒃᑏᑦ ᐊᑦᑕᕐᓇᖅᑐᒦᑦᑕᐃᓕᒫᓪᓗᑎᒃ ᓇᖏᐊᕐᓇᖅᑐᒥ ᖃᐅᔨᓴᖅᑐᑎᒃ ᖃᓂᒋᔮᓂ ᓯᑯᒥᒃ ᐅᕐᑭᐅᒃᑯᑦ ᓵᓐᓂᐅᓚᐅᖅᑐᓂᒃ ᓇᖏᐊᕐᓇᑐᐃᓐᓇᓇᐊᕐᑲᓕᖅᑐᓂᒃ. ᔪᓚᐃ ᓇᒃᓴᕐᑲᓯᐅᔾᔨᕚᒃᑭᒡᒍᖅ ᑕᒃᓯᕐᒥᒃ ᐊᒻᒪᓗ ᓯᑯᐃᔭᖅᐸᓪᓚᐊᓕᖅᐸᒃᑭᓪᓗᓂ, ᑯᔾᔨᓂᖅᑖᖅᑐᕋᒥ ᑰᒃᑐᑎᒃ ᐃᒦᓗ ᑕᒪᒃᑯᐊ ᐊᐅᒃᐸᓪᓚᐊᔪᑦ ᐊᐳᑕᐅᓚᐅᖅᑐᖅ ᓄᓇᐅᓪᓗ ᓯᑯᑭᓚᐅᖅᑕᖏᑦ. ᐃᓄᐃᑦ ᓇᓄᓪᓗ ᓇᑦᑎᕋᓯᐃᓐᓇᕐᓂᐊᖅᑐᑦ ᓯᑯᒥ ᐱᔪᓐᓇᕐᓂᓕᒫᒥᓂᒃ ᐊᐅᔭᕈᕋᓱᖕᓂᖕᖓᓄᑦ. ᐋᒡᕿᓯᐅᓕᕐᒪ ᑕᑉᐸ, ᐃᓄᐃᑦ ᐊᖑᓇᓱᓕᒃᑲᓐᓂᕐᓂᐊᕐᒥᔪᑦ ᐅᒥᐅᒃᑯᑦ ᐊᑏᓗᒃᑲᓐᓂᖅ, ᓇᓄᐃᓪᓗ ᓯᒡᔭᓕᐊᕐᓗᑎᒃ, ᓂᓯᒃᓴᖅᓯᐅᕐᓗᑎᒃ ᓂᕐᔪᑎᓗᒃᓯᓐᓈᕐᓗᑎᒃ ᓂᓯᒐᔭᖅᑕᒥᓂᒃ.

ᓄᓇᓖᑦ ᑲᖏᖅᑐᒑᐱᖕᒥ, ᑐᑭᖓ 'ᑲᖏᖅᑐᐸᔫᔭᓇᐊᑭᒃᑲᓗᐊᖅᑐᓂ-ᐃᑉᐱᐊᕐᔫᔭᓇᐊᒃᓴᕐᓗ ᐃᓗᑐᓗᐊᖅᑐᓂ', ᓂᐅᕕᕐᕕᒃᑕᕐᑲᓕᖅᑐᕕᓂᖅ ᑕᐃᔅᓯᒪᓂ 1940-ᓂ. ᐊᖑᑎᒧᓴᐃᑦ ᑕᒦᙵᑦ ᐊᕙᑖᓂᒥᐅᑕᕕᓃᑦ ᐃᑲᔪᖅᑐᕕᓃᑦ ᓄᓇᕐᑲᕐᕕᐅᒪᔭᖅᑑᑦ ᐃᓂᒋᒪᔭᖅᑕᖕᒪᓂᒃ, ᐱᕐᑲᓯᐅᑎᓪᓗᓂ ᔪᐃᓕ ᓴᖑᔭᐅᑦ ᐃᑦᑐᕕᓂᖕᖓ, ᐊᐱᑕᒃ. ᓄᓇᒋᔭᐅᓪᓚᓇᒃᑲᔭᖅᑐᒥᒃ ᐱᑕᕐᑲᓚᐅᙱᑎᓪᓗᒍ, ᐊᒻᒪᓗ ᓯᕗᓂᕐᒥᓄᓪᓗ 1980-ᐳᔫᓂ, ᑲᖏᖅᑐᒑᐱᖕᒥᐅᑦ ᓄᓇᕐᑲᐅᓕᖅᐸᑦ, ᐃᒫᖑᕙᖕᓂᖅᑐᑎᒃ ᐃᓚᖏᑦ, ᐃᓚᐃᑦ ᑲᖏᖅᑐᖕᓂ ᐊᒻᒪᓗ ᓯᔅᓭᖕᖓᓂ ᐊᒡᒍᖅᑎᕐᒥᐅᑕᑦ ᐊᒻᒪᓗ ᐅᖅᑯᖅᑎᕐᒥᐅᑕᑦ ᑕᕝᕙᙵᑦ ᓄᓇᕐᑲᕐᕕᒋᔭᐅᔪᒥᑦ. ᐃᓐᓇᑦᓚᓈᑦ ᑕᐃᔅᓱᓇᖅ ᓲᕐᓗ ᑕᐃᕕᑎ ᐱᐅᖏᑦᑐᖅ, ᓚᕙᐃ ᐃᕐᑲᓗᒡᔪᐊᖅ, ᐊᒻᒪᓗ ᐊᐃᐱᓕ ᕿᓪᓚᖅ (ᐃᓅᔪᓐᓃᖅᑐᐃᓐᓇᐃᓪᓕ ᒦᓐᓇ) ᐃᓚᒋᔭᐅᕐᑲᓯᐅᔅᔭᐅᔪᕕᓂᐅᖕᒥᔪᑦ ᐅᐸᓗᓇᔭᐅᔪᓂᑦ ᐱᕐᔪᐊᓇᔭᐅᓚᐅᖅᑐᓂᑦ ᑕᐃᔅᓯᒪᓂ ᓄᓇᕐᑲᐅᖅᑎᓪᓗᒋᑦ ᓄᓇᕐᑲᐃᓐᓇᓕᕐᓃᑦ ᐊᑐᖅᑕᐅᓚᐅᙱᑎᓪᓗᒋᑦ. ᐊᖑᓇᓯᐊᕐᓂᖅ ᐃᕐᑲᓗᒧᓱᖕᓂᕐᓗ ᑕᐃᔅᓯᒪᓂ, ᐅᓪᓗᒥᑦᑕᐅᖅ, ᐊᑐᐊᖅᓯᕙᓪᓚᐊᓪᓗᑎᒃ ᓯᓚᐅᑦ ᖃᓄᐃᓕᖓᓂᖕᖓ ᐊᓯᔾᔨᖅᐸᓪᓚᐊᓂᖕᖓᓄᑦ ᐊᕐᕌᒍᑕᒦᑦ ᐊᒻᒪᓗ ᐊᕙᑎᑦᑕ ᖃᓄᐃᓕᖕᖓᓂᖕᒋᑦ ᐊᒻᒪᓗ ᐱᑕᕐᑲᐅᖅᑐᑦ ᒪᑯᓂᖕᖓ ᐃᕐᑲᓗᓕᑦ, ᓇᑦᑏᑦ, ᕿᓚᓗᒐᓖᑦ, ᓇᓄᓖᑦ, ᑐᒃᑐᓖᑦ, ᑎᖕᒥᐊᓖᑦ ᐊᒻᒪᓗ ᓂᕐᔪᑎᑦ ᐊᓯᖏᑦ ᓇᓂᔭᐅᕙᓚᐅᖅᐸᑦ. ᐃᓚᖏᑦᑕᐅᖅ ᐱᔭᕐᓂᕐᓂᖅᓴᕕᓂᐅᖕᒥᔪᑦ ᐃᓂᒋᔭᖏᓐᓂᑦ ᐊᒻᒪᓗ ᐃᖏᕐᕋᕐᑲᑦᑕᕐᓂᖏᓐᓄᑦ ᐊᓯᖏᓐᓂᑦ, ᑭᓯᐊᓂᓕ ᓇᔪᖅᑕᐅᔪᖅ ᓇᓚᐅᓪᓗᒍ ᐃᒫᖑᖅᑲᑦᑕᖅᑐᕕᓂᐅᖕᒥᖕᒪᑦ ᐃᖏᕐᕋᓪᓗᑎ ᐅᐸᒡᓗᒍ, ᐃᖅᑲᓇᐃᔭᐅᑎᒋᓚᐅᖅᓗᒋᑦ ᑕᐃᒃᑯᐊ ᐅᐸᒃᑕᑦ ᐱᓇᓱᒍᓐᓇᕐᓂᐊᕐᓗᒋᑦ, ᐊᒻᒪᓗ ᖃᐅᔨᒪᓂᖅ ᐊᑐᖅᓗᒍ.

ᐃᓚᐃᑦ ᐃᒪᐃᓕᖓᔪᑦ ᑲᖏᖅᑐᒑᐱᖕᒥ ᐊᖏᕐᕋᕐᑲᐅᑎᒃ, ᐱᕐᑲᓯᐅᔾᔨᒋᓪᓗᑎᒃᑕᐅᖅ ᕿᑭᖅᑖᓗᓕᒫᖅ ᐱᕐᑲᓯᐅᑎᓪᓗᓂᔅᔪᒃ ᓄᓇᕐᑯᑎᒋᕐᑲᓯᐅᔅᔭᐃᓐᓈᓗᒋᓪᓗᓂᔅᔪᒃ ᐱᕐᑯᑎᒋᕐᑲᓯᐅᑎᒧᒥᔅᔪᒃ.

ᐃᒋᖅᓴᖅᑕᑦᑕᖅᑐᑦ ᓄᓇᒥᙵᒋᑕᒥᓄ ᓄᓇᓕᖕᓄᑦ, ᐃᒫᓪᓘᓐᓃᑦ ᑐᓄᓂᕈᓯᕐᔫᑦ ᐊᒻᒪᓗ ᕿᑭᖅᑖᓘᑦ ᐅᖅᑯᐊᓄᑦ ᓯᒡᔭᖕᖓᓄᑦ ᐅᕝᕙᓘᓐᓃᑦ ᕿᑭᖅᑖᓗᒃ ᐃᑎᕕᓪᓗᒍ, ᑕᒪᒃᑯᐊ ᐃᓕᖅᑯᓯᑦᑎᓐᓂᒃ ᐱᕐᑲᓯᐅᑎᔭᕗᑦ. ᖃᓘᒃᓯᕐᓂᖅ ᐅᕝᕙᓘᓐᓃᑦ ᓯᑭᓗᒃᑯᑦ ᑕᒪᒃᑯᐊ ᐊᑐᕈᓐᓇᑦᑎᐊᑕᐃᓐᓇᓇᓪᓗᑎᒍᑦ ᓇᒧᑐᐃᓐᓈᖅᑲᑦᑕᖅᐸᒍᑦ ᐅᑭᐅᒃᑯᑦ ᐅᐱᕐᙳᒃᑯᓪᓗ, ᒫᓐᓇᑦᑕᐅᖅ ᐅᒥᐊᖅᑐᕐᓂᖅ ᐊᐅᔭᒃᑯᑦ ᐃᒫᖑᓚᔪᖕᒥᓇᓂ ᐅᖕᓯᒃᑐᐊᓗᖕᒍᑦ ᐃᖏᕐᕋᓗᓂ. ᐊᖑᓇᓱᒃᑐᓄᑦ ᓄᓇᕐᑲᕕᒋᔭᐅᔪᕕᓃᑦ, ᐃᒡᓗᕋᓛᑦ, ᐊᒻᒪᓗ ᓯᓂᒃᑕᕐᕕᕕᓃᑦ ᓇᓂᔭᐅᓯᒪᐅᓇᕗᑦ ᓇᒥᑐᐃᓐᓇᖅ, ᐱᕐᑲᓯᐅᑎᔭᐅᕆᓪᓗᑎᒃ ᐅᐊᑦᑎᐊᕈᐊᓗᒃ ᓄᓇᕐᑲᕕᐅᔪᕕᓃᑦ ᐊᒻᒪᓗ ᐃᓄᒃᓱᐃᑦ (ᐊᑕᐅᓯᕐᒥᒃ ᐅᖅᑲᐅᑎᓕᒃ; ᐃᓄᒃᓱᒃ, ᓯᖕ.), ᐅᔭᕋᐅᓪᓗᑎᒃ ᐅᕝᕙᓘᓐᓃᑦ ᖃᓕᓇᒃᑐᑦ ᐋᖅᑭᒃᑕᐅᓯᒪᔪᑦ ᓄᓇᒥ ᓇᓗᓇᐃᒃᑯᑕᐅᑎᓯᒪᓪᓗᑎᒃ, ᐃᖏᕐᕋᓂᐅᑦ ᒥᒃᓵᓄᑦ ᐋᑐᑎᕐᑲᖅᑐᑎᒃ ᐃᒫᖕᖑᕐᓲᓐᓃᑦ ᐊᖑᓇᓱᒃᑐᓄᑦ ᓇᓗᓇᐃᒃᑯᑕᐅᓪᓗᑎᒃ, ᐃᒪᐅᓐᓇᐃᓐᓇᕐᔫᓐᓃᑦ ᓄᓇ ᑕᒪᓐᓇ ᐱᑕᕐᑲᖅᐸᖅ, ᐃᓄᐃᑦᑕᐅᖅ ᑕᒪᐅᓈᖅᑐᕕᓃᑦ.

ᐅᑭᐅᓪᓗᐊᒃᑯᑦ ᓯᓚ ᑲᖏᖅᑐᒑᐱᐅᑦ ᖁᓚᓂ.

ᑖᓐᓇ ᓄᓇᙳᐊᖅ ᑕᑯᖅᑯᔾᔨᓯᒪᔪᖅ ᐊᕙᑖᓂᒃᑯ ᓄᓇᒥᒃ ᐃᑭᕐᒥᒃᑯ ᑖᒃᑯᐊ ᐃᓄᐃᑦ ᑲᖏᖅᑐᓖᐱᖕᒥᑦ ᐱᓕᕆᐊᕆᔾᑎᒍᑦ ᐅᖅᑲᐅᑎᒋᓯᒪᔾᖕᒋᑦ ᓄᓇᖁᑎᒋᓯᓐᓈᕋᒥᔾᔪᒃ ᐅᐸᖅᑲᑦᑕᕋᒥᔾᔪᒃ. ᓄᓇᙳᐊᙳᓇ ᑕᑯᒃᓴᐅᑎᑦᑎᕙᖅ ᑕᒪᒃᑯᓂᖕᒐ ᐱᑦᓚᕆᐅᓂᕆᔾᖕᒋᓐᓂᒃ ᐊᑎᖅᑲᐅᖅᑐᓂᒃ ᓇᓗᓇᐃᖅᓯᒪᑦᓗᑎᒃ ᐱᓕᕆᖅᑎᕇᒃᑐᓂᒃ, ᐊᐅᓗᔾᔪᓂᒃ ᑕᒪᑐᒥᖕᒐ, ᐃᓄᖕᓂᑦ ᐊᑦᑎᖅᑕᐅᓯᒪᔪᓂᒃ ᑖᕝᕙᓂ ᓴᐅᒥᖕᒥᑦᑐᒥᒃ ᓄᓇᙳᐊᒥ, ᐊᒻᒪᓗ ᖃᑦᑐᓈᑎᑑᖕᒐᔪᖅ ᑕᓕᖅᐱᖕᒦᑦᑐᓂ.

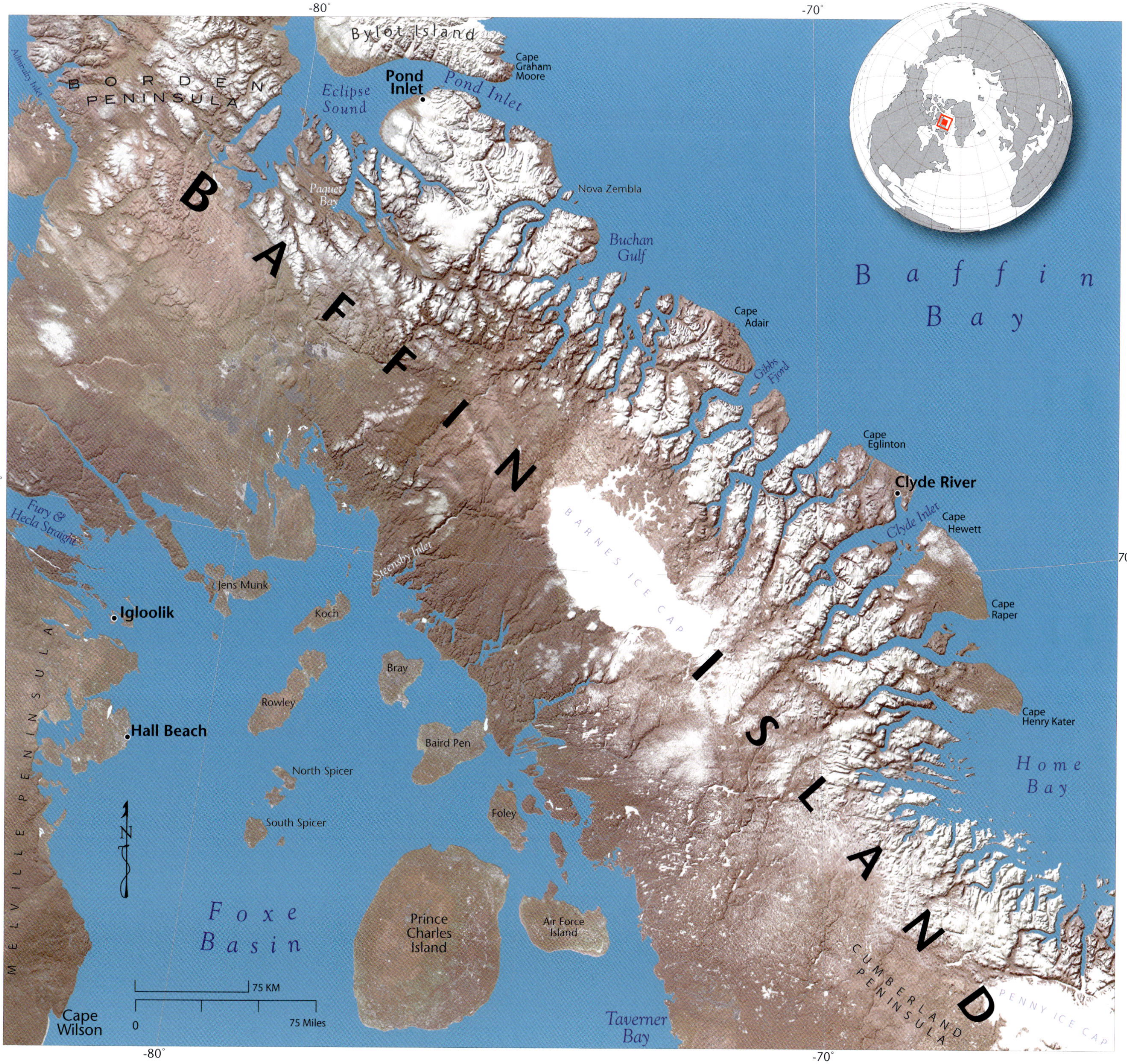

ᑖᓐᓇ ᓄᓇᙳᐊᖅ ᑕᑯᖅᑯᔾᔮᔭᒪᔪᖅ ᐊᕙᑖᓂᒃᑯ ᓄᓇᒥᒃ ᐃᑭᕐᒥᒃᑯ ᑖᒃᑯᐊ ᐃᓄᐃᑦ ᑲᖏᖅᑑᒫᐱᖕᒥᑦ ᐱᓕᕆᐊᕆᔾᑎᒍᑦ ᐅᖃᐅᑎᕆᓯᒪᔾᖏᑦ ᓄᓴᒍᑎᕆᓯᓈᕋᕐᒥᔾᔪᒃ ᐅᐸᕐᑲᑦᑕᕋᒥᔾᔪᒃ. ᓄᓇᙳᐊᙳᓇ ᑕᑯᒃᓴᐅᑎᑦᑎᕗᖅ ᑕᒪᒃᑯᓂᖓ ᐱᓪᓚᕆᐅᓂᕆᔾᖏᓐᓂᒃ ᐊᑎᖃᐅᖅᑐᓂᒃ ᓇᓗᓇᐃᖅᓯᒪᓪᓗᑎᒃ ᐱᓕᕆᖃᑎᖏᒃᑐᓂᒃ, ᐊᐅᓚᔪᔪᓂᒃ ᑕᒪᑐᒥᖓ, ᐃᓄᖕᓂᑦ ᐊᑎᖅᑕᐅᓯᒪᔪᓂᒃ ᑖᕙᓂ ᓴᐅᒥᖕᒦᑦᑐᒥᑦ ᓄᓇᙳᐊᒥ, ᐊᒪᓗ ᖃᓪᓗᓈᑎᑑᖓᔪᖅ ᑕᓕᖅᐱᖕᒦᑦᑐᓂ.

19

ᓄᓇᐃᑦ ᐊᑎᖏᑦ

20 ᑐᙵᓱᕖᓇᔪᖅ ᐅᔭᕋᒃ ᐊᒥᐊᕈᑎᒧᑦ ᑐᙵᓱᕖᓇᕗᖅ ᐃᓄᓕᒫᑦᑎᐊᓂᒃ ᐊᖅᑯᑎᑐᐊᑦᑎᐊᒃᑯᑦ ᒥᕝᕕᖕᒥᑦ ᑲᖏᖅᑐᒑᐱᖕᒧᑦ (Clyde River). ᓄᓇᓖᑦ ᓄᓇᑭᐅᔭᖅᓂᖕᒑᓂᑉᐳᑦ ᐃᑖᒃᓕ ᓄᓇᑐᔪᑦ ᐱᖕᒍᐊᓗᐃᑦ ᐊᒻᒪᓗ ᑲᖏᖅᑐᐃᑦ ᐅᖓᓯᒃᑑᑕᐅᙱᑦᑕᑦ.

ᐃᓄᖕᓄᑦ, ᓄᓇᐃᑦ ᐊᑎᖏᑦ ᐱᓪᓚᕆᐅᔪᐊᓘᖕᒪᑕ ᐊᑑᑎᖃᑦᑎᐊᕐᓂᖏᓐᓄᑦ ᓲᖃᐃᒻᒪ ᐱᓯᒪᖃᓯᐅᑎᔪᑦ ᐱᔾᔪᑎᖃᓪᓚᑦᑖᖅᑐᓂᒃ ᓄᓇᐅᑦ ᖃᓄᐃᓐᓂᖓᓄᑦ, ᐊᕙᑎᖏᓐᓃᑦᑐᑦ ᐱᖃᓯᐅᑎᓪᓗᑎᒃ, ᓯᓚ, ᐅᓗᕆᐊᓇᖅᑐᑦ, ᐅᒥᐊᒃᑯᕕᑦᑎᐊᕙᐃᑦ, ᐊᒻᒪᓗ ᐊᓯᖏᑦ ᐱᔾᔪᑎᖃᐅᖅᒥᔪᑦᑕᐅᖅ ᓇᔪᓕᖅᓗᒍ ᐃᓂᒋᔭᖏᓐᓂ, ᐱᖃᓯᐅᑎᓪᓗᑎᑦ ᓯᕗᑦ ᒥᒃᓵᓂᒃ ᐱᔾᔪᑎᖃᐅᕈᓐᓇᖅᑐᑦ. ᐃᓄᐃᑦ ᐃᓕᖅᑯᓯᖏᓐᓂᒃ ᐱᖃᓯᐅᑎᓯᒪᓚᐅᖅᓯᒪᖏᒻᒪᑕ, ᓴᓂᒧᑦ ᑎᑎᖅᑕᐅᓯᒪᓂᖏᑦ ᖃᐅᔨᒪᔭᐅᔾᔪᑏᑦ, ᑲᔾᔮᐊᓂᑦ ᐳᑐᒍᐊᓄᑦ ᑎᑎᖅᓯᒪᔪᑎᒍᑦ ᓇᓗᓇᐃᒃᑯᑏᑦ, ᑕᒪᔾᔭᐃᒃᑯᑏᑦ, ᓄᓇᑐᔪᑦ ᓇᓗᓇᐃᖅᓯᒪᓗᑎᒃ ᓄᓇᙳᐊᒃᑯᑦ, ᐊᓯᐊᒍᓪᓗᓐᓂᑦ ᖃᐅᔨᒪᔾᔪᑎᓕᐊᕆᔭᐅᓯᒪᔪᑦ ᓇᓂᓂᐊᑕᒥ ᑭᓯᐅᓇᓐᓂᒃ ᐅᕙᓗᓐᓂᑦ ᐃᓅᖃᑎᓂᑦ ᓇᒥᑐᐃᓐᓇᖅᑎᐊᖅ ᓇᔪᖅᑕᐅᖏᑦᑑᓗᓗᐊᓂᒃ. ᐃᓄᐃᑦ ᑐᕌᖓᔭᖃᐅᖅᑐᑎᒃ ᓄᓇᒥᒃ ᐊᑐᖅᑐᒍ ᓇᔪᖅᑕᒥᓂᒃ ᒪᑯᓄᖕᖓ, ᐊᒻᒪᓗ ᖃᐅᔨᓴᓪᓚᓇᒃᑕᒥᓂᒃ, ᐊᕙᑎᓂ ᓇᒧᐃᓐᓇᖅ ᖃᐅᔨᓴᖅᑎᒋᓪᓗᓂᐅᒃ ᐃᖏᕐᕋᔪᖅ ᐅᐸᒍᓱᒃᑕᒥᓄᑦ ᐊᒻᒪᓗ ᓄᓇᐃᑦ ᐊᑎᖏᑦ ᐊᑑᑎᖃᑦᑎᐊᕐᓂᖏᓐᓄᑦ ᑕᒪᑐᒧᖓ. ᐃᓄᐃᑦ ᐊᑎᓕᐅᕈᑎᒋᓯᒪᔭᖏᑦ ᓄᓇᓄᑦ ᑕᒪᒃᑯᐊ ᐊᑦᑎᖅᑕᐅᔭᑎᐅᔪᑦ ᐱᔾᔪᑎᖃᐅᕐᒪᑕ ᐊᑐᓂᑦᑕᐅᖅ ᑖᔅᓱᒧᖓ, ᑐᓴᐅᒪᖃᑎᒌᒍᑎᒋᔭᐅᔪᓐᓇᖅᑐᑎᒃ ᐃᓅᖃᑎᒌᓄᑦ ᓄᓇᐅᑦ ᑕᐅᑦᑐᐊ ᐃᓯᒪᑖᕈᑎᒃᓴᐅᓪᓗᑎᒃ ᐃᒫᖕᒑᖅᓘᓐᓂᑦ ᑭᓯᐅᓇᓐᓂᒃ ᓇᓂᓯᒃᓴᐅᒐᒃ, ᖃᓄᐃᓕᐅᖅᑐᖃᖅᑕᓚᐅᖅᓯᒪᖕᒪᑕ ᐅᐊᑦᑎᐊᑉ, ᐃᒫᖕᒑᖅᓘᓐᓂᑦ ᐃᓄᐃᑐᐃᓐᓇᓇᐊᖃᖅᓂᖓ ᓂᓇᐅᖕᓇᑐᐃᓐᓇᓇᐊᖃᖅᑐᓂ. ᐊᑏᑦ ᓇᓗᓇᐃᖅᓯᓯᒪᔪᓐᓇᕆᕙᑦ ᓇᒥ ᖃᓄᐃᑦᑐᑐᐃᓐᓇᐃᑦ ᓂᖅᔪᑎᑦ ᓇᓂᔭᐅᔪᓐᓇᖅᒪᖔᑕ, ᓇᐅᒃᑯᑦ ᐃᒡᓗᕕᓕᕆᐅᕐᕕᐅᓕᔪᖕᓂᖏᑦ, ᐊᐳᑎᖃᓗᐊᕈᓐᓇᖅᓂᖏ, ᐃᒫᖕᒑᖅᓘᓐᓂᑦ ᐊᐳᑎᖃᑦᑎᐊᖏᓐᓂᖏᑦ, ᐃᒫᖕᒑᖅᓘᓐᓂᑦ ᑎᓯᓗᐊᖅᑐᐊᓘᓗᓂ, ᐃᒫᖕᒑᖅᓘᓐᓂᑦ ᐊᖅᑭᓗᐊᖅᑐᐊᓘᓗᓂ ᐃᒡᓗᕕᓕᕆᐅᕐᕕᒋᓇᓱᒡᓗᒍ, ᓇᐅᒃᑯᑦ ᐃᖏᕐᕋᓂᖃᕐᓂᐅᖃᑦᑕᕐᒪᖔᑦ ᐊᒻᒪᓗ ᓯᑯᐊ ᓵᓗᐊᕐᓗᓂ, ᐊᑦᑎᖅᑕᐅᓯᒪᔪᑦ ᖃᓴᓲᓐᓇᐅᑲᓪᓚᐅᕐᓗᑎᒃ. ᐃᒫᖕᒍᓐᒍᐊᕐᓗᓂ, ᑖᓐᓇ ᐊᑎᖅ 'ᑲᖏᖅᑐᒑᐱᒃ' ᐊᑎᖃᐅᓯᖃᕐᒪᑦ ᑲᖏᖅᑐᒃ ᐃᓯᒪᓇᖅᑐᓂ ᑕᐅᑦᑐᖃᖅᑐᓂ ᓯᒃᓴᓕᖕᒥᒃ. 'ᐅᑭᐊᓪᓕᕖᒃ' ᐱᔾᔪᑎᖃᕐᒥᖕᒪᑦ ᑖᓐᓇ ᓄᓇ ᐊᑐᖅᑕᐅᖃᑦᑕᖅᐳᖅ ᐅᑭᐊᒃᓵᒃᑯᑦ ᓇᔪᖅᑕᐅᕙᒃᑐᓂ. 'ᐊᐃᓚᖅᑕᓕᒃ' ᓇᓗᓇᐃᖅᑕᐅᓯᒪᔾᔪᑎᖓ ᐃᓅᓚᐅᖅᓯᒪᔪᖅ ᐊᐃᓚᖅ ᑕᐃᑲᓂ ᐃᓗᕕᖅᑕᐅᓂᕐᒪᑦ. 'ᐊᑯᓕᐊᖃᑦᑕᒃ' ᐱᔾᔪᑎᖃᕐᔪᖅ ᓄᕗᐊᖅᔪᒃ ᑕᐃᑲᓃᑦᑕᓇᐊᖃᖏᑦᑑᒐᓗᐊᖅ, ᐊᒡᕕᐊᖅᑐᖅ'. ᐊᓄᖀᖅᑐᖅᓕᐊᓯᑦ, ᐃᒪᖅᓗᒃᑐᓂᓗ, ᐊᒻᒪᓗ ᓯᑯᐊ ᒪᓂᑖᖑᓪᓗᓂ ᑕᒪᐃᒃᑲᔭᖅᑐᖅ ᑕᐃᑲᙵᑦ ᓇᓂᔭᒃᓴᖅ. 'ᑕᓪᓗᕈᑏᑦ ᑐᓐᓃᑦ ᑕᒪᐃᓕᖕᖓᕙᓪᓚᐅᖅᑕ ᑕᓪᓗᓂ, ᐃᒫᒃ 'ᐱ' ᑐᓐᓃᑦ ᐋᖅᑭᒃᑕᐅᓯᒪᓪᓗᑎᒃ. ᑕᐃᒃᑯᐊ ᐊᑦᑎᖅᑕᐅᓯᒪᔪᑦ 'ᑕᓪᓗᕈᑎᓂ' ᓄᓇᖓᑕ ᑎᓯᐊᖏᑦ 'ᐱ' ᑕᒪᐃᓕᖕᖓᓪᓗᑎᒃ ᓄᓇᑐᔪᒃᑯᑦ. ᓄᓇᐅᑦ ᐊᑎᖏᑦ ᓂᕈᐊᓇᔭᐅᑦᑎᐊᖅᓯᒪᓪᓗᑎᒃ ᐊᒻᒪᓗ ᐊᑦᑎᖅᑕᐅᓯᒪᓂᖅᒥᒍᑦ ᑐᑭᖃᐅᑦᑎᐊᖅᑐᑎᒃ ᐊᒻᒪᓗ ᐊᑑᑎᖃᑦᑎᐊᑐᑎᒃ ᐊᑐᖅᑐᓂᒃ ᑐᓴᐅᒪᔭᐅᓯᑦᑎᐊᕐᓗᖕᓂᒃ ᐃᓄᖕᓄᑦ ᐃᖏᖅᓴᔪᓄᑦ ᐊᖑᓇᓱᒃᑐᓄᓪᓗ ᐊᐅᓪᓚᖅᓯᒪᓪᓗᓂ ᓇᒧᐃᓐᓇᖅ. (ᑕᒪᒃᑯᓇᖓ ᐊᑎᖃᐅᖅᒥᔪᓄᑦᑕᐅᖅ ᓄᓇᓄᑦ ᑲᖏᖅᑐᒑᐱᖕᒥᑦ ᖃᓂᒋᔮᓂᓪᓗ,

ᑕᑯᓗᒋᑦ ᐃᖏᕐᕋᕕᐅᖅᑳᖅᑐᑦ ᐅᓂᒃᑳᓯᖅ). ᓄᓇᖅᑲᕕᐅᔪᖅ ᑲᖏᖅᑐᓚᐱᒃ ᐱᑕᖅᑳᕐᒪᑦ ᑐᑭᖅᑳᖅᑐᑎᒃ ᐱᔪᑎᖅᑳᑦᑎᐊᖅᑐᓂᒃ, ᐱᔪᑎᒋᒃᑲᓂᐅᔭᕐᓗᒋᑦ ᑕᒪᒃᑯᐊ ᐊᑐᖅᑳᑕᓕᖅᑕᕗᑦ ᓇᒧᐃᓇᖅ ᐅᐸᖅᑳᑕᕐᒥᔭᕗᑦᑕᐅᖅ ᐃᖏᖅᕋᔪᑎᒋᓕᖅᑕᑦᑎᓇᓄᑦ. ᓇᓕᓈᕈᔨᒥᔪᒥᑦ ᓄᓇᑕᖅᑳᖅᑑᓗᐊᖅ ᒥᕕᐅᔫᓇᖅᑐᒥᒃ, ᓇᓂᔭᕐᓂᕋᔭᖏᑦᑐᖅ ᓱᓴᖅᑳᖅᑑᑦ ᓄᓇᒦᒃᑑᑦ ᐃᓗᑐᔪᐊᓘᑦ, ᑎᓱᖅᑲᓇᒃᑐᑎᒡᓗ ᑲᖏᖅᑐᖏᑦ. ᑲᖏᖅᑐᓚᐱᒃ ᓄᓇᖅᑲᕕᐅᔪᖅ (ᐊᑎᖅᑕᐅᓯᒪᓪᓗᓂ 'ᐸᑐᓇᓴ ᐃᒃᐱᐊᕐᔫᒃ' ᖃᓪᓗᓈᑎᑐᑦ), ᐅᒥᐊᒃᑯᕕᑎᐊᕈᐅᖓᑦ ᐅᓯᔪᓄᑦ ᐊᒻᒪᓗ ᐅᖅᓯᐊᓗᒃᑕᖅᑎᓄᑦ ᑎᑭᐅᔾᔨᖅᑳᖅᑐᓄᑦ ᐊᐅᔭᑕᓖᑦ. ᑕᒪᒃᑯᐊ ᐅᐸᒃᑕᐅᒍᔪᑦ ᓇᔪᕆᓇᕐᓂᖅᓴᐅᔫᓴᐅᙱᑦ ᐊᖑᓇᓱᒃᕕᒋᔭᓇᐊᖏᑦ ᐊᒻᒪᓗ ᐃᖅᑲᓗᒐᓱᒃᕕᒋᓗᒋᑦ, ᑭᓯᐊᓂᓕ ᑕᒪᒃᑯᐊ ᐱᔪᑎᒋᔭᐅᓪᓗᑎᒃ ᓂᐅᕕᖅᑎᓂᑦ ᐊᒻᒪᓗ ᐅᐊᑦᑎᐊᕈᕈᖅᒪᑦ ᒐᕙᒪᒃᑯᑦ ᑎᒃᑯᐊᖅᑕᐅᓯᒪᔪᓂᑦ ᐱᓕᕆᔭᕆᐊᖃᕐᓗᑎᒃ ᓄᓇᖅᑲᕕᐅᓂᐊᖅᑐᓂᒃ ᐊᒻᒪᓗ ᐃᖅᑲᓗᒐᓱᒃᕕᑦᑎᐊᕙᐃᑦ ᐊᒻᒪᓗ ᐊᖑᓇᓱᒃᕕᑦᑎᐊᕙᐃᑦ ᐱᑕᖅᑳᖅᑐᑦ ᐅᖓᓯᒋᔮᓂᖏᑦᑐᑦ.

ᑕᓇᐅᑦ ᐊᑭᐊᓃᙱᖅᑐᑦ ᑕᒪᐅᖓ ᑎᑭᐅᑎᔪᑦ ᖃᖅᑳᓗᒃᐸᓯᖓᒍᑦ ᐃᒪᐃᓚᐅᖅᓯᒪᓗᔭᖅᑯᐃᓯᒪᑦ ᖁᑦᑎᒃᑐᒦᙱᖅᑐᑎᒃ, ᐃᖏᖅᕋᓂᖅᑐᑎᒃ ᐅᐊᓚᓂᐅᑉ ᒥᒃᓯᙵᖓᓄᑦ ᓄᓇᖏᓚᖅᑕᒥᓂᑦ ᑳᓛᑦ ᓅᓈᓂᑦ. ᑎᑭᐅᑎᓯᒪᓂᖅᑕᐅᔫᒐᓗᐊᑦ ᓅᐸᓛᒍᑦ, ᖁᑦᑎᐅᔭᖅᑐᖅᒥᐅᑕᕕᓃᑦ ᐅᓂᒃᑳᓯᖅ ᐱᖅᑲᓯᐅᔾᔨᓯᒪᖅᑲᓯᐅᑎᙱᔾᔪᒃ ᓄᓇᐃᑦ ᐊᓯᖏᑦ ᑎᑎᖅᑲᒥᑎᒍᑦ ᐅᓂᒃᑲᓇᖅᑲᓯᐅᑎᓯᒪᔪᑦ, ᐃᓚᖑᑦ ᑕᐃᓐᓇ ᐱᖅᑲᓯᐅᑎᖅᑲᓯᐅᔾᔨᑐᑦ ᓇᓗᓇᐃᖅᑲᓯᐅᔾᔨᑐᑦ ᖃᐅᔨᒋᐊᖅᑎᒥᒃ ᐃᒃᐱᖕᓇᖅᑐᑎᑦ ᐅᖅᑲᐅᑎᕆᔭᐅᖅᑲᓯᐅᑎᓯᒪᓂᖑᑦ. ᐊᕿᒍᑦ ᐅᐊᓐ ᕼᐋᓐᓇᓚᐃᑦ ᐊᒥᓯᐊᔫᖏᑦᑐᑯᓗᐃᑦ, ᑕᐃᔅᓯᒪᓂ 1576-ᒥ, ᖃᓪᓗᓈᖅ ᐋᖑᓚᒥᐅᑕᖅ ᓯᑲᓴᖅᑎᑐᑦ ᐱᔪᕕᓂᖅᑕᐅᖅ (ᐅᐸᒍᒪᔭᒥᓅᑦ ᐊᐃᔪᕕᓂᖅ) ᒫᑕᓐ ᐳᕉᕕᓯ (Martin Frobisher) ᑎᖏᖅᑳᐅᑕᓚᒃᑯᑦ ᐊᒍᒧᑦ ᐃᖏᖅᑲᔪᕕᓂᖅ ᐊᑎᖓ ᐊᑎᖅᒥ ᖃᐅᔨᒪᔭᐅᓂᓚᖅ, ᕿᓂᖅᑐᓂ ᓇᑯᓇᐃᖅᑕᐅᓯᒪᖏᑦᑐᒥᒃ ᐅᑭᐅᖅᑕᖅᑑᒃᑯᑦ ᐊᑐᖅᑕᐅᓗᔫᒃᑐᒥᒃ ᕿᓂᖅᑑᓗᐊᖅ ᑭᓯᐊᓂ ᓇᓂᓯᙶᖅᑐᓂ ᓯᓚᖅᔪᐊᑦ ᖃᐅᖅᑳᑐᐊᑦᑕ ᑕᑦᓚᒪᖓᓐᓂᒃ ᓇᓂᓯᑦᑐᓂ, ᖃᐅᖅᑳᑐᒃ, ᐃᓅᖏᓐᓂᑦ ᖃᐅᔨᒪᔭᐅᔪᖅ. ᐊᓯᖏᑦᑕᐅᖅ ᑕᑯᓴᐅᖅᑕᒥᑎᒎᖅᑐᑦ ᕿᓂᖅᓯᓈᖅᑐᑎᑦ ᐊᒻᒪᓗ ᐊᑐᓴᐅᖅᑕᒥᓂᒃ, ᖃᐅᔨᓴᓴᐅᖅᑕᒥᓂᒃ ᐊᑐᖅᑐᑦ ᐱᖅᑲᓯᐅᔾᔨᒋᕗᑦ ᖃᐅᖅᑳᖑᒥᒃ, ᓇᔩᑎᑐᖅᑳᐅᔭᖅᑳᑕᖅᓇᑎᒃ ᐅᐸᒃᓯᒪᔭᒥᓂᒃ ᐃᒪᐃᖅᑳᑕᖅᒥᒃ ᓇᓂᓯᖅᑳᑕᖅᑎᒃ ᐊᑐᖅᑕᐅᔭᕐᓇᖅᑐᒥᒃ ᐃᑭᔪᐊᑦ ᑕᓇᐅᖅᔪᐊᖑᓂᒃ ᐸᓯᐱᒃᒥᒃ ᐅᕙᓗᓐᓃᑦ ᐊᔪᖅᓴᕈᓐᓃᕈᑎᒃᓴᒥᒃ ᒨᒥᒃ ᐅᕙᓗᓐᓃᑦ ᐊᓯᐊᓂᒃ ᐊᒃᑐᐃᑦᑐᕈᑎᒃᓴᒥᑦ.

ᑕᐃᔅᓯᒪᓂ 19-ᐦᑳᓇᓚᑦ (ᐊᕐᕌᒍᑦ 1-ᐦᑳᓇᓚᑦ) ᐊᑑᑦᓂ, ᐊᑯᓐᓂᖓᑉᐸᓯᐊᓂ ᖃᒥᕐᓯᔪᓐᓈᖅᑐᑎᒃ ᑕᑯᓱᕆᐊᖅᐸᓪᓚᐊᔪᑦ ᐊᒻᒪᓗ ᐊᔪᕆᖅᑐᕕᓂᐅᓂᖅᑕᐅᔪᖅ ᑐᓴᐅᒪᓇᓱᐊᓂᒋᔪᑦ ᐳᖅᓚᓐ ᖃᓂᖅᓯᓐᓈᓚᑦ ᕿᓇᐅᑎᖅᑕᐅᓯᒪᓪᓗᑎᒃ ᑕᒪᑐᒥᖓ ᐊᑐᕋᔅᓂᕐᒥᒃ ᐊᓯᐅᓚᐅᖅᓯᒪᔪᕕᓃᑦ ᑲᓇᑕᐅᑦ ᐅᑭᐅᖅᑕᖅᑐᐊᓂ ᑕᐅᕙᓂ ᐊᕐᕋᒍᓴᐃᑦ ᕿᑎᖅᐸᓯᕐᒥᓂ, ᐊᕐᕕᓪᓗᒃ ᓂᕐᕆᓇᔪᒥᓇᖅᑐᐊᓗᕐᓂᑦ ᐊᒃᑐᐃᓕᖅᐹᓕᕆᑎᓯᓐᓇᕐᓈᓗᑦ ᓇᓂᓐᓂᒪᑕ ᐱᓕᕆᔪᖅᑐᓂᒃ ᓇᖏᓂᒍᑦ ᐊᑑᑎᖃᑦᑎᐊᕙᓐᓇᖅᑐᓂᒃ: ᐊᕕᖕᓂᒃ. ᐅᒥᐊᕐᔪᐊᓂᑦ ᐊᒻᒪᓗ ᓯᐅᖅᐸᓯᕐᒥᐅᓂᑦ ᓄᓇᖅᑲᕇᖅᓯᒪᔪᓂᑦ, ᓂᕐᕆᖅᐸᒃᑐᕕᓃᑦ ᐊᕕᐅᑦ ᐅᖅᓱᐊᓂᒃ ᐊᒻᒪᓗ ᑭᖑᓂᐊᒍᑦ ᓱᖅᑲᕆᓐᓂᒃ, ᑐᑦᑐᕌᐱᓪᓗᑎᒃ ᐊᒥᓱᓂᒃ ᐃᒪᕐᒥᐅᑕᓂᒃ ᖃᓪᓗᓇᐅᔭᕐᓂᑦ ᐱᖃᓯᐅᔾᔨᓪᓗᑎᒃᑕᐅᖅ ᐊᒥᓱᓂᒃ ᐊᐃᕙᖕᓂᒃ ᓇᓄᕐᓂᓗ. ᐊᕐᕕᓪᓚᒃ ᐊᔪᖅᔮᕐᓂᕐᓇᕗᑦ ᐃᓄᖕᓂᒃ ᐊᒥᓱᓂᒃ ᑕᐅᖅᓰᓂᕐᒥᒃ ᐊᒻᒪᓗ ᐊᓯᖏᑦ ᐊᑐᖅᑕᐅᖃᑦᑕᕐᔪᐊᕐᕕᓂᕐᓂᒃ ᐅᒥᐊᕐᔪᐊᓂᒃ ᐃᖅᑲᐃᔭᖅᑎᓂᑦ. ᒧᒥᕐᓂᖅ ᑲᖏᖅᑐᓚᐱᖕᒥ ᐱᒋᐊᖅᑎᑕᐅᔪᕕᓂᐅᓚᐅᖅ ᐊᕐᕕᓪᓗᒃᑎᓂᑦ ᐊᒻᒪᓗ ᒫᓐᓇᒧᑦ ᐃᓕᖅᑯᓯᕆᑎᑦ ᐊᑐᖅᑕᐅᓕᓐᓂᑦ ᓄᓇᓕᓐᓂᑦ. ᐊᕐᕕᓪᓚᕐᓂᖅ ᐊᖅᑯᖅᑕᐅᔭᕆᓐᖅᓯᒪᓕᖅᑎᓪᓗᒍ ᐃᓕᓯᒪᓕᖅᑐᓂ ᑕᐃᔅᓯᒪᓂ 20-ᐦᑳᓇᓚᑦ ᐊᕐᕌᒍᐃᑦ ᓇᓪᓕᐅᓯᒪᕐᓇᓂ, ᐊᔪᖅᓯᐃᓐᓂᐊᕈᑏᑦ ᐊᒻᒪᓗ ᑕᐅᖅᓰᓐᓂᐊᕈᑏᑦ ᓯᐊᒻᒪᓕᖅᑐᑎᒃ ᐅᑭᐅᖅᑕᖅᑐᒥ ᓄᓇᑖᖅᑐᖅᓯᒪᑎᓪᓗᓂᖅᐸᑦ, ᓇᔪᖅᑕᕐᓯᓗ ᓄᓇᕐᔪᕐᒥ ᐅᐸᓪᓕᕙᓪᓗᑎᒃ ᐃᓄᐃᑦ ᐃᓚᖏᓐᓄᑦ ᐊᐅᓪᓚᕐᕕᔪᓪᓗᑎᒃ ᐊᒻᒪᓗ ᑭᖑᓂᐊᒍᑦ ᓄᓇᖅᑲᕐᕕᔪᓪᓗᑎᒃ ᐅᓪᓗᒥᒍᑦ.

ᐃᒪᐃᓕᖓᓕᓗᐊᓪᓚᑦ ᐅᑭᐅᖅᑐᒥ ᖃᐅᔨᒪᐃᑦ ᐃᓕᓴᔭᐅᖅᑕᐅᕙᓪᓕᓯᒪᓐᖓᖅᑐᑎᒃ ᑲᓇᑕᐅᑦ ᐃᓕᕆᓗᕆᑦ, ᐃᒪᐃᓕᖓᔪᖅᑐᕆᕗᑦ ᐱᑕᖅᑕᐅᑎᓪᓗᓂ ᓇᓗᓇᐃᓕᓇᕐᓯᒪᓐᓂᖅᑐᓂ ᓯᓚ ᑲᓇᑕᐅᑦ ᓄᓇᖅᑯᑖᑕ ᐃᓕᖓᓗᑦ ᔪᐊᓪᓗᖅᓯᒪᓪᓗᓂ ᐱᓯᒪᔪᓐᓂᖓᓗ ᐊᐅᓚᑕᐅᓪᓗᓂ, ᐃᒫᒃᑲᓐᓂᖅ ᐱᓕᕆᔪᓐᓇᖅᓯᓐᖓᓚᑦ ᑎᑎᖅᑲᑎᒍᑦ ᑕᒪᓇ ᐊᖏᕈᔾᔪᖅ, ᐃᓄᑭᑦᑐᓪᓗᓂ ᐊᐅᓚᑦᓯᓂᕐᒥᑦᑐᖅ ᐊᖏᔫᓯᒍᑦ. 1920-ᒋᔪᓐᓂ ᐱᒋᐊᕐᓇᖅᑐᑎᒃ, ᑲᓇᑕᒥ ᒐᕙᒪᑐᖅᑲᑦ ᐃᓄᖕᓂᒃ ᐊᐅᓪᓚᕈᑎᓯᕐᓇᕐᓂᖅᐸᑦ ᐃᓄᐃᓚᐅᖅᓯᒪᓐᖑᕐᓂᕐᓇᓄᑦ ᐱᔪᑎᖅᑕᖅᑐᑎᒃ ᑭᓯᐊᓂ ᐊᖑᓇᓱᒃᑎᑦᑎᐊᖅᑐᒍᑦ ᐃᓂᕐᓴᐅᓂᐊᖅᑐᒍᑦ ᐃᓄᖕᓄᑦ ᐊᒥᓱᖅᑲᐸᓪᓚᐊᔪᓄᑦ. 1953-ᒥ, ᐃᓄᐃᑦ ᐃᓄᒃᔪᐊᖅ, ᓄᓇᕕᒃ (ᑯᐸᐃᒃ ᖁᑦᓯᖅᐸᓯᐊᓃᑦᑐᒥᑦ ᐃᓚᖕᖓᓂᑦ), ᐊᒻᒪᓗᑦᑕᐅᖅ ᒥᑎᒪᑕᓕᒃ, ᖃᐅᓱᐃᑦᑐᒃ, ᓄᓇᖅᑲᕆᔭᒥ ᐊᓯᐊᓄᑦ ᓅᖅᑎᖅᑕᐅᓚᐅᖅᓯᒪᔪᑦ ᖃᐅᓯᐃᑦᑐᒧᑦ, ᖃᐅᓯᖅᑕᖅ ᖃᐅᓯᑦᑐᕐᒥᑦ ᐊᐅᔪᐃᓐᓂᑦᑐᑦ ᐊᐅᔪᖅᑎᖕᒐᓄᑦ ᖃᐅᓯᖅᑲᒃᑲᓐᓂᕐᒧᑦᑕᐅᖅ (Ellesmere Island), ᑎᓕᐅᖅᑕᐅᓂᒃᑯᑦ ᑲᓇᑕᐅᑦ ᓂᖏᓇᓂᐊᕐᓗᒍ ᐊᖏᔪᖅᑲᐅᓯᓂᒃᑯᑦ ᐱᔪᓇᕐᓂᕐᒥᒍᑦ ᖃᐅᓯᖅᑕᓗᓚᐃᑦ ᓯᐊᒻᒪᖅᓯᒪᔪᑦ ᐊᒥᓱᒃᑖᓚᐅᓚᐅᑦᑐᑎᒃ. ᐋᖅᑭᖅᑕᐅᔪᖅ ᓄᓇᕆᔭᐅᓂᐊᓕᖅᑐᓂ

ᓯᑭᓗᒃᑰᑦ ᑕᐅᑦᑐᐊ ᒥᑭᑦᑐᑯᓘᓪᓗᓂ ᓯᑯᒥ ᑕᑯᖅᑯᔾᔨᒍᖅ ᐃᒫᒃ ᑳᒃᑯᐊᒃ ᐳᖅᑐᔪᐊᓘᒃ ᒥᑭᑎᑦᑎᖅᑯᐃᔨᖕᒪᑦ ᑕᐅᑦᑐᒥᒍᑦ ᑕᒪᒃᑯᐊ ᐃᓈᓯᐃᑦ ᐳᖅᑐᓂᖅᐹᖑᖅᑲᑕᐅᖕᒪᑕ ᓯᓚᖅᔪᐊᒥ, ᑕᑯᔭᒃᓴᐅᒐᑦ ᑲᖏᖅᑐᐊᓗᖕᒥ (Sam Ford Fjord), ᐃᑲᖅᑲᓪᓚᔫᖏᑦᑐᑦ ᐅᐸᒃᓴᖅ ᑲᖏᖅᑐᓚᐱᖕᒥᑦ. ᐃᓈᓯᐃᑦ ᐱᐅᒃᓴᖅᓂᖅᑯᑦ ᐅᐸᑐᒥᓇᖅᐳᑦ ᑕᒪᒃᑯᓂᖓ ᓇᖏᐊᖅᓇᖅᑐᓂ ᐱᖏᒐᒃᕕᖅᑲᖅᓇᖅᑐᑦ ᐊᐳᑎᒃᑯᑦ ᓯᐊᖅᓇᔮᖅᐱᑦ, ᒪᔪᖅᐱᑦ, ᐊᒻᒪᓗ ᐊᓯᖏᑦ ᐳᓚᖅᐱᑦ ᑕᒪᐅᖓᖅᐸᓯᒃ.

22

ᓇᑦᑎᐅᑦ ᖃᐱᖕᖓ ᑕᒪᒃᑯᐊ ᓯᓚ ᑲᖏᕐᑑᒐᐱᐅᑦ ᐱᖅᑲᓯᐅᑎᖕᒪᒋᑦ ᐊᓇᐅᒪᓂᐅᑦ ᑮᓇᐅᔭᖅᑎᒍᑦ ᐅᓪᓗᒥ ᐊᑐᖅᑕᐅᖃᓯᐅᔭᐅᖕᒪᑦ. ᑕᒪᒃᑯᐊ ᐊᑐᖅᑕᐅᖃᑦᑕᖅᒪᑦ ᓯᓚ ᐊᓇᐅᔾᔨᐊᕐᓂᐊᖅᓯᐅᔪᓇᖅᒥᒃ ᐃᓕᖅᑯᓯᖅᑎᒍᑦ ᐊᒻᒪᓗᑦᑕᐅᑦ ᓴᓇᔭᐅᔪᓇᖅᒥᓕᒃ ᖃᓂᒋᔭᐅᓇᖅ ᑕᑯᒥᓇᖅᓯᒪᑎᑕᐅᓗᑎᒃ ᑭᓱᐃᓐᓇᖑᐊᕋᓛᓗᑎᒃ ᐊᒻᒪᓗ ᑕᑯᒥᓇᖅᑐᒥᒃ ᑕᐅᑐᖅᑲᖅᑎᑕᐅᓗᑎᒃ.

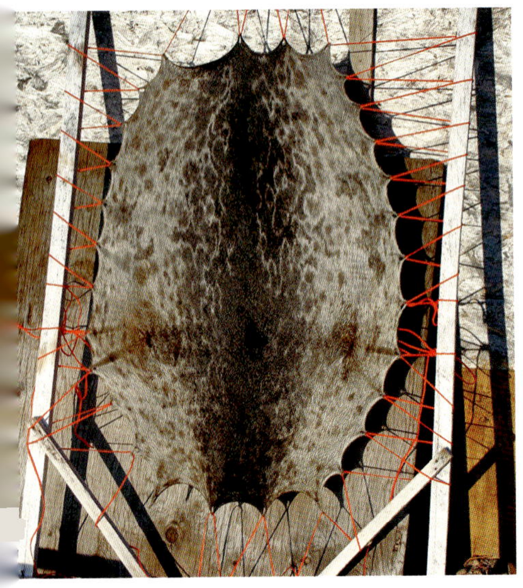

ᐃᒪᐃᓕᖓᔪᑎᑐᑦᑕᐅᖅ ᑲᖏᕐᑑᒐᐱᒃ ᑕᒪᐃᓚᐅᖅᓯᒪᖕᒥᖕᒪᑦ ᓄᓇᖅᖃᖅᓯᒪᔪᓂᐊᓖᖅᓯᓂᒃᑯᐊᓄᑦ ᑕᕝᕙᓂᑦᑕᐃᓐᓈᖅᓂᐊᓕᖅᑐᓂ ᐃᒪᐃᖅᑳᑦᑕᖕᒋᑦᑐᓂ ᑎᓕᔭᐅᑦᑐᓂ ᐊᖕᒋᖅᑲᑎᒋᒍᑎᒋᔭᐅᑦᑐᓂ ᐱᓕᕆᐊᕆᔭᐅᔪᑦ ᐊᐅᓚᑦᑎᕕᒋᔭᐅᓂᐊᓕᖅᑐᓂ ᐊᒻᒪᓗ ᐊᖅᑯᑎᒋᔭᐅᓯᓈᓂᖅᓂᐊᖅᑐᓂ ᐊᕙᑖᓄᑦ ᐋᑐᐋᒥᑦ.

ᐃᓄᐃᑦ ᑕᕝᕙᓂᑦᑕᐃᓐᓇᖅ ᓄᓇᖅᑲᔭᐃᓐᓇᕐᒋᑦᑐᑦ, ᐊᑎᕈᓯᖅᑲᖅᓂᕐᒋᑦᑐᑦ ᐊᑎᑦᑕᓕᕐᒋᑦᑐ ᐅᖅᑲᖅᑕᐅᑦᑎᐊᕈᓇᖅᓂᕐᒋᑦᑐᑦ ᐃᓄᒃ ᐃᒫᒃ ᑕᐃᒎᖅᑕᐅᕐᒋᑦᑐᓄᑦ, ᓇᓗᓇᐃᖅᑕᐅᔪᕙᓂᑦ, ᑎᒃᑯᐊᖅᑕᐅᑦᑐᑎᒃ ᑎᓕᔭᐅᔪᑦ, ᐊᒥᓱᐊᓘᕐᒋᑦᑑᒐᓗᐊᑦ ᑕᐃᔅᓯᒪᓂ ᓄᓇᑖᑦ ᐱᖕᖑᖅᑎᑕᐅᑎᑦᑐᕐᒋᑦ ᐱᔾᔪᑎᓕᕐᓄᑦ ᖃᐅᔨᒪᖅᑲᐅᓯᐅᑎᔭᐅᓂᐊᕐᒥᒃ ᓇᓗᓇᐃᖅᑕᐅᓯᒪᓗᑎᒃ ᑎᑎᖅᑲᑎᒍᑦ ᐊᒻᒪᓗ ᑎᑎᖅᑕᐅᕙᒃᑐᑦ ᑐᖅᑯᖅᑕᐅᓯᒪᔪᑎᑐᑦ ᖃᐅᔨᒪᔭᐅᔾᔪᑎᖅᑲᖅᑐᑎᒃ. ᐅᑭᐅᖅᑕᖅᑐᑦ ᑲᓇᖕᓇᖅᐸᓯᐊᓂᒥᐅᑕᐃᑦ, ᓇᐃᓴᐅᑎᖕᒋᑦ ᐱᒋᐊᖅᓂᖅᖃᖅᑐᑎᒃ E-ᒥᒃ, ᐊᒻᒪᓗ ᐅᐊᓕᓂᖅᒥᐅᑕᐃᑦ, W. ᐃᓄᐃᑦ ᑐᓂᓯᕕᐅᓇᓂᖅᐸᑦ ᓂᕕᖓᑖᓂᒃ ᓇᐃᓴᐅᑎᓕᖕᓂᒃ ᐅᔭᒥᒋᓂᐊᖅᑕᖕᒋᓈᓂᒃ ᖃᐅᔾᔭᐅᔪᓇᖅᑕᓂᐊᖅᒥᒃ. ᑕᐃᓱᒪᓂ ᓱᓕ, ᐊᑐᖅᑕᐅᔭᕆᐊᖅᑕᓕᖅᑐᖅ ᐊᔭᐅᕈᑕᐅᓪᓗᓂ ᑲᓇᑕᐅᑦ ᐱᖅᑯᔭᓪᓚᕆᖕᒐ ᐊᒻᒪᓗ ᒪᓕᒋᐊᖅᑐᓪᓗ, ᐱᖅᑲᓯᐅᑎᓪᓗᒋᑦ ᐊᖑᓇᓱᖕᓂᐅᑦ ᐱᖅᑯᔭᖕᒋᑦ, ᑎᑭᐅᑎᓕᓚᐅᖅᓯᒪᖕᒪᑕ ᖁᑭᖅᑖᓗᖕᒧᑦ. ᑕᐃᔅᓯᒪᓂ 1950-ᓄᑦ ᑎᑭᐅᑎᓚᐅᖅᑎᓇᓂᑦ ᓄᓇᑦᓯᐊᖅᒥ ᐱᑕᖅᑲᓕᓚᐅᖅᓯᒪᒐᖅ ᓇᖕᒥᓂᖅ ᐃᖅᑲᖅᑐᐃᔾᔨᓂᒃ. ᑐᑦᑕᖅᕕᑦᑎᐊᕙᐅᑦᓗᓂ ᓯᑲᔪᖅᓇᑦᑎᐊᖅᑐᓂᓗ ᔫᓐ "ᔫᒃ" ᓯᕗᓐ ᐱᖅᑯᔾᔭᓪᓚᕆᖕᓂᖅᒪᑦ ᐃᒪᐃᑦᑑᔪᒥᒃ ᐱᑦᓚᕆᐊᓘᔪᓄᑦ ᒪᓕᒋᐊᓕᖕᓄᑦ ᑕᕝᕙ ᓱᓕᑦᑎᐊᖅᑐᓄᑦ ᐱᖅᑯᔭᓕᕆᔾ ᓲᖅᑐ ᐃᖅᑲᖅᑐᖅᑕᐅᔪᑏᑦ ᓄᓇᓕᖕᓂᑦᑐᑦ ᑕᒪᑐᒧᖓ ᐊᒃᑐᖅᑕᐅᔪᑎᖅᑲᖅᓯᒪᔪᓄᑦ, ᐊᑐᖅᓂᖅᑐᖕᓂᒃ ᐱᔪᖅᑲᖅᓂᖅᐸᑦ, ᐊᒻᒪᓗᑦᑕᐅᖅ ᑲᔪᓯᓂᖅᑲᖅᑐᑎᒃ ᐊᒃᓯᐊᓗᒃ ᐃᓯᓕᑦᑎᓂᖅᒧᑦ ᒪᓕᖕᒐᖅᒥᒃ ᓇᔪᖅᑕᐅᔪᓇᖅᑲᖅᑲᖅᑕᖅᑐᓂ ᑕᒪᑐᒥᖕᒐ ᐅᐸᓕᖕᒥᒃ ᐊᒻᒪᓗ ᐱᔪᑎᖅᑲᖅᑎᐊᖅᑐᓂᒃ ᒪᓕᒐᖅᑕᖅᑲᖅᑐᓂ ᐊᐅᓚᑕᐅᓗᓂ ᓇᔪᖅᑕᐅᖕᒋᑦᑐᒥᒃ ᐃᓂᖅᑲᖅᑐᓂ ᑕᒫᓂ ᐸᓖᓯᑦ ᐃᒫᖕᒫᖅᑲᖅᓈᓂᑦ ᒪᓕᒐᓕᕆᔾᔪᓂᒃ ᐱᔾᔪᑎᖅᑲᖅᑎᓂᒃ ᑕᐃᔅᓯᒪᓂ ᐊᑐᐃᓐᓇᖅᑕᖅᑲᖅᓂᖕᒋᑦᑐᖅ ᓇᒥᒥᐅᑕᓕᒫᕆᔪᖕᓄᑦ ᐅᕙᖕᓐᓂᑦ ᐊᖅᑯᑎᓕᒫᖅ.

1939-ᖑᑎᓪᓗᒍ, ᐃᖅᑲᖅᑐᐃᕕᒃᑯᑎᒍᑦ ᖁᑦᑎᖕᓂᖅᐹᒃᑯᑦ ᑲᓇᑕᒥᐅᑦ ᐋᖅᑭᓯᑕᐃᓐᓇᖅᓂᖅᐳᑦ ᐃᒫᒃ, ᐱᖁᔭᑎᒍᑦ ᐋᖅᑭᑕᐅᓗᑎᒃ ᐊᑑᑎᔾᔪᓇᖅᑎᐊᓚᖅᑲᖅᑕᖅᑐᑎᒍᑦ, ᐃᓄᐃᑦ ᐃᓅᓕᒃᑯᑦ ᐊᑐᖅᑕᐅᓯᓇᐊᖅᑲᖅᑕᖅᑐᑦ ᐊᑐᖅᑕᐅᔪᓐᓇᖅᓯᒪᔭᖅᑲᖅᑐᑦ ᐊᓪᓚᒃᑯᑎᑐᑦ (ᓄᓇᖅᑲᖅᑎᓚᖅᐸᖅᑐᕕᓂᑦ), ᐃᒫᒃᑲᓂᕐᓗᐊᖅᑐᓂ ᓇᑯᓇᐃᖅᑕᐅᕙᓕᐊᖕᒋᑦ ᐋᖅᑭᒃᑕᐅᕙᓕᐊᓪᓗᑎᒃ. ᐃᓄᐃᑦ, ᐃᒪᐃᓕᖕᓚᔪᑎᑐᑦ, ᓂᕈᐊᖅᑕᐅᔭᓇᐊᖅᓯᓪᓗᑎᒃ ᒐᕙᒪᑐᖅᑯᕐᓇᓄᑦ ᓂᕈᐊᖅᑕᐅᔭᓇᐊᖅᑲᖅᑕᖅᑎᖅᑲᓪᓗᒍ ᑕᐃᓯᒪᓂ 1950-ᐅᑎᓪᓗᒍ, ᐃᒫᖑᓚᐅᖅᓯᒪᖕᒥᖕᒪᑦ ᐊᓪᓚᐃᑦ ᓂᕈᐊᕈᓇᓕᓚᐅᖅᓯᒪᒐᑦ ᑕᐃᓯᒪᓂ 1960-ᐅᑎᓪᓗᒍ. ᐅᓪᓗᒥ, ᐱᑕᖅᑲᓕᕝᕙᖅ ᐊᓪᓚᐃᑦ ᐊᓪᓚᓄᑦ ᑐᕋᖓᓗᑎᒃ ᐋᖅᑭᒃᑕᐅᔭᓇᖅᑐᓂᒃ ᐊᐅᓚᑕᐅᔪᑎᓂᒃ ᐋᔩᖅᑲᑎᒋᔪᑎᓂᒃ ᐅᑯᓄᖓ ᑲᓇᑕᒥᐅᑦ ᒐᕙᒪᖕᒋᓐᓂᒃ ᐊᒻᒪᓗ ᓄᓇᖅᑲᖅᑳᖅᑐᕕᓂᖕᓂᒃ, ᑭᓯᐊᓂᓕ ᐱᑕᖅᑲᖕᒋᓂᕙᖅ ᐃᓄᐃᑦ ᑎᑎᖅᑲᑎᒍᑦ ᐋᖅᑭᒃᐸᓪᓕᐊᓂᒃᑯᑦ ᐊᑐᕈᓇᖅᓂᐊᖅᑕᖕᒋᓇᓂᒃ. ᒐᕙᒪᒃᑯᑦ ᓇᔫᑎᓂᖕᒋᑦ ᐊᒻᒪᓗ ᐱᓪᓗᐊᖑᓂᖕᒋᑦ ᐃᒃᐱᖓᖅᓯᕙᓪᓕᐊᓪᓗᑎᒃ ᓱᒃᑲᐃᑦᑑᒐᓗᐊᒥᒃ ᑕᒪᓂ ᐅᑭᐅᖅᑕᖅᑐᒥ, ᐅᑯᓇᖕᒐᑦ ᐸᓖᓯᒃᑯᓂᑦ, ᑕᒪᓂ ᓇᔫᑎᑐᖅᑲᐅᓯᓚᖅᑕᖅ ᐅᑭᐅᖅᑕᖅᑐᒥ 100 ᐊᖅᑯᑦ ᐅᖓᑖᓂ, ᐃᓕᓐᓂᐊᖅᕕᖕᓄᑦ ᐊᒻᒪᓗ ᐋᓯᖕᒋᓐᓄᑦ ᒐᕙᒪᒃᑯᑦ ᐱᔨᑦᑎᖅᑐᑎᓯᖕᒋᓐᓄᑦ. ᐃᒪᐃᖅᑳᖅᑐᓂ, ᐃᓕᓐᓂᐊᖅᓂᖅ ᐊᑐᐃᓐᓇᐅᑎᑕᐅᓕᓚᐅᖅᑐᓂ ᑕᒪᒃᑯᐊ ᐅᐸᒃᑕᐅᓪᓗᑎᒃ ᑲᑎᓯᒪᓪᓗᑎᒃ ᑐᔪᖅᒥᕖᓯᔭᐅᓪᓗᑎᒃ ᐊᑐᖅᑕᐅᔭᓇᖅᐸᒃᑐᑦ ᐊᒥᓱᓐᒋᑦᑑᒍᓗᐊᑦ ᐅᐸᒐᐅᔭᓇᖅᑐᑦ. ᑕᒪᓇ ᐊᑐᖅᑕᐅᔪᖅ ᐃᓕᓐᓂᐊᖅᑎᓂᑦ ᑲᑎᔾᔪᑎᕆᔭᐅᒐᖅ ᐅᑭᐅᖅᑕᖅᑐᖅᒥᐅᑕᓂᑦ, ᐃᒪᐃᓕᖑᑎᑦᑎᓪᓗᓂᑦᑕᐅᖅ ᓇᖕᒥᓂᖅ ᐃᓚᓂ ᓇᔪᖅᓈᓂᖅᑐᓂᑦ ᐊᒻᒪᓗ ᐃᓕᑉᐸᓪᓕᐊᔪᓈᓂᖅᑐᑎᒃ ᓇᖕᒥᓂᖅ ᐅᖅᑲᐅᓯᖅᒥᓂᒃ ᐊᒻᒪᓗᑦᑕᐅᖅ ᐃᓕᖅᑯᓯᓕᐅᕐᒥᓂᒃ. ᓄᓇᓕᖕᒋᑕᒥᓄᑦ ᐃᓕᓐᓂᐊᕆᐊᖅᑕᖅᑐᑦ ᑕᑯᓚᐅᕆᐊᖅ ᐃᓖᓯᕆᔭᐅᓂᖅᒥᒃ. ᐃᓕᓐᓂᐊᖅᓂᖅᒥᒃ ᐱᔭᕇᖅᓯᖅᑕᖅᑐᑦ ᐊᒥᓱᓐᒋᑦᑐᑯᑖᓚᐅᖅᐳᑦ ᐊᒻᒪᓗ ᐊᓯᖕᒋᑦᑕᐅᖅ ᐃᒃᐱᒋᔭᐅᓯᒪᖕᒥᔪᑦ ᐊᑐᓚᐅᖅᑕᒥᒎᑦ ᖃᐅᔨᔅᓴᖅᓗᐊᓂ ᓈᒻᒪᓈᓯᒪᖕᒋᑦᑐᑦ ᐅᑦᓗᒥᒎᑦ ᐃᒪᐃᖅᑯᐃᓛᕘᑦ ᐃᓪᓗᓪᓗᑯᑦᑕᐅᓯᒪᓂᖅᒥᒎᑦ ᐊᓂᑦᑕᓇᐊᓚᐅᓪᓗᐊᓂ ᐋᖓᓂᖅᓂ ᐊᑑᑎᖃᓯᒪᓪᓗᑎᒃ ᑕᐃᓯᒪᓂ ᐊᑐᓚᐅᖅᑐᓂ ᐱᓯᔭᐅᖕᒪᑦ ᓯᓚ ᐃᓄᐃᑦ ᓄᓇᖕᒋᓂ ᓛᓐᓇᐅᔪᒧᑦ.

ᑲᖏᕐᑑᒐᐱᐅᑦ ᖃᓂᒋᔭᓂ, ᒥᐊᓚᕗᐃᑦ ᐅᒥᐊᕐᑐᕐᑎᐅᑦᓗᑎᒃ ᖃᐅᔨᔅᓴᕐᑎᖃᕐᑖᕐᑐᓂ ᐱᖑᖅᑎᑦᑎᓚᐅᕆᐊᖅ ᐅᖓᓯᒃᑐᒧᑦ ᖃᐅᔨᔅᓴᐅᑎᒥᒃ ᓇᒡᔪᕙᓯᓐᖏᓂᓗ (ᖃᑦᓗᓈᑎᑐᑦ LORAN) ᐃᓂᖃᕐᑎᑕᐅᓗᓂ ᐱᖑᕙᕗᓂ ᑕᐃᔅᓯᒪᓂ 1954-ᖑᑎᓪᓗᒍ. ᑖᓇ ᐊᑐᕐᑕᐅᕙ ᐊᐅᓚᑕᐅᕙᓂᐅᒐᖅ 1975-ᒧᑦ, ᑐᓂᕐᕿᑕᐅᓚᓂᖅᐸᕐᓯ ᑲᓇᑕᐅᑦ ᒐᕙᒪᒃᑯᖏᓐᓄᑦ (ᑕᐃᒪᐃᓐᓂᑦ ᐱᖅᓯᐅᔾᔨᓚᑕᐅᓇᒍ ᐃᒪᐃᓚᖕᒐᕕᒃ ᓴᓂᖅᑕᐅᓂᕆᔭᐅᓇᐊᖅᑲᖅᓚᓂ ᑕᒪᒃᑯᐊ ᑐᖁᓇᖅᑐᑦ ᐃᒋᑕᐅᓯᓇᐊᖅᑐᑎᒃ ᐊᒻᒪᓗ ᑮᖑᓂᐊᒧᑦ ᐋᑐᑎᑐᐃᓐᓇᓇᐊᕐᑖ). ᓱᕋᓪᓕᖅᐸᑦ ᐸᕐᓯᒃᑯᑦ ᓇᔪᖅᑲᖅᓂᖅᐳᑦ ᐱᖁᔪᖅᓂ, ᑲᖏᕐᑑᒐᐱᖑᑦ ᓂᐅᕐᕈᓚᐅᖅᐸᒃᑐᑎᒃ ᓄᓇᓕᖕᓂᑦ.

1972-ᖑᑎᓪᓗᒍ, ᒥᐊᓚᕗᐃᑦ ᐋᖅᑭᓯᓲᓂᖅᓯᒪᓕᖅᑎᒃ ᐃᒪᕐᒥᐅᑕᐃᑦ ᒥᐊᓂᔭᐃᔭᓇᐊᖅᑕᓂᕐᓂᖅ, ᐱᖅᑯᑎᒃᑯᑦ ᑎᑭᑎᑕᐅᔭᓇᐊᖅᑲᖅᓂᖅᑐᑎᒃ ᓇᑦᑎᐅᑦ ᖃᐱᕐᒋᑦ ᐊᒻᒪᓗ ᐊᓯᕐᒋᑦᓗ ᐃᒪᕐᒥᐅᑕᐅᓂᑦ ᐃᓚᑐᐃᓇᕐᒋᑦ. ᑕᐃᓯᒪᓂᑦᑕᐅᖅ 1980-ᓂ, ᑕᓇᐅᑦ ᐊᑭᐊᓂᒥᐅᑕᐃᑦ ᑲᑐᔾᔨᖅᑎᕐᑐᑎᒃ ᐱᔭᓇᐊᖅᑲᖅᓈᖅᓂᓇᒐᑦ ᖃᐱᕐᒋᓂᖅ

ᕿᓯᖕᒋᓐᓂᒃ ᑎᑭᑎᑦᑎᔪᓐᓇᕐᓂᕐᒥᒃ. ᐱᑕᖃᕆᓐᓂᕐᓂᖓᓄᑦ ᑕᒪᒃᑯᐊ ᕿᓇᐅᔭᖅᑖᕈᓯᐅᔪᓐᓇᖅᑐᑦ ᐃᒃᐱᖕᓇᖅᑐᐊᓘᓐᓂᖅᐳᖅ ᐊᒃᓱᒃᑖᓗᒃ ᑲᓇᑕᒥᐅᑕᐃᑦ ᖁᑦᑎᒃᑐᒦᐅᑕᐅᓂᖏᓐᓄᑦ, ᐱᖃᓯᐅᑎᓪᓗᓂ ᑲᖏᖅᖢᒑᐱᒃ. ᑭᐅᔾᔪᑎᒋᔭᐅᖕᒥᔪᖅᑕᐅᖅ ᐊᑕᐅᓯᐅᓪᓗᓂ ᐃᒪᐃᓕᔭᐅᓂᖓᒍᖅ ᓄᓇᕐᓯᐊᑦ ᓴᕿᒪᖕᒋᓐᓂᑦ ᐊᖑᓇᓱᒃᑏᑦ ᑎᓕᐅᖅᑕᐅᒃᑲᓐᓂᖅᑐᑎᒃ ᐱᒋᐊᖅᑯᔭᐅᒋᓪᓗᑎᒃ ᓇᓐᓄᓴᓱᒃᑎᑦᑎᓂᒃᑯᑦ ᓇᓄᖅᓯᐅᑉᐹᔪᓐᓇᖅᓯᑎᑕᐅᓪᓗᑎᒃ ᑕᒪᓐᓇ ᓇᓄᖅᓯᐅᑉᐹᓂᖅ ᐃᒃᐱᒋᔭᐅᑎᐊᓕᓚᐅᖕᒋᑦᑐᖅ 1990-ᑦ ᑎᑭᐅᑎᓚᐅᖕᒋᓐᓂᖕᒋᓐᓂ ᐊᒻᒪᓗ 2000 ᐱᒋᐊᓕᖅᑖᕐᓂᖕᒋᓐᓄᑦ, ᑭᓯᐊᓂᓕ ᑕᐃᔅᓯᒪᓂᐅᓕᖅᑎᓪᓗᒍ ᐃᒪᐃᓕᓂᖅᓴᐅᓕᕐᓂᕆᕙᖅ ᐱᔪᒥᓇᕐᓂᖅᓴᐅᓕᖅᑐᓂ ᕿᓇᐅᔭᓚᒍᖕᓂᒃᑯᑦ, ᐊᑐᓂᑦ ᓇᓄᓚᓱᐊᖅᑎᑦᑎᓃᑦ ᓄᓇᓕᖕᓄᑦ $30,000-ᓂᒃ ᐃᓱᖅᑎᑦᑎᔾᔪᓇᖅᓯᓪᓗᑎᒃ. 2000 ᐱᒋᐊᕐᓂᕈᔪᐊᓂ, ᑲᖏᖅᖢᒑᐱᒃ ᑎᑭᑕᐅᔪᓇᓱᓐᓂᖅᐳᑦ ᖁᓕᓃᑦᑐᓂᑦ ᓇᓄᓚᓱᒃᑎᓂᒃ ᐊᕐᕌᒍᒧᑦ ᒥᐊᓕᒐᑦ ᐊᒻᒪᓗ ᑕᓇᐅᑦ ᐊᑭᐊᓃᙶᖅᑐᑦ ᓇᓄᓚᓱᒃᑎᑕᐅᔪᓇᖅᑐᑎᒃ. 2010-ᖑᑎᓪᓗᒍ, ᐃᒫᒃᑕᐅᖅ, ᓇᓄᓚᓱᒃᑎᑦᑎᓂᖅ ᓄᖅᑲᖅᑐᓂ ᐃᒪᐃᑎᑕᐅᓚᐅᖅᑎᓪᓗᒍ ᑕᓇᐅᑦ ᐊᑭᐊᓂ ᑲᑐᔾᔨᖅᑎᕇᒃᑐᑦ ᐊᒻᒪᓗ ᒥᐊᓕᒐᐃᑦ ᐱᖃᓯᐅᔾᔨᒪᔭᕐᓂᖅᑐᑎᒃ ᑎᑭᑎᑦᑎᔭᕆᕐᓂᕐᓂᒃ ᓇᓄᓚᓱᖕᓂᐅᑦ ᐱᔭᕆᖅᑎᑕᐅᔾᔨᑎᑦᑎᖅᑲᑦᑕᖅᑲᖕᒋᓐᓂᒃ ᕿᑭᖅᑖᓗᑦ ᐃᑭᖕᒪᓂᑦ. ᑕᐃᔅᓯᒪᓂᑦᑕᐅᖅ ᐊᕐᕌᒍᒥ ᑲᓇᑕᒥ ᐊᕙᑎᓕᕆᔨᒃᑯᑦ ᓄᖅᑲᖅᑎᑎᕆᓪᓗᒍ ᑕᒪᒻᒪᑦ ᑲᓇᑕᒥᑦ ᐊᐅᓪᓚᖅᑎᑦᑎᓯᓇᐊᒃᓴᖅ ᓇᓄᕋᓂᒃ, ᑯᑭᖕᓂᒃ, ᐊᒻᒪᓗ ᓇᓄᐃᑦ ᓂᐊᖁᖕᒋᓐᓂᒃ ᓴᐅᓂᖏᓐᓂᒃ ᕿᑭᖅᑖᓗᖕᒥᙶᖅᑐᓂᒃ. ᐳᓚᕋᖅᑐᓕᕇᑦ ᓇᓄᓚᓱᒃᑎᑦᑎᖅᑲᖅᑕᖅᑐᑦ ᑕᕝᕙ ᐱᓇᓱᒃᑕᖏᑦ ᑮᓇᐅᔭᖅᑖᕆᖅᑲᖅᑕᖅᑕᒥ ᐃᓚᖓᓗᑦ ᐃᒪᐃᓕᖅᐳᑦ ᐳᓚᕋᖅᑐᓕᕆᓂᕐᒧᑦ ᐳᓚᕋᑏᑦ, ᒪᑯᓄᖓ ᐃᓈᓇᕈᐊᓗᒃᑎᒧᑦ ᒪᔪᕋᖅᑎᓂᒃ ᐊᒻᒪᓗ ᓯᐊᕐᕆᔾᔭᖅᑎᓂᒃ, ᕿᓂᖅᑐᑎᒃ ᐃᓈᓇᕈᓚᕐᓂᖅ ᐳᖅᑐᔪᓂᒃ ᕿᑭᖅᑖᓗᒃ ᑲᓇᖕᓇᖓᓂ. ᑭᓯᐊᓂᓕ ᐳᓚᕋᑦᑐᑦ ᐊᒥᓱᖕᒋᑦᑎᐊᓕᕐᒪᑕ, ᑐᕌᖓᕐᕕᒃᑲᓗᐊᖅᑐᑎᒃ ᐅᐱᕐᖔᖕᒋᓇᖁᒐᖕᓄᑦ, ᐊᒻᒪᓗ ᓇᒃᓴᑎᐊᖅᑲᑦᑕᕐᒪᓇᑎᒃ ᕿᓇᐅᔭᖅᑖᕆᓴᐅᔪᓇᕚᓂᒃ ᐊᖑᓇᓱᒃᑎᑦᑎᓂᒃᑯᑦ.

1999-ᖑᑎᓪᓗᒍ, ᕿᑭᖅᑖᓗᒃ ᐊᒻᒪᓗᑦᑕᐅᖅ ᑕᒪᓐᓇᑐᐊᖑᖏᑦᑐᖅ ᐱᖃᓯᐅᑎᓪᓗᒍ ᐅᐊᓕᓂᕐᑎᓈᓂᖅᓴᐃᑦ ᐊᒻᒪᓗ ᕿᑭᕐᒥᐅᑦ ᐱᖃᓯᐅᑎᓪᓗᒋᑦ ᓄᓇᕗᒧᑦ ᐋᖅᑭᒃᑕᐅᓪᓂᕐᒪᑕ, ᐃᓂᓪᓚᒃᑕᐅᑦᑎᐊᒃᑲᓂᖅᑐᓂ ᐃᓄᐃᑦ ᓄᓇᑖᕈᑎᖏᓐᓄᑦ ᑕᒪᑐᒧᖓᐅᓕᖅᑐᖅ. ᓄᓇᕗᑦ ᐱᔪᓇᖅᑎᑦᑎᕙᓕᖅᓯᒪᓕᕐᒪᖅ ᐃᓄᖕᓂᒃ ᓴᙱᒃᑎᑦᑎᕙᓕᖅᑐᓂ ᐊᐅᓚᑦᑎᓂᒃ ᓇᔪᖅᑕᖏᓐᓂᒃ, ᐱᓗᐊᙱᓪᓗᒍ "ᑕᒪᒃᑯᓂᖓ ᐋᖅᑭᒃᓯᒪᓕᖅᑐᓂᒃ ᑭᒃᑯᐃᓐᓇᕐᓄᑦ ᐊᐅᓚᑕᐅᓂᖅᓴᓂᒃ" ᓱᕐᓗ ᒪᑯᐊ ᓄᓇᕗᑦ ᐆᒪᔪᓕᕆᔨᖏᓐᓂᒃ ᐊᐅᓚᑦᑎᔪᑦ ᑲᑎᒪᔨᒃᓴᖅᑐᖅ. ᓂᕆᓇᖅᓯᐊᖅᓯᔨᐅᔭᓂᒃ ᐱᖃᓯᐅᑎᓯᓇᖃᓯᐅᑎᓪᓗᒍ ᐃᓄᐃᑦ ᐱᖃᓯᐅᑎᓪᓗᒋᑦ ᐋᖓᖃᑎᒌᒍᑎᑎᒍᑦ ᐃᓯᒪᑦᑐᕐᓂᒃᑯᑦ ᓇᒥᖓᖅ ᓇᓗᓇᐃᖅᓯᖃᑕᐅᓪᓗᒋᑦ, ᑕᒃᑯᐊ ᐋᖅᑭᒃᑕᐅᔪᑦ ᐊᔾᔨᒃᐸᓪᓕᖅᑐᒋᑦ ᐊᒥᓱᒃᑦᓚᖕᓄᑦ ᐊᐅᓚᑦᑎᖅᑕᐅᔪᓐᓇᖅᓯᒪᓂᖅᑐᓂᒃ ᑲᑐᔾᔨᖅᑎᕇᒃᑐᓂ ᑕᐅᕙᓂ ᐅᐊᓕᓂᕐᒥ ᑲᓇᑕᐅᑦ ᐃᓚᖓᓂ ᐊᓛᓯᒃᒥ. ᓱᕐᓗᑦᑕᐅᖅ ᐊᕕᒃᑐᖅᓯᒪᐅᖅᓯᐅᑎᑐᑦ ᐅᑭᐅᖅᑕᖅᑐᒥ, ᓄᓇᕗᑦ ᕿᓂᖅᑕᐅᓯᒪᔪᓐᓂᕐᓂᓗᒍ ᑕᒪᒃᑯᓂᖓ ᐱᔪᒥᓇᖅᑐᐃᓐᓇᐃᑦ ᐅᔭᕋᖕᓂᐊᕐᕕᖕᓂᒃ ᐊᒻᒪᓗ ᐅᖅᓱᐊᓗᖕᓂᒃ ᐆᔭᕋᖕᓂᐊᕐᕕᐅᓂᐊᖅᑐᓂ ᑲᖏᖅᖢᒑᐱᐅᑉ ᐱᓇᔾᔪᑎᖏᓐᓇ, ᑑᒐᓂᖅᑕᐅᑦᑎᐊᕐᒪᑦ ᑕᐅᕗᖓ ᐅᑭᐅᒥ ᓇᑦᑎᖕᓂᐊᕐᓂᖅᓴᖅ ᐅᖁᒪᔪᖅᓂᐅᔾᔪᑕᐅᒧᑦ ᑕᐅᖓᑲᓂ ᐊᐃᑦᑐᕐᓯᓐᓂᖅᑐᒥᑦ ᐊᓪᓚᕐᓂᖅᑕᖅ.

ᓄᓇᕗᑦ ᒐᕙᒪᖓ ᐱᕚᓪᓕᖅᑎᑦᑎᓯᒪᒋᕗᑦ ᓵᙵᒃᑎᑉᐸᓪᓕᖅᑕᒥᓂᒃ ᐃᔅᓯᒍᖓ ᐃᓕᖅᑯᓯᑎᓐᓄᒃ ᐃᓕᕆᐊᒃᑲᓂᖅᑐᒍ ᐱᕚᓪᓕᖅᑎᑦᑎᔾᔪᑎᒥᒃ ᐊᒻᒪᓗ ᐊᐅᓚᑕᐅᔾᔪᑎᒃᑲᓂᕐᓂᐊᕈᓯᖓᑦ ᐃᓚᔭᐅᒃᑲᓂᖅᑐᓂ. 2011-ᒥ ᓴᖅᑭᑕᐅᔪᖅᑲᓕᔪᕆᕙᖅ ᒪᑐᐃᖅᑕᐅᓪᓗᓂ ᑕᒪᑐᒨᖓ ᓄᓇᖅᑲᖅᑐᑎᒍᑦ ᐃᓕᖅᑯᓯᑎᓐᓄᑦ ᐊᑑᑎᔪᒥᒃ ᐃᓕᓐᓂᐊᖅᑲᖕᒥᒃ, ᐱᖅᑯᓯᓕᕆᓂᖅ, ᑲᖏᖅᖢᒑᐱᖕᒥ. ᓄᓇᓖᑦ ᓄᓇᕗᒻᒥᑐᑦ ᐱᓇᓱᒍᓐᓇᖅᑎᑕᐅᔪᕗᑦ ᐊᑭᑐᕐᑐᐃᑎᑕᐅᓪᓗᑎᒃ ᐃᓕᓐᓂᐊᖅᑲᒃᓴᐅᔪᓐᓇᖅᑐᒥᒃ ᐊᒻᒪᑦᑕᐅᖅ ᑲᖏᖅᖢᒑᐱᐅᑦ ᐱᓇᓖᑎᒃᓴᖅᓯᐅᑉ, ᑐᙵᓂᖅᑲᖅᑐᒥᒃ ᐃᓕᖅᑯᓯᒥᓄᑦ ᐊᑐᖅᑕᖅᑕᕐᒥᓄᑦ ᐱᔪᓐᓂᖅᑲᕆᔭᐅᑎᓯᒪᓂᒃ ᐊᒻᒪᓗ ᐅᖅᑲᐅᓯᕐᒥᓂᒃ ᐱᓯᒪᐃᓐᓇᖅᑐᓂ ᐊᑐᖅᑐᓂᔾᔪᒃ, ᓂᕈᐊᕆᐊᓴᐅᔪᑦᓯᓂᐅᕗᖅ ᑖᔅᓯᒪᖓ ᐊᖅᑭᒃᓯᕝᕕᐅᓪᓗᑎᒃ, ᐱᑕᖃᓕᖅᐳᑦ.

ᐅᓪᓗᒥ, ᑲᖏᖅᖢᒑᐱᒃ ᐊᖏᖅᓴᓂᓴᐅᕗᖅ ᐃᒪᓇᐸᓘᔪᓂᒃ 900-ᐸᓘᖓᓂᒃ ᐃᓄᖅᑲᖅᑐᓂ, ᐅᖓᑖᓂ 95% ᐃᓄᐃᑦ ᑕᐃᒪᐃᓕᖓᓪᓗᑎᒃ. ᐃᓄᒃᑎᑐᑦ ᐅᖃᐅᓯᓕᕆᐊᕐᕕᖕᒥᓂᒃ ᐅᖃᐅᓯᖅᐳᑦ, ᐃᒪᐃᒃᑭᓪᓗᑎᒃᑕᐅᖅ ᐃᓄᐃᑦ ᒪᒃᑯᒃᑐᑦ ᐃᓕᖅᑲᖅᐳᑦ ᖃᓪᓗᓈᑎᑐᑦ ᐃᓕᓐᓂᐊᕝᕕᖕᒥ ᐊᒻᒪᓗᑦᑕᐅᖅ ᐱᐅᒋᔭᐅᓪᓗᑎᒃ ᐊᑐᐃᓐᓇᕆᔭᒥᑦ ᑕᑯᔭᐅᔪᑦ ᒪᑯᓐᓇᓚ ᑕᓚᕖᓴᓂᑦ, ᑐᓴᕐᓈᓚᕐᓂᑦ, ᐊᒻᒪᓗ ᖃᕋᓴᐅᔭᒃᑯᒃ ᑖᕙᓚᑦᑕᐃᓐᓇᐅᖕᒋᑦᑐᖅ ᓇᓂᔭᐅᔪᓇᖅᑐᑦ. ᓂᕿᑐᖃᕐᒥᓂᒃ ᓯᓚ ᐱᓪᓚᕆᔭᖅᐳᑦ ᐊᑕᖏᖏᒃᑲᓗᐊᖅᑐᑎᒃ ᓂᕆᖃᑕᖅᑐᑦ ᓯᓚ, ᐊᒻᒪᓗ ᐊᖑᓇᓱᖕᓂᖅ ᐊᒻᒪᓗ ᐃᖃᓗᓚᓱᖕᓂᖅ ᐱᓪᓚᕆᐅᖃᑦᑕᕐᓂᖅᐳᑦ ᐊᑐᖅᑕᐅᖃᑦᑕᕐᓂᖅᑐᓂᒃ ᐃᓕᖅᑯᓯᕐᒧᑦ ᓱᖃᐃᒪ ᐱᓕᕆᐊᒥᒃ ᐊᑐᖅᑕᐅᔪᑦ. ᓄᓇᖓᑦ ᒪᓂᕋᑐᐊᕈᓇᓂ ᐊᒻᒪᓗ ᑲᖏᖅᑐᑯᑖᖅᑕᐅᖅᑐᓂ, ᐃᒪᐅᑦ ᓯᑯᐊ ᑕᐃᒫᒃ ᓯᓚ ᐃᖕᒋᕐᕋᖅᑐᐊᖅᑲᖅᑐᓂ ᐅᑭᐅᒃᑯᑦ ᐅᐱᕐᖔᒃᑯᓪᓗ, ᓄᓇᑦᑎᓐᓂᑦ ᐃᓕᖓᑦᑎᐊᖅᑐᑦ ᐊᒻᒪᓗ ᐃᓅᖅᑲᑎᒥᓄᑦ.

ᐃᓕᒌᑦ ᓄᓇᖅᑲᖅᑐᑦ ᐊᒻᒪᓗ ᑲᑐᔾᔨᖅᑎᒌᑦ ᑲᖏᖅᖢᒑᐱᖕᒥ ᐱᓕᕆᖅᑎᒌᖅᑲᑦᑕᐅᓴᐃᓐᓇᕐᓚᑕ ᐊᑐᕆᖅᐸᓪᓚᐅᔭᕐᑎᓐᓂ ᐃᓕᖅᑯᓯᑦᑎᒍᑦ ᐊᑐᖅᓯᐅᑎᔭᕐᑎᓐᓂ ᐊᒻᒪᓗ ᓄᓇᑦᑕ ᒥᒃᓵᓄᑦ ᖃᐅᔨᒪᔭᕐᑎᒍᑦ ᒪᒃᑯᑐᖅᑯᑎᑦᑎᓐᓄᑦ. ᐅᕙᐅᓇ ᔪᐃᓕ ᓴᖑᔭ ᑕᑯᖅᑯᔾᔭᔪᖅ ᐃᓚᓐᓂᐊᖅᑎᓂᒃ ᖃᓄᖅ ᓄᓗᐊᑦ ᓇᑎᕐᓂᐅᑎᑦ ᓂᖏᓯᒪᓂᖏᓐᓂᒃ ᓯᑯᒃᑯᑦ ᐃᒪᐃᑎᓪᓗᑕ ᓯᑯᑕᖏᕐᒥ ᐃᓚᓐᓂᐊᖅᓂᖅ ᐊᑑᑎᓯᒪᓂᖕᓂᑦ 2010-ᖑᑎᓪᓗᒍ.

ᑲᖏᖅᑐᓖᐱᖕᒧᑦ ᐳᓛᓇᐊᖅᓯᒪᓂᕆᓚᐅᖅᑕᕋ

ᐅᓂᒃᑳᖓ ᓈᖕᓯ ᓂᐊᑯᒃ ᓕᕕᑦ

ᐳᓛᓇᐊᖅᓯᒪᓂᕆᔭᕋ ᑲᖏᖅᑐᓖᐱᖕᒧᑦ ᑕᑕᑦᑎᕗᖓᖅ ᐊᑐᕈᒥᓇᕆᖃᑦᑕᖅᑕᓐᓂᒃ ᖃᖓᑐᐃᓐᓇᖅ ᒥᐊᓕᖓᐃᑦ ᓄᓇᖁᑦᑖᑕ ᓯᓚᑖᓄᑦ. ᓂᕆᐅᒋᖕᒋᑦᑎᐊᖅᑕᕐᓂᒃ ᐊᐱᕆᔭᐅᔪᑎᖃᓕᒫ ᐱᖃᑕᐅᔪᓐᓇᕋᓚᖓᕋᒪ ᐃᒪᐃᓕᐅᖅᑐᓂᒃ ᓱᑯ-ᐃᓄᐃᑦ-Hᐃᓚ ᐱᓕᕆᔪᓂᑦ ᐊᒻᒪᓗᑦᑕᐅᖅ ᑲᔪᖏᑦᑎᐊᖅᑐᖓ ᐊᖏᕈᑎᒋᓪᓗᒍ ᐃᓕᑦᓱᔪᒪᓪᓗᖓ ᐃᓕᑦᓱᒃᑐᓂᒃ ᐅᖃᓕᒫᓚᐅᖅᓯᒪᔪᖓ ᐅᓂᒃᑳᖅᓯᒪᔪᓂᒃ ᐃᓄᐃᑦ ᒥᒃᓵᓄᑦ ᐅᖃᐅᓯᖃᖅᓯᒪᔪᓂᒃ ᐱᕙᓪᓕᐊᔪᑎᖑᑦ ᐸᐃᑉᐹᒃᑯᑦ ᑎᑎᕋᖅᓯᒪᔪᑎᒍᑦ, ᐅᖃᓪᓚᒃᓯᑦ ᐊᒻᒪᓗ ᒪᑯᑎᒎᓇᕐᓘᓐᓂᑦ ᑕᓚᕖᓴᑎᒍᑦ ᐊᒻᒪᓗ ᖃᐅᔨᑎᑦᑎᐊᒃᑲᓂᖅᑐᖓ ᑖᒃᑯᐊ ᐊᐅᓪᓚᖅᑕᐅᓗᖓ ᓇᖏᖅᑎᕐᓗ ᑕᑯᓱᖅᑎᑦᑎᐊᕐᓗᖓ ᖃᓄᓕᕆᐊᖅ ᐃᓅᓪᓗᑎᒃ ᖃᐅᔨᓇᒃᑲᓂᖅᐸᑦ ᑖᒃᑯᐊ ᖃᐅᔨᓴᖅᑕᐅᓇᓂᑦᑎᐊᓕᖅᐳᖓ ᐃᓅᓯᑯᑦ.

ᑎᑭᐅᑎᓕᑦᑕ ᑕᑯᓱᖅᑐᖅᑕᑦᑎᓐᓄᑦ ᑲᖏᖅᑐᓖᐱᖕᒧᑦ ᐱᖅᑕᐅᖕᒥᔪᓄᑦ ᑲᑎᓯᓱᖅᑐᑕ ᐊᒻᒪᓗ ᐃᓄᐱᐊᖅᑎᑐᑦᑎᐊᖅ ᐃᓅᖕᒥᔪᑦ. ᑕᒪᒃᑯᐊ ᑐᓴᖅᓯᓈᖅᑕᕗᑦ ᑭᓯᒫᓘᖅᑕᖅᑲᖏᑦᑎᐊᖅᑐᑕ ᐅᖃᐅᑎᒋᖃᓯᐅᑎᓪᓗᑎᒍᑦ ᐃᓕᑉᐹᓕᕐᓂᑦᑎᓐᓄᑦ ᑭᑭᑦᑎᖃᑎᒌᖏᑦᑎᐊᖅᑕᑕ.

ᑲᖏᖅᑐᓖᐱᒃ ᑲᔫᕐᓇᑦᑎᐊᖅᑐᖅ ᐱᒍᖃᐅᑦᑎᐊᖅᑐᓂ ᐊᒻᒪᓗ ᐅᔭᕋᓪᓚᔪᖏᑦ ᐊᖏᔫᑎᐊᓘᓪᓗᑎᒃ ᐱᒍᑯᔅᓯᐊᓗᐃᑦ ᐊᒻᒪᓗ ᐅᕙᓐᓄᑦ ᑎᑭᐅᑎᓯᒪᑦᑎᐊᖅᑯᐃᔭᓚᐅᖅᑐᑦ ᖁᓪᓗᑦ ᓯᓚᓗᑦ. ᑕᐃᒪᐃᓪᓕᑦ ᑲᔫᕐᓇᑦᑎᐊᓚᐅᖅᓯᒪᔪᑦ ᑕᑯᒥᓇᑦᑎᐊᖅᑐᓂ ᑕᐅᑐᐊ ᐊᐅᔪᐃᑦᑐᓪᓗ ᖁᓪᓗᐊᓂᓪᓗ ᐃᓗᖏᑦ ᐃᓈᕈᕐᓂ. ᐊᔾᔨᖖᒋᑦᑎᐊᑕᖓ ᓄᓇᑭᑦᑐᔫᒍᓪᓗᓂ ᒪᓂᕌᓃᑦ ᓄᓇᑦᑕ ᓇᔪᖅᑕᑦᑕ ᖁᑦᑎᖕᓂᐅᔫᑦ ᑎᓯᖅᑲᓚᐅᑦ ᐊᕙᑖᑕ ᓯᐊᒻᒪᖓᔪᑦᑕ.

ᐃᓕᑉᐹᓕᕆᓪᓗᖓ ᓂᕈᐊᑎᑦ ᖃᓄᐃᑦᑐᑦ ᐊᖑᓇᓱᒃᑕᐅᖃᑦᑕᕐᒪᖓᑕ, ᐅᕙᓐᓂᓐᓂᑦ ᐊᖑᓇᓱᒃᑕᐅᔪᓐᓇᖅᑐᑦ ᐅᐊᑲᓪᓚᓐᓂᑎᒃ. ᐅᓪᓘᖕᓂᒃ ᒪᕐᕉᖕᓂᒃ ᐃᖏᕋᓗᓂ ᑐᒃᑐᓯᕙᒃᓴᖅ. ᐃᒪᐃᓐᓇᓚᐅᓯᒪᕗᖅ ᐊᑐᖅᓯᐅᑎᔪᓐᓇᖅᑐᑎᒍ ᐱᖅᑕᐅᔪᓐᓇᖅᑎᑕᐅᓪᓗᑕ ᐃᖅᑲᓕᐊᕐᕕᕆᖅᑲᑦᑕᖅᑕᖓᓐᓄᑦ ᐱᖅᑕᐅᕆᓪᓗᑎᒃ ᐊᑯᑭᑦᑐᕐᒥᐅᑕᐃᑦ ᐱᖅᑕᐅᓪᓗᑎᒃ.

ᐃᒪᐃᓕᖕᖓᔪᖕᒥᔪᖅ ᐃᑲᕐᕋᓂᒃ 8 ᐅᖓᑖᓃᑦᑐᓂᒃ ᐃᖏᕐᕋᓪᓗᓂ ᑎᑭᑦᒃᓴᐅᓪᓗᓂ ᐃᖅᑲᓗᖓᓯᙵᕕᐅᕙᑦᑐᖅ ᓯᑭᓗᒃᑯᑦ. ᑕᒪᓐᓇ ᑲᒪᓇᐅᔭᖅᓯᓈᖅᑐᓂ ᖃᐅᔮᕙᓪᓕᐊᓪᓗᒍ ᐃᓕᑉᐹᓪᓕᐊᓪᓗᒍ ᐊᑐᕐᓇᓚᐅᕐᒥᔪᖅ ᐳᐃᒍᓚᐅᖅᓯᒪᔾᔮᙱᑕᕋ. ᐃᓯᒪᒃᑯᑦ ᑎᑎᕋᖅᓯᒪᓪᓚᕆᓕᖅᐳᖅ. ᑕᐃᓐᓇᓘᓐᓃᑦ ᑕᑯᓐᓇᙳᕈᓐᓇᓪᓚᕆᒃᑕᕋ ᐊᔾᔨᙳᐊᑎᑐᑦ ᑲᔫᕐᓇᖅᑐᐊᓗᒃ ᐊᐳᑎᖅᑕᑦᑎᐊᖅᑐᓂ ᒪᓂᕋᑦᑐᓂ ᐃᖅᑲᓗᖓᓯᙵᕖᑦ. ᖁᕕᐊᒋᑦᑎᐊᖅᐸᒃᑲ ᐊᐅᓪᓚᖅᑎᕆᓚᐅᖅᓯᒪᔭᒃᑲ, ᖁᔭᓕᓪᓗᖓᓗ ᐱᙳᖅᑎᑦᑎᔾᔭᑦᑎᓐᓂᒃ ᐊᐅᓪᓚᖅᓯᒪᓂᕆᓚᐅᖅᓯᒪᔭᑦᑎᓐᓂᒃ ᐱᖏᖕᓇᖏᑦᑎᐊᓚᐅᖅᓯᒪᓚᑦᑕ.

ᑲᖏᖅᑐᓖᐱᖕᒥᐅᑦ ᐃᓅᓯᖃᓐᓇᔫᕕᕆᔭᒥᓂᒃ ᐃᓕᖅᑯᓯᖃᕐᒥᖕᒪᑕ ᐊᒻᒪᓗ ᐅᕙᑦᑎᓐᓄᑦᑕᐅᖅ ᐊᒥᓲᔪᑎᒍᑦ ᐃᕝᖅᑎᒃᑲᓂᕆᐊᖅᑲᕆᓪᓗᑎᒃ ᑕᒪᑐᒨᖓ ᓯᓚᕐᔪᐊᑦ ᐅᖅᑰᓯᕙᓪᓕᐊᓂᖓᓄᑦ ᐊᒻᒪᓗ ᐊᓯᖏᓐᓄᑦᑕᐅᖅ ᐊᑭᑦᑐᕐᓂᖏᑦᑐᓄᑦ ᐃᓅᓯᑎᓐᓂ ᐱᓯᒪᐅᔭᐃᓐᓇᕐᓂᐊᕐᒥᔭᒥᓄᑦ ᐃᓕᖅᑯᓯᕐᒥᓄᑦ.

ᓂᐅᕐᕈᕕᑎᓯᒪᓪᓗᒍ ᑲᙳᕐᑐᓚᐱᒃ

ᐆᒪ ᔫ ᓚᕕᑦ

ᐅᕝᑯᑦᑕᐅᕐᒃ ᐊᑲᐅᓈᕐᒃᓯᒪᑦᑎᐊᓇᕗᕐᒃ ᐃᒪᐃᕐᑲᑕᐅᓂᓇᓯᒪᔭᕐ ᐱᕐᑲᑕᐅᕐᑲᓯᐅᑎᓪᓗᙳ ᐅᐸᒃᑐᒍ ᐃᖏᕐᕋᓂᕗᑦ ᐃᓅᓯᓐᓂ ᑲᖏᕐᑐᓚᐱᒃ. ᐃᔅᓯᓅᓕᑦᑎᐊᕐᒃᓯᒪᒋᕗᖕᒐᑦᑕᐅᕐᒃ ᕐᑯᕕᐊᒋᔭᓐᓂᒃ ᐹᓇᐊᕐᒃᓯᒪᓂᓇᕙᔭᓐᓂᒃ ᐊᕝᑖᓗ ᐱᕐᑲᓯᐅᑎᓪᓗᒍ ᐊᒻᒪᓗ ᐳᐃᒍᓚᐅᕐᒃᓯᒪᔅᔮᓇᕆᑦ ᐃᓄᖏᑦ ᑲᑎᔾᑲ ᐊᒻᒪᓗᑦᑕᐅᕐᒃ ᑭᓱᐃᓐᓇᓕᒫᑦᑎᐊᑦ ᑕᒪᒃᑯᐊ ᓂᐅᕐᕈᓯᒪᓂᓇᕙᔭᑦᑎᓐᓂ.

ᐊᑕᐅᓯᕐᑕᐅᕐᒃ ᑕᐃᒪ ᕐᑯᕕᐊᒋᑦᑎᐊᕙᖏᔭᕐ ᐊᒻᒪᓗ ᕐᑲᐅᔨᓪᓗᒍ ᐃᒪᐃᑦᑑᓚᐅᕐᒃᓯᒪᕙᕐᒃ ᑕᐃᒃᑯᐊ ᐊᑐᕐᒥᔅᕙᒃ ᐊᑐᕐᓱᒃᑐᓂᔅᕙᓪᓗ ᐅᕐᑲᐅᓯᕐᒥᓂᒃ, ᐃᓄᒃᑎᑐᑦ, ᐱᕐᑲᓯᐅᑎᖏᔭᖓᑦ ᐃᓕᓐᓂᐊᕐᓂᕐᒧᑦ ᐃᓕᓐᓂᐊᕐᕕᖕᒥ. ᕿᒥᕐᕈᐊᓚᕐᑲᕐᕕᖓᑦ ᐃᓄᒃᑐᖑᕙᓂᒃ ᐱᑕᕐᑲᐅᑦᑎᐊᕐᑐᐊᓘᓚᐅᓯᒪᖕᒪᑦ ᐃᓄᒃᑐᖑᕙᓂᒃ ᐊᒻᒪᓗ ᑕᑯᓪᓗᐊᓚᐅᕐᒃᓯᒪᓪᓗᑎᑦ ᕐᑲᕋᓴᐅᔭᒥᑎᒍᑦ ᐅᕐᑲᐅᓯᖏᑦ ᐱᕐᑲᓯᐅᑎᓯᒪᓚᐅᕐᒃᓯᒪᖕᒪᑕ. ᓯᕗᓰᑦ ᐃᓄᒃᑎᑐᐃᓐᓇᕐᒃ ᐅᕐᑲᐅᓯᕐᑲᓚᐅᕐᒃᓯᒪᕙᑦ. ᑕᐃᒪᐃᑦᑐᒥᒃ ᐱᕐᑲᕋᔭᙱᐊᓚᐅᕐᒃᓯᒪᕙᖓ ᐊᑐᐃᓐᓇᕐᑕᕐᑲᕐᓗᓂ ᓄᓇᑦᑎᓐᓂ.

ᐱᕐᑲᑕᐅᑎᑕᐅᓚᐅᕐᒃᓯᒪᖕᒥᓗᑦᑕ ᕐᑲᐃᕐᑯᔭᐅᓯᒪᓪᓗᑕ ᓄᓇᓖᑦ ᓂᓇᕕᒡᕙᓇᐊᕐᑐᕐᒃᓯᒪᑎᓪᓗᑎᑦ ᓂᓇᓚᐅᕐᒃᓯᒪᕙᒍᑦ ᐆᑎᓯᒪᖏᑦᑐᓂᒃ ᐃᕐᑲᓗᕕᓂᕐᓂᒃ, ᑐᒃᑐᕕᓂᕐᓂᒃ, ᐊᒻᒪᓗ ᓇᑦᑎᕕᓂᕐᓂᒃ. ᐅᕝᖓᑦᑕᐅᕐᒃ ᒪᒪᓇᑦᑎᐊᓚᐅᕐᒃᓯᒪᖏᒥᓚᒃᑯ ᓇᑦᑎᐅᑦ ᑎᖑᐊ ᒥᑭᓚᐅᑎᓪᓗᒍ. ᑕᑯᓐᓇᓅᕐᒃᓯᒪᓕᕐᑐᕆᑦ ᐃᓄᐃᑦ ᓂᓇᕙᑦ ᐆᑦᑎᓯᒪᖏᑦᑐᐃᓐᓇᑦᑎᐊᓂᒃ, ᕐᑲᐅᔾᔨᒪᕙᖓ ᑕᐃᒃᑯᐊ ᑎᒥᒧᑦ ᐃᑲᔫᑎᕐᑲᑦᑎᐊᕐᑐᒥᒃ ᓂᓇᕗᑦ ᐊᒻᒪᓗ ᐊᑐᓂᑦ ᐱᕙᒪᓂᕐᑲᑦᑎᐊᕐᑐᑎᒃ. ᑕᒪᒃᑯᐊᓘᓐᓃᑦ ᓯᕗᓰᑦ ᐱᕐᑲᓯᐅᑎᓪᓗᑎᒃ ᐱᓚᒃᑐᓂᒃ ᓇᑦᑎᕐᑕᐅᕙᕕᓂᕐᓂᒃ.

ᓂᓇᕕᒡᕙᐊᓅᕐᑎᓪᓗᑕ, ᑕᑯᕐᓈᕐᑎᑦᑎᓕᓚᐅᕐᒃᓯᒪᓚᐅᑦᑕ ᐃᓄᖕᓂᒃ ᐃᓖ ᐋᓯᑭᔫᑦ ᔪᒥᕐᓂᖓᓐᓂᒃ ᐱᕐᑲᓯᐅᑎᓪᓗᒍ ᐃᖖᖏᕐᑐᑦ ᐊᒻᒪᓗ ᔪᒥᕐᑐᑦ ᐅᑯᓇᙵᑦ ᐊᐅᓚᑕᐅᕙᒥᒃ ᐅᐊᕋᓐ ᐊᒻᒪᓗ ᑖᓖᓐ. ᐋᓯᑭᔫᑦ ᕿᓚᐅᑖᑦ ᐊᑐᐃᓐᓇᐅᑎᑕᐅᓚᐅᕐᒃᓯᒪᖏᕙᕐᒃ ᐃᓐᓇᐃᑦ ᐃᓚᖓᓐᓄᑦ ᓄᓇᓕᖕᓂᑦ. ᕿᓚᒥᑯᓗᒃ ᔪᒥᕐᑐᐃᓐᓇᐅᓕᓚᐅᕐᒃᓯᒪᕙᑦ . ᕐᑲᐅᑎᓪᓗᒍ ᓇᒃᓴᕐᑐᕐᑲᓕᓚᐅᕐᒃᓯᒪᖏᕙᕐᒃ ᒥᕝᕕᖕᔫᑦ ᐋᓯᑭᔫᑦ ᕿᓚᐅᑖᓂᒃ ᐃᓄᐃᑦ ᐃᓚᖏᑦ ᕐᑲᐅᔨᓐᓂᖏᑦᑐᑦ ᕿᓚᐅᔅᓴᕐᓂᕐᒥᒃ ᐊᒻᒪᓗ ᔪᒥᕐᓂᕐᒥᒃ ᐅᓐᓅᓚᐅᕐᑐᒥ ᑕᑯᓂᐊᕐᒥᒃ. ᐊᐃᑦᑖᓇᕐᑲᓯᐅᑎᔭᕐ, ᐅᐊᕋᓐ ᐊᖏᓚᐅᕐᒃᓯᒪᖏᓕᑦ, ᐃᓖᖑᓯᕋᔭᕐᒃᐸᓗᑭᐊᕐᒃ ᑖᕝᕙ ᐱᔭᓇᕐᑐᕐᑲᕈᓇᓯᕐᓗᓂ ᕐᑲᖓᖔᒃᑯᑦ ᑕᒪᑐᒥᖓ ᕐᑲᐅᔨᕐᑲᑎᑮᒃᑲᓐᓂᕈᓐᓇᕐᑐᕐᑲᕐᓗᓂ ᐅᕝᑎᓐᓂᒃ ᐋᓯᑭᔫᑦ ᔪᒥᕐᓂᖓᓐᓂᒃ.

ᓂᐅᕐᕈᓯᒪᓂᑦᑎᓐᓂ ᐅᕐᑲᐅᓯᕐᑲᕈᓇᕙᕆᕗᒍᑦ ᑲᑎᒪᓪᓗᑕ ᑲᖏᕐᑐᓚᐱᖕᒥᐅᑦ ᐃᓄᖏᓪᓗ ᐊᒻᒪᓗ ᐅᕐᑳᓚᐅᑎᕐᑲᓯᐅᑎᓪᓗᑎᒍ ᓯᓚᕐᕙᑦ ᐅᕐᑰᓯᕝᓚᐊᓂᖓ ᐊᒻᒪᓗ ᓯᓚᐅᑦ ᐊᓯᔅᓴᕐᐸᓪᓚᐊᓂᖓ.

ᑲᑎᒪᓃᑦ ᐊᒻᒪᓗ ᐊᖑᓇᓱᖕᓃᑦ ᐅᓂᒃᑳᑦ ᐅᓂᒃᑳᓇᓪᓗᑎᒍ ᓱᕐᓗ ᑭᐳᑎᑦᑎᕙᑎᑐᑦ ᑐᓴᕐᑲᑦᑕᐅᑎᕙᒍᑦ ᑐᓴᕈᒥᓇᑦᑎᐊᓚᐅᕐᒃᓯᒪᕙᑦ

ᐊᐅᓪᓚᕐᑐᑕ ᑕᑯᓚᐅᕐᒃᓯᒪᔭᑦᑕ ᐃᓚᖏᑦ ᐃᒪᐅᑦ ᓯᑯᐊ ᐊᒻᒪᓗᑦᑕᐅᕐᒃ ᐱᕐᑲᓗᔭᑰᔅᓯᐊᓗᐃᑦ ᐊᑯᓐᓂᖓᓐᓂ. ᐅᕐᑲᐅᔅᔭᐅᓚᐅᕐᒃᓯᒪᕙᒍᑦ ᐃᒃᑲᕐᓇᓯᒪᕐᑲᑦᑕᕐᑐᒡᔫᕐᒃ ᐊᕐᕌᒎᓐᓂᒃ ᒪᕐᕉᓐᓂᒃ ᐱᖓᓱᓂᓪᓘᓐᓃᑦ ᐊᒻᒪᑦᑕᐅᕐᒃ ᐊᐅᒃᐸᓪᓕᐊᕝᑭᓪᓗᑎᒃ ᐊᒻᒪᓗ ᐳᑦᑖᕐᓂᕐᒥᒎᑦ ᐊᐅᓪᓚᕐᐸᒃᑐᑎᒃ. ᐊᐅᓪᓚᑲᓐᓂᓕᓪᓗᑕ ᐅᐸᒍᑎᒃᑲᓐᓂᓚᐅᕐᒃᓯᒪᖏᓚᑦᑕ ᐊᓯᐊᓄᑦ ᓯᑭᓗᒃᑯᑦ. ᐃᖏᕐᕋᓂᓇᔭᕗᑦ 6-ᐸᓗᖕᓂᒃ ᐃᑲᕐᕋᓂᒃ ᓇᓕᐊᖕᓄᑦ ᐃᖏᕐᕋᓇᓚᐅᓯᒪᕙᕐᒃ. ᓯᑯᐊ ᐃᔅᕙᓂᕐᑲᐸᓗᓚᐅᓯᒪᒐᕐᒃ 6-ᐸᓗᖕᓂᒃ ᐃᓯᓚᓂᒃ ᐊᒻᒪᓗ ᐊᐳᑎᐅᑦ ᐃᔅᕙᓂᖓ ᐃᓯᓘᖕᓂᒃ ᒪᕐᕉᓂᒃ ᐊᕝᕙᕐᒥᓪᓗ ᐊᐱᓯᒪᑎᕆᓚᐅᕐᒪᒐᕐᒃ.

ᐅᕐᑲᐅᑎᕆᔭᐅᕙᒥᒃᑕᐅᕐᒃ ᑕᐃᓐᓇ ᐅᕐᑲᐅᑎᕆᔭᕗᑦ ᑭᒡᕆᕐᒃ, ᑕᐃᓐᓇ ᑐᓴᐅᒪᕐᑲᑎᕇᒍᑎ ᐱᕐᑲᑎᕇᖕᓂᕐᒃ (ᑦᕐᓇᔭᐅᑎ ᑕᑯᒡᓴᐅᓪᓗᓂ ᐅᕐᑲᐅᑎᕆᔭᐅᕙᒥᒃᑕᐅᕐᒃ ᑕᐃᓐᓇ ᐅᕐᑲᐅᑎᕆᔭᕗᑦ ᑭᕝᕆᕐᒃ, ᑕᐃᓐᓇ ᑐᓴᐅᒪᕐᑲᑎᕇᒍᑎ ᐱᕐᑲᑎᕇᖕᓂᕐᒃ (ᑦᕐᓇᔭᐅᑎ ᑕᑯᒡᓴᐅᓪᓗᓂ ᐊᓵᓯᑲᒥ ᐋᓯᑭᔫᑦ ᔪᒥᕐᑎᓪᓗᒋᑦ). ᑕᑯᕐᓂᕈᓯᑦᑎᐊᓚᐅᕐᒃᓯᒪᕙᑦ ᐊᒻᒪᓗ ᑕᒪᑐᒥᖓ ᔪᒥᕐᓂᕐᒥᒃ ᐅᐊᕆᔭᕐᑲᕐᑲᓯᐅᑎᓪᓗᑎᒃ ᑕᑯᔭᓇᐊᒃᓴᕐᒃ ᐊᑐᕐᑲᑦᑕᕐᑕᑦᑎᓐᓂᒃ ᓯᓚ ᐅᑦᕿᐊᓚᕕᖕᒥ ᐊᒻᒪᓗ ᕐᑯᑦᑎᒃᑑᑦ ᑎᓯᕐᑲᕐᒥᐅ ᓄᓇᓕᖏᓐᓂᒃ.

ᐃᒪᐃᑦᑐᒪᖕᒥᓗᒪ ᕐᑯᔭᓕᓗᖓ ᐊᓕᖏᑦᑎᐊᕐᓗᒋᑦ ᑲᖏᕐᑐᓚᐱᖕᒥᐅᑦ ᑐᙯᓇᑦᑎᐊᕐᓂᖏᓐᓄᑦ ᐊᒻᒪᓗ ᐃᕐᑲᐅᒪᐅᔭᐃᓐᓇᕐᓂᐊᓂᓪᓗᒋᑦ ᐱᕐᑲᓐᓂᓇᔭᕐᑖᓇᔭᒃ ᑲᖏᕐᑐᓚᐱᖕᒥ.

ᐹᓇᐊᕐᒃᓯᒪᓂᕐᒃ ᑲᖏᕐᑐᓚᐱᖕᒧᑦ ᑕᐃᔅᓯᒪᓂ 2008-ᖑᑎᓪᓗᒍ, ᐅᑦᕿᐊᓪᕕᖕᒥᑦ ᐃᓐᓇᕐᒃ ᐅᐊᕋᓐ ᒪᑐᒥᐊᕐᒃ ᕿᓚᐅᔅᓴᕐᑎᓪᓗᒍ ᐊᒻᒪᓗ ᐃᖖᖏᕐᑐᓂ ᑕᐃᓐᓇᓗ ᔫ ᓚᕕᑦ ᔪᒥᕐᑐᓂᑦ ᒪᓕᒃᑕᐅᓪᓗᓂ ᐊᖑᑎᓂᑦ ᔪᒥᕋᓯᖕᒥᕙᓂᑦᑕᐅᕐᒃ ᐃᓄᐱᐊᑦ ᔪᒥᕐᓂᖓᓐᓂᒃ ᐊᓂᒍᕋᑦᑖᑦᑎᐊᕐᑎᓪᓗᕆᑦ ᓂᓇᕕᒡᕙᐊᕐᑲᑎᕇᖕᓂᕐᒃ ᑐᒃᑐᕕᓂᕐᒥᒃ ᐆᕙᖕᒋᑦᑐᒥᒃ ᐊᒻᒪᓗ ᐃᕐᑲᓗᕕᓂᕐᒥᒃ ᑲᖏᕐᑐᓚᐱᖕᒥᐅᑦ ᐱᖕᖑᐊᕐᕕᕐᑯᑖᓂ.

ᑲᖏᖅᑐᓛᐱᖕᒧᑦ ᐊᖓᓚᓂᖅ - ᖃᖏᖅᑐᓛᐱᖕᒨᕐᓂᕆᓚᐅᖅᑕᕗᑦ

ᐆᒪ ᑑᑯ ᐅᓯᒪ

ᐊᐅᓪᓚᖅᓯᒪᔪᑦ ᓯᑭᓗᒃᑯᑦ ᑲᖏᖅᑐᖓᓐᓄᑦ ᑲᓇᖕᓇᖕᓂᑦᑐᑦ ᑲᖏᖅᑐᓛᐱᐅᑦ.

ᑖᕝᕙ ᐸᕐᓇᓕᓚᐅᖅᓯᒪᖕᒥᒐᑦᑕ ᐃᖏᕐᕋᓗᑕ ᑕᐃᒍᖅᑕᑦᑎᓐᓄᑦ ᑲᓇᑕ. ᑭᖑᓂᑦᑎᓐᓂ ᐊᕗᙵᓚᐅᖅᓯᒪᒐᓗᐊᖅᑐᖓ ᑲᓇᑕᐅᑦ ᐅᑭᐅᖅᑕᖅᑐᖓᓄᑦ, ᑭᓯᐊᓂᓕ ᑎᑭᐅᑎᓚᐅᖅᓯᒪᖏᓐᒥᔪᖓ ᓂᖏᓐᓂᖅᐸᓯᐊᓄᑦ.

ᐃᒪᐃᓚᐅᖅᓯᒪᒋᓪᓗᓂ ᑕᐃᔅᓯᒪᓂ ᐋᓯᑲᒨᓚᐅᖅᓯᒪᓪᓗᑕ ᓯᕗᓪᓕᖅᐹᒥᒃ ᐱᑐᒃfᐃᒃ (ᑐᓕ ᖃᖓᑕᓯᐅᖅᑲᕝᕙᖕᒧᑦ) ᑖᕝᕙ ᕚᑕᒧᐊᓕᐊᕋᓱᒃᑐᑕ (Baltimore). ᑕᐃᔅᓯᒪᓂᐅᑎᓪᓗᒍᓕ ᖃᐅᔨᒪᔾᔪᕐᒥᓕᓚᐅᖅᓯᒪᔪᒍᑦ ᐊᒃᓲᓂᖅᓴᖅᓕ ᓇᒧᙵᖅᐸᓪᓕᐊᖓᒪᖕᒫᑦᑕ ᖃᐅᔨᒪᓂᖅᓴᐅᓕᖅᑐᑕ, ᐊᑐᓚᐅᖅᓯᒪᔭᑦᑎᒍᑦ.. ᓯᓂᒃᑕᖃᑦᑕᓚᐅᖅᓯᒪᕗᒍᑦ ᐋᑐᐋᒥ, ᑕᐃᓇᓗ ᐊᒥᓱᐊᓘᓪᓗᑎᑦ ᐊᖏᔫᑎᐊᓗᐃᑦ ᐃᒡᓗᑦ ᑕᑯᔭᒃᓴᑦ. ᑕᐃᔅᓯᒪᙵᑦ ᐃᖃᓗᖕᓅᓚᐅᖅᓯᒪᕗᒍᑦ ᐊᒻᒪᓗ ᑲᖏᖅᑐᓛᐱᖕᒨᕆᓪᓗᑕ. ᓄᓇᖓ ᑕᑯᔪᓇᖅᑕᕗᑦ ᖃᖓᑕᓯᒥᑦ ᓄᑖᖑᐅᓈᓇᓚᐅᖅᓯᒪᓕᕆᕗᒍᑦ ᑕᑯᔭᕆᐅᖅᑕᑦᑎᓐᓂᒃ, ᐃᓈᕈᐊᓗᐃᑦ ᐊᐅᔪᐃᑦᑐᖅᑲᐅᖅᑐᑎᒃ, ᐃᖅᑲᐃᓯᕆᓚᐅᓯᒪᕙᒃ ᐃᓈᕈᐊᓗᖕᓂᒃ ᐊᑯᑭᑦᑑᑦ ᑲᓇᖕᓇᖕᓂᑦᑐᓂᒃ.

ᑎᑭᐅᑎᒐᑦᑕ ᐅᐸᒐᓱᒃᑕᑦᑎᓐᓄᑦ ᑐᖓᓱᒃᑎᑕᐅᓚᐅᖅᓯᒪᕗᒍᑦ ᐃᓕᑦᑎᓐᓂᑦ ᐱᓕᕆᖃᑎᑦᑎᓐᓂᑦ, ᖃᐅᔨᒪᔾᔨᓕᖅᑕᑦᑎᓐᓂᑦ. ᒥᕝᕙᖏᙶᖅᑐᑕ ᐃᑭᒪᑎᑕᐅᓚᐅᖅᓯᒪᕗᒍᑦ ᓯᑭᓗᒃᑯᑦ ᐃᓂᒋᓂᐊᖅᑕᑦᑎᓐᓅᕈᔾᔭᐅᓪᓗᑕ. ᓄᓇᓖᑦ ᐃᓂᓪᓚᒃᑕᐅᓯᒪᓪᓗᑎᒃ ᐃᒫᑎᒋ ᐅᕝᕙᓘᓐᓃᑦ ᑕᐃᒻᒪᓪᓚᕆᐅᖏᑦᑐᖅ ᒪᓂᕿᐸᓗᖕᓂᕐᒥ ᑲᖏᑐᓛᐱᐅᓂᑯᓗᖕᒥ. ᑖᕝᕙ ᐅᕙᓐᓄᑦ ᐃᒃᐱᖕᓂᕈᑎᒋᓚᐅᖅᓯᒪᓪᑕᖅᐸᕋ ᐊᐳᑎᖃᕐᓂᐊᓗᐊ, ᐊᔾᔨᖏᖏᑦᑎᐊᖅᑐᓂᐅᒃ ᕿᒪᒃᑕᑦᑎᓐᓂᑦ ᑕᐃᔅᓯᒪᙵᑦ ᑕᐃᔅᓯᒪᙵᒃᑲᓐᓂᕐᓗ ᐅᑦᕿᐊᕝᕕᖕᒥᑦ. ᐊᒻᒪᓗᑦᑕᐅᖅ ᐊᖅᑯᑎᖏᑦ ᕿᕐᓂᖅᑕᐅᓚᐅᖅᓯᒪᔪᑦ ᐸᐅᕐᒥᑦ, ᑕᒪᒃᑯᓇᙵᖅᑲᐃ ᓯᑭᓗᖓᓯᖏᓐᓂᑦ ᐊᑐᖅᑕᐅᔪᓂᑦ ᑲᖏᖅᑐᓛᐱᖕᒥᐅᓂᒃ ᐃᖏᕐᕋᔾᔪᑎᒋᔭᐅᕙᒃᑐᓂᑦ. ᐊᒻᒪᓗᑦᑕᐅᖅ ᓇᐃᒪᒋᓪᓗᑎᒍᑦ ᑎᐱᖏᑦ ᐊᐅᓚᐅᑎᓅᙱᑐᑦ ᐊᑐᓕᒻᒥᑦᑎᓐᓂᒃ.. ᐃᓄᖏᑦ ᑐᙵᓇᑦᑎᐊᖅᑐᑎᒃ ᐊᒻᒪᓗ ᑭᒃᑯᐃᓐᓇᑦᑎᐊᓂᑦ ᐃᓄᖅᑭᒃᓴᕝᕕᐅᓪᓗᑕ, ᖁᕕᐊᒋᔭᐅᑦᑎᐊᖅᑐᑕᓗ.

ᓂᐅᕿᖅᑲᓂᑦᑎᓐᓂ ᑲᖏᖅᑐᓛᐱᖕᒧᑦ ᐃᖃᓪᓕᐊᓚᐅᖅᓯᒪᕗᒍᑦ ᓯᑭᓗᒃᑯᑦ. ᐃᖏᕐᕋᓂᑦᑎᒍᑦ ᑕᑯᔭᒃᓴᑦ ᓄᓇᓂ ᐱᐅᓚᐅᖅᓯᒪᕙᑦ ᐊᒻᒪᓗ ᐃᑎᕙᑦᑐᑕ ᐊᒥᓱᐊᖅᑎᒃᑲᓪᓚᒃᑐᑕ ᐃᖏᕐᕋᓂᑦᑕ ᓱᑰᑦ ᐊᑯᓂᖏᑎᒍᑦ. ᐃᖏᕋᓪᓗᑕ ᐊᑐᓚᐅᖅᑕᑦᑕ ᐃᓚᖏᑦ ᑲᖏᖅᑐᐊᓘᓚᐅᖅᓯᒪᔪᕙᑦ ᐊᒻᒪᓗ ᑕᑯᒃᑲᓂᕆᓪᓗᑕ ᐊᐅᔪᐃᑦᑐᓂᒃ ᐊᖅᑲᖅᑎᐅᔫᔾᔪᒃᑐᓂᒃ ᑎᓱᖅᑳᓗᒃᑎᒍᑦ ᐃᓈᕈᖅᑎᒍᑦ. ᑕᒪᓇ ᐊᑐᖅᑕᕆᖕᒥᔭᕗᑦ ᐱᐅᔪᐊᓘᓚᐅᖅᓯᒪᔪᖅ, ᐊᔾᔨᖏᒥᓇᓂᐅᒃ ᐅᕙᑦᑎᓐᓂᑦ ᐃᖏᕐᕋᓂᑦᑎᓐᓂᑦ ᐊᒻᒪᓗ ᑐᐱᖅᓯᒪᓂᑦᑎᓐᓂᑦ. ᑐᐱᖃᑦᑕᖏᓇᑦᑕᓕ ᓯᑯᑐᐃᓐᓇᕐᒧᑦ, ᑐᐱᓲᖑᕙᑦᑕᓕ ᖃᒧᑎᑦᑕ ᖄᖓᓄᑦ. ᐊᐅᓚᓴᓚᐅᖅᓯᒪᔪᒧᑦ ᐃᖃᓗᕙᓱᒃᑐᑕ ᑕᐃᓐᓇ ᐱᐅᓚᐅᖅᓯᒪᖕᒥᔪᖅ ᐊᒻᒪᓗ ᐃᖃᓗᐊᕐᔪᒃᑐᑕ. ᓯᑯᒃᑰᖅᑐᑕ ᐅᔾᔨᕈᓱᒃᑲᓂᓪᓗᖓ ᐊᐳᔭᓇᖓᓃᓱᓚᐅᖅᓯᒪᖕᒪᑦ / ᐊᐳᕼᐃᕐᓂᖅ, ᐊᒻᒪᓗ ᐃᖏᖅᕋᓪᓗᑕ ᓯᑭᓗᒃᑯᑦ ᐃᓐᓇᐅᔾᔨᑦᑕᐃᓕᒪᓇᕐᓂᖅᓴᓲᓪᓗᓂ ᓲᖃᐃᒻᒪ ᐊᒋᐅᑉᐸᕐᓂᑦ (ᕿᒨᒡᔪᖕᓂᑦ) ᐊᐳᔭᓇᒃᑑᑎᐊᓗᖕᓂᑦ. ᐊᒻᒪᓗ ᓯᓚᑦᑎᐊᕙᐅᑐᖃᐅᔭᖅᑐᓂ ᐊᑯᓂᐊᓗᒃ ᐊᐳᑎ ᒪᐅᔭᐅᕈᔪᒃᑐᓂ ᒪᐅᖅᑲᖅᑕᕐᓇᖅᑐᓂ.

ᑲᑎᒪᓂᓇᕙᒃᑕᑦᑎᒍᑦ ᑲᑎᖃᑎᖅᓯᒪᕙᔪᔪᑦ ᐃᓄᖕᓂᒃ ᐊᕙᑎᒥᖕᓂᒃ ᐊᑐᖅᑐᓂᒃ, ᐊᒻᒪᓗ ᑐᓯᑦᑐᑎᑦ ᐊᒃᓯᐊᓗᒃ ᓰᖃᐃᓪᓗ ᐃᒪᐃᑦᑑᖅᑯᐃᓕᖓᒪᑕ ᐊᒃᑐᐊᖃᑎᖃᑦᑎᐊᖅᑯᐃᓕᑦᓗᑎᒃ ᖃᐅᔨᓇᓱᒃᑐᓂᒃ ᓄᓇᙳᐊᑎᒍᑦ ᐊᕙᑎᒥᖕᓂᒃ ᐊᒻᒪᓗ ᓂᖓᑎᒥᖕᓂᒃ. ᑕᒃᑯᔾᔭᐅᑦᓗᑕ ᑕᒻᒪᓈᒃᑯᑕᐅᓯᓈᖅᑐᓂᒃ ᖃᐅᔨᒪᔾᔪᑎᓂᒃ ᓇᒦᓐᓂᕐᒥᑦ (GPS) ᐊᑐᖅᑕᐅᔪᓐᓇᖅᑐᒥᒃ ᐃᒫᒃᑲᓂᖅᑕᐅᖅ ᐊᑐᖅᑕᐅᕆᑦᓗᑎᒃ ᑎᑎᖅᓯᔾᔪᑎᕆᔭᐅᕙᒃᑐᑎᒃ ᓇᓗᓇᐃᖅᓯᔾᔪᑎᕆᔭᐅᔪᓂᒃ ᓂᖑᑎᓂᒃ ᑕᑯᔭᒥᓂᒃ. ᐅᖃᐅᓯᖃᒃᑲᓂᓇᑦᓗᑎᒡᓗ ᐊᒥᓱᓂᖅᓴᐅᔪᑦ ᑲᖏᖅᑐᓚᐱᖕᒥᐅᑕᐃᑦ ᕿᒻᒥᖃᐅᕐᓂᖅᓴᐅᓕᕐᒥᔪᑦ ᑕᐃᒪᙵᓂᑦ ᐊᕐᖑᓂᑦ ᒫᓇᑦᑎᐊᓂᑦ. ᑕᐃᑲᓃᑦᑐᑕ ᕿᒧᒃᓯᒃᑯᑎᒍᑦ ᐃᓚᐅᓚᐅᖅᓯᒪᔪᒍᑦ ᐱᐅᑦᑎᐊᓚᐅᖅᓯᒪᔪᖅ, ᑭᓯᐊᓂ ᓇᖏᐊᕐᓇᐸᓗᔪᔪᖅ ᓰᖃᐃᓪᓗ ᖃᒧᑎᖏᑦ ᓇᐸᕈᐊᖅᑲᐅᖏᓪᒪᑕ, (ᖃᒧᑏᑦ ᐃᖅᑯᖏᑎᒍᑦ ᓇᙱᓇᐸᓗᒃᑐᓂᒃ). ᐃᒪᐃᒃᑲᔾᔪᙳᐊᖅᑑᑎᕆᖕᒥᔭᕋᓗᐊᒃᑲ ᐃᓕᓴᐃᖏᓐᓇᕐᓗᑎᒃ ᒪᒃᑯᒃᑐᕐᑯᑎᒥᓂᒃ ᕿᒧᒃᓯᕐᓂᕐᒥᒃ ᐊᒻᒪᓗ ᐱᖃᓯᐅᔾᔮᖃᑦᑕᐃᓐᓇᕐᓗᑎᒃ ᐱᓕᓂᐊᓂᔭᒥᑎᒍᑦ ᒪᑯᓂᖓ ᑲᑎᒪᓃᑦ ᐊᒻᒪᓗ ᐱᖃᓯᐅᑎᖃᑦᑕᕐᓗᑎᑦ ᐋᔾᖃᑎᖕᑏᕈᔪᖕᓂᒃᑯᑦ, ᕿᓯᓕᓂᓂᖅᑎᒍᑦ ᐊᒻᒪᓗ ᐊᖑᓇᓲᑎᓕᐅᕐᓂᖅᑎᒍᑦ. ᐃᒫᖑᔪᓇᑳᓪᓚᒃᐸᑦ ᑕᑯᔪᒪᒍᔭᒥᒐᒪᓕ ᐸᖅᑭᔭᒐᐅᑦᑎᐊᕈᓇᖅᑐᓂᒃ ᑕᐃᒫᒃ ᐃᖏᕐᕋᖃᑦᑕᐅᑎᓂᒃ, ᐃᒫᒃᑕᐅᖅ ᕿᒻᒥᖃᐅᖅᑐᓂᒃ ᐃᓂᕆᔭᐅᖃᑦᑕᖅᑐᓂᒃ ᑕᐃᒪᐃᑕᐅᔪᓇᖅᐸᑕ.

ᐃᒫᒃᑲᓂᖅᑕᐅᖅ, ᐊᖑᓇᓱᒃᓯᒪᓪᓗᙵ ᐊᐅᓪᓚᖅᓯᒪᖕᒥᒐᒪ ᑕᐅᓇᓂ ᐃᑭᕐᒥ\ ᓯᒥᑦ ᓴᐅᓐ (Smith Sound) (ᑕᐅᓇᓂᐅᒐᓗᐊᖅ ᓇᓗᓇᐃᖅᑐᓯᒪᓂᖓᓂ ᐊᑯᑭᑦᑑᑦ ᑲᓇᑕᐅᓪᓗ ᐊᑯᓐᓂᖓᓂ), ᑕᐅᕙᓃᓚᐅᖅᓯᒪᒐᑦᑕ ᑲᓇᑕᐅᑦ ᖁᑦᑎᓂᖅᐸᓯᐊᓂ ᓯᓚᕿᔪᕿᖅᑐᐊᑑᑎᓪᓗᒍ. ᑕᐃᔅᓯᒪᓂ, ᑕᒪᒃᑯᐊ ᐊᖑᓇᓱᙳᐊᕆᔭᐅᓚᐅᖅᓯᒪᔪᑦ ᐊᕙᓂᖓᓯᐊᕐᒥᐅᓄᑦ, ᑕᐃᔅᓯᒪᓂ ᐅᐸᒃᑕᐅᔭᓇᐊᖃᕿᓐᓂᓚᐅᖅᑎᓐᓇᕆᑦ. ᑕᐅᕙᓂ, ᑕᒪᒃᑯᐊ ᑯᒃᓴᐅᔪᓕᒫᑦ ᐊᐅᓚᓚᐅᖅᓯᒪᔪᑦ ᓂᖓᑎᐊᓗᖕᓄᑦ ᑕᐅᕙᓃᑦᑐᓄᑦ. ᐃᓛᓐᓂᑦ ᐊᐱᖅᑯᑎᒃᑯᑦ ᖃᓄᐃᓪᒪᑦ ᑲᓇᑕᒥᐅᓂᑦ ᐱᔪᓇᖅᑎᑕᐅᙱᓚᔪᑦ ᐊᖑᓇᓯᖕᓂᕐᒥᒃ ᑕᐅᕙᓂ, ᐃᒪᐃᓕᖓᑎᑦᓗᒍ ᐅᐸᒃᑕᐅᖃᑦᑕᖅᑲᓇᑎᒃ ᑕᐃᒃᑯᐊ. ᑕᐅᕙ ᑕᐅᕙᓐᓇ ᓯᕗᓕᑦᑎᓐᓂᑦ ᐱᕆᔭᐅᓚᐅᖅᑐᖅ, ᐊᖑᓇᓱᙳᐊᕆᔭᐅᔭᖅᑐᖅᐸᒃᑐᓂ.

ᐃᒫᖑᖁᔭᙳᐊᖅᑑᑎᕆᓗᐊᖅᐸᕋ ᐃᓄᐃᑦ ᐱᓕᓂᖅᑲᑎᕌᙳᕆᔪᓇᖅᑕᒥᒃᑎᒍᑦ ᖃᓄᑭᐊᖅ ᐋᖅᑭᒃᓯᖅᑲᑎᕆᒍᑕᐅᔪᓇᖅᐸᑦ. ᐅᖃᐅᑎᔪᓇᖅᐸᔅᓯ ᐊᑭᓕᓂᖅ ᑕᒃᓴᐅᕗᖅ ᖄᓇᕈᔪᕐᒥᑦ ᓯᓚᑦᑎᐊᕙᐅᑎᓪᓗᒍ, ᐃᒪᐃᓕᖓᖅᑯᐃᓕᓗᓂᓗ ᖃᒪᖅᑲᓯᐅᑎᖅᑯᐃᓕᔪᖅ ᐹᓇᐊᖅᑕᐅᔪᒪᓪᓗᓂ.

ᖁᔭᓇᒦᒃ ᑲᑎᖃᑏᖕᓂᓇᓯᒪᔭᕗᑦ ᐅᐊᒃᑖᓗᑕᐅᖅᓯᒪᙵᓪ ᐊᑐᖅᑕᐅᑎᑕᓯ ᓂᐅᕈᓯᒪᓂᑦᑎᓇ ᐃᓕᓯᓈᓄᑦ, ᐊᒻᒪᓗ ᐅᖃᐅᑎᔭᐅᕆᑦᓗᑕ ᐃᓅᓯᐅᑦ ᐊᑐᖅᑕᑦᑕᓇᖕᒋᑕ ᑐᕋᕈᑕᐅᓂᖕᒋᓇᓂᒃ ᐳᐃᒍᓚᐅᖅᓯᒪᔾᔮᙱᑦᑕᔅᓯ.

ᖃᐃᖕᒎᖅ ᓃᐅᑦᓴ ᐃᖃᓗᒃᑕᖏᑦ ᐊᖏᓕᕇᑦᑎᐊᖅᑐᑦ ᐃᖃᓪᓕᐊᖅᓯᒪᑎᓪᓗᑕ.

ᐅᓂᒃᑳᖅ ᓇᐃᑦᑑᓪᓗᓂ ᐊᐅᓪᓚᖅᓯᒪᓂᕆᔭᕗᑦ ᑲᓇᑕᒧᑦ

ᐆᒪ ᒪᒪᕈᑦ ᑯᓇᔅᑕᓐᓴᓐ

ᐃᖏᕋᓂᕆᔭᕗᑦ ᖃᓈᕐᒥᑦ ᑲᖏᖅᑐᒫᐱᖕᒧᑦ ᐊᕗᖓᐅᔾᔪᐊᓘᔪᕗᒍᑦ. ᐅᓪᓗᒐᓴᐅᔪᕗᑦ ᑎᑭᐅᑎᓇᓱᒃᑐᑕ ᑎᑭᑦᑐᓐᓇᓚᐅᖅᑕᕋᓗᐊᑎᓐᓄᑦ ᐅᓪᓗᐃᓐᓇ ᑐᕋᐃᓐᓇᕈᓐᓇᕈᑦᑕ (ᕿᑭᖅᑖᓘᑦ ᐃᑭᖓᒍᑦ ᐃᑳᕐᓗᑕ). ᖃᓈᕐᒥᑦ ᐱᑐᖕᐃᒃᒧᑦ, ᐱᑐᖕᐃᒃᒥᑦ ᕖᕐᑕᒧᐊᒧᑦ, ᕖᕐᑕᒧᐊᒥᑦ ᐋᑐᐊᒧᑦ, ᐋᑐᐊᒥᑦ ᐃᖃᓗᖕᓄᑦ, ᐊᒻᒪᓗ ᐃᖃᓗᖕᓂᑦ ᑲᖏᖅᑐᒫᐱᖕᒧᑦ.

ᑐᓵᔪᒃᑎᑕᐅᑎᐊᕋᑦᑕ ᑲᖏᖅᑐᒫᐱᖕᒥᐅᓂᑦ ᐃᒪᐃᔪᕆᕗᖅ ᐃᖅᑲᐅᒪᓇᖅᓯᑎᐊᖅᑐᓂ. ᓄᓇᓖᑦ ᑲᑎᑐᑎᒃ ᓂᕿᓪᓗ ᑐᓂᓯᐅᖅᑲᖅᑕᐅᓪᓗᑎᒃ ᐊᒻᒪᓗ ᓂᕆᖃᑎᕆᑎᐊᖅᑐᑕ ᒪᒪᕆᑎᐊᖅᑕᑎᓐᓂᒃ ᓂᕿᖁᑎᒥᓂᒃ.

ᑕᑯᓚᐅᖅᓯᒪᕆᕗᒍᑦ ᑕᑯᒥᓇᑎᐊᖅᑐᓂᒃ ᐊᒻᒪᓗ ᐸᖅᑭᔭᐅᑎᐊᖅᑐᓂᒃ ᕿᒻᒥᖕᖏᓐᓂᒃ ᐊᒻᒪᓗ ᐃᒃᐱᒍᓱᒃᑐᑕ ᕿᒻᒥᒥᓂᒃ ᐊᑐᓕᖅᐸᓪᓕᐊᓕᕐᒥᔪᑦ.

ᐃᖃᓪᓕᐊᕐᓂᕆᔭᕗᑦ ᓯᕿᓗᒃᑯᑦ ᐱᐅᑎᐊᓚᐅᖅᓯᒪᔪᖅ, ᑭᓯᐊᓂᓕ ᐃᓱᓘᓗᔪᖕᒥᔪᖕᒐ ᑐᐱᕐᓂᖏᑕ ᒥᒃᓵᓄᑦ. ᖃᐅᔨᒪᔪᖏᓐᓇᒪ ᖃᓄᖅ ᐊᑐᖅᑕᒥᓂᒃ ᐱᓲᖑᖕᒪᖕᒫᑕ, ᐃᖅᑲᐅᒪᓪᓗᖕᒐᓗ ᓇᖏᑐᐃᓐᓇᑎᐊᓚᐅᖅᓯᒪᔪᖕᒐ, ᐃᑲᔪᖏᑎᐊᑐᖕᒐ. ᖁᔭᓕᑎᐊᖅᐳᖕᒐ

ᑕᓕᖅᐱᖕᒥᑦ: ᐃᖃᓪᓕᐊᖅᐸᓪᓕᐊᔪᑦ ᑲᖏᖅᑐᒫᐱᐅᑦ ᐊᒡᒍᖕᒫᖕᒐᓄᑦ.

ᐊᓪᓕᖅ: ᐃᖏᕋᔫᒃ ᓯᐋᓇ ᒋᐅᕴᐊᑦ ᕿᒻᒥᖏᓐᓄᑦ.

ᑕᐃᕙᓂᒧᑦ ᑐᔪᕐᒥᐊᓇᔪᒪᓪᓗᓂᖕᒐ ᐅᖃᐅᑎᓚᐅᖅᓯᒪᖕᒪᖕᒐ ᑐᐱᕐᒥᓄᑦ. ᐅᓪᓗᓂᒃ ᐊᒥᖏᖕᒋᑦᑐᓂᒃ ᑕᓯᐅᑦ ᓯᑯᐊᓃᔪᔪᒧᑦ, ᐃᖃᓗᒐᓱᒃᑐᑕ, ᐊᒻᒪᓗ ᐱᖕᒐᔪᕌᖅᑐᖕᒐ ᐃᖃᓗᖕᓂᒃ ᓇᖕᒥᓂᖅ. ᓂᕆᔭᐅᓪᓗᑎᒃ ᖁᐊᖑᑎᓪᓗᑎᑦ ᐆᔪᓕᐅᖅᑕᐅᓪᓗᑎᓪᓗᓐᓃᑦ.

ᐅᑎᓕᖅᑐᑕ ᑭᖑᓂᖃᓈᖅᓯᓪᓗᖕᒐ ᑕᑯᓰᓇᔾᔭᓐᓂᒃ ᓴᔅᓴᖃᖅᕕᒃ (ᕿᑲᓗᑲᐃᑦ ᓱᑺᔾᔭᐅᓯᒪᔪᕕᓃᑦ) ᐱᖃᑎᒋᔾᔭᒃ ᐊᑐᐊᖅᓯᔪᖕᒪᑕ ᐃᓪᓕᓂᐅᑦ ᐊᓯᐊᒍᑦ.

ᑕᑯᓪᓚᐅᖅᓯᒪᔪᒪᔾᔭᕋ ᑲᖏᖅᑐᒫᐱᒃ ᐊᐅᔾᔭᒃᑯᑦ.

ᐅᖃᐅᓯᒃᓴᖅᑕᓕᐅᓚᓗᐊᖅ ᐊᒥᓱᓂᒃ, ᑭᓯᐊᓂ ᐅᖃᐅᑎᒋᔪᓐᓇᖏᓐᓇᒃᑭᑦ ᐃᓚᖏᑦ, ᑕᕝᕙᖓ ᓄᖅᑲᓕᕐᓚᖓ.

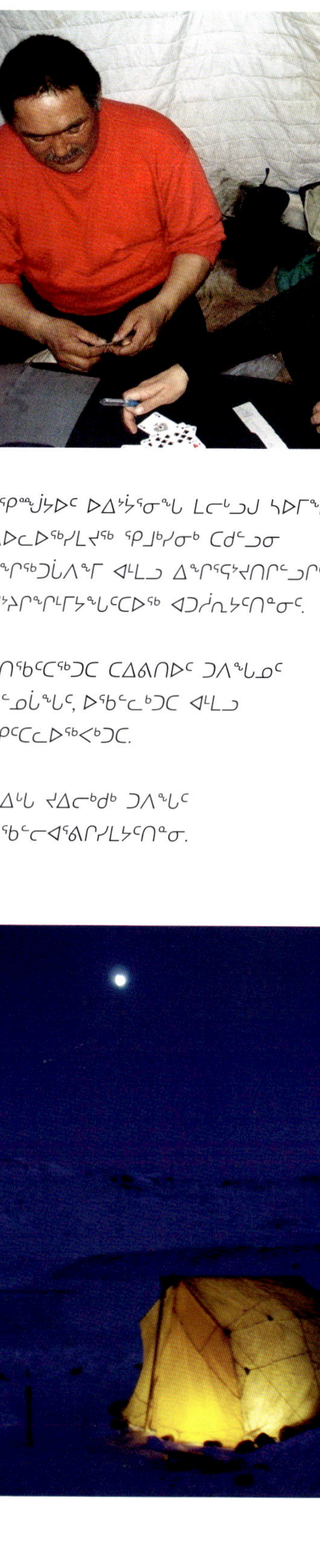

ᓯᕐᑭᖅᔫᔭᐅᑦ ᐅᐃᔾᔮᕐᓂᖓ ᒪᓕᒃᑐᒍ ᓴᐅᒥᖕᒥᑦ:
ᐱᐅᓚᐅᖅᓯᒪᔪᖅ ᕿᒧᒃᓯᓂᒃ ᑕᑯᑦᑐᓂ
ᑲᖏᖅᑑᑲᐱᖕᒥ ᐊᒻᒪᓗ ᐃᖏᕐᕋᔪᑎᒋᑦᑐᒋᑦ,
ᐊᔾᔨᖏᖏᒻᒥᔭᖓᑦᑕᐅᖅ ᐊᑐᓲᓇᔭᑦᑎᓐᓂᑦ.

ᑲᑎᖅᑲᑦᑕᖅᑐᑦ ᑕᐃᑲᑎᐅᑦ ᑐᐱᖓᓄᑦ
ᐅᑦᓈᖓᑦ, ᐅᖅᑲᑦᑕᒃᑐᑦ ᐊᒻᒪᓗ
ᒪᑭᑦᑕᓚᐅᖅᐸᒃᑐᑦ.

ᐊᐃᖓ ᔦᐃᓕᒃᑯᒃ ᑐᐱᖓᑦ
ᐃᖅᑲᑦᓕᐊᕐᑲᑎᓯᒪᔭᑦᑎᓐᓂ.

ᒨᑲᔅ ᐊᐃᐱ, ᒪᒃᑯᒃᑐᓂ ᖃᓈᕐᒥᐅᑕᖅ,
ᑎᑎᕋᐅᔭᖅᑐᕕᓂᖅ ᐅᔾᔨᕐᓇᖅᑐᒥᒃ
ᓄᓇᙳᐊᖅᑕᖅᑐᒥᒃ ᖃᓈᑦ ᓯᓚᑖᓂᒃ
ᓯᒡᔭᖕᒐᓂᑦ-ᑕᑯᒃᓴᐅᑦᑐᓂ ᕿᑭᖅᑕᖅᑖᖅ,
ᑕᓇᐅᑦᑐ ᓯᑯᐊ, ᐱᖅᑲᓘᔭᐃᑦ, ᕿᒧᒃᓯᖅᑐᑦ,
ᐊᒻᒪᓗ ᓇᓄᖅᑕᖅᒪᑎᒃᑐᓂ.

ᖃᓈᖅ

ᐃᓄᒡᕼᐅᐃᑦ ᓄᓇᖃᖅᐳᑦ ᐅᑭᐅᖅᑕᖅᑑᑦ ᖁᑦᑎᓐᓂᖅᐹᖑᖃᑕᐅᔪᒥᒃ ᓄᓇᒥᑦ, ᐊᕙᑎᓯᒪᓐᒥᒐᒥᑦᑕᐅᖅ ᐊᑯᑭᑦᑐᕐᒥᐅᓂᑦ ᐊᐅᔪᐃᑦᑐᐊᓗᐊᓄᑦ ᐊᑯᑭᑦᑑᑦ ᐊᒻᒪᓗ ᐊᐅᓚᓐᓇᖅᑐᒥᒃ ᐃᒪᖅᑯᓂ ᐊᒻᒪᓗ ᓯᒡᔭᒥ ᖃᓈᑦ ᑲᓐᒋᖅᑐᐊᑕ ᐹᖅᐸᓯᐊᓂᒃ ᓂᕿᖅᐸᓯᐊᓃᑦᑐᖅ. ᐅᖃᐅᓯᓐᒋᑦ, ᐃᓄᒃᑐᓐ, ᖃᓂᒃᓴᐅᔭᖅᑐᑎᑦ ᐃᓄᒃᑎᑐᑦ ᐅᖃᐅᓯᖏᓂᒃ ᑲᓇᑕᒥᐅᓂᒃ ᑕᐃᒃᑯᓇᙱᑦᑕ ᐅᐊᓕᓂᕐᒥᐅᑦ ᐅᖃᐅᓯᓐᒋᓐᓂᑦ ᐊᑯᑭᑦᑐᕐᒥᐅᑕᐃᑦ ᐅᖃᐅᓯᓐᒋᓐᓂᑦ, ᑳᓪᓕᓯᑦ, ᐊᑐᖅᑕᐅᖃᑦᑕᖅᑐᑦ ᐊᑯᑭᑦᑐᕐᒥᐅᑦ ᐃᓕᓐᓂᐊᕐᕕᓐᒋᓐᓂᑦ ᐊᒻᒪᓗ ᒐᕙᒪᓐᒋᓐᓂᑦ. ᐃᓄᒃᑐᓐ ᐅᖃᐅᓯᕆᔭᐅᕙᖅ ᐊᒥᓱᓂᖅᑲᐳᒃᑐᓂᑦ 1000 ᐃᓄᒡᕼᐅᐃᑦ ᖃᓈᕐᒥ, ᓯᐅᕋᐸᓗᒃ, ᓴᕕᒡᓯᕕᒃ, ᐊᓯᓐᒋᑦᑐᑦᑕᐅᖅ ᓄᓇᓛᑦ ᐊᕙᓂᕐᓯᐊᖅ ᓄᓇᖅᑲᑎᒌᓂᑦ. ᖃᓈᕐᒥᐅᓚᒦᑦ ᐅᖃᐅᓯᖅᑲᕆᕗᑦ ᑳᔅᓕᓯᑦ. ᐃᓄᒡᕼᐅᐃᑦ ᖃᐅᔨᒪᔭᐅᓯᒪᓚᑕ ᓯᓚᕐᔪᐊᕐᒥᐅᓂᑦ ᐊᒥᓱᓂᑦ ᑕᐃᒪᙵᓂᑦ ᐃᓱᐸᓗᐊᓂᑦ 19 ᐊᕐᖀᒍᕈᔩᖕᒋᑕ ᐃᓱᐸᓗᐊᓂᑦ, ᑕᐃᔅᓯᒪᓂ ᕿᓂᖅᐸᓪᓚᐊᓯᓐᓈᕐᒥᔩᑦᑕᐅ ᕿᒥᕐᕈᓯᓐᓈᖅᑐᑎᒃ ᓄᓇᐅᑦ ᑲᔾᔮᖓᓂᒃ ᕿᓂᖅᑐᑦ ᐅᑎᕆᓚᐅᖅᓯᒪᓐᒪᑕ ᓄᓇᓕᖕᓂ ᐃᓄᒡᕼᐅᐃᑦ ᓄᓇᖅᑲᑎᓪᓗᓂᒋᑦ ᐃᓕᑉᐸᓪᓕᐊᓇᓱᒃᑐᑎᒃ ᐊᒻᒪᓗ ᐸᕐᓇᒃᐸᓪᓕᐊᓪᓗᑎᒃ ᐅᑭᐅᒃᑯᑦ ᐊᐅᓪᓛᕈᒪᓪᓗᑎᒃ ᖁᑦᑎᓐᓂᖕᒐᓄᑦ. ᐅᓪᓗᒥ, ᐱᑕᖃᐅᖅᐳᖅ ᐃᓄᒡᕼᐅᐃᓂᒃ ᐊᑎᕈᓯᖃᐅᖅᑐᓂᒃ ᐱᐅᕆ (Peary) ᐊᒻᒪᓗ ᐊᓴᓐ (Henson), ᑭᖑᕚᕆᔭᐅᔪᓂᒃ ᒥᐊᓚᒐᐃᑦ ᕿᓂᖅᑎᖁᑎᕕᓂᕐᓂᑦ ᓯᐊᒻᒪᖅᑕᐅᓪᓗᑎᒃ ᐋᖅᑭᒃᑕᐅᓯᒪᔪᑦ, ᐱᖅᑯᓯᐅᔾᔭᓯᒪᓪᓗᑎᒃ ᑎᓴᒪᓂᒃ ᐃᓅᖅᑎᕆᓂᐊᖅᑕᒥᓂᒃ ᐆᑖᖅ, ᐃᑭᖑᐊ, ᓯᒡᓗ, ᐊᒻᒪᓗ ᐆᖅᑭᐊ, ᓯᕗᓕᖅᐸᐅᖅᑕᐅᓯᒪᔪᑦᑕᐅᖅ ᓄᓇᐅᑦ ᑲᔾᔮᖓᓄᑦ.

ᑕᐃᔅᓯᒪᓂᕈᓚᐅᖅᑎᓐᓇᒍ, ᐃᓄᒡᕼᐅᐃᑦ ᐃᓅᖅᑎᕇᑐᐊᕕᓂᐅᔫᖅᑐᑦ. ᖃᔅᓲᓇᐃᑦᑕᐅᖅ ᑕᓇᐅᑦ ᐊᑭᐊᓃᙵᓘᖅᑐᑦ ᕿᓂᖅᑏᑦᑕᐅᖅ ᐅᐸᒍᑎᓯᒪᓐᒥᔩᑦ ᐊᕙᑖᑕ ᖃᓂᕆᔭᖕᒐᓄᑦ, ᐅᖃᐅᓯᕆᐊᕐᔪᒡᓗᕆᑦᑕᐅᖅ ᖃᔭᕿᒃᓴᖅᑐᕕᓂᐅᔩᑦ ᐊᒻᒪᓗ ᐱᓱᒃᓯᖅᑲᑦᑎᐊᕋᑎᒃ ᐊᖑᓇᓲᑎᕆᒐᔭᖅᑕᒥᓂᒃ (ᑭᖑᓂᖓᒍᑦ ᓴᖅᑭᑕᐅᒃᑲᓐᓂᖅᑐᑎᒃ ᑲᓇᑕᒦᙵᖅᓂᑯᒥᑦ ᐊᖓᒃᑰᓗᓂ ᕿᑦᓚᖅᓯᐊᖅ ᐊᒻᒪᓗᑦᑕᐅᖅ ᐃᓚᕆᔭᖕᒋᑦ, ᐊᐅᓪᓚᖅᐸᓪᓕᐊᔩᓂᑦ ᐃᓄᐃᑦ ᑖᒃᑯᖕᓇᙵᑦ ᑲᓇᑕᒥᑦ ᐊᒻᒪᓗ ᐊᑯᑭᑦᑐᓂᑦ), ᑭᓯᐊᓂᓚ ᐊᑐᖅᑕᐅᕙᒃᑐᕕᓂᕐᒥᑦ ᓴᕕᕋᔭᖕᒥᒃ ᐅᓪᓗᓇᐊᑦ ᐊᓇᖕᒐᓂᑦ ᓴᕕᔅᓯᕕᐅᑦ ᖃᓂᕇᔭᓂᑦ ᕿᓯᖕᓂᓗ ᐱᖅᑯᓯᐅᔾᔭᓪᓗᑎᒃ, ᓴᐅᓂᕐᓂᒃ, ᑑᒐᓂᒃ, ᐊᒻᒪᓗ ᐅᔭᕋᐃᑦ ᐋᖅᑭᒃᑕᐅᓯᒪᔩᑦ. ᐊᖑᓇᓱᒡᕕᒋᖅᑲᑦᑕᖅᑕᖓᑦ ᐱᖅᑯᓯᐅᑎᓪᓗᒍ ᖁᑦᑎᓐᓂᖓᑕ ᐅᐊᓕᓂᖓ ᐊᑯᑭᑦᑐᕐᒥᐅᑦ ᓄᓇᖓᑦᑕ ᐱᖅᑯᓯᐅᑎᓪᓗᒍ ᐅᒥᖕᒪᒃᑑᑦ ᓄᓇᖓᑕ ᐃᓚᖓ (ᐅᓪᓗᒥ ᐅᖃᐅᑎᕆᔭᐅᓕᖅᑐᖅ ᑲᓇᑕᐅᑦ ᐃᓚᖓ) ᓄᓇᓕᒃᑕᖃᓚᐅᖅᓯᒪᓐᒋᑦᑑᒐᓗᐊᖅ ᐊᐅᓯᐃᑦᑐᖅ ᐋᖅᑭᒃᑕᐅᓚᐅᖅᑎᓐᓇᒍ 1953-ᒥ.

ᖃᓈᖅ, ᐊᑯᑭᑦᑐᑦ

ᓴᐅᒥᖕᒥᑦ:
ᑎᑎᕋᐅᔭᖅᑕᐅᓯᒪᔪᖅ ᖃᓈᕐᒥᑦ
ᑕᐃᔅᓯᒪ ᐊᖅᑲᑦᑕᖑᐊᖅ ᐊᐃᐱ.

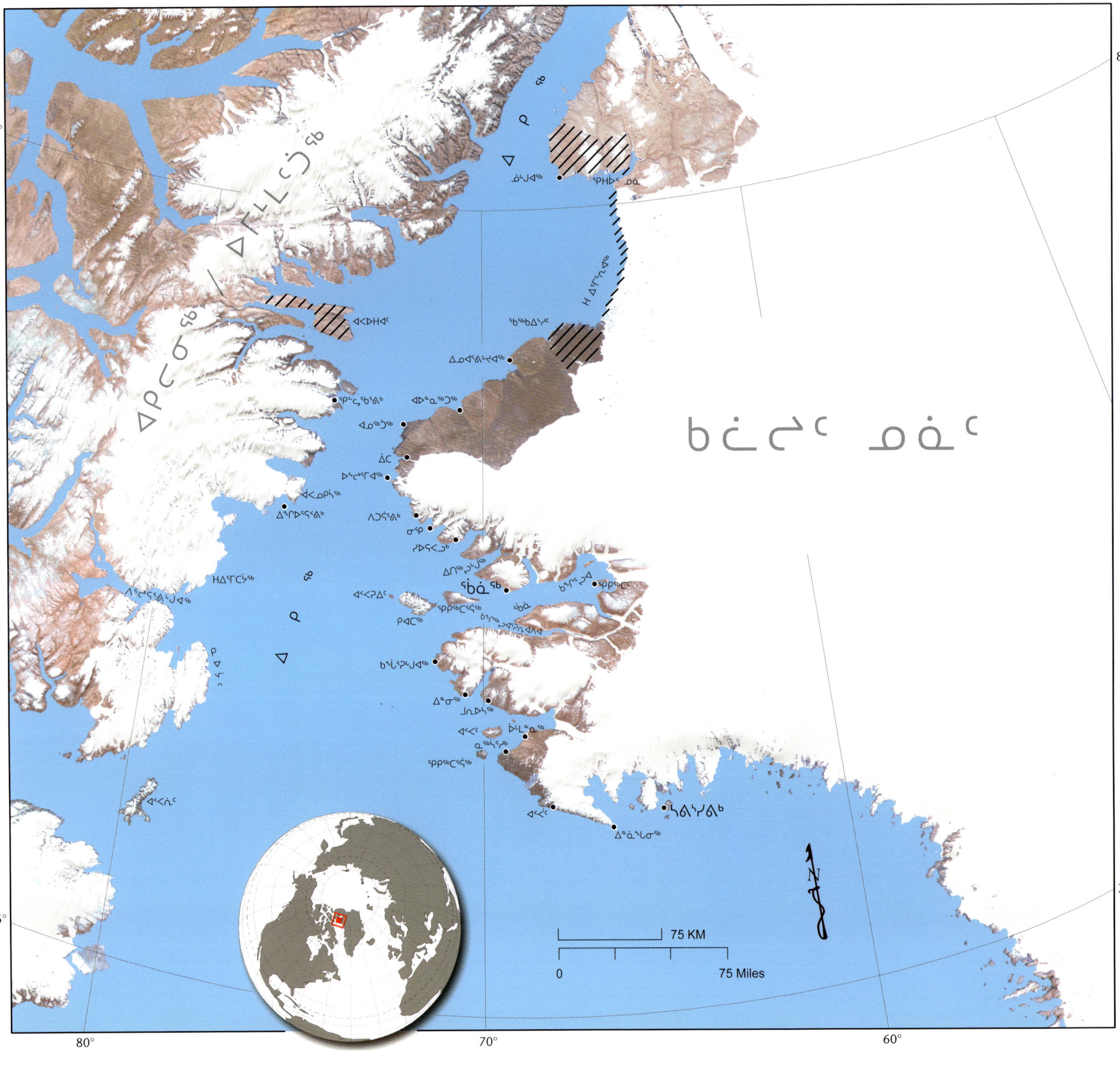

ᐅᓇ ᓄᓇᙳᐊᖅ ᑕᑯᒃᓴᐅᒐᖅ ᐊᕚᑖ ᓄᓇᐅᑦ ᐊᒻᒪᓗ ᐃᑭᖅ ᑕᒪᒃᑯᐊ ᐃᓄᒃᕼᐅᐃᑦ ᐱᓕᕆᐊᕆᔭᑦᑎᒍᑦ ᐱᖅᑲᓯᐅᑎᓯᒪᔭᖕᒐᑦ ᐱᕆᖅᑲᓯᐅᑎᓪᓗᓂᔾᔪᖅ. ᑖᓐᓇ ᓄᓇᙳᐊᖅ ᑕᑯᒃᓴᐅᔪᖅᑲᓇᒐᖅ ᐱᑦᑕᓇᐅᖅᑲᓯᐅᑎᖕᒥᔪᓂᒃ ᓄᓇᐃᑦ ᐊᑎᖏᓐᓂᒃ ᓇᓗᓇᐃᖅᑕᐅᔪᓂᑦ ᐱᓕᕆᔪᓂᖅ, ᐱᖅᑲᓯᐅᑎᓯᒪᓪᓗᑎᒃ ᑲᓚᓪᓕᑦ ᐊᑦᑎᐅᖅᓯᒪᔭᖕᖏᑦ ᓴᐅᒥᖕᒦᑦᑐᑦ ᐊᒻᒪᓗ ᖃᑦᓗᓈᑎᑐᑦ ᑕᓕᖅᐱᖕᒥᑦᑐᑎᒃ.

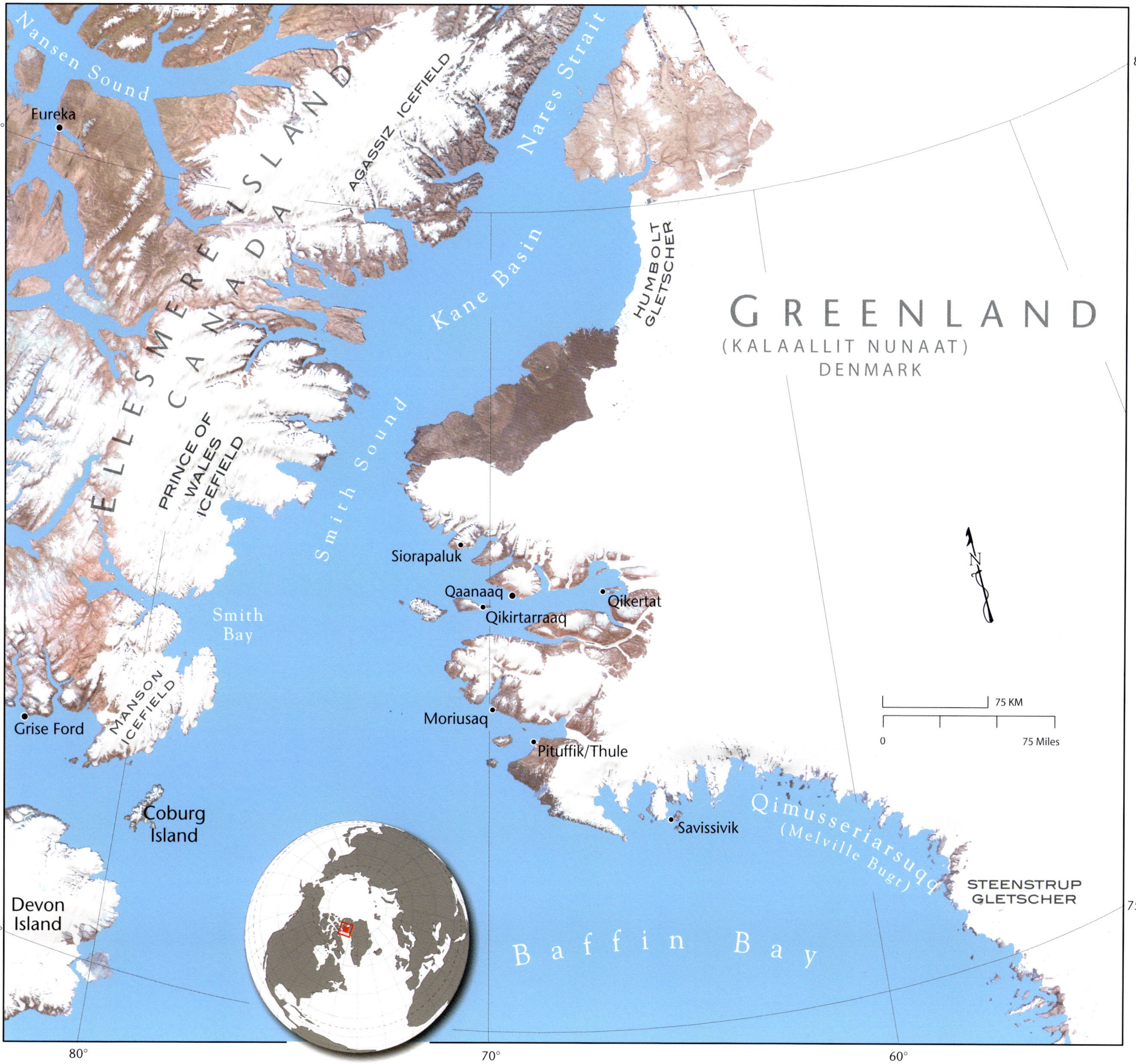

Nansen Sound
Eureka
80°
ELLESMERE ISLAND
CANADA
AGASSIZ ICEFIELD
Nares Strait
Kane Basin
HUMBOLT GLETSCHER
GREENLAND
(KALAALLIT NUNAAT)
DENMARK
PRINCE OF WALES ICEFIELD
Smith Sound
Siorapaluk
Qaanaaq
Qikertat
Qikirtarraaq
Smith Bay
MANSON ICEFIELD
Grise Ford
Moriusaq
Pituffik/Thule
Coburg Island
Savissivik
Qimusseriarsuaq
(Melville Bugt)
STEENSTRUP GLETSCHER
Devon Island
Baffin Bay
75 KM
0
75 Miles
N
80°
75°
75°
80°
70°
60°

ᖁᓪᓕᖅ: ᑐᓕ ᒥᑦᑕᕝᕕᒃᑕᓕᒃ, ᑎᓯᐱᕆ 2009.

ᐊᓪᓕᖅ: ᐊᕐᕌᒍᒥ ᓄᓚᖓᓯᖅᓯᐅᖅᑐᒃ ᖃᓈᖕᒥ.

ᐅᖃᓪᓚᖅᑎᕕᖅᑲᑦᑕᓕᖅᑐᑎᒃ ᓄᓇᖅᑲᑎᒋᖕᖏᑕᕋᓗᐊᒥᓂᒃ ᐱᕆᐊᓚᐅᖅᓯᒪᕗᖅ 1900 ᐱᕆᐊᓕᕋᑖᖅᑎᓪᓗᒋᑦ, ᑕᐃᓯᒪᓂ ᔫᑐᕋᓐ ᐊᔪᕆᖅᓯᐃᔾᔭᒃᑯᑦ ᐋᖅᑭᒃᑕᐅᔪᕙᓂᐅᑎᓪᓗᒍ ᐊᒻᒪᓗ ᑯᓅᑎ ᕋᔅᒥᐅᓴᓐ ᐊᒻᒪᓗ ᐲᑕ ᐳᕌᓴᓐ ᓴᓇᓐᓂᖅᐹᒃ ᓂᐅᕙᖅᕙᖕᒥᒃ ᑐᓕᒥ (ᖃᐅᔨᒪᔭᐅᖃᓯᐅᑎᓪᓗᒍᓂ ᐱᑐᒃᕳᐃᒃ), ᐋᖅᑭᒃᓯᓐᓂᖅᑐᑎᒃ ᓄᓇᓕᐊᕐᔪᖕᓂᒃ. ᑲᑎᖅᑎᖅᓯᒪᓕᖅᑐᑎᒃ ᐊᕐᕈᒐᓱᒃᑎᓂᒃ ᐊᒻᒪᓗ ᓇᕈᕐᔾᓂᒃ (explorers) ᑕᒃᑯᐊ ᐱᕚᓪᓕᖅᑎᑦᑎᓯᒫᕐᔪᖕᓂᖅᐳᑦ ᐃᓄᐃᑦ ᐅᐃᑦᓂᒃ ᐃᓛᓐᓂᑦ ᐱᔪᓐᓇᖅᑎᑕᐅᕋᖕᔪᒃᐸᒃᑐᑎᒃ ᑕᐃᓯᒪᓂᓗᑦ ᐊᑐᕐᔫᒥᔪᓂᒃ ᐊᒻᒪᓗ ᐊᖑᓇᓲᑎᕆᔭᐅᔪᓐᓇᖅᑐᓂᒃ. ᑕᐃᓐᓇ ᓂᐅᕙᕐᕕᑯᒃ ᐱᑦᑲᐅᕋᖕᔪᓂᖕᒋᒡᕕ ᐊᒥᓱᐊᓄᖕᒋᓪᒥᔪᓂᒃᑕᐅᖅ ᐊᑐᖅᑕᐅᔪᓐᓇᖅᑐᓂᒃ ᐃᑯᒪᓂᒃ, ᖁᑭᐅᑎᓂᒃ, ᓴᕙᕋᔭᖕᓂᓪᓗ ᖃᑦᑕᕐᓂᒃ, ᐊᒻᒪᓗ ᐊᓯᒐᓗᐊᖏᓐᓂᒃ ᐊᐅᑎᖅᑲᖅᑎᑕᐅᑎᐊᕿᓐᓇᖅᑐᓂᒃ. ᐊᓯᕿᖅᐸᑦᓕᐊᓂᖅ ᐊᓯᐃᓛᒃ ᐱᕚᓪᓕᐊᕿᔫᔭᓕᖅᑐᓂ ᑭᓯᐊᓂᓕ, ᕿᔪᐃᑦ, ᓲᕐᓗ ᒪᑯᐊ, ᐊᑐᖅᑕᐅᕚᓪᓕᐊᕿᔪᓕᖅᐸᓪᓕᐊᓪᓗᑎᒃ ᐃᒡᓗᒥᓂ ᑕᒃᑯᐊ ᐊᕐᕌᒍᑦ ᐊᐆᑎᓚᐅᓯᒪᔪᑦ ᕿᑎᕿᔪᖏᑎᒍᑦ.

ᑕᐃᓯᒪᓂ 1950-ᒥ, ᒥᐊᓕᒐᐃᑦ ᖃᖓᑕᓯᐅᖅᑳᑦ ᐃᓂᒃᓴᖅᓯᐅᓕᕐᓂᕐᒪᑕ ᒥᖕᕚᖅᕚᐅᒐᔭᖅᑐᒥᒃ ᒥᖕᕋᑦ ᑕᒪᒃᑯᐊ ᖃᖅᑕᕐᓂᒃ ᐅᔾᔪᑦ (B-52 ᖃᖅᑎᑦᑎᓲᑦ) ᑕᐃᓯᒪᓂ ᐅᓇᑦᖅᑐᖅᑎᓪᓗᒍ ᖃᖓᑕᖅᑳᓐᓇᖅᑕᓚᐅᖅᓯᒪᖓᑦ ᐅᑭᐅᑦᖅᑑᑦ ᓯᕗᓂ ᐊᑐᐃᓐᓇᐅᓪᓗᒃ ᕿᓴᑦ ᓱᔪᕆᐊᖃᑐᐃᓐᓇᕆᓇᐊᖅᑲᖏᒃ. ᑕᐃᓯᒪᓂ 1951-ᖑᑎᓪᓗᒍ ᐅᖑᒪᔭᖅᑲᕐᓂᐅᑦ ᒥᒃᓱᑦ ᐱᔭᑎᖅᑲᖅᑐᒃ ᐅᑯᐊ ᑎᐊᓐᒫᑭᒃᑯᑦ ᐊᒻᒪᓗ ᒥᐊᓕᒐᐃᑦ (ᐊᑯᑭᑦᑐᕐᒥᐅᑦ ᐃᓄᖅᑯᑎᔭᐅᑎᓪᓗᒋᑦ ᑎᐊᓐᒫᑭᒃᑯᓐᓂᑦ), ᑐᓕ ᒥᑦᑕᕝᕕᒃᑦᑎᐊᖅᑐᖅ ᐱᙳᖅᑎᑕᐅᔪᓂᐅᕙᖅ ᐅᑯᐊ ᐊᑯᓐᓂᖏᑎᒍᑦ 1951 ᐊᒻᒪᓗ 1955. ᐱᖃᓯᐅᑎᖅᓯᐅᔾᔭᐅᖕᒥᔪᓂᑦ ᐊᓯᖏᓐᓂᑦ ᓴᓇᔭᐅᔪᓂᑦ, ᑕᐃᓐᓇ 378-ᓂᒃ ᐆᒃᑑᑎᓂᒃ ᑕᑭᓂᖅᖄᔪᖕᓂᑦ ᑕᑭᓂᓕᒃ ᐊᑎᖅᑯᖅ Globecom Tower ᑕᒪᒃᑯᓄᖓ ᐅᓇᑦᖅᑎᒃᑯᓐᓂᒃ ᓈᓚᐅᑎᒃᑯᑦ ᑐᓴᐅᒪᒃᑕᐅᑎᕆᔭᐅᔪᖅ ᓴᓇᔭᐅᓐᓂᖅᐳᖅ 1954-ᖑᑎᓪᓗᒍ, ᐃᒪᐃᓕᖓᓕᖅᑐᓂ ᓯᓚᕐᔪᐊᕐᒥᑦ ᐱᖓᔪᕆᔭᐅᓪᓗᓂ ᐳᖅᑐᓛᖑᔪᓂᑦ ᐃᓄᖏᓐᓄᑦ ᓴᓇᔭᐅᔪᖅ ᐋᖅᑭᒃᑕᐅᑦᑎᐊᖅᓯᒪᓪᓗᓂ ᑕᐃᓯᒪᓂᐅᑎᓪᓗᒍ, ᐊᒻᒪᓗ ᐳᖅᑐᓛᖑᕙᖅ ᓯᓕ ᐊᑯᑭᑦᑐᓂ.

ᓴᓇᔭᖅᑎᓪᓗᒍ ᓄᓇᓕᓕᐅᖅᑐᓂᒃ ᑐᑭᖅᓯᓇᕙᖅ ᐊᓯᐊᓂᒃ ᓄᓇᖅᑲᓇᐊᖅᑲᓕᖅᑐᑎᑦ ᓄᓇᖅᑲᖅᑎᐅᔪᑦ ᐃᓄᐃᑦ ᐅᓪᓗᒥᒧᑦ ᓄᓇᖅᑲᖅᐳᑦ ᖃᓈᖕᒥ. ᐃᓗᕕᖅᓯᕙᖓᓪᓗ ᓄᓇᖅᑲᕙᕆᔭᐅᓕᖅᑐᓂ ᒥᖕᕋᖅᑎᐅᔪᓂᑦ, ᐃᒫᖑᓕᖅᐳᕐᓕ ᐅᐸᒃᓴᐅᔪᓐᓂᖅᑐᑎᒃ. ᐊᖏᔪᐊᔫᖏᓪᒥᔫᒐᓗᐊᒥᒃᑕᐅᖅ ᐊᖑᓇᓲᕝᕕᕆᖅᑲᑦᑕᖅᑕᖓᑦᑕ ᐃᓚᖓᑦ ᐊᓯᐅᖅᑲᓯᐅᑎᓯᒪᖕᒥᔪᖅ. ᐊᒥᓱᓂᒃᑕᐅᖅ ᖁᓕᑦ ᐊᕋᖑᔾᔪᐃᑦ, ᐃᓄᐃᑦ ᒪᒥᐊᕝᕕᐅᔪᒪᓪᓗᑎᒃ ᐱᓇᓱᒃᓯᒪᒪᓚᐅᕐᓂᕗᑦ ᐊᒻᒪᓗ ᐊᑭᓕᖅᑕᐅᔭᓇᕈᑎᓂᒃ, ᐱᓕᕆᔭᖅᑲᕋᓗᐊᖅᑐᓂ ᓄᓇᖅᑲᑎᕆᔭᒥᓂᒃ ᑕᐃᓇᓂᑐᑦ ᐆᓴᖅᑲᒃ ᖁᔭᐅᑭᑦᓯᖅ, ᑲᑎᒪᖅᑕᐅᓚᐅᖅᓯᒪᖕᒥᔪᖅ ᓯᑯᓕᓇᐆᔪᑎᒍᑦ ᖃᓈᖅᒧᑦ ᓂᐅᕈᓯᒪᑎᓪᓗᑕ ᑕᐃᓯᒪᓂ 2007-ᖑᑎᓪᓗᒍ ᐊᒻᒪᓗ ᐃᒪᐃᓕᓚᐅᖅᓯᒪᖕᒥᔪᖅᑕᐅᖅ ᐃᑲᔫᑖᖑᓕᓇᓪᓗᓂ ᐅᑯᓂᖓ ᕿᒥᕈᐊᒐᓕᐅᖅᑎᓪᓗᑕ (ᐅᑯᓂᖓ "ᐱᔪᑎᖅᑲᖅᑐᑦ ᓯᑯ-ᐃᓄᐃᑦ-Hᐃᓚ ᐱᓕᕆᐊᕆᔭᐅᔪᖅ ᐊᒻᒪᓗ ᑭᓯᕐᒫᕐᓇᓂ ᑐᓂᕈᑎᖃᐅᖅᑐᓂ"). ᐆᓴᖅᑲᒃ ᐊᒻᒪᓗ ᐱᓕᕆᖃᑎᒌᖕᒋᑦ ᐋᖅᑭᒃᓯᓂᕆᔭᑦ ᓄᓇᖅᑲᑎᕆᓂᒃ ᐱᓕᕆᖃᑎᖕᓂᐊᖅᑐᓂᒃ, Hᐃᖕᒋᑐᖅ 53, ᐊᒻᒪᓗ ᐱᓕᕆᐊᖃᐅᖅᑐᓂ ᑕᐃᓅᓯᒃᑯᑦ ᖃᐅᔨᒪᔨᐅᓪᓗᓂ ᐋᖅᑭᒃᓯᒪᔭᒥᑎᒍᑦ. ᑕᐃᓯᒪᓂ 1990 ᐱᕆᐊᕐᓂᐸᓗᖓᓂ, ᑕᐃᒃᑯᐊ ᐱᖃᑕᐅᓚᐅᖅᓯᒪᔪᕙᓃᑦ ᓄᒃᑎᖅᑕᐅᔪᖃᓕᖅᑎᓪᓗᒍ ᑐᓂᓯᔭᐅᔪᖃᓚᐅᖅᓯᒪᒪᑕᔫᖅ ᓱᕋᒃᑕᐅᔪᓄᑦ, ᐃᒪᐃᓕᖓᓐᓂᕆᓪᓗᓂᑦᑕᐅᖅ ᑐᒃᓯᕌᕆᔭᕋᓗᐊᖓᑦᑕ ᖃᔾᔫᓇᐅᓕᖅᑭᕆᔭᖏᓐᓂᒃ. ᐃᒪᐃᓕᖓᒐᖅ ᓯᓚ, ᑕᒪᓐᓇ ᖃᐅᔨᒪᔭᐅᔪᖅ ᐊᖏᔪᖅᑲᐅᑎᓂᒃ ᐊᐅᓪᓛᖅᑎᑦᑎᓂᖅ ᐊᑐᖅᓯᒪᖕᒪᑦ ᐊᒻᒪᓗ ᑕᒪᓐᓇ ᐃᓄᐃᑦ ᐱᔪᓐᓇᐅᑎᖕᒐᑦ ᓯᕐᑯᒥᖅᑕᐅᓪᓗᓂ ᖃᐅᔨᒪᔭᐅᓕᖅᓯᒪᖕᒪᑦ ᐊᒃᓱᕈᕐᔪᓗᕆᓪᓗᑎᒍᑦ ᐃᓅᓯᑦᑎᓐᓂ ᓯᕗᒧᑦ ᐊᓪᓗᓇᐊᓂᖅ.

ᐊᑲᐅᖏᑦᔪᑕᐅᖅᑲᓯᐅᑎᖕᒥᔪᖅ ᓄᓇᑦᑎᓐᓂᑦ ᖃᓂᒋᔭᖅᑐᑕ ᐃᒃᑯᐊ ᖄᖅᑕᔫᕐᔪᐊᕌᓗᖕᓂᒃ ᐅᓇᑕᐅᑎᓂᒃ ᐅᖃᐅᑎᔭᐅᑦᑎᐊᖅᓯᒪᓕᑦᓗᑎᒃ ᑐᑭᓯᓇᑦᑎᐊᖅᑐᒥᒃ 21 ᔮᓄᐊᕆ 1968-ᖑᑎᓪᓗᒍ, ᑕᐃᓯᒪᓂ B-52-ᒥᑦ ᑲᑦᑐᖅᑲᖅᑎᓪᓗᒍ ᓯᑯᒧᑦ ᑐᓕᐅᑦ ᖃᓂᒌᔪᓄᑦ, ᐊᓯᐅᕌᓂᐅᓪᓗᓂ ᑎᓴᒪᓂᒃ ᖄᖅᑕᔫᖅᔪᐊᓂᑦ ᐊᒻᒪᓗ ᐃᒪᐃᑎᑦᑎᕆᓪᓗᓂ ᐃᖕᒐᖅᑐᖅᑲᖅᑐᓂ ᖄᖅᑕᔫᖅᔪᐊᕌᓘᑦ ᐃᒥᖕᒐᑕ ᐃᓚᖕᒐᓂᒃ ᑐᖁᓇᖅᑐᐊᓗᖕᒥᒃ (plutonium) ᐊᒻᒪᓗ ᐃᒪᐃᓕᑎᑦᑎᑦᑕᐅᑎᕆᓪᓗᓂ ᐃᓯᐃᓪᓗᓂ ᑕᒪᑐᒥᖕᒐ ᖃᓂᒋᔭᒥᓂᒃ. ᖄᖅᑕᔫᑦ ᓇᓂᔭᐅᓕᕐᓂᕆᕙᑦ, ᐃᒃᑯᐊ ᒥᐊᓕᒐᕐᓂᑦ ᐊᒻᒪᓗ ᑕᐃᓂᓯᒃᑯᑦ ᐅᓇᑦᖅᑎᖕᒋᑕ ᐊᖕᒋᔪᖅᑲᐅᓅᑦ ᐊᑐᖅᑕᐅᕐᑯᔭᐅᔪᓂᒃ ᓯᓚᔪᒥᒃ ᐊᖕᒋᔪᖅᑲᐅᓯᕈᓇᐅᖅᑎᖕᒋᑦ, ᐅᖃᐅᑎᔭᐅᔪᑦ ᐃᓚᖕᒋᑦ ᐅᖃᐅᑎᖅᖖᒫᕋᓗᐊᖅᑎᓪᓗᒋᑦ ᐃᒪᐃᓕᖓᔪᒥᒃ ᖄᖅᑕᔫᖅ ᑕᐃᒪ ᐊᑕᐅᓯᖅ ᓇᓂᔭᐅᔪᖅ ᐱᖃᓯᐅᑎᖕᒋᒻᒥᔫᒐᓗᐊᖅ. ᐊᐃᑦᑐᕐᔫᒃᓯᓯᒪᓂᖓᑕ ᐱᖅᑯᓯᓇᔪᓐᓇᖅᑕᖓ ᓇᔪᓇᐃᓯᒪᖕᒋᑦᑐᖅ, ᑭᓯᐊᓂᑦᑕᐅᖅ ᐱᖃᓯᐅᔮᕐᔪᓯᒪᖕᒥᒪᑦ ᐱᑕᑭᑦᑐᒥᒃ ᖃᓄᐃᓕᖓᓪᓚᑦᑖᕐᓂᖓᑕ

ᓇᓄᓇᐃᖅᑕᐅᓯᒪᓂᖓ ᐊᖏᕐᕋᖅᑲᖅᕕᒋᔭᖓᑦᑕ ᐊᕙᑎᖓ ᐊᐃᑦᑐᕐᔪᒃᑕᐅᓯᒪᔭᕆᐊᖓ ᓈᒻᒪᖖᒋᑕᑦᑎᓐᓂᒃ ᑕᐃᒫᒃ ᐱᔾᔪᑎᒋᓪᓗᒍ ᓈᒻᒪᒃᓴᖏᓐᓂᕐᒥᒃ ᐊᒻᒪᓗ ᓂᖖᑲᒍᑎᑦᑲᖅᓯᒪᓪᓗᓂ ᐃᓄᒡᕼᐅᐃᓂᑦ. ᐃᓚᖅᑲᒃᑲᓐᓂᐊᖅᔪᒃᑭᓪᓗᓂ ᑕᒪᒃᑯᐊ ᒥᐊᓕᒪᐃᑦ ᐊᔨᖏᑦ ᒥᑦᑕᖅᕕᖅᑲᐅᑐᑦ ᐊᑯᑭᑦᑐᓂ ᑐᓂᖅᕈᑕᐅᓯᒪᕗᑦ ᐊᐅᓚᑕᐅᔪᓐᓇᓂᕐᒥᒃ ᐊᑯᑭᑦᑐᑦ ᑲᕙᒪᖏᓐᓄᑦ, ᑐᓕᒥ ᖃᖓᑕᓯᐅᖅᑲᖅᕕᐅᔪᖅ ᓯᓕ ᐊᐅᓚᑕᐅᓪᓗᓂ ᓯᕗᓕᐊᖑᓇᖅᐳᖅ.

ᒫᓇᑦᑎᐊᕐᒍᓂᖅᓴᖅ, ᐅᓪᓗᒥ ᐃᓅᓯᑦᑎᓐᓂ ᐊᑐᓕᖅᑕᕗᑦ ᓯᓚᕐᔪᐊᕐᒥ ᐊᒃᑐᐃᓯᒪᒃᑲᓐᓂᓪᓗᑎᒃ ᐃᓄᒡᕼᐅᐃᓂᒃ ᓯᓚᒃᑲᓂᖅ. ᐊᑐᖅᑕᐅᔪᓐᓇᓂᖓ ᖁᑦᑎᒃᑐᑦᑎᓐᓂ ᖃᑭᖅᑕᑯᓯᐊᓗᒃ (Ellesmere Island) ᑕᐅᕗᖓ ᓯᕗᒧᑦ ᐊᑐᖅᑕᐅᔪᓐᓇᖅᓯᖅᐳᖅ ᓄᓇᕗᑦ ᐱᖖᒍᖅᑎᑕᐅᓂᖓ ᐊᑐᓕᖅᑎᓪᓗᒍ ᑲᓇᑕᒥ 1999-ᖑᓕᕐᒪᑦ, ᐃᑳᖅᔪᒃᑐᑎᒃ ᓄᓇᖁᑎᒋᔭᐅᔪᑦ ᓇᓄᓇᐃᒃᑯᑕᖓ, ᑭᒡᓕᐅᓕᖅᑎᑕᐅᓯᒪᓂᖓ, ᑖᒃᑯᐊ ᐊᑯᑭᑦᑑᑦ ᐊᒻᒪᓗ ᑲᓇᑕᐅᑦ ᐊᐅᓚᑕᐅᓂᖓᓕᖅᑕᖓ ᐊᑑᑎᓂᖅᓴᐅᓕᓚᐅᖅᐳᖅ ᐱᖁᔭᖅ ᐱᔾᔪᑎᒋᓪᓗᒍ ᒪᓕᓪᓚᑦᑖᖓᐊᖅᑲᓕᖅᑐᓂ. ᐊᑐᖅᑕᐅᓪᓚᖓᒋᐊᖅᑲᖅᓂᖅᓴᐅᓕᖅᑐᓂ, ᒥᐊᓂᖓᔭᐅᓂᖓ ᑕᒪᓇ ᐸᖅᑭᔭᐅᑎᐊᖅᓂᖅᓴᐅᓕᖅᑎᓪᓗᒍ ᓄᓇᕗᒥᐅᑕᖅᓂᑦ ᑐᑭᖅᑲᓚᐅᓇᕗᖅ ᐅᐸᒃᑕᐅᓇᖏᓐᓂᖅᓴᐅᓕᖅᑐᓂ ᐃᓄᒡᕼᐅᐃᓄᑦ ᐃᒫᒃ ᐃᓕᖅᑯᓯᖅᑲᖅᕕᐅᓚᐅᖅᑐᓂ ᓇᖏᓂᖅ ᓄᓇᒥᑎᑦ ᐅᐸᒃᑕᐃᓕᖓᔪᒃ. ᑕᒪᓇᖅᐸᓯᒃ ᐊᕙᑎ ᐃᓄᒡᕼᐅᐃᓄᑦ ᐊᑐᖅᑕᐅᖅᑲᑦᑕᕐᓂᖓ ᐅᖏᖅᑐᑎᑐᑦ ᑕᐃᒪᐃᓕᖓᒪᑦ ᑕᐃᔅᓯᒪᓂ 1999-ᖑᑎᓪᓗᒍ ᐊᒻᒪᑦᑕᐅᖅ 2000-ᖑᓕᕐᒪᑦ ᐊᑯᑭᑦᑐᕐᒥᐅᓄᑦ ᐅᐸᒃᑕᐅᔭᓇᐊᖅᑲᕈᓐᓃᖅᑐᓂ ᐊᑮᒃ ᐊᑯᓇᖓᑦ ᓇᓄᓇᐃᖅᑕᐅᓯᒪᔪᖅ (ᓄᓇᖑᐊᖅ ᑕᑯᓗᒍ ᓯᕗᓂᑦᑎᐊᖓᓄᑦ ᐊᑕᐅᓯᕐᒥᒃ ᒪᒃᐱᖅᑐᖅᑲᓂ). ᑕᒪᓇ ᓯᑰᑦ ᐊᓯᔾᔨᕐᓂᖓ ᐊᒃᑐᐃᓂᖅᑲᐅᖅᓯᒪᕗᖅ ᐃᓄᒡᕼᐅᐃᓄᑦ ᑲᓇᑕᐅᑦ ᖁᑦᑎᖕᓂᖓᓄᑦ ᖃᑭᖅᑕᑯᓯᐊᓗᖓᑦ ᐅᐸᒍᑎᔭᓇᖅᓂᖓᑦ ᑕᐃᒪᐃᓕᖓᓕᓂᓪᓗᓂ, ᓵᑦᑑᖅᑲᑦᑕᓕᖅᑐᒧᑦ ᓯᑯᒧᑦ ᐊᒻᒪᓗ ᐃᒪᑐᐃᓇᐅᔪᒧᑦ ᐊᖅᑯᓪᓗᒃᓯᐅᖅᓇᖅᓯᓂᖓ ᐊᑐᖅᖃᐅᔭᐃᓈᖅᑐᓂ ᐊᕐᕌᒍ 2000 ᐱᒋᐊᓕᖅᑳᖅᓂᖏᑎᒍᑦ. ᐃᒪᐃᓕᖓᓪᓗᓂᑦᑕᐅᖅ ᓯᓕ ᐃᓄᒡᕼᐅᐃᑦ ᐃᓕᖏᓄᑦ ᐱᓕᕆᖅᑎᖏᑦᑎᓄᑦ ᑐᓐᖓᓱᒃᑎᑕᐅᓪᓗᑕ ᓂᐅᕈᓯᑦᑕ ᓄᓇᕗᒥᑦ, ᐱᖅᑯᓯᐅᔾᔨᓴᖑᐊᖅᑯᓯᐅᔾᔨᓪᓗᑎᒃ ᐱᓯᖑᐊᖅᑕᒥᓂᒃ ᐅᐹᖅᑲᕐᔪᒃᓯᓈᖅᑯᓯᐅᔾᔨᓪᓗᑎᒃ ᑕᒪᓇ ᐊᑐᕈᓇᓚᐅᖅᑕᖓᑦ ᐊᖑᓇᓯᒋᐊᖅᕕᒋᔭᓇᓚᐅᖅᑕᖓᑦ ᐃᓕᖅᑯᓯᖅᒥᑎᒍᑦ ᐊᑐᕈᓇᖅᓯᒐᓴᖑᐊᖅᑯᓯᐅᑎᓪᓗᓂᔾᔪᒃ ᐅᓗᒥᒧᑦ ᓄᓇᕗᒧᑦ ᐊᒻᒪᓗ ᑲᓇᑕᒧᑦ.

ᒪᓕᒐᐅᖅᓂᖅ ᐊᑐᖅᓗᒍ, ᐊᔾᔨᖅᓯᒪᓂᖓᑦ ᐊᖏᔫᕗᖅ ᐊᑯᑭᑦᑐᓂ ᐊᕐᕌᒍᑦ 10 ᐊᒥᓱᒃᑲᓚᐅᓕᖅᑐᑦ. ᑕᐃᔅᓯᒪᓂ 1950-ᖏᖕᓂ, ᓇᖕᒥᓂᖅ ᓄᓇᖅᑲᓕᓐᓇᐊᒃᓴᖅ ᐊᐅᓚᑦᑐᓇᖅᑕᒥᓂᒃ ᑕᐃᓐᓯᒃᑯᑦ ᐊᑯᑭᑦᑐᓂ ᐱᔭᕐᓂᖅᓯᕚᓪᓕᓚᐅᕐᓂᖅᐳᑦ ᑕᒪᒃᑯᐊ ᓄᓇᖅᑎᑐᖅᑲᐅᖏᑦᑐᑦ, ᑭᓯᐊᓂᓕᑦᑕᐅᖅ ᖃᓈᖅ ᐊᐅᓚᑕᐅᓂᖅᓴᐅᓚᐅᓂᖓᖅ ᖃᐅᔨᓴᖅᑕᐅᑦᑎᐊᕐᓂᖅᓴᐅᓪᓗᓂ. ᑕᐃᔅᓯᒪᓂ 1970-ᖏᖕᓂ ᐃᓅᖅᑎᒌᖏᐃᑦ ᓄᓇᒋᔭᒥ ᐊᓯᐊᓄᑦ ᓅᐸᓪᓕᐊᓕᖅᓯᖅᐳᑦ, ᐃᓄᐃᑦ ᑭᐸᑕᐅᖏᔾᔪᑎ ᐊᒻᒪᓗᑦᑕᐅᑦ ᐃᓯᒪᓕᐅᖏᑎᒋᔭᐅᕙᓪᓕᐊᔪᑦ. ᑕᐃᔅᓯᒪᓂ 1979-ᖑᑎᓪᓗᒍ, ᐊᑯᑭᑦᑐᕐᒥᐅᑦ ᐱᔪᓐᓇᖅᓯᑎᑕᐅᓚᐅᓂᖓ ᓄᓇᖅᑲᖅᕕᒋᔭᒥᓂᒃ ᐊᐅᓚᑦᑎᔪᓐᓇᖅᓯᑎᑕᐅᓪᓗᑎᒃ ᑕᐃᓐᓯᒃᑯᑦ ᐊᐅᓚᑦᑎᔨᖏᓐᓂᑦ, ᒪᓕᒐᐅᖅᑎᓂᑦ ᑐᓐᓂᓴᐅᓪᓗᑎᒃ ᐊᖏᔪᖅᑲᐅᓯᖃᕐᓂᕐᒥᒃ ᑕᒪᒃᑯᐊ ᒐᕙᒪᓂ ᐱᓕᕆᐅᔪᑦ ᐊᑕᖏᖅᑐᑎᒃ ᐱᔪᓐᓇᖅᓯᑎᑕᐅᓪᓗᑎᒃ ᐋᖅᑭᒃᑕᐅᔪᑦ ᖃᓄᐃᓕᖓᔪᓐᓇᕐᓂᖏᓐᓂᒃ. ᑕᐃᔅᓯᒪᓂ 1984-ᒥ, ᐊᕙᓂᖅᓯᐊᖅ ᑲᑐᔾᔨᖃᑎᒌᑦ ᐋᖅᑭᒃᑕᓕᕐᓂᖓᓄᑦ ᐃᒪᐃᓕᖓᓕᖅᑐᑎᒃ ᐊᑯᑭᑦᑐᓕᒫᕐᒧᑦ ᒪᓕᒐᐅᖅᑎᐅᓂᐊᖅᑐᑦ ᐋᖅᑭᒃᓯᑕᐅᓪᓗᑎᒃ. ᖃᐅᔨᒪᓕᓐᓗᑎᒃ ᐃᖃᓗᒐᓱᖕᓂᖅ ᐱᔾᔪᑎᒋᓪᓗᒍ ᑭᓯᖕᖔᕐᓂᖅ ᐱᔾᔪᑎᒋᖅᓯᐅᑎᔭᐅᕗᖅ ᑕᓇᐅᑦ ᐊᑭᐊᓂᑦ ᐃᓚᒌᖅᑎᒌᒃᑐᑦ ᐊᑐᐃᓇᖅᑲᓕᕐᓂᖏᓐᓂᒃ, ᐊᑯᖏᑦᑐᑦ ᑕᐃᔅᓯᒪᓂ 1985-ᖑᑎᓪᓗᒍ ᐃᒪᐃᓕᖓᓕᕐᓂᖓᓄᑦ ᓯᕗᓪᓕᖅᐸᐅᓪᓗᑎᒃ (ᐊᒻᒪᓗᑦᑕᐅᖅ ᑕᐃᒃᑯᐊᑐᐊᖑᒋᓪᓗᑎᒃ) ᐱᔪᓐᓇᕐᓂᖅᑐᑎᒃ ᐊᕗᖓᑎᓗᑎᒃ ᑕᓇᐅᑦ ᐊᑭᐊᓂᑦ ᑲᑐᔾᔨᖃᑎᒌᒃᑐᓂᑦ.

ᐅᓪᓗᒥᓕ, ᐃᖃᓗᒐᓱᖕᓂᖅ ᐃᒪᐃᓕᖓᓕᓐᓗᓂ ᐊᑯᑭᑦᑐᕐᒥᐅᑕᓄᑦ ᑐᖄᖑᓂᖅᓴᐅᓕᖅᑐᓂ ᓄᓇᒥᖖᒋᑦᑎᒥᓄᑦ ᐊᐅᓪᓚᖅᑎᑦᑎᓪᓗᑎᒃ ᑮᓇᐅᔾᔭᖅᓴᓐᓇᐊᒃᓴᖅ ᐅᓪᓗᒥ, ᐃᖃᓗᒃᑕᐅᔪᑦ ᓇᓕᖅᑲᖏᑦ ᐊᒥᓲᓂᖅᓵᓗᖓᑦ ᐊᑯᑭᑦᑐᕐᒥᐅᑕᑦ ᐊᐅᓪᓚᖅᑎᖅᑲᑦᑕᖅᑕᖏᑦᑕ ᑮᓇᐅᔾᔭᓂᖏᑦ. 2009-ᖑᑎᓪᓗᒍ, ᐊᑯᑭᑦᑐᕐᒥᐅᑦ ᐃᒪᐃᓕᖓᓕᓚᐅᖅᐳᑦ ᓇᖕᒥᓂᖅ ᐊᐅᓚᑦᑎᓪᓗᑎᒃ ᓄᓇᖅᑲᖅᕕᖅᑲᑦᑕᖅᑕᓕᒫᕐᒥᒃ, ᐱᖅᑯᓯᐅᑎᒃᑲᓂᓪᓗᒍ ᐊᐅᓚᑦᑎᓪᓗᑎᒃ ᐊᖏᔪᖅᑳᖑᔪᓇᖅᓂᕐᒥᒃ ᐃᒪᐃᓕᖓᔪᑎᒍᑦ ᓄᓇᖅᑲᖅᕕᓕᒫᓂ ᐊᒻᒪᓗ ᓯᓚᑖᓄᑦ.

ᖁᓕᒥᒎᓕᒃᑯᑦ ᑭᓯᐊᓂ ᖄᓇᓕᐊᕈᓇᖅᐳᑦ, ᐃᒥᒃᑲᓂᐅᕙᓗᐊᓂᓪᓗᓂ ᖃᒧᒃᓯᓄᑦ, ᐊᑕᐅᓯᐊᖅᑐᓂ ᖃᖑᑕᓯᐅᒃᑯᑦ ᐊᑯᑭᑦᑑᑦ ᓂᒋᖓᓂᑦ, ᐅᕙᓗᓐᓃᑦ ᐅᒥᐊᖅᔪᐊᒃᑯᑦ ᒪᕈᐊᖅᑎᕐᓗᑎᒃ ᐊᖅᖠᒍᑕᒫᑦ.

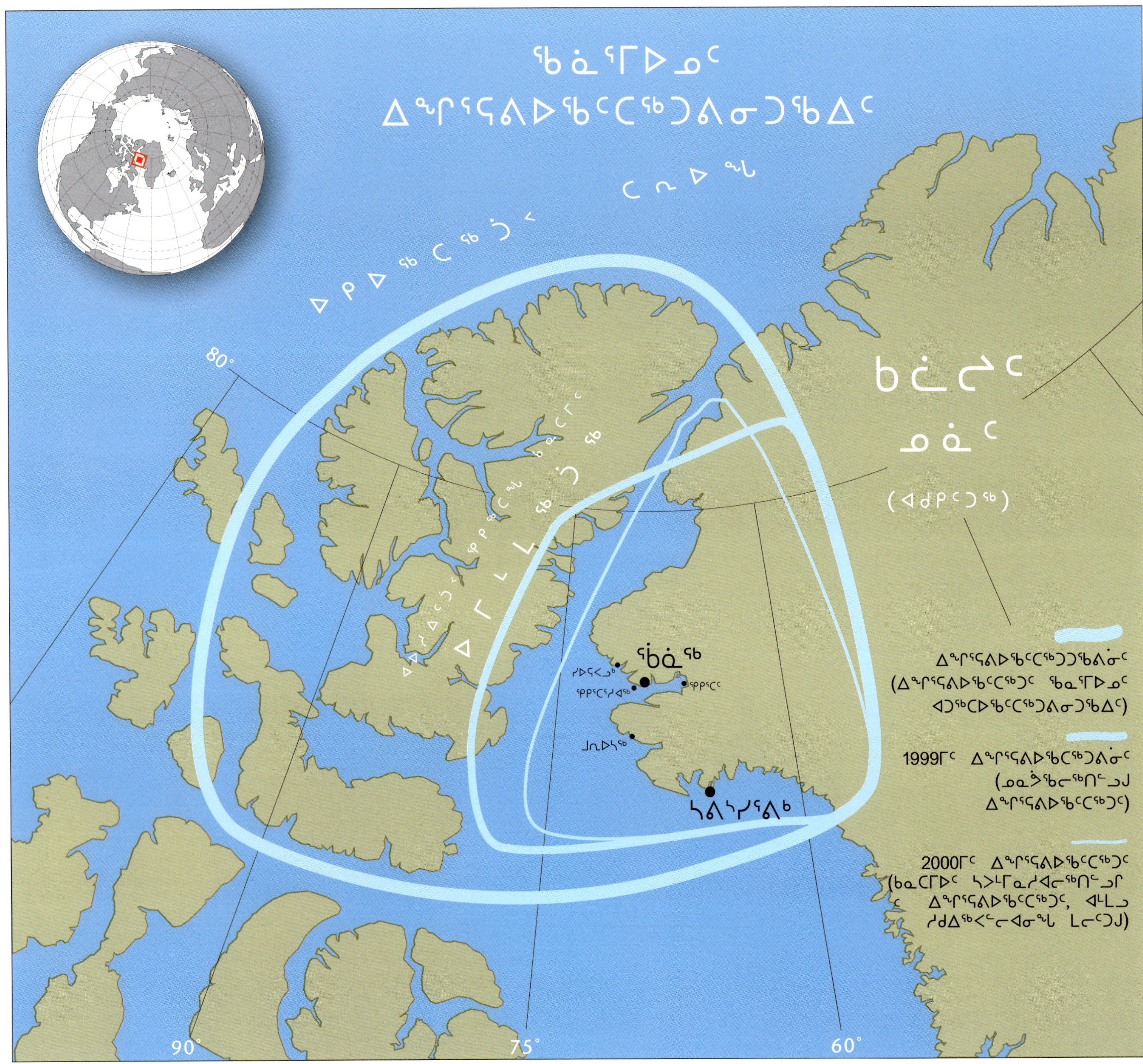
ᖃᓈᖅᒥᐅᓄᑦ
ᐃᖕᒋᖅᕋᕕᐅᖃᑦᑕᖅᑐᕕᓂᑐᖃᐃᑦ
ᐃᑭᐅᖅᑕᖅᑑᑉ ᑕᕆᐅᖓ
ᑲᓛᓪᓕᑦ ᓄᓈᑦ
(ᐊᑯᑭᑦᑐᖅ)
ᐃᒥᒪᒪᖅᑑᖅ
ᖄᓈᖅ
ᓯᐅᕋᐸᓗᒃ
ᕿᑭᖅᑕᖅᓱᐊᖅ
ᕿᑭᖅᑕᑦ
ᒧᑎᐅᓴᖅ
ᓴᕕᔅᓯᖅᕕᒃ
80°
90°
75°
60°
ᐃᖕᒋᖅᕋᕕᐅᖃᑦᑕᖅᑐᑐᖃᕕᓃᑦ
(ᐃᖕᒋᖅᕋᕕᐅᖃᑦᑕᖅᑐᑦ ᖃᓇᖅᒥᐅᓄᑦ
ᐊᑐᖅᑕᐅᖃᑦᑕᖅᑐᕕᓂᑐᖃᐃᑦ)
1999ᒥᑦ ᐃᖕᒋᖅᕋᕕᐅᖃᑕᖅᑐᕕᓃᑦ
(ᓄᓇᕘᖅᑲᓖᖅᑎᓪᓗᒍ
ᐃᖕᒋᖅᕋᕕᐅᖃᑦᑕᖅᑐᑦ)
2000ᒥᑦ ᐃᖕᒋᖅᕋᕕᐅᖃᑦᑕᖅᑐᑦ
(ᑳᓇᑕᒥᐅᑦ ᓴᐳᒻᒥᓇᓱᐊᓕᖅᑎᓪᓗᒋ
ᑦ ᐃᖕᒋᖅᕋᕕᐅᖃᑦᑕᖅᑐᑦ, ᐊᒻᒪᓗ
ᓱᑯᐃᖅᐸᓪᓕᐊᓂᖓ ᒪᓕᑦᑐᒍ)

ᖁᓪᓕᖅ: ᐃᖕᒋᖅᓴᖅᑲᑦᑕᖅᓂᖅ ᕿᑯᒃᓯᒃᑯᑦ ᐃᓅᓯᖅ ᐊᑑᑎᖕᒪᑦ ᖃᓈᖅ.

ᐃᓚᒋᐊᖅᖁᑦᑐᒍ ᐊᐅᓚᑦᑎᔨᓇᖏᓂᒃ ᓂᕐᖃᓯᐅᔾᔨᓪᓗᑎᒃ. ᐅᓪᓗᒥᓕ, ᐊᑯᓐᑐᕐᒥᐅᑦ ᐱᓇᓱᖅᑲᓯᐅᔾᔮᓐᓇᓕᕆᐊᑦ ᐃᒪᐃᓕᖕᖓᔪᒥᒃ ᓇᖕᒥᓂᖅ ᐱᔪᓐᓇᕈᒪᓪᓗᑎᒃ ᐅᔭᕐᓂᐊᕐᓂᕐᒥᒃ ᐊᒻᒪᓗ ᐅᖅᓱᐊᓗᖕᓂᐊᕐᓂᕐᒥᒃ ᐃᒪᐃᓕᖕᖓᓕᕈᒪᒐᒥᒃ ᐱᔭᕇᓗᓂᔾᔪᒃ ᕿᓇᐅᔭᖅᑖᕈᑎᒋᔪᓐᓇᕐᓗᓂᔾᔪᒃ ᓇᖕᒥᓂᖅ ᐃᑲᖖᒐᑦ ᑎᐊᓐᒦᒃᒥᑦ, ᐱᔾᔪᑎᖃᖅᑰᑎᒃ ᐱᔪᓐᓇᖅᓯᓂᐊᓕᕐᒥᒃ ᓲᕐᓗ ᒪᑐᐃᖕᖓᓂᕐᑲᓕᕐᓗᓂ ᒪᓕᒐᓕᐅᕐᓂᒃᑯᑦ ᓇᖕᒥᓂ ᐊᐅᓚᑦᑎᔨᓇᖅᓯᔪᒪᓪᓗᑎᒃ.

ᖃᓈᖅ, ᐊᖑᓇᓱᒐᓂᖅ ᓱᓕ ᑕᐃᒪᐃᓕᖓᖕᒍᖅ ᐱᑦᑕᕆᔭᐅᑎᐊᖅᑐᓂ. ᐊᓈᓇᐅᒪᓂᖅ ᕿᓇᐅᔭᖅᑎᒍᑦ ᓱᓕ ᐱᔪᓐᓇᐅᑎᖕᒋᑎᒍᑦ ᐃᒪᐃᓕᖓᖕᒪᑦ ᑐᙵᕕᖅᑐᓂ ᓱᓕ ᒐᕙᒪᒃᑯᓐᓂᑦ ᐃᖅᑲᓇᐃᔮᓄᑦ, ᐃᓚᒋᖅᑲᓯᐅᔾᔭᐊᖅᑐᓂ ᐸᓚᖅᑐᓕᕆᓂᕐᒥᒃ, ᓇᖕᒥᓂᖅ ᓴᓇᔪᒥᖕᓂᒃ, ᐊᒻᒪᓗ ᐊᓯᐊᖅᔭᖕᒋᓐᓂᒃ ᑎᒍᓯᐊᖅᔪᒍᑎᒋᔭᓇᖅᑕᒥᓂᒃ. ᐅᔭᕐᖓᓂᐊᖅᓂᖅ ᐅᖅᓱᐊᓗᖕᓂᐊᖅᓂᖅᓗ ᑕᒪᒃᑯᓂᖓ ᕿᓂᖅᓂᖅ ᓂᕆᖅᐸᓯᖕᓂᖅᓴᐅᖕᒪᑦ, ᐊᑐᐃᓐᓇᐅᑎᑦᑎᓪᓗᓂ ᒥᑭᔪᓗᖕᒥᒃ ᐅᕙᖑᓐᓂᑦ ᓄᓇᓕᖕᓄᑦ ᐊᑐᐃᓐᓇᖅᕼᕆᔭᐅᖕᒋᑦᑎᐊᖅᑐᓂ, ᑭᓯᐊᓂᓕᑦᑕᐅᖅ ᐃᓄᐃᑦ ᐊᐅᓪᓛᕈᓐᓇᖅᒥᔪᑦ ᐃᖅᑲᓇᐃᔭᖅᓴᑦ ᐱᑕᖅᑲᐅᖅᓂᖕᖏᓐᓄᑦ. ᐃᔾᔪᑦ ᐃᓚᖕᒋᑦ (ᓄᓇᑖᖅᑐᑦ ᐃᓚᖕᒋᑦ) ᐊᕙᓂᖅᓯᐊᖅᔫᑦ ᑕᐃᑲᖖᒐᑦ ᐅᐱᖅᓇᕕᖕᒥᑦ ᐊᒻᒪᓗ ᐊᓯᐊᓂᑦ ᐅᕙᖖᒐᑦ ᐊᑯᓐᑑᑦ ᑲᓇᖕᓇᖖᒐᓂᑦ ᐊᑐᖅᑕᐅᕙᓪᓕᐊᒍᖅ, ᐃᒪᐃᓕᖕᖓᓪᓗᓂ ᐃᓅᓯᐊᓕᖅᐸᓪᓕᐊᓪᓗᑎᒃ ᐃᒃᐱᖕᓇᖅᓯᕙᓪᓕᐊᓪᓗᑎᒃ ᑲᓇᖕᓇᕐᒥᐅᑕᕕᓃᑦ ᐃᓕᖅᑯᓯᖕᒋᑦ ᐊᒻᒪᓗ ᐅᖃᐅᓯᖕᒋᑦ ᖃᓈᕈᔾᔪᖕᒥ ᐃᓛᒃ ᐊᕙᑖᓂᓗ.

ᖃᖕᖓᑐᐃᓐᓇᖅᑎᐊᑯᑦ ᐊᖑᓇᓱᐊᖅᓂᖅ ᖃᓈᖅ ᐊᑐᖅᑕᐅᖕᒋᓐᓇᖅᐳᖅ ᐊᖅᑯᑎᓕᕆᓪᓚᑦ ᐅᑯᑎᒍᓇᖅ ᑲᖕᒋᖅᑑᓕᐱᒃ ᐊᒻᒪᓗ ᐅᑦᖃᐊᓪᓚᕕᒃ. ᓄᑖᐸᔫᖕᒥᔭᖅᑕᐅᖅ ᖃᓈᖅᒥᐅᓄᑦ, ᑭᓯᐊᓂᓕᑦᑕᐅᖅ, ᓴᖅᑭᑕᐅᔪᓐᓇᐅᖅᓂᖕᖓ ᐊᖑᓇᓱᖕᓂᐅᑦ ᐱᖅᑯᔭᖕᒋᑦ ᐊᒻᒪᓗ ᐃᒪᓐᓇᓂᒃ ᓂᖅᔪᑎᑦᑕᓇᐊᖅᑲᖅᓂᖕᒋᑦ (ᑰᑕ) ᐊᒻᒪᓗ ᐊᖑᓇᓱᒃᑮᑦ ᐊᒥᓱᑦ ᐃᓱᒫᓘᑎᖅᑲᖅᐳᑦ ᐊᒃᑐᖅᑕᐅᓚᔭᖅᓂᖕᖓᓂᒃ ᐃᓅᓯᖅᒥᓂ ᐊᑐᖅᑕᐅᔪᑦ (ᐃᒪᓐᓇᓂᒃ ᓂᖅᔪᑎᑦᑕᓇᐊᖅᑲᖅᓂᖅ (ᑰᑕ) ᐋᖅᑭᒃᑕᐅᒃᐸᑦ ᓂᖅᔫᑎᑦ ᐃᓚᖕᒋᓐᓄᑦ ᑲᖕᒋᖅᑑᓕᐱᖕᒥ ᐊᒻᒪᓗ ᐅᑦᖃᐊᓪᓚᕕᖕᒥ ᐱᖅᑲᓯᐅᑎᓪᓗᒋᑦ, ᑭᓯᐊᓂᓕ ᐋᖑᑎᑐᖅᑲᐅᔭᖅᓯᒪᓕᖅᑐᑦ). ᐃᒪᐃᓯᒪᓕᖅᑐᓂ ᐊᑐᖅᓯᒪᓕᖅᑕᑦᑎᓇ, ᕿᓚᓗᒐᐃᑦ ᖃᑯᖅᑕᑦ, ᐊᓪᓚᖖᒍᐊᑦ (ᕿᓚᓗᒐᐃᑦ ᑑᒐᓖᑦ), ᓇᓄᐃᑦ, ᐊᒻᒪᓗ ᐊᐃᕖᑦ ᐊᖑᔭᒃᑕᐅᔪᖕᒪᑕ ᐊᕐᕌᒍᓕᒫᖅ ᐊᒻᒪᓗ ᖃᐅᔨᒪᔭᐅᓂᒃᑯᑦ, ᐱᖅᑲᓯᐅᔾᔭᐅᑦᑎᐊᖅᑐᓂᖕᒋᑦᑎᒍᑦ, ᐊᒻᒪᓗ ᐊᖑᓇᓱᒃᑮᑦ ᐃᓕᖅᑯᓯᓕᓐᓂᐅᔪᖕᒍᑦ. ᒫᓇᓕ ᑕᒪᒃᑯᐊ ᐱᔭᐅᔪᓐᓇᖅᑐᑦ ᐃᒪᐃᓕᖓᓕᖅᑎᑕᐅᖕᒪᑕ ᐊᒥᓲᓂᖕᒋᓐᓂᒃ ᓇᓗᓇᐃᖅᑕᐅᓯᒪᔪᑦ ᐱᖅᑲᖅᓇᖅᓯᓪᓗᓂ ᐅᕙᖖᒍᓐᓂᑦ ᐊᖑᓇᓱᒃᑕᐅᔪᓇᖅᑐᑎᒃ ᑕᖅᑭᑎᒍᑦ ᓇᓗᓇᐃᖅᑕᐅᓯᒪᔪᑎᒍᑦ ᑭᓯᐊᓂ ᐊᖏᔪᒥ ᓚᐃᓴᐃᑦ ᐅᖅᑯᑎᓯᔪᓕᒃ ᐊᑐᖅᑕᐅᓴᓇᐊᖅᑲᖅᑎᑕᐅᓚᖅᑐᑎᒃ ᐊᖑᓇᓱᒃᓂᖅᒧᑦ ᓂᖅᔫᑎᑦ ᐃᓚᖕᒋᓂᑦ. ᐃᓖᖃᖓᓂᖅᑕᐅᖅ ᐊᔾᔨᖕᒋᖕᒋᓕᒥᔪᖕᒍ ᐅᑦᖃᐊᓪᓚᕕᖕᒥᑦ ᐊᒻᒪᓗ ᑲᖕᒋᖅᑑᓕᐱᖕᒥᑦ ᖃᓈᖅ ᐃᒪᐃᓕᖕᖓᐃᓇᖅᒥᖕᒪᑦ ᐊᑐᐃᓐᓇᖅᑕᖕᒥᓂᒃ ᐃᓚᖅᑯᓯᓂ ᐊᑐᖅᑐᒍ.

ᐃᖕᒋᖅᓴᓂᖅᑎᒍᑦ ᐊᖑᓇᓱᒃᑐᑎᒃ ᕿᑐᓗᖕᒋᓂᒃ ᐃᒪᐃᖕᒋᓇᓂᓪᓗᑎᒃ ᖃᔭᖅᓂᒃ (ᑭᓯᐊᓂ ᐊᑐᖅᓗᑎᒃ (ᐅᒥᐊᑦ ᐊᐅᓚᐅᑎᑦᑎᑦ ᐊᑐᖅᑲᓯᐅᔾᔭᐅᔭᖅᓇᖅᖃᓗᐊᖅᑐᑎᒃ ᐃᑲᔫᑎᒋᔭᐅᓗᑎᒃ ᕿᑐᓗᖕᒥᒃ ᓇᐅᓕᒃᑕᐅᔭᖅᓯᒪᓕᖅᑎᓪᓗᒍ ᑭᓯᐊᓂ), ᐊᒻᒪᓗ ᓯᑯᒥ ᐊᖑᓇᓱᒃᑐᑦ ᕿᔪᒃᓯᒃᑯᑦ ᑭᓯᐊᓂᐅᓪᓗᓂ. ᐊᐳᑎᒃᑯᑦ ᐃᖕᒋᖅᓴᔭᓇᖅᑐᑦ (ᐊᐳᑎᓯᐅᑎᑦ ᐃᖕᒋᖅᓴᔾᔭᑎᑦ) ᐊᑐᖅᑕᐅᔭᓇᖅᑐᑎᒃ ᕿᓂᖅᓂᖅᑯᑦ ᐊᒻᒪᓗ ᐸᖅᓴᐃᓂᖅᑯᑦ ᐃᖕᒋᖅᓴᔾᔭᑎᑦᑐᑦᑎᑦ, ᐊᒻᒪᓗ ᐊᖑᓇᓱᒃᓂᐅᑦ ᐃᓚᒋᖅᑲᓯᐅᑎᑦᑎᓪᓗᓂᐅᒃ, ᓯᑯᖅᖃᓂᓕᒫᖓᓂ. ᐊᖑᓇᓱᒃᑐᓂᖅ ᐊᐳᑎᒃᑯᑦ ᐃᖕᒋᖅᓴᔾᔭᑎᓂᒃ ᐊᑐᖅᑕᐅᔭᓇᐊᖅᑲᖅᑦᑐᖅ. ᖃᔭᐃᑦ ᐊᑐᖅᑕᐅᖅᑲᖅᑐᑦ ᓯᑯᖃᖅᓗᐊᖅᑎᑦᑐᒍ ᓯᓈᖓᒍᑦ, ᐊᒻᒪᓗ ᐊᐅᔭᒃᑯᑦ ᐊᐅᑦᑎᑦᑐᒍ. ᐊᖑᓇᓱᒃᐱᑦ ᖃᓈᖅ ᖃᔭᖅᑐᖅᑎᓪᓚᓂᕈᔫᖓᒪᑕ. ᐃᖅᑲᓗᒐᓱᖕᓂᖅ ᐊᑐᖅᑕᐅᑦᑕᓇᑦᑖᖑᒐᖅ ᐱᑦᑕᓇᕆᔭᐅᑦᑐᓂ ᓂᖅᑭᕆᔭᐅᑎᐊᖅᑐᓂᓗ ᐊᒻᒪᓗ ᕿᓇᐅᔭᖅᑖᕈᑎᕆᔭᐅᖅᑕᖅᑐᓂ ᐊᒻᒪᓗ ᖃᓈᖅᒥᐅᑦ ᓇᓗᓇᐃᖅᓯᓯᒪᕆᑦᑐᑎᒃ 13-ᓂᒃ ᐊᔾᔨᒋᖕᒋᑦᑐᓂᒃ ᐃᖅᑲᓗᖕᓂᒃ ᐃᖅᑲᓗᒃᑕᐅᕙᒃᑐᓂᒃ ᐊᒻᒪᓗ ᐃᒫᐸᒎᑦᑐᓂ ᐊᓯᐅᔪᓕᒫᐸᒃ ᐊᑐᖅᑕᐅᑦᑐᓂ. ᑎᖕᒥᐊᑦ ᐱᑦᑕᓇᕆᔭᐅᖅᑲᓯᐅᔭᕆᐅᑦ ᓂᖅᑭᕆᔭᐅᑦᑐᑎᒃ, ᑎᖕᒥᐊᖅᓱᖅᑲᑦᑕᖅᓂᖅᓴᐅᑦᑐᑎᒃ ᐊᐅᔭᒃᑯᑦ. ᑭᖑᒃᐸᐃᑦ, ᑯᑭᐅᔭᐃᑦ, ᐊᒻᒪᓗ ᐊᒡᒫᔪᐃᑦ ᐱᔭᐅᕙᒃᑭᑦᑐᑎᒃ ᐃᒫᓂᑦ ᐊᖅᑯᑎᓕᒫᐸᒃ.

ᐊᓪᓕᖅ: ᓂᐅᕕᖅᕕᑐᐃᓇᐅᓗᐊᖅ ᐱᖅᑲᓯᐅᔾᔨᒥᒃ ᐃᓯᒪᓇᖅᑎᑦᑎᒍᖅ ᐱᖅᑲᓯᐅᔾᔨᓪᓗᓂ ᐃᓅᓯᖅᒥᓂ ᐊᑑᑎᔪᒥᒃ ᐊᖑᓇᓱᖕᓂᖅᒥᒃ ᐊᒻᒪᓗᑦᑕᐅᑦ ᓱᑯᖅᑲᖅᓂᖅᒥᒃ.

ᐃᒡᓗᖕᒫᖕᒐᓃᑦᑐᖅ ᓄᓇᖖᒍᐊᖅ ᓴᓇᖖᒍᐊᖅᑕᐅᓯᒪᔭᖅᐃᓄᒃᕼᐅᐃᓂᑦ ᐱᓕᕆᐊᕆᔭᑦᑎᓐᓂ ᑕᑯᖅᑯᔾᔨᕙᖅ ᐊᖑᓇᓱᒡᕕᒋᕙᒃᑕᒥᓐᓂᒃ ᓄᓇᒥᒃ ᓱᑯᒥᒡᓗ ᐃᓚᓯᒪᖅᑲᑦᑕᖅᑐᒥᒃ. ᐅᒥᒻᒪᑦᑑᖅ ᐊᑕᖕᒋᖅᑐᒍ, ᐅᕙᖖᒍᓐᓂᑦ ᖃᐅᔨᒪᔭᐅᔪᖅ ᐃᐅᖅᒥᐅ ᐊᐃᓚᓐ (Ellesmere Island) ᑲᓇᑕᒥᐅᓄᑦ, ᐊᑐᖅᑕᐅᖃᑦᑕᖅᓯᒪᔪᖅ ᐃᓕᖅᑯᓯᕐᒥᒎᑦ ᑖᒃᑯᓇᖖᒐᑦ ᐃᓄᒃᕼᐅᐃᓂᑦ ᖁᑦᑎᒃᑐᒥ ᐅᐊᓕᓂᕐᒥᐅᖕᒋᑦ ᐊᑯᓐᑐᕐᒥᐅᑦ. ᐅᐊᑦᑎᐊᕈᑲᓐᓂᖅᓂᑦ ᐊᑐᖅᑲᑦᑕᖅᓯᒪᔪᖓ ᒥᑭᓪᓕᕚᓪᓕᐊᖕᒋᓇᖅᒪᑦ, ᐱᓗᐊᖅᔪᒥᒃᑕᐅᖅ ᑲᓇᑕᒥᐅᑦ ᐊᑐᖅᑎᑦᑎᖅᐸᓪᓕᐊᑎᓪᓗᒋᑦ ᐊᐅᓚᑦᑎᓇᐊᖅᑲᖅᑕᒥᖕᓂᒃ ᓄᓇᖅᑯᑎᒥᒍᑦ ᓄᓇᖕᒐᑦᑕ ᐃᓚᖕᒐᒍᑦ ᓇᓗᓇᐃᖅᓯᒪᔪᒃᑯᑦ. ᓄᓇᕗᑦ ᐋᖅᑭᒃᑕᐅᑎᓪᓗᒍ ᐊᕕᑦᑎᖅᑲᓯᐅᑎᓚᐅᖅᓯᒪᖕᒪᑦ ᐃᓄᒃᕼᐅᐃᑦ ᐊᖑᓇᓱᒡᕕᖅᑲᖅᑕᖅᑲᖕᒋᓐᓂᒃ ᓄᓇᓂᒃ ᐊᒻᒪᒃᑲᓂᖅᑕᐅᖅ ᓱᓕ, ᐊᒻᒪᓗ ᑕᐃᓯᒪᓂ 2000-ᖑᖅᑎᓪᓗᒍ ᐃᓄᒃᕼᐅᐃᑦ ᐃᒃᐱᒍᓱᓪᓚᐅᖅᓯᒪᖕᒪᑦ ᑕᐅᕙᓐᓇ ᐅᒥᒻᒪᑦᑑᖅ ᐅᐸᒃᑕᐅᔪᓐᓇᐊᖅᑲᓐᓂᖅᑐᓂ ᑎᑎᖅᑕᐅᓯᒪᓪᓗᓂ ᓇᓗᓇᐃᒃᑳᓄᑦ ᐊᒻᒪᓗ ᖃᐅᔨᓴᖅᑕᐅᓂᖕᒐ ᓱᖑᑎᑕᐅᒋᐊᒃᑲᓂᖅᑐᓂ ᓇᔪᖅᑕᐅᓂᖅᒥᒍᑦ. ᑕᐃᔅᓯᒪᓂ ᓱᓕ, ᓯᑯ ᐱᐅᔪᓐᓃᒃᑲᓂᖅᑐᓂ ᑕᓕᓂ ᐊᖅᑯᑎᖅᓯᐅᕈᒥ ᓵᓚᕚᓪᓕᖅᑐᓂ ᓯᑯᐊᓗ ᐊᑦᑕᖅᓇᖅᓯᕚᓪᓕᖅᑐᓂ, ᐃᑳᕐᓇᐊᖓ ᐊᔪᖅᓇᖅᓯᓪᓗᓂ.

ᐱᖃᓗᔭᐃᑦ ᖃᓈᑦ ᓯᒡᔭᖕᒐᑕ ᓵᖕᒐᓂ ᐊᑐᐃᓐᓇᐅᑎᑦᑎᓪᓗᑎᑦ ᐃᒥᑦᑎᐊᕙᕆᔭᐅᖃᑦᑕᖅᑐᒥᒃ ᓄᓇᓕᖕᓄᑦ. ᐃᒪᖅ ᓯᑯᓯᒪᓕᖂᖕᒐᑦ, ᐅᖁᒪᐃᑦᑐᓕᕆᔾᔪᑏᑦ ᓲᕐᓗ ᒪᑯᐊ ᓯᕗᓂᕐᒥᐅᑦ ᖃᓗᕐᐅᑎᓖᑦ ᐱᓕᕆᖃᑦᑕᖅᐳᑦ ᓯᑯᒥ ᐱᓕᕆᖃᑦᑕᐃᓐᓇᖅᑐᑎᒃ ᐅᖁᒪᐃᓖᓄᑦ ᓂᓚᖕᓄᑦ ᐊᖕᒋᔫᑎᓄᑦ ᐱᖃᓗᔭᖕᓂᑦ ᑕᒪᒃᑯᐊᓗ ᓄᓇᓕᖕᓄᑦ ᐸᔾᔪᑎᕆᔭᐅᖃᑦᑕᖅᑐᑎᒃ ᐃᓪᓗᓄᑦ ᐊᒻᒪᓗᑦᑕᐅᖅ ᐊᐅᒃᑎᑕᐅᕙᓪᓕᐊᖃᑦᑕᓇᓪᓗᑎᒃ ᐊᐅᒃᓲᕕᖕᒥ. ᐊᐅᔭᒃᑯᑦ, ᓄᓇᓖᑦ ᐊᑐᖃᑦᑕᓇᕗᑦ ᐃᒻᒥᖅᓱᖅᑕᐅᓯᒪᔪᒥᑦ ᑕᐃᒫᒃ ᐱᓕᕆᐊᒍᔪᕕᓂᖏᑦ ᐃᒫᒃᑲᓐᓂᖅᓗ ᐃᒪᖅᑲᖅᐸᒃᑭᓪᓗᑎᒃ ᑯᖕᒥᑦ ᖃᓂᕆᔭᒥᓂᑦ.

ᓂᐅᕿᓪᓗᖓ ᖃᓈᕐᒧᑦ

ᐅᓂᒃᑳᖅᑐᖅ ᓇᓐᓯ ᓂᐊᖁᒃ ᓕᕕᑦ

ᐃᓱᒪᓚᐅᖅᓯᒪᖏᓪᒥᔪᖓ ᐃᒫᑎᒋ ᓄᓇᒥ ᑕᐃᒫᑎᒋ ᖁᑦᑎᒃᑎᒋᔪᒧᑦ ᐅᐸᒍᑏᕐᓇᐊᒃᓴᖅ. ᐃᓅᓯᒃᑯᑦ ᐃᒃᐱᒍᓱᓪᓗᔾᔮᕐᒐ ᐃᓅᖃᑎᒋᔅᓯᓂᖅᑐᓄᑦ ᐊᒻᒪᓗ ᖁᕕᐊᓱᑦᑎᐊᕐᓂᕐᓂᓐᓄᑦ ᖃᓈᑦ ᐃᓄᕐᓂᓐᓄᑦ, ᐊᑯᑭᑦᑐᓂ. ᐃᓱᒪᒋᑦᑎᐊᖅᓯᒪᕐᒋᑦᑎᐊᕆᓪᓗᒍ ᑕᒪᓐᓇ ᓄᓇ ᐅᐸᑎᐊᕐᒐ ᓯᕐᕖᓐᓇᐸᓗᕐᒥᑦ ᓴᖅᑭᑎᑕᐅᓯᒪᔪᖅ. ᑕᑯᔪᒥᒐᕐᒐᓕ ᐱᖃᓗᔾᔪᕐᓂᒃ ᑕᒧᒥᓇᑦᑎᐊᖅᑐᓂᒃ ᐳᖅᑐᓂᑯᒧᑦ ᐊᒻᒪᓗᑦᑕᐅᖅ ᐃᓱᒪᒋᖃᓯᐅᑎᒋᓪᓗᒍ ᖃᓄᖅ ᓯᓚᔪᖅᓇᑦᑎᐊᕐᒥᒪᕆᒃᑲᓂ ᑕᑯᔭᕆᐅᖅᑐᒍ ᓄᓇᐅᑦ ᑲᔾᔨᕐᒐ ᐅᐸᒃᑲᔾᔨᒃᑯ ᖁᒻᒧᑦ ᐊᒻᒧᓪᓗ ᐊᑐᕋᖅ ᐃᒡᓗᕆᓯᑯᓗᒃ (ᐊᓚᕙᐃᑕ) ᐊᑐᖅᓗᒐ.

"ᐱᑐᓐᓇᔾᔩᑦᑎᐊᕐᓂᐊᖅᐳᖓ ᓂᓚᒃᑖᕋ ᐱᖃᓗᔾᔪᕐᒥᑦ ᑎᑭᐅᔾᔭᐅᒃᐸᑦ".

ᐃᓕᖅᑲᓯᐅᔾᔨᓕᓚᐅᑎᒍᕐᒐᓕ ᐃᓕᖅᑯᓯᕐᒐᑦᑕ ᐃᓚᖓᓐᓂᒃ ᓂᐅᕿᓯᒪᓂᓐᓂ. ᐃᒫᕝᒍᖅᑯᐃᔨᒋᓪᓗᓂᑦᑕᐅᖅ ᓲᖅᓗ ᖃᐅᔨᒪᓯᒪᕐᒥᔭᒃᑲ ᓱᑭᓰᑯᓘᓂᓐᓂᑦ. ᐊᑲᐅᒃᓴᕐᒋᑦᑎᐊᖅᓂᕐᒋᑦᑕᐅᖅ ᐃᒃᐱᒋᓚᐅᖅᒥᔭᕋ ᖃᕝᒪᒥᓄᑦ ᐊᒻᒪᓗ ᓂᕆᐅᒋᔭᖃᓪᓗᕐᒐ ᐱᓇᓱᐊᖅᒥᔭᕐᒐᓂᒃᑕᐅᖅ ᐱᐅᓯᕚᓪᓕᖅᑎᑦᑎᕋᔭᖅᑯᓪᓗᒍ ᐱᓕᕆᖅᑎᕌᕐᓂᕐᒐᑦ ᐱᓇᓱᕐᒥᔭᕐᒐᑦᑕᐅᖅ ᐃᒃᑯᐊ ᐋᖅᑭᒃᐸᓪᓕᐊᖅᑯᓪᓗᒍ.

ᓂᕈᐅᑦᑎᐊᕐᓂᖅᑲᓗᐊᕈᕐᒐᓕ ᑕᒪᒃᑯᐊ ᑭᓱᐃᓐᓇᐃᑦ ᐱᐅᓯᕙᓪᓕᖅᑎᑦᑎᓐᓄᑦ ᑖᒃᑯᓄᕐᒐ ᐱᖃᓐᓇᕆᔭᑦᑎᓐᓄᑦ ᖄᓇᕐᒥᕐᑕᕐᓄᑦ. ᐃᓕᒃᑲᓐᓂᖅᓯᒪᕆᑦᑐᕐᓗᓗ ᐃᒪᐃᓕᖓᒃᑲᓃᔾᔨᕐᒥᒻᒥᔭᒥᒃ ᐅᑕᖅᑭᐊᓇᑐᐃᓐᓇᖅᑐᑎᑦ ᐅᒫᑎᓕᑦᑎᐊᖅᑐᑯᔫᔾᔨᕐᒋᑦᑐᓂᒃ.

ᓯᑯ ᑕᒪᓐᓇ ᐱᑦᓚᓇᒻᒪᓇᐊᓘᕐᒪᑦ ᐃᓅᓯᑦᑎᓐᓂ ᐃᓕᖅᑯᓯᕗᑦ ᐃᓅᓯᑦᑎᓐᓂ ᐱᓯᒪᖅᑲᓯᐅᑎᑦᑎᐊᕐᓂᐊᕐᑎᒍ. ᑕᒪᓐᓇ ᓯᓕᑦᑎᐊᕐᒪᑦ ᐊᑯᑭᑦᑐᓂ ᐃᓕᖅᑯᓯᑐᖅᑲᕐᒥᓂᒃ ᐊᓯᐅᔨᕙᓪᓕᐊᕐᒥᕐᒪᑕ ᓯᓚᐅᑦ ᐊᓯᑭᖅᐸᓪᓕᐊᓂᕐᒐᓄᑦ. ᐊᑲᐅᕐᒋᑦᑑᒥᒪᑕ ᐃᑲᔪᖅᑕᐅᔭᓇᐊᖅᑲᓪᓚᓇᒃᐳᑦ; ᑲᐱᐊᓱᖅᑲᓯᐅᑎᒐᒪ ᐱᖃᓇᓐᓇᔭᒃᑲ ᐱᓪᓗᕆ ᑕᐃᑲᓂ. ᐳᐃᒍᕿᓇᖖᕆᑦᑕᕗᑦ ᑕᐃᒃᑯᐊ. ᐅᕙᑦᑎᑐᑦᑕᐅᖅ ᐃᓅᕐᒥᔪᑦ, ᐃᓄᐱᐊᖅᑎᑐᑦ. ᑕᑯᖃᑦᑕᐃᓐᓇᕐᓂᐊᖅᑖᒃ ᕿᓇᕐᒋᑦ ᓱᖅᑯᐃᓱᕐᓂᒃᑯᑦ ᐃᖅᑲᐅᒪᓂᒃᑯᑦᓗ ᑕᐅᕗᖓᓕᒫᖅ ᑕᐅᑐᙱᐊᕐᓂᒃᑯᑦ ᐋᖅᑭᒃᓯᒪᕐᒪᑦ ᐆᒪᑎᓐᓄᑦ.

ᓯᓚᕐᔪᐊᕐᒥᑦ ᓂᕈᐅᕆᔪᒥᓇᕐᒋᑦᑑᕐᒐᓗᐊᕐᒥᒃ ᑐᓴᐅᒪᓇᖅᑐᖅᑲᓕᕐᒪᑦ ᐊᑯᑭᑦᑐᓂ ᐊᒃᑐᖅᑕᐅᓂᕐᑑᑎᕆᒐᔭᖅᑕᕐᒐᓇᒃ ᓲᕐᓗᑦᑕᐅᖅ ᓄᓇᑦᑐᑦ. ᐃᓅᓯᕆᔭᕐᒐᑦᑕᐅᖅ ᐊᒻᒪᓗ ᐱᑕᖅᑲᕈᓯᕐᒐᑦ ᐊᑦᑕᕐᓇᖅᑑᒥᒻᒥᕐᒪᑦ. ᐊᕝᒍᓇᓯᕐᓂᖅ ᖃᓈᕐᒥ ᐊᕙᑖᓂᓗ ᓄᓇᖅᑲᐅᖅᑐᓂᒃ ᐊᒃᑐᖅᑕᐅᓯᒪᕐᒪᑦ ᓯᓚᐅᑦ ᐊᓯᔾᔨᖅᐸᓪᓕᐊᓂᕐᒐᓄᑦ. ᓂᕐᔪᑏᑦ ᐊᑐᐃᓐᓇᐅᔪᓐᓃᖅᐸᓪᓕᖅᓯᒪᕐᒪᑕ ᐅᕐᒐᓯᕐᓂᖅᓴᐅᓕᖅᑐᑎᒃ. ᐊᐅᓪᓚᕌᕐᒐᒥᒃ ᐅᐸᒐᓱᒃᑕᒥᓄᑦ ᐊᕗᕐᒐᐅᔮᒃᑲᓂᐊᖅᑲᖅᑕᑦᑕᓕᖅᐳᑦ ᓲᕐᓗ ᒪᕿᐊᑎᐅᑖᓂᒃ ᐃᕐᒋᕋᓗᑎᒃ ᐊᕝᒍᓇᓯᕆᐊᕋ̇ᕐᒐᒥᒃ.

ᐱᖃᓗᔾᔪᕐᒥᒃ (ᓂᓚᕐᒥᒃ) ᑐᓂᓯᕕᐅᓚᐅᖅᓯᒪᒐᒪ ᐱᖃᓐᓂᕆᔭᓐᓂᑦ ᐃᓱᒪᒥᒍᑦ ᑕᒪᐅᕐᒐ ᑎᑭᐅᑎᒐᔾᔭᕐᒍᐊᖅᑑᑎᒋᑦ ᓄᓇᖅᖃᕆᔭᑦᑎᓐᓄᑦ ᐊᓖᓯᒃᒥ. ᐱᑐᑦᑎᐊᓖᕋᒪ ᐱᖃᓗᔾᔭᒃ ᑎᑭᐅᑎᒃᐸᑦ ᐅᕙᓐᓄᑦ ᐊᒻᒪᓗ ᐱᓐᓇᕆᔭᑦᑐᑦ ᓇᕐᒥᓂᑦᑐᑦ ᐃᖅᑲᐅᒪᔭᖅᑎᐊᕐᓂᕆᔭᕋ ᐱᖃᓐᓇᕆᔭᓐᓄᑦ ᐊᑑᑎᓪᓗᓂ ᓂᐅᕿᑲᐃᓐᓈᖅᔪᓯᒪᓂᕆᓚᐅᖅᑕᕋ ᑕᐃᒃᑯᓇᕐᒐ ᑕᑉᐸᐅᓗᓂ.

ᖁᔭᓕᑦᑎᐊᖅᐳᖓ ᑲᑎᑦᑎᐊᕈᓐᓇᕐᓂᑦᑎᓐᓄᑦ, ᓴᓂᓕᕇᒃᑐᑎᒍᑦ, ᓱᖁᑕᐅᕐᒋᑦᑎᐊᖅᐳᖅ ᓇᒥᑐᐃᓐᓇᖅ ᐃᓅᔪᑎᒍᑦ.

ᓂᐅᕐᕈᕝᕕᒋᓚᐅᖅᑕᕋ ᕿᓇᕐᖅ
ᐆᒪ ᔩ ᓕᕕᑦ

ᕿᓇᕐᒧᑦ ᓂᐅᕐᕈᖅᑲᓚᐅᕋᒪ, ᖁᑦᑎᖕᓂᖅᐹᖑᖅᑕᐅᔪᖅ ᓄᓇᓖᑦ ᐊᑯᑭᑦᑐᓂ ᖁᕕᐊᓇᑦᑎᐊᓚᐅᖅᐳᖅ ᐊᒻᒪᓗ ᑕᐃᓐᓇᓗ ᐊᑐᖅᓯᒪᔾᓐᓂᑦ ᐱᒻᒪᕆᒋᓂᐊᖅᐸᕋ ᐃᓅᓯᕐᒥ ᐊᑐᓚᐅᖅᓯᒪᔭᕋ ᐃᓅᓯᓐᓂ. ᓂᐅᕐᕈᕕᒋᓯᒪᔾᑕ ᐃᓚᐅᔾᐊᕆᔪᖕᒪᑎᒍᑦ ᓱᓕᔪᕐᓇᑦᑎᐊᖅᑯᐃᔾᖏᒻᒪᕆᒃᑐᒥᒃ ᐃᓅᓯᕐᒥᑦ ᐊᑐᖅᑕᑦᑎᓐᓂ ᕿᒧᒃᓯᒃᑯᑦ. ᕿᒧᒃᓯᑦ ᐊᒻᒪᓗ ᖃᔭᐃᓪᓗ ᓇᒧᐃᓐᓇᖅ ᐅᐸᒍᑎᔪᓐᓇᐅᑎᒋᖕᒪᔾᔪᒃ ᓄᓇᓕᖕᓂᑦ ᐃᓚᒃᑲᓐᓂᐅᒋᓪᓗᓂ ᐊᐳᑎᖃᖅᑎᓪᓗᒍ ᐃᖕᒋᕐᕋᔾᔪᑏᑦ ᐊᑐᕆᐊᖅᖏᑎᑕᐅᖕᒪᑕ.. ᑕᐃᒫᒃ ᑕᒪᓐᓇ ᐱᔪᓐᓇᐃᓪᓕᑎᑦᑎᓚᐅᕐᒪᑦ ᐃᓅᓯᕐᒥᓂ ᖁᕕᐊᕆᓯᒪᔾᒥᓂᒃ ᐊᑯᓂᐊᓗᒃ 100 ᐊᕌᒍᐃᑦ ᐊᑐᖅᓯᒪᓕᖅᑐᑦ ᐅᖃᐅᑎᒋᖕᒋᒃᑲᓗᐊᕐᓗᒍᓕ ᐊᑐᕋᓱᒃᑕᓂ ᐱᓇᓱᒃᑕᓂᓗ ᐱᓇᓱᐊᒡᒐᖅᑐᓂᔾᔪᒃ ᐊᑲᐅᓇᓂ ᓯᓚᕐᔪᐊᑦ ᐊᓯᕈᖅᐹᓪᓕᐊᓂᖓ ᐅᖅᑰᓯᕚᓪᓕᐊᓪᓗᓂ ᐊᕙᑖᓪᓗ ᐱᖃᓯᐅᑎᓯᒪᓪᓗᓂ. ᐊᓯᐅᔾᔭᐃᖅᓯᓯᒪᑦᑎᐊᖅᑐᑦ ᐃᓕᖅᑯᓯᕐᒥᓂᒃ ᐊᓯᐅᕐᓯᒪᓕᖅᑎᓪᓗᑕᓕ ᓇᔪᖅᑕᑦᑎᓐᓂ.

ᐊᑐᓚᐅᕐᒥᔭᕗᑦ ᐊᐅᓪᓚᖅᓯᒪᓪᓗᑕ ᕿᒧᒃᓯᒃᑯᑦ 35-ᒪᐃᓕᓂᒃ ᐅᖓᓯᖕᓂᓕᖕᒧᑦ ᓄᓇᐅᑦ ᑲᔾᔮᖓᑕ ᒥᒃᓵᓄᑦ (ᐊᒡᒍᒧᖓᖅ) ᕿᓇᕐᒥᑦ. ᐃᖏᕐᕋᓚᐅᖅᐳᑦ ᐃᑲᕐᕋᓂᒃ 9-ᖃᓂᒌᔭᓃᑦᑐᓂᒃ. ᓱᑲᓵᑎᕗᑦ (ᕿᒻᒥᖅᑲᖅᑎᐅᔪᖅ) ᐃᓚᐅᕕᒋᔭᕗᑦ ᐊᖑᓇᓱᒃᑎ ᐊᑎᖅᑲᓚᐅᖅᐳᖅ ᒥᑭᓕ. ᐅᖃᐅᓯᖅᑲᓚᐅᖅᐳᖅ ᑲᓖᓯᓱᑦᑐᐊᖅ, ᓯᕗᓪᓕᕐᒥᒃᑕᐅᖅ ᑐᑭᓯᖅᑲᑦᑕᐅᑎᑦᑎᐊᖅᑲᑦᑕᓚᐅᖏᑦᑐᒍᒃ ᐊᑐᓂᑦ. ᑕᐃᔅᓯᒪᓂ ᑭᓯᐊᓂ ᓂᕐᔪᑎᓂᒃ ᐅᖃᐅᓯᖅᑲᐅᓕᕐᒪᑦ ᐊᒻᒪᓗ ᓯᑯᒥᒃ, ᐅᖃᐅᓰᑦ ᐊᔾᔨᖏᕆᑐᑦ ᐅᖃᐅᓯᓇᐅᕋᓕᕚᖑᕆᑦ ᑭᓯᐊᓂ ᑐᑭᓯᓕᖅᑲᑦᑕᓚᐅᖅᐸᕋ. ᑐᑭᓕᐅᑎᓗᒍ, ᐱᖃᓗᔭᖅ ᐊᒻᒪᓗ ᓯᑯ ᐅᖃᐅᓰᑦ ᖃᐅᔨᒪᔭᐃᓐᓇᓇᓚᐅᖅᑕᕗᑦ ᐊᒻᒪᓗ ᑖᒃᑯᐊᒃ ᐊᑏᒃ ᐅᖃᐅᓯᖅᑎᒍᑦ ᑕᒪᕐᒥᒃ ᐊᔾᔨᓪᓚᐅᕐᒪᑎᒃ. ᐅᐃᒻᒪᐅᖅᑲᓂᖅᑲᓚᐅᖏᑦᑎᐊᑐᖅ ᐃᒫᒃ ᐃᓕᓪᓗᓂ ᐊᒻᒪᓗ ᐅᖃᓪᓚᖅᑎᒋᖕᓂᑎᒃᑯᒃ ᑐᑭᓯᖅᑕᐅᑎᓂᖅᓴᐅᓕᖅᑐᓄᒃ ᐊᑐᓂᑦ. ᐃᒫᒃᑲᓂᐅᓕᓪᓗᓂ ᓇᖕᒥᓂᖅ ᐅᔾᔨᕆᔭᓈᓄᑦ, ᐊᑲᐅᖏᓐᓂᓕᐊᔫᓚᐅᖏᑦᑐᖅ ᐅᕙᓐᓄᓪᓕ ᑕᐃᒫᖑᒍᓚᐅᕐᒥᒐᒪᑦᑕᐅᖅ. ᐃᓪᓚᖅᑎᑳᖅᑲᑦᑕᓕᓚᐅᖅᐳᒃ ᑐᑭᓯᖅᑕᑦᑕᐅᑎᕙᓕᐊᓪᓗᓄᒃ.

ᑲᑎᒪᓂᖅᑲᖅᑐᑦ ᐃᓕᓐᓂᐊᕐᕕᖕᒥ ᕿᓇᕐᒦᑦᑐᒥᒃ ᐅᖃᓪᓚᓚᐅᖅᐳᑦ ᐅᖃᐅᓯᑦᑎᓐᓂᒃ ᐊᑐᖅᑐᑦ ᐃᓄᐱᐊᖅᑎᑐᑦ. ᐃᓄᐃᑦ ᖃᐃᖅᑲᑦᑕᓚᐅᖅᐳᑦ ᑑᓴᖅᑐᖅᑐᑎᒃ ᐅᖃᓪᓚᒃᑎᓪᓗᑕ. ᐅᖃᐅᓯᖅᐳᖅ ᐊᔾᔨᖕᖏᓐᓂᖅᑲᐅᕋᓗᐊᕐᒪᑦ ᓯᕗᓪᓕᕐᒥᒃ ᓰᕐᓗ ᐊᒡᕕᐊᖅᑐᖅᑲᐅᖅᑐᓂ, ᐅᖃᓪᓚᖅᑎᖏᓐᓂᖅᓴᐅᓂᒃᑯᑦ ᐱᔭᕐᓂᕐᓂᖅᓴᕈᖅᐸᓪᓕᓪᓕᐊᓪᓗᓂ ᑐᑭᓯᐅᖅᑎᖏᓐᓂᖅᐳᑦ. ᖃᐅᔾᕖᓪᓕᒃᑲᓂᓚᐅᕈᖕ ᓂᓇᐅᒋᖕᒋᑦᑎᐊᖅᑕᓐᓂᒃ ᑕᐃᒃᑯᐊ ᐊᑯᑭᑦᑐᓂ ᓂᒋᕐᒥᐅᑕᐅᓂᖅᓴᐃᑦ ᐅᖃᐅᓯᖕᒋᑦ ᐊᔾᔨᕐᐸᓗᑦᑎᐊᖅᐳᑦ ᐅᖃᐅᓯᑦᑎᓐᓄᑦ ᐃᓄᐱᐊᖅᑎᑐᑦ.

ᕿᓇᕐᖅ ᐃᓂᓪᓚᖓᕆᒍᖅ ᐱᖑᑦ ᑎᓯᖅᑲᖓᓂ. ᐃᒡᓗᖏᑦ ᐃᒐᓛᒃᑭᐅᑕᐅᒐᒥᒃ ᑲᔾᔮᓇᑦᑎᐊᖅᑐᒧᑦ ᓵᖖᒍᑦ ᐃᑭᐅᑦ ᒥᒃᓵᓄᑦ. ᑕᑯᒃᓴᐅᓂᖓᑦ ᑲᔾᔮᓇᑦᑎᐊᖅᐳᖅ. ᓯᑯ ᑕᒪᒃᑮᖕᓄᑦ ᑲᖏᖅᑑᒐᐱᒃ ᐊᒻᒪᓗ ᕿᓈᖅ ᐊᔾᔨᖅᑲᓚᐅᖏᑦᑎᐊᖅᐳᒃ ᐅᑦᕿᐊᒡᕕᖕᒥᒃ ᐃᖅᑲᐃᓯᒋᓚᐅᖅᐸᕋᓕ ᑕᓯᐅᔭᑦ ᓯᑯᐊᓂᒃ ᒪᓂᕋᑦᑐᒥᒃ ᐊᑎᖅᑲᖅᑐᓂ ᐃᐅᖓ ᓚᒍᓐ (Elson Lagoon). ᐅᓕᒃᑯᓂ ᓯᑯ ᖁᕝᕙᖅᐹᓪᓕᕋᔭᕐᒪᒍ ᐊᒻᒪᓗ ᓄᑦᑕᖅᑲᐅᓕᕐᓗᓂ (ᐊᐃᕙᖓᖅ) ᓴᖅᑭᐊᓗᑎᒃ. ᐊᑕᐅᓯᑦᑎᐊᒥᒃ ᓇᓗᓇᐃᖅᓯᒪᔪᖅᑲᓚᐅᕆᒐᖅ ᓯᑯᒥ ᐊᑯᑭᑦᑑᑦ ᓯᒡᔭᖓᓂᑦ ᑕᐃᓐᓇ ᓯᑯᒃᑯᑦ ᑲᓇᑕᐅᑦ ᒥᒃᓵᖓᓪᓗᓂ, ᓴᖕᒥᓪᓗᓂ. ᓯᑯᐊ ᓯᑯᑐᖅᑲᐅᓚᐅᖏᑦᑐᖅ ᓯᑯᔭᕕᓂᖅ ᑕᒪᓇᐅᓚᐅᖅᐳᖅ (ᓯᑯᓕᐊᖅ), ᑭᓯᐊᓂᓕ ᐃᖏᕐᕋᓂᖓᑕ ᐊᒻᒪᓗ ᐊᓄᓇᖓᑕ ᐃᒍᓂᖅᑲᖅᑎᓚᐅᖅᐹ.

ᐃᓄᐃᑦ ᐊᖑᓇᓱᒃᑎᑦᑎᐊᕞᔫᖓᒪᑕ. ᓇᑖᕐᓇᓗᓱᖅᑲᑦᑕᒻᒪᕆᒃᐳᑦ (ᖃᓕᕋᓕᓗᓱᖅᑲᑦᑕᕐᒪᕆᒃᐳᑦ) ᓯᑯᒃᑯᑦ (ᐊᒃᓘᓈᑰᓗᖓᓄᑦ ᐃᖅᑲᓗᓕᐅᑎᓄᑦ). ᓇᑦᑎᕋᓱᑎᑦ ᓱᓕ ᓄᓗᐊᑦ ᐊᑐᖅᑕᐅᕙᑦ. ᕿᓚᓗᒐᕋᓱᒃᐸᒃᑐᑎᒃ ᓱᓕ. ᐆᒃᓯᓚᐅᕋᒪ ᓂᕿᑦᑕᓇᖕᒥᒃ ᒪᒪᖅᑐᐊᓘᓚᐅᖅᑐᖅ, ᐊᔾᔨᖅᐸᓘᔭᖅᑯᐃᔾᔨᓪᓗᓂ ᐃᖑᑐᖕᒥᒃ (ᐊᕕᐊᕋᖅᑎᑐᑦ). ᕿᓚᓗᒐᕕᓂᕐᒥᒃ ᓱᓕ ᑳᔾᔭᖅᑕᖅᐳᖓ. ᐊᖏᕐᕋᑐᐊᕋᒪ, ᓇᑦᑎᕕᓂᕐᒥᒃ ᒥᑭᓛᕐᒥᒃ ᐱᔪᒪᓚᐅᖅᐳᖓ ᓇᑦᓯᖅ (ᓇᑦᑎᖅ). ᐃᓄᐱᐊᑦ ᓂᕿᖏᓐᓂᒃ ᖃᕗᖓᖏᑦᑎᐊᖅᑎᑕᐅᓚᑦᑕ, ᐊᑏ ᑕᐃᒪᐃᓪᓕ ᐊᑖᓯᒃᒥ, ᐊᑯᑭᑦᑐᓂ, ᐅᕝᕘᓈᓃᑦ ᑲᓇᑕᒥ.

ᖁᔭᓇᒦᕈᒪᕚᒃ ᐃᓄᑦᑎᐊᕙᑯᓗᐃᑦ ᐊᑯᑭᑦᑐᕐᒥᐅᑦ ᑐᙵᓇᑦᑎᐊᕐᓂᖏᓐᓄᑦ. ᐱᖃᓇᕆᔭᑯᓗᒃᑲᐅᔪᓯ ᐃᖅᑲᐅᒪᕐᑲᑦᑕᖅᐸᔅᓯ. ᖁᔭᓇᖅᐸᒃ!

ᓈᓯ ᐅᕙᖓᓗ ᖃᒧᑏᖕᓂ ᐃᑭᒪᔪᑦ ᕿᒧᒃᓯᓂ ᐱᖃᑎᒋᓪᓗᑎᒍᑦ ᒥᑭᓕ.

ᕐᑳᓈᕐᒥ

ᐅᓂᒃᑳᖅᑐᖅ ᔦᐃᓕ ᓴᙳᔭ

ᑲᑎᓚᐅᖅᑕᕗᑦ ᑕᐃᒃᑯᐊ ᐃᓄᒡᕼᐅᐃᑦ, ᐅᔾᔨᕆᓴᕆᐊᕐᖓᖅᑕᓂᑦ ᐊᑦᑐᖅᑕᐅᔾᔪᑎᕆᓚᐅᖅᑕᕋ ᑕᐃᓐᓇ ᐃᓄᒡᕼᐅᒃ ᕐᑭᓚᓗᒐᖅᑐᕕᓂᖅ "ᐃᒡᓗᕇᓕᕐᒥᒃ ᑑᒑᓕᒃ ᕐᑭᓚᓗᒐᖅ ᑭᒍᑎᕐᑲᑦᑖᑦᑐᓂᑐᒎᖅ". ᕐᑲᐅᔾᔭᒐᕐᑲᖅᓯᒪᕆᑦᑎᐊᖅᑐᖓ ᕐᑭᓚᓗᒐᕐᒥᒃ ᑭᒍᑎᓕᕐᒥᒃ. ᐃᓄᐃᑦ ᐃᓚᖓᑦ ᓂᑎᐅᓇᕆᑦᑐᒥᒃ ᕐᑲᐅᔾᔭᓚᐅᓯᐅᙳᑦᑐᑎᒃ ᐋᑦᓚᐅᖅᑯᐃᔾᔦᒥᒃ ᑕᐃᒪᐃᒃᑲᔭᙳᐊᖅᑯᐃᔾᔦᑎᕆᙵᕆᑦᑎᓂᒃ.

ᑲᑎᓕᖅᑐᕆᑦ ᐃᓄᒡᕼᐅᐃᑦ ᐃᒫᙳᖅᑯᐃᔾᔭᓚᐅᕐᒥᔦᖅ ᓲᕐᑯ ᑕᓇᐅᑦ ᐊᑭᐊᓂᒥᐅᑕᕐᒥᒃ ᑲᑎᓯᔦᖓ. ᑕᐃᒃᑯᐊᑦᑕᐅᖅ "ᐃᓄᐃᑦ", ᐃᓕᖅᑯᓯᕆᑦᓕᑦᑕᐅᖅ ᐊᒃᑐᓯᒪᖕᒥᔦᑦ "ᑲᓇᑕᒥᐅᑕᐅᕆᑦᑐᓂᑦ" (ᑕᓇᐅᑦ ᐊᑭᐊᓂᒥᐅᑕᐃᑦ (ᑕᐃᓂᓯᑦ) ᐃᓕᖅᑯᓯᕆᓐᓂᒃ ᐊᒃᑐᐃᓯᒪᔦᑦ ᑭᓯᐊᓂᓕᑦᑕᐅᖅ ᑲᓇᑕᒥᐅᑕᐅᕆᑦᑐᒥᑦ, ᑕᒪᓐᓇ ᐊᔾᔨᕝᕆᔾᔦᑎᕆᓚᐅᖅᑕᕗᑦ ᐅᕙᒍᑦ ᐃᓅᑦᑐᑕ ᑲᓇᑕᒥᐅᑕᐃᑦ). ᐃᒪᐃᓕᖓᓚᐅᓇᕗᕐᓕ ᑲᑎᔭᕗᑦ ᐃᓄᒡᕼᐅᐃᑦ ᐅᔾᔨᕐᓇᕐᓂᖓᑦ ᐊᒃᓱᒃᑲᓂᒻᒪᓇᐅᑦᑐᓂ. ᑐᑭᓯᔦᓐᓇᓚᐅᕋᓗᐊᖅᑐᖓ ᐅᕐᑲᐅᓯᕆᑕ ᐃᓚᐃᓐᓇᕆᓐᓂᒃ ᐅᕐᑲᑦᓚᒍᓯᕆᓐᓂᒡᓗ ᐅᕐᑲᐅᑎᕆᔭᕆᓐᓂᒃ, ᑭᓯᐊᓂᓕᑦᑕᐅᖅ ᐊᒥᓱᑦᓚᖕᓂᒃ ᐅᕐᑲᐅᓯᕆᑦ ᐋᖅᑭᒃᓯᒪᓂᕆᓐᓂᒃ ᑕᐃᒫᒡᓗ ᐊᑐᖅᑕᐅᑦᑎᐊᖅᑐᐊᓘᑦᑐᑎᒃ ᐋᖅᑭᑦᑎᐊᖅᓯᒪᖕᒥᔦᑦ. ᑲᑎᓯᔨᓈᖅᓯᒪᓕᖅᑐᖓ ᐃᓄᒡᕼᐅᐃᓂᒃ, ᐃᒪᐃᕐᑲᑦᑕᓚᐅᕐᒥᔦᖓ ᐅᕐᑲᐅᓯᖅ ᑖᓇᑦᑕᐃᓐᓇᖅ ᐅᕐᑲᑲᑕᐃᓐᓇᓕᖅᑐᒍ ᐃᓯᒪᒃᑯᑦ. ᑲᑎᓱᒃᑲᓂᖓᐊᒃᓴᖅ ᓯᓕ ᐊᑯᓂᕆᑦᑐᒍ ᕐᑳᓈᕐᒥᐅᑕᕐᒥᒃ ᕐᑭᓚᓈᖅᑐᖓ ᓯᓕ ᓇᕐᒥᓂᖅ ᐅᕐᑲᐅᓯᕆᑦ ᑐᓴᕐᓂᖓᑦᑎᐊᕋᒃᑭᑦ ᐱᐅᕆᑦᑎᐊᖅᑐᕆᑦ ᐊᒻᒪᓗ ᕐᑭᓚᓈᖓᑦᑐᒍ ᑑᓴᔦᒪᒧᑦ.

ᓂᐅᕐᑭᖅᑲᓂᑦᑎᓐᓂ ᕐᑳᓈᕐᒥ, ᕐᑭᒧᒃᓯᔦᕐᒥᔦᒍᑦ ᓯᐅᕋᐸᓗᖕᒍᑦ ᐊᒻᒪᓗ ᓇᕐᒥᓂᖅ ᕐᑭᒧᒃᓯᖅᑐᖓ ᕐᑭᒻᒥᕆᔭᐅᔦᓄᑦ ᕐᑳᓈᕐᒥᐅᑕᕐᒧᑦ. ᑕᒪᓇᑦᑕᐅᖅ ᐃᒪᐃᑦᑑᕆᑦᑐᓂ ᓯᒃᓴᕆᐊᒃᓴᖅ ᐃᓕᑦᑕᕆᐊᕐᑲᖅᑐᖓ ᓯᒃᓴᐅᓯᕆᓐᓂᒃ ᕐᑭᒻᒥᑏᑦ ᕐᑳᓈᕐᒥ.

ᕐᑲᐃᕐᓖᖅ ᓅᐅᕐᓴᓐ (ᐃᓕᕆᕐᑲᓯᐅᑎᓚᐅᕐᒥᔭᕗᑦ) ᓴᕕᔅᓯᕕᒻᒥᐅᑕᐅᑦᓗᓂ ᐊᒻᒪᓗ ᐃᓕᓐᓂᐊᖅᑎᓚᐅᖅᑐᓂᖓᓗ ᓯᒃᓴᕐᓂᕐᒥᒃ ᑕᒻᒪᕆᑦᓗᖓ ᕐᑭᒧᒃᓯᓕᕈᒪ. ᑕᒪᒃᑯᐊ ᓯᒃᓴᕐᓂᕆᑦ ᓯᒃᓴᕐᓂᑦᑕ ᐊᔾᔨᕆᕆᑦᑎᐊᖅᑐᓂᕆᑦ ᕐᑭᒻᒥᓐᓄᑦ ᕐᑭᒧᒃᓯᓕᕐᑰᖓᒪ.

ᓯᒃᓴᕆᐅᖅᓴᑦᓱᖓ ᐃᒪᐃᓕᐅᕐᑲᑦᑕᓚᐅᖅᐳᖓ, "ᕼᐊᔩ-ᕼᐊᔩ" (ᓴᐅᒥᖕᒧᑦ), "ᐊᑦ-ᐊᑦ ᐊᑦᑑᒃ-ᐊᑦᑑᒃ" (ᑕᓕᖅᐱᖕᒧᑦ), "ᕼᐋfᐅᐃ-ᕼᐋᒃfᐅᐃ" (ᐸᖕᓕᕐᑯᑦᑐᕆᑦ), "ᐊᐃ" (ᓄᖅᑲᑯᑦᑐᕆᑦ), ᐊᒻᒪᓗ "ᐊᕐᑯᐃᑦᑎᑦ-ᐊᕐᑯᐃᑦᑎᑦ" (ᐊᕐᑯᕕᕆᑦᑎ-ᐊᕐᑯᕕᕆᑦᑎ) ᐱᕐᑲᓐᓇᓇᐅᕋᖅᑕᓐᓄᑦ ᑐᔪᕐᒥᕐᑲᑎᓐᓄᑦ. ᑕᒪᓇ ᐊᑐᓚᐅᖅᑕᕋ ᐃᓚᓕᐅᑎᓚᐅᖅᐳᖅ ᐃᓅᓯᓐᓄᑦ ᐊᒃᓱᒃᑲᓐᓂᐅᑎᑦᑐᓂ ᑕᒪᑐᒧᖓ ᐃᓅᓯᕆᔭᓐᓄᑦ-ᐃᓚᓕᐅᑎᑦᑎᐊᖅᑐᐊᓘᑦᑐᓂ ᐱᐅᓯᔾᔦᑎᕆᕆᐊᒃᑲᓂᖅᑐᓂ ᐃᓅᓯᕐᒪ ᐃᓕᖓᓄᑦ.

ᐃᖕᕆᕐᑫᓚᐅᖅᐳᑦ 7-ᐃᖕᒍᑦᑐᑕ ᕐᑭᒧᒃᓯᖅᑐᑎᒍᑦ ᓯᐅᕋᐸᓗᖕᒧᑦ. ᑕᒪᓇ ᐊᑐᖅᑐᒍ ᐃᓕᕆᕐᑲᓯᐅᑎᓚᐅᕐᒪᑦ ᐊᑐᕐᒥᔭᓐᓄᑦᑕᐅᖅ ᐃᖕᕆᕐᑫᑦᑐᑕ ᓯᒃᑯᑦ. ᐊᐃᒡᓚ ᐅᕐᑲᐅᑎᑦᑐᒍ, "ᕐᑭᒻᒥᒃᑲ ᐃᒃᐱᒍᓯᒻᒪᕆᒃᐳᑦ ᐃᓕᖕᓂᒃ ᑕᒧᐊᔭᓚᖅᑕᐃᑦ ᕐᑳᖅᐸᑦᑖᒐᕕᐅᒃ". ᐅᕝᕙᓐᓄᑦ ᑭᐅᑦᑐᓂ, "ᑕᒧᐊᔭᓚᕆᑦᑐᖓ". ᓯᓇᐅᕝᕙ ᕐᑭᒧᒃᓯᖅᑐᖅ ᑭᖕᒍᓂᑦᑎᓐᓃᖕᒐᖅᑐᖅ ᓯᖅᑯᖅᑕᖅᑐᖅ ᐃᐸᕋᐅᑕᕐᒥᓄᑦ.

ᓄᖅᑲᖅᑐᐃᓐᓇᐅᑦᑐᑕ ᓯᐳᔩᖅᑐᑕ ᓂᓇᐊᕐᔦᒐᓱᒃᑐᑕᒍ ᐊᖅᑯᑖᓂ. ᓯᒃᓴᖅᐲᑦ ᓯᐳᔩᒃᑯᕕᕐᒥᓂᒃ ᐃᑐᑖᔭᐃᑦᑐᑎᒃ ᐊᒻᒪᓗ ᓯᐳᔩᒃᑯᕕᖕᓂ ᐃᓐᓇᖅᑎᑦᑐᓂᔾᔦᒃ ᑐᑭᒧᑦ ᑕᑭᓂᖕᒐᓄᑦ ᓇᑉᐸᖅᑐᓂᔾᔦᒃ ᒪᓂᖅᑲᒥ, ᓯᐳᔩᓂ ᐃᒃᑑᑖᖅᑐᑦ ᓯᐳᔩᒃᑯᕕᕐᒥ ᐃᑐᐊᓅᖅᑐᓂᔾᔦᒃ ᐊᒻᒪᓗ ᑭᔾᔭᒃᓴᐃᓚᐅᖅᑐᑎᒃ ᐃᒻᒥᐅᓕᖅᑐᑎᒃ, ᓯᐳᔩᒃᑯᕕᕐᒥᓂᒃ ᐅᕐᑰᑕᕐᑲᖅᑐᑎᒃ. ᑕᐃᒫᑦᑎᐊᖅᑕᐅᖅ ᓯᐳᔩᕐᑲᑦᑕᔦᕐᒥᔦᑦ ᐅᐊᑦᑎᐊᕈ ᐃᒃᑑᑖᖅᑐᓂᒃ ᓯᐳᔩᕐᑲᕐᑲᑦᑕᕐᓂᑦᑎᓐᓂ.

ᒪᒪᕈᒃ ᓴᖅᑭᑦᑎᑦᑐᓂ ᓇᑦᑎᐅᑦ ᐅᖅᓯᐊᓂᒃ, ᕐᑳᖓᓂ ᐃᓇᓗᐊᑦ ᑎᖕᒍᒃᑕᕐᑲᖅᑐᓂᓗ. ᑕᐃᒫᖕᒍᖕᒪᑦ ᐃᓅᓯᖅᐳᑦ ᑲᑎᕆᐊᒃᑲᓂᒻᒪᕆᒃᐳᑦ ᐅᑭᐅᖅᑕᖅᑐᕐᒥᐅᑕᐃᓇᐅᒐᑦᑕ ᐊᒻᒪᓗ ᐊᖑᓇᓱᒃᑎᐅᑦᑐᑕ ᓯᒃᑯᑦ.

ᔦᐃᓕ, ᐊᐃᒡᒐ ᓴᖑᔭᒃᑯᒃ ᖃᒧᓯᖅᑑᒃ ᖄᓈᑉ ᒪᔭᖑᓕᑕ ᓴᐊᓐ ᑖᓂᐅᖅᓴᓐ ᕿᒥᖕᒋᓐᖓᓄᑦ ᓱᐅᕋᐸᖕᒧᑦ ᐅᑎᒧᑦ.

ᓱᐅᕋᐸᓗᖕᒥᐅᑦ ᐃᓄᖕᒋᑦ ᑐᙵᓇᑦᑎᐊᖅᑐᑯᓘᓪᓗᑎᒃ. ᐅᖃᐅᓯᑎᓐᓂᒃ ᑐᓵᔭᒪᐃᓐᓇᖅᑐᑎᒃ, ᐊᒻᒪᓗ ᐅᓂᒃᑲᐅᓯᑎᓐᓂᒃ. ᐅᕝᕕᑎᑐᑦᑕᐅᖅ ᑳᒃᑐᑎᑐᑦ ᑕᐅᒪᐃᒻᒥᔪᑦ ᑳᖅᑯᐃᔾᔪᑦᑕᐅᖅ ᑐᓵᔪᒪᔪᑦ ᐅᖃᐅᓯᕐᓂᑦ ᐅᖓᓯᒋᐊᖅᔪᒃᑕᒥᖕᒥᑦ. ᓇᖕᒥᓂᕐᓕ ᐃᓱᒪᒃᑯᑦ ᐃᒪᐃᓕᖦᖢᖓ, "ᓱᐅᕋᐸᓗᖕᒧᑦ ᓂᐅᕐᕿᓯᒪᔪᖓ".

ᐊᐃᒡᒐ ᐃᓚᖅᑲᖅᓂᖅᒪᑦ ᐊᖅᑭᒡᒋᐊᖅᔪᖕᒥᒃ ᐃᒃᐱᐊᖅᔪᖕᒥᑦ ᓄᓇᖅᑲᖅᑐᕙᓂᖅᒥᒃ ᐊᒥᓱᐃᑦᑕᐅᖅ ᐃᓅᒡᕼᐅᐃᑦ ᑕᐃᔅᓯᒪ ᑭᖑᕚᓐᖑᒥᔪᖕᒋᑦ, ᐊᐃᒡᒐᐅᑦ ᐃᓚᒋᓪᓗᓂᒋᑦ. ᑕᒪᓐᓇ ᐃᓅᓯᒃᑯᑦ ᐱᒃᑯᓚᔾᔪᑎᑎᒋᐊᕈᓐᓇᖅᑐᒍ, "ᐊᐃᒡᒐᐅᑦ ᐅᐃᒋᓛᖕᒐ".

ᐅᑎᒧᑦ ᐃᖏᖅᕋᖅᑳᓕᓚᕆᓪᓗᑕ ᖃᓈᖅᒧᑦ ᓯᑯᐃᓐᓇᒃᑯᑦ ᓯᓚ, ᐅᔾᔨᓇᑦᑐᒍ ᐊᑐᖅᑕᑦᑕ ᐃᓚᖕᒐᒍᑦ ᓯᑯᒃᑯᑦ ᕿᒻᒥᑦ ᐃᓚᖕᒐᑦ ᒪᐅᓪᓗᓂ ᓯᑯᑐᖅᑲᒃᑯᑦ ᑕᕝᕙ ᐃᖏᖅᕋᖅᒍᒧᑦ, ᖃᐅᔨᒪᓇᖅᑐᓂ ᓯᑯᑦ ᐃᓚᖕᒐ ᐃᖏᖅᕋᓂᖅᒧᑦ ᓵᓪᓚᓯᒪᓂᖅᑲᖅᑐᖅ.

ᐅᔭᕋᐃᑦ ᖁᑦᑎᒃᑐᒦᒃᑐᑦ, ᓯᕿᑦ, ᐱᖃᑐᔭᐃᑦ ᐊᒻᒪᓗ ᑕᒪᓐᓇ ᐃᒪᐅᑦ ᓯᑯᐊ ᐊᕙᑎᑦᑎᓐᓂ ᐃᓅᓯᑦᑕ ᐃᓚᒋᖅᑲᓯᐅᑎᖓᒍ ᑕᒪᒃᑯᐊ ᓄᓇᐅᑦ ᐃᓚᖏᑦ ᓯᖅᖃᐃᑦᑐᑦ ᐊᒻᒪᓗ ᖁᕕᐊᓯᑦᑎᐊᖅᑐᒍ ᑖᒥᓂ, ᑕᐃᒻᒪ ᐃᓅᓯᖅᐳᑦ "ᓄᓇᐅᑦ ᑲᔾᔮᖅᐸᓯᐊᑦ ᖃᖓᓂ".

ᑕᕝᕙᓕ ᑕᐃᔅᓯᒪᓂ ᓂᕆᕙᒡᔦᐊᖅᓂᐊᓕᖅᑐᑕ ᖃᓈᖅᒥ. ᐅᔾᔨᓇᑦᑐᒍ ᐊᑐᓇᐅᖅᓂᒃᑯᑦ ᓂᕆᐅᙱᓈᖅᑕᐅᓪᓗᖓ ᖁᕕᐊᕆᑦᑎᐊᖅᑐᒍᓗ, ᓂᕆᓂᐊᖅᑕᕗᑦ ᐊᑐᐃᓐᓇᕈᖅᑕᐅᓚᑕ ᑲᑎᕝᕕᒋᓯᒪᔭᑦᑎᓐᓄᑦ, ᔫ ᓕᕕᑦ ᐅᑦᕿᐊᒡᕕᖕᒥᐅᑕᖅ, ᐊᑖᓯᑲᒥᑦ, ᐅᑭᐅᖅᑕᖅᑐᖅᒥᐅᑕᑦᓚᑦᑖᕝᒍᓂᖅᒥᓄᑦ, ᐊᖑᑎᑦᓚᓇᒃᑎᑐᑦ ᐊᑐᖅᑐᓂ ᐅᓕᒪᑦᑐᓂ ᖁᐊᖅᒥᒃ ᐅᕙᑦᑎᑎᑐᑦᑎᐊᖅ ᐊᑐᓯᑦᑎᑐᑦ, ᐊᒻᒪᓗ ᑕᐃᓖᑦᑎᐊᖅ ᐱᓕᕆᔾᔪᓯᑦᑎᑐᑦ ᐃᓕᖅᑯᓯᖅᓯᖅᑐᓂ ᐊᒻᒪᓗ ᐃᓕᖅᑯᓯᖅᒥᓂᒃ ᑕᕝᕙ ᐃᓅᓯᖅᑲᖅᒥ ᐊᑐᖅᐳᖅ. ᐃᓗᒪ ᐃᓚᖕᒐᑦ ᑕᕝᕙᐅᕗᖅ, ᐱᓕᕆᓂᖕᒥᓂᒃ ᐊᑐᖅᑐᓂ ᓇᖕᒥᓂᖅ ᐃᓯᒪᖅᓯᑦᑎᐊᓇᕗᖅ, ᐊᒻᒪᓗ ᐃᓅᓯᓐᓄᑦᑕᐅᖅ ᐊᑐᖅᑕᓐᓄᑦ ᐱᕖᑦᓕᖅᑎᒃᑭᕖᖕᒐ ᐊᒃᓱᒃᑲᓐᓂᐅᓪᓗᓂ ᐃᓕᖅᑯᓯᑦᑎᓐᓂ. ᖃᐅᔨᒪᒋᓪᓗᖕᒐᑦᑕᐅᖅ ᐃᓄᐃᑦ ᐱᓕᕆᑦᑎᐊᖅᑲᑦᑕᖅᑐᑦ ᓇᓚᐅᑦᑎᓪᓗᑎᒃ ᐃᓕᖅᑯᓯᖅᒥᒃ ᔫᑎᑐᑦ; ᐃᒪᐃᖅᑲᑦᑕᖅᒪᑕ ᐃᓕᓂ ᑳᒃᑯᐊ ᖁᕝᕙᖅᐹᑦᓕᖅᑎᑕᐃᓐᓇᓇᓪᓗᓂᒋᑦ ᐅᔾᔨᖅᓇᖅᓯᒃᑲᓐᓂᓪᒪᓇᒃᑐᑎᒃ.

ᓇᖕᒥᓂᖅ, ᐊᑕᖕᒋᖅᑐᑕ, ᐱᖅᑲᓐᓇᓇᔭᖅᑖᖅᑐᓚᐅᖅᐳᒍᑦ ᐃᖅᑲᐅᒪᔭᒃᓴᖅᒥ ᓇᔦᖅᑕᑦᑕ ᐃᓅᒐᒥᒃ, ᐃᓅᖕᒐᒥᒃ ᑖᓖᓂ (ᑭᒃᑯᑐᐃᓐᓇᐅᒐᓗᐊᑦ) ᐊᑐᑦᑎᐊᖅᑲᑦᑕᖅᑐᑦ ᐅᔾᔨᖅᓇᑦᑎᐊᖅᑐᓂᒃ ᐱᓕᕆᓂᖅᒥᒍᑦ ᓇᖕᒥᓂᖅ ᐅᕙᒍᑦᓕᑦᑕᐅᖅ ᐃᓕᕝᕕᒋᒃᑲᓐᓂᖅᓂᐊᖅᒥᔭᑦᑎᓐᓂᒃ.

ᐊᐃᕝᕙ ᓴᖑᔭ ᒪᒪᑦᑕᐳᖅ ᖃᓂᕋᓂᖏᒃ (ᐊᑯᑭᑐᕐᒥᐅᑦ ᖃᓂᕋᓂᖓᓂᒃ) ᓯᕗᓕᖅᑐᑕ ᕿᒧᒃᓯᒥ ᓯᐅᕋᐸᓗᖕᒥᑦ ᖃᓈᕐᒧᑦ.

ᖃᓈᕐᒥ

ᐅᓂᒃᑳᖅᑐᖅ ᐊᐃᕝᕙ ᓴᖑᔭ

ᓇᖕᒥᓂᖅᑕᐅᖅ ᐱᖃᑕᐅᑎᑕᐅᔪᓐᓇᓚᐅᕋᒪ ᐱᓕᕆᔪᓂᑦ ᓯᑯ-ᐃᓄᐃᑦ-Hᐃᓚ ᐃᓚᒌᓂᑦ ᑕᕝᕙᓂ ᖃᓈᕐᒧᑦ ᓂᐅᕿᖅᑕᐅᔪᓐᓇᖅᑐᖓ.

ᖃᓈᖅ ᐊᑭᓪᓗᐊᐸᓗᑎᓐᓃᖅᑐᖅ ᐃᑭᒃᑯᑦ ᑲᖏᖅᑐᒡᓚᐱᖕᒥᑦ. ᐃᓯᒪᒃᑯᓪᓚ, ᐃᑲᕿᖕᓂᑦ ᒪᕿᕗᕿᔭᖅᑐᓴᐅᔪᖅ ᑐᕿᕈᑦᑕ ᖃᖓᓚᑦᓯᐅᒃᑯᑦ, ᑭᓯᐊᓂᓪᓚ ᐃᓖᓴᕐᕕᓪᓗᓂ ᒥᐊᓕᒐᐃᑦ ᓄᓇᖓᑦᑎᒌᖅᑐᑕ ᑕᐃᒪᐃᒃᑲᑦᓯᓪᓚ ᑕᒪᓇ ᓂᕆᐅᓇᖕᕋᑦᑐᑎᑐᑦ ᐊᑐᓚᐅᖅᑕᕗᑦ ᓄᑖᕐᓗᑦᓗᓂ ᐊᑐᑦᑕᓚᐅᕆᐊᖃ ᐅᕙᒃᑯᑦ. ᓄᓇᖃᕐᕕᒋᔭᑦᑕ ᓯᓚᑖᓂᓚᐅᖅᓯᒪᖕᒋᑦᑐᖓ ᑲᓇᑕᐅᑦ, ᑖᒃᑯᐊᒃ ᓄᓇᖃᕐᕕᒋᔭᐅᔪᒻ ᐅᐸᖃᓯᐅᑎᓪᓗᑭᒃ ᐃᓅᓯᕐᒥ ᐱᖃᓯᐅᑎᓪᓗᒃ ᐊᑐᐃᓐᓇᐅᕙᓪᓚᑎᒃ ᐅᐸᖃᓯᐅᑎᔭᕆᐊᖏᒃ ᐃᓅᓯᒃᑯᑦ ᐅᕙᓐᓄᑦᓚ ᐱᖃᓯᐅᑎᓚᐅᕆᕙᒃ.

ᖃᓈᕐᒧᑦ ᑎᑭᐅᑎᓕᑦᓚ, ᐅᐸᒃᑕᑦᑕ ᑕᐅᑦᑐᕐᓚᑕ ᐊᔾᔨᐸᓗᓚᐅᖅᐹ ᒪᑐᒪ ᑲᓇᑕᐅᒃ ᐅᑭᐅᖅᑕᑦᑐᐊᑎᑐᑦ. ᐃᓄᖕᒥᑦ ᑐᙵᕕᓴᕆᓯᒥᒃ ᑐᙵᓱᑦᑎᐊᖅᑐᑎᒃ ᓱᖃᐃᒻᒪᑦᑕᐅᖅ ᐃᓄᐃᑦ ᐃᓕᖅᑯᓯᖕᒋᑎᒍᑦ ᑕᐃᒫᖑᖕᒪᑦ ᓇᒥᑐᐃᓐᓇᑦᑎᐊᖅ. ᐃᒪᐃᒃᑲᓗᐊᖅᑎᓪᓗᒍ ᐅᖅᑲᐅᓯᑦᑎᒍᑦ ᐊᑐᖅᐸᓪᓕᓴᐳᑦ ᐊᑐᓕᓂᑦᑎᐊᖕᒋᒃᑲᓗᐊᖅᑎᓪᓗᒍ ᑲᑎᕋᑖᖅᑐᑕ, ᐅᖃᐅᓯᑦᑎᒍᑦ ᑐᑭᓯᐅᓪᓚᐊᓪᓯᓂᐊᔪᑦ ᐊᑐᓕᖅᓯᖅᓴᐅᓕᖅᐸᓪᓕᐊᓪᓗᓂ.

ᕿᒧᒃᓯᒥ ᐊᑐᓚᐅᖅᑕᕗᑦ ᖃᓈᕐᒥᑦ ᓯᐅᕋᐸᓗᖕᒧᑦ ᐃᒪᐃᑦᑑᓚᐅᕆᕗᖅ ᑕᐃᔅᓯᒪᓂᐅᓚᐅᖅᑐᖅ ᐃᖅᑲᐅᒪᓂᐊᖅᐸᕋ ᐊᒻᒪᓗ ᐊᑐᓚᐅᖅᓯᒪᒃᑲᓐᓂᕈᒪᓪᓚᕗᖓᐊᖅᑐᒍ. ᕿᒪᒦᑦ ᐃᐱᐅᑎᖅᓯᒪᓂᖕᒋᑦ ᐃᐱᐅᑕᕆᓄᑦ, ᓯᑲᓵᓂᖕᒋᓪᓗ, ᖃᐅᔨᓴᕐᓂᐅᓚᐅᕐᓂᖏᑦ ᐊᑐᖅᑐᑦ ᐅᕙᑎᓐᓄᑦ ᐊᑐᕐᒥᓇᕐᑎᐊᖅᑐᑎᓪᓗ ᑕᐃᒃᑯᓂᑐᓈᖕᖓᔪᑦ ᐊᑐᖅᑐᑦ. ᓂᕆᓂᖅ ᑕᒪᓇ ᓂᕿᖕᒋᓐᓂᒃ ᐊᕕᑦᑕᖕᒋᓐᓂᒃ ᐅᕙᒍᑦᑕᐅᖅ ᐊᔾᔨᐸᓗᒋᓪᓗᑎᒍᑦ ᑭᓯᐊᓂᓪᓚ ᖃᐅᔾᔨᓚᐅᕆᕗᖓ ᓂᕆᖅᑕᖅᑕᕐᓂᖅ ᐊᒥᓱᓂᖅᓵᓘᔪᖕᒪᑕ ᓂᕿᔪᑦ ᑎᒥᖕᒐᓃᖓᙳᖅᑐᑦ ᐅᕙᑎᓐᓂᓂᑦ ᑕᒫᙵᑦ

ᐊᒻᒪᓗ ᑕᒪᓐᓇ ᐊᑐᓇᐊᖕᖓ ᐱᒃᑯᓕᖅᓱᒍ. ᓇᖕᒥᓂᖅᑕᐅᖅ ᑐᓯᕆᕐᓗᕆᑦ ᐃᓄᖕᒋᑦ ᐃᓕᖅᑯᓯᕐᒥᓂᒃ ᐸᖅᑭᑎᐊᖅᑐᑎᒃ ᐊᑐᑎᐊᕐᓂᖓᓐᓂᒃ ᐅᕙᑎᓐᓂᓪᓗ ᑲᓇᑕᒥᐅᑎᒍᑦ. ᓱᕐᓗᑦᑕᐅᖅ ᐃᒫᒃ, ᕿᒧᒃᓯᖃᑦᑎᐊᕐᓂᖅᓴᐅᓗᑎᒃ ᓯᑭᑐᒃᑯᖕᒥᑦᑐᖅ, ᖃᔭᖅᑐᖃᑦᑕᖅᑐᑎᒃ, ᐊᒻᒪᓗ ᐊᓐᓄᕌᒃᑯᓗᖕᒥᑦ.

ᐃᒪᐃᒃᑲᓗᐊᖅᑐᒍ ᐊᐅᓪᓚᖅᓯᒪᓂᕆᔭᑦ ᐊᑐᕈᒥᓇᓪᓕᐊᖅᑐᒍ, ᐱᓪᓗᐊᑖᕐᕈᑎᓪᓗᑎᒍᑦ ᐃᓚᒃᑲ ᑲᑎᓪᓗᑎᑦ ᖃᓈᖅ ᓯᐅᕋᐸᓗᖕᒥᓗ. ᓇᖕᒥᓂᖅ ᐅᔾᔨᕆᒃᑲᓂᓚᐅᕐᒥᔭᕆᑦ ᐊᓪᓚᓗᑦᑕᖅ ᖃᐅᔨᓴᕐᓂᖅᑯᑦ ᖃᐅᔨᓪᓚᕆᑎᐅᓂᐊᕐᒪᑦ ᓯᕗᓂᓕᒐᓚᐅᖅᑕᖅ ᓇᒧᐃᓐᓇᖅ ᐃᖕᒋᖃᕐᐸᒃᑐᓂᑦ ᐅᐸᒃᑕᒥᓐᓂᒃ ᐅᖓᓯᒃᑐᓂᑦ ᕿᒧᒃᓯᒃᑯᑦ, ᖃᔭᖅᑯᑦ, ᐅᒥᐊᒃᑯᑦ, ᐱᓱᖕᓂᒃᑯᓪᓗ.

ᐃᓄᐃᑦ, ᐃᓕᖅᑯᓯᖏᑦ, ᐊᔾᔨᖏᖕᒋᑦᑐᒥᖕᓂᑕᐅᖅ ᐊᑐᖅᑕᖅᑐᖅᑕᐅᓂᖓ ᖃᐅᔨᒋᐊᖅᑎᐊᖅᑐᒍ ᐃᓄᓯᓂ ᐊᖅᑯᓴᓚᐅᕐᒥᓴ ᐊᒻᒪᓗ ᑕᐃᒃᑯᐊ ᐱᖅᑳᓇᓴᕐᓂᑦ ᑕᐃᒪᐃᓪᓚᓇᓚᐅᕐᓇᓪᓗᑎᒃ ᐊᓛᓯᒃᑲᒥᐅᑦ ᓂᐅᕿᖅᑎᕈᔪᓐᓇᓚᐅᕐᒥᔭᓐᓇ ᓈᓚᑎᑦᑎᐊᖅᑐᒥᒃ ᐱᖅᑎᓕᐅᕐᓗᑎᑦ ᑕᐃᑯᖓ ᖃᓈᑦᑎᐊᕈᓐᓇᖅᑐᑦ ᑕᑯᒥᓇᑦᑎᐊᖅᑐᑦ.

ᐊᓯᔾᔨᖅᑐᑦ

ᐋᑐ ᓯᒥᒐᖅ ᐅᔾᔨᖅᓱᑦᑎᐊᕋᓱᒍᓂᕐᒥᒃ
ᐊᑐᖅᐳᖅ ᓂᓚᖕᓂᒃ.

ᐊᒥᓲᖕᒪᑕ ᐱᔾᔪᑎᖃᖅᑐᑎᒃ ᐃᑦᑐᑦ, ᑖᓐᓇ ᕿᒥᕐᕈᐊᓗᒃ ᐱᔾᔪᑎᖃᓇᕗᖅ ᐊᓯᔾᔨᖅᑐᓂᒃ.

ᓯᕗᒧᑦ ᑖᒃᑯᐊ ᐋᖅᑭᒃᐸᓪᓕᐊᓯᒪᓂᖕᒋᑦ ᑕᑯᖅᑯᔾᔨᓪᓖᕗᑦ, ᓄᓇᓖᑦ ᐊᑐᓂᑦ ᐃᓅᖃᑎᒌᑦᑎᐊᕐᓂᕐᒥᒃ ᐊᑐᕐᒪᑕ, ᑲᑎᒪᔨᐅᓂᒃᑯᑦ, ᐊᒻᒪᓗ ᑮᓇᐅᔭᓂᑦ ᐊᑐᕐᓂᕐᒥᒍᑦ ᐊᓯᔾᔨᖅᑕᕐᓂᕐᒥᒍᑦ ᐊᕐᕌᒍᑦ 100-ᓂ ᑐᖕᓛᒍᓪᓘᓐᓃᑦ, ᐋᖅᑭᒃᓯᒋᐊᒃᑲᓐᓂᖅᐸᒃᑐᑎᒃ ᖃᐅᑕᒫᑦ ᐃᓅᓯᕐᒥᒍᑦ. ᐊᓯᔾᔨᕐᓂᖕᒋᑦᑕᐅᖅ ᓯᑰᑦ, ᑲᔪᖕᒋᓕᖅᑎᑦᑎᕚᓪᓕᐊᕐᔪᒃᑐᓂ ᖃᐅᔨᓇᓱᖕᓂᕐᒥᒃ ᑖᒃᑯᓄᖕᒐ ᕿᒥᕐᕈᐊᓗᕐᓄᑦ ᑲᔪᓯᓂᖕᒐᑕ ᐃᓚᖕᒐ ᐃᒪᐃᑉᐳᖅ, ᓇᒧᑐᐃᓐᓇᕐᓗ ᑕᔾᔪᐃᑦᑎᓪᓗᑎᑦ ᑕᒪᑐᒥᖕᒐ, ᐱᖃᓯᐅᑎᒋᓪᓗᑎᒃᑕᐅᖅ ᐊᓯᖕᒋᑦ ᐊᓯᔾᔨᕐᒥᔭᑦ ᐊᑐᖅᑕᕐᒥᒍᑦ ᐊᒻᒪᓗ ᐆᒪᔪᓐᓇᖅᑐᓕᒫᓂᒃ ᐊᕙᑎᓕᒫᕐᒥᒃ ᓇᔪᖅᑕᐅᔪᓐᓇᖅᑐᓕᒫᕐᒥᒃ ᐊᑐᓂᑦ ᓄᓇᓕᖕᓂ. ᑕᒪᒃᑯᐊ ᓴᖅᑭᓯᒪᔪᑦ ᑖᒃᑯᑎᒎᓇᖅ ᕿᒥᕐᕈᐊᓗᖅᑎᒍᑦ ᑲᑎᖅᓱᖅᓯᒪᕗᑦ ᑎᑎᕋᖅᓯᒪᔪᑎᒍᑦ ᐊᕙᑎᑦᑎᓐᓃᖕᒐᖅᑐᑦ ᐊᑐᖅᑲᑦᑕᖅᓯᒪᔾᔪᑎᓐᓂᑦ ᐊᓯᕈᖅᐹᓪᓕᖅᓯᒪᓪᓗᑎᒃ ᖁᔭᓈᖅᑕᐅᔪᓐᓇᕐᓇᑎᒃ ᖃᐅᔨᓴᐅᑉᐸᓪᓕᐊᓯᒪᒐᒥᒃ ᐊᒻᒪᓗ ᐅᖃᓪᓚᐅᓯᓇᔪᐅᖅᑲᑦᑕᖅᓯᒪᓪᓗᑎᒃ ᐊᑐᓂᑦ ᐱᔾᔪᑎᖃᐅᕐᓂᖕᒋᑦ. ᑎᑎᖅᑲᑦ ᖃᓈᖅᒥᐅᑦ ᐊᖑᓇᓱᒃᑎᖕᒐᓄᑦ ᐊᒻᒪᓗ "ᓯᑰᑉ ᑐᑭᖕᒋᑦ" ᐱᓕᕆᔨᐅᔪᒧᑦ ᑑᑯ ᐅᓯᒪ (ᑎᑎᖅᑲᑦ ᐅᑯᑎᒎᓇᖅ ᓴᖅᑮᔭᖅᑐᑦ), ᐊᑎᓕᐅᖅᑕᐅᓯᒪᒐᑦ 300 ᐅᖕᓚᑖᓂᑦᑐᓄᑦ ᐊᖑᓇᓱᒃᑎᓄᑦ ᐊᒻᒪᓗ ᓄᓇᖃᖅᑲᑕᐅᔪᓄᑦ ᐊᕙᓂᖅᓯᐊᕐᒥ, ᐋᓐᓂᕐᓇᖅᑐᑎᑐᑦ ᓴᖅᑭᑕᐅᓯᒪᒐᑦ ᐱᓕᕆᖅᑎᕆᒃᑐᑦ ᐊᒻᒪᓗ ᑐᑭᖕᒋᑦ ᑕᒪᒃᑯᐊᓕᒫᑦ ᐊᓯᕈᖅᐸᓪᓕᐊᔪᑦ ᑕᐃᒃᑯᓄᖕᒐ ᐃᓄᒻᕼᐅᐃᓄᑦ ᐱᑐᐊᖕᒍᐊᖅᑐᒥᒃ.

ᐊᑕᐅᑦᑎᒃᑯᑦᑕᐅᖅ, ᑖᒃᑯᐊ ᐅᖃᓕᒫᒐᑦ ᓄᓇᓖᑦ ᒥᒃᓵᓄᑦ ᐱᔾᔪᑎᖃᖅᑲᓯᐅᑎᓯᒪᒐᑦ. ᐆᒪᔪᕋᓯᖕᓂᕐᒧᑦ ᐃᓕᒃᑯᔫᑦ ᓯᑯᒥᒃ ᖃᐅᔨᒪᓂᑦ, ᐅᖃᐅᓯᖅᑕᖕᒋᑦ, ᐅᖃᐅᓯᖅ, ᓂᕿᑦ, ᐊᕙᒍᓯᖕᓂᖅ-ᑕᒪᔾᔭ ᑕᒪᒃᑯᐊ ᐅᑭᐅᖅᑕᖅᑐᒥ ᓄᓇᓖᑦ ᓯᓚ ᐊᑐᖅᑕᐅᓪᓗᑎᒃ ᐊᑐᕐᓂᖅᑲᐅᑎᐊᖅᑐᐊᓗᕗᑦ ᐅᐸᕗᓗᓐᓂᑦ ᑕᐃᒫᓪᓚᑎᐊᓗᖕᒋᑦᑑᓗᐊᑦ ᐅᑭᐅᖅᑕᖅᑐᓕᒫᒥ. ᑐᓴᐅᒪᔭᒃᓴᑦ ᐊᑐᐃᓐᓇᕈᖅᑎᑕᐅᔪᑦ ᐅᑯᑎᒎᓇᖅ ᕿᒥᕐᕈᐊᓗᖅᑎᒍᑦ, ᐊᑑᑎᖃᕐᓂᖅᓴᐅᖅᑯᖅᐳᑦ ᐅᖃᐅᔫᑦ ᐃᓄᖕᓄᑦ, ᐃᓄᒻᕼᐅᐃᓄᑦ, ᐊᒻᒪᓗ ᐃᓄᐱᐊᕐᓄᑦ ᐊᑕᖕᒋᖅᓱᑎᒃ, ᐆᒪᓂᖅ ᖃᐅᔨᒪᓂᐅᖕᒪᑦ, ᐅᓪᓗᒥ ᐊᑑᑎᔪᖅ ᐊᒻᒪᓗ ᐊᑐᕈᓐᓇᑦᑎᐊᖅᑐᑎᒃ ᓯᕗᓂᒃᓴᑦᑎᓐᓄᑦ. ᓄᓇᕐᔪᐊᓕᑦᑎᐊᕐᔫᓐᓃᑦ ᐊᓯᕈᖅᐸᑦ ᐊᕙᑎᓕᒫᑦᑎᓐᓂ, ᑕᐃᒪᐃᖕᒍᔭᐃᓐᓇᖅᑐᓂᓗ ᖃᓄᑐᐃᓐᓇᑦᑎᐊᖅ ᑕᐃᒫᓪᓚᓇᐅᖕᒋᑦᑑᓗᐊᕐᓂᑦ, ᖃᐅᔨᒪᔭᖅ ᐊᓯᔾᔨᖅᐳᖅ ᐊᑐᖅᑕᐅᑕᖅᑐᓂᓗ, ᐊᒻᒪᓗ ᖃᐅᔨᓴᐅᔾᔪᑎᖕᒋᑦ, ᖃᐅᔨᒪᔭᑦ, ᐊᒻᒪᓗ ᐱᓐᓇᓇᓪᓚᓇᒃᑐᑎᒍ ᐊᑐᖅᑕᒐᑦ ᐅᐊᑦᑎᐊᕈᓂᑦ ᐱᔾᔪᑎᖃᑦᑎᐊᖅᐳᑦ ᐊᒻᒪᓗ ᓯᓚ ᐊᑐᐃᓐᓇᐅᑎᑦᑎᓪᓗᑎᒃ ᓯᓚᑐᓂᕐᒥᒃ ᖃᓂᕐᓴᖅᑕᐅᔪᑎᑐᑦ ᑭᓇᑐᐃᓐᓇᑦᑎᐊᕐᒧᑦ ᐆᒪᔪᒧᑦ ᐅᑭᐅᖅᑕᖅᑑᑦ ᐃᓅᓯᖅᑲᐅᓯᕐᒥᒃ ᐊᑐᖅᑎᑦᑎᓂᖕᒋᑦ.

ᐊᑐᖅᑕᖅᓯᓂᖅ ᒪᓕᒐᓇᔭᒥᒃ ᐃᓅᓯᕐᒥ, ᓯᓚᔪᓇᔭᖅᑕᑦᑎᐊᕐᓂᖅ, ᐊᒻᒪᓗ ᖁᕕᐊᓱᖅᑎᕆᒃᑐᓂ ᐃᓅᖅᑎᕆᖕᓂᖅ ᐃᑲᔪᕐᓂᖅᑕᑦᑎᐊᕐᒪᑦ ᓯᓚ ᐸᖅᑭᔭᖅᑲᐅᑎᐅᓪᓗᓂ ᐃᓅᖅᑎᕆᑦᑎᐊᕐᓂᑦᑎᓐᓂᒃ ᒪᒥᖅᑎᕆᑦᑎᐊᕐᓂᕐᒥᒃ ᓲᖑᔪᕐᒥᒃ. ᐊᑐᓐᓂᖅᑎᕆᖕᒋᓐᓂᖅ ᐊᒻᒪᓗ ᐃᓕᓐᓂᖅᑎᕆᒃᑐᓂ ᐱᓕᕆᖅᑎᕆᖅᑲᑦᑕᕐᓂᖅ ᓯᓕᑦᑕᐅᖅ ᐃᑲᔪᕐᓂᖃᕈᓐᓇᖅ ᐱᔭᕐᓂᖕᒋᑦᑑᓗᐊᓂᒃ ᐊᓂᒍᐃᖅᑲᑦᑕᕐᓂᕐᒥᒃ. ᖃᐅᔨᓴᑦᑎᐊᕐᓂᖅ ᐊᑦᑕᕐᓇᑐᐃᓐᓇᓇᐊᖅᑐᓂᒃ ᓇᔪᖅᑕᒥ ᐅᐸᒃᓯᒪᔭᒥᒍᓐᓃᑦ ᐊᑐᐃᓐᓇᓇᐊᖅᑐᖅ ᐊᑦᑕᕐᓇᕐᓂᕐᓂᕐᒍᑦ ᐊᒻᒪᓗ ᒥᓇᕈᓇᕐᓱᓂ ᓂᕆᔭᒃᓴᓂᒃ. ᓯᑯ ᓯᓚ ᐅᔾᔨᕆᑦᑎᐊᕆᐊᖅᐳᖅ, ᐃᓄᖕᓄᑦ, ᐃᓄᒻᕼᐅᐃᓄᑦ, ᐃᓄᐱᐊᕐᓄᑦ ᐊᒻᒪᓗ ᓯᓚᕐᔪᐊᕐᒥᐅᓄᑦ.

"ᓯᑰᑉ ᑐᑭᖕᒋᑦ" ᐊᑐᐃᓐᓇᕈᐃᕗᖅ ᓇᓗᓇᐃᖅᓯᒪᓕᖅᑎᑦᑎᐊᖅᑐᓂ ᖃᐅᒪᓂᓴᐅᔪᓂᒃ ᖃᓄᖅ ᓯᑯ ᐊᓯᔾᔨᖅᓯᒪᓕᕐᒪᖔᑦ ᑕᒪᒃᑯᓇᓂ ᐊᑐᐃᓐᓇᕕᖕᒋᑦᑐᓂᒃ ᓇᔪᖅᑕᐅᔪᓂ ᐅᑭᐅᖅᑕᖅᑐᒥ. ᐊᑐᐃᓐᓇᕈᐃᒃᓯᓇᓱᓂᓗ ᖃᓄᖅ ᐃᓄᐃᑦ, ᐃᓄᒻᕼᐅᐃᑦ, ᐃᓄᐱᐊᓪᓗ ᖃᐅᔨᒪᓂᖕᒋᑦ, ᐱᓕᕆᓂᒃᑯᑦ ᐊᑐᕈᓐᓇᖅᓯᖕᒋᑦ, ᐃᓕᖅᑯᓯᖕᒋᓪᓗ ᐊᑦᑕᕐᓯᒪᓂᖕᒪᑕ ᑕᐃᒧᖕᒐᖕᒋᑦᓯᕐᓯᒪᓂᖅᑯᐃᔾᔭᖅᑎᑦ ᐃᓅᓯᕐᒍᑦ ᐱᖅᑲᐅᑎᓪᓗᒍ ᓯᑯᑦ ᑕᒪᔭᐅᔭᑦ ᓯᓚ ᐊᒻᒪᓗ ᐃᓵᒃᑯᑦᑕᐅᖅ ᐊᓯᖕᒋᓪᓗᒍ, ᐊᔭᐃᑦᑎᐊᖕᒋᑦᑕᖅᓱᐊᖕᒋᓪᓗᒍ ᓯᒃᑲᓐᓂᖅᑲᑦᑕᒃᑐᑎᒃ. ᐅᑭᐅᖅᑕᖅᑐᖅ ᐊᓯᐸᓪᓕᐊᖕᒋᓐᓇᖅᑎᓪᓗᒍ, ᐅᑯᐊ ᐅᖃᓪᓚᓚᐅᑦ, ᑐᑯᑦ ᑎᑎᖅᑲᑎᒍᑦ ᐅᖃᐅᑎᓯᒪᔭᖕᒐ, ᕿᑲᑐᐃᓐᓇᕈᑎᒋᔭᓇᐊᖅᑲᖕᒋᓚᖅ, ᑭᒃᑯᓕᒫᓄᑦ ᐅᖃᐅᑎᒋᔭᐅᕙᖕᓂᖅᑐᓂ ᑐᕋᔭᐅᑦᑎᐊᒃᑲᓐᓂᕐᓂᐊᓪᓚᑦ "ᐃᓅᓯᖅᑎᐊᕈᒪᓕᑦᑕ". ᑕᓐᓇ ᐊᒃᑐᐃᑦᑐᒥᒃ ᐱᓕᕆᐊᖑᔪᖅ ᑐᓂᖅᑲᐃᔾᔨᑦᑎᓐᓂ ᐃᓚᐅᖅᓯᒪᔪᓂᑦ ᑕᑯᖅᑯᔾᔨᕗᖅ ᓴᖕᒋᓪᓗᓂ ᓲᖑᓂᒃᑯᑦ ᑕᐃᒪᐃᒃᒥ ᐊᓪᓚᑐ ᖃᕗᐃᖕᒋᑦᑎᐊᖅᑐᓂ ᐊᑐᖅᑑᒪᑦ ᐃᓅᓯᕐᒥ ᓯᑯ ᐱᖅᑲᐅᑎᓪᓗᒍ ᐅᑭᐅᖅᑕᖅᑐᒥ, ᐊᒻᒪᑦᑕᐅᑦ ᑭᓯ ᐊᑦᑕᕐᓇᓕᐅ.

ᔪᒫ ᓕᕝᕙᑦ ᐊᓯᔾᔨᕐᓂᖅ ᐅᖃᐅᓯᕆᓗᒍ

ᐅᐃᔅᓕ (ᐊᐃᐸᓐ) ᓱᖁᐃᓱᒃᐳᖅ ᓂᒡᓚᓱᒃᑐᐋᓘᖅᑕᑦᑕᓚᐅᖅᓯᒪᙱᓚᑦ ᑕᐃᔅᓯᒪᓂ ᕿᒻᒥᖏᑦ ᖁᐊᕐᓂᖅᑲᓚᐅᖅᑕᑦᑕᓚᐅᖅᓯᒪᔪᑦ ᐊᒻᒪᓗ ᐅᖅᓱᐊᓗᐃᑦ ᑯᕙᔪᓐᓇᐃᑦᓕᖅᑲᑦᑕᓚᐅᖅᓯᒪᒋᓪᓗᑎᒃ. ᓱᑯᕙᓪᓕᐊᓕᖅᑲᑦᑕᓚᐅᓯᒪᔪᖅ ᐆᑦᑑᐱᕆᐅᑦ ᓄᙳᐊᑕ ᖃᓂᕐᕝᔾᔪᑦ ᐅᑯᕗᓐᓃᑦ ᓅᕚᐱᕆᐅᑦ ᐱᕆᐊᕐᓂᖓᒍᑦ ᐊᒻᒪᓗᑦᑕᐅᖅ ᓱᑕᖅᑲᐅᖏᓐᓇᖅᑲᑦᑕᓚᐅᖅᓯᒪᔪᖅ ᐊᐅᔾᔭᒃᑯᑦ. ᒫᓐᓇᓕ, ᓱᑯᐃᕚᖓᒥ ᔪᓚᐃᒥ ᓱᑯᑦ ᐅᑎᖅᑲᑦᑕᖏᑦᑎᐊᖅᑐᑦ. ᑕᒪᓐᓇ ᐊᓯᕈᖅᐸᓪᓕᐊᓂᕆᓕᖅᑕᖓ ᐊᑐᖅᑲᑦᑕᓕᖅᑐᖅ ᐊᕐᕋᒍᑦ ᖁᓖᓪ ᐊᓂᒍᖅᓯᒪᓕᖅᐳᑦ. ᓯᓚᐅᑦ ᐊᓯᕈᖅᐸᓪᓕᐊᓂᖓᓄᑦ, ᑕᐃᔅᓯᒪᓂ 2100-ᖑᓕᖅᐸᑦ ᐃᑭᖅᑲᐃ ᓱᑯᖅᑭᓐᓃᓛᖅᑐᖅ.

ᒫᓐᓇᓕ ᔫᓐᓄᐊᕆ 2008-ᖑᓕᕐᒪᑦ ᐊᒻᒪᓗ ᓯᓚᕗᑦ ᓂᒡᓚᖅᐸᓪᓕᐊᓪᓗᓂ ᐊᒻᒪᓗ ᓱᑯᕙᓪᓕᐊᓕᖅᑕᖅᑐᓂ ᑏᓯᐱᕆ ᐊᒃᐸᖅᑎᓪᓗᒍ. ᓱᑯᖅᐅᕐᓂᓴᐅᓕᕋᓗᐊᖅᑐᓂ ᑭᓯᐊᓂᑦᑕᐅᖅ ᐃᒃᑲᕐᓇᓯᒪᔪᖅᑲᖏᑦᑐᖅ ᓯᓕ. ᐱᖁᐊᕐᓃᑦ ᓯᓕ ᐳᒃᑭᑦᑑᑕᐅᓪᓗᑎᒃ. ᐃᕗᓃᑦ ᓯᓕ ᐃᕗᖅᑲᑦᑕᖅᑑᒐᓗᐊᑦ ᒥᕝᕙᐅᑦ ᓵᙱᒍᑦ ᑭᓯᐊᓂ ᓴᑦᑎᖏᓂᓴᐅᖅᑲᑦᑕᖅᑐᑎᒃ-ᐃᒫᐸᓘᔭᖅᑐᖅ 2 ᒪᐃᓕᒥᒃ ᐅᖓᓯᖏᓂᖅᑲᐅᖅᑐᑎᒃ. ᑐᖑᓃᑦ ᐃᒪᐃᑦ ᓇᓛᓃᑦᑐᑦ ᑕᑯᔪᖅᑲᓚᐅᖅᑑᒐᓗᐊᖅ ᐃᐸᒃᓴᖅ ᒫᓐᓇᓕ ᑭᓯᐊᓂ ᐱᑕᖅᑲᕈᓐᓃᕐᒥᔪᖅ. ᓂᒃᓚᓱᖕᓂᖓᓄᑦ ᓱᑯᔪᒃᓴᐅᖕᒪᑦ, ᑕᒪᓐᓇ ᕿᓯ ('ᐃᒪᖅᑕᖅᒃᓂᖓᓄᑦ'; ᑐᖑᓂᖅ ᐃᒪᖅᑕᖅᖅᑎᓪᓗᒍ ᓇᓗᓇᐃᖅᓯᓯᒪᖅᑲᑦᑕᖅᑐᖅ ᐊᑦᑎᒃᑐᓂᑦ ᓄᕗᔭᓂᑦ) ᐅᔾᔨᕐᓇᑦᑎᐊᕐᒋᑦᑐᖅ ᓱᑯᑎᓪᓗᒍ ᐃᒪᖅ, ᑭᓯᐊᓂ ᐃᓛᓐᓂᒃᑯᑦ ᓄᕗᔭᑦ ᖃᑯᐃᓐᓇᖅᑎᓪᓗᒋᑦ ᓱᑯᓕᐊᕙᓂᖅ ᑐᖑᓯᒪᖅᑲᑦᑕᕐᒥᖕᒪᑦ ᓂᒐᔪᑦᑕᕐᓄᑦ/ᐃᒪᐅᓂᕐᓄᑦ ᓱᑯᓯᒪᓕᕋᓗᐊᖅᑎᓪᓗᒋᑦ.

ᐃᓯᒫᓗᒋᓇᕆᓪᓗᓂᑦᑕᐅᖅ ᓱᑯᕋᑖᕐᓂᖓᓄᑦ ᓵᓗᐊᕐᓂᖓ. ᐃᒃᑲᕐᕆᓯᒪᔪᖅᑲᖅᑎᓪᓗᒍ ᓄᕗᑦ ᑲᓇᖕᓈᖕᖓᒍᑦ ᐃᓯᒫᓗᒋᓇᐅᔭᐃᓐᓇᖅᐳᖅ ᐱᓗᐊᕐᒥᔪᒥᒃᑕᐅᖅ ᓱᑯᔪᖅ ᓯᓚᔭᒃᑯᖕᖓᓪᓗᓂ ᑕᒦᓂ ᐊᕐᕌᒍᒥ ᓱᑯᑕᐃᓐᓇᕐᓂᖓᓄᑦ. ᐃᒃᑲᕐᕆᓯᒪᔪᖅ ᐃᕗᓂᖅ ᐃᒪᐃᓕᖓᔾᔪᑎᒋᓕᖅᑕᕐᒪᒍ ᐊᖅᑰᓴᖅᑎᑦᑎᓪᓚᕆᒍᓐᓃᖅᑐᓂ ᓱᑐᖅᑲᐅᓂᖅᓴᒥᒃ ᑕᒪᐅᙱᖅᐸᓪᓕᐊᔪᓂᒃ ᑲᓇᖕᓈᖕᑎᓐᓂᑦ. ᐊᕐᕌᒍᑦ ᐃᓚᖏᓐᓂ ᐃᕗᓂᕐᒥᒃ ᐃᒃᑲᕐᕆᓯᒪᔪᖅᑲᖅᑎᓐᓇᒍ ᓄᕗᑦ ᖃᓂᕐᕝᔾᔪᓂ (ᑭᑦᓯᓴᑦ), ᓱᑐᖅᑲᐅᓂᖅᓴᖅ ᑎᑭᐅᑎᖅᑲᑦᑕᕐᓂᖅᓴᐅᖕᒪᑦ ᑲᓇᖕᓇᐅᑦ ᒥᒃᓵᓂᑦ ᐃᒪᐃᑦᑐᓐᓇᓂᓪᓗᓂ ᓱᕋᐃᓗᓂ ᑕᒦᓂ ᐊᕐᕌᒍᒥ ᓱᑯᓚᐅᖅᑐᒥᒃ ᐅᑦᕿᐊᒡᕚᐅᑦ ᓵᖕᖑᑦ ᐊᒻᒪᓗ ᑕᐅᓅᓇ ᐅᖓᓯᖕᓂᖅᓴᒻᒪᓂᒃᑯᑦ ᓱᒡᔭᒃᑯᑦ.

ᐃᒪᐃᒻᒪᑦ ᐃᒃᑲᕐᕆᓯᒪᔪᖅ ᓱᑯ ᓄᕗᑦ ᖃᓂᕐᕝᔾᔪᑦ ᐃᓯᒫᓗᓇᐅᔭᐃᓐᓇᖅᑐᖅ-ᐃᒪᐃᓕᖓᑎᑦᑎᓪᓗᓂ ᐃᒃᑲᕐᕆᓯᒪᔪᖅᑲᕐᓗᓂ ᓄᕗᑦ ᖃᓂᕐᕝᔾᔪᑦ. ᕚᕗᐊᕆᒥ ᒫᑦᓯᒥᓗ ᐅᑦᓗᖅᓯᐊᑎᑦ ᑕᐃᒃᑯᐊ ᐊᑑᑎᑎᓪᓗᒋᑦ ᓱᑯ ᑐᕙᕈᖅᑲᑦᑕᕐᒪᑦ ᐊᒻᒪᓗ ᐃᓂᓪᓚᒃᑐᑎᑦ ᐃᒪᐃᓕᖓᓕᖅᑐᓂ. ᐊᓄᕌᖅᑐᐊᓘᑎᓪᓗᒍ ᐅᐊᓕᓂᐅᑦ ᒥᒃᓯᖕᒫᖓᓂᑦ ᓱᒃᑯᑦ ᐃᕗᓂᓚᐅᖅᑐᐊᓘᖅᑲᑦᑕᖅᐳᖅ ᐳᖅᑐᓯᓯᒪᔪᐊᓗᖕᓂᒃ ᐃᒃᑲᕐᕆᓯᒪᓪᓚᕆᖅᑲᑦᑕᖅᑐᑦ-ᐊᓄᓂ ᐅᐊᖕᓂᖅᑎᓐᓇᒍ (ᐅᐊᓕᓂᕐᒥᑦ ᐊᓄᕌᖅᑎᓐᓇᒍ) ᐅᓕᑦᑕᓕᕋᖕᖓᑦ ᓱᑯᐃᕈᓐᓇᖅᑲᑦᑕᖕᖑᐳᖅ (ᐆᒃᑲᕈᓐ ᓇᖅᑲᑦᑕᖅᐳᖅ) ᓯᒍᑐᕐᕚᐅᖏᑦᑕᕋᖓᒥ.

ᓄᓇᕗᒃ ᓵᖓᓂ ᐃᒃᑳᓂᖅᑕᖅᑲᕐᒪᑦ ᑕᐅᕙᓐᓇᓗ ᐃᕗᓂᖅᑕᖅᐅᓱᕐᖑᓪᓗᓂ ᐃᒃᑲᕐᕆᓯᒪᔪᓂᒃ ᑕᐅᕙᓂᕈᔪᒃ. ᐃᕗᓃᑦ ᐊᓇᕐᔫᓐᓇᖅᑐᑎᑦ ᒪᕐᕋᕈᔪᖕᒥᑦ ᐊᒻᒪᓗ ᓯᐅᕋᕈᔪᖕᒥᑦ. ᒫᓐᓇᑦᑎᐊᓂᑦ ᑕᐃᒪᐃᖅᑲᑦᑕᓕᖅᑐᖅ.

ᓱᕿᓂᖅᑲᓕᕋᑖᖅᑎᓪᓗᒍ ᔮᓐᓄᐊᕆᒥ ᓂᑦᓚᓱᓕᖅᐹᓕᖅᑲᑦᑕᕐᒪᑦ ᐊᒻᒪᓗ ᓄᕗᔭᖅᑎᐊᖅᑲᑦᑕᕐᓇᓂ-ᓯᓚᖅᑭᖅᑐᓂ, ᐊᒻᒪᓗ ᓂᒡᓚᕐᓂᖅᓴᐅᓪᓗᓂ. ᑕᐃᔅᓯᒪᓂ 1970-ᓂ ᓯᓚᓗᓚᐅᖅᓯᒪᙱᓚᑦ ᑏᓯᐱᕆᐅᑎᓪᓗᒍ ᔮᓐᓄᕆᐅᑎᓪᓗᒍᓗ. ᓱᑐᖅᑲᕐᓂᒃ ᓴᖅᑭᔮᖅᑐᖅᑲᖏᑦᑐᖅ ᑕᐅᓇᓂ, ᖁᒡᓗᖏᓂᑐᐃᓐᓇᐃᑦ ᐊᖏᔪᑕᔪᐊᓘᓇᑎᒡᓗ ᐃᓘᒃᑲᐃᓪᓗ ᕿᑲᖏᑦᑐᑦ (ᐃᖏᕐᕋᔪᑦ) ᓱᑯᒧᑦ ᑕᒪᐅᖓ ᐊᒃᑐᖅᑕᖅᑐᑎᒃ ᑕᐃᒪᐃᓕᖓᑦᑕᖅᐳᑦ ᓱᑦᑎᓐᓄᑦ ᓱᒡᔮᖑᔪᒧᑦ. ᒪᕿᒃ ᐱᖓᓱᓪᓗᓐᓃᑦ ᐊᕐᕌᒍᑦ ᐊᓂᒍᓚᐅᖅᑐᑦ ᕿᓚᓗᒐᐃᑦ ᖁᑯᖅᑕᓂᒃ ᕿᓚᓗᒐᕐᓂᐊᕐᑎᑦ ᐅᖅᑲᐅᑎᖅᑲᖅᓯᒪᒥᕗᑦ ᐊᕐᕖᑦ ᔩᓂᐅᑦ ᓄᙳᑉᐳᔪᐊᒍᑦ ᐊᒻᒪᓗ ᔪᓚᐃᑦ ᐱᕆᐊᕐᓂᑉᐳᔪᐊᒍᑦ. ᐃᒪᖅ ᓂᒡᓚᓯᒪᖏᓐᓂᖅᓴᐅᓕᖅᐸᓪᓕᐊᓂᖓᓂ, ᐃᓄᐃᑦ ᓴᐃᑦ ᓗᐊᕐᓇᔅ ᕿᑭᖅᑕᒥ (St. Lawrence Island) ᐊᕐᕝᕙᓱᑐᐃᓐᓇᓇᐊᖅᑲᓛᖅᑐᑦ. ᐊᕐᕖᑦ ᐃᒫᓂ ᓂᒡᓚᓇᖅᑑᒥᖏᓐᓇᕐᒪᑕ. ᖁᑦᑎᒃᑐᒥ ᑎᓱᖅᑲᓕᖕᒥ

ᓱᑰᑦ ᖃᓄᐃᓕᖕᖓᓂᕆᓴᖓ ᐊᓯᕈᑲᐅᖅᑐᕈᓐᓇᕐᒪᑦ ᐅᑦᕿᐊᒡᕚᐅᑦ ᓱᓈᖕᖓᓂ, (ᖁᓪᓕᖅ) ᐊᕐᕖᒃ ᓵᖅᑰᔭᕐᔪᒃᑐᖅ ᓱᓈᖕᖓᓂ.

ᓄᓇᖃᑦᑎᐅᔪᑦ ᐆᒪᔪᓕᕆᔨᖏᑦ ᐃᑏᒃᑯᕐᒥᔪᑕᐅᖅ (North Slope Borough Wildlife Department) ᐅᖃᐅᔾᔨᓯᒪᕗᑦ ᐊᕐᕋᓯᒃᑎᓂᒃ ᐊᖅᕚᑦ ᐃᓚᖏᑦ ᐅᑭᐅᖅᓯᐅᖃᑦᑕᖅᒪᑕ ᐅᑦᑭᐊᒡᕕᐅᑦ ᖃᓂᒋᐸᑑᔭᖅᑕᖑᓂ. ᐅᓂᒃᑳᖅᑕᖃᑦᑐᓂᓗ ᐊᖅᕕᖏᒃ ᓱᒃᑯᔭᐅᔪᖃᖅᓯᒪᔪᕕᓂᐅᖑᒪᑦ ᐅᑭᐅᒃᑯᑦ. ᓂᒐᔪᑦᑏᖏᓐᓇᖅᑐᓂᓗ (ᐃᒪᐅᓂᑏᖏᓐᓇᖅᑐᓂᓗ), ᐊᐱᖃᑦᑕᖅᑐᕕᓂᐅᒐᓗᐊᖅ ᓂᒐᔪᑕᖅ ᐊᖅᕕᐅᑦᑕ ᑭᓯᐊᓂ ᐃᖅᐸᖅᓂᕈᖅᑎᖃᑦᑕᖅᑕᕕᓂᖓ. ᐊᐳᑎᔫᖅ ᐃᒡᓗᕕᒐᒃᑯᓘᔾᔪᖅᑐᒥᒃ ᑕᐅᑐᑦᑐᕐᒥᒃ ᐱᑕᖃᑦᑐᕕᓂᖅ, ᐊᓂᖅᓵᖅᑐᕕᕆᖃᑦᑕᖅᑕᕕᓂᖓ. ᐅᓂᒃᑳᓇᔭᐅᓯᒪᒍᖅ ᐊᖑᓇᓯᒃᑎᓂᑦ ᐊᕐᕆᒃᑕᐅᔭᕕᓂᐅᑦᑐᓂ ᐅᑭᐅᑦᑕᓇᒃᑯᑦ.

ᐊᔾᔨᒌᙱᑦᑐᑦ ᓴᖅᐱᑏᑦ ᐃᒪᕐᒥᐅᑕᐃᑦ ᐅᖃᐅᑎᕆᔭᐅᖃᑦᑕᖅᒪᑕ ᐃᒪᑦᑎᓐᓂ. ᐅᐱᕐᖠᖑᑐᓚᐅᖅᑐᒥ ᐊᕐᕋᓯᒃᑎᐅᖃᑎᑉᐱᑦ ᐅᓂᒃᑲᐅᓯᖃᖅᑯᖅᒥᖓᑕ ᐊᖅᕕᐅᓚᐅᕐᒥᒃ ᓱᓗᒃᐸᐅᓚᖅᑲᔪᒃᑐᑦ (humpback whale) ᑕᐅᕙᓂ ᓴᒥᑦ ᕙᐃ (Smith Bay area) ᖃᓂᒋᔮᓂ, ᓱᓗᒃᐸᐅᓚᑖᑦ ᕿᓚᓗᒐᖅᑎᑐᑦ ᐊᖏᑎᒋᐸᓗᒃᑐᑦ ᐊᒻᒪᓗ ᕿᓚᓗᒐᐃᑦ ᑑᒐᑖᑦ ᐊᒻᒪ ᐋᕐᓗᐊᑦᑎᐊᐸᓗᐃᑦ (harbour porpoises) ᐊᐅᔭᒃᑯᑦ. ᐋᕐᓗᐊᑦᑎᐊᐸᓗᐃᑦ ᐄᓯᑭᒎᑎᑐᑦ ᐊᑦᑎᖅᑕᐅᓯᒪᖕᒪᑕ (ᐊᓪᕕᓱᐊᖅ) ᑖᒥᓂᑕ ᐋᑦᑕᐅᖕᖏᑦᑎᐊᖅᑐᑦ. ᑎᑳᒍᑦᑖᑦ ᐃᓯᑭᒎᑎᑐᑦ ᐊᑎᖅᑭᑎᑕᐅᔪᑦ (ᐊᕐᕕᖅᓱᐊᖅ) ᑕᑯᑕᑕᐃᓐᓇᖑᕐᓇᑦᑎᒍᑦ. ᐃᑦᑑᑦᑐᓂ, ᐅᑐᐊᓇ, ᐱᔪᕕᓂᐅᖕᒥᔪᖅ ᐅᐊᑦᑎᐊᕈᐊᓗᒃ ᓴᐃᒻᒪᑎᒥᓂᒃ ᓇᑉᐸᖅᓱᑦᑐᓂ ᐃᓅᖅᑲᑎᖕᖏᑦ ᓂᕆᓂᐊᕐᒪᑕ ᑭᓯᖅᑲᖕᖏᓐᓂᖕᖑᓄᑦ. ᐊᕐᕋᓯᒃᑎᓐᑑᓈᓃᑦ ᐅᖃᐅᑎᕆᔭᐅᓯᒪᖕᒪᑕ ᐅᕿᐊᒃᓵᖑᑎᑦᑐᒍ. ᓂᐊᒃᓴᑦ (ᐊᓪᕆᑦ ᐃᒃᑯᐊᑑᓈᓃᑦ ᐃᓱᙵᕐᒪᐃᑦ) ᓴᖅᑭᖅᑲᑦᑕᑦᑐᕐᒥᖕᒪᑕ ᐊᐅᔭᒃᑯᑦ.

ᐊᕐᕌᓱᒃᑲᐃᓐᓇᕐᓂᖅ ᓇᓚᐅᑦᑐᐊᖅᑎᑦᑐᒍ ᑕᐃᔅᓯᒪᓂ, ᓱᑯᑦᑐᐊᕕᓂᖅ ᑎᑭᐅᑎᑦᑐᓂ ᐊᒻᒪᓗ ᐊᓯᐊᓅᕈᓐᓃᕐᒥᒃ ᑖᒥᓂ ᐃᔾᔪᖅᑎᒃᑲᓐᓂᖅᑐᓂ ᐊᒃᐸᐃᑦ ᐃᒪᐃᓐᓂᖕᖏᓐᓂ ᓂᕆᓇᓱᒃᐸᒃᑐᑎᒃ. ᐃᒪᐃᓂᖅ ᖁᖁᖅᐸᓪᓕᐊᑦᑐᓂ ᐊᒃᐸᐃᑦ ᓂᕆᓇᓱᒻᕕᖕᖏᓴᖕᖑᑦ. ᐊᖑᓇᓱᒃᑎ ᑕᐃᓐᓇ ᑎᒍᓯᓇᓱᒃᑲᒥ ᐅᑕᖅᑭᓕᖅᑐᓂ ᐃᒪᐃᓂᑯᓗᖕᒥ. ᑎᖕᒥᐊᖅ ᐊᖅᑲᐅᒪᑦᑐᓂ ᐊᒻᒪᓗ ᐊᖑᓇᓱᒃᑎ ᑕᐃᓐ ᖃᐅᔾᔨᖕᖏᑦᑎᐊᖅᑐᓂ ᖃᒻᒧᑦᑖᖅᑎᑦᑐᒍ, ᑎᖕᖏᑦᑕᐅᑎᑦᑐᓂ ᑎᒍᑦᑕᐅᖅᓯᒪᖕᖏᓐᓂᕚ. ᓄᓇᐃᑦ ᐅᖃᐅᑎᕆᔭᐅᖅᑲᑦᑕᕐᒥᖕᒪᑕ ᑖᒥᓂ ᓄᓇᑦᑎᖕᓂ ᑎᑭᕚᖅᑲᑦᑕᖅᑐᑦ. ᑳᒃᑲᒥᒃ ᐅᖃᐅᑎᕆᔭᐅᓚᑦᑐᑎᓪᓗ ᖃᑯᑎᒃᑯᑦ ᓄᓇᒥ ᐸᐅᖕᖏᐅᕈᔨᓯᒪᖃᑦᑕᖅᑐᑦ.

ᐅᐃᔅᓕ ᐊᐃᑲᓐ ᐊᓯᔾᔨᖅᐸᓪᓕᐊᓂᖓᓄᑦ

ᐊᕐᕌᒍᓯᒃᑎᐅᖏᓐᓇᖅᓯᒪᒻᒪᑦ ᐃᓅᓯᓕᒫᖏᓐᓄᑦ. ᐃᓕᑉᐸᓪᓕᐊᑎᓪᓗᖓ ᓱᖁᑦ ᖃᐅᓪᓚᕆᓪᓕᐊᓂᖓᓂᒃ ᖃᐅᔨᓐᓂᖓᓂᒡᓗ ᑐᑭᓯᕆᓪᓕᐊᖏᓐᓇᖅᑐᖓ ᑕᒪᓐᓇ ᐱᔪᐊᕐᔪᒃᓯᐅᑎᖓᒪᑦ ᐊᒻᒪᓗ ᐃᓄᐱᐊᕐᔪᒃᑎᒍᑦ ᑕᒪᑐᒥᖓ ᖃᐅᔨᒪᓂᕐᒥᒃ ᑐᓴᐅᒪᑎᑦᑎᓐᓇᕋᒥᒃ ᖃᐅᔨᒪᓪᓗᒍ ᓯᓚᑦᑎᐊᖅᑐᒥᒃ ᑕᐃᔅᓯᒪᙱᓗᒃ ᓯᕗᓕᑦᑎᓐᓂᒃ ᐆᒪᓚᐅᖅᑐᓂᒃ ᑭᒍᕖᓇᔭᐅᔪᑎᒍᑦ ᑐᓴᐅᒪᑎᑕᐅᓪᓗᑕ ᑕᒪᑐᒥᖓ ᑐᓴᐅᒪᔭᐅᕐᔪᐅᔪᒥᒃ.

ᐊᓯᔾᔨᖅᓯᒪᓂᖓ ᐊᕐᕋᔪᐊᓘᓕᕐᒪᑦ ᓯᑯᑕ ᒥᒃᓵᓄᑦ ᐊᑑᑎᔪᒥᒃ ᐱᔪᑎᓪᓗᒍ ᓯᓚᐅᑉ ᓇᒥᑐᐃᓐᓇᑦᑎᐊᖅ ᐅᖅᑰᓯᕙᓪᓕᐊᓂᖓᓄᑦ. ᑎᑭᑕᐅᖅᑲᖅᓯᒪᓕᕐᒪᑦ ᐊᒥᓱᐊᖅᑎᖅᑐᓂ ᐊᓄᓇᔪᑦ ᓂᖏᓪᓕᑎᓐᓃᙱᖅᑐᒍᑦ ᐅᖅᑯᓂᖅᓴᐅᓪᓗᑎᒃ (ᓱᕐᓗ ᐅᖅᑯᖅᓯᖅᑐᖅ) ᐊᕐᕋᓯᓐᓇᖅᑎᓪᓗᒍ ᐅᕙᑎᓐᓄᑦ. ᑐᕙᖅ ᓵᓂᖅᓴᕈᖅᐸᓪᓕᐊᓪᓚᑦᓯᓪᓗᑦ ᐊᒃᓱᒃᓚᐅᓪᓗᓂᓗ ᐃᒪᐃᑦᑕᓇᐊᖅᑲᕆᐊᕈᑦ ᑲᖏᔪᒃᓴᐃᓪᓗᑕ ᓱᕐᓗ ᑲᑲᒥᑦᑐᑎᑦ. ᐃᒪᐅᑦ ᐃᖏᕐᓴᓂᖓ ᐊᒃᑐᐊᓯᒪᓪᓚᖓᓪᓚᑦ ᐊᑑᑎᓂᖅᓴᒥᓄᑦ ᓯᑯᐊᑦ ᐃᖏᕐᓴᒃᑕᑦᓴᓂᖏᓐᓄᑦ ᐊᐅᓚᓂᕐᒧᑦ ᐊᐅᓚᑕᐅᓪᓗᑎᒃ ᐊᒻᒪᓗ ᓄᑎᒃᑎᑦᑎᒃᑕᖅᑲᓪᓗᓂ ᐊᕐᕌᒍᓯᒃᑎᑦ ᐆᒃᑲᕈᔾᔭᐅᓚᐅᖅᐸᒃᑐᑎᒃ ᓯᒡᔭᒥᑦ. ᐃᒪᐃᑦᑐᖅᑲᕐᒥᒐᑦᑕ ᐃᕗᓂᕐᓂᒃ ᐳᖅᑐᕉᑎᐊᓗᒻᓂᒃ ᑭᓴᖅᓯᓯᒪᓂᐊᖅᑐᓂᒃ ᓯᑯᒥᑦ. ᒪᒃᑯᐊ ᐃᕗᓃᑦ ᐃᒪᐃᖃᑦᑕᕆᐊᖅᓯᒪᓪᓚᑕ ᐃᕗᒐᒥᒃ ᑖᕙ ᓴᙱᑎᑦᑲᓂᕐᓂᐊᓇᓪᓗᑎᒃ ᐋᖁᐊᓇᐅᓕᖅᐸᑦ, ᑭᓯᐊᓂᓕᑦᑕᐅᖅ ᑭᓯᐅᓇᐃᑦ ᐊᓯᕈᖅᑐᓕᐅᕐᒪᑕ. ᑖᕙ ᐃᒪᐃᑦᑕᓇᐊᖅᓂᖅᓴᐅᓕᕐᓇᕗᑦ ᑲᑲᓇᕐᓂᖅᓴᐅᓕᖅᓯᑦ ᐊᒻᒪᓗ ᑲᖏᑦᑲᓯᒪᓂᖅᓴᐅᓕᖅᓯᑦ ᖃᕋᑐᐃᓐᓇᑦᑎᐊᑯᑦ ᐊᖑᓇᓯᑦᑖᕐᒪᑦᑕ ᓯᒥ.

ᐃᒪᐃᑦᑕᓇᐊᖅᑲᖅᓯᒪᓕᕐᒥᔪᑦ ᐃᑐᖅᑲᑦᑎᓇᔅᓗᑦ ᑭᓯᐊᓂᐅᓪᓗᓂ ᐊᑑᑎᔪᒥᒃ ᓯᑯᐃᖅᓴᕋᐃᑦᑐᒍ ᓯᑯᐃᕐᕕᖅᓯᖅᑲᑦᒥᒻᒥᒍᑦ ᓂᕆᐅᓈᖅᑕᐅᓇᑕ. ᐅᑦᑎᖅᑭᐅᖅᑲᑦᑕᐅᖅᓯᒪᓪᓗᒋᑦ ᐅᒡᕈᓯᒪᔪᑦ (ᐅᒡᔪᓯᒪᔪᑦ) (bearded seal) ᔪᓚᐃ ᐊᒃᐸᖅᑎᓪᓗᒍ, ᑭᓯᐊᓂ ᐅᒥᐊᖅᑐᖅᑲᑦᑕᓇᕗᑦ ᔫᓂᐅᑦ ᖃᑎᕈᔪᐊᓂ. ᐊᓯᒪᖅᑲᕗᓪᓚᑦᑕᐅᖅ ᖃᓄᐃᐊᖅ ᑖᕙ ᐊᑯᓂᐅᑎᒋᔪᖅ ᐊᕐᕋᓯᒍᓇᕐᓂᐊᓕᖅᐳᑦ ᐅᒥᐊᑐᖅᑲᑦᑎᓐᓄᑦ.

ᐊᕐᕋᓯᒃᑏᑦ ᐅᑦᑎᖅᑭᐅᓐᓇᔭᒃᑐᑦ ᓯᑯᒥ ᓯᓅᖓᓂ ᐅᑦᑭᐊᒍᕕᐅᑦ ᓯᓚᑖᓂ.

ᐊᓯᕈᖅᑐᑦ ᓯᑯᕗᑦ ᓄᓇᑦᑎᓐᓂ: ᖄᓈᖅ

ᐊᖑᓇᓱᒃᑐᓂ ᓯᑯᒥ 20-ᐅᔪᑦ ᐊᕌᒍᖏᓐᓂ ᓇᓪᓚᐅᑎᓯᒪᐅᕐᓂᖏᓐᓂᒃ, ᐊᐃᖦᖢᒃᑐᖅᑲᖅᑎᓪᓗᒍ ᐊᒻᒪᓗ ᓯᑯ ᐊᑲᐅᑦᑎᐊᖅᑯᐃᔾᑎᓪᓗᒍ ᐊᖑᓇᓱᖕᕕᒋᔭᕆᐊᖓ. ᐊᖑᑎᑦ ᓇᓗᓇᖏᑦᑎᐊᐳᑦ ᐊᖑᓇᓱᖕᓂᕐᒥᓂ, ᓯᓚ ᐊᑲᐅᓈᑦᑎᐊᕐᒪᑦ ᓱᕐᑯᑕᐅᓇᓂ, ᐊᒻᒪᓗ ᐊᖑᓇᓱᒃᑕᒥᓂᒃ ᐱᔪᓐᓇᖅᑕᕐᒪᑕ ᖃᐅᑕᒫᕐ. ᑕᐃᒫᖑᓚᐅᖅᓯᒪᕗᖅ ᐊᕌᒍᒐᓴᖕᓂᒃ, ᐃᓕᖅᑯᓯᕐᒥᓂᒃ ᐊᑐᖅᑐᑎᒃ ᐊᖑᓇᓱᖕᓂᕐᒥᓂᒃ, ᐃᒪᐃᑦᑑᓚᐅᖅᓯᒪᖏᑦᑐᕐᓚ ᐊᓇᐅᒪᔪᓐᓇᖏᓪᓗᑎᒃ ᐃᓅᓯᕐᒥ ᐊᖑᓇᓱᖕᓂᒃᑯᑦ. ᓂᕿᖃᕈᓐᓇᕐᔪᓚᐅᖏᑦᑐᑦ ᑕᐃᔅᓱᒪᓂ ᑕᒪᒃᑯᐊ ᐊᕙᓂᕐᓱᐊᕐᒥᐅᑦ ᐊᒻᒪᓗ ᓱᕈᓰᑦ ᖄᖅᑕᕐᔪᓚᐅᖅᑐᑎᒃ, ᐃᒪᐃᒃᑭᑦᑐᓂᓗᑦᑕᐅᖅ ᕿᒻᒦᑦ ᐱᕐᓕᕋᔭᖅᑐᕕᓃᑦ ᑳᒧᑦ. ᐊᒻᒪᓗ ᑕᐃᒃᑯᐊ ᐊᖑᓇᓱᒃᑏᒃ ᐃᓅᓯᖅᑲᑦᑎᐊᕐᓂᕐᒥᒍᑦ ᖁᕕᐊᓱᑦᑎᐊᓚᐅᖅᐳᑦ, ᓂᖏᕈᓐᓇᕐᓂᕐᒥᓂᒃ ᓂᕿᒃᓴᓂᒃ ᐅᓪᓗᑲᓚᖕᓄᑦ, ᐃᒻᒥᓄᓪᓗ, ᐃᓚᒥᓄᑦ, ᓄᓇᓕᖕᓄᑦ, ᐊᒻᒪᓗ ᐱᖃᓯᐊᑎᑦᑎᐊᕆᓪᓗᒋᑦ ᕿᒻᒥᓂ.

ᐃᓄᑭᑦᓱᖅ ᓴᑐᕐᓇ
ᖄᓈᖅ, ᑲᓛᓪᓕᑦ ᓄᓈᑦ

1900-kunni Innuhitsoq Sadorana.
IS/09

Inukitsoq Sadorana.

ᐅᓇ ᑕᑯᖅᑯᔾᔨᔪᖅ ᖃᓄᐃᓕᖓᓕᕐᒪᖔᑦ 21 ᐊᕐᕌᒎᔪᓂ. ᐊᖑᓇᓱᒃᑏᖑᑯᐊᒃ ᓯᑯᑭᑦᑐᒦᑦᑑᒃ ᐊᖑᓇᓱᒡᕕᑦᑎᐊᕙᐅᖃᑦᑕᓚᐅᖅᓯᒪᔪᒥ. ᑕᒪᓐᓇ ᓇᔪᖅᑕᖓᑦ ᓯᑯᖃᖃᑦᑕᓚᐅᖅᓯᒪᖕᒥᔫᒐᓗᐊᖅ, ᒫᓐᓇᓕ ᓯᑯᖃᖏᑦᑐᖅ. ᓯᑯᖃᖏᓐᓂᖓᓄᑦᓕ, ᐅᒥᐊᒡᒋᖅᑐᑎᒃ ᐊᐅᓚᐅᑎᓕᖕᒥᒃ, ᐅᖃᐅᔅᓴᐅᓯᒪᒐᒥᒃ ᐊᒻᒪᓗ ᖃᐅᔨᒪᒋᓪᓗᑎᒃᑕᐅᖅ ᓯᑯᖃᖏᓐᓂᓇᓕᖅᑕᖑᓂᒃ. ᐅᒥᐊᖅᑐᕈᓐᓇᖏᑦᑑᒃ (ᐃᒪᕐᒥ) ᒪᓕᖃᓗᐊᕐᒪᑦ ᐊᓄᕆᒧᑦ. ᐃᒪᐃᒃᑭᕗᕐᓕ ᕿᒻᒦᑦ ᑰᒃᑐᑎᒃ ᐊᒻᒪᓗ ᐊᖑᑏᒃ "ᓇᖏᑲᑕᑐᐃᓐᓇᖅᑑᒃ" (ᕿᖅᑮᓐᓇᕐᓯᒪᓪᓗᑎᒃ), ᓲᖃᐃᒻᒪ ᐊᖑᓇᓱᒡᕕᒋᔭᖑᑦ ᑲᖒᕐᓇᖅᑐᐊᓘᓕᕐᒪᑦ. ᓂᕿᓕᐅᕈᓐᓇᖏᓐᓇᒥᒃ ᐃᒪᕐᒥᐅᑕᕕᓂᕐᒥᒃ ᐱᓕᒪᓴᒥᓂᒃ, ᓂᕿᓕᐅᓇᐊᖅᑲᕐᓂᐊᖅᐴᒃ ᐊᕿᒡᒋᕐᔪᐊᕕᓂᕐᒥᒃ ᐅᕙᓘᓐᓃᑦ ᓂᕿᒥᒃ ᑰᒃᑰᓯᕕᓂᕐᒥᒃ. ᓲᖃᐃᒻᒪ ᑕᐃᒪᐃᒃᑭᕗᖅ ᓯᓚ ᐊᓯᔾᔨᖅᓯᒪᔪᐊᓘᓕᕐᒪᑦ, ᓯᑯ ᐆᒃᑲᖅᓯᒪᓕᖅᑐᓂ ᐅᖓᓯᒃᑐᐊᓗᖕᒧᑦ, ᑕᐃᒪᐃᓐᓂᖓᓄᑦ ᐊᖑᓇᓱᒃᑏᒃ ᓂᕐᔪᑎᑭᑦᑐᖅᓯᐅᖅᐴᒃ ᐊᖑᓇᓱᖅᑲᑦᑕᓚᐅᖅᓯᒪᔭᕐᒥᓂᒃ, ᐊᒻᒪᓗ ᐊᖑᓇᓱᒍᓐᓇᐃᑦᓕᑦᓗᑏᒃ ᑕᐃᔅᓱᒪᓂᑐᑦ 20 ᐊᕌᒍᑦ ᓇᔫᑎᑎᑦᓗᒋᑦ.

ᐃᓄᑭᑦᓱᖅ ᓴᑐᕋᓇ
ᖃᓈᖅ, ᑲᓛᓪᓕᑦ ᓄᓈᑦ

Issittumi najugaqaraanni nunap immallu pissaritiai uumasut pinngitsoorneqarsinnaanngillat.

Uagut maani avanersuarmi inuiaqatigiiusugut, piniakkat pinngitsoorsinnaanngilagut. Ukioq kaajallallugu uumasunik inuuniuteqarnerput pingaaruteqartorujussuuvoq. Ukiup qanoq ilinera malillugu, piniakkat nalliusimaarnerinnaanni piniartarpugut. Taa-maalillutalu nerisassanik nutaartugassaqartarluta.

Avanersuami piniartutut allagartallit 80-sit missaannaanniipput, piniakkanillu killi-lersukkanik taakkua kisimik piniarsinnaatitaapput. Taamaammat avanersuarmi killilersuineq nalilersorneqaqqittariaqalerpoq. Silap nam-mineq piniakkat killilersuiffigereerpai silarluttarnermigut. Ingammik ukiuni kingul-lerni silarluttarnerput annertuseriarnikuuvoq, sikuniapiloortalerlutalu. Suli imaagalu-artoq Silarput taartuinnanngortarmat aallaaniarsinnaajunnaartarpugut.

Kalaallit nunaanni inoqarfinni avannarlerpaajuvugut, avanersuarmiunillu taaneqartar-luta. Avanersuarmi inuit 800-missaani najugaqarpugut, immikkuullarissunillu oqaa-seqarluta, inooriaaseqarlutalu.

Siulitsinniik ilikkakkavut malillugit, nunap immallu tunniussinnaasai, uumasut pinia-garisarpavut, ukiussamullu neqai peqqumaasiarisarlugit. Pisat amii atisassatut sulia-rineqartarput. Sila issileraangat, uumasut amiinik atisaliat pinngitsoorneqarsinnaan-ngimmata. Assersuutigalugu nannup amia nanorisarparput (qarligisarparput). Sikumi issittumi angalaartuulluni inuuniaraanni, atisat pingaaruteqarluinnartut pinngitsoor-neqarsinnaanngitsullu ilagaat. Piniartut arlariiullutik nannukkaangamik, aalajangersi-malluinnartumik amia neqaalu agguartarpaat. Siuliminnik kingornussartik pissuseq malillugu.

Sapaatip akunneranut ataasiarluta sila ajunngikkaangat, kitaaniit timmisartumik tikin-neqartarpugut. Ukiumullu marloriaannarluta aasaanerinnaani, umiarsuarnik pajuttunik tikinneqar-tarluta. Ukiukkut sikusaratta, immakkut tikinneqarsinnaajunnaarluta.

Takorluulaariaruk avanersuarmi inuuniaruit taamaallaat nunap immallu tunniussin-naasainik nutaanik nerisaqarsinnaavutit. Naatitanik silami naatitsisinnaanngilatit, ner-sutaateqarsinnaanallu kiattunisuut, silaannaq nillerpallaarmat. Allatullu ajornartumik pisiassanik akisoqisunik, allaat ullussaminnik qaangiinikunik nerisariaqarlutit. Taamaammat avataaniit paasineqartariaqarpoq, allatuulli peqqissuulluta inoorusuk-katta, nunatta immallu pissaritiai uumasut pinngitsoorsinnaanngilavut.

Ass. marlunnik oqaluttuutilaarlatsigit:

1. Qaanaap kangerluani qilalukkat qernertat er-niorfeqarput, erniorfitsik uteqqiaffigijuartarpaat mianersuullugit piniarneqartaramik. Kangerluk aasaanerani asuliinnaq angalaarfigeqqusaanngilaq, aallaaniarfigaluguluun-niit. Qilalukkanik piniarniaraanni qaannamiik naaleqqaarneqartaput asuli ikilerneqan-nginniassammata. Kiisalu umiatsiamik angalagaangatta, qanitatsinni qajartortoqarsi-magaangat, qajartortoq akornusersornaveersaarlugu unittarpugut. Siulitsinniit kingor-nussarput piniariaaseq atorlugu piniartoq ataqqisariaqaratsigu. Tassalu piniakkanik nungusaataanngitsumik piniarneq, piniakkanillu mianerinninneq.

2. Timmiaqarpugut piniaqqusaanngitsumik tassalu Kangoq ukiakkut kujammukaale-raangamik aqqutigisarpaatigut amerlasoorsuanngorlutik, kisiannili piniaqqusaanngil-lat. Tassalu avataaniit naalakkersorneqarneq, piniakkanillu atorluaanngineq. Aali nunani allani uagutsituulli issittormiuni piniarneqartartut. Uagummi isiginnaaginnas-sanerpavut?

Maani avanersuarmi kaperlattartumi sikusartumilu qimmeq pinngitsoorsinnaanngi-satta ilagaat. Sila taarsigaangat isiginiarfiujunnaarluni, angallatit pingaarnersariler-sarpaat qimussimik angalaneq. Taarsuup ataani ungasissumut isiginiarsinnaajunnaaq-qasugut qimmitta piniarfissatsinnut ingerlattarpaatigut. Maani motoorinik ingerlatil-lit (snescooterit) piniarnermut atorneqaqqusaanngilluinnarput. Taamaallaat inoqarfiit akornanni, qimussit aqqutaasigut atorneqarsinnaapput. Kiisalu aalisarfinniit assartuu-titut immikkut akuerineqarnikuullutik, piffissaq aalajangersimasoq atorlugu.

Eqqaamallugulu qimmeq aamma uagutsituulli nerisariaqarmat. Nerisarpailu pinakkat uagut pisarisinnaasavut. Ukiakkut sila neqinut qerinnarsigaangat, ukiussamut peqqu-maasisarpugut inuit, qimmillu neqissaannik. Sinerissami tikinneq ajornanngitsumi qinnilluta. Kisiannili ukiuni kingullerni, nannut sinerissatta qanitaani uumasuusut amerleriaru-jussuarnerisa kingunerisaannik. (Tassalu 1980-kut ingerlatilernerani nannut piaqqisar-tut piniaqqusaajunnaanerisa kingornatigut). Peqqumaatinik kingoraasarneq annertoo-rujussuanngornikuuvoq. Ukiumullu isumalluutituanik kingoraaneq, piniartumut oqit-suinnaaneq ajorpoq nikalluallannartarlunilu.

Piniakkatta pingaarnerit ilagaat aaveq, neqaa nerisarivarput qimmitsinnullumi pingaa-rutilerujussuuvoq. Piniakkaniik allaniit neqaa sivisunermik kimeqarnerusarpoq. Avannaarsua sikujartuleraangat, aarrit aqqutigisarpaatigut amerlasoorsuanngorlutik. Aarrit pisassavut killilersorneqalermatali, pissaaleqisarneq annerusorujussuanngor-poq. Allaammi piniartut qimmiminnut nerukkaatissaaruttarput. Allatullu ajornartu-mik aningaasaatituannguatik allaat atorlugit, niuvertarfimmi avataaniit tikisitanik qimmit nerisassaannik pisiniartariaqartarlutik. Ukiukkummi piniartup qimmeq pin-ngitsoorsinnaannginnamiuk. Sikoqqammeraangat aarrit takkusimaartillugit puisaaru-tiivittarpugut nutaartugassaarulluta (aaveqartillugu puisit qimaasaramik). Ikinnermut Aaffattassiissutit suli sikunngitsoq nunguttarmata. Aalisakkallu isumalluutaasinnaa-natik, aalisarfiusartut sikuat sivisuumik univinneq ajormat. Piniakkanik killilersuineq eqqunnialeramikku, piniartoq piniagaannarnik inuuniutilik, allamik aningaasarsiorfissaanik periarfissinneqarsimanngilaq. Taamaammat avatitsin-niit piniakkanik killilersuiffigineqarnerput nalilersoqqinneqartariaqalerpoq. Paasineqartariaqalerlunilu Kalaallit Nunaanni nunaqaqataagaluarluta, qanoq inoori-aaserput, nunallu issittup atugassarititaanik atugassaqartitaanerput allaanerutiginer-soq. Taamaamat piniakkanik killilersuiffigineqarnerput, Kalaaleqatitsinnut assingu-sunik malittarisassaqarnissaq nallersuunneqarsinnaanngilluinnarpoq.

Neriuppugut uuminnga atuartussaq qisuariaqataajumaartutit, inuuniarnitsinni siunis-sarput oqinnerusoq anguniarlugu.

Avanersuarmiut atsiortut sinnerlugit
Allattoq Toku Oshima

ᐃᓅᓯᖅ ᐅᑭᐅᖅᑕᖅᑐᒥ, ᐃᓅᓯᑦᑎᓐᓂ ᐊᑐᕈᓐᓇᖅᑕᕗᑦ ᐃᒪᐃᒻᒪᑕ ᐱᓪᓚᕆᐊᓗᒋᓪᓗᑎᒍᑦ

ᐅᕙᑦᑎᓐᓄᑦ, ᓄᓇᖃᖅᑎᐅᔪᑦ ᐊᕙᓂᖅᓯᐊᕐᒥ, ᐃᓅᓯᕐᒥ ᐱᔪᓐᓇᐅᑎᒋᓪᓚᕆᒃᑲᑎᒍ ᐱᓪᓚᕆᐊᓘᖕᒪᑕ. ᐊᓐᓇᐅᒪᓂᕐᒧᑦ ᐃᓅᓯᑦᑎᓐᓂ ᐊᕐᕌᒍᓕᒫᖅ ᓂᕐᔪᑎᓂᒃ ᑕᒪᒃᑯᓇᙵᑦ ᐊᑑᑎᖅᑲᑦᑎᐊᕐᓂᖏᓐᓄᑦ ᑎᒥᑦᑎᓐᓄᑦ ᐊᑑᑎᖅᑲᓇᐊᖅᑲᖅᓚᑕ. ᐊᕐᕌᒍᒥ ᓇᓪᓕᐅᑎᓈᖅᓯᖅᓯᒪᓪᓗᑎᒃ ᑖᓐᓇᑦᑕᐃᓐᓇᐅᖅᑲᑦᑕᕆᓪᒪᑕ ᓂᕐᔪᑎᑦ ᐃᒪᐃᒻᒪᑦ ᓇᓕᐊᑐᐃᓐᓇᖅ ᐊᑐᐃᓐᓇᐅᓕᕖᖓᑦ ᐱᔪᓐᓇᖅᓯᕙᒃᑐᑎᒍᑦ ᑕᒪᐅᙵᖅᑎᓪᓗᒋᑦ. ᑕᐃᒪᒃ ᑕᕝᕙ ᓄᑖᓂᒃ ᓂᕆᔭᒃᓴᖃᖃᑦᑕᖅᐳᒍᑦ.

ᐊᕙᓂᖅᓯᐊᕐᒥ ᐃᒪᓐᓇᐅᐸᓘᒃᐳᒍᑦ 80 ᐊᖑᓇᓱᒃᑏᑦ ᐱᔪᓐᓇᐅᑎᓖᑦ ᓚᐃᓴᓂᒃ, ᓚᐃᓴᓐ ᐱᔪᓐᓇᕐᓂᖃᖅᓂᐅᖕᒥᖕᒪᑦ ᐊᖑᓇᓱᖕᓂᕐᒧᑦ ᓂᕐᔪᑎᓂᒃ ᓇᒍᓇᐃᖅᓯᒪᔫᒐᓗᐊᓂᒃ ᖃᕋᓯᐅᓪᓗᑎᒃ ᓂᕐᔪᑎᑕᐅᔪᓐᓇᖅᑐᑦ ᓇᓕᐊᖕᓄᑐᐃᓐᓇᖅ ᓇᒍᓇᐃᖅᑕᐅᓯᒪᔪᓄᑦ ᐃᒪᓐᓇᐅᓪᓗᑎᒃ ᐱᔭᐅᔪᓐᓇᖅᐳᑦ ᑕᒪᒃᑯᐊ ᓂᕐᔪᑎᑦ ᑕᐃᒪᐃᑦᑐᑦ (ᑳᑕᒃᑯᑦ ᓇᒍᓇᐃᖅᑕᐅᓯᒪᔪᑦ). ᐃ ᓯᒪᖅᑲᕐᒥᒐᑦᑕᓕᑦᑕᐅᖅ ᑕᒪᓐᓇ ᑳᑕᖃᖅᓂᖅ ᐃᓚᔭᐅᒃᑲᓐᓂᕆᐊᖃᖅᑐᒋᓪᓗᑎᒍᑦ. ᓯᓚᑦᑕᐅᖅ ᐱᔭᕆᔭᖃᖅᑕᕐᒥᖕᒪᑦ ᓂᕐᔪᑎᓂᒃ "ᐃᓴᕈᕐᒥᓂ ᐅᓕᒃᓯᒪᔭᒥᓂᑦ", ᐃᓱᓖᓗᒋᔭᖃᖕᒋᑦᑎᐊᕐᒥ (ᓯᓚᑦᑎᐊᕙᐅᖕᒋᑦᑐᐊᔫᑦᓗᓂ) ᖃᖕᒐᑐᐃᓐᓇᑦᑎᐊᒃᑯᑦ. ᐱᓗᐊᙳᐊᕆᑦᓗᓂ ᐊᕐᕌᒍᓂ ᐊᒥᓲᖕᒋᑦᑐᓂ ᐊᑐᓕᖅᑖᖅᑕᐸᓗᑦᑎᓐᓂ ᓯᓚᑦᑎᐊᕙᐅᖃᑦᑕᖕᒋᓐᓂᖅᓴᐅᓕᕐᒪᑦ, ᓯᑯᓴᖃᙱᑎᑦᑎᕚᑦᓕᖅᓯᒪᓕᖅᑐᓂᓗ ᐊᑯᓂᐅᓂᖅᓴᖅ ᓯᑯᕓᕆᕙᓚᐅᖅᑕᖅ ᑭᖑᓂᖓᒍᑦ ᑭᓯᐊᓂ, ᑭᖑᕙᖅᐹᑦᓕᖅᓯᒪᔪᖅ. ᐊᑐᓕᕐᒥᔭᕗᑦᑕᐅᖅ ᐅᑭᐅᒃᑯᑦ ᓯᑯᖃᖃᑦᑕᕐᓂᖕᒐ ᓇᐃᓪᓕᕖᑦᓕᖅᓯᒪᓕᕐᒪᑦ ᐃᒪᐃᖃᑦᑕᓕᖅᑐᓂ ᓯᑯᓇᕆᕐᓂᖅᓴᐅᖃᑦᑕᓕᖅᑐᓂ, ᐅᕙᑦᑎᓐᓂᒃ ᓇᒧᑐᐃᓐᓇᖅ ᐃᖏᕐᕋᓯᓇᕆᓂᖅᓴᐅᖃᑦᑕᓕᖅᑐᑦ.

ᖁᑦᑎᖕᓂᖅᐹᒥ ᓄᓇᓕᖕᓂ ᓄᓇᖃᖅᐳᑦ ᑲᓖᓯᑦ, ᓄᓈᑦ (ᐊᑯᑭᑦᑐᑦ). ᑕᐃᒍᖅᑕᑦᑎᓐᓂ ᐊᕙᓂᖅᓯᐊᕐᒥᐅᑦ. ᐊᕙᓂᖅᓯᐊᖅ 800-ᓂᒃ ᐃᓄᖃᖅᐳᖅ; ᓇᕐᒥᓂᖅᑕᐅᖅ ᐅᖃᐅᓯᑦᑎᓐᓂᒃ ᐊᑐᖅᑕᖃᕆᕗᑦ ᐊᒻᒪᓗ ᓇᕐᒥᓂᑦᑎᓐᓂᒃ ᐃᓅᓯᖃᕆᓪᓗᑕ.

ᓂᕐᔪᑎᖃᑦᑕᖅᐳᑦ ᐊᖑᓇᓱᒃᑐᑕ ᓂᖅᑭᖃᕈᒪᓪᓗᑕ ᐅᑭᐅᒃᑯᑦ ᐊᒻᒪᓗ ᕿᓯᖕᒋᑦ ᐊᓐᓄᕿᓇᕙᒃᑐᑎᒍᑦ. ᓯᓚ ᓂᓪᓚᖅᐸᓪᓕᐊᑎᓪᓗᒍ ᐅᖅᑰᔭᓂᒃ ᐊᓐᓄᕌᖃᓪᓚᐊᖃᖅᑕᖅ. ᓇᓄᖃᐃᑦ ᐊᑐᖃᑦᑕᓚᕗᑦ ᐃᒪᐃᑦᑐᓚᓪᓗᑎᒍᑦ ᓇᓄᑦ, ᓇᓄᖄᒃ ᓯᓚᐹᒃ. ᓯᑯᒥ ᓇᒧᙱᑲᑕᒃᑐᑕ ᐃᖏᕐᕋᓗᓂ ᐊᓐᓄᖄᖅᓯᒪᓕᑦᑎᐊᖅᓂᖅ ᐱᓪᓚᕆᐅᖅᓯᐅᑎᖕᒪᑦ. ᐊᖑᓇᓱᒃᑎᑲᓚᐃᑦ ᓇᓂᐊᖅᓯᒪᓕᑎᓪᓗᒋᑦ, ᒪᓕᒋᐊᖃᖅᑕᖃᑦᑎᐊᕐᒥᖕᒪᑕ ᐊᒡᒍᐃᓂᖅ ᓇᓚᐅᑎᑦᑎᐊᖅᑐᓂᒃ ᐊᑐᑦᑎᐊᓇᐊᖃᕐᒥᖕᒪᑦ ᓇᓄᖅᖕᓗᓄᑦ ᓂᖅᑭᖕᓗᓄᓪᓗ. ᐊᖑᓇᓱᒃᑏᑦ ᒪᓕᖃᑦᑕᕐᒥᔪᑦ ᒪᓕᒋᐊᖃᖅᑕᕐᒥᓂᒃ ᓯᕗᓂᑦᑎᓐᓂᑦ ᐊᑐᖅᑕᐅᖃᑦᑕᖅᑐᕕᓂᕐᓂᒃ ᐊᑐᖅᐸᒃᑭᓪᓗᑎᒍᑦᑕᐅᖅ ᓯᕗᓕᕗᑦ ᑕᐃᒫᒃ ᐃᓕᖅᑯᓯᕆᓕᐅᖅᑕᖕᒋᑦ ᐊᑐᖅᑎᒍᑦ.

ᓯᓚ ᐱᖁᔨᓕᖅᒪᑦ, ᖃᖓᑕᓯᐅᖅᒧᑦ ᑎᑭᑕᐅᖃᑦᑕᖅᐳᑦ ᐊᑯᖅᑭᑦᑐᑦ ᑲᓇᖕᓇᙶᖕᖓᓂᑦ ᐱᓇᓱᐊᕈᓯᖅ ᐊᑕᐅᓯᐊᖅᑐᒍ. ᒪᕈᐊᖅᑎᑐᐃᓐᓇᖅᑐᑕ ᐊᖅᑯᑎᓕᒫᕐᒥᑦ ᐅᒥᐊᖅᔭᐊᖅᑕᐅᖃᑦᑕᖅᐳᑦ ᐊᑐᖅᓂᐊᖅᑕᑦᑎᓐᓂᒃ ᐊᖅᑯᑎᓕᒨᑦ. ᐃᒪᐃᑦᑐᖕᖑᓂᖕᖑᓄᑦ ᓯᑰᖃᑦᑕᖅᒪᑦ ᐃᒪᖅ ᓯᑯᓯᒪᖃᑦᑕᖅᒪᑦ ᐅᑭᐅᒃᑯᑦ. ᑕᐃᒪᐃᖅᑯᐃᔭᕐᓇᖅᒥᔪᑎᑦ ᓄᑖᖑᔫᒥᔪᓂᒃ ᑐᑯᓕᖕᖑᖕᒋᑦᑐᓂᒃ ᐱᓇᓱᓪᓗᑎᑦ, ᑕᒃᑯᐊᓕ ᐱᓇᓱᕆᐊᖃᖃᑦᑕᕆᔭᕗᑦ ᓇᖕᒥᓂᖅ ᐊᑐᓂᓪᓗ. ᓂᓪᓚᓱᒃᑐᕐᒥᐅᑕᐅᓪᓚᑦ ᐊᕙᑎᓕᒫᑦᑎᓐᓂ, ᐊᒻᒪᓗ ᑕᐃᒪᐃᒃᑲᑦ ᐱᕈᖅᔫᔭᓐᓇᖏᓚᒍ ᓂᕆᔭᒃᓴᓂᒃ, ᓂᕐᔪᑎᓂᓪᓗ ᐆᒪᑎᑦᑎᔭᕆᐊᒃᓴᖅ ᐊᒥᓱᕈᖅᑎᓐᓂᐊᖅᑕᑦᑎᓐᓂᒃ ᐱᔭᓐᓇᖏᓐᓂᕗᑦ, ᑕᐃᒃᑯᑎᒎᓇᖅ ᐅᖅᑰᔭᕐᒥ ᓄᓇᖃᖅᕕᖃᐅᖅᑐᑎᑦ. ᑕᐃᒪ ᑕᕝᕙ ᐱᔾᔪᑎᒋᓪᓗᑎᒍᑦ ᓂᐅᕕᖅᑕᖅᐳᑦ ᐊᑭᑐᔪᐊᓗᖕᓂᒃ ᓂᐅᕕᕝᕕᖕᒥᑦ, ᐃᑳᓐᓂᑦ ᐱᔭᒃᓴᐅᑦᑎᐊᕐᓂᖃᓂᐊᖅᑕᒥᖕᓄᑦ ᐅᓪᓗᓄᑦ ᓇᓗᓇᐃᖅᓯᒪᔫᓪᓗᐊᑦ ᖁᖕᒋᐅᑎᖃᖅᑐᑦ. ᑕᐃᒫᒃ ᐱᔾᔪᑎᒋᓪᓗᒍ ᑖᓂᒥᐅᑕᐅᖅᑎᑦᑑᓚᓗᐊᑦ ᑐᑭᓯᓇᐊᖅᐳᑦ ᖃᓄᐃᖅᑎᑦᑎᐊᓗᑦ ᐆᒪᓂᑦᑎᓐᓂᒃ, ᑕᐃᒪᐃᑦᑐᓐᓇᖃᑦᑕ ᑕᒪᒃᑯᐊ ᐱᖃᑦᑕᕈᑦᑎᒍᑦ ᐊᑐᖅᑐᒍ ᐃᓅᓯᑦᑎᓐᓂ ᐊᓐᓇᐅᒪᑦᑎᐊᕈᑎᒋᔪᓐᓇᖅᑕᕗᑦ ᐊᑐᖅᑐᒍ ᑐᓂᖅᑲᑕᐅᔪᖅ ᐃᑭᕐᒥᑦ ᓄᓇᒥᓪᓗ.

ᐅᖃᐅᑎᓚᕆᑦ ᐆᒃᑑᑎᑐᐃᓈᖕᓂᒃ:

1. ᕿᓚᓗᒐᐃᑦ ᐃᕐᓂᐅᖃᑦᑕᖅᐳᑦ ᖃᓈᑦ ᑲᖏᖅᑐᐊᓂ, ᐊᒻᒪᓗ ᑕᐃᒪᐃᖃᑦᑕᐃᓐᓇᖅᑐᑎᒃ ᐃᓕᖅᑯᓯᕆᓗᓂᔾᔪᒃ, ᑕᐃᒪᐃᒃᑲᒥᓪᓗ ᐊᑐᖅᑕᐅᔭᓇᐊᓖᑦ ᐱᓇᓱᓪᓗᒋᑦ ᒪᓕᒐᓕᐊᔫᕗᑦ ᐊᖑᓇᓱᒃᑐᒋᑦ ᑕᒻᒪᖅᑕᓇᐊᖃᓇᑎᒃ. ᐊᐅᔭᒃᑯᑦ ᐃᒪᐃᑦᑕᓇᐊᖃᕐᒥᒥᔪᑦ ᐃᖕᒋᖅᓴᒍᑦ ᐅᐸᒡᒍᒋᑦ ᑲᖕᒋᖅᑐᑦᑎᓐᓂ, ᑭᓯᐊᓂ ᑕᐃᓖᖑᔭᓇᐊᖃᑦᓚᖅᑖᖅᑎᑦᑐᒍ. ᐊᖑᓇᓱᖕᓂᖅ ᐅᒥᐊᒃᑯᑦ ᐊᐅᓚᐅᑎᖃᖅᑐᓂ ᐊᑐᖅᑕᐅᔭᓇᐊᖃᖕᒋᑦᑐᖅ. ᓇᐅᓕᖅᑳᓇᐊᖃᖅᑕᐃᑦ ᕿᓚᓗᒐᖅ ᖃᔭᕐᒥᑦ ᑭᕙᔮᐊᓇᑦᑕᐃᓕᒪᓗᒍ. ᐅᒥᐊᖅᑐᖅᓗᓂ ᐊᐅᓚᐅᑎᓕᖕᒧᑦ ᐊᐅᓚᐅᑎᖕᒋᑦ ᓄᖃᖅᑎᑦᑕᓇᐊᖃᖅᑕᑎᑦ ᖃᔭᖅᑐᖅᑐᖃᖅᑎᑦᑐᒍ, ᐅᐃᒻᒪᒃᑎᑦᑕᐃᓕᒪᓗᒍ ᐊᖑᓇᓱᒃᑎ. ᐃᒃᐱᒋᔭᓇᑦᑎᐊᖅᑎᐊᖅᑎᒍ ᐱᓇᓱᖕᓂᖕᖑᒍᑦ ᑖᓇ ᐊᖑᓇᓱᒃᑎ ᐊᒻᒪᓗ ᕿᒫᑎᑦᑎᑦᑕᐃᒪᓪᓗᑕ ᑕᐃᒪᐃᒃᑲᑦ ᐱᓕᓇᓂᓇᕐᓕᖅᑕᕗᑦ ᐱᔭᐅᔪᓐᓇᖅᑐᒥᒃ. ᑕᒪᓐᓇ ᐃᑦᓯᒪᖕᒥᔭᖕᒋᑦᑐᖅ ᓯᕗᓕᖅᑎᑦᑕᓚᐅᖅᑕᐅᖅᑎᓂᓂᒃ.

2. ᓂᒋᑦᒨᖅᐸᑦᓕᐊᓕᕌᖓᒥᒃ, ᑲᖑᐃᑦ ᐊᖅᑯᐃᔅᖃᑦᑕᕐᒪᑕ ᓇᔪᖅᑕᑦᑕ ᐃᓕᖕᖑᑦ ᐅᑭᐅᒃᓴᑯᑦ ᐊᒥᓯᐊᓘᑦᑐᒃ, ᑭᓯᐊᓂᓕ ᐱᓇᓱᒋᐊᖃᖕᒋᒐᔪᕕᑦ. ᑕᒪᓇ ᐊᑐᖅᑕᐅᔪᓇᐊᖃᖕᒋᑦᑐᖅ ᐊᑐᕐᖅ ᓯᓕᑎᑦᑎᓐᓃᑦᑐᓄᑦ ᐊᑐᖅᑕᐅᖁᔭᐅᖕᒋᒻᒪᑦ ᐊᑐᑦᑎᐊᕐᓗᒍ ᐆᒪᔾᖃᑦᑎᐊᕐᓂᐊᕐᒪᑦ ᐊᑐᖅᑕᐅᒃᑲᓂᕈᓇᖅᑐᓂᒃ. ᑲᖑᐃᑦ ᐊᓐᓂᖅᓴᐅᖕᒋᑦᑎᐊᕆᑦᑐᑎᒃ ᐅᕙᓘᓐᓃᑦ ᐅᖑᒪᔭᐅᖕᒋᑦᑎᐊᖅᑐᑎᒃ ᐅᑭᐅᖅᑕᖅᑑᑦ ᐃᒪᖏᓐᓂ, ᑭᓯᐊᓂᓕ ᐅᕙᓂ ᐊᕙᓂᖅᓯᐊᕐᒥ, ᑕᑯᐃᓐᓇᕆᐊᖅᑲᐱᑎᒎᑦ?

ᕿᒨᒃᓯᐅᑕᐅᖅᑲᑦᑕᖅᑐᑦ ᖃᓪᓕᑦ ᐅᕙᑦᑎᓐᓄᑦ ᐱᕐᔪᐊᕆᓯᑎᖑᑦ ᐊᑐᕐᓂᖅᑐᕕᓪᔪᐊᖑᑦᑐᓯᓪᓗ ᐅᕙᑦᑎᓐᓄᑦ ᐅᕙᓂ, ᐃᒪᐃᓱᕐᒪᑦᑕᐅᖅ ᐅᑭᐅᒃᑯᑦ ᑖᖅᑐᐊᓘᖅᑲᑦᑕᑦᑕ ᐊᒻᒪᓗ ᓯᑯᓰᖑᑦᑐᓂ ᐅᑭᐅᒃᑯᑦ. ᑖᕆᓐᓇᓕᕌᖓᑦ ᐊᒻᒪᓗ ᑕᑯᕙᒃᓴᐅᑦᑎᐊᕈᓐᓃᖅᑲᑦᑕᕐᒪᑦ ᑕᐃᒪᐃᓕᖕᖓᖅᑐᓂ, ᕿᒨᒃᓴᐅᖅᑐᓂ ᑕᐃᓚᐅᑎᐊᖅ ᓅᓐᓇᓕᖅᑲᑦᑕᑦ. ᕿᒻᒥᓂᑦ ᓇᒧᙵᐅᔾᔭᐅᖅᑲᑦᑕᖅᑐᒍᑦ ᐊᖑᓇᓱᒐᕆᓂᐊᖅᑕᑦᑎᓐᓄᑦ ᓇᖕᒥᓂᖅ ᐋᑐᓇᖅᑕᖕᒋᑦ ᓇᖕᒥᓂᖅ ᐱᔪᓇᖕᒋᑦᑕᕌᖓᑦᑕ ᑕᐅᑐᖅᑕᑦᑎᐊᒻᒥᒍᑦ ᓇᖕᒥᓂᖅ. ᐊᐅᓚᐅᑎᓖᑦ ᐃᖕᒋᕐᕋᔩᑦ (ᐊᐳᑎᓕᒃᑯᕈᓐᓇᐅᑎᑦ) ᐊᑐᖅᑕᐅᓇᐊᖅᑲᖕᒋᑦᑎᐊᕐᓚᑕ ᐊᖑᓇᓯᖕᓂᕐᒧᑦ. ᐊᑐᕈᓐᓇᖅᑕᕋᓗᐊᕗᑦ ᐃᓄᖕᓂᒃ ᐃᒫᑐᐃᓐᓇ ᐊᑐᓇᐊᓕᕗᑦ ᐃᓄᖕᓂᒃ ᐅᓯᔪᑎᒋᓗᒋᑦ ᓄᓇᓕᖕᓅᕈᔾᔪᑕ ᑭᓯᐊᓂ ᓇᓕᐊᖕᓄᑐᐃᓐᓇᖅ, ᕿᒨᒃᓯᑦ ᐃᓚᓂᖕᒋᑦ ᐊᑐᕐᓗᑎᑦ. ᐊᖕᒋᖅᑕᐅᓯᒪᑦᑎᐊᕐᓗᑕ ᑭᓯᐊᓂ ᐊᑐᕈᓇᕐᒥᔭᕋᓗᐊᕗᑦ, ᐅᓯᖅᑕᐅᑎᒋᓗᑎᑦ ᑕᐃᑯᖓ ᑕᐃᑲᙳᓚᖓᓗ ᐃᖅᑲᓗᓯᒻᕙᕆᔭᕐᑎᓐᓂᑦ ᐋᖅᑮᕆᔭᐅᓯᒪᖕᒋᑎᓪᓗᒍ ᐊᑐᖅᑕᐅᔪᓇᐊᖅᑲᕆᔪᒃ ᖃᖓᓚᐅᕐᖅᐸᑦ ᑭᓯᐊᓂ.

ᐃᒪᐃᑦᑕᓇᐊᖅᑲᓇᑕᓗ ᓱᑯᑎᒋᖕᒋᑦᑎᐊᕐᓗᒋᑦ ᕿᒻᒥᑦ ᓂᕆᔭᓇᐊᖅᒥᖕᒪᑕ ᐅᕙᑦᑎᑐᑦᑕᖅ, ᐊᒻᒪᓗ ᓂᕆᔭᓇᐊᖅᑲᓇᓪᓗᑎᒃ ᓂᕆᖅᑦᑕᖅᑕᑦᑕ ᐊᔾᔨᖕᒋᓂᒃ ᐅᕙᑦᑎᑐᑦᑕᖅ. ᓂᓪᓕᕐᓂᖕᖑᑦ ᓈᒻᒪᒃᓯᔭᕌᖓᑦ ᓂᕿᓄᑦ ᐅᑭᐅᒃᓴᒃᑯᑦ, ᐃᒪᐃᓕᕙᓕᕙᓕᖅᑕᑦᑕᕌᕈᑦ ᐃᓄᐃᑦ ᓂᕿᖕᒋᑦ ᐊᒻᒪᓗ ᖃᕋᒃᑯᑎᒃᓯᑦ ᓴᕿᕙᓕᖅᑕᑦᑕᖅᑐᑦ ᐅᑐᖅᑕᐅᒋᑦ ᖃᐅᑦ (ᓂᕿᒃᑯᐱᖕᓄᑦ ᖃᐃᕈᓯᖕᓄᑦ). ᑕᐃᒪᐃᓕᐅᖅᑲᑦᑕᖅᑐᑦ ᓱᕐᕋᒃᑯᑦ ᐅᐸᑲᓐᓇᖅᑐᑎᑦ. ᐅᐊᑎᐊᕈᐊᓘᕆᑦᑐᒃ ᐊᕐᕌᒍᒃ, ᖃᐃᕈᓯᕐᑯᑎᕗᑦ ᐅᑉᑕᐅᓚᐅᕐᓂᕐᒪᑕ ᓇᓄᕐᓄᑦ. ᓇᓄᐃᑦ ᐊᑎᖅᑕᖅᑕᐅᖅᑐᑦ ᐱᔭᐅᓇᐊᖅᐸᓐᓂᓕᖅᓯᒪᓪᓚᑕ ᐊᖑᓇᓱᒃᑐᓂᒃ ᑕᒪᓐᓇᓕᑦ 1980-ᓂᑦ ᐊᒻᒪᓗ ᐊᒥᓲᓗᐊᖅᑐᐊᓘᓕᖅᑐᑎᒃ ᓄᓇᑦᑕ ᖃᓂᒋᔭᕆᑎᒍᑦ. ᐊᖑᓇᓱᑎᒍᑦ ᐱᔭᕐᓂᕆᓐᓂᕗᖅ ᐊᒻᒪᓗ ᖁᕕᐊᓇᕆᑦᑑᓗᓂ ᐊᑐᕐᓗᒍ ᓂᕿᖁᑎᑎᑦ ᐅᑭᐅᒃᑯᑦ ᑐᖅᓱᕐᔪᑦ ᐱᔭᐅᔪᕙᓂᐅᑉᓗᑎᒃ.

ᓂᖕᔪᑎᑦᑎᐊᕙᐅᓛᖑᑎᒻᒥᔭᕗᑦ ᐱᑕᖃᖅᑯᔪᒥᓇᓱᕗᑦ ᐊᐃᕙᖅ. ᓂᕆᖅᑕᖅᑐᑎᒍᑦ ᐊᒻᒪᓗ ᓂᕿᑦᑎᐊᕙᐅᔫᑎᒋᓪᓗᑎᒍᓪᓗ ᖃᕆᖅᑯᑎᑦᑎᐊᕚᕐᓗᓂᓗ, ᑕᐃᒪᐃᑉᐳᖅ. ᑎᒥᒎᑦ ᐊᕈᑎᖅᑕᑦᑎᐊᖅᑐᐊᕈᓪᓗᓂ ᓂᕿᖕᖑ. ᓯᑯᕙᓪᓕᐊᓕᖅᑎᓪᓗᒍ ᐅᑭᐅᖅᑕᖅᑐᒥ, ᐊᐃᕕᑦ ᐊᖅᑯᓴᓕᖅᑕᑦᑕᖅᑐᑦ ᑕᒪᐅᓇ ᖃᐅᔾᔨᒪᖅᑕᖅᑐᑦ ᐊᒥᔾᔪᓪᓗᑎᒃ. ᑕᐃᒪᖕᖑᑦ ᐃᒪᓐᓇᑐᐃᓐᓇᖅᓂᖅ (ᑰᑕ) ᐱ ᓴᓇᐊᖅᑲᓕᖅᑎᓪᓗᒋᑦ ᐊᐃᕙᖅᓂᒃ, ᑳᒃᑐᓂᒃ ᐃᓅᖅᑲᑎᑦᑎᓐᓂᒃ ᓂᕿᑖᓇᐊᖅᖃᑐᖅᑲᐅᖅᑲᑦᑕᓕᖅᐳᖅ, ᐊᒻᒪᓗ ᑕᑯᕙᒃᓴᐅᖅᑕᓪᓚᓇᓕᓇᓪᓗᓂ ᐊᖑᓇᓱᒃᑎᓂᒃ ᕿᒥᖅᑯᑎᒃᓴᖅᑲᖕᒋᑦᑐᓂᒃ. ᑕᐃᒫᒃ ᐱᔾᔪᑎᒋᓪᓗᒍ ᑮᓇᐅᔭᒥᓂᒃ ᐊᑐᓇᐊᖅᑲᖅᑕᑦᑕᖅᓯᓐᖓᐅᓕᑦᑕ ᐃᔨᖅᑲᐅᓇᓪᓗᑎᒃᑕᐅᖅ ᕿᓇᐅᔭᖕᒋᑦ ᓂᐅᕙᐅᑎᕆᓇᕐᔪᑦᑐᑦ ᑎᑭᑎᑕᐅᓯᒪᔪᓂᒃ ᕿᒥᖅᑯᑎᒃᓴᓂᒃ ᓂᐅᕙᖅᕙᖕᒥᑦ, ᐅᑭᐅᖑᑎᓪᓗᒍ ᕿᒪᒦᑦ ᐊᑐᓇᐊᖅᑲᓪᓕᑖᖅᑎᓪᓗᑎᑦ ᐱᓪᓚᕆᐅᓪᓗᑎᒡᓗ ᐊᖑᓇᓱᒃᑎᓄᑦ. ᐊᐃᕙᖅᑕᑎᐊᖅᑐᐊᓘᑎᓪᓗᒍ ᓯᑯᕙᓪᓕᐊᓕᖅᑐᓂ ᑕᒫᓂ ᖃᓂᒋᔭᑎᓐᓂ, ᓇᑎᖅᑲᕐᓈᖅᑐᖅᑕᖅᑐᖅ ᖃᒪᒃᓯᖅᑕᖅᑕᖅᑐᖅ ᐊᐃᕙᖅᑎᓐᓄᑦ. ᐊᐃᕙᖅᑎᓐᓂᒃ ᐊᐅᓪᓚᑦᑎᐊᖅᑐᖅ ᑭᓯᐊᓂᐅᕙᒃᑭᓪᓗᑎᒃ, ᐊᐃᕙᖅᑎᓐᓂᒃ ᐊᐅᓪᓚᖅᑲᑦᑕᕐᒪᑕ ᓯᑯᓚᐅᕐᒋᓪᓗᑎᒃᑎᓪᓗᒍ. ᐃᖅᑲᓗᖕᖑᕙᕆᒥᓅᖅᓇᖅᓇᑎᒡᓗ, ᓲᖅᑲᐃᓪᓚ ᓯᑯ ᐊᑦᑕᖅᓇᓗᐊᖅᑲᑦᑕᖅᑐᖅ ᑕᐃᔅᓯᒪᓂᐅᑎᓪᓗᒍ ᐊᖅᑰᑦ ᐃᓚᖕᖑᒍᑦ. ᐅᖅᑲᐅᑎᕆᔭᐅᓴᓇᐊᖕᖑᖅᑎᓪᓗᒍ ᐊᐃᕚᑦ ᑰᑕᖕᒋᑦ, ᑐᓂᓯᓚᐅᖅᓯᒪᖕᒋᑦᑐᑦ ᐊᖑᓇᓱᒃᑎᒍᑦ, ᓄᓇᑖᑦ ᐱᔪᓇᖅᑕᖕᒋᓇᓂᑦ ᓂᕿᒃᓴᓂᑦ, ᐊᓯᐊᒎᖅᕙᖅᑲᖅᓇᓂᓗ. ᑕᐃᒫᒃ ᑕᕝᕙ ᐱᔾᔪᑎᒋᓪᓗᒍ ᐋᖅᑭᒋᐊᒃᑲᓐᓂᐊᖅᑲᖅᓗᐊᖅᐸᕗᑦ ᑕᒪᓇ ᐱᓕᕆᐊᕆᓴᐅᓯᒪᔩᖑᓗᐊᖅ. ᖑᕙᒪᒃᑯᑦ ᑐᑭᓯᓴᕆᐊᖅᕝᔩᖑᓗᐊᑦ ᓄᓇᖅᑲᖅᑲᓗᐊᖅᑕᑦ ᑲᓛᓛᑦ ᓄᓈᓂ, ᐃᓅᓯᕆᔭᕗᑦ ᐊᒻᒪᓗ ᐃᓕᖅᑯᓯᑦᑎᓂ ᐃᓅᓯᑦᑎᓂ ᐊᔾᔨᐅᖕᒋᑦᑎᐊᕐᒪᑕ ᑕᒪᒃᑯᓇᙵᑦ ᐊᓯᑦᑎᓂᑦ ᑕᒫᓂ ᓄᓇᖅᑲᖅᕕᐅᖅᑕᖅᑲᓗᐊᑦᑎᓂ. ᐃᒫᒃ ᑐᑭᖅᑲᖅᐳᖅ ᐊᓯᔾᔨᓇᐊᖅᑲᖅᑕᕗᑦ ᐊᐅᓚᑕᐅᓂᖕᖑᑕ ᐋᖅᑭᒃᓯᒪᓂᖕᖑ ᑕᒪᓇ ᑕᐃᒪᐃᑦᑐᖅ ᒪᓕᖕᖑᓕᖅᓗᒍ ᐃᓅᖅᑲᑎᒋᔪᕗᑦ ᑲᓛᓕᖅᑲᑎᑦ / ᓄᓇᖅᑲᖅᑎᐅᓪᓗᑎ ᐃᓅᔪᑦ.

ᓂᕆᐅᒍᑎᒋᕙᕗᑦᑕᐅᖅ ᑖᒃᑯᓂᖕᖑ ᐅᖅᑲᓕᒫᖅᑐᑦ ᖃᓄᐃᓕᒋᐊᖅᓂᐊᖅᐸᑦ, ᐃᒪᐃᒃᑲᓐᓂᖅᓂᐊᕋᑦᑕ ᖃᐅᒪᑦᑎᐊᖅᓂᖅᓴᒥᒃ ᐃᓅᓯᖅᑲᖅᑐᑦ ᓯᕗᓂᒃᓴᑦᑎᒍᑦ.

ᑎᑎᕋᖅᐳᖅ
ᑑᑯ ᐅᓯᒪ
ᑕᐃᒃᑯᓄᖕᖑ ᐊᑎᓕᐅᓚᐅᖅᑐᓄᑦ ᑎᑎᖅᑲᑎᒍᑦ ᑕᕝᕗᓇ ᐅᖅᑲᓕᒫᖑᖅᑎᒍᑦ

Toku Oshima
Sautak Kivioq
Jens Danielsen
MAMARUT Kristiansen
Majaq Alataq
Magnus Qaerngaaq
ANDA P. KARLSEN
Qulutaq Petersen
Atangana Petersen
Moses Petersen
Rasmus Nielsen
Mahhak P Nielsen
Naujardlak Petersen.
Navarana Duneq
Tukummeq Qujaukitsoq
Aya Oshima
Avatannguaq Qujaukitsoq

[illegible]
[illegible]
Birthe Jensen
Suusaat
Niels [illegible]
Preben Petersen
Naja Qujaukitsoq
Isak Qujaukitsoq
JENS HENSON
Hans Niels Kristiansen
Najannguaq Kaerngâk

Anna Mitek
Ajako Mitek
Tiisaaq Hansen
Nuka Kristiansen
Inger Qujaukitsoq
Arnatsiaq Imina
Mmarqak Qujaukitsoq
Susan del Rosario Jensen
Frederik Duneq
Emili Duneq
Judithe Duneq
Aimannguaq Peary
BOLETHE SUERSAQ.
EQO QUJAUKITSOQ
Manumina Petersen
Sauninguaq Sadorana,
[illegible]
Asarpatinguaq Kivioq
Argioq Daorana
Ella Jeremiassen
Kirik Petersen
Arnakitsoq G Duneq
David Qujaukitsoq
BODIL PETERSEN
Lars Jeremiassen
[illegible]
[illegible]
Peter Peter
L Peary
Magssannguaq Qujaukitsoq
Ivaloraq Qujaukitsoq
Magssannguaq Qujaukitsoq

Ilanngua Qaerngaaq
David Manumina. Qajuutaq. inuuteq
Mikivssuk Manumina
Tobias Danielsen
Pauline Kristiansen
Inuutersuaq Kristiansen
Arnarulunnguaq Krist
LAILA KRISTIANSEN
QULUTANA KRISTIANSEN.
Amgo Duneq
Adangana Duneq
Peter Qujaukitsoq
Brian Ivik
Isigaitsoq Qujaukitsoq
Naja Wille
Sara Qujaukitsoq
Magssannguaq Qujaukitsoq
Birthe J Qujaukitsoq
KIOTIKKAQ Kivioq
Dortha Wille
Pilutaq Qujaukitsoq
Inuuteq Qujaukitsoq
Ane Ivik
Valentine J. Qujaukitsoq
Gustav Simigaq
Pulleq Odaaq
Magssannguaq Jensen,
Preben Kristiansen
Masauna Suersaq
Filemon Suersaq
Benigne Suersaq
Dortha Suersaq
Panigpak Miteq
Helene Ôdâq

Gideon Jeremiassen
Birthe Eipe
Peter R. Sadorana
Johanne Eipe
Arnarulunnguaq EIPE
Daina Qaavigaq
Puto Qugima
Tukumeq Peary
Alegatsiaq Sadorana
Simigaq Odaaq
KAALEERAQ Q
Hansigne Qujaukitsoq
NICOLINE O.E
Vittu
Kaujak
NONA EIPE
Saalat J
Uvdloriaq Qujaukitsoq
[illegible]
ENOK Kivioq
Aenut Kivioq
Inukitsoq Sadorana
Genoveta Sadorana
Rasmus Sadorana
Angel Sadorana
Ane Kaerngaaq
Karleeraq Kristiansen
Jakob Qujaukitsoq
SUSO [illegible]
Hedvig Kaerngâk

INUKITSOPALUK QUJAUKITSOQ
MARIE QUJAUKITSOQ
Putdlaq Duneq
QUJAUKITSOQ QUJAUKITSOQ
HEDVIG QUJ.
Hansen [illegible]
Nadine Hansen
[illegible]
Bertheline Danielsen
Rebekka Mathiesen
Ole Mathiesen
Valerius Mathiesen
ILANNGUAQ JENSEN
MARTIN UUMAAQ
Inge Qaarjaq
SU.E. [illegible]

Agpalinguak Imina
Alegatsiaq Peary
Mette Petersen
Jensigne Miteq
PUTO DUNEQ
ÔDÂK DÛNEK

Kista Skenson
Ajako Hansen,
Sofie Jorgensen
David Sadorana
Martin [illegible]
Inukitsoq Quist
Sofie J[illegible]
Odaaq Timaaq
Dorethe T
Patdlox Imina
Magssanguaq Odaq

ELSE NIELSEN
PETER
NAJANNGUAQ
Emma Aronsen
Arqiunnguaq Aronsen
Thomas Henson
Ilisarvik Henson
Simigak Henson
Thomas Qujaukitsoq
Dorthe Eipe
Tove Ôdlâk
THOMAS Hendriksen
MOSES DUNEQ
Rasmus Daorana
Naduk P. Kristiansen
Marie Petersen
Dorthe Petersen
Mikkel Petersen
Pauline Qaerngaaq
Kristian Kujaukatsoq
Angut Jørgensen
Augund Ferdinandsen
Qaavigaq Duneq
Johanne Duneq
Louise Qaerngaaq
Malik Wilk
Naivarana K. Sørensen
Jianes
Tautsiangua Simigaq

Inge Usimigaq
THERICK
Milissok Petersen
Katrine Qujaukitsoq
Helene Petersen
Arnarunniak Kristiansen
Paoug Simigaq
Jakob Boassen
Gedion Miki Simigaq
Valentine Simigaq
MIKIUGSOQ
SOFIE DANIELSEN SIMIGAQ
RASMINE. SIMIGAQ
AR
NALUAQ SIMIGAQ
Avatânguaq Imina
Qaavigarsuaq Danielsen
MARIE Danielsen
Jørgen Kleist
Karl Petersen
John Petersen
Karl Petersen 89
Kavsaaluk. D
Kathrine Andersen
Ane-Susanne Andersen
Ingapaluk Neqe

Siorapalumiut

Mike Gedion Simigaq
Agattannguaq Duneq
Frederik Duneq
Nukagpianguak Hendriksen
Patdlok Hendriksen
Niviarsiak. H
Abraham. H
Asiajuk. H
Agattak. H
EKO UVDLORIAK
Sauninguaq. Uvdloriaq
Frederik. Uvdloriaq
IKUO OSHIMA
Anna Oshima

Qikertarmiut

Qitdlugtok. Dunek
Mitek Kissuk
BERTHE. Duneq
Kaaleeraq Simigaq
Sequssuna Duneq
Louise Simigaq Duneq
Qulutannguaq Simigaq

Siorapalummiut

Maassannguaq Oshima
Susanne Petersen
Isamu Oshima
Hana. P. Oshima
Kandgi. P. Oshima
Arnarunniak Kristiansen
Lars. Karl Kristiansen
Ilânguak Kristiansen.
Karl Nielsen
Sara Simigaq
Malik. Simigaq Bech
Qiajunguaq. Simigaq. Bech
Peter. Aike
Mego. Manumina
Jorgi Manumina
Nukaaka. Simigaq.
Aluatsiak Duneq
QIPISOQ Uvdloriaq
Ingapaluk Simigaq
Qitdlugtoq. miunge
Cecilie. miunge
Qaaquk. miunge
Arnannguaq. miunge
Agpalersuarsuk. miunge
Thomas. miunge
Rasmus. miunge
Peter. Duneq
Valentine Simigaq

Arnannguak Schmidt.
MICHAEL JENSEN
Jakob
Josef. M.
Stephen Leonard
Amannguaq Angiina
Ole Qujaukitsoq
Helene Q
Egilana Jennert
Ak
Magdaraq Kristiansen
Inaluk Miunge
Gedion Eipe
Mette Eipe
Mamarteq Eipe
Agattannguaq Eipe
MASAUNA MITEQ
Enok Uvdloriaq
Regina Sadorana
Magssannguak Imina

Avataq Petersen
Jesper Q.
Judithe Mathiassen
Rasmus K.
NUKAPPIANNGUAQ PETERSEN
Aipilânguak Simigak
Naalariaq P. Qujaukitsoq
Aupaluk Qujaukitsoq
Peter Petersen
Olaf Qujaukitsoq
Naduk Simigaq
Mette Sadorana
Minguaq Simigaq
Ego Petersen
Orla Kleist
Pauline Kleist
Navarana. U. Hendriksen
AERO KRISTIANSEN
DAVID JENSEN
NAIMANNGUITSOQ KRISTIANSEN.

Abraham Fisker
Ingrid Kanuthsen
Aina Kristiansen
Mads Ole Kristiansen
Avataq Qaerngaaq
AMINGUAQ IMINA
JESS EIPE IMINA
Aaqqiunnguaq Qaerngaaq
Tukummeq Qaerngaaq
RITA OLSEN
Niviaaluk
Charlotte J. Normann
Marius Kristiansen
Bertheline Oodaaq
ISIGAITSOK Odak
Ellen Olsen
Adam Olsen

Eva Krist.
Juhas
Tabitha Kristiansen
Qaqutsiaq Kristiansen
Paulus Kristiansen
Nielsen Kog
Aminaaq Kivioq
Stohu Ôdâk
Anike S Ôdâk
Inalunnguaq Ôdâk
Pullaq Qujaukitsoq
Marie Peary
Jens Qujaukitsoq
Pauline Peary
Vivi Petersen
PANIPAK
PIPALUK. Petersen

ᐊᖏᕐᕋᖅ

ᐊᒡᓗᖃᐅᕐᒪᑦ ᓇᑦᑎᕐᓄᑦ ᓯᑯᒥ. ᐹᖅᑲᖅᑐᑦ ᐹᖅᑲᖏᑦᑐᓪᓗ ᐊᒡᓗᑦ ᐃᒪᕐᒥᐅᑕᕐᓄᑦ. ᓇᓄᐃᓪᓗ ᐱᓱᖅᑲᑦᑕᓇᓪᓗᑎᒃ ᑕᒪᐅᓇ.

ᓯᑯ ᐃᔾᔪᖅᑎᒃᑲᓐᓂᖅᑎᓪᓗᒍ, ᓇᑦᑎᕐᓂᐅᑎᓂᒃ ᓄᓗᔾᔨᖅᑲᑦᑕᖅᐳᒍᑦ. ᓯᑯᖃᓕᕐᒪᑦ, ᐃᒡᓗᓕᐅᕐᕕᑦᑎᐊᕙᐅᓕᖅᐳᖅ. ᐅᐱᕐᖓᒃᓴᖅᐸᓪᓕᐊᓕᕐᒪᑦ ᓇᑦᑏᑦ ᓄᓇᕐᔭᖅᑲᐅᓕᖅᐳᑦ ᓯᑯᒥ. ᐅᐱᕐᖓᒃᓴᒃᑲᓐᓂᕐᒪᑦ ᓇᑦᑎᐊᖅᑲᓕᖅᐳᖅ.

ᑕᐃᒫᒃ ᐱᔾᔪᑎᒥᓪᓗᒍ ᓯᑯ ᐊᖏᕐᖁᐅᒥᕗᖅ.

ᓚᐃᒥᑭ ᐸᓪᓗᖅ

ᑕᐃᒫᒃᑕᐅᖅ ᐃᓄᐃᑦ ᓄᓇᓕᖕᒋᑎᑐᑦ, ᖃᓈᖅ ᓯᓭᖅᐸᓯᒻᒦᒥᔪᖅ. ᐃᒡᓕᓃᑦ ᐃᓂᖃᖅᑎᑕᐅᓲᑦ ᓇᒧᖓᖅᑕᐅᒍᓲᑦ ᐊᑐᖅᑕᐅᑦᑐᑎᑦ ᓄᓇᓕᖕᓂᑦ ᐊᒻᒪᑐ ᓯᑯᒥᒃ.

ᒪᒃᐱᒐᐅᖅᑲᐅᖕᒥᔪᖅ ᐆᒪ ᓯᕗᓂᑦᑎᐊᖕᒐᒍᑦ: ᐃᖅᑯᒃ ᐊᖑᑎᕐᔪᐊᖅ ᓇᖕᒋᖅᑐᖅ ᐴᒃᑖᑦ ᖄᖕᒐᓂ ᓯᓈᖕᒐᑕ ᖃᓂᒌᔭᓂ ᐅᑦᕿᐊᒡᕕᐅᑦ ᐊᑖᓯᒃ.

ᐊᖏᕐᕋᖅ ᐃᓂᐅᕗᖅ. ᑕᑯᔅᓴᐅᔪᓐᓇᖅᑐᓂ ᓴᓇᓯᒪᔪᖅ ᑖᓐᓇ ᐊᖏᕐᕋᕆᓵᐅᔪᖅ, ᐃᒡᔫᑐᓂ, ᓇᔪᒐᖅ ᐃᓄᒃᑲᖅᑐᓂ ᐃᓚᒌᖕᓂᑦ ᐅᕙᕘᓐᓃᑦ ᐃᓄᒃᑲᐅᕈᓐᓇᖅᑐᓂ ᑖᓐᓇ ᓇᓂᓴᐅᓯᒪᔪᖅ. ᓇᔪᕈᒥᓇᐅᑎᖃᐅᓴᐃᓐᓇᖅᐸᖅ ᐸᖅᑭᓴᐅᑦᑎᐊᕈᑎᐅᓲᓐᓈᖅᑐᒥᒃ ᐊᒻᒪᓗ ᖁᕕᐊᓱᖕᓇᖅᑐᓂ. ᐱᕆᔪᒥᓇᕐᓂᕐᒥᓂᒃ ᐃᓕᖅᑯᓯᖅᑲᖅᐳᖅ ᐱᓐᓇᕆᓴᖅ, ᖃᐅᔾᒪᓇᖅᑐᓂᓗ ᕿᒫᕙᕆᓇᖅᑐᒥᒃ, ᐅᕙᕘᓐᓃᑦ ᓴᖅᑭᑦᑎᕆᐊᕐᕕᐅᓪᓗᓂ. ᐅᕙᑦᑎ ᐃᒃᐱᓇᖅᓂᕐᔾᑦ ᐃᓚᕆᖅᑲᓯᐅᑎᖕᒥᖕᒪᑦ. ᓲᖅᑲᐃᒻᒪ ᐊᖏᕐᕋᖅᓯᒪᓇᔫᕐᓇᕐᒪᑦ, ᓴᐃᓕᑦᑎᐊᖅᑐᓂ, ᓴᐃᓪᓕᕚᑦ. ᑕᕙ 'ᐊᖏᕐᕋᖅᓯᒪᕗᒍᑦ' ᑕᐃᒫᒃ ᐃᒃᐱᕆᔭᖅᑲᖅᕙᑦᑕ ᓴᐃᓕᓂᕐᒥᒃ ᑭᓱᑐᐃᓐᓇᕐᒥᒃ ᐱᓕᕆᑦᑎᐊᕐᕙᕆᔪᓐᓇᖅᑕᑦᑎᓐᓂᒃ ᐊᒻᒪᓘᑕᐅᑦ ᑖᓐᓇ ᐋᓪᓚᐅᖏᑦᑎᐊᖅᑐᓂ. ᑕᒪᒃᑯᓇᓂ ᐊᒻᒪᓗ ᐊᓯᒐᓚᖏᑎᒍᑦ, ᓯᑯ ᐊᖏᕐᕋᐅᖕᒪᑦ ᐃᓅᖕᓄᑦ ᐃᓄᐱᐊᑦ, ᐊᒻᒪᓗ ᐃᓅᕼᐅᐃᑦ-ᑖᓇᐅᕗᖅ, ᐊᒻᒪᓗ ᐃᒃᐱᕆᓇᖅᑑᑦᑐᓂ ᑕᐸᕙ.

ᓯᑯ ᐊᖏᕐᕋᐅᖕᒪᑦ ᑕᒪᒃᑮᖕᓄᑦ ᐊᖏᕐᕋᕆᓴᐅᖑᔭᐃᓐᓇᖅᑐᑦ ᐊᒻᒪᓗ ᐊᖏᕐᕋᖃᑲᐃᓐᓇᓲᑦ ᐃᑏᓐᓂᑦ. ᐊᖏᕐᕋᐅᖑᔭᐃᓐᓇᖅᐳᖅ, ᑕᐃᒪᐃᖑᔭᐃᓐᓇᖅᑐᓂ ᐃᓚᐃᓐᓇᖓᕗᑦ ᑖᒃᑯᐊᖑᔪᑎᒍᑦ-ᐃᓱᒪᕆᔪᓐᓇᖅᑐᑎᒍᑦ, ᓯᓐᓇᒃᑐᒃᑯᑦ ᐱᖅᑯᓯᐅᑎᔪᓐᓇᖅᑐᑎᒍᑦ, ᐊᒻᒪᓗ ᑕᐃᓐᓇ ᔭᐃᑯᐱ ᐸᓂᒃᐸᒃ ᐅᖃᖅᓯᒪᖕᒪᑦ, ᐊᖏᕐᕋᖅᓯᕙᕆᓰᕗᑦ ᓇᔪᕐᓇᑎᒍᑦ ᐊᑯᓂᐅᓗᐊᖅᑐᖅ. ᐊᑐᐃᓐᓇᐅᑎᑦᑎᓚᐅᖅᓯᒪᕆᑦᓗᓂ ᐃᑏᓐᓂᑦᓗ ᐃᒡᓗᕙᒐᖅᑲᕙᐅᑲᐃᓐᓇᖃᑦᑕᖅᓯᒪᖕᒥᔪᖅ ᐊᑐᖅᑕᐅᑲᐃᓐᓇᕐᓂᐊᖅᑐᓂᒃ, ᓇᔪᖅᑕᐅᑦᑐᓂ ᐊᖑᓇᓯᕆᐊᕙᕆᔪᓐᓇᖅᑐᑎᒍᑦ, ᕿᓚᓗᒐᕋᓱᕙᐅᔪᓐᓇᖅᑐᓂ, ᐊᒻᒪᓗ ᐃᖃᓗᒐᓱᒻᕙᑦ ᐊᕐᕋᒎᑦ ᐊᑑᑎᔫᑦ ᐃᓚᖏᑎᒍᑦ. ᑭᖑᓂᖔᑦᑎᓐᓂᒃ, ᓄᓇᓖᑦ ᐋᖅᑭᒃᑕᐅᔪᑦ ᐃᓂᑦᓚᒃᑕᐅᓚᐅᖏᓐᓂᖏᓐᓂ, ᐃᒡᓗᕙᒐᖅᕙᕆᖅᑲᑦᑕᓚᐅᖅᓯᒪᔭᕗᑦ ᐊᕐᕋᒎᑦ ᐊᑐᖅᑕᑦ ᐃᓚᖑᒐᑦ. ᑕᒪᓐᓇᐅᕗᖅ ᓯᑯ ᐅᐊᑦᑎᐊᕈ ᕿᐅᖏᓐᓂᖅᓴᐅᕙᕆᔭᐅᓚᐅᖅᑐᖅ-ᐅᖃᐅᓯᖅ ᐃᓐᓇᕐᓂᑦ ᐅᖃᐅᑎᕆᔭᐅᒐᔪᒃᑐᓂ ᓱᖅᑯᐃᕆᓇᕐᒪᑦ ᐃᓅᓯᕐᒥ ᐊᑐᖅᑕᒥ ᐱᕈᖅᐸᓪᓕᐊᔪᓂᑦ ᐊᒻᒪᓗ ᓯᑯᒥ ᐃᓅᓯᖅᑲᕐᓂᐅᑦ ᐃᓚᖑᒐᑦ. ᓱᖅᑯᐃᓱᒃᑐᑎᒃ ᐃᒡᓗᕙᒐᕐᒥᐅᑕᐅᕙᓪᓕᐅᕐᓂᕐᒥᓂᒃ, ᓯᑯᒥ ᐅᖅᑰᓇᑦᑎᐊᕐᓂᖓᓄᑦ

ᐊᐅᓪᓚᖅᓯᒪᓪᓗᓂ, ᐊᒻᒪᓗ ᖁᓪᓖᑦ ᐅᖅᑰᑎᑦᑎᑦᑎᐊᕐᓂᖏᑦ ᖁᓪᓕᖅ/ᖁᓪᓕᖅ-ᑖᓯᒪ ᐅᖅᓱᐊ ᓂᕐᔪᑎᓅᙱᖅᑐᓂ ᓯᑯᒥᑦ. ᓯᑯ ᑐᑭᖃᕐᒪᑦ ᐊᑭᙵᖁᕐᓂᒥᒃ, ᐊᒻᒪᓗ ᖃᐅᒪᑎᑦᑎᓂᖓᓂᒃ. ᐅᓪᓗᒥ, ᓯᑯ ᓯᓚ ᐃᖅᑲᐅᒪᓇᕐᒪᑦ ᓯᓚᑐᓂᒃᑯᑦ ᓲᕐᓗ ᓯᓚ ᖃᒪᖅᑐᒥᒃ ᐃᒃᐱᖕᓇᖅᑐᓂᒃ ᐊᒻᒪᓗ ᐱᙳᐊᕈᓇᕐᓂᑦ ᓱᖅᑯᐃᕆᑦᑖᓗᕆᑦ. ᐃᒫᑐᐃᓐᓇᐅᖏᒻᒥᔪᖅ ᓂᕿᒃᓴᓂᒡᕙᕆᔪᓇᖅᑐᑎᒍ, ᖁᕙᐊᓱᒡᕙᐅᑎᓪᓗᒍ ᐱᙳᐊᕐᕙᕆᔭᒃᓴᐅᓪᓗᓂ, ᐊᕐᕋᒎᑦ ᐃᑳᕐᓂᖑᓂ ᓄᑖᕐᒥ ᖃᐅᒪᔪᓂᒃ ᖁᒻᒧᐊᒃᑎᑦᑎᕙᐅᓰᖑᑦᑐᓂ, ᐊᕿᕙᐅᔪᓐᓇᖅᑐᓂ, ᓄᓇᓕᖕᓂᑦ ᕿᒨᒃᓯᒃᑯᑦ ᓱᒃᓴᐅᑎᕙᐅᔪᓐᓇᖅᑐᓂ, ᐊᒻᒪᓗ ᐃᓚᖏᓐᓂᑦ ᓂᕆᔭᖅᑐᑲᐃᓐᓇᖅᑐᓂᑦ ᐃᓅᓯᖅ ᖃᓄᐃᓐᓇᖅ ᐊᑐᖅᑳᑕᖅᐳᖅ.

ᖁᓪᓖᑦ: ᓯᑯ ᐊᖅᓴᑯᓗᖕᒥᒃ ᐊᓇᐅᓯᖅᑕᑦᕙᑦᑎᐊᕙᐅᕗᖅ ᑲᖏᖅᑐᒪᐱᒃ, ᓄᓇᕗᒥ.

ᐊᓪᓚᖅ: ᓯᑯ ᐊᖅᓴᕐᒥᒃ ᐱᙳᐊᖅᕙᕆᓗᒍ/ ᐊᕿᕙᑦᑎᐊᕙᐅᕗᖅ ᐊᑲᐅᕗᖅ ᖄᓈᖅ, ᐊᑯᑭᑦᑐᓂ.

ᑲᖏᖅᑑᒫᐱᖓᒥᑦ ᐃᓐᓇᖅ ᐊᑭᑦᑎᖅ ᓴᙳᔭ ᐃᒋᒪᒃᓴᖅᑐᖅ ᖁᓪᓚᕐᒥᓂᒃ, ᖁᓪᓕᖅ ᓇᑦᑎᐅᑦ ᐅᖅᓱᐊᓂ ᐅᖅᓱᓕᒃ ᐃᒡᓗᕕᒐᕐᒥᓂ. ᐃᒡᓗᕕᒐᖓ ᐃᓗᐱᕈᓕᒃ. ᐃᒡᓗᕕᒐᖓᑕ ᐃᓗᖖᒑᖓ ᐃᓗᐱᕈᖃᖅᐳᖅ ᐊᕙᓘᔭᖓ ᖁᓪᓕᕐᒨᑦ ᑯᑐᖓᓂᐊᖏᒻᒪᑦ.

ᔮᐃᑯᐱ ᐸᓂᒃᐸᒃ

ᓱᑯᒦᙵᓘᖅᓯᒪᓂᖃᖅᐳᖓ. ᓱᑯᓗ ᕿᒥᕐᕈᖃᑦᑕᖅᓯᒪᓪᓗᒍ. ᐅᑮᖃᑦᑕᖅᓯᒪᕗᖓ ᑕᒪᒃᑮᖕᓂ ᓄᓇᒥ ᓱᑯᒥᓗ. ᓄᓇᒥ, ᐅᑭᐅᒃᑯᑦ, ᖁᓪᓕᑐᐊᖅ ᐊᑐᖅᑐᒍ, ᐃᑯᒪᑦᑎᐊᖅᓯᒪᓚᓗᐊᖅᑎᓪᓗᒍ, ᐅᖅᑰᓯᓗᐊᕈᓐᓇᖏᑦᑐᖅ. ᐅᓪᓗᒃᑯᑦ, ᐅᖅᑰᓂᖅᓴᐅᓪᓗᓂ, ᐅᓐᓅᒃᑎᓪᓗᒍ ᑕᐃᒪᐃᑦᑐᒥᒃ ᓱᓕ ᐊᑐᕋᓗᐊᖅᑐᓂ ᐅᖅᑰᔾᔪᑎᑦᔪᓇᖅᑕᒥᒃ, ᐊᔾᔨᖖᑎᑖᓗᑎᓪᓗᓂᐅᒃ. ᓱᑯᒥ, ᐅᖅᑰᓂᖅᓴᐅᓪᓗᓂ. ᓂᕿᒥᒃ ᐊᐅᒃᑰᓪᓗᓂ, ᖁᑖᖓᓂᑦ ᓂᕕᙵᕐᑐᒍ, ᐊᐅᖓᓂᐊᕐᒪᑦ ᖁᓪᓛᓐᓇᕐᔫᑦ. ᐊᖏᕐᕋᖅᓯᓕᕐᓇᓇᓪᓗᓂ ᓱᑯᒧᑦ ᓇᔾᙶᑐᖅᑲᐅᔭᖅᑐᒍ. ᓂᕐᔪᑎᖃᕐᓂᖅᓴᐅᑎᓪᓗᓂ ᓱᑯᒥ. ᐅᐱᕐᖒᒃᑯᑦᑕᐅᖅ ᐱᐅᔪᐊᓘᑎᓪᓗᓂ ᓇᑦᑎᐊᕙᓂᖅᑲᓕᖅᑎᓪᓗᒍ (ᒪᒃᑯᒃᑐᑦ ᓇᑦᑎᐅᓚᓗᐊᑦ) ᐱᑕᖃᓕᖅᑎᓪᓗᑎᒃ. ᓱᑯ ᐊᖏᕐᕋᑦᑎᐊᕙᐅᖓᑦ ᑭᓱᑐᐃᓐᓇᕐᓄᑦ. ᑎᖓᓚᓂᐊᑦ, ᓇᓄᐃᑦ, ᐃᓄᐃᑦ-ᐊᖏᕐᕋᖃᕆᐊᒃᓴᖅ ᐱᐅᓂᖅᓴᐅᑎᒍᖅ ᒪᓃᑖᑦ ᑭᒡᓕᖓᓂ. ᐃᒡᓗᕙᓕᐃᑦ ᐃᓗᐱᕈᖃᖅᑐᑎᒃ ᐅᑭᐅᓕᒫᖅ ᐊᑐᕈᓐᓇᖅᐳᑦ. ᓴᕿᑎᓚᐅᖅᑕᕋ ᐅᖃᖅᓯᒪᙱᒪᑦ ᓄᓇ ᖁᐊᖅᓯᒪᙱᒪᑦ, ᑭᓯᐊᓂ ᓱᑰᑦ ᐊᑖᒍᑦ ᐃᒥᖅᑕᖃᒪᑦ ᖁᐊᖅᓯᒪᙱᑦᑐᒥᒃ. ᓱᑯ ᐊᖏᕐᕋᕆᒐᑦ.

ᑕᐃᕕᑎ ᐃᒃᑲᕐᓇᐊᓗᒃ

ᓯᑯᕋᑖᕐᑎᓪᓗᒍ, ᓇᓄᕐᓄᑦ ᓇᔪᕐᑕᐅᒡᒍᕗᕐ ᐊᖑᓇᓱᒃᑐᓄᑦ ᓲᕐᑲᐃᒻᒪ ᓯᑯᓕᐊᕕᓂᕐ ᓯᓕ ᐊᕐᑭᒻᒪᑦ. ᐊᒻᒪᓗ ᓂᕐᔪᑏᑦ ᑐᒥᕐᑲᐅᕐᑲᑦᑕᕐᑐᑎᒃ ᓯᑯᒃᑯᑦ ᓵᑎᓪᓗᒍ. ᑕᒪᔾᔭ ᓇᓅᑦ ᐊᖏᕐᕋᓇᓪᓚᑦᑖᕐᒪᒍ. ᐊᐱᖕᒪᑦ, ᐄ ᓄᓇᓕᐊᕐᐸᑦ, ᐊᑎᕐᑕᑯᓗᖕᒥᓂᑦ ᓯᑯᓕᐊᕈᔾᔨᕆᕗᑦ. ᐃᒪᕐᑕᕐᑲᐅᓕᑐᐊᕐᒪᑦ ᓯᑯᒥ, ᑎᖕᒥᐊᑦ ᑎᑭᒃᑭᕗᑦ ᐊᖏᕐᕋᓇᓕᕐᑐᓂᔾᔪᑦ. ᓯᑯᓕᐊᑐᐃᓐᓇᕐᑲᑦᑕᕐᐸᒍᑦ. ᓯᑯ ᐊᖏᕐᕋᓇᓚᑦᑎᒍ.

ᑎᓇᓚᓂᐊᑦ ᑐᒥᕐᑲᕐᑲᑦᑕᓇᕗᑦ ᓇᓄᕐᓄᑦ ᑐᒥᑕᓕᖕᓂ ᓯᑯᒃᑯᑦ-ᑎᓇᓚᓂᐊᕐ ᒪᓕᒃᐸᒃᑐᑎᑦ ᓂᓇᔾᒃᓴᕐᓯᐊᑐᐃᓐᓇᓇᐊᕐᑲᕋᒥᒃ ᓇᓅᑦ ᓂᕐᔪᑎᑕᖕᒐᓂᑦ.

ᓈᓐᓯ ᓂᐊᖁᒃ ᓕᕕᑦ

ᓯᑯ ᐊᖏᕐᕋᕆᐅᔭᐃᓐᓇᖅᐸᕋ ᐃᓅᓚᐅᖅᓯᒪᓂᓐᓂᑦ ᑕᐃᒪᙵᑦ ᐃᑲᓂ ᐳᐊᐃᑦ ᓚᐃ, Point Lay, ᐊᓛᓯᑲ ᑕᐃᔅᓯᒪᓂ ᒫᕐᓯ 13, 1947.

ᖃᐅᑕᒫᑦ ᓱᖅᑯᐃᓯᓕᕐᓂᓐᓂᑦ ᑕᐃᒪᙵᑦ ᐊᑖᑕᓐᓂᒃ, ᐅᐊᕋᓐ ᓂᐊᖁᒃ ᐊᖏᔫᒃᑎᖅ., Warren Neakok Sr., ᐊᖑᓇᓱᖃᑦᑕᐃᓐᓇᓚᐅᕐᒪᑦ ᓯᑯᒥ. ᑕᐃᒫᒃ ᓄᑖᕐᒥᒃ ᓂᕿᖃᕈᓐᓇᓚᐅᕋᑦᑕ ᐅᑦᑐᒍᑦ. ᓇᑦᑎᕋᓱᒃᐸᓚᐅᖅᓯᒪᕗᖅ ᓇᓐᓄᒐᓱᒃᐸᒃᑐᓂᓗ. ᓂᖅᑮᑦ ᑕᒪᒃᑯᐊ ᓄᓇᓕᖕᓄᑦ ᐊᒡᒍᖅᑕᐅᖃᑦᑕᓚᐅᖅᓯᒪᖕᒪᑕ ᐳᐊᐃᑦ ᓚᐃᒥ. ᐊᖑᓇᓱᖃᑦᑕᓚᐅᖅᓯᒪᖕᒪᑦ ᑖᖅᓯᓂᖓᓄᑦ ᐅᓐᓄᒫᖓᑦ. ᐃᓛᓐᓂᑦ ᑭᓱᖃᑦᑕᓚᐅᖅᓯᒪᖏᑦᑐᖅ. ᖁᕕᐊᑦᑎᐊᖃᑦᑕᓚᐅᓯᒪᕗᖅ ᐊᖑᑕᒥᓂᒃ, ᐊᖏᕐᕋᐅᔾᔭᒥᓂᒃ ᓂᖃᐃᓱᖅᑐᖃᕈᓐᓇᖅᓯᔭᕌᖓᑦ. ᐳᐊᐃᑦ ᓚᐃ, ᓄᓇᓖᑦ ᖃᔅᓰᓐᓇᑯᓗᓚᐅᖅᓯᒪᖔᑦ ᓄᓇᓖᑦ 100-ᐸᓘᑦᑐᑎᑦ. ᐃᓄᖏᑦ ᖃᔅᓰᓐᓇᐅᒐᓗᐊᖅᑐᑎᒃ ᑕᐃᒪᐃᑦᑕᐃᓐᓇᓕᖃᑦᑕᓚᐅᓯᒪᖏᑦᑐᖅ ᐊᕐᕚᒍᑕᒫᑦ, ᑭᓯᐊᓂᓕ ᐃᓐᓇᕈᒃᑲᓐᓂᕋᒪ ᓱᖅᑯᐃᓱᒃᐳᖓ ᓄᓇᓖᑦ ᐊᐅᓛᖅᑕᑦᑕᖅᑐᑎᒃ ᐃᖅᑲᓇᐃᔮᒃᓴᓂᒃ ᕿᓂᖅᑐᑎᒃ, ᐊᓐᓇᐅᒪᑦᑎᐊᓇᕐᓂᖅᓴᒥᒃ ᐃᓅᓯᕐᒥ, ᐊᒻᒪᓗ ᓂᕿᒃᓴᒃᑲᓐᓂᕐᓂᒃ. ᐃᖅᑲᓇᐃᔮᒃᓴᖅᑕᖃᔪᖏᒻᒪᑦ ᓄᓇᓕᖕᓂ ᑭᓯᐊᓂ ᓄᓇᒥᐅᓂ ᓇᔪᖅᑕᐅᔪᒥ. ᐃᖅᑲᓇᐃᔭᖅᑎᑦᑎᓯᔪᖏᒻᒪᑕ ᓄᓇᓕᖕᓂᑦ. ᐊᐅᓪᓛᓚᐅᖅᓯᒪᕗᒍᑦ ᓲᕐᓗ ᓇᒥᑐᐃᓐᓇᑦᑎᐊᖅ ᓄᓇᖃᖃᑦᑕᖅᑎᐅᔪᒍᑦ ᑕᐃᒫᒃ ᑐᑭᓕᖕᒥᒃ ᓄᓇᓕᖕᓂᑦ ᓄᓇᓕᖕᓄᑦ ᐊᐅᓪᓛᖅᐸᒃᑐᑕ ᐃᓕᓐᓂᐊᕆᐊᖃᑦᑕᕐᓂᐊᕋᑦᑕ. ᓯᑯᒃᑰᖅᑐᑕ ᐊᐅᓪᓛᖃᑦᑕᕗᒍᑦ ᓄᓇᓕᖕᓄᑦ. ᑕᐃᒫᖑᓚᐅᓯᒪᕗᒍᑦ, ᑕᐃᔅᓯᒪᓂ, ᓲᕐᓗ ᖃᓂᓈᕐᓂᐊᕋᑦᑎᒍᑦ ᑐᕋᐃᓐᓇᖃᑦᑕᖅᑐᑕ. ᐊᖑᓇᓱᖃᑦᑕᓚᐅᖅᓯᒪᕗᒍᑦ ᑕᐃᒫᒃ ᐃᖏᕐᕋᓪᓗᑕ, ᐊᑐᓇᐊᖃᖅᑕᑐᐃᓐᓇᑦᑎᓐᓂᒃ ᐅᑦᑐᓄᑦ ᐊᒥᓲᖏᑦᑐᓄᑦ. ᑕᐃᔅᓯᒪᓂ ᐊᑖᑕᒐ ᐃᖅᑲᓇᐃᔭᓕᕐᒪᑦ ᓄᓇᒥᐅᓂ ᑕᒪᒃᑯᓂᖓ ᐱᔭᕆᐊᖃᖅᑐᓂᒃ ᐃᖅᑲᓇᐃᔮᖃᖅᑐᓂ, ᐃᓚᑮᓕᒪᑦ ᐊᐅᓪᓛᓕᓚᐅᖅᓯᒪᕗᒍᑦ ᐃᒪᖅᑲᕐᓂᖓᒍᑎᒍᑦ ᐊᑐᒐᒃᓴᐅᓕᑐᐊᕐᒪᑦ ᐃᔾᔪᓂᖓ ᐊᑐᖃᒃᓴᐅᓕᖅᑐᑎᒃ ᐃᖏᕐᕋᕕᒋᓗᒍ. ᑐᐱᖅᑐᑕ ᓄᓇᒥᐅᑦ ᐅᖓᓯᒋᔮᓄᑦ. ᐃᒪᖅᑲᕐᓂᐅᔫᒃᑯᑦ ᐱᓱᒃᑐᑕ ᓯᑯᐊ ᐊᑦᑕᕐᓇᕈᓐᓃᑐᐊᕐᒪᑦ. ᐊᐅᔭᕐᒪᑦ ᐅᒥᐊᕐᒥᒃ ᐊᑐᖅᑐᑕ ᐃᒪᖅᑲᕐᓂᖓᒍᑦ ᓄᓇᓕᖕᓄᑦ ᐅᑎᓕᓚᐅᖅᓯᒪᕗᒍᑦ. ᓄᓇᓖᑦ ᓯᒻᔭᖅᐸᓯᖓᒪᑕ. ᓇᑦᑎᕋᓱᒃᑐᑕ, ᐃᖃᓗᒐᓱᒃᑐᑕ, ᐊᒻᒪᓗ ᖃᑯᖅᑕᓂᒃ ᕿᓚᓗᒐᓱᒃᑐᑕ. ᒥᑎᕋᓱᒃᑐᑕᓗ ᐃᒪᐅᑦ ᖃᓂᒋᔮᓂ. ᖁᕕᐊᓇᑦᑎᐊᓚᐅᖅᓯᒪᕗᖅ. ᐅᐊᑦᑎᐊᕈ ᐊᑐᕈᒥᓇᑦᑎᐊᖅᑐᓂᒃ ᐱᖃᓚᐅᖅᓯᒪᖏᑦᑐᒍᑦ ᐅᑦᑐᒥᑎᑐᑦ. ᓯᑯᖃᕈᓐᓃᕐᓂᕈᑦᑕ ᑎᒥᕗᑦ ᓂᕿᑎᒍᑦ ᑎᒥᑦᑎᓐᓂᒃ ᐆᒪᑎᑦᑎᑦᑎᐊᖅᑐᓂᒃ ᐱᑎᑦᑐᓐᓃᖃᔭᖅᑕᕗᑦ. ᑎᒥᑦᑕ ᐃᓗᐊ ᐊᓯᕈᖃᔭᖅᑐᖅ. ᐃᒪᐃᒃᑲᔭᖅᑯᐃᐳᕗᒍᑦ ᓂᕆᖃᑦᑕᖅᑕᑦᑎᓐᓃᑦᑐᑦ ᐆᒪᑦᑎᐊᕈᑎᑦᑕ ᐃᓚᖏᑦ ᐊᓯᐊᓂᑦ ᐱᖃᑦᑕᕆᐊᖃᓕᕋᔭᖅᑕᕗᑦ ᑎᒥᕗᑦ ᐱᖄᒃᑎᔅᓴᐃᖅᓯᒪᓗᑎᒍᑦ.

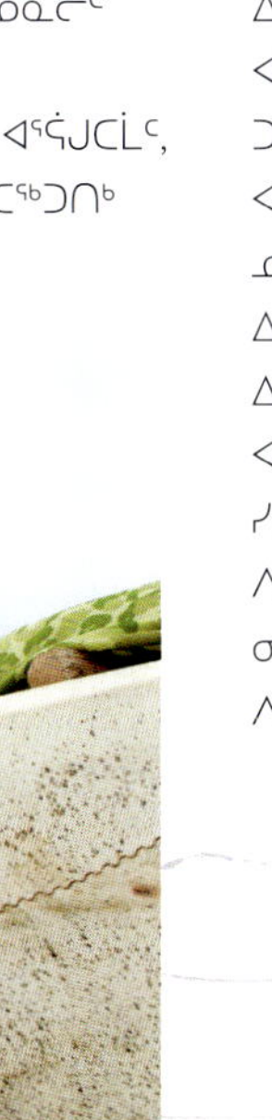

ᐃᒡᓗᐊᓃᑦᑐᖅ: ᔫ ᓕᕕᑦ
ᓄᓇᒥᓂ ᓯᓈᖓᓃᑦᑐᖅ
ᐅᑦᕿᐊᒡᕕᒃ, ᐊᓛᓯᑲ.

ᑕᓕᖅᐱᑦᑎᖅ: ᓈᓐᓯ ᓂᐊᖁᒃ ᓕᕕᑦ

ᔩ ᓕᕙᑦ

ᐃᓄᐱᐊᓄᑦ ᐅᑭᐅᖅᑕᖅᑐᖅ ᖁᑦᑎᒃᑐᒥ, ᓯᑯ ᐊᑐᖅᑕᐅᖃᑦᑕᖅᐸᖅ ᐊᕐᕿᕋᕕᒋᓪᓗᒍ ᐊᖑᓇᓱᒡᕕᒋᓪᓗᒍ ᐃᒪᕐᒥᐅᑕᕐᓂᒃ ᐃᒫᒃᑲᓐᓂᖅᓱᑦᑕᐅᖅ ᓱᕐᕚᖅᐸᓯᐊᒍᑦ ᑐᒃᑐᓯᐅᕐᕕᒋᓪᓗᒍ, ᑎᖕᒥᐊᓂᒡᓗ ᐃᒫᓂᓯᐅᓂᒃ ᐱᕈᖅᑐᓂᒡᓗ, ᐊᒻᒪᓗ ᑲᑎᖅᓱᐃᕕᒋᓪᓗᒍ ᐱᕈᖅᑐᕕᓂᕐᓂᒃ ᐊᒻᒪᓗ ᐊᓱᖏᓐᓂᒃ ᓂᕿᓂᒃ. ᓯᑯᑦᑕᐅᖅ ᐱᐅᒃᑲᓐᓂᕆᓪᓗᓂ ᐱᑕᖅᑲᖅᑎᑦᑎᓂᖓᓄᑦ ᐃᒥᑦᑎᐊᕙᖕᒥᒃ ᐃᒦᒃ ᓯᑯᖅᑲᐃᑦ ᖄᖏᑦ ᐱᐊᖅᑲᑦᑕᖏᒻᒪᑕ (ᐃᒥᑦᑎᐊᕙᐃᑦ). ᐊᐅᔭᒃᑯᑦ, ᓂᓚᐃᑦ ᐊᒥᐊᒃᑰᓯᒪᔪᑦ ᓂᓚᖕᓂᑦ ᓱᕙᒥ ᐊᒻᒪᓗ ᑭᓂᕆᑦᑎᐊᖅᓯᒪᒐᒥᒃ (ᑖᒦᓂᖏᓐᓇᕋᒥᒃ). ᑖᕙ ᖃᖏᔭᖅᑐᒍ ᑭᒡᓕᖏᑦ ᐱᓗᐊᖅᑐᒥᒃ ᐊᒻᒪᓗ ᑖᕙ ᐃᒪᖅᑲᑎᐊᓕᕐᓇᖅᑐᑎᒃ. ᐃᖏᕐᕋᕕᖅᑲᑦᑕᕆᕙᒍᑦ ᓱᕙᖅ ᓄᐊᑦᑎᕕᒋᓪᓗᑎᒍ ᑎᔾᔭᕐᓗᑯᓂᒃ ᕿᔪᖕᓂᒃ ᐊᑑᑎᖃᕈᓐᓇᖅᑐᓂᒃ, ᐊᖑᓇᓲᑎᒃᓴᓕᐊᕆᓗᒋ, ᐅᒥᐊᑦ, ᐊᒻᒪᓗ ᖃᒧᑎᒃᓴᑦ.

ᐃᒪᐃᑦᑐᓐᓇᖅᑲᑦᑕᕐᒥᔪᒍᑦ ᓯᑯ ᐃᖏᕐᕋᕕᐅᔪᓐᓇᖅᑐᑎᒍ ᑕᒫᓐᖓᑦ ᓅᕚᐱᕆᐅᑦ ᐱᓇᓱᐊᕈᓯᖏᑦᑕ ᐊᒃᐸᕐᓂᖏᓐᓂᑦ ᔫᓂᐅᑦ ᐊᒃᐸᓂᖓᓄᑦ. ᐱᑕᖅᑲᐅᖅᑲᑦᑕᕐᒥᔭᖅ ᐊᑦᑕᕐᓇᕐᓂᕐᓂᒃ ᐊᑐᕆᐊᖓ (ᐃᖏᕐᕋᕕᔭᕆᐊᖓ), ᑕᒪᒃᑯᐊ ᑰᔩᓃᑦ ᑕᓯᐅᔭᕐᓄᑦ. ᓂᒎᖅᑲᑦᑕᖅᑕᕗᑦ ᑕᒪᒃᑯᐊ ᐊᑦᑕᕐᓇᓗᐊᖅᑐᒥᒃ ᓯᑯᓖᑦ ᐅᐸᓴᒃᑕᑦᑎᓐᓄᑦ ᐃᖏᕐᕋᓪᓗᑕ. ᔩᓂᐅᑦ ᐅᓪᓗᖅᓯᐅᑖ ᐊᑐᖅᑐᑎᒍ ᐊᒥᓲᓕᖅᑲᑦᑕᕐᒪᑕ ᐃᒪᐅᓃᑦ ᓂᒍᕆᐊᖅᑲᖅᑲᑦᑕᖅᑕᕗᑦ ᑕᒪᒃᑯᐊ.

ᐊᑦᑕᕐᓇᔾᔭᐃᖅᓯᒪᓂᖅ ᐱᓗᐊᙱᐊᖅᑲᑦᑕᕋᑎᒍ ᓱᕐᓗ ᐊᑐᑦᑎᐊᖅᑐᑎᒍ ᖃᖓᑐᐃᓐᓇᒃᑯᑦ ᐃᖏᕐᕋᑦᓗᑕ ᓯᑯᒃᑯᑦ. ᐅᐱᕐᖔᒃᑯᑦ

ᐊᕐᕌᒍᓯᖕᓇᓕᖅᑎᓪᓗᒍ, ᓯᑯ ᑖᕙ ᐊᖏᕐᕋᓇᓪᓗᑎᒍᑦ. ᐊᕐᕌᒍᓕᓯᓚᕌᖓᑦᑕ ᐃᓂᕆᔭᕗᑦ (ᓯᓂᒃᑕᕐᕕᕆᔭᕗᑦ) ᑕᖕᒫᕐᕕᕆᖅᑲᑦᑕᖅᐸᕗᑦ ᐊᖑᓇᓱᒃᑏᑦ ᓯᓂᒃᑕᕕᕆᔪᓐᓇᖅᑕᖓᓂᒃ, ᓂᕿᓕᐅᕐᕕᒋᓗᒍ, ᐊᒻᒪᓗ ᐅᑕᖅᑭᐅᕕᒋᓗᒍ ᐊᕐᕆᒍᒥᓇᖅᑐᒥᒃ ᐳᐃᔭᖅᑲᖅᓂᐊᕐᒪᖔᑦ ᖃᓂᒋᔮᒍᑦ. ᐊᕐᕆᕙᓱᒃᑐᑕ ᐊᑐᖅᑲᑦᑕᖅᑕᕗᑦ ᑭᓯᑐᐃᓐᓇᐃᑦ, ᑐᐲᑦ, ᓲᐳᔫᑦ, ᐊᕐᕆᕙᓲᑎᑦ, ᐊᒻᒪᓗ ᑕᖅᑯᐊᑦ ᐸᕐᓇᑦᑎᐊᖅᓯᒪᓪᓗᑎᒃ ᐹᖅᑲᑦᑎᐊᖅᓯᒪᕗᑦ ᐊᒻᒪᓗ ᓇᒃᓴᖅᑲᓯᐅᑎᓪᓗᒋᑦ ᑕᖓᖅᕕᒋᓯᒪᔭᑦᑎᓐᓄᑦ ᐅᑎᖅᑕᔅᓴᐃᖅᓯᒪᓇᓱᒃᑐᑦ ᓄᓇᑦᑎᓐᓄᑦ.

ᓇᑦᑎᕋᓱᖕᓂᖅ ᐊᕐᕌᒍᓕᒫᖅ ᐊᑐᖅᑲᑦᑕᖅᑕᕗᑦ ᓱᕐᕚᖅᐸᓯᕈᔪᑦᑎᓐᓂ. ᐅᑭᐅᒃᑯᑦ, ᐊᖑᓇᓱᒃᑏᑦ ᓇᒡᒍᑎᓂᒃ ᐊᑐᐊᕆᖅᑲᑦᑕᖅᑐᑦ ᐃᖅᐸᖅᓯᒪᔪᓂᒃ ᓱᕚᐅᑦ ᖃᓂᕆᔭᕗᑦ. ᓇᒡᒍᑎᑕᖅᑲᓕᖅᑎᓪᓗᒍ, ᓯᓚᕗᑦ ᓂᒡᓚᐅᓗᐊᖅᑲᑦᑕᖕᒋᒻᒪᑦ ᐅᑦᕿᐊᒡᕕᖕᒥ ᐱᔪᓐᓇᖅᑎᑦᑎᑦᑎᐊᖅᑕᕐᒥᖕᒪᑦ ᐅᓪᓗᓂᒃ ᐊᖑᓇᓲᕕᑦᑎᐊᕙᖕᓂᒃ.

ᐊᐅᔭᒃᑯᑦ ᐊᖑᓇᓱᖕᓂᖅ ᐊᑲᐅᔾᔨᑎᖅᑲᖅᑲᑦᑕᕆᕚᖅ ᖃᐅᒪᐃᓐᓇᖅᑲᑦᑕᕐᓂᖓᓂᒃ. ᐊᖑᓇᓱᒃᑏᑦ ᖃᖓᑐᐃᓐᓇᑦᑎᐊᒃᑯᑦ ᐊᖑᓇᓱᒍᓐᓇᖅᑲᑦᑕᕐᒪᑕ ᓯᓚ ᓈᒻᒪᓈᖅᑎᓪᓗᒍ.

ᐃᒪᖅᑕᐅᖅ ᐊᑐᖅᑲᑦᑕᕆᕙᑦ ᐃᕐᕈᖅᑐᐃᕕᕆᔭᕐᓇᖅᑐᑎᒍᑦ ᓂᖅᔨᑎᑦᑕᑦ ᕿᓯᖕᒋᓐᓂᒃ. ᑭᓂᑦᑏᕕᒋᓗᒍ ᓇᓄᕋᕐᒥᒃ ᐃᒪᖅ ᐲᔭᐃᓗᓂ (ᐸᓚᖖᑲᖅᑎᓇᓗᓂ) ᖃᕈᕕᐊᖓᓂᒃ ᐊᒻᒪᓗ ᐅᖅᓱᕈᔪᐊᓂᒃ. ᑕᒪᒃᑯᐊ ᐅᒥᐊᐱᐊᑦ (ᐊᒥᓕᖅᓯᒪᔪᑦ ᐅᒥᐊᑦ, ᐊᔾᔨᒋᑦᑎᐊᙱᑕᖓ ᐅᒥᐊᑦ) ᑐᓕᒫᖓ ᐋᖅᑭᑎᐊᓇᐊᖅᑲᓪᓚᑦ (ᒪᑦᑎᖅᑐᒍ), ᑭᓂᑦᑎᐊᓇᓲᕗᑦ ᐅᓪᓘᖕᓂᒃ ᒪᔫᖕᓂᒃ. ᖃᓯᒃ ᑖᕙ ᐃᒻᒥᔾᔨᒥᒍᒥ ᐃᒻᒥᑦᑎᐊᓇᓚᐅᖅᑐᖅ ᐊᒻᒪᓗ ᐱᔭᕐᓂᖅᓯᓖᓪᓕᖅᐸᖅ ᒪᑦᑎᓇᐊᖓ ᒥᖅᓱᓇᐊᖅᑭᓂ. ᑖᕙ ᖃᓯᒃ ᑕᓯᓯᓕᖅᑐᑎᒍ ᐅᒥᐊᑦ ᓴᐅᓂᖓᓄᑦ ᐊᒻᒪᓗ ᑖᕙ ᐊᑐᒃᑲᓂᕈᓇᕐᓂᐊᓕᕆᕗᖅ ᐊᕐᕆᕙᓱᖓᐅᓂᐊᖅᑐᒥᒃ ᓯᑯᒥ.

ᐅᐊᕋᓐ ᒪᑐᒥᐊᖅ

ᐊᖑᓇᓱᖕᓂᖅ ᓯᑯᒥ ᐃᓅᓯᕆᓯᒪᓚᐅᕐᑎᒍ ᐃᓅᓯᑦᑎᓐᓂ ᐊᑐᖅᑐᑎᒍᑦ) ᑕᐃᒪᖔᒐᑦ ᓱᖅᑯᐃᓯᓕᕐᓂᓐᓂᑦ. ᖁᕙᐊᕆᐅᔭᐃᓇᓐᓇᓪᓗᒍ ᐊᖑᓇᓱᒃᑐᖕᒐ ᓯᑯᒥ ᒪᒃᑯᖕᓂᓐᓂ. ᑕᐃᔅᓯᒪᓂ ᐃᔾᔭᐃᖕᒐᑎᓪᓗᒍ, ᐊᐅᓪᓚᖅᑐᖕᒐ ᑕᑯᔭᖅᑐᕋᓱᒃᑐᒍ ᐃᕗᓂᖅ ᐳᖅᑐᔪᖅ ᓄᓇᓖᑦ ᓵᖕᒑᓂᑦᑐᖅ. ᒪᔪᕋᒃᑯ ᑕᒪᓐᓇ ᐃᕗᓂᐊᓗᒃ ᐊᒻᒪᓗ ᖃᖅᑲᓚᐊᖅᓯᒪᒐᒪ ᐊᑯᓂᐊᓘᖕᒋᑦᑐᖅ ᓇᑦᑎᖅᑲᖕᒫᑦ ᐃᑎᕙᖕᒦᖕᒐᓂ, ᑕᐃᔅᓯᒪᓂᓪᓗᐊᖅᑕᐅᖅ, ᐅᔾᔨᕆᔪᖕᒋᒻᒥᔭᕋ ᓄᑎᒃᑐᖅ ᕿᖑᓂᖕᒦᒃᑯᑦ. ᓄᑎᒃᓯᒪᔪᖅ ᑐᐊᕕᖅᑐᖕᒐ ᐅᐸᒃᑐᒍ ᐊᒻᒪᓗ ᐃᒋᑦᑐᒍᓗ ᐃᓯᕋᖅᑐᔪᕋ ᐃᒫᓄᑦ ᐊᒻᒪᓗ ᐊᓪᓗᓈᖔᒐᑦᑎᐊᕋᓱᒃᑐᖕᒐ ᖃᒨᒃᑳ ᑎᒍᔪᓐᓇᕋᓱᒃᑐᒋᒃ. ᖁᔭᓕᕗᖕᒐ ᓯᓚ ᕿᒻᒥᒃᑲ ᓴᖖᒋᓚᐅᕐᒪᑕ ᐊᒻᒪᓗ ᐃᓯᒪᖃᑦᑎᐊᖅᑐᑎᒃ ᓄᓱᒃᑕᐅᔪᓐᓇᖅᑐᖕᒐ ᖃᑭᑎᑕᐅᓪᓗᖕᒐ ᐃᒫᓂᑦ. ᑕᕝᕙ ᑕᐃᒫᒃ ᐊᑐᖅᑭᑦᑎᐊᔪᕗᖕᒐ.

ᐊᑖᑕᒐ (ᐃᑦᑐᕋᓗᐊᕋ)ᒧᒥᒐᓇ ᑕᐃᒫᒃ ᐊᑐᕋᔭᖖᒍᐊᖖᑭᑕᒥᓂᒃ ᐊᑐᖅᓗᓂ ᑕᐃᒪᐃᓐᓂᖕᒋᓪᒪᑦ. ᐅᓪᓗᖅ ᑕᐃᓐᓇ ᐊᐅᓪᓚᖅᑐᓂ ᓄᓗᔾᔨᐊᖅᑐᓂ ᓇᑦᑎᖅᓂᐅᑎᓂᒃ ᐊᒻᒪᓗ ᐅᑎᖕᖏᓐᓇᖅᑐᓂ. ᓱᖅᑯᐃᕆᖕᒥᔭᕋᑦᑕᐅᖅ ᐃᕗᕕᐅᓪᓗᓂ ᐅᖅᑯᖅᓯ, ᓴᐅᒥᖕᒐᑦᑎᓐᓃᑦᑐᖅ (ᐅᐊᓚᓂᖕᒐᑦᑎᓐᓃᑦᑐᖅ) ᓄᓇᑐᓂᖅ. ᑕᐃᒪᐃᓚᓪᓗᓂ ᖃᓚᒻᒥᐅᓪᓗᓂ ᐊᓄᓇᖅᑲᖕᒋᑦᑎᐊᕋᓗᐊᖅᑎᓪᓗᒍ ᐅᕝᕙᔫᓐᓃᑦ ᑕᑯᒃᓴᐅᔪᒥᒃ ᐃᖕᒋᖅᑲᓂᖅᒥᒃ. ᐃᓯᒪᒋᔭᕋᓚ ᓯᓈᒥᒍᑦ ᑕᐃᒪᐃᑎᑕᐅᔪᕙᓂᐅᖕᒪᖕᒑᑦ ᐱᔾᔪᑎᕆᓪᓗᒍ ᓱᒃᑲᓂᓇᔪᔭᖕᒐᓄᑦ ᓄᓇᑐᓂᖕᒐᓄᑦ ᐊᔭᒃᑕᐅᓪᓗᓂ ᓄᐊᑦᑐᐊᓘᔪᖕᒪᑦ. ᐊᑖᑕᒐ ᐹ ᒪᑐᒥᐊᖅ ᐊᒻᒪᓗ ᐊᖑᑏᑦ ᐊᓯᖕᒋᑦ ᑕᑯᔭᖅᑐᓚᐅᖅᓯᒪᖕᒪᑕ ᑕᐃᔅᓯᒥᖕᒐ ᐅᕝᕙᖕᒐᓚ ᒪᓚᖅᑯᔭᐅᓇᖕᒐ. ᑕᐃᔅᓯᒪᓂ 7-ᓂᒃ ᐊᕐᕌᒍᖅᑲᓚᐅᖅᓯᒪᔪᒐ.

ᒫᓇᑦᑎᐊᖑᓂᖅᐹᖑᔪᖅ ᓱᕋᓚᐅᖅᓯᒪᔪᖅ ᐊᓄᓇᒎᑦ ᑕᐃᔅᓯᒪᓂ ᐆᑦᑑᐱᓇᐅᑎᓪᓗᒍ 1963-ᒥ. ᐊᒥᓱᒃᓚᐃᑦ ᓄᓇᖅᑲᑎᑦᑕ ᐃᓗᖕᒋᑦ ᑎᒃᑕᐅᓚᐅᖅᓯᒪᖕᒪᑕ ᐃᓂᕆᔭᖕᒋᓐᓂᒃ ᐊᒻᒪᓗ ᐃᒫᒍᑦ ᐳᒃᑖᖅᑐᑎᑦ ᐊᐅᓪᓚᖅᑐᑎᒃ. ᐃᓗᑦᑕᐅᖅ ᐊᓯᖕᒋᑦ ᓱᕋᑦᑎᒐᓗᐊᓇᓪᓗᑎᑦ ᓯᓚᔭᖅᓱᖅᑐᒍᑦ ᐅᓚᓗᐊᖅᑐᒍᓪᓗ. ᖁᔭᓕᕗᒍᓪᓚ ᐃᓅᔪᓐᓃᖅᑐᖅᑲᔪᖕᒋᒪᑦ.

ᐊᖅᕙᒐᓱᖅᑲᑦᑕᖅᓂᓐᓂ, ᐃᒪᐃᓚᐅᖅᓯᒪᒋᕗᒍᑦ ᐊᑐᖅᑐᑎᒍ ᑕᒪᓐᓇ ᐊᑑᑎᔪᖅ ᓯᑯ ᓄᑦᑖᓗᓂ ᐊᖑᓇᓂᑦᑎᒍᑦ ᐊᖅᕙᒐᓱᒃᑐᑦ ᑕᖕᒫᖅᓯᒪᕙᕆᔭᑦᑕ ᓯᓚᔭᐅᓪᓗ ᐊᑯᓐᓂᑦᑎᒍᑦ. ᑕᑯᓐᓈᕋᓗᐊᖅᑐᑎᒍ ᓯᑰᑦ ᓱᕋᑦᑎᕚᓪᓚᐊᓂᖕᒐ ᐃᖕᒋᖅᑲᓂᖅᒥᑦ ᐊᒻᒪᓗ ᐊᑯᓂᐅᓗᐊᖅᑐᖅ ᐅᑦᑕᖅᑭᓪᓗᑦ ᑕᕝᕙᖔᓚᑦ ᐃᖕᒋᖅᑲᓯᓚᐅᖕᒋᓐᓂᑦᑎᓐᓂᑦ. ᐃᑳᓇᐊᖅᑲᓚᐅᖅᓯᒪᔪᒍᑦ ᐱᖕᒐᓱᓂᒃ ᐃᖅᐸᖅᑐᓂᒃ ᐅᒥᐊᕗᑦ ᖃᓯᓕᒃ ᐊᑐᖅᑐᑎᒍᑦ.

ᐊᖅᕙᒐᓱᖕᓂᖅ ᐃᓅᓯᑎᒍᑦ ᐊᑦᔾᔭᐃᓐᓇᕋᑎᒍᑦ ᓱᖅᑯᐃᓯᓕᕐᓂᓐᓂᑦ. ᐃᒪᖅ ᐊᑐᐃᓐᓇᐅᑎᑦᑎᐅᔭᐃᓐᓇᖅᐳᖅ ᐅᕙᑦᑎᓐᓄᑦ ᓂᖅᑭᓴᓂᒃ ᐊᒻᒪᓗ ᐅᖅᑰᔪᒥᒃ, (ᖃᐅᔭᖅᑲᑦᑕᖕᒋᓐᓂᕐᒥᒃ). ᐊᑐᖅᑲᑦᑕᔪᕆᕗᒍᑦ ᐊᕐᕕᐅᑦ ᐅᖅᓱᐊᓂᒃ ᐊᒻᒪᓗ ᒪᓂᕐᒥᒃ ᐃᔅᓯᖅᑲᖅᑐᒥᒃ ᐅᖅᓯᒎᑦ ᐃᓗᑦᑕ ᐅᖅᑰᔾᔪᑎᒋᓂᐊᖅᑕᖕᒐᓂᒃ. ᓄᐊᑦᑎᖅᑲᑦᑕᓇᕗᒍᑦ ᑎᔾᔭᕐᓗᑯᓂᒃ ᖃᔪᖕᓂᒃ ᑎᐱᔭᐅᖅᑲᑦᑕᖅᑐᓂᒃ ᓯᓪᔭᒥ. ᐅᓪᓗᑦ ᑕᐃᒃᑯᐊ ᑕᐃᔅᓯᒪᓂ, ᐅᑦᖃᐊᓪᕙᒃ ᐊᕙᑖᓗ ᖃᔪᖕᓂᒃ ᑎᔾᔭᓗᑭᑦᑑᖅᑲᑦᑕᐃᓇᕐᒪᑦ.

ᐅᐊᕋᓐ ᒪᑐᒥᐊᖅ ᐊᖅᕙᒐᓱᒃᑎᓂᑦ ᑲᐱᑕᐃᓇᔭᐅᓐᓂᖅᐳᖅ ᒪᑐᒥᐊᒃᑯᑦ ᐊᖅᕙᒐᓱᒃᑎᐅᔪᓂ ᑕᐃᔅᓯᒪᓂ 1960-ᖕᒋᓐᓂ. ᐅᓇ 1996-ᖑᑎᓪᓗᒍ ᐊᔾᔨᖖᒍᐊᖅ ᑕᑯᒃᓴᐅᒐᖅ ᐅᐊᕋᓐ ᑭᖑᓪᓕᖅᐹᑦᑎᐊᕐᒥᒃ ᐊᖅᕙᒃᑎᓪᓗᒍ ᓇᐅᓚᒃᑕᕕᓂᖕᒐ ᐊᖅᕙᒐᓱᒃᑎᐅᖅᑕᐅᓪᓗᓂ ᑕᕝᕙᓐ ᐊᖅᕙᒐᓱᒃᑎᓂᑦ.

ᐊᕐᓇᐃᑦ ᑎᓴᒪᑦ ᐊᖏᕐᕋᖅᓯᒪᔪᑦ ᓯᑯᒥ (ᓯᕿᙳᔭᐅᑦ ᑲᐃᕙᓂᖓᑎᑐᑦ ᓇᓗᓇᐃᕐᓗᒋᑦ): ᑑᑯ ᐅᓯᒪ, ᓂᓇ ᑭᐅᓵᓐ ᕼᐅᒻ, ᐊᐃᕝᕙ ᓴᖑᔭ, ᓯᐋᕆ ᒋᐅᕼᐊᕐ.

ᔪᐃᓂ ᓴᖑᔭ

"ᐸᓃᒃ" ᐃᒪᐃᔪᖕᒪᑦ ᑐᓴᓚᖕᓇᖅᑐᓂ ᑖᓐᓇ ᐅᖃᐅᓯᖅ ᐅᑯᓈᙱᖅᑐᓂ ᐊᓈᓇᒥᑦ ᐅᕙᔫᓐᓃᑦ ᐊᑖᑕᒥᑦ, ᐊᒻᒪᓗ ᐊᒥᓱᑦ ᓯᓂ ᑖᒪᓂ ᕿᑭᖅᑖᓗᖕᒥ ᐊᒻᒪᓗ ᐊᓯᖕᒫᖕᖓᓂᑦ ᐅᖃᐅᓯᖅ ᐊᑐᖅᑕᐅᔪᖅ ᓯᓂ. ᓇᒡᓂᖕᓂᖅ ᐆᓇᕈᔪᖕᓂᕐᓗ ᐅᔾᔨᕐᓇᑦᑎᐊᔮᒃ ᓯᓂ ᑕᕝᕚᓇ ᐅᖃᐅᓯᒃᑯᑦ; ᐅᖃᐅᓯᖅ ᐃᑦᑐᕐᒧᑦ ᓂᖏᐅᕐᒧᓪᓗ ᐊᒻᒪᓗ ᐊᖏᔪᖅᑳᓄᑦ ᑕᑯᖅᑯᔾᔨᕗᖅ ᐊᕐᓇᐃᑦ ᐊᔾᔨᖃᖏᒪᑕ ᐃᓚᓂᐅᑎᔭᕌᖓᑕ ᐃᓚᖑᖕᓄᑦ. ᐃᒫᖑᓪᓗᐊᖅᑎᓪᓗᒍ ᐊᕐᓇᐃᑦ ᓯᓃᒃᑲᓗᐊᖅᑎᓪᓗᒋᑦ, ᓯᓃᒃᑐᖅ ᐃᓂᖅᑯᓇᖅᑐᓂ ᐅᖃᐅᔾᔭᐅᓪᓗᓂ ᓂᐱᑭᓵᖅᑑᓚᐅᕐᒪᕐᒧᑦ, "ᐸᓃᒃ ᓇᒡᓂᕆᕙᕆᑦ" ᐃᓅᓯᖅ ᐊᖏᔪᐊᕘᖅᑯᐃᔾᔨᓗᐊᖅᑎᓪᓗᒍ ᐊᒻᒪᓗ ᑕᑯᒥᓇᕐᓂᕐᒧᑦ ᐊᔾᔨᖃᖏᑦᑎᐊᕐᓗᓂ, ᑕᒪᓐᓇ ᐊᑐᖅᑕᐅᔪᓐᓇᖅᑑᑦ ᐃᓚᖓ ᐃᓕᖅᑯᓯᐅᕗᖅ ᐊᒻᒪᓗ ᓯᓕᕐᑎᐊᖅᑐᓂ.

ᐊᕐᓇᐃᑦ ᐃᓅᓯᑦᑕ ᐃᓚᒋᑦᑎᐊᕐᒪᒋᑦ, ᐊᖏᕐᕋᒥ ᕈᓐᓃᑦ. ᓂᕿᑦ ᐊᕐᓇᕐᒧᑦ ᑐᓂᔭᐅᕙᑦ, ᐱᓕᕆᓂᖅ ᐊᑐᓕᕆᓪᓗᓂ ᐅᐊᑦᑎᐊᕈᙳᕐᒪᑦ, ᐊᕐᓇᖅ ᑕᕝᕙ ᐅᖃᐅᔾᔭᐅᕙᖅ ᖃᓄᐃᓐᓇᖅ ᐱᓕᕆᔪᓐᓇᕐᓂᖕᒐᓂᒃ, ᐊᒻᒪᓗ ᐱᓐᓇᕈᓯᖕᓂᖅ ᖄᖅᑐᖅᑎᑐᑦ ᐊᓂᕙᖅ ᐊᖏᔪᖅᑳᖕᕆᓐᓂᑦ. ᐊᕐᓇᖅ ᓇᔩᑎᑎᓐᓇᒍ, ᐃᒡᓗ ᓇᔪᖅᑕᖅ ᓂᐱᖅᑲᖕᕆᑦᑎᐊᖅᑐᓂ. ᓵᖅᑲᐃᒻᒪ ᓇᔩᑎᖕᕆᒻᒪᑦ, ᑕᒪᒃᑯᐊ ᐊᐅᓚᔅᓴᖕᓃᑦ ᐱᑕᖅᑲᐅᖕᕆᒻᒪᕆᒃᐸᑦ ᓵᖅᑲᐃᒻᒪ ᓇᔪᖅᑕᑦ ᐊᓯᐊᓃᑦᑐᖅ. ᐊᖏᕐᕋᖅ ᑕᑕᐸᐹ ᐅᖅᑳᓚᓕᕐᒪᑦ, ᐊᐅᓚᓂᖕᕆᓐᓄᑦᑐ-ᐱᑕᖅᑲᓕᕐᓂᖕᖓᓄᑦ ᐊᖏᕐᕋᖅ ᐃᒪᐃᓕᕆᕙᖅ ᐅᑎᖅᑐᓂ ᐃᓕᖅᑯᓯᕐᒥᓄᑦ, ᐃᓚᑮᑦ ᐊᑕᖕᕆᑦᑎᐊᓕᖅᐸᑦ ᓈᒪᑦᑐᑎᒃ.

ᒪᒃᑯᐊ ᐊᕐᓇᐃᑦ ᐱᕈᕐᒥᒃ ᐃᓅᖅᑲᑎᖅᑲᓕᖅᑐᑎᓪᓗ ᐊᒻᒪᓗ ᐊᒥᓯᐊᖅᑎᖅᑐᐊᓘᑦᑐᓂ ᐃᒫᒃ ᐅᖅᑲᕗᖕᒍᕆᕙᒧᑦ "ᐊᓯ!", ᓂᕆᐅᓇᖕᕆᑦᑐᓂᒃ, ᑕᒪᒃᑯᐊ ᓂᕆᐅᓇᕐᓇᑎᒃ ᐊᑐᖅᑕᕙᑦ ᐱᖕᒪᑕ ᐃᓅᓯᑦᑎᓐᓂ. ᐅᓇ ᓯᑯ, ᐅᓇ ᐅᑭᐅᖅᑕᖅᑐᒥ ᓄᓇᓖᑦ, ᐊᒻᒪ ᐅᑯᐊ ᐊᕐᓇᑦᑎᐊᕙᐃᑦ ᐅᑯᐊᖑᕙᑦ "ᐊᕐᓈᖅ" ᐱᓕᕆᖅᑳᖅᑐᑦ ᐊᒻᒪᓗ ᐱᓕᕆᔪᑦ ᑕᒪᓐᓇ ᖃᐅᔨᒪᓂᖅ ᐱᔪᑎᖅᑲᐅᖅᑐᓂ ᒪᑯᓂᖓ ᐊᔾᔨᕐᖏᑦᑐᓂᒃ ᐃᓚᕐᖏᑦᑐᓂᒃ ᐅᑭᐅᖅᑕᖅᑐᕐᒧᑦ ᐃᓕᖕᓄᕐᓂᐊᖅᑐᑦ. ᐃᓕᖏᑦ ᐃᒃᐱᒋᓇᕐᓗᑎᒃ ᑖᒃᑯᓈᖓᑦ ᐊᒻᒪᓗᑦᑕᐅᖅ ᐊᒃᓱᒃᑲᓂᖅ ᑎᑭᐅᑎᓂᐊᖅᐸᑦ ᐃᓕᖕᖑᑦ, ᐱᐅᔪᖅ ᑕᒪᔭ ᐅᕿᐅᖅᑕᖅᑐᖅ, ᐊᒻᒪᓗ ᑕᒪᓐᓇ ᓯᑯ ᑕᐃᒫᒃᑕᐅᖅ ᐊᐅᓚᓂᖅᑲᐅᕐᒥᔪᖅ ᐱᓕᕆᐊᒃᓴᓂᒃ ᐃᓄᖕᖑᑦ ᐊᒥᓱᖑᑦ. ᐸᓃᒃ, ᑖᓇ ᐊᕐᓇᖅ ᓴᙱᓂᖅᑲᓛᖑᕆᕗᖅ ᓲᕐᓗ ᐊᒃᑐᐊᑎᑦᑎᔾᔪᑎᒥᓂᒃ ᓯᑯᒧᑦ ᐊᒻᒪᓗ ᐊᖏᕐᕋᒧᑦ ᐅᕙᑦᑎᓐᓄᑦ. "ᓯᓚᕐᔪᐊᒍᑦ ᑲᔫᖅᓇᖅᑐᓂ ᐱᐅᑦᑎᐊᖅᐸᖅ".

ᖃᐃᕐᓖᖅ ᓃᐅᖅᓴᓐ
ᒪᒃᑯᒃᑲᓐᓂᖅᑐᓂ, ᐊᖕᒋᕐᕋᒥᓂ
ᑕᐃᑲᓂ ᓴᕕᔅᓯᕕᒃ.

ᖃᐃᕐᓖᖅ ᓃᐅᖅᓴᓐ

ᐊᑎᖅᑲᖅᐳᖓ ᖃᐃᕐᓖᖅ ᓃᐅᖅᓴᓐ. ᐊᖑᓇᓱᒃᑎᐅᑦᔪᖓ ᓴᕕᔅᓯᕕᖕᒥᑦ. ᐅᕙᓐᓂᒃ ᐅᖅᑲᐅᑎᒋᔪᖓ ᖃᐅᔨᓴᐅᑎᒃᑲᔨᒪ, ᐃᓅᓚᐅᖅᓯᒪᔪᖓ ᓴᕕᔅᓯᕕᖕᒥ ᐅᑭᐅᑎᓪᓗᒍ ᓯᑎᐱᕆ 30, 1942-ᖑᑎᓪᓗᒍ. ᐊᖓᔪᖅᑳᒃᑲᒃ ᐅᑯᐊᑦᔪᕈᒃ, ᐊᑖᑕᒐ, ᐊᖑᓇᓱᒃᑎᐅᓚᐅᖅᓯᒪᔪᖅ, ᑕᐃᓯᒪᙱᑦ ᐊᖑᓇᓱᓂᕐᒥᒃ ᐃᓕᓚᐅᖅᓯᒪᔪᖓ. ᐊᑎᖅᑲᖅᑐᓂ ᐊᖑᑎᓪᓗᐃᓴᓱᒃ, ᐃᓅᓐᓂᖅᑐᓂ 1918-ᖑᑎᓪᓗᒍ. ᐊᓈᓇᒐ ᐅᓕᓇ, ᐃᓅᓐᓂᖅᑐᓂ 1920-ᐅᑎᓪᓗᒍ. ᑕᐃᒃᑯᐊᒃ ᑕᓪᓕᕆᒃ ᐃᓅᔪᓐᓂᖅᑑᒃ.

ᐊᓈᓇᒪ ᐅᖅᑲᐅᑎᓯᒪᙳᖓ ᐃᓅᑎᓪᓗᖓ, ᓰᑎᐱᕆ ᐃᓱᓕᑎᓪᓗᒍ, ᐊᑖᑕᖓ ᕿᒧᒃᓯᖅᓯᒪᔪᕕᓂᐅᑎᓪᓗᒍ ᕿᒧᒃᓯᐅᖅᑎᖅᑳᖅᑐᓂ. ᓯᑯᓯᒪᓕᕐᓂᖅᑐᕕᓂᖅ ᑕᐃᓯᒪᓂ ᐊᒻᒪᓗ ᑕᐃᒃᑯᐊ ᕿᒧᒃᓯᖅᑐᕕᓂᐅᑎᓪᓗᒋᑦ ᑲᖏᖅᑐᒥ. ᐃᓅᓕᐅᖅᑎᓐᓇᖓ, ᓱᑯᓴᐃᓐᓂᖅᓴᕕᓂᖅ ᑕᐃᓯᒪᓂ. ᒫᓐᓇ ᐊᖑᓇᓯᕐᑎᐊᖅᑐᑦ ᕿᒧᒃᓯᑯᑦ ᓱᕐᒪᑦ. ᓱᑎᓪᓗᒍ ᐊᖑᓇᓱᒃᑕᖅᐳᑦ ᐅᕙᙳᑦ ᐊᕙᓂᖅᓯᐊᕐᒥᑦ. ᒫᓐᓇ, ᐊᕐᕌᒍᑦ 60-ᐅᓗᐊᖅᑐᑦ ᐊᓂᒎᖅᓯᒪᓕᖅᑎᓪᓗᒋᑦ, ᓱᑯ ᐊᓯᔾᔨᖅᓯᒪᓕᖅᐳᖅ. ᓱᑯᑦᑕᓕᖅᐳᖅ ᕈᖑᓂᖅᑲᓗᐊᕐᒥᑦ ᑭᓯᐊᓂ. ᓱᑯᑦᑕᕐᒋᑦᑐᖅ ᑭᓯᐊᓂ ᓃᕕᐱᖕᓂᐅᓕᖅᑎᓪᓗᒍ ᑲᖏᖅᑐᑦᑎᓐᓂ. ᐱᕈᖅᐸᓪᓕᐊᑎᓪᓗᖓ ᐊᖑᓇᓱᒃᑎᓪᓗᐊᓐᓇᐅᓪᓗᖓ ᓇᑎᕐᓯᖅᑕᓕᐅᖅᓯᒪᕗᑦ ᓱᓈᖑᓂ ᖃᓴᖅᐳᑦ ᓇᒡᓴᖅᐸᑐᑎᒍᑦ (ᓄᐃᒪᑐᓕᓴᕐᐳᒍᑦ). ᐅᓪᓗᖅᑲᓕᐅᖅᑐᖅ ᓱᓕ ᑕᐃᒫᒃ ᓱᑎᓪᓗᒍ. ᐅᓪᓗᒥᓕ ᐊᑐᓕᖅᑕᑦᑎᓐᓇ ᓱᑯᔭᖕᖑᑦ ᓱᕗᓪᓕᕐᒥᒃ ᑕᐃᒧᖅᑕᖅᑕᕗᑦ ᖃᐅᔨᓴᕐᒥᒃ ᓱᖃᐃᓪᓕ ᓂᓪᓕᑕᐃᓇᐅᖅᑕᖅᑐᖅ ᐊᐳᑎᖅᓇᓂ ᖃᐅᔨᓴᐅᑎᓪᓗᓂᓗ. ᐊᑐᔪᓯᑦ ᑐᕐᓯᕆᐊᓕᕐᓗᓂ (ᑲᒥᒃ ᐊᓗᐊᕈᔾᔭᒃᓯᒪᓕᓪᓗᑎᒃ ᕿᑭᕐᕋᖅᑲᖅᑕᐃᓕᒪᔾᔪᑎᓕᖕᓂᒃ ᓱᑯᑯᑦ). ᑕᐃᒪᒃ ᐊᒥᓱᕋᕈᓐᓇᕐᓂᖅᓴᐅᔪᔪᑦ ᓇᑎᒪᔾᔪᕐᒥᓂᖅᓴᐅᓪᓗᑕ. ᓱᖃᐃᒪᑦᑕᐅᖅ ᖁᕕᐅᑎᖃᔪᔪᑦ. ᐅᓪᓗᒥ ᓄᓇᖅᑲᕐᓂᖅᐳᑦ ᐃᓱᒪᒋᓕᕚᕐᖑᑎᒍᑦ, ᓱᑯᓈᕐᓂᖅᓴᐅᖅᑲᑦᑕᓕᖅᑐᖅ ᐊᒻᒪᓗ ᓱᑯᓕᖅᐸᓐᓇᓂ ᓱᑯᓈᕐᓂᖅᓴᐅᖅᑲᑦᑕᓕᕐᒥ ᑭᓯᐊᓂ ᑲᐱᑦᑕᒃ (ᐅᑭᐅᒃᑯᑦ ᐅᑦᓗᖓ ᖃᐅᒪᔪᖅ ᓇᐃᓈᖑᑎᓇᒍ) ᐊᒻᒪᓗ ᓯᓚ ᐊᓯᔾᔨᕆᐅᑦᑐᓂᖅᓴᐅᕙᓕᖅᑐᖅ. ᓱᑯᓕᖅᑐᖓ ᐅᐊᑎᐊᕈᑎᑐᑦ ᐱᔭᕐᓂᖅᑐᒍᑦᑐᓗᑐᓂ ᑕᐃᒪᐃᑲᑦᑕᕈᓐᓇᕐᓂᖅᑐᓂ. ᓯᓈᓂᐊᖅᑐᓂ (ᓯᓈᖓᓂ ᐅᑕᖅᑭᖅᑐᓂ) ᑕᒫᙵᑦ ᖁᐊᓴᕐᒥᑦ (ᓱᑯᓕᐊᕕᓂᕐᒥᑦ) ᒫᓐᓇᓕ ᓱᖅᑯᐃᒪᑎᑐᐃᓐᓇᓕᕈᑎᑦ ᐊᓪᓗ ᐅᖅᑲᐅᑎᒋᔭᐃᓐᓇᓕᖅᑕᕆᑦᑎᑦ.

ᐊᖑᓇᓱᒃᑕᓕᕈᑦᓯᖅᑎᓪᓗᖓ ᓱᓕ ᑕᐃᒪᑦᑕᐃᓐᓇᕐᓂᖅᓴᐅᕙᔪᖓ ᐅᑭᐊᒃᑯᑦ ᐊᒻᒪᓗ ᓂᒡᓕᖅᑐᐊᓘᔭᒃᑕᖅᑐᓂ, ᐃᒫᒃᑕᐅᖅ ᑐᑭᖅᑐᖅ ᓱᑯᕙᓕᐊᓕᕈᓯᒪ ᓱᑯᕙᓕᐊᑎᐊᕈᓯᖅᑯᐃᓇᐅᖅᑕᕈᑦ. ᐊᒻᒪᓗᑕᐅᖅ ᐊᐱᓕᒥ ᐊᓄᓇᖓᕐᒋᑎᐊᖅᑐᓂ. ᐊᐳᑎᓕᐊᕈᓘᖅᑕᓕᐅᖅᓯᒪᓂᖓ ᓴᕕᔨᕕᖕᒥ ᐊᒻᒪᓗ ᐊᐳᑏᓇᓕᐊᒥ ᐃᒪᐃᖅᑕᓕᐅᖅᓯᒪᕆᑦᑐᑦ ᐳᒃᑎᖅᓂᖅ (ᐊᐳᑎ ᓱᑯᒦᑦᑐᖅ ᐳᐃᒃᑲᓕᖅᑐᑎᑦ ᖃᐅᓯᐅᓕᖅᑕᖅᑐᓂ). ᓱᑯᑦ ᖄᖑᓂ ᐊᐳᑎ ᐃᒪᐃᑦᑐᒍᑦ ᐃᖅᑲᐃᓯᕆᓴᕐᓯᓗᓂ ᓯᕐᓗ ᒪᓐᓇ ᐸᑕᐅᓖᖅᑎᑦ ᐃᖑᓯᒪᔪᖅᑎᑦ ᐃᖅᑲᐃᓯᕐᑎᓪᓗᑎᑦ ᐊᒻᒪᓗ ᐃᓖᒃ ᑕᐃᒧᖅᑐᑎᑦ ᐃᖕᒋᑦᑕᖅᑲᖅ. ᓂᐱ ᑐᓴᕝᕙᔪᐊᕐᑎᐊᖑᓪᓗᓂ ᐃᖕᒋᕆᐊᕐᒋᓪᓗᑎᑦ ᐃᒪᐃᑦᑑᖅᑲᑦᑕᔪᖅ "Hᐊᒃ Hᐊᒃ Hᐊᒃ".

ᐊᖑᓇᓱᒃᑕᓕᕈᑦᓯᓂᐊᖅᑎᓪᓗᖓ ᓄᓗᐊᑦ ᐊᑐᖅᑕᐅᔪᓂᖅᑐᑦ. ᐅᑭᐅᒃᑯᑦ, ᖃᓂᒋᓯᑎᓪᓗᒍ ᐊᒻᒪᓗ ᓱᑯ ᐊᑦᑕᓇᕈᓐᓃᖅᑎᓪᓗᒍ ᐊᑐᕐᑎᖅᑎᓪᓗᒍ, ᐊᖑᓇᓯᑐᐃᓐᓇᕈᑦ ᐃᒪᐃᑦᑐᓂ ᐳᐃᔾᔪᑦ (ᓇᑎᖅ) ᑕᐃᑲᙵᑦ ᐊᓪᓗᐃᑦ (ᐊᓪᓗᐃᑦ) ᐊᒻᒪᓗ ᑕᐃᒪᐃᖕᒋᓇᕈᑎᒃᐅᔭᖅᑐᓂ ᑭᓯᐊᓂ ᓇᑎᖏᑦ ᐃᒫᓐᓂᕆᓇᕈᓐᓃᖅᑎᓪᓗᒍ ᐅᐸᕐᓕᕐᔪᑦ ᐱᓗᐊᙳᐊᖅᑐᒃ ᖃᐅᒪᒃᐸᓪᓕᐊᓕᖅᑎᓪᓗᒍ, ᓇᑎᖅᓱᒃᑕᐅᔪᑦ ᑕᐃᒃᑯᓂ ᓱᑯᓴᓴᑦ, ᑕᐃᒍᒥᔭᕗᑦ ᐊᖃᐃᓪᓗᓂ, ᖁᕕᐊᓇᔪᔪᖅ. ᖁᕕᐊᓇᒃᑲᓐᓂᐅᔪᔪᖅ ᒪᕐᕉᓪᓗᓂ (ᐃᓄᐃᑦ) ᓱᖃᐃᓪᓕ ᐊᒥᕆᕋᕕᓴᐅᒪᑦ. ᐃᓄᒃ ᐊᑕᐃᓯᖅ, ᑕᐃᔭᐅᕗᖅ ᓂᐸᖅᑐᖅ, (ᓂᒃᐸᖅᑐᖅ) ᓂᒃᐸᕐᓯᔪᒪᑦ ᑕᐃᑲᓂ ᐊᓪᓗ (ᐊᓪᓗ). ᐊᐃᐸᖓ ᐱᔪᒃᑎᓪᓗᒍ ᓱᑕᑰᑦ ᐊᓪᓗ (ᐊᓪᓘᑦ), ᓇᑎᖅᒥᒃ ᐊᓪᓗᒨᖅᑎᑦᑎᓇᓱᒃᑐᖅ (ᕿᐱᒃᑐᖅᑐᖅ). ᑕᕝᕙ ᓇᑎᖅ ᐳᐃᓪᓗᓂ ᐊᓪᓗᒃᑯᑦ ᐊᒻᒪᓗ ᑖᓐᓇ ᓂᒃᐸᖅᑐᖅ ᓇᑎᕋᔭᖅᐳᖅ. ᐊᒻᒪᓗ ᑕᐃᒪᒃ ᓇᑎᓕᕋᔭᕈᑦ ᐊᒥᓱᒃᑲᓐᓂᕐᓂᒃ ᐅᓪᓗᐃᓇᖅ. ᖃᐅᒪᖅᑲᑦᑕᓕᖅᑎᓪᓗᒍ, ᖃᐅᒪᓕᖅᐸ ᐅᑎᖅᑎᓪᓗᒍ, ᑕᕝᕙ ᐃᒪᐃᑦᑑᖅᐸᓐᓂᖅᐳᖅ ᑲᐱᑦᑕᒃ, ᓱᓈᖑᓗ ᓴᑎᒃᑐᐊᓘᓪᓗᓂ, ᐃᒪᐃᖅᑲᑦᑕᕗᖕᒥᔪᑦ

ᖃᐃᖕᒫᖅ ᓂᐅᕐᓴᔅ ᓇᓄᕈᓯᒃᑐᖅ ᓯᑯᒥ ᓴᕕᔅᓯᕕᐅᑦ ᖃᓂᒋᔮᓂ.

ᓂᐅᒐᖅᑐᓕᕆᔅᓴᖅᐳᑦ (ᐊᖑᓇᓯᒃᑐᑕ ᓯᓈᖓᓂ ᖃᔭᒃᑯᑦ). ᑕᐃᒫᒃ ᑕᕝᕙ ᐊᒥᓱᕿᕐᓇᖅᑐᑕ ᐅᓪᓗᒃᑯᑦ; ᑭᓯᐊᓂᑦᑕᐅᖅ ᖁᑭᐅᑎᑦᑎᐊᕆᒃᑯᑕ ᐊᒻᒪᓗ ᖁᑭᕆᐊᖅᑭᒃᑳᒥᓗᑕ. ᐅᓪᓗᒥ ᓯᑯᒃᐸᑦ ᐊᒻᒪᓗ ᕿᒍᒃᓯᒃᑯᑦ ᐊᐅᓪᓚᕈᓐᓇᖅᓯᔭᕌᖓᑦᑕ ᓄᓗᔾᔮᖅᑲᑦᑕᖅᐳᑦ ᓄᓇᖅᐸᓯᒃᑐᓂᒃ ᐊᒻᒪᓗ ᐱᖃᓗᔭᒃᐸᓯᒃᑐᓂᒃ ᖃᐅᒪᓂᖓ ᐅᑎᕋᓯᐊᕐᓂᖓᓂ. ᑕᐃᒫᒃ ᑕᕝᕙ ᐊᒥᓱᕋᖃᑦᑕᖅᐳᑦ ᐃᒪᐃᑦᑐᓂᒃ ᐳᐃᓯᑦ (ᐳᐃᔾᔨᑦ). ᐅᕝᕙᓂ ᐊᕝᕙᓂᕐᓯᐊᕐᒥ, ᕿᓱᑦ ᓂᐅᕐᕈᑎᒋᖃᑦᑕᖅᑕᑦᑎᓐᓂ ᐊᑐᕐᓂᕙᒍᑦ ᐱᔭᕆᐊᖃᖃᑦᑕᖅᑕᑦᑎᓐᓄ ᑮᓇᐅᔭᖅᑖᕈᑎᒋᕙᒃᑐᑎᑦ. ᓂᕿᖓ ᕿᒻᒥᓅᖅᑲᑦᑕᖅᑕᕗᑦ ᕿᒥᖅᑯᑎᒋᓪᓗᑎᑦ ᓲᖅᑲᐃᒻᒪᑦᑕᐅᖅ ᐃᓄᐃᑦ ᓂᕿᑖᖅᑲᑦᑕᖅᑐᑦ ᐱᔭᕆᐊᖃᕐᒥᔾᔪᒃ ᓂᕿ ᑕᐃᒫᒃᑕᐅᖅ. ᑕᒪᓐᓇ ᓂᕿ ᐱᙱᑦᑕᒃᓴᐅᖕᒋᒻᒪᑦ; ᐊᑐᖅᑐᓂᑦ ᐃᓅᑦ ᓂᕿᖕᒋᓐᓂᑦ ᒪᖕᒪᓖᖑᖕᒪᑦ. ᐊᕿᑯᓂ ᐅᑯᓇᓂ ᐅᓪᓗᒥ ᐊᑐᖅᑕᑦᑎᓐᓂ, ᓇᓖᕿᕈᑎᒋᓗᒋᒃ ᐊᑐᖅᑕᕝᕕᓂᑦᑎᓐᓄᑦ ᐅᐊᑦᑎᐊᕈ, ᓯᑯ ᑐᕝᕙᐅᖕᒋᓐᓂᖅᓴᐅᓕᕐᒪᑦ ᐃᒫᒃᑕᐅᖅ ᑐᑭᖃᕋᕗᖅ ᓄᓗᔾᔭᕆᓯᒪᓗᓂ ᐱᔭᕐᓂᕐᓂᖅᓴᐅᓕᖅᑐᓂ.

ᒫᒃᑯᖕᓂᖅᓴᐅᓪᓗᖓ, ᐅᐱᕐᖓᕐᓂᕆᑖᖅᑕᖓ ᑎᑭᐅᑎᔭᕆᐊᑭᓪᓕᑎᓪᓗᒍ (ᕖᕝᕗᐊᕆᒥᑦ ᐊᐃᕐᕆᓕᒨᑦ), ᐊᒻᒪᓗ ᓯᑯᓯᒪᓕᖅᑐᓂ ᐅᖓᓯᒃᑐᒃᑯᑦ, ᐃᓱᒪᖅᑲᐅᔭᐃᓐᓇᖅᐸᓕᕗᒍᑦ ᓇᓄᓯᐅᕐᓂᕐᒥᒃ. ᑕᐃᒃᑯᓇᓂ ᑕᖅᑭᕐᓂᑦ ᐃᒪᐃᖅᑲᑦᑕᕗᒍᑦ ᑭᒃᑯᐃᓐᓇᑦᑎᐊᑦ ᐱᕙᓐᓇᖅᑐᑦ ᐊᐅᓪᓚᖅᑲᑦᑕᕗᑦ ᐅᐊᓚᓂᑦᑎᓐᓄᑐᐊᖅ ᓇᓂᐊᖅᑐᑦ ᐃᖅᓄᒪᔅᓯᑎᖅᑲᖅᑕ ᓄᐊᓈᖅᑐᖅᓲᓪᓗᑕ (ᖁᕕᐊᓯᒃᑐᑕ ᑲᐸᐊᓯᖅᑲᖅᑕ) ᐅᖓᓯᒃᑑᑦ ᐅᐊᓚᓂᑦᑎᓐᓄᑦ ᓯᑯᒃᑯᑦ, ᐱᓗᐊᕐᒥᔪᒥᒃᑕᐅᖅ ᕿᒻᒥᑦᑎᐊᕆᒫᖓᑦᑕ ᐃᒪᐃᑐᑎᒃ ᓇᓄᖅᓯᐅᑎᓂᒃ (ᓇᓄᓯᐅᕐᓂᕐᒥᒃ ᐃᓕᑎᑕᐅᓯᒪᔪᑦ) (ᓇᑯᐊᑦ). ᓄᓇᑭᑦᑐᓕᐊᖅᑐᑕ ᐊᐅᓪᓚᖅᑲᑦᑕᔪᖕᒋᑦᑐᑦ ᐃᖕᒋᖅᓯᓂᑭᓪᓕᓚᐅᖕᒋᓐᓂᖓᓂ ᐃᒪᐃᒻᒥᖕᒪᑦ ᐃᖕᒋᖅᓯᓂᖅᑐᑎᓪᓗᒍ ᓯᑯ ᓄᑎᒎᓇᖅᒪᑦ, ᐊᓄᓂᖅᑲᖕᒋᒃᑲᓗᐊᖅᑎᓪᓗᒍ. ᐊᓄᓂ ᑎᑭᑎᓪᓗᒍ, ᓯᑯ ᐃᖅᐸᖅᓴᔅᒪᑦ ᐱᖅᑲᓗᔭᒃᑎᒍᑦ. ᐃᖕᒋᖅᓯᓂᖅᑐᑎᓪᓗᒍ, ᐱᖅᑲᓗᔭᐃᑦ ᓅᐸᑉᐸᓪᓚᓕᖅᑲᑦᑕᖅᒥᖕᒪᑕ. ᐱᖅᑲᓗᔭᐃᑦ ᖃᓂᒋᔭᖕᒋᓐᓂ, ᐃᖅᐸᖅᑐᖅᑲᖅᑐᓂ ᐃᒪᖅ ᓴᖅᑭᓪᓗᓂ, ᐊᒻᒪᓗ ᐃᒪᐃᒃᑲᔭᓕᓪᓗᓂ ᑕᐃᒪᐃᑦᑐᒥ ᓇᓄᐃᑦ ᓂᕿᒃᓴᒥᓂᒃ ᓇᓂᓯᕙᑭᒐᔭᖅᑕᖓᑦ. ᐱᓗᐊᙱᐊᖅᑐᑦᑕᐅᖅ ᓯᑯᑐᖅᑲᑦ ᖃᓂᒋᔭᖕᒋᓐᓂ (ᐊᕐᕌᒍᑐᐃᓐᓇᐅᖕᒋᑦᑐᓂ ᓯᑰᓯᒪᓕᖅᑐᑦ) ᐊᐳᑎᖅᑲᖅᑐᑎᒃ ᖃᒥᒍᑦ ᐊᒻᒪᓗ ᒪᓂᖠᓂ ᓇᑏᑦ ᓄᓇᖅᓴᒥᓃᓕᖅᓴᖅᒪᑦ. ᑕᒪᓐᓇ ᐊᕿᒍᒥ ᐊᑐᓕᖅᑎᓪᓗᒍ, ᓇᓄᐃᑦ ᐊᖅᑭᐊᑦᑐᓯᓕᖅᓴᖅᑐᑦ ᓂᕿᒥᓂᒃ. ᑲᒪᓇᐅᔾᔪᒪᑎᒃᑐᖅ ᖃᓄᖅ ᐊᖑᓇᓯᒃᑲᐅᑎᒋᖕᒪᖔᑦ ᓇᓄᐃᑦ.

ᓯᓚᑦᑎᐊᕙᐅᑎᓪᓗᒍ ᓯᑯᑦᑎᐊᕆᒃᑐᓂᓗ, ᓇᓄᒍᓇᖅᓴᖅᐳᑦ. ᐃᓛᓐᓂᑦ ᐊᑕᐅᓯᐅᖕᒋᑦᑐᒥᒃ. ᑭᓯᐊᓂᓪᓚᑦᑕᐅᖅ ᐃᓛᓐᓂᑦᑕᐅᖅ ᐱᖅᑕᖕᒋᑦᑎᐊᕐᒥᔪᑦ. ᐃᓛᓐᓂᑦ ᑕᐅᕝᕚᒃᑲᓗᐊᕐᓗᑎᑦ ᐱᓇᓱᐊᕈᓰᖕᓂᒃ ᒪᕿᖕᓂᒃ ᑭᓯᓚᐅᖕᒋᑦᑎᐊᕐᓇᕐᒥᖕᒪᑦ.

ᖁᓪᓕᕐᒥᑦ ᐊᓪᓕᕐᒧᑦ: ᑖᖖᒫᖅᑐᑦ ᐱᖃᓗᔭᐅᖅ ᖃᓂᒌᔭᓂ, ᓴᕙᕝᔭᕙᐅᑦ ᖃᓂᒌᔭᓂ.

ᕿᒨᒃᓱᖅᑐᑦ ᐃᑯᖓ ᖁᖅᖠᐃᑦ ᓇᓂᐊᖅᑐᑎᒃ. ᐅᓇ ᑖᓇ ᐱᑕᖃᕈᓐᓃᖅᑐᖅ ᓱᑰᑦ ᐊᓯᔾᔨᖅᐸᓪᓕᐊᓂᖓᓄᑦ ᓴᕙᕝᔭᕙᐅᑦ ᖃᓂᒌᔭᓂ.

ᐊᖑᓇᓱᒃᑐᓂ ᐅᐊᓕᓂᑦᑎᓐᓂ ᐅᖓᓯᒃᑐᒥ, ᓇᒃᓴᖃᑦᑕᖏᒻᒥᔪᑦ ᐱᓕᕆᔾᔪᑎᒃᓴᑦᑎᓐᓂᒃ ᑕᒪᑐᒎᖓ, ᖃᐅᔨᒪᓂᑐᐃᓐᓇᖅ ᑭᓯᐊᓂ ᐱᓯᒪᔪᕗᑦ ᐃᓐᓇᑦᑎᓐᓂᑦ. ᓇᓂᐊᕌᖓᑦᑕ ᕿᒥᖅᑯᑎᒃᓴᒋᖃᑦᑕᖅᐳᑦ ᐅᓪᓗᓄᑦ ᐊᒥᓯᒃᓈᙱᔾᔭᖕᓄᑦ ᓇᐅᑦᑎᐅᒪᓪᓗᒋᑦ. ᕿᒨᒃᓯᒐᓚᐅᒐᓗᐊᕌᖓᑦᑕ, ᖃᒍᑎᓕᒫᑦ ᑐᐱᖅᑕᖃᐅᖅᑐᐃᓐᓇᐅᓪᓗᑎᒃ ᐊᒻᒪᓗ ᓄᐊᑦᑎᓯᒪᓪᓗᑕ ᓂᕿᒃᓴᒃᑲᓂᖅᓂᒃ ᐅᓪᓗᒐᓴᙱᓄᑦ. ᑐᑭᓯᔭᕆᐊᖃᖅᑐᑎᑦ ᑖᒃᑯ ᑕᐃᒪᐃᓕᖓᓗᑐᓂ, ᐊᖏᕋᕋᓗᓂ ᐱᖏᖕᓇᖏᓪᓗᓂ, ᑕᒪᒃᑯᐊᓕᒫᖅ ᐱᓯᒪᔭᕆᐊᖃᖅᐸᑎᑦ. ᓲᖅᓗᑦᑕᐅᖅ ᓇᒃᓴᕆᐊᖃᖅᒥᔪᑎᑦ ᐅᖅᓱᒃᓴᒥᒃ ᐅᓪᓗᒐᓴᙱᓄᑦ ᐊᑐᕈᓇᕋᔭᖅᑐᓂᒃ, ᓱᐳᔫᒐᓚᖕᓂᒃ, ᐊᒻᒪᓗ ᖃᒨᔾᔫᖅᓂᕈᕕᑦ ᐃᓚᒃᓴᖏᓐᓂᒃ ᓇᒃᓴᕆᐊᖃᖅᒥᔪᑎᑦ ᐊᒻᒪᓗ ᓴᓇᕿᑎᓂᒃ ᓴᓇᔭᕆᐊᖃᓕᕈᕙᐅᒃ, ᑲᐃᕗᑎ, ᐊᒻᒪᓗ ᑭᓱᑐᐃᓐᓇᖅᓂ ᑕᒃᑯᓂᖓ. ᐃᓐᓇᖅᓂᑦ ᐃᓕᙰᒋᕗᔪᑦ ᐃᒫᒃ ᐅᖓᓱᒃᑐᓕᐊᖅᓂᐊᖏᖓᑦᑕ ᐅᐊᓕᓂᖅᐸᓯᑦᑎᓐᓄᒃ ᓇᓂᐊᖅᑐᑕ ᖃᐅᔨᒪᔭᕆᐊᖃᖅᐳᑦ ᓯᕿᓐᓂᓕᖅᐸᓪᓕᐊᓕᖅᑎᓪᓗᒍ ᐊᒻᒪᓗ ᓯᕿᓂᖅ ᓂᐱᕗᓪᓕᐊᓕᖅᑎᓪᓗᒍ. ᐃᓕᙰᓕᖅᐳᑦ ᑕᐃᒫᒃ ᑕᒪᓇ ᖃᐅᔨᒪᖅᑳᖅᖓᐅᑕᕆᔭᕆᐊᖃᖅᐸᕗᑦ. ᐊᒻᒪᓗ ᓯᕿᓂᖅ ᑕᑯᒃᓴᐅᖕᒋᑦᑎᐊᖅᑎᓪᓗᒍ ᖃᐅᔨᒪᔭᕆᐊᖃᕆᕗᒍᑦ ᓇᒍᓪᓚᑦᑖᖅ ᑕᒪᒃᑯᐊ ᐊᒋᐅᐱᓐᓂᑦ (ᓄᑦᑕᑦ ᐃᓕᓴᕆᔭᐅᔪᑦ ᑐᕙᒃᑯᑦ) ᓇᑭᙱᖅᓯᒪᖕᒪᖕᒫᑕ, ᒪᑯᐊᑦᑕᐅᖅ ᕿᒥᐊᓯᐃᑦ (ᐊᐳᑎᐅᑦ ᓇᓗᓇᐃᖅᓯᒪᓂᖕᒋᑦ ᐃᐸᖅᑲᖅᑐᑦ ᒪᑐᒪᙱᑦ ᓂᒋᖅ, ᓂᒋᖅᐸᓱᖕᒥᑦ ᑲᓇᖕᓇᖅᐸᓱᖕᒥᑦ ᐊᓄᓇᐊᑕ). ᐃᖕᒋᕐᕋᓂᓴᔪᑦ ᖃᐅᔨᒪᔾᔭᑎᖃᕐᓗᑕ ᓇᒧᑦ ᓵᙱᓂᖕᒋᓐᓄᑦ ᑕᒪᒃᑯᐊ ᕿᒥᐊᓯᐃ ᑕᒪᑐᒪ ᓂᒋᐅᑦ ᐊᓄᓇᐊᑕ ᐋᖅᑭᒃᓯᒪᔭᖕᒋᑦ. ᐊᒻᒪᓗᑦᑕᐅᖅ ᓯᓚ ᑕᒃᑯᐊ ᐊᑐᖅᑕᐅᖅᑲᑦᑕᕆᒪᑕ ᐅᓪᓗᒥ ᓯᓚᑦᑎᐊᕙᐅᔭᐅᓂᕋᖕᒐᑦ ᓇᒥᑐᐃᓐᓇᑎᐊᖅ ᐃᖕᒋᕐᕋᒍᕕᑦ. ᑕᒪᔾᔭ ᑕᒪᓇ ᒪᓕᒋᐊᖅᑲᖅᑕᐃᑦ ᐅᓪᓗᒥ.

ᑕᒪᐅᖅᑲᔪᒪᖕᒋᒃᑯᕕᑦ (ᐊᓯᐅᔪᒪᖕᒋᒃᑯᕕᑦ) ᐃᖅᑲᐅᒪᔭᓇᐊᖅᑲᖅᑕᐃᑦ ᖃᐅᔨᒪᔭᐅᔪᖅ ᐃᓐᓇᕐᓂᑦ ᐅᖃᐅᓰᑦ ᐃᖅᑲᐅᒪᒋᐊᕐᓗᒋᑦ ᐊᒻᒪᓗ ᒪᓕᒃᓗᒋᑦ ᓲᖃᐃᒻᒪ ᖃᐅᔨᒪᔾᔪᑕᐅᖕᒪᑕ ᐊᖕᒋᔪᒥᒃ ᐃᑲᔪᖅᑐᑦ ᓇᖕᒥᓂ ᐅᔾᔨᕆᔭᕌᖕᒍᑎᑦ ᓇᓗᓕᖅᑐᑎᑦ ᐊᑐᖅᑕᕐᓂᒃ.

ᑖᕙᓕ ᓯᓚ ᐊᓯᑭᖅᐸᓪᓕᐊᓕᖅᑐᓂ ᑕᐃᔅᓯᒪᓂ ᐊᕌᒍᑦ 1990 ᐃᓯᓕᑦᑕᓇᐊᕿᓕᖅᑎᓪᓗᑎᑦ. ᐅᐊᓕᓂᖕᖢᑦᑎᓐᓄᑦ ᓇᓂᐊᓇᐊᒃᓴᖅ ᐊᑐᒐᒃᓴᐅᔪᓐᓃᖅᐳᖅ ᐃᒪᐃᓐᓂᓇᓕᖅᑕᖓᓄᑦ ᓯᑯᖃᑦᑕᕈᓐᓃᖅᑐᓂ. ᐊᒻᒪᓗᑦᑕᐅᖅ ᓲᖃᐃᒻᒪ ᐃᒪᐃᓕᓇᕗᖅ ᐊᕿᒍᕆᓕᖅᑕᑦᑎᓐᓂ ᑕᐅᖕᓇ ᓯᑯᖃᑦᑕᕉᓐᓂᒻᒪᑦ, ᓇᓄᐃᑦ ᖃᓂᓈᖃᑦᑕᓕᖅᑐᑦ ᓄᓇᑦᑎᓐᓄᑦ ᐆᑦᑑᐱᓇᐅᑎᓪᓗᒍ, ᓅᕙᐱᓇᒥ, ᐊᒻᒪᓗ ᑏᓰᐱᓇᒥ, ᓯᑯᓓᓪᓕᐊᓕᖅᑎᓪᓗᒍ. ᐅᑭᐊᒃᓵᖑᓚᐅᖅᑐᒥ, 2008-ᖑᑎᓪᓗᒍ, ᓯᑯᓓᓪᓕᐊᓕᖅᑎᓪᓗᒍ, ᑕᓪᓕᒪᑦ (ᑕᓪᓕᒪᕋᐃᕐ) ᑎᑭᖍᓚᐅᖅᐳᑦ.ᐊᒻᒪᓗᑦᑕᐅᖅ ᐊᕐᖍᒍᓂ ᖁᓕᓂᑦ (10) ᐊᑐᓚᐅᖅᑕᑦᑎᓐᓂ, ᖁᓕᐅᓗᐊᖅᑐᑦ ᓇᓄᒃᑕᐅᓯᒪᓕᖅᐳᑦ ᓄᓇᑦᑕ ᖃᓂᒋᔭᖓᓂ ᐊᕐᖍᒎᑦ ᐃᓚᖓᓂ ᑖᒃᑯᓇᓂ ᑕᖅᑭᕐᓂᒃ ᐊᑐᖅᑎᓪᓗᒋᑦ. ᐊᒻᒪᓗᑦᑕᐅ ᑕᐃᔅᓯᒪᓂ ᐃᖅᑲᐅᒪᓪᓗᒍ ᐊᖑᓇᓱᒍᓇᖅᓯᕙᓪᓕᐊᓕᖅᑎᓪᓗᖓ ᑕᐃᔅᓯᒪᓂ 1970 ᐊᒻᒪᓗ 1980-ᕈᔪᖕᓂ, ᓇᓄᖅᑕᖅᑲᖅᑕᓚᐅᖅᓯᒪᖕᒋᑦᑐᖅ

ᓄᓇᑦᑕ ᖃᓂᒌᔭᓂ. ᐊᒻᒪᓗ ᐅᖃᐅᑎᒋᔭᓈᖅᓯᒪᔭᕋ ᓇᓂᐊᖃᑦᑕᕈᓐᓃᕋᑦᑕ ᐅᖓᓯᑦᑐᒧᑦ ᐊᕐᖍᒍᓂ ᐊᑐᓕᖅᑕᑦᑎᓐᓂ ᓇᓄᓕᐊᓘᓂᖅᓴᐅᓕᕐᒪᑦ ᑕᐃᒪᙵᓂᑦ ᐊᐅᓪᓚᖅᓯᒪᔭᓇᐊᖃᕈᓐᓃᕋᑦᑕ ᐅᖓᓯᑦᑐᒧᑦ ᓴᕙᕝᔭᕙᖕᒥᑦ ᐱᓇᓱᒡᓗᑎᑦ ᐃᒪᐃᓐᓂᖓ ᐊᑑᑎᑎᓪᓗᒍ ᓱᑯᓕᕐᒪᑦ ᐅᐱᕐᖎᓗᑦ.

ᑏᑕ (ᓇᖕᓂᐊᖃᕐᑕᑦᑕ ᐊᒥᓲᓂᖕᒋᑦ) 18-ᖑᓪᓗᑎᒃ (ᐊᕐᕿᒍᑕᒫᑦ) ᓴᕕᔅᓯᕕᖕᒥᐅᓄᑦ ᖃᓂᒋᔭᖕᒋᓐᓃᑦᑐᓄᓪᓗ ᐊᑐᖅᑕᐅᓕᖅᑐᓂᓗ ᐊᒻᒪᓗ ᐅᐱᕐᖔᑯᑦ, ᓇᓐᓄᒍᓐᓇᖅᑕᕋᑦ ᓈᔭᖀᖓᑕ, ᓇᓐᓄᒃᑕᐅᔪᓐᓇᖅᑐᑦ ᓯᓕ ᑭᓯᐊᓂᓕ ᑕᑯᐃᓐᓇᖅᐸᒡᓗᒋᑦ ᑭᓯᐊᓂ. ᑕᒪᓐᓇ ᐊᑐᓗᐊᖖᒍᐊᖅᑕᓇᓕᖅᑕᕋᑦ ᐅᖃᐅᑎᒋᓪᓗᒍ ᓇᓄᒐᒃᓴᕋᑦ ᐃᒪᓐᓇᐅᓂᖕᒋᑦ ᖁᑖᓐᓇᓂᒃ ᓇᓐᓄᒃᓯᒪᒐᑦᑕ (ᐊᕐᕿᒍᑕᒪᑦ) ᑕᒃᑯᐊ ᐊᒥᓲᕐᓂᕆᖃᑦᑕᖅᑕᕋᒃ. ᐃᒪᐃᐸᑉ ᓇᓐᓄᒍᓐᓇᖅᑐᑦ ᐋᖅᑭᒃᑕᐅᓯᒪᖕᒋᐸᑉ ᓇᓐᓄᖃᑦᑕᕆᔭᖅᑐᒍᑦ 30 ᐅᖓᑖᓂᑦᑐᓂᒃ.

ᑕᐃᔅᓱᒪᓂᑦᑕᐅᖅ ᐊᑐᓃᖅᓯᒪᓕᖅᑕᑦᑎᓐᓂ ᐊᑑᑎᑎᓪᓗᒍ ᓱᑯᖅᑲᑦᑕᕐᓂᖓᓂ ᓴᕕᔅᓯᕕᐅᑦ ᐊᒡᒍᐊᓄᑦ ᐅᐱᕐᖏᔭᖅᑐᖃᑦᑕᕙᒍᑦ ᐅᐱᕐᖔᑯᑦ ᐊᖑᓇᓯᒋᐊᖅᑐᑕ ᐊᒻᒪᓗ ᓄᐊᑦᑎᔭᖅᑐᖅᑐᑕ ᐃᒫᒃ ᐊᑎᓕᖕᒥᒃ ᐱᖁᒫᓯᓂᖅ (ᓂᕿᑦ ᑐᑯᒫᒃᓴᑦ ᐅᑭᐅᒃᑯᑦ ᐱᔭᐅᓛᕆᒃ). ᓇᑎᕕᓂᕐᓂᒃ ᐊᒥᓱᒃᑲᓪᓚᖕᓂᒃ ᕿᖕᓂᓪᓗᑕ (ᕿᖕᓂᓗᒋᑦ) ᐃᒍᓇᓛᖅᑐᓂᒃ ᐊᒃᐸᓕᐊᕐᔭᖕᓂᒃ (ᐊᒃᐸᓕᐊᕐᔭᐃᑦ). ᑕᐃᒫᒃ ᐱᔭᐅᔾᔭᐃᖅᓯᕐᑲᑦᑕᖅᐳᒍᑦ ᐅᑭᐅᒃᑯᑦ ᐱᔭᒃᓴᑦᑎᓐᓂᒃ. ᑕᐃᔅᓱᒪᓂᐅᔪᖅ 1970, 1980, ᐊᒻᒪᓗ 1990-ᓂ. ᑕᕝᕙᓕ ᐊᕐᕿᒍᑦ ᑕᐃᒃᑯᐊ 1990-ᕈᔪᐃᑦ ᐃᓱᓕᓕᖅᑎᓪᓗᒋᑦ ᐊᑐᓗᐊᖅᑕᐅᔪᓐᓃᔪᖕᒥᖕᒪᑦ ᓲᖃᐃᒻᒪ ᓇᓄᐃᑦ ᐱᔪᑎᒋᓪᓗᒋᑦ, ᐊᐅᔭᒃᑯᓪᓘᓐᓂᑦ, ᓂᕆᔭᐅᖃᑦᑕᓕᖅᑐᑦ ᕿᖑᓂᒍᑦ. ᑕᕝᕙᑦᑕᐅᖅ ᑕᒪᓐᓇ ᐊᑐᕆᐊᖃᓕᖅᑐᖅ ᐱᔪᑎᕆᖃᓯᐅᑎᓪᓗᒍ ᐅᖃᐅᑎᔪᓐᓇᑐᐃᓐᓇᖃᑎᐊᓕᖅᑕᕋᖅ.

ᑕᐃᔅᓱᒪᓂ 1980-ᕈᔪᖕᓂ, ᐊᒡᒍᑦᑎᓐᓃᕈᓐᓇᖅᑕᔪᔪᑦ ᓯᑯᓕᖅᑎᓪᓗᒍ ᑕᑉᐸᒃᑯᓄᖕᒐ ᐆᒪᓐᓇᖅ, ᒧᕆᐅᔅᓴᖅ, ᐊᒻᒪᓗ ᖃᓐᓇᖅ ᓯᑯᒃᑯᑦ ᓄᓇᓄᑦ ᓯᑯᓯᒪᖃᑦᑕᕐᓂᖕᒐᓂ, ᓲᕐᑲᐃᒻᒪ ᕿᒨᒃᓯᒃᑯᑦ, ᐊᒻᒪᓗ ᐃᖕᒋᕐᕋᓪᓗᑕ ᐃᓱᒫᓗᓇᖅᑐᖅᑲᖕᒋᑦᑎᐊᖅᑐᓂ. ᓯᑯ ᑕᐃᒪᐃᓕᕋᖕᒐᑦ ᓇᖕᒋᐊᕐᓇᑐᖃᖃᑦᑕᖕᒋᒻᒪᑦ ᑭᓯᐊᓂ ᑕᒃᑯᐊ ᐊᐅᒃᑲᕐᓃᑦ ᑕᒻᔭᑐᐊᖑᕚᒃᑐᑎᒃ, ᓄᓇ ᐃᑎᒃᑲᖅᐸᒃᑐᑎᒍᑦ ᑕᒃᑯᑎᒎᓇ. ᑭᓯᐊᓂᓕ ᑕᒪᓐᓇ ᑕᐃᒫᒃ ᐃᖕᒋᕐᕋᖃᑦᑕᕐᓂᖅ ᐅᓪᓗᒥᐅᓕᕐᒥᖕᒪᑦ ᑕᐃᒫᓪᓕ ᑭᓯᐊᓂ ᐃᖅᑲᐅᒪᑐᐃᓐᓇᕈᓐᓇᖅᓯᒐᑦᑎᒍᑦ ᐃᒪᐃᓕᖕᒐᖅᑲᑦᑕᓕᕐᒪᑦ ᓯᒡᔭᐅᑦ ᓵᖖᒐᖓᒍᑦ ᓯᑯᖅᑲᑦᑕᕈᓐᓃᕐᒪᑦ ᐊᒻᒪᓗ ᐊᕐᕿᒍᒐᓴᐅᓕᖅᐳᑦ ᑕᐅᕝᕙᓐᓇ ᐊᑐᖅᑕᔪᔭᕋᑦ ᐊᑐᖅᑕᕈᓐᓃᖅᑐᑎᒍᑦ. ᐊᒡᒍᒎᕈᒪᓕᕐᖔᖕᒐᑦᑕ ᑕᒃᑯᓇᓂ ᐊᕐᕿᒍᕆᓕᖅᑕᑦᑎᓐᓂ ᐊᑐᓇᐊᖅᑲᓕᖅᑕᕋᑦ ᓯᕐᒥᖅ ᐊᒻᒪᓗ ᐃᑎᕕᓪᓗᑎᒍᑦ ᓄᓇ ᐊᐅᔪᐃᑦᑐᕐᓗ. ᑕᐃᒫᑐᐊᖑᓕᕐᒪᑦ ᐊᒡᒍᒧᑦ ᕿᒨᒃᓯᕐᓂᐊᕐᖔᖕᒐᑦᑕ. ᐊᒻᒪᓗ ᐅᖃᐅᑎᒋᒃᑲᓐᓂᕈᒪᓕᓪᓗᒍ ᐅᐊᑦᑎᐊᕈ ᐊᑐᓚᐅᖅᑕᑦᑎᓐᓂ ᐊᖑᓇᓯᒋᐊᖅᐸᔪᖕᒥᓚᑦᑕ ᐊᑎᓕᖕᒧᑦ ᓴᓂᕐᕙᓯᐊᖅᒧᑦ, ᓯᓚᕐᐸᓯᖕᒦᑦᑐᒧᑦ, ᐅᐱᕐᖔᒃᑯᑦ ᐱᓗᐊᖅᑐᒥᒃ. ᑭᓯᐊᓂᓕᑦᑕᐅᖅ ᐅᓪᓗᒥᐅᓕᖅᑐᖅ ᑕᐃᒪᐃᑦᑐᓇᐃᓪᓕᖕᒥᑕᑦ ᑕᒪᓐᓇ ᐊᑐᕈᓇᐃᓪᓕᔭᕋᑦ.

ᐊᖑᓇᓯᒋᐊᖅᓯᒪᔪᑦ ᑕᖕᒫᕕᒋᓯᒪᔭᖕᒐᑦ ᖁᖅᓱᐃᑦ ᖃᓂᒋᔮᓂ.

ᒪᒃᐱᕐᓗᒍ ᓯᕗᒧᑦ: ᐅᑯᐊ ᓄᓇᖅᑯᐊᑦ ᓇᓗᓇᐃᖅᓯᒪᓂᖕᒋᓐᓄᑦ ᑕᑯᒃᓴᐅᕚᑦ ᐆᒪ ᖃᐃᖕᒫᖅ ᓅᐅᓴᓐ ᑎᑎᖅᓯᒪᐅᖅᑐᓂᒋᑦ ᓯᑯᒋᖃᑦᑕᓕᖅᑕᖕᒐ ᐱᓗᐊᖅᒍᐊᖅᑐᒍ ᐊᓯᕈᖅᓯᒪᓕᕐᓂᖕᒐᑕ ᓴᕕᔅᓯᕕᒃ ᐊᕝᕌᓗ. ᖃᐃᖕᒫᖅ ᓇᓗᓇᐃᖅᓯᖕᒥᖕᒪᑦ ᖁᖅᓱᐃᑦ, ᓇᓗᓇᐃᖅᓯᒪᕆᕚᖅ ᑎᑎᕋᖅᑕᕆᒍᑦ ᐱᑕᖅᑲᕈᓐᓃᖅᑐᕐᓕ. ᓄᓇᖅᑯᐊᑦ ᓇᓗᓇᐃᖅᑕᐅᓯᒪᓂᖕᒐᑕ ᐱᓗᐊᖅᑯᐊᕐᔪᒥᒃ ᑕᑯᖅᑯᔾᔨᕚᖅ ᖃᓄᖅ ᓯᑯᖅᑲᑦᑕᓚᐅᖅᓯᒪᓂᖕᒐᑦ ᑕᓖᓂ ᑕᑯᒃᓴᐅᔪᒥ (ᐃᒪᓐᓇᐸᓗᐃᑦ ᐊᕐᕿᒍᑦ 60 ᐊᑐᓚᐅᖅᑕᑦᑎᓐᓂ) ᐊᒻᒪᓗ ᐱᑕᖅᑲᕈᓐᓃᖅᑐᐊᓗᒃ ᓯᑯᖅᑲᑦᑕᓚᐅᖅᑑᒐᓗᐊᖅ, ᑕᐃᒪᐃᓚᐅᖅᑐᖅ ᐊᑑᑎᑎᓪᓗᒋᑦ ᐱᓗᐊᖅᑯᐊᑐᒥᒃᑕᐅᖅ 1990-ᑦ.

ᐊᑐᖅᑕᐅᕙᒃᑐᕕᓃᑦ ᓯᑯᒃᑯᑦ ᐃᓪᓕᓃᑦ ᓴᕕᔅᓯᕝᕕᐅᑉ ᖃᓂᒋᔭᖓᓂᑦ

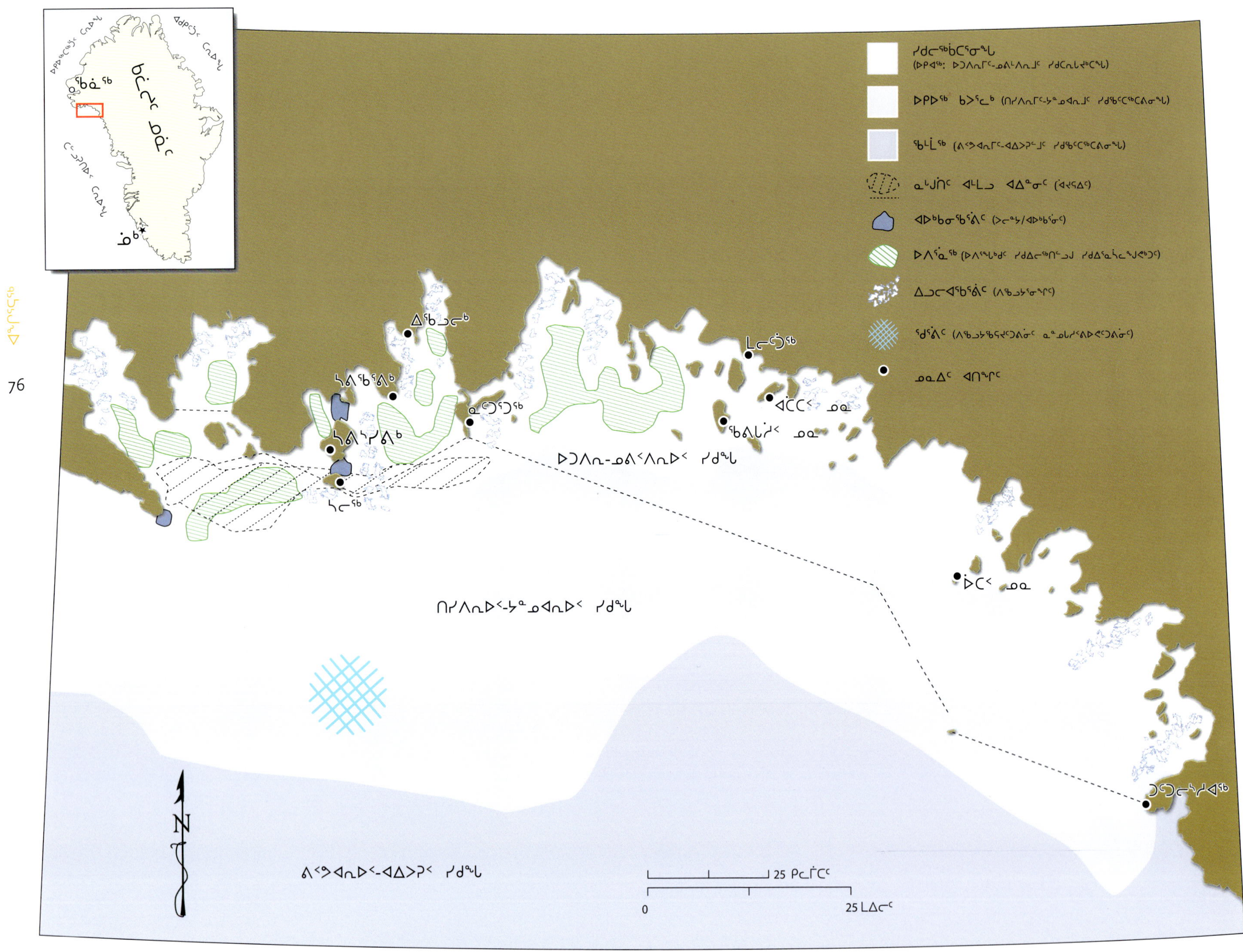

ᓄᓇᖑᐊᖅ ᓇᓗᓇᐃᖅᑕᐅᓯᒪᔪᖅ ᐆᒪ ᖃᐃᕐᕈᖅ ᓃᐅᕐᓴᓐ ᑕᖁᖅᑯᔾᔨᔪᖅ ᓯᑰᑦ ᐊᓯᔾᔨᖅᓯᒪᓕᕐᓂᖓᓂᒃ ᐅᐊᑎᐊᕈᓂᑦ ᐅᓪᓗᒥᒧᑦ ᓴᕕᔅᓯᕝᕕᒃᐸᓯᖕᒥ ᐊᕚᑖᓂᓗᐃᓛᒃ (ᑕᑯᖕᒥᓗᒍᑦᑕᐅᖅ ᖃᐃᖓᕈᖅᖓᕈᑦ ᐅᓂᒃᑳᖏᑕ ᐃᓚᖏᑦ ᑖᒃᑯᖓᓄᖓ ᒪᒃᐱᓚᐅᖏᓂᖓᓂ). ᐊᓯᔾᔨᖅᓯᒪᕙᖕᓂᖓ ᓯᑯᖓᑕ ᐱᒋᐊᖅᓯᒪᓪᓗᓂ 1990 ᓄᖑᑦᑕᕆᐊᑉᓚᑎᓪᓗᒋᑦ / 2000 ᐱᒋᐊᕐᓂᕈᔾᔨᓐᓂ. ᑭᐊᑐᐃᓐᓇᐅᑦ ᑕᑯᓐᓇᖅᐹ ᐊᓯᕈᕐᔪᐊᖅᓯᒪᓂᖓᑕ ᓯᑰᑦ ᐃᒪᖓ, ᐊᐅᒃᑲᕐᓃᑦ ᐃᒪᖅᑐᔪᑦ, ᐊᒻᒪᓗ ᓇᓄᓕᓯᖕᕕᒋᔭᐅᒡᒍᓚᐅᖅᑐᑦ ᓇᓗᓇᐃᖅᓯᒪᒋᓪᓗᑎᒃ ᖃᐃᕐᕈᑦ ᐅᓂᒃᑳᖏᑎᒍᑦ (ᖁᖅᖠᐃᑦ) ᐅᐸᒋᒃᓴᐅᔪᓐᓃᖅᑐᑎᒃ.

ᓯᑯᒥ ᐃᓪᓕᓂᐅᕙᓪᓕᖅᑐᖅ
ᓴᕕᔅᓯᕐᕕᐅᑉ ᖃᓂᒋᔭᖓᓂᑦ

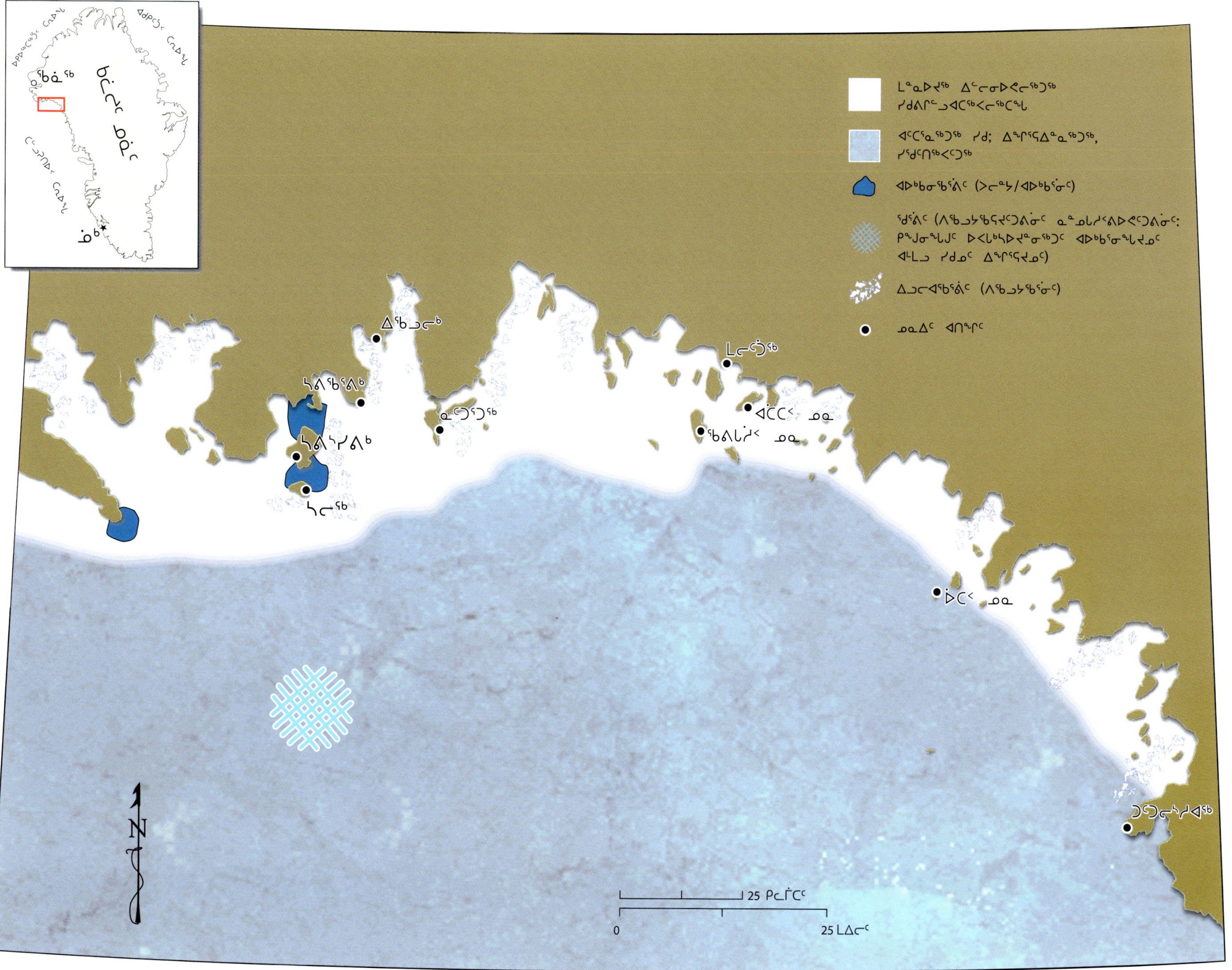

ᖄᓇᕐᒥ ᑎᑎᕋᐅᔭᖅᑎ ᓃᐅᖅ
ᒥᐅᕐᒋ ᓇᓗᓇᐃᖅᓯᒍᖅ
ᓇᓐᓄᓯᒪᙱᐊᖅᑐᓂᒃ ᕿᒧᒃᓯᒃᑯᑦ.

ᐅᑭᐅᕐᒥᑦ ᓯᑯᒥᓂᐊᖅᑕᕐᕕ ᓯᑯᖕᒪᑦ ᐊᒻᒪᓗ ᖃᐅᒻᒪᒃᐸᓪᓕᐊᓕᖅᑎᓪᓗᓂ ᓱᓇᓕᐊᖃᑦᑕᖅᑐᒍᑦ ᓇᑦᑎᕋᓯᐅᕐᑎᐊᖅᑐᑕ. ᐅᖃᐅᓯᑦᑎᒍᑦ ᐃᒪᒃ ᑕᐃᒍᓯᑦᑕᕗᑦ ᑭᓕᐊᖃᕐᑐᒍᑦ (ᖃᔭᒋᓯᖅᑐᑕ), ᖃᔭᒋᓯᖅᑐᑕ ᓇᒡᒥᓂᖅ. ᐊᒻᒪᓗ ᓇᑦᑎᖃᑦᑕᖅᑎᓪᓗᓂ, ᐊᒥᓱᕐᖃᑦᑕᖅᑐᒍᑦ.

ᐅᐱᕐᙳᒃᑯᑦ ᓱᓇᓕᐊᖃᑦᑕᖅᑐᒍᑦ ᐊᖑᓇᓱᒋᐊᖅᑐᑕ ᐃᔾᔪᒃᑐᓂᒃ ᐊᒡᒍᑎᓐᓂᒃ ᐊᖏᕐᕋᒧᑦ ᐊᖑᓇᓱᑦᑐᑕ ᑕᒃᑯᓂᖓᓗ ᕿᓚᓗᒐᕐᓂᒃ, ᐊᐃᕙᕐᓂᑦ, ᐅᒡᔪᖕᓂᒃ, ᐊᒻᒪᓗ ᐊᐸᓐᓂᑦ. ᐃᓛᓐᓂᑦ ᓇᑦᑎᑦᑐᐊᕐᓂᖅᓯᑦ ᓈᒻᒪᓈᖅᓯᑦᑐᐊᖅᑐᑕ ᐊᒥᓱᕐᖃᑦᑕᖅᑐᒍᑦ ᐅᐱᕐᙳᒃᑯᑦ ᓯᓚ ᓂᒡᓕᓯᑐᐊᕈᓐᓃᕐᒪᑦ ᐊᒻᒪᓗ ᑖᓐᓇ ᕿᒪᒃᑯᑦ ᐊᖑᓇᓱᓈᕈᕐᓇᖅᓯᒐᖅ. ᑕᓐᓇ ᐃᓅᓯᖅ ᑕᐃᒪᐃᓕᖓᓗᐊᖅ ᐊᓯᔾᔨᕈᒪᙱᑦᑕᕋ.. ᑕᐃᒪᐃᓕᖓᓗᐊᖅᑎᓪᓗᒍ ᑕᒃᑯᓇᓂ ᐊᕐᕌᒍᓂ ᓱᑯᐃᓕᓯᒪᓕᕋᓗᐊᖅᑎᓪᓗᒍ, ᐃᖏᕐᕋᖃᑦᑕᖅᐳᑦ ᐅᐱᕐᙳᒃᑯᑦ. ᐊᒻᒪᓗᓕ ᕿᒪᒃᑎᑦᑎᓂ ᓱᑦᑲᐳᓐᓂᕋᓗᐊᖅᑎᓪᓗᒍ ᐊᐅᔭᒃᑯᑦ ᐊᖑᓇᓱᒃᑕᖅᑕᕗᖓ ᖃᔭᒃᑯᑦ. ᑕᐃᔾᓯᒪ ᓱᑦᑲᐳᓐᓃᖅᑎᓪᓗᒍ ᐊᐅᔭᒃᑯᑦ ᓯᓚ ᓂᖅᑐᐊᓘᕐᑕᖅᑕᕗᖅ. ᐅᖃᐅᓯᑎᒍᑦ, ᑕᐃᒍᖅᑕᕗᑦ ᖃᔭᖅᑐᓗᐊᕐᓂ ᐊᒻᒪᓗ ᖁᕕᐊᓪᓚᑦᑕᐅᑦᑎᐊᖅᑕᕗᖓ. ᑭᓯᐊᓂᑦᑕᐅᖅ ᐃᒪᐳᕌᑦᑎᒥ ᑕᕝᕙ ᓇᑦᑎᖕ ᑭᕙᓴᕋᐃᑦᑐᒍᔫᑦᑐᓐᓂᒃ ᐱᔭᐅᔪᕕᖕᒪᒥᒃ ᓱᖅᑲᐃᒪ ᐆᑦᑐᖅᑕᐅᔪᖅᑐᐊᑑᖅᑕᖅᑕᕐᑕ. ᐃᒪᐃᓕᕙᔭᕋᓗᐊᖅᑐᖅ ᓇᑦᑎᕋᓱᖕᓂᖅ ᖃᔭᕐᑐᖅᑐᓂ ᐊᔾᔨᖃᕐᓂᒥᕗᖅ ᐃᓛᓪᓚᑦᑕᖅ ᐊᑐᕈᓐᓃᕐᒥᔭᕗᖅ. ᑭᖑᕙᖅᑕᐅᓯᒪᓕᕐᒥᒪᑦ ᐅᒥᐊᓄᑦ ᐊᐅᓚᐅᑎᓕᖕᓄᑦ. ᓇᑦᑎᓕᐊᕈᖕᔪᖅᑐᓂ ᐊᒥᓱᕐᕙᖓᐅᓪᓗᓂ ᐊᑯᓂᐅᕐᑎᑦᑐᑯᓗᒃ.

ᐃᒪᐃᑦᑕᖅᑎᓪᓗᒍ ᐅᖅᑰᙵᑎᓐᓄᑦ ᐊᖑᓇᓱᒋᐊᖃᑦᑕᖅᑐᒍᑦ ᕿᑲᓗᒃᑭᐊᖅᑐᑕ ᐅᒥᐅᒃᑯᑦ. ᐃᓚᑦ ᑕᐃᒫᖑᒪᑦ ᖃᔭᒋᖃᑦᑕᖅᑐᒍᑦ ᕿᑲᓗᖕᓇᐊᖅᑕᕐᑕ ᖃᔭᖅᑐᖅᑐᑕ ᑭᓯᐊᓂ, ᐃᒪᒃ ᐃᓕᖅᑯᓯᕐᓗᑎᒍᑦ. ᓇᐅᓕᒐᐊᖅᑕᕙᒃ ᖃᔭᕐᒥᑦ ᖁᑭᕈᓐᓇᖅᓯᓕᐅᕐᒋᓐᓂᒃ.

ᓈᓚᖅᑕᖅᑕᕋᑦ ᐃᓐᓇᖅᐳᑦ ᐅᖃᐅᑎᕐᖃᑦᑕᖅᑕᕐᒥᑦ ᐱᑕᖅᑲᓚᐅᖅᑐᓂᑦᑕᐅᖅ ᖃᐅᔨᑦᑎᐊᕐᓯᒪᔪᒪᖕᒋᑦᑕᓂᒃ. ᐅᖃᐅᔾᔪᑦ ᑐᓴᖅᑕᖅᓯᒪᔭᒃ ᑕᐃᒪᖕᒋᓂᑦ ᑕᒪᓇ ᐃᖅᑲᓇᐃᔭᕈᓯᖅ ᐊᑐᕆᐊᖅᑕᕐᓂᖕᒋᓂᑦ ᐊᖑᓇᓱᒃᑎᐅᓂᖅ, ᑕᒃᑯᐊ ᐊᑐᖅᑕᖅᓯᒪᔪᓪᓗᒃᑐᑦ ᖁᕕᐊᓯᑎᐊᖅᓯᒪᓗᑎᑦ. ᓯᕗᓪᓕᖅᐸᑦ, ᓇᓄᐃᑦ ᑐᔅᓯᕐᑐᑦ ᐊᑐᕐᑐᑦ ᑐᔅᓯᕐᑐᑦ ᕿᒧᒃᓯᒃᑯᑦ ᐊᒻᒪᓗ ᑖᕝᕙ ᑕᒃᑯᐊ ᑐᒥᑦ ᓄᑖᖑᖅᐸᓪᓕᐊᔪᖅ ᓄᑖᑯᓗᓕᖅᑐᖅ. ᐊᒻᒪᓗ ᑕᒃᑯᐊ ᑐᒥᑦ ᓄᑖᖑᖅᐸᓪᓕᐊᕗᒥᒃ, ᕿᒻᒥᓗ ᐱᒋᐊᓕᕐᐸᓪᓕᐊᓕᕐᓗᑎᒃ ᓱᒃᑲᓕᓕᖅᐸᓪᓕᐊᓕᕐᓗᑎᒃ. ᑖᒃᑯᓕ ᑕᐃᒫᒃ ᐅᓵᕆᓕᖅᑐᑎᑦ ᐱᓂᐊᖅᑕᖅᐃᓇ ᐃᒪᐃᖅᓯᐅᑎᓕᖅᐸᓪᓕᐊᓕᐊᕐᓗᒋᑦ ᓇᒍᐃᓇᖅ ᕿᓂᓕᐅᖅᑕᓕᖅᑐᖅ ᓇᓄᕐᒥ ᑕᑯᓪᓗᒋ. ᐊᒻᒪᓗ ᑖᒃᑯᐊ ᕿᒻᒥᑦ ᓇᓐᓂᕿᖅᑕᖅᓯᒪᔪᐃᑦ ᓇᓐᓄᓯᒪᓗᓂ ᖃᐅᔨᒪᒃ ᑕᑯᕕᑦ ᓄᓇᒥᒃ, ᑖᒃᑯᐊ ᐅᓂᐊᓂᖕᒋᑦ ᐱᒋᓪᓕᑎᐊᓂᐊᓕᖅᐳᑦ. ᓱᒃᑲᓕᐊᓗᖕᓂᖅᑐᑎᑦ ᓇᓄᖅ ᐊᖑᑕᓕᐊᓗᓂ ᖃᐅᔨᓂᐊᕐᒪᑦ ᐱᔭᐅᓇᓱᖕᓂᕐᒥᒃ ᐊᒻᒪᓗ ᖄᖓᓪᓗᐊᖅᑐᓂ. ᑖᒃᑯᐊ ᑕᐃᒪᖕᖑᓕᕐᒪᑦ ᕿᒻᒦᑦ ᓄᑦᑕᔪᖅᑐᑦ ᐊᒻᒪᓗ ᑖᒃᑯᐊ ᐃᓱᒪᒃᓯᕐᓂᖅᓴᐅᓕᖅᐳᖅ. ᐃᒪᖅᑲᖅᕿᑉᐸᑦ ᓇᓄᖅ ᑖᓐᓇ ᐅᐸᒍᑎᓗᒍ ᐊᒻᒪᓗ ᓄᕗᖅᑐᓂ ᐱᖅᓱᔾᔪᑦ ᖃᓂᒋᔭᓄᑦ ᐅᕙᓃᓐᓂᑦ ᒪᓂᓕᓄᑦ ᕿᒻᒥᓄᑦ ᐊᖑᔭᐅᕙᓕᐊᓗᓂ. ᑕᒪᔾ ᐊᑐᖅᑐᒍ ᐱᐅᓛᖅ.

ᑭᖑᓪᓕᖅ ᐅᖃᐅᑎᓂᐊᖅᑕᖅᑕ ᕿᓚᓗᒐᓱᖕᓂᖅ ᖃᔭᒃᑯᑦ. ᕿᓚᓗᒐᓱᓐᓂᐊᕐᓂᐊᖅᑐᑦ ᖃᐅᔨᓴᖅᑎᐊᕆᐊᖃᖅᑐᑦ ᐊᑦᑕᓇᖅᑕᐃᓕᒪᓪᓗᑦ. ᒥᑭᓂᖅᑎᓂ ᐃᓕᓯᒪᔪᑦ ᐃᓐᓇᖅᑎᓂᑦ ᑕᒪᑐᒥᖓ ᕿᓚᓗᒐᓱᓐᓂᐊᕐᓂᕐᒥᒃ. ᐊᒻᒪᓗᑦᑕᐅᖅ ᐅᓪᓗᒥᐅᓗᐊᖅ ᕿᓚᓗᒃ ᓇᐅᓕᒋᐊᖅᐸᒃᐸᖓ ᖃᔭᕐᒥᑦ. ᐊᒻᒪᓗ ᕿᓚᓗᒃᑖ ᐊᒥᓱᔪᕈᓐᓇᕐᒥᒃ, ᑕᕝᕙ ᖃᐅᔨᕙᕐᓂᖅ ᐱᒋᐊᖅᐸᖅ. ᖃᐅᔨᒪᓕᕐᒥᓪᓗᑕ ᐊᑦᑕᓇᖅᑐᖅᑕᐃᓕᒪᓪᓗᑕ ᓇᒡᒥᓂᖅ ᑐᓂᕐᑎᕆᑦᑕᐃᓕᒪᓪᓗᑕ. ᖃᔭᖅᑐᖅᑐᑕ ᐃᒃᓯᕚᖅᑐᑕ ᖃᔭᕐᒥ ᕿᓚᓗᒃᓯᐅᖅᑐᑦ ᐊᒻᒪᓗ ᑕᒡᕙ ᐳᐃᖕᒪᑕ ᖃᔭᐅᑉ ᖃᓂᒋᔪᑦ. ᐳᐃᔪᖕᒪᒋᓪᓗ ᐳᒃᓯᓇᖅᐸᓇᓐᓂᖅᑐᑎᒃ, ᓅᒋᑎᐊᖅᑐᑎᒃ (ᐳᔾᓯᓇᕐᓂᖅᓯᐳᑦ) ᖃᐅᔨᓇᑎᒃ ᑖᓂᒻᒥᖕᒋᔪᑦ, ᐅᑲᑎᓂᒃ ᑕᑯᕐᑐᑦ. ᐃᓚᒃᑕᐅ ᐅᐊᑦᑎᐊᕈᓂᑦ ᑕᒪᓇ ᐊᔾᔨᑦᑎᐊᙳᕐᑐᖅ ᐃᓱᒪᑎᓪᓗᒍ, ᕿᓚᓗᐃᑦ ᖃᐅᔨᓴᐃᓐᓂᖅᓴᐅᓕᖅᐳᑦ, ᐅᓗᓐᓂᐊᖅᑐᓂᒃ ᐅᔾᔨᖅᓯᓂᖅᓴᐅᓕᖅᑐᑦ.

ᐃᒪᐃᑦᑐᒪᓕᕌᖓᒥᒃ ᐳᓯᓐᓇᓕᖕᓴᕐᐳᑦ, ᑮᖑᒧᑦ ᑕᑯᒋᐊᕐᓂᐊᖅᑐᑦ. ᐅᐊᑦᑎᐊᕈᑎᑐᑦᑕᐅᖅ, ᐳᒃᓯᓐᓇᖅᑎᓪᓗᒋᑦ ᒪᓕᒃᓴᕐᓂᐊᕆᓚᐅᑦ ᓱᒃᑲᐃᓪᓗᑕ ᐊᒻᒪᓗ ᑎᑭᐸᑉᐸᓪᓕᐊᓗᒋᑦ ᐅᔾᔮᖅᓱᑦᑎᐊᕐᓗᑕ. ᑕᐃᒫᒃ ᑕᕝᕙ ᖃᐅᔨᒐᔭᖏᑦᑐᑦ ᓇᐅᒃᑭᐊᕐᓂᐊᓕᕋᓗᐊᖑᕚᖓᑦᑎᒍᑦ. ᓇᐅᓕᒃᓯᔭᓅᕈᕕᑦ ᕿᓚᓗᒐᕐᒥᒃ, ᐊᐅᓪᓚᔾᔨᐊᓚᐅᙱᑎᓪᓗᒍᓘᓐᓃᑦ ᐊᕙᑕᐃᑦ ᐃᒫᓃᑦ ᐃᒋᑦᑕᕆᐊᖅᑲᖅᐸᑦ ᐃᖕᒌᓐᓇᖅ. ᐊᕙᑕᖅ ᐃᒫᓃᑦ ᐊᖅᑲᐅᑎᓂᐊᕐᒪᒍ ᐃᒪᐅᑦ ᖃᖓ ᐊᒃᑐᖅᑎᑐᐊᕈᕕᐅᒃ, ᓯᕿᔪᐊᓘᓗᓂ ᐊᒻᒪᓗ ᑕᕝᕙ ᒪᓕᐅᔮᖅᔪᒍᓐᓇᖅᓯᕙᑦ ᐊᖅᑲᐅᒪᓚᓗᐊᖅᑎᓪᓗᒍ. ᖁᕕᐊᓇᑦᑎᐊᖅᑐᖅ. ᐃᓛᓐᓂᑦ ᐊᕙᑕᖅ ᐲᓚᐅᓰᖑᑦᓗᓂ ᐃᒫᓃᑦ ᐃᒋᑦᑎᐊᕐᓂᖅᑎᑦᑕᕌᖓᕕᐅ. ᐅᖅᑲᐅᓯᖅᑕᖅᑲᖅᒥᔪᖅ ᑖᓯᒪ ᒥᒃᓵᓄᑦ ᐃᒪᐃᓕᖓᔪᒥᒃ ᐱᖑᖅᑯᐃᓯᖅ. ᑕᐃᒪᐃᓚᐅᓰᖑᒐᓗᐊᖅ ᑭᓯᐊᓂ ᖃᑯᑎᒃᑐᑦ ᐊᒻᒪᓗ ᐱᔭᐅᖅᑲᑦᑕᖅᑐᑦ ᐊᒥᓲᓂᖅᓵᓘᑦᓗᑎᒃ. ᑭᓯᐊᓂᑦᑕᐅᖅ ᓂᕐᔪᑎᓕᒫᕋᓘᖕᒋᑦᑐᑦ ᐱᔭᕐᓂᕈᑦ. ᐃᒃᐱᖕᓇᑦᑎᐊᖅᑐᐊᓗᖕᒥᑦ ᐃᒃᐱᒍᓱᖕᓇᕐᒪᑦ ᓇᐅᓕᒃᓯᑦᓗᓂ ᕿᓚᓗᒐᕐᒥᒃ ᐱᑦᓗᒍᓗ.

ᑮᖑᑦᓕᖅᐹᒥᒃ, ᐅᖅᑲᐅᑎᕆᓯᒪᓚᓗᐊᖅᑐᒍ ᐊᒥᓯᐊᖅᑎᖅᑐᒍ, ᐅᐊᑦᑎᐊᕈ ᑮᖑᓂᑦᑎᒍᑦ ᓯᑯᑲᐅᑦᑐᓚᐅᖅᑲᑦᑕᔪᖕᒪᑦ ᐊᒻᒪᓗ ᓯᑯᑦᑎᐊᖅᑐᐊᓘᑦᓗᓂ ᐅᑭᐅᓕᒫᖅ ᑕᐃᒪᐃᓕᖅᑐᓂ. ᐊᒻᒪᓗ ᑕᐃᒪᐃᓕᖕᖓᔪᓐᓇᖅᑐᓂ ᔪᓚᐃ ᑎᑭᐅᑎᓇᓯᐊᕐᓂᖕᖓᓂ ᓴᕕᔨᕕᒻᒥ. ᐅᑦᑐᒥᓕ, ᐊᑐᖅᑲᑦᑕᓕᖅᑕᕗᑦ ᔫᓂᐅᑦ ᖃᑎᖕᖓᓄᑦ ᐅᖓᓯᒃᑐᒧᑦ ᐃᖏᕐᓴᖅᑲᑦᑕᖏᑦᑐᒍᑦ ᓯᑯᐃᖅᓯᒪᓕᕐᒪᑦ. ᑕᑯᔭᖕᖓᑦᑎᒍᑦ ᓂᕐᔪᑎᑦ ᐱᖅᑲᑦᑕᖅᑕᕗᑦ ᐊᖑᓇᓱᖕᓂᒃᑯᑦ, ᓇᑦᑏᑦ ᐊᒥᓰᓛᖑᖅᑲᑦᑕᖅᑐᑦ ᓂᕐᔪᑎᑦᑎᓐᓂᑦ ᐅᐊᑦᑎᐊᕈᓂᑦᑕ ᐊᒻᒪᓗ ᑕᐃᒫᒃᑕᐅ ᓇᓄᐃᑦ.

ᑕᐃᓯᒪᓂ ᐊᖑᓇᓱᖅᑲᑦᑕᓕᕋᑖᖅᑐᖓ, ᐊᒥᓲᓛᖑᓚᐅᖅᓯᒪᔪᑦ ᖁᓖᑦ (10) ᓇᓄᐃᑦ ᐊᖅᕿᒧᒥ, ᐃᓛᓐᓂᑦ ᖃᔫᓐᓇᐅᓂᖅᓴᐃᑦ ᐃᓛᓐᓂᑦ ᐊᒥᓲᓂᖅᓴᐃᑦ. ᑭᓯᐊᓂᓕ ᐅᑦᑐᒥᐅᓕᖅᑐᖅ 18-ᓂᒃ ᓇᓄᒍᓐᓇᖅᓯᔪᑎᑦ. ᐊᕿᓂ 2008-ᖑᑎᑦᑐᒍ, ᐊᑕᖏᖅᑕᐅᑦᑎᐊᖅᑐᑎᒃ ᓇᓄᒃᑕᐅᔪᓐᓇᖅᑐᑦ ᑰᑕᒃᑯᑦ ᓇᓄᒃᑕᐅᔪᕗᑦ ᐊᒻᒪᓗ ᖃᐅᔨᕆᑦᑐᑕ ᒪᑐᖅᑲᑦ (ᐊᕐᓇᖓ ᐊᒻᒪᓗ ᐊᑎᖅᑕᖓ) ᐊᒻᒪᓗ ᐱᖓᔪᕋᑦ (ᐊᕐᓇᖓᑦ ᐊᒻᒪᓗ ᐊᑎᖅᑕᖏᒃ ᒪᕐᕉᒃ) ᓇᒥᑐᐃᓐᓈᓗᒃ. ᐊᒻᒪᓗ ᑕᒪᒃᑯᐊ ᒪᕐᓗᖅᑲᑦ ᐊᒻᒪᓗ ᐱᖓᔪᖅ ᐱᔭᐅᔭᓇᐊᖅᑲᕈᓐᓃᕐᒪᑕ, ᑕᑯᖅᑲᑦᑕᖅᑕᕗᑦ ᐅᑭᐅᖑᓗᐊᖅᑎᑦᑐᒍ. ᐱᑕᖅᑲᕐᓂᖏᑉᐸᑕ ᑰᑕᐃᑦ ᐊᒻᒪᓗ ᓇᓄᕆᐊᖅᑲᙱᑕᕗᑦ, ᖃᐅᔨᒪᙱᑕᖓ ᖃᔪᑦ ᐱᔭᐅᔪᓐᓇᕐᒪᖔᑕ? ᐱᑕᖅᑲᓄᑦᑐᓂᑦᑕᐅᖅ ᒪᓕᒋᐊᓕᖕᓂᒃ ᑕᒪᒃᐲᖕᓄᑦ ᕿᓚᓗᒐᕐᓄᑦ ᖃᑯᖅᑕᓄᒃ ᐊᒻᒪᓗ ᕿᓚᓗᒐᕐᓄᑦ ᐊᓪᓚᙳᐊᓄᑦ.. ᓇᖕᒥᓂᕐᓕ ᐱᒻᒪᕆᐅᑎᒃᑲᒃᑭᑦ ᒪᓕᑦᑎᐊᖅᑐᕆᓪᓗ ᒪᓕᒐᐃᑦ, ᐊᖏᓚᐅᖅᓯᒪᙱᑦᑕᕋᓗᐊᒃᑲᑦᑕᐅᖅ ᐅᖅᑲᐅᑕᐅᖅᒪᑕ ᐋᖅᑭᒃᓯᒪᓂᖏᑦᑕ ᑐᙵᕕᒋᔭᖏᑦ ᒪᑯᐊᖑᕙᑦ ᒪᑯᐊ ᕿᓚᓗᑦ ᖃᑯᖅᑕᑦ ᐊᒻᒪᓗ ᕿᓚᓗᐃᑦ ᐊᓪᓚᙳᐊᑦ ᓄᖑᑦᑕᓇᐊᑭᓪᓕᖕᒪᑕ, ᓱᓕᖏᑦᑐᖅ ᑭᓯᐊᓂ.

ᔪᐃᓕ ᓴᖑᔭ

ᐱᕈᖅᐸᓪᓕᐊᓂᕆᔭᒪ ᐃᓚᖓ ᐊᕙᓂᐅᓚᐅᖅᓯᒪᒐᖅ ᐊᑯᓕᐊᖅᑕᑕᐅᑦ ᑲᖏᖅᑐᐊᓂ (Eglinton Fjord) ᑕᐃᔅᓯᒪᓂ ᖁᕕᐊᓇᖅᑐᖅ ᓇᒥᑐᐃᓐᓇᐅᖅᑯᐃᓲᓚᐅᖅᓯᒪᖕᒪᑦ ᐅᐸᒃᑕᓕᒫᑦᑎᓐᓄᑦ. ᐅᕙᒍᑦ ᑕᐃᔅᓯᒪᓂ ᓱᕈᓯᐅᔪᑎᒍᑦ, ᐊᑭᑦᑐᕋᐅᑎᓂᖅ ᐅᕙᒍᑦᑕ ᐃᓅᓯᑦᑎᓐᓂ ᐊᑐᖅᓯᐅᑎᓚᐅᖅᓯᒪᓚᑦᑎᒍᑦ ᐊᑖᑕ ᓴᓐᖏᓂᖅᐹᑦᑎᐊᖑᖅᑯᓚᐅᖅᓯᒪᒐᒃᑯ ᐊᒻᒪᓗ ᖃᒪᒥᖏᑦ ᓴᓐᖏᓃᖑᖅᑯᑦᑐᑎᑦ ᐊᒻᒪᓗ ᓱᒃᑲᓂᖅᐹᖑᖅᑯᑦᑐᑎᑦ. ᐊᑖᑕ ᓇᒧᐃᓐᓇᖅ ᐊᐃᒃᐸᑦ ᒪᓕᖅᑲᑦᑕᖅᑐᒍ, ᖃᒨᒃᓯᖅᑐᑕ ᐅᑦᓚᒃᓴᖅᐸᒃᑐᖓ ᖃᒻᒦᑦ ᑭᖑᓂᑦᑎᐊᖓᓂ ᐊᖑᒪᑎᓇᔫᒃᑐᖓ. ᐊᑖᑕ ᑕᒃᑯᓂᖓ ᑕᑯᒥᓇᖅᑯᐃᔾᔫᒐᓗᐊᓂᒃ ᓱᖁᑎᒃᓴᖅᑯᐃᔾᖅᑲᑦᑕᕆᑦᑎᐊᖅᑐᓂ ᖃᒥᖅᑭᐊᑭᒥᓇᖅᑑᒐᓗᐊᓂᒃ ᖃᐅᔾᔨᓇᓱᓪᓗᑎᑦᑐ ᐅᕝᕙᓘᓐᓃᑦ ᓄᖅᑲᖅᑐᓂ ᑕᑯᓇᓱᓪᓗᓂᑦ. ᑕᐃᓯᒪᓂ, ᐃᓄᐃᑦ ᐃᓅᓯᖃᐅᔪᕆᑦ ᐃᓚᑏᑦ ᑲᑎᒫᐅᑐᑎᒃ, ᐊᒻᒪᓗ ᒪᓕᒋᐊᖅᑲᑦᑎᓐᓂᒃ ᐱᑕᖃᐅᖅᑐᓂ ᓱᕈᓯᐅᓂᑦᑎᓐᓄᑦ.

ᐃᓚᓐᓂᑦᑕ ᐅᑯᐊᖑᑕᐅᖅᓯᒪᖕᒥᒪᑕ ᒨᓯ, ᑕᐃᓇ ᓄᓇᑦᑎᓐᓂ ᐅᐸᒐᐅᑦᑐᓂ, ᐃᓚᖏᑦᑐ, ᐱᖅᑯᓯᐅᑎᑦᑐᒍ ᐸᓂᖓᓐᓂᑦ ᐊᖏᔪᒃᑎᖅᐸᖅ, ᐱᖅᑯᓯᐅᑎᑦᑐᒍ ᑲᓇᖕᓇᖅ ᖃᑐᕐᖓᖏᑦᑐ. ᓴᕐᓚᐊᕗᑦ ᓄᑲᖅᑎᐅᔪᖕᒪᑦ ᒨᓯᒥᑦ ᐅᐸᒐᐅᑦᑐᓂ ᓄᓇᑦᑎᓐᓂ. ᐊᒻᒪᓗ ᓴᖑᔭ ᐱᑕᖅᑲᓂᑦᑐᓂ, ᐊᑖᑕ, ᐃᓚᖏᑦᑐ, ᐊᒻᒪᓗᑦᑕᐅ ᐊᖏᔪᖏᑦ ᓄᑲᖓᓗ. ᓄᑲᖅᑎᖅᐹᖑᔪᔪᖅ ᐊᖑᑎᓂᑦ ᐊᒃᑲᓗ ᐃᒃᑲᓇᐊᓗᒃ (ᐊᑖᑕᖓ ᑕᐃᕕᑎ ᐃᒃᑲᓇᐊᓗᒃ, ᐱᖅᑕᐅᔪᖕᒥᔪᑦᑕᐅᖅ ᐅᑯᓇᓂ ᐱᓕᕆᔪᓂ ᓯᑯ-ᐃᓄᐃ-Hᐃᓚ ᐱᓕᕆᔪᓂᑦ). ᑲᑎᑦᑐᕆᑦ, ᐃᒪᓐᓇ ᐸᓘᖅᑯᐃᔪᔪᑦ 27-ᐅᓗᑎᒃ ᓄᓇᕆᔭᑦᑎᓐᓂ.

ᓄᑉᐱᐊᖑᑦᑐᖓ, ᐊᑖᑕᒍᑦ ᑕᑯᖅᓈᖅᑲᑦᑕᔪᔭᒍᑦ. ᐊᑖᑕᒍᑦ ᓇᐅᒃᑯᑎᓂᒃ ᐊᑐᖅᑲᑦᑕᔪᑦ ᐊᑐᖁᔫᒃᐸᒃᑐᓂᔾᔪᓪᓗ ᐊᖑᓇᓱᖕᓂᖅᒧᑦ ᐊᑐᖅᑕᐅᖅᑲᑦᑕᖅᑐᑦ ᑕᒪᔾᔭᐅᒐᓗᐊᖅᑎᑦᑐᒋᑦ. ᐊᖑᓇᓱᒍᑎᒋᔭᐅᔪᑦ ᐱᖅᑯᓯᐅᔾᔨᓯᒪᒋᑦᑐᑎᒃ ᖁᑭᐅᑎᑐᖅᑲᖅᓂᑦ ᑕᒪᑦᑕᑦᑕᖅᑐᓂᒃ ᐃᒪᐃᑦᑐᑦᑕᐊᖑᖅᑲᑦᑕᔪᕐᒥᔪᑦᑕ ᓂᒃᐸᔩᖅ (ᖁᑭᐅᑎᑐᖅᑲᖅ ᓇᐅᓚᑦᑕᐅᖅᑕᐅᖅᑲᑦᑕᖅᑐᑦ ᓇᖏᖅᓯᑎᑕᐅᑦᑐᑎᒃ ᓂᒃᐸᕐᓂᐊᕐᒪᑦ ᐊᓪᓗᒥ ᖁᑭᕆᐊᖅᔭᖅᑐᑎᓪᓗ ᓇᑦᑎᖅ ᐳᐃᒃᐸᑦ, ᓯᒐᖅᑐᑎᑦ ᐱᓇᓱᓪᓗᓂ ᖃᒥᖅᑭᐊᖅᑐᑎᑦ), ᒥᑭᑎᐊᑦ, ᐊᒻᒪᓗ ᐊᓯᖏᑦ ᐊᑐᖅᑕᐅᕙᒃᑐᑦ ᐊᖑᓇᓱᖕᓂᒃᑯᑦ. ᐊᓯᖏᑦ ᑭᓯᓕᕆᔾᔪᑕᐅᕙᓚᐅᖅᑐᑦ ᐱᖅᑯᓯᐅᑎᔪᑦ ᖁᑭᐅᑎᑐᖅᑲᐃᑦ ᖁᑭᕆᐊᕈᓐᓇᐃᓕᓂᑯᑦ ᑐᑭᓕᐊᖅᑐᒥᒃ ᓴᓇᔭᐅᑦᑐᑎᒃ ᓂᒃᐸᔫᓕᐊᖑᑦᑐᑎᒃ (ᖁᑭᐅᑎᑐᖅᑲᖅ ᓇᐅᑯᓯᖅᑕᐅᓯᒪᑦᑐᓂ ᓇᖏᐅᑎᖅᑲᖅᑐᑎᒃ ᐅᑕᖅᑭᐅᕐᓂᐊᕐᒪᑦ ᐊᓪᓗᒥᑦ ᖁᑭᕆᐊᕐᑐᓂ ᓇᑦᑎᖅ ᐊᓪᓗᒨᖅᐸᑦ ᖃᑭᒋᐊᓕᖅᐸᑦ, ᑕᑯᒋᐊᕈᓐᓇᖅᑕᐃᑦ ᓯᓇᒃᑯᑖᓂᑦᑐᓂᒃ), ᒥᑭᑎᐊᑦ, ᐊᓯᖏᑦᑐ ᑭᓯᓕᕆᔾᔪᑕᐅᓯᑦ ᐊᖑᓇᓱᒃᑐᓄᑦ. ᕿᒻᒦᑦ ᐊᑐᖅᑕᐅᖅᑲᑦᑕᔪᖏᑦ ᐊᐅᓪᓚᐅᑎᒋᖅᑲᖅᑕᖅᑐᑎᑦ ᐅᑭᐅᒃᑯᑦ ᐊᒻᒪᓗ ᐅᒥᐊᓂᒃ ᐊᑐᖅᐸᒃᑐᑕ ᐊᐅᔭᒃᑯᑦ.

ᒪᓕᒐᖅᑲᖅᑕᑕᓚᐅᖅᓯᒪᔪᑦ ᓱᐳᓯᐅᓪᓗᑕ. ᐅᖓᓯᒍᐊᖅᑐᒧᑦ ᐱᓯᑎᐊᖅᑲᖅᑕᔪᖏᑦᑐᒍᑦ ᐃᓐᓇᕐᒥᒃ ᐱᖃᑎᖃᖏᓪᓗᑕ. ᓱᓴᒥ ᐱᙳᐊᖅᑕᕆᐊᖃᓚᐅᖅᓯᒪᖏᑦᑐᒍᑦ ᐅᐱᕐᓛᒍᑦ ᖁᖓᓂᑦ ᐃᑭᖅᑐᓗᐊᓕᖅᑎᓪᓗᑎᑦ ᐃᓐᓇᕐᒥᑦ ᖃᓂᒋᔭᖅᑯᒪᑦᑐᐊᕆᓪᓗᒍ.. ᐊᓂᔭᕆᐊᖅᑲᖅᑕᓚᐅᖅᓯᒪᔪᑦ (ᓯᕗᓪᓕᖅᐹᖅᑎᐊᒥᒃ ᐊᑐᕆᐊᖅᑲᖅᑕᖅᑐᑎᒍᑦ ᐃᖅᑯᒪᕚᖓᑕ), ᐊᒻᒪᓗ ᓂᕿᓕᐅᕆᓪᓗ ᓂᕆᖅᑕᕆᐊᖅᑕᖅᑐᑕ ᐅᓪᓚᒃᑯᑦ ᐊᖑᓇᓱᒃᑕᓂᐊᕐᕕᖓᑦ ᐊᑖᑕᑎᓐᓂ ᐃᓚᐅᓗᑕ ᐅᑭᐅᒃᑯᑦ.

ᐊᖏᔪᖅᑳᓂᑦ ᐅᖃᐅᔭᐅᓚᐅᖅᓯᒪᔪᖏᑦᑐᖓ ᐊᓂᔭᕆᐊᖅᑲᖅᑕᖅᑕᓂᕐᒪ ᒥᒃᓴᓄᑦ ᐊᐱᕆᓚᐅᖅᓯᒪᖏᒪᖓᓗ. ᓱᐳᓯᐅᓪᓗᖓ, ᐊᑐᕆᐊᖅᑲᖅᑕᑕᓚᐅᖅᓯᒪᔭᒪ ᐃᓚᖓᑦ. ᓯᓚᐅᑦ ᓄᓇᐅᑦ ᐃᒪᐅᑦ ᓯᑯᓪᓗ ᐱᖅᑯᓯᕐᑎᒍᑦ ᐃᓅᔪᒍᑦ ᑕᒫᓂ ᓄᔪᐊᖅᑕᐃᑦ ᐱᑕᖅᑲᐅᖅᑐᑎᒃ ᐃᓚᒋᓐᓄᑦ ᐊᓴᔭᐅᕐᑎᑦᑎᐊᖅᑐᑕ. ᐊᓂᔭᕐᓂᖅ ᐅᓪᓗᒥᓪᓕᖅᑐᖅ ᖃᐅᔨᕙᓪᓕᖅᑎᑦᑎᓕᐅᖅᑐᖅ ᐊᕙᑎᕗᑦ ᖃᓄᐃᑦᑑᓕᕐᖓᖔᑦ ᓇᔪᐃᔪᓪᓗ ᑕᒪᑐᒥᖓ. ᐊᓂᔮᕐᖓᒪ, ᓄᓇ ᑕᒪᔅᓴᐅᕙᑐᓂ, ᐃᒪᖅ, ᐊᒻᒪᓗ ᓯᓚ. ᓯᓚ ᐊᓯᔾᔨᖅᑲᖅᑕᕐᓂᖅᐹᖑᓚᐅᖅᓯᒪᔪᖅ

ᑭᓯᑐᐃᓐᓇᐃᑦ ᐃᓚᖏᑦ ᐊᓯᐳᔾᔮᖏᑦᑐᑦ, ᓱᕐᓗ ᒪᑯᐊ ᓄᑉᐱᐊᑦ ᐊᓪᓗᖅᑕᖅᑐᑎᒃ ᖁᖓᓂᕐᓂᒃ, ᐋᕐᕋᓂᒃ ᐅᐱᕐᓛᒃᑯᑦ ᓯᑯᒥ ᑲᖏᖅᑐᓖᐱᖕᒥ.

ᐊᓯᓕᒫᕆᓐᓂᑦ. ᐅᓪᓗᒥ, ᐃᖅᑯᒪᕌᖓᒪ, ᓯᕗᓪᓕᖅᐹᑦᑎᐊᕆᖃᑦᑕᕐᒥᔪᕋ ᐃᑦᑐᐊᕐᓗᖓ ᐃᒐᓛᒃᑯᕐ. ᐊᐅᓪᓚᖅᓯᒪᓕᕌᖓᒪ, ᕿᒥᕐᕈᐊᖅᐸᓪᓕᐊᓪᓗᒍ ᖃᖓᑐᐃᓐᓇᒃᑯᑦ ᐃᓛᓐᓂᑦ ᐊᒻᒪᓗ ᑭᖑᒧᑦ ᕿᕕᐊᓚᐅᖅᐸᒃᑐᖓ ᐊᕙᑎ ᑕᒪᓐᓇ ᐊᑐᖅᑕᕋ ᖃᓄᐃᓕᖓᖕᒪᖖᑦ ᑕᒪᓐᓇ ᐅᑎᓕᕈᒪ ᐊᑐᓛᕐᒥᒐᒃᑯ.

ᐅᐱᕋᖖᖑᓂᖓ ᐃᓯᓕᑉᐸᓪᓕᐊᓕᖅᑎᓪᓗᒍ, ᓯᑯ ᑭᓛᔪᐊᔫᑎᓪᓗᒍ ᐊᐅᒃᐸᓪᓕᐊᓗᓂ, ᓄᓇᕆᑲᐃᓐᓇᕐᓂᐊᖅᑕᑦᑎᓐᓄᑦ ᐅᑎᖃᑦᑕᔪᔪᑦ ᐃᓚᕆᑎᒍᑦ ᓇᒥᑐᐃᓐᓇ ᐊᖑᓇᓯᓚᐅᖅᑐᑦ ᓇᒥᑐᐃᓐᓇ ᑕᕝᕙᓂᑦᑕᐃᓐᓈᕐᓇᑦ. ᑕᕝᕙ ᑕᐃᒪᐃᓕᕙᖕᒐᑦ, ᐊᑭᑦᑐᕋᐅᑎᓂᕆᓕᖅᑕᕗᑦ ᐊᑐᖅᐸᓪᓕᐊᑦᑕᓕᖅᐳᖅ ᓱᕈᓯᐅᓪᓗᑦ ᐊᓯᐃᓪᓛᒃ ᐱᕆᐊᓪᓚᒃᑖᑕᓕᖅᐳᒍᑦ ᐃᓛᓐᓂᑦ ᐱᒃᑲᐅᓂᖅᓴᐅᓂᑭᓴᐅᑎᓕᖅᑐᑦ. ᒪᐅᔭᕐᑲᑦᑕᓕᖅᐳᒍᑦ-ᓯᑯᑦ ᑐᑎᖅᑲᑦᑕᖅᑐᑎᒍᑦ ᐅᓪᓚᑲᐅᑦᑐᖅᑲᑦᑕᓕᖅᑐᑦ-ᐊᓪᓗᒃᑲᐅᓂᑭᓴᐅᑎᖅᑲᑦᑕᓕᖅᑐᑕᓗ ᑕᒫᓂ ᓯᒡᔭᒥ ᐊᒻᒪᓗ ᐃᑭᖅᑐᓖᖑᓇᓱᒃᑐᓂᒃ ᐊᓪᓗᖅᓯᖅᑲᑦᑕᓕᖅᑐᑦ. ᐊᒥᓱᖅᑲᑦᑕᓚᐅᖅᓯᒪᖓᒪᑕ ᐊᑭᑦᑐᕋᐅᑎᕕᕆᔭᕗᑦ-ᑭᓇ ᐊᕗᖓᐅᑖᖅ ᐊᓪᓗᕈᓐᓇᖅᐸ ᓯᑯᒥ, ᑭᓇ ᐳᖅᑐᑖᑦ ᖃᖓᓗᓐᓄᑦ ᕿᒡᕆᕈᓐᓇᖅᐸ, ᑭᓇ ᐱᒎᒃᑲᐅᑖᖑᕙ, ᑭᓇ ᐊᕗᖓᐅᑖᖅ ᒥᓗᕆᐊᕈᓐᓇᖅᐸ, ᑭᓇ ᐃᑲᔪᕆᐊᑲᐅᖅᑐᕈᓐᓇᑖᖑᕙ ᐊᑖᑕᕗᑦ ᐃᑲᔪᕆᐊᖅᑲᖅᑎᓪᓗᒍ ᒪᑯᓂᖓ ᐊᐅᓚᑦᑕᕆᐊᓕᖕᓂᒃ ᐱᓕᕆᐊᒃᓴᓂᒃ. ᐅᖁᒪᐃᑖᕐᒥᒃ ᓇᑦᑎᕐᒥᑦ ᐅᓂᐊᕈᓐᓇᖅᐸ, ᐅᖁᒪᐃᑖᕐᒥᑦ ᐊᖕᔭᖅᓯᔪᓐᓇᖅᐸ, ᐊᒻᒪ ᐊᓱᒃᑲᓐᓂᐊᓗᖕᒥᑦ. ᐊᑭᑦᑐᕋᐅᑎᓯᓐᓈᕆᓪᓗᑦᑕᐅᖅ ᑭᓇ ᑭᓯᒥᒃ ᓂᕐᔪᑎᖅᑳᙵᐅᑕᐅᕙ ᐅᐱᕋᖖᒐᑕᒫᑦ, ᐊᒻᒪᓗ ᑭᓇ ᐊᑖᑕᖓᑕ ᖁᑭᐅᑖᓄᑦ ᖁᑭᓕᐊᖅᓯᒪᓕᖅᐸ ᓯᕗᓪᓕᖅᐸᐅᓪᓗᓂ.

ᒪᐅᔭᕐᖅᑐᑕ, ᐃᓛᓐᓂᑦ ᐃᒪᐃᖅᑲᑦᑕᔪᔪᑦ ᓯᕗᓪᓕᖅᐹᖅ ᒪᓕᒃᐸᒃᑐᑎᒍᑦ ᐊᒻᒪᓗ ᓯᑯᐃᑦ ᐃᓚᖕᕆᑦ ᐳᒃᑖᖅᑐᑦ ᑐᑎᔭᕗᑦ ᒥᑭᓪᓕᕚᓪᓕᐊᖅᑕᖅᑐᑎᒃ ᒪᐅᔭᕐᖅᑐᑦ ᐊᑭᑦᑐᕋᐅᑎᕚᑦᑕ. ᐃᒪᖅ ᓂᒡᓕᓇᖅᑐᐊᓘᖕᒪᑦ, ᓯᕗᓪᓕᖅᐹᒥᒃ, ᑭᓯᐊᓂ ᖃᐅᓯᓕᐊᖅᔫᒃᑐᖅᑲᖅᒪᑦ ᑕᕝᕙ ᑕᒪᒃᑯᐊ ᓂᓚᐃᑦ ᐊᖏᕚᑕᐅᖏᑦᑐᑦ ᐊᑭᑦᑐᕋᐅᑎᕆᔭᕗᑦ ᑕᒪᒃᑯᐊᖑᓕᖅᐳᑦ ᐊᑐᖅᑲᑦᑕᓇᐊᖏᑦ. ᐃᓖᑎᒍᑦ ᐃᓖᓐᓂᑦ ᐃᒫᑦᑎᐊᒻᒪᕆᓚᐅᖅᐸᒃᑐᑦ ᐃᓖᓐᓂᓪᓗ ᐃᓖᑎᖑᑦ ᐃᒫᖅᑎᑦᑎᐊᒻᒪᕆᓚᐅᖅᐸᒃᑐᑦ. ᓯᕗᓪᓕᖅᐹᕐᒥᒃ ᐃᒫᖅᑐᓂ, ᓂᕈᒥᒃᑐᑯᓘᒃᑲᐃᓐᓇᖅᑐᓂ. ᑕᕝᕙᓕ ᓂᒡᓕᓇᖅᑐᐊᓘᑦ ᐃᒪᐅᑦ ᑎᒥᓕᒫᑦᑎᐊᑦ ᐱᕙ. ᓲᖅᑲᐃᒻᒪ ᐳᐃᔾᔪᕈᓐᓇᖅᑎᑦᑎᐊᕋᑦᑕ ᑕᕝᕙ ᑕᐃᔅᓯᒪᓂᐅᑎᓪᓗᒍ ᑎᒍᔭᐅᓗᓂ ᖃᑭᑎᑕᐅᔪᒥᓇᖅᓯᕗᖅ

ᐃᓚᕆᔭᕐᓂᑦ. ᐃᑭᖅᑐᖏᕐᒥᒃ ᐊᓪᓗᕋᓯᐊᖅᑕᔪᔪᑦ ᖁᖕᓂᕐᓂᒃ ᐋᔪᕋᕐᓂᒃ ᓯᑯᒥ. ᓯᕗᓪᓕᕚᕐᒥᒃ ᑲᒥᕗᑦ ᓱᒃᑦᑎᐊᖅᑐᕆᑦ ᐅᖏᑦᑎᐊᖅᑲᑦᑕᔭᕗᑦ ᑲᒥᒃᐳᑦ ᐅᕐᑭᕆᓪᓚᖅᐸᓪᓚᕐᓂᐊᕋᑦᑎᒍᑦ ᐊᒻᒪᓗ ᐃᒻᒪᖕᓇᓭᓂᖅᓴᐅᓂᐊᕋᑦᑕ. ᐃᑭᓐᓂᖅᓴᑦ ᐱᕆᐊᕈᑎᕆᓚᐅᖅᑐᑎᑦ ᓯᑯᒥ ᑕᕝᕙ ᐃᑭᖅᑐᓂᖅᓴᐃᑦ ᐊᑐᓪᓚᖅᐸᓪᓚᐊᓪᓗᑎᑦ ᓴᖅᑲᐃᓪᓗ ᐃᑭᖅᑐᑏᑦᑎᐊᑦ ᐱᑕᖅᑐᖅᑕᑦᑕᑦᑎᓐᓂ. ᐃᑭᖅᑐᔭᐅᓗᐊᓐᓂᑦ ᐊᓪᓗᖅᑕᖅᑐᑎᒍᑦ, ᑕᕝᕙ ᐅᓪᓚᒃᓯᓪᓗᑕ ᐅᓪᓚᕚᖕᒐᑦᑎᐊᓕᓚᖅᑐᑦ ᐃᑭᖅᑐᒐᓂᖅ ᐅᕿᓚᓂᖅ ᐊᑐᖅᑐᑎᒍᑦ ᐊᓪᓗᖅᓯᓂᐊᕋᑦᑕ ᐃᑭᖅᑐᔪᒥᒃ ᖃᐅᔨᓪᓗᒍ ᓄᖅᑲᑦᑕᐅᑎᕆᔪᓐᓇᕐᓂᑦᑎᓐᓄᑦ ᖄᖏᐅᑎᓗᐊᖅᑐᑦ ᑕᒪᓐᓇ ᐊᓪᓗᕐᓂᐊᖅᑕᖅ ᐃᑭᖅᑐᓗᐊᖅᑐᐊᓗᓐᓪᓗᓂ ᐊᓪᓗᓇᐊᖕ. ᑕᕝᕙᑐᐊᖑᓕᓇᓪᓗᓂ ᐃᒫᓄᑦ ᑭᓯᐊᓂ ᕿᒡᕆᕐᓗᓂ ᐃᒫᒡᓗ ᐊᓯᖅᑲᕈᓐᓃᖅᑐᓂ. ᑐᖅᑐᓕᖕᕆᑦᑎᐊᖅᑐᑦ ᓂᓪᓕᖕᕆᑦᑎᐊᖅᑐᑕᐅᓐᓃᑦ, ᐃᒫᓄᑦ ᕿᒡᕆᖅᑐᑦ ᐊᓯᒍᑦ ᑭᓯᐊᓂ ᑕᕝᕙ ᐃᓅᓕᔭᐅᓗᓂ ᐱᔭᐅᔪᓐᓇᖅᓯᓪᓗᑕ ᓂᒡᓕᓇᖅᑐᐊᓗᖕᒥᑦ ᐅᕝᕙᓘᓐᓃᑦ ᐃᐱᓂᕐᒥᑦ. ᖃᑭᓯᒪᓕᖅᑐᓂ, ᐊᖑᑎᖃᑎᒋ ᐃᓪᓗᕋᓘᓐᓃᑦ ᐃᒡᓚᖅᑐᓂ ᐅᖃᕐᓂᐊᕐᒪᑦ "ᐃᑭᖅᑐᓗᐊᖕᕆᑦᑐᖅ ᒪᓇ!" ᑭᓯᐊᓂᑦᑕᐅᖅ ᑕᒪᓇ ᐃᑭᖅᑐᔪᕈᓗᒃ ᐊᓪᓗᔾᔫᖕᒥᓇᓂᐅᒃ ᑲᐸᐃᐊᓇᓗᐊᕐᒪᑦ ᐃᑭᖅᑐᓪᓗᓂ.

ᑕᒪᒃᑯᐊ ᐊᓯᖕᕆᑦ ᑭᓯᑐᐃᓐᓇᑦᑎᐊᑦ ᓱᕐᑯᑕᐅᑎᓐᓇᕆᑦ ᒪᒃᑯᖕᓂᐅᑦ ᐊᑑᑎᓂᖕᒐᑦ ᖃᓪᓕᖅᐹᖕᒐᓃᑦᑐᓂ ᒪᒃᑰᓂᖅ ᐊᑲᐅᖏᕐᕖᑦᑐᓂ.

ᑎᑎᕋᐅᔾᖅᑕᕕᓃᑦ
ᑳᕆᖅᑑᓚᐱᖕᒥ ᒪᒃᑯᖕᓂᖅᓴᓂᑦ
ᐃᓕᓐᓂᐊᖅᑎᓂᑦ ᑕᐃᓴᓐ ᐸᓪᓗᖅ
ᐊᒻᒪᓗ ᓈᐸ ᑎᒍᓪᓚᒐᖅ
ᑕᑯᖅᑯᔾᔨᓪᓗᓂ ᐃᓅᓯᕐᒥᒃ ᓯᑯᒥ.

ᔫᑯ ᐅᓯᒪ

ᒫᓂ ᐊᑭᓂᖅᓱᐊᕐᒥ ᐃᓅᓱᖅᑲᕈᓐᓇᙱᑎᓪᓗᑦ ᓱᑯᖅᑲᖕᑎᑦᑐᒥ. ᐃᖕᖏᓐᓇᑦᑎᐊᖅ ᓱᑯᖕᒪᑦ ᐊᖑᓇᓱᒃᑏᑦ ᐃᖕᑭᕐᕿᖅᑲᑦᑕᓪᓚᖅᐳᑦ ᕿᒧᒃᓱᒃᑯᑦ, ᑖᓐᓇ ᐃᖕᑭᕐᕿᔾᔪᑎᓪᓗᐊᑕᑐᐊᕆᕙᑦᑎᒍᑦ. ᐅᑭᐅᓪᓗᐊᖑᑎᓪᓗᒍ ᐊᒻᒪᓗ ᓱᑯ ᓵᖕᕙᔫᓪᓕᕐᒪᑦ ᐃᓂᕐᓱᖅᓴᑦ ᐊᑦᑕᕐᓇᕈᓐᓅᖅᑐᓂ ᓱᑯᑦᑎᐊᕐᒥ, ᑐᐱᖅᐳᑦ (ᖃᒧᑏᑦ ᐊᑐᖅᑐᕐᑎᑦ ᓱᓂᒃᑮᕐᑎᖅᑲᑦᑕᕐᓂᐊᕐᑎᒍᑦ) ᑕᑭ ᐃᖅᑲᓗᕙᓱᓕᖅᐳᑦ. ᓱᑯ ᐃᔾᔪᖅᑎᔾᔫᒥᖕᒪᑦ ᐃᒡᓗᕐᓵᒍᑦ ᐃᓕᑮᒍᑦ ᐃᖅᑲᓗᕙᓱᒃᑮᕐᔭᑦᑎᓐᓄᑦ. ᐊᒻᒪᓗ ᑕᒪᒃᑯᐊ ᐃᖅᑲᓗᕙᓱᒃᑏᑦ ᐊᖕᑭᕐᕿᓇᖕᒪᑭᑦ ᓱᑯᒥ. ᐊᒥᓱᒃᑕᐃᑦ ᐃᓄᐃᑦ ᑕᐃᒫᒃ ᐃᒡᓗᕐᓵᖅᖕᑎᑦᑐᑦ, ᑭᓯᐊᓂ Hᐋᒪᑕᒍᑦ ᐃᒡᓗᕐᓵᑕᐅᖅᓯᒪᑭᒍᑦ ᑭᒃᑯᑐᐃᓐᓇᕐᓄᑦ ᐊᑐᖅᑕᐅᔪᓐᓇᖅᑐᓂᒃ; ᑕᒪᓐᓇ ᐃᒪᐃᓐᓂᖅᑲᕐᒥᖕᒪᑦ ᐃᑲᔫᑎᑭᔭᐅᓪᓗᓂ ᑕᐃᒃᑯᐊ ᐃᖅᑲᓗᕙᓱᒃᑏ ᐱᔾᔪᑎᑭᓪᓗᑭᑦ.

ᑭᓇᑐᐃᓐᓇᑦᑎᐊᖅ ᓱᑯᒦᑦᑐᖅ ᐃᒃᐱᑭᔭᖅᑲᕐᓂᐅᓴᖕᒪᑦ ᓂᐱᑕᐊᔫᖕᑭᑦᑐᒥᒃ ᐊᒻᒪᓗ ᓂᖅᑲᕚᓂᕐᒥᒃ, ᓯᑕ ᓯᑉᐱᔫᖕᑭᑦᑎᐊᖅᑐᓂ ᐊᒻᒪᓗ ᓯᑕᑐᐃᓐᓇᑦᑎᐊᖑᓚᒥ ᐱᐅᓪᓗᓂ. ᓄᓇᑕᖕᓂ ᓂᐱᖅᑲᕐᓂᖅᓴᐅᓪᓗᓂ ᐊᒻᒪᓗ ᓂᐲᑦ ᐊᐅᓚᐅᑎᓅᙱᖅᑐᑦ.. ᓱᑯᑕᐊᕐᓂᐊᑉᑕ, ᓲᕐᓗ ᐃᒪᐃᓐᓂᐊᕐᓗᑕ ᐊᐃᕙᓚᓱᖕᓂᐊᕐᓗᑕ, ᖃᒧᑎᑦᑎᓐᓂ ᑐᐱᖅᓯᒪᓚᔭᕆᕗᑦ. ᓱᓂᒃᑕᖅᑲᑦᑕᕐᓗᑕ ᑐᐱᑦᑎᓐᓂ ᑕᐃᒫᒃ ᑐᐊᕚᕈᓐᓇᕐᓇᕐᒪᑦ ᐊᑐᕌᕿᓱᑕᕐᓗᓂ ᑕᖕᒫᕐᕙᑭᓯᒪᔭᒥᑦ. ᐊᖑᓇᓱᒃᑏᑦ ᓱᓂᖅᑲᑦᑕᖅᑐᑦ ᐅᖅᑯᒃᓴᐅᑎᒥᖕᓂᒃ ᐊᓐᓄᒦᓂᒃ ᐊᑐᖅᑐᑎᒃ, ᓲᕐᑲᐃᒻᒪ ᓱᑯ ᓱᕐᑎᔭᓐᓇᕐᒪᑦ ᐆᒃᑲᕈᓐᓇᖅᑐᓂᓗ ᕿᑕᙵᒥᐅᓗᓂᓗ ᓂᑦᑕᖅᑐᖅᑲᑕᐅᖕᑎᑦᑎᐊᖅᑎᑦᑐᑦ ᓱᑰᑦ ᐊᓯᕈᕐᓂᐊᕐᓂᖕᒐᓂᒃ. ᕿᒻᒥᑦ ᐃᐱᖅᓯᒪᐅᑎᓄᑦ ᐃᐱᖅᑐᖅᓯᒪᖕᑎᑦᑎᐊᖅᑐᑦ ᓱᑯᒥ ᐊᑐᓃᕐᓗᑎᒃ, ᑭᓯᐊᓂ ᑲᑎᖕᒪᑦᓗᑎᒃ ᓲᕐᑲᐃᒻᒪ ᐃᖕᑭᕐᕿᓯᔭᓇᐊᖅᑐᐃᓐᓇᓇᐊᖅᑲᕐᒥᒃ ᕿᑕᒥᐅᓗᓂ; ᐊᑐᐃᓐᓇᐅᓗᑎᒃ ᐃᖕᑭᕐᕿᓯᕙᓐᓇᓇᐊᓖᑦ. ᐊᖑᓇᓱᒃᑏᑦ ᓱᓂᒃᑕᕈᒪᓯᐅᑦ ᐱᖅᑲᓗᔭᐅᖅ ᖃᓂᒋᔭᓂ ᓲᕐᑲᐃᒻᒪ ᖃᐅᔨᓴᖅᓱᓈᕐᓗᑎᒃ ᐊᓯᕈᖅᐸᑦᑕᐊᓂᖕᒐᓂᒃ ᖃᐅᔨᒪᔾᔪᑎᖅᑲᕐᓂᐊᕐᒥᒐ ᓯᑕᒥᒃ ᐊᒻᒪᓗ ᓱᑯᒥᒃ.

ᐃᒡᓗᖕᒫᖕᒪᓃᑦᑐᖅ ᑭᓯᑐᐃᓐᓇᒪᓚᖕᓄᑦ ᐊᑐᕈᓐᓇᖅᑐᑦ ᓯᓚᒥ ᐱᓕᕆᔾᔪᑏᑦ. ᐊᖑᓇᓱᒃᑎᓄᑦ ᑐᕚᖕᒪᓪᓗᑎᒃ ᐊᑐᖅᑕᐅᖃᑦᑕᖅᑐᑦ ᐊᖑᓇᓲᑎᑦ ᒪᒃᐊ ᐅᓈᑦ ᑐᐱᖅᓄᑦ ᓱᒃᑲᔭᐅᔪᑦ ᓇᐸᔪᑦ, ᐊᒻᒪᓗ ᐋᑎᖅᑲᐅᑦᑎᐊᖅᑐᑎᒃ ᐸᓂᖅᓘᕕᐅᔪᓐᓇᓂᓪᓗᑎᒃ ᑲᒥᖕᓄᑦ ᐱᒋᔭᐅᓪᓗᑎᒃ ᖃᓈᕿᒥᐅᑦ ᐊᖑᓇᓱᒃᑎᖕᖏᓐᓄᑦ.

ᓯᖏᖖᑑᔭᐅᑦ ᐅᐃᔾᔮᓂᖕᒪᑕ ᐃᒡᓗᖕᒫᖕᒪᓄᑦ ᖁᓪᓕᖅᐹᖕᒪᓂᑦ: ᑐᐲᑦ ᖃᒧᑏᑦ ᖄᖕᒪᓃᑦᑐᑦ ᐊᒻᒪᓗ ᕿᒻᒦᑦ 'ᐃᐱᖅᓯᒪᓪᓗᑎᒃ' ᐃᐱᐅᑕᒥᓄᑦ, ᐋᖅᑭᒃᓯᒪᔪᑦ ᐸᖅᓇᑲᐅᖅᑐᕈᓐᓇᖅᓂᖅᑐᑦ ᑕᐃᒪᐃᑦᑕᓇᐊᖅᑲᕈᑎᒃ ᓯᑯ ᐊᓯᔾᔮᖅᐸᑦ.

ᖃᓪᕿᓪᓚᓱᒃᑐᓄᑦ ᐃᒡᓗᕿᓛᖅ ᓯᑯᒥ ᖄᓈᑦ ᖃᓂᕐᔾᔭᓂ.

ᐃᖏᕿᑦᓗᑎᒃ ᓄᖅᑲᖕᒪᑲᐃᓐᓇᖅᑐᑦ ᓯᑯᒥ ᐱᖃᓗᔭᐅᑦ ᖃᓂᕐᔾᔭᓂ.

ᓂᖅᑮᑕ

ᐊᖑᓇᓱᒃᑎᑦᑎᐊᕙᒃ ᐅᑦᑕᕐᒐᙱᓚᖅ. ᐅᑦᑕᕐᒐᕐᒋᑦᑐᖅ
ᐱᓕᕆᐊᖅᑲᑦᑎᐊᖅᓯᒪᒍᖅ ᓂᖅᑭᖅᑲᖅᓂᐊᖅᑐᓂᓗ
ᐅᑭᐅᓕᒫᑦᑎᐊᖅ.

ᓵ ᓕᕙᑦ

86 ᑕᓕᖅᐱᖕᒥ: ᖃᐃᕐᖕᒑᖅ ᓃᐅᕐᓴᓐ ᓴᕙᔅᓯᕙᖕᒥᐅᑕᖅ (ᐃᒃᓯᕚᖅᑐᖅ) ᐊᒻᒪᓗ ᔦᐃᓕ ᓴᖑᔭ ᑲᖏᖅᑐᓖᐱᖕᒥᐅᑕᖅ, ᓂᓇᑦᑎᐊᖅᑑᒃ ᓂᕿᑐᖃᖕᒋᓐᓂᒃ ᐃᓄᐱᐊᑦ ᓂᕿᖏᑦ ᑕᐃᔅᓯᒪ ᐊᖏᕐᕋᖓᓂ ᓅᑐ ᓕᕙᑦ ᐅᑦᕿᐊᒡᕙᖕᒧᑦ ᓂᐅᕈᓯᒪᑦᑐᑎᒃ.

ᓯᖁᑦᑕᐅᖅᑲᐅᔪᑦ ᒪᒃᐱᒐᑦ: ᐃᓚᙳᐊᖅ ᖃᐃᕐᖕᒑᖅ ᕿᓚᓗᒐᕐᓂᐊᖅᑐᖅ ᖃᔭᒃᑯᑦ.

ᓯᑯ ᐃᓱᒪᒋᓕᕈᓐᖓᑦᑎᒍᑦ ᐅᕙᑦᑎᓐᓄᑦᓕ, ᓂᕿ ᐱᓗᐊᙱᑦᑐᐊᖅᑲᓱᐅᑎᖃᑦᑕᖅᐸᕗᑦ. ᓯᑯ ᐃᖏᕐᕋᕕᒋᓯᒪᓕᖅᑎᒍᑦ ᐃᓅᓯᑦᑎᓐᓂ, ᓯᕗᓕᑦᑎᑐᑦᑕᐅᖅ ᐃᓅᓚᐅᖅᑎᓐᓇᑕ ᐆᒪᔪᕕᓃᑦ, ᐊᖑᓇᓱᒡᓗᓂ ᓂᕿᒃᓴᒃᑎᓂᒃ. ᓂᕿ ᓂᕆᓇᓱᖅᑲᑦᑕᖅᑕᕗᑦ (ᐱᖃᑦᑕᖅᑕᕗᑦ) ᐱᖅᑲᓱᐅᔾᔮᖃᑦᑕᖅᐳᖅ ᑎᒥᑦᑕ ᐊᐅᓚᑦᑎᐊᕈᓐᓇᖅᓯᕚᓪᓕᕐᓂᖓᓂᒃ ᑎᒥᑦᑎᓐᓄᑦ. ᓂᕿᖃᖅᑎᑦᑐᓐᓇᕐᓗᒋᑦ ᐃᓚᕗᑦ ᐊᒻᒪᓗ ᕿᑐᕐᖓᕗᑦ, ᐃᓐᓇᖅᐳᑦ, ᕿᒻᒥᕗᓪᓗ, ᐊᒻᒪᓗ ᓄᓇᖅᑲᑎᕗᑦ, ᕿᒥᕐᕈᕗᒍᑦᑕᐅ ᓇᖕᒥᓂᖅ ᐃᓗᑦᑎᓐᓃᑦᑐᓂᒃ ᓴᙱᓪᓗᓂ ᐊᕗᓯᖕᓂᖅᐳᑦ; ᐊᑲᐅᓯᖅᑲᑦᑎᐊᕐᓂᖅ ᐅᕝᕙᔫᓐᓃᑦ ᖃᐅᔨᒪᓪᓗᑕ ᓂᖏᖅᓯᒪᓂᑦᑎᓐᓂᒃ, ᐃᒃᐱᒋᔭᖅᑲᑦᑎᐊᕐᓂᑦᑎᓐᓂᒃ, ᐊᒻᒪᓗ ᑕᒪᓐᓇ ᐃᓕᖅᑯᓯᑐᖃᖅᐳᑦ ᐊᑐᖅᑐᑎᒍᑦ. ᑕᒪᓐᓇ ᐊᖑᓇᓱᖕᓂᖅ, ᓂᕆᓐᓇᓱᖕᓂᖅ, ᐅᓂᒃᑳᓴᑦ, ᐊᕙᑐᓱᖕᓂᖅ, ᐊᒡᒍᐃᓂᖅ, ᐊᒻᒪᓗ ᓂᕆᖃᑎᖃᑦᑎᐊᕐᓂᖅ ᓂᕿᓂᒃ ᓂᕆᓪᓗᓂ ᐋᖅᑭᒃᓯᖅᑲᓱᐅᑎᓇᕐᒪᑦ ᐃᖅᑲᐅᒪᔾᔭᕐᓂᑦ ᐊᒻᒪᓗ ᐅᓂᒃᑳᓴᓂᒃ, ᐊᒻᒪᓗᑦᑕᐅᖅ ᐋᖅᑭᒃᓯᖅᑲᓱᐅᑎᓇᕐᒥᖕᒪᑦ ᖃᐅᔨᒪᓂᐊᖅᑕᒥᒃ ᐊᒻᒪᓗ ᐱᓕᕆᔭᓐᓇᖅᓯᕙᓪᓕᐊᓂᕐᓂᒃ. ᐃᖅᑲᐅᒪᖅᑲᑦᑕᕐᓂᐊᖅᑕᑦᑎᓐᓂᒃ ᓂᕿᑦ ᐱᓪᓗᒋᑦ ᐃᓛᓐᓂᑦ ᐃᓚᖃᕈᓐᓇᕐᒪᑦ ᐃᓗᒃᑯᑦ ᐃᒃᐱᒍᓱᑦᑎᐊᕐᓂᕐᒥᒃ; ᖁᕕᐊᒋᓪᓗᒍ ᐊᑐᖅᑕᖅ ᓂᕿᖃᖅᑎᑦᑎᐊᕐᓂᖅ, ᕿᓚᓈᖑᓪᓗᒍ ᐊᑐᖅᑕᖅ ᐊᒻᒪᓗ ᐊᑐᖅᑲᑕᙵᑦᑕ ᐊᑐᓂᐅᕆᓱᒃᑐᒋᑦ ᐱᔪᓐᓇᖅᓯᕙᓪᓕᐊᓂᖅ ᐃᓕᑉᐸᓪᓕᐊᓂᖅ ᐊᖑᓇᓱᖕᓂᕐᒥᒃ, ᑎᑭᑕᐅᒃᑲᓪᓚᖕᓂᖅ ᖁᕕᐊᓇᕐᒋᑦᑐᒍᑦ, ᐊᒻᒪᓗ ᑲᐱᐊᓱᖅᑲᑦᑕᕐᓂᖅ ᑕᐃᒪᙵᓂᑦ ᑕᐃᔅᓱᒪᓂ ᑳᓚᐅᖅᓯᒪᓂᕕᓂᕐᒥᒃ ᓂᕿᑕᖅᑲᑦᑎᐊᖅᑎᓐᓇᒍ. ᐅᑦᑐᒥ ᓂᕿᑐᖅᑲᖅᐳᑦ ᓱᓕ ᐆᒪᑎᒥᐅᑕᕆᓚᐅᑦᑎᒍᑦ ᐃᓕᑦᑕᓗ ᐃᓅᓯᖕᒋᓐᓂ ᐊᒻᒪᓗ ᐃᓅᓯᑦᑎᓐᓃᑦᑎᐊᕐᒪᑕ ᓯᑯᒥ ᐱᔪᓐᓇᖅᑕᕗᑦ.

ᒪᒃᑕ (ᐊᕐᕕᐅᑦ ᒪᒃᑕᖓ ᐅᖅᓱᓕᒃ) ᐆᑦᑎᔪᖅ ᐃᒐᐅᑦ ᖄᖓᓂ, ᒪᒪᖅᑐᐊᓗᒃ!

ᑐᒃᑐᕕᓂᖅ ᐊᒻᒪᓗ ᑐᒃᑐᕋᔾᑦ ᑐᒃᑐᓕᐊᖅᓯᒪᔪᖅᑲᓚᐅᖅᑎᑦᑐᒍ.

ᑕᐃᕕᑎ ᐃᒃᑲᕐᓇᐊᓗᒃ

ᐅᓇ ᐊᑐᓚᐅᖅᓯᒪᔪᖅ 1965-ᒥ. ᐊᕐᕌᒎᖅᑲᓚᐅᖅᓯᒪᔪᖓ 11-ᓂᒃ. ᐊᑯᓕᐊᖅᑲᑦᑕᖓᒥᐅᑕᐅᓪᓗᑕ ᑕᐃᔅᓯᒪᓂ, ᐊᑖᑕᒐᓗ ᕿᒨᒃᓯᒃᑯᑦ ᓇᑎᖅᓯᔫᑦ ᓄᕗᐊᓅᖅᑐᓄᒃ, ᑖᒻᓇ ᓇᖅᑳᓗᓕᐊᖅᑐᓄᒃ ᑐᐱᕋᐊᓗᒃᑎᒍᑦ, ᐊᒻᒪᓗ ᓄᓇᒃᑯᑦ ᐃᑎᕕᑦᑐᓄᒃ ᓇᖅᑳᓗᑯᓗᖕᒎᑦ ᐊᐃᑉᐸᖓᓄᑦ. ᐅᐱᕐᙶᑯᑦ. ᓯᑰᕋᓐᓄᒃ ᑕᐅᕗᓂ ᓯᑯᒥ ᑐᒃᑐᑕᖅᑲᓪᓗᐊᖅᑐᓂ ᐊᒥᓯᐊᓗᖕᓂᒃ. ᑐᒃᑐᓄᑦ ᒪᓕᑲᑦᑕᐅᔭᓕᖅᑐᓄᒃ ᓯᑯᒃᑯᑦ ᐊᒻᒪᓗ ᐊᑖᑕ ᖁᑭᓇᐊᖅᑲᑦᑕᓕᖅᑐᓂ ᑐᒃᑐᓄᑦ ᑭᓯᐊᓂ ᕿᑭᖅᓯᓚᐅᕐᓇᓂ.

ᖁᑭᐅᑎᕋᓛᖅᑲᓚᐅᖅᓯᒪᒐᒪ .22-ᒥᒃ ᖁᑭᓇᐊᕿᓐᓇᓚᐅᖅᓯᒪᙱᑦᑐᖓ ᐊᑖᑕᒐ ᓵᑦᓗᐊᓐᓃᔭᖓᒪᑦ. ᑖᒻᓇ ᖃᒧᑎᑦᑕ ᖄᖓᓄᑦ ᓇᖏᖅᓯᑦᓗᖓ ᐊᒻᒪᓗ ᖁᑭᓇᐊᖅᑲᑦᑕᓕᖅᑐᖓ ᓲᖅᑲᐃᒻᒪ ᑐᒃᑐᐃᑦ ᐅᖓᓯᔪᖏᒻᒪᑕ. ᓇᖕᒥᓂᖅᑕᐅᖅ ᐱᔪᓐᓇᕐᓂᓐᓂᒃ ᖃᐅᔨᒪᓕᑦᓗᖓ ᐊᒻᒪᓗ ᖁᑭᓇᐊᖅᑲᑦᑕᓕᖅᑐᖓ. ᑕᐃᔅᓯᒪᓂ ᐅᑦᓗᕐᒥ ᑕᑦᓚᒪᕌᔪᔪᖓ. ᐅᑦᓗᖅ ᑕᐃᓐᓇ ᖁᕕᐊᒋᑦᑎᐊᓚᐅᖅᓯᒪᔭᕋ ᐅᖃᓐᓄᑦ ᖁᕕᐊᓇᖅᑎᐊᓚᐅᖅᓯᒪᔪᖅ. ᐊᖏᕐᕋᐅᔾᔪᐊᓐᓇᖅᓯᓚᐅᖅᓯᒪᔪᖓ ᓂᕿᒥᒃ ᐃᓚᓐᓄᑦ. ᑕᐃᓐᓇ ᐃᖅᑲᖅᑲᑦᑕᕐᓂᐊᖅᑕᕋ ᐃᖅᑲᐅᒪᓇᓕᓚᐅᖅᓯᒪᖕᒪᑦ ᐅᖃᓐᓄᑦ.

ᐅᐊᕋᓐ ᒪᑐᒥᐊᖅ

ᓂᕆᔭᒃᓴᓂᒃ ᐊᑐᐃᓐᓇᕈᐃᓂᖅ ᐃᓄᐱᐊᖅ ᓂᕿᖏᓐᓂᒃ ᐊᒻᒪᓗ ᓂᕆᔪᒥᓇᕆᔭᐅᔪᑦ ᒪᒪᕆᔭᐅᓪᓗᑎᒃ ᑕᒪᒃᑯᐊ ᐃᓐᓇᑦᑎᓐᓂᑦ ᐃᓕᙵᒐᒐᑦᑎᒍᑦ.. ᓂᕿᓂᑦᑕᐅᖅ ᑲᔾᔮᕆᔭᕋ ᓂᕆᔭᕆᐊᖕᒐ ᐃᖅᑲᓗᒃ ᖄᔅᕋᐅᑎᓪᓗᒍ (ᐊᐅᕈᖅ) ᓄᓕᐊᕋᓗ ᐅᕙᒍᒃ ᖄᔅᕋᒃᓴᓂᒃ ᐱᓕᕆᖅᑲᑦᑕᔪᒍᒃ ᐊᐅᔭᖅᓯᐅᑎᒃ ᐃᖅᑲᒡᓗᓴᓯᒻᕙᕆᖅᑲᑦᑕᖅᑕᑦᑎᓐᓂ. ᐱᔅᓯᑕᐅᖅᑐᑕᓗ (ᐱᑉᓯ) ᐱᖅᑲᓯᐅᑎᓪᓗᒋᑦ ᐃᖅᑲᓗᐃᑦ ᐊᑎᓖᑦ ᐋᓇᓕᖅ (ᖃᐅᓪᓗᖅᑕᐅᓪᓗᓂ ᐃᖅᑲᓗᒃ) ᓄᓗᐊᕐᒥᔪᑦᑕᐅᖅ ᓄᓗᐊᑦᑎᓐᓂ. ᓂᕆᓐᓇᔭᒃᑭᓪᓗᑦᑕᐅᖅ ᒪᒪᕆᖕᒥᔭᑦᑎᓐᓂᒃ ᑎᖅᑎᑦᑐᒥ ᐆᔪᓕᐅᖅᓯᒪᔪᑦ ᐃᖅᑲᓗᕙᓂᑦ ᒥᓱᒃᓯᒪᓪᓗᑎᒃ ᐃᒪᐃᑦᑐᒍᑦ ᒥᓯᓘᖅ (ᐅᖅᓱᖅ ᐅᒡᔫᑦ ᓇᑦᑎᐅᓪᓗᓐᓂᑦ ᐅᖅᓱᐊᓂᑦ).

ᐃᓚᖅᑲᓇᓪᓗᑎᒃ ᐃᖅᑲᓗᒃᑕᕗᑦ, (ᑐᑦᑐ) ᑐᒃᑐᓐᓇᓱᒃᑲᑦᑕ, ᓂᒃᑯᓚᐅᖅᑐᑕ ᑕᑭᔩᑎᐊᕐᔪᖕᓂᒃ (ᑐᑦᑐ ᐸᓂᖅᑐᖅ) ᐅᖕᖓᓅᓐᓂᑦ ᐆᔪᓕᐅᖅᑐᒍ ᒪᒪᕆᓂᐊᕋᑦᑎᒍᑦ ᓄᑖᖑᓗᓂ ᓂᕿᖕᒐ. ᓄᓕᐊᕋ ᓴᓇᕆᓪᓗᓂ ᐊᑯᑐᕐᒥᒃ ("ᐃᓄᐃᑦ ᐊᐃᓯᑯᑖᖕᕆᑦ")-ᓯᖅᑲᓪᓚᓯᒪᔪᖅ ᑐᒃᑑᑦ ᑐᓐᓄᖕᒐ ᐃᓚᓯᒪᓪᓗᓂ ᓂᕿᒥᒃ. ᑐᓐᓄᐊ ᐊᑐᖅᑐᒍ ᑐᒃᑐᕙᓂᐅᑦ ᐆᔩᑦ ᑐᓐᓄᐊ ᐊᒡᒍᐃᔾᔪᑎᕆᓪᓗᒍ ᓂᕆᓂᐊᖅᑕᑦᑎᓐᓄᑦ ᐊᕙᒃᑎᕋᒥ ᒥᑭᔪᑎᑯᓗᖕᓄᑦ ᐊᓗᒃᑎᑐᑦ ᑕᐃᒪᐃᓕᖕᒐᓕᖅᑐᓂ. ᐃᓕᓪᓗᒍ ᓂᒡᓕᑦᑎᕐᓂᐊᕐᒪᑦ ᓯᕿᓐᓂᖕᕆᑦᑐᒧᑦ ᐅᖕᖓᓅᓐᓂᑦ ᖁᐊᒃᑯᕙᖕᒧᑦ ᓄᓇᒧᑦ ᐃᓗᓕᐅᖅᓯᒪᔪᒧᑦ. ᑎᓯᒃᑎᒻᒪᑦ, ᓂᕆᑦᑎᐊᓕᖅᑐᑕ ᑖᔅᓯᒥᖕᒐ ᐊᑯᑐᕐᒥᒃ.

ᖁᐊᒃᑯᕙᖅᑲᔪᒐᑦᑕ ᓄᓇᒧᑦ ᐃᓗᓕᐅᖅᓯᒪᔪᒥᒃ ᐅᐸᖅᑲᑦᑕᖅᑕᑦᑎᓐᓂ ᐃᒡᓗᖅᑲᕙᕆᔭᑦᑎᓐᓂ ᕿᒪᖕᓂᐊᖅᑕᑦᑎᓐᓄᑦ ᐃᓕᓯᕙᕆᕈᒃᑐᑎᒍᑦ ᓂᕿᓄᑦ ᐊᒻᒪᓗ ᖁᐊᒃᑯᕙᐅᓪᓗᓂ (ᖁᐊᖅᓄᑦ ᓂᕿᓄᑦ) ᖁᐊᖅᓄᑦ ᐃᖅᑲᓗᕙᓂᖅᓄᑦ, ᑐᒃᑐᕙᓂᖅᓄᑦ, ᐅᖕᖓᓅᓐᓂᑦ ᓂᕿᓄᑦ ᐊᓯᖕᒋᓐᓄᑦ ᓱᖅᓗ ᐊᐃᕙᕙᓃᑦ (ᐊᐃᕙᖅ) ᐊᒻᒪᓗ ᐊᖅᕙᕙᓂᖅᓄᑦ ᓇᒃᓴᖅᑕᕙᓂᑦᑎᓐᓄᑦ. ᐸᖅᑭᑦᑎᐊᖅᑐᑎᒍᑦ ᖁᐊᒃᑯᕙᒃᐳᑦ ᐱᐅᓂᖅᐹᖑᖅᑲᓯᐅᑎᔪᕗᖅ. ᐃᔾᔪᖅᑎᑲᓐᓂᖅᑲᑦᑕᔪᖕᒥᔭᕗᑦ ᖃᖕᒐ ᑕᐃᒪᐃᑦᑕᓇᐊᖅᑲᕌᖕᒐᑦ ᐃᓖᒃᑕᐅᖅ ᓯᒃᔫᑦ ᑎᓯᑕᐅᓚᐅᖅᐸᒃᑭᓪᓗᑎᒃ ᖃᓂᕆᔮᒍᑦ.

ᐃᓄᐱᐊᑦ ᓂᕿᖏᑦ ᐅᑉᖓᓅᓐᓂᑦ ᓂᑭᐱᐊᖅ ᐃᓚᒋᑦᓚᓇᖅᑲᓯᐅᑎᖕᒪᒍ ᐃᓕᖅᑯᓯᑦᑕ. ᐊᑐᙱᑐᖅᑲᐅᔭᖅᑖᓗᕆᔪᓐᓇᖕᕆᒻᒥᔭᕗᑦ ᐊᑯᓂᑲᓪᓚᒃ.

ᖁᓪᓚᖅᒥᑦ ᐊᓪᓚᖅᒧᑦ:
ᐃᖅᑯᒃ ᐊᖑᑎᖅᔪᐊᖅ
ᑲᖏᖅᑐᒑᐱᖕᒥᐅᑕᖅ
(ᓴᐅᒥᖕᒦᑦᑐᖅ)
ᐅᖅᑲᓪᓚᖅᑲᑎᖕᒐ ᑑᑐ ᓚᕙᑦ,
ᐅᑦᕿᐊᒡᕙᖕᒥ ᑲᐱᑕᐅᔪᖅ,
ᒪᒪᑦᑎᑦᑎᓪᓗᑕ ᓂᕆᓪᓗᑕ
ᐃᓄᐱᐊᑦ ᓂᕿᖏᓐᓂᒃ ᑑᑑᑦ
ᐊᖏᖅᕋᖕᒐᓂ.

ᒪᒃᑕᒃ ᓄᑖᖑᓪᓗᓂ (ᐊᖅᕙᐅᑦ
ᒪᒃᑕᖓ ᐅᖅᓱᓕᒃ).

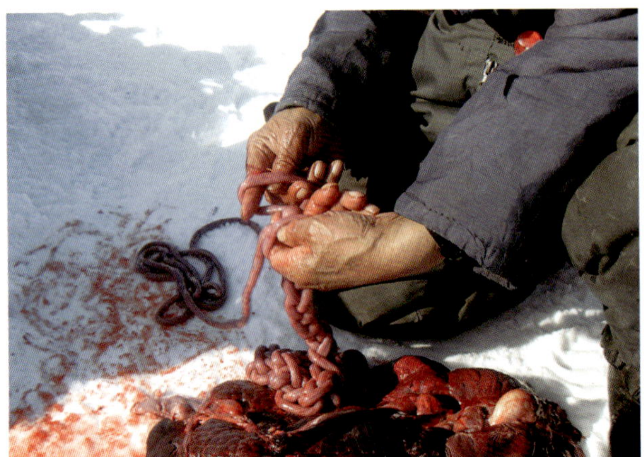

ᕐᑯᓪᓖᓪ: ᔭᐃᑯᐱ ᐸᓂᒃᐸᒃ ᐱᕐᕋᐃᔪᖅ ᓇᑦᑎᖅᑕᐅᕋᑖᖅᑑᑦ ᐃᓇᓗᐊᖏᓐᓂᒃ-ᐃᓇᓗᐊᓂᒃ ᓄᕖᓪᓚᐃᔪᖅ. ᐃᓄᐃᑦ ᐃᒃᐱᐊᕐᔪᖅᑲᖅᑲᑦᑕᓚᐅᖏᒻᒪᑕ ᐆᖅᑲᐃᕖᒃᓴᒥᒃ ᐅᕝᕙᓘᓐᓃᑦ ᕿᑐᒃᑐᒐᐅᔭᕐᒥᒃ/ᐃᒃᑎᕐᕖᖏᓪᓗᓪᓃᑦ ᓂᕿᒃᑯᕖᒃᓴᒥᓂᒃ ᓱᑯᒥ ᓄᓇᒥᓘᓐᓂᑦ, ᐃᓕᖅᑯᓯᕐᒥᒍᑦ ᐊᑐᖅᑲᑦᑕᓚᐅᖅᐸᑦ ᐃᒪᐃᓕᖓᔪᒥᒃ ᐆᖅᑲᕐᓗᒍ ᐅᓯᓕᐅᑎᓗᒍᓗ ᓂᕿ ᕿᓯᖏᓪᓗ. ᐃᓇᓗᐊᑦ ᓄᑖᖑᓪᓗᑎᒃ ᓂᕆᔭᒃᓴᑦᑎᐊᕚᖓᒪᑕ ᐅᓯᓕᐅᑎᑐᐃᓐᓇᕐᓗᒋᑦ ᐱᔭᕐᓂᕐᓇᑎᒃ, ᐊᓲᓐᓇᓕᔭᑦᑐᑦ ᕐᑯᐃᑉᐸᓪᓚᐊᓪᓗᑎᒃ.

ᔪᐃᓕ ᓴᖑᔭ

ᓄᓇᓕᖕᓄᑦ ᓂᐅᕐᕈᑲᑕᒃᑐᖓ ᑲᓇᑕᐅᑦ ᐅᑭᐅᖅᑕᖅᑐᐊᓂ, ᑲᑎᓯᖅᑳᖅᓯᒪᔫᖓ ᐃᓄᖕᓂᒃ ᕐᑯᔭᓕᓯᒪᔪᓂᒃ ᑕᒪᓂ ᐅᑭᐅᖅᑕᖅᑐᒥ ᓄᓇᖅᑳᑐᐊᕋᑦᑕ "ᓂᕿᑦᑎᐊᕆᒃᑳᑕ" ᐱᑕᖅᑲᕋᑦᑕ. "ᓂᕿᑦᑎᐊᖑᓗᖕᓂᒃ" ᓂᕿᖃᖅᑐᑦ ᐱᖅᑳᖅᑕᑦᑎᓐᓂᒃ ᓄᓇᒥᑦ ᓯᑯᒥᓪᓗ. ᐃᓄᒃᑎᑐᑦ ᑕᐃᔭᕗᑦ "ᐃᓄᐃᑦ ᓂᕿᖏᑦ".

ᑲᔾᔭᐅᓴᒃᑐᑕ/ᓂᕆᔪᒪᓪᓚᖅᑐᑕ/ᒪᒪᑕᒃᑐᑕ/ᐃᒃᐱᒋᑦᑎᐊᖅᑐᑎᒍᑦ ᓂᕿᕗᑦ ᐱᓗᐊᙳᐊᖅᑐᒥᒃ ᓂᒡᓚᓱᒃᑎᓐᓇᒍ ᐊᒻᒪᓗᑦᑕᐅᖅ ᓯᓚᒥ ᓂᕆᖅᑎᖅᑲᐅᖅᑐᑕ ᓄᓇᖅᑲᑎᑦᑎᓐᓂᒃ. ᑕᒪᓐᓇ ᐊᑐᖅᑳᖅᑕᕗᑦ ᐅᑯᓇᓂ ᑕᖅᑭᖅᓂᒃ ᒪᐃ. ᔫᓂ, ᔪᓚᐃ, ᐊᒻᒪᓗ ᐋᒡᒌᓯᒥ, ᐃᓅᓐᔫᒃᑐᑕ, ᓯᓚ ᓂᒡᓚᒍᖕᓇᓂ, ᐊᒻᒪᓗ ᓂᕆᓐᓇᔭᖅᑎᖅᑲᐅᖅᑐᑕ ᓂᕿᒥᒃ ᓄᑖᒥᒃ ᐃᓅᖅᑲᑏᒃᑐᓚᒫᑎᒍᓪᓗ ᓂᕆᑦᑎᐊᖅᑐᑎ ᑕᕝᕙ ᑕᐃᒪᐃᒃᑲᑦᑕ ᐃᓅᓇᕍᖅᓂᕗᑦ ᕐᑯᕝᕙᓯᑦᑎᐊᕐᒪᑦ ᐊᓯᐊᓂᒃ ᐃᓱᒪᓇᓗᐊᖅᑐᖅᑲᙱᓚᖅ.

ᐃᓚᖅᑯᓯᑦᑎᓐᓂᒃ, ᓂᕿ ᐊᑐᖅᑲᑦᑕᕙᕗᑦ ᐱᖅᑲᓇᓚᔭᑦᑎᓐᓂᒃ ᑐᙵᓱᒃᑎᑦᑎᔾᔪᑎᒋᓪᓗᑎᒍᑦ ᐅᕝᕙᓘᓐᓃᑦ ᐃᓅᖅᑲᑎᑦᑎᓐᓂᒃ ᑲᑎᕋᑖᖅᑕᑦᑎᓐᓂᒃ. ᓂᕿ ᑲᑎᔾᔪᑎᒋᔭᕌᖓᑦᑎᒍᑦ ᐃᓅᓯᑦᑎᓐᓂ ᐊᑲᐅᑦᑎᐊᖅᑐᒃᑯᑦ ᐃᓅᓇᔩᕈᑎᒋᖅᑲᑦᑕᕋᑦᑎᒍᑦ, ᐱᖃᓂᖅᑲᑎᒌᑦᑎᐊᖅᑐᑕ. ᐃᓇᖅᑯᑎᕗᑦ ᐱᕈᖅᓴᓂᖅᒪᑕ ᓂᖅᑲᑦᑕᖅᑐᑎᒃ ᓇᑦᑎᕙᓂᖅᒥᒃ, ᑑᒃᑐᕙᓂᖅᒥᒃ, ᐃᖅᑲᓗᕙᓂᖅᒥᒃ,ᓇᓄᕙᓂᖅᒥᒃ ᐊᒻᒪᓗ ᐊᓯᖏᓐᓂᒃ ᓂᕿᑦᑎᓐᓂᒃ. ᐊᑐᕚᔭᑦᑎᓐᓂ ᐊᕋᒎᒃ ᒪᕐᕉᒃ ᐊᓂᒍᖅᐳᒃ, ᐊᖑᒻᒧᑦ ᐅᓂᒃᑲᐅᔾᔭᐅᕙᓕᒪ ᐃᒫᒃ ᐊᖏᕐᕋᐅᔾᔨᓐᓂᕋᒥ ᓄᑖᕐᒥᒃ ᕐᑯᐃᓐᓂᕐᒥᒃ ᓂᕿᒥᒃ ᐊᑎᖅᑕᕙᓂᐅᑉᓗᓂ ᐃᓐᓇᖅ ᐸᔪᒃᑕᖓ ᐱᕈᖅᑐᕙᓂᐅᑉᓗᓂ ᓇᓄᕙᓂᖓᖅᑐᖅᑲᑦᑕᖅᑐᓂ. ᐊᖑᑎ ᑖᓐᓇ ᐃᓯᕋᒥ ᓇᓄᕙᓂᒻᒥᖅᑐᓂ ᐆᖅᓯᒪᔪᒥᒃ ᐃᒃᐱᐊᕐᔫᒧᑦ ᐅᖅᑲᖅᑐᓂᓗ, "ᓂᕿᒻᒥᐅᑎᒻᒪᒃᑭᑦ ᐆᑎᓂᐊᖅᑕᕐᓂᒃ".

ᑐᓐᓂᖅᑯᑎᓂ ᐃᓇᕐᔫᖅᑐᓂᐅᒃ, ᐃᓇᖅ ᐅᖅᑲᖅᑐᓂ "ᕐᑯᔭᓇᒦᒃ". ᑖᓇ ᐃᓇᖅ ᐃᒃᐱᐊᒃᔫᑦ ᐃᓗᐊᓃᑦᑐᖅ ᑕᑯᓪᓗᓂᐅᒃ, ᐊᖑᒻᒧᓪᓗ ᕿᕕᐊᖅᑐᓂ, ᓂᓪᓚᒃᑲᓂᖕᒋᑦᑎᐊᖅᑐᓂ, ᕐᑯᕝᕕᐅᓚᖅᐳᖅ ᕐᑯᕝᕕᖕᒐ ᐅᓗᐊᖕᒐᒍᑦ ᐊᒻᒧᑦ ᐃᓵᕐᑭᔪᑎᑦ ᑯᒐᓚᖅᑐᓂ. ᐊᖑᑦ ᑖᓇ ᑐᓂᕐᕈᑎᖅᑲᖅᐳᖅ ᐱᔪᒪᓚᐅᖅᑕᒥᓂᒃ ᐊᑯᓂᐊᓗᒃ. ᐃᓇᐃᑦ ᓂᕆᔪᒪᓪᓚᖅᑲᖅᑕᕐᒪᒪ ᓂᕿᑎᓐᓂᒃ ᓂᕆᕝᕙᑕᕝᕕᓂᕐᒥᓂᒃ ᐱᕈᖅᓴᓪᓗᑎᒃ, ᐊᒻᒪᓗᑦᑕᐅᖅ ᐃᓚᖅᑯᓯᕐᒧᑦ ᐊᑲᐅᑎᐊᕐᓂᖑᕆᑦ ᐊᔨᕈᖅᓯᒪᕚᒃᑭᑦᑐᓪᓗ ᓂᕆᙶᑐᖅᑲᐅᔪᓚᖃᖕᖓᒥᒃ.. ᓂᕿᒥᒃ ᑐᓂᓯᔭᕋᖕᖓᑦᑎᒍᑦ, ᐊᑲᐅᓯᕚᓪᓚᖅᑲᑦᑕᖅᑐᑦ. ᐃᓇᑐᖅᑲᖅ ᑕᑯᒋᐊᕋᒥ ᐆᒃᓴᒧᑦ, ᕿᕙᐊᖅᑐᓂᐅᒃ ᐊᖑᑎ, ᐅᖅᑲᒃᑲᓂᖕᒋᑦᑎᐊᖅᑐᖅ, ᕐᑯᓪᕙᖕᒋᑦ ᑲᑕᖑᓯᑐᐃᓇᖅᐳᑦ ᐅᓗᐊᖕᖓᒧᑦ. ᐊᖑᑎᐅᑉ ᐱᑎᑕᖕᖓ ᐊᑯᓂᐊᓗᒃ ᐱᔪᒪᓯᒪᔭᖕᖓᓂᒃ. ᐃᓇᑐᖅᑲᖅᐳᑦ ᐊᕗᓯᓲᖕᖑᖕᒪᑕ ᓂᕿᓂᒃ ᐊᔾᔩᕆᖕᒋᑦᑐᓂᒃ ᓂᕿᑦᓚᓇᓂᒃ, ᓄᓇᒦᙵᖅᓯᒪᔪᓂᒃ ᓂᕿᓂᒃ ᐱᕚᑎᕆᓯᒪᔭᖕᒋᓐᓂᒃ, ᐊᒻᒪᓗ ᐃᓛᓐᓂᒃᑯᑦ ᖃᓂᒻᒪᕈᔪᖅᑯᐃᔾᔨᑦ ᓂᕆᙶᕆᑯᑖᓗᐊᓚᖅᑲᖕᖓᒥᒃ. ᓂᕆᑎᑕᐅᒻᒪᑕ ᐊᓐᓂᐊᔪᓐᓂᖅᑐᑎᒃ.

ᐊᖑᓇᓱᒃᑎᐅᒪᒪ, ᐱᔪᓇᖅᑲᑦᑕᖅᐳᖓ ᐊᒥᓱᓂᒃ ᐃᒪᕐᒥᐅᑕᕐᓂᒃ ᐊᒻᒪᓗ ᐊᓯᖏᓐᓂᒃ ᐊᕐᕋᒍᑕᒫᒥ. ᐊᖑᓇᓯᓚᐅᖅᑐᖓ ᐊᖏᕐᕋᕌᖓᒪ, ᐃᒻᒪᒃᑎᓐᓂᐅᑕᖅᑐᓂ ᐊᑕᒨᖅᑯᐃᔨᑎᓪᓗᒍ ᓯᑯᒥ, ᐃᑕᓐᓂᑦ ᑐᙵᓱ-ᒃᑎᑕᐅᑎᐊᖅᑲᑦᑕᖅᐳᖓ ᐊᖏᕐᕋᐅᔾᔭᒃᑲᓗ ᓂᕿᑦ ᐱᖅᓯᐅᑎᔭᐅᓪᓗᑎᒃ. ᐆᔪᓚᐅᖅᑲᑦᑕᖅᐳᑦ ᓂᕿᑦ ᓄᑖᖑᑎᓪᓗᒋᑦ ᐃᒐᓪᓗᑕ ᕿᔪᒃᑖᓄᑦ. ᐃᒃᐱᒍᓱᒃᑭᕙᖓᓚ ᐅᖅᑲᐅᓰᑦ ᖃᔅᔫᓇᐅᓗᐊᕐᒪᑕ ᐅᖅᑲᐅᑎᒋᑦᑎᐊᕋᓱᒡᓗᒋᑦ ᐃᒃᐱᒋᓂᖅᑲᕐᒪ ᑕᒪᑐᒪ ᒥᒃᓴᓄᑦ ᐊᑐᓚᐅᓯᔫᖑᔪᑦ. ᐃᒫᖑᓗᐊᕐᒥᔪᕐᓚ ᐃᓅᓯᐅᑦ ᐱᓇᕐᓇᓗᐊᓂᖓ ᑕᒪᔅᓴᐅᖕᒪᑦ ᐊᒻᒪᓗ ᓇᐃᓗᐊᖅᑐᓂ ᐃᓅᖕᖏᓐᓇᕐᓗᓂ ᐊᑕᖕᖏᑦᑎᐊᕐᓗᒍ ᐊᒻᒪᓗ ᕐᑯᕕᐊᒋᑦᑎᐊᕆᓪᓗᒍ ᐃᓅᓯᕋ ᖃᖅᑲᓚᐊᖅᓯᒪᔪᑎᑦ ᐱᑎᓪᓗᒍ, ᐃᓅᓯᕐᒪ ᐃᓅᓇᔫᕐᓂᕆᔭᓐᓂᒃ ᐊᑑᑎᑦᑎᐊᖅᑎᓪᓗᒍ.

ᐃᓚᒦᑦ ᐱᓚᒃᑐᑎᒃ ᓇᑦᑎᕙᓂᖅᒥᒃ ᓂᕆᔪᑦ ᓯᑯᒥ, ᒫᓂ ᑲᖏᖅᑐᓛᐱᖕᒥ ᓴᓇᙳᐊᖅᑎ ᐊᐃᓪᓚ ᕼᐃᐊᓐᓄ.

"ᐃᒫᖑᖅᑲᑦᑕᓚᐅᓯᒪᒋᕗᖅ ᐊᑖᑕ ᓇᑎᖅᑳᖓᑦ ᐊᒪᓗ ᕿᒻᒥᖕᒋᑦ ᐅᕙᓐᓄᑦ ᖃᓄᐃᖕᒋᑦᑎᐊᖅᑐᑎᒃ ᑕᐃᒫᒃ ᖁᕕᐊᒋᑦᑎᐊᖅᑲᑦᑕᓚᐅᖅᓯᒪᕙᕋ; ᐃᓐᓇᖅᑎᑐᑦ ᐃᒃᐱᒋᓂᖅᐅᖅᑯᐃᔨᓪᓗᖓ. ᑕᒪᒃᑭᖅᑐᓄᒃ ᐊᑖᑕᒐᓗ ᐃᒃᐱᒋᔭᕗᒃ ᐊᔾᔨᒌᑦᑎᐊᕋᑎᒃ ᖁᕕᐊᓐᓂᖅᑲᖅᑐᓄᑦᓗ ᐊᔾᔨᒌᑦᑎᐊᖅᑎᒋᔫᖅᓂᒃ."

ᔪᐃᓚ ᓴᖑᔭ

ᓯᕗᓯᐅᑦᑐᖓ, ᐱᓚᓇᐊᓇᖅᑲᑦᑕᔪᒪ ᐃᓚᖓᓂᑦ ᕿᒻᒥᓂᒃ ᒥᐊᓂᕆᔭᕆᐊᖅᑲᖅᑐᖓ ᐊᑖᑕ ᐆᑦᑐᓚᐊᖅᑎᓪᓗᒍ-ᓇᑦᑎᕐᒥᒃ ᑎᑦᓚᐊᖅᓯᓪᓗᓂ ᐱᓱᒃᑐᖅ, ᓯᑯᒃᑯᑦ ᖁᑭᐅᓯᔭᖅᑐᓂ ᐊᒻᒪᓗ ᑕᓗᐊᖅᑲᖅᑐᓂ, ᐃᔾᔭᖅᓯᒪᕕᒃ ᐊᑐᖅᑕᖓ ᓇᑦᑎᖅ ᖃᓪᓚᓇᓱᒃᑐᓂᐅᒃ. ᐃᒪᐃᖅᑲᑦᑕᔪᔪᖅ ᓱᖁᓗ 100-ᓗᑭᐊᖅ 150-ᓗᑭᐊᖅ ᐆᒃᑑᑎᑦᓂᒃ (yards) ᐅᖓᓯᒋᑎᒋᓚᖅᑐᓂᒋᑦ ᖁᑭᓇᐊᖅᑲᑦᑕᓚᐅᖅᓯᒪᕙᐃᑦ ᓇᓃᑦ.

ᐃᒪᐃᑎᓪᓗᖓ, ᖃᒧᑏᖕᓂᓗᑭᐊᖅ ᐃᑭᒪᓪᓗᖓ ᐃᒃᓯᕚᖅ>ᖓ ᕿᒻᒦᑦ ᓴᐃᓚᑎᓐᓇᓱᒃᑐᒋᑦ ᓂᑦᓚᖅᑎᑦᑕᐃᓚᒪᓪᓗᒋᑦᓗ, ᐅᕝᕙᓗᑭᐊᖅ ᓇᖏᖅ>ᖓ, ᐃᐸᕋᐅᑦᑎᔭᖅ>ᖓ ᐊᐅᓚᑦᔭᒃᑎᓚᐅᖅᐸᒃᑐ ᕿᒻᒥᑦ ᓯᕗᓂᑦᑎᐊᖓᓐᓇᓂ ᓄᓯᔭᐃᖅᓯᒪᓇᓱᒃᑐᒋᑦ ᐊᒻᒪᓗ ᓂᑦᓚᖅᑕᓚᑯᑦᑐᒋᑦ ᐊᑖᑕ ᐆᑦᑐᓚᐊᕐᓂᖓᓂ. ᐃᒪᐃᑎᓪᓗᖓᓚ ᕿᒻᒥᓂᒃ ᒥᐊᓂᕆᑎᓪᓗᖓ, ᐊᑖᑕ ᐆᑦᑐᓚᐊᖅ>ᖅ ᐅᕝᕙᓅᓐᓃᑦ ᖁᕕᐊᑐᐃᓇᖅ>ᖅ ᑕᑯᕋᓐᓇᖅᑐᓂᖓ ᒥᐊᓂᕆᔭᓇᑦᑎᐊᖓᓇᒪ ᕿᒻᒥᓂᒃ ᑕᐃᒪᑦᑎᐊᖅ ᒥᐊᓂᕆᓗᖓ ᓱᖅᑲᐃᓪᒪ ᑖᒃᑯᓂᖓ ᕿᒻᒥᖅᑲᖅᑎᐅᖓᕆᑦᑐᖓ.

ᕿᒻᒦᑦᑕᐅᖅ ᐃᓚᖏᑦ ᐅᑕᖅᑭᑐᖅᑲᐅᔭᕈᓐᓇᔪᖕᒋᒻᒥᖕᒪᑕ ᓇᑦᑎᕕᓂᕐᒥᒃ ᐱᔪᒪᒍᑦ. ᐊᑕᐅᓯᕐᔫᓐᓃᑦ ᓂᑦᓚᐅᒫᔾᒡᓗᓂ ᐅᕝᕙᓅᓐᓃᑦ ᐊᐃᑦᑕᖅᑐᓂ ᓂᑦᓚᑯᑖᓚᐅᖅᐸᒃᑐᓂ, ᕿᒻᒥᐅᖅᑲᑎᓂ ᐊᖁᐱᖕᒐᒐᓗᐊᖅᑎᑦᑐᒋᑦ ᓄᓯᑐᐃᓐᓇᓇᐊᖅᑲᓚᓇᑦᑐᑎᒃ ᑕᐃᒪᐃᓚᖕᒐᑦᑕᓚᖅᐳᑦ; ᓄᓯᔭᔪᖅ, ᓄᓯᔭᑎᑦᑕᐃᓚᒪᓈᓇᔭᐃᑦ ᐊᖑᓇᓯᖕᓂᕐᒥ. ᓯᑐᕌᓇᐊᖅᑲᔪᖕᒋᑦᑐᒍᑦ ᐃᐸᕋᐅᑕᕐᒧᑦ, ᓯᖅᑯᕐᓗᓂ ᐅᕝᕙᓅᓐᓃᑦ ᓂᐱᒃᑭᐅᓗᓂ, ᑕᐃᒪᐃᑦᑐᖅ ᑖᓐᓇ ᕿᒻᒥᖅ ᒥᐊᓂᓇᔭᕐᓂᖖᒋᓚᖅ. ᐃᓯᒪᒃᑯᑦᑕᐅᖅ ᐃᒪᐃᓚᐅᕋᓗᐊᓇᓪᓗᖓ "ᐆᒪ ᕿᒻᒥᕈᔫᑦ ᓯᐊᒃᑕᐅᑎᑐᐃᓐᓇᓇᐊᖅᑲᕚᖓ, ᐊᑖᓐᓄᑦ ᐅᓐᓂᕐᔫᑎᒋᓂᐊᓚᖅᑕᕋ (ᐅᖅᑲᐅᑎᒋᓗᒍ) ᑖᓐᓇ ᕿᒻᒥᖅ. ᐃᖅᖏᓐᓇᑎᐊᖅ ᑕᕝᕙ, ᕿᒻᒥᑦ ᓄᓯᒃᑐᐊᓘᕗᑦ, ᕿᒻᒦᑦ ᐃᐱᐅᑕᖕᒋᑕ ᐊᑯᓐᓂᖕᒋᓐᓄᑦ ᐊᕙᓗᔭᐅᓪᓗᖓ, ᖃᓄᐃᓚᑦᑕᐃᓚᒪᖖᒋᓚᖅᑐᖓ ᐱᕈᐊᖅᑭᑦᑕᐃᓚᒪᖖᒋᓚᖅᑐᖓ. ᐃᓈᓂᒃᑯᑦ ᐃᓈᓂᑦ ᕿᒪᒐᐅᓚᐅᖅᐸᒃᑐᖓ ᐃᓈᓂᓪᓗ ᖃᒧᑎᖕᓄᑦ ᐃᑭᔪᓐᓇᓚᐅᖅᐸᒃᑐᖓ.

ᕿᒻᒥᑦ ᐸᖕᒐᓚᒃᑐᑎᒃ ᐊᑖᑕᓐᓄᑦ ᐅᐸᒍᑎᖅᑲᑦᑕᖅᑐᑦ ᓇᖕᒥᓂᖅᓚ ᓄᓯᖅᑯᖕᒋᒃᑲᓗᐊᖅᑎᑦᑐᒋᑦ, ᐃᓈᓂᑦ ᐆᑦᑐᓚᐊᓐᓃᖅᑎᓐᓇᒍ. ᐃᓗᒃᑯᑦᓚ ᐸᓯᔭᒃᓴᐅᖅᑯᐃᔨᓚᖅᑐᖓ ᓇᖕᒥᓂᖅᓚ ᑕᒪᓐᓇ ᐊᐅᓚᖕᒋᒃᑲᓗᐊᖅᑐᒍ. ᐃᒫᖕᒍᑲᔭᖖᒍᐊᖅᑑᑎᕆᕚᒃᑐᒍ ᐊᑖᑕᒪᑐᖅ ᑐᑭᓯᑦᑎᐊᕐᓂᐊᖅᐸᖅ ᑕᒪᓐᓇ. ᐃᒫᖑᓚᐅᖅᐸᔪᒥᖕᒪᑦ ᖁᑭᐅᑎᓂ ᕿᒻᒥᓄᑦ ᒥᑐᓇᐅᑎᓚᐅᖅᐸᒃᑐᓂᐅ ᐊᒻᒪᓗ ᐃᓈᓂᑦ ᐋᒃᑲᑦᑎᐊᖅ.

ᑕᕝᕙᓚ ᐃᒫᖑᓚᐅᖅᑲᑦᑕᔪᒋᕗᖅ ᐊᑖᑕᒐ ᓇᑎᖅᑐᓂ ᕿᒻᒦᑦᑐ ᒥᐊᓂᕆᔭᓇᖅᑎᐊᖅᐳᑦ ᐊᑲᐅᙱᖅᑲᖅᑐᖅᑲᓇᓂ ᖁᕕᐊᖅᑲᑦᑕᓚᐅᖅᓯᒪᔪᖓ; ᐱᕈᖅᓯᒪᓚᖅᑐᑎᑐᑦ ᐃᒃᐱᒍᓯᒃᑲᐃᓐᓇᖅᑐᖓ. ᐊᑐᓂᑦ ᐊᑖᑕᒐᓗ ᖁᕕᐊᖅᑲᑦᑕᔪᔪᒃ ᖁᕕᐊᔪᑎᒋᔭᒃ ᑖᓐᓇᑦᑕᐃᓐᓇᐅᔭᕝᕙᐅᖕᒋᒃᑲᓗᐊᖅᑎᑦᑐᒋᒃ. ᑕᕝᕙᓚ ᕿᒻᒥᓂᒃ ᒥᐊᓂᕆᔭᓇᖅᓯᑦᑎᐊᖅᑐᖓ, ᐊᑖᑕᒪ, ᖁᕕᐊᕆᔭᒃᓴᓇᓐᓂᖅᐸᐃᖓ, ᐃᖅᓂᕋ ᐱᕈᖅᐸᑦᓚᐊᔪᖅ ᐃᓚᐸᑦᓚᐊᑦᑐᓂᑐ ᐊᖑᓇᓯᖕᓂᕐᒥᒃ ᐃᑲᔪᓇᐊᒃᓴᖅ.

ᐆᓴᖅᑲᒃ ᖁᓱᐅᑭᑦᓴᖅ

ᓂᖅᑭᓕᒫᑦ ᑎᖕᒥᐊᓃᖖᒑᖅᑐᑦ ᐸᖅᑭᔭᐅᑦᑎᐊᖅᒪᑕ. ᑕᖅᕋᓕᓂᖅᔫᓇᐊᖅᑳᖅᒪᑕ, ᓲᖅᑲᐃᒻᒪ ᑭᓱᑐᐃᓐᓇᐃᑦ ᓯᖅᑭᓐᓂᖅᕚᒋᔭᐅᔾᑦ ᐱᐅᔫᓐᓃᓭᓐᓇᖅᒪᑕ. ᑕᒪᓐᓇ ᐱᔾᔪᑎᒋᓪᓗᒍ ᐱᓕᓇᐊᓇᑦᑎᐊᓇᐊᖅᑲᓇᕋᑦᑕᐅᖅ ᐊᐃᓐᓂᑦ (ᓂᖅᑭ ᓄᑖᖅ) ᓯᖅᑭᓐᓂᖅᑐᒦᑎᑦᑕᐃᓕᓗᒍ.

ᓇᐅᔾᔦᕖᓂᑦ

ᐅᑭᐊᒃᓵᒃᑯᑦ, ᖁᐃᓐᓃᑦ ᓇᐅᔾᔦᕖᓂᑦ ᓂᓇᔭᐅᑦᑎᐊᖅᑳᑦᑕᖅᒪᑕ ᐅᕙᓂ. ᓂᓪᓚᕚᖖᒐᑦ, ᓇᐅᔭᑕᐅᓪᓗᑎᒃ ᖁᐊᒃᑯᕖᖕᔫᖅᑕᐅᓪᓗᑎᒃ ᑐᑯᒫᓇᔭᐅᓕᖅᐳᑦ ᓂᓇᔭᐅᓛᕋᒥᒃ. ᐅᐱᕆᖕᒐᒃᑯᑦ, ᒪᓂᒃᑕᖅᑕᐅᓪᓗᑎᒃ ᓇᐅᔾᔭᓂᑦ ᓂᓇᔭᐅᓪᓗᑎᓪᓗ.

ᒑᑎᕚᑦ (ᑎᖅᑲᑎᕚᑦ)

ᐅᐱᕆᖕᒐᒃᑯᑦ ᓱᑯᐃᔭᖅᐸᓪᓚᐊᓕᖅᑎᓪᓗᒍ (ᐊᐃᓂᖅᑲᓕᕚᖖᒐᑦ) ᐊᒻᒪᓗ ᐱᑦᑎᐅᓛᕋᓯᓕᕚᖖᒐᑦᑕ ᑕᐃᒪᖕᒐᓖᒫᖅ ᑕᐃᒪᐃᖕᒍᔭᐃᓐᓇᖅᑐᒍᑦ, ᐃᓐᓇᐃᑦ ᐅᕙᓂ ᑎᕋᑎᕚᓂᒃ ᐋᖅᑭᓛᖅᓂᐅᑎᓄᑦ. ᒪᑯᐊ ᑎᖕᒥᐊᑦ ᓂᖅᑲᓯᐅᑎᕚᒃᑐᒋᑦ ᐱᐅᖕᒥᖕᒪᑕ.

ᐊᑉᐸᓕᐊᖅᓯᒃ (ᐊᒃᐸᓕᐊᖅᔮᐃᑦ)

ᑕᒪᒃᑯᐊ ᑎᖕᒥᐊᑦ ᐅᐱᕆᖕᒐᒃᑯᑦ ᑎᑭᑦᑕᕚᖖᒐᑕ ᑎᖕᒥᐊᕋᓯᒃᑕᐅᖅᑳᑦᑕᖅᒪᑕ ᓂᖅᑭᒃᓴᓇᔭᐅᓪᓗᑎᒃ. ᐃᕙᓕᕚᖖᒐᑕ ᒪᓂᖕᒋᑦ ᓄᐊᑕᐅᕙᒃᑐᑎᒃ ᒪᓂᒃᑐᖅᑲᒃᓴᓇᔭᐅᓪᓗᑎᒃ. ᒪᓃᑦ ᑐᑭᖅᑎᓪᓗᒋᑦ, ᐊᒃᐸᓕᐊᖅᔮᐊᕋᖕᒋᑦ ᐃᒫᓅᓕᐅᖅᑎᓐᓇᒋᑦ, ᓄᐊᑕᐅᕙᓪᓕᐊᖅᑳᑦᑕᖅᒪᑕ ᐅᓪᓗᖕᒋᓐᓂᑦ/ᐃᕙᕝᕕᓂᑦ (nest) ᓂᖅᑭᒃᓴᓇᔭᐅᓂᐊᕋᒃ.

ᐊᒃᐸᓕᐊᖅᔮᒃᑐᖅᑲᐅᖅᑳᑦᑕᖅᐳᖅ ᖃᓪᓗᔭᐅᓪᓗᑎᒃ (ᑳᓪᓗᓪᓗᒋᑦ), ᑕᒪᒃᑯᐊ ᐊᒃᐸᓕᐊᖅᔮᓚᓰᑎᑦ ᐃᐳᑖᖅᑲᖅᑳᑦᑕᖅᐳᑦ ᓄᓗᐊᖖᒍᐊᓕᐅᓯᒪᔮᓂᒃ ᖃᓪᓗᑎᓂᒃ ᓇᑦᑎᖅᓂᐅᑎᑎᑐᑦ/ᓄᓗᐊᒃᓴᑎᑐᑦ ᓯᓕᖕᓂᓕᖕᓄᑦ ᐊᒃᑐᓇᐅᔭᑯᓗᖕᓄᑦ. ᑎᖕᒥᐊᖅᑕᐅᔪᑦ ᓂᓪᓕᔭᕚᖖᒐᑕ, ᓇᑦᑎᕋᔭᓄᑦ ᕿᓯᖕᓄᑦ ᑑᖅᑕᖅᐅᖅᑳᑦᑕᖅᑐᑦ ᒥᖅᓱᖅᑕᐅᓗᓂ (ᒪᑯᑎᑐᓇᖅ ᐃᒃᐱᐊᔾᔭᒃᑎᑐᑦ) ᐊᒻᒪᓗ ᓂᖅᑭᒃᑯᕚᓕᐊᓇᓯᒪᔾᔫᑦ ᐃᒪᐃᑦᑑᓕᓛᖅᒪᑕ ᑭᕚᐊᖅ, ᓂᖅᑭᒃᓴᑦ ᐅᑭᐅᖅᔫᑦ ᖃᐅᒪᒃᐸᓕᐊᓕᖅᐸᑦ. ᑕᐃᒫᒃ ᑖᕙ ᐃᒃᑲᒥᒃ ᓯᖅᑭᓐᓂᖕᒋᑦᑐᔫᖅᑕᐅᓪᓗᑎᒃ ᓲᖅᑲᐃᒻᒪ ᓂᓇᔭᒃᓴᐅᔾᓐᓂᖅᑳᑦᑕᖅᑐᑦ. ᐊᓯᒃᑲᓐᓂᖖᒐᑦᑕᐅᖅ ᐆᒃᑎᔾᔪᓯᓇᔭᐅᓪᓗᓂ ᐊᑐᖅᑕᐅᖅᑳᑦᑕᖅᒥᔾᔭᖅ ᐃᓗᖅᑲᖅᑐᔫᖅᑕᐅᓪᓗᑎᒃ ᐅᔭᕋᖕᓄᑦ ᖁᓕᔭᐅᓪᓗᑎᒃ ᐃᖅᕋᖄᔭᖅᑕᐅᓇᑎᒃ ᓱᓗᐃᔭᖅᑕᐅᓇᑎᓪᓗ, ᒪᓐᓇ ᐊᑎᖅᑲᖅᑎᑕᐅᒋᕗᖅ ᐊᒥᓕᐊᖅ.

ᖁᓪᓕᖅᐹᒥᑦ: ᑲᓪᓘᖅᓗᒋᑦ/ ᐊᒃᐸᓕᐊᖅᔮᐃᑦ ᖃᓗᕝᕕᓗᒋᑦ (ᐊᒃᐸᓕᐊᖅᔮᐃᑦ) ᖃᓗᓯᔾᔪᑎᓄᑦ ᓯᐅᕋᐸᓗᖕᒥ.

ᐋᓇ ᒥᑎᖅ, ᐸᑦᓗᖅ ᑯᓇᑦᑕᓐᓴᓐ, ᓅᐅᕐᔅ ᖁᓱᐅᑭᑦᓴᖅ, ᐊᒻᒪᓗ ᐋᖅᑭᐅᖖᒍᐊᖅ ᖃᐃᖕᒑᖅ ᒪᒪᑕᒃᐳᑦ ᑭᕙᐊᓕᐊᓇᓂᖅᑲᖅᑕᖅᐳᑦ (ᐊᒃᐸᓕᐊᖅᔮᐃᑦ ᐃᒍᓇᐅᓪᓗᑎᒃ ᐃᓗᐃᑦᑑᓪᓗᑎᒃ ᓇᑎᐅᑦ ᕿᓯᖖᒐᑕ ᐃᓗᐊᓂᑦ).

ᐊᒃᐸᓕᐊᖅᔮᐃᑦ ᑲᑎᖕᒪᔾᔪᑦ ᐃᒪᐅᑦ ᖁᓕᑦᑎᐊᖖᒐᒎᖅᑐᑦ.

ᖁᓪᓕᖅ: ᒪᒪᑕᒃᑐᑦ
ᑭᕙᐊᓕᐊᕙᓂᖅᑲᖅᑕᖅᐳᑦ
(ᐊᒃᐸᓕᐊᖅᔪᕙᓃᑦ ᐃᒍᓇᑦ
ᐃᓗᐃᑦᑑᓪᓗᑎᒃ ᓇᑦᑎᐅᑦ
ᕿᓯᖓᑕ ᐃᓗᐊᓂᑦ) ᖄᓈᕐᒥ.

ᐊᓪᓚᖅ: ᕿᖕᒐᓛᓛᑦ ᑎᖕᒋᓯᒪᔪᑦ.

ᐊᒃᐸᑦ (ᐱᑦᑎᐅᓛᑦ/ᐊᒃᐸᐃᑦ)

ᐊᒃᐸᑦ ᑎᖕᒥᐊᕋᓱᒃᑕᐅᖃᑦᑕᓇᒐᑦ ᐅᐱᕐᓛᒃᑯᑦ, ᓯᑯᐃᔭᓕᖅᒑᖕᒐᑦ (ᐊᐃᓂᖅᑲᓕᖅᒑᖕᒐᑦ). ᐃᒪᐃᓕᖅᑐᑎᒃ ᑭᕙᐊᓕᐊᖑᓂᖅᑲᖅᑕᖅᐳᑦ (ᐃᒍᓇᖅᑐᑎᑦ ᓇᑦᑎᐅᑦ ᕿᓯᖓᑕ ᐃᓗᐊᓂ) ᒪᑯᑎᑐᓇᖅ ᐊᒃᐸᓕᐊᖅᔪᒃᑎᑐᑦ (ᐊᒃᐸᓕᐊᖅᔪᐃᑦ). ᖁᐊᖑᖅᑲᑦᑕᖅᑐᑦ ᓂᖅᑯᕙᖕᒥ ᖃᐃᕈᓯᖕᒥ ᐅᐊᑦᑎᐊᕈᖅᒥᓵᖅᑕᐅᓪᓗᑎᒃ, ᓄᑖᖑᓈᖅᑕᐅᓪᓗᑎᑦ ᖃᑦᑖᖕᒋᑦ ᑎᒥᖅᑲᖅᑐᑎᒃ ᓂᐊᖁᖅᑲᖅᑐᑎᓪᓗ ᐆᑦᑎᔭᐅᓪᓗᑎᒃ ᐊᒻᒪᓗ ᑕᐃᑲ ᓂᕆᔭᐅᒐᑦ ᓇᑦᑎᑦ ᐅᖅᓯᐊᓂᒃ ᐅᖅᓯᓕᐅᖅᓯᒪᖕᒋᑦᑐᒥᒃ ᐅᖅᓯᖅᑕᐅᕙᒃᑐᑎᒃ ᖁᐊᖑᖅᑲᑦᑕᖅᑐᑦ ᓂᖅᑯᕙᖕᒥ

ᖃᔪᐊ ᐆᑦᑎᔭᐅᔩᑦ ᖃᔪᖅᑐᖅᑕᐅᓪᓗᓂ ᐊᓛᓯᖅᑲᖅᑐᓂ ᒪᒪᖅᐳᖅ ᑎᖑᒃᑐᖅᑐᓂ. ᖃᑦᑖᖓ ᐊᒻᒪᓗ ᐆᒪᑖ ᓵᑦᑑᔭᖅᑕᐅᓪᓗᑎᒃ ᓂᕆᔭᐅᒐᑦ ᐊᓯᖅᑲᐅᖅᑐᑎᒃ ᓂᕆᔭᐅᖅᑲᓯᐅᑎᔪᓂᑦ ᐃᓚᖅᑲᐅᖅᑐᑎᒃ ᒪᑯᓂᙵᑐᐊᖑᖏᑦᑐᖅ ᔮᒻ ᐱᑯᓪᓗ..

ᒥᑏᑦ (ᕿᖕᒐᓛᓛᑦ)

ᐅᐱᕐᓛᒃᑯᑦ, ᓯᑯ ᓱᓪᔭᐅᑦ ᑕᒪᓐᓇ ᖃᓂᒋᔭᖓ ᑭᓪᓕᖅᓂᑦ ᓯᑯᑦ ᐳᒃᑕᓛᓕᖅᑎᓪᓗᒋᑦ ᓯᑯᐃᔭᓛᓕᖅᒥ, ᒥᑎᖅᓯᓕᖅᑲᑦᑕᖅᑕᑦ ᐋᖅᑭᓛᖅᓂᐅᑎᓄᑦ. ᐅᐊᑦᑎᐊᕈ ᐊᑐᖅᓯᒪᓕᖅᑕᑦᑎᓐᓂ, ᐊᖑᓇᓯᒍᓐᓇᖅᑲᑦᑕᔪᒪᑦᑕ ᑭᓯᐊᓂ ᐊᖑᓇᓯᒻᕙᑎᔪᓐᓇᖅᑕᒍᑦ ᐃᓯᖅᑲᐅᓇᓪᓗᓂ ᐊᓯᓗᐊᖑᓚᓅᖏᑦᑐᖅ, ᖄᓈᕐᒥᑦ ᐃᒃᑲᖅᓗᖅᑑᒧᑦ, ᕿᓚᓗᒐᖅᓂᒃ ᐅᐃᒪᔮᓇᑦᑕᐃᓕᒪᓪᓗᑕ ᓯᓈᖓ (ᕿᓚᓗᒐᖅᓂᐊᖅᕙᐅᖅᑲᑦᑕᖅᑐᖅ) ᖃᓪᓕᔭᖏᖓᑦ.

ᐅᐱᕐᓛᑦᑕᐅᖅ ᐃᓚᐃᓐᓇᖓᒍᑦ, ᒥᑏᑦ ᒪᓐᓂᒃᑕᖅᑕᐅᖅᑲᑦᑕᖅᒥᖓᑕ ᒪᓐᓂᖅᑲᐅᖅᕙᒋᔭᖕᒋᓐᓂ ᑭᓯᐊᓂ. ᑕᒪᒃᑯᐊ ᓂᕆᔭᐅᑦᑎᐊᖅᑲᑦᑕᖅᒥᖓᑕ ᒪᓐᓂᒃᑕᖅᑕᐅᔭᓅᖏᖓᒥᒃ. ᑕᐃᑲᓕ 'ᐃᖑᓚᐃᓐᓇᖅᓗᒍ' ᐱᕆᐊᓕᖅᑐᓂ ᐃᓖᒃ ᐊᑐᖅᑐᑎᒍᑦ: ᖁᖅᓱᖅᓂᖓ ᖃᐅᓪᓗᖅᓂᖓᓗ ᒪᓐᓂᐅᑦ ᐱᔭᐃᓐᓇᓇᓗᒋᒃ ᐸᓂᑲᖕᒧᑦ ᑕᐃᑲᓕ ᐃᖑᓚᓕᖅᓗᒋᒃ, ᓱᑲᓕᖅᓗᒍ ᐊᒻᒪᓗ ᐃᖑᓚᒃᑲᓐᓂᖅᒥᓗᒍ ᖃᑯᖅᓯᓇᓱᖕᓂᖓᓄᑦ-ᑕᐃᓖᒃ ᒪᒪᖅᑐᐊᓗᒃ.

ᑕᐃᑲ ᐊᖅᑯᒍᑦ ᐃᓚᓕᒫᖓᓂ ᓂᖅᑭᒃᑯᕙᖕᒦᓐᓂᐊᓕᖕᒍᑦ ᓂᖅᑭᒃᑯᕙᓕᐊᖅᑲᓯᒪᔪᓂᒃ; ᑕᐃᓖᒃ ᒪᒪᖅᑐᑦ. ᒥᑎᖅᑕᐅᖃᑦᑖᖅᑑᑦ ᕿᖕᒐᓛᓕᐅᑦ ᓂᖅᑭᖕᒋᑦ ᐆᔭᓕᐅᖅᑕᐅᖅᑲᑦᑕᖅᑐᑦ. ᐃᓚᖕᒋᑦ ᓱᓗᓖᖕᒋᔭᖅᑕᐅᓪᓗᑎᒃ ᑕᐃᑲ ᐆᔭᓕᐅᖅᑕᐅᓪᓗᑎᒃ ᐊᒻᒪᓗ ᒪᒪᓐᓂᔭᐅᑦᑎᐊᖅᑐᑎᒃ ᓂᕆᔭᐅᓕᖅᐳᑦ. ᐃᓚᖕᒋᑦ ᓵᑦᑐᔭᖅᑕᐅᓪᓗᑎᒃ ᐃᓗᐅᑦ ᐃᓗᐊᓂ ᑕᐃᒃᑯᓄᖓ ᓂᕆᔭᒪᔪᓄᑦᑕᐅᖅ ᒪᒪᑦᑎᐊᖅᑐᑎᒃ.

ᐅᐃᔅᓕ ᐊᐃᑲᓐ

ᐱᕈᖅᓴᓂᑰᕗᖓ ᓄᓇᓖᑦ ᐊᓯᐊᓂ ᓄᓇ ᐃᒪᕐᓗ ᑕᒪᔾᔭᐅᓪᓗᑎᒃ. ᑕᐃᔅᓯᒪᓂ ᐊᑐᐃᓐᓇᖅᑲᐅᔭᐃᓐᓇᖏᓐᓇᑦᑕ ᑭᓱᐃᓐᓇᕐᓂᒃ, ᓂᕆᖅᑕᑦᑕᓚᐅᖅᓯᒪᕗᒍᑦ ᐱᔪᓐᓇᖅᑕᖅᑳᖓᑦᑕ. ᑕᐃᔅᓯᒪᓂ ᐱᔪᓐᓇᖅᓯᔾᔫᒥᒐᒪ ᑐᒃᑐᓂᒃ ᒥᑭᔫᑕᐅᓂᖅᓴᓂᒃ ᑲᑎᖕᒪᐅᕐᑐᐊᓗᖕᓂᑦ, (ᑐᒃᑐᑦ ᒥᑭᓐᓂᖅᓴᐃᑦ ᓇᓗᓇᐃᕐᓗᑎᑦ ᐅᕙᑦᑎᓐᓄᑦ: to identify reindeer to us: "ᑐᒃᑐᖁᑎᒋᔭᐅᕙᒃᑐᑦ", "reindeer") ᑐᒃᑐᖁᑎᒋᔭᐅᕙᒃᑐᑦ ᑲᑎᖕᒪᓪᓗᑎᒃ, ᑕᒪᒃᑯᐊ ᑐᒃᑐᖁᑎᒋᔭᐅᕙᒃᑐᑦ ᖃᔪᖏᑦ ᑎᖅᑎᑎᓚᐅᖅᑐᒋᑦ ᐃᒥᖅᑲᑦᑕᖅᑕᑐᐊᓇᔪᒐᑦᑎᒍᑦ ᐅᑭᐅᒃᑯᑦ. ᑰᐲᒍᑎᓯᒪᒐᑦᑕ ᑏᖏᕈᑎᓯᒪᓪᓗᑕᓗ ᐊᓯᖏᓐᓂᓪᓗ ᐃᓚᒋᔪᓐᓇᖅᑕᖏᓐᓂᒃ ᑕᐃᒪᐃᐸᓗᒃᑐᓂᒃ. ᑕᐃᔅᓯᒪᓂ, ᐆᔪᓕᐅᕈᑎᖅᑲᔪᒐᑦᑕ ᖃᑦᑕᑯᔅᓱᖕᒥᒃ 8 ᑯᐊᑦᔅ (8-ᓄᑦ ᐅᖅᓱᖅᑎᕈᑕᐅᑎᑦ ᐃᒪᖅᑐᑎᒋᔪᒥᑦ) ᐊᑐᖅᑲᑦᑕᖅᑐᑕ ᐊᒻᒪᓗ ᖃᔪᐊᑕ ᐃᓅᑎᑦᑎᐊᖅᑲᑦᑕᔪᕚᑎᒍᑦ ᐅᓪᓗᓕᒫᕐᒧᑦ.

ᓇᑦᑎᕋᓱᖕᓂᖅ ᓱᑯᒥ ᐃᓕᖅᑯᓯᕆᐅᔭᐃᓐᓇᕋᑦᑎᒍᑦ. ᑕᐃᔅᓯᒪᓂ ᐱᕈᖅᐸᓪᓕᐊᓂᓐᓂ ᐃᓚᒃᑲᓗ ᑲᑎᒪᓪᓗᒋᑦ ᑲᐃᑉ ᕼᐋᑲᑦᒥ (Cape Halkett) ᖃᓂᒋᔮᓂ, ᐊᒃᑲᒐ/ᐊᖕᒐᒐ ᔫᓇ ᐅᖕᒐᓱᒃᑐᒧᑦ ᐊᐅᓪᓚᖅᓯᒪᖅᑲᑦᑕᔪᖕᒪᑦ ᓇᑦᑎᕋᓱᒃᑐᓂ. ᓇᒡᒍᑎ ᖃᓂᒋᔭᑦᑎᓐᓃᖅᑲᑦᑕᖅᑐᖅ ᐃᒫᒃ ᑕᑭᑎᒋᖅᑲᑦᑕᓚᐅᖅᓯᒪᖕᒪᒃ 30-ᒪᐃᓕ ᖃᓂᒋᔮᓂ ᑕᒫᙵᑦ ᓯᒡᔭᒥᑦ. ᐱᕈᖅᐸᓪᓕᐊᓪᓗᖓ ᓴᙱᒃᑎᑉᐹᓪᓕᖅᑐᖓᓗ ᐊᒻᒪᓗ ᐃᓚᐅᖅᑲᑦᑕᓕᓚᐅᖅᓯᒪᒐᒪ ᓇᑦᑎᕋᓱᕆᐊᖅᑎᓪᓗᒍ, ᐃᓕᑦᑎᔪᐊᓗᓚᐅᖅᓯᒪᔪᖓ. ᐃᓛᓐᓂᑦ ᓯᓂᒃᑕᖅᑲᑦᑕᓚᐅᖅᓯᒪᔪᒍᑦ ᐊᑐᑐᐃᓐᓇᖅᑐᓄᒃ ᖃᒧᑎᑦᑎᓐᓂᒃ ᐊᒻᒪᓗ ᑐᒃᑐᕐᓴᓂᒃ ᕿᑦᑕᐃᔭᕐᕕᒋᓂᐊᖅᑕᑦᑎᓐᓂᒃ. ᓯᓂᒃᑕᕋᔪᖅᑲᑦᑕᓚᐅᖅᓯᒪᔪᒍᒃ, ᐊᒃᑲᒐ/ᐊᖕᒐᒐ ᐅᑎᑲᐅᖅᑐᕐᓂᐊᖏᓐᓇᒥ ᑭᓯᐊᓂ ᐱᖕᒐᓱᓂᒃ ᐊᒥᓲᓂᖅᓴᓂᒡᔫᓐᓃᑦ ᓇᑦᑎᖅᓯᒪᓕᖅᑳᖓᒥ ᐅᓯᒃᓴᓂᒃ.

ᐊᑖᑕᒐ ᐊᓇᒋ (ᐊᒃᑲᒐ/ᐊᖕᒐᒐ ᐱᕈᖅᓴᐃᔪᔪᖅ ᐅᕙᓐᓂᒃ ᓇᖕᒥᓂᕐᒥᑎᑐᑦ) ᐃᓚᒋᒃᑲᓐᓂᔪᖕᒥᔭᕋ ᐊᔪᓇᖅᓯᔪᕚᖕᒐ ᓇᑦᑎᕋᓱᖕᓂᕐᒥᒃ ᐊᒻᒪᓗ ᓄᑐᐊᖅᑲᕐᓂᕐᒥᒃ. ᐱᖕᒐᓱᓂᒃ ᐊᒥᓲᓂᖅᓴᓂᒡᔫᓐᓃᑦ ᓇᖅᑎᖅᓯᒪᒡᒍᖅᑲᑦᑕᔪᕗᑦ ᓄᑐᔾᔨᐊᖃᖕᒐᓐᓄᒃ.

ᐊᐅᔭᐅᑦ ᑕᖅᑭᖏᓐᓂᒃ, ᐃᓚᒃᑲ ᐊᐅᓪᓚᖅᑲᑦᑕᔪᕗᑦ ᑕᕝᕙᙵᑦ ᑲᐃᑉ ᕼᐋᑲᑦᒥᑦ ᖃᓂᒋᔮᓂᑦ ᐊᒻᒪᓗ ᐃᖏᕐᕋᕙᒃᑐᑎᒃ ᐅᐊᓚᓂᖕᒫᕐᒧᑦ ᑕᓯᖅᐸᒃ ᑕᓯᐅᑦ ᐃᖅᑲᓗᒐᓯᒋᐊᖅᑐᑎᒃ ᐊᐅᔭᒥ. ᓄᓇᒥ ᖁᐊᒃᑯᕕᒃᑕᖅᐅᔪᖕᒪᑦ ᐊᒥᓱᒃᑲᓪᓚᖏᓐᓂᒃ ᖃᓂᒋᔮᓂ ᐊᒻᒪᓗ ᐊᑐᓂᑦ ᐃᓚᒌᑦ ᐃᖅᑲᓗᖕᓂᒃ ᐃᓗᓪᓚᖅᓯᕐᑕᐅᕙᒃᑐᑎᒃ, ᑐᑦᑐ (ᑐᒃᑐᕐ), ᐅᒪᔪᓪᓗ ᐊᓯᖏᑦ ᐱᔭᐅᕙᓚᐅᖅᓯᒪᖕᒥᔪᑦ. ᐱᕐᓯ (ᐱᔅᓯᓕᐅᖅᑲᑦᑕᔪᖕᒥᔪᒍᑦ) ᐊᒻᒪᓗ ᑐᒃᑐᕕᓂᕐᓂᒃ ᓂᒃᑯᓕᐅᖅᐸᒃᑐᑕ ᐊᒻᒪᓗ ᐆᖅᑲᖅᐸᒃᑐᑎᒍᑦ ᖁᐊᒃᑯᕕᑦᑎᓐᓄᑦ ᓄᓇᒥ ᐃᓗᓕᐅᖅᓯᒪᔪᓄᑦ.

ᑐᒃᑐᖁᑎᖃᖅᑐᑦ (ᑐᒃᑐᓂᒃ ᒥᐊᓂᖅᓯᔨᑦ) ᐅᑦᕿᐊᒡᕕᖕᒥ *c. 1900*-ᐃᑦ ᐊᑐᓇᐊᓕᕋᑖᖅᑎᓪᓗᒋᑦ.

ᓂᕿᑦᑎᐊᕙᐅᒋᖅᑲᑦᑕᔪᖕᒥᔭᕗᑦ ᐃᒫᒃ ᓂᕿᖓ ᔫᖅᑲᖅᑐᒍ ᑐᓕᒫᖏᑕ ᐃᓗᐊᓄᑦ ᑐᒃᑐᕕᓃᑦ ᐊᒻᒪᓗ ᐱᕈᔅᑖᓇᓪᓗᒋᑦ ᓄᓇᐅᑦ ᐃᓗᐊᓄᑦ. ᓯᕗᓪᓕᕐᒥᒃ, ᓄᓇᒥ ᐃᓗᓕᐅᓇᓪᓗᑕ, ᐅᒃᐱᒐᕐᓂᒃ ᑕᒪᓯᕿᕚᑎᓪᓗᑎᒍᑦ ᐃᓗᓪᓚᖅᓱᖅᓯᒪᔪᖅ ᑐᒃᑐᕕᓂᖅ ᐃᓗᒻᒍᑦ, ᐅᒃᐱᒐᕐᓂᒃ ᓂᕿᖓ ᖃᔾᔮᓚᐅᖅᑐᒍ, ᐊᒻᒪᓗ ᖄᖕᒐᓄᑦ ᐃᓚᐅᖅᑲᐃᑦᑐᑕ ᐃᔾᔨᕐᒥᒃ. ᐃᓗᓚᐅᖅᓯᒪᔫᑦ ᓴᐅᓯᒪᔾᔪᑖ ᓇᕿᑦᑕᑦᑎᐊᖅᓯᒪᔭᓇᐊᖃᒪᑦ ᑕᒪᒃᑯᓄᖓᓗ ᓂᕿᒃᓴᖅᓯᐅᖅᑐᓄᑦ ᐱᓴᐅᔾᔭᐃᓇᐊᕐᓗᒍ.

ᓂᕿᒥᑦ ᐱᖅᑲᓯᐅᑎᓇᖅᑲᓯᐅᑎᖕᒥᔪᖅ, ᑐᒃᑐᐃᑦ ᐊᒥᖏᑦ ᐅᖅᑯᒃᓴᐅᑎᑦᑎᐊᕙᐅᖕᒪᑕ ᐊᓐᓄᕌᓄᑦ ᐱᖅᑲᓯᐅᑎᓗᒋᑦ. ᑕᓯᖅᐸᐅᑦ ᓂᒋᖕᒫᖕᒐᓄᑦ ᐅᐸᒍᑎᕙᓚᐅᖅᓯᒪᒋᕗᒍᑦ ᑐᒃᑐᓕᐊᖅᑐᑕ, ᐱᕈᓴᖅᑖᓇᐊᖅᑐᖅᑐᑕ ᐅᐊᑦᑎᐊᕈ ᐊᐃᓛᖅᑕᑦᑎᓐᓂᒃ. ᐊᓅᓇᒪ ᐊᓐᓄᕆᔾᔭᐅᖅᑲᑦᑕᓚᐅᖅᓯᒪᖕᒪᑎᒍᑦ ᐅᖅᑯᔪᓂᒃ ᖁᓕᑦᑕᐅᔭᕐᓂᒃ, ᐊᓕᖅᓯᖕᓂᒃ, ᐊᒥᕐᓂᒃ ᐊᒻᒪᓗ ᐸᐊᓗᓂᒃ ᑐᒃᑐᕐᓴᓂᒃ. ᐃᕙᓗᓂᒃ ᑐᒃᑑᑦ ᐅᓕᐅᑎᖏᓐᓂᒃ ᐊᑐᖅᐸᒃᑐᓂ ᐊᓐᓄᕌᓕᐅᒋᑦᑎᓐᓄᒃ. ᑐᑦᑐᖅᑲᑦᑕᔪᒐᑦᑕ ᐊᓐᓄᕌᒃᓴᓂᒃ ᒥᖅᑯᖏᑦ ᑕᕝᕙ ᓈᒻᒪᒃᓯᑦᑎᐊᖅᐸᑦ ᐊᓐᓄᕋᒃᓴᑦᑎᐊᕙᐅᖕᒪᖅᑐᑎᒃ, ᐊᐅᔭᓪᓚᓇᒃ ᐃᓯᓕᑉᐸᓪᓕᐊᓕᖅᑎᓪᓗᒍ. ᐅᑭᐊᒃᓵᒃᑯᑦ, ᑐᒃᑐᕐᓴᐃᑦ ᑐᕿᖅᑎᒃᐹᓪᓕᖅᑐᑎᒃ ᐊᒻᒪᓗ ᐊᑐᖅᑕᐅᕙᒃᑐᑎᒃ ᖄᖄᑦ (ᐊᑦᓕᓃᑦ).

ᑐᒃᑐᖁᑎᓖᑦ ᑲᑎᖕᒪᔪᒐᓚᖕᓂᒃ
ᐅᑦᕿᐊᒡᕕᖕᒥ c. 1900
ᐊᑐᓇᐊᓕᕋᑖᖅᑎᑦᑐᒍ.

ᐃᒡᓗᖕᒑᖕᒐᓃᑦᑐᖅ:
ᐅᑦᕿᐊᒡᕕᐅᑦ ᓯᑯᓕᓇᓂᕐᒧᑦ
ᖃᐅᔨᒪᑦᑎᐊᑐᑦ ᐱᓕᓇᖅᑕᐅᔪᑦ
(ᑕᑯᓗᒋᑦ ᑕᐃᒃᑯᐊ ᓯᑯ-ᐃᓄᐃᑦ-Hᐃᓚ
ᑖᔅᓯᒥᖕᒐ ᐱᓕᓈᑦ) ᓄᓇᖖᒍᐊᒃᑯᑦ
ᓇᓗᓇᐃᖅᓯᒪᔪᑦ ᐊᖑᓇᓱᒡᕕᒋᔭᐅᖃᑦᑕᖅᑐᑦ
(ᐊᖏᓈᖅᓯᒪᓪᓗᓂ ᑕᑯᖅᑯᔾᔩᔪᑦ)
ᐊᒻᒪᓗ ᓲᕐᓗᑦᑕᐅᕐ ᒪᑯᐊ
ᐊᖑᕝᕕᒋᔭᐅᓲᑦ ᓇᓗᓇᐃᖅᓯᒪᖃᓯᐅᑎᒍᑦ.
ᓇᓗᓇᐃᖃᓯᐅᑎᓗᒍ ᓲᕐᓗ
ᑕᑯᖅᑯᔾᔨᖕᒥᔪᖅ, ᓄᓇᖖᒍᐊᖅ
ᑕᑯᖅᑯᔾᔨᖕᒪᑦ ᑕᒪᑐᒥᖕᒐ ᐊᕙᓗᐊᓃᑦᑐᒥᒃ
ᐊᖑᓇᓱᒡᕕᐅᖃᑦᑕᖅᑐᕕᓂᕐᓂᒃ
ᓇᑦᑎᕐᓂᓪᓗ (ᑕᐃᔭᐅᑦᑐᑎᒃ
ᐃᓛᑐᐃᓐᓇᖅ 'ᓇᑏᑦ'), ᐊᐃᕚᑦ,
ᐊᒻᒪᓗ ᑖᒻ ᐆᒐᐃᑦ. ᐊᕐᕚᑦ ᓇᓕᐊᖕᓄᑦ
ᐃᖏᕋᖕᒪᖕᒑᑕ ᑕᑯᖅᑯᔭᐅᓯᒪᒋᕗᑦ
ᐅᐱᕐᙳᕐᒍᑦ ᐅᒋᐊᒃᓵᒃᑯᓪᓗ
ᐊᕙᒐᓱᖕᓇᖅᑎᑦᑐᒍ.
ᓇᓄᖅᓯᕕᐅᖃᑦᑕᖅᑐᑦ
ᓇᓐᓄᕝᕕᒋᔭᐅᖃᑦᑕᖅᓯᒪᔪᓪᓗ
ᓇᓐᓄᒐᓱᖕᓇᖅᑎᑦᑐᒍ ᓇᑭᑐᐃᓐᓇᖅ.
ᓄᓇᖖᒍᐊᖅ ᓇᓗᓇᐃᖅᓯᓯᒪᓂᖕᒐ
ᓄᓇᖕᒐᑕ ᐱᖃᓯᐅᑎᓯᒪᓂᖕᒐ
ᐊᖏᓈᖅᓯᒪᓪᓗᓂ, ᓯᓪᔭᖅ, ᐊᒻᒪᓗ
ᓯᑯ/ᐃᒪᖅ ᑕᒪᓐᓇ ᐃᓄᐱᐊᑦ
ᐊᑐᖃᑦᑕᖅᑕᖕᒐᑦ ᓂᕿᒃᓴᓂᒡᕕᒋᕙᒃᑐᓂᔾᔪᒃ
ᖃᖕᒐᑐᐃᓐᓇᕐᑎᐊᒃᑯᑦ.

ᐃᖃᓗᓕᐊᓘᓐᓂᕐᒪᑦ ᑰᖕᓂᒃ ᑕᓯᕐᓂᓪᓗ ᑕᓯᖅᐸᐅᑦᓗ ᐊᕙᑖᓂ. ᐱᔅᓯᓕᐅᖃᑦᑕᖅᑐᑦ/ᐃᔅᓯᑭᓪᓕᑎᐊᓇᓯᒪᔪᓂᒃ ᐃᖃᓗᖕᓂᒃ ᐊᐅᔭᒃᑯᑦ ᐊᒻᒪᓗ ᖁᐊᒃᑯᕚᖕᒎᖅᑲᖅᑐᒋᑦ ᓄᓇᒥ ᐃᓗᓕᐅᓯᒪᔪᓄᑦ. ᓴᓇᖃᑦᑕᕐᒥᔪᑦ ᓂᓚᖁᕚᖕᓂᒃ ᖃᓂᕐᒋᖑᔭᐅᑦᓗᑎᒃ ᓯᐊᒻᒪᖕᒐᔪᓂᒃ ᐃᖃᓗᒃᑯᕚᖕᓂᒃ ᐅᑭᐅᖑᑎᓪᓗᒍ ᐊᑐᖅᓂᐊᖅᑐᓂᒃ. ᓂᓇᔫᓴᐃᑦ ᐊᒥᓰᑎᓪᓗᒋᑦ ᐃᓚᖃᐅᒐᓚᒃᑐᑕ ᐊᒥᓯᓂᒃ, ᕿᒻᒥᑦ ᐱᖃᓯᐅᑎᓪᓗᒋᑦ, ᐱᓕᓇᐊᒃᓴᓕᐊᓘᖃᑦᑕᕗᑦ ᐃᖃᓗᒐᓱᖕᓇᖅᑎᓪᓗᒍ.

ᑐᒃᑐᕕᓂᓕᒫᑎᐊᖅ ᐊᑐᖃᑦᑕᕐᒪᑦ ᐊᒻᒪᓗ ᓂᓇᔪᒪᓕᖅᓯᒪᖃᑦᑕᕐᒥᔭᕗᑦ ᒪᒪᓇᓪᓗᑎᒍᑦ ᑲᔾᔮᖅᑐᑕ ᑕᐃᒪᐃᑦᑐᒥᒃ ᒪᒪᓇᔭᑎᓐᓂᒃ ᐃᓚᖑᔪᕐᒥᖕᒪᑦ ᐊᓯᕙᖅᓯᒪᓪᓗᓂ ᑐᒃᑑᑦ ᑎᖑᐊ. ᑎᖑᐊ ᖁᓪᓗᖅᓯᒪᔪᖅᑎᑐᑦ ᐊᒡᒍᖅᓯᒪᓪᓗᓂ ᐊᒻᒪᓗ ᕿᓴᕈᐊᖕᒐᑕ ᐃᓗᐊᓃᑦᑐᑎᒃ. ᐃᒻᒧᓯᓇᓪᓗᑎᒍᑦ ᑖᓐᓇ ᕿᓴᕈᐊᖅ ᑐᒃᑐᕋᔾᔫᑦ ᐊᒻᒪᓗ ᑕᒪᐅᖕᒐ ᑰᕈᖅᒎᖅᑐᒍ, ᑕᒪᓐᓇ ᐃᔾᔪᖅ ᐊᑐᖅᑐᒍ ᐊᕙᓗᐊᒍᑦ ᐊᓪᓚᒃᑕᐅᓂᐊᖕᒋᒪᑦ ᓂᕿᒃᓴᖅᓯᐅᖅᑎᓄᑦ. ᐃᓯᕙᒃᓯᒪᔪᖅ ᑎᖑᒃ ᓈᒻᒪᒃᓯᖅᑕᑦᑕᕐᒪᑕ ᐅᑦᑐᑦ ᑖᑦᑕᒪᑦ ᖁᓕᓄᑦ ᖃᓂᒋᔫᒍᑦ, ᐃᓱᒪᒋᖅᑲᓯᐅᑎᑦᑐᒍᓗ ᐅᖅᑰᓂᖅᓴᐅᒃᐸᑦ ᐃᓯᕙᖕᓂᖕᒐ ᐱᔭᓐᓇᑲᐅᖅᑐᕐᓂᖅᓴᐅᓂᐊᕐᒪᑦ.

ᐱᖃᓯᐅᑎᒋᑦᑐᒍᑦᑕᐅᖅ ᑐᒃᑐᕕᓂᐅᑦ ᓂᕿᒋᔭᐅᓂᖕᒐ ᐊᒻᒪᓗ ᐊᓐᓄᕌᔅᓴᐊᓇᔭᐅᓂᖕᒐ, ᑕᒃᑯᐊ ᐃᓄᐱᐊᑦ ᐊᑐᖅᑕᑦᑕᕐᒥᖕᒪᑕ ᑐᒃᑐᕋᔭᒃ ᕿᓚᐅᑎᑐᑦ ᐃᑦᑕᓕᐊᓇᔭᐅᑦᓗᑎᒃ ᐊᒻᒪᓗ ᑮᓇᖅᐸᓕᐊᓇᔭᐅᑦᓗᑎᒃ ᐅᑭᐅᑕᖅᑐᕈᔪᖕᒥ.

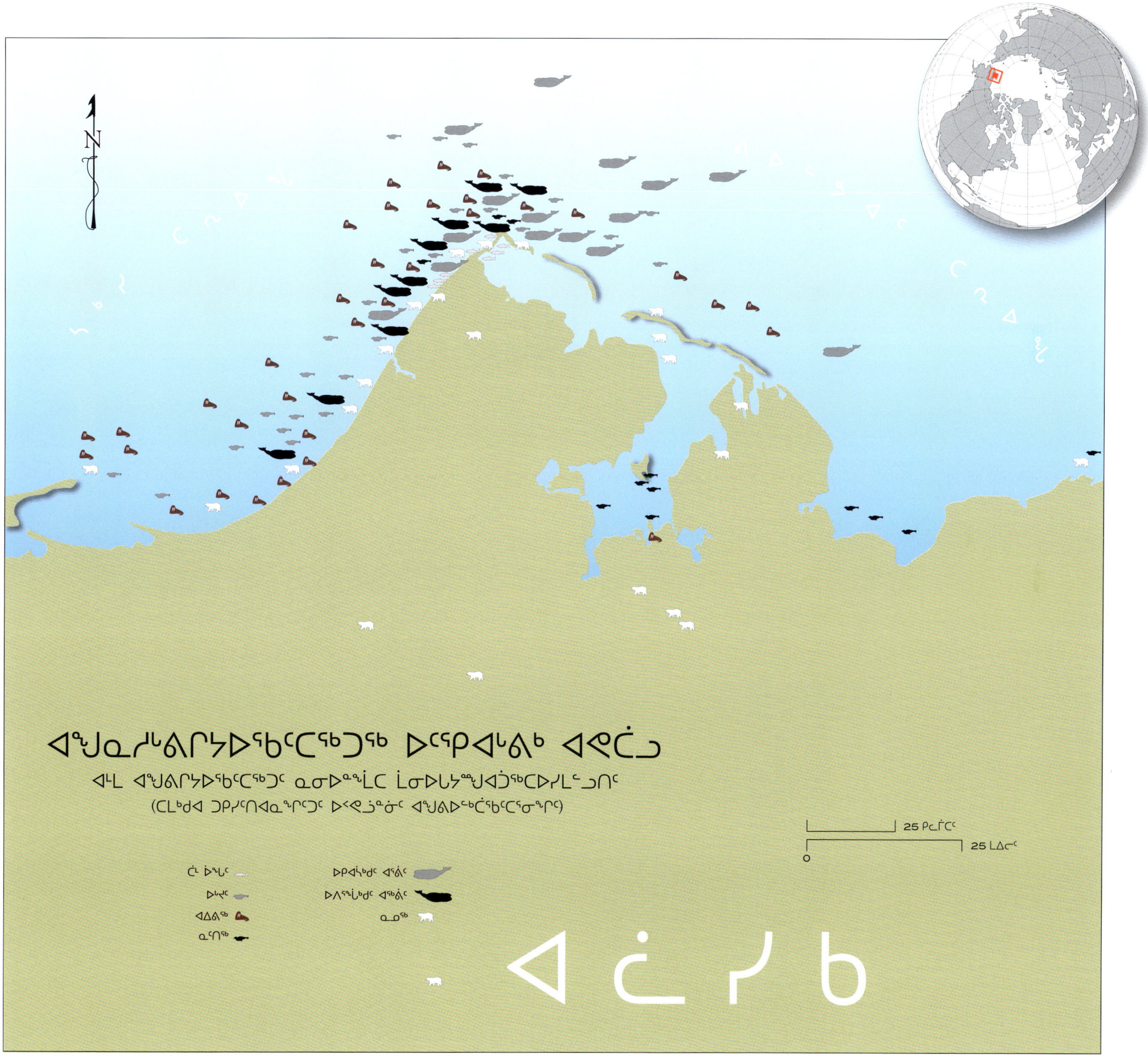

ᐊᖑᓇᓱᒻᕕᒋᓯᐅᖃᑦᑕᖃᑐᖅ ᐅᑦᕿᐊᕐᕕᒃ ᐊᕙᑖᓗ
ᐊᒻᒪ ᐊᖑᕕᒋᓯᐅᖃᑦᑕᖃᑐᑦ ᓇᓂᐅᓐᖖᒫᑕ ᒫᓂᐅᓚᓯᙳᐊᑑᖃᑕᐅᓯᒪᓪᓗᑎᑦ
(ᑕᒪᒃᑯᐊ ᑐᑭᓯᑦᑎᐊᓇᖏᑦᑐᑦ ᐅᑉᐱᓘᓐᓃᑦ ᐊᖑᕕᐅᖅᑖᖃᑦᑕᕐᓂᖏᑦ)
ᑖᒻ ᐆᖓᑦ
ᐅᒡᔪᑦ
ᐊᐃᕙᖅ
ᓇᑦᑎᖅ
ᐅᑭᐊᓵᒃᑯᑦ ᐊᕐᕝᑦ
ᐅᐱᕐᖔᒃᑯᑦ ᐊᖅᕝᑦ
ᓇᓄᖅ
25 ᑭᓛᒥᑕᑦ
25 ᒪᐃᓕᑦ
0
ᐊᓛᓯᑲ

ᖁᓪᓚᐊᓂᕐ, ᓱᕿᖖᒎᔭᐅᑦ ᐅᐃᔅᔫᕐᓂᖓ ᒪᓕᒃᑯᒍ: ᐃᓱᕐᕕᖓ ᑖᑦᓯᒪ ᔫᑕᐅᑦ (ᔫᑐ) ᓚᕕᑦ ᓄᓇᒥ ᐊᒻᒧᑦ ᖁᐊᑯᕕᖁᑖ ᐊᖏᕐᕋᒥᓂ ᐅᑦᕿᐊᒡᕕᒃ, ᐊᓈᓯᑲ.

ᓇᑎᓯᖓᓂ ᖁᐊᒃᑯᕕᖕᒧᑦ ᐃᓱᓇᐊᖓᑕ ᒪᑐᐊ, ᐃᓗᓕᐅᖅᓯᒪᔪᖅ ᖁᐊᕐᒧᑦ ᐃᓗᑐᓪᓗᓂ. ᓂᐅᕿᐊᑦ ᖃᓈᕐᒥᑦ ᑲᖏᖅᑐᓖᐱᖕᒥᓪᓗ ᐊᖅᑲᖅᑎᑐᐃᓐᓇᓇᐊᖅᑲᓚᖓᑦ ᒪᔪᕐᐅᑎᒃᑯᑦ ᕿᒥᕐᕈᐊᓇᐊᖅᑐᕐᓗᑎᒃ. ᖁᐊᒃᑯᕖᑦ ᑖᒃᑯᐊ ᓄᓇᖏᓐᓂ ᐱᑕᖃᐅᖏᑦᑐᑦ ᐃᒪᐃᒻᒪᓪᓚ ᐅᔭᕋᖃᐅᓗᐊᖅᑐᐊᓘᓪᓗᑎᒃ ᓄᓇᒥ.

ᔪᐃᓚ ᓴᖑᔭ ᐊᓂᕈᓪᓚᐊᓪᓗᓂ ᒪᔪᕋᐅᑎᒃᑰᖅᑐᖅ ᕿᒥᕐᕈᐊᓃᕋᒥ.

ᖃᐃᕐᖔᖅ ᓅᕐᓴᓐ (ᓴᐅᒥᖕᒦᑦᑐᓂ) ᐱᖃᑖ ᐃᖅᑯᒃ ᐊᖑᑎᕐᔪᐊᖅ ᕿᒥᕐᕈᐊᖅᑰᒃ ᐃᓄᐱᐊᑦ ᓂᕿᖕᒋᓐᓂᒃ ᖁᐊᖅᓲᕕᖕᒦᑦᑐᓂᒃ.

ᐃᒡᓗᖕᒫᖕᖓᓃᑦᑐᖅ: ᐊᕐᕙᖓᓯᒃᑏᑦ ᓂᐱᑭᒡᓚᕌᖅᑐᑎᒃ ᓴᕕᑦᑐᑦ ᐅᑕᖅᑭᐅᕐᕕᖕᒥᓂᑦ ᓯᓈᖓᓂ ᐅᑦᕿᐊᒡᕕᖕᒥ. ᐊᕐᕙᖓᓯᖕᒪᑕ ᓯᓚ ᑖᒃᑯᐊ ᐊᕐᕙᖓᓯᒃᑏᑦ ᐊᖑᐊᖅᑐᑦ ᐅᒥᐊᕐᒥᓂᒃ ᐅᒡᔪᖓᔭᖕᓂᒃ ᐊᒥᓚᖕᒥᒃ (ᐅᒥᐊᖅ).

ᔩ ᓚᕕᑦ

ᐃᓄᐱᐊᓄᑦ, ᖃᐅᔨᕙᓪᓚᐊᓂᖅ ᓂᕿᒃᓴᓂᒃ ᓄᐊᑦᑎᕙᓪᓚᐊᓂᖅ ᓯᕗᓕᑦᑎᓐᓂᑦ ᖃᐅᔨᔭᐅᑎᑕᐅᕙᓪᓚᐊᕗᖅ ᐅᑯᓈᙵᓯᔫᖅ ᐊᖏᔪᖅᑳᑎᔭᓂᑦ ᐅᕝᕙᔫᓐᓃᑦ ᐃᓐᓇᐅᓂᖅᓴᓂᒃ. ᓂᕿᑲᓪᓚᓗᐃᑦ ᖁᐊᒃᑯᕕᖕᒨᑕᐅᖅᑲᑕᕐᒪᑕ: ᐊᕐᕕᕖᓂᑦ, ᑐᒃᑐᕖᓂᑦ, ᓇᑦᑎᕖᓂᑦ, ᐃᖃᓗᐃᑦ, ᐊᒻᒪᓗ ᐃᒫᓅᓯᓘᑦ ᑎᖕᒥᐊᑦ ᖁᐊᒃᑯᕕᖕᒨᖅᑕᐅᖃᑦᑕᖅᑐᑦ ᐊᑦᒪᓗᑦᑕᐅᖅ ᐱᓯᒪᔭᐅᑯᑖᒍᓐᓇᖅᑐᑎᒃ ᖁᐊᒃᑯᕕᖕᒥ ᐊᕐᖁᒍᓚᒫᖅ ᐅᖓᑖᓄᓐᓂᓐᓂᑦ.

ᖁᐊᒃᑯᕖᑦ ᓂᓪᓚᓱᖕᓂᖏᑦ ᐊᔅᓰᖑᔭᐃᓇᖏᒻᒪᑕ. ᐅᑭᐅᒃᑯᑦ ᓯᓚᒥᑦ ᓂᖕᓚᓱᖕᒋᓐᓂᖅᓴᐅᖃᑦᑕᕐᒪᑕ. ᐊᐅᔭᒃᑯᑦ ᓂᓪᓚᓱᖕᓂᖅᓴᐅᖃᑦᑕᖅᑐᑎᒃ ᓯᓚᒥᑦ. ᑕᐃᒫᑦᑕᐃᓐᓇᐅᖏᑦᑐᖅ ᓂᓪᓚᐅᓂᖏᑦ ᐊᓯᕈᑦᑕᖅᑎᓗᒋᑦ ᓂᕿ ᒪᒪᒃᑲᓂᓚᖅᑲᑦᑕᖅᐳᖅ. ᐃᓄᐱᐊᓄᑦ, ᐊᑯᓂᐅᓂᖅᓴᐅᒃᐸᑦ ᖁᐊᒃᑯᕕᖕᒥ, ᒪᒪᕐᓂᖅᓴᐅᓂᐊᖅᐳᑦ. ᐊᕝᕕᐅᑦ ᓂᕿᖓ/ᓂᕿᑦᑕᓇᖓ ᐃᖃᓗᒃ, ᐊᒻᒪᓗ ᐊᐃᕕᕖᓂᑦ ᐃᒍᓇᓚᐊᖑᔪᐊᓇᖅᐳᑦ ᓯᓚᒥ, ᑲᐅᔨᒪᔭᐅᑦᑎᐊᖅᑐᑎᒃ ᑭᓯᐊᓂ ᓱᕿᓇᓂᖅᑐᒦᖏᒃᑲᓗᐊᕐᒪᖔᑕ.

ᓲ ᓚᕙᑦ

ᐊᕐᕕᕕᓃᑦ ᐃᒍᓇᖅᓯᐊᕆᔭᐅᓲᖑᖕᒪᑕ ᐃᓯᖅᓯᒪᓪᓗᒋᑦ ᐃᒡᓗᒥ ᑭᓯᐊᓂ ᐃᒫᒃᑕᐅᖅ ᐸᖅᑭᑦᑎᐊᕐᓗᒋᑦ ᐱᓗᐊᙳᐊᓇᕗᖅ. ᐅᖅᓯᐊ ᐃᒪᐃᓕᕙᓪᓕᐊᓕᖅᐳᖅ, ᐊᓂᑕᐅᓪᓗᓂ ᓂᒡᓕᑦᑎᐊᖑᓕᖅᐳᑦ ᐃᖑᓚᖅᑲᑦᑕᕐᓗᒍ ᐃᒍᓇᖅ ᐊᕐᕕᕕᓂᖅ ᐱᖓᓯᐊᖅᑎᕐᓗᒍ ᖃᐅᑕᒫᑦ. ᐃᒍᓇᖅᓲᓂᖅ ᐃᒫᑎᒋ ᐊᑯᓂᐅᓂᖃᓲᖑᕗᖅ ᐅᓪᓗᓂᒃ ᖁᓕᓂᒃ (10) 14-ᓂᒡᓘᓐᓃᑦ. ᓂᒃᑯᓕᐅᕐᓂᖅᑕᐅᖅ ᓃᕆᔭᒃᓴᓕᐅᕐᓂᐅᒋᕗᖅ ᐊᔾᔨᒋᖏᒻᒥᔭᖓ ᓂᕆᔭᐅᓛᖅᑐᓂᒃ. ᑐᒃᑐᕙᓂᖅ, ᐃᖅᑲᓗᒃ, ᓇᑦᑎᕙᓃᓪᓗ ᓂᒃᑯᓕᐊᕆᔭᐅᓲᖑᕗᑦ. ᓂᒃᑯ ᓇᑦᑎᕙᓂᖅ ᓴᓂᕐᕙᒃᑕᐅᔪᓐᓇᕆᕗᖅ ᓇᑦᑎᐅᑦ ᐅᖅᓯᐊᓃᓪᓗᓂ ᐃᓚᖃᐅᕐᓗᓂ ᓄᓇᑦᑕ ᐱᕈᖅᑐᖁᑎᖏᓐᓂᒃ ᓂᕆᔭᐅᓲᓂᒃ.

ᐅᖅᓯᐃᑦ ᐱᔭᐅᖃᑦᑕᖅᐳᑦ ᒪᑯᓇᙳᑦ ᐊᕐᕕᖕᓂᑦ, ᓇᑦᑎᕐᓂᑦ ᒪᑯᓇᙳᓪᓘᓐᓃᑦ ᐊᐃᕕᕐᓂᑦ. ᓯᕿᓐᓂᖅᑕᐅᔭᕆᐊᖃᖏᑦᑐᑦ ᒪᑯᓇᓂ ᑭᓯᐊᓂ ᑕᕐᕋᓕᓂᕐᒥ. ᐃᖑᓚᖅᑲᑦᑕᕆᐊᓛᑦ ᒪᕐᕈᐊᖅᑎᕐᓗᒋᑦ ᖃᐅᑕᒫᑦ ᐱᓇᓯᐊᕈᓰᖕᓄᑦ ᒪᕐᕉᖕᓄᑦ. ᓯᓚᒦᑎᑕᐅᔪᓐᓇᖅᑐᑎᒃ ᐅᑭᐅᓕᒫᖅ.

ᑐᒃᑐᕙᓃᑦ ᓇᑦᑎᕙᓃᓪᓗ ᓴᐅᔭᐅᔪᓐᓇᖅᐳᑦ ᓄᓇᒥ ᐊᑯᓂᐅᖏᑦᑐᖅ ᐊᒻᒪᓗ ᐊᐃᔭᐅᓗᑎᒃ ᓄᓇ ᖁᐊᖅᐸᑦ. ᑐᒃᑐᕙᓃᑦ ᓂᕆᔭᐅᖃᑦᑕᖏᑦᑐᑦ ᒥᑭᒐᐅᑎᓪᓗᒋ ᓄᑖᖑᑎᓪᓗᒋᑦ, ᐆᑦᑎᔭᐅᔪᓐᓇᖅᑐᑎᒃ ᖃᓄᑐᐃᓐᓇᑦᑎᐊᖅ. ᕿᓴᕈᐊᖓᓘᓐᓃᑦ ᓂᕆᔭᐅᖃᓯᐅᔾᔭᐅᐊᖅ. ᐃᖃᓗᐃᑦ ᓯᓚᒦᑎᑕᐅᔪᓐᓇᖅᑐᑎᒃ ᐅᑭᐅᒃᑯᑦ, ᑭᓯᐊᓂ ᖁᐊᒃᑯᕕᖕᒦᑎᑕᐅᔪᒪᓂᖅᓴᐅᖃᑦᑕᖅᑐᑦ. ᐃᖃᓗᐃᑦ ᑐᒃᑐᕙᓃᓪᓗ ᓂᕆᔭᐅᖃᑦᑕᖅᑐᑦ ᓇᑦᑎᐅᑦ ᐅᖅᓯᐊᓂᒃ ᐅᖅᓲᓪᓗᑎᒃ. ᑕᒪᒃᑯᐊ ᑐᒃᑐᕙᓃᑦ ᐃᖃᓗᐃᓪᓘᓐᓃᑦ ᓂᕆᔭᐅᖃᑦᑕᖅᑐᑦ ᓇᑦᑎᐅᑦ ᐅᖅᓯᐊᓂᒃ ᐅᖅᓲᔭᐅᓪᓗᑎᒃ.

ᐊᐅᔭᒃᑯᑦ, ᐸᖅᑭᑦᑎᐊᑐᒋᑦ ᖃᐅᔨᓴᑦᑎᐊᖅᑐᒋᓪᓗ ᑕᐃᒪᐃᓐᓇᓕᕗᖅ ᐃᒪᐃᑦᑎᐊᕋᓱᒃᑐᓂ ᖁᐱᖅᕈᓂᑦ ᐃᕐᓂᐅᕐᕕᐅᓯᒪᖏᒃᑲᓗᐊᕐᒪᖔᑕ ᑭᓕᐅᖅᑐᖅᑕᐅᑦᑎᐊᖅᑐᑎᒃ ᑕᒪᓐᓇ ᓂᕿ. ᖁᐱᕐᕈᑦ ᐊᑲᐅᙱᑎᑦᑎᔪᓐᓇᕐᒪᑕ ᑕᒪᓐᓇ ᐱᓕᕆᕕᒋᔭᐅᔪᖅ (ᓂᕆᔭᒃᓴᓂᒃ ᓂᕿᓕᕆᕕᒋᔭᐅᔪᖅ) ᓴᓗᒪᑎᑕᐅᖏᑉᐸᑦ, ᓴᓃᔭᐃᓂᖅ ᐊᑐᓪᓚᕆᒃᑐᐊᓘᒋᕗᖅ. ᐊᐅᑐᐃᓐᓇᕐᓘᓐᓃᑦ ᑎᐱᕐᓗᒍᓐᓇᕆᕗᖅ ᓴᓗᒪᑎᑕᐅᖏᒃᑯᓂ. ᖁᐊᒃᑯᕖᓪᓘᓐᓃᑦ ᓴᓗᒻᒪᖅᓴᖅᑕᐅᖃᑦᑕᕆᕗᑦ ᐅᐱᕐᖔᑕᒫᑦ ᓂᕐᔪᑏᑦ ᐱᕐᔪᐊᕆᓂᕐᒍᑦ ᑐᕙᕆᓪᓗᑎᒍᑦ ᓂᕿᒥᓪᓗᑎᒍᑦ ᓴᓗᒪᓂᖅᐳᑦ ᓴᖕᒥᖕᒪᑦ ᓂᕐᔪᑎᓄᑦ ᐱᕌᒃᑕᑦᑎᒍᑦ ᖁᐊᒃᑯᕕᑦᑎᓐᓄᑦ ᐃᓚᖅᑲᑦᑕᖅᑐᑎᒍᑦ. ᐊᖑᓇᓱᒃᑎᑦᑎᐊᕙᒃ ᑯᑦᑕᖓᖏᒻᒪᑦ. ᑯᑦᑕᖓᖏᑦᑐᖅ ᐊᖑᓇᓱᒃᑎ ᓂᕿᖃᐅᕐᓂᐊᕐᒪᑦ ᐅᕿᐅᓕᒫᖅ. ᐊᖑᓇᓱᐃᓐᓇᖅᑐᐊᓗᒃ ᓂᕿᖃᐃᓐᓇᕈᓐᓇᖅᐳᖅ ᐅᑭᐅᓕᒫᖅ.

Heal me, O Lord, and I shall be healed, save me, and I shall be saved, for thou art my praise.

ᐃᒡᓗᖕᒑᖕᒐᓃᑦᑐᖅ ᑖᐃᖓ ᓯᕗᓪᓕᖅᐹᖅ: ᐊᕐᕙᓕᓱᖕᓂᖅ, ᐊᒻᒪᓗ ᓂᕿᒥᒃ ᐊᕐᕙᓕᓱᖕᓂᐅᑦ ᐱᑕᖅᑲᖅᑎᖅᑲᑦᑕᖅᑕᖕᓕ, ᐆᒻᒪᑎᒥᐅᑕᓇᕚᑦ ᐃᓄᐱᐊᑦ ᐃᓕᖅᑯᓯᕐᒥᑎᒍᑦ ᐅᑦᕿᐊᒡᕕᖕᒥ. ᐊᕐᕙᓕᓱᒃᐲᑦ ᐃᖅᑲᓇᐃᔭᖅᑎᕇᒃᐸᑦ ᐊᕐᕙᓕᓱᒃᑐᑎᒃ ᐊᒻᒪᓗ ᖁᕕᐊᖅᑎᕇᖕᓂᕐᒥᒃ ᓇᓪᓕᐅᔩᓕᒥᒃ ᖁᕕᐊᓱᒃᑎᕇᓪᓚᖅᐸᕐ, ᓂᕿᒥᒃ ᐊᓐᓂᖅᓱᕐᒥᒃ, ᓄᓇᓕᖕᓄᑦᑐ ᐊᒃᒍᖅᑕᐅᔪᓐᓇᖅᑐᓂ.

ᐅᓇ ᒪᒃᐱᓯᒪᔪᖅ, ᖁᓪᓕᖅᐹᒥᑦ: ᐊᕐᕙᓕᓱᖕᓂᖅ ᐊᑐᖅᑕᐅᓚᔪᒃᐳᖅ ᐱᖅᑯᓯᐅᑎᑲᑕᖅᑐᑎᒃ ᓄᓇᓖᑦ ᐊᑕᖕᖏᖅᑐᑎᒃ. ᐊᕐᕙᓕᓱᒃᑎᓂᑦ ᐊᓐᓂᖅᓱᖅᑐᖅᑲᖀᖕᓚᑦ ᐊᖅᕗᒃᑐᖅᑲᓪᓗᐊᖀᖕᓚᑦ, ᓄᓇᓕᖕᓂᑦ ᐊᕐᕗᒃᑐᓄᑦ ᐅᐸᒍᑎᔪᖅᑲᐅᖅᑲᑦᑕᖅᐳᖅ ᓯᓈᖕᒪᓄᑦ ᐃᑲᔪᕐᓇᐊᖅᑐᓂᒃ ᐊᒍᐊᓚᔭᖅᑐᖅᑐᓂᒃ. ᑕᐃᒫᒃ ᐊᑐᖅᑕᐅᓚᐅᖅᑲᑦᑕᕐᓂᖓ ᐱᐅᓂᖅᑎᐊᒥᖕᒪᑦ ᐊᑐᕈᒥᓇᕈᔭᐅᖅᑲᑦᑕᖅᑐᓂᓗ ᐃᓄᖕᓂᑦ ᑲᑎᑎᑦᑎᓪᒥᖕᒪ, ᐊᒻᒪᓗ ᓂᕈᑎᐊᕐᓂᐊᓕᕐᒥᒐᒥᒃ ᑕᐃᒫᒃᑕᐅᖅ ᐱᐅᓂᖅᓴᒃᑲᓂᓪᒪᕈᐅᑏᑦᑐᓂ.

ᑎᑎᕋᖅᓯᒪᔪᑦ ᖁᕝᕙᖅᑎᑦᑎᓂᐅᑦᑐᑎᒃ/ᓂᖅᓱᐃᔪᑦ ᔫᑐ ᓚᕕᑦ ᖁᐊᒃᑯᕕᖕᒐᓂ, ᐊᒥᐊᕈᑎᒎᖅ ᓇᑐᓇᐃᖅᓯᒪᔪᑦ ᓱᖅᑲᒃᑯᑦ.

ᐊᕐᕙᓕᓱᒃᐲᑦ ᐃᖅᑲᓇᐃᔭᖅᑎᕇᑦ ᐊᕐᕕᐅᖅᑐᑎᒃ ᐊᕐᕙᒃᑕᐅᔪᕕᓂᕐᒥᒃ ᐅᑦᑭᐊᒃᕕᐅᑦ ᓯᓈᖕᒐᓂᑦ. ᐲᔭᖅᑕᐅᔪᑦ ᐊᕕᒃᑐᖅᑕᐅᑦᑎᐊᓪᓗᑦ ᐊᒻᒪᓗ ᓂᕿᐆᓯᐊᓪᔭᐅᓪᓗᑎᒃ ᐊᕐᕙᓕᓱᑦᑎᓄᑦ ᐊᒻᒪᓗ ᓄᓇᓕᖕᓄᑦ.

ᐃᓚᖖᒍᐊᕐᒃ ᕐᑲᐃᕐᖅᑳᕐᒃ ᕐᑭᓚᓗᒐᕐᓂᐊᕐᒃᑐᕐᒃ
ᕐᑲᔭᒃᑯᑦ.

ᐃᓚᖖᒍᐊᖅ ᖃᐃᕐᖕᒑᖅ

ᓂᕿᒋᖃᓯᐅᑎᔭᖕᒐᑦᑕ ᐃᓄᒡHᐅᐃᑦ ᐃᓚᖕᒐᑦ ᕿᓚᓗᒐᖅ. ᑕᒪᑐᒪ ᓂᕿᖕᒐ ᐊᑑᑎᓕᕚᒡᔪᐊᕐᒑᓗᒃ ᐊᒻᒪᓗ ᐃᒪᐃᑦᑕᕆᐊᖅᑲᕆᓪᓗᓂ ᖃᐅᔨᒪᔪᖅᑲᑦᑎᐊᕐᓗᓂ ᐊᒻᒪᓗ ᐅᖃᐅᓯᐅᑦ ᑐᕿᖕᒋᑦ ᖃᐅᔨᒪᐅᑦᑎᐊᕐᓗᒋᑦ ᖃᓄᖅ ᑕᒪᒃᑯᐊ ᕿᓚᓗᒐᐃᑦ ᓴᓇᒃᓴᖅᑕᐅᓪᓗᑎᒃ ᓂᕿᒃᓴᓕᐊᕆᔭᐅᖃᑦᑕᕐᓂᖕᒋᓇᓂᒃ ᖃᓄᕐᓗ ᓂᕆᔭᐅᔪᒃᓴᕗᐅᑎᐅᓪᓗᑎᒃ ᑐᖅᑯᖅᑕᐅᔾᔫᖕᒍᖕᒪᖕᒐᑕ. ᐃᓛᒃ ᑐᑭᓕᐅᑎᓗᒍ, ᓂᕿᑦᑕᓇᖕᒐᓘᓃᑦ ᓂᒃᑯᓕᐊᕆᔪᓇᖅᑕᐃᑦ, ᐅᕙᓘᓃᑦ ᐊᒃᒍᕐᓗᒍᓘᓃᑦ ᓵᑦᑑᔭᒐᒃᓴᓕᐊᕆᓪᓗᒍ ᐅᑉᐸᓘᓃᑦ ᐆᔪᓕᐅᑐᐃᓇᕐᓗᒍ. ᓂᕿᑦᑕᓇᖕᒐ ᐊᒡᒍᕐᓗᒍ ᒥᑭᔫᑕᐅᓈᖅᑎᕐᓗᒍ ᐊᒡᒍᐊᓕᕿᓵᓕᐊᕆᓪᓗᒍ ᒪᒃᑖᖃᐅᕐᓗᓂ ᐅᕙᓘᓃᑦ ᓴᖅᐱᖕᒐ ᐃᓚᓕᐅᑎᓗᒍ ᐅᕙᓘᓃᑦ ᖁᐊᖅᑎᓪᓗᒍ ᐊᒻᒪᓗ ᖁᐊᖅᑐᕐᓗᒍ.

ᓂᒃᑯᓕᐅᐸᓇᖅᑐᑎᑦ ᕿᓚᓗᒐᐅᑦ ᐃᓇᓗᖕᒋᓇᓂᒃ ᓂᒃᑯᓕᐊᕆᓗᒋᑦ ᐅᕙᓘᓃᑦ ᐆᑦᑎᓗᒋᑦ ᒪᒃᑖᖃᕐᓗᑎᑦ ᐅᕙᓘᓃᑦ ᓴᖅᐱᖕᒐᓂᑦ ᐃᓚᖅᑲᕐᓗᑎᒃ. ᐆᒻᒪᑖ ᐆᑦᑎᓗᒍ ᐅᕙᓘᓃᑦ ᐃᒍᓇᓕᐊᕆᓗᒍ. ᑎᖕᒍᒃᑐᐸᓇᖅᑐᒍ ᓂᒃᑯᒋᓕᕐᓗᒍᓘᓃᑦ. ᐳᕙᖕᒋᑦ ᐃᒍᓇᖅᑎᓪᓗᒋᑦ. ᑕᖅᑐᖕᒋᑦ, ᐃᒪᐃᑦᑐᓕᐊᕆᔪᓇᕐᒥᔭᑎᑦ ᑕᕐᑑᓯᐊᖅ, ᐱᓕᕆᐊᕆᑦᑎᐊᕆᐊᓕᒃ ᑖᓐᓇ ᓂᕿᓴᓕᐊᕆᓗᒍ ᑕᖅᑐᖅ ᐅᖅᓯᐊᑕ ᐊᑯᓐᓂᖕᒐᓅᕐᓗᒍ ᐊᒻᒪᓗᓕ ᐴᒃᑲᓂᕐᒥᓗᒍ ᐅᖅᓯᐳᔭᖅᑲᖅᑐᒧᑦ ᓂᐊᕐᑯᐊᖕᒐᑕ ᐃᓗᐊᓄᑦ ᐃᖅᖢᐊᓗ ᐃᒍᓇᖅᓯᐊᕆᓗᒍ ᐃᓖᖕᒍᔪᓇᖅᑐᓂ ᐃᖅᖢᑐᐃᓇᐅᓗᓂ ᐅᕙᓘᓃᑦ ᒪᒃᑖᖕᒐᓃᑦᑐᓂ. ᐅᕙᓘᓃᑦ ᖁᐊᖅᓯᐊᕆᓗᒍ, ᓂᒃᑯᑦᐱᕚᐅᑦ ᖄᖕᒐᓅᑕᐅᕐᓗᒍ ᐅᑭᐊᒃᓵᖅ ᖁᐊᓛᕐᒪᑦ.

ᒪᒃᑖᖅ ᐃᒍᓇᓕᐊᕆᓂᐊᕐᓗᒍ ᐃᒎᓗᒍ (ᒪᒃᑖᖕᒐ ᓯᓚᑦᑕᐅᓗᓂ) ᐅᖅᓯᐊ ᐊᑯᓂᖕᒐᓃᑦᑐᓂ ᐊᒻᒪᓗ ᑕᐃᒃ ᐃᓂᒋᓂᐊᖅᑕᖕᒐᓅᕐᓗᒍ ᓂᕿᒃᑯᕚᖕᒍᑦ ᓂᕿᒃᑯᕙᓕᐊᕆᓯᒪᔪᒍᑦ ᐃᓂᒋᓂᐊᓕᖅᑕᖕᒐᓄᑦ.

ᑐᓕᒫᖕᒋᑕ ᓂᕿᖕᒐ, ᑰᑎᓈᖕᒋᓄᑦ, ᐊᒻᒪᓗ ᓴᑭᐊᖕᒋᑦᓗ ᓂᒃᑯᓕᐊᕆᓗᒋᑦ ᐊᒻᒪᓗ ᓂᒃᑯᒋᓗᒋᑦ. ᒪᒃᑖᖕᒐ ᓂᐅᕐᕈᑎᒋᓗᒍ, ᑑᒑᖕᒐᓗ, ᐊᒻᒪᓗ ᑕᒪᓐᓇ ᑑᒑᖅᑯᓯᐊ (ᑑᒑᕈᓯᖕᒐ), ᓴᐅᓂᖕᒐ ᑑᒑᖕᒐᑕ ᐃᓂᖅᑲᕐᕚᒋᔭᖕᒐ. ᐃᒪᐃᑦᑐᓇᓕᑦᑐᒍᑦᑕᐅᖅ ᓂᒃᑯᓕᐊᕆᓗᒍ ᐅᕙᓘᓃᑦ ᐃᒍᓇᖅᓯᐊᕆᓗᒋᑦ ᓴᖅᐱᖕᒋᑦ.

ᕿᓚᓗᒐᖅ ᖃᑯᖅᑕᖅ, ᑕᐃᓖᑦᑎᐊᖅ ᓯᑕ ᑑᒑᓕᒃᑎᑐᑦ ᐱᔪᓇᕐᒥᔭᐃᑦ. 1900-ᓂ, ᐅᓕᐅᑖ ᕿᓚᓗᒐᐅᑦ ᖃᑯᖅᑕᐅᑦ ᐃᕙᓗᓕᐊᕆᔭᐅᖅᑲᑦᑕᔪᔪᑦ ᐊᑎᕐᑲᖅᑎᑕᐅᓪᓗᑎᒃ, ᐅᔭᓗᖅ/ᖄᓈᕐᒥᐅᓯᑦ ᐃᕙᓗ.

ᐃᒪᐃᑦᑐᒨᕚᐅᒃ ᓂᒃᑯ, ᒪᒃᑖᖅ, ᐊᒻᒪᓗ ᐅᖅᓯᐊ ᓇᑦᑎᐅᑦ ᕿᓯᖕᒐᑕ ᐃᓗᐊᓄᑦ ᐊᕙᑕᓕᐊᕆᓯᒪᔫᑦ (ᐊᕙᑕᖅ ᕿᓚᓗᒐᕐᓂᐊᕐᓂᕐᒧᑦ ᐊᑐᖅᑕᐅᖃᑦᑕᖅᑐᖅ) ᑕᐃᕙ ᑖᓐᓇ ᐊᑎᖃᖅᐳᖅ ᐅᖅᓰᔭᖅ.

ᕿᓚᓗᒐᐅᑦ ᑑᒑᖕᒐ ᓴᓇᖖᒍᐊᖅᑕᐅᔪᓇᖅᑐᓂ, ᐱᓇᓲᓯᐊᖕᒍᓗᓂ, ᐅᕙᓘᓃᑦ ᐊᓯᖕᒋᑎᒍᑦ ᓴᓇᔭᐅᓗᓂ ᓂᐅᕐᕈᑎᒋᔭᐅᓗᓂ. ᐃᑖᓐᓂᑦᑕᐅᖅ ᖃᑯᑎᒃᑯᑦ, ᐊᖕᒍᓇᓯᒃᐲᑦ ᐃᒡᓗᕿᓕᒐᓚᐅᖅᐸᒃᑐᑎᒃ ᕿᓚᓗᒐᕐᓂᒃ

ᑐᓂᐅᖅᑲᕐᓂᐊᕐᓗᒍ ᕿᓚᓗᒐᐅᑉ ᓂᕿᑦᑕᓇᖓ

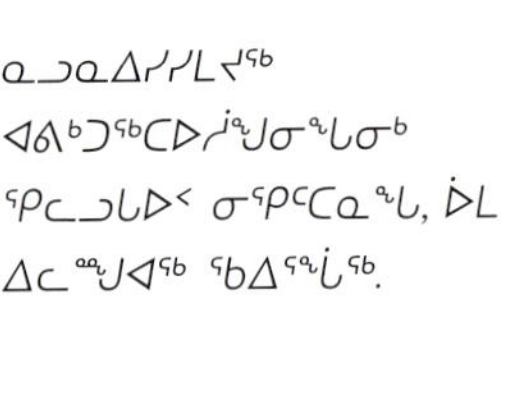

ᓇᓗᓇᐃᖅᓯᒪᔪᖅ ᐊᕕᒃᑐᖅᑕᐅᓲᕐᒍᓂᖓᓂᒃ ᕿᓚᓗᒐᐅᑉ ᓂᕿᑦᑕᓇᖓ, ᐆᒪ ᐃᓚᖖᒍᐊᖅ ᖃᐃᕐᒫᖅ.

ᖃᐅᔨᒪᔪᓂᒃ ᐱᑕᖃᐅᕿᕐᒪᑦ ᐊᒻᒪᓗ ᐊᑐᖅᑕᕆᖃᕐᒥᓂᒃ ᐊᔪᕆᓯᒪᔪᓂᒃ ᖃᓄᖅ ᑕᒫᓇ ᓂᕿᑦᑕᓇᒃ ᑐᓂᕿᑎᑦᔭᐅᓯᐅᕐᒎᓂᖓᓂᒃ ᐊᖑᓇᓱᒃᑏᑦ ᐊᒡᒍᖅᑐᑎᒃ ᐊᒻᒪᓗ ᑭᒃᑯᑐᐃᓐᓇᕐᓄᑦ.

ᕿᓚᓗᒐᕐᑐᐸ (ᕿᓚᓗᒐᖅᑐᖅ) ᓂᕿᑦᑕᓇᒃᑖᕐᓂᐊᖅᑐᖅ ᐅᓕᐅᓯᓂᖓᓂᒃ (ᐃᖅᑯᐃ), ᐃᒡᓗᐃᓐᓇᖓᓂᑦ (ᐅᓕᐅᓯᓂᖓᓂᒃ, ᓂᕿᖓᓂᒃ) ᕿᒥᕐᓗᐊᑕ ᓂᕿᑦᑕᓇᖓᓂᑦ, ᓴᖅᐱᖓᑕ ᐃᒡᓗᐊ (ᓴᖅᐱᐅᐸ ᐃᓪᓗᐊ) ᓅᕐᑭᐊᓪᓗᐊ (ᑕᒫᓇᖅᐸᓯᒃ (ᓴᐅᓂᖓ ᐱᖃᓯᐅᑎᓗᒍ) ᕿᒥᕐᓗᐊᑕ ᓴᐅᓂᖏᑕ ᐊᑯᓂᖏᓐᓂᑦᑐᑦ (ᐃᓯᕆᓂᖏᑦ)), ᐆᒪᑎᖓ, (ᐆᒪᑖ), ᓂᐊᖁᐊᖓᓗ (ᓂᐊᑯᐊ) (1).

ᑕᐃᓇ ᐃᓄᒃ ᑭᖑᓪᓕᖅ ᐱᓕᕆᔨᓃᖅ ᑕᒪᑐᒥᖓ ᐊᑯᓂᖓᓃᑦᑐᒥᒃ ᓴᖅᐱᖓᑕ ᐊᒻᒪᓗ ᑎᒥᖓᑕ (ᐃᑎᕐᓱᕆᖅ), ᓴᖅᐱᖓᑕ ᐃᒡᓗᑦᓯᐊᓂᒃ (ᓴᕐᐱᐊᑕ ᐋᐸᐹ) ᐊᒻᒪᓗ ᓄᕿᖅᑲᖅᕙᖓᑕ ᐊᐃᑉᐸᖓᓂᒃ (ᓂᕿᑦᑕᓇᐅᓂᖓᓂᒃ) ᖄᖓᓃᑦᑐᖅ ᕿᒥᕐᓗᐊᑕ (2).

ᐱᖓᔪᐊᑦ ᑎᓴᒪᖓᓪᓗ ᐃᓅᒃ ᐱᓂᐊᕆᔫᒃ ᐃᓗᓕᐊᕈᕼᐃᖅ (ᓂᕿᑦᑕᓇᒃ ᕿᒥᕐᓗᐊᑕ ᐊᑎᖔᖓᓃᑦᑐᒥᒃ) ᑕᒪᕐᒥᒃ ᑕᖅᑐᖏᖕᓂᓪᓗ ᐊᒻᒪᓗ ᒪᒃᑖᕐᒥᒃ (3,4).

ᑕᓪᓕᒪᖓᑦ ᐊᕐᕕᓂᖓᓪᓗ ᑐᑭᓕᓇᖅᑕᐅᔪᓂᑦ ᐱᕆᓪᓗᑎᒃ ᑐᓕᒫᕆᓇᓂᒃ, ᐳᕐᕕᕆᓇᓂᒃ, ᐊᒻᒪᓗ ᑕᓕᕈᐊᕆᓇᓂᒃ ᒪᒃᑖᓂᒡᓗ (5,6).

ᐊᕐᕕᓂᓕᑦ ᒪᕕᖓᓂᒃ ᐱᓗᓂ ᐸᐱᖅᑯᑦ, ᓄᕿᒡᓚᐅᔭᖓᓂᒃ ᐊᑯᓂᖓᓐᓂᑦᑐᒥᒃ ᐅᓯᐊᖓᑕ ᐊᒻᒪᓗ ᐃᖅᑰᖓᑕ (7).

ᐊᕐᕕᓂᓕᒃ ᐱᖓᓯᓂᒃ ᑐᑭᓕᓇᒃᑐᓐᖃᑕᐅᔪᖅ ᐃᒪᐃᑦᑐᒧᑦ ᑐᓂᖅᑭᑕᐅᔪᑦ ᐊᑎᖅᑲᖅᑐᑎᒃ ᐅᓱᓇᑦᑐᑦ/ᐅᑦᓱᓇᑦᑐᑦ, ᑕᐃᒃᑯᐊ ᐱᔪᑦ ᐅᓯᐊᑕ ᐃᓚᖓᓂᒃ ᐅᕝᕙᓘᓐᓂᑦ ᐅᑦᑐᖓᓂᒃ, ᐱᖃᓯᐅᔾᔨᓪᓗᓂ ᓂᕿᑦᑕᓇᖓᒥᒃ ᐊᒻᒪᓗ ᒪᒃᑖᒥᒃ ᐊᑯᓂᖓᓐᓂᑦᑐᒥᒃ ᑕᓕᕈᐊᕆᒃᑕ, ᐊᒻᒪᓗ ᓂᕿᑦᑕᓇᖓᓂᒃ ᕿᒥᕐᓗᐊᑕ ᐊᑖᓂᑦᑐᒥᒃ (8).

ᐊᕐᕕᓂᓕᒃ ᑎᓴᒪᓪᓗ ᑐᑭᓕᓇᒃᑐᓐᖃᑕᐅᔪᖅ ᐱᒐᔭᖅᐳᖅ ᓇᑲᓱᓇᑦᑐᑦ, ᐃᕋᕕᕆᓇᓂᑦ ᐊᒻᒪᓗ ᓂᕿᑦᑕᓇᖓᓂᑦ ᒪᒃᑖᕐᒥᒡᓗ ᑕᓖᓐᓂᑦᑐᒥᒃ (9).

ᖁᓕᖓᑦ ᐱᓗᓂ ᐊᒥᑦᓱᑯᔩᖅ, ᓂᕿᑦᑕᓇᖓᒥᒃ ᐊᒻᒪᓗ ᒪᒃᑖᕐᒥᒃ ᐅᕝᕙᖕᖓᑦ ᖁᓕᑦᑎᐊᖓᓂᑦ ᖃᓚᓯᖓᑕ ᐊᒻᒪᓗ ᐊᑎᖓᓂᑦ ᑎᒥᖓᑕ (10).

ᐃᓇᓗᖏᑦ ᑎᖑᐊᓗ ᑭᓇᑐᐃᓐᓈᑦᑎᐊᖅᑐᑦ ᓂᖅᑎᐊᖑᓪᓗᑎᒃ.

ᓴᓇᒃᓴᕐᓗᒍ ᐊᒻᒪᓗ ᓂᕿᓰᐊᖑᓗᑎᒃ ᕿᓚᓗᒐᐅᑦ ᓂᕿᑦᑕᓇᖏᑦ ᐱᔭᐅᓲᖑᒍᑦ ᓰᓇᖓᓂᑦ.

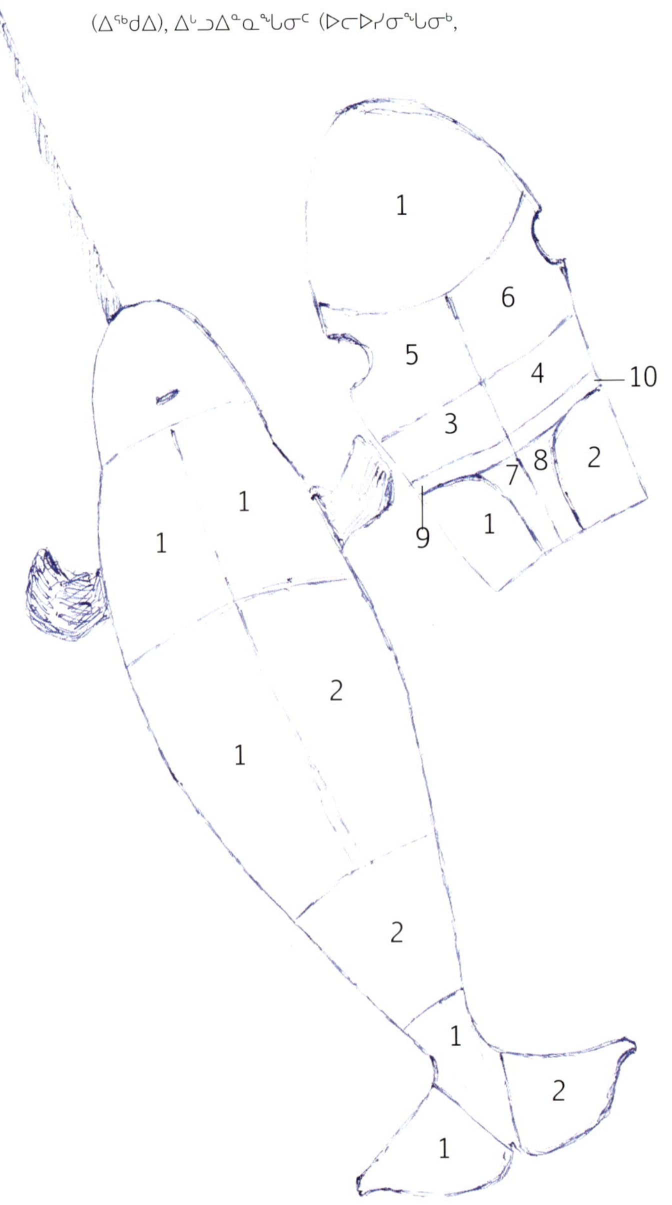

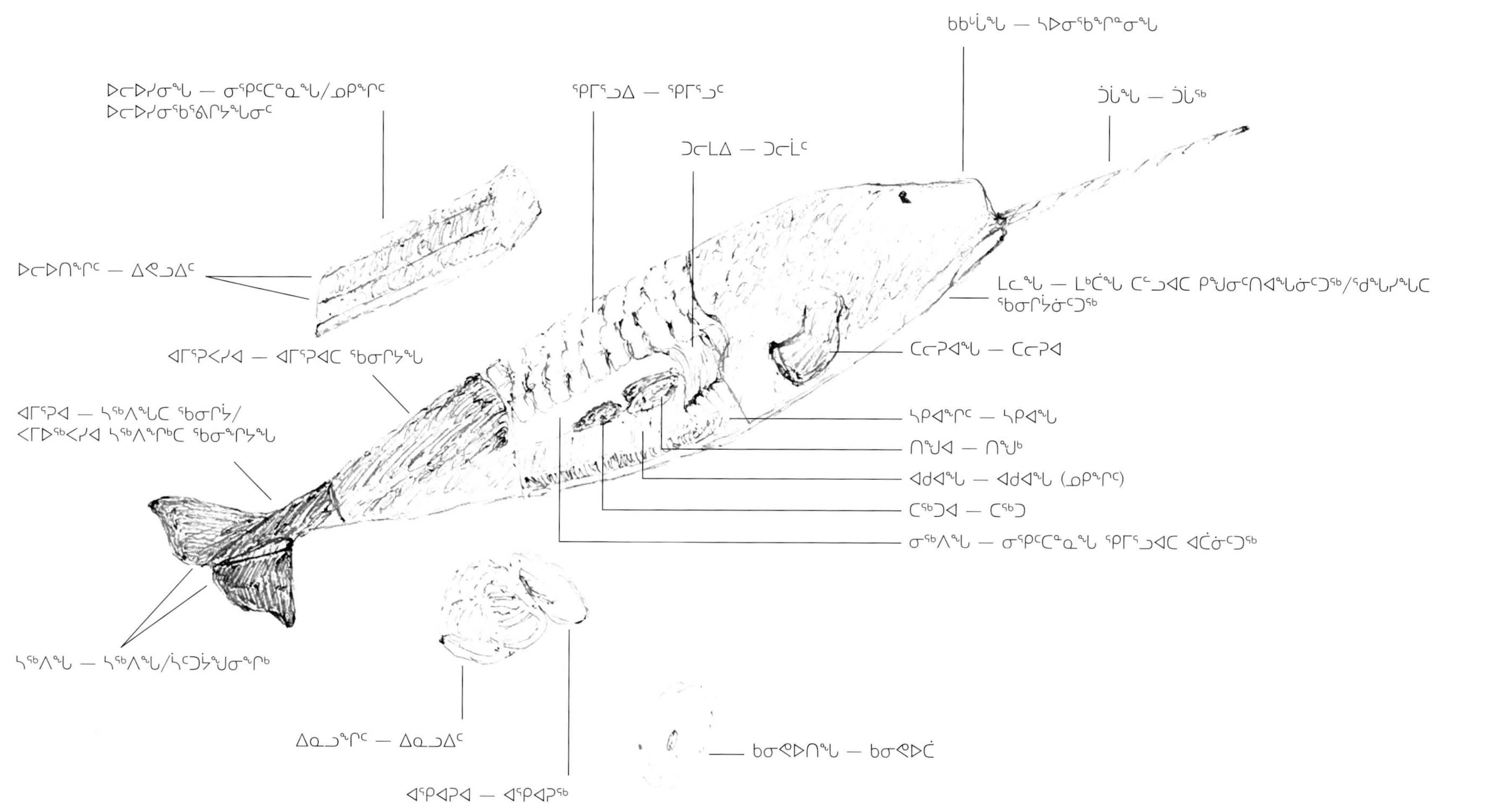

ᑎᑎᕋᐅᔭᖅᑕᐅᓯᒪᔪᖅ
ᕿᓚᓗᒐᐅᑦ ᐃᓚᖏᑦ ᑎᒥᖓᑕ
ᐊᒻᒪᓗ ᐊᑎᖏᑦ, ᐆᒪ
ᐃᓚᖖᒍᐊᖅ ᖃᐃᖕᖢᖅ.

ᖃᓈᑦ ᓯᑯᐊᓂ ᐊᖑᓇᓱᒃᑐᓂ ᐅᑦᑐᖅᓯᐅᑎᑦ

	ᑲᓛᓪᓯᑦ	ᐃᓄᒃᑎᑐᑦ	ᔮᓐᓄᐊᕆ	ᕖᕝᕗᐊᕆ	ᒫᑦᓯ	ᐊᐃᑉᕆᓕ	ᒪᐃ	ᔫᓂ	ᔪᓚᐃ	ᐋᒡᒌᓯ	ᓯᑎᐱᕆ	ᐆᑦᑑᐱᕆ	ᓄᕕᐱᕆ	ᑏᓯᐱᕆ
ᐆᒪᕼᒥᑦ (ᓂᕐᔪᑏᑦ)	Qilalugaq Qakortaq	ᕿᓇᓗᒐᑦ ᖃᑯᖅᑕᖅ	·	·	·	·	·	·	·	·	·	·	·	·
	Qilalugaq	ᕿᓚᓗᒐᖅ ᐊᓐᓚᖕᖑᐊᖅ	·	·	·	·	·	·	·	·	·	·	·	·
	Puihi	ᓇᑦᑎᖅ	·	·	·	·	·	·	·	·	·	·	·	·
	Ugguk	ᐅᒡᔪᒃ	·	·	·	·	·	·	·	·	·	·	·	·
	Aataaq	ᐊᑯᑭᑦᑐᕐᒥᐅᑦ ᓇᑦᑎᖑᑦ						·	·	·	·	·	·	·
	Natserriaq	ᓇᑦᑎᕙᒃ/ᐊᐸ						·	·	·	·	·		
	Aaveq	ᐊᐃᕕᖅ	·	·	·	·	·	·					·	·
	Teriganniaq	ᑎᕆᒐᓂᐊᖅ	·	·	·	·					·	·	·	·
	Nanoq	ᓇᓄᖅ	·	·	·	·					·	·	·	·
ᓱᑯᒦᓚᐅᖅᓯᒪᕐᑎᐊᖕᖏᑦᑐᖅ	Tuttu	ᑐᒃᑐ	·	·	·	·				·	·	·	·	·
ᓄᓇᒥᒃ ᑭᓯᐊᓂ	Umimmak	ᐅᒥᖕᒪᒃ		·	·	·				·	·	·		
ᓄᓇᒥᒃ ᑭᓯᐊᓂ	Ukaleq	ᐅᑲᓕᖅ	·	·	·	·					·	·	·	·
ᐃᖃᓗᐃᑦ (ᐃᖃᓗᒃ)	Eqalussuaq	ᐃᖃᓗᒃᔪᐊᖅ	·	·	·	·	·	·	·	·	·	·	·	·
	Qaleralik	ᖃᓕᕋᓕᒃ	·	·	·	·	·	·	·			·	·	·
	Eqalugaq	ᐃᖃᓗᒐ/ᐆᒑᕋᖅ	·	·	·	·	·	·	·	·	·	·	·	·
	Kanajoq	ᑲᓇᔪᖅ	·	·	·	·	·	·	·	·	·	·	·	·
	Haviup pooq		·	·	·	·	·	·	·			·	·	·
	Eqalugguup nuliaq		·	·	·	·	·	·	·			·	·	·
	Tupissut		·	·	·	·	·	·	·			·	·	·
	Mihaqqarnaq		·	·	·	·	·	·	·			·	·	·
	Qeeraq		·	·	·	·	·	·	·			·	·	·
	Hulukpaagaq		·	·	·	·	·	·	·			·	·	·
	Nipihaq		·	·	·	·	·	·	·			·	·	·
	Eqaluk	ᐃᖃᓗᒃ	·	·	·	·	·	·	·	·	·	·	·	·
	Uugaq		·	·	·	·	·	·	·	·	·	·	·	·
ᑎᒻᒥᕽᓴᑦ (ᑎᒻᒥᐊᑦ)	Naujaq	ᓇᐅᔭ			·	·	·	·	·	·	·	·		
	Appa	ᐊᒃᐸ					·	·	·	·	·			
	Naujavaarruk						·	·	·					
	Miteq	ᒥᑎᖅ	·	·	·	·	·	·	·	·	·	·	·	·
	Taateraaq						·	·	·	·	·			
	Qaqud"dluk	ᖃᖁᑦᓗᒃ				·	·	·	·	·	·	·		
	Herv"vaq		·	·	·	·	·	·	·	·	·	·	·	·
ᑕᐃᒪᐃᒋᐊᖅᑲᖅᐸᑦ ᑭᓯᐊᓂ	Uppik	ᐅᒃᐱᒃᔪᐊᖅ	·	·	·	·	·	·	·			·	·	·
	Appaliarruk	ᐊᒃᐸᓕᐊᕐᔪᒃ					·	·	·					
	Imeqqutailaq	ᐃᒥᖅᑯᑕᐃᓕᖅ					·	·	·					
ᐃᒪᑉ ᓇᖅᑳᓂᑦ (ᑕᕆᐅᑉ ᐃᖅᑲᖕᒐ)	Imaneq	ᐊᒻᒨᒪᔪᖅ	·	·	·	·	·	·	·	·	·	·	·	·
	Uiloq		·	·	·	·	·	·	·	·	·	·	·	·
	Raaja		·	·	·	·	·	·	·	·	·	·	·	·
	Kinguk	ᑭᖑᒃᐸᒃ	·	·	·	·	·	·	·	·	·	·	·	·

■ ᓚᐃᓴᖃᓇᐊᓚᒃ; ᐅᕙᖑᓐᓂᑦ ᑕᖅᑭᖅᓄᑦ ᒪᑐᓯᒪᕙᒃᑐᓂ ᐱᖁᔭᑎᒍᑦ. ᖃᓈᕐᒥᐅᑦ ᐊᖑᓇᓱᒃᑲᔅᖅᑐᑦ ᐊᕐᕌᒍᓖᒥ (ᓲᕐᓗ ᓇᓄᖅ), ᑕᖅᑮᑦ ᐃᓚᖏᓐᓂ ᒪᑐᓯᒪᓚᐅᖅᑕᕐᑕᖅᑐᖅ ᐱᔾᔪᑎᒋᓪᓗᒋᑦ ᐊᖑᓇᓱᖕᓂᕐᒧᑦ ᐱᖁᔭᐃᑦ.

■ ᓄᓇᐃᓐᓇᕐᒥ ᓂᕐᔪᑎᓐᓇᓱᒃᑲᕐᓂᖅ (ᐊᒥᐊᖅᑯᖏᑦᑐᑦ) = ᓚᐃᓴᖅᑯᖏᒃᑲᓗᐊᕐᓗᓂ; ᐱᖁᔭᖅᑯᖏᑦᑐᑦ, ᒪᑐᐃᖓᐅᔭᐃᓐᓇᖅᑐᑦ ᑭᓯᐊᓂ ᐃᓚᐃᓐᓇᖏᑦ (ᓲᕐᓗ ᐋᑖᖅ) ᐱᑕᖅᑲᖅᑕᖏᓪᓚᑕ ᑕᖅᑮᑦ ᐃᓚᖏᑎᒍᑦ.

Upernaakkut sikup sinaani
qilalukkiarsimasut

ᕿᓚᓗᒐᕐᓂᐊᓂᖅ ᓯᓈᖓᓂ ᐅᐱᕐᖔᒃᑯᑦ.

ᖄᓇᕐᒥᐅᓄᑦ, ᐊᖑᓇᓱᖕᓂᖅ ᖃᔭᒃᑯᑦ ᐃᓕᖅᑯᓯᓪᓚᕆᐅᖕᒪᑦ ᐱᓪᓚᕆᐅᓪᓗᓂᓗ ᐊᒻᒪᓗ ᐊᑐᖅᑲᑦᑕᖅᑕᖕᒋᑦ ᐱᓇᓱᖕᓂᒃᑯᑦ ᐊᑐᖅᑕᐅᖅᑲᑦᑕᖅᑐᑎᒃ ᐃᓄᒡᕼᐅᐃᓄᑦ ᐅᓪᓗᒥ. ᕿᓚᓗᒐᐃᑦ ᕿᓚᓗᒐᕐᓂᐊᖅᑕᐅᖅᑲᑦᑕᖅᐳᑦ ᓯᓈᖓᓂ, ᓯᑰᑦ ᐃᒪᐅᓂᖓᓂ. ᑕᐃᒫᒃᑕᐅᖅ ᐃᓄᐱᐊᑦ ᐊᕐᕿᒐᓱᒃᑎᖅᑲᐅᓇᒍᑦ ᓵᕕᑎᑕᐅᖅᑲᑦᑕᖅᑐᓂᒃ ᓯᓈᖓᓂᑦ ᐅᐱᕐᖔᒃᑯᑦ ᐊᕐᕿᒐᓯᓕᖔᕐᒐᒥᒃ ᐅᑦᕿᐊᒡᕙᖕᒥ. ᐃᓄᒡᕼᐅᐃᑦ ᐅᑕᖅᑭᐅᖅᑲᑦᑕᖅᐳᑦ ᓯᓈᖓᓂ ᕿᓚᓗᒐᕐᓂᐊᕈᒪᓪᓗᑎᒃ ᖃᔭᒃᑯᑦ. ᐃᑳᓐᓂᑦ, ᓯᑰᑦ ᑐᑭᖓ ᐱᑕᖅᑲᙱᓚᐅᖅᑲᑦᑕᖅᐳᖅ, ᑕᒪᑐᒪ ᑭᒡᓕᖓ ᐃᒪᖅᑕᖅᑲᖅᓂᐅᑦ ᐊᒻᒪᓗ ᓯᑯ ᐊᑐᐃᓐᓇᐅᑎᑦᑎᖅᑲᑦᑕᖅᓂᖕᑲᓄᑦ ᐱᔭᕆᐊᖅᑲᐅᖅᑐᓄᑦ ᐃᒪᕐᒥᐅᑕᓄᑦ, ᐊᒻᒪᓗ ᐊᖑᓇᓱᒡᕙᒋᔭᐅᑦᑎᐊᖅᑲᑦᑕᖅᑐᓂ ᓄᓇᓕᖕᓂᑦ.

ᖁᑦᑕᖅᐹᖓᓂ, ᓯᕿᙳᔭᐅᑦ ᐅᐃᔾᔭᑦᓛᓂᖓ ᒪᓚᒃᑐᒍ: ᐅᐱᕆᖕᒫᒃᑯᑦ ᖃᑕᕋᑕᒐᓱᒃᑐᑦ ᓯᑯᒥ ᖄᓈᑦ ᖃᓂᒌᔭᓂ. ᖃᑕᕋᑕᖕᓂᐊᖅᑏᑦ ᓂᕿᑕᖕᒋᑦ ᐅᔪᒃᑯᐊᑯᑖᓗᐊᓗ ᖃᑕᕋᑕᒐᓱᒃᑎᑦᑐᒋᑦ. ᖃᑕᕋᑖᑦ ᖃᖖᕚᖅᑎᑕᐅᕙᑦᑕᐊᖃᑦᑕᖅᑐᑦ ᐊᐅᓚᐅᑎᖃᖕᒋᑦᑐᒧᑦ ᕿᐱᑉᐸᑦᑕᐊᔭᕆᐊᑕᖕᒧᑦ ᐊᒻᒪᓗ ᐃᒡᓗᕋᖨᑯᓗᒃ ᐱᑕᖃᖃᓯᐅᑎᑦᑐᓂ ᐊᑐᖅᑕᐅᖃᑦᑕᖅᑐᖅ ᕿᓚᒻᒥᐅᓂᐊᕐᓗᓂ ᐊᑯᓂᐅᓂᐊᕐᓗᓂᓘᓐᓃᑦ ᑕᖕᕙᓂ ᖃᑕᕋᑕᒐᓯᒡᕕᖕᒥ. ᖃᑕᕋᑕᒐᓯᒡᕖᑦ ᐃᓂᖃᐅᕐᒪᑕ ᓯᑯᒥ ᖃᐅᔨᒪᐃᓐᓇᕆᐊᖃᖅᑐᓂ ᑕᒪᑐᒪ ᐃᑎᓂᖓ (ᑕᑯᓗᒍ "ᖄᓈᕐᒥᐅᑦ ᓯᓂᒃᑕᕝᕕᒋᑦ ᐊᒻᒪᓗ ᐊᖑᓇᓱᒡᕕᖕᒋᑦ" ᓄᓇᙳᐊᖅ).

ᑯᔅᓴᕐᑎᑕᖅ-ᖃᑕᕋᑕᒃ ᐊᒻᒪᓗ ᓂᕙᙵᖅᓯᒪᓗᓂ ᓴᖅᐱᐅᔫᒥᓂᑦ ᖁᐊᖑᓗᓂ ᐸᓂᖅᓯᖅᑐᖅ.

ᐃᖅᑯᒃ ᐊᖑᑎᕐᔪᐊᖅ (ᐊᑯᑦᑕᖅᐹᖑᑦᑐᓂ), ᓚᐃᒥᑭ ᐸᑦᑐᖅ (ᑕᑕᖅᐱᖕᒦᑦᑐᖅ) ᐊᒻᒪᓗ ᑎᐊᓂᔅ ᐋᓯᕙᒃ ᑲᖕᕋᖅᑑᐱᖕᒥᐅᑕᑦ ᖃᑕᕋᑕᒐᓱᓐᓇᔫᖅᑐᑦ ᓇᑖᕐᓇᒐᓱᒃᑐᑎᒡᓗ (ᐊᑎᖕᒫᖕᒋᑦ ᖁᔾᔮᔮᑦ ᓇᑖᕐᓇᐃᑦ) ᕿᑭᖅᑖᔫᑦ ᐃᒪᖓᓂᑦ. ᑕᕝᕙᓂᑦᑕᐅᖅ ᖃᑕᕋᑕᒐᓱᓐᓇᔫᕐᓇᕐᒥᔪᖅ ᖁᕕᐊᒋᔭᐅᑦᑐᓂ ᐅᐱᕆᖕᒐᒃᓵᒃᑯᑦ ᓯᑯᒃᑯᑦ ᖃᑕᕋᑕᒐᓱᒃᑐᓂᑦ.

ᐃᒡᓗᖕᒫᖕᒐᓃᑦᑐᖅ: ᖃᑕᕋᑕᒐᓱᒃᑐᑦ ᓯᑯᒃᑯᑦ, ᑎᑎᕋᐅᔭᖅᑕᖓ, ᐆᒪ ᑐᑯ ᐅᓯᒪ.

ᑑᑯ ᐅᓯᒪ

ᐃᖅᑲᓗᒐᓱᖕᓂᖅ ᐊᐅᔭᒃᑯᑦ ᐊᒻᒪᓗ ᓯᑯᒃᑯᑦ ᐊᑐᐃᓐᓇᖅᑲᖁᓐᓇᖅᑎᑦᑎᕗᖅ ᓂᕿᑎᔭᐅᖅᑲᑦᑕᑦᓚᕆᖕᒥᔪᒥᒃ ᑖᒃᑯᓄᖓ ᐊᕙᓂᖅᓯᐊᕐᒥᐅᓄᑦ. ᖃᑕᕋᑕᒃᑕᐅᔪᓚᒦᑦ ᓂᕿᑎᔭᐅᖕᒪᑕ, ᐃᓄᖕᓄᒃ ᓂᕿᒃᓴᐅᑦᑐᑎᒃ ᕿᒻᒥᓄᑦ ᓘᓐᓃᑦ.

ᖃᑕᕋᑕᒃ, ᐊᑯᑭᑦᑐᕐᒥᐅᑦ ᖃᑕᕋᑕᖕᒋᑦ, ᐃᒪᐃᒃᑭᕗᖅ ᓂᕿᑎᔭᐅᖅᑲᑦᑕᖅᑐᓂᑦ ᐱᔭᐅᑎᐊᖕᖓᖅᑲᑦᑕᖅᐳᑦ ᓯᑯᔭᕌᖕᖓᑦ. ᖄᓈᑦ ᖃᓂᒌᔭᓂᑦ, ᑕᒪᒃᑯᐊ ᐱᔭᒃᓴᐅᖕᒪᑕ ᐊᒻᒪᓗ ᓯᑯᑎᑦᑐᒍ ᑕᒪᒃᑯᐊᓗ ᓂᕆᔭᐅᕗᒃᑐᑎᒃ ᓄᑖᖑᑎᑦᑐᒋᑦ. ᖃᑕᕋᑕᕝᕙᓂᕐᒥᒃ ᓂᕆᔪᓐᓇᖅᐳᑎᑦ ᐆᑎᓯᒪᖕᒋᑦᑐᒥᒃ ᐅᖕᕚᓘᓐᓃᑦ ᐅᑎᓯᒪᔪᒥᒃ ᐊᒻᒪᓗ ᐆᑎᔪᓐᓇᖅᑕᐃᑦ ᖃᓄᑐᐃᓐᓇᑦᑎᐊᖅ ᐊᔾᔨᖏᙵᓖᑦ ᐆᑎᔾᔪᔫᑦ. ᑖᒥᓂ ᐅᑭᐅᖅᑕᖅᑐᕐᒥᐅᑕᐅᒐᑦᑕ ᓂᕆᖃᑦᑕᕚᕗᑦ ᒪᒪᕆᑦᑐᑎᑐᑦᑐ ᖁᑦᑐᒐᐃᑦ (ᖁᐊᖑᑦᑐᑎᒃ ᐸᓂᖅᓯᒪᔪᑦ). ᖃᑕᕋᑖᑦ ᓛᑦᑑᑦᑐᑎᒃ ᐃᑭᐊᖅᑎᖅᓯᒪᑦᑐᑎᒃ ᐊᒻᒪᓗ ᓂᕙᙵᖃᑦᑕᖅᑕᕗᑦ ᑖᑦᑕᓂᕐᓂ. ᑕᕝᕙ ᑕᒪᒃᑯᐊ ᐃᒪᐃᑕᓂᐊᕐᒪᑕ ᖁᑦᑐᓚᐃᑦ. ᐃᒪᐃᑦᑐᑕᐅᖅᑲᑦᑕᕐᒥᔪᑦ ᑯᔅᓴᕐᑎᑕᖅ ᐃᒪᐃᑕᑦᑐᒍ ᓴᐅᓃᔭᖅᑐᖑ ᑖᓇ ᖃᑕᕋᑕᒃ ᐊᒻᒪᓗ ᐊᕙᒡᒍᐊᖅᓯᒪᑦᑐᓂ (ᑐᑭᒧᑦ). ᓴᖅᐱᐅᔫᖕᒋᒃ ᐊᕙᖕᒋᑦᑐᒋᒃ ᑕᕝᕙᙵᑦ ᓂᕙᙵᕐᓂᐊᕐᑐᒍ. ᓯᑕᐅᑦ ᓂᒡᓚᓱᒃᑐᑦ ᐸᓂᖅᑎᓐᓂᐊᕐᒪᒍ ᐅᐊᑦᑎᐊᕈᙳᖅᐸᑦ ᒪᒪᖅᓯᔪᐊᓘᑐᓂ. ᑕᕇᕐᒃᓴᐅᒋᑦᑐᑎᒃ ᖃᑕᕋᑖᑦ, ᐳᔫᖅᑎᑦᑎᕝᕕᒋᔭᒃᓴᐅᒋᑦᑐᑎᒡᓗ.

ᓯᑯᑎᑦᑐᒍ ᐱᓇᓱᒐᒃᓴᐅᑕᖅᑕᕐᔪᑦ ᐃᖅᑳᓗᒐᓗᐊᑦᑕᐅᖅ ᑕᒪᒃᑯᐊ ᐃᖅᑲᓗᒃ (ᐆᒐᐃᑦ) ᓇᒥᑐᐃᓐᓇᑦᑎᐊᖅ. ᑐᖅᑯᕐᑐᒍ ᓴᓂᕐᕙᕐᑐᒍ ᐃᖅᑲᑦᑐᐃᓐᓇᓇᐊᖃᑕᖕᑐᒍ ᐊᒻᒪᓗ ᐊᑐᐃᓐᓇᐅᑕᕐᒪᑦ ᓂᕿᐅᑦᑐᓂ ᐅᑭᐅᒃᑯᑦ; ᖁᐊᕐᑐᓂᑐ ᐸᓂᖅᓯᐊᓇᑐᒍ ᐅᐊᑦᑎᐊᕈ ᐱᖃᑦᑖᕋᕕᐅᒃ. ᐆᑎᓯᒪᑦᑐᓂ ᓄᑖᖑᑦᑐᓂ, ᐃᖅᑲᓗᒃ ᐃᒪᐃᑦᑑᖕᒥᒪᑦ ᒪᒪᖅᓴᑎᐊᕐᓇᖅᑐᓂ ᓲᖅᑲᐃᒻᒪᑦᑕᐅᖅ ᑎᖑᑎᐊᓇᒃᑐᐊᓘᖕᒥᖕᒪᑦ. ᐃᖅᑲᓗᒃᑲᑦᑕᕐᒥᔪᑦ ᓂᕿᑕᒃᓴᑎᓐᓂᒃ ᓂᕿᖕᒐᓂᒃ ᖃᑕᕋᑕᖕᓂᐊᖅᑐᑕ. ᑲᓇᔪᕋᓯᒍᓇᕐᒥᔪᑎᑦ (ᑲᓇᔪᖅ) ᑕᒪᒃᑮᑎᒍᑦ ᐅᑭᐅᒃᑯᑦ ᐊᐅᔭᒃᑯᑦᑐ. ᐆᔪᑕᐅᕐᑐᒍ ᖃᔪᕐᒥ (ᖃᔪᖅ) ᑕᐃᒫᒃ ᒪᒪᖅᑐᐊᓘᖕᒪᑦ.

ᓯᑯᑎᑦᑐᒍ, ᐃᖅᑲᓗᒡᔪᐊᑦ (ᐊᑯᑭᑦᑐᕐᒥᐅᑦ ᐃᖅᑲᓗᒡᔪᐊᖕᒋᑦ) ᐱᔭᐅᓇᓱᒃᑕᑦᑕᕙᑦ ᓯᑯᖃᑖᖅᑎᑦᑐᒍ ᕿᒥᖅᑯᑎᒃᓴᓇᓂᐊᕐᑐᒍ ᐊᒻᒪᓗ ᐱᓇᓱᒃᑕᐅᖃᑦᑕᓇᑦᑐᓂ ᐊᐅᔭᐅᒐᓗᐊᖅᑎᑦᑐᒍ. ᓵᑦᑑᓈᖅᑎᖅᑐᑎᒍᑦ ᐊᒡᒍᖃᑦᑕᖅᑕᕙᑦ ᕿᓯᖕᒐ ᐱᖃᓯᐅᑎᑦᑐᒍ ᐊᒻᒪᓗ ᐸᓂᖅᓲᕝᕕᖕᒨᖅᑐᑎᒍᑦ ᐸᓂᖅᐸᑦᑕᐊᓂᐊᕐᒪᑦ. ᐸᓂᖅᑎᑦᑐᒍ, ᑕᕝᕙ ᕿᒥᖅᑯᑎᒃᓴᕈᑕᖅᑐᑎᒍᑦ.

Aalisarneq

Uumahut nerisassiarineqarnerisa ilassutissai

ᓂᕐᔪᑎᕕᓂᐅᑉ ᓂᕿᖓ ᓂᕿᒋᓂᐊᕐᓗᒍ (ᐊᔪᕆᖅᓲᔾᔨᓯᒪᔪᑦ)

ᒪᒪᕈᑦ ᑯᕆᔅᑕᓐᓴᓐ

ᑐᒃᑐ

ᑐᑦᑐᕕᓂᖅ, ᐃᒻᒪᓗᑦᑕᐅᖅ ᐊᑯᑭᑦᑐᕐᒥᐅᑦ ᑐᒃᑐᖏᑦ

Tuttup neqaa: panertillugu, uuginnarlugu, suppaliaralugulu. Qerisoq quartugassatut atortarpoq. Neqaa aserorterlugu frikadelleliarineqartarpoq. Tunnua kaffisuutissatut atorneqartarpoq. Nerukkai nerilugassatut atorneqartarput.

ᑐᒃᑐᕕᓂᖅ: ᓂᒃᑯᓯᒪᓗᓂ, ᐆᔭᓕᐅᖅᓯᒪᓗᓂ ᐊᒻᒪᓗ ᓰᐱᓕᐊᕆᓯᒪᔪᑎᑐᑦ. ᖁᐊᖑᓪᓗᓂ (ᖁᐊᖅ) ᓂᕆᔭᐅᕙᒃᑭᓪᓗᓂ. ᐊᒡᒍᐃᑎᒍᑦ ᐊᒡᒍᖅᓯᒪᓗᓂ ᑕᒪᒃᑯᓄᖓ ᐅᓗᒃᑐᒋᑦ ᐊᖕᒪᓗᖅᑕᓕᐊᕆᓯᒪᔪᑦ ᐊᖏᔫᑕᐅᓇᑎᒃ. ᑐᓐᓄᐊ, ᑰᐱᑐᕐᓗᓂ ᓯᕙᑦᑎᐊᕙᐅᓪᓗᓂ. ᓂᕈᒃᑲᖓ ᓂᕆᕕᒋᐊᕐᔪᖃᑦᑕᕐᓗᒍ ᐊᖏᔫᓈᖏᓪᓗᒍ.

ᐅᒥᒻᒪᒃ

ᐅᒥᖕᒪᒃ

Umimmaap neqaa: panertillugu, uuginnarlugu suppaliaralugulu. Neqaa aserorterlugu frikadelleliarineqartarpoq.

ᐅᒥᖕᒪᕕᓂᖅ: ᓂᒃᑰᓗᓂ, ᐆᔭᓕᐅᖅᓯᒪᓗᓂ ᐊᒻᒪᓗ ᓰᐱᓕᐊᕆᓯᒪᓗᓂ. ᓯᖁᓪᓗᐃᓯᒧᑦ ᓯᖁᓪᓗᖅᓯᒪᓗᓂ ᐊᒃᓴᓕᒃᓗᒍ ᐊᖕᒪᓗᑮᔅᓕᐊᕆᓯᒪᓗᓂ.

ᐆᔅᓴᖅᑲᒃ ᕼᐊᓐᓴᓐ

ᓇᓄᖅ

ᓇᓄᖅ (ᐅᓴᔅ ᒪᕆᑎᒪᔅ)

Nanoq nerineqartarpoq kissamik uullugu, kisianni aamma qerilluartillugu nerineqarsinnaavoq. Aamma erlaviini inaluaq seriattut nerineq nuannerneq ajorput. Aamma tingui nerineqartanngillat, tassa qerisoq nerineq ajornanngikkaluartoq, inerteqqutaalaartarluni. Aamma tassa orsua uullugu seqqulaaliaralugu ajunngilaq. Orsuami mamartorsuuvoq aammami oqaa nerisinnaavat. Taamaasilluta taanna nalunaarutigilaarparput.

ᓇᓄᕕᓂᖅ: ᓂᕆᔭᐅᑦᑎᐊᖅᑲᑦᑕᐳᖅ ᐆᑦᑎᓯᒪᓪᓗᓂ, ᑭᓯᐊᓂ ᓂᕆᔭᐅᔪᓐᓇᕆᓪᓗᓂ ᖁᐊᖑᑎᓪᓗᒍ. 'ᑎᔅᓯᓇᓗᐊᖏᑦᑐᖅ' ᐃᓇᓗᖏᑦ ᓂᕆᓗᒋᑦ ᐃᓇᓗᖕᒥᐅᑕᖃᖅᑎᓪᓗᒍ. ᐃᒫᒡᓗᑦᑕᐅᖅ, ᑎᖑᒃᑐᖅᑕᐅᖃᑦᑕᖏᑦᑐᖅ, ᐃᒪᐃᑕᒃᓴᐅᒐᓗᐊᖅᑎᓪᓗᒍ ᖁᐊᖅᑐᕐᓗᒍ; ᑕᐃᒫᒃ ᐊᑐᖅᑕᐅᑎᑕᐅᖏᑦᑐᖅ (ᓲᖃᐃᒻᒪ ᑎᖑᐊ ᓂᕆᔭᒃᓴᑦᑎᐊᕙᐅᖏᒻᒪᑦ). ᐅᖅᓯᐊ ᓵᑦᑑᔭᖅᓴᐅᖕᒥᔪᖅ ᐃᒪᐃᑦᑐᓕᐊᕆᓗᒍ ᓯᖅᑰᓛᖅ. ᐅᖅᓯᐊ ᒪᒪᖅᑐᐊᓘᖕᒪᑦ ᐊᒻᒪᓗ ᐅᖅᑲᖓ ᓂᕆᔪᓐᓇᕆᓪᓗᒍ. ᐅᑯᐊ ᐃᓚᐃᓐᓇᑯᓗᐃᑦ ᑎᑎᕋᖅᓯᒫᕐᔪᒃᑐᑦ.

ᑑᑯ ᐅᓯᒪ

ᐅᑲᓕᖅ

ᐅᑲᓕᖅ

Amia peeriarlugu, aggoriarlugu (nulleriarlugu) tarajulerlugu uuginnarneqarsinnaavoq aamma qajortorusukkaanni qajortorneqarsinnaavoq allamik akoornagu. Kiisalu kaarialerlugu qakortuliassamik (qajuusanik) kinersaaserlugu, qasilitsulerlugu, uanitsulerlugu qajuliarineqarsinnaalluni.

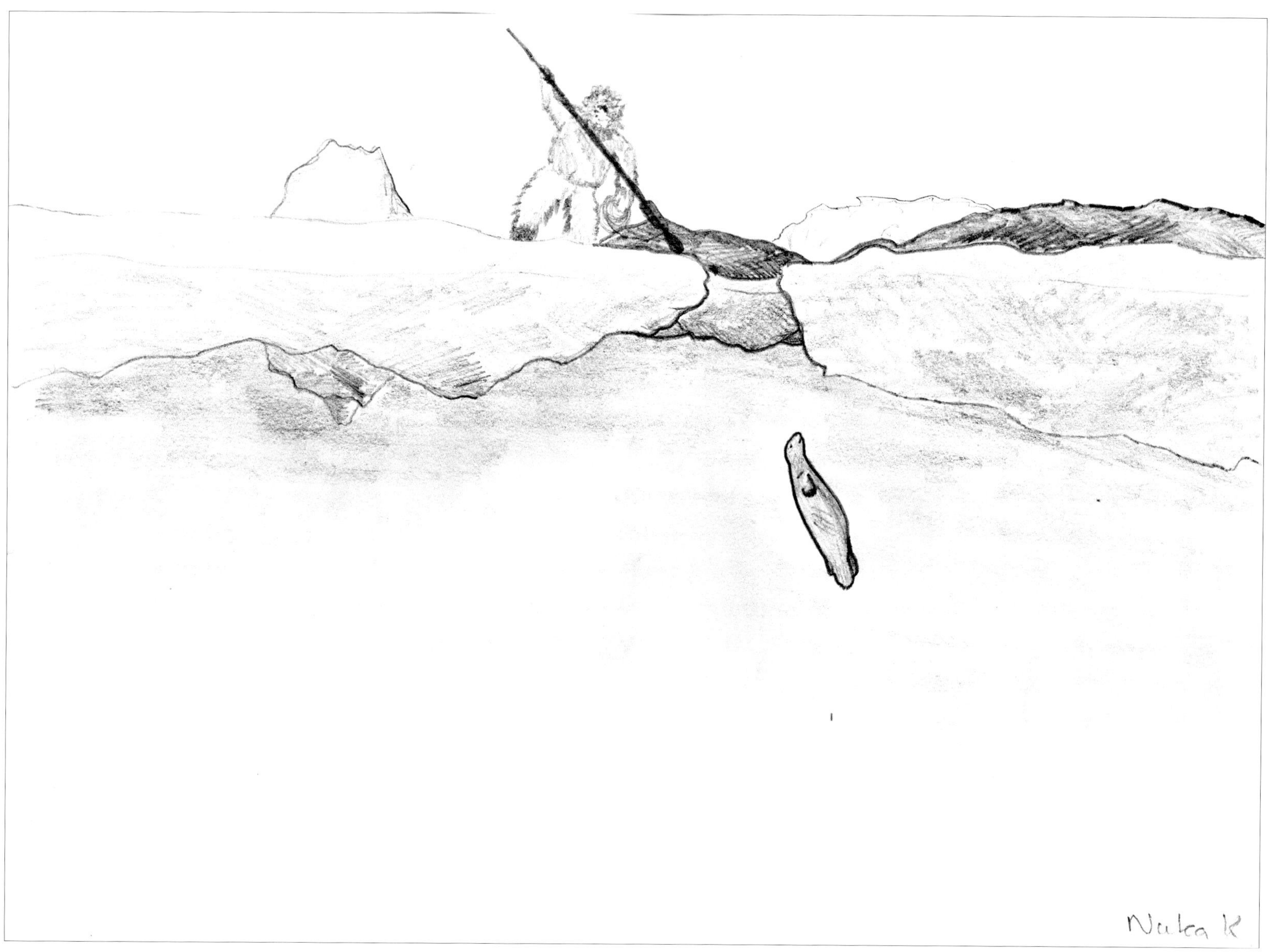

Ukallip neqaa ovnikkut sianneqarsinnaavoq, allatuulli siatassatut.

Kiisalu igakkut sianneqarsinnaalluni uanitsulikuloorlugu naatsitanillu akoorlugu, saniatigut suaasalerlugu, kartoffelmosinilluunniit illulerlugu.

EQQAAMALLUGU: Ukallip saanii manngertuummata, qimminut nerliunneqarneq ajorput, toqussutaassinnaammata.

ᑎᖅᑎᑎᑦᑐᓐᓇᖅᑕᐃᑦ ᑕᕆᐅᓕᖕᒥ ᐃᒥᕐᒥ ᐋᖀᕈᕕᐅᒃ ᐊᒻᒪᓗ ᐊᒡᒍᕐᓗᒍ, ᐊᒻᒪᓗ ᖃᔪᖅᑐᕈᓐᓇᖅᑐᒍ ᐃᓚᒃᑲᓐᓂᖕᒋᑦᑎᐊᕐᓗᒍ. ᓲᐱᑐᖅᑕᑐᑦ ᑕᐃᒪᐃᑦᑐᓐᓇᓇᑦᓗᒍ ᐃᓚᓗᒍ ᐃᓚᔪᓐᓇᖅᑐᒍᓗ ᒪᒪᓇᔭᕐᓂᒃ, ᐸᐸ, ᐊᒻᒪᓗ ᐃᑎᐅᔭᑦ ᐊᒻᒪᓗ ᖃᔪᐊ ᐸᓚᐅᒑᓕᕐᓗᒍ ᑭᓂᖅᑎᑎᑦᑐᓐᓇᓇᑦᓗᒍ. ᐅᑲᓕᕕᓂᖅ ᐃᒐᐅᑦ ᐃᓗᐃᓂ ᐆᑦᑎᔭᒃᓴᐅᒋᑦᓗᓂ ᓂᕿᐅᖃᑎᖕᒋᑎᑐᑦᑕᐅᖅ.

ᓇᑦᑎᕋᓱᒃᑐᖅ ᐊᒡᓗᒃᑯᑦ (ᐊᒡᓗ) ᓯᑯᒥ, ᐆᒪ ᓄᑲ ᑯᓇᔅᑕᓐᓴᓐ.

ᓵᑦᑑᔭᕈᓐᓇᕐᒥᔭᐃᑦ ᓵᑦᑑᔭᐅᒻᒥ ᐃᑎᐅᔭᖅᑲᕐᓗᒍ ᐊᒻᒪᓗ ᐱᕈᖅᑐᕙᓂᕐᓂᒃ ᐊᓯᖕᒋᓐᓂᒃ, ᓂᕆᓕᕈᕙᐅᒃ ᐊᓛᓯᕐᑲᕐᓗᒍ ᐅᖕᖏᓘᓐᓃᑦ ᐸᑏᑎᒥᒃ ᐊᒃᒎᖅᓯᒪᔪᒥᒃ.

ᐃᖅᑲᐅᒪᒋᑦ: ᐅᑲᓕᐅᑦ ᓴᐅᓂᖏᑦ ᑎᓯᔫᖕᒪᑕ, ᕿᒻᒥᓄᑦ ᕿᒥᖅᑯᑎᒋᑦᑕᐃᓕᒃᑭᑦ, ᐃᒪᐃᒻᒪᑦ ᕿᒻᒥᒧᖅ ᐱᐅᖏᑦᑐᐊᓘᔪᓐᓇᕐᒪᑕ.

Teriganniaq
ᑎᕆᒐᓂᐊᖅ

Ukiuni kingullerni nerisaanera tusarsaarpiarunnaarnikuuvoq, immaqa peqqutaanerulluni pisiniarfimmi igaassat nunat allaniit tikisitat pisiassaalernikuummata. Kiisalu teriannissat ilaat perlerortarmata.

Terianniaq iganeqarsinaavoq nersutituulli allatut uuginnarlugu, akoorluguluunniit assigiinngitsunik. Kisiannili utoqqaat mianersoqqutigisartagaat tassa iganiaraanni: pualasuujussasoq niaqualu ilanngunneqassanngitsoq, perlerortuusimaguni navianarsinnaammat.

ᐊᕐᕌᒍᓚᓴᐅᙱᑦᑕᑦ, ᖃᑯᑎᒃᑯᑦ ᑐᓴᓚᐅᕐᓇᓲᖕᒍᓚᓗᐊᑦ ᑎᕆᒐᓂᐊᕙᓂᕐᒥᒃ ᓂᕆᔭᕙᓂᕐᒥᒃ, ᐃᒫᖕᒎᖅᑰᓇᓐᓗᓂᓗ ᓂᕿᑦ ᑎᑭᑎᑕᐅᕙᓪᓚᐊᔪᑦ ᓂᐅᕙᐊᕆᔭᒃᓴᐅᓂᕆᓕᖅᑕᖏᓐᓄᑦ ᓂᐅᕙᕐᕙᖕᓂ. ᐃᒫᒃᑲᓐᓂᖅᑕᐅᖅ, ᓲᕐᑲᐃᒻᒪ ᑎᕆᒐᓂᐊᑦ ᐃᓚᖏᑦ ᓯᓂᖅᓯᕐᑲᑦᑕᕐᓂᖅᑕᐅᖕᒪᑕ.

ᑎᕆᒐᓂᐊᕙᓃᑦᑕᐅᖅ ᓂᕿᖏᑦ ᐆᔪᓕᐅᖅᑕᐅᔪᓐᓇᓂᓪᓗᑎᒃ ᓂᕿᑦ ᐊᓯᖏᑎᑐᑦ, ᐃᓕᕐᑲᕐᓗᑎᒃ ᐅᖕᖏᓘᓐᓃᑦ ᐃᓕᕐᑲᖏᒃᑲᓗᐊᕐᓗᑎᒃ ᐱᕈᖅᑐᕙᓂᕐᓂᒃ. ᐃᓐᓇᐃᑦ ᖃᐅᔨᒪᑦᑎᐊᕐᑯᔨᒋᓪᓗᑎᒃ ᖁᐃᓐᓂᐅᔭᓇᐊᖅᑲᕐᓂᖏᓐᓂᒃ ᐊᒻᒪᓗ ᓂᐊᕐᑯᐊ ᐱᖅᓯᐅᑎᖏᓪᓗᒍ, ᓲᕐᑲᐃᒻᒪᒎᖅ ᐱᐅᙱᑎᑦᑎᓕᕈᓐᓇᕐᒪᑦ ᑕᐃᓐᓇ ᑎᕆᒐᓂᐊᖅ ᓯᓂᖅᓯᓂᕐᒥᒃ ᐱᖅᓯᐅᔾᔭᐊᔫᒃᓯᒪᔭᕙᓂᐅᒃᐸᑦ.

ᐅᒡᔪᒃ (ᐅᔅᓱᒃ)
ᐅᒡᔪᒃ

Ugguup neqaa neqitorsinnaasunit tamanit nerineqarsinnaavoq.

Avanersuarmiut tulimai nerpialu (kujaata neqaa) panertittarpaat.

Tulimai marluk qeqqatigut seeriarlugit (imminnut isumikkut ataatsikkut atatillugit) manisarpaat, orsua atatillugu.
Kiisalu nerpiata neqaa saattunnguanngorlugu aggoriarlugu maniorartarpaat, nikkuliaralugu. Paneraangamillu sivisoorujussuarmik pigineqarsinnaalertarput. (asiuaatsunngortaramik paneraangamik). Ugguk pilanneqaraangat nerisassat illinnarnerpaat tassaasarput inaluai. Inaluai peerneqaraangata seqeerneqartarput (singinneqartarput), taakkua salilluarneqartarput qumaqartaramik errortorlugillu. 10cm-ikkaarlugit aggoriarlugit neqinik orsulinnik ilallugit uunneqartarput. Aatsaallu tassa mamarsarumagaanni!

Kiisalu ussuup neqaa agguarariarlugu champignon uanitsullu ilanngullugit siariarlugit, taratsut qasilitsullu ilanngullugit. Uuppata imermik annikitsunnguamik ilallugit. Spaghettit pastalluunniit ooriarlugit imertaa peeriarlugu siatanut akulerullugit aamma ajorisassaaneq ajorput!

ᑭᒃᑯᐃᓐᓇᑦᑎᐊᑦ ᓂᕆᔪᓐᓇᖅᐳᑦ ᐅᒡᔫᑦ ᓂᕿᖓᓂᒃ

ᐊᕙᓂᖅᓯᐊᕐᒥᐅᑦ ᓂᒃᑯᖅᑲᖅᐸᒃᑐᑎᑦ ᑐᓕᒫᖏᓐᓂᒃ ᐊᒻᒪᓗ ᐅᒡᔪᕙᓂᐅᑦ ᑰᑦᑎᓐᓈᖏᒃᑕ ᓂᕿᖏᓐᓂᒃ.

ᑐᓕᒫᖏᑦ ᐊᕙᒃᑕᐅᖅᑲᑦᑕᖅᐳᑦ ᒪᕈᐃᕈᖅᑎᑕᐅᓪᓗᑎᒃ ᐃᓱᖏᑎᒎᖏᑦᑐᖅ ᓇᑲᑕᐅᓪᓗᑎᒃ (ᐃᓱᖏᑦ ᑲᑎᖕᒪᑎᑕᐅᓪᓗᑎᒃ) ᐃᒫ ᐅᖅᓱᖅᑳᖅᑕᐅᓪᓗᑎᒃ ᐊᒻᒪᓗ ᓂᒃᑯᒋᔭᐅᓕᖅᑐᑎᒃ ᓂᕚᙳᖅᑕᐅᓪᓗᑎᒃ. ᑰᑦᑎᓐᓈᖏᒃᑕ ᓂᕿᖓ ᐃᑭᐊᖅᑕᐅᓪᓗᓂ ᓴᓈᖅᑕᐅᓪᓗᓂ ᐊᒻᒪᓗ ᓂᒃᑯᓕᐊᕆᔭᐅᓪᓗᓂ ᓂᒃᑯᑦᐲᕕᖕᒥ; ᑕᕝᕙ ᑕᐃᒫᒃ ᓂᒃᑯᓕᐅᖅᑲᖅᐳᑦ.

ᓂᒃᑯᒃᐸᑦ, ᑕᕝᕙ ᐊᑯᓂᐅᓂᖅᓴᖅ ᓂᕿᒋᔭᓐᓇᖅᓯᕙᑦ, (ᓂᒃᑯᑦᑎᐊᕆᓚᐅᖅᑐᒍ ᓂᒃᑯᖕᒪᑦ ᑕᐃᒫᒃ ᐊᑯᓂᐅᓂᖅᓴᖅ ᓂᕿᒋᔭᓐᓇᖅᓯᕙᑦ). ᐅᖕᔭᒃ ᐱᓚᒃᑯᕕᐅᒃ, ᓂᕿᑦᑎᐊᕙᐅᓂᖓ ᐱᔭᓐᓇᖅᐸᑦ ᐃᓇᓱᖕᒋᓐᓂᑦ. ᐃᓇᓱᖕᒋᑦ ᐲᕈᕕᒋᑦ ᓯᖀᕐᓗᒍ ᐃᕐᕈᑦᑎᐊᕐᓗᒍᓗ ᐱᑕᖅᑲᕈᓐᓇᕐᒪᑕ ᖁᒪᖕᓂᒃ. ᓇᑲᑎᕐᓗᒍ ᐃᒫᑎᒋᐸᓗᒃ ᑕᑭᔫᑕᐅᑎᒋᓗᑎᑦ 10 ᓴᓐᑕᒦᑕᑎᑐᑦ ᑕᑭᓂᖅᑲᐅᕐᓗᑎᒃ ᐊᒻᒪᓗ ᐃᓇᓗᐃᑦ ᐱᖅᑲᓯᐅᑎᓗᒋᑦ ᐅᖕᔭᕕᓂᐅᑦ ᓂᕿᖓ ᐅᖅᓯᐃᔭᖅᓯᒪᖕᒋᓪᓗᓂ. ᑕᐃᒫᒃ ᒪᒪᑦᑎᐊᐳᑦ.

ᐃᒪᐃᑦᑐᓐᓇᓂᕙᑦ ᓂᕿᖓ ᒥᑭᔫᑕᐅᓈᖅᑎᕐᓗᒍ ᐊᒡᒍᕐᓗᒍ ᐊᒻᒪᓗ ᑕᕝᕙ ᓵᑦᑐᔭᕐᓗᒍ ᐱᖅᑲᓯᐅᔾᔨᓗᑎᑦ ᐃᓯᓂᐅᑕᐅᔭᕐᓂᒃ ᐱᕈᖅᑐᕕᓂᕐᓂᒃ ᐊᒻᒪᓗ ᐃᑎᐅᔭᓂᒃ ᑕᓅᕐᓗᒋᑦ ᐊᒻᒪᓗ ᐸᐸᓪᓕᕐᓗᒋᑦ. ᓵᑦᑑᔭᓅᖅᐸᑦ. ᐃᒻᒥᐊᕐᔪᓪᓗᒍ. ᐃᓇᓗᐊᖑᔭᓚᐅᓚᕐᒥᓗᑎᑦ ᐅᕝᕙᓘᓐᓅᑦ ᖃᓄᐃᑦᑐᑐᐃᓐᓇᕐᓂᒃ ᐃᓇᓗᐊᖑᔭᐸᓗᖕᓂᒃ ᓇᐃᑦᑑᑎᓂᒃ, ᐃᒪᖓ ᑯᕕᓗᒍ ᐊᒻᒪᓗ ᓂᕿᖓᓄᑦ ᐃᓚᓕᐅᑎᓗᒍ, ᑕᐃᒫᒃᑕᐅᑦ ᒪᒪᓇᙱᓗᐊᕐᓂᓇᔾᔮᙱᑕᐃᑦ.

Natserriaq (Natsersuaq)

ᓇᑦᓯᕆᐊᖅ (ᓇᑦᓯᕐᓱᐊᖅ)

Avanersuarmi natsersuup pisarineqartarnera qaqutigoorpoq puisinut allanut sanilliullugu. Kisianni puisituut allatuulli nerisassiarineqarsinnaavoq. Kiisalu panertuliaralugu qualiaralugulu (qerisortorlugu) mamartorujussuulluni. Neqaa agguarariarlugu assigiinngitsunik akoorlugu siallugu mamartorujussuuvoq, saniatigut suaasalerlugu imaluunniit naatsiialerlugu, spaghettilerluguluunniit, aatsaat tassa mamartoq. Imaluunniit nerpiata neqqarinnera hvidløgilerlugu baconinillu manngussuiffigeriarlugu, kiisalu qaava baconinik qallerlugu ovnikkut siallugu kajortumillu miseqqerlugu aamma mamartorujussuuvoq.

ᐊᐸᐃᑦ/ᓴᑦᑎᕙᐃᑦ ᖃᑯᑎᒃᑯᑦ ᐱᔭᐅᓚᐅᓲᖑᖕᒥᔪᑦ ᑕᒫᓂ ᐊᕙᓂᕐᓯᐊᕐᒥ, ᖃᓄᖅ ᐊᔾᔨᙱᑎᒋᖕᒪᒌᒋᑦ ᒥᑎᐅᖅᑲᑎᐸᓗᖕᒋᓐᓄᑦ. ᐱᔭᐅᒐᒥ ᐆᑦᑎᔭᐅᒐᖅ ᓂᕆᔭᐅᓂᐊᕐᒥ ᑕᐃᒫᒃᑕᐅᖅ ᐊᔾᔨᑐᐃᓐᓇᕆᖕᒥᔭᖕᒐᑦ ᓇᑎᐅᖅᑲᑎᖕᒋᑕ. ᐊᒻᒪᓗ ᒪᒪᑦᑎᐊᕆᑦᑐᓂ ᓂᒃᑰᑦᑐᓂ ᐊᒻᒪᓗ ᖁᐊᖑᑦᑐᓂ. ᓵᑦᑐᔭᖅᓯᒪᑦᑐᓂ ᒥᑭᔫᑕᐅᓈᖅᑎᓯᒪᑦᑐᓂ ᓂᕿᖓ ᐃᓚᓯᒪᑦᑐᒍ ᐱᕈᖅᑐᕕᓂᕐᓂᒃ ᒪᒪᕐᒥᔭᖅᑕᐅᖅ, ᓂᕆᖅᓯᐅᔾᔨᑦᑐᓂ ᐊᓛᓯᒥᒃ ᐅᕝᕙᓘᓐᓅᑦ ᑕᑎᓯᒥᒃ ᐊᒻᒪᓗ ᐃᓚᖅᑲᖅᑐᓂ ᐃᓇᓗᐊᖑᔭᖅᓂᑦ, ᑕᐃᒫᑦ ᓂᕆᔭᒥᓇᑦᑎᐊᕆᕗᖅ. ᑰᑦᑎᓐᓈᖕᒋᒃ (ᑰᑦᑎᓐᓈᖕᒋᒃ ᓴᐅᓃᒃ) (ᓂᖅᐱᐊ) ᐃᒐᐅᑦ ᐃᓗᐊᓂ ᐆᑦᑎᑦᑐᒍ ᐱᖅᑲᓯᐅᔾᔨᑦᑐᓂ ᐊᑎᖅᑲᖅᑐᒥᒃ ᒎᕐᓕᒃ (garlic) ᐊᒻᒪᓗ ᕙᐃᑲᓐ ᐊᒻᒪᓗ ᓂᕆᓂᐊᓚᖅᑐᖑ ᑭᓂᖅᑐᒥᒃ ᑲᔪᕐᒥᒃ ᖃᔪᐸᓗᖕᒥᒃ (brown gravy) ᒪᒪᑦᑎᐊᕆᑦᑐᓂᑦᑕᐅᖅ.

ᐃᓚᙳᐊᖅ ᖃᐃᖅᖕᒎᖅ

ᐳᐃᓯ (ᓇᑦᑎᖅ)

ᓇᑦᑎᖅ

Uusuliaralugu qulisserlugu nerineqartarpoq aammalu neqaa inaluaalu nikkuliarisarpaat. Isuanniliarisarpaat qinnillugu, ujaqqanik matoorlugu. Aamma ukiukkut qualiarineqartarpoq. Neqqarinneri sianneqartarput uutsivikkut naatsiialerlugu akoorlugu, tassa mamaq!

ᓂᕆᔭᐅᓯᒪᑦᑐᓂ ᐆᑦᑎᔭᐅᓯᒪᑦᑐᓂ ᖃᔪᖅᑲᖅᑐᓂ ᐃᒥᕐᒥᒃ ᐊᒻᒪᓗ ᓂᕿ ᐊᒻᒪᓗ ᐃᓇᓗᐊᑦ ᓂᒃᑯᓚᐊᖑᒐᑦ. ᐃᓅᖕᓂᑦ ᐃᒍᓇᓚᐊᖑᑦᑐᓂ, ᖃᐃᕈᓱᖕᒥ. ᐅᑭᐅᒃᑯᑦ ᖁᐊᖑᑦᑐᓂ ᐊᒻᒪᓗ ᑕᐃᒫᒡᓗ ᓂᕆᔭᐅᕙᒃᐳᖅ. ᑭᑉᐹᕆᒃᑐᓂᒃ ᐊᒡᒍᖅᓯᒪᔪᖅ ᓵᑦᑑᔭᖅᑕᐅᔭᓐᓇᖅᐳᖅ ᓵᑦᑑᔭᐅᓪᓗᑦ ᐃᓚᖅᑲᐅᖅᑐᓂ ᐱᖅᑲᓯᐅᔾᔨᓂᕐᓂᒃ ᐊᒻᒪᓗ ᑎᖅᑎᑦᑐᒦᑦᑐᕕᓂᕐᓂᑦ ᐸᑏᑎᓂᒃ, ᒪᒪᕐᒥᔭᖅᑕᐅᖅ.

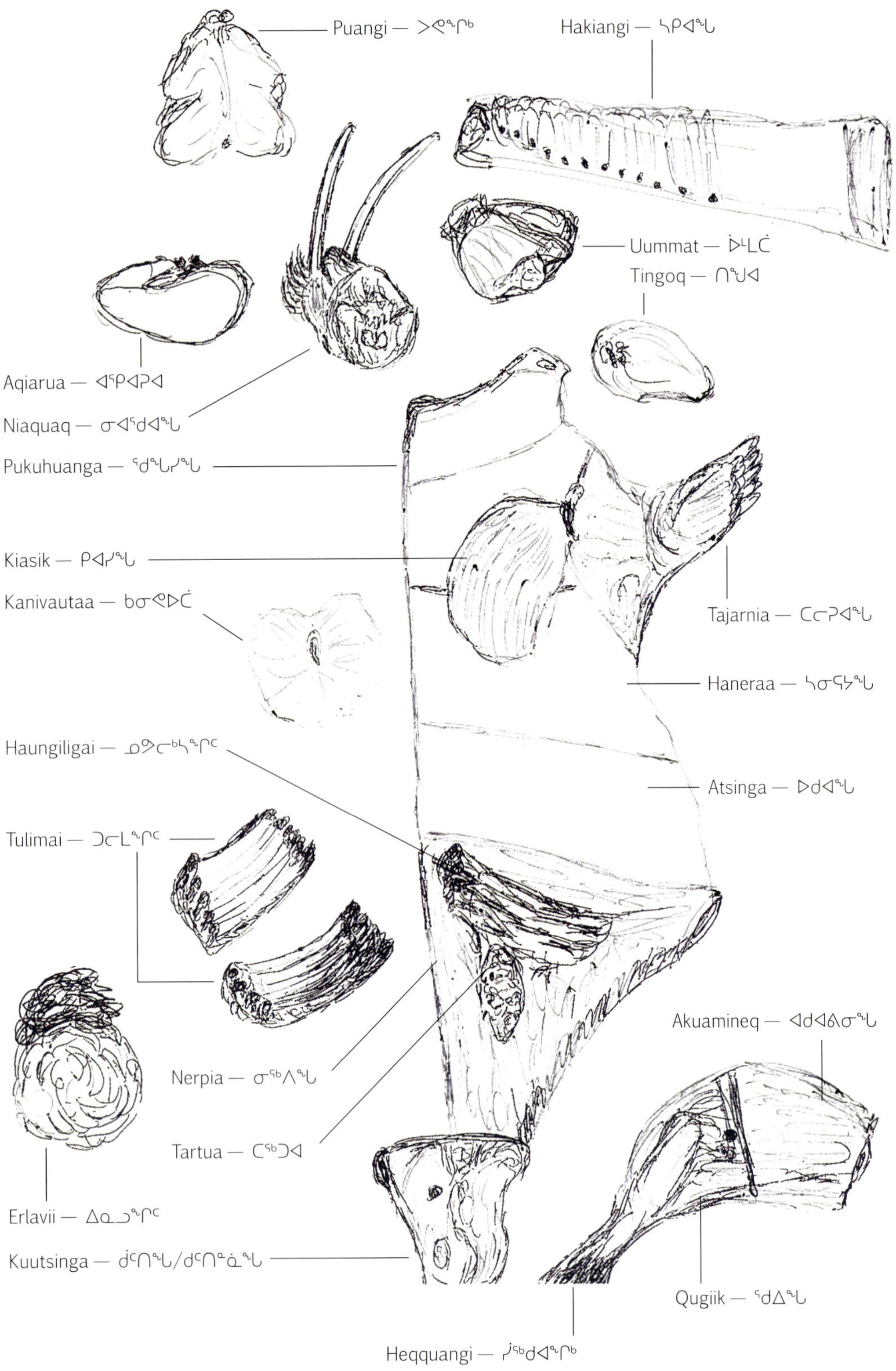

Puangi — ᐳᐊᖏᒃ
Hakiangi — ᓴᑭᐊᖓ
Uummat — ᐆᒻᒫᑦ
Tingoq — ᑎᖑᐊ
Aqiarua — ᐊᕿᐊᕈᐊ
Niaquaq — ᓂᐊᖁᐊᖓ
Pukuhuanga — ᖁᖓᓯᖓ
Kiasik — ᑭᐊᓯᖓ
Kanivautaa — ᑲᓂᕙᐅᑖ
Tajarnia — ᑕᓕᕈᐊᖓ
Haneraa — ᓴᓂᕋᔭᖓ
Haungiligai — ᓄᕗᓕᒃᓴᖏᑦ
Atsinga — ᐅᑯᐊᖓ
Tulimai — ᑐᓕᒫᖏᑦ
Nerpia — ᓂᖅᐱᖓ
Tartua — ᑕᖅᑐᐊ
Akuamineq — ᐊᑯᐊᒥᓂᖓ
Erlavii — ᐃᓇᓗᖏᑦ
Kuutsinga — ᑰᑦᑎᖓ/ᑯᑦᑎᓐᓈᖓ
Qugiik — ᖁᐃᖓ
Heqquangi — ᓯᖅᑯᐊᖏᒃ

ᑎᑎᕋᐅᔭᖅᓯᒪᔪᖅ ᐊᑎᖏᑦᑐ
ᓇᑐᓇᐃᖅᓯᒪᑦᑐᑎᒃ ᓴᓇᒃᓴᖅᓯᒪᑦᑐᓂ
ᐊᐃᕕᖅ, ᐆᒪ ᐃᓚᖕᒍᐊᖅ ᖃᐃᖕᒫᖅ

ᐋᑖᖅ
ᖃᐃᕈᓕᒃ

Aataap neqissiarineqarnera: uusuliaralugu nerineqartarpoq, isuanniliarineqartarluni ukiukkullu qualiarisarpaat aammalu nikkuliarisarpaat. Aataap neqaa qimminut neqissiarinerusarparput.

ᖃᓄᖅ ᐊᑐᖅᑕᐅᔪᓐᓇᕐᓂᖓ ᓂᕿᖓᑕ: ᓂᕆᖅᑳᑦᑕᖅᐸᒍᑦ ᐆᔪᓕᐅᖅᓯᒪᓪᓗᓂ ᑎᖅᑎᑦᑐᒥ ᐃᒥᕐᒥ, ᐃᒪᐃᓕᖅᑐᓂ "ᑕᒨᐊᔭᒃᓴᑦᑎᐊᕙᐅᓪᓗᓂ ᓂᕿᖓ" ᑕᕝᕙᙳᑦ (ᐃᒍᓇᖅ ᓇᑦᑎᕕᓂᖅ ᐅᐊᑦᑎᐊᕈᑳᓚᐅᓕᕋᓗᐊᖅᑎᓪᓗᒍ ᓂᕿᒋᔭᒃᓴᑦᑎᐊᖑᒐᖅ), ᖁᐊᖅᑎᓪᓗᒍ ᖁᐊᖅᑐᕐᓗᒍ ᐊᒻᒪᓗ ᓂᒃᑯᓕᐊᕆᓗᒍ. ᐊᒥᓱᐊᖅᑎᕐᓂᖅᓴᐅᓪᓗᑕ ᖃᐃᕈᓕᖕᓂᒃ ᕿᒥᖅᑯᑎᖃᐅᖃᑦᑕᖅᑐᒍᑦ.

ᐋᑐ ᓯᒥᒐᖅ

ᐊᐃᕕᖅ
ᐊᐃᕕᖅ

Aarrup nerisassartai: Aarrup niaquanga qerisumik niaquartortarpaat, umerloqarfia ersaa qarasaalu. Oqaa umerloqarfialu uusortorneqarsinnaapput. Aqajarormiui imanit, tikit, sakiangusat orsumik illulerluni ammariutaaluunniit nerineqarsinnaapput, kiisalu uunneqarsinnaallutik. Uummataa, kanajuutaa, sakiai tulimaavi pukuhuangalu. Seqqui talerui, tassa neqaa tamarmi uullugit nerineqarsinnaapput, aqitsuinnanngorlugilluunniit uullugit.

Nukallup orsua ikummatigineqarsinnaavoq, pallersorlunilu orsua nerineqarsinnaalluni mamartumik. Tingua qerisutut sialluguluunniit mamartorujussuuvoq. Seqqui piseqalitsilaarlugit sinarsuttorneq, orsutorneq neqaajualu mamat.

2 ᑕᓪᓕᑦᑐᖅ — ᑖᓕᐊᓂᒃ ᐱᔪᖅ
4 ᖁᒌᓐᓇᑐᖅ — ᖁᐃᖓᓂᒃ ᓂᖃᐃᓱᖅᑐᖅ
6 ᓂᕐᐱᓐᓇᑐᖅ — ᓂᖅᐱᖓᓂᒃ ᓂᖃᐃᓱᖅᑐᖅ
8 ᐳᑯᕗᐊᓐᓇᑐᖅ — ᖁᖓᓯᖓᓂᑦ ᓂᖃᐃᓱᖅᑐᖅ
10 ᐊᑎᓐᓇᑐᖅ — ᓴᓂᕋᖓᓂᑦ ᓂᖃᐃᓱᖅᑐᖅ
12 ᐊᑯᐊᒥᓂᓐᓇᑐᖅ — ᐊᑯᐊᕕᓂᖓᓂᑦ ᓂᖃᐃᓱᖅᑐᖅ

1 ᐊᐃᕝᐊᕐᑐᕼ — ᐊᐃᖕᖏᒃᑐᖅ
3 ᖁᒌᓐᓇᑐᖅ — ᖁᐃᖓᓂᒃ ᓂᖃᐃᓱᖅᑐᖅ
5 ᓂᕐᐱᓐᓇᑐᖅ — ᓂᖅᐱᖓᓂᑦ ᓂᖃᐃᓱᖅᑐᖅ
7 ᐳᑯᐊᐅᓐᓇᑐᖅ — ᖁᖓᓯᖓᓂᑦ ᓂᖃᐃᓱᖅᑐᖅ
9 ᐊᑎᓐᓇᑐᖅ — ᓵᕕᓂᖅᐸᓯᐊᓂᒃ ᓂᖃᐃᓱᖅᑐᖅ
11 ᐊᑯᐊᒥᓂᓐᓇᑐᖅ — ᐊᑯᐊᕕᓂᖓᓂᑦ ᓂᖃᐃᓱᖅᑐᖅ

Quiivinut tinguit ungerlartuullugit mamartuliarisarpaat, isuanniliaralugit, seqinermut tarrisillugit (qinnillugit) aamma ungerlaaq puttallartillugit uullugit, tassa mamaq.

ᐊᐃᕕᕐᒥᑦ ᓂᕿ: ᐊᐃᕕᐅᑦ ᓂᐊᕐᑯᐊᖓ ᖁᐊᖔᑎᓪᓗᒍ ᓂᕆᔭᐅᓲᖔᖅ, ᐅᒥᕐᕈᐊ, ᐅᓗᐊᖏᒃ, ᐊᒻᒪᓗ ᖃᕋᓴᖓ. ᐅᖃᖓ ᐊᒻᒪᓗ ᐅᒥᕐᕈᐊ ᖁᓕᔅᓯᖅᑕᐅᓪᓗᑎᒃ ᑎᖅᑎᑦᑐᒧᖅ. ᓴᕕᒃᓴᐅᑎᖏᑦ (ᐊᕿᐊᕈᕐᒥᖏᑦ), ᐃᒪᓂᑦ (ᐊᒻᒨᒪᔪᑦ), ᑎᑭᑦ, ᐊᒻᒪᓗ ᓴᑭᐊᖖᓴᑦ (ᐊᓯᖏᑦᑕᐅᑦ ᐊᒻᒨᒪᔪ/ᑯᑭᐅᔭᑦ) ᓂᕆᖃᓯᐅᔾᔭᐅᔪᓐᓇᕆᓪᓗᑎᒃ ᐃᓚᖃᕐᓗᑎᒃ ᐅᖅᓱᐊᓂᒃ ᐊᕿᐊᕈᐊ ᐱᓚᕋᑖᑦᑎᐊᕐᓗᒍ ᐊᒻᒪᓗ ᐊᕿᐊᕈᕐᒥᖏᑦ ᐆᑦᑎᔭᒃᓴᐅᕆᓪᓗᑎᒃ. ᐆᒪᑎᖓ, ᑲᓂᖒᑖ, ᑐᓕᒫᖏᑕᓗ ᓂᕿᖏᑦ, ᑐᓕᒫᖏᑦ ᑐᓄᓯᐊ ᖁᖓᓯᖓᓂᑦ (ᓂᕆᖃᓯᐅᔾᔭᐅᓗᑎᒃ). ᐸᒥᐅᖓ ᐊᒻᒪᓗ ᓯᖅᑯᐊᖏᑦ, ᐊᒻᒪᓗ ᓂᕿᓕᒫᑦᑎᐊᖓ ᖁᓕᔅᓯᕐᓗᒍ ᑎᖅᑎᑦᑐᒨᑦ ᑎᓯᔩᖏᓪᓗᓂ ᒪᒪᖅᓯᑦᑎᐊᕈᓐᓇᕐᒪᑦ.

ᐊᐃᕕᐊᕋᐅᑦ ᐅᖅᓱᐊ ᐅᖅᓱᖃᔭᒃᓴᐅᕗᖅ ᖁᓪᓕᕐᒧᑦ, ᐊᒻᒪᓗ ᓂᖃᔾᔭᓇᖃᓪᓗᒍ/ᐅᖅᓱᖅᑐᕈᓐᓇᖃᓪᓗᒍ ᐅᒃᐱᒐᐃᑦ ᓂᖃᖅᓯᐅᑎᓗᒋᑦ, ᑕᐃᒫᒃ ᒪᒪᖅᑐᑦ. ᑎᖕᒍᐊ ᖁᐊᖅᑐᒐᑦᑎᐊᖑᐅᓪᓗᓂ ᐱᐅᖅᓯᐅᑎᒋᓪᓗᓂ ᓵᑦᑑᔭᕐᓗᒍ. ᐃᒍᓇᕋᔮᒃᓯᒪᓗᓂ, ᐸᒥᐊᓪᓗᐊᑕ ᓂᕿᖓ ᒪᒪᖅᑐᐊᓘᒋᓪᓗᓂ.

ᖁᐃᖓ (ᖁᐃᒃ) ᐃᓚᖏᑦ, ᑎᖑᐊᓂᒃ ᐃᑭᐊᖓᓅᖅᓯᓯᒪᓗᓂ, ᓂᕆᔭᒐᑦᑎᐊᖕᐅᓪᓗᓂ ᒪᒪᖅᑐᖅ ᐃᒍᓇᖅᓯᐊᕆᓯᒪᓪᓗᓂ ᑕᖅᕋᓕᓂᕐᒥ, ᐊᒻᒪᓗ ᒪᒪᒃᑲᓂᕆᓪᓗᓂ ᐆᔫᓪᓗᓂ ᑎᖅᑎᓯᒪᔪᒥ ᖃᔪᖃᖅᑐᓂ, ᓄᑖᖑᑎᓪᓗᒍ (ᐃᒍᓇᖅᓯᒪᖖᒋᑎᓪᓗᒍ).

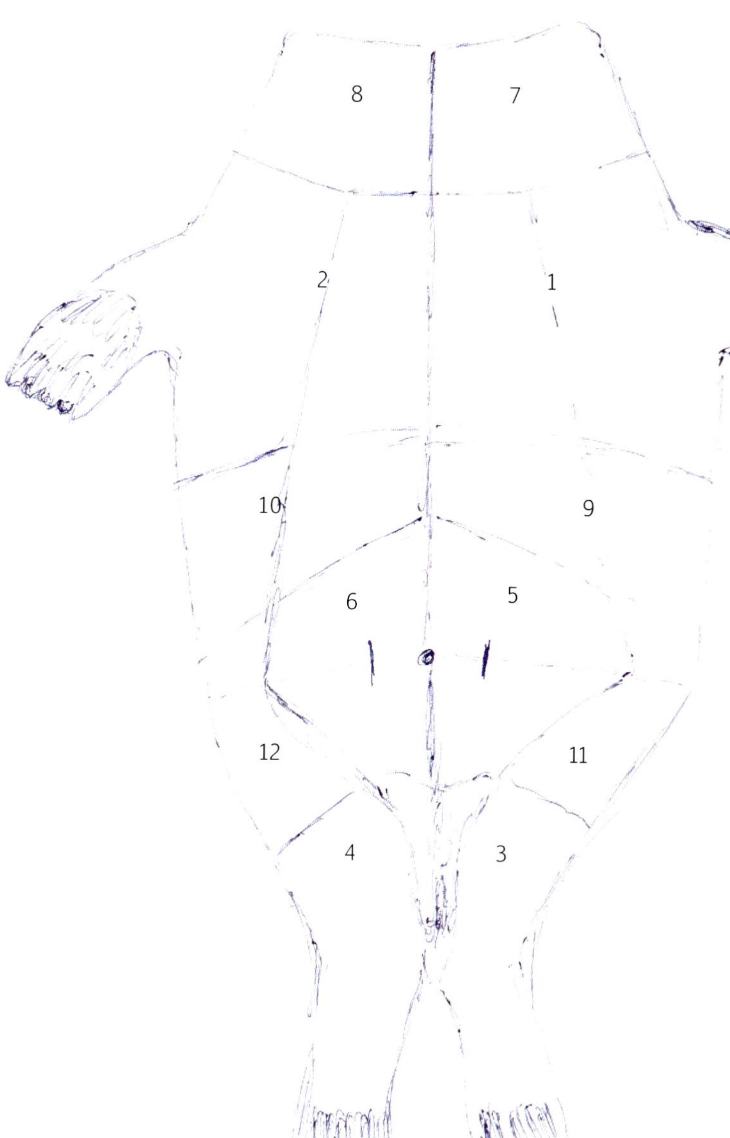

'ᑎᑎᕋᐅᔭᖅᓯᒪᔪᖅ' ᖃᓄᖅ ᐊᐃᕕᖅ ᐊᒡᒍᖅᑕᐅᓲᖑᖕᒪᖕᒫᑦ ᐊᒻᒪᓗ ᓂᖏᕆᔭᐅᕋᖅᑕᐅᓪᓗᓂ (ᐊᑎᖏᑦ ᓇᓗᓇᐃᖅᓯᒪᓪᓗᑎᒃ ᐊᕕᒃᑐᖅᓯᒪᓂᖏᑕ ᓇᐃᓴᐅᓯᖅᓱᖅᓯᒪᓪᓗᑎᒡᓗ). ᕼᐅᓕ ᐊᒥᕐᓚᓂᕈᓱᓄᑦ ᐊᒡᒍᕿᓂᖅᑳᓯᓐᓈᓚᓗᐊᕐᐳᖅ ᐃᓄᐃᑦ ᐊᒥᕐᓚᔅᓯᓲ ᓈᓚᓗᐊᕐᐳᖅ / ᐊᒡᒍᖅᑕᐅᓗᓂ ᐊᒥᓱᓂᖅᓴᐅᔾᔭᓇᖅᑐᖅ ᐱᔾᔪᑎᒋᓗᒍ ᐃᓄᐃᑦ ᐊᒥᓱᓂᖏᑦ ᓂᖏᕐᓂᐊᖅᑐᑦ.

115

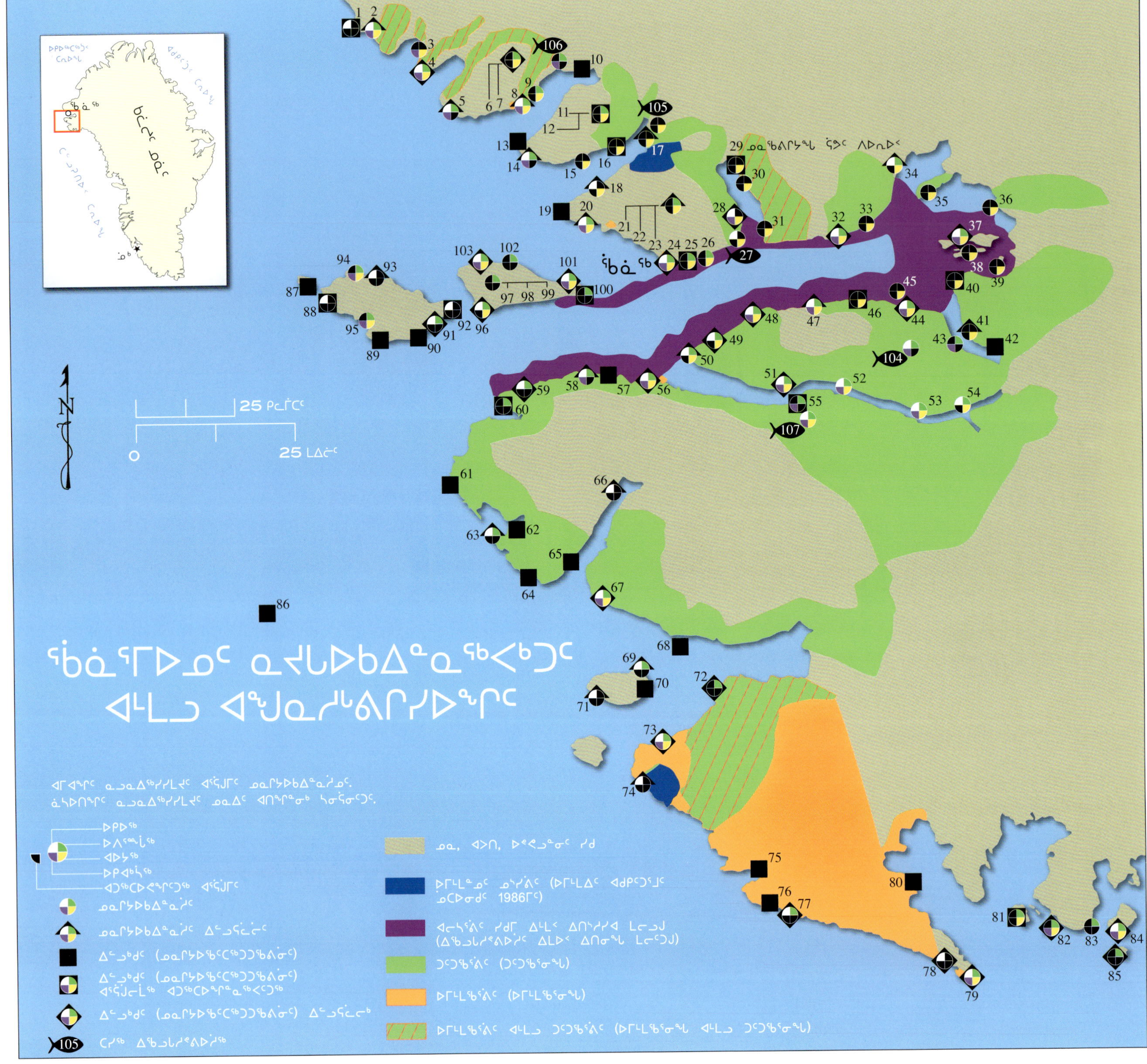

ᑖᒃᑯᐊ ᓄᓇᑖᑦ ᓯᑯᓕᕆᓂᕐᒥᒃ ᐱᓕᕆᔪᑦ, ᓇᓄᓇᐃᖅᓯᒪᔪᖅᑲᐅᖅᑐᖅ ᐃᒡᓕᓂᖅᑲᖅᕕᖏᓐᓂᒃ ᐊᒻᒪᓗ ᑕᕐᒦᖅᕕᐅᓚᔪᒃᑐᓂᒃ ᐊᖑᓇᓱᕐᓂᖅ ᐊᑐᖅᑐᒍ, ᐊᒻᒪᓗ ᓂᖅᑭᒃᓴᖅᓯᐅᖅᕖᑦ ᐊᒻᒪᓗ ᑕᒪᒃᑯᐊ ᐊᑐᖅᑕᐅᖅᑲᑦᑕᖅᓯᒪᓪᓗᑎᒃ ᐅᐊᑦᑎᐊᕈᐊᓗᓂᑦ. ᑕᒪᒃᑯᐊ ᐅᐸᒃᑕᐅᖅᑲᑦᑕᖅᑐᑦ ᐱᔾᔪᑎᖅᑲᐅᑦᑎᐊᖅᒪᑦ, ᐊᑎᖅᑲᐅᖅᑐᑎᒃ (ᑕᐃᒪᐃᖑᔭᐃᓐᓇᐸᓗᒃᑐᑦ), ᐊᒻᒪᓗ ᐊᑐᖅᑕᐅᔪᓐᓇᖅᑲᑦᑕᖅᑐᑎᒃ ᐊᖅᖄᒍᒥ ᖃᖓᑐᐃᓐᓇᑦᑎᐊᒃᑯᑦ ᐅᕝᕙᓘᓐᓃᑦ ᐊᖅᖄᒍᑦ ᐃᓚᐃᓐᓇᖅᓱᐊᖑᑎᒍᑦ. ᑕᒪᒃᑯᐊ ᓄᓇᐃᑦ ᐊᑦᑎᖅᑐᖅᓯᒪᔪᑦ ᓇᒦᔭᔪᖕᒋᑦ ᐊᖑᓇᓱᒡᕕᑦᑎᐊᕈᓪᓗᑎᒃ, ᐅᖅᑯᐊᖅᑕᖅᑲᐅᖅᑐᑎᒃ ᐅᕝᕙᓘᓐᓃᑦ ᒪᓂᖅᑲᖅᑕᖅᑲᖕᒋᓐᓂᐅᑦᓗᑎᒃ, ᐅᕝᕙᓘᓐᓃᑦ ᐱᔾᔪᑎᖅᑲᓪᓚᑦᑖᖅᑐᑎᒃ ᐅᕝᕙᓘᓐᓃᑦ ᐅᐊᑦᑎᐊᕈᖅᓂᓴᓂᒃ ᐱᔾᔪᑎᖅᑲᐅᖅᑐᑎᒃ ᐃᓄᖕᓄᑦ ᓄᓇᓕᖕᓄᑦ. ᖄᓈᖅᒥ, ᓯᓂᒃᑕᖅᕕᐅᔪᓐᓇᖅᑐᑦ ᓯᐅᔭᖕᒪᓂᑦᑑᑕᐅᖕᒪᑦ, ᑕᒪᒃᑯᐊ ᐊᖑᓇᓱᒃᑎᓄᑦ ᓂᖅᑭᒃᓴᖅᓯᐅᖅᕕᒋᔭᐅᔪᓐᓇᖅᑐᑦ ᓯᑯᒥᒃ ᓄᓇᒥᑦ ᓅᓐᓂᑦ.

ᖄᓈᕐᒥᐅᑦ ᐊᐅᓪᓚᕐᕕᒋᓲᖏᑦ ᐊᒻᒪᓗ ᐱᓇᓱᒡᕕᒋᓯᐅᖏᑦ

ᓈᓴᐅᓯᖅᓯᖅᓯᒪᔪᑦ ᐊᑎᖏᑦ ᒪᓕᒃᑐᒋᑦ ᓄᓇᙳᐊᕐᒥᑦ	ᐊᑎᖓ	ᐃᑦᓗᕋᓛᖅᑕᓕᒃ	ᐅᐊᑦᑎᐊᕈᓂᒃ ᐊᑐᖅᑕᐅᕙᑦᑐᕕᓂᖅ ᓄᓇ/ᓇᔪᒐᓇᔭᐅᑦᑐᓂ	ᐅᑭᐅᖅ	ᐅᑭᐊᒃᓵᖅ	ᐅᐱᕐᖔᖅ	ᐊᐅᔭᖅ
1	PITORAARV"VIUP KARRA		·	·			
2	PITORARRV"VIK	·		·	·	·	·
3	NEQIP ID"DLUA (UMIATSIALIVIK)				·		·
4	NEQI	·	·	·	·	·	·
5	KUUGAERUT	·		·	·	·	
6	IKD"DLULUARRUIT	·	·			·	·
7	ATIKERD"DLOQ	·	·			·	·
8	SIORAPALUK	·		·	·	·	·
9	APPALERRUUT					·	·
10	PATAK		·				
11	KUUGARRAAQ		·			·	·
12	KUUKKAT		·			·	·
13	KANGEQ		·				
14	UMIIVIK	·		·	·	·	
15	NUUGGUAQ (NUUSSUAQ)						·
16	IKD"DLUT (ILLUT)		·				·
17	ITERD"DLAGGUUP QINNGUA (KUUGGUAQ)	·					·
18	QAD"DLUUHARRAAKKOORIAQ	·		·			·
19	INNARMIUT		·				
20	HIORARTOOQ	·		·	·	·	·
21	QAD"DLUUHAT	·				·	·
22	IKKARD"DLORTOOQ	·				·	·
23	NUUGGUAQ	·				·	·
24	QAANAAQ	·	·	·	·	·	·
25	INERRUSSAT		·			·	·
26	INERRUSSAT KANGID"DLIIT					·	·
27	KOORUPALUK (KANGERLUARSUUP PAAVANI)			·			·
28	KANGERD"DLUARRUK	·	·	·	·		·
29	ID"DLOQARV"VIGGIAQ		ᙯᕗᑦ ᐱᐅᓇᐅᑉ ᐃᑦᓗᕋᓛᖅᑲᖅᕕᖓ				·
30	QILALUGARTUUPALUK						·
31	KOORUPALUK (KANGERLUARSUUP AKIANI)						·
32	QUINIHUT	·	·	·	·	·	·
33	IIHAANNGUUP NUNAA						·
34	PAURNGARRIIT	·		·		·	·
35	QIKERTAARRUUHARRAQ						·

ᕐᑳᓈᕐᒥᐅᑦ ᐊᐅᓪᓚᕐᕕᒋᓲᖏᑦ ᐊᒻᒪᓗ ᐱᓇᓱᒡᕕᒋᓯᐅᖏᑦ

ᓈᓴᐅᓯᖅᓯᖅᓯᒪᔪᑦ ᐊᑎᖏᑦ ᒪᓕᒃᑐᒋᑦ ᓄᓇᙳᐊᕐᒥᑦ	ᐊᑎᖓ	ᐃᑦᑐᕋᓛᖅᑕᓕᒃ	ᐅᐊᑦᑎᐊᕈᓂᒃ ᐊᑐᖅᑕᐅᕙᑦᑐᕕᓂᖅ ᓄᓇ/ᓇᔪᒐᕆᔭᐅᑦᑐᓂ	ᐅᑭᐅᖅ	ᐅᑭᐊᒃᓵᖅ	ᐅᐱᕐᖔᖅ	ᐊᐅᔭᖅ
36	QAKUJAARRAAQ						·
37	QIKERTAT	·	·	·	·	·	·
38	QIKERTAARRUGGUAQ						·
39	QUIHAQQIHAAQ						·
40	NUNATARRAAQ		·				·
41	QUNGAHISSAT	·					·
42	QUMANGAAPIUP NUNAA		·				
43	MAJORIAQ				·	·	
44	KANGERD"DLUGGUAQ	·	·	·	·	·	·
45	QIMMIUNEQARV"VIK						·
46	NUTAAT		·				·
47	HIUNNARTALIK	·		·	·	·	·
48	TIKERAUHAQ	·	·	·	·	·	·
49	NARRAQ 1	·	·	·	·	·	·
50	KANGEQ	·		·	·	·	·
51	IHU	·	·	·	·	·	·
52	KUUGGUAQ			·	·	·	·
53	QINGARTUHAUSSUAQ			·	·	·	·
54	MAJORIAQ			·		·	·
55	QAQQARRAAQ		·		·	·	
56	ITUD"DLEQ - INERRUSSAT	·	·	·	·	·	·
57	UJARAHUGGUK		·				
58	MIHUUMAHUT	·		·	·	·	
59	NARRAQ	·	·	·		·	
60	NATSILIVIK		·			·	
61	KANGAARRUGGUAQ		·				
62	IGANNAP QINNGUA		·				
63	IGANNAQ	·		·		·	
64	NUUD"DLIIT		·				
65	UD"DLIHAUTINNGIAQ		·				
66	ITERD"DLAGGUUP QINNGUA	·		·			
67	MORIUHAQ	·	·	·	·	·	·
68	QIKERTAARRUIT		·				
69	UMIIVIK	·		·		·	
70	IKD"DLULUARRUNNGUIT		·				
71	INERRUSSAT	·		·			
72	UUMMANNAQ	·	·			·	
73	NARRAARRUK	·	·	·	·	·	·

ᖃᓈᕐᒥᐅᑦ ᐊᐅᓪᓚᕐᕕᒋᓲᖏᑦ ᐊᒻᒪᓗ ᐱᓇᓱᒃᕕᒋᔭᐅᖏᑦ

ᓈᓴᐅᓯᖅᓯᖅᓯᒪᔪᑦ ᐊᑎᖏᑦ ᒪᓂᒃᑐᑦ ᓄᓇᙳᐊᕐᒥᑦ	ᐊᑎᖓ	ᐃᓪᓗᕋᓛᖅᑕᓂᒃ	ᐅᐊᑦᑎᐊᕈᓂᒃ ᐊᑐᖅᑕᐅᕙᑦᑐᕕᓂᖅ ᓄᓇ/ᓇᔪᒪᓇᔭᐅᓪᓗᓂ	ᐅᑭᐅᖅ	ᐅᑭᐊᒃᓵᖅ	ᐅᐱᕐᙵᖅ	ᐊᐅᔭᖅ
74	QUARAUTIT	.		.			
75	ISSUIGGOQ		.				
76	APPAT		.				
77	HUKKAT	.	.	.		.	
78	NIAQORNAARRUK	.	.	.			
79	INNAANGANEQ	.	.	.	.	.	.
80	PUIHILIK		.				
81	QIKERTAT		.			.	.
82	QIKERTAPALUK	.	.		.	.	.
83	AKULIARUHEQ					.	
84	SAVIGGIVIK (SAVISSIVIK)	.	.	.	.	.	.
85	HAD"DLEQ	.	.			.	
86	KITSIGGUT		.				
87	AKPAARRUIT		.				
88	QANGAKTAT		.	.			
89	UPERNGAVIGGIAQ		.				
90	QAGGIHALIK		.				
91	KIATAK	.	.	.		.	
92	ID"DLERNAARRUK		.	.			
93	UJARAGGUK	.		.			
94	UMIASSIALIVIK				.	.	.
95	IHUSSIP UMIATSIALIVIA				.	.	.
96	ULUGGAT	.	.	.		.	.
97	KUUGARRAAQ					.	
98	KUUGAPALUK					.	
99	AVATARPAUHAT					.	
100	NUUPALUK		.			.	
101	QIKERTARSUAQ	.	.	.	.	.	.
102	KINGINNEQ					.	
103	KUUGARRAAQ	.	.	.	.	.	.
104	KANGERD"DLUGGUUP TAHERRIANGA			.	.	.	
105	ITERD"DLAGGUUP TAHIA						.
106	IKINERUP TAHIA	ᑕᓰᑦ ᐃᖃᓗᒐᓱᖕᕕᐅᖃᑦᑕᖅᑐᑦ ᐃᓄᖕᓂᑦ ᓯᑯᒃᑯᑦ ᐅᑭᐊᒃᓵᒃᑯᑦ ᐅᐱᕐᙵᒃᑯᓪᓗ					
107	QAQQARRUUP TAHIA	ᑕᓰᑦ ᐃᖃᓗᒐᓱᖕᕕᐅᖃᑦᑕᖅᑐᑦ ᐃᓄᖕᓂᑦ ᓯᑯᒃᑯᑦ ᐅᑭᐊᒃᓵᒃᑯᑦ ᐅᐱᕐᙵᒃᑯᓪᓗ					

■ ᐃᖃᓗᒐᓱᖕᕕᐅᓰᑦ

ᔪᐃᓕ ᓴᙳᓴ

ᑎᖕᒥᐊᖅᑕᑦᑕᕐᑐᓂ, ᐃᒪᕐᒥᐅᑕᓂᒃ, ᐱᓱᒃᑎᓂᑦ, ᐊᒻᒪᓗ ᐃᖅᑲᓗᒐᓱᒃᐸᒃᑐᓂ ᐃᓅᓯᑦᑎᓐᓂ ᐊᑐᖅᑐᑎᒍᑦ ᐃᓅᔪᒐᒍᑦ ᓇᒥᑐᐃᓐᓇᑦᑎᐊᕐᓗ ᓄᓇᖅᖄᐸᒃᑐᑕ. ᓇᒧᑐᐃᓐᓇᑦᑎᐊᖅ ᐃᖏᕐᕋᖅᑕᑦᑕᔪᒐᒍᑦ ᕿᒨᒃᓱᒃᑯᑦ. ᐅᖅᑳᓱᖅᑕᖅᑳᔪᒐᖅ ᐊᑐᖅᑕᐅᖅᑕᑦᑕᖅᑐᓂᒃ ᑖᒃᑯᓄᖓ ᐊᖑᓇᓱᒃᑎᒨᑦ ᕿᒻᒥᒥᓄᑦᓗ ᓂᕐᔪᑎᑦ ᐊᔾᔨᖑᕆᑦᑐᖅ ᐊᖑᓇᓱᒃᑕᐅᖅᑕᑦᑕᖅᑐᑎᒃ ᐊᖑᓇᓱᒃᑎᒨᑦ. ᕿᒻᒦᑦ ᑎᑭᐅᑎᖅᑕᑦᑕᔪᖕᒪᑕ ᐊᑐᓂᑦ ᓂᕐᔪᑎᓄᑦ ᐊᔾᔩᖕᕆᑦᑐᓂᒃ ᐊᑐᓂᑦ ᐃᓕᖅᑯᓯᖅᑳᐅᖅᑕᑦᑕᖅᑐᑎᒃ ᐊᑐᓂᑦ ᓂᕐᔪᑏᑦ. ᐊᑐᓂᑦᑕᐅᖅ ᓂᕐᔪᑏᑦ ᐸᖓᓚᖑᔪᑦ/ᒪᓕᒃᑕᐅᔪᑦ ᐃᒃᐱᖓᓇᐅᑎᖅᑳᔪᖕᒥᖕᒪᑕ ᖁᕕᐊᓇᑦᑎᐊᕐᑐᑎᒃ ᑕᒪᒃᑯ ᑰᑕᐃᑦ ᐋᖅᑭᒃᑕᐅᓚᐅᖅᑎᓇᓕᑦ.

ᓇᑦᑎᕋᓱᖅᑕᑦᑕᔪᔪᑦ ᕿᒧᒃᓯᒃᑯᑦ, ᐃᓖᒃ ᐃᖏᕐᕋᑐᐃᓐᓇᖅᑕᑦᑕᔪᖕᒋᑦᑐᒍᑦ ᐅᕙᙱᑦ ᐃᒥᑦ ᐃᖏᕋᓯᒍᑦᑕ ᐃᑯᖓ ᐲᒧᑦ ᐅᐸᒍᑎᓂᐊᖅᑐᒍᑦ. ᓇᔪᖅᑕᑦᑕ ᖃᓂᕆᔭᖕᕆᓐᓂ ᐊᖑᓇᓱᖅᑕᑦᑕᔪᔪᑦ ᓇᓄᓚᓱᒃᑐᑕ ᓇᑦᑎᕋᓱᒃᑐᑕᓘᓐᓃᑦ ᑕᐃᓖᒃ ᓱᓕ ᐊᖑᓇᓱᖕᓂᕐᓂᒃ ᐊᑐᖅᑕᑦᑕᔪᒐᒍᑦ. ᕿᒻᒦᑦ ᓇᑎᐅᖅᓴᖅᑕᑦᑕᓚᐅᖅᓯᒪᕗᑦ ᐊᒡᓗᓄᑦ ᐊᒡᓗᓯᐅᖅᑐᑕ (ᓇᑦᑏᑦ ᐊᒡᓗᖏᓐᓄᑦ) ᐸᒦᓪᓗᑎᒃ ᐅᕝᕙᓘᓐᓃᑦ ᐸᒦᖕᕆᒃᑲᓗᐊᖅᑐᑎᒃ ᐃᒃᐱᕆᓂᕐᒥᒃᑕᐅᖅ ᐊᑐᕐᒥᒐᒥᒃ ᑕᑯᒃᓴᐅᓂᕐᒥᑦ ᖃᓄᑐᐃᓐᓇᐅᖅᑕᑦᑕᓚᐅᖅᓯᒪᔪᑦ ᖃᐅᑕᒫᑦ ᐱᓕᕆᐊᒥᑎᒍᑦ. ᖃᖓᒍᑐᐃᓐᓇᒃᑯᑦ ᐊᒡᓗᒥᒃ ᓇᐃᓴᕌᖓᒥᒃ, ᓇᕆᐊᖅᑐᑎᒃ ᐸᖓᓕᒃᓯᖅᑕᑦᑕᓚᐅᖅᓯᒪᕗᑦ ᐊᒻᒪᓗ ᐋᑕᑕᒐ ᐃᒪᐃᓕᐅᓕᖅᑕᑦᑕᓚᐅᖅᓯᒪᔪᖅ, "Hᐊᑦ, Hᐊᑦ, Hᐊᑦ, Hᐊ, ᓚ, ᓚ, ᓚ, ᓚ, ᓚ, ᓚ" ᐊᒡᓗᒥᒃ ᓇᓂᓯᑎᑦᑎᓇᓱᒃᑐᓂ. ᐊᒡᓗ ᖃᒡᓕᔭᑯᓗᕆᔭᕌᖓᑦᑎᒍᑦ, ᐋᑕᑕ ᓴᓂᕌᓄᑦ ᕿᒻᒦᑦ ᓴᙳᓴᓕᖅᐸᒃᑐᓂᕆᑦ ᐊᒻᒪᓗ ᐊᒡᓘᑦ ᐅᖅᑯᖓᖕᒐᖕᒐᒎᓕᖅᐸᒃᑐᑕ, ᐃᑖᒃ ᓇᐃᒪᓇᖕᕆᑦᑐᒃᑯᑦ.

ᐃᑖᓐᓂᑦ ᐊᑖᑕᒍᑦ ᖃᖅᑲᓕᐊᖅᑕᑦᑕᓚᐅᖅᓯᒪᖕᒪᑦ (ᖁᑦᑎᖕᓂᖅᓴᒧᑦ ᖄᖓᓅᖅᑐᓂ ᐅᔭᕋᐅᑉ ᖄᖓᓄᑦ ᓅᓇᒥ, ᐅᕝᕙᓘᓐᓃᑦ ᐱᖅᑲᓗᔭᐅᑦ ᖄᖓᓄᑦ ᑕᑯᓇᓱᑦᑎᐊᖅᕚᒃᓴᓄᑦ) ᕿᒥᕿᕈᓂᐊᕐᒥᐅᒃ ᑕᒪᓇ ᐅᔭᐅᒪᑦᑎᐊᖅᑕᖓ ᓂᕐᔪᑎᓂᒃ ᑭᓱᑐᐃᓐᓇᕐᓂᒃ ᑕᑯᒃᓴᐅᔪᖅᒪᖕᒋᑦ. ᓇᓄᕐᒥᒃ ᑕᑯᒍᑎᒃ, ᐅᑎᓕᕌᖓᒥᒃ ᕿᒻᒥᓄᑦ ᑐᐊᕝᕙᖅᑕᐃᓕᒪᖅᑕᑦᑕᓚᐅᖅᓯᒪᔪᑦ, ᐅᕙᓘᓐᓀᑦ ᐅᖅᑲᐅᑎᕆᖕᕆᓪᓗᒍ ᕿᒻᒥᑦ ᖃᓂᕆᓭᓂ, ᕿᒻᒥᑦ ᖃᐅᓵᒪᓂᐊᖕᕆᒻᒪᑕ ᓇᓄᕐᒥᒃ ᑕᑯᓯᒪᖕᒪᖕᒏᑦ. ᐊᒥᓱᐊᖅᑎᖅᑐᓂ, ᕿᒻᒥᑦ ᖃᐅᔨᖅᑕᑦᑕᓚᐅᖅᓯᒪᔪᑦ ᖃᓄᐃᒻᒪᖕᒏᑦ, ᐊᑖᑦᑎᓐᓂᖅᑲᐃ ᐃᒃᐱᕆᓴᓇᓕᖅᑕᖕᖓᓂᑦ, ᐊᒻᒪᓗ ᑕᕙ

ᕿᒻᒦᑦ ᑲᖏᑕᒃᓕᖅᑐᑎᒃ.

ᐃᒪᐃᖅᑕᑦᑕᓚᐅᓯᒪᕆᕗᖅ ᕿᒻᒦᑦ ᓇᓅᑦ ᑐᒥᖏᓐᓂᒃ ᓇᐃᑦᑐᑎᒃ, ᐅᕙᓘᓐᓀᑦ ᓇᓄᕐᒥᒃ. ᓇᐃᒪᓕᕌᖓᒥᒃ ᐃᓕᖅᑯᓯᑐᖅᑲᙱᕆᑕᒥᓂᒃ ᕿᒻᒦᑦ ᐃᓕᖅᑯᓯᖅᑲᓕᖅᑕᑦᑕᓚᐅᖅᓯᒪᔪᑦ. ᕿᒻᒥᑦ ᓇᓅᑦ ᑐᒥᖏᓐᓄᑦ ᑎᑭᐅᑎᒐᒥᒃ, ᐊᕙᓚᐅᕋᖅᑐᑎᒃ, ᐊᒻᒪᓗ ᐋᑕᑕ ᓄᖅᑲᖅᑎᑦᑐᓂᕆᑦ ᑐᒦᑦ ᕿᒥᕐᕈᐊᕐᓂᐊᕋᒥᒋᑦ ᖃᓄᑎᕆ ᓄᑕᐅᑎᕆᖕᒪᖕᒐᑦ, ᐅᕙᓘᓐᓀᑦ ᓇᓕᐊᖕᓄᑦ ᓇᓄᖅ ᐱᓱᖕᓂᕐᒪᖕᒏᑦ.

ᐊᖑᓇᓱᒍᑎᑭᔭᐅᖅᑕᑦᑕᖅᑐᑦ ᕿᒻᒥᑦ ᐃᓕᙱᑎᐊᓕᐊᖅᑐᑎᒡᓗ, ᑖᕙ ᕿᒻᒦᑦ ᓈᓚᑦᑎᐊᕆᐊᖅᑲᓕᖅᑕᐅᖅᑐᑦ ᐃᓄᖕᒥᓂᒃ ᐊᓯᒃᑲᓂᐅᓗᑎᒃ ᖃᖕᖏᑕᒃᑲᐅᑎᓕᖅᑕᖕᖓᒥᒃ ᑲᖕᕿᓯᐊᓕᕐᒥᒃ ᑲᖕᕿᑦᑕᒃᐸᓪᓕᐊᓪᓗᑎᒡᓗ. ᕿᓚᒥᑯᓗᒃ ᖃᐅᔨᓴᒃᑲᓂᖅᑐᓂᕆᑦ ᑕᒪᒃᑯᐊ ᑐᒦᑦ ᖃᓄᐃᑑᓪᓚᖕᒪᖕᒏᑕ ᐊᒻᒪᓗ ᓇᓕᐊᖕᓅᕐᓂᕐᒪᖕᒏᓪᓗ ᑕᐃᓇ ᓇᓄᖅ, ᑐᔅᓴᐃᕆᐊᕐᓂᖕᒐᑦ ᑕᕝᕙ ᐱᕆᐊᓯᒐᖅ. ᓱᒃᓴᖅᑎᐅᑦ ᐊᐅᓪᓚᖅᓴᖅᐸᐃᑦ ᓇᓅᑦ ᐱᓱᖕᓂᕕᓂᖓᑕ ᒥᒃᓵᓄᑦ ᓲᖅᑲᐃᒻᒪ ᕿᒻᒦᑦ ᖃᐅᔫᓇᖕᕆᒪᑕ ᓇᓕᐊᖕᓄᑦ ᓄᓅᖅ ᐅᐸᒍᑎᕙᓪᓕᐊᓂᕐᒪᖕᒏᑦ.

ᐋᑕᑕ ᓱᒃᓴᕐᓂᕆᕙᒃᑕᓂ ᓱᓕ ᐊᑐᖅᐸᐃᑦ, ᑭᓱᐊᓂ ᓂᐱᓂ ᐊᓱᕈᖅᐹ ᓇᓄᕐᒥᒃ ᑐᔅᓴᐃᓕᕐᑦ. ᐋᑕᑕ ᑲᑕᒃᑕᐃᓕᕐᑯᓪᓗᓂᖓ ᐅᖅᑲᐅᑎᖕᒪᖓ ᓇᕿᑕᕈᒻᒧᑦ ᑎᒍᒥᐊᕐᑯᓪᓗᓂᖓ ᕿᓱᑐᐃᓐᓇᕐᓂᒃ ᓇᕿᑕᕆᓯᒪᔪᓂᒃ ᖃᒨᑎᖕᓂ, ᐱᒃᓯᕐᑯᓇᓂᖓ ᓴᙳᑳᓪᓚᒃᑯᑦᑕ ᐅᕝᕙᓘᓐᓀᑦ ᑎᓯᔪᒧᑦ ᖄᖅᑯᑦᑎᒍᑦᑕ ᓱᑯᒃᑯᑦ. ᑕᕝᕙᓕ ᐃᒪᐃᓱᓐᓈᓇᕋᖓ ᐆᓕᖅᑯᐃᓴᓗᐊᖅᑐᖓ ᐊᒻᒪᓗ ᑐᔅᓴᐃᓂᕐᒧᑦ ᖁᕕᐊᑦᑎᐊᕋᓗᐊᓇᓪᓗᖓ ᑲᑎᑦᑎᔪᖓ ᓇᓄᕐᓅᓐᓂᑦ ᑕᑯᒃᓴᕈᓚᐅᖕᕆᒃᑲᓗᐊᖅᑎᓪᓗᒍ.

ᑕᕝᕙᓕ ᓄᖅᑲᓇᐊᖅᑲᑲᐃᓐᓇᓚᓪᓗᑕ ᐃᐱᐅᑕᐃᑦ ᐃᓪᓚᐃᕐᓗᕆᑦ, ᕿᒻᒦᑦ ᐃᐱᐅᑕᖕᕆᑦ. ᓄᖅᑲᖕᖓᓂᑦᑎᓐᓂ, ᑕᑯᕆᕙᒃᑲ ᕿᒻᒥᑦᑕᐅᖅ ᐆᓕᕈᔪᖅᑯᐃᕗᖕᒥᔪᑦ ᐅᕝᕙᑐᑦ, ᑕᐃᒪᐃᑦᑐᒃᓴᐅᖕᒥᒐᒥᒃ ᐅᕝᕙᑐᓪᓗᐊᖅ. ᑕᒪᒃᑯᐊ ᐅᕙᓐᓄᑦ ᓇᔫᑎᔪᑦ ᐊᑐᖅᑕᒃᑲ ᖁᕕᐊᓐᓂᓐᓂᒃᑕᐅᖅ ᐊᔾᔭᖅᑲᖕᖏᓐᓂᒐᑦ ᐊᑯᓂᒍᓱᖕᓂᐅᔾᔪᖅᑐᑎᒡᓗ, ᐊᑐᖅᑕᒪ ᖁᕕᐊᓱᖕᓂᕐᒥᒃ ᐊᔾᔨᕆᔭᖅᙲᕆᓚᑦ, ᖃᐅᑕᒫᑦᑕᐅᖅ ᐊᑐᖅᑕᑦᑕᖕᕆᑦᑎᐊᕐᒥᔭᒃᑲ.

ᐃᐲᑕᐅᓯᒪᔪᖅ ᑐᔅᓴᐃᔪᖅ ᑖᒃᑯᓈᙱᑦ ᕿᒻᒥᓂᑦ. ᐋᑕᑕ ᓱᒃᓴᕐᓂᒃᑯᑦ ᕿᒻᒦᑦ ᖃᐅᔨᒪᑎᑉᐸᐃᑦ ᑕᐃᓇ ᐃᐲᓯᒪᔪᖅ ᒪᓕᒃᑕᐅᖁᑦᑐᓂᐅᒃ ᓇᓄᖅ ᑐᔅᓴᖅᑕᐅᖕᕆᓪᓗᓂ, ᓱᒃᓴᕐᓂᕐᒥᒍ ᓂᐱᖓ ᐊᔾᔨᖕᕆᒻᒪᒍ ᖃᖓᑐᐃᓐᓇᒃᑯᑦᑕᐅᖅ ᐊᑐᖅᑕᖕᕆᒻᒥᔭᓂ ᐃᖏᕋᓪᓗᑕ.

ᑕᑯᕋᐅᓪᓗᓂ ᐃᐋᑕᐅᓯᒪᔪᖅ ᓇᒨᕚᐅᖕᒪᖕᒫᑦ, ᕿᒻᒥᖅ ᑕᐃᓐᓇ ᒪᓕᒃᑐᑎᒍᑦ ᕿᒻᒥᕗᑦ ᓇᑯᐊᖑᖕᒪᑕ ᐊᒻᒪᓗ ᑕᐃᒫᒃᑕᐅᖅ ᐃᒃᐱᒍᓱᖕᒥᒐᑦᑕ. ᐃᖏᕐᕋᓂᑦᑎᒍᑦ ᓱᒃᑲᐃᖅᑯᐃᓲᒪᓇᓕᖅᑐᑕ ᓇᓄᕐᒧᑦ ᑎᑭᐅᑎᔪᒪᒧᑦ ᒫᓐᓇᑦᑎᐊᖅ.

ᑭᐅᒐᓗᐊᖅᐸᕋ ᐅᕐᑲᐅᓯᕐᒥᒍᑦ ᓯᓕᑦᑎᐊᖅᑎᓪᓗᒍ ᑭᓯᐊᓂ ᓂᐱᑦᑎᐊᕙᐅᖅᑯᐃᓱᖕᒋᓂᓐᓄᑦ ᓂᓪᓕᖅᐳᖓ, ᑭᐅᑦᑎᐊᖅᑐᒍ ᓯᓕᔪᖅᓴᕐᓂᕋ ᐊᑐᖅᑐᒍ, ᑲᑉᐱᐊᓱᒃᐸᓕᑦᑎᑦᑕᐃᓕᒪᓪᓗᖓ.

ᐊᑖᑕᒐ ᐃᒪᐃᓕᐅᓕᖅᑐᓂ, ᕈᐃᒃ, ᕈᐃᒃ, ᕈᐃᒃ, ᑯᐃᔅᔅᔅᔅ, ᑯᐃᔅᔅᔅᔅ, (ᑲᖏᔮᕆᓕᖅᑐᓂ ᐅᖃᐅᔾᔪᖏᑦ ᑕᐃᑲ ᓇᓄᖅ ᐊᑏ ᐊᖑᓚᕗᑦ). ᕿᒻᒥᓕᒫᑦᑎᐊᑦ ᐃᓄᖕᒥᓄᑦ ᕿᕝᕙᐊᑲᐃᓐᓇᖅᑐᑎᒃ ᑖᕝᕙᓕ, ᐸᒥᐅᖕᒋᑦ ᐃᓯᕝᕕᑦᑎᐊᖅᑐᑎᒃ ᑐᑭᒧᑦ ᐊᑖᑕᒐ ᑕᑯᕋᐅᖕᒪ ᑖᒃᑯᓈᖓᓕᒫᖅ ᐸᖓᓕᒃᑲᒥᒃ.ᕿᒻᒥᑦ ᓯᕗᒧᑦ ᓵᒃᑲᒥᒃ, ᓱᒃᑳᓪᓚᑦᑎᐊᕐᑐᐃᓇᐅᓂᖏᓪᓗ ᐃᒃᐱᖕᓇᖅᓯᑦᑎᐊᖅᑐᑎ ᓱᒃᑲᓕᔪᒥᒃ ᐸᖓᓕᒃᓯᕗᑦ, ᓯᐅᑎᖏᑦ ᑎᒃᑯᐊᖅᑐᑎᒃ ᐊᒻᒪᓗ ᐸᒥᐅᖏᑦ ᓯᓚᒻᒧᓪᓗᐊᖅ ᑎᒃᑯᐊᖅᑐᑎᒃ ᐊᑖᑕᒪ ᑲᖏᔮᕐᒪᒋᒃ. ᑲᖏᔮᖅᑕᐅᒐᒥᒃ ᐃᔅᓴᒃᑐᑎᑐᑦ ᑕᑯᕋᐅᓂᖏᑦ ᐅᔾᔨᕐᓇᖅᐳᑦ, ᐅᕙᖓᓗᑦᑕᐅᖅ ᐱᖃᓯᐅᑎᒋᓪᓗᖓ. ᑲᖏᓱᐊᑎᑦᑎᑎᓪᓗᒍ ᐃᒃᐱᖕᓇᖅᐳᖅ ᕿᔪᒃᓯᓕᒫᒧᑦ, ᐱᖃᓯᐅᑎᓪᓗᖓ. ᑐᓄᓱᖕᒪ ᓄᔭᖕᒋᑦ ᖁᒻᒨᖅᑯᐃᔾᓗᑎᑦ, ᐊᒻᒪᓗ ᑎᒥᓕᒫᕋᔫᓐᓃᑦ ᐃᒃᐱᖕᓂᖅᑐᐃᓐᓇᐅᓪᓗᓂ ᐃᔅᓴᖅᑯᐃᔾᓗᓂ ᓲᕐᓗ ᒪᓐᓇ ᓴᔪᐸᓪᓚᒃᑐᖅ. ᐃᒃᐱᒍᓱᖕᓂᖅ ᐊᔾᔨᖃᖏᓚᖅ ᐊᒻᒪᓗ ᐱᑕᖃᖅᑯᐃᔾᓇᓂ ᐊᔾᔨᖓᓂᒃ ᖁᕝᕙᐊᓐᓂᖅ ᑲᖖᖏᑦᑎᐊᖅᑐᓂ ᓇᓐᓄᒐᓱᖕᓂᕐᒥ.

"ᐊᖑᓇᓱᓚᐅᕋᑦᑕ ᑕᒫᓂᕈᔪᒃ, ᐊᒻᒪᓗ ᓇᓄᐃᑦ ᓇᑦᑎᕋᓱᓲᖑᖕᒪᑕ ᐅᕝᕕᑦᑐᑦᑎᐊᖅᑕᐅᖅ"

ᓴᔪᒃᑐᖓ ᓇᕿᑕᕈᑎᒧᑦ ᓇᔪᖕᒥᓪᓗᖓ ᑕᐃᒫᒃ ᐊᑖᑕᒐ ᐅᖃᐅᑎᖅᑲᐅᖕᒪᖓ ᓇᔪᖕᒥᖁᓪᓗᓂᖓ ᐊᒻᒪᓗ ᑕᑯᓪᓗᑎᒍᑦ ᐃᐲᖕᖔᖅᑐᖅ ᓇᓄᕐᒥᒃ ᓱᓕ ᐸᖓᓛᓕᒃ. ᑭᓱᑐᐃᓐᓇᑦᑎᐊᑦ ᐅᔾᔨᕐᓇᑦᑎᐊᖅᑯᐃᔭᓕᖅᑐᑎᒃ ᑕᐃᒫᒃ ᐃᖏᕐᕋᓂᑦᑎᓐᓂ. ᐊᑖᑕᒐ ᕿᕕᐊᓚᐅᖅᐸᒃᑐᓂᖓ ᖁᖓᒃᐸᒃᑐᓂᖓ, ᖃᐅᔨᓵᓇᓯᓐᓈᕐᕋᒥᖓ ᖃᓄᐃᖏᒃᑲᓗᐊᕐᒪᖔᕐᒪ ᑕᐃᒫᒃ ᐃᑭᒪᓪᓗᖓ. ᐃᐲᖕᖔᖅᑐᖅ ᓇᓄᕐᒧᑦ ᐊᖕᒍᑎᖅᑯᐃᔭᓪᓗᓂ, ᓇᓄᖅ ᓴᓐᓂᕐᒪᑦ. ᑕᕝᕙ ᑕᐃᒪ ᐃᒪᐃᒻᒪᑦ ᐃᐲᖕᖔᖅᑑᑦ ᑭᖑᓪᓛᖓᒍᑦ ᑮᖕᒪᒍ ᓄᖅᑲᖅᑎᑉᐹ. ᑕᕝᕙ ᓇᓄᖅ ᖃᓪᓕᕝᕙᓪᓕᐊᓂᖅᓴᓇᓕᖅᐸᕗᑦ ᕿᓚᒻᒥᐅᓂᖅᓴᖅ ᐊᒻᒪᓗ ᕿᒻᒥᐅᑦ ᓄᖅᑲᖓᑎᓕᕐᒪᒍ. ᑕᕝᕙ ᐸᖓᒡᒍᔾᔨᓚᑦᑕ ᓇᓄᖅᓯᓪᓗᑕ, ᑑᓴᔭᑐᐊᓇᓕᖅᑕᕋ ᖃᒧᑎᐅᑦ ᑲᓕᕐᕌᕐᓂᖏᒃ ᐹᑲᖅᑕᕐᓂᖅᐳᑦᑐ ᑐᓴᖅᓴᐅᔫᓕᖅᑐᑎᒃ. ᕿᐅᖏᑦᑎᐊᕐᕆᓗᐊᖅᑐᖓ, ᑭᓯᐊᓂ ᐆᓚᖅᑯᐃᓐᓇᖅᑐᖓ.

ᓇᓄᖅ ᖃᓪᓕᕝᕙᓪᓕᐊᒪᑦᑎᒍᑦ ᑖᒃᑯᐊᒃ ᐃᐲᖕᖔᖅᑐᕐᓗ, ᑕᕝᕙᓕ ᕿᒻᒥᖅ ᑐᓴᖅᓴᐅᓕᖅᑐᓂ ᕿᒻᒥᖅ ᐅᓇᒃᑎᖅᑐᖅ. ᐊᑖᑕᒐ ᐃᐲᑦᑎᒃᑲᓐᓂᕆᑦᑐᓂ ᕿᒻᒦᑦ ᐃᓚᖏᓐᓂᒃ, ᑕᐃᒫᒃ ᓱᓕ ᐸᖓᒡᒍᔾᔨᓇᖅᑐᒍᑦ ᓱᒃᑲᐃᓪᓕᕝᕕᓪᓚᖏᑦᑎᐊᖅᑐᒍᑦ. ᑕᕝᕙᓕ ᓄᖅᑲᑕᐃᓐᓇᖅᑐᓄᒃ, ᖃᓪᓕᑐᐊᖅᑐᑎᒍᒃ ᓇᓄᖅ ᐅᕙᖓᑕ ᐃᒃᐱᒋᔭᒃᑯᑦ ᐊᑐᖅᑕᒃᑯᑦ. ᓇᓄᖅ ᕿᒻᒥᓂᑦ ᐊᕙᓗᔭᐅᑦᑎᐊᖅᑐᓂ ᕿᒻᒥᓐᓗ ᑐᓴᖅᓴᐅᓂᖏᑦ ᐅᓇᒃᑎᖅᑐᑦ ᐃᖕᖏᖅᐸᓪᓚᑦᑎᖅᑯᐃᔭᓪᓗᑎᒃ, ᕿᒻᒥᑦ ᐅᓇᒃᑎᕐᒪᑕ ᓇᓄᕐᒧᑦ ᓂᐱᖓᑦ ᐊᔾᔨᒋᖏᑦᑎᐊᖅᑐᓂᐅᒃ ᐅᓇᒃᑎᕐᓂᖓᑦᑕ ᕿᓗᒍᓯᓇᕙᒃᑕᕐᒥᑎᒎᖏᑦᑎᐊᕐᑐᑦ. ᕿᒻᒥᕐᒧᑦ ᑭᖑᓪᓛᖓᒍᑦ ᑖᓐᓇ ᓇᓄᖅ ᑮᔭᐅᒐᒥ, ᐃᒡᓗᖓᖓᓄᑦ ᓵᑦᑐᓂ, ᑐᓄᑕᖕᒪᑕ ᑮᖕᒪᓕᕆᓐᓇᑦᑐᓂᐅᒃ ᐃᒡᓗᖓᖓᓂᑦ.

ᑑᓴᓇᓗᐊᖅᑐᐊᓘᔮᖅᑐᒥᒃ ᓂᐱᒃᑭᐊᓘᓐᓗᑎᒃ ᐅᓇᒃᑎᕐᒪᑕ/ᓇᓄᖅ ᐅᓇᔭᐅᖕᒪᑦ, ᓇᓄᕐᓗ ᐱᓕᕆᐊᕆᔭᐅᑦᑎᐊᖅᑐᓂ. ᑕᕝᕙᓕ ᐊᑖᑕᒐ ᓇᓄᖅ ᖁᑭᕐᒪᒍ ᑐᖁᑦᑐᓂᐅᒃ ᓂᐱᖃᖅᑐᖃᖏᑦᑎᐊᓕᖅᑐᓂ. ᑑᓴᔭᖅ ᓯᕙᓂᖅᑯᐃᔨᖕᖔᓕᖅᑐᓂ ᐅᓇᒃᑎᖅᑐᖅᑲᖅᑲᕐᓂᖅᓴᖅ ᕿᓚᒥᕕᒡᔪᐊᑯᓗᒃ ᐃᕐᖕᒌᓐᓇᖅ ᑕᐃᒪᐃᓕᑦᑕᐅᑎᒋᔪᑦ. ᑕᕝᕙ ᑕᐃᒫᒃ ᐱᖕᒪᑦ ᑐᓴᖅᓴᐅᔪᑐᐊᑦᑎᐊᖑᓕᖅᑐᓂ ᕿᒻᒦᑦ ᐊᕐᖓᔫᖅᑭᓐᓂᖏᑦ ᐊᒻᒪᓗ ᐊᐳᒻᒥᒃ ᐅᖁᒻᒥᖅᓯᓚᐅᖅᐸᒃᑐᑎᒃ ᐅᖅᑰᓗᐊᕈᓐᓃᕐᔫᒥᓇᓯᒃᑐᑦ.

ᓇᓄᖅ ᐅᕐᕈᖕᒐᓕᕐᒪᑦ, ᕿᒻᒦᑦ ᐃᓚᖏᓐᓂᑦ ᐅᐸᒃᑕᐅᓪᓗᓂ ᑭᖕᒪᖅᑕᐅᑲᓪᓚᖅᑲᑦᑕᖅᑐᓂ ᐃᒪᐃᖅᑯᐃᔭᓪᓗᑎᒃ ᑮᔭᐅᒃᑲᓐᓂᖅᑲᑦᑕᖅᐳᖅ ᑐᖁᖓᓕᖅᑑᒐᓗᐊᕐᖑᓈ. ᑕᐃᒫᒃ ᑕᕝᕙ ᖃᐅᔨᒪᓇᑦᑎᐊᖅᐳᖅ ᑐᖁᖓᓪᓚᑦᑖᓕᕐᓂᖓᓂᒃ.

ᐊᑖᑕᒐ ᓴᓇᒃᓴᓕᕐᒪᒍ ᓇᓄᕋᐃᖅᐸᓪᓕᐊᓪᓗᓂᐅᒃ ᐆᒻᒪᑎᒐ ᓱᓕ ᐊᒃᓱᒃᑲᓪᓚᒃ ᑎᒍᓕᖅᐳᖅ ᐊᒻᒪᓗ ᕿᓂᒃᑲᓐᓂᓚᐅᖅᐸᑐᖓ ᓱᓕ ᓇᓄᖅᑕᖅᑲᒃᑲᓂᖏᒃᑲᓗᐊᕐᒪᖔᑦ ᖃᓂᒋᔭᑦᑎᓐᓂ. ᐊᑖᑕᒐ ᓂᕿᐊ ᐊᒡᒍᖅᐸᓪᓕᐊᓕᕐᒪᒍ, ᑎᖑᐊ ᐲᕋᒥᐅᒃ ᖃᐅᔨᒪᑦᑎᐊᖅᐹ ᕿᒻᒥᓄᑦ ᐱᔭᐅᖏᒃᑲᓗᐊᕐᒪᖔᑦ ᓂᕆᔭᓴᑦᑎᐊᕙᐅᖏᒻᒪᒡᒎᖅ. ᑕᕝᕙᓕ ᓇᓄᕕᓂᐅᑦ ᐃᓚᖓ ᕿᒥᖅᑯᑎᒋᐊᕐᔮᒃᐹ ᕿᒻᒥᑦ ᐱᓇᓱᒃᑕᒥᓂᒃ ᐱᖕᒪᑕ ᖁᕕᐊᒋᓪᓗᒋᑦ.

ᐊᖏᕐᕋᕐᕋᓐᓄᒃ, ᐊᖑᑎᒋᓇᕈᔪᒃᑐᓂ ᖁᕕᐊᓐᓂᖅ ᐃᓚᒋᓪᓗᒍ, ᓇᓄᕕᓂᖅ ᑐᖅᑯᖅᑕᐅᑦᑎᐊᖅᐳᖅ ᕿᒻᒥᓄᑦ ᐱᔭᐅᔾᔭᐃᖅᑕᐅᓪᓗᓂ. ᐃᒪᐃᓕᖓᖃᑦᑕᔪᔪᖅ ᐊᒃᑲᒃᑯᑎᓐᓄᑦ ᐊᖏᔪᒃᑎᖅᐹᖑᖕᒪᑦ ᓇᓄᕕᓂᕐᒥᒃ ᐱᓯᒪᓕᖅᑐᓂ. ᑕᕝᕙᓕ, ᓄᓇᖃᖅᑐᑎᒍᑦ ᓂᕆᖃᑎᒌᓕᖅᑐᑕ ᓇᓄᕕᓂᕐᒥᒃ, ᐅᓂᒃᑳᕆᔭᐅᓪᓗᓂᓗ ᑕᒪᓐᓇ ᐊᑐᖅᑲᐅᔭᕗᑦ ᓇᓄᖅᓯᓪᓗᓄᒃ.

ᓅᓐᓯ ᓂᐊᑯᒃ ᓚᕕᑦ

ᓯᑯ ᐱᓪᓚᓇᐊᓘᖕᒪᑦ ᑕᒪᒃᑯᓄᖓ ᐆᒪᔪᓄᑦ ᐃᓄᐱᐊᓄᑦ. ᑕᒪᓐᓇ ᓯᑯ ᐱᕕᒃᓴᐅᖅᑲᑦᑕᖅᐳᖅ ᑎᒥᒧᑦ ᐊᑑᑎᖅᑲᑦᑎᐊᖅᑐᓂᒃ ᓂᖅᑭᓂᒃ ᐊᒻᒪᓗ ᐊᓯᖕᒋᑦ ᑕᒪᒃᑯᐊ ᓄᓇᒦᙵᖅᑐᑦ ᐅᑲᐅᓯᑦᑎᐊᖅᓯᒪᓇᖅᑐᑦ ᑎᒥᒧᑦ ᓂᒡᓚᓱᒃᑐᐊᓗᖕᒦᑦᑐᓂ. ᑕᒪᓐᓇ ᓯᑯ ᐊᑭᓕᓇᐊᖅᑲᖕᒋᑦᑎᐊᖅᑐᓂ ᐱᑕᖅᑲᖅᐳᖅ ᐅᕙᑦᑎᓐᓄᑦ ᓂᖅᑭᖅᑲᖅᕕᒋᔭᒍᑦ. ᒑᓯᖅᑲᓇᐊᖅᑲᖅᓂᐅᑦ ᐊᓯᐊᒍᑦ, ᐃᓄᐱᐊᑦ ᑲᖅᖓᖅᓯᐃᑲᑦᑕᖅᐳᑦ/ᓄᐊᑦᑎᖅᑲᑕᖅᐳᑦ ᐊᓐᓄᕌᒃᓴᓂᒃ ᐊᒻᒪᓗ ᐊᒃᑐᐃᑦᑐᓂᒃ ᓂᖅᑭᓂᒃ ᑕᒫᙵᑦ ᓯᑯᒥᑦ. ᐊᖅᑭᐊᕈᖅᐳᑦ ᖃᐅᔨᒪᖅᑲᑦᑕᖅᐳᖅ ᓂᖅᑭᑦ ᓄᑖᖑᑦᑐᑎᒃ ᐱᑕᖅᑲᓕᖅᑎᑦᑐᒍ ᐱᔪᓐᓇᖅᑐᑎᒍᑦᑐ ᖃᖓᑐᐃᓐᓇᒃᑯᑦ ᐊᖅᕿᒎᑦ ᐃᓚᖓᒍᑦ. ᖁᐊᒃᑯᕕᒃᐳᑦ ᓄᓇᒥ ᐃᑐᓕᐅᓯᒪᔪᑦ ᐃᑐᑦᓕᑦᑎᐊᖅᑲᑦᑕᖅᐸᕗᑦ/ᑕᑕᑎᖅᑲᑦᑕᖅᐸᕗᑦ ᓂᖅᑭᓂᒃ ᓄᑖᓂᒃ ᓯᑯᒥᑦ. ᑕᒪᔾᔭ ᓂᖕᒋᖅᕕᒋᑦᑎᐊᖅᑲᑦᑕᖅᑕᕗᑦ ᓂᕆᔭᒃᓴᒥᒃ ᐃᓄᐱᐊᖑᔪᒍᑦ. ᖃᐅᔨᒪᔪᖓ ᓲᖅᑲᐃᒻᒪ ᒫᓐᓇᐅᓕᖅᑐᖅ 61-ᓂᒃ ᐊᖅᕿᒍᖅᑲᓕᕋᒪ, ᐊᖅᑭᐊᕈᕋ ᑳᒃᐳᖅ ᓂᖅᑭᑕᖅᑲᖅᑎᓐᓇᒍ ᓄᑖᒥᒃ ᓵᑦᑎᓐᓂ.

ᑲᖏᖅᑐᓖᐱᒃ ᓂᕿ ᓯᑯᒥᑦ

ᐊᖑᓇᓱᖕᓂᖅ ᐊᕐᕌᒍᑦ ᐃᓚᖓᒍᑦ

ᐃᓄᐃᑦ ᑲᖏᖅᑐᓖᐱᖕᒥᐅᑕᑦ ᓂᕿᖃᕆᐊᖃᕐᒥᖕᒪᑕ ᓯᑯᒥᑦ. ᐃᓚᖏᑎᒍᑦ ᐃᓛᓐᓂᒃᑯᓪᓗ, ᐊᖑᓇᓱᖕᓂᖅ ᐃᖃᓗᒐᓱᐊᕐᓂᕐᓗ ᐃᒪᐃᓕᖓᖕᒥᖕᒪᑦ ᓯᑰᑎᓪᓗᒍ ᑭᓱᐊᓂ, ᑕᒪᓐᓇ ᓯᑯ ᓇᓕᖅᑮᑦᑎᐊᖅᑐᓂ ᐃᒦᒃ ᒪᔪᖅᑲᐃᑦ ᑎᓱᖅᑲᓪᓗ ᐱᑕᖅᑲᐅᕐᓇᑎᒃ ᐃᖏᕐᕋᓪᓗᓂ ᐊᒻᒪᓗ ᐊᖑᓇᓱᖕᓂᕐᒥ. ᐊᓱᖏᑎᒍᓪᓕᑦᑕᐅᖅ ᐊᑐᕐᒥᔪᑎᒍᑦ ᓂᕐᔪᑏᑦ ᐊᑕᖅᑲᓱᑎᖕᒥᔫᒐᐊᑦ ᑭᓱᐊᓂ ᑕᒪᐅᖓᓪᓚᑦᑖᖑᖏᑦᑐᖅ ᓯᑯᒧᑦ, ᐅᐸᒐᓱᒃᑕᒥᓄᑦ ᐅᐸᒍᑎᓇᓱᖕᓂᖏᒃ ᐊᒻᒪᓗ ᓇᔪᕈᒪᔭᒥᓄᑦ ᐊᐅᓚᓐᓂᐊᖅᑕᒥᒍ ᐃᓚᐃᓐᓇᖓᐅᓐᓃᑦ ᑕᓖᓐᓂᕐᒥᓂᒃ ᐊᒻᒪᓗ ᖃᓄᐃᓕᖓᓂᖓᒍᑦ ᓯᑰᑦ. ᐊᕐᑭᓪᓕᑦ, ᓱᕐᓗ ᑖᒃᑯᐊ ᐅᖅᑲᐅᑎᕆᔭᒃᑯᑦ ᑐᑭᓱᒃᑲᓂᐅᑎᕆᓗᕆᑦ, ᐱᔭᐅᓇᓱᖅᑲᑦᑕᖏᓪᓚᑕ ᓯᑯᒥ, ᑭᓱᐊᓂᑦᑕᐅᖅ ᑲᖏᖅᑐᓖᐱᖕᒥᐅᓄᑦ ᑕᒪᒃᑯᐊ ᐊᕐᑭᓪᓕᑦ ᐊᐅᓚᓂᖅᑲᕐᒥᖕᒪᑕ ᐱᖅᑲᓱᐅᑎᓯᒪᖅᑲᑦᑕᖅᑐᑎᒃ ᐊᕐᕋᒍᒥ ᐊᐅᓚᕙᑦᑕᐊᖅᑲᑦᑕᕐᓂᖓᓄᑦ ᓯᑰᑦ. ᐅᑭᐊᒃᓵᒃᑯᑦ ᓯᑯᖅᑲᕈᓗᐃᑦ ᑎᑭᐅᑎᓂᐊᓚᕌᖓᑕ ᐅᑭᐅᖅᑕᖅᑕᖅᑑᑦ ᕐᑯᑦᑎᖕᓂᓴᖕᖠᖓᓂᑦ ᐊᒻᒪᓗ ᑕᕙ ᓯᑯᕙᓚᐋᓚᕐᒥ, ᐊᕐᑭᓪᓕᑦ ᑎᑭᕐᑲᓯᐅᑎᓪᓗᑎᑦ, ᑕᕙ ᐊᕐᑭᓪᓕᖅᓯᐅᕐᓂᖅ ᐱᐅᓂᖅᓴᐅᓂᐊᓚᖅᐳᖅ. ᐊᑯᓂᒍᓱᖕᓂᖅ ᓯᑯᓂᐊᕐᓂᖓᓂᒃ ᐊᑕᐅᑎᒃᑰᖅᑎᕆᔭᓇᐊᑭᓐᓂᐊᕐᒪᒍ ᑲᖠᖅᓱᓈᕐᓂᐅᑦ ᐊᕐᑭᓕᕆᓂᒃ ᒪᒪᓇᓪᓗᕆᑦ ᐊᕐᑭᓕᕆᕙᓃᑦ.

ᑕᐃᒃᑯᐊ ᓇᒍᓇᐃᖅᓯᓯᒪᔪᑦ ᑎᑎᕋᐅᔭᖅᓯᒪᓪᓗᑎᒃ ᓂᕐᑭᕆᔭᐅᔾᔭᓇᖅᑐᑦ ᐱᔭᒃᓴᐅᓕᖅᑲᑦᑕᕐᓂᖕᓇᓄᑦ ᓯᑯᒥᑦ ᑲᖏᖅᑐᓖᐱᖕᒥᐅᓂᑦ. ᓇᒍᓇᐃᖅᓯᓯᒪᔪᑦ ᐱᔾᔪᑎᖃᓗᐊᖑᐊᓇᕗᑦ ᐊᖑᑕᐅᖅᑲᑦᑕᖅᑐᓄᑦ/ᐱᔭᐅᖅᑲᑦᑕᖅᑐᓄᑦ ᐅᕙᓂᙵᓂᑦ ᓄᐊᑕᐅᖅᑲᑦᑕᖅᑐᓄᑦ ᓂᕿᓄᑦ ᓯᑯᒥᑦ, ᓂᕐᔪᑏᑦ ᐃᓚᖏᑦ ᐊᒻᒪᓗ ᐱᕈᖅᑐᕕᓃᑦ ᐊᖑᓇᓱᒃᑕᐅᖅᑲᑦᑕᖅᑐᑦ/ᓄᐊᑕᐅᖅᑲᑦᑕᖅᑐᑦ ᓄᓇᒦᙱᑐᐃᓐᓇᖅᑐᑦ ᐱᖅᑲᓯᐅᑎᓇᑎᒃ, ᓲᕐᓗᑦᑕᐅᖅ ᑕᒪᒃᑯᐊ ᐊᕐᑭᕐᖏᑦ, ᐸᐅᙱᐃᑦ, ᐊᒻᒪᓗ ᐊᒥᓱᒃᑲᓃᑦ ᐱᕈᖅᑐᕕᓃᑦ. ᑕᑯᔭᒃᓴᐅᑎᑕᐅᕗᑦ ᐱᔾᔪᑎᖏᖅᑲᓯᐅᑎᓪᓗᒍ ᐅᐊᑦᑎᐊᕈᕐᓂᓴᕐᓃᙹᖅᑐᑦ ᐊᖑᓇᓱᖕᓂᕐᒧᑦ ᐊᑐᖅᑕᐅᔪᕕᓃᑦ ᐊᒻᒪᓗ ᐱᖅᑲᓯᐅᑎᖕᒋᓪᓗᒋᑦ ᐅᓪᓗᒥ ᐊᑐᖅᑲᑦᑕᓪᓚᖅᑕᐅᕗᑦ ᐊᖑᓇᓱᒃᑐᑦ ᒪᓕᒋᐊᖓᓪᓗ ᐊᒻᒪᓗ ᐱᕐᑯᔭᓄᑦ ᐊᓯᕈᖅᑎᑕᐅᓯᒪᔪᑦ ᑕᒪᑐᒪ ᐃᓄᐃᑦ ᐊᖑᓇᓯᒍᓇᕐᓂᖏᓐᓄᑦ ᐊᑐᖅᑐᑦ, ᐊᖏᔪᖅᑲᐅᓯᖅᓯᒪᖅᑯᐃᔾᔪᓪᓗ ᐊᐅᓪᓚᑎᓂᕐᒥᒍᑦ ᖃᓯᓂᒃ ᐱᔭᕆᐊᖅᑲᕐᓂᐅᔪᑦ ᐊᒻᒪᓗ ᖃᖓᒃᑯᑦ ᐊᖑᓇᓱᒃᑕᐅᔪᓇᕐᒪᖔᑕ ᓂᕐᔪᑏᑦ ᐃᓚᖏᑦ.

ᑕᐃᓐᓇ ᓇᒍᓇᐃᖅᓯᓯᒪᓪᓗᓂ ᖃᐅᔨᒋᐊᕐᕕᒃᓴᑦ ᑎᑎᕋᐅᔭᖅᓯᒪᔪᖅ ᐊᑐᕐᑯᔨᓯᒪᖕᒪᑦ ᖃᐅᔨᒪᔭᐅᔪᓄᑦ ᓯᓚᐅᑦ ᓇᓪᓕᖅᑲᖅᑕᖅᑕᖏᓐᓇᓄᑦ ᑖᒃᑯᐊᓗ ᐊᕐᕕᓂᓕᐅᓪᓗᑎᒃ (6) ᐊᕐᕌᒍᒥ ᐱᓪᓚᑦᓴᐅᓘᖑᖅᑲᑦᑕᖅᑐᑦ ᓇᓪᓕᖅᑕᐅᔪᓂᒃ ᐊᒃᑐᖅᓯᐅᔾᔨᖅᑲᑦᑕᕐᒪᑕ ᑕᖅᑮᑦ ᑕᐃᔅᓯᒪᓂᓪᓗᐊᖅ ᑕᐃᔅᓱᒪᓈᖅᑎᓪᓗᒍ ᐊᕐᕌᒍᒥ ᐊᑑᑎᔪᒥ ᑲᖅᑯᔾᔨᓯᒪᕗᑦ ᐊᖑᒪᓗᖅᑕᐅ ᐃᓗᐊᒍᑦ. ᓴᓂᑦᑎᐊᖑᓂᑦᑐᖅ ᐊᕐᕋᒍᓕᒫᖅ ᐊᕐᕋᒍᓂ ᐊᑐᖅᑐᒍᑦ ᓯᑰᑦ ᓇᔾᑎᓂᖓᓄᑦ. ᑕᐃᒪᐃᖑᔭᐃᓇᕐᒥᖕᒪᑦᑕᐅᖅ ᐊᔾᔨᖑᔭᐃᓐᓇᖅᓇᑎᒃ ᓯᑲᖅᑕᖅᑐᓂᖕᒪᑦ ᐊᕐᕋᒍᓂ (ᑕᐃᔅᓯᒪᓂᑦ 1990-ᑦ ᐊᑯᓐᓂᖓᒍᑦ), ᓯᑯᓂᖓ ᐱᖓᓱᓂ ᐱᓇᓱᐊᕈᓯᕐᓂᒃ ᑎᓴᒪᓂᓪᓘᓐᓃᑦ ᑭᖑᕙᓯᖅᑲᑦᑕᖅᓯᒪᖕᒪᑦ ᐊᕐᕋᒍᒥ ᐊᒻᒪᓗ ᓯᑯᐃᕐᓂᖓᑦ ᐱᖓᓱᓂᒃ ᑎᓴᒪᓂᓪᓘᓐᓃᑦ ᐱᓇᓱᐊᕈᓯᕐᓂᒃ ᓯᕗᕙᓯᖅᑲᑦᑕᖅᓯᒪᓕᑦᑐᓂ ᕿᓚᒻᒥᐅᓂᖅᓴᐅᑦᑐᓂ ᐊᕐᕋᒍᓂ ᑕᑯᖅᑯᔾᔨᓯᒪᔪᓂ ᑎᑎᕋᐅᔭᐅᑦᑐᓂ ᑕᑯᖅᑯᔾᔨᓯᒪᔪᒥ. ᐅᕙᓂ, ᖃᓄᖅ ᐃᒫᖑᓕᖑᔪᒃᓴᐅᕙᖅ, ᑕᑯᖅᑯᔾᔨᕙᑦ ᓯᑰᑦ ᓂᕆᐅᑦᔨᐅᓂᖓᓂᒃ ᖃᖓᒃᑯᑦ ᐋᖅᑭᒃᓯᒪᑦᑐᓂ ᖃᐅᔨᒪᔭᐅᔪᔪᖅᑲᓂᑦ ᐊᒻᒪᓗ ᐃᓅᓯᒥ ᐊᑐᖅᑕᐅᖅᑲᑦᑕᖅᓯᒪᔪᒥᑦ ᑖᒃᑯᓈᖓᑦ ᑐᓂᓯᖅᑲᑦᑕᖅᓯᒪᔪᓂᑦ. ᐃᓗᑦᑕᖅ ᐊᖓᓗᑭᔅᓴᐊᓇᓯᒪᔪᖅ ᑖᒃᑯᓇᓂ ᑕᑯᖅᑯᔾᔨᓯᒪᔪᓂ ᑎᑎᕋᐅᔭᐅᑦᑐᓂ ᑕᑯᖅᑯᔾᔨᓯᒪᔪᑦ ᐃᒪᐃᓕᖓᖕᒪᑦ ᖃᖓᒃᑯᑦ ᓂᕐᔪᑏᑦ ᐊᒻᒪᓗ ᖃᖓᒃᑯᑦ ᐊᖑᓇᓱᒃᑕᐅᖅᑲᑦᑕᕐᒪᖔᑕ ᓯᑯᒥ. ᓂᖅᔪᑏᑦ ᐊᕕᒃᑐᖅᓯᒪᖕᒪᑕ ᐊᕐᕕᓂᓕᖕᓄᑦ (6) ᐊᔾᔨᖑᓇᑎᒃ ᓇᒍᓇᐃᖅᓯᒪᔪᑦ ᖃᐅᔨᒪᔪᐅᖃᒃ ᑲᖏᖅᑐᓖᐱᖕᒥᐅᓂᑦ: ᐱᓱᒃᑎᑦ, ᐳᐃᔩᑦ, ᑎᖕᒥᐊᑦ, ᐃᖅᑲᓗᐃᑦ, ᐃᖅᑲᕐᒥᐅᑕᑦ ᐊᒻᒪᓗ ᑕᕆᐅᑦ ᐱᕈᖅᑐᖏᑦ. ᓯᑲᒃᑐᓂ ᖃᐅᑦᑐᖅᑕᖅ ᑕᑯᖅᑯᔾᔨᒍᖅ ᑕᒪᒃᑯᐊ ᓂᕐᔪᑏᑦ ᐱᔭᒃᓴᐅᓕᖅᑲᑕᓂᖏᓐᓂᒃ ᐊᕐᕋᒍᒥ. ᐊᒥᑦᑐᖅ ᖃᐅᖅᑕᐅᓪᓗᓂ ᑎᑎᖅᓯᒪᔪᖅ ᓇᒍᓇᐃᖅᓯᓯᒪᓕᒍᖅ ᖃᖓᒃᑯᑦ ᓂᕐᔪᑏᒃ ᓇᓂᔭᒃᓴᐅᖅᑲᑦᑕᕐᒪᖔᑕ ᒫᓇᐅᓕᖅᑐᖅ, ᑭᓱᐊᓂᓕ ᓯᓚᑦᓕᖅᑳᖅ ᓇᒍᓇᐃᖅᔨᔪᑎᒥ ᓯᓚᐅᑦ ᐊᓯᕈᖅᑲᑦᑕᕐᓂᖓ ᐊᔾᔨᖑᖏᑦᑐᓄ ᓂᕆᐅᑦᔨᐅᓂᖅᑲᖅᑲᑦᑕᕐᒪᑦ.

ᓯᓂᒃᑕᖅᑐᑦ ᓯᑯᒥ ᐱᓚᒃᑐᐊᑦ ᖃᓂᒌᔭᓂ, ᐃᓐᓈᓱᑦᑎᐊᕙᓗᐃᑦᑐᓂ ᐊᑯᓐᓂᖓᓂ ᑲᖏᖅᑐᓖᐱᐅᑦ ᒥᑦᑎᒪᑕᓕᐅᑦᑐ, ᕿᑭᖅᑖᓗᖕᒥ.

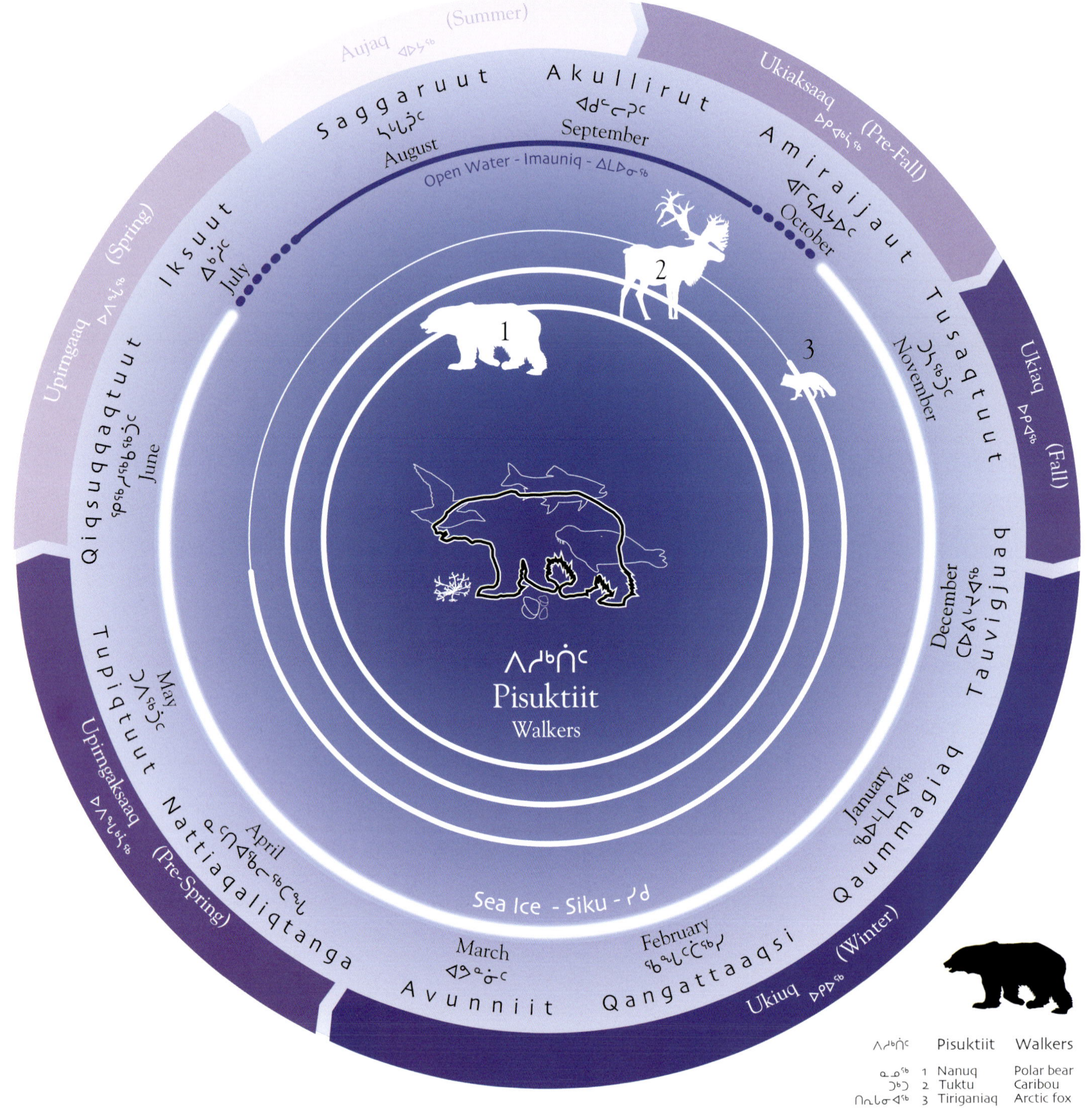

ᐱᓱᒃᑏᑦ		Pisuktiit	Walkers
ᓇᓄᖅ	1	Nanuq	Polar bear
ᑐᒃᑐ	2	Tuktu	Caribou
ᑎᕆᒐᓂᐊᖅ	3	Tiriganiaq	Arctic fox

ᐱᓱᒃᑏᑦ

ᐱᖕᑲᓱᑦᑐᐊᖑᖕᒪᑕ ᐱᓱᒃᑏᑦ ᐊᖑᓇᓱᒃᑕᐅᖃᑦᑕᖅᑐᑦ ᓯᑯᒥ. ᑖᓇᐅᓗᐊᖅᑐᖅ ᓇᓄᑲᓱᒃᑕᐅᖃᑦᑕᖅᑐᖅ ᐱᓗᐊᑖᖑᑦᑐᓂ ᓯᑯᒥ ᖃᖕᑲᑐᐃᓐᓇᑦᑎᐊᒃᑯᑦ ᐊᖅᕿᐅᑦ ᐃᓚᖕᑲᓂ. ᐊᐅᔭᒃᑯᑦ ᓇᓐᓄᑲᓱᒃᑕᐅᓚᐅᖃᑦᑕᖅᑐᖅ ᓯᑯᑕᖅᑐᒥ, ᓱᓪᔭᒥ, ᐅᕝᕙᓘᓐᓃᑦ ᐃᒦᓂ ᐅᒥᐊᒃᑯᑦ. ᑐᒃᑐᐃᑦ ᓇᓂᔭᐅᑲᓚᖕᖏᑦᑐᑦ ᓯᑯᒥ, ᑭᓯᐊᓂ ᑕᐃᒫᖑᓚᐅᖃᑦᑕᕐᒥᔪᖅ ᖃᖕᑲᑐᐃᓐᓇᒃᑯᑦ, ᐊᒻᒪᓗ ᑐᒃᑐᓐᓇᓱᒃᑐᖅᑲᖃᑦᑕᓪᓗᓂ ᐊᖅᕿᑐᓕᒫᖅ.

ᑎᕆᒐᓂᐊᑦ ᖁᔾᔪᐃᑦ ᐱᔭᐅᓇᓱᖅᑲᑦᑕᕆᕗᑦ ᐊᖀᖑᑦᑕᒦᒥᐅᑲᓗᐊᖅ ᑭᓯᐊᓂ ᑎᕆᒐᓂᐊᕋᓱᖅᑲᑦᑕᕐᓂᖅᓴᐃᑦ ᓱᑯᖅᑲᖅᑎᑦᑐᒍ. ᐊᐅᔭᐅᑎᑦᑐᒍ ᑎᕆᒐᓂᐊᑦ ᑎᕆᒐᓂᐊᖅᓯᓱᖅᑲᑦᑕᕐᒪᑕ ᑎᕆᒐᓂᐊᕌᖅᑲᕆᒃ ᐊᒻᒪᓗ ᐃᓄᐃᑦ ᐊᓯᖕᖏᓐᓂᒃ ᐊᖑᓇᓱᖅᑲᑦᑕᕆᓪᓗᑎᒃ. ᐅᐊᑦᑎᐊᕈᓕ, ᑎᕆᒐᓂᐊᑦ ᓂᖅᑭᑎᔭᐅᖅᑲᑦᑕᕐᓂᖅᓴᐅᔪᖕᒪᑕ ᐊᒻᒪᓗ ᑎᕆᒐᓂᐊᕋᔭᖕᖏᑦ ᐊᑐᖅᑕᐅᕙᒃᑭᑦᑐᑎᒃ ᓄᑕᕋᓄᑦ ᐃᒻᒧᑎᑎᔭᐅᕙᒃᑐᑎᒃ. ᐅᑦᑐᒥᓪᓕ ᑎᕆᒐᓂᐊᑦ ᓂᕆᔭᐅᓚᖓᓄᓐᓃᕐᒪᑕ, ᑭᓯᐊᓂ ᒥᖅᑯᖕᖏᑦ ᒥᖅᓱᖅᑕᐅᖃᒃᑕᕐᒥᔪᑦ ᐊᒻᒪᓗ ᓂᐅᕐᕿᑎᒃᓴᓇᔭᐅᑦᑐᑎᒃ.

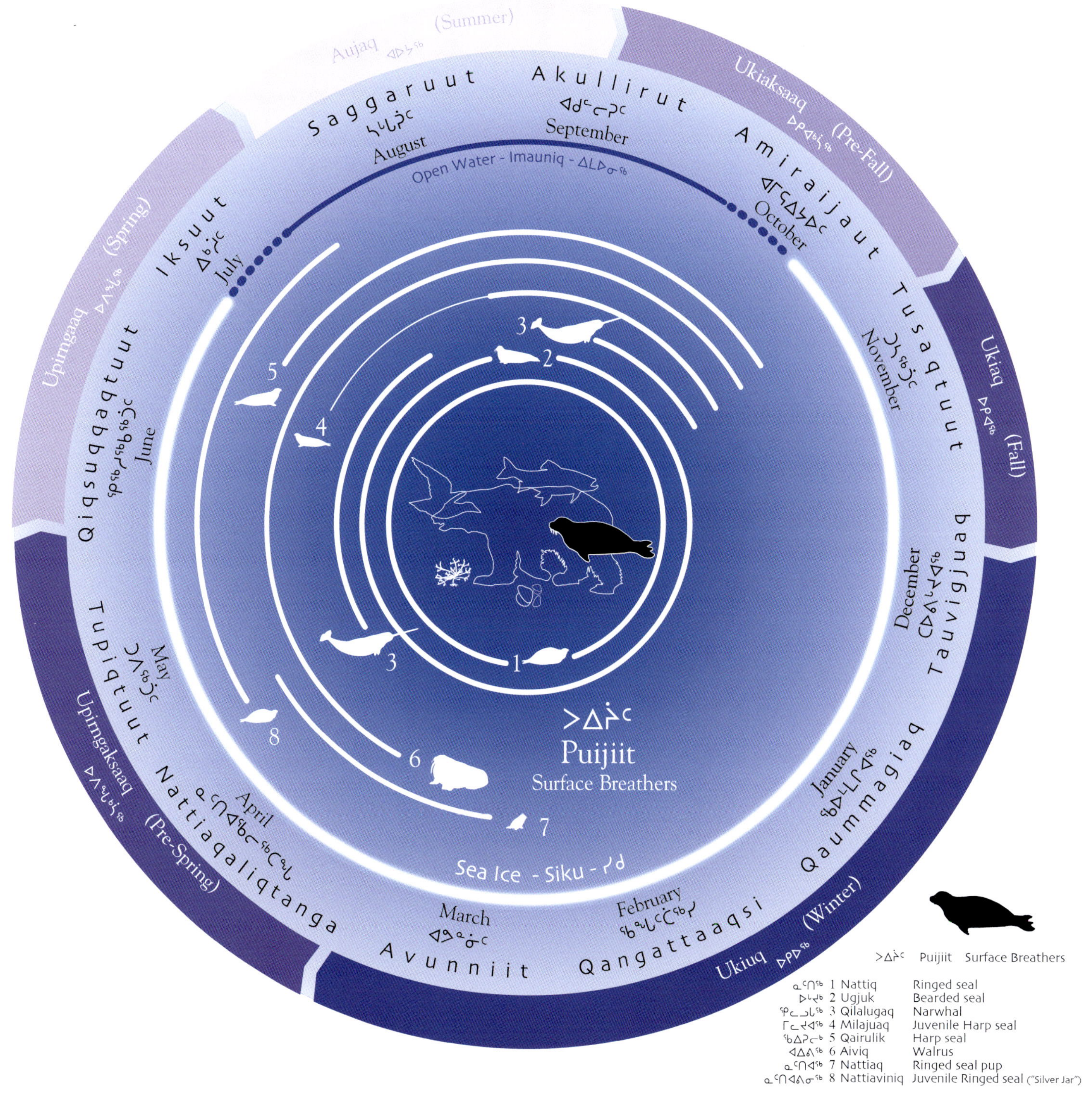

ᐳᐃᔩᑦ

ᓇᑦᑏᑦ ᑕᒪᒃᑯᐊ ᓂᕿᑦᓚᕆᑖᕆᓚᐅᑦᑎᒍᑦ ᑲᖏᖅᑐᒡᓚᐱᖕᒥᐅᑕᐅᔪᑎᒍᑦ ᓱᖅᑲᐃᒻᒪ ᐱᑕᖃᐅᔭᐃᓐᓇᖅᑲᑦᑕᖅᒪᑕ ᐊᖅᑫᒍᓕᒫᖅ. ᓇᑦᑎᕋᓱᖅᑲᑦᑕᖅᑐᑦ ᓯᑯᒃᑯᑦ ᐊᒻᒪᓗ ᐅᒥᐅᒃᑯᑦ ᐊᐅᔭᐅᑎᓪᓗᒍ. ᐅᒡᔪᐃᑦ ᐅᒡᔪᒑᒃᓴᐅᖅᑲᑦᑕᕐᒥᖕᒪᑕ ᐊᖅᑫᒍᓕᒫᖅ, ᐊᒻᒪᑦᑕᐅᑦ ᐋᑎᕆᔪᓐᓇᖅᑲᑦᑕᕐᒥᖕᒪᑕ ᐅᒡᔪᒐᔾᔨᑦ, ᐊᒃᑯᓇᕐᔫᐊᖑᖅᑲᑦᑕᖅᑐᑦ, ᐊᓄᓕᐊᒍᖅᑲᑦᑕᖅᑐᑦ, ᐊᒻᒪᓗ ᐊᓯᖏᓐᓄᑦ ᐊᑐᖅᑕᐅᖅᑲᑦᑕᓇᓪᓗᑎᒃ ᐃᒦᖑᑎᑕᐅᓪᓗᑎᒃ ᐃᐸᕋᓕᐊᖑᓪᓗᑎᒃ ᓇᐅᓕᕐᓄᑦ (ᓇᐅᓕᒃᓯᔾᔭᑕᐅᔾᔪᓐᓇᖅᑐᓄᑦ). ᐃᐸᖃᔅᓴᐃᑦ ᓇᐅᓕᕐᓄᑦ ᑭᒡᓛᔭᖅᑕᐅᓪᓗᑎᒃ ᐃᒡᓗᒃᑐᑦ ᑕᒪᒃᑯᐊ ᑭᒡᓕᖕᒋᑦ ᓰᓂᔭᖅᑕᐅᓪᓗᑎᒃ ᑕᒪᑐᒪ ᐊᒃᑐᓈᑦ ᓴᓂᕋᖕᒋᒃ, ᐊᒃᑐᓇᔾᔫᐊᓇᔭᑦ ᓂᙯᔪᓕᐊᓇᔭᐅᓪᓗᑎᒃ. ᑕᒪᓐᓇ ᐃᐸᕋᖅ ᐊᖑᓇᓱᒃᑐᓄᑦ ᐊᑐᖅᑕᐅᖅᑲᑦᑕᖅᑐᖅ ᑕᒪᒃᑯᓄᖕᒐ ᓵᙱᔩᑎᓄᑦ ᓂᕆᑎᓄᑦ ᑕᒪᒃᑯᐊ ᐅᒡᔪᐃᑦ, ᕿᓚᓗᒐᑦ, ᐅᖒᔫᓐᓃᑦ ᓇᓄᐃᑦ. ᐃᒪᐃᖅᑲᑦᑕᕆᐹᖅᑕᐅᖅ, ᐊᒥᓲᑎᕆᖕᒋᑦᑎᐊᖅᑐᓂᒃ ᐅᒡᔪᖅᑲᖅᑲᑦᑕᖅᐳᖅ ᓇᑦᑎᖅᑕᐅᖅᑲᑦᑕᖅᑐᓂᑦ. ᖃᐃᕈᓖᑦ ᕿᓚᓗᒐᐃᓪᓗ ᐊᑐᐃᓐᓇᐅᖅᑲᑦᑕᖅᑐᑦ ᖃᑯᑎᒃᑰᓂᖅᓴᖅ ᐊᑐᐃᓐᓇᐅᖑᔭᐃᓐᓇᖏᑦᑐᑦ. ᒥᓚᔪᐊᑦ ᑕᑯᔭᐅᒐᔪᖅᑲᑦᑕᖅᓂᖅᓴᐅᓕᖅᒥᔪᑦ ᐅᓪᓗᒥᐅᓕᖅᑐᖅ ᑭᖑᓂᖓᓚᑦᑎᓐᓂᓪᓕ ᐊᒻᒪᓗ ᑭᓯᐊᓂᑦᑕᐅ ᒥᓚᔪᐊᑦ ᐱᓇᓱᒃᑐᕆᑦ ᐱᔭᕐᓂᕆᓐᓂᓴᐅᓪᓗᑎᒃ ᓱᖁᐃᒻᒪᓗ ᑭᕕᓴᖁᐃᓐᓂᖅᓴᐃᑦ. ᐊᐃᕖᑦ ᐱᑕᖃᒡᒍᕆᑦᑐᐊᓘᖕᒪᑦ ᑲᖏᖅᑐᒡᓚᐱᒃᐸᓯᕐᒥ, ᖃᔅᓵᓇᒍᓗᐃᑦ ᐱᔭᐅᓚᐅᖅᑲᑦᑕᖅᑐᑦ ᐃᓛᒃ ᐱᔾᔪᑲᒃᑳᓚᒃᑯᓂ.

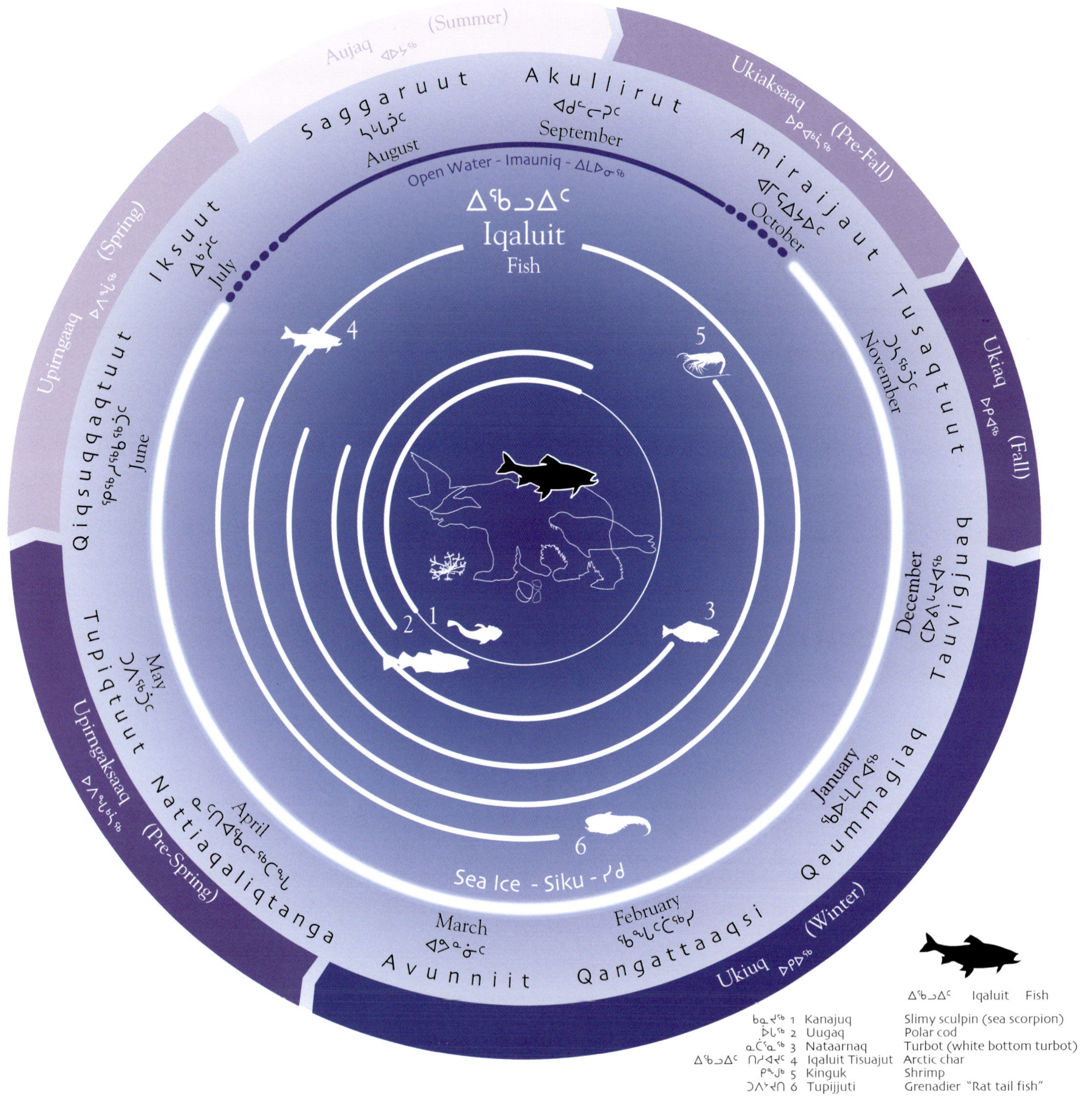

ᐃᖃᓗᐃᑦ

ᑲᓇᔪᕆᐊᒃᓴᖅᑕᖅᑕᒥᑦ ᖃᕐᒪᑐᐃᓐᓇᑎᐊᒃᑯᑦ ᐊᖅᕿᒍᓕᒫᕐᒥ, ᐃᓄᐃᑦ ᐃᖃᓗᒐᓱᒃᖃᑕᖅᐸᑦ ᐱᓗᐊᖅᑐᒥᒃ ᐅᐱᖕᒐᒃᓵᒃᑯᑦ ᓄᖅᑲᖓᓇᑲᐃᓇᖅᑎᓪᓗᒍ. ᐅᑭᐅᒃᑯᑦ, ᑕᒪᒃᑯᐊ ᐃᖃᓗᐃᑦ ᖁᐃᓂᓂᖅᓴᐅᓪᓗᑎᒃ, ᐊᒻᒪᓗ ᐅᐊᑎᐊᕈ ᑭᖑᓂᖕᒫᑎᓐᓂ ᑲᓇᔪᐃᑦ ᐱᑦᓯᓇᐅᓂᖅᓴᐅᓚᐅᖅᓯᒪᓪᓗᑎᒃ ᓂᓇᔭᐅᖅᑕᖅᑎᓇᐊᖏᑦ ᐃᓄᖕᓄᑦ (ᐊᒻᒪᓗ ᑕᐃᒫᖑᒐᓗᐊᖅ ᓯᓚ ᐃᓄᐃᑦ ᐃᓚᖏᓐᓄᑦ). ᐅᓪᓗᒥ ᓇᑦᑎᓇᐃᑦ ᐱᔭᐅᖅᑕᖅᑕᓕᓇᓪᓗᑎᒃ ᐊᑐᖅᑕᐅᓪᓗᑎᒃ ᐅᓪᓗᒥ ᓇᑦᑎᓇᒐᓱᑎᑦ ᐃᑎᔪᖅᓯᐅᑕᐅᓪᓗᑎᒃ ᑕᐃᒫᒃ ᓴᓇᓯᒪᔪᑦ ᑕᒪᒃᑯᐊ ᑕᑭᔪᐊᓗᐃᑦ ᐊᒻᒪᓗ ᐊᓕᐅᑏᑦ ᐅᐃᔾᔫᖅᐸᓪᓕᐊᓲᖑᓪᓗᑎᒃ ᓇᑦᑎᓇᒍᑕᐅᓲᑦ ᐊᔪᓚᐃᔾᔭᑕᐅᖅᑕᖅᑐᑦ. ᑕᐃᓯᒪᓂ, ᐃᓄᐃᑦ ᓇᑦᑎᓇᓚᐅᖅᑕᖅᑕᓚᐅᑐᑦ ᓇᑎᐅᑦ ᐊᒡᒍᖓᓂᑦ. ᑕᐃᒃᑯᐊ ᐃᖃᓗᐃᑦ ᐳᐃᓪᓗᑎᒃ ᐱᖁᑦ, ᐱᓗᐊᙱᐊᖅᑐᒥᒃ ᔫᓐᓄᐊᓇ ᐊᒻᒪᓗ ᔩᓂ ᑕᖅᑭᖕᒋᑕ ᐊᑯᓂᖕᒋᑎᒍᑦ.

ᐃᖃᓗᐃᑦ (ᑎᓱᐊᔪᑦ) ᐃᖃᓗᒐᓱᒃᑕᐅᖅᑕᖅᑕᓚᐅᖅᒪᑕ ᐊᖅᕿᒍᓕᒫᖅ ᐅᓪᓗᒥᑎᑐᑦ, ᑕᓯᕐᓂᑦ, ᑰᖕᓂᑦ, ᐊᒻᒪᓗ ᑕᕆᐅᕐᒥᑦ.

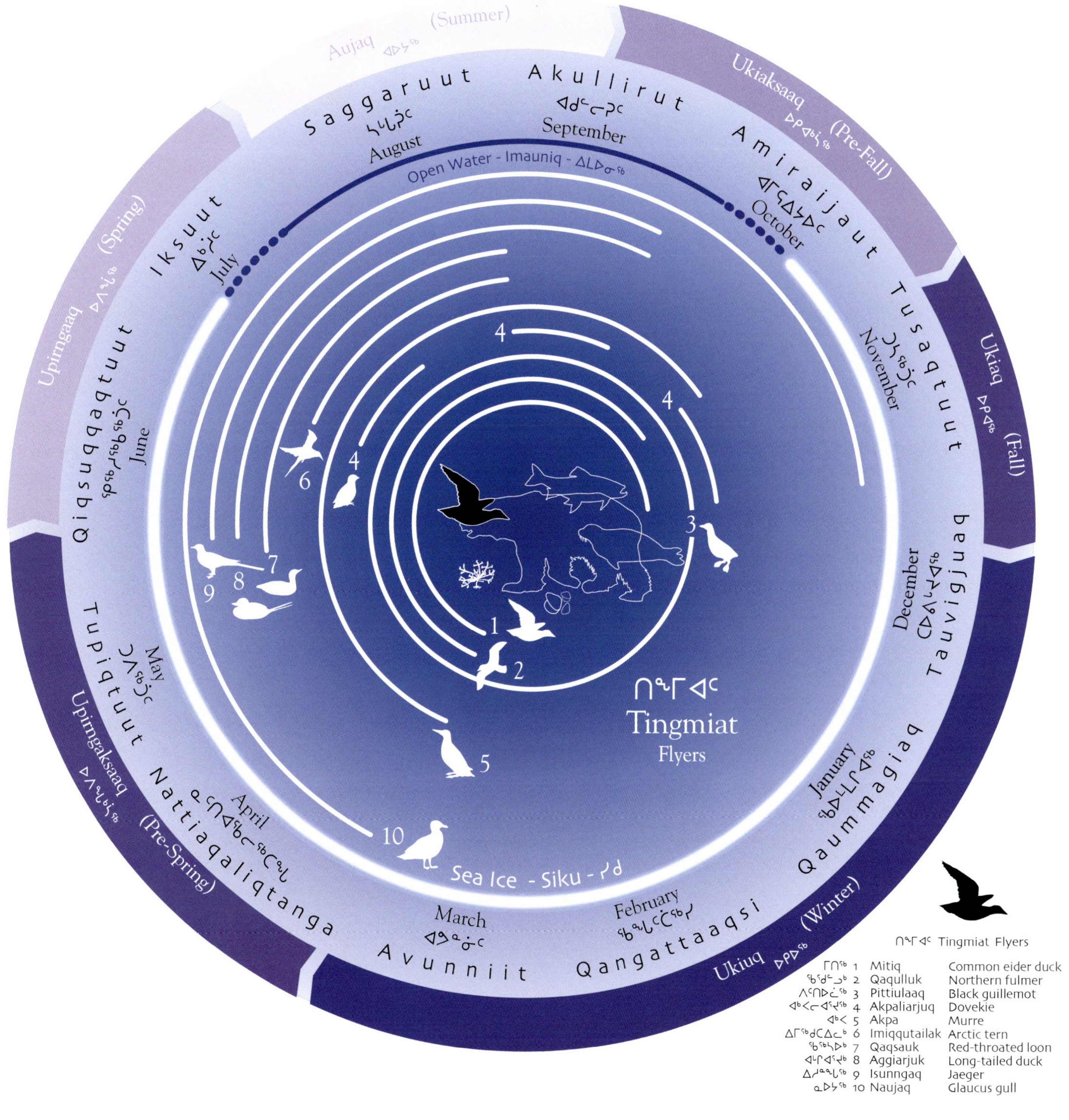

ᑎᖕᒥᐊᑦ

ᐅᐊᑦᑎᐊᕈᓛᓚᐅᖅᑐᖅ, ᑎᖕᒥᐊᑦ ᐱᔭᐅᓗᐊᕐᓂᖅᓴᐅᓚᐅᕐᒥᖕᒪᑕ ᓂᕿᑦ ᐃᓚᒌᖕᒪᒌᑦ ᐃᓄᖕᓄᑦ ᐊᒻᒪᓗ ᑎᖕᒥᐊᑕᐅᖅᑲᑕᓚᐅᖅᐳᑦ ᓯᑯᒥ ᓄᓇᒥᓪᓗ ᖃᖕᒐᑐᐃᓐᓇᒃᑯᑦ ᐱᔭᑦᓴᐅᓕᕖᖕᒐᑕ. ᒪᑯᐊᑦᑕᐅᖅ ᑭᒡᒐᕕᐊᕐᔪᐃᑦ, ᐅᒃᐱᒑᔪᐊᑦ, ᐊᒻᒪᓘᓐᓃᑦ ᑐᓗᒐᐃᑦ ᓂᕆᔭᐅᖅᑲᑕᓚᐅᖅᐳᑦ ᓂᕆᔭᐅᔭᕆᐊᖃᕐᕕᖕᒐᒥᒃ. ᑎᖕᒥᐊᓕᒫᐸᓗᐃᑦ ᐱᔭᒃᓴᐅᖅᑲᑕᖅᐳᑦ ᐅᐱᕐᖔᒃᑯᑦ, ᑕᒪᐅᖓ ᑎᑭᑦᑕᕐᕕᖕᒐᑕ, ᑭᓯᐊᓂᑦᑕᐅᖅ ᐃᓚᖏᑦ ᑕᒪᒃᑯᐊ ᒥᑎᖅᐸᐃᑦ, ᐊᒻᒪᓗ ᖃᖁᓪᓗᐃᑦ ᑖᓐᓂᑐᖅᑲᐅᔭᖅᑲᑕᕐᓂᖅᓴᐅᕗᑦ, ᐊᒻᒪᓗ ᐱᑦᑎᐅᓛᑦ ᑖᓐᓃᖕᖏᓐᓇᖅᑲᑕᕐᒥᖕᒪᑕ ᐊᕐᖁᑎᓚᒫᖅ. ᑎᑎᕋᖅᓯᒪᕖᑦᑎᖅᑲᐅᔪᑦ ᐅᐊᑦᑎᐊᖅ, ᐊᕐᑭᖑᑦ ᐱᖅᑲᓯᐅᑎᓯᒪᙱᓚᑦ ᓲᖅᑲᐃᒻᒪ ᓯᑯᒥ ᐊᕐᑭᖑᖅᑕᐅᓇᓱᒃᑲᑕᖕᖏᒪᑕ.

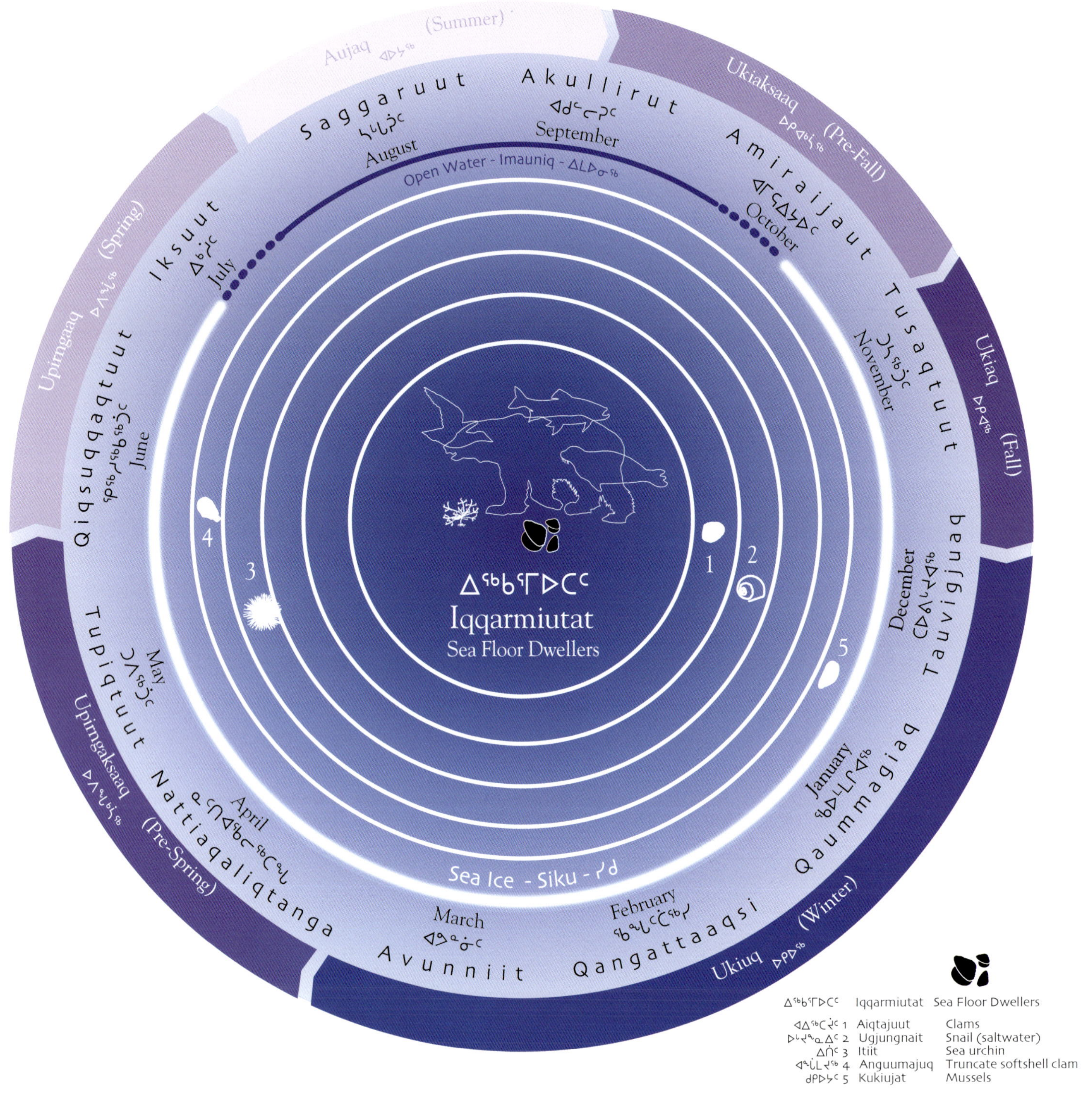

ᐃᖅᑲᕐᒥᐅᑕᑦ

ᐊᒻᒨᒪᔪᑦ, ᑯᑭᐅᔭᑦ, ᐊᒻᒪᓗ ᐃᑏᑦ ᐃᒪᐅᑦ ᐃᖅᑲᖓᓃᑦᑐᑦ ᐊᑐᐃᓐᓇᐅᑦᑐᑎᒃ ᑲᔾᔮᓕᖅᐸᙵᓂᑦᑐᑎᒃ ᐊᒻᒪᓗ ᓂᓇᑦᑐᒥᑦ ᑎᒥᒧᑦ ᐋᖅᑭᒃᐹᓪᓕᕐᓇᖅᑐᑎᒃ ᐃᓄᖕᓄᑦ ᑕᒪᒃᑯᓄᖓ ᑕᐃᒪᐃᑦᑐᓂᑦ ᓂᕆᖅᑲᑦᑕᓕᖅᐸᓪᓕᐊᔪᓄᑦ ᓄᐊᑦᑎᖅᑲᑦᑕᓕᖅᐸᓪᓕᐊᔪᓄᑦ. ᑕᒪᒃᑯᐊ ᓄᐊᑕᐅᔪᓐᓇᖅᑐᑦ

ᖃᖓᑐᐃᓐᓇᑦᑎᐊᒃᑯᑦ ᐊᕌᒍᒥ, ᐃᓛᓂ ᐅᑯᐊᓘᓐᓂᑦ ᓯᑯᒃᑯᑦ ᐱᑕᖅᓯᒪᔪᒃᑯᑦ. ᐅᓪᓗᒥ, ᓄᓇᓖᑦ ᐃᓚᖏᑦ ᓱᕐᓗ ᑕᒪᒃᑯᐊ ᕿᑭᖅᑕᕐᔪᐊᖅ (ᓄᓇᓖᑦ ᑲᖏᖅᑐᒑᐱᐅᑦ ᓂᕆᖕᒎᖕᓚᓂᑦᑐᑦ) ᐊᖅᑲᐅᒪᖅᑲᑦᑕᖅᑎᑕᖅᑲᖅᒪᑕ ᓄᐊᑦᑎᖅᑲᑦᑕᖅᑐᓂᒃ ᐃᒪᐅᑦ ᐃᖅᑲᖓᓂᑦ ᓯᑯᒃᑯᑦ ᐱᑕᖅᓯᒪᔪᒃᑯᑦ.

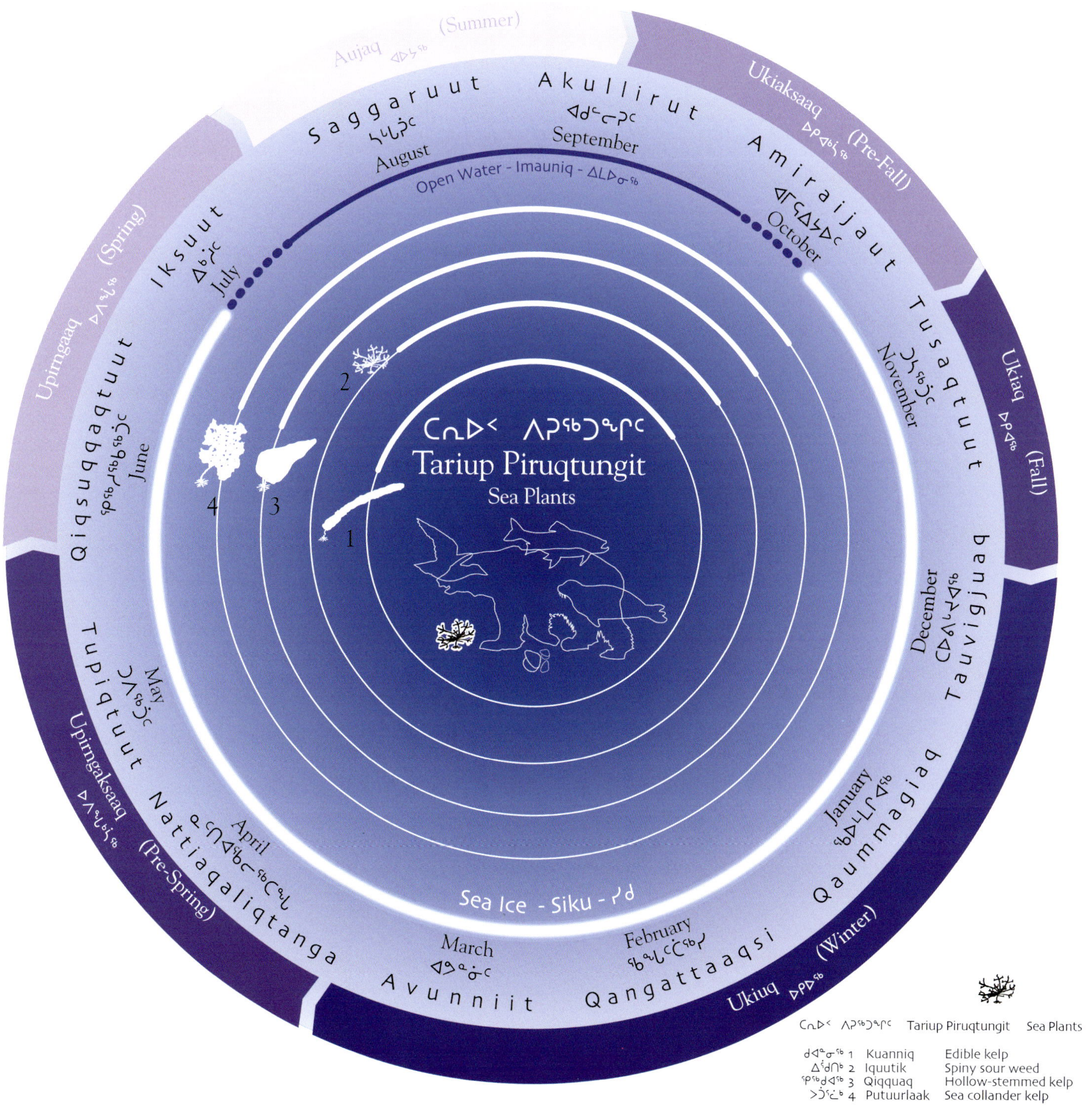

ᑕᕆᐅᑦ ᐱᕈᖅᑐᖏᑦ

ᐃᒪᐃᓕᖕᒐᓕᕐᒥᖕᒪᑦ ᓯᑯᐃᕐᒪᑦ ᑕᕝᕙ ᑕᒪᒃᑯᓂᖓ ᑕᕆᐅᕐᒥᐅᑕᓂᒃ ᐱᕈᖅᑐᕕᓂᕐᓂᒃ ᓄᐊᑦᑎᓇᖅᓯᒋᕗᖅ. ᑕᒪᒃᑯᐊ ᓄᐊᑕᐅᑦᓗᑎᒃ ᓯᑰᑦ ᐊᑖᓂᑦ, ᑭᓯᐊᓂᓕ ᑕᒪᓐᓇ ᐊᑐᖅᑕᐅᒐᓚᖕᒋᑦᑐᖅ. ᒪᒪᖅᑐᑎᒃ ᑕᒧᐊᕕᒋᖅᑳᑦᑕᕐᓗᒋᑦ ᐊᒻᒪᓗ ᐱᑕᖃᐅᕐᒪᑕ ᑎᒥᒧᑦ ᐊᑑᑎᖃᑦᑎᐊᖅᑐᓂᒃ.

ᐅᖃᐅᓯᖅᑕᖏᑦ, ᖃᓄᐃᑦᑑᓂᖏᓐᓄᑦᓗ ᐃᓂᓯᖅᓇᖅᓯᔾᔪᑎᒋᔭᖅᑕᖏᑦ, ᓯᓚᒧᑦ ᐊᑑᑎᖃᑦᑕᖅᑐᑦ ᐊᓯᑭᖃᑦᑕᕐᓂᖏᑦ ᑲᖏᖅᑑᓛᐱᖕᒥ

ᓯᓚᐅᑉ ᐊᓯᔾᔨᖃᑦᑕᕐᓂᖏᑦ	ᑕᖅᑭᖓ	ᑐᑭᖓ ᐅᕝᕙᓘᓐᓃᑦ ᐃᓂᓯᓇᔭᐅᔾᔪᑎᖓ	ᐃᒪᐃᓕᓂᐊᖅᑯᐃᔾᔨᓂᖏᑦ	ᐊᓯᕋᑦᑖᑎᐊᖅᑐᖅ
ᐊᐅᔭᖅ	ᐊᑯᓪᓕᕈᑦ/ ᐊᒥᖃᐃᔭᐅᑦ (ᓲᑎᐱᓇ)	'ᐅᑕᖅᑭᓇᖅᑐᖅ ᐊᓄᕌᓂᖅᓴᐃᓪᓚᑦ, ᐃᓚᖏᑦᑕ ᐊᐅᓚᔾᔭᖅᓴᐃᑦᑐᓂ ᑕᒪᑐᒪ ᑕᖅᑭᖓ' ᐃᓛᒃᑕᐅᖅ, ᑖᒪᓂ ᑐᒃᑐᑦ ᐊᖑᑕᐅᓂᖏᑕ ᓇᒡᔪᖏᑦ ᐊᒥᖃᐃᔭᓕᖅᐸᑦ	ᐊᓄᓂᖅᑲᖅᑕᖅᓂᖅᓴᐅᑦᑐᓂ ᐊᒻᒪᓗ ᒪᓕᒃᑲᖅᓂᖅᓴᐅᑦᑐᓂ ᐃᖏᕐᕋᓪᓗ ᖃᖏᑎᒍᑦ ᐊᖑᓇᓱᖕᓂᕐᒥ ᐃᖏᖅᓯᓂᕐᒥᓗ ᐊᑲᐅᓈᖅᑎᑦᑎᓂ ᐃᓚᓂ ᐅᒥᐊᖅᑐᕈᒪᓪᓚᓗᐊᕐᓗᓂ	ᑲᖏᖅᑐᐃᑦ ᓯᓚ ᐃᒪᖏᑦ ᓯᑯᐊᖅᐸᓪᓚᐊᖏᑦᑐᖅ; ᑕᒪᓇ ᐊᑑᑎᔪᖅ ᐊᓄᕌᓗᔪᖕᓂᖅᓴᐅᓪᓚ
ᐅᑭᐊᒃᓵᖅ	ᐊᒥᖃᐃᔭᐅᑦ (ᐆᑑᐱᓇ)	ᑖᒪᓂ ᑕᖅᑭᖑᒥ ᑐᒃᑐᐃᑦ ᐊᖃᓪᓗᐃᑦ ᓇᒡᔪᖏ ᐊᒥᖃᐃᔭᓕᖅᐸᑦ	ᓯᑯᑐᖅᑲᐃᑦ ᑎᑭᑉᐸᑦ ᐊᒡᒍᕐᓖᑦᑎᓐᓂᑦ ᖁᑦᑎᒃᑐᒥᑦ (ᐊᓄᓈᒍᑦ ᐃᖏᖅᓯᓂᖅᒍᑦᓗ); ᐊᒥᓱᑦᓗ ᐱᖃᓗᔭᐃᑦ ᓯᖁᑦᓗᖅᑲᑦᑕᖅᑐᑎᒃ ᒥᑭᔫᑎᓄᑦ ᐊᒥᓲᑦᓗᑎᑦ; ᓄᓇᒥ ᐱᑕᖅᓴᓇᐊᒃᓴᖅ ᐱᐅᓯᑦᔪᖅ ᒪᕐᕈᐃᓱᕐᓇᖅᓯᓂ ᑕᒪᑐᒪ ᐊᕚᑦ ᐃᒪᖓᓂ ᐃᒪᐃᒪᑦ ᖃᑎᖅᑯᓯᕐᒪᑦ ᖁᑦᑎᒃᑐᖅ ᓄᓇ ᐊᐳᑕᐅᑕᖅᑐᓂ ᐊᑦᑎᒃᑐᖅ ᐊᐅᓐᓂᐅᓗᓂ ᑕᒪᐅᓇ ᖃᑎᖓᒍᑦ ᑭᒡᓕᖅᑲᖅᑐᓂ; ᓯᓚᐅᑦ ᖃᓄᐃᓕᖓᓂᓕᕆᔭᖓ ᐊᑲᐅᑦᑐᓂ ᐅᑭᐅᖑᑦ ᐸᖅᓇᒃᐸᑦᑕᐊᔭᓇᐊᒃᓴᖅ; ᓂᓪᓕᖅᓂᐊᖅᓂᖓ ᖃᓂᑦᑑᓕᖅᓯᓪᓚᑦ, ᑐᒃᑐᐃᑦ ᐃᓂᖅᐸᑦ ᓂᖅᑭᖅᑲᑦᑎᐊᖅᑐᑎᒃ ᑐᓐᓄᖅᑲᑦᑎᐊᖅᑐᑎᓪᓗ	ᓯᑯᑐᖅᑲᐃᑦ ᑎᑭᐅᑎᕙᓪᓕᐊᖕᒪᑦ ᐊᒡᒍᑦᑎᓐᓂᑦ ᑭᖑᕙᖅᑯᐃᔾᔪᑎᒃ; ᐳᒃᑖᑦ ᓯᑯᖅᑲᐅᒐᒥᒃ ᑎᑭᓪᓗᐅᖅᑲᑕᖅᑐᑎᒃ ᐊᑐᓂᑦ, ᓂᓚᖕᓄᑦ ᐊᓯᒥᓄᑦ ᓂᐱᙳᖕᒋᑦᑐᑦ; ᓯᑯᓕᙵᕆᓚᖅ ᓯᓚ ᑕᒪᓇᐅᑎᓪᓗᒍ; ᓄᓇᓗ ᑕᒪᓇ ᒪᓂᖅᑲᖅ ᖁᐊᕆᙱᕆᓚᖅ
ᐅᑭᐊᒃᓵᖅ\ᐅᑭᐊᖅ	ᑐᓴᖅᑑᑦ (ᓅᕚᐱᓇ)	"ᑐᓴᖅᑑᑦ"; ᓯᑯᙵᓕᐊᓕᖅᒪᑦ ᐃᓄᐃᑦ ᓂᐅᕿᔪᖅᑲᖅᓂᐊᓕᖅᐸᑦ ᓄᓇᓕᙵᓄᑦ ᐊᒻᒪᓗ ᑐᓴᖅᑲᑦᑕᐅᑎᔪᓇᖅᓯᕐᒥᒍᑎᒃ	ᓯᑯᖕᒪᑦ ᓄᓇᐅᑦ ᖃᓂᒋᓂᖅᓴᖓ ᓰᖅᑲᐃᒻᒪ ᓄᓇ ᓂᒡᓚᖃᖅᓂᖅᓵᔫᖕᒪᑦ ᐃᒪᖅᒥᑦ; ᐊᐳᑎᖅᑲᖅᓂᖅᓴᐅᓕᖅᑐᓂᒍ	ᑕᒪᓇ ᑕᖅᑭᖅ ᐆᑑᐱᓇᒥᒃ ᐃᒃᐱᙵᖅᓂᖅᓴᐅᖅᑯᐃᔾᔫᓗᐊᖅ, ᓯᑯᒃᑯᓗ ᐃᖏᖅᓯᕝᕙᒃᓴᐅᓕᖅᑐᓂ ᓅᕚᐱᓇᐅᑦ ᓄᙳᐸᓗᐊᓂ ᐅᕙᓘᓐᓃᑦ ᑏᓱᐱᓇᒥ
ᐅᑭᐊᖅ\ᐅᑭᐅᖅ	ᑕᐅᕙᓪᔪᐊᖅ (ᑏᓱᐱᓇ)	'ᑕᐅᕙᓪᔪᐊᖑᑎᓪᓗᒍ'	ᐊᓄᓂᖅᑲᓂ ᓂᒡᓚᐅᒐᖅ; ᐱᖅᓯᖅᑲᑦᑕᖕᖏᓐᓂᖅᓴᐅᓪᓗᓂ ᑖᒪᓂ; ᓇᒡᒍᓯᓚᐅᖅᐸᒃᑐᓂ ᓯᑯᑲᓐᓂᖅᐸᒃᑐᑎᒃ ᐊᒻᒪᓗ ᐃᓄᐃᑦ ᐃᓯᒪᖅᑲᖅᑐᑎᒃ ᖃᓄᐃᓕᖓᓕᖕᖕᒋᑦ ᐊᕙᓐᓇ ᐅᖓᓯᒃᑐᖅ	ᑕᒪᓇ ᓯᓚᐅᑦ ᐊᐅᓚᑕᖓ ᑭᖑᕙᖅᑐᖅ; ᐃᓄᐃᑦ ᓂᒃᐸᖅᑲᑦᑕᖅᐸᑦᑕᐊᕗᑦ ᐊᒡᒍᒃᑯᑦ, ᑕᒪᓇ ᐱᒋᐊᖅᓯᙳᐊᓚᐅᖅᑐᖅ ᓅᕚᐱᓇᐅᑎᓪᓗᒍ
ᐅᑭᐅᖅ	ᖃᐅᒪᒋᐊᖅ (ᔮᓄᐊᕆ)	ᓯᖅᑭᓂᖅ ᓴᖅᑭᒃᑭᒡᔪᖅ (ᐅᓪᓗᖅᑐᓯᕙᓪᓕᐊᓕᖅᑐᓂ)	ᓂᒡᓚᖅᑐᐊᓗᑦᑐᓂ; ᐊᓄᓈᕆᓪᓗ ᓲᕐᒍᓂᖅᓴᐅᓕᖅᑐᑎᒃ ᐊᒻᒪᓗ ᐃᖏᖅᓯᓂᖓ ᓵᙵᖅᓂᖅᓴᐅᑲᐃᓇᖅᐸᖅ	ᐃᑭᖅ ᐊᑦᑕᓇᕈᓐᓃᖅᐸᑦᑕᐊᔭᖅ/ ᐃᓂᖏᔭᒥᓐᓇᓂᖅᓴᐅᓕᖅᑐᓂᓗ ᑖᒪᓂ ᑕᖅᑭᖓ ᐊᑐᖅᑐᖅ ᒫᓐᓇᒃᑯᑦ, ᐄᓱᐱᓇᒥ ᐊᑐᓚᐅᕐᑦᑐᖅ, ᓂᕆᐅᓇᖅᑐᓂᓗ ᑕᒪᓇ; ᓯᑯ ᓴᓐᓂᖅᓴᐅᒐᖅ ᓂᕆᐅᕆᔭᒥᑦ; ᐃᖏᖅᓯᓂᖓ ᐊᔾᔨᐅᙱᔭᐃᓐᓇᖅᒪᑦ ᐊᖅᑲᐅᓄᑦ
ᐅᑭᐅᖅ	ᖃᖓᑦᑖᖅᓯ (ᕖᕝᕈᐊᕆ)	ᐅᖃᐅᓯᖅ ᑖᓐᓇ ᑐᑭᖃᐅᑎᖃᖅᐳᑦ 'ᖁᑌᓂᑦ ᐊᑯᓐᓂᒃ ᐊᑖᓄᑦ'; ᑖᒪᓂ ᓇᖀᑦ ᓄᓇᖕᓯᓕᐅᓕᖃᑦᑕᖅᐳᑦ ᐊᐳᑎᑦ ᐊᒻᒪᓗ ᑕᒪᓇ ᐊᑯᓐᓂᖓ ᖁᑏᑕ ᐊᑖᓗ ᑭᓯᑕᖃᕐᓂ ᓯᑯᑦ ᐊᐳᑎᐅᑉᓗ ᐊᑯᓐᓂᖓ	ᓯᑯ ᑐᕙᕈᖅᐸᑦᑕᐊᔭᖅ, ᐅᓄᖓ ᐃᑭᖅᒧᑦ ᐊᔭᖓᐅᐃᓐᓇᖅᓯᓂᖅᓴᐅᓕᖅᑐᓂ; ᕿᒧᒃᓯᑦ ᖃᐅᔨᒪᔾᔪᑎᐅᓂᖅᓴᐅᓕᖅᑐᑦ ᐃᖏᖅᓯᑦᑐᓂ (ᐅᖃᓗᖃᐃᑦᑐ) ᑕᒪᔾᔭᐅᓕᖅᒪᑕ	ᓯᑯ ᓵᓐᓂᖅᓴᐅᖃᑦᑕᓕᖅᒪᑦ ᑑᕙᕈᖅᑐᐊᓗᖃᑦᔪᓂᖅᓴᐅᓂᑦ; ᐃᒪᐃᒻᒥᔾᔪᖅᑕᐅᖅ ᓇᖀᑦ ᐊᒡᒍᑖᖃᑦᑕᕈᓐᓇᖅᓯᓂᐊᓕᖅᑐᑦ ᓇᐅᒃᑯᑐᐃᓐᓇᖅ ᓯᑯᑦ, ᓇᕈᓂᖅᓴᐅᖃᑦᑕᓕᖅᑐᑦ

ᓱᓚᐅᑦ ᐊᓯᔾᔨᕐᖃᑦᑕᕐᓂᖅᑎᑦ	ᑕᖅᑭᖓ	ᑐᑭᖓ ᐅᕙᕗᓐᓃᑦ ᐃᓕᓴᕆᔭᐅᔾᔪᑎᖓ	ᐃᒪᐃᓕᓂᐊᖅᑯᐃᔾᔭᓂᖅᑎᑦ	ᐊᓯᕈᕐᑖᑦᑎᐊᖅᑐᖅ
ᐅᑭᐅᖅ\ᐅᐱᕐᖓᒃᑳᖅ ᐅᐱᕐᖓᒃᓴᕆᐊᓕᖅᑎᑦᑐᒍ	ᐊᕗᓐᓃᑦ (ᒫᑦᓯ)	ᓯᕗᓪᓖᑦ ᓇᑦᑎᐊᑦ ᐃᕐᓂᐊᕆᔭᐅᕗᑦ; ᓯᕗᓪᓕᐅᓪᓗᑎᒃ ᓇᑦᑎᐊᑦ ᐃᓅᔪᑦ ᑕᐃᒎᖅᑕᐅᕗᑦ ᐊᕗᓐᓃᑦ	ᐅᓪᓗᐃᑦ ᐅᖅᑰᓯᕙᓪᓕᐊᓂᖓᓄᑦ ᐃᒃᐱᖕᓇᓯᕗᑦ; ᐊᓄᕆᖓ ᐸᓪᓂᖅᓴᐅᓕᖅᑐᓂ ᐊᒻᒪᓗ ᑎᖕᒥᐊᑦ ᐃᓚᖏᑦ ᑕᑯᓇᓚᐅᕐᑲᑦᑕᓕᖅᑐᑎᒃ	ᑕᐃᒪᐃᓕᖅᑎᓪᓗᒍ ᓱᓕ ᐊᓯᔾᔨᕐᑐᐊᓘᖏᒃᑲᓗᐊᖅᑐᓂ
ᐅᐱᕐᖓᒃᑳᖅ	ᓇᑦᑎᐊᖅᑲᓕᖅᑕᖓ (ᐊᐃᕐᓇᓕ)	ᓇᑦᑎᐊᑦ ᐃᕐᓂᐊᕆᔭᐅᕗᑦ ᐊᒥᓲᓂᖅᓴᐃᑦ; ᓇᑦᑎᐊᑐᕐᑲᐅᓂᖅᓴᐃᑦ ᐱᕋᖓᐃᑦᑐᐊᓘᓕᖅᐳᑦ ᑕᒫᓂ ᑕᖅᑭᕐᒥᑦ	ᖃᓐᓂᕐᑲᑦᑕᕐᓂᖅᓴᐅᓕᖅᑐᓂ ᐊᐳᑎᑐᕐᑲᖅ ᑕᒻᔭᐅᕗᖅ; ᓇᒡᒍᑎᑦ ᐋᔪᕈᖅ<ᓪᓕᐊᓕᖅ>ᑦ ᓱᑯᒥ; ᓇᑦᑏᑦ ᐆᑦᑑᕐᑲᑦᑕᓕᖅ<ᓪᓕᐊᓕᖅ>ᑦ	ᐋᔪᕋᕈᖅ<ᓪᓕᐊᖏᓐᓇᖅ>ᑦ (ᓇᒡᒍᑏᑦ ᐋᔪᕋᕈᖅ<ᓪᓕᐊᖓᒪᑕ); ᓇᐅᔾᔭᑦ ᐃᒪᐅᓂᖅᑎᒍᑦ ᓂᕿᒃᓴᖅᓯᐅᕐᑐᑎᒃ ᕿᓯᐊᓂ ᓱᓕ ᖁᖓᓐᓃᑦ ᐃᒪᕈᓚᐅᖏᒻᒪᑕ
ᐅᐱᕐᖓᒃᑳᖅ\ᐅᐱᕐᖔᖅ	ᑐᐱᖅᑑᑦ (ᒪᐃ)	ᑐᐱᖅᓯᒪᕐᑲᖅᑕᖅᑐᐃᓐᓇᐅᓕᖅ>ᑦ	ᐊᐳᑎ ᒪᖑᒃᑐᐃᓐᓇᐅᓪᓗᓂ, ᐊᐳᔾᔭᕆᒃᑐᓪᓘᓐᓃᑦ; ᑖᒃᓯᖅ ᖃᓐᓂᕐᓗ; ᓯᕿᓐᓄᓐᓇᖃᑦᑕᓕᖅᑐᓂ	ᓱᑯᑦ ᓵᓐᓂᕆᓚᐅᖅᑕᖏᑦ ᐅᑭᐅᖅ ᐊᑦᑕᕐᓇᖅᓯᕗᑦ ᖄᖅᑯᑦᑕᕆᐊᖏᑦ ᓇᒦᔾᔪᓯᖏᓪᓗ ᓄᓇᓕᖕᓂᑦ ᖃᐅᔨᒪᔭᐅᓪᓗᑎᒃ
ᐅᐱᕐᖔᖅ	ᕿᖅᓱᖅᑲᖅᑑᑦ (ᔫᓂ)	ᐊᐳᑎᐅᑉ ᖃᖓ ᖁᐊᕌᖓᒥ ᑎᓯᒃᑎᕐᑲᑦᑕᖅᑐᖅ ᐅᓐᓄᐊᑦᑕᒃᑯᑦ	ᐊᐳᑎᓕᒫᖅ ᒪᖑᒻᒪᓕᖅᑲᑦᑕᖅ>ᖅ ᓱᓚᐅᑦ ᐅᖅᑯᓂᖓᓄᑦ. ᐅᓐᓄᐊᑦᑕᒃᑯᑦ ᐊᐳᑎᐅᑦ ᖃᖓ ᖁᐊᕐᑲᑦᑕᕐᒪᑦ ᐅᓄᐊᑦᑖᕆᖓᒥ ᓂᓪᓚᕐᓂᖅᓴᐅᑲᐃᓐᓇᕐᑲᑦᑕᕐᒪᑦ, ᕿᖅᓱᖅᑲᖅᑲᑦᑕᖅ>ᖅ ᐊᐳᑎᐅᑦ ᖃᖓ. ᑕᒪᓇ ᐊᑎᖅᑲᖅ>ᖅ ᕿᖅᓱᖅᑲᖅᑑᑦ	ᕿᖅᓱᖅᑲᖅᑲᑦᑎᑦᑎᐊᕈᓐᓃᕐᒪᑦ ᓂᓪᓚᑦᑎᐊᖅᑲᑦᑕᕈᓐᓃᕐᓂᖓᓄᑦ ᐅᓐᓄᐊᑦᑕᒃᑯᑦ ᓱᕋᖕᓂᕿᖅᑲᑦᑕᓕᕐᒪᑦ ᐅᓐᓄᐊᑦᑕᒃᑲᓗᐊᕐᖓᒥ; ᑕᒪᓇ ᑕᖅᑭᖅ ᓇᓚᐅᑦᑎᑦᑎᐊᖅᑲᑦᑕᕈᓐᓃᕐᒪᑦ ᐊᑎᕐᒥᓄᑦ
ᐅᐱᕐᖔᖅ	ᐃᒃᓯᑦ (ᔪᓚᐃ)	ᑰᑦ ᑯᒃᑐᐊᓗᓕᖅᑲᑦᑕᕐᒪᑕ	ᐊᐳᑎ ᐊᐅᒃ<ᓪᓕᐊᒍᒥ ᓄᓇᒥ ᐊᑦᑎᖕᓂᕐᓄᑦ ᓄᐊ<<ᓪᓕᐊᓪᓗᑎᒃ, ᐊᐳᑎᖅᑲᖅᑐᓂ ᐃᒥᖅ ᑯᒃᑐᐊᓘᕐᑲᑦᑕᕐᒪᑕ ᓱᑯᒧᑦ	ᐃᒃᓯᑦ ᐊᑐᕋᔭᖅᑕᖏᑦ ᐊᑑᑎᖅᑲᑦᑕᓕᖅ>ᑦ ᔫᓂᐅᑎᓪᓗᒍ, ᓱᑯ ᐊᐅᒃᓴᕋᐃᓐᓂᖅᓴᐅᓕᖅᑐᓂ ᐊᒻᒪᓗ ᖃᓐᓂᖅᓴᒃᑯᑦ ᓯᓈᖓ ᖃᓐᓂᖅᓴᐅᕙᓕᖅᑐᓂ ᓄᓇᒧᑦ
ᐊᐅᔭᖅ	ᓴᖅᓗᕈᑦ (ᐊᒡᒋᓯ)	ᑐᒃᑐᐃᑦ ᒥᖅᑯᖄᓇᕋᖅᑳᖅᑕᖏᑦ ᓵᑦᑐᑯᓘᓪᓗᑎᒃ	ᐊᓄᕆᑦᑐᑯᓘᓪᓗᓂ; ᓄᓇ ᐸᓂᖅ<ᓪᓕᐊᓕᖅᑐᓂ; ᓯᑯᓴᐃᑦ ᑲᖏᖅᑐᖕᓅᖅ<ᓪᓕᐊᓪᓗᑎᒃ ᐊᐅᒋᐊᑐᖅᑐᑦ; ᐃᓄᐃᑦ ᓯᑯᓂ ᐅᑕᖅᑭᐅᕐᑲᑦᑕᖅ>ᑦ (>ᒃᑕᔪᑦ ᓯᑯᐃᑦ ᐅᕙᕗᓐᓃᑦ >ᒃᑖᑦ ᐃᖏᕐᓴᓂᐅᑦ ᐊᐅᓚᑕᖏᑦ"	ᓇᑦᑏᑦ ᐃᓚᖏᓐᓂᒃ ᒫᓕᖅᑐᕐᑲᓚᐅᕐᑲᑦᑕᖅᑐᖅ ᐅᓪᓗᒥᐅᓕᖅᑐᖅ, ᑕᒪᓇ ᐊᑐᕐᑲᑦᑕᖅᑑᒐᓗᐊᖅ ᐅᐱᕐᖔᒃᑯᑦ, ᐊᒻᒪᓗᑦᑕᐅ ᓱᑯᑐᕐᑲᑦ ᑕᑯᓇᕐᑲᑦᑕᕐᓂᖅᓴᐅᓕᖅᑐᑎᒃ, ᐃᑭᕐᒥᖕᖔᖅᑐᑦ ᐃᖏᕐᐅᓕᒃ ᐊᑐᓕᑲᐅᖅᑐᓚᐅᖅ<ᒃᑐᓂ ᓯᕗᕙᖅᑯᐃᔾᔪᓪᓗᓂ

ᔦᐃᓕ ᓴᖅᒍᔭᐅ ᓴᖅᑭᑕᖅᑎᑦ ᓇᓗᓇᐃᖅᓯᓯᒪᔦᑦ ᑕᒡᑯᓂᖓ ᑕᖅᑭᐅᑦ ᓇᓪᓕᐅᔾᔦᑦ ᐊᑎᖅᑎᖅᓂᒃ ᐃᓄᐃᑦ ᐅᓪᓗᖅᓯᐅᑎᖏᑎᒎᑦ. ᐃᒪᐃᓕᖓᖓᓗᐊᕐᒪᑕ ᑖᒡᑯᐊ ᓴᖅᑭᑎᑕᐅᔦᑦ 'ᐅᓪᓗᖅᓯᐅᑎᓂᒃ' ᖃᓂᖏᓯᐅᖅᓯᒪᓪᓗᑎᒃ ᓲᕐᓗ ᑖᒡᑯᓂᖓ ᒪᓕᒃᑐᑎᒃ ᐅᓪᓗᖅᓯᐅᑎᓂᒃ ᑕᒡᑯᐊ ᐅᖅᑲᓕᒫᕐᓂᐊᖅᑐᑦ ᐃᓕᓴᖅᓯᐸᓗᖕᓂᐊᖅᑐᑎᒃ ᑕᒪᑐᒥᖓ (ᓲᕐᓗ; ᐊᑯᓪᓕᕈᑦ, ᓰᑏᐱᓇ), ᑖᒡᑯᐊᓕ ᐅᖅᑲᐅᓯᖅᑕ ᑐᑭᓪᓚᕆᑦ ᒪᓕᒃᓯᒪᓪᓚᕆᒃᑲᓴᖕᖑᐊᕋᓗᐊᖅᑐᑎᒃ ᐃᒫᖒᖅ, ᐃᓄᐃᑦ ᑐᑭᓕᐅᑎᔭᕆᓐᓇᑦ ᐱᔾᔪᑎᖃᓪᓚᕆᒃᑑᓗᐊᑦ ᑕᖅᑭᓄᑦ ᒪᓕᖕᒋᖅᑐᑎᒃ ᐊᕐᕌᒍᓕᒫᒧᑦ. ᐅᖅᑲᐅᑎᒋᒃᑲᓐᓂᕐᓗᒍ, ᐊᑯᓪᓕᕈᑦ ᑖᓯᒍᖓ ᐅᓪᓗᖅᓯᐅᑎᒧᑦ ᓰᑏᐱᓇᒧᑦ ᒪᓕᒍᑎᓪᓚᕆᖕᖏᒃᑲᓗᐊᖅᑎᓪᓗᒍ, ᐃᒫᖕᖔᖑᓪᓗᐊᕐᓕ ᒪᓕᖕᖔᕋᓗᐊᖅᑐᓂ ᑕᖅᑭᓄᑦ ᐊᕐᕌᒍᒥ ᐊᑐᖅᑕᖅᑐᓄᑦ. ᑕᒪᓇ ᐅᖅᑲᐅᓯᕆᔭᐅᔦᑦ ᐊᔾᔨᒋᔭᕋᓗᐊᖕ ᐊᓯᖕᒥᓄᑦ ᑐᑭᓪᓚᑦᑎᖕᒥᓄᑦ. ᑕᒡᑯᐊ ᐱᔾᔦᑎᒋᓪᓗᓂᑦ ᑐᑭᖏᑦ ᐊᒻᒪᓗ ᑐᑭᑐᐃᓐᓇᖏᑦ ᐊᑐᖅᑕᐅᓯᒪᖕᒪᑕ ᐊᑑᑎᓯᒪᓪᓗᑎᓪᓗ ᑲᖏᖅᑐᒫᐱᖕᒥᐅᓄᑦ ᐊᒻᒪᓗ ᐊᔾᔨᑎᐊᔾᔭᓇᑎᒃ ᓄᓇᑑᑦ ᐊᑐᕐᑕᐅᓂᕐᒪᑦ ᐅᖓᓯᑐᓄᑦ ᐃᓅᓯᕐᑎᒍᓐᓄᑦ. ᑕᐃᒫᒃᑕᖅ ᐊᔾᔨᐅᖏᑦ ᐅᓱᕈᕆᑦᑐᓂᑦ ᕿᓯᖕᒥᒃ ᑕᖅᑭᒃᓕᕆᔭᐅᓇᑎᒃ ᐱᔦᑎᖅᑐᐊᐃᓐᓇᖅᑕᐅᕗᑦ ᓄᓇᕗᒃ ᐅᓐᓄᐊᑦᑕᒃᑯᑦ ᐃᓕᐅᖅᑭᓂᐊᓂᒃ ᓄᓇᓕᖅᑎᖕᒋᖅᑐᓂᑦ ᐊᒻᒪᓗ ᐅᖓᓯᖕᒋᖅᑐᓂᑦ ᐃᓅᖅᑎᖕᒋᓂᑦ ᓇᒥᑐᐃᓈᖅᑐᓄᑦ. ᐊᒥᓱᒃᓚᐃᑦ ᐊᑏᑦ ᐱᔦᑎᖅᑲᐅᖅ>ᑦ ᓱᒥᒃ. ᐃᒪᐃᑦᑐᖅ ᓲᕐᓗᓗ, ᑐᓴᖅᑑᑦ, ᐱᔦᑎᖅᑭᖅᓕᔦᖅ ᓱᑎᑦᑐᒍ ᐃᑖᒃᓇᓂᖅᑕᐅᖅ ᐱᔦᓇᖅᓯᑎᒃᓇᓂᖅ<ᐃᑦ ᐃᓄᐃᑦ ᐃᖏᕐᓴᖅᑲᑕᐅᓇᖅᓯᓪᓗᑎᒃ ᐅᖓᓯᖕᓂᖅᓴᒍᑦ ᐊᒻᒪᓗ ᑲᑎᓯᓪᓗᑎᒃ ᐅᕙᕗᓐᓃᑦ ᑲᑎᓪᓗᑎᒃ. ᐃᓄᐃᑦ ᓄᓇᖃᖅᐳᑦ ᓇᒥᑐᐃᓈᖅ ᑕᖃᑦᑕᖅᑐᑎᓚᐅᖅᑎᑐᑦ ᐊᐅᔭᒃᑯᑦ ᓂᐅᕐᕿᑦᑕᖅᑐᑎᓚᐅᖅᑎᑐᑦ ᐊᒻᒪᓗ ᑲᑎᖅᑲᑎᓪᓗᑎᑦ, ᐅᓂᒃᑲᖅᑎᑦᑎᐊᓕᖅ>ᑦ ᑕᕝᕙᓂ 'ᑐᓴᖅᑕᐅᑎᓂᒥ' ᐱᔦᓇᖅᓯᑎᑕᐅᖕᒥᒃ ᓱᑯᑦ. ᖃᖓᑦᑖᖅᓯ ᐃᒪᐃᓕᖓᕗᖅ ᓇᑦᑏᑦ ᓄᓇᖕᓕᐅᓕᖅ>ᑦ 'ᑲᖓᔾᔭᓂᕐᓂ ᖄᖓᑕ ᐊᑖᓗ ᐊᑯᓐᓂᖓᒍᑦ' ᓱᑯᑦ ᖄᖓᒎᖓᒍᑦ ᐊᒻᒪᓗ ᐊᐳᑎᒥᑦ ᖃᖅᑲᖅᑐᑎᒃ, ᓇᑦᑎᐊᖅᑭᓂᐊᓕᖅᑭᑦ.

ᐃᓱᒪᖅᓱᖅᐳᑦ (ᐊᐅᓪᓚᖅᓯᒪᑎᒥᒃ)

ᓱᑰᑉ ᐱᓪᓚᓇᐅᓂᖅᑲ ᐃᓅᓯᖅᑎᓐᓂ ᐱᖃᓯᐅᑎᐅᔭᐃᓐᓇᖅᒪᑦ. ᐱᓗᐊᖖᒍᐊᖅᑐᒥᒃ ᒪᑯᓇᓂ ᑲᖏᖅᑐᖕᓂ ᑕᒪᑐᒪ ᓄᓇᖅᑲ ᐱᔭᕐᓂᖅᑐᑯᓘᖏᑦᑎᐊᕐᒪᑦ ᐃᖏᕐᕋᕕᒋᓇᓱᒡᓗᒍ. ᐃᓱᒪᖅᓯᑦᑎᐊᕐᓂᕐᒥᒃ ᓱᑯ ᐊᑐᐃᓐᓇᐅᑎᑦᑎᒻᒥᖕᒪᑦ. ᓱᑯ ᐃᒪᐃᑦᑑᖕᒪᑦ ᐃᓱᒪᖅᓯᕐᓇᖅᑐᖅ-ᑐᓂᓯᔮ.

ᓯᐃᓕ ᓴᖖᒍᔭ

ᖁᓪᓚᖅ: ᑑᑯ ᐅᓯᒪ ᓱᕈᓯᐅᓪᓗᓂ, ᐃᖏᕐᕋᔪᑦ ᓯᑯᒃᑯᑦ ᕿᒧᒃᓯᖅᑐᑎᒃ ᐊᑖᑕᖓ ᐃᑯ ᐊᒻᒪᓗ ᐊᓈᓇᖓ ᐋᓇ.

ᐊᓪᓚᖅ ᐋᑐ ᓯᒥᒐᖅ ᕿᒧᒃᓯᖅᑐᖅ ᕿᒻᒥᒥᓂᑦ.

ᐃᓱᒪᐃᓐᓇᖅ (ᐊᐅᓪᓚᖅᓯᒪᔪᑦ)

"ᖃᖓᑐᐃᓐᓇᖅ ᐊᑖᑕᒐ ᓇᒧᙵᕌᖓᑦ, ᒪᓕᒃᑕᒃᑕᕋ". ᔦᐃᓕ ᓴᖑᔭᐅᑦ ᑲᔪᖏᕐᓂᕆᓯᒪᔭᖓ ᓱᓕ ᑕᐃᒪᐃᑉᐳᖅ ᐃᓕᖅᑯᓯᕐᒥ, ᐊᕐᕌᒍᓴᐃᑦ ᐊᓂᒍᖅᓯᒪᓕᕋᓗᐊᖅᑎᓪᓗᒋᑦ. ᓯᑯᒦᓐᓂᖅ ᑐᑭᖃᕐᒪᑦ ᐃᒪᐃᓐᓇᖅᑐᓂᓗ ᐃᓱᒪᖅᓱᖅᑐᓂ, ᐆᒪᓪᓗᓂ, ᑕᕝᕙ ᖃᓄᑐᐃᓐᓇᕐᑎᐊᖅ ᐱᓇᓱᒍᓐᓇᖅᓯᓪᓗᓂ. ᓯᑯ ᐊᕐᖂᒥ ᐊᑑᑎᔫᑦ ᓄᓇᐅᑦ ᐅᐃᒍᕆᖃᓯᐅᑎᖕᒪᒍ. ᑕᒪᓐᓇ ᖁᕕᐊᓱᓪᕕᕆᔭᒃᓴᐅᓪᓗᓂ ᖃᓄᖅᑰᕐᕕᒃᓴᐅᓪᓗᓂ, ᐊᒻᒪᓗ ᑲᔪᖏᕐᕕᒃᓴᐅᓪᓗᓂ/ᖃᔪᖏᖅᓱᕐᓂᖅ. ᖃᐅᔨᓴᖅᓂ ᑕᒪᔾᔭ ᓯᑯ ᓵᑦᑐᖅ ᓂᖏᔭᖅᑐᖅ ᓵᑎᓪᓗᒍ ᑭᓯᐊᓂ ᑲᑕᖓᓂᖅᓂ. ᑕᕝᕙ ᐅᔾᔨᓇᓪᓗᓂ ᓵᑐᑯᓗᖕᒦᑦᑐᓂ ᓯᑯᒥ ᑖᖅᑎᓪᓗᒍ ᐅᑭᐅᒃᑯᑦ, ᑕᐃᓐᓇ ᐃᓚᙳᐊᖅ ᖃᐃᖕᓘᖅ ᐅᖅᑲᖅᓯᒪᕗᖅ. ᑕᑯᕋᓈᖅᑐᓂ ᓯᑯᒥᒃ ᐃᒍᕙᓪᓚᐊᔪᒥᒃ ᑖᓐᓇ ᓯᑯ ᐊᒃᑑᑎᕙᓪᓚᐊᔪᖅ ᖁᑦᑎᒃᓯᕙᓪᓚᐊᑦᑐᓂ, ᐊᒻᒪᓗ ᐃᒦᖑᒻᒪᕆᒃᑐᓂ ᐃᒍᕙᓪᓚᐊᔫᑦ ᖃᖓᓃᑦᑐᓂ, ᑕᐃᓐᓇ ᐅᐊᖓᓐ ᒪᑐᒥᐊᖅ ᑕᐃᒫᒃ ᓱᖅᑯᐃᕆᓪᓗᓂᐅᒃ, ᐃᒪᐃᓕᐅᖅᑕᐅᔪᑎᑐᑦ ᓱᐊᒃᑕᐅᓪᓗᓂ ᐊᖏᔪᖅᑳᓇᔭᒥᓄᑦ ᐊᒻᒪᓗ ᖃᐅᔨᒪᕆᓪᓗᒍ ᑖᔅᓯᒪᙵᑦ ᐅᐊᖓᒥᒃ ᒪᒃᑯᒃᑎᓪᓗᒍ.

ᓯᑯ ᐃᒪᐃᓕᙵᒃᑲᓐᓂᕐᒥᖕᒪᑦ ᑕᕝᕙ ᐃᖏᕐᕋᕕᑦᔭᒃᓴᐅᓕᕐᒪᑦ ᓄᓇᓕᖕᓄᑦ (ᓄᓇᓕᕋᓛᑦ) ᓇᒍᑐᐃᓐᓇᑦ ᓯᑯᒃᑯᑦ, ᐱᖃᓯᐅᑎᓪᓗᒍ ᐅᓐᓄᑯᑖᖑᔦᑦ ᐊᑯᓂᒍᓱᔾᔭᐃᕐᓯᓯᒪᓂᖅ, ᑐᓴᕋᕐᓈᖅᑐᕆᑦ ᐅᓂᒃᑳᖅᑐᑦ ᐱᑐᖃᕐᓂᒃ ᓄᑖᓂᓪᓗ, ᐱᙳᐊᖅᑕᐅᓪᓗᓂ ᐊᒻᒪᓘᓐᓃᑦ ᐃᙱᖅᑕᐅᓪᓗᓂ ᐊᒻᒪᓗ ᒧᒥᖅᑐᑦ. ᓂᐅᕐᕈᓂᖅ ᑕᒪᕐᒥᒃ ᑲᑎᖅᑲᑎᒫᒃᑲᓐᓂᕐᓂᖅ ᐱᖃᓐᓇᓃᑦ ᐊᒻᒪᓗ ᐃᓚᒦᑦ ᐊᒻᒪᓗ ᐃᒫᒃ ᑐᑭᖅᑐᓂ ᐃᓚᒦᑦ ᑲᑎᓯᒪᑲᐃᓐᓇᕐᓂᖏᓐᓂ. ᓯᑯ ᐊᖅᑯᑕᐅᖕᒪᑦ ᐃᑳᕈᑕᐅᓪᓗᓂ ᑲᑎᖅᑲᑦᑕᐅᑎᑦᑎᓂᐅᖕᒪᑦ ᐃᓄᖕᓂᒃ ᐊᒻᒪᓗ ᐊᖅᑯᓯᐅᖅᓯᓐᓈᖅᑐᓂ ᖃᓅᓛᓕᕐᓂᖓᓂᒃ ᐊᑐᓛᕐᑕᖅ. ᓯᑯ ᑕᒪᓐᓇ ᐃᖏᕐᕋᓂᒃᑯᑦ ᐊᖅᑯᑎᒋᖅᑲᑦᑕᕐᑦᑎᒍᑦ ᓄᓇᒃᑯᑦ ᐊᒻᒪᓗ ᐃᒪᒃᑯᑦ. ᑕᒪᒃᑯᐊ ᐃᒡᓕᓂᖃᕐᕕᕆᔭᐅᖃᑦᑕᖅᑐᑐᖃᐃᑦ ᐊᑐᖅᑕᐅᖃᑦᑕᖅᑐᖅᑎᒍᑦ, ᑕᒪᒃᑯᐊ ᐱᑕᖃᐅᕐᒥᖕᒪᑕ. ᐃᖏᕐᕋᓂᖅ ᓯᑯᒃᑯᑦ ᐃᓚᒋᖃᓯᐅᑎᖕᒪᑦ ᐅᕙᒍᑦ ᐊᑐᓂᑦ ᐃᓚᑦᑕᓗ ᐅᓂᒃᑳᓇᓪᓗᓂᒋᑦ ᐊᒻᒪᓗ ᐅᓂᒃᑳᖅᑐᐊᖑᓪᓗᑎᒃ, ᐅᓂᒃᑳᓇᒃᑲᓐᓂᖅᑲᖅᑕᖅᑕᕗᑦ ᐊᒻᒪᓗ ᐃᓚᒋᔭᐅᖅᓯᐅᔾᔭᐅᒃᑲᓐᓂᖅᑐᑎᒃ. ᑕᐃᒪᐃᒃᑲᓗᐊᕐᓗᑕ ᐅᔾᔨᖅᑰᔭᐃᓐᓇᓇᐊᖅᑐᒍᑦ ᖃᐅᔨᒪᖅᓯᐅᑎᑦᑎᐊᕐᓗᑎᑦ ᑕᒪᒃᑯᐊ ᐊᑦᑕᕐᓇᕐᓂᐅᔪᓐᓇᖅᑐᑦ ᑖᒦᓂ ᓯᑯᒥ. ᐅᐊᖓ ᐊᑖᑕᑦᑎᐊᖓ/ᐃᑦᑐᖓ ᒧᒥᒐᓇ ᐊᐅᓪᓚᕐᓂᖅᑐᓂ ᓄᓗᔾᔨᐊᖅᑐᓂ ᐊᒻᒪᓗ ᐅᑎᙳᕇᓐᓇᖅᑐᕕᓂᐅᓪᓗᓂ, ᐃᓱᒪᕆᓇᖅᑐᖅ ᐆᒃᑲᐳᔾᔭᐅᔦᕕᓂᐅᖕᒪᖖᒎᕐᒥ ᓯᑯ ᐆᒃᑲᖅᑎᓪᓗᒍ ᐸᒃᑕᔪᒃᑯᑦ ᐊᐅᓪᓚᐳᔾᔭᐅᓪᓗᓂ ᓄᓇᒥᑦ.

ᐃᓱᒪᖅᓱᕐᓂᖅ ᑐᓂᕐᕈᓯᐊᖑᖕᒪᑦ, ᑭᓯᐊᓂ ᐃᒪᐃᒃᑭᕗᖅ ᐊᑐᑦᑎᐊᕆᐊᖃᖅᐳᑦ ᐱᕐᑯᔭᕈᑎᖏᑦ.

ᓴᐅᒥᖕᒥᑦ: ᐃᖏᕐᕋᔪᑦ ᓯᑭᓗᒃᑯ ᓯᓈᖓᑕ ᖃᓂᒋᔫᒍᑦ ᑲᖏᖅᑐᒑᐱᒃ, ᓄᓇᕗᑦ.

ᑕᓕᖅᐱᖕᒥᑦ: ᐊᕐᕙᒐᓱᒃᐲᑦ ᐊᐅᓚᑦᑎᖃᓯᐅᔾᔪᑦ ᐃᓄᖕᓂᒃ ᐊᒻᒪᓗ ᐊᕐᕙᒐᓲᑎᓂᒃ ᓯᓈᖓᓄᑦ ᐅᐱᕐᖓᒃᓵᒃᑯᑦ ᐊᕐᕙᒐᓱᕆᖓᖅᑐᓕᒃ ᐃᓪᓕᓂᒃᑯᑦ ᓯᑯᒃᑯᑦ ᒪᓃᓛᑎᒨᖓᔫᒃᑯᑦ.

ᔫᑯ ᐅᓯᒪ

ᐱᓇᓱᐊᕈᓯᓕᒫᖑᖏᑦᑐᒥᒃ ᐃᓅᓕᖅᑐᕕᓂᐅᔪᖓ ᐊᖏᔫᖅᑳᓐᓂᑦ ᓱᐅᕋᐸᓗᖕ ᒨᕈᔾᔭᐅᓕᖅᑐᕕᓂᐅᓪᓗᖓ ᖄᓈᕐᒥᑦ ᕿᒧᑦᓯᒃᑯᑦ. ᐱᕈᖅᓴᓕᖅᑐᕕᓂᐅᔪᖓ ᑕᒪᒃᑯᑎᑐᓇᖅᑕᐅᖅ ᐃᓅᖃᑎᑦᑎᑐᑦ ᐊᕙᓂᕐᓯᐊᕐᒥᐅᑎᑐᑦ ᐊᒻᒪᓗ ᓂᕐᔪᑎᓂᒃ ᐱᐅᒃᓴᖅᑐᐊᓘᓐᓂᕋᒪ-ᐃᓛᒃ ᑕᐃᒫᒃ, ᓯᓂᖃᑎᖃᕐᓂᖅᑐᖓ ᓇᕐᑎᐅᑦ ᐃᓪᓚᐅᖓᓂᒃ ᐱᙳᐊᖅᑎᑦ.

ᑕᐃᒪᙵᓕᒫᖅ ᓱᕈᓯᐅᓪᓗᖓ, ᐊᖑᑏᑦ ᐱᙳᐊᕈᓯᖏᓐᓂᒃ ᐱᙳᐊᕈᒪᖃᑦᑕᔪᕗᖓ. ᐊᖏᔫᖅᑳᓐᓂᑦ ᐅᖃᐅᔾᔭᐅᓯᒪᕗᖓ ᕿᒻᒥᑎᑐᑦᓗᐊᖅ ᐊᖏᑎᒋᓕᖅᑐᖓ ᕿᒧᒃᓯᕐᕋᐅᔭᕈᓐᓇᖅᓯᓐᓂᖅᐸᖓ. ᐊᖏᒡᓕᔾᔫᒥᒐᒪ ᐊᖏᓂᕋ ᓈᒻᒪᒃᓯᓪᓗᓂ, ᕿᒧᒃᓯᕐᕋᓯᖃᑦᑕᓕᖅᑐᕕᓂᐅᔪᖓ. ᑕᓕᓐᓄᑦ ᕿᒻᒥᐅᑦ ᐊᓄᐊᓄᑦ ᑲᐅᑎᑦᑐᓐᓇᖅᓯᓪᓗᒍ ᐊᒻᒪᓗ ᕿᒻᒥᖅ ᐅᓂᐊᖅᑐᒍ ᓯᑯᒧᑦ ᓄᓇᓖᑦ ᓯᓚᑖᓄᑦ, ᐅᓂᐊᖅᑐᓄᒃ ᖃᒧᑏᖕᓂᒃ, ᐊᒻᒪᓗ ᕿᐊᖏᓐᓇᖅᑐᖓᓗᒨᖅ ᑕᐃᒫᒃ ᐱᓇᓯᖕᓂᑯᒧᑦ. ᑕᕝᕙ ᐊᕗᙵᑲᑦᑖᕐᔪᒃᑲᒪ ᓯᑯᒥ, ᕿᒻᒥᕉᖅ ᓄᓇᓕᖕᓄᑦ ᓵᑦᑐᓂ ᐊᖏᕐᕋᒧᑦ ᐸᖓᓕᖃᑦᑕᓚᐅᖅᓯᒪᔪᖅ. ᑕᕝᕙ ᑕᐃᒪᐃᖃᑦᑕᕐᓂᖅᐸᖅ ᖃᒧᑏᒃ ᖄᖓᓅᕈᓐᓇᕌᖓᒪ ᕿᒧᒃᓯᕐᕋᐅᓪᓗᖓ ᐊᒻᒪᓗ ᖁᖓᐃᓐᓇᓕᖅᐸᒃᑐᖓᓗᒨᖅ ᐊᖏᕐᕋᓕᕌᖓᒪ.

ᖁᑦᓕᖅᐹᖅ: ᔫᑯ (ᑕᓕᖅᐱᒻᒦᑦᑐᖅ) ᐊᒻᒪᓗ ᐱᖃᓐᓇᕆᔭᖓ ᐸᕐᑐᓇᒃ ᐅᕐᔪᓇᐊᖅ.

ᐊᓪᓖᕆ, ᓴᐅᒥᖕᒥᑦ: ᔫᑯ, ᓯᓂᖃᑎᓕᒃ ᐃᓪᓚᐅᖁᑎᒥᒃ ᓇᕐᑎᐅᑦ.

ᑲᐅᐸᐊᐃᙳᐊᖅ ᔫᑯ

ᔫᑯ ᕿᒧᒃᓯᕐᕈᓐᓇᖅᑎᑕᓚᐅᖅᓯᒪᔪᖅ ᑕᐃᔅᓯᒪᓂ ᕿᒻᒥᑎᑦ ᐊᖏᑎᒋᓕᖅᓯᒪ.

ᔪᐃᓕ ᓴᖑᔭ

ᐊᐱᓕᖃᑦᑕᕐᒪᑦ ᓰᑏᐱᓇᐅᑦ ᓄᙱᐸᓗᐊᓂ ᐆᑑᐱᓇᒥᓅᓐᓃᑦ, ᐃᒫᓪᓕ ᐅᖃᖃᑦᑕᖅᑐᒍᑦ, "ᐅᑕᖅᑭᔪᓐᓇᐃᓪᓕᒐᒪ ᖃᒧᑏᖕᓄᑦ ᐃᑭᒪᔭᓇᐊᒃᓴᖅ ᓯᑯᒎᕐᓱᖓᓗ". ᑕᕝᕙ ᐃᒪᐃᓕᖅᑎᓪᓗᒍ ᐃᒫᒃ ᐸᕐᓇᐃᕙᕇᖅᓯᓯᒪᓕᖃᑦᑕᖅᑐᒍᑦ ᕿᒻᒥᓄᑦ ᐊᓄᐃᑦ ᓈᒻᒪᒃᑲᓗᐊᖅᐹᑦ, ᐃᐱᐅᑕᓪᓘ, ᐱᑑᓪᓗ, ᐃᐸᕋᐅᑕᕋᓗ, ᐊᒻᒪᓗ ᖃᒧᑎᕗᑦ ᐊᑐᑐᐃᓐᓇᓇᐊᖃᓕᖅᐴᒃ. ᕿᒻᒥᕗᑦ ᐸᖓᓕᒃᑎᖃᑦᑕᕐᒥᒐᑦᑎᒍᑦ ᐊᐱᕙᓪᓕᐊᓕᕋᓗᐊᖅᑎᓪᓗᒍ ᒪᓕᒃᑎᑦᑐᑎᑦ ᓯᑭᓗᒃᑐᑕ, ᖃᐅᔨᓴᖅᓯᓈᖅᑐᑕ ᐊᐳᑖ ᕿᒧᒃᓯᕐᕕᔭᓇᐊᖓ ᓰᖁᑕᐅᔭᓃᕐᒪᖔᑦ ᐃᖏᕐᕋᕕᒋᔭᓇᐊᖓ ᓄᓇᒃᑯᑦ ᖃᒧᑎᖃᕐᓗᓂ ᓰᖃᐃᒻᒪ ᐅᔭᕋᖃᓗᐊᖅᑎᓪᓗᒍ ᐅᔭᕌᒃᑕᓗᐊᖃᑦᑕᖅᑐᓂ ᐊᐅᒃᑕᔫᒃ ᐱᕌᒃ ᓄᖑᓴᕋᐃᒻᒪᑎᒃ.

ᑕᕝᕙᓕ ᑕᒪᓐᓇ ᐊᑑᑎᕋᑖᖅᑎᓪᓗᒍ, ᒪᓃᓵᒃᑐᖅ ᓯᑯ ᑎᑭᐅᑎᓕᔫᖑᒋᕗᖅ ᕿᑭᖅᑖᓘᑦ ᑲᓇᖕᓇᖓᒍᑦ ᓯᒡᓴᒃᑰᖅᑐᓂ ᐊᒡᒍᑦᑎᓐᓃᙶᖅᑐᖅ ᓄᓇᑦᑕ ᖁᑦᑎᖅᑭᒋᔭᖓᓂᑦ. ᓯᑯ ᑎᑭᐅᑎᖕᒪᑦ ᓇᑦᑏᑦ , ᐊᕿᒡᒌᑦ, ᐊᒻᒪᓗ ᓇᓄᖃᓕᒃᑲᓐᓂᖅᑐᓂ. ᓯᑯ ᑎᑭᒻᒪᑦ ᑕᒪᓐᓇ ᐊᕙᑖ ᓂᒡᓕᒃᑲᓐᓂᖅᑐᓂ, ᓯᓚᓗ ᓂᒡᓚᒃᑲᓐᓂᕐᐳᖅ, ᐊᒻᒪᓗ ᑕᒪᓐᓇ ᓂᓇᐅᒥᔭᕗᑦ ᓯᑯᕙᓪᓕᐊᓕᖅᑐᓂ, ᓇᓄᐃᑦ ᓯᒡᔭᒥᑦ ᓯᑯᒨᖅᑲᕐᐸᓪᓕᐊᓕᖅᐳᑦ. ᑕᒪᓐᓇ ᓯᑯᕙᓪᓕᐊᔪᖅ ᓵᒻᒪᑦ, ᐅᒥᐊᖅᑐᖅᑐᑕ ᓯᓚ ᐊᑐᖃᑦᑕᖅᐸᕗᑦ ᓰᖃᐃᒻᒪ ᑕᕝᕙ ᓇᑦᑎᕋᓯᑦᑎᐊᕐᓇᖅᓯᖕᒪᑦ ᐅᒥᐊᑯᑦ ᕿᑲᕐᓇᖅᓯᓪᓗᓂ. ᓯᑯ ᑕᒪᐅᙵᓵᖓᑦ ᖁᕙᐊᒋᖃᑦᑕᖅᑕᕗᑦ ᐃᖏᕐᕋᕕᒋᖃᑦᑕᕐᓂᐊᕐᒥᒐᑦᑎᒍᑦ ᐅᑭᐅᖅ.

ᖁᓪᓕᖅ: ᐊᐃᒎᓯ ᓯᕗᒐᑦ ᐅᒥᐊᖅᑐᖅᑐᖅ ᓯᑯᐊᖅᓯᒪᔫᒃᑯᑦ ᓯᓈᖓᓂ.

ᐊᓪᓕᖅ: ᐃᓴ ᕿᓪᓚᖅ ᐊᒻᒪᓗ ᔭᐃᑯ ᐋᓯᕙᒃ ᐊᖑᓇᓱᒃᑑᒃ ᓯᑯᕙᓪᓕᐊᓕᖅᑎᓪᓗᒍ ᑲᖏᖅᑐᒑᐱᐅᑦ ᖃᓂᒋᔭᓂ.

ᓯᑯᓐᒪᑦ ᑕᒪᓐᓇ ᓯᑰᓂᐊᓕᖅᑐᓂ ᐅᑭᐅᒃᑯᑦ, ᓯᕗᓪᓕᖅᐹᒥᒃ ᑕᐃᕙ ᐃᑖᑎᒍᑦ ᐃᒪᐃᓕᖕᒐᕗᒍᑦ ᓇᑦᑎᕈᑦᑕ ᓂᕆᕙᒋᓗᒍᓗ ᓯᑯᒥ. ᓇᑦᑎᖅ ᐱᓚᓚᐅᖅᑐᒍ ᐊᒻᒪᓗ ᑕᐃᕙ ᓂᕆᕙᒋᓪᓗᒍ ᑕᒫᓐᓇᑦ ᓯᑯᒥᑦ ᑕᕆᐅᖅᑲᖅᑐᓂ, ᑏᑐᖅᑐᑕ, ᐊᒻᒪᓗ ᓯᓚᑦᑎᐊᕙᒃ ᑕᒪᓐᓇ ᐊᓂᖅᓵᖅᑐᖅᑲᐅᑎᑦᑎᐊᖅᑐᒍ. ᑕᒪᓐᓇ ᑕᐃᒫᒃ ᐊᑐᕐᓇᖅᑐᖅ ᐊᑐᕐᒃᓴᐅᖕᒋᑦᑐᖅ ᓯᑰᖕᒋᑦᑐᒥ. ᓯᑯ ᑕᒪᓐᓇ ᐃᒪᐃᓕᖅᑲᑦᑕᕐᒪᑦ ᓂᕿᑦᑎᓐᓂᒃ ᐊᑐᐃᓐᓇᕈᐃᖅᓯᐅᔾᔨᑦᑐᓂ ᓯᑰᓕᕐᒥ ᓲᖅᑲᐃᒻᒪ ᐃᓕᓐᓂᐊᓕᕐᑎᒍ ᐊᑐᖅᑲᑦᑕᒧᑦ ᖃᓄᖅ ᐊᖑᓇᓱᓐᓂᐊᕐᔭᕆᐊᖓ ᖃᐅᔨᒪᓂᖅᓴᕆᓕᖅᑐᑎᒍᑦ.

ᑲᖕᒋᖅᑐᒫᐱᖕᒥ ᓄᓇᖅᑲᖅᑐᑎᒍᑦ, ᑕᒪᓐᓇ ᓄᓇᖅᑲᖅᑲᕆᔭᕗᑦ ᓄᓇᑐᔫᑦᑐᓂ ᐊᒻᒪᓗ ᑲᖕᒋᖅᑐᖅᑲᐅᖅᑐᓂ. ᓯᑰᑦ ᐃᑲᔪᖅᐹᓪᓕᖅᑲᑦᑕᖅᒥᖕᒪᑎᒍᑦ ᐃᖕᒋᕐᕋᓂᒃᑯᑦ ᑕᐃᒃ ᑐᕌᕐᓇᖅᓯᓪᓗᒍ ᐃᖕᒋᕐᕋᒐᒥ ᖃᒃᓕᕚᓪᓕᖅᐳᖅ, ᓂᒍᓯᓗᑕ ᐃᖕᒋᕐᕋᔪᓐᓇᖅᐸᒃᑲᓗᐊᖅᑐᒍᑦ ᑕᒪᓐᓇᓕ ᓄᓇᐅᖕᒪᑦ. ᑐᓴᖅᑑᑦ ('ᓅᕖᐱᓇ' ᐅᖅᑲᐅᓯᑦᑎᒍᑦ), ᑐᑭᖅᑲᖅᒥᖕᒪᑦ 'ᓄᑖᖑᕗᖅ ᑕᒪᓐᓇ ᐊᑑᑎᓕᖅᑐᖅ'. ᐅᐊᑦᑎᐊᕈ, ᑕᒪᓐᓇ ᐅᑑᑎᓕᕌᖓᑦ ᓯᑯᖅᑲᑦᑕᓚᐅᖅᓯᒪᔪᖅ ᐊᒻᒪᓗ ᑕᐃᕙ ᓄᓇᓕᖕᓄᑦ ᓂᐅᕐᕈᐊᓐᓇᖅᓯᕙᒃᑐᑦ. ᑕᒪᓐᓇ ᓯᑯ ᑐᑭᓯᖕᒐᑦ ᐃᓚᖕᒐ ᐃᖕᒋᕐᕋᕕᒋᔪᓐᓇᖅᓯᒐᑦᑎᒍᑦ ᐊᒻᒪᓗ ᑕᐃᕙ ᑐᓴᕈᓐᓇᖅᓯᓪᓗᑎᒍᑦ ᖃᓄᐃᓕᐅᖅᓯᒪᖕᒪᖕᒑᑦ ᐊᒻᒪᓗ ᖃᓄᖅ ᑕᒪᒃᑯᐊ ᐊᑐᖅᓯᒪᔭᖕᒋᓐᓂᑦ ᐱᖅᑲᓐᓇᕆᔭᑦᑎᓐᓂᑦ ᐊᒻᒪᓗ ᐃᓚᑦᑎᓐᓂᑦ ᐃᒪᐃᓚᐅᖅᑕ ᑲᑎᙵᓚᐅᕐᑎᑦᑐᒍ ᐃᒪᐅᑎᓪᓗᒍ.

ᓯᑯᔭᕌᖓᑦ ᐅᑭᐅᑕᒫᑦ ᑐᓂᕐᕈᑎᖅᑲᖅᓯᐅᑎᖅᑲᑦᑕᓇᕗᖅ ᑲᔪᕐᒋᕐᓂᐊᓗᕐᒥᒃ ᐊᒻᒪᓗ ᐊᑯᓂᒍᓯᓕᖅᑐᓂ ᓲᖅᑲᐃᒻᒪ ᑕᐅᕙ ᐊᑐᕈᓐᓇᖅᓯᓚᐅᕆᒥᐅᒃ ᐊᒻᒪᓗ ᑕᒪᔾᔭ ᑕᒪᑐᒪ ᑐᑭᖅᑲᐅᑎᒋᔭᖕ ᐱᓪᓚᕆᐊᓘᖕᒪᑦ ᐊᑐᖅᓇᖅᓂᐊᓕᖅᑑᑉ ᓯᑯᑉ ᐃᓄᖕᓄᑦ. ᓯᑯ ᐱᔾᔪᑎᖅᑲᒃᑲᓐᓂᖅᒥᖕᒪᑦ ᐊᑐᐃᓐᓇᕈᐃᔾᔪᑎᒋᔭᒥᓂᒃ ᓂᕿᑦᑎᓐᓂᒃ, ᐃᓅᓯᑦᑎᓐᓂᒃ, ᐊᖅᖂᒍᓂᑦ ᐊᒥᓱᐊᓗᖕᓂᒃ ᑕᐅᓴᓐ ᐅᖓᑖᓃᓗᐊᖅᑐᓂᒃ. ᐱᔾᔪᑎᖅᑲᒃᑲᓐᓂᖅᒥᔾᔪᖅᑕᐅᖅ ᑐᓴᖅᑲᑦᑕᐅᑎᔾᔭᓐᓇᖅᓯᖅᑲᑦᑕᕐᑕ, ᐊᒻᒪᓗ ᑲᑎᖅᑲᑦᑕᐅᑎᖅᑲᑦᑕᕐᓂᖅᓴᐅᓕᕐᓗᑕ.

ᐃᒡᓗᕐᓛᕐᓚᓃᑦᑐᖅ: ᑕᐃᕕᑎ ᐃᒃᑲᕐᑎᐊᓗᒃ ᓇᑦᑎᖅᓯᒃᑐᖅ ᐅᒥᐊᒃᑯᑦ ᓯᑯᐊᖅᐸᓪᓕᐊᓕᖅᑐᒃᑯᑦ ᐅᑭᐊᓴᕐᒪᑦ.

ᖁᑦᓕᖅ: ᔭᐃᑯᐱ ᐸᓂᒃᐸᒃ ᐃᖑᑕᓅᒃ, ᐃᐅᑦᕗᑦ,ᓯᑯᒥ ᓇᑦᑎᖅᓯᒃᑐᑎᒡᓗ.

ᓴᐅᒥᖕᒥᑦ:
ᓯᑭᓗᒃ ᖃᒧᑎᔅᓴᖅᑐᖅ, ᐊᑐᖅᑕᐅᕙᓪᓕᖅᑕᖅᑐᖅ ᓯᑯᒃᑯᑦ ᐃᖕᒋᕐᕋᔾᔪᓂ ᑲᖕᒋᖅᑑᐱᖕᒥ ᐅᓪᓗᒥᐅᓕᖅᑐᖅ.

ᐃᖅᑲᓇᐃᔭᖅᐸᒃᑐᑕ, ᐃᖏᕋᖅᑕᑦᑕᖅᑐᒍᑦ, ᐊᖑᓇᓱᖅᑕᑦᑕᖅᑐᒍᑦ, ᐃᖅᑲᓪᓚᐊᖅᑕᑦᑕᖅᑐᒍᑦ, ᓯᓂᖅᑕᑦᑕᖅᑐᒍᑦ, ᐆᒪᔪᒍᑦ, ᐱᙳᐊᖅᑕᑦᑕᖅᑐᒍᑦ, ᐱᙳᐊᖅᑎᑕᐅᖅᑕᑦᑕᖅᑐᒍᑦ, ᐊᒻᒪᓗ ᓲᐴᔩᓇᐊᖅᑐᖅᑕᑦᑕᖅᑐᒍᑦ ᓯᑯᒥ ᐱᑦᓚᓇᐊᓘᕆᓪᓗᑎᒃ ᑕᒪᒃᑯᐊ ᐃᓪᓚᖅᑯᓯᑦᑎᒍᑦ. ᓱᕈᓯᐅᓪᓗᑕ, ᕿᑎᑦᑎᒍᑦ ᐊᒃᑐᓈᒥᒃ ᕿᓚᒃᓯᓚᐅᖅᑐᑕ, ᑕᒪᓐᓇ ᐊᒃᑐᓈᖅ ᖃᒧᑎᙳᐊᖕᓄᒃ ᕿᓚᒃᑐᒍ, ᑕᐃᒫᒃ ᕿᒧᒃᓯᙳᐊᖅᑕᑦᑕᓚᐅᖅᓯᒪᖕᒥᔪᒍᑦ. ᑕᕝᕙᓕ ᓂᑭᑦᑖᐸᒃᑐᑕ ᕿᒻᒥᙳᐊᖑᑦᓗᑕ ᐅᕝᕙᓘᓐᓃᑦ ᕿᒧᒃᓯᙳᐊᖕᓛᖅᑐᑕ. ᐆᑦᑑᙳᐊᓚᐅᖅᐸᒃᑐᑕ ᓯᑯᒥ, ᐅᕝᕙᓘᓐᓃᑦ ᓇᓅᙳᐊᓚᐅᖅᐸᒃᑐᑕ, ᐅᕝᕙᓘᓐᓃᑦ ᑐᒃᑑᙳᐊᓚᐅᖅᐸᒃᑐᑕ. ᑕᒪᒃᑯᐊ ᐱᙳᐊᕐᓂᓇᖅᑕᑦᑕᖅᑕᕗᑦ ᐊᑐᖅᑕᑦᑕᕐᓂᕐᒥᖕᒪᑕ ᐃᓕᑉᐸᑦᓚᐊᔾᔪᑎᒋᓪᓗᑎᒍᑦ ᐊᒻᒪᓗ ᐊᑐᐃᓐᓇᐃᑦ ᑕᒪᒃᑯᐊ ᐊᑐᖅᑕᑦᑕᓇᓪᓗᑎᒍᑦ ᐊᑐᐃᓐᓇᐅᔪᑦ ᓱᑯᒥ ᐊᒻᒪᓗ ᖃᓄᑎᒋ ᐱᑕᖅᑲᐅᖅᓂᖏᓐᓂᒃ ᓂᕿᒃᓴᓂᒃ ᐊᒻᒪᓗ ᐃᖏᕐᕋᒥ ᐅᐸᒍᓇᖅᑕᕗᑦ. ᑕᒪᒃᑯᐊ ᐱᙳᐊᕐᓂᓇᖅᑕᑦᑕᖅᑕᕗᑦ ᐊᑐᖅᑐᒋᑦ ᐅᕙᑦᑎᓐᓂᒃ ᖃᐅᔨᕙᓪᓚᐊᕙᒃᑭᓪᓗᑕ ᐊᑐᕈᓐᓇᖅᓯᕙᓪᓚᐊᔭᕗᑦ ᐱᔪᓐᓇᖅᓯᕙᓪᓚᐊᓪᓗᑎᒍᑦ.

ᐱᑕᓪᓚᐊᓘᖕᒪᑦ ᐊᒥᒐᖏᑦᑐᒥᒃ ᐊᕙᑎᑦᑎᓐᓂ ᒪᓂᕌᓗᖕᒥᒃ, ᐅᐸᒍᓇᖅᑕᑦᑎᓐᓂ ᓯᑯᒃᑰᕋᓗᐊᖅᓗᑕ ᓯᑯᑎᑦᓗᒍ. ᓇᓂᓯᓇᖏᑦᑎᐊᑐᖅ ᐊᓯᐊᓃᑦᑐᒥᒃ ᑕᒪᑐᑎᑐᓈᖅᑐᒥᒃ ᓯᓚᕐᔪᐊᕐᒥ ᑭᓯᐊᓂᑦᑕᐅᖅ ᑕᒪᑐᒪ ᓯᑯᖅᑕᑦᑕᕐᓂᖓ ᑕᒪᔾᔭᐅᖕᒪᑦ. ᐃᓄᐃᑦ ᐃᓚᖏᑦ ᕿᐊᖅᑕᑦᑕᖅᑐᕐ ᖁᕝᕙᐊᓱᖏᓐᓂᕐᒨᖏᑦᑐᖅ, ᑭᓯᐊᓂᓚᑦᑕᐅᖅ ᖁᕝᕙᐊᓐᓂᕐᒧᑦ ᐆᒪᓂᕐᒧᑦ ᑕᒪᓐᓇ ᐃᓅᓯᖅ ᑐᓐᓂᖅᓯᐃᔾᔪᖅ ᐃᓐᓂᖓᓂᒃ ᐱᑕᓪᓚᐊᓘᓂᖓᓂᒃ. ᐱᑕᖅᑲᐅᑕᐅᓪᓗᓂ ᐅᕙᑦᑎᓐᓄᑦ ᐊᒻᒪᓗ ᐊᓂᑦᑎᐅᖅᓴᕆᖅᑕᑦᑕᕐᒥᔭᕗᑦ ᐊᑲᐅᓯᕚᓪᓚᕈᑎᒋᓂᐊᖅᑕᑦᑎᓐᓂᒃ ᐆᒪᑎᑦᑎᓐᓄᑦ ᐊᒻᒪᓗ ᐃᓱᒪᑦᑎᓐᓄᑦ ᑕᐃᒫᒃ ᐃᖏᕐᕋᕝᕕᒋᓪᓗᑎᒍᑦ.

ᐹᓂᓪᓗᐊᖅ: ᓂᒃᐸᖅᔫᒃ ᐊᒡᓗᒥ ᓯᑯᓪᓚᐊᕙᓂᕐᒥ ᕚᕝᕗᐊᓇᐅᑎᓪᓗᒍ.

ᓴᐅᒥᖕᒥᑦ: ᑕᑯᒃᓴᐅᔪᑦ ᓄᓇᖅᑲᖅᑐᓂᑦ ᓱᕈᓰᑦ ᐊᕐᕕᖅᑐᔪᕐᒥ, ᑲᖏᖅᑐᒑᐱᐅᑦ ᖃᓂᒋᐸᓘᔭᖅᑕᖕᒐᓂ, 1970-ᕈᐊᖕᓂ.

"ᓱᕈᓯᐅᑦᓗᑕ, ᐊᒃᑐᓈᒥᒃ ᕿᑎᕐᑎᒍᑦ
ᕿᓚᒃᓯᖃᑦᑕᔪᔪᒍᑦ, ᖃᒧᑎᙳᐊᖕᓂᑦ ᕿᓚᒃᑐᒍ,
ᕿᒧᒃᓯᙳᐊᓕᖅᑐᑕ...."
ᐆᒪ ᑎᑎᕋᐅᔭᖅᑕᖓ ᓂᓇ ᖃᖅᑲᓯᖅ

ᐅᐊᔅᓕ ᐊᐃᑲᓐ

ᒪᒃᑯᒃᑐᖓ ᐱᕈᖅᓴᓚᐅᖅᓯᒪᒐᒪ ᑲᐃᑉ ᕼᐋᑲᑦ (Cape Halkett) ᖃᓂᒋᐅᔭᖅᑕᖓᓂ, ᐊᐅᓪᓚᖅᓯᒪᖃᑎᖃᖃᑦᑕᓚᐅᖅᓯᒪᒐᒪ ᐊᑖᑕᓐᓂᒃ ᕿᒧᒃᓯᒃᑯᑦ ᓯᒡᔭᖅᐸᓯᒃᑯᑦ ᐊᖑᓇᓱᒃᑐᓄᑦ ᐊᒻᒪᓄ ᓯᓂᒃᑕᓚᐅᖅᐸᒃᑐᓄᒃ ᐊᑖᑕᒐ ᐊᒻᒪᓗ ᐊᒃᑲᒃᑲ/ᐊᖓᒃᑲ. ᐃᓐᓇᕈᒃᑲᓐᓂᕋᒪ ᐊᐅᓪᓚᖅᓯᒪᔪᓐᓇᖅᓯᓚᐅᖅᓯᒪᔪᖓ ᑕᐅᓅᓇ ᓯᒡᔭᒃᑯᑦ ᓇᖕᒥᓂᖅ ᕿᒻᒥᓐᓄᑦ. ᓄᓕᐊᕋ ᐊᓇ ᐅᕙᒍᒃ ᑲᑎᑎᑕᐅᓯᒪᓕᖅᐳᒍᒃ ᐊᕐᕌᒍᓂᑦ 63-ᓂᒃ. ᓯᓂᒃᑕᓇᐊᖃᑦᑕᓚᐅᓯᒪᔪᒍᒃ ᑕᐃᔅᓯᒪᓂ 1950-ᕈᔪᐃᑦ ᐱᒋᐊᓕᕐᑖᖅᑎᓪᓗᒋᑦ. ᓯᓂᒃᑕᕐᕕᒃᑕᖃᐅᓚᐅᖅᓯᒪᖕᒪᑦ ᐊᑐᖅᑕᐅᖃᑦᑕᖅᑐᓂᒃ ᐃᓚᒌᖕᓂᑦ ᐊᒥᓱᓂᑦ ᑕᒫᓂ ᓯᒡᔭᒥ ᑕᐅᕙᖓᑦ ᓄᓇᕙᕐᒥᑦ ᑕᐅᕗᖓ ᑕᑦᓴᒻ ᐃᔅᓯᐊᒧᑦ. ᐃᓄᐃᑦ ᐅᐱᕐᖏᖃᑦᑕᖅᑐᑎᒃ ᐊᐅᔨᕙᒃᑐᑎᒡᓗ ᑕᐅᕙᓂ ᐊᖑᓇᓱᒃᑐᑎᒃ ᐅᒡᔪᒐᓱᒃᑐᑎᒃ, ᓇᑦᑎᕋᓱᒃᑐᑎᒃ, ᐊᐃᕝᕙᒐᓱᒃᑐᑎᒃ, ᒥᑎᕋᓱᒃᑐᑎᒃ, ᑲᖑᕋᓱᒃᑐᑎᒃ, ᐊᒻᒪᓗ ᑐᒃᑐᓐᓇᓱᒃᑐᑎᒃ. ᓯᓂᒃᑕᕐᕕᒋᖃᑦᑕᖅᑐᒍ ᑕᒪᑐᒪ ᓯᒡᔭᖓ ᑕᐃᒫᒃ ᐊᑲᕐᓇᕐᓂᖅᓴᐅᓚᐅᖅᓯᒪᖕᒥᖕᒪᑦ ᐱᔾᔪᑎᖃᓗᐊᓇᓪᓗᓂ ᑭᑦᑐᓇᐊᖃᖏᓐᓂᖓᓄᑦ. ᓂᕿᒃᓴᑦᑎᓐᓂᒃ ᓄᐊᑦᑎᕙᓪᓕᐊᓪᓗᑕ ᐊᒻᒪᓗ ᐅᑭᐅᖑᒎᖅᑐᒧᑦ ᑐᑯᒫᓇᔭᖅᓴᓇᓪᓗᑎᒍᑦ.

ᐅᐊᔅᓕ ᐊᐃᑲᓐ ᐊᒻᒪᓗ ᕿᒻᒥᖏᑦ, ᑕᐃᔅᓯᒪᓂᐸᓗᒃ 1960-ᕈᔪᖕᓂ.

ᐃᖏᕐᕋᓕᕌᖓᑦᑕ ᓄᓇᖃᕐᕕᒋᓂᐊᖅᑕᑦᑎᓐᓄᑦ ᕿᒧᒃᓯᒃᑯᑦ ᑕᐅᕗᖓᖅᐸᓪᓕᐊᖃᑦᑕᕗᒍᑦ ᓯᒡᔭ ᑕᒪᓐᓇ ᐊᑐᖅᑐᒍ. ᓯᑯ ᐊᑐᒐᕐᓂᕐᓂᖅᓴᐅᖃᑦᑕᓚᐅᖅᓯᒪᔪᖅ ᐃᖏᕐᕋᕕᒋᓪᓗᒍ ᐱᔾᔪᑎᖃᓇᓪᓗᓂ ᓯᑯᑦᑎᐊᖅᓯᒪᓂᖅᓴᐅᓪᓗᓂ ᐊᒻᒪᓗ ᑐᕙᐅᓂᖅᓴᐅᓪᓗᓂ ᐅᓪᓗᒥᒧᑦ ᓯᑯᒋᕙᓕᖅᑕᑦᑕ ᐊᔾᔨᒋᓇᓂᐅᒃ. ᒫᓐᓇᓕ ᑐᕙᑭᓐᓂᖅᓴᐅᓕᕐᒪᑦ ᐊᒻᒪᓗ ᐊᐅᑲᐅᖅᑐᖃᑦᑕᕐᓂᖅᓴᐅᓕᖅᑐᓂ ᐊᐅᒡᕕᒋᖃᑦᑕᓚᐅᖅᓯᒪᔭᖓᑕ ᓯᕗᓂᐊᒍᑦ. ᐋᔦᕋᐃᑦ ᐃᑳᕈᒪᒐᓗᐊᖅᑐᑎᒍᑦ ᐃᑭᖅᑐᓗᐊᖅᑐᑎᒡᓗ ᐃᑳᕋᓯᒋᐊᖏᑦ, ᐊᑐᐊᓇᐊᖃᖃᑦᑕᓚᐅᓯᒪᔭᕗᑦ ᓴᒻᒧᑦ ᑕᒫᖓᑦ ᓯᒡᔭᖅᐸᓯᖕᒥᑦ. ᐅᖃᐅᑎᒋᓯᒪᖕᒥᔭᕋ, ᓯᑯ ᓯᑯᓯᒪᑦᑎᐊᕐᓂᖅᓴᐅᖃᑦᑕᓚᐅᖅᓯᒪᖕᒪᑦ ᐊᒻᒪᓗ ᐊᑐᖅᓴᐅᕙᒃᑭᓪᓗᓂ ᐃᖏᕐᕋᕕᒋᔭᓄᐊᖓ ᑎᑭᐅᑎᒻᒪᓇᒃᑐᒍ ᐱᓇᓯᐊᕈᓯᖅ ᓯᕗᓪᓕᖅᐹᖅ ᔪᓚᐃᒥ ᑎᑭᑦᑐᒍ.

ᐊᖑᑏᑦ ᐊᖑᓇᓱᖃᑦᑕᓚᐅᖅᓯᒪᔪᑦ ᓯᑯᒃᑯᑦ ᐊᑐᖅᑐᑎᒃ ᐅᒥᐊᓂᒃ ᐊᒥᖅᓯᒪᔪᓂᒃ. ᐊᑐᖃᑦᑕᓚᐅᖅᓯᒪᖕᒥᔪᑦ ᖃᔭᕐᓂᑦ ᐊᖑᓇᓱᒃᑐᑎᒃ. ᑭᓯᐊᓂᓕ ᐅᐊᑦᑎᐊᕈᐊᓗᒃ ᒪᒃᑯᖕᓂᖅᓴᐅᑎᓪᓗᖓ. ᓯᑕ ᐊᖑᓇᓱᖕᓂᕐᓗ ᐱᐅᑎᓪᓗᒋᒃ, ᐊᖑᓇᓱᒃᑏᑦ ᐅᓯᖏᐊᓚᐅᖅᑐᑎᒃ ᐊᖑᑕᒥᓂᒃ ᐊᒻᒪᑦᑕᐅᖅ ᐊᐅᓪᓚᒃᑲᓐᓂᓈᓇᓪᓗᑎᒃ. ᐊᕐᓇᐃᑦ ᐃᕐᖐᓐᓇᑦᑎᐊᖅ ᐊᒡᒍᐃᓕᖅᐸᒃᑐᑎᒃ ᐅᒡᔪᖕᒥᒃ ᐊᒻᒪᓗ ᑕᕝᕙ ᓂᕙᖕᒫᑎᖅᑕᐅᓪᓗᑎᒃ ᓂᒃᑯᓕᐊᖑᑦᑐᑎᒃ. ᐃᒪᐃᑦᑐᓕᐅᖅᐸᒃᑭᑦᑐᑎᒃ ᐃᒻᒥᓄᑦ ᒥᖅᓯᒐ (ᒥᓯᕋᖅ, ᓇᑦᑎᐅᑦ ᐅᖅᓯᐊᓂᑦ) ᐊᒻᒪᓗ ᑕᕝᕙ ᓂᒃᑯᑉᐸᑦ (ᐸᓂᒃᑕᒃ) ᓈᒻᒪᒃᓯᔭᕌᖓᑕ ᑐᖅᑯᖅᑕᐅᕙᒃᑐᑎᒃ ᓇᑦᑎᕕᓂᒃᑯᕕᖕᒧᑦ. ᐃᖅᑲᒃᑲᓐᓂᓕᓪᓗᑎᒃ, ᐅᒡᔪᒐᔭᑦ ᐸᓂᕌᖓᑕ ᐃᓐᓂᐊᓇᔭᐅᕙᒃᑐᑎᒃ ᐊᒻᒪᓗ ᐊᑐᖅᑕᐅᕙᒃᑐᑎᑦ ᐊᑐᓇᖅ (ᐊᑐᖓᒃᓴᓕᐊᓇᔭᐅᕙᒃᑐᑎᒃ) ᒪᒃᓚᒃᑎᓐᓄᑦ (ᑲᒥᑦᑎᓐᓄᑦ).

ᕿᔪᖕᓂᒃ ᑎᔅᓴᕐᓗᖃᐅᖅᑐᐊᓘᓚᐅᖅᓯᒪᖕᒪᑦ ᑕᒪᓐᓇ ᓯᒡᔭᖅ ᐅᖅᑰᔾᔨᑎᒋᖃᑦᑕᓚᐅᖅᓯᒪᔭᕗᑦ ᑐᐱᑦᑎᓐᓄᑦ. ᓂᒃᑯᒃᑯᕕᖃᖅᐸᓚᐅᖅᓯᒪᖕᒥᔪᑦ ᓂᕕᙵᕕᓚᐅᓯᒪᓪᓗᑕ ᓂᕿᑦᑎᓐᓄᑦ. ᐅᖓᓯᖕᓂᖅᓴᒧᑦ ᑕᒪᐅᓇ ᓯᒡᔭᒃᑯᑦ, ᕿᔪᒃᓴᖅᑕᖃᓚᐅᖅᓯᒪᒻᒥᖕᒪᑦ ᐊᒥᓱᓂᒃ ᐊᒻᒪᓗ ᐃᓄᐃᑦ ᐅᒥᐅᑯᔅᓰᓂᖅᓴᓇᔭᒥᓂᒃ ᐅᒥᐅᕋᖅᓴ (ᐅᒥᐊᑦ ᐊᒥᖅᓯᒪᔪᑦ) ᐅᓯᖃᑦᑕᓚᐅᖅᓯᒪᔪᑦ ᐃᒃᐱᐊᕐᔪᖕᓄᑦ ᐊᒻᒪᓗ ᖃᑦᑕᐅᔭᓄᑦ ᓄᓇᒥᓄᑦ.

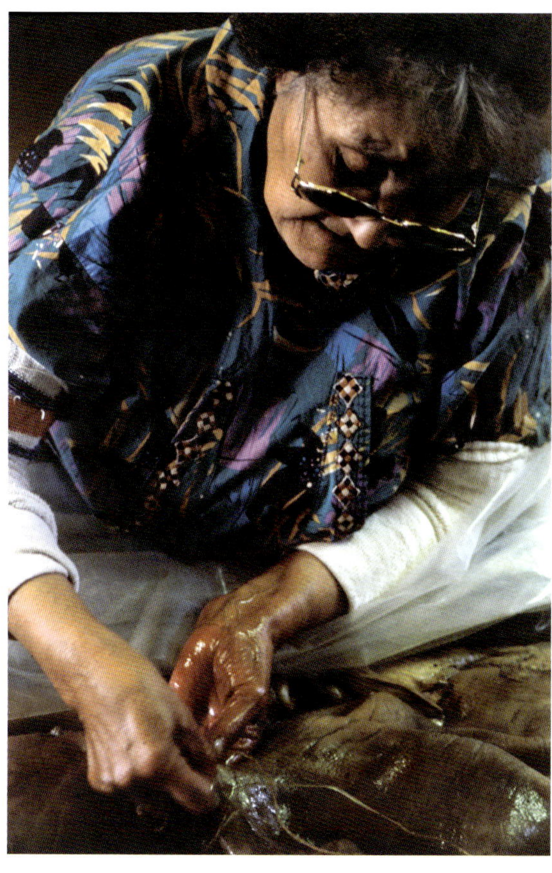

ᐊᐅᔭᒃᑯᑦ, ᑎᑭᐅᑎᔭᕌᖓᑕ ᑐᒃᑐᑦ ᑕᐅᓄᖓ ᓱᒡᔭᒧᑦ ᐃᒪᐃᖃᑦᑕᓚᐅᖅᓯᒪᒋᕗᖅ ᖁᕕᐊᒋᔭᐅᑦᑎᐊᖅᑐᑎᒃ ᓇᑦᑎᕕᓂᐅᖏᑦᑐᑯᓗᐃᓄᑯᐊ, ᐅᒡᔪᕕᓃᑦ, ᐊᒻᒪᓗ ᐊᐃᕕᕕᓂᕐᓂᒃ ᓂᕿᖃᖅᐸᒃᑐᑕ. ᑐᒃᑐᐃᑦ ᓴᖅᑭᖃᑦᑕᓚᐅᖅᓯᒪᖕᒪᑕ ᓄᓇᖃᕐᕕᒋᔭᑦᑕ ᖃᓂᒋᔮᓄᑦ ᕿᓂᖅᓯᓈᕐᒥᔪᑦᑕᐅᖅ ᑭᒃᑐᓇᐊᖃᖏᓐᓂᕐᓂᒃ ᑕᑉᐹᙳᑦ ᓄᓇᑐᐃᓐᓇᕐᒥᑦ. ᐊᖑᓇᓱᖕᓂᓇᔪᑦᑕ ᐃᓯᓚᓐᓂᖏᑎᒍᑦ ᐅᑎᒧᑦ ᐊᐅᓪᓚᖃᑦᑕᓚᐅᖅᓯᒪᒋᕗᒍᑦ ᐅᑎᖅᑐᑕ ᑕᕝᕗᖓ ᐅᑦᑭᐊᒡᕕᒃ ᐅᒥᐊᑦᑎᒍᑦ.

ᐅᓪᓗᒥ ᐅᒥᐊᕗᑦ ᐊᖏᓂᖅᓴᐃᑦ ᐊᑐᖃᑦᑕᖅᐸᕗᑦ ᐊᐅᓚᐅᓯᖅᓯᒪᔪᑦ ᓯᒃᑲᔪᓂᒃ ᐊᖑᓇᓱᖕᓂᐊᕋᑦᑕ ᐃᑭᕐᒥ. ᐅᒥᐊᖅᑐᕈᓐᓇᖅᓯᕗᒍᑦ ᓯᒃᑲᓂᖅᓴᐅᓗᑕ ᐊᒻᒪᓗ ᐅᑎᕐᒥᓗᑕ ᓄᓇᑦᑎᓐᓄᑦ ᐃᒃᕋᒐᔭᐅᖏᑦᑐᓂᒃ. ᐅᒡᔪᒃᑕᕗᑦ ᓯᓚ ᒪᑯᓂᖓ ᓂᕿᖃᓚᕐᕕᒋᖃᑦᑕᖅᑕᕗᑦ ᒥᖅᓯᒐᖅ, ᐸᓂᒃᑕᒃ, ᐅᒥᐊᑦᑕ ᐊᒥᒃᓴᖏᓐᓂᒃ, ᐊᒻᒪᓗ ᓄᑖᓂᒃ ᐅᒡᔪᕕᓂᕐᓂᒃ ᓂᕆᒐᔭᙱᒍᐊᖃᑦᑕᖅᑕᑦᑎᓐᓂᒃ. ᖁᔭᓕᖃᑦᑕᖅᐳᒍᑦ ᑕᒪᒃᑯᓄᖓ ᓂᕿᖃᖅᑎᑕᐅᓂᑦᑎᓐᓂᒃ ᐃᒪᐅᑦ ᓂᕐᔪᑎᖏᓐᓂᒃ.

ᖁᓪᓕᖅᐹᕐᒥᑦ ᐊᓪᓕᖅᐹᒧᑦ: ᑯᐊᕋ ᓕᕙᑦ ᐱᕈᓐᓇᐃᕙᓪᓕᐊᔪᖅ ᐅᒡᔪᒐᔭᒥᒃ.

ᐅᒥᐊᑦ ᐊᒥᓖᑦ ᐊᑐᖅᑕᐅᖃᑦᑕᐃᓐᓇᕐᒪᑕ ᐃᓅᖃᑎᒌᓄᑦ ᐅᐊᑦᑎᐊᕈᐊᓗᓂᑦ ᐊᒻᒪᓗ ᐊᑐᖅᑕᐅᓪᓗᑎᒃ ᓯᓚ ᐅᓪᓗᒥ.

ᐊᕙᑕᖅ ᓇᑦᑎᕋᔭ ᐊᑐᖅᑕᐅᖃᑦᑕᖅᑐᖅ ᐊᕐᕙᓕᒃᑎᓂᑦ; ᐊᑐᖅᑕᐅᖃᑦᑕᓇᓪᓗᓂᑦᑕᐅᖅ ᐹᓇᔭᐅᓪᓗᓂ ᐅᑉᐱᓘᓐᓃᑦ ᐃᒃᐱᐊᕐᔪᒋᔭᐅᓪᓗᓂ ᐹᖅᑲᐃᕕᒋᔭᐅᓪᓗᓂ ᒥᓯᒐᖅ (ᓇᑦᑎᐅᑦ ᐅᖅᓱᖓᓂᒃ) ᐊᒻᒪᓗ ᐸᓂᒃᑕᒃ (ᓂᒃᑯᒧᑦ).

146

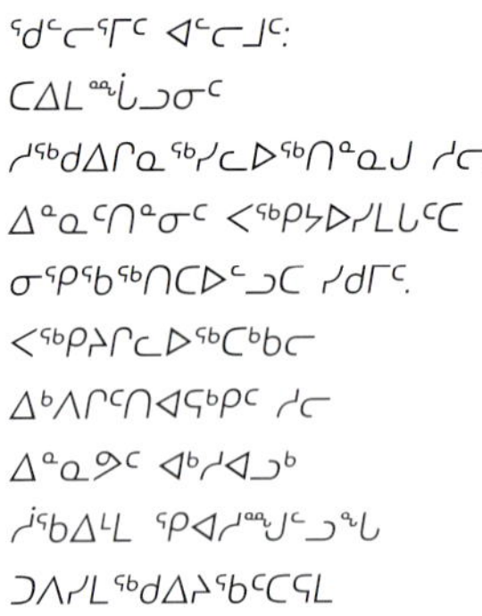

ᖁᓪᓕᖅᒥᑦ ᐊᓪᓚᒍᑦ:
ᑕᐃᒪᙵᓗᓂᑦ
ᓱᖁᐃᕆᓇᖅᓯᓚᐅᖅᑎᓐᓇᒍ ᓱᓕ,
ᐃᓐᓇᑦᑎᓐᓂᑦ ᐸᖅᑭᔭᐅᓯᒪᒐᑦᑕ
ᓂᕿᖃᖅᑎᑕᐅᓪᓗᑕ ᓯᑯᒥᑦ.
ᐸᖅᑭᔩᕆᓚᐅᖅᑕᒃᑲᓕ
ᐃᒃᐱᕆᑦᑎᐊᖑᒃᑭᑦ ᓱᓕ
ᐃᓐᓇᕗᑦ ᐊᒃᓱᐊᓗᒃ
ᓲᖃᐃᒻᒪ ᕿᐊᓱᙳᓪᓗᙶ
ᑐᐱᓯᒪᖁᐃᔨᖃᑦᑕᖁᒪ
ᐃᓱᒪᕆᓕᕿᙶᒃᙵᑦ.

*ᓈᓐᓯ ᓂᐊᖁᒃ ᓕᕕᑦ ᐅᐱᕆᔭᒥᓂᒃ
ᐊᑐᖅᐳᖅ ᓇᙱᓂᖅ
ᓕᕕᑦ ᐊᕿᓚᓱᒃᑎᙱᓐᓂᒃ
ᔭᐃᑲᖁᑎᙶᓐᓂᒃ ᖃᓈᕐᒥ,
ᑕᐃᓯᒪᓂ 2007-ᖑᑎᓪᓗᒍ.*

ᓈᓐᓯ ᓂᐊᖁᒃ ᓕᕕᑦ

ᐃᒦᒡᓕ ᑕᒪᔾᔭ ᐊᑐᓚᐅᖅᓯᒪᔭᖁ ᓯᖁᒃᑯᑦ ᐊᐅᓪᓚᖃᑕᐅᓯᒪᓪᓗᙶ, ᐃᓚᓐᓂᑦ-ᐅᐊᖁᓐ ᓂᐊᖁᒃ ᐊᕆᕙᒃᑎᖅ., ᑐᐊᑲᔅ ᓂᐊᖁᒃ (ᑎᙳᒃ), ᒍᐊᑕᓐ ᐅᐱᒃᓲᓐ, ᔫᒃ ᐅᐱᒃᓲᓐ, ᓈᓐᓯ ᓂᐊᖁᒃ ᓕᕕᑦ, ᐊᒻᒪᓗ ᓕᓕ ᓂᐊᖁᒃ ᐊᓐᓂᔅᑭᐊᑦ. ᓄᓇᖃᓚᐅᖅᓯᒪᕗᒍᑦ ᐳᐊᐃᑦ ᓚᐃ, ᐊᓛᓯᑲᒥ. ᐃᓅᕆᐊᓚᐅᕐᕆᑦᑐᖅ. ᐃᒪᓐᓇᖃᐃ, 50-ᓂᒃ ᐃᓄᖃᖅᑐᓂ, ᐅᕝᕙᓗᑭᐊᖅ ᖃᔅᓱᓇᐅᓂᖅᓴᐅᓪᓗᑎᒃ. ᓱᖁᐃᓱᒃᑐᙶ 6-ᓂᒃ ᐊᖅᑳᒍᖃᖅᑐᙶ. ᐃᖏᖅᑲᑦᑕᓚᐅᖅᓯᒪᔪᒍᑦ ᑕᐃᑲᙵᑦ ᐳᐊᐃᑦ ᓚᐃᒥᑦ ᐃᑯᙵ ᐳᐊᐃᑦ Hᐆᐸᒧᑦ ᓯᖁᒃᑯᑦ. ᑖᒃᑯᐊ ᓄᓇᑖᑦ ᓄᓇᖅᑲᖅᐅᕗᑦ ᑖᒪᓂ ᓯᑰᑦ ᑭᒡᓕᙵᑕ ᓄᓇᙶᙵᓂ. ᐱᔭᕇᐊᕿᓐᓂᖅᓴᐅᓚᐅᖅᒪᑦ ᐊᖑᓇᓱᙵᖅ ᓂᖅᑭᕆᔭᐅᔭᕇᐊᖅᑐᓂᒃ ᓄᑖᓂᒃ ᓂᖅᑭᓂᒃ. ᐃᖏᖅᑲᑦᑕᓚᐅᖅᓯᒪᕗᒍᑦ ᒪᖅᐃᖑᓪᓗᑕ; ᐊᑖᑕᒪ ᖃᒧᑎᖏᙵ ᐊᓂᒪᓗ ᖃᒧᑎᖏᙵ. ᐊᓂᓐᓂ ᐃᓚᐅᖃᑦᑕᓚᐅᖅᓯᒪᔪᖓ. ᖃᒧᑏᒃ ᐅᓯᔪᐊᓘᕙᓚᐅᖅᓯᒪᕘᒃ ᓂᖅᑭᑎᓐᓂᒃ, ᐊᐅᒥᓲᑦ (ᑐᒃᑐᖃᔭᐃᑦ), ᓴᓇᕈᑏᑦ ᑲᒧᑏᖑᓄᑦ ᓇᐅᑎᑎᐅᒪᔪᑦ. ᐃᑭᒪᓪᓗᙶ ᐊᓂᒪ ᖃᒧᑎᖏᙵ ᐃᓂᑦᑎᐊᕚᙹᖃᑦᑕᓚᐅᖅᓯᒪᕗᖓ ᕿᒥᕈᐊᑦᑎᐊᕐᓇᖅᑐᒥ ᐃᓂᑦᑎᐊᕙᐅᓂᖅᓴᐅᖅᑯᐃᔾᔨᒥᒃ ᐃᕗᓂᐅᑦ ᑕᑯᒥᓇᕐᓂᙶ ᑕᒪᔾᔭᐅᓪᓗᓂ, ᓯᓈᙶᓗ ᓴᖅᑭᑲᐃᓐᓇᖅᐸᑦ ᓱᖁᐃᓯᓪᓚᕆᑦᑐᙶ ᓇᓕᐊᖑᓚᐅᖅᓯᒪᙵᙹᑦ ᑕᖅᑭᙶ ᐃᖏᕐᖃᓚᐅᖅᓯᒪᒐᑦᑕ, ᑭᓯᐊᓂ ᑕᐃᓯᒪᓂ ᑕᐃᓯᒪᙴᑦ ᐳᐊᐃᑦ ᓚᐃᒥᑦ ᐳᐊᐃᑦ Hᐆᐸᒧᑦ ᑖᐸᓗᓚᐅᖅᓯᒪᔪᖅ. ᐃᖏᕐᖃᓯᓚᐅᖅᓯᒪᔪᒍᑦ ᖃᐅᒪᓕᖅᑎᓪᓗᒍ ᐊᒻᒪᓗ ᑕᙱᖅᑐᑦ ᑖᓗᐊᓕᕐᒪᑦ. ᑐᐱᓚᐅᖅᓯᒪᔪᒍᑦ ᓯᓂᒃᑕᕐᕕᕆᓂᐊᖅᑕᑦᑎᓐᓂᒃ, ᓂᕈᓗᑕ, ᐊᒻᒪᓗ ᐅᓯᓕᖅᓱᑦᑎᐊᖅᑐᑕ. ᕿᒻᒥᓪᓗ ᐊᒥᓱᒃᓪᓚᐃᑦ ᕿᒥᕈᓪᓗᑎᒍᑦ. 15-ᖑᖅᑰᖅᑐᑦ ᑕᐃᒪᓐᓇᐸᓗᐃᓪᓗᑭᐊᖅ ᓇᓚᐅᑦᑖᑐᙶ. ᓂᖓᑎᓯᓚᐅᖅᐸᒃᑐᑕ ᑕᒪᒃᑯᓂᙶᓗ ᑐᒃᑐᓂᒃ. ᓇᒃᓴᓚᐅᖅᓯᒪᔪᒍᑦ ᐅᓯᔭᓐᓇᖅᑕᐃᓐᓇᑦᑎᓐᓂᑦ. ᐃᓚᖏᑦᑕ ᓴᐅᔭᐅᓚᐅᖅᓯᒪᔪᑦ ᓄᓇᒧᑦ ᐅᐊᑦᑎᐊᕈ ᕿᙳᓂᔭᐅᑦᑎᐊᑖᕋᒥᒃ ᑭᖑᓂᐊᒍᑦ. ᐊᑖᑕᒪ ᐊᔪᓇᖅᓲᑎᑦᑎᐊᖅᑐᓂᑎᒍᑦ ᓂᖅᑭᓂᒃ ᓴᐅᓯᑦᑎᐊᓇᐊᒃᓴᖅ ᓄᓇᒧᑦ. ᐃᓂᙶᑦ ᐃᓗᑐᐅᖅᓯᒪᔪᖅ ᓴᐅᑦᑎᐊᖅᑐᒍ ᑎᐱᖅᖃᓂᐊᙹᒪᑦ ᑖᒃᑯᐊ ᓂᖅᑳᑦ ᓯᓚᑐᐃᓐᓇᕐᒥᑦ. ᑕᑯᔪᙹᑦᑐᙶ ᐃᓕᔭᐅᔪᒥᒃ ᑎᐱᖅᔭᐃᒃᑯᑎᕆᓂᐊᖅᑕᙵᓂᒃ ᑖᔅᓯᒪ ᐃᓗᓕᐅᖅᑕᐅᔫᑦ ᓴᐅᔭᐅᓪᓗᓂ. ᑭᓯᐊᓂᓕ ᐊᑖᑕᖓ ᐅᖃᓚᐅᖅᓯᒪᔪᖅ ᐊᒃᓵᓄᑦ ᓇᓄᕐᓄᓪᓘᓐᓃᑦ ᓇᐃᔭᐅᔾᔫᔭᓐᓃᖅᐳᑦ ᓴᐅᔭᕗᑦ.

ᐃᖏᕐᕋᖃᑕᔪᔪᒍᑦ ᓯᒡᔭᐅᑦ ᖃᓂᒋᔮᒍᑦ ᓯᑯᒃᑯᑦ ᒪᓂᕋᑦᑐᒃᑯᑦ. ᐊᑯᓂᐅᔪᖏᑦᑐᖅ, ᐃᖏᕐᕋᔭᓇᐊᖅᑲᑦᑕᔪᒐᑦᑕ ᓯᑯᑎᒍᑦ ᐊᖏᔫᑎᑎᒍᑦ. ᐊᖑᑎᑦ ᐊᖅᑯᑎᒃᓴᑦᑎᓐᓂᒃ ᓴᓇᔭᓇᐊᖃᓚᐅᕐᓯᒪᔪᑦ ᓯᑯᒃᑯᑦ ᖃᒧᑎᕗᑦ ᐃᓐᓇᐅᔾᔨᓂᐊᖏᒻᒪᑕ ᓱᕋᖏᑦᑐᑎᒡᔫᓐᓃᑦ. ᖃᐅᔨᒪᔪᖓ ᖃᓄᑎᒋ ᒪᓃᓛᖅᓯᐅᓇᕋᔭᕐᒪᖔᑦ ᓲᖃᐃᒻᒪ ᐃᓂᑎᒍᑦ ᐱᓯᓚᐅᖅᓯᒪᔪᒍᑦ. ᐱᓕᓇᐊᓇᑦᑐᑎᒍᑦ ᐅᖅᑰᓯᓇᖅᑐᐊᔫᑦᑐᓂ ᓴᕋᓕᕐᓇᖅᑐᓂ, ᓂᒡᓚᓱᒃᑐᐊᔫᓗᑐᐊᖅᑎᑦᑐᒍ. ᓯᒪᐹᖃᖅᑐᖓᓗ ᑐᒃᑐᕋᔮᖕᓂᒃ ᐊᒻᒪᓗ ᑲᒥᖃᖅᑐᖓᓗ ᕿᐅᔾᔭᐃᒃᑯᑎᒋᓂᐊᖅᑕᓐᓂᒃ. ᑲᒥᖃᖅᑐᐃᓐᓇᐅᑦᑐᑕᓗ ᑐᒃᑐᕋᔮᖕᓂᑦ ᐅᒡᔪᒐᔮᖕᓂᒃ ᐊᑐᖓᓕᖕᓂᒃ. ᐊᓕᖅᓯᖃᖅᑐᑕᓗ ᑐᒃᑐᕋᔮᖕᓂᒃ ᐃᓯᒐᓕᖕᓂᒃ. ᓯᑯ ᓂᓚᒃᑕᖃᐅᕐᓂᖏᑉᐸᑦ ᐊᖏᔫᑎᓂᒃ ᕿᓚᒻᒥᐅᓂᖅᓴᖅ ᐃᖏᕐᕋᖃᑦᑕᕋᔭᔪᔪᒍᑦ. ᖃᐅᔨᒪᔭᓇᐊᖃᖅᑐᑕ ᐃᒪᐃᑦᑐᕐᓂᒃ, ᓂᒐᔪᑕᓂᒃ, ᐊᒻᒪᓗ ᐊᐳᑕᐃᓐᓇᕐᓂ ᑕᐅᓄᖓᐃᓐᓇᐅᑦᑐᑎᑦ ᐃᒫᓄᑦ. ᐃᒪᐃᒃᑭᕗᖅ ᑐᑭᖃᖅᑐᓂ ᓯᒡᔭᖅᐸᓱᒃᑯᑦ ᐃᖏᕐᕋᖃᑦᑕᐃᓐᓇᕐᓂᖅᓴᕕᓂᐅᔪᒍᑦ. ᐊᖏᔫᑎᐊᓗᐃᑦ ᓂᓚᐃᑦ ᐃᕗᓯᒪᖃᑦᑕᓚᐅᕐᓯᒪᔪᑦ ᓯᒡᔭᒥ. ᑕᐃᒪᐃᓕᖓᑎᑦᑐᒍ ᑕᑯᓴᕋᐃᖃᑦᑕᓚᐅᖅᓯᒪᙱᑦᑕᕗᑦ ᐊᒃᓴᐃᑦ, ᐅᕝᕙᔫᓐᓃᑦ ᑲᔪᐃᑦ ᓇᓄᐃᑦ ᐅᕝᕙᔫᓐᓃᑦ ᓇᓄᐃᑦ ᐊᒡᒋᖅᑎᑦᑐᒋᑦ. ᐊᑖᑕᒐ ᓇᑦᑎᕋᓱᖃᑦᑕᓚᐅᖅᓯᒪᔪᖅ ᓯᑯᒦᓕᕌᖓᒥᒃ. ᓄᑖᖑᑦᑐᓂ ᒪᒪᖅᑐᐊᔫᑦᑐᓂᓗ ᑕᐃᒪᐃᖃᑦᑕᓚᐅᕐᓯᒪᔪᖅ. ᑕᐃᑲᓂ ᐳᐊᐃᑦ ᕼᐆᑉᒥ ᕿᓚᒥᐅᓚᐅᕐᓯᒪᖕᒪᑦ ᑕᐃᒪᐃᖅᑯᐃᓯᑦᑐᓂ 6-ᓂᒃ ᐊᕐᕌᒍᓕᖑᑦ. ᓱᖅᑯᐃᓱᒃᑐᖓ ᐃᓕᓐᓂᐊᓇᐊᖅᑐᖓ ᑭᓯᐊᓂ ᓱᖅᑯᐃᒋᑦᑎᐊᙱᑦᑕᕋ. ᐅᑎᓚᐅᖅᓯᒪᔪᒍᑦ ᐳᐊᐃᑦ ᓚᐃᒧᑦ ᐅᐱᕐᖔᒃᑯᑦ. ᐃᖏᕐᕋᓚᐅᖅᓯᒪᖕᒥᔪᒍᑦ ᐱᖑᖃᐅᖅᑐᒃᑯᑦ ᐳᖅᑐᔪᓂᒃ ᑲᐃᑉ ᓕᔅᕗᐊᓐᑯᑦ (Cape Lisbourne). ᐊᓄᓇᓕᐊᓗᖕᒦᑦᑕᐃᓕᒪᓕᓚᐅᖅᓯᒪᔪᒍᑦ ᑕᒫᙵᑦᑕᐃᓐᓇᖅ ᑕᐅᕝᕙᓂ. ᐱᓯᓚᐅᖅᓯᒪᔪᒍᑦ ᑕᑉᐸᐅᖓ ᐱᖑᐊᔫᑦ ᓴᓂᕌᓄᑦ ᒪᓕᒃᑐᑕ ᖃᒧᑏᖕᓂᒃ ᐅᕕᖓᔫᖕᓂᒃ. ᑕᒪᓐᓇ ᐊᑐᓚᐅᖅᓯᒪᔭᕗᑦ ᐳᐊᐃᑦ ᕼᐆᑉᒨᖅᐸᑦᓕᐊᓗᑕ ᐊᒻᒪᓗ ᐳᐊᐃᑉ ᕼᐆᑉᒥᑦ ᐊᐅᑦᓚᖅᑐᑕ. ᐅᖃᐅᔾᔭᐅᓯᒪᓂᕗᑦ ᐊᑐᖅᑐᑎᒍᑦ ᐊᓈᓇᒪ ᐊᑖᑕᖓᓂᑦ, ᑯᓇᔅᑕᐳ ᐅᐃᓕ ᑎᖒᒃ, ᐊᒻᒪᓗ ᐊᓯᐊ ᐃᓐᓇᐅᖅᑰᖅᑐᖅ ᒫᒃ ᑭᓐᓂᐊᕕᐊᒃ, ᐊᖅᑯᑎᑦᑎᐊᕙᐅᓂᖅᓴᒃᑰᓚᐅᖅᓯᒪᕗᒍᑦ ᐅᑎᖅᐸᑦᓕᐊᓕᖅᑐᑕ ᐳᐊᐃᑦ ᓚᐃᒧᑦ.

ᑕᕝᕙᓂᑦᑕᐃᓐᓇᖅ ᓄᓇᖃᖅᑎᐅᖏᑦᑐᑎᑐᑦ ᐃᖏᕐᕋᖃᑦᑕᕐᑐᓂ ᐱᔭᕐᓂᖏᒻᒪᑦ ᑭᓇᑐᐃᓐᓇᕐᒍᑦ, ᑭᓯᐊᓂᑦᑕᐅᖅ ᑕᒪᒃᑯᐊ ᓂᓇᖃᑦᑕᖅᑕᑦᑕ ᐃᓕᖏᑦ ᐃᓅᓯᑦᑎᓐᓂ ᑐᑭᖃᓚᐅᕐᒪᑕ ᒪᒪᖅᑐᑎᒃ ᓂᕿᕗᑦ ᐊᓐᓇᐅᒪᑦᑎᐊᖅᑐᑕ. ᑕᐃᒫᒃ ᐊᑐᓇᐊᓕᒃ ᐅᑭᐅᖅᑕᖅᑐᒥ. ᐃᒪᐃᒃᑲᒃᑭᑦ ᐊᑐᖅᑕᖏᑦ ᑐᓯᒋᑦᑐᒋᑦ ᓈᓚᑦᑎᐊᕈᒪᑦᑐᒋᑦᑐ ᐃᓐᓇᖅᐳᑦ ᑕᐃᒪᐃᓐᓂᑯᒍᑦ ᕿᐊᓱᙳᒋᑦᑐᒋᑦ ᑐᖅᑐᖕᒥᐅᑕᖃᖅᑯᐃᔨᓕᖃᑦᑕᖅᑐᖓ ᐃᓯᒪᒋᓕᕌᖓᒃᑭᑦ.

ᓱᕈᓲᑦᔫᓐᓃᑦ ᐃᑲᔪᕐᓂᒃᑯᑦ ᐊᑐᓇᐊᖅᑲᑦᑕᑐᑦ ᐱᓕᓇᑦᑐᑎᒃ ᐃᓐᓇᐃᑦ ᑕᖃᐃᖅᓯᕐᓂᐊᕐᒪᑕ ᑎᒥᑐᖅᑲᖅᕋᒥᒃ. ᐃᒫᖑᓚᐅᖅᓯᒪᔪᖅ ᐱᓕᓈᓐᓇᕐᑐᑎᒃ ᑕᖃᓂᕐᓄᑦ ᐃᓯᓕᑦᑐᒍ 6-ᓂᒃ ᐊᕐᕌᒍᖃᖅᑐᓂ. ᐊᓯᔾᔨᓚᐅᖅᓯᒪᔾᔭᙱᑕᕋ ᑭᐳᖅᑎᖅᐅᑎᒋᓗᒍᔫᓐᓃᑦ ᐃᓅᓯᓐᓂ ᐊᑐᓚᐅᖅᑕᕋ ᑕᐅᕝᕙᓂ ᐅᐊᓕᓂᕐᒥ ᐃᓅᓯᓇᑦᑐᒍ. ᑖᓐᓇ ᓇᖕᒥᓂᖅ ᑎᒥᒐ ᕿᒥᓇᔭᐅᓯᒪᖕᒪᑦ ᓄᔪᐊᖅᑕᐅᑎᓂᑦ ᓂᕐᔪᑎᓂᒃ, ᓇᒡᓕᖕᓂᕐᒥᒃ, ᐊᒻᒪᓗ ᑕᕐᓂᒃᑯᑦ ᑐᓂᕐᕈᑕᐅᖕᒥᔪᖅᑕᐅᖅ ᐊᑐᖅᑕᐅᓚᐅᕐᒥ ᓇᒡᓕᖕᓇᖅᑐᓂᒃ ᐃᓐᓇᑦᑎᓐᓂᒃ.

ᕿᒻᒥᓇᔭᐅᖅᔪᑦ ᐊᒥᓯᓂᑦ ᒪᓃᓚᒐᓛᒃᑐᒥ ᓯᑯᒥ ᐅᑭᐅᕐᑕᖅᑐᒥ ᓯᕕᖓᓂᕐᒥ, ᐊᓛᓯᑲ, ᐊᑯᓐᓂᕈᔪᐊᓂ - 1900-ᕈᔪᖕᒥ.

ᖃᓈᕐᒥᐅᑦ ᐃᖏᕐᕋᔪᑦ ᓯᓈᖓᑕ ᖃᓂᒋᔩᒍᑦ
ᕿᒧᒃᓯᒃᑯᑦ.

ᑑᑯ ᐅᓯᒪ

ᓯᓈᖃᖅᑎᓪᓗᒍ ᑕᖕᒫᕐᕕᒃᓴᓕᒫᑦ ᐊᑐᓲᕆᔭᕗᑦ ᑕᖕᒫᕐᕕᒃᓴᐃᑦ ᐊᖑᓇᓱᒃᑐᑕ ᕿᓚᓗᒐᕐᓂᐊᖅᑐᑕ. ᓯᓈᖓᓂ ᐅᑕᖅᑭᐅᑦᑎᐊᖃᑦᑕᖅᐳᒍᑦ ᐊᒻᒪᓗ ᖃᓄᖅ ᐃᖏᖁᒃᐸᑦ, ᕿᒫᒐᔭᕆᓪᓗᑕ ᓄᓇᒧᑦ ᓇᖏᐊᕐᓈᕿᒃᐸᑦ ᐊᒻᒪᓗ ᐅᑎᖅᑕᑐᐃᓐᓇᕆᐊᖃᕆᓪᓗᑕ (ᓅᖃᑦᑕᕐᓗᑕ ᐊᒥᓱᐊᖅᑎᕋᓗᐊᕐᓗᑕ). ᐃᓛᓐᓂᑦ ᑐᐱᖃᑦᑕᖏᑦᑎᐊᒻᒪᕆᒃᑐᒍᑦ ᓯᓈᖓᓂ ᑕᖕᒫᕐᕕᒃᓴᕐᓴᓗᐊᑦᑎᓐᓂ ᓲᖃᐃᒻᒪ ᑕᒪᓐᓇ ᓯᑯ ᓇᖏᐊᕐᓇᕈᓐᓇᕐᒪᑦ. ᐆᒃᑲᕈᔾᔭᐅᑐᐃᓐᓇᕆᐊᖃᕐᓂᑦᑎᓐᓂᒃ ᐃᓱᒪᓇᖅᑐᖅᑲᓲᖑᖏᖕᒪᑦ ᐃᒫᓄᑦ ᔮᑦᑕᐅᓯᒪᓕᕐᓗᑕ. ᖃᐅᔨᓴᖅᓯᓐᓈᖃᑦᑕᕐᒥᔭᕗᑦ ᕿᓚᓗᒐᖅᑕᖃᑐᐃᓐᓇᕆᐊᖃᕐᓂᖓ ᐊᒻᒪᓗ ᓯᑰᑦ ᐅᐃᔾᔭᑦᓚᖕᓂᖏᑦ.

ᓯᓈᖓᓂ ᐃᑲᖕᖓᑦ ᖄᓈᐅᑉ ᑲᖏᖅᓱᐊ ᐊᐅᓚᐅᑎᓕᖕᓄᑦ ᐃᖏᖁᓴᕆᐊᖃᖏᑦᑐᑎᑦ ᕿᓚᓗᒐᕐᓂᐊᕐᓂᐊᕐᓗᑎᑦ ᖁᑭᕆᐊᕆᐊᖃᖏᑦᑐᑎᑦ ᐅᒥᐊᕐᒥᒃ/ᒪᒃᑖᖅᑭᕐᒥᒃ ᖁᑭᐅᑎᒧᑦ. ᕿᓚᓗᒐᕐᓂᐊᖅᑐᑦᑕᐅᖅ ᐅᓚᕕᓴᖅᑕᐃᓕᓂᕐᒥᒃ ᐱᔾᔪᑎᓕᒃ. ᕿᓚᓗᒐᖅᑐᖅᑲᐸᑦ ᓂᕿᑖᕆᓴᐅᓴᕆᐊᓕᒃ ᕿᓚᓗᒐᕐᓂᐊᖃᑕᐅᔪᓂᑦ ᐊᒻᒪᓗ ᑕᒪᓐᓇ ᐊᑐᖅᑕᐅᖃᑦᑕᖅᑐᖅ ᒪᓕᒐᖃᑦᑎᐊᕆᓪᓗᓂ ᓂᖃᐃᓱᕐᓂᐅᑦ ᐱᔾᔪᑎᒋᔭᖓᓂᒃ. ᐊᒻᒪᓗᑦᑕᐅᖅ, ᕿᓚᓗᒐᖅ ᐱᔾᔪᑎᒋᓪᓗᒍ ᕿᓚᓗᒐᕆᐊᖃᖅᑐᑎᑦ ᖃᔭᕐᒥᑦ ᑭᓯᐊᓂ.

ᐅᐱᕐᖔᒃᑯᑦ ᓯᑯᒦᓕᖃᑦᑕᕆᕗᒍᑦ ᐆᑦᑐᓕᒐᔪᒃᑐᑕ. ᐃᓛᓐᓂᑦ ᕿᒧᒃᓯᕆᐊᖃᖃᑦᑕᖏᒻᒪᕆᒃᑐᒍᑦ, ᑭᓯᐊᓂᑦᑕᐅᖅ ᑐᐱᕐᒥᑦ ᐊᓂᒍᑦᑕ ᓯᑯᒥ ᐆᑦᑐᓕᐊᕐᓗᑕ. ᐃᒪᐃᒡᒍᖏᔪᒍᑦ ᕿᒧᒃᓯᕈᒪᔪᓐᓃᖅᑐᑕ ᓯᑰᑦ ᖄᖓ ᐊᐅᒃᐸᓪᓕᐊᓪᓗᓂ ᖁᐊᒃᑲᓐᓂᖁᖓᑦ. ᑐᔾᔭᓕᖅᑎᑦᑎᓗᐊᕈᒪᖃᑦᑕᖏᑦᑐᒍᑦ ᓲᖃᐃᒻᒪ ᕿᒻᒦᑦ ᐃᖏᕐᕋᖃᑦᑕᐅᑎᒋᒐᑦᑎᒍᑦ. ᐅᐱᕐᖔᒃᑯᑦ ᓯᕿᓐᓂᖅᑐᐊᓘᖃᑦᑕᕐᒪᑦ ᐅᖅᑰᓯᓪᓗᓂ ᐊᒻᒪᓗ ᑕᕝᕙ ᑕᐃᒪᐃᒻᒪᑦ ᐊᐅᒃᐸᓪᓕᐊᖃᑦᑕᕆᓪᓗᓂᐅᒃ ᖄᖔᖓᓂᑦ ᐊᐅᒃᐸᓪᓕᐊᔪᖅ ᖁᐊᒃᑲᓐᓂᕐᓂᐊᕐᒪᑦ ᐊᒻᒪᓗ ᓯᑰᑦ ᖄᖓ ᓄᕗᖃᐅᕐᓂᐊᖅᑐᓂ ᓲᕐᓗ ᓴᕕᒃᑐᑦ ᐃᐱᒃᑎᒋᓗᓂ.

ᖁᑦᓕᖅ: ᖄᓈᕐᒥᐅᑦ ᑐᐱᖃᑦᑕᖅᑐᑦ ᖃᒧᑎᖏᒃᑕ ᖄᖓᓂ, ᖃᒧᑎᖏᑦ ᐃᒡᓕᕆᓪᓗᓂᔾᔪᒃ ᐊᒻᒪᓗ ᐃᒪᐃᒃᑭᓪᓗᑎᒃ ᑐᖅᑭᑲᐅᖅᑐᕐᓗᑎᒃ ᑐᐊᕕᕆᐊᖃᕈᑎᒃ ᓯᑯᒥ ᐊᐅᓕᔪᒥ. ᕿᒻᒥᖏᑦ ᐃᐱᐅᑕᖃᐃᓐᓇᖅᑐᑎᒃ ᐃᐱᖅᓯᒪᓪᓗᑎᒃ ᐅᖓᓯᒋᙱᑕᖏᓐᓂ, ᓄᕕᔭᐅᑐᐃᓐᓇᕆᐊᖃᖅᑐᑎᒃ ᐱᑑᖕᓄᑦ ᑕᐃᒪᐃᑦᑕᕆᐊᖃᓕᕈᑎᒃ. ᐃᓛᓐᓂᑦ ᑐᐱᓯᒪᖃᑦᑕᖏᑦᑐᑦ ᖃᓄᐃᓐᓂᖓ ᓇᖏᐊᕐᓇᖅᑎᓪᓗᒍ. ᐊᖑᓇᓱᒃᑏᑦ ᖃᐅᔨᓴᐃᓐᓇᖃᑦᑕᖅᑐᑦ ᖃᓄᐃᓐᓂᖓᓂᒃ.

ᓴᐅᒥᖕᒦᑦᑐᖅ: ᓯᓈᖓ ᐊᑐᖅᑕᐅᓪᓗᓂ ᕿᒧᒃᓯᓂᑦ ᖄᓈᑦ ᖃᓂᒋᔭᓂ.

ᐊᐃᒡᒐ ᓴᖑᔭ ᐊᒻᒪᓗ ᑑᑯ
ᐅᓯᒪ ᑕᑯᕋᓈᖅᑑᒃ ᒥᑎᕐᓂᒃ
ᕿᖓᓛᓕᖕᓂᒃ ᓱᓵᖓᓂ
ᐅᑦᕿᐊᒡᕚᒃ, ᐊᓖᓯᑲ.

ᐅᐊᕋᓐ ᒪᑐᒥᐊᖅ

ᒪᒃᑯᒃᑐᖓ ᐱᕈᖅᓴᓚᐅᖅᓯᒪᓪᓗᒪ ᐊᖑᓇᓱᒃᐸᒃᑐᖓ ᓯᑯᒥ. ᓈᑦᑏᑦ, ᐅᒡᔪᐃᑦ, ᐊᐃᕚᑦ, ᕿᓚᓗᒐᐃᑦ/ᐊᕐᕚᑦ, ᐊᒻᒪᓗ ᐃᖃᓗᐃᑦ ᐆᒪᑎᑕᐅᑦᓗᑕ ᐃᓅᓯᑦᑎᓐᓂ. ᓇᑦᑎᖃᑦᑕᓚᐅᖅᓯᒪᔪᒍᑦ ᓂᕿᖃᕋᓱᒃᑐᑕ ᕿᒥᖅᑯᑎᒃᓴᓂᒃ ᕿᒻᒥᑦᑎᓐᓄᑦ ᐊᒻᒪᓗ ᒪᐅᓕᖅᐸᒃᑐᑕ ᐊᒻᒪᓗ ᓄᓇᒥᑦ ᓂᕿᖃᖅᐸᓚᐅᖅᓯᒪᖕᒥᔪᒍ ᐃᓄᖕᓄᑦᑐ.

ᖃᐅᔨᓴᓐᓂᒃ ᑕᐃᒪ ᐊᑕᐅᓯᖅ ᐃᓕᓚᐅᖅᓯᒪᔭᕋ ᐊᕐᕗᒐᓯᖃᑦᑕᓕᕋᑖᖅᑐᖓ ᐃᓕᑦᑐᒍ ᖃᓄᐃᓕᕝᓕᐊᓂᐊᕐᓂᖓ ᓯᑰᑦ ᑕᑯᓐᓇᖃᑦᑕᕐᒪ ᐃᒪᐅᑦ ᐃᖏᕐᕋᓂᖓᓄᑦ ᐊᒻᒪᓗ ᐊᓄᓇᐅᑦ ᓇᑭᖖᒎᕐᓂᖓᓂᑦ ᓯᓚᑯᑦ ᐅᑭᐅᕐᑕᖅᑐᒥ ᓂᑲᓱᖏᒻᒪᑦ ᐊᓐᓇᐅᒪᓗᓂ ᑕᐃᒫᒃ ᐃᓕᑉᐹᑦᓕᖅᓯᒪᓗᒍ ᖃᐅᔨᓗᒍ ᓯᑰᑦ ᖃᓄᐃᓕᖓᓂᓇᓕᖅᑕᖓ ᖃᐅᔨᓴᓇᐊᖃᑦᓚᑦᑖᕐᒪᑦ ᖃᖓᑐᐃᓐᓇᒃᑯᑦ ᓯᑯᒦᓕᕈᕙᑦ. ᐃᓄᐃᑦ ᑕᒫᓂ ᓯᒡᔭᒥ ᓄᓇᖃᖅᑐᑎᒍᑦ ᐃᖏᕐᕋᖃᑦᑕᓚᐅᖅᓯᒪᖕᒪᑕ ᐅᐱᕐᖏᔭᖅᑐᖅᑐᑎᒃ ᐅᐱᕐᖓᕋᑖᑦᑎᐊᖅᑎᑦᑐᒍ ᐊᒻᒪᓗ ᐊᐅᔭᒃᑯᑦ. ᕿᒨᒃᓯᖃᑦᑕᓚᐅᖅᓯᒪᔪᑦ ᐅᐱᕐᖏᕚᒋᓂᐊᖅᑕᑦᑎᓐᓄᑦ ᐊᒻᒪᓗ ᐅᒥᐊᐱᐊᖅᑐᑕ (ᐅᒥᐊᖅᑐᖅᑐᑕ) ᐅᒥᐊᕐᑐᕐᕚᒃᓴᕈᖅᑐᖃᐅᖅᑎᓪᓗᒍ ᑕᒪᐅᓇ ᓯᒡᔭᒃᑯᑦ. ᓂᖀᑦ ᓂᓇᔭᒃᓴᓕᐊᓇᖅᑕᑦᑕᕗᑦ ᐊᒻᒪᓗ ᓂᓇᔭᒃᓴᓕᐊᓇᖅᑕᑦᑕᕗᑦ ᐃᒪᕐᒥᐅᑕᑦ ᐆᒪᑦᑎᐊᕈᑎᒥᓛᕋᑦᑎᒍᑦ ᐅᑭᐅᒃᑯᑦ. ᓂᒃᑯᑦ ᐅᒡᔪᕙᓃᑦ ᐊᒻᒪᓗ ᓇᑎᐅᑦ ᐅᖅᓱᖕᒋᑦ ᐊᒻᒪᓗ ᓇᑦᑎᒃᑯᕕᖕᒨᖃᑦᑕᖅᑐᑎᒍᑦ. ᑑᒃᑐᕕᓂᖅᖃᑦᑕᔪᔪᒍᑦ ᐱᔭᓇᐊᖃᓇᑦᓗᑎᒍᑦᑕᐅᖅ ᑎᑭᖃᑦᑕᖅᑐᑦ ᐊᒥᓲᑦᓗᑎᒃ, ᖀᒫᔪᑦ ᑭᒃᑐᓇᐊᓂᑦ ᓄᓇᖅᐸᓯᖕᒥᖕᒎᖅᑐᑦ.. ᓯᒡᔭᖅᐸᓯᒃ ᑕᒪᓇ ᑭᒃᑐᓇᐊᖅᑲᖅᑕᖕᒋᖕᒪᑕ ᐊᒻᒪᓗ ᐃᓅᓯᖅ ᓴᐃᓂᓴᕐᓂᖅᓴᐅᓪᓗᓂ.

ᐃᓄᐃᑦ ᓄᓇᕐᑎᓐᓂᒥᐅᑕᑦ ᐃᖏᕐᕋᒃᑕᓚᐅᖅᓯᒪᖕᒥᖕᒪᑕ ᓯᑯᒃᑯᑦ ᒥᑎᕋᓱᒃᑐᑎᒃ ᑎᑭᑉᐸᑦᑕᐊᔪᓂᒃ ᐊᓄᓇᓗ ᐅᐊᑕᓂᕐᒥᑦ ᐅᐱᕐᖓᒃᓴᖅᑎᓪᓗᒍ. ᐃᒪᐃᖏᓐᓇᐸᓗᒃᐸᒃᑐᓂ ᐊᓄᓇ ᐅᐊᑕᓂᕐᒥᙵᖅᑐᖅ ᐋᔭᕐᓂᒃ ᖁᑎᑦᑎᖅᑕᔪᖕᒪᑦ ᐃᑭᖅᑐᓱᔫᒥᑕᐅᖅᐸᒃᑐᑎᒃ ᖃᐅᔮᔅᑎᐊᓇᐊᖅᑲᑦᑕᓚᐅᖅᓯᒪᒐᒍᑦ ᐊᕐᕿᒐᓱᓪᕕᐅᖅᑲᑦᑕᖅᑐᑦ ᖃᓪᓚᓗᐊᖅᑕᐃᓚᑦᓗᑎᒍᑦ ᐋᔭᖅᑎᒍᑦ.

ᐃᓪᓚᓂᓚᐅᕐᓂᖅ ᑕᒪᐅᓇ ᓯᑯᒃᑯᑦ ᐱᓚᓇᐊᓇᔭᐅᔭᓇᐊᖅᑲᑦᑕᖅᑐᖅ ᐊᕐᕙᓗᓯᒃᑎᓚᒫᓂᑦ ᐊᖅᑯᓯᖅᑕᐅᔭᓇᐊᖅᑲᑦᑕᖅᑐᖅ. ᑯᕌᕘᑦ/ ᐅᓚᒪᐅᑎᑎᑐᑦ ᓯᑯᓂᒃ ᓯᖅᑯᑦᑎᓇᔩᔪᑕᐅᖅᑲᑦᑕᖅᑐᑦ ᖃᓗᕋᐅᑎᓪᓗ ᐃᓪᓚᓂᓚᐅᕈᑕᐅᖅᑲᑦᑕᖅᑐᑦ ᒪᓃᓛᒃᑯᑦ. ᐊᕐᕙᓗᓯᖅᑲᑦᑕᓚᖃᑖᖅᑐᖓ, ᕿᒧᒃᓯᖅᑲᑦᑕᓚᐅᖅᓯᒪᔪᒍᑦ ᐊᒻᒪᓗ ᑕᒪᒃᑯᐊ ᐃᓪᓚᓅᑦ ᑕᐃᒪᐃᓚᖕᒐᑦᑎᐊᖅᔫᒥᖅᑯᑦᓗᒋᑦ ᐱᔭᕐᓂᖅᐸᒃᑐᑎᒃ ᐊᑐᖅᑕᐅᖅᑲᑦᑕᖅᒥᒃ ᑎᓯᒃᑎᑉᐸᒃᑐᑎᒃ ᐃᓪᓚᓂᒃᑰᑦᑎᐊᖅᓇᖅᑲᑦᑕᖅᑐᑎᒃ. ᓯᑭᑐᖕᓂᒃ ᐊᑐᖅᑲᑦᑕᓚᖅᑕᑦ ᐅᑦᓗᒥᐅᓚᖅᑐᖅ, ᐃᓪᓚᓂᖅᓗ ᐊᑐᕈᒥᓇᖅᔫᒥᑎᑦᑕᓇᐊᖅᑲᑦᑕᖅᑐᑎᒍᑦ ᐊᒥᓱᐊᖅᑎᖅᓂᖅᓴᐅᑦᓗᓂ ᑕᒪᒃᑯᐊ ᐃᓪᓚᓂᖅᒥ ᐃᓗᓚᐅᒪᓂᕈᖅᑲᑦᑕᖅᑐᑦ ᓯᑭᑐᐃᑦ ᑕᐃᒪᐃᓚᑎᖅᑲᑦᑕᖅᑕᖕᒋᑦ ᐃᓪᓚᓂᒃᑯᑦ.

ᖁᔭᓚᓯᒪᒐᖓ ᑕᒪᒃᑯᓄᖓ ᐃᒪᖅᒥᐅᑕᓄᑦ ᐃᒪᖅᐳᑦ ᐱᑕᖅᑲᖅᑕᖅᓂᖏᓄᑦ ᐱᓂᐊᖅᑕᑦᑎᓐᓂᒃ.

ᖁᓪᓚᖅ: ᐊᑐᕈᒥᓇᕐᓂᖅᓴᐅᓂᐊᕐᒪᑦ ᐋᖅᑭᒋᐊᖅᓯᓯᒪᔭᓇᐊᖅᑲᑦᑕᖅᑐᑦ ᐱᔭᓇᐊᖅᑲᑦᑕᕐᒪᑦ ᐊᑐᕐᓗᒍ ᐅᑦᕿᐊᒡᕕᖕᒥ, ᑕᒪᒃᑯᐊ ᒪᓃᓛᕐᓃᑦ ᐊᑐᓇᐊᖅᑲᑦᑕᕐᒥᖕᒪᑕ.

ᐊᓪᓚᖅ: ᐊᓯᕈᖅᑲᑦᑕᐅᔭᐃᓐᓇᕐᑐᖅ ᓯᑯ ᓯᓈᖓᓂ ᐅᑦᕿᐊᒡᕕᖕᒥ.

ᒪᒪᕈᑦ ᑯᓇᔅᑕᓴᓐ ᐊᐃᑉᐸᖓ ᖃᐃᕐᖠᖅ ᓃᐅᕐᓴᓐ ᓱᓈᓂ ᐅᑦᕿᐊᖅᕕᐅᑦ ᐅᐱᕐᖓᒃᓵᒃᑯᑦ ᐊᕐᕌᒍᓱᖅᕕᒋᔭᐅᔪᒥ.

ᐃᒡᒍᐊᓃᑦᑐᖅ: ᑎᑎᕋᐅᔭᕐᓯᒪᔪᖅ ᐊᔪᓇᕐᓲᔾᔨᓯᒪᓪᓗᓂ ᐃᒪᐅᑦ ᐃᖏᕐᕋᓂᖓᓂᒃ (ᑐᖑᔪᖅᑐᖅ ᓯᐊᕐᓇᕐᒧ ᓇᖅᑯᙳᐊᑦ) ᓇᑭᙵᔫᕐᓂᓇᖅᑦᑕᕐᓂᖏᑦ (ᕿᕐᓂᖅᑕᖅ ᐊᓄᓇᐅᑦ ᓇᔪᓇᐃᒃᑯᑕᖓ ᓇᑭᙶᓕᕚᖓᑦ) ᐅᑦᕿᐊᖅᕕᖓᒥ.

ᔫ ᓚᕕᑦ

ᐊᑦᑕᕐᓇᖏᓐᓂᖅ ᐃᓱᒪᑦᑎᓐᓃᖑᔭᐃᓐᓇᖅᐳᖅ ᐊᐅᓪᓚᖅᓯᒪᓚᑖᖑᑦᑕ ᓱᑯᒥ.

ᐊᑦᑕᕐᓇᖏᓐᓂᖅ ᑐᑭᖅᓴᒪᖅ ᐊᒥᓱᓂᒃ. ᐃᒪᐅᑦ ᐃᖏᕐᕋᓂᖏᑦ ᑕᓐᓇᑦᑕᐅᑦ ᐱᑦᓚᑎᐊᔫᑦᑐᓂ ᐊᖑᓇᓱᒃᓗᓂ ᓱᑯᒥ ᐊᖑᓇᓱᒃᑎ ᑕᑯᕋᓐᓈᕐᓂᐊᖅᐳᖅ ᐃᒪᐅᑦ ᐃᖏᕐᕋᓂᖓᓂᒃ. ᓇᒡᒍᑎᒌᕈᓂ (ᓱᑯᒥ ᓄᑦᑕᖅ) ᐊᑦᑕᕐᓈᕐᑭᖅᑯᐃᔾᖏᑉᐸᑦ ᐊᖑᓇᓱᓕᕐᓂᐊᕐᒪᑦ. ᐊᑦᑕᕐᓇᖅᐸᑦ ᐃᓛᒃ ᑕᐃᒪᐃᓕᖓᓗᓂ ᐅᑕᖅᑭᓂᐊᖅᑐᖅ ᐅᑦᓗᖅ ᑕᐃᓐᓇ ᑎᑭᓐᓂᐊᕐᒥᖕᒪᑦ. ᐊᑦᑕᕐᓇᕐᓂᖅᐸᕐᒍᕐᑲᑕᐅᖕᒥᔪᖅ ᐃᒪᐃᑎᓪᓗᒍ ᐊᓄᓇ ᐃᖏᕐᕋᓂᕐᓗ ᑕᒫᖓᑦᑕᐃᓐᓇᕐᒦᙵᑎᓪᓗᒋᒃ. ᖃᐃᓴᓐᓇᖅ, ᑕᒪᓐᓇ ᐃᖏᕐᕋᓂᓇᒡᒍᔭᕗᑦ, ᐊᒻᒪᓗ ᐅᐊᓕᓂᐅᑦ ᒥᒃᓵᓃᙵᖅᑐᖅ ᐊᓄᓇ ᑖᒃᑯᐊᒃ ᑲᑉᐱᐊᓇᕐᓂᖅᐹᖑᕗᒃ. ᓇᒡᒍᑏᑦ ᓱᑯᓯᒪᖏᒃᑲᓗᐊᖅᐸᑕ, ᖃᐃᓴᓐᓇᖅ ᑎᑭᐅᑎᓗᓂ ᓄᓇᐅᑦ ᒥᒃᓵᓄᑦ (ᓄᓇᐅᑦ ᒥᒃᓵᓄᑦ) ᐅᓕᑦᑐᒥᒃ ᖁᕝᕙᖅᑎᑦᑎᒃᑲᓐᓂᕈᓐᓇᕐᒪᑦ. ᑕᒪᔅᓴ ᑲᑉᐱᐊᓇᖅᑐᖅ ᐱᓗᐊᙳᐊᖅᑐᒥᒃ ᑕᒪᓐᓇ ᓄᓇᐅᑦ ᓯᑯᐊ ᓯᑯᖅᑲᐅᑎᓐᓇᒍ (ᑕᒪᑐᒪ ᐊᒃᓵᒍᑦᑕ ᓯᑯᐊ). ᐅᓕᑦᑑᑦ ᖁᕝᕙᖅᑎᑉᐹᑦᓕᕈᓐᓇᕐᒪᒍ ᓯᕐᑦᑎᒃᑲᓐᓂᕐᓗᓂᐅᒡᓗ. ᐊᖑᓇᓱᒃᑏᑦ ᑕᒪᑐᒥᖓ ᖃᐅᔨᒪᔭᖅᑲᕐᒥᒃ ᐊᑦᑕᕐᓇᖅᑐᒥᒃ ᖃᐅᔨᒪᓇᓱᐊᑦᑎᐊᕐᓗᒍ/ ᐅᔾᔨᕆᓇᓱᐊᑦᑎᐊᕐᓗᒍ ᐃᖏᕐᕋᓂᖅ ᓄᓇᐅᑦ ᒥᒃᓵᓄᒃ ᐃᖏᕐᕋᓂᓕᖅᐳᖅ, ᑕᐃᒪᐃᑎᓪᓗᒍ ᓱᑯᒦᑦᑕᕆᐊᖅᑲᖏᑦᑐᑎᑦ ᐅᓕᑉᐸᓪᓕᐊᓂᖓ ᖃᐅᔨᒪᓗᒍ.

ᒪᕐᕉᖕᒪᑎᒃ ᐃᖏᕐᕋᓂᖅᐳᑦ ᑕᒫᓂ-ᖃᐃᓴᓐᓇᖅ ᐊᒻᒪᓗ ᐱᕈᓴᓐᓇᖅ. ᐃᓛᓐᓂᑦ ᐊᕐᕌᒍᒃᑐᑕ ᐃᖏᕐᕋᓂᖅ ᓄᖅᑲᖓᑎᓪᓗᒍ, ᓇᒡᒍᑎᑦ ᐃᑭᖅᑐᓯᕚᓪᓕᕐᓂᐅᓴᖕᒥᓪᒪᑕ, ᐃᓄᐱᐊᑦ ᑕᑯᓐᓇᖅᑲᑦᑕᖅᐳᑦ ᐃᖏᕐᕋᓂᖅ ᓂᐱᕐᑲᖅᑎᓪᓗᒍ ᓂᐱᓗᑦ ᓈᓚᒍᑎᒥᒃ ᐊᑐᖅᑐᓂ ᑕᒪᓐᓇ ᑕᑭᓂᖓ ᐃᖅᑲᖓᓄᑦ ᑎᑭᐅᑎᔪᓐᓇᖅᐸᑦ, ᐊᑐᕐᓗᓂ 16-ᐊᐅᓐᓴᒥᒃ ᐅᕐᑯᒪᐃᓐᓂᓕᖕᒥᒃ ᐅᔭᕋᑦᑎᐊᕐᒥᒃ ᐃᓱᐊᒍᑦ. ᐃᖏᕐᕋᓂᖓ ᐱᑭᐊᖅᑲᑦᑕᖅᑐᖅ ᐃᖅᑲᖓᓂᑦ ᐊᒻᒪᓗ ᖁᕝᕙᖅᐸᓪᓕᐊᓪᓗᓂ ᓱᒃᑲᐃᑦᑐᒥᒃ, ᐅᐊᑦᑎᕈᕈᖅᑎᓪᓗᒍ ᐃᒪᖅ ᑕᒪᓐᓇ ᖄᖓᓄᑦ ᑎᑭᐅᑎᓪᓗᓂ. ᐃᖏᕐᕋᓂᖓ ᓴᙱᓂᕐᒥᓄᑦ ᐅᔭᕋᑦᑎᐊᖅ ᐃᖏᕐᕋᓂᖅᓯᐅᖅᑐᓂ ᐃᖅᑲᖓᓃᑦᑐᓐᓈᓂᖅᑲᑦᑕᖅᑐᖅ, ᐊᒻᒧᑦ ᑭᕕᓯᒪᓪᓗᐊᕈᓐᓃᖅᑐᓂ ᐊᒻᒪᓗ ᖃᐅᔨᓇᖅᑐᓂ ᐃᖏᕐᕋᓂᓇᔭᖓ. ᐋᔭᕋᑦᑕᐅᖅ ᐊᑐᕐᑲᑦᑕᕐᒥᔭᕗᑦ ᐊᕐᕙᓚᓱᖕᕕᐱᑦᑐᕐᑎᑦ, ᑭᓯᐊᓂ ᖃᐅᔨᒪᓇᓱᐊᑦᑎᐊᕐᓗᒍ/ᐅᔾᔨᕆᓇᓱᐊᑦᑎᐊᕐᓗᒍ ᑕᐃᒪᐃᖏᓐᓇᓇᐊᖅᑲᖅᑐᒍᑦ.

ᔭᐊᔾ ᑖᓐᓇ ᐅᖅᑲᐅᓯᖅ ᐊᑐᖅᑲᑦᑕᖅᑕᕗᑦ ᐃᖏᕐᕋᓃᒃ ᒪᕐᕉᒃ ᖃᑎᓯᒪᓂᖏᓐᓄᑦ, ᑭᓯᐊᓂᑦᑕᐅᖅ ᐊᑐᕈᓐᓇᓐᓂᑦᑐᓂ ᐅᖅᑲᐅᓯᖅᑲᖅᑐᓂ ᑕᒪᑐᒥᖓ ᖃᐃᓴᓐᓇᖅ ᓴᙱᓂᖓ ᓴᖅᕿᐅᑎᑦᑎᔪᓐᓇᖅᑐᓂ ᐊᑯᓂᒃ ᑕᒪᒃᑯᓇᙵᑦ ᐊᓄᓇᐅᑦ ᒥᒃᓵᓃᙳᖅᑐᒥᒃ ᐊᓄᓇᒥᒃ ᓴᙱᓕᒥ ᐊᒡᒍᒧ ᐃᖏᕐᕋᕐᑲᑦᑕᖅᑐᑦ. ᐃᒪᐃᑦᑕᖔᑦ ᖃᐃᓴᓐᓇᖅ ᓴᖏᓐᓇᕐᓯᒪᑎᓪᓗᒍ ᐹᖅᓯᓯᒪᓪᓗᓂ ᐊᓄᖃᓕᖃᑖᖅᑐᒥᒃ, ᒪᓕᖅᑲᓕᖅᑲᑦᑕᖅᑐᖅ ᐊᒻᒪ ᖁᒻᒧᑐᐃᓐᓇᕐᓗ ᓯᕐᑭᖅᑲᑦᑕᓕᖅᐸᒃᑐᓂ ᓯᕐᑭᔭᖅᑐᒃᓴᒥᒃ ᐱᑕᕐᑲᖏᒃᑲᓗᐊᖅᑎᓪᓗᒍ, ᓯᕗᓪᓕᐅᓕᒥ ᐃᖏᕐᕋᓂᕐᒥᑦ ᓴᙱᔪᒥᑦ (ᖃᐃᓴᓐᓇᖅ). ᑕᕝᕙ ᐊᕐᕚᓯᒃᐲᑦ ᕿᒪᒃᓯᓪᓗᑎᒃ ᐊᑦᑕᕐᓇᖏᓐᓂᖅᓴᒧᑦ ᓱᑯᒧᑦ ᐊᒻᒪ ᑕᖕᒫᓇᐊᖅᑐᖅᐳᑦ.

ᐊᑦᑕᕐᓇᖅᑕᐃᓕᒪᓂᐅᑦᑕᐅᖅ ᐃᓚᖓᑦ ᖃᐅᔨᒪᓪᓗᓂ ᑕᒪᑐᒥᖓ ᑐᖑᓂᕐᒥᒃ ᑕᖅᓴᐅᓂᖅᓴᐅᑎᓪᓗᒍ, ᑕᐃᔅᓱ ᕿᓯ, ᓯᑯᐊᕕᓂᕈᓯᕐᑳᑦᑑᑦ ᖃᑯᑎᒃᑲᓐᓂᕈᓯᕐᑐᖅ. ᑕᒪᒃᑯᐊ ᓄᕗᔭᑦ ᑕᑦᑕᖅᑑᑎᓯᖅᑐᑎᒃ ᓱᑯᒥ ᑕᑯᔅᓴᐅᓂᖅᓴᐅᓕᖅᑲᖅᑐᑦ ᐅᖅᓚᕆᒃᑐᒥ ᓱᑯᒥ ᑕᑯᔅᓴᐅᓂᖅᓴᐅᓂᖅᑐᑎᒃ. ᓱ ᐃᒫᓐᓇᑦᑐᖅ ᐊᖏᔪᒧᑦ, ᑕᑯᔅᓴᐅᓂᖅ ᕿᓯᒥ ᖃᐅᑦᑐᖅᑕᐅᓗᑎᒡ, ᑐᖑᓂᖅ ᐃᒪᐅᑦ ᖁᓚᓂᑦᑐᖅ ᓂᓕᐊᕐᓄᑦ ᓱᑦ ᑕᑯᓐᓇᖅᓴᐅᓕᖅᑲᖅᑐᑦ. ᐃᓄᐱᐊᑦ ᐃᓚᖅᑕᖅᐳᑦ ᑕᑯᒃᑎᖓ ᓇᓗᓇᐃᒃᑯᑕᐅᔭᖅᑐᓂ.

ᐊᖑᓇᓱᒃᑎᑦᑎᐊᕙᒍᑦ, ᐊᑦᑕᕐᓇᐃᖅᓯᒪᓂᖅ ᐊᕙᑎᓕᒃᑏᑦ ᐊᖏᕐᖃᑎᒌᕝᕙᐃᑦ ᐊᕙᑎᓕᕆᓂᖅ ᐊᓂᒍᓕᑦ.

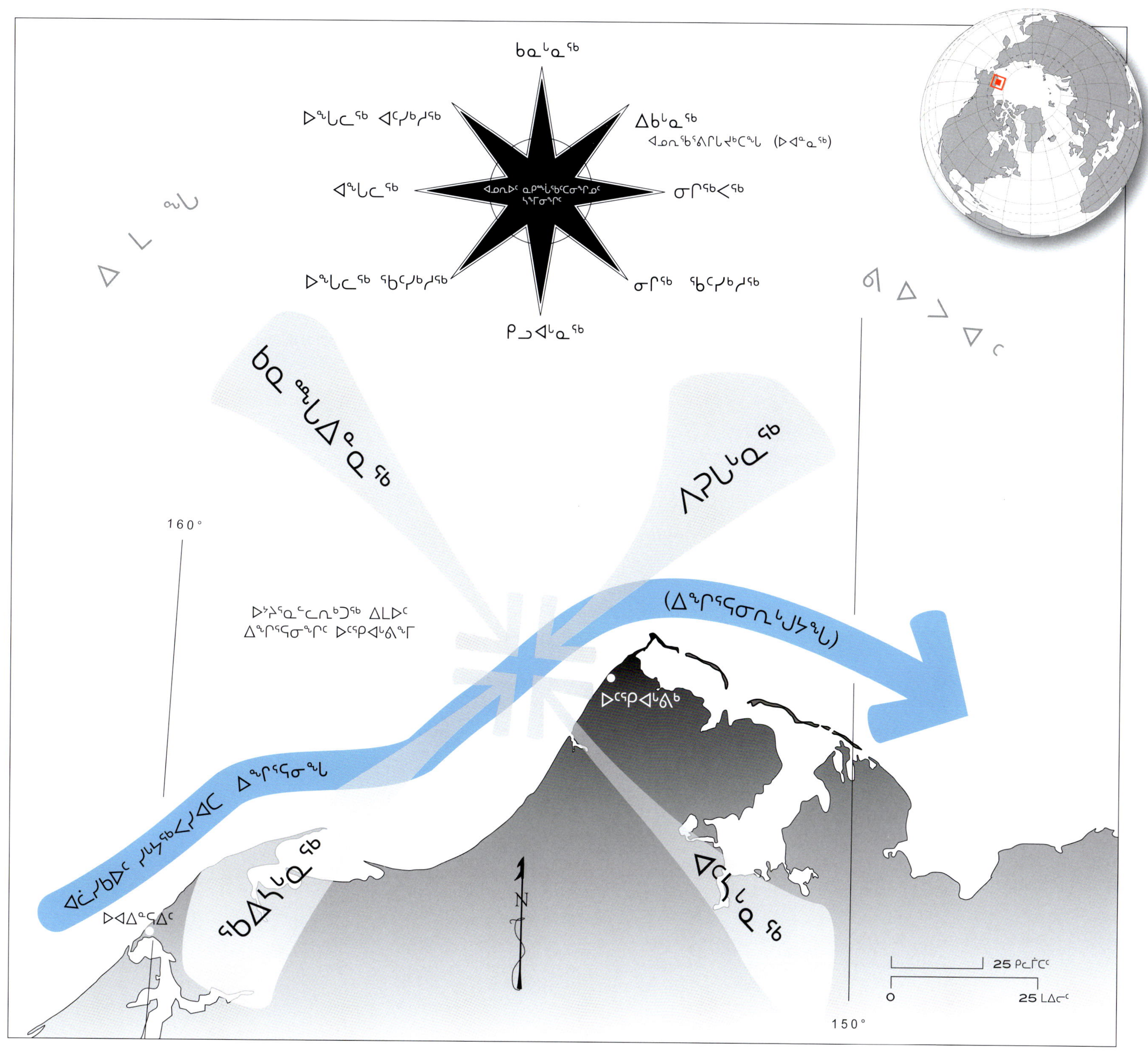
ᑲᓇᖕᓇᖅ
ᐅᖓᓚᖅ ᐊᑦᓯᒃᓱᖅ
ᐃᑲᖕᓇᖅ
ᐊᓄᕆᖅᑲᕐᕕᒋᒐᔪᒃᑕᖓ (ᐅᐊᓐᓇᖅ)
ᐊᖓᓚᖅ
ᓂᒋᖅᐸᖅ
ᐅᖓᓚᖅ ᖃᑦᓯᒃᓱᖅ
ᓂᒋᖅ ᖃᑦᓯᒃᓱᖅ
ᑭᓗᐊᖕᓇᖅ
160°
150°
N
25 ᑭᓛᒥᑕᑦ
0
25 ᒪᐃᓪᓗ

ᐅᓇ ᒪᒃᐱᖅᓯᒪᔪᖅ ᐊᑐᐃᓐᓇᖅ ᐊᓪᓚᕐᓗ: ᕿᒧᒃᓯᖅᑐᖅ ᓂᐊᕐᑯᕐᓈᓗᓕᐊᖅᑐᖅ, ᑲᖕᒋᖅᑐᓛᐱᐅᑦ ᐊᒡᒍᖕᓛᖕᖓᓂ, c. 1970-ᓂ.

ᔪᐃᓕ ᓴᖑᔭ

ᐃᖅᑲᐅᒪᔪᖕᖓ ᐊᑖᑕᖓᓗ ᓇᓐᓄᓴᓱᓚᐅᖅᓯᒪᒐᓐᓄᒃ ᕿᒧᒃᓯᒃᑯᑦ, ᑕᐃᔅᓱᒪᓂ ᑰᑕᑦ (ᐃᒪᓐᓇᓂᒃ ᓇᓐᓄᒐᒃᓴᖅᑕᓕᒃ) ᓱᓕ ᐊᑐᓕᖅᑎᑕᐅᓚᐅᙱᑎᓪᓗᒋᑦ. ᐃᓄᐃᑦ ᓇᓐᓄᓴᓱᖅᑲᑦᑕᓚᐅᖅᓯᒪᖕᒪᑕ ᓇᓄᕐᓂᒃ ᑕᑯᔭᒥᓂᒃ. ᓇᓄᖅᑲᖏᓐᓂᖅᓴᐅᓚᐅᖅᓯᒪᖕᒪᑦ ᑕᐃᔅᓱᒪᓂ, ᑕᕝᕙ ᐃᒫᖑᓚᐅᖅᓯᒪᖕᒥᖕᒪᑦ

ᐃᓄᐃᑦ ᓇᓐᓄᒍᒪᕙᒃᑐᑎᒃ ᖃᖓᑐᐃᓐᓇᕐᑎᐊᒃᑯᑦ ᑕᑯᔮᕐᖓᒥᔅᔪᒃ. ᑕᐃᒫᖑᓪᓚᕐᑖᓚᐅᖅᓯᒪᒐᖅ, ᑲᖕᒌᓯᒃᑐᓂ ᖁᕕᐊᓇᖅᑐᓂ ᐊᐅᓪᓚᖅᓯᒪᓪᓗᓂ. ᓇᓐᓄᓴᓱᒃᑐᓂ ᕿᒧᒃᓯᒃᑯᑦ ᑲᖕᒌᓯᐊᖅᑲᑕᐅᓪᓗᓂ ᖁᕕᐊᓇᕐᑎᐊᓚᐅᓯᒪᖕᒪᑦ. ᑕᕝᕙ ᑕᐃᒪᐃᑦᑐᓂ ᐃᒃᐱᒍᓱᓕᖅᑲᑦᑕᓚᐅᖅᓯᒪᔪᖕᖓ ᑲᖕᒌᑦᑕᖅᑲᑕᐅᓪᓗᖓ ᐊᒻᒪᓗ ᑲᐸᐊᓱᒃᑲᓗᐊᖅᑐᖓ ᑯᑯᓗᕈᔪᒻᒪᕆᓕᖅᑐᖓ. ᐃᖅᑲᐅᒪᒋᕙᖓ ᖃᒧᑏᖕᓂᑦ ᓂᐅᑦᑐᖓ ᐊᒻᒪ ᑕᕝᕙ ᐆᓚᕈᔪᒃᑐᑎᑐᑦ ᐃᒃᐱᒍᓱᒃᑐᖓ, ᕿᐅᖕᒋᑦᑎᐊᕋᓗᐊᖅᑐᖓ, ᑭᓯᐊᓂᓕᑦᑕᐅᖅ ᖁᕕᐊᓐᓂᕐᒧᑦ ᑲᐸᐊᓯᐊᕈᔪᖕᓂᑯᒧᑦᓗ ᑕᐃᒫᒃ ᐃᒃᐱᒋᔭᖅᑲᖅᑐᖓ.

ᑕᐃᔅᓱᒪᓂᓕ ᕿᒻᒥᕗᑦ ᒪᑯᐊᖑᓚᐅᖅᓯᒪᖕᒪᑕ, ᖃᐅᔨᒪᑦᑎᐊᓕᖅᑐᑎᓪᓗ ᓇᓂᕿᓂᕐᒥᒃ ᑕᐃᒫᒃ ᐃᓕᙵᑎᑕᐅᖅᑯᐃᔨᓕᓚᐅᖅᓯᒪᔪᑦ ᓇᓐᓂᕿᓚᐅᖅᑲᑦᑕᒍᑦ. ᕿᒻᒥᑦ ᑕᐃᔅᓱᒪᓂ ᐃᓄᖕᒥᓂᒃ ᓈᓚᑦᑎᐊᓕᖅᑲᑦᑕᓚᐅᖅᓯᒪᖕᒪᑕ. ᐃᓕᙳᑎᑕᓚᐅᖅᓯᒪᖕᒪᑕ ᐃᓄᐊᑕ.

ᐅᖃᐅᓯᖏᓐᓂᒃ ᑲᖏᖅᓂᕐᔪᐊᓯᖏᓐᓂᓪᓗ ᐊᒻᒪᓗ ᓂᐱᖓ ᐊᓯᕈᖅᖓᑦ ᑕᐃᒫᒃ ᐱᓪᒪᕆᐊᓘᑕᐅᖅᓯᒪᔪᖅ ᑖᓇ ᓱᑲᔅᑎ ᕿᒻᒦᑦ ᐃᓄᐃᑦ ᓇᓄᖅᓯᓂᕐᒥᒃ ᓱᑲᓴᐅᓯᕆᔭᖏᑦ. ᐅᖃᐅᓯᑐᐃᓐᓇᐅᕙᔪᖏᑦᑐᑦ ᑭᓯᐊᓂᑦ ᓂᐱᖓ ᐱᓪᒪᕆᐊᓘᕙᔪᕙᖅ ᕿᒻᒥᓂᒃ ᑲᖏᖅᓂᑎᓪᓗᒍ ᓇᒎᖓᐅᖁᕐᒪᖔᑦ. ᐃᖅᑲᐅᒪᔪᖓ ᓂᐱᒥᒍᑦᑕᐅᖅ ᖃᐅᔨᒪᑎᑉᐸᔪᒥᒪᖏᑦ, ᓂᐱᖓ ᐊᓯᔾᔨᖅᑐᓂ ᓱᑲᓴᐅᓯᕋᓗᐊᒥᒍᑦ ᐊᑐᖅᑐᓂᐅᒃ ᐃᒫᒃ ᐋᑖᑕᒐ ᖃᐅᔨᒪᑎᑦᑎᕙᓪᓕᐊᕙᔪᖓᒪᑦ ᕿᒻᒥᓂᒃ, 'ᐋ, ᑕᐃᒃ ᓇᓄᖅ, ᐱᓂᐊᖅᑕᖑᑦ'. ᐃᐲᑦᑎᓪᓗᓂ ᕿᒻᒦᒥᒃ ᓇᓄᕐᒥᒃ ᒪᓕᖓᓂᐊᖅᑐᒥᑦ, ᐅᖃᐅᓯᓂ ᑕᐃᒃᑯᐊ ᐊᑐᕐᒪᒋᑦ ᕿᒻᒦᒥᓄᑦ ᓂᐱᖓᓗ ᐊᔾᔨᒋᔭᓅᖅᑐᓂᐅᒃ, ᓲᕐᓘᑯᐊ ᐊᖓᒃᑯᖑᑦ ᐊᐅᓚᑕᐅᓕᖅᑐᑦ. ᐅᖃᐅᓯᖏᑦ ᓂᐱᖓᓗ ᐱᖃᓯᐅᑎᑎᓪᓗᒍ ᕿᒻᒥᓄᑦ ᐃᖅᑲᐅᒪᒋᕗᖓ ᓄᔾᔪᒃ ᑐᓄᓱᓐᓃᑦᑐᑦ ᖁᒻᒧᑦ ᐃᓯᕝᖁᐃᔾᔪᑦᑕᔪᖓᒪᑕ. ᐊᒻᒪᓗᓕ ᑕᒪᓐᓇ ᓇᓄᖅᓯᓕᖅᑐᒎᒃ ᐃᖏᕋᑦᑎᐊᓕᖅᐳᒎᒃ, ᓇᓄᖅ ᑕᐃᒃ ᒪᓕᒃᑕᖕ ᑐᒥᖏ ᐃᓱᐊᓂ.

ᑕᒪᓐᓇ ᑕᐃᒪᐃᓕᖓᓕᕋᑦᑕ ᓇᓄᖅᓯᑦᑐᑕ, ᕿᒻᒦᒃ ᓯᐅᑎᖏᑦ ᑎᖅᑯᒃᓯᒪᑦᑐᑎᒃ ᓯᕗᓂᕐᒥᓄᑦ, ᐅᐸᕙᔾᔨᒥᓄᑦ. ᐊᒻᒪᓗ ᐸᒥᐅᖏᑦ ᑐᑭᒧᑦ ᑎᒃᑯᐊᖓᔭᐃᓇᐅᓕᖅᑐᑎᒃ. ᕿᒻᒦᑦ ᑐᓂᐊᑐᐃᓇᕐᓗᑎᒃ, ᐊᖅᐸᖅᓱᑐᐃᓇᕐᓗᑎᒃ, ᓯᐅᑎᖏᑦ ᐃᓄᖕᒥᓄᑦ ᓈᓚᒃᓯᓈᖅᑯᐃᔅᓗᑎᒃ ᖄᖏᑦᓗᑎᒃ ᐊᒻᒪᓗ ᐸᒦᓗᑎᒃ ᐅᕙᓘᓐᓃᑦ ᐸᒦᖏᑦᑎᐊᕐᓗᑎᒃ. ᕿᒻᒥᓄᑦᑕ ᑕᒪᓐᓇ ᐊᑖᑕᒐ ᓂᑦᑕᕐᓗᓂ ᕿᒻᒥᑦ ᐅᖃᐅᑎᒃᐸᕆᑦ ᓱᑲᔪᐃᓇᖃᓗᐊᕐᓗᕆᑦᓘᓐᓃᑦ, ᓯᐅᑎᖏᑦ ᑎᑭᒃᑲᔭᖅᑐᑦ ᓯᕗᒧᑦ, ᐸᒦᔭᓐᓃᕐᓗᑎᓪᓗ ᓇᓄᖅᓯᔪᖑᑦ ᑕᐃᒫᒃ ᐃᑦᑕᖅᑯᓯᖅᑲᑕᖃᔭᖅᑐᑦ.

ᓇᓄᕐᒧᑦ ᑎᑭᐅᑎᒍᑦᑕ, ᐊᑖᑕᒪ ᕿᒻᒦᒃ ᐃᐲᔾᔮᖃᔭᖅᑕᖅᑐᑦ. ᓇᓄᖅ ᕿᒻᒥᓄᑦ ᐊᕙᓗᔭᐅᓗᓂ. ᓇᓄᖅ ᑭᖑᑦᑖᖅᑎᒃᑎᒃᑯᑦ ᑮᔭᐅᖃᑦᑕᕆᐊᓗᓂ, ᐃᒪᐃᓕᐅᕆᐊᓗᓂ ᑖᓇ ᓇᓄᖅ ᐅᐃᔾᔭᑦᓚᖃᑦᑕᕆᐊᓗᓂ ᕿᒻᒦ ᐊᓪᓛᖃᑦᑕᕐᓗᑎᒃ ᕿᒪᒃᓯᐊᕐᔪᓪᓗᑎᒃ.

ᕿᒻᒦᑦ ᖃᐅᓪᓚᕐᓗᑎᒃ ᓇᓄᕐᒧᑦ, ᖃᐅᓪᓚᕐᓂᖅᓯᑦᑕᐅᖅ ᐊᔾᔨᖅᓯᑎᐊᕐᒥᐅᓂᓯᑦ ᖃᐅᒃᑐᓂᑦ. ᑐᓴᕐᓂᖅᑲᑕᓚᐅᖅᓯᒪᔪᑦ ᕿᒻᒦᑦ ᓲᕐᓘᑯᐊ ᐃᒻᒥᖅᑐᑦ.

ᓇᓄᖅ ᖁᕿᖅᑕᐅᒪᑦ, ᖁᕿᐅᑎ ᓯᓚᖅᑐᓂ, ᖃᐅᓪᓚᖅᑐᑦ ᓄᖅᑲᖅᑐᑎᒃ. ᓂᐱᖅᑐᖅᑲᖅᓯᑎᐊᓕᖅᑐᓂ ᐃᖅᕿᓐᓇᖅ. ᓂᐱᖅᑐᖅᑲᖅᓯᑎᐊᓕᕐᒪᑦ ᓯᐅᑎᒌᑦ ᓯᕙᓂᖅᑯᐃᔭᓕᖅᑐᑎᒃ ᓂᐱᖅᑐᖅᑲᖅᓯᓐᓂᖓᓄᑦ. ᑕᒪᓐᓇ ᑕᐃᔅᓯᒪᓂᑦᑐᐊᖑᑎᑦᑐᒍ, ᑭᓯᑐᐃᓐᓇᕐᒥᒃ ᑐᓴᖅᓴᐅᔪᖅᑲᖅᓯᑎᐊᓕᖅᑐᓂ, ᐋᒃᑲᖅᔫᓗᐊᖅ ᕿᒻᒥᑦ ᐊᖅᓚᔫᖅᑭᑦᑐᑦ ᐊᒻᒪᓗ ᐊᐳᑎᑐᓚᐅᖅᑲᑦᑕᖅᑐᑦ.

ᑕᐃᔅᓯᒪᓂᓕ, ᕿᒻᒦᑦ ᐃᓕᖅᑲᓕᖅᑐᑦ ᓇᓄᓕᑎᓂᖏ ᑕᐃᒪᐃᓕᐅᖅᑲᑦᑕᔫᑦ. ᖃᐅᔨᒪᓂᑦᑐᑎᒃ ᓇᓄᖅ ᖁᕿᖅᑕᐅᓯᒪᓕᖅᑎᑦᑐᒍ, ᓴᓇᒃᓴᖅᑕᐅᔭᕌᖅᓯᒪᓕᖅᐸᑦ ᓂᕆᑎᑕᐅᕐᕆᐊᖑᓂᐊᕐᒥᒐᒥᒃ.

ᐊᐅᓪᓚᖅᓯᒪᓪᓗᓂ ᐊᒻᒪᓗ ᐊᖑᓇᓱᒃᑐᓂ ᐊᔾᔨᖑᖏᑦᑎᐊᖅᑕᖅᑕᕐᒥᔭᖓ ᐱᓕᕆᐊᕆᔭᖅ ᐊᒻᒪᓗ ᑕᒪᓐᓇ ᑐᑭᓯᔭᖓ ᑕᒪᒃᑮᖓᓄᑦ ᐃᓄᖕᓄᑦ ᕿᒻᒥᓄᓪᓗ ᑕᐃᔅᓯᒪᓂ.

ᓇᓄᕐᒥᒃ ᑐᔾᔭᐃᔪᖅ ᓯᑯᒃᑯᑦ.

ᓴᖅᑭᓕᖅᐳᑦ ᐅᑦᑐᓂᒃ ᑎᓴᒪᓂᒃ ᐱᖅᓯᖅᑎᑦᑐᒍ ᐃᖏᕐᕋᓚᐅᖅᑐᑎᒃ ᐊᑯᑭᑦᑑᑦ ᐊᐅᔪᐃᑦᑐᖓᒍᑦ. ᐅᖅᑯᐊᓕᐅᖅᓯᒪᔪᑦ ᓴᕗᓴᖅᑐᐊᓂᒃ ᑐᐱᖏᑦ ᐊᓄᕐᕌᖅᑐᒦᑐᐊᕐᓂᐊᖏᓚᑕ, ᕿᒻᒥᑦᑐ ᐊᕐᑯᐱᑦᑐᑎᒃ ᐊᐱᕗᑦ ᑎᒥᖏᑦ ᐊᓄᓇᓯᐅᑐᐊᕈᓐᓃᖅᑐᑎᒃ ᐊᒻᒪᑐ ᕿᐅᔾᔭᐃᒃᑲᓐᓂᒃᑐᑎᒃ.

ᐃᓚᙳᐊᖅ ᖃᐃᖓᒫᖅ

ᐊᐅᓪᓚᖅᓯᒪᓂᖅ ᐱᖃᓯᐅᔾᔨᒍᖅ ᐱᕈᐊᕿᓂᕐᒧᑦ ᐊᒻᒪᓗ ᐊᓯᖏᓐᓂᒃ ᐊᑦᑕᕐᓇᖅᑐᓂᒃ.

ᑕᐃᔅᓯᒪᓂ ᐊᐅᔭᒃᑯᑦ ᓯᑯᑐᐃᓐᓇᕿᓚᐅᖅᓯᒪᓚᐅᑦᑕ ᐃᒫᓃᑦᑐᒥ ᓇᔅᓴᐅᑦ ᔮᑎᐊᖓᓂ ᓄᑲᕋ ᒪᓕᒃᓴᖅᑐᓂ ᕿᓚᓗᒐᕐᓂᒃ ᖃᔭᖅᑐᖅᑐᓂ (ᔮᕗᑦᑕ ᑖᕚᙵᑦ ᓯᑯᒥᑦ). ᑕᑯᓐᓈᖅᑐᒍ, ᕿᓚᓗᒐᖅ ᐅᒋᐊᓕᔭᖅᑐᓂ ᒥᒃᓯᓪᓗᐊᓐᓄᑦ ᐊᒡᒋᓚᐅᖅᓯᒪᔪᖅ ᑖᕗᖓ ᓯᑯᒧᑦ ᐊᒻᒪᓗ ᐊᖅᑲᕐᒪᑦ ᖃᓂᒋᔭᑯᓗᒃᑯᑦ ᖃᔭᓐᓄᑦ ᐃᑭᓪᓗᖓ. ᓇᐅᒃᑭᐊᕋᓗᐊᖅᑐᒍ, ᓇᐅᓕᖕᓇᒍ. ᖃᔭᓐᓂᑦ ᓂᐅᕝᕙᒪ, ᓄᑲᕋ ᓯᓕ ᐃᒫᓂ ᖃᔭᖅᑐᓚᐅᖅᓯᒪᔪᖅ ᕿᓚᓗᒐᕐᓂᒃ ᒪᓕᖅᓱᖅᑐᖅ.

ᖃᔭᓐᓂᑦ ᓂᐅᕙᓪᓚᐊᑎᓪᓗᙱᑦ ᐃᒪᐃᓕᐅᓚᐅᖅᓯᒪᔪᖅ ᐋᒃᑕᕋᓪᓚᕿᕼᐅᖅ (ᖃᐃᑯᓰᓪᓗᓂ ᑐᖅᑐᓪᓗᓂ), "ᕿᙳᕿᕼᐅᖓ!" ("ᑲᑕᒃᑐᖓ ᖃᔭᕐᒪ ᓯᓚᑖᓄᖅ!")

ᐃᒫᖅᓯᒪᓪᓗᖓ ᐃᑲᕋᐸᓘᖅᑰᖅᑐᒥᒃ. ᑕᑯᓪᓗᐊᓕᓇᓪᓗᖓ, ᐊᕙᑕᕐᒥᒃ ᖃᔭᖓ ᑕᑯᔪᓐᓇᕐᓇᒍ. ᐅᒥᐊᖃ ᓴᒃᑯᑦᑐᒍ ᐅᐸᒍᑎᔫᒥᓪᓗᖓ ᐊᒻᒪᓗ ᖃᔭᖅ ᓇᓂᓪᓗᒍ ᕿᙳᓯᒪᔪᖅ, ᐃᒪᐃᓪᓗᐊᓇᓪᓗᓂ ᐃᓄᖃᖅᑐᓂ. ᕿᓚᓗᒐᕐᒥᒃ ᓇᐅᒃᑭᐊᖅᑐᓂ ᓱᓗᖃᖓ ᑕᒪᐅᓈᖏᑦᑐᕕᓂᐊᓪᓗᓂ ᐊᒻᒪᓗ ᕿᙳᔪᕕᓂᐅᓪᓗᓂ.

ᖃᒧᒃᓯᖅᑐᑦ ᐋᒃᑲᕐᓂᖅ (ᐊᐅᑲᕐᓂᖅ) (ᐃᒪᐃᓂᖅ ᐃᖏᖅᕋᓂᖅᑲᕐᓂᖓᑕ ᐊᐅᑲᕐᓯᒪᔭᖓ ᓯᑯᑦ ᐊᑖᓂᑦ, ᓇᖏᐊᕐᓇᖅᑐᖅ)

ᐃᖏᕐᕋᓚᐅᖅᓯᒪᒐᑦᑕ 200ᓖᓐᑕᓂᒃ ᕕᓐᓯᓐ (ᒍᓯ) ᐅᓯᑦᑐᑕ ᖃᑭᕐᑕᕐᓱᐊᖅ ᓵᑦᑎᐊᖓᒍᑦ ᑕᒫᓂ ᐅᔾᔨᕆᓂᑳᓪᓚᒃᑐᑕ ᐊᐅᒃᑲᕐᓂᐅ ᖃᑎᖓᓃᑦᑐᒍ. ᑕᐸᓂ ᖃᒧᑏᒃ ᐊᐃᕐᓂᖏᒃ ᐃᙱᑎᓐᓂᐊᓂᕐᒪᑎᒃ ᐅᔾᔨᓇᑦᑐᑕ ᐊᐅᒃᑲᕐᓂᒃᑯᓂᖅᑐᒍᑦ. ᑖᓐᓇ ᐊᑐᕆᓐᓂᓚᐅᖅᓯᒪᔭᕗᑦ ᖃᒧᑏᒃ ᑭᖑᐸᐊᖅᑎᖕᖠᖅᑐᕆᒃ

ᐊᑐᖅᑐᒍ ᐋᒃᑲᕐᓂᖅ ᐅᑭᐅᑐᖅᑲᐅᔭᐅᑎᑦᑐᒍ

ᐊᑕᐅᓯᐊᖅᑐᑕ, ᒪᒪᕿᑦ ᑯᓇᑦᑕᓐᓴᓐ, ᑐᑯᒥᖅ ᐅᕙᖓᓗ ᐊᒡᕆᐊᑦᓚᒃᑲᑦᑕ ᐃᑯᖓ ᒪᓂᓇᑦᒍᑦ. ᐃᖏᕐᕋᑦᑐᑕ ᐊᑐᓚᐅᖅᓯᒪᔭᕗᑦ ᓵᑦᑐᑯᓘᓚᐅᖅᓯᒪᔪᖅ ᓴᑦᑎᒃᑐᒃᑰᖅᑐᑕ. ᑕᐅᓅᓇ ᓯᕐᕙᐊᑦ ᓵᖓᒍᑦ ᐃᖏᕐᕋᑦᑐᑕ ᐊᐅᒃᑲᕐᓂᒃᑯᑦ ᓄᓇᖅᐸᓯᖏᑦᑑᒐᓗᐊᒃᑯᑦ. ᑕᕝᕙᓂ ᓵᓗᐊᖏᑦᑐᒃᑰᓂᖅᑐᑕ ᓇᖏᐊᕐᓇᖏᑦᑐᒃᑯᑦ ᑎᑭᐅᑎᒐᑦᑕ ᑕᕗᖓ ᑰᒐᕐᕼᐊᖅ. ᐊᐅᖏᑦᑐᖅ, ᓴᐃᓂᓇᖏᑦᑐᖅ ᑖᖅᑎᑦᑐᒍ.

ᐊᕐᕙᒍᓯᒃᑏᑦ ᐊᕐᕕᖕᒥᒃ ᒪᓂᖅᓱᖅᑐᑦ ᐅᑦᕿᐊᒡᕕᐅᑦ ᓯᓈᖓᓂ, ᐃᓗᐃᑲᖅ ᑕᑯᒃᓴᐅᒐᖅ ᐅᖓᑎᑦᑎᐊᖓᓂ.

ᔩ ᓂᕕᑦ

ᐅᐊᔅᓂ ᐊᐃᑲᓐ ᒪᒃᑯᒃᑐᓂ ᐊᕐᕙᒍᓯᒃᑎᐅᓂᓚᐅᖅᓯᒪᖕᒪᑦ ᑕᐃᔅᓯᒪᓂ 1947-ᐅᓂᖅᑎᑦᑐᒍ ᐱᖅᑲᐅᑦᑐᓂ ᓄᓯᖕᒋᓂᐊᑦ ᐊᕐᕙᒍᓯᒃᑎᓂᒃ. ᓇᒡᒍᑎ ᐃᑭᖅᑐᓯᓯᒪᓂᖅᑐᓂ ᓯᑯᒃᑯᑦ. ᓯᑯ ᒪᓂᖁᒻᒪᑦ ᕿᒧᒃᓯᖅᑐᑎᒃ ᐊᒻᒪᓗ ᑕᐅᕙᓐᓇ ᐃᑭᖅᓯᒪᔪᖅ ᐅᐸᒃᑕᐅᓂᖅᑐᓂ ᐃᓱᒪᒋᑦᑐᒍ ᐊᕐᕙᒍᒪᒐᒥᒃ. ᐊᓄᕋᔮᖅᑐᓂ ᑲᓇᖕᓇᐅᑦ ᒥᒃᓵᓂᑦ ᑭᓯᐊᓂ ᐱᖅᑐᔮᕐᓇᒃ ᑕᐅᓄᖕᒐ ᓄᓇᐅᑦ ᓯᑯᐊᓅᖅᐸᑦᑎᐊᑦᑐᓂ.

ᑖᒃᑯᐊ ᐊᖕᒍᑎᑦ ᖃᖅᑲᓂᐊᕋᒥᒃ ᐅᔾᔨᕈᓯᒃᑐᑎᑦ ᓴᕐᕙᐅᕙᑦᑕᐊᔪᑦ ᓯᓚᒻᒧᑦ ᓴᓪᕙᖅᐸᑦᑕᐊᔪᑦ. ᐅᑎᕆᐊᓂᑲᐅᑦᑐᖅᑐᑎᒃ ᑐᐊᕝᕚᓇᖅ ᑭᓯᐊᓂ ᓴᓪᕙᑲᑦᑕᒃᑐᑎᒃ ᑕᐅᓄᖕᒐᑲᑦᑕᒃ ᐃᑭᕐᒧᑦ. ᑕᐃᓐᓇ ᐅᖅᑲᖅᑐᓂ ᑕᐃᓐᓇ ᓯᑯ ᑕᒪᐅᓐᖔᖅᐸᑦᑕᐊᔪᖅ ᑕᐅᕙᓐᖔᑦ ᑲᓇᖕᓇᐅᑦ ᒥᒃᓵᓂᑦ ᓯᑯᒥ ᓯᕋᐃᓐᓂᖅᒪᑦ ᑭᖑᓂᖅᒥᑎᒍᑦ.

ᐊᓯᖕᒎᖕᒐᒍᑦᓂᑦᑕᐅᖅ ᑕᐃᔅᓯᒪᓂ ᐅᐊᔅᓂ ᐊᒻᒪᓗ ᐅᐊᕋᓐ ᒪᒃᑯᒃᑎᑦᑐᒋᒃ, ᐃᑭᓂᐅᕈᔅᓴᐅᓚᐅᖅᓯᒪᖕᒪᑎᒃ ᓯᑯᒦᑦᑐᑎᒃ. ᐃᓚᖅᑲᒃᑲᓂᓚᐅᖅᓯᒪᔪᑦ ᐱᖕᒐᓯᒃᑲᓂᐅᖅᑰᖅᑐᓂᒃ ᐊᕐᕙᒍᓯᒃᑎᓂᒃ. ᐅᐸᒍᑎᓯᒪᔪᓪᒎᖅ ᐱᖅᑲᓗᔭᖕᒎᑦ (ᓯᑯᑐᖅᑲᖅᔪᐊᕕᓂᐅᒐᓗᐊᖅ ᑕᐃᓐᓇ ᐱᖅᑲᓗᔭᒃ). ᑎᑭᐅᑎᔪᓐᓇᖅᑐᒃᓴᐅᓚᐅᖅᑑᒐᓗᐊᑦ ᐊᑭᒥᓄᑦ ᓯᑯᒧᑦ ᓇᖏᐊᖅᓇᖏᑦᑐᒧᑦ, ᑭᓯᐊᓂ ᐃᓐᓇᖅᒧᑦ ᐅᖅᑲᐅᔭᐅᓚᐅᖅᑐᑦ ᐱᖏᖕᓇᖏᓐᓂᖅᓴᐅᓂᐊᖅᑐᒍᑦ ᑲᑎᖕᒪᐃᓐᓇᕈᑦᑕ. ᑕᕝᕙᓂ ᑕᕝᕙᓃᑦᑐᐃᓐᓇᐅᓂᖅᑐᑎᒃ ᐅᑕᖅᑭᓯᓐᓈᖅᑐᑎᒃ ᐊᕐᕙᒍᓯᒃᑎᒃᑲᓂᕐᓄᑦ ᐊᖕᒍᔭᐅᑦᑎᑐᐃᓐᓇᓂᖅᑐᑎᒃ. ᐅᑕᖅᑭᑎᑦᑐᒋᑦ ᑕᕝᕙᓂ ᓇᔪᖅᑕᒥᓂ, ᑖᓐᓇ ᓯᑯ ᓯᖁᑦᑎᖅᑐᐊᓘᓐᓂᕐᒪᑦ ᐊᓂᒍᖅᑎᑐᑦ ᐃᓗᓖᕐᒦᑦᑐᖅᑎᑐᑦ. ᐅᒥᐊᖅ ᑖᓐᓇ ᑎᒍᔭᐅᑦᑐᓂ ᓇᕿᑕᕆᓯᒪᔪᖅ ᖃᓅᖕᓄᑦ ᑕᕝᕙᓂ ᑐᐊᕕᕋᓯᒃᑲᓗᐊᖅᑐᑎᒃ ᐅᑦᓚᒍᓯᒃᑐᑎᒃ, ᑭᓯᐊᓂ ᑕᒪᓐᓇ ᒪᓂᓖᖅ ᓯᑯᒦᑦᑐᖅ ᑕᐃᒪᐃᑎᑦᑎᔪᓐᓇᓚᐅᕐᖏᑦᑐᖅ ᐅᒥᐊᕐᒨᕋᓯᒃᑐᑎᒃ ᑕᒪᐅᓇ ᒪᓂᓖᖅᑐᒃᑯᑦ. ᐅᒥᐊᖅ ᐊᓯᐅᑦᑐᓂ ᓯᑯᒧᑦ. ᐅᔾᔨᕈᓯᑦᑎᐊᖅᓯᒪᖕᓖᓚᐅᕈᑎᒃ, ᑭᐱᔭᐅᔪᓐᓇᖅᑐᕕᓂᐅᒐᓗᐊᖅ ᐅᒥᐊᑦ ᓇᖅᑭᑕᕈᑖ. ᑕᒪᒃᑯᐊ ᐊᓯᖕᒋᑦ ᐊᕐᕙᒍᓯᒃᑏᑦ ᑭᐱᓯᖅᑲᑦᑕᖅᑐᑦ ᓇᖅᑭᑕᕈᑎᒥᓂᒃ ᖃᒧᒡᖁᖕᓂᑦ ᐅᒥᐊᖕᒋᖅᓯᖅᑲᑦᑕᖕᖏᓚᑦ ᑭᖑᓂᖕᒐᒍᑦ ᐊᐃᔭᐅᖅᑲᑦᑕᖅᒪᑕ, ᒪᓃᓛᑦ/ᐃᒍᓃᑦ ᖄᖕᒋᓐᓂᑦ. ᒪᒃᑯᒃᑐᓂ ᐊᒻᒪᓗ ᐊᑐᖅᑲᑦᑕᓂᒪᖕᒋᓐᓂᖅ, ᒪᒃᑯᒃᑑᒃ ᐅᐊᕋᓐ ᐅᐊᔅᓂᒧ ᐃᓱᒪᕆᔭᖅᑲᖅᓂᖕᒋᑦᑑᒃ ᑭᐱᓯᔭᓇᐊᒃᓴᖅ. ᓯᑯᒧᑦ ᓇᒃᓴᐱᒃᑕᐅᑦᑐᑎᒃ ᖃᒧᑎᑦ ᐊᒻᒪᓗ ᓯᑯᓄᑦ ᓯᕋᑦᑎᖅᑕᐅᑦᑐᑎᒃ, ᐅᒥᐊᖕᒋᑦ ᐱᖅᑲᓯᐅᔅᓴᐅᑦᑐᑎᒃ.

ᐃᓄᒐᓴᐃᑦ ᐃᓄᒋᐊᒃᑐᑎᒃ ᓯᑯᒥᓚᐅᖅᓯᒪᕗᑦ ᑕᐃᔅᓯᒪᓂ ᐅᑦᑐᕐᒥ.

ᕿᒻᒥᑦ

ᐊᑕᖏᖅᑐᑕ ᕿᒻᒥᑦᑎᓐᓂᒃ ᑐᓖᖅᑲᖅᑲᑦᑕᖅᓯᒪᓗᒍᑦ ᐃᖏᕐᓂᐊᓚᕌᖓᑦᑕ. ᑭᖑᓕᓃᑉᑐᑎᒍᑦ ᑕᒪᑉᑯᐊ ᓇᒍᙳᒐᖅᑕᑦᑐᑎᑐᐊᕆᓯᒪᒪᒐᑦᑎᒍᑦ. ᐅᑦᕿᐊᓪᕚᖕᒥ, ᕿᒻᒦᑦ ᐊᑐᖅᑕᐅᖅᑲᑦᑕᕐᓂᖏᑦ ᐱᔾᔪᑎᒋᓪᓗᒋᒃ ᐱᑕᖅᑲᑎᐊᕈᓐᓃᕐᒪᑦ, ᖄᓈᕐᒥ ᐃᒪᐃᑎᓪᓗᒍ ᐊᑐᖅᑕᓪᓗᐊᙱᑐᐊᖅᑐᑎᒍᑦ ᐊᐅᓪᓚᖅᓯᒪᖅᑕᑦᑐᑎᒋᒐᑦᑎᒍᑦ, ᐊᒻᒪᓗ ᑲᖏᖅᑑᒐᐱᖕᒥ ᕿᔪᒃᓯᖅᑕᑦᑕᖅᑐᑦ ᐊᑐᖅᑕᐅᓚᖅᐸᓪᓚᐊᓪᓗᑎᒃ ᓱᓚ.

ᑕᐃᒪᐃᒃᑲᓗᐊᖅᑎᓪᓗᒋᑦ ᑕᒪᑉᑯᐊ ᓇᒍᑐᐃᓐᓇᖅ ᐊᐅᓪᓚᖅᓯᒪᖅᑕᑦᑐᑎᒋᔭᕗᑦ ᐅᓪᓗᒥ, ᐅᕝᕙᓘᓐᓃᑦ ᓯᕗᓕᓐᓚᐅᖅᑕᑦᑎᓐᓂᑦ ᐊᑐᖅᑕᐅᓚᐅᕐᒪᑕ ᑕᒪᑉᑯᐊ ᑭᓴᕝᕕᒋᓯᒪᓪᓗᑎᒍᑦ ᐃᓅᔾᔪᑎᒋᖅᑲᓯᐅᑎᒐᑦᑐᒍᑦ ᐊᓇᐅᒪᓯᒪᓂᑦᑐᒍᑦ ᐊᒻᒪᓗ ᐃᓅᓯᑦᑎᓐᓂ ᑖᒥᓂ ᓯᑯᒥ. ᐅᕙᑦᑎᓐᓂ ᐅᓂᐊᖅᑲᑦᑕᖅᑐᑦ ᓯᓚᕈᔪᐊᓘᒐᓗᐊᖅᑎᓪᓗᒍ, ᐅᕙᑦᑎᓐᓂᓪᓗ ᐃᑲᔪᖅᐸᒃᑐᑎᒃ ᖃᐅᔨᖅᑲᑦᑕᖅᑐᑦ ᐊᒻᒪᓗ ᓇᖏᐊᕐᓇᖅᑐᑎᒃ ᓯᑰᑦ ᖃᓄᐃᓐᓂᖓᓂᒃ, ᐊᓪᓗᓕᐊᕈᔾᔨᕙᒃᑐᑎᓪᓗ ᐅᕙᑦᑎᓐᓂᒃ, ᐊᒻᒪᓗ ᐃᑲᔪᖅᐸᒃᑭᑦᑐᑎᒃ ᐊᖑᓇᓱᒃᑎᑦᑐᑕ. ᑕᒪᑉᑯᐊᓗ ᓇᓗᓕᖅᑐᑦ ᐅᕝᕙᓘᓐᓃᑦ ᑭᐱᙳᔪᑦ ᐊᖑᓇᓱᒃᑏᑦ ᑕᒪᑉᑯᓂᖓ ᐱᖅᑎᖅᑲᕐᓇᖅᓯᕙᒃᑐᑎᒃ ᐊᒻᒪᑦᑕᐅᖅ ᑕᐃᒫᒃ ᑭᓯᐊᓂᐅᓚᖅᑎᑦᑐᒍ ᐃᒪᐃᖅᑕᖅᓯᒪᒪᓂᒃᑐᑦ ᐱᐅᓚᖅᓯᑦᑐᑎᒃ ᐃᓅᓯᑦᑎᓐᓂᒃ ᐃᒦᒃ ᓂᕿᐅᑦᑐᑎᒃ. ᐊᒥᓱᐊᓗᖕᓂᒃ ᐱᑕᖅᑲᖏᒻᒪᑦ ᐅᖅᑲᐅᓯᖅᓂᒃ ᐅᖅᑲᐅᓯᓇᑦᑎᐊᕈᑎᑦᔭᒃᓴᓂᒃ ᑕᒪᑐᒪ ᐱᓪᓚᕆᐅᓂᐊᕈᑦ ᒥᒃᓵᓄᑦ ᕿᒻᒦᑦ ᒥᒃᓵᓄᑦ ᐅᕙᑦᑎᓐᓄᑦ.

ᐃᖏᕐᕋᕝᕕᒋᔭᑦᑎᓐᓄᑦ ᑎᑭᐅᑎᒍᑦᑕ, ᕿᒻᒥᑦ ᐱᓕᕆᐊᕆᖅᑳᓚᐅᖅᑐᑎᑦ ᑕᐃᒪᐃᖅᑲᑦᑕᖅᐳᒍᑦ. ᕿᒻᒦᑦ ᕿᒥᕆᖅᑳᖅᑐᑎᑦ. ᐃᒪᐃᑦᑑᖅᑯᒐᑦᑎᒍᑦ ᓴᙱᓐᓇᖅᑐᑎᒃ ᐊᒻᒪᓗ ᐱᕙᒡᒐᒃᑎᑦᑕᐃᓚᑐᑎᑦ ᐱᑎᒐᑦᑎᒍᑦ ᓇᒍᑐᐃᓐᓇᖅ ᐃᖏᕐᕙᔾᔨᑎᒋᔭᒃᑐᑎᒍᑦ. ᐊᒻᒪᓗᑦᑕᐅᖅ ᑖᒃᑯᐊ ᑕᐃᒫᒃ ᐱᑎᑦᑐᓇᖅᐸᕙᑦ ᖁᔭᒋᑦᑐᑎᑦ ᐱᓕᕆᔨᒋᐊᒃᑎᒍᑦ ᐅᕙᑦᑎᓐᓂ ᑕᐃᒪᐃᑦᑐᑦ.

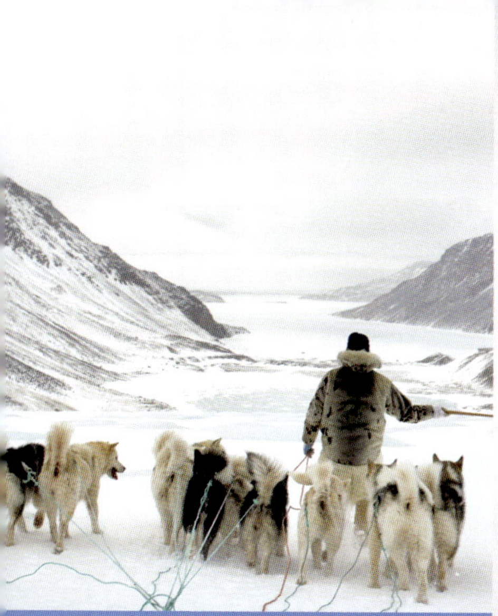
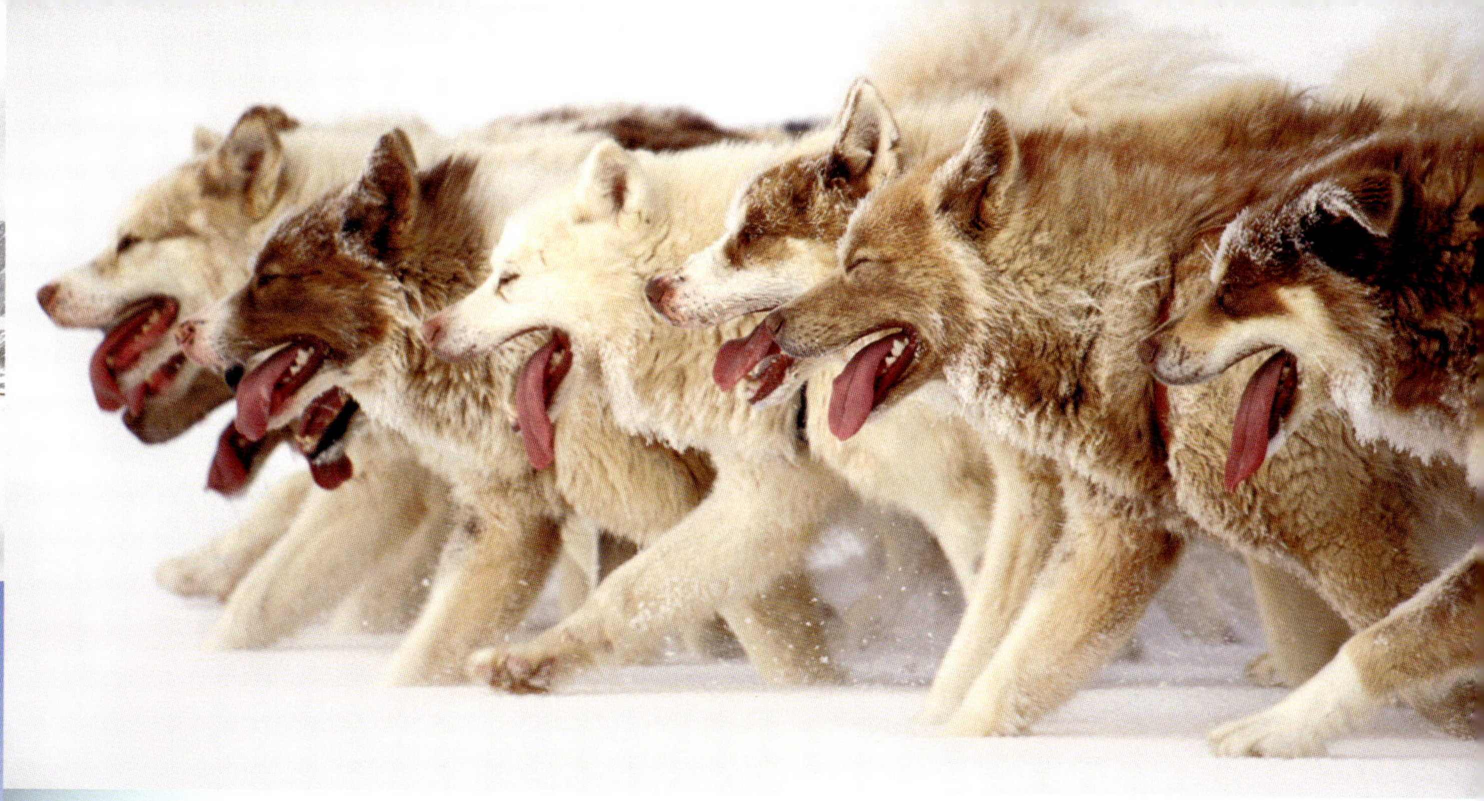
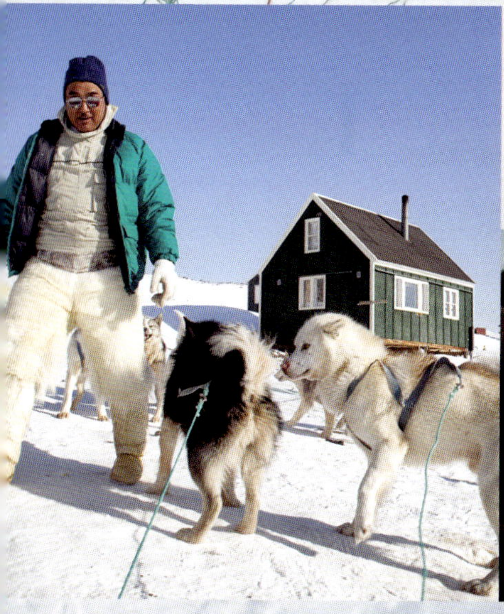
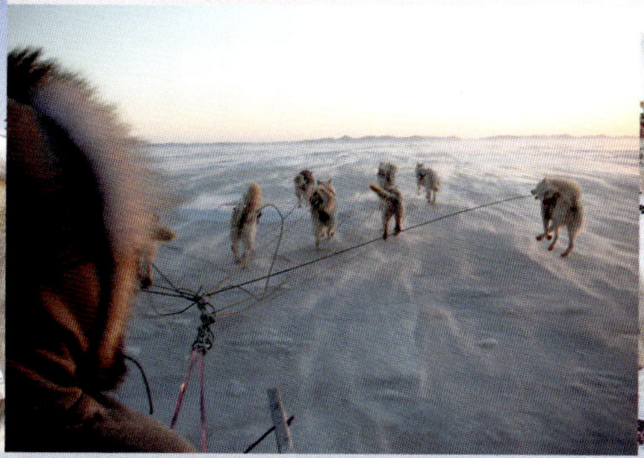
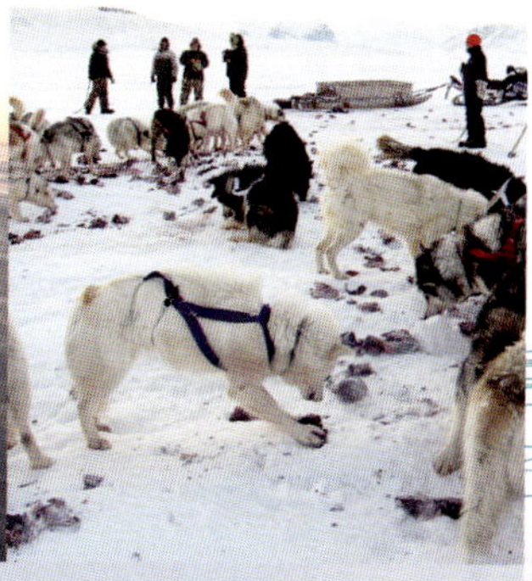
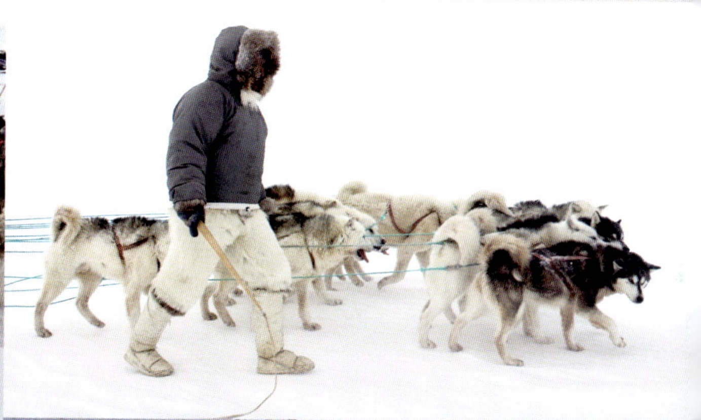
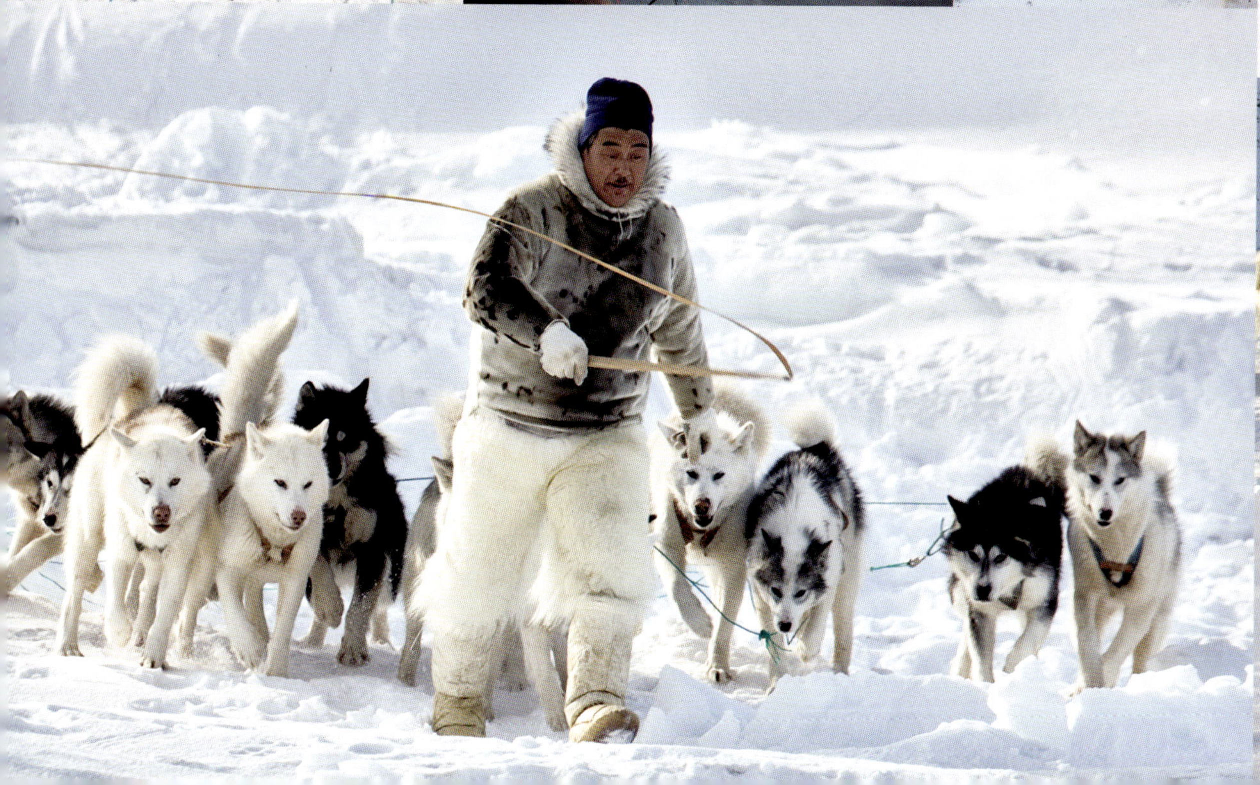
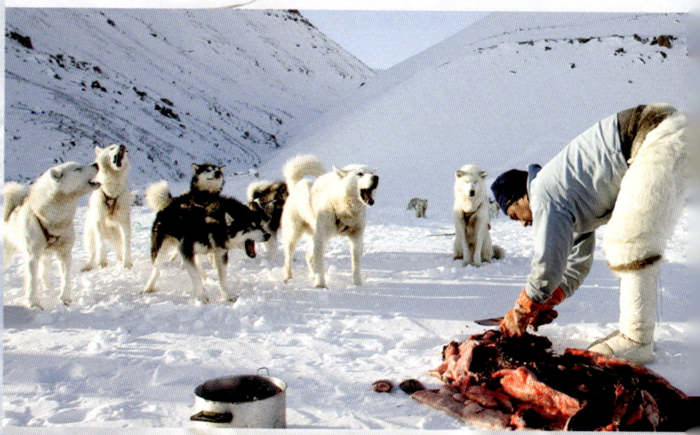
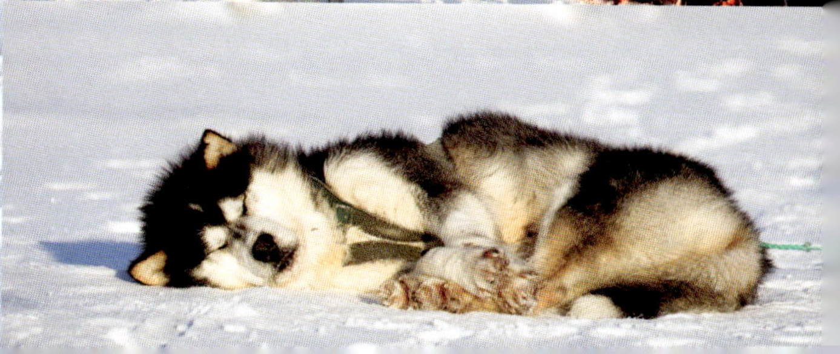

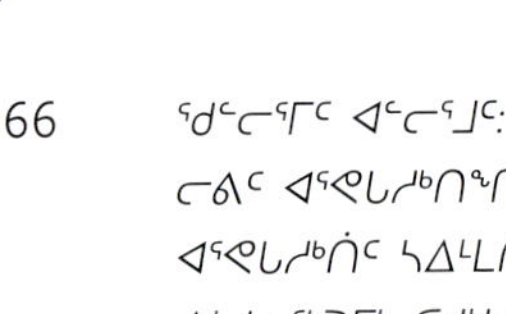

ᖁᓚᓂᒥᑦ ᐊᓪᓚᕐᒧᑦ: ᑖᒃᑯᐊ ᓂᕕᑦ ᐊᕐᕕᒐᓱᖅᑎᖕᒋᑦ ᐊᕐᕕᒐᓱᖅᑎᖕᒋᑦ ᓴᐃᒻᒪᑎᖕᒋᑦ ᐱᖅᑯᓇᖅᑐᒥᒃ ᑕᑯᓴᐅᖕᖔᖅ ᐅᒥᐊᖕᖑᐊᓄᑦ ᐊᕐᕖᖅᓯᐅᖅᓯᒪᔪᖅ ᑕᐃᔅᓯᒪᓂ 2010-ᖑᑎᓪᓗᒍ ᐊᐳᒐᐅᑎ.

ᓂᕕᑦ ᐊᕐᕕᒐᓱᖅᑎᖕᒋᑦ ᐅᒥᐊᖅᒥᓂᒃ ᓯᑯᒥᖕᖔᖅᑕᐅᔪᖅ ᑕᐃᔅᓯᒪᓂ ᐊᐳᒐᐅᑎ 2010.

ᒪᒡᒍᓚᑦ ᐅᐱ

ᐃᓄᐱᐊᓄᑦ, ᐅᐱᕐᖔᒃᑯᑦ ᐊᕐᕕᒐᓱᖕᓂᖅ ᐱᑦᓚᕆᐊᓘᖕᒪᑦ ᑕᐃᔅᓯᒪᓂᐅᑎᑦᑐᒍ ᐊᐅᑦᓚᖅᓯᒪᑦᑐᓂ ᐊᒻᒪᓗ ᓯᑯᒦᖅᑲᑦᑕᖅᑐᓂ ᑕᐃᒫᒃ ᖁᕕᐊᓱᖅᑲᑎᖕᒋᖕᓂᖅ ᖁᔭᓕᖅᑲᑎᒋᖕᓂᖅ ᓇᑦᓕᖅᑎᑦᑐᒍ ᐊᒻᒪᓗ ᐃᓕᖅᑯᓯᕆᑦᑐᑎᒍᑦ ᓇᑐᓇᐃᖅᓯᓈᕐᑐᒍ ᑕᒪᑐᒪ ᐊᑐᓚᐅᕐᓂᖓ ᐃᓱᓕᑎᑦᑐᒍ. ᖁᕕᐊᓱᖅᑲᑎᒌᒍᑎᖅᑲᓯᐅᖕᒍᔪᑦ ᐱᑦᑐᒍ ᓯᑯ ᑕᒪᓐᓇ ᓂᖅᑭᒃᓴᖅᑲᖅᑎᑦᑎᔾᔪᑎᕆᖅᑲᑦᑕᖅᑕᖓᓂᒃ ᐅᕙᑦᑎᓐᓂᒃ ᐊᒻᒪᓗ ᐱᕙᒡᔪᐊᖑᓂᖕᒥᓐᓄᑦ ᐃᒃᐱᒋᑦᑎᐊᖅᑎᒍᑦ ᐊᕐᕖᑦ. ᑕᒪᒃᑯᑎᒎᓇᖅ ᖁᕕᐊᓱᖅᑲᑎᒌᒍᑎᖅᑲᖅᓃᑦ ᖁᔭᓕᖅᑲᑎᒌᒍᑎᖅᑲᖅᓃᑦ ᓇᑦᑕᐅᓐᓂᖅᑎᒍᑦ ᑕᑯᔪᓐᓇᖅᐸᑦ ᑕᒪᓐᓇ ᐆᒪᖅᑲᑎᒥᒃ ᐱᖅᑲᑎᖅᑲᑦᑎᐊᓂᖅ ᐊᒻᒪᓗ ᐃᓅᖅᑲᑎᕆᑦᑎᐊᖅᓂᖅ ᐊᕙᑎᑕᐅᔪᓐᓇᖏᑦᑐᑎᒃ ᐊᒃᑐᐊᖅᑲᑦᑕᐅᑎᓂᖅ ᑖᒃᑯᐊᒃ ᓯᑯ ᐊᒻᒪᓗ ᐃᓚᒌᑦ, ᓂᖅᑭ, ᐊᐅᑦᓚᖅᓯᒪᖅᑲᑎᒌᖕᓂᖅ, ᐱᓕᕆᔾᔪᑎᑦ, ᓴᓇᔪᓐᓇᖅᓃᑦ, ᐊᖏᖅᕋᖅ, ᐊᒻᒪᓗ ᐊᒥᓱᒃᑲᓐᓃᑦ.

ᐊᐳᒐᐅᑎ

ᐅᐊᑦᑎᐊᕈᓘᖅᑎᑦᑐᒍ ᑕᒪᓐᓇ ᐅᐱᕐᖔᒃᑯᑦ ᐊᕐᕕᒐᓱᖕᓂᖅ ᓇᑦᑕᖅᓯᒪᑎᑦᑐᒍ ᐅᑦᑭᐊᕐᕕᖕᒥ, ᐊᕐᕙᑕᐅᖅᑐᑦ ᐊᕐᕕᒐᓱᖅᑎᖕᒋᑦ ᖁᕕᐊᓱᖅᑲᑎᖕᒋᖕᓂᖅᒥᒃ ᖁᔭᓕᖅᑲᑎᖕᒋᖕᓂᖅᒥᒃ ᐊᑐᓕᖅᑲᑎᑦᑐᒋᑦ ᐊᐳᒐᐅᑎ. ᐊᐳᒐᐅᑎ ᑕᒪᒃᑮᖕᖔᖅ ᐊᐅᑦᓚᓂᖅᒥᒃ ᐊᒻᒪᓗ ᑕᐃᓐᓇᐅᖕᖔᖅ ᓇᔪᖅ. ᑕᐃᓇᐅᖕᖔᖅ ᐊᔾᔨᖅᑲᖅᑐᖅ ᐊᑐᓚᐅᖅᑲᑦᑕᖅᑕᖕᖑᒃ ᓯᓚᑦᑎᓈᖅᑲᑦᑎᐊᖅᑎᓂᖅ ᑕᐃᒪᐃᑎᑦᑎᑦᑎᐊᖅᓯᖅᓗ ᐊᑐᓪᓚᒃᑐᒥ ᐃᒪᐃᓐᓂᕗᑦ ᒪᑐᔭᖅᖃᐅᖅᑎᑦᑐᒥ ᐆᒪᖅᑲᑎᖅᑲᑦᑎᐊᖅᓯᓂᖅ ᑕᒪᑐᒥᖓ ᓯᑯᒥᒃ. ᐊᐳᒐᐅᑎ ᑕᐃᓐᓇᐅᒥᖕᖔᖅ ᐊᕐᕕᒐᓱᑎ ᐅᒥᐊᖅ ᓄᓇᒧᑦ ᐅᒦᓇᔭᐅᑎᑦᑐᒍ, ᖃᑭᑕᐅᑎᑦᑐᖕᒍ ᓯᑯᒥᑦ ᐊᑑᑎᖕᒥᔪᑦ ᐊᒻᒪᓗ ᐃᓕᓴᐅᑦᑐᓂ ᑕᕝᕙ ᑕᐃᑯᖓ ᐊᐳᒐᐅᑎ ᐊᐅᓚᑕᐅᔪᒃ ᐱᖅᑲᐅᓯᐅᓯᓐᓂ ᓴᐃᒻᒪᑎᖅᑲᖅᑐᓂ ᐊᕐᕕᒐᓱᖅᑎᖕᒋᑦ ᓴᐃᒻᒪᑎᖕᒋᑦ ᐱᖅᑯᓇᖅᑐᒥᒃ ᑕᑯᓴᐅᑦᑐᓂ. ᐊᕐᕕᒐᓱᖅᑎᖕᒋᑦ ᓴᐃᒻᒪᒐᑦ ᑕᐃᒪᐃᒃᑲᓐᓂᓯᓚᑦ ᐱᖅᑯᓇᖅᑐᒥᒃ ᑕᑯᓴᐅᑎᑕᐅᑐᓂ ᑕᐃᒪᐃᓕᖅᑲᑦ ᓇᑐᖅᑲᑦ ᖁᕕᐊᓱᖅᑲᑎᒌᒍᑎᖅᑲᑦᑐᑎᑦ ᖁᔭᓕᖅᑲᑎᒌᖕᑐᑎᑦ ᓇᑦᑕᐅᒥᖅᑲᐸᑦ ᔫᓂᒥ (ᑕᑯᓗᒍ ᑭᖑᑦᓕᖅ ᐅᐃᒍᐊ).

ᑕᐃᑲᓂ ᐊᐳᒐᐅᑎ, ᑖᒃᑯᐊ ᐊᕐᕕᒐᓱᖅᑎᖕᒋᑦ ᐱᑎᑦᑎᖅᑲᑦᑕᖅᑐᑦ ᒥᑎᐅᑦ ᓲᐱᖕᓗᓂᒃ, ᓂᓪᓕᖅ (ᓂᓪᓕᖅ) ᓲᐱ, ᑐᒃᑐ ᓲᐱ, ᐱᖅᑯᓇᖅᑐᒥᒃ ᒥᑭᒐᖅ. ᒥᑭᒐᖅ ᓂᕆᔭᒥᓇᖅᑐᖅ ᓂᕆᔭᒃᓴᓕᐊᕆᓯᒪᔪᖅ ᐊᕐᕕᐅᑦ ᓂᖅᑭᖓ ᐊᒻᒪᓗ ᒪᒃᑕᖅ (ᐊᕐᕕᐅᑦ ᒪᒃᑕᖓ ᐊᒻᒪᓗ ᐅᖅᓱᐊ) ᐊᒻᒪᓗ ᐃᑯᐊᖅᑎᓯᒪᓪᓗᓂ ᐃᒫᒃ ᐊᑯᓂᐅᑎᑦᑎᔪᑦ ᐅᓪᓗᑦ ᖁᓪᓕᑦ (10) ᐊᑯᓂᐅᓂᖅᓴᖅᓴᐅᔾᔪᓂᑦ. ᐊᓅᓇᓕ, ᑯᐊᕐ ᓂᕕᑦ, ᐊᔪᓇᖅᓯᐊᒥᖅᑲᒪᑎᒍᑦ ᐃᒫᖕᒍᓯᐊᓇᕐᓗᓂ ᑖᓇ ᑲᒪᒋᑦᑎᐊᕐᓗᑎᒍᑦ ᒥᑭᒐᖅ ᐃᖕᒍᓚᖅᑲᖅᓗᒍ ᐊᒥᓯᐊᖅᑎᖅᑲᐸᓗᒍ ᖃᐅᑕᒫᑦ. 12-ᖑᓪᓗᑕ ᓯᐱᓯᖅᑎᒍᑦ ᖃᑕᖕᒍᑎᖅᑲᖅᑐᑎᒍᑦ, ᑕᒪᓐᓇ ᐱᓕᕆᐊᕆᔭᖅᓯᓂᐊᖅᑐᑦ. ᓄᑲᑦ ᐊᐱᕆᓚᐅᖅᑲᑦᑕᕗᑦ ᐃᖕᒍᓚᖅᓯᕙᕙᓇᓯᐅᖅᑲᓐᓂᐊᑕ ᑖᓯᒥᖕᒍ ᐊᑎᓕᖕᒥᒃ ᒥᑭᒐᖅ ᒪᒪᖅᓯᓂᐊᕐᒪᑦ. ᑏ, ᑰᐱ, ᐊᒻᒪᓗ ᔫᓯᓚᐅᖅ ᐸᓚᐅᓚᐅᖅᑲᐸᒃᑐᑎᒃ ᒪᒪᖅᑐᒥᒃ ᓂᕆᓴᓐᖏᓚᑦ.

ᑖᓇ ᐊᐳᒐᐅᑎ ᐊᑯᓂᖅᑲᐸᑦ, ᑖᒃᑯᐊ ᐊᕐᕕᒐᓱᖅᑎᖕᒋᑦ ᐱᕐᖑᓯᐅᑎᖃᕐᓯᐊᕐᒥᔪᑦ ᑕᒪᑐᒥᖓ ᓄᑲᑦ ᖁᕕᐊᓱᖅᑲᑎᒌᒍᑎᒥᒃ ᐊᑐᖅᑕᐅᓂᐊᕐᒪᑦ. ᐊᓕᐊᓇᐃᑦ ᐃᓅᑎᑕᐅᔪᒧᑦ ᓯᑯᒧᑦ ᐊᒻᒪᓗ ᖁᕕᐊᒥᑦᑐᒥᑦ ᑕᒪᒃᑯᐊ ᐃᒪᕐᒥᐅᑕᓂᑦ ᐆᒪᑎᑕᐅᔪᒥᑦ ᑕᒪᑐᒧᖓ ᐅᑭᐅᑯᓵᖕᒍᖅᑲᑦᑕᖅᑐᒧᑦ ᐅᑭᐅᖅᑕᖅᑐᒥ. ᐊᓇᓛ!

ᓇᓗᒃᑕᖅ

ᐋᓇᒫ! ᓇᓗᒃᑕᖅ ᐅᑦᕿᐊᒡᕕᒃ, ᐊᑖᓯᒃ, ᖁᕕᐊᓇᑖᖑᖃᑕᐅᔪᖅ ᖁᕕᐊᓱᒃᑎᒌᓐᓂᖅ ᖁᔭᓕᒃᑎᒌᓐᓂᖅ ᓇᓪᓕᐅᓐᓂᖅᓯᐅᕐᓗᒍ ᐃᓄᐱᐊᑦ ᐃᓕᖅᑯᓯᖏᑎᒍᑦ ᓇᓪᓕᖅᑕᖓ ᐊᑑᑎᑎᓪᓗᒍ. ᐊᕝᕙᓱᖕᓂᖅ ᐊᓂᒍᖅᑎᓪᓗᒍ ᐅᐱᕐᓛᒃᑯᑦ, ᐊᕝᕙᓚᐅᖅᑐᑦ ᑲᐱᑕᐃᖓᑦ ᑕᒪᑐᒥᖓ ᐊᐅᓚᑦᑎᖃᑦᑕᖅᑐᑦ ᓇᓗᒃᑕᕐᒥᒃ. ᒫᕐᕈᒃ ᐊᒥᓲᓂᖅᓴᐃᓪᔫᓐᓃᑦ ᑲᐱᑕᐃᑦ ᐊᐅᓚᑦᑎᒐᔪᕐᒪᑕ ᐊᒻᒪᓗ ᓯᑯᐊ ᓇᔪᓇᐊᖓ ᓱᖁᑕᐅᑎᓐᓇᒍ ᐊᒻᒪᓗᑦᑕᐅᖅ ᐊᕝᕚᑐᖅᑲᕈᓐᓇᓚᐅᕐᓂᖓ ᐊᕝᕙᓱᒃᑐᖅᑲᖅᑎᓪᓗᒍ, ᑲᑎᔾᔪᑕᐅᓯᒪᑎᓪᓗᒍ ᓄᓇᑖᑦ ᖁᕕᐊᓱᒃᑎᒌᒍᓐᓇᖅᐳᑦ ᑕᒪᓐᓇ ᐱᔾᔪᑕᐅᓗᓂ ᑎᓴᒪᐃᖅᓱᖅᑕᐅᔪᓐᓇᖅᑐᓂ ᑕᒻᒪᓂ ᔫᓂᒥ.

ᐱᕙᓖᖅᑕᐅᒋᐊᕐᓂᖓ ᑕᒪᑐᒥᖓ ᑕᒻᒪ ᐸᕐᓇᒃᑕᐅᕙᓪᓕᐊᒋᐊᓕᕐᓂᖓ ᐱᖃᓯᐅᔾᔭᐅᑦᑕᐅᑎᒋᕗᖅ ᐊᕐᕕᐅᓕᕐᒥᒃ ᐊᒻᒪᓗ ᑏᖅᑲᖅᑕᐅᓕᕐᒪᑦ ᓄᓇᐅᑦ ᐃᓗᐊᓄᑦ ᖁᐊᒃᑯᕕᖑᒍᑦ. ᐊᕝᕙᓱᒃᑏᑦ ᑲᐱᑕᐃᖓᑦᑕ ᓄᓕᐊᖓ ᑕᕝᕙ ᐊᐅᓚᑦᑎᓕᖅᐳᖅ ᐱᓕᕆᐊᕆᔭᒥᓂᒃ ᑕᒪᑐᒫᖓ ᓇᓗᒃᑕᕐᒧᑦ ᓂᕆᕚᔪᐊᑖᖅᑐᓄᑦ ᐊᒻᒪᓗ ᐱᔭᕇᖅᐸᑦᑕᐊᑦᑐᓂ ᒥᖅᓱᖅᑕᖅᑕᒥᓂᒃ--ᐊᕿᒍᑦ ᐱᕆᐊᕐᓂᖓᓂᑦ ᐱᓕᕆᐊᕆᓕᓚᐅᖅᑕᒥᓂᒃ ᒥᖅᓱᖅᑐᓂ ᓄᑖᓂᒃ ᔮᐃᑲᖕᓂᒃ ᐊᒻᒪᓗ ᑲᒥᖕᓂᒃ ᑕᒪᑐᒧᖓ ᖁᕕᐊᓱᒃᑎᒌᒍᑎᒃᑖᕐᓂᕐᒥᒃ. ᐱᑐᖅᐸᓪᓕᐊᓪᓗᖓ, ᓄᑖᑦ ᐊᑎᒡᓗᒃᓴ ᐅᕝᕗᓐᓃᑦ ᑲᐱᑕᖅ ᐊᒻᒪᓗ ᑲᒦᒃ ᓇᓗᒃᑕᕐᒧᑦ ᓴᖕᒥᔪᑦ ᐊᒻᒪᓗ ᐊᓯᖏᓐᓄᑦ Hᐋᓚᑕᐃᕐᓂᕐᓄᑦ ᑕᒪᒃᑯᓄᖓ ᖁᔭᓕᓂᒃᑯᓐᓄᑦ ᐊᒻᒪᓗ ᖁᕕᐊᓱᒡᕕᒃᑯᓐᓄᑦ ᐊᑐᖅᑕᐅᓚᐅᖅᐳᑦ ᐅᐱᒋᔭᐅᓪᓗᑎᒃ ᐊᑕᖏᐸᓪᓗᒃᑐᑎᒃ ᓄᓇᓕᖓᓂ. ᐃᒪᐃᒃᑲᓗᐊᖅᑐᑕ ᑕᐅᖅᔫᔾᔪᑎᖅᑲᖅᑐᑕ ᒥᖅᓱᖅᑕᐅᓯᒪᔪᓂᒃ ᐊᓄᕌᑦᑎᓐᓂᒃ ᑕᒪᒃᑯᓄᖓ ᓂᐅᕕᐊᒃᓴᐅᖅᑲᑦᑕᖅᑐᓄᑦ ᓴᐃᕝᓄᑦ ᐊᒻᒪᓗ ᐊᖅᓴᑯᓗᖕᒥᒃ ᐊᓇᐅᓯᖃᑦᑕᕐᓂᖏᓐᓂᒃ ᐅᓪᓗᒥᐅᑕᖅᑕᕐᓂᖏᓐᓂᒃ, ᐃᒪᐃᑉᐳᑦ ᐅᓈᒥᓇᕐᓇ ᐊᑐᖅᑲᑦᑎᓇᕗᑦ ᑕᒪᒃᑯᐊ ᖁᕕᐊᓱᒃᑎᒌᒍᑎᖃᖅᑐᑦ ᐊᑐᖅᑲᖅᑕᖅᑕᕗᑦ ᑐᓂᖅᑭᓯᐊᖑᓯᒪᔪᑦ ᐊᕝᕙᓱᒃᑎᓪᓗᒍ.

ᐅᓪᓗᖅ ᑖᓐᓇ ᓇᓗᒃᑕᖅ ᐊᔾᔨᒃᑲᖏᓐᓂᙱᖅ. ᐊᖏᔪᖅᑳᑦᑎᓐᓂᒃ ᑐᐹᖅᑕᐅᒃᑲᑦᑕᓚᐅᖅᐳᑦ ᐅᓪᓖᒃᑯᑦ ᓴᐃᒻᒪᑎᒍᑦ ᖁᕝᕙᖅᑎᓐᓂᐊᕐᕿᑎᒍᑦ ᓇᓪᓕᐅᓐᓂᖅᓯᐅᕐᓂᐅᑦ ᖁᕕᐊᓱᒃᑎᒌᓐᓂᐅᑦ ᐃᓚᖓ ᑖᒪᓂ 6:00 ᐅᓪᓛᒃᑯᑦ ᒪᒪᑕᓕᖅᐸᒃᑐᑦ ᖁᕕᐊᕆᓪᓗᑎᒍᑦ ᐳᑐᓖᑦ ᐋᓯᑭᔫ ᓂᐊᖁᔫᔭᖁᑎᖏᑦ (ᓵᑦᑑᔭᖅᓯᒪᓪᓗᑎᒃ ᓂᐊᖁᔫᔭᑦ) ᐊᕝᕙᓱᒃᑎᓪᓗ ᐱᖃᑕᐅᓪᓗᑎᒃ ᐊᒻᒪᓗ ᐃᓐᓇᕐᓴᐃᑦ ᖁᕕᐊᓱᒃᑎᒌᒍᑎᖃᕐᕕᖕᒥ. ᐆᒃᑐᓪᓗᑎᒍᑦ ᒪᒃᑯᑦᑐᑦ (ᑕᑯᓗᒍ ᒪᒃᐱᖅᓗᒍ ᓴᖅᑭᓐᓂᐊᖅᑐᖅ) ᑕᕝᕙᖕᒐᑦ ᐅᐸᒍᑎᑲᐅᑦᑐᓪᓗᑕ ᓂᕆᕚᒡᔪᐊᒐᒃᓴᓕᐅᕐᓂᕐᒧᑦ. ᐊᓈᓇᒐ ᐱᖃᑕᐅᓴᖃᐃᖑᔭᐃᓐᓇᖅᑐᓂ ᑕᕝᕙᓂ ᒪᐸᒃᑯᕐᒥ ᐅᖃᖅᐸᒃᑐᓂ ᐱᓕᕆᐊᒃᓴᖃᓗᐊᕐᓂᐊᕐᓂᖃᖅᑐᓂ ᑕᕝᕗᖖᒐᕐᓂᐊᖃᓗᐊᕈᓂ ᐅᐊᑦᑎᐊᕈ. 80-ᓃᓕᓚᐅᖅᓯᒪᔪᖅ ᑕᐃᔅᓯᒪᓂ ᑭᖑᓪᓕᖅᐹᒥ ᑕᐃᒪᐃᓕᐅᖅᑐᓂ ᓇᓗᒃᑕᖅᑐᓂ. ᑮᓇᖓ ᖃᐅᒪᑦᔪᒪᓂᒃᑐᓂ ᑕᕝᕙᖓ ᓂᑲᒋᓪᓗᑎᒍᑦ ᑖᔅᓯᒪ ᖄᖓᓄᑦ ᐃᓕᖓᑦᑎᒍᑦ ᒪᐸᒃᑯᕐᒧᑦ. ᑕᑯᓈᖅᑐᑎᒍᑦ ᑮᓇᖓᒍᑦ, ᐃᒃᐱᒍᓱᒃᑐᓂ ᓇᒡᓕᖕᓂᕐᒥᒃ ᐊᒻᒪᓗ ᖁᕕᐊᓱᖕᓂᕐᒥᒃ ᐆᒪᑎᑦᑎᓐᓂᑦ ᑕᕝᕙᓂ ᐅᓪᓗᕐᒥ ᐊᔾᔨᒃᑲᖏᑦᑐᒥ.

ᖁᓪᓕᖅᐹᒥᑦ ᐊᓪᓕᕐᐹᒧᑦ: ᐆᓈᓕᒃ ᐊᒻᒪᓗ ᒪᒃᑕᖅ ᐆᔪᓕᐅᑐᐃᓐᓇᓂᐊᖅᑲᓕᖅᑐᖅ ᑎᖅᑎᓪᓗᓂ ᐃᒪᐃᓐᓂᐊᖅᑐᓄᑦ ᐊᕐᕕᒃ ᓂᖓᕚᒡᔪᐊᕿᑕᐅᓗᓂ ᑕᐃᑲᓂ ᓕᕚᑦ ᓄᓇᖅᑲᖅᕕᒃᑲᓐᓂᐊᓂ.

ᑰᑑᖅ ᑖᓚᒃ ᐆᑎᐅᕋᖅᑕᖏᑦ ᐋᓯᑭᔫᑦ ᓂᐊᖁᔫᖏᑦ ᐊᕐᕖᑦ ᓂᖓᕚᒡᔪᐊᕿᑕᐅᔪᓄᑦ.

ᒪᒍᑦᓚᑦ ᐅᐱ ᐊᒻᒪᓗ ᐊᖏᔪᐊ Fᐅᕋᑐᓇᑲᓕᕚᑦᐱᓕᖕᔫᒃ ᒥᑭᒐᖅ ᐱᑐᐃᓐᓇᖕᐊᖅᑲᓕᖅᑎᑕᐅᓪᓗᓂ ᓂᖕᔭᐅᑎᑕᐅᓂᐊᖅᑐᖅ ᑕᐃᑲᓂᓕ ᓇᓗᒃᑕᕐᒥ.

ᓴᐅᒥᖕᒥᑦ ᑕᓪᓚᖅᐱᖕᒍᑦ
ᐃᓄᓪᓖᑦ ᖁᕙᐊᓯᖅᑎᒌᖅᑲᑦᑕᖅᐳᑦ
ᐃᒪᐃᖅᑲᑦᑕᕐᒪᑕ ᐊᑐᓂᑦ ᓇᒧᒃᑕᖅ ᑖᓇ
ᐊᑐᖅᑕᐅᖅᑲᑦᑕᕐᒪ ᑭᖑᓂᓈᒃᑐᑎ. ᑕᐃᒃᑯᐊ
ᐊᕿᒐᓯᒃᐲᑦ ᐊᕿᓚᐅᕐᑐᑦ ᖁᒻᒧᑦ
ᖃᖓᑦᑕᖅᑎᑕᐅᑲᑕᖅᑲᑦᑕᕐᒪᑕ ᑖᓇ ᒪᑯᖅ,
ᑖᒃᑯᐊ ᖁᒻᒨᒃᑎᑦᑎᔪᑦ ᐃᒪᐃᓪᓗᐅᖅᑐᑎᒃ
"ᐊᒡ-ᕙ-ᓛ!!", ᑐᓴᖅᑎᑦᑎᓪᓗᑎᒃ
ᖃᐅᔨᒪᔭᐅᓂᐊᖅᑐᒥᒃ ᑕᒫᓃᑦᑐᓄᑦ ᑖᓇ
ᐃᓄᐱᐊᖅ ᐊᕿᓚᐅᖅᑐᖅ

ᑲᐱᑕᐅᑦ ᓄᓪᓚᖕᒐ ᑎᑭᐅᑎᖕᒪᑦ ᑕᒪᐅᖕᒐ ᓯᑯᒧᑦ ᐊᐅᓚᑦᑎᔭᖅᑐᖅᑐᓂ ᐊᕙᐅᖅᑐᓂᒃ ᐊᒻᒪᓗ ᑐᓂᐅᖅᑲᒐᒃᓴᓂᒃ ᑕᕝᕙᙵᑦ ᐊᕝᕙᒃᑕᐅᕋᑖᖅᑐᒥᒃ. ᐊᕝᕙᒃᑕᐅᔪᖅ ᖃᑭᑕᐅᔨᓃᕐᒪᑦ ᓯᑯᒧᑦ, ᐊᕐᓇᐃᑦ ᑕᕝᕙ ᐊᐅᓚᑦᑎᖕᓛᓪᓚᖅᐳᑦ ᐊᖑᑕᐅᕋᑖᖅᑐᒥᒃ.

ᑖᓇ ᓇᒧᒃᑕᖅ ᓂᕆᕙᒡᔪᐊᕐᓂᖅ ᐱᒋᐊᓰᖅ ᐅᓪᓗᓪᓗᐊᒃᑯᑦ ᖁᓖᓃᓪᓗᐊᕐᐸᑦ ᐃᒪᐃᑦᑐᓄᑦ ᓂᒡᓚᖅ ᓰᐱ, ᖃᐅᒐᖅ ᓰᐱ, ᐊᒻᒪᓗ ᑐᒃᑐᕙᓂᖅ ᓰᐱ. ᐆᑦᑎᕋᖅᑖᖅᓯᒪᔪᑦ ᐳᑐᓛᑦ ᐸᓚᐅᓖᑦ, ᓯᕗᑦ,ᓂᐊᕐᑰᔭᖅ, ᓯᕗᑦ ᐅᒥᐊᖅᑕᙳᐊᖅᑐᒥᒃ ᖄᓛᑦ (ᐸᐃᓚ ᓯᕗᑦ) ᑐᓂᐅᖅᑲᖅᑕᐅᖅᑲᑦᑕᖅᑐᑦ ᐱᖅᑲᓯᐅᔾᔨᓪᓗᑎᒃ ᑎ, ᑰᐱ ᐊᒻᒪᓗ ᐃᒥᒐᒃᓴᖅ ᑰᓚᐃᑦ. ᑕᒪᓇ ᑭᖑᓂᖅᑲᖅᑲᑦᑕᓇᓪᓗᓂ ᐆᑦᑎᓯᒪᔪᒥᒃ ᐊᕙᐅᑦ ᓂᕿᖕᒐᓂᒃ ᐱᖅᑲᓯᐅᑎᓪᓗᒋᑦ ᐅᖅᑲᖕᒐ, ᐆᒻᒪᑎᖕᒐ, ᑎᖑᐊ, ᐃᓇᓗᖕᒋᑦ, ᐊᒻᒪᓗ ᑕᖅᑐᖕᒋᑦ. ᑕᒪᒃᑯᐊ ᒪᒪᕆᔭᐅᓂᖕᒋᑦ ᐆᑦᑎᓯᒪᓪᓗᑎᒃ ᑎᖅᑎᑦᑐᒥ ᐃᒥᕐᒥᒃ ᖃᑦᑎᖅᓯᒪᓪᓗᑎᑦ ᐊᑐᓂᓪᓗ ᖃᓄᖅ ᐊᑯᓂᐅᑎᕆᔪᖅ ᐆᑦᑎᔭᕆᐊᖅᑲᕐᓂᖕᒋᑦ ᐊᑐᖅᑕᐅᑦᑎᐊᖅᓯᒪᓪᓗᒃ.

ᐅᖅᑲᖕᒐ (ᐅᑦᓯᒃ) ᕿᓚᒥᒍᓗᒃ (2 ᒪᓇᑦ) ᐆᑦᑎᔭᕆᐊᖅᑲᕐᒪᑦ ᐊᖅᑭᖅᑑᖕᒋᓐᓇᖅᑯᑦᑐᒍ ᑕᐃᒫᒃ ᓈᒻᒪᑦᑎᐊᖅᑐᒥᒃ ᐆᑦᑎᓗᒍ. ᖁᔭᓐᓇᒦᒃ ᑖᒃᑯᐊᒃ ᐃᓐᓈᒃ ᒪᖅᕿᒃ ᓄᓇᖅᑲᑎᒍᑦ ᖃᓂᕆᔭᑦᑎᓐᓃᑦᑑᒃ, ᐃᓕᓚᐅᖅᓯᒪᕗᖅ ᑕᒪᓇ ᒪᒃᑯᒃᑐᖕᒐ ᑕᐃᔅᓯᒪᓂ ᐊᓈᓇᒪ ᐊᐱᕆᓪᓗᓂᖕᒐ ᐊᐃᖁᓪᓗᓂᒋᑦ ᐆᔪᓚᐅᖅᓯᒪᔪᑦ ᐊᕙᕙᓃᑦ.

ᑖᓇ ᓂᕆᔭᒃᓴᖅ ᑐᓂᔭᐅᔪᖅ/ᐊᑐᐃᓐᓇᐅᑎᑕᐅᔪᖅ ᐅᓪᓗᓪᓗᐊᒃᑯᑦ ᓂᕆᓇᖅᑎᓪᓗᒍ ᐱᖅᑲᓯᐅᔾᔨᓯᒪᓪᓗᓂ ᒥᑭᒐᖅ, ᐊᑯᑐᖅ ("ᐋᓯᑭᔫ ᐊᐃᓯᑯᓛ" ᐊᑯᑦᑎᓯᒪᔪᖅ ᑐᒃᑑᑦ ᑐᓐᓄᖕᒐᓂᑦ ᐊᒻᒪᓗ ᓂᖅᑭᖕᒐᓂᑦ), ᐊᒻᒪᓗ ᓲᒡᓇᖅ (ᐆᑦᑎᓯᒪᓪᓗᑎᒃ ᓯᕐᓇᖅᑐᑦ ᐱᕈᖅᑐᕙᓃᑦ). ᐊᑕᖕᒋᖅᑐᑕ ᑕᖅᑲᐃᖅᓯᑲᐃᓐᓇᕈᓐᓇᕐᑕ ᑕᐃᓐᓇ ᐱᓕᕆᐊᕆᓂᐊᖅᑕᕗᑦ ᐱᖅᑲᓯᐅᔾᔨᓯᒪᓪᓗᓂ ᖁᐊᕐᒥᑦ ᐊᕙᐅᑦ ᓂᖅᑭᖕᒐᓂᒃ (ᖁᐊᖅ), ᒪᒃᑕᖕᒐ, ᐊᖅᑭᖅᑲᒃ, (ᐊᕙᐅᑦ ᓴᖅᐱᖕᒐ)ᐊᒻᒪᓗ ᖁᐊᕐᒥᒃ ᐃᖅᑲᓗᖕᒥᒃ (ᐋᓈᓕᖅ). ᑖᓇ ᓂᕆᔭᖅ ᐱᖅᑲᓯᐅᔾᔨᓯᒪᓪᓗᓂ ᐸᐃᓐᐋᐳᒥᒃ ᐳᓯᙵᔪᒥᒃ ᐴᑦᓚᐅᒐᕐᒥᒃ, ᐊᖅᐱᒃ (ᐊᖅᐳᒃ) ᐸᐃ, ᐊᒻᒪᓗ ᐊᔾᔨᒌᖕᒋᑦᑐᓂᒃ ᐴᑦᓚᐅᒐᕐᓂᒃ ᐱᖅᑲᓯᐅᔾᔨᓯᒪᓪᓗᓂ ᐴᑦᓚᐅᒐᕐᒥᒃ ᐊᔾᔨᐅᖕᒋᑦᑐᒥᒃ ᐊᒡᓚᖅᑲᐅᖅᑐᓂᒃ ᐊᑐᓂᑦ ᐊᕿᒐᓯᒃᐲᑦ ᐊᒡᓚᖕᒋᓐᓂᒃ.. ᓂᕆᔭᐅᑎᑦ ᑭᖑᑦᓕᖅᐹᖕᒐᑦᑕ ᑭᖑᓂᖕᒐᒍᑦ, ᖁᕙᐊᓯᖅᑎᒌᒍᑎᖅᑲᖅᑐᑦ ᖁᔭᓕᑦᓗᑎᒃ ᐊᑐᖕᓖᓕᕆᕗᑦ ᑕᒪᑐᒪ ᓯᕗᒧᐊᒃᐸᑦᓕᐊᓂᖕᒐᓄᑦ ᑕᒪᒃᑯᐊ ᐃᓐᓇᐃᑦ ᐃᒪᐃᓕᐅᓕᖅᑐᑎᒃ ᒪᑯᖅ. ᑲᔪᓯᑐᐃᓐᓇᖅᐳᑦ ᐃᓐᓇᐃᑦ ᓇᑦᓕᒃᑭᑕᖅᑐᑎᒃ ᒪᑯᖅᑐᑎᒃ...

ᖁᕝᕙᖄᑦᑕᖅᑎᑦᑎᕌᑦ ᐃᒪᐃᓕᐅᖅᑐᑎᒃ "ᐊᒡ-ᕕ-ᑖ!" ᑕᒪᒃᑯᓄᖓ ᐊᕐᕙᒃᓯᒪᔪᓄᑦ. ᒪᒃᑯᒃᑐᑦ ᐃᓐᓇᐅᓂᖅᓴᐃᓪᓗ ᑕᒪᕐᒥᒃ ᐸᕐᓚᖅᑳᑦᑕᖅᑐᑎᒃ ᓄᐊᑕᒥᓂᒃ ᖁᒻᒧᑦ ᕿᒡᒋᖅᑐᑦ ᐃᒋᑦᑎᖄᑦᑕᕐᒪᑕ.

ᓱᖅᑯᐃᓱᖕᒥᔪᖓ ᐊᓅᓇᖓ ᓇᑦᑎᕋᔾᖕᒥᒃ ᐊᕙᑖᓴᒥᒃ ᐅᕝᕙᓘᓐᓃᑦ ᐊᕙᑕᖅᐸᒃ ᐊᑐᖅᑕᐅᒐᔾᖅᑐᒥᒃ ᕿᒡᒋᑦᑎᐊᒃᑳᕿᓄᑦ ᐃᒪᓕᖅᐸᑦ ᐋᑐᑎᓕᕐᓗᓂ ᒪᑉᑯᖅ. ᑖᓐᓇ ᐊᕙᑕᖅᐸᒃ ᐱᓯᒪᔾᐅᓪᓗᓂ ᐊᒻᒪᓗ ᐃᒪᐃᓕᐅᖅᑐᑎᒃ ᑕᒪᒃᑯᓂᖓ ᐱᔪᓐᓇᖅᑕᒥᖕᓂᒃ ᑎᒥᐊᑕ ᐊᐅᓚᔪᓐᓇᕐᓂᖕᒋᓐᓂᒃ ᖃᓄᐃᓐᓇᖅ ᑕᑯᖅᑯᔾᔨᓪᓗᑎᒃ ᐅᐃᔾᔫᕈᓐᓇᖅᑐᑎᒃ ᐊᒻᒪᓗ ᐅᒃᐸᑎᑐᕌᕈᓐᓇᖅᑐᑎᒃ ᖃᖓᑕᓂᕐᒥᓂ ᖁᒻᒧᓪᓗ ᓱᓚᔪᕐᓇᖕᒋᒻᒪᕆᒃᑐᓂᒃ ᖁᕝᕙᕈᓐᓇᕐᓂᕐᒥᓂᒃ. ᑕᑯᕋᕐᓈᖅᑐᑦ ᓂᐱᖃᐅᑲᐃᓐᓇᖅᐸᒃᑐᑎᒃ ᓂᐱᒃᑭᐅᓪᓗᑎᒃ ᐊᒃᓱᒃᑲᓐᓂᐅᕐᑯᔾᔨᓪᓗᑎᒃ ᐊᑐᓂᑦ ᑕᒪᒃᑯᐊ ᐃᓄᐃᑦ ᑭᖑᓕᕇᒃᑐᑎᑦ ᑖᕙᓃᓕᕌᖓᑕ.

ᖁᓪᓕᖅᐹᕐᒥᑦ ᐊᓪᓕᖅᐹᕐᒧᑦ: ᕿᓚᐅᔾᔭᖅᑐᑦ ᐄᓯᑭᓘᑦ ᒨᒥᖅᑐᓄᑦ ᑕᐃᒪᐃᓕᐅᖅᑐᑦ ᐃᒪᐃᑦᑐᒥᒃ ᐊᑐᖅᑎᓪᓗᒋᑦ ᓇᓗᒃᑕᖅ.

ᒪᒃᑕᒃ (ᓯᑯᒥ) ᐊᒻᒪᓗ ᓲᐱᓕᐅᖅᑕᐅᔪᖅ ᐊᕐᕙᖓᓱᒃᑎᓄᑦ ᑐᕌᖓᓪᓗᓂ ᓯᑯᒥ.

ᐄᓯᑭᓘᑎᑐᑦ ᒨᒥᖅᑐᑎᒃ ᑕᐃᒫᒃ ᑐᑭᖅᑭᑦᑎᖄᑦᑕᖅᑐᑎᒃ ᐅᓪᓗᖅ ᑖᓐᓇ ᐊᔾᔨᖄᖕᒋᒻᒪᑦ ᐊᑐᓂᑦ ᐊᕐᕙᖓᓱᒃᑎᓄᑦ ᑲᐱᑕᐃᒥᓄᑦ ᓄᐊᑦᑐᑎᒃ ᑕᕝᕙᓂ ᖁᕕᐊᓱᖄᑎᒌᒍᑎᖄᕐᓇᖅᑐᒥ ᐊᖑᔪᓐᓇᓚᐅᕐᓂᕐᒥᓂ ᓇᑦᑕᖅᓯᒪᓂᖓᓂ ᐊᖑᓇᓱᖕᓂᖅ. ᖁᕕᐊᒋᑦᑎᐊᖅᑕᒥᒃ ᐊᑐᕐᓇᕐᐳᖅ ᐅᑦᑐᖅ ᑕᒪᓐᓇ ᖁᕕᐊᓱᖄᑎᒌᖕᒍᑎᖃᕐᓂᖅ ᐃᓱᓕᒃᑭᑺᖅ ᓯᕿᓐᓀᓐᓇᖄᑦᑕᖅᑎᓪᓗᒍ. ᐋᕆᒐ-Hᐊ!!

ᐊᕐᕙᖓᓱᒃᐱᑦ ᐊᕐᕕᐅᖅᐸᑦᑕᐊᓕᖅᑐᑦ ᑖᓐᓇᓗ ᓄᓇᓕᖕᓄᑦ ᓂᕆᔭᒃᓴᐅᓪᓗᓂ ᐃᒪᐃᑦᑐᖄᖅᑎᓪᓗᒍ ᓇᓗᒃᑕᖅ ᐊᒻᒪᓗ ᐊᕐᖏᒍᓕᒦᕐᒧᑦ.

ᖁᓪᓕᖅ: ᓴᓇᔪᑦ ᓄᓗᐊᖑᔪᕐᒥᒃ ᒪᑉᑰᑦ ᑕᐱᑕᓇᓂᐊᖅᑕᖓᓂᒃ ᐃᒪᐃᓕᐅᓕᖅᐸᑕ ᓇᓗᑲᑕᖅ.

ᓈᓐᓯ ᓕᕕᑦ ᑕᑯᖅᑯᔾᔪᖅ ᑭᓗᐊᓂᒃ ᐅᒥᐊᑦ ᐊᒥᖓᓂᒃ ᒥᖅᓱᖅᑕᐅᓇᓂᒥ ᐃᑲᔪᖅᑐᓂ ᐊᒥᒃᓯᒥᒃ ᓴᓇᖅᑕᐅᓪᓗᓂ. ᐅᒥᐊᑦ ᐊᒥᕕᓂᖏᑦ ᓴᓇᔭᓕᖅᑲᑦᑕᕐᒪᑕ ᐃᒪᐃᑦᑐᓕᐊᓂᔭᐅᓪᓗᑎ ᒪᑉᑯᖅ ᐊᑐᖅᑕᐅᖃᑦᑕᖅᑐᑦ ᑕᐃᓐᓇ ᓇᓗᑲᑕᖅ ᐊᑑᑎᓕᖅᑎᓪᓗᒍ.

ᒪᑉᑯᖅ

ᑖᓇ ᒪᑉᑯᖅ (ᐊᓪᓕᖅᐹᖑᔫᖅᑐᖅ) ᐊᑐᖅᑕᐅᖃᑦᑕᖅᑐᖅ ᓇᓗᑲᑕᖅ ᑕᐃᒪᐃᓕᐅᖅᑎᓪᓗᒋᑦ ᓴᓇᔭᐅᓯᒪᕗᖅ ᐃᒪᐃᑦᑐᕕᓂᐅᓪᓗᓂ ᐅᒥᐊᑦ ᐊᒥᕕᓂᖓ. ᒪᕐᕉᑦ ᐅᒥᐊᑦ ᐊᒥᕕᓂᖏᒃ ᓈᒻᒪᒐᔪᖕᒪᑎᒃ ᐊᒻᒪᓗ ᑐᖅᑯᖅᑕᐅᓯᒪᑦᑎᐊᕈᓂ, ᑖᓇ ᒪᑉᑯᖅ ᐊᑐᖅᑕᐅᖃᑦᑕᒃᑲᓐᓂᕈᓐᓇᖅᑐᖅ ᐊᖀᒍᒃᑲᓐᓂᕐᓄᑦ.

ᐅᒡᔪᒐᔭᐃᑦ ᓈᒻᒪᓈᖅᑕᐅᓪᓗᑎᒃ ᒪᑉᑯᒃᓴᓕᐊᖑᕗᑦ ᐊᒻᒪᓗ ᓴᓇᔭᐅᓂᓇᔭᓇᐊᖃᕐᓂᖓ ᑭᒃᐹᓇᐸᓗᓕᖅᑎᑕᐅᓪᓗᓂ ᐆᒃᑐᑎᒧᑦ ᐃᒫᑎᒥ 8-ᓄᑦ ᐃᓯᒐᖕᓄᑦ ᐅᕝᕙᓘᓐᓃᑦ ᐊᖏᓈᕐᓂᖅᓴᓇᓗᒍ. ᑕᕝᕙ ᐊᖏᓂᓇᔭᓇᐊᖃᖅᑕᖓ ᓈᒻᒪᓈᓇᐊᖃᕐᒪᑦ ᐳᑑᑦᑖᖅᑐᑎᑐ (ᓄᓗᐊᙳᐊᖅ) ᓄᓗᐊᙳᐊᖑᔫᖅᑐᑎᑐᑦ ᐊᑐᖅᑐᑎᑐᑦ ᐅᒡᔪᒐᔭᐃᑦ ᐊᑖᒍᑦ ᐊᒻᒪᓗ ᑕᒪᓐᓇ ᓯᓈᓂᑦᑐᖅ ᐊᑐᓇᐅᔭᖅ ᐊᑦᑐᖏᖅᓯᒪᓗᓂ ᑎᓴᒪᓄᑦ ᑎᓇᖅᑯᖕᒋᓐᓄᑦ. ᐊᑐᓂᑦ ᒥᖅᓱᖅᓯᒪᓪᓗᑎᒃ ᑲᑎᓯᒪᔪᑦ ᑐᑭᓕᐊᖅᑐᒃ ᑭᓗᖅᑐᑦ ᐃᒫᑎᒥᐸᓗᒃ 3-ᐃᓐᓯᓯᓂᒃ ᖃᓂᓈᖕᓂᖅᑐᑎᒃ ᑕᒪᕐᒥᒃ ᒥᖅᓱᖅᓯᒪᔪᐃᓐᓇᐅᓪᓗᑎᒃ ᑭᐳᙵᓂᖕᒥᒃ. ᑎᓇᖅᑯᖕᒋᑦ ᑖᒃᑯᐊ ᖃᓂᓈᖕᓂᖅᑐᑦ ᐅᒡᔪᒐᔭᐃᑦ ᐊᑐᓇᐅᔭᖅᑕᖅᓯᓂᐊᖏᓐᓂᕐᒥᒃ.

ᑕᒪᒃᑯᐊ ᑲᒃᑭᔾᔪᖅᑕᐅᓂᖓᓂᒃ ᐱᔭᕇᖅᑕᐅᒃᐸᑕ, ᐆᑦᑐᐃᓪᓗᑎᒃ ᑭᑦᑖᓇᐊᖅᓯᖓ ᑭᑦᑖᖅᑕᐅᓗᑎᒃ ᐊᖅᑭᑎᐊᖅᑕᐅᓪᓗᑎᒃ ᑖᒃᑯᓄᖓ ᓄᓗᐊᙳᐊᓄᑦ. ᐅᔾᔨᖅᑐᖅᑕᐅᑎᑦᓯᐊᓄᑦ ᑕᒪᓐᓇ ᑭᐳᙵᓂᖓ ᐆᒃᑑᖅᑕᐅᓗᓂ ᐃᓯᒐᐃᓐᓇᕐᒥ ᐅᖓᓯᓐᓃᑦ ᒪᑑᕐᓂᑦ ᑕᒪᐅᓇ ᐊᕝᕕᑎᑕᓕᒫᖑᒍᑦ ᑖᓯᒪ ᒪᑉᑯᓕᐊᓂᓴᐅᔪᖅ ᓱᖅᐃᓪᒪᑦᑕᐅᖅ ᑎᒍᓕᖅᑲᐅᑎᐊᖅᑲᕐᓂᐊᕐᓂᕐᔪᖅ ᖁᕝᕙᖅᑕᖅᑎᑦᑎᓂᑦ.

ᑖᓇ ᒪᑉᑯᖅ ᐃᓕᔭᐅᕗᖅ ᕿᑎᖕᒐᓄᑦ ᐊᒻᒪᓗ ᐊᑐᖕᒋᖅᑕᐅᓪᓗᑎᒃ ᑖᒃᑯᐊ ᑎᓴᒪᑦ ᑎᓇᖅᑯᖕᒋᑦ. ᑎᓴᒪᑦ ᓯᕿᔭᐃᒃᑯᑎᖕᒋᑦ ᐃᓕᔭᐅᕗᖅ ᐊᒻᒪᓗ ᑖᓇ ᒪᑉᑯᖅ ᐊᑐᕈᓐᓇᖅᓯᕗᖅ.

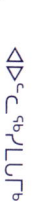

ᐊᐃᒡᒐ ᓴᖑᔭ ᑖᓇᓗ ᑑᑯ ᐅᓯᒪ
ᕿᒥᕿᐊᖅᑑᒃ ᑖᔅᓱᒥᖕᒐ
ᒪᑉᑯᖅ ᑕᕝᕙᓂ ᐱᑐᖅᑲᕐᓂᒃ
ᑕᑯᔭᒐᖅᑲᕐᕕᖕᒥ ᐅᐸᒐᐅᑦᑐᓂ
ᑕᐃᑲᓂ ᐅᑦᕿᐊᒡᕕᒃ

ᓄᓇᓖᑦ ᑖᒃᑯᐊ ᐅᑦᕿᐊᒡᕕᒃ ᑲᖏᖅᑐᒫᐱᒃ ᐊᒻᒪᓗ ᖄᓇᖅ ᐊᑐᖅᓯᒪᔪᐃᓐᓇᐅᓕᖅᐳᑦ ᑕᒪᑐᒥᖓ ᓯᕗᑦ ᐊᓯᔾᔨᕋᓂᖓᓂᒃ. ᑕᒪᒃᑯᐊ ᐊᔾᔨᒐᓐᓃᖅᑕᖏᑦ ᐊᒃᑐᐃᒪᕋᔭᕋᒃᓯᐅᑎᖓᒪᑕ ᓄᓇᖃᖅᑎᐅᔪᑦ ᐃᓅᓯᖏᓐᓂᒃ ᐊᒻᒪᓗ ᐃᓅᓯᕆᓂ ᐊᓇᐅᒪᔾᔪᑎᕆᔭᖏᓐᓂᒃ ᐊᔾᔩᖏᑦᑐᑎᒍᑦ ᐊᒻᒪᓗ ᐅᖃᐅᑎᕆᔭᐅᓯᒪᓪᓗᑎᒃ ᑖᒃᑯᑎᒎᓇᖅ ᕿᒥᕈᐊᒐᖅᑎᒍᑦ.

ᖄᓇᕐᒥ, ᓯᑯᓕᓇᔾᔪᑦ ᖃᐅᔨᒪᓪᓚᓇᒃᑐᑦ ᐊᑯᓂᑲᓪᓚᒃ ᓄᓇᙳᐊᑎᒍᑦ ᐋᖅᑭᒃᓱᐃᓪᓗᓂ ᐃᑲᔫᑎᑭᔪᒥᓂᒃ ᑕᑯᔭᐅᔪᓐᓇᖅᑐᑎᒍᑦ ᑕᒪᒃᑯᐊ ᓯᑰᑦ ᐊᓯᕈᖅᓯᒪᓂᖏᓐᓂᒃ ᐱᓗᐊᙳᐊᖅᑐᑦ ᐊᑐᖅᓯᒪᔭᖏᑦ ᑕᒪᑐᒨᓇ. ᑕᒪᒃᑯᐊ ᐃᓚᖏᑦ ᐊᓯᕈᖅᓯᒪᔪᓂᒃ ᐱᓗᐊᙳᐊᖅᑐᑦ ᑕᑯᔭᒃᓴᐅᖓᒪᑕ ᓄᓇᙳᐊᕐᓂ ᑕᐃᔅᓯᒪ ᐃᓇᓐᓇᐅᑦ ᖃᐃᕐᓛᖅ ᓃᐅᕐᓴᓐ, ᐊᖏᕐᕋᓂ ᐅᓂᒃᑳᖅᑐᓂ ᑎᑎᕋᖅᓯᒪᔪᖅ. ᐅᕙᓂ ᒪᒃᐱᖅᓯᒪᔪᒥ, ᐃᓕᓭᑦᓕᕋᑦᑕ ᓄᓇᙳᐊᕐᒥᑦ ᑖᒃᑯᐊ ᖄᓇᕐᒥᐅᑦ ᓴᖅᑭᑦᑎᓯᒪᖓᒪᑕ ᑕᒪᑐᒪ ᐊᒃᑐᐃᓯᒪᔪᒥᒃ ᓯᑯ ᐊᓯᕈᖅᓯᒪᓕᕐᓂᖓᓂᒃ ᐊᒻᒪᓗ ᐊᐅᓪᓚᖅᓯᒪᓪᓗᑎᒃ ᓇᔪᕈᓇᖅᑕᖏᑦ.

ᖄᓇᖅ ᓯᑰᑦ ᒥᒃᓵᓄᑦ ᐱᓕᕆᑎᐊᕈᓇᖅᑐᖅ ᑕᐃᓯᒪᓂ ᑎᓯᐱᕆ, 2009-ᒥ (ᓴᐅᒥᖕᒥᑦ) ᐆᓴᖅᑲᒃ ᖁᔭᐅᑭᑦᓰᖅ, ᒪᒪᕈᑦ ᑯᕆᑦᑕᓴᓐ, ᑖᓪᓚᙳᐊᖅ ᐱᐊᕆ, ᐋᑐ ᓯᒥᒍᖅ, ᐃᓚᙳᐊᖅ ᖃᐃᕐᓚᖅ ᐊᒻᒪᓗ ᔫᑯ ᐅᓯᒪ ᐱᓕᕆᔪᑦ ᐃᓚᖕᒐᓂᑦ ᐊᒥᓲᑎᑦᑐᒋᑦ ᓄᓇᙳᐊᖅ ᐋᖅᑭᒃᑕᐅᓯᒪᔪᑦ ᐅᕗᖓ ᑖᓇ "ᓯᑰᑉ ᑐᑭᖏᑦ".

ᐃᒡᓗᕋᕐᒐᓖᑦᑐᖅ: ᐃᖏᕿᕿᔪᑦ ᕿᓗᒃᓯᒥ ᐃᑲᙵᑦ ᓯᐅᕿᐸᓗᖕᒥᑦ ᖄᓇᕐᒧᑦ ᑕᐃᔅᓯᒪᓂ ᒫᓯ 2007-ᖑᑎᓪᓗᒍ. ᕿᓗᒃᓲᑦ ᓱᓴᒃᑯᓇᐊᓖᑦ ᓯᑰᑦ ᓵᓂᖓ ᐊᖅᑯᓵᖅᑕᐅᓂᐊᖏᒪᑦ ᐊᒻᒪᓗ ᐃᒪᖅ (ᐊᐅᒃᑲᖅᓂᖅ) ᑕᑯᒃᓴᐅᓪᓗᓂ ᓵᑎᐊᖓᓂ. ᒫᓇᕿᑖᐸᓗᒃ ᐊᕿᑯᓂ ᐊᑐᓚᐅᖅᑕᑦᑎᓐᓂ, ᑕᒪᒃᑯᐊ ᐊᑦᑕᕐᓇᕐᑐᑦ ᓴᖅᑮᔭᕐᓂᖏᑦ ᐊᖏᔩᓕᖅᐸᓪᓕᐊᖓᑕ ᐊᒻᒪᓗ ᑕᐃᒪᐃᖅᑲᑦᑕᓕᖅᑐᑎᒃ ᓂᕆᐅᓇᖏᑦᑐᒃᑯᑦ ᐊᕿᕈᑦ ᐃᓚᖓᓂ.

ᖄᓈᑦ ᓯᑯᐃᔭᖅᐸᓪᓕᐊᓂᕆᓚᐅᖅᑕᖓ
ᐃᒫᖑᓚᐅᖅᐳᖅ 1990 ᓯᕗᓂᐊᒍᑦ

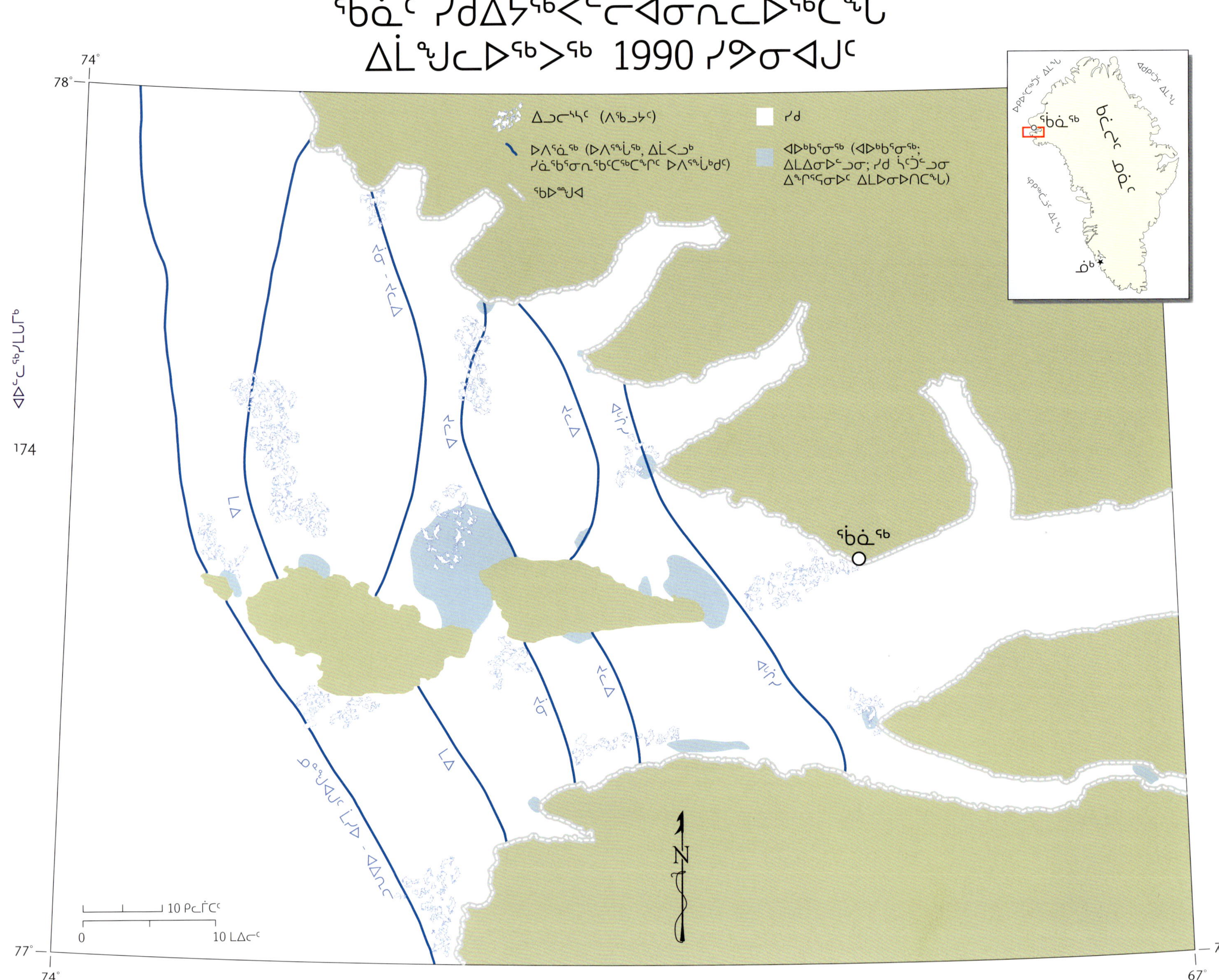

ᐃᑭᐅᑦ ᒥᒃᓯᖕᒫᖕᒐᓂᑦ ᐱᒋᐊᕐᓗᓂ ᑖᔅᓯᒪᓐᖓᑦ ᓄᓇᓐᖑᐊᕐᒥ, ᑕᑯᔭᐅᔪᓐᓇᖅᑐᖅ ᓯᑯᐊᑕ ᐃᓚᓐᖓᖅᐸᓪᓕᐊᓂᖓ ᑕᒪᒃᑯᐊ ᑐᖑᔪᖅᑐᒥᒃ ᑎᑎᖅᓯᒪᔪᑦ ᓇᓗᓇᐃᖅᓯᓯᒪᕗᑦ ᓯᑯᐃᔭᖅᐸᓪᓕᐊᓂᖓᑕ ᑭᒡᓕᖏᓐᓂᒃ ᐅᐱᕐᓛᒍᑦ (ᐅᐱᕐᓛᖅ) ᐅᓇ ᓄᓇᓐᖑᐊᖅ ᑕᒃᑯᐅᑎᑦᑎᖕᒪᑦ ᐃᒪᐃᓕᕈᓪᓕᐊᔪᒥᒃ ᓯᑯᐃᔭᖅᐸᓪᓕᕙᔭᖅᑐᓇᔭᐅᔪᒥᒃ ᑕᒪᓐᓇ ᖄᓈᑦ ᓯᑯᐊ 1990 ᑎᑭᐅᑎᓚᐅᖅᑎᓐᓇᒍ. ᐅᑭᐅᒃᑯᑦ ᐅᐱᕐᖓᒃᓵᒃᑯᓪᓗ, ᓯᑯ (ᑕᑯᒃᓴᐅᔪᖅ ᖃᑯᖅᑕᐅᓪᓗᓂ) ᓱᓴᐅᑦ ᓵᑦᖃᓗᐊᓘᓕᕙᔭᕐᒪᑦ, ᓴᖅᑮᔭᕈᓐᓃᕐᓗᓂ ᑖᕝᕙᖕᒐᑦ ᓄᓇᓐᖑᐊᕐᒥᑦ ᓯᑯ ᐃᓚᖕᒐᖅᑎᖅᐸᓪᓕᐊᓕᕈᓂ ᐃᓚᖕᒐᖅᐹᓪᓕᖅᑕᕐᓗᓂ ᐅᐱᕐᖔᒎᑦ ᓯᓈᖕᒐ ᓄᓇᒧᑦ ᖃᓪᓕᕝᕕᓪᓕᐊᓗᓂ. ᖃᐅᔨᒪᓗᒍ ᑕᒪᓐᓇ ᑐᖑᔪᖅᑐᒥᒃ ᑎᑎᖅᓯᒪᔪᖅ ᓯᓈᖓ ᒫᕚᒥ-ᐊᐃᕐᓇᓕᒥᓗ, ᐃᓚᖕᒐᕐᒥᒥ ᖃᓪᓕᕝᕕᓪᓕᖅᑐᓂ ᓄᓇᒧᑦ ᐃᖑᓕᕐᒪᑦ, ᔫᓂ-ᔪᓚᐃᒥᓗ, ᑕᐃᒪᐃᓕᐅᖅᐳᖅ. ᐋᖕᖏᓯᐅᓕᖅᓗᐊᖅᑎᓪᓗᒍ ᓯᑯᑦᖃᔪᔪᖅ ᓯᓕ ᑲᖕᒥᖅᑐᐃᑦ ᐃᓚᖕᒥᓐᓂ ᐊᒻᒪᓗ ᓯᓈᖓ ᑕᒃᑯᐅᑎᓪᓗᓂ ᓱᓴᐅᒐᑦ ᑕᐅᓐᓇ. ᐊᐅᒃᑲᕐᓂᖅᕿᖅᑲᑦᑕᖅᑕᖕᒋᑦ (ᐊᐅᒃᑲᕐᓂᖅ ᐅᕝᕙᓗᓐᓃᑦ ᐃᒪᐅᓂᖅᑲᑦᑕᖅᑕᖕᒋᑦ ᐅᕝᕙᓗᓐᓃᑦ ᓯᑯᐊᑦ ᓵᕐᓂᖅᑲᑦᑕᖅᑕᖕᒋᑦ ᐃᖕᒋᕐᕋᓂᕐᒧᑦ) ᓇᓂᔭᐅᖅᑲᑦᑕᕐᒪᑕ ᓇᒥᑐᐃᓐᓇᖅ ᐊᕐᕌᒍᑕᓖᑦ ᐊᒻᒪᓗ ᖃᐃᖓᔪᖓ ᑕᑯᒃᓴᐅᓪᓗᓂ ᓱᓴᒃᑯᑦ.

ᖃᓈᑦ ᓯᑯᐃᔭᖅᐸᓪᓕᐊᓂᖏᑦ
2007-2008-ᒥᒧ ᓯᑯᖃᖕᓂᖓᓂ

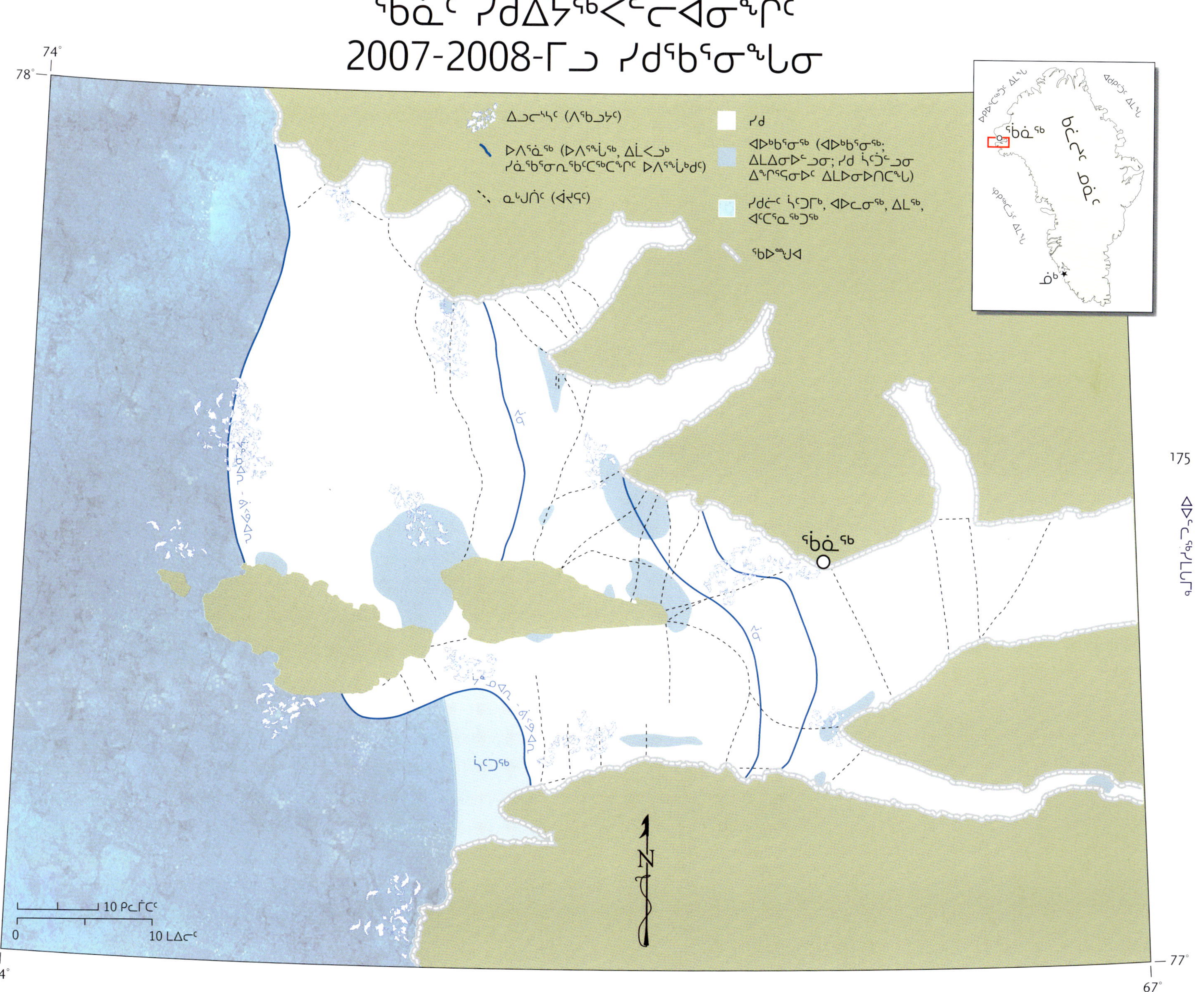

ᑖᓐᓇ ᓄᓇᙳᐊᖅ ᑕᑯᖃᑦᔨᒍᖅ ᑕᒪᑐᒥᖓ ᓯᑯᐃᖅᐸᓪᓕᐊᓂᖓᑕ ᐊᑦᑎᓂᕆᖃᑦᑕᓕᖅᑕᖓᓂᒃ ᖃᓈᖏ ᐊᑐᖅᑐᒍ 2007-2008-ᒧ ᓯᑯᖃᖕᓂᖓᓂᑦ ᑐᑭᓕᐅᖅᓯᒪᔪᖅ. ᐊᕐᕌᒍᑕᒫᑦ ᓯᑯᐃᖅᐸᓪᓕᐊᓂᖓ ᐊᔾᔨᒌᙱᔭᐃᓐᓇᖏᑦᑐᖅ, ᑭᓯᐊᓂᓕ ᐊᓯᑦᔨᖅᓯᒪᔪᐊᓘᓕᕐᒪᑦ ᑕᐃᔅᓯᒪᙵᓂᑦ 1990-ᓂᑦ ᐊᒻᒪᓗ ᑖᓐᓇ ᓄᓇᙳᐊᖅ ᑕᑯᒃᓴᐅᑎᑦᑎᓯᓐᓈᖅᐳᖅ ᐅᖃᓚᒫᖅᑎᓂᒃ. ᒫᓐᓇᓕ ᐱᐅᓂᖅᓵᓘᖃᑦᑕᓕᕐᔪᖅ. ᑕᑐᓕᖑᖅᔪᕈᐱᔫᒃᒃᐸᑐᓯᓕᐊᒫᓃᖅ ᓄᙳᐊᑦ ᑕᒪᓐᓇ ᓯᑰᕙᓚᐅᖅᓯᒪᖕᒥᔫᒐᓗᐊᖅ ᒫᓐᓇᓕ ᐃᒪᐅᖅᑲᑦᑕᓕᖅᑐᖅ ᐅᕙᓗᓐᓃᑦ ᓵᑦᑑᓗᓂ ᐅᕙᓗᓐᓃᑦ ᐊᐅᓚᓂᐅᓪᓗᓂ . ᐊᐅᓚᓃᑦ ᑕᒪᒃᑯᐊ ᐃᒪᖅᑐᓯᕖᓪᓕᕐᒪᑕ (ᐃᖏᐅᓕᖕᒥᑦ ᐊᖏᖕᓕᕚᓪᓕᖅᓯᒪᖕᒪᑕ) (ᐊᒃᓱᒃᑲᓂᖅ ᐊᒻᒪᓗ ᒪᒃᑯᐊ ᑕᐃᒪᐃᓕᖕᒐᐅᔭᐃᓐᓇᖅᑐᑦ ᐊᖏᓪᓕᕚᓪᓕᖅᑐᑎᒃ) ᐊᒻᒪᓗ ᐃᕿᑎᕙᓪᓕᐊᖑᔫᕐᔪᖕᒐᖅᑐᓂ ᖃᐃᙳᒧᑦ ᐃᒡᓕᓂᓇᔭᐅᓚᐅᓰᑎᒧᑦ ᓇᖏᐊᕐᓇᓯᕖᓪᓕᖅᑎᑎᕙᓪᓕᐊᔪᑦ ᐊᑦᑕᕐᓇᖅᑐᖅ ᐊᑐᖅᑕᐅᖅᑲᑦᑕᖅᑐᓂ. ᓇᒡᒍᑎᖅᑲᐅᕐᓂᖅ ᐅᓕᖅᑐᓂᒧ ᓇᒡᒍᑎᖅᖠᐅᕙᐅᖅᑐᑦ (ᐋᔭᕋᐅᓕᖅᑲᑦᑕᖅᑐᑦ ᐅᐱᕐᙵᒃᑯᑦ) ᐊᓯᕐᒋᑎᒧᑦ.

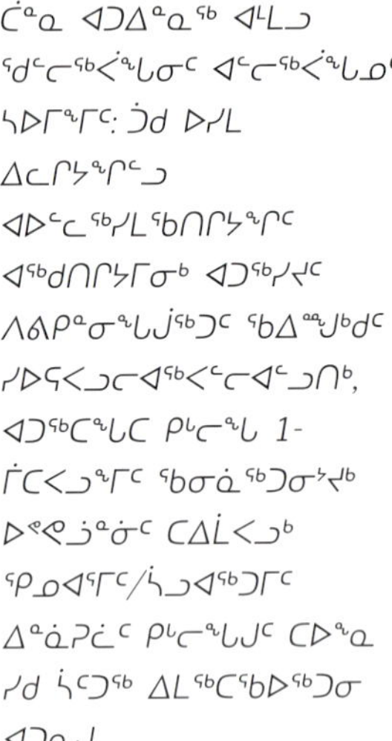

ᑖᓇ ᐊᑐᐃᓐᓇᖅ ᐊᒻᒪᓗ ᖁᓪᓕᖅᐹᖕᖓᓂᑦ ᐊᓪᓕᖅᐹᖕᖓᓄᑦ ᓴᐅᒥᖕᒥᑦ: ᑑᑯ ᐅᓯᒪ ᐃᓚᒋᔭᖕᒋᓪᓗ ᐊᐅᓪᓚᖅᓯᒪᖃᑎᒋᔭᖕᒋᑦ ᐊᖅᑯᑎᒋᔭᒥᓂᒃ ᐊᑐᖅᓯᔪᑦ ᐱᕙᑭᓐᓂᖕᖓᒎᖅᑐᑦ ᖃᐃᖖᒍᒃᑯᑦ ᓯᐅᕋᐸᓗᓕᐊᖅᐸᓪᓕᐊᓪᓗᑎᒃ, ᐊᑐᖅᑕᖕᖓᑕ ᑭᒡᓕᖕᖓ 1-ᒦᑕᐸᓗᖕᒥᑦ ᖃᓂᓈᖅᑐᓂᔾᔪᒃ ᐅᕝᕙᓘᓐᓃᑦ ᑕᐃᒫᐸᓗᒃ ᕿᓄᐊᕐᒥᑦ/ᓵᓗᐊᖅᑐᒥᑦ ᐃᓈᕈᑖᑦ ᑭᒡᓕᖕᖓᒍᑦ ᑕᐅᖕᓇ ᓯᑯ ᓵᑦᑐᖅ ᐃᒪᖅᑕᖃᐅᖅᑐᓂ ᐊᑐᓇᒍ.

ᑕᓕᖅᐱᖕᒦᑦᑐᖅ ᓕᓇ ᑭᐅᓪᓴᓐ Hᐅᒻᐱᔾᑯᑐᖅᑲᐃᖖᒎᒥᖖᒫᖅᑐᖅ ᓵᓐᓂᖅᓴᓕᐊᕐᐸᓪᓕᐊᓪᓗᓂ, ᐊᑦᑕᕐᓇᖕᒋᑦᑐᖅ, ᓯᑯᓕᐊᕐᑐᖅ ᓯᐅᕋᐸᓗᖕᒥᑦ ᖃᓈᕐᒍᑦ. ᑕᕝᕙᓂ ᓇᔾᖅᑕᑦᑎᓐᓂ ᖃᐃᖖᒍᖅ ᐊᒃᑐᐊᓯᒍᖅ ᓯᑯᒥᒃ ᕿᒧᒃᓰᑦ ᐊᑦᑕᕐᓇᖅᑐᒃᑰᖕᒋᓪᓗᑎᒃ ᐃᖕᒋᕐᕋᔾᔮᓇᖅᐳᑦ, ᐊᒻᒪᓗ ᓂᐅᖅᑲᐃᓐᓇᕈᓐᓇᒻᒪᕆᒃᐳᑦ ᑕᒫᓂ.

ᐃᖕᒋᕐᕋᓪᓗᓂ ᖃᐃᖖᒍᒃᑯᑦ

ᓯᑯᒃᑯᑦ ᐃᖕᒋᕐᕋᓗᓂ ᖃᓈᑦ ᖃᓂᒋᔭᖕᖓᒍᑦ ᐃᒪᐃᒻᒪᑦ ᐃᓚᖕᖓᒍᑦ ᓯᒡᔭᖕᖓ ᖃᓂᒋᓈᕐᓗᒍ ᐊᒻᒪᓗ ᐊᑐᕈᓐᓇᓕᖅᑐᓂᔾᔪᒃ ᑕᒪᓐᓇ "ᖃᐃᖖᒎᖅ" (ᑕᑯᓗᒍ ᓄᓇᖖᒎᐊᖅᑲᖅᑲᐅᔾᔪᖅ). ᑕᒪᓐᓇ ᓯᑯ ᐊᑐᖃᒃᓴᐅᓪᓗᓂ ᑕᒪᑦᑎᒍᑦ ᑕᒪᐅᓇ, ᑭᓯᐊᓂ ᑕᒪᓐᓇ ᖃᐃᖖᒎᖅ ᐊᑐᓇᐊᖅᑲᓕᖅᐸᓪᓕᐊᔾᔪᖅ ᐊᑐᖃᑦᑕᖅᑕᐃᑦ ᐃᓚᖕᖓᒍᑦ. ᑕᒪᓐᓇ ᖃᐃᖖᒎᖅ ᓯᑰᑦ ᐃᓕᔾᔨᕙᒋᖕᒪᒍ ᓄᓇᒧᑦ ᓂᐱᖖᖓᔾᔪᖅ ᐃᔾᔪᔪᐸᑑᓪᓗᓂᓗ ᐊᒻᒪᓗ ᐆᒃᑑᑎᑦ 10-ᖑᓗᐊᕈᓐᓇᖅᑐᑎᒃ ᓯᓕᖕᓂᖕᖓᒍᑦ, ᐃᓚᖕᖓᓗ ᐆᑦᑑᑎᑦ ᖃᓭᔫᓐᓇᑯᓗᖕᓂᖅ ᓯᓕᖕᓂᖅᑲᕈᓐᓇᑎᓪᓗᓂ.

ᑕᒪᓐᓇ ᖃᐃᖖᒎᖅ ᐃᒪᐃᓕᖕᖓᒋᕗᖅ ᓇᓕᓃᖕᓂᖅᑲᖅᑐᓂ ᐃᖕᒋᕐᕋᕙᒃᓴᒥᒃ ᐊᒻᒪᓗ ᐃᒪᐃᓕᕚᓪᓕᐊᓪᓗᓂ ᐊᑐᖅᑲᑦᑕᓇᐊᖅᑲᖅᓂᖕᖓ ᐊᕗᖕᖓᐅᕕᕚᓪᓕᐊᖕᖑᔫᖅᔾᔪᑐᓂ ᓯᑰᑦ ᓵᓐᓂᖕᖓ ᐅᕝᕙᓘᓐᓃᑦ ᐃᒪᐅᓂᖅᑲᖅᑐᓂ. ᐃᓚᖕᒋᑎᒍᑦ, ᑕᒪᓐᓇ ᖃᐃᖖᒎᖅ ᐅᒡᒍᐊᖅᓇᖅᑐᖅ ᐊᓯᕈᐸᓪᓕᐊᓂᖕᖓ ᐱᔾᔪᑎᒋᓪᓗᒍ (ᑕᑯᓗᒍ ᒪᒃᐱᓇᐊᓕᒃ ᓄᓇᖖᒍᐊᖅ), ᐃᖕᒋᕐᕙᕆᔭᐅᖅᑲᑦᑕᖅᑐᖅ ᐃᓚᖕᖓ ᐊᑐᖅᓴᐅᔾᔪᓃᖅᑐᓂ ᕿᒧᒃᓰᑦ ᐃᑎᒃᑲᓇᐊᖅᑲᓕᖅᑐᑎᒃ. ᐃᓚᖕᒋᑎᒍᑦᑕᐅᖅ ᓄᓇ ᐃᒡᓕᓂᖓᔭᐅᖅᑲᑦᑕᖅᑐᖅ ᐊᑐᖅᓴᐅᔪᓐᓃᖅᑐᓂ ᐅᕝᕙᓘᓐᓃᑦ ᐃᖕᒋᕐᕋᓪᓗᓂ ᐊᐅᔪᐃᑦᑐᒃᑯᓇᐊᖅᑲᖅᑲᖅᓯᔪᖅ/ ᓯᕐᒥᒃᑯᓇᐊᖅᑲᖅᑲᖅᓯᔪᖅ, ᑕᒪᓐᓇ ᐊᑦᑕᕐᓇᖅᑐᓂ ᓯᓚᐅᑦ ᐃᓚᖕᒋᑎᒍᑦ/ ᖃᓄᐃᓐᓂᖕᒋᑎᒍᑦ, ᖁᖕᓂᐅᔭᑦ, ᐊᒻᒪᓗ ᐊᑯᓂᐅᓇᕐᓂᖅᓴᐅᓪᓗᓂ ᐃᖕᒋᕐᕙᕆᓗᒍ..

ᖃᓈᑦ ᓯᐅᕙᓪᓕᐊᓂᖓ 1990 ᓯᕗᓂᖓᓂᒃ

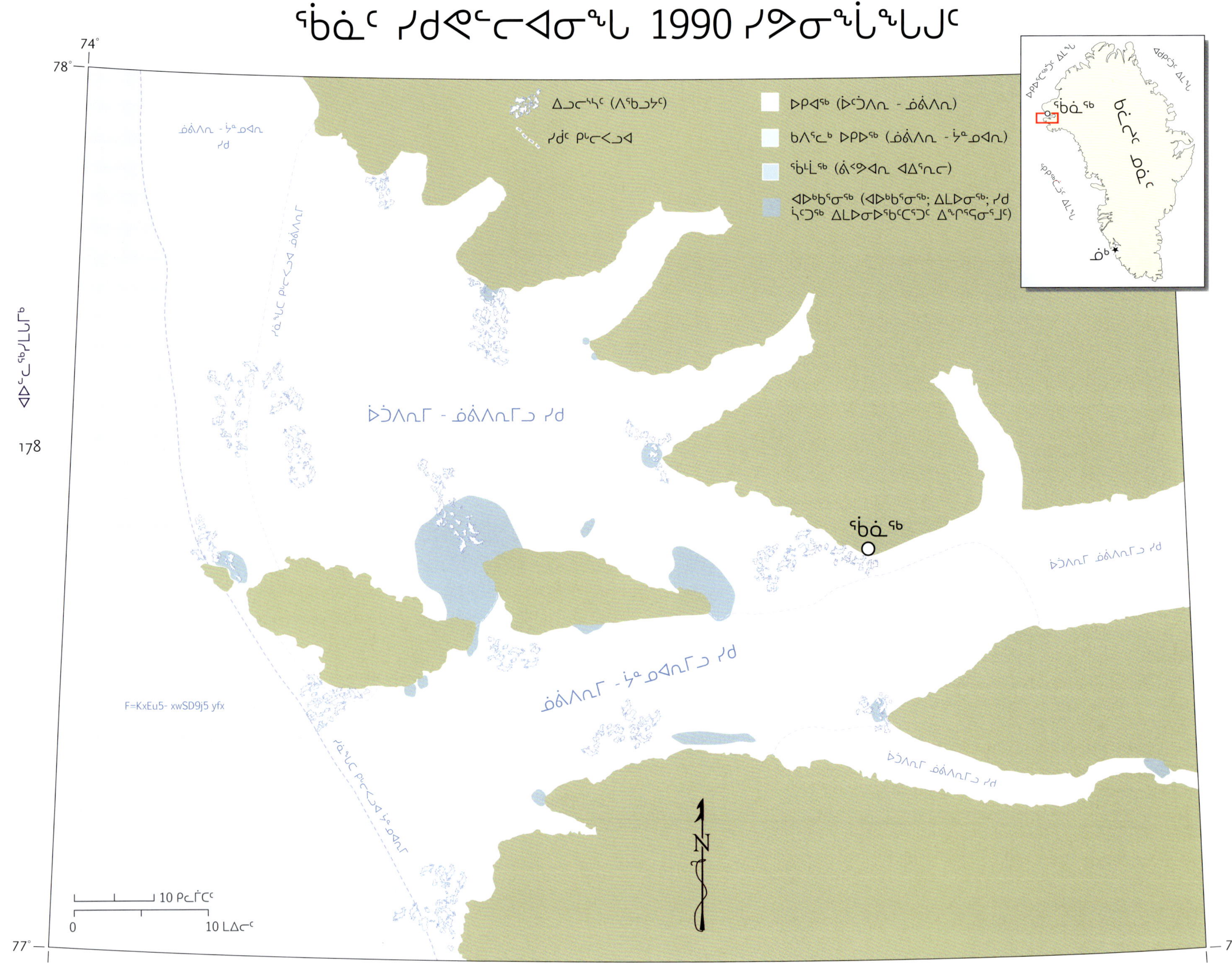

ᐆᒪ ᓄᓇᙳᐊᖅ ᑕᑯᔅᓴᕐᑎᑕᐅᓯᒪᓂᖓ ᖃᓈᖅ ᓯᐅᕙᓪᓕᐊᓂᖓᓂ 1990-ᑦ ᓯᕗᓂᖓᓂᒃ. ᖃᐅᓪᓗᖅᑕᖅ ᑕᒪᓇ ᓯᑯᒥᒃ ᓇᓗᓇᐃᖅᓯᓯᒪᔪᖅ ᑲᖏᖅᑐᓂᒃ ᓯᑯᓯᒪᔪᖅ ᓯᓪᔭᒥᑦ ᑭᑎᒍᑦ ᐆᑑᐱᓇᒥᑦ ᑏᓲᐱᓇᒧᑦ ᓈᕗᐊᓇᒥᑦ ᐊᐃᕐᓇᓕᒧᑦ ᓯᓈᖓᓂᑦ ᐃᑭᖅᒧᑦ (ᓄᓇᙳᐊᑦ ᑕᑯᔅᓴᐅᓂᖓᑕ ᐅᖓᑖᓄᑦ). ᑕᒪᒃᑯᐊᓗ ᐊᐅᒃᑲᖅᓂᑦ ᑕᑯᔅᓴᐅᑎᕙᑦ ᐊᒻᒪᓗ ᐱᖅᑲᓗᔾᐃᑦ ᑖᒪᓂᐸᓗᓯᙳᑎᓪᓗᑎᒃ ᖃᓂᒋᔾᔪᓂ.

ᖃᓈᑦ ᓯᑯᓖᓪᓕᐊᓂᕕᓂᖓ
2008 2009-ᒥ ᓯᑯᖃᕐᓇᓂᖓᓂ

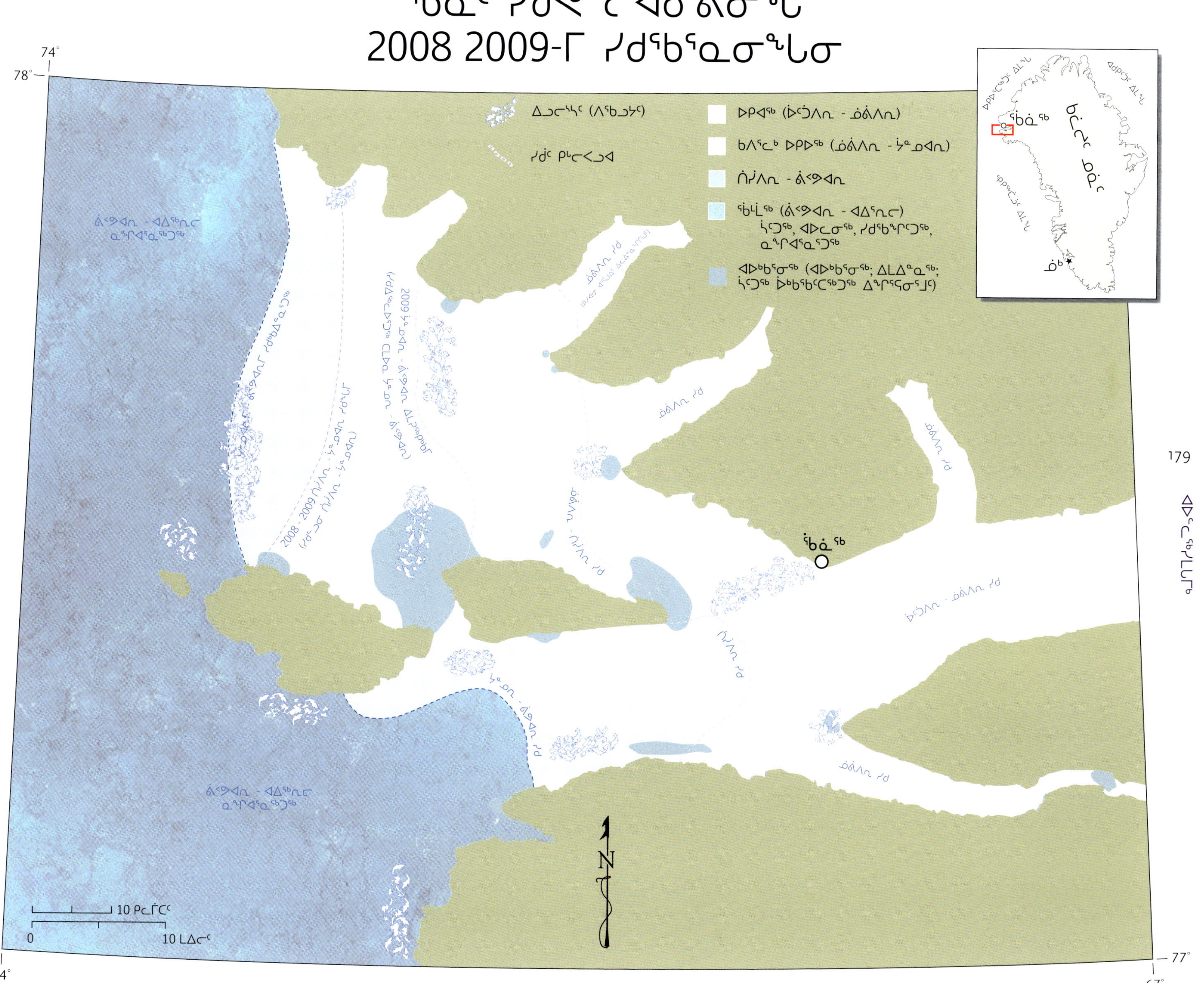

ᐅᓇ ᓄᓇᙳᐊᖅ ᑕᑯᒃᓴᖅ ᐊᓯᔾᔨᖅᓯᒪᔪᑦ ᖃᓈᖅᐸᓯᙵᒧᑦ ᖃᓂᒋᔮᓄᑦ ᐊᑐᖅᑐᒍ 2008 - 2009 ᓯᑯᓯᒪᓂᖓ ᐆᒃᑑᑎᒋᑦᑐᒍ. ᐃᑖᒃᑲᓐᓂᖅ, ᐅᔾᔨᕐᓇᕈᐊᙳᐊᕐᓂᖓ ᑕᕝᕗᓇ ᓄᓇᙳᐊᒃᑯᑦ ᐊᔾᔨᒋᔪᓐᓂᕐᒪᒍ ᑕᒪᐅᙵᐅᔪᕕᓂᕐᒥᑦ 1990 ᓯᕗᓂᓇᓚᐅᖅᑕᖓᓂᑦ ᐃᒪᖅᑕᒃᑲᓂᖅᑳᓗᓕᖅᑐᓂ ᐃᖏᕐᕋᓂᖓᓗ ᐊᒻᒪᓗ ᓵᓐᓂᖓ. ᖃᐅᔨᓴᕐᑎᐊᕐᓗᒍ ᑭᓯᐊᓂ ᐊᒻᒪᓗ ᑕᐃᒃᓯᒪ ᓄᓇᙳᐊᙳᖃᑖᑦ ᐊᔾᔨᒋᖕᒋᒻᒪᒍ ᓯᕗᓪᓕᐅᑦ ᑐᑭᓯᑦᑎᐊᕐᓗᒋᑦ ᑕᒪᒃᑯᐊ ᓇᓗᓇᐃᖅᓯᒪᓂᖏᑦ ᐱᖃᓯᐅᑎᑦᑎᐊᕐᓗᒋᑦ. ᑕᑉᐱᖓ ᑎᓇᖅᑯᐊᓂᑦᑐᖅ ᓴᐅᒥᖓᑦᑐᓂ ᑕᒪᓐᓇ ᓯᑯᒋᔭᕕᓂᖓ ᓯᑯᖃᕈᓐᓂᖅᑐᖅ ᔮᓐᓄᓇᒥ ᕖᕝᕗᐊᓇᒥᒍ ᓯᑯᖃᖅᑐᕕᓂᐅᓚᐅᕐᒪᑦ. ᑕᑉᐸᓐᓇ ᓯᑯᔪᕕᓂᐅᓚᐅᕐᒪᑦ ᐅᑦᑐᐱᓇᐅᑎᑦᑐᒍ ᓯᑯᖃᑦᑕᕈᓐᓂᖅᑐᖅ ᓅᕕᐱᓈᕋᓚᐅᕐᖏᓐᓂᖓᓂ, ᑎᓯᐱᓇᒥ, ᐅᖄᓗᓐᓂᑦ ᔭᓐᓄᐊᓇᒥᓪᓚᓈᒃ. ᑲᖏᖅᑐᐃᑦ ᐅᑦᑐᐱᓇᐅᑎᑦᑐᒍ ᓯᑯᔪᕕᓃᑦ ᓯᑯᖃᑦᑕᕐᒪᓇᑎᒃ ᓅᕕᐱᓇᕈᓚᐅᕐᖏᓐᓂᖓᓂ.

ᑖᓯᒪ ᐅᓂᒃᑳᖑᓂᕐᒧᐊᖑᓂᖓᒍᑦ (ᑕᒪᑐᒪ ᐅᓂᒃᑳᓇᔾᔪᓂᖓ ᓇᓪᓚᖅᓯᒪᓂᖓᓂ) ᑕᒪᓐᓇ ᓱᒃᑯᑦ ᐃᖏᕐᕋᖅᑕᕐᓂᖅ, ᖃᓇᕐᒥᐅᑦ ᐃᖅᑲᐅᒪᑎᑦᑎᖓᒪᑕ ᐅᕙᑎᓐᓂᒃ ᓱᒃᑯᑦ ᐃᖏᕐᕋᖅᑕᕐᓂᑦ ᐊᒻᒪᓗ ᓄᓇᒃᑯᑦ ᐃᖏᕐᕋᖅᑕᕐᓂᖅ ᖃᓂᒌᒃᑑᖓᓂᒃ ᐊᑐᐸᓘᔭᕐᒪᑎᒃ. ᑕᒪᒃᑯᐊ ᐊᑐᖅᑕᐅᓗᐊᙵᐊᖅᑕᖅᑐᑦ ᑕᒪᕐᒥᒃ ᓱᒃᑯᑦ ᓄᓇᒃᑯᓪᓗ ᐊᑐᖅᑕᐅᖅᑕᕐᒪᑎᒃ, ᓄᓇᑖᑦᑕᐅᖅ ᐊᓯᖏᑦ ᑕᐃᒪᐃᒃᑭᓪᓗᑎᒃ. ᐅᑭᐅᒃᑯᑦ, ᓱᒃᑯᑦ ᐃᓚᓂᐅᖅᑕᖅᑐᖅ ᓄᓇᒃᑰᖅᑕᓇᐊᖅᑲᐅᖅᑕᕐᒪᑕ, ᐊᒻᒪᓗ ᑕᒪᐅᓇ ᐃᖏᕐᕋᕙᖏᖅᑕᓪᓚᖅᐸᒃᑭᓪᓗᑎᒃ.

ᓄᓇᒃᑯᑦ ᐃᓚᓐᓃᑦ ᐱᑦᑕᓇᐊᓘᖓᒪᑕ ᖃᓇᕐᒥ ᐊᒻᒪᓗ ᐱᔾᔪᑎᒋᓗᐊᙵᐊᓇᓪᓗᑎᒍᑦᑕᐅᖅ ᐱᓚᓇᐊᓇᔾᔪᑦ ᓱᑯᒥ ᐅᖅᑲᐅᑎᒋᓗᐊᙵᐊᓇᓪᓗᑎᒍᑦ ᓄᓇᓚᖓᓂ. ᓱᒃᑯᑦᑕᐅᖅ ᐃᓚᓂᖅᑎᑐᑦ, ᓄᓇᒃᑯᑦ ᐃᓚᓐᓃᑦ ᐊᓯᔾᔨᕐᒥᖓᒪᑕ ᐊᒻᒪᓗ ᐊᑐᖅᑕᐅᖅᑕᕆᓐᓂᖅᑐᑎᒃ ᐱᔾᔪᑎᖅᑲᕐᒥᔪᑦ ᐊᑐᖅᑕᐅᖅᑕᖅᑐᑦ ᐊᓯᕆᖅᓯᒪᓚᕐᓂᖏᓐᓄᑦ, ᐊᐱᖅᑕᖅᑐᑎᑐᑦᑕᐅᖅ.

ᐊᑐᓚᖅᑎᓐᓂᐊᕆᑦᑐᒍ ᑕᒪᒃᑯᐊ ᐱᓗᐊᓇᖏᔭᕗᑦ ᓄᓇᒃᑯᑦ ᐃᓚᓐᓃᑦ, ᖃᓇᕐᒥᐅᑦ ᑎᑎᖅᑐᐃᓯᒪᖏᒪᑕ ᐃᓚᓂᓇᔾᔪᔪᓇᖅᑐᓂᒃ ᑖᒪᓂ ᐊᕙᑎᒥᓂᒃ. ᓄᓇᙳᐊᒃᑯᑦ ᑕᑯᖅᑯᔾᔨᖓᒪᑕ ᐃᓚᓂᓇᔾᔪᖅᑕᖅᑐᕙᓂᕐᓂᒃ ᓇᔪᖅᑕᒥ ᖃᓂᕆᔭᒥᓃᑦᑐᓂ, ᐃᓚᖏᑦ ᐊᑐᖅᑕᐅᔪᓐᓇᖅᑐᑦ ᓯᓚ ᐃᓚᖏᑦᑐ ᐊᑐᖅᑕᐅᖅᑕᕈᓐᓃᖅᑐᑦ ᓇᖏᐊᕐᓇᖅᓯᓗᐊᕐᓂᖏᓐᓄᑦ. ᐃᓚᓂᖏᑕ ᐊᑎᖏᑦ ᐊᑐᖅᑕᐅᓚᐅᓲᑦᓗ ᐊᑎᖏᑦ ᑕᑯᔭᐅᕙᑦ.

ᐃᓘᓪᕼᐅᐃᑦ ᓄᓇᒃᑯᑦ ᐃᓚᓂᕐᓂᒃ ᐅᐊᑦᑎᐊᕈᐊᓗᓂᑦ ᐃᓚᓂᓇᖅᑕᖅᓯᒪᖕᒪᑦ, ᑭᓯᐊᓂ ᐃᓚᖓᑦ ᐊᔾᔨᓚᐅᖅᑕᐅᓯᒪᔪᖅ ᐆᒪ ᐆᓴᖅᑳᒃ ᖁᔭᐅᑭᑦᓴᖅ ᑕᐃᓯᒪᓂ 1970-ᒥ ᐊᓯᕈᖅᐸᓪᓚᐊᖓᒪᑕ. ᑕᒪᒃᑯᐊ ᐊᓯᖏᑦ ᐊᑐᖅᑕᐅᖅᑕᕐᒪᑕ ᐊᑯᓚᐃᓐᓂᖅᓴᐅᓚᖅᑐᒥᒃ ᑕᒪᒃᑯᐊ ᓱᒃᑯᑦ ᐃᓚᓐᓃᑦ ᓇᖏᐊᕐᓇᖅᑕᓚᖅᐸᓪᓚᐊᑎᓪᓗᑎᑦ.

ᖄᓈᖁᒥᐅᑦ ᐃᒡᓕᓯᓂᖏᑦᑕ ᐊᑎᖏᑦ

Etah area map (northern half)

1. INUARFISSUUP KUUSSUA
2. NUUPALUMMUT AQQUTAA
3. NAUJAALIKKOORIAQ
4. ANORITUUKKOORIAQ
5. QAMAARFIKKOORIAQ
6. AUNNARTUKKOORIAQ
7. QALLUNAALIKKOORIAQ (IITALLUAKKOORIAQ)
8. TAHERARTALIKKOORIAQ
9. IITAKKOORIAQ
10. UINGAHUKKOORIAQ
11. ITULLIARSUKKOORIAQ
12. ITULLERSUAKKOORIAQ
13. ARFALLAORFIKKOORIAQ
14. NEQIKKOORIAQ
15. TORSUKATTAKKOORIAQ
16. NAUJATUUKKOORIAQ

17A. IKINIKKOORIAQ

18. ITERLASSUAKKOORIAQ
19. KANGERLUARSUKKOORIAQ
20. QUTAERLUT *two locations
21. QALLUUSAKKOORIAQ
22. SERMIARSUKKOORIAQ
23. PAORNARSUAKKOORIAQ
24. QAANAAKKOORIAQ
25. QUINISUKKOORIAQ

Grønland area map (southern half)

26. NARSAKKOORIAQ
27. PINGUARSUKKOORIAQ
28. KISSAVIARSUKKOORIAQ
29. ITULLERSUAKKOORIAQ
30. NARSAP KANGIATIGOORIAQ
31. NUNATAARSUKKOORIAQ
32. ITULLIARSUKKOORIAQ
33. MORIUSAKKOORIAQ
34. ULLIKKOORIAQ
35. UUMMANNAKKOORIAQ
36. HIOQQAP KOORORRUAKKOORIAQ
37. NARRAARRUKKOORIAQ
38. KANGAARRUKKOORIAQ
39. QUARAUTIKKOORIAQ
40. ITERLAKKOORIAQ
41. ILLUARSUKKOORIAQ
42. SAVISSUAKKOORIAQ
43. PAAKITSUKKOORIAQ
44. ISSUISSUKKOORIAQ
45. APPATIGOORIAQ
46. HUKKATIGOORIAQ
47. INNAANGANERTIGOORIAQ
48. PUISILIKKOORIAQ
49. QANGARSUARLI AQQUTAASIMASUT NAVIANARTUT
50. SAVEQARFIKKOORIAQ
51. PUISILLUARSUKKOORIAQ
52. QARMAKKOORIAQ
53. AAPPILATTORSUAKKOORIAQ
54. UPERNAVISSUAKKOORIAQ
55. IHUSSIKKOORIAQ
56. ASUNGAANNGUAKKOORIAQ / KIATAKKOORIAQ
57. NATSILIVIUP QINNGUATIGUUKKOORIAQ

ᖄᓈᕐᒥᐅᑦ ᐃᓪᓚᓂᖕᒋᓐᓄᑦ ᓄᓇᖑᐊᖅ ᐅᐊᑦᑎᐊᕈᖅᓂᓴᐃᑦ ᐊᑐᖅᑕᐅᖃᑦᑕᖅᑐᓪᓗ

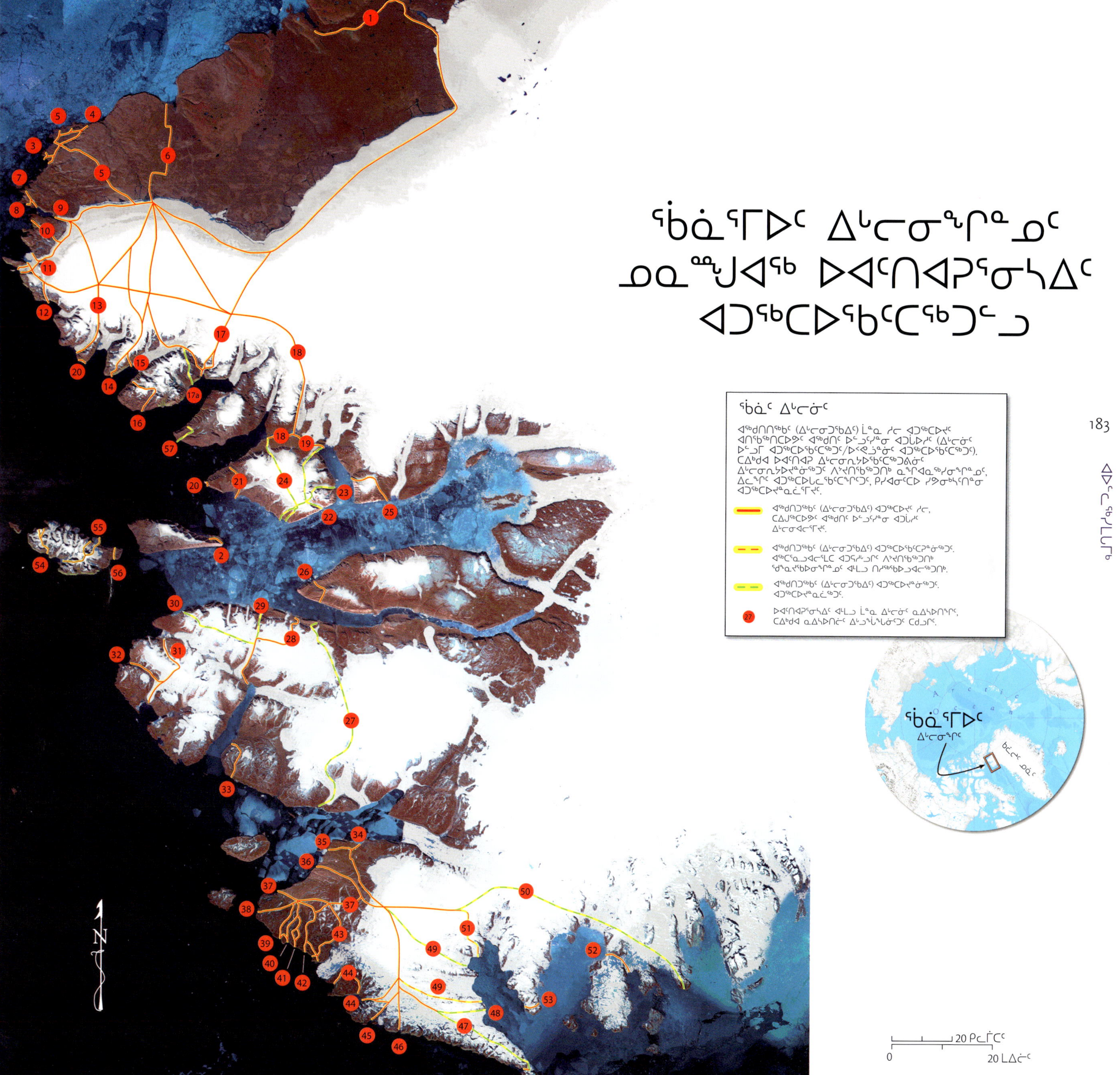

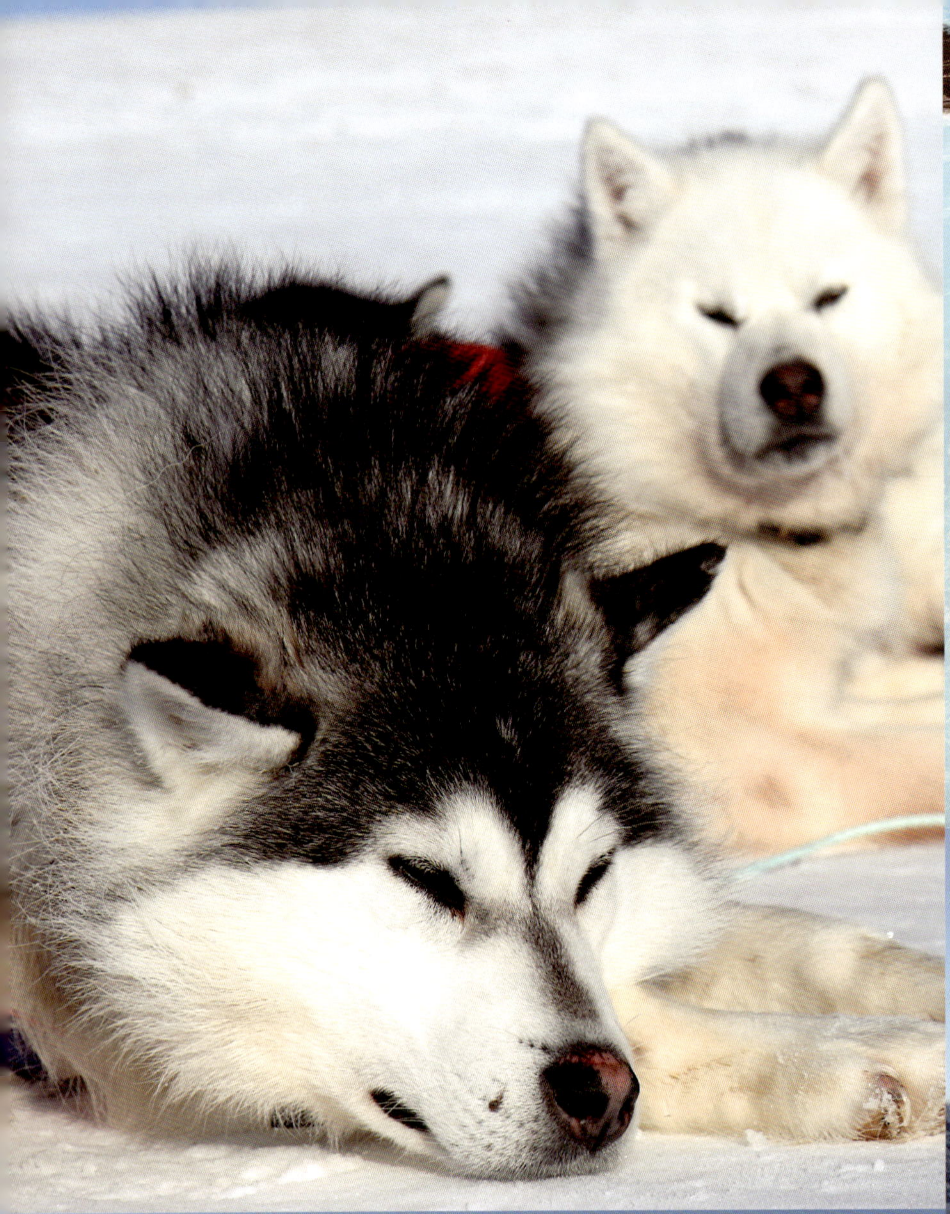
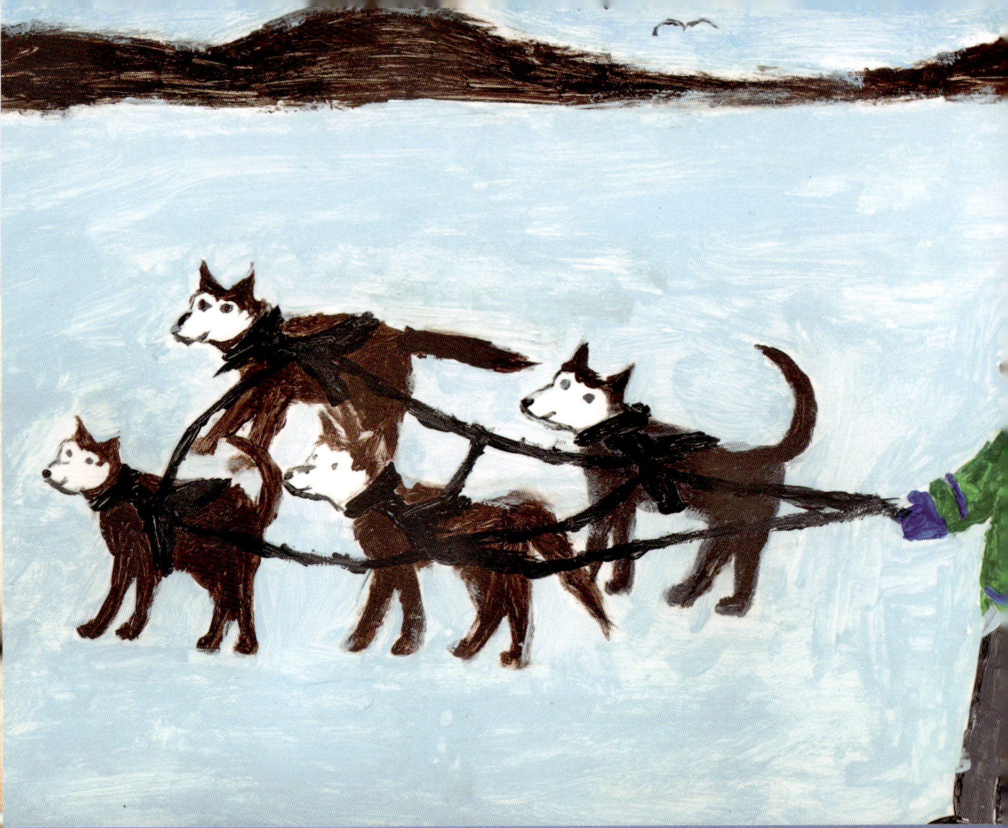
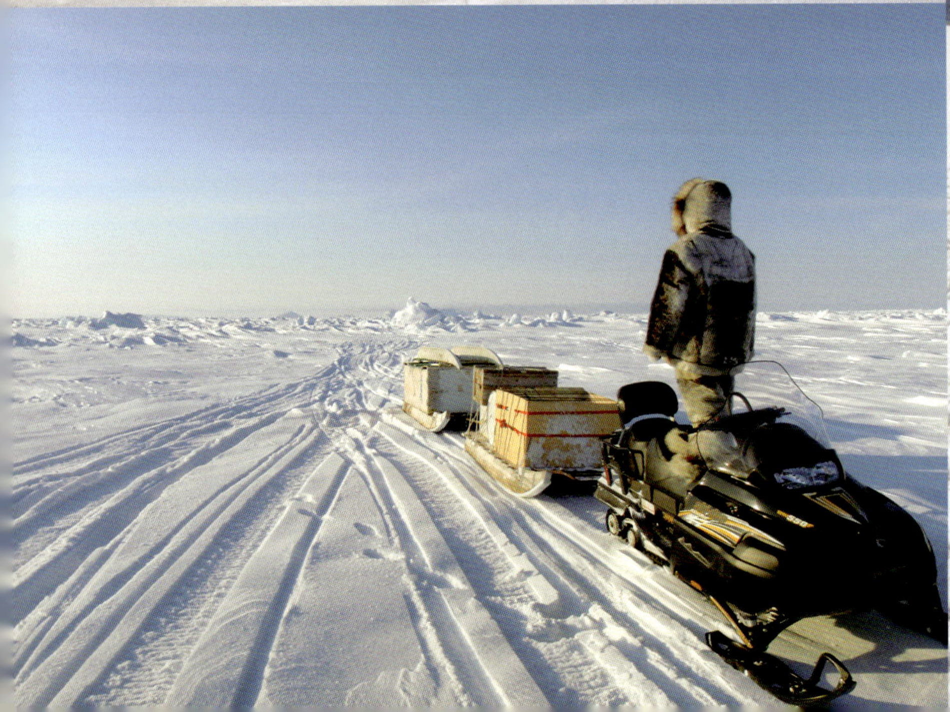
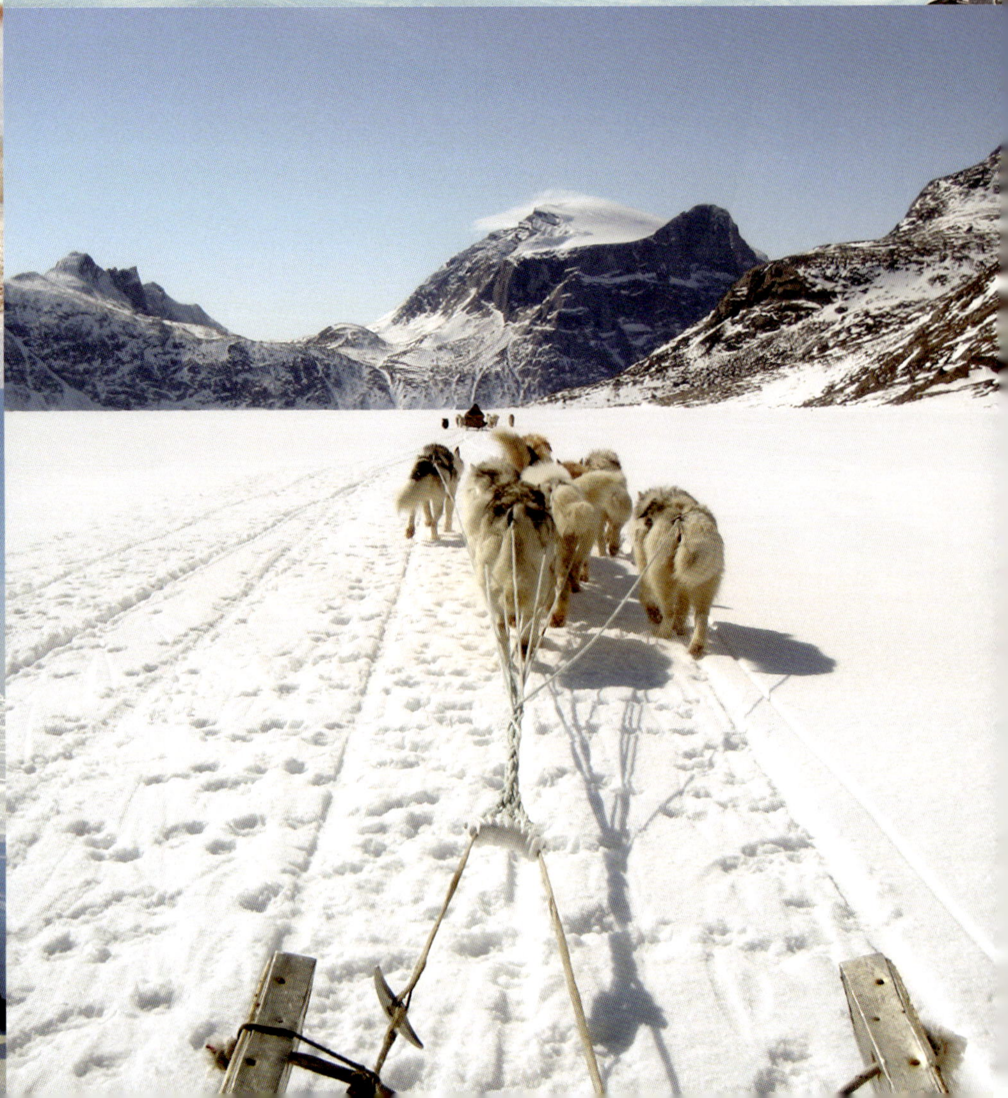

ᑲᖏᖅᑐᒫᐱᖕᒥᐅᑦ ᓄᓇᖅᑲᖅᕙᕆᖅᑲᑦᑕᖅᑕᖏᑦ ᖃᖓᑐᐃᓐᓇᒃᑯᑦ ᐊᒻᒪᓗ ᓯᑰᑦ ᐊᑐᖅᑕᐅᓂᖅᑲᑦᑕᖅᑕᖓᑦ

ᑲᖏᖅᑐᒫᐱᖕᒥᐅᓄᑦ, ᓄᓇᑯᑖᒃᑕᖅᑲᖅᑐᓄᑦ, ᐃᓅᕈᖅᑲᖅᑐᓄᑦ ᑲᖏᖅᑐᖕᒥᓂᒃ, ᓯᑯ ᑕᒪᓐᓇ ᐱᕙᒃᓴᐅᖅᑲᑦᑕᖅᑐᓂ ᐃᓱᒪᖅᓱᖅᓇᖅᑐᓂᓗ; ᐃᖏᖅᕼᕙᕆᔭᕆᐊᖓ ᐱᔭᖅᓂᖅᑐᓂ ᑕᒻᑯᐊ ᐅᐸᑲᑕᕆᐊᖏᑦ ᐊᖑᓇᓱᒻᕚᑦ, ᓄᓇᖅᑲᑲᐃᓇᖅᕙᒃᓴᐃᑦ, ᐊᒻᒪᓗ ᑕᒪᓐᓇ ᐊᕙᑖ. ᑕᒪᓐᓇ ᓱᑯᖅᑲᖅᑎᑦᓗᒍ ᐃᒪᐃᒃᑭᒍᖅ ᐊᖑᓇᓱᒃᑏᑦ ᐅᐸᒍᒪᔭᒥᓄᑦ ᐃᖏᖅᕼᔪᓐᓇᖅᐸᑦ ᑲᖏᖅᑐᖑᑦ ᖁᓗᒃᓯᖅᓗᑎᒃ ᐆᕙᓘᓐᓃᑦ ᓯᑭᓗᒃᑯᑦ, ᐊᒻᒪᓗ ᓇᐱᓯᔪᓐᓇᖅᑐᑎᑦ (ᐃᑳᕈᓐᓇᖅᑐᑎᒃ) ᑲᖏᖅᑐᖕᒥᒃ ᐃᖏᖅᕼᓂᖅᒥᓂ ᐊᐳᑎᖅᑲᖅᑐᒃᑯᑦ ᓱᑯᒃᑯᑦ ᐊᒻᒪᓗ ᑕᒪᓐᓇ ᐅᐊᑦᑎᐊᕈᓂᑦ ᐊᑐᖅᑕᐅᖅᑲᑦᑕᖅᑐᑐᖅᑲᖅ ᐊᑐᖅᓗᒍ ᓰᖅᓗ ᐃᓯᕙᖕᖓᔪᑎᑐᑦ, ᓯᐊᒻᒪᖅᓯᒪᓂᖕᖓᓄᑦ, ᐅᖕᖓᓯᒃᓯᓯᒪᓂᐅᓪᓗᓂ ᓰᖅᓗ ᐃᓄᒐᖅᑎᑐᑦ ᓄᓇᖕᖓ ᐊᓂᒐᔭᖅᐳᑎᑦ ᑕᒫᙵᑦ ᖁᑭᖅᑖᕈᑦ ᓄᓇᖕᖓᓂᑦ ᖁᑭᖅᑖᕈᑦ ᐃᒪᖕᖓᓄᑦ.

ᑕᐃᔅᓱᒪᓂ ᑲᖏᖅᑐᒫᐱᖕᒥᐅᑦ ᓇᒥᑐᐃᓐᓇᑦᑎᐊᖅ ᓄᓇᖅᑲᖅᐸᓚᐅᖅᓯᒪᒐᒥᒃ ᑕᐃᒫᒃ ᐃᓅᓯᖅᑲᖅᑐᑎᒃ, ᐃᓅᓯᖅᒥᑎᒍᑦ ᐊᑐᖅᑕᐃᓐᓇᖅᐳᑦ ᐊᖅᑭᒎᑦ ᐃᓚᖕᖑᒍᑦ ᑕᒃᑯᐊ ᓇᓪᓕᖅᑐᑦ ᐊᑐᓪᓕᖅᐸᒃᑐᓂᔾᔪᒃ ᓂᖅᔪᑎᓪᓗ. ᓇᒥᑐᐃᓐᓇ ᓄᓇᖅᑲᐅᖅᑐᑦ ᐊᑐᖅᑕᐅᖅᑲᑦᑕᓚᐅᖅᓯᒪᖕᒪᑕ ᖃᖑᑐᐃᓐᓇᒃᑯᑦ ᐊᖅᑭᒎᑦ ᐃᓚᖕᖑᒍᑦ, ᐱᔪᒪᔭᒥᓂᑦ ᐱᓇᓱᖅᑲᑦᑕᖅᑐᑎᒃ ᑕᒪᓐᓇ ᓇᔪᖅᑕᖕᖑᑦᑕ ᖃᓂᒌᔭ ᐱᑕᖅᑲᐅᖅᑎᓪᓗᒍ. ᐊᒥᓱᐊᖅᑎᖅᑐᑎᒃ, ᓯᓚᑦ ᐅᐸᒍᒪᔭᕐᒥᓄᑦ ᐊᐃᖅᑲᑦᑕᓚᐅᖅᐳᑦ ᓄᓇᒥᑲᐃᓐᓇᕈᒪᔭᕐᒥᓄᑦᓗ. ᓄᓇᒥᔭᐅᑲᐃᓐᓇᖅᑐᑦ ᓇᔪᖅᑕᐅᖅᑲᑦᑕᖅᓂᖅᐳᑦ ᐅᑭᐊᒃᓵᒃᑯᑦ, ᐅᑭᐊᓪᓚᕙᕆᔭᐅᓪᓗᑎᒃ ᓯᑯᑦᑏᓪᓗᒍ ᐊᓯᖏᑦᑕᐅᖅ ᓄᓇᖅᑲᕙᐅᔭᑦ ᐅᐱᖅᖏᕙᐅᖅᑲᑦᑕᖅᑎᓇᒍᑦ, ᐃᓚᖏᑦ ᐊᐅᔭᒃᑯᑦ, ᐊᒻᒪᓗ ᐃᓚᖏᑦ ᐊᖅᑯᑎᓕᖅ. ᓯᓂᒃᑕᖅᕙᐅᑐᖅᑲᐅᔭᖅᑲᑦᑕᖅᓂᖅᒥᔭᑦ (ᐃᓛᒃ ᓄᓇᕆᔭᐅᓗᑎᑦ) ᐅᑭᐅᒃᑯᑦ ᓯᑯᑐᐃᓐᓇᖅᒥ. ᓄᓇᖅᑲᖅᕙᐅᔭᕙᓂᖅ ᐊᑐᖅᑕᐅᓂᖏᑉᐸᑦ ᖃᖓᑯᑦ ᓯᓚᐅᑦ ᐊᕙᑎᑦᑕᓗ ᓈᒻᒪᓈᖅᓂᖓᑐᑦ, ᐃᒪᐃᖅᑲᑦᑕᖅᓂᕆᒍᑦ ᐃᓄᖏᑦ ᐊᓯᖏᓐᓂᑦ ᐱᑕᕆᓂᐊᖅᒥᒃ ᓇᒥᑐᐃᓐᓇᖅ, ᐊᖑᓇᓱᖏᓂᖅ ᓇᔪᖅᓴᖅᑕᒥ ᐊᓯᐊᓂᒃ, ᐅᑯᐊᓗᐊᓐᓂᑦ ᐱᑕᖅᑲᖅᓂᐅᔪᖅ ᐅᐸᒃᑕᐅᖓᖅᑐᓂ ᓂᔪᑎᖅᓯᖅᓴᒃᐸᑉ ᐅᑯᐊᓗᐊᓐᓂᑦ ᑕᒪᓐᓇ ᓇᔪᓚᔪᓯᑦ ᓈᒻᒪᓈᖅᓂᖅᐸᑉ ᓯᓚᖓᑕ ᐅᐊᓚᖓᓂᒃ. ᓄᓇᐃᑦ ᐊᑎᖏᑦ ᐃᓄᐃᑦ ᓇᔪᖅᑕᖏᓐᓂ ᓄᓇᖅᑲᕐᒥᐅᑦ ᖃᐅᔨᒪᓕᖅᑐᑎᒃ ᖃᐅᒪᔪᒥᒃ ᓄᓇᐅᑉ ᒥᑭᓐᓂᑦ, ᑭᓯᖅᓂᖏᑦ, ᑕᒪᓐᓇ ᐊᕙᑖ, ᓯᓚᖓ, ᐃᓗᖅᑲᕕᒃᓴᐅᓂᖏᑦ, ᐅᖅᑰᓂᖏᑦ ᐅᐊᑎᐊᕈ ᖃᐅᒪᓂᕙᓂᖏᑦ ᐊᐅᖅᑐᖅᑲᕙᓂᖏᑦ (ᑕᑯᓗ ᓄᓇᐃᑦ ᐊᑎᖏᑦ ᐱᖓᓱᐃᑦ ᓄᓇᓕᖕᓂᑦ ᐅᑭᐅᖅᑕᒥ ᑕᒫᓂ ᐅᓂᒃᑳᓴᐅᓯᒪᔪᓂ).

ᐃᓛᒃ ᑖᒃᑯᐊ ᓄᓇᖖᑯᐊᑦ ᐱᔪᑎᖅᑕᐅᓯᒪᓪᓚᑦ ᑎᓴᒪᐃᓂᒃ ᐊᖅᑭᒍᑦ ᐊᑐᓯᓂ ᑖᑯᐊ ᓇᓗᓇᐃᖅᓱᓗᑎᑦ ᖃᖓᒃᑯᑦ ᓄᓇᕆᔭᐅᖅᑲᑦᑕᖅᑐᑦ ᐊᑐᖅᑕᐅᔪᓐᓇᖅᑕᖏᓐᓂᒃ ᑖᒃᑯᓇᓂ ᖃᓂᒋᔭᐅᔪᓂ, ᖃᐅᔨᒪᔭᐅᓇᐊᖅᑲᕐᒥᔭᖅᑕᐅᖅ ᑖᒃᑯᐊ ᐃᓄᐃᑦ ᑖᒃᑯᓇᙵᑦ ᓯᓚᕐᔪᐊᖅᓯᒪᖕᒪᑦ 6-ᓂᒃ ᓇᓪᓕᐅᔾᔭᖅᑐᓂᒃ ᐊᖅᑭᒍᑦ, ᓇᓗᓇᐃᖅᓯᓯᒪᓕᖅᓗᑎᓪᓗ ᐅᖅᑲᐅᓯᖅᑕᖏᓐᓂᒃ ᐊᑐᖅᑕᐅᖅᑲᖅᑕᐅᑦ ᑕᒃᑯᓇᖓᑦ, ᒪᑯᐊᓗᑦᑕᐅᖅ ᑕᖅᑮᑦ ᐊᖅᑭᒍᑦ (ᑕᑯᓗᑦ ᑲᖏᖅᑐᒫᐱᒃ ᓂᖅᑮᑦ ᓱᑯᑦ ᓇᓗᓇᐃᖅᓯᒪᔪᑦ ᐊᒻᒪᓗ ᐅᖅᑲᐅᓯᖅᑕᖏᑦ, ᖃᓄᐃᓕᐅᖅᑲᖅᑕᖅᓯᒪᖕᒪᑦ, ᐊᒻᒪᓗ ᓇᓪᓕᖅᑲᖅᑐᑦ ᓯᓪᓕᖏᑦ ᐊᖅᑭᒍᑦ ᑲᖏᖅᑐᒫᐱᒃ, ᑕᓕᒃ ᓂᖅᑭᓂᖅᑐᑎᒃ ᐅᖅᑲᐅᑎᖅᓯᒪᔪᓂ). ᑎᓴᒪᑦ ᓯᓚᖏᑦ ᓇᓪᓕᐅᔾᔭᖅᑐᑦ ᓈᒻᒪᒃᑐᐊᓚᑦ, ᑭᓯᐊᓂᓪᓕᖅᑕᖅ, ᓇᓗᓇᐃᖅᑐᐃᓐᓇᖅᑲᖅᑕᓪᓗᑦ ᑕᒃᑯᐊ ᓄᓇᖅᕙᕆᔭᐅᓚᐅᕐᓯᒪᕆᐊᖅᑎᑦ ᐅᐸᒍᓐᓂᑦ ᑕᒃᑯᐊ ᐊᑐᖅᑕᐅᓕᖅᑲᖅᑐᑦ ᑕᒃᑯᐊ ᐊᖅᑭᒃᑲᓐᓂᖅᓯᒪᔭᖅᑲᐅᖕᒪᑦ ᐅᐸᒍᓐᓂᑦ ᑕᖅᑭᖏᑦ. ᑖᒃᑯᐊ ᓄᓇᙳᐊᑦ ᑐᐱᖅᑎᑦᑎᖕᒪᑦ ᐃᒪᐃᓕᖓᔪᒃ ᐱᐅᓗᒃ ᑐᐱᓯᓇᑎᖏᑦ ᐅᓪᓗᓄᑦ ᐊᑑᑎᓕᖅᓗᒃ ᓇᓪᓕᖅᓯᒪᓕᖅᑐᓄᑦ ᐊᕐᕌᒍ ᐃᓚᖖᒍᑦ ᐊᒻᒪᓗ ᐃᓕᑲᓐᓂᖅᑕᖅ ᐃᒪᐃᖅᑲᖅᓯᕙᒃᑐᑦ ᓇᓗᓇᐃᖅᓯᒪᖏᑦᑐᓗᐊᕐᓇᑐᑦ ᐊᑑᑎᓪᓗᑎᒃ ᐅᐸᒍᓐᓂᑦ ᐃᒪᖖᒍᓚᐊᖅᑎᓪᓗᒍ ᐊᑑᑎᓂᐊᖅᑐᑦ ᓇᓪᓕᖕᒋᑎᓪᓗᑦ ᓯᓇᓐᓇᓂᒃ. ᖃᐅᔭᒪᖅᓯᐅᑎᒥᒍᑦ ᐊᔭᕈᓂᖓ ᓇᓪᓖᑦᑎᐊᖅ ᑕᒃᑯᓄᓗ ᐊᐅᓪᓚᖅᓯᒪᓪᓗᑎᒃ ᓄᓇᖅᑲᐃᓐᓇᖅᑐᓄᑦ ᓇᔪᖅᑕᒥᓂ ᑦᕙᓂᑦᑕᐃᓐᓇᖅ ᓄᓇᖅᑲᖅᑲᖅᑕᖏᓇᒥᒃ ᑖᒃᑯᐊ ᐃᓚᒌᑦ ᓄᓇᑯᖁᔭᑦᑲᓚᐅᖅᓯᒪᓂᖏᓐᓇᒍ, ᑕᒃᑯᐊ ᓄᓇᖅᑲᖅᐸᖅᑲᓚᐅᖅᑐᑦ ᐅᑦᑐᒥ ᓯᑕ ᐊᑐᖅᑕᖅᐳᑦ.

ᓄᓇᖅᑲᖅᐸᖅᑲᖅᑐᑐᖅᑲᕙᓂᖅ ᐃᓚᒍᑦ ᐊᒻᒪᓗ ᓄᓇᐃᑦ ᐊᑎᖏᑦ, ᑕᐃᒃᑯᐊ ᓄᓇᖖᒍᐊᑦ ᑦᑕᓚᑦ ᐱᖅᑲᐅᖏᑦᑐᓂ ᑲᖏᖅᑐᒫᐱᒃ ᓯᑯᐊᑕ ᐊᑐᖅᑕᐅᓂᖓ, ᐊᖑᓇᓱᒻᕚᑦ ᐊᒻᒪᓗ ᐊᑐᕐᒥᓇᖏᓐᓂᖏᑦ ᐊᑐᓯᐊᒻᒪᖅᓇᖅᑐᑦ ᐅᔾᔭᖅᑐᑎᐊᖅᑐᓂ ᐃᖏᖅᕙᕆᑦᑐᑦ. ᓯᓈᖅᕙᕆᖅᑲᖅᑕᖓ ᐃᓛᒃ ᖃᓂᕆᔪᑦ ᓇᓗᓇᐃᖅᓯᒪᕆᒍᖅ, ᐱᑦᑐᐊᖑᕆᑦᑐᓂᖅᑕᖅ ᑕᒪᑐᒪ ᓇᓗᓇᐃᖅᓯᒪᓂᖓᑦ ᓇᓗᓇᐃᖅᓯᒪᓂᖓ ᑐᕌᖓᑦ ᑭᓪᓕᕆᔭᖓ ᐊᒻᒪᓗ ᐅᐸᒐᖅᑎᑦᓯᑦ ᑭᓪᓕᖓ ᓂᔪᑎᖅᓯᖅᑐᐅᓪᓚᑦ ᐊᖑᓇᓱᒃᐅᑦᓗᓂ. ᓯᓈᖓᑦ ᕵᖓᒍᑦ ᐃᒪᐅᓪᓚᑦ ᐊᒻᒪᓗ ᐊᐅᓚᓂᒃ, ᕗᑖᓗ ᐃᖏᖅᓯᐊᑦ ᐅᖅᑯᒍᑦ ᐊᓄᕆᖓᑦ ᐃᖏᖅᓂᖓᑦᓗ ᐊᐅᓚᖓᑦ ᖃᐅᖅᑖᕈᑦ ᐃᒪᖓᒍᑦ.

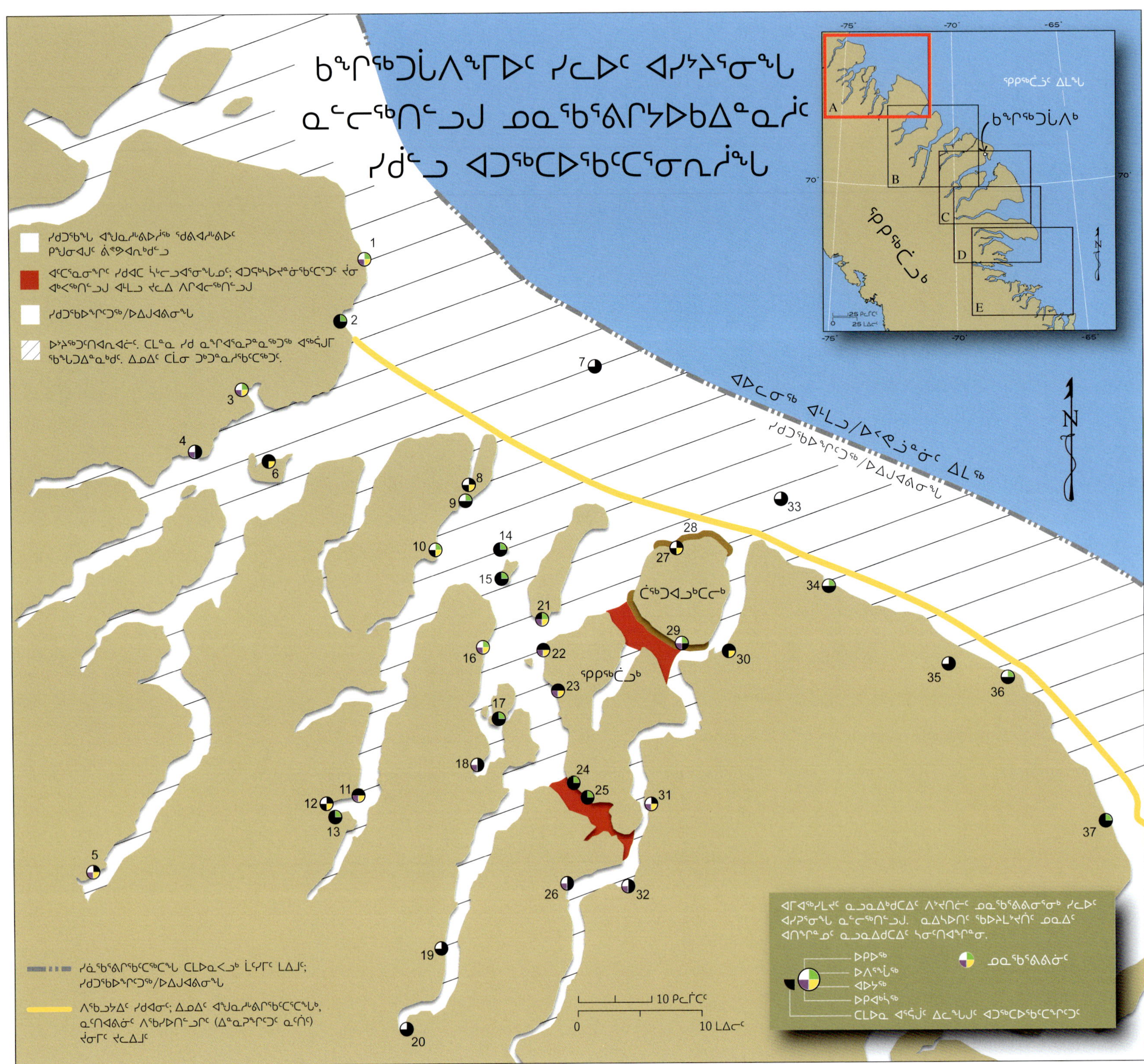
ᑳᖏᖅᑐᓘᐱᖕᒥᐅᑦ ᓯᓚᐅᑦ ᐊᓯᔾᔨᖅᓂᖓ
ᓇᓪᓕᖅᑎᓪᓗᒍ ᓄᓇᖅᑲᖅᕕᒋᔭᐅᑲᐃᓐᓇᓖᑦ
ᓯᑰᓪᓗ ᐊᑐᖅᑕᐅᖅᑲᑦᑕᖅᓂᓇᓖᖓ
ᓯᑯᖅᑲᖓ ᐊᖑᓇᓱᖕᕕᐅᓲᖅ ᖁᕖᐊᓱᖕᕕᐅᑦ ᑭᖑᓂᐊᒍᑦ ᕚᖑᐊᓇᒃᑯᓪᓗ
ᐊᑦᑕᕐᓇᓂᖏᑦ ᓯᑯᐊᑕ ᓵᓪᓚᓗᐊᕐᓂᖓᓄᑦ; ᐊᑐᖅᓴᐅᔪᓐᓃᖅᑲᑦᑕᕐᑐᑦ ᔫᓂ ᐊᒃᐸᖅᑎᓪᓗᒍ ᐊᒻᒪᓗ ᔪᓚᐃ ᐱᒋᐊᓕᖅᑎᓪᓗᒍ
ᓯᑯᖅᑲᐅᖏᑦᑐᖅ/ᐅᐃᒍᐊᕕᓂᖓ
ᐅᔾᔨᖅᑐᑦᑎᐊᕆᐊᓖᑦ. ᑕᒪᓐᓇ ᓯᑯ ᓇᖏᐊᖅᓇᕈᓐᓇᖅᑐᖅ ᐊᖅᓵᒍᒥ ᖃᖓᑐᐃᓐᓇᒃᑯᑦ. ᐃᓄᐃᑦ ᑕᒫᓂ ᑐᒃᑐᓐᓇᓱᒃᑲᑦᑕᖅᑐᑦ.
ᕿᑭᖅᑖᓗᒃ ᐃᒪᖓ
ᑳᖏᖅᑐᓘᐱᒃ
ᕿᑭᖅᑖᓗᒃ
A
B
C
D
E
-75°
-70°
-65°
70°
25 ᑭᓚᒦᑕ
25 ᒪᐃᓪ
ᐃᐅᓚᓂᖅ ᐊᒻᒪᓗ/ᐅᑉᐸᕆᔫᓐᓃᑦ ᐃᒪᖅ
ᓯᑯᖅᑲᐅᖏᑦᑐᖅ/ᐅᐃᒍᐊᕕᓂᖓ
ᑖᖅᑐᐊᓗᒃᑕᓪᓚᒃ
ᕿᑭᖅᑖᓗᒃ
1
2
3
4
5
6
7
8
9
10
11
12
13
14
15
16
17
18
19
20
21
22
23
24
25
26
27
28
29
30
31
32
33
34
35
36
37
ᓯᕈᖅᑲᕐᒥᖅᑲᑦᑕᖅᑕᖓ ᑕᒪᐅᓇᐸᒍᒃ ᒫᕐᓯᒥᑦ ᒪᐃᒧᑦ;
ᓯᑯᖅᑲᐅᖏᑦᑐᖅ/ᐅᐃᒍᐊᕕᓂᖓ
ᐱᖅᑲᔪᔭᐃᑦ ᓯᑯᐊᓂᑦ; ᐃᓄᐃᑦ ᐊᖑᓇᓱᖕᕕᒋᖅᑲᑦᑕᖅᑕᖓᒃ,
ᓇᑎᐊᕕᓃᑦ ᐱᖅᑲᓯᐅᑎᓪᓗᒋᑦ (ᐃᓐᓇᕈᖕᒥᑦᑐᑦ ᓇᑎᑦ)
ᔩᓂᒥᑦ ᔪᓚᐃᒧᑦ
10 ᑭᓛᒦᑕ
0
10 ᒪᐃᓪ
ᐊᒥᐊᖅᓯᒪᔪᑦ ᓇᓗᓇᐃᒃᑯᑕᐃᑦ ᐱᔾᔪᑎᓕᑦ ᓄᓇᖅᑲᖅᕕᒋᓂᖅᓂᒃ ᓯᓚᐅᑦ ᐊᓯᔾᔨᖅᓂᖓ ᓇᓪᓕᖅᑎᓪᓗᒍ. ᓇᐃᓴᐅᑎᑦ ᖃᐅᔨᒪᔾᔪᑏᑦ ᓄᓇᐃᑦ ᐊᑎᖏᓐᓄᑦ ᓇᓗᓇᐃᑯᑕᐃᑦ ᓴᓂᑦᑎᐊᖏᓐᓂ.
ᐅᑭᐅᖅ
ᐅᐱᕐᖔᖅ
ᐊᐅᔭᖅ
ᐅᑭᐊᒃᓵᖅ
ᑕᒪᐅᓇ ᐊᕐᓂᒧᑦ ᐃᓚᖓᒍᑦ ᐊᑐᖅᑕᐅᖅᑲᑦᑕᖏᑦᑐᑦ
ᓄᓇᖅᑲᖅᕕᓃᑦ

ᐊᕐᕌᒍᒥ ᓯᓚ ᐊᓯᔾᔨᕐᓂᖅᑕᑕ ᓇᓪᓕᕐᓂᕆᖃᑦᑕᖅᑕᖅᑎᑦ ᓄᓇᐃᓪᓗ ᐊᑎᖏᑦ ᓄᓇᙳᐊᖅ A

1	ᐃᒃᐲᑦ	Ikpiit
2	ᑰᕈᕐᔪᐊᖅ	Kuururjuaq
3	ᓄᐃᓚᑑᖅ	Nuilatuuq
4	ᑲᖏᖅᑐᐊᕐᔪᑯᓗᒃ	Kangiqtuajukuluk
5	ᐊᓇᐅᓕᕆᐊᓕᐅᑉ ᕿᙳᐊ	Anaulirialiup qinngua
6	ᕿᑭᖅᑕᓐ	Qikiqtan
7	ᑲᖖᕐᔫᑦ ᓵᖓ	Kangaarjuut saanga
8	ᑲᖖᕐᔫᑦ ᐃᑎᓪᓕᖓ/ ᑲᖖᕐᔫᑦ ᕿᙳᑯᓗᐊ	Kangaarjut qinngukulua
9	ᑕᓕᕈᐊ	Talirua
10	ᐅᑭᐊᓪᓕᕝᕕᒃᑕᖓ/ᕿᖕᓂᕝᕕᒃᑕᖓ	Ukialliviktanga/Qingniviktanga
11	ᐅᑭᐊᓪᓕᕝᕕᑦᑕᖓ/ᑲᖖᕐᔫᑦ	Ukialliviktanga/Kangaarjuut
12	ᑲᖖᕐᔫᑉ ᕿᙳᐊ	Kangaarjuup qinngua
13	ᐅᐱᕐᖏᕝᕕᒃ	Upingirvik
14	ᐊᓇᕈᓱᐊᕈᓯᖅ	Anarusuarusiq
15	ᐊᓇᕈᓱᒃ	Anarusuk
16	ᓇᖅᓴᖅ	Naqsaq
17	ᐊᒡᕚᕈᓯᐅᑉ ᕿᑭᖅᑕᖓ	Agvaarusiup qikiqtanga
18	ᐊᒡᕚᕈᓯᐅᑉ ᕿᙳᐊ	Agvaarusiup qinngua
19	ᐊᒡᕙᐅᑦ ᑲᖏᖅᑐᐊ	Agvaut kangiqtua
20	ᐊᒡᕙᐅᑦ ᕿᙳᐊ	Agvaut qinngua
21	ᓴᒃᓴᒋᐊᖅ	Saksagiaq
22	ᓄᕗᐊᕐᔪᑯᓗᒃ	Nuvuarjukuluk
23	ᑲᖏᓪᓕᖅ	Kangilliq
24	ᕿᑭᖅᑖᓘᑉ ᑲᖏᖖᖓ	Qikiqtaaluup kangingaanga
25	ᕿᑭᖅᑖᓘᑉ ᑲᖏᖖᖓ	Qikiqtaaluup kangingaanga
26	ᐋᕐᓗᖓᔮᑉ ᑲᖏᐊ	Arlungajaap kangia
27	ᑖᖅᑐᐊᓗᒃ	Taaqtualuk
28	ᑖᖅᑐᐊᓘᑉ ᓵᖓ	Taaqtualuup saanga
29	ᑖᖅᑐᐊᓘᑉ ᑲᖏᖖᖓ	Taaqtualuup kanginaanga
30	ᐃᑎᓪᓕᑯᓗᒃ	Itillikuluk
31	ᖃᕐᒪᖅᑕᓕᒃ	Qarmaqtalik
32	ᓇᖅᓵᓘᑉ ᐃᑎᕕᐊ	Naqsaaluup itivia
33	ᐸᖕᓂᖅᑑᑉ ᓵᖓ	Pangnirqtuup saanga
34	ᑕᓪᓗᕈᑏᑦ ᐅᖓᓪᓖᑦ	Tallurutiit ungalliit
35	ᑕᓪᓗᕈᑎᑦ ᐊᑯᓐᓂᒐᓃᑦᑐᖅ ᑕᓯᖅ	Tallurutit akunniganiittuq tasiq
36	ᑕᓪᓗᕈᑎᑦ ᑐᓪᓖᑦ	Tallurutit tulliit
37	ᑰᓗᐊᑕᑯᓗᒃ	Kuuluatakuluk

28 ᐱᔾᔪᑎᖃᖅᑐᖅ ᑖᖅᑐᐊᓘᑦ ᐊᒡᒍᖖᖓᑦ ᓯᑦᔭᖓ (ᑎᑎᖅᓯᒪᓂᖓ ᑲᔪᕐᒧᑦ)

29 ᐱᔾᔪᑎᓕᒃ ᓄᓇᖃᕐᕕᕕᓂᕐᒥᒃ, ᑕᒪᑐᒥᖓᓗ ᐅᖅᑯᖖᖓᓃᑦᑐᒥᒃ ᓯᑦᔭᖓᓂᒃ
ᑖᓯᒪ ᑖᖅᑐᐊᓘᑦ (ᑎᑎᖅᓯᒪᓪᓗᓂ ᑲᔪᕐᒧᑦ)

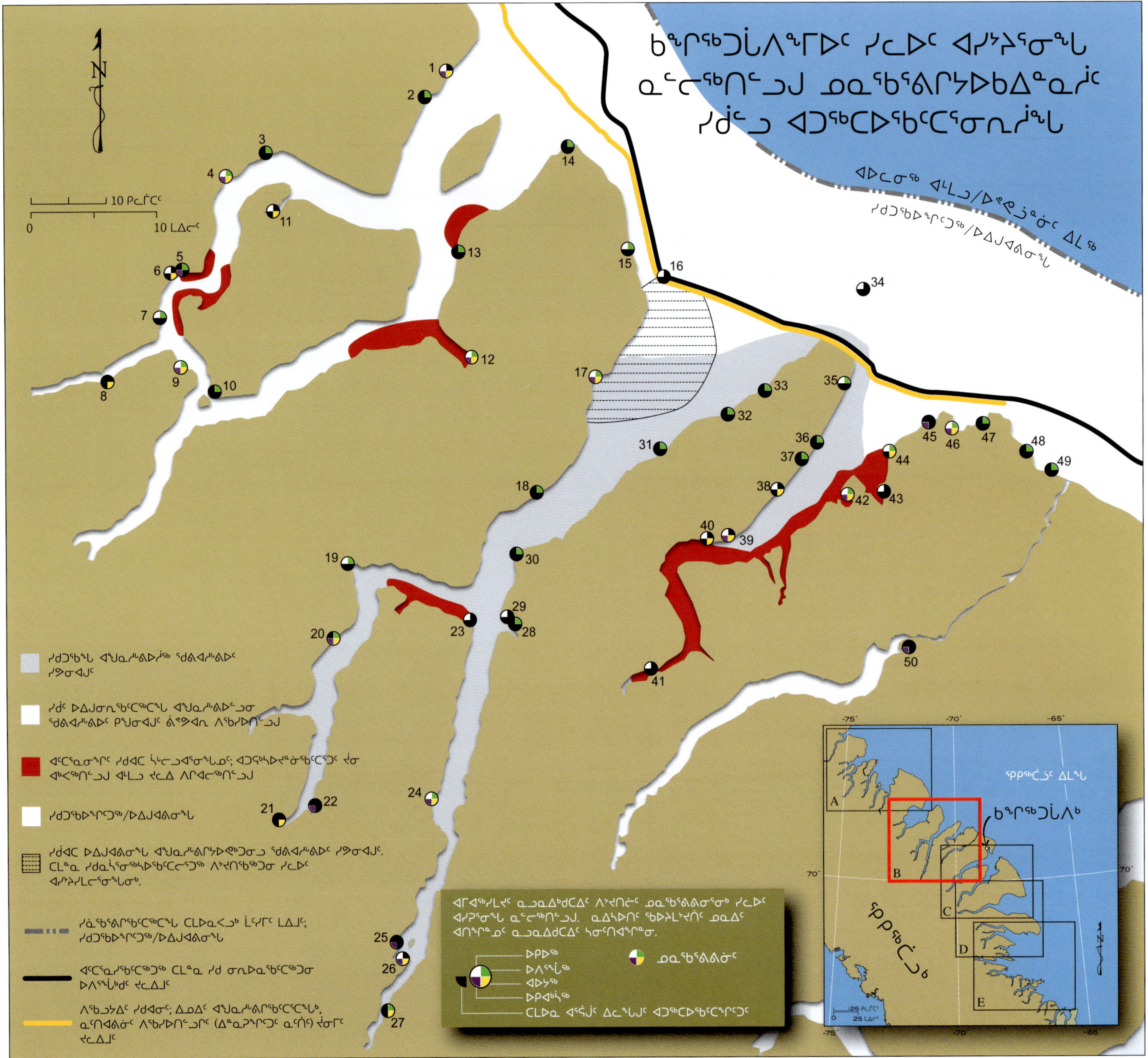
ᑲᖏᖅᑐᓛᐱᖕᒥᐅᑦ ᓯᓚᐅᑦ ᐊᓯᔾᔨᕐᓂᖓ
ᓀᓪᓕᖅᑎᓪᓗᒍ ᓄᓇᖃᕐᕕᒋᔭᐅᑲᐃᓐᓇᓲᑦ
ᓯᑰᓪᓗ ᐊᑐᖅᑕᐅᖃᑦᑕᕐᓂᕆᓲᖓ
ᓯᑯᑐᖅᑲᐅᖏᑦᑐᖅ/ᐅᐃᒍᐊᕕᓂᖓ
ᓯᑯᑐᖅᑲᖓ ᐊᖑᓇᓱᙵᐅᓲᖅ ᖁᕕᐊᓱᙵᐅᑦ ᓯᕗᓂᐊᒍᑦ
ᓯᑯᑦ ᐅᐃᒍᓂᕆᖃᑦᑕᖅᑕᖓ ᐊᖑᓇᓱᙵᐅᑦᑐᓂ ᖁᕕᐊᓱᙵᐅᑦ ᑭᖑᓂᐊᒍᑦ ᕚᖕᒥᐊᕆ ᐱᖃᓯᐅᑎᓪᓗᒍ
ᐊᑦᑕᕐᓇᓂᖕᒋᑦ ᓯᑯᐊᑕ ᓵᓪᓕᓗᐊᕐᓂᖓᓄᑦ; ᐊᑐᕐᕝᓴᐅᔾᓃᕐᒃᑕᕐᑐᑦ ᔫᓂ
ᐊᒃᐸᖅᑎᓪᓗᒍ ᐊᒻᒪᓗ ᔪᓚᐃ ᐱᒋᐊᓕᖅᑎᓪᓗᒍ
ᓯᑯᑐᖅᑲᐅᖏᑦᑐᖅ/ᐅᐃᒍᐊᕕᓂᖓ
ᓯᑰᐊᑕ ᐅᐃᒍᐊᕕᓂᖓ ᐊᖑᓇᓱᙵᕕᒋᔭᐅᕙᒃᑐᓂᓗ ᖁᕕᐊᓱᙵᐅᑦ ᓯᕗᓂᐊᒍᑦ.
ᑕᒪᓐᓇ ᓯᑯᓇᕝᓂᖅᓴᐅᖅᑲᑦᑕᓕᕐᑐᖅ ᐱᔾᔪᑎᖃᖅᑐᓂ ᓯᓚᐅᑦ ᐊᓯᔾᔨᓯᒪᓕᕐᓂᖓᓂᒃ.
ᓯᓈᖅᑲᕐᕕᒋᖅᑲᑦᑕᖅᑕᖓ ᑕᒪᐅᓇᐸᓗᒃ ᒫᓯᒥᑦ ᒪᐃᒧᑦ;
ᓯᑯᑐᖅᑲᐅᖏᑦᑐᖅ/ᐅᐃᒍᐊᕕᓂᖓ
ᐊᑦᑕᕐᓇᓯᖅᑲᑦᑕᖅᑐᖅ ᑕᒪᓐᓇ ᓯᑯ ᓂᕆᐅᓇᖅᑲᑦᑕᖅᑐᓂ ᐅᐱᕐᖔᒃᑯᑦ ᔪᓚᐃᒧᑦ
ᐱᖃᓗᔭᐃᑦ ᓯᑯᐊᓂᑦ; ᐃᓄᐃᑦ ᐊᖑᓇᓱᙵᕆᖅᑲᑦᑕᖅᑕᖏᑦ,
ᓇᑦᑎᐊᕕᓃᑦ ᐱᖃᓯᐅᑎᓪᓗᒋᑦ (ᐃᓐᓇᐳᖕᒋᑦᑐᑦ ᓇᑦᑏᑦ) ᔩᓂᒥᑦ ᔪᓚᐃᒧᑦ
ᐊᒥᐊᖅᓯᒪᔪᑦ ᓇᓗᓇᐃᒃᑯᑕᐃᑦ ᐱᔪᓐᓃᓪᓗᑦ ᓄᓇᖃᕐᕕᕕᓂᕐᓂᒃ ᓯᓚᐅᑦ
ᐊᓯᔾᔨᕐᓂᖓ ᓀᓪᓕᖅᑎᓪᓗᒍ. ᓇᐃᓴᐅᑎᑦ ᖃᐅᔨᒪᔾᔪᑏᑦ ᓄᓇᐃᑦ
ᐊᑎᖏᓐᓄᑦ ᓇᓗᓇᐃᑯᑕᐃᑦ ᓴᓂᑦᑎᐊᖏᓐᓂ.
ᐅᑭᐅᖅ
ᐅᐱᕐᖔᖅ
ᐊᐅᔭᖅ
ᐅᑭᐊᒃᓵᖅ
ᑕᒪᐅᓇ ᐊᕐᕌᒍᑦ ᐃᓚᖓᒍᑦ ᐊᑐᖅᑕᐅᖃᑦᑕᖏᑦᑐᑦ
ᓄᓇᖃᕐᕕᕕᓃᑦ
ᑲᖏᖅᑐᓛᐱᒃ
ᕿᑭᖅᑖᓗᒃ
A
B
C
D
E
-75˚
-70˚
-65˚
70˚
N
10 ᑭᓚᒥᑕ
10 ᒪᐃᓕᑦ
25 ᑭᓚᒥᑕ

ᓯᓚᐅᑦ ᐊᓯᕈᖅᓂᖓ ᓇᓪᓕᖅᑎᓪᓗᒍ ᓄᓇᒥᔭᐅᓲᑦ ᐊᑎᖏᑦ ᓄᓇᙳᐊᖅ B

1	ᓇᑦᑎᖅᓱᔪᖅ	Nattiqsujuq
2	ᓇᖅᓵᓗᒃ	Naqsaaluk
3	ᓇᖅᓴᕈᓗᒃ	Naqsaruluk
4	ᖃᕐᒪᖅᑕᓕᒃ	Qarmaqtalik
5	ᓇᖅᓴᖅ	Naqsaq
6	ᓇᖅᓴᖅ/ᓇᑦᑎᖅᓱᔪᖅ	Naqsaq/Nattiqsujuq
7	ᐅᑭᐊᓪᓕᕕᕈᓗᒃ/ᑭᑎᖅᓕᖅ	Ukiallivirulukk/Kitiqtliq
8	ᑑᕐᖓᓕᒃ/ᕿᒻᒥᓛᕕᓂᖅᑕᓕᒃ	Tuurngalik/Qimmilaaviniqtalik
9	ᐅᑭᐊᓪᓕᕕᕈᓗᒃ	Ukialliviruluk
10	ᕿᑭᖅᑖᓘᑉ ᑲᖏᖔᖓ	Qikiqtaaluup kangingaanga
11	ᐅᓪᓚᐃᓐᓇᒐᐅᑦ ᑲᖏᖅᑐᑯᓗᐊ	Ullainnagaut kangiqtukulua
12	ᓇᖅᓵᓗᑯᓗᒃ ᐅᖓᓪᓕᖅ	Naqsaalukuluk ungalliq
13	ᖁᓪᓗᕐᓂᓕᑯᓗᒃ	Qullurnilikuluk
14	ᖃᖁᓪᓗᐃᑦ ᓄᕗᐊ	Qaqulluit nuvua
15	ᑐᐱᕐᕕᐊᓗᐃᑦ	Tupirvialuit
16	ᐊᒫᕆᒃᓱᖅ	Amaariksuq
17	ᓇᖅᓵᓗᑯᓗᒃ	Naqsaalukuluk
18	ᐅᖃᙳᐊᖅ	Uqannguaq
19	ᑎᖏᔭᑦᑐᖅ	Tingijattuq
20	ᐅᑭᐊᓪᓕᕕᕈᓗᒃ	Ukialliviruluk/Kangiqtualungmi
21	ᕿᙳᐊ	Qinngua
22	ᐊᑎᖓ ᓇᓗᔭᐅᔪᖅ	Name unknown
23	ᓄᕗᐊᓗᒃ	Nuvualuk
24	ᖃᒧᑎᕕᓂᕈᓗᒃᑕᓕᒃ	Qamutiviniruluktalik
25	ᐅᑭᐊᓪᓕᕕᕈᓗᒃ	Ukialliviruluk
26	ᐅᑭᐊᓪᓕᕕᕈᓗᒃ	Ukialliviruluk
27	ᓄᑕᕋᕕᓂᖅᑕᓕᒃ	Nutaraviniqtalik
28	ᐊᑕᒍᓕᓴᒃᑕᓕᒃ	Atagulisaktalik
29	ᐊᑕᒍᓕᓴᒃᑕᓕᒃ	Atagulisaktalik
30	ᖁᓪᓕᖅᑕᓕᒃ	Qulliqtalik
31	ᓄᕗᐊᕐᔪᑯᑖᒃ	Nuvuarjukutaak
32	ᐃᑎᓪᓕᕈᓗᒃ ᑲᖏᓪᓕᖅ	Itilliruluk kangilliq
33	ᐃᑎᓪᓕᕈᓗᒃ	Itilliruluk
34	ᐊᑯᓕᐊᖅᑕᑦᑕᐅᑉ ᓵᖓ	Akuliaqattaup saanga
35	ᐃᒡᓗᕕᒐᖅᑐᓪᓕᐊ	Igluvigaqtullia
36	ᐅᔭᕋᓱᒡᔪᓕᕈᓗᒃ	Ujarasugjuliruluk
37	ᑐᐱᕐᕕᕈᓗᐃᑦ	Tupirviruluit
38	ᐃᑎᓪᓕᕈᓗᒃ	Ittilliruluk
39	ᑲᖏᓪᓕᖅ	Kanilliq
40	ᐃᑎᓪᓕᕈᓗᒃ ᑲᖏᓪᓕᖅ	Itilliruluk kangilliq
41	ᖁᑭᓐᓂᑯᓗ	Quukinnikuluk
42	ᐊᕐᕕᖅᑐᔪ	Arviqtujuq
43	ᐅᑭᐊᓪᓕᕕᕈᓗᒃ	Ukilliviukuluk
44	ᐆᑦᑐᐊᓗᒃᑕᓕᒃ	Uuttualuktalik
45	ᓂᐊᖁᕐᓈᓗᒃ ᑲᖏᑦᑎᐊᖓ	Niaqurnaaluk kangittianga
46	ᓂᐊᖁᕐᓈᓗᒃ	Niaqurnaaluk
47	ᖃᔅᓯᐊᓗᐃᑦ	Qassialuit
48	ᖃᐃᕐᓲᒑᓕᑯᓗᒃ	Qairsuugaalikuluk
49	ᕿᑭᖅᑕᑯᓗᒃ	Qikiqtakuluk
50	ᑕᓯᐊᓘᑉ ᑰᒋᐊᕐᓂᖓ	Tasialuup kuugiarninga

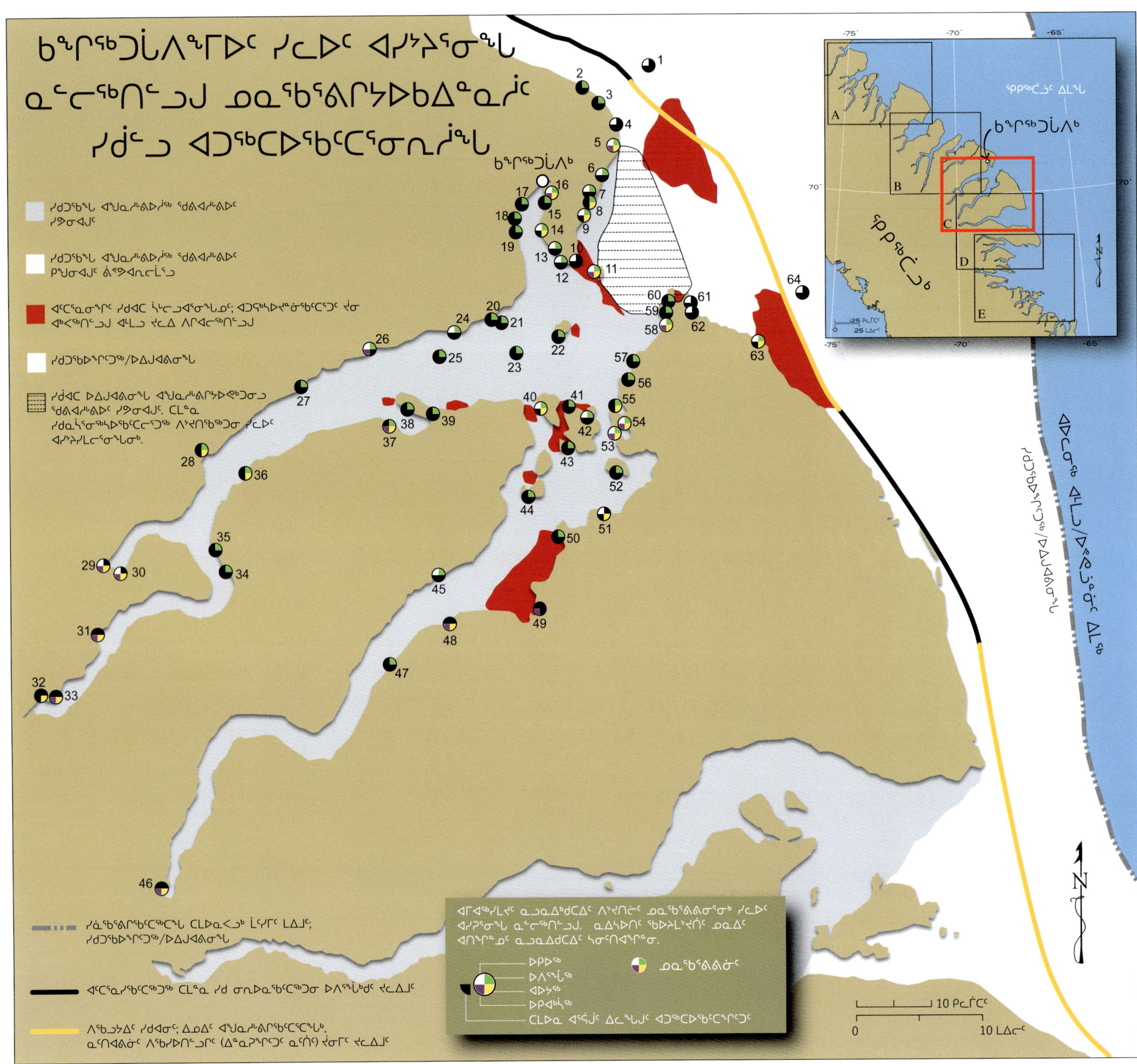
ᑲᖏᖅᑐᓚᐱᖕᒥᐅᑦ ᓯᓚᐅᑦ ᐊᓯᔾᔨᕐᓂᖓ
ᓇᓪᓕᖅᑎᓪᓗᒍ ᓄᓇᖃᕐᕕᒋᔭᐅᑲᐃᓐᓇᓲᑦ
ᓯᑰᓪᓗ ᐊᑐᖅᑕᐅᖃᑦᑕᕐᓂᕆᓲᖓ
ᑲᖏᖅᑐᓚᐱᒃ
ᐅᐱᕐᖓᓕᕐᒥᐅᑦ ᐊᑕᐅᓯᖅ ᖃᓄᐃᓕᐅᕐᓂᖓ ᓇᓪᓕᖅᑎᓪᓗᒍ ᓄᓇᖃᕐᕕᒋᔭᐅᓂᖓ
ᐅᑯᐅᖅ
ᐅᐱᕐᖔᖅ
ᐊᐅᔭᖅ
ᐅᑭᐊᒃᓵᖅ
ᑕᒪᐅᓇ ᐊᕐᕌᒍᑦ ᐃᓚᖓᓂᒃ ᐊᑐᖅᑕᐅᖃᑦᑕᖏᑦᑐᑦ
ᓄᓇᖃᕐᕕᕕᓃᑦ
ᑲᖏᖅᑐᓚᐱᒃ
ᖃᑭᖅᑖᓗᒃ

ᓯᓚᐅᑦ ᐊᓯᕈᕐᓂᖓ ᓇᓪᓕᖅᑎᓪᓗᒍ ᓄᓇᒥᔭᐅᓰᑦ ᐊᑎᖏᑦ ᓄᓇᙳᐊᖅ ᑕ

1	ᐱᖑᐊᖅᔪᐃᑦ ᓵᖓ	Pinguaqjuit saanga
2	ᖃᑭᔮᖓ	Qakijaanga
3	ᐅᑕᖅᑭᐅᕐᕕᒃ	Utaqqiurvik
4	ᐱᖑᐊᕐᔪᐃᑦ ᐅᖓᑎᑦᑎᐊᙵ/ ᓄᕗᐊ	Pinguarjuit ungatittianngа/ Nuvua
5	ᐱᖑᐊᕐᔪᐃᑦ	Pinguarjuit
6	ᒪᔪᐊᓪᓚᕈᓗᒃ/ᓴᓂᕋᖅ/ ᖃᑭᔮᕈᓯᖅ	Majuallaruluk/Saniraq/ Qakijaarusiq
7	ᑐᐱᖅᑕᓕᐊᕈᓯᖅ	Tupiqtaliarusiq
8	ᑐᐱᖅᑕᓕᐊᕈᓯᖅ	Tupiqtaliarusiq
9	ᑐᐱᖅᑕᓕᒃ	Tupiqtalik
10	ᐊᑯᓛᖓ	Akulaanga
11	ᐅᐱᕐᖏᕕᒃ	Upirngivik
12	ᑰᑦᑎᐊ	Kuutia
13	ᖃᓂᐊᓗᐊ	Qanialua
14	ᓱᐱᒐᔪᒃᑐᖅ	Supigajuktuq
15	ᖁᑎᖅᑯᕐᓗᒃ	Qutiqqurluk
16	ᑲᖏᖅᑐᒑᐱᒃ	Kangiqtugaapik
17	ᐋᓯᕙᒃᑯᑦ ᑐᐱᖃᕐᕕᖓᑦ	Aasivakkut tupiqarvingat
18	ᐋᐸᒃᑯᑦ ᑐᐱᖃᕐᕕᖓᑦ	Aapakkut tupiqarvingat
19	ᐊᒃᑎᓐᓈᕈᕈᓗᒃ	Aktinnaaruruluk
20	ᓱᓗᕋᖅ	Suluraq
21	ᓱᓗᕋᐅᑦ ᕿᑭᖅᑕᖓ	Suluraut qikiqtanga
22	ᐱᓗᑯᕕᒃ	Pilukuvik
23	ᓯᖁᒪᓕᕿᐊᑦ	Siqumaliqiat
24	ᖃᔭᒃᑯᕕᒃ	Qajakkuvik
25	ᖃᔭᒃᑯᕕᐅᑦ ᕿᑭᖅᑕᖓ	Qajakkuviut qikiqtanga
26	ᓂᖏᐅᓛᖓᑕᓕᒃ	Ningiulaangatalik
27	ᐊᐅᖕᓂᐅᒃᑳᓗᒃ	Aungniukkaaluk
28	ᓇᖅᓴᖅ	Naqsaq
29	ᑭᖕᒥᐊᖅᑐᑐᕐᔫᑉ ᕿᙵᐊ/ ᑭᖕᒥᐊᕋᖅᑐᔫᑦ ᕿᙵᐊ	Kingmiarqurtujuup qinngua/ Kingmiaraqtujuut qinngua
30	ᐅᑦᑐᑦᑎᐊᕕᓂᖅᑕᓕᒃ	Uttuttiaviniqtalik
31	ᐅᑭᐊᓪᓕᕕᕈᓗᒃ	Ukiallivirulik
32	ᐋᕐᕈᔭᐅᑉ ᕿᙵᐊ	Aarrujaup qinngua
33	ᐊᑎᖓ ᓇᓗᔭᐅᔪᖅ	Name unknown
34	ᑕᖕᒫᖅᑐᓪᓕᐊᓗᒃ	Tangmaaqtullialuk
35	ᐅᔭᕋᓱᒡᔪᓕᒃ	Ujarasugjulik
36	ᖃᔪᖅᑕᓕᒃ	Qajuqtalik
37	ᑭᒡᓚᐸᐃᑦ ᐊᑭᐊ	Kiglapait akia
38	ᑭᒡᓚᐸᐃᑦ	Kiglapait
39	ᑭᒡᓚᐸᐃᑦ ᕿᙵᐊ	Kiglapait qinngua
40	ᓇᐅᔮᓕᒃ	Naujaalik
41	ᐆᒻᒪᓐᓇᖅ	Uummannaq
42	ᕿᑭᖅᑖᓘᑉ ᐃᑎᓪᓕᑯᓗᒃ	Qikiqtaaluup itillikuluk
43	ᐃᔾᔪᓕᒃ	Ijjulik
44	ᑲᖏᓪᓕᖅ	Kangilliq
45	ᕿᒡᒍᕈᓗᐃᑦ	Qigguruluit
46	ᐃᓄᒃᓱᐃᑦ ᕿᙵᐊ	Inuksuit qinngua
47	ᓄᕗᕈᓗᒃ	Nuvuruluk
48	ᐃᑯᓪᓕᕐᔪᐊᖅ	Ikullirjuaq
49	ᓯᐊᔾᔭᖅᑐᕐᓕᒃ	Siajjaqturlik
50	ᑎᑭᕋᐅᓛᖅ	Tikiraulaaq
51	ᐸᖕᓂᓕᒃ	Pangnilik
52	ᐸᖕᓂᖅᑑᖅ	Pangniqtuuq
53	ᐱᓂᕋᖅ/ᐸᒥᐅᔭᖅ	Piniraq/Pamiujaq
54	ᐅᓐᓄᐊᑭᑦᑐᖅ	Unnuakittuq
55	ᐅᓐᓄᐊᑭᑦᑑᑦ ᐹᖓ	Unnuakittuut paanga
56	ᓯᕕᖓᔪᓕᒃ	Sivingajulik
57	ᐳᓪᓚᑕᐅᔭᖅ	Pullataujaq
58	ᐊᐃᓚᖅᑕᓕᒃ	Ailaqtalik
59	ᐊᐃᓚᖅᑕᓕᐅᑉ ᐃᑎᕕᐊ	Ailaqtyaliup itivia
60	ᓄᕗᒃᑎᐊᐱᒃ	Nuvuktiapik
61	ᐅᐱᕐᖏᕕᕈᓗᒃ	Upirngiviruluk
62	ᐅᐱᕐᖏᕕᕈᓗᒃ	Upirngiviruluk
63	ᖃᓕᕈᓯᓕᒃ	Qalirusilik
64	ᖃᓕᕈᓯᓕᐅᑦ ᓵᖓ	Qalirusiliut saanga

ᑲᖏᖅᑐᒑᐱᖕᒥᐅᑦ ᓯᓚᐅᑦ ᐊᓯᔾᔨᕐᓂᖓ ᓇᓪᓕᖅᑎᓪᓗᒍ
ᓄᓇᖃᕐᕕᒋᓯᐅᑲᐃᓐᓇᓲᑦ ᓯᑯᓪᓗ ᐊᑐᖅᑕᐅᖃᑦᑕᕐᓂᕆᓲᖓ
ᕿᑭᖅᑖᓗᑦ ᐃᒪᖓ
ᑲᖏᖅᑐᒑᐱᒃ
ᕿᑭᖅᑖᓗᒃ
25 ᑭᓛᒥᑦ
25 ᒪᐃᓕᑦ
ᓯᑯᕐᖃᒃᖓ ᐊᖑᓇᓱᒃᕕᐅᓲᖅ ᕐᑯᕕᐊᓱᒃᕕᐅᑦ ᓯᕗᓂᐊᒍᑦ
ᓯᑯᕐᖃᒃᖓ ᐊᖑᓇᓱᒃᕕᐅᓲᖅ ᕐᑯᕕᐊᓱᒃᕕᐅᑦ ᑭᖑᓂᐊᒍᑦ ᕕᕝᕗᐊᕆᓕᒫᕐᓗ
ᐊᑦᑕᕐᓇᓂᖏᑦ ᓯᑯᐊᑕ ᓵᓐᓕᓗᐊᕐᓂᖓᓄᑦ; ᐊᑐᕐᓴᐅᔪᓐᓃᖅᑲᑦᑕᕐᑐᑦ ᔫᓂ ᐊᒃᐸᖅᑎᓪᓗᒍ ᐊᒻᒪᓗ ᔪᓚᐃ ᐱᒋᐊᓕᖅᑎᓪᓗᒍ
ᓯᑯᖅᑲᐅᖏᑦᑐᖅ/ᐅᐃᒍᐊᕕᓂᖓ
ᓯᓈᖅᑲᕐᕕᒋᖅᑲᑦᑕᖅᑕᖓ ᑕᒪᐅᓇᐸᓗᒃ ᒫᑦᓯᒥᑦ ᒪᐃᒧᑦ; ᓯᑯᖅᑲᐅᖏᑦᑐᖅ/ᐅᐃᒍᐊᕕᓂᖓ
ᐊᑦᑕᕐᓇᓯᒃᑲᑦᑕᖅᑐᖅ ᑕᒪᓐᓇ ᓯᑯ ᓂᕆᐅᓇᖅᑲᑦᑕᖅᑐᓂ ᐅᐱᕐᖔᒃᑯᑦ ᔪᓚᐃᑦ
ᐱᖃᓗᔭᐃᑦ ᓯᑯᐊᓂᑦ; ᐃᓅᐃᑦ ᐊᖑᓇᓱᒃᑭᖅᑲᑦᑕᕐᑕᕐᓗᒃ, ᓇᑎᐊᕕᓃᑦ ᐱᖃᓯᐅᑎᓪᓗᒋᑦ (ᐃᓐᓇᕈᕐᑎᑐᑦ ᓇᑎᖅ) ᔪᓂᒥᑦ ᔪᓚᐃᑦ
ᐅᐅᑕᓂᖅ ᐊᒪᓗ/ᐃᒣᓲᓃᑦ ᐃᒪᖅ
ᓯᑯᖅᑲᐅᖏᑦᑐᖅ/ᐅᐃᒍᐊᕕᓂᖓ
ᐊᒥᐊᖅᓯᒪᔪᑦ ᓇᓗᓇᐃᒃᑯᑕᐃᑦ ᐱᔾᔪᑎᓖᑦ ᓄᓇᖃᕐᕕᓂᖏᑦ ᓯᓚᐅᑦ ᐊᓯᔾᔨᕐᓂᖓ ᓇᓪᓕᖅᑎᓪᓗᒍ. ᓇᐃᓴᐅᑎᑦ ᖃᐅᔨᒪᔾᔪᑎᑦ ᓄᓇᐃᑦ ᐊᑎᖏᓐᓄᑦ ᓇᓗᓇᐃᑯᑕᐃᑦ ᓴᓂᑦᑎᐊᖏᓐᓂ.
ᐅᑭᐅᖅ
ᐅᐱᕐᖔᖅ
ᐊᐅᔭᖅ
ᐅᑭᐊᒃᓵᖅ
ᑕᒪᐅᓇ ᐊᕐᕌᒍᑦ ᐃᓚᖓᒍᑦ ᐊᑐᖅᑕᐅᖃᑦᑕᖏᑦᑐᑦ
ᓄᓇᖃᕐᕕᕕᓃᑦ
10 ᑭᓛᒥᑦ
10 ᒪᐃᓕᑦ

ᓯᓚᐅᑦ ᐊᓯᕈᕐᓂᖓ ᓇᓪᓕᖅᑎᓪᓗᒍ ᓄᓇᒥᔭᐅᓲᑦ ᐊᑎᖏᑦ ᓄᓇᙳᐊᖅ D

1 ᓄᕗᒃᑎᐊᐱᒃ ᐅᖓᓪᓕᖅ — Nuvuktiapik ungalliq
2 ᐃᒃᐲᑦ — Ikpiit
3 ᓇᐅᔮᑦ — Naujaat
4 ᑯᓯᖅᓯᐊᖅᑕᓕᒃ — Kusiqsiaqtalik
5 ᐃᒐᓕᖅᑑᖅ — Igaliqtuuq
6 ᖃᑭᔮᖓ — Qakijaanga
7 ᐱᖑᐊᐱᒃ — Pinguapik
8 ᐃᓐᓈᐲᑦ — Innaapiit
9 ᓇᖅᓴᖅ ᑭᑎᖅᑎᖅ — Naqsaq kitiqtiq
10 ᓇᖅᓴᖅ ᑭᑎᖅᑎᖅ — Naqsaq kitiqtiq
11 ᓇᖅᓴᖅ ᑲᖏᓪᓕᖅ — Naqsaq kangilliq
12 ᕿᑭᖅᑖᕐᔪᓕᒃ — Qikiqtaarjulik
13 ᕿᑭᖅᑕᑯᓗᒃ — Qikiqtakuluk
14 ᖁᖅᓱᕐᓂᖅᑐᖅ — Quqsurniqtuq
15 ᕿᓚᓈᖅᑑᖅ — Qilanaaqtuuq
16 ᐃᒐᓕᖅᑑᑦ ᕿᙳᐊ — Igaliqtuut qinngua
17 ᐃᒐᓕᑦᑑᑦ ᕿᙳᐊ — Igalittuut qinngua
18 ᑕᖕᒫᖅᑐᕐᓕᐊᓗᒃ — Tangmaaqturlialuk
19 ᐅᑑᖑᔮᒃ — Utuungujaak
20 ᖄᐅᙳᐊᖅ ᑲᖏᖅᑐᑯᓗᐊ — Qaaunnguaq kangiqtukulua
21 ᓂᕕᐊᖅᓯᐅᔭᖅ — Niviaqsiujaq
22 ᑰᕈᐊᓗᒃ — Kuurualuk
23 ᕿᑭᖅᑕᕈᓗᒃ/ᐅᑲᓕᖅᑐᔪᖅ — Qikiqtaruluk/Ukaliqtujuq
24 ᑕᓕᕈᐊ — Talirua
25 ᐊᑎᖓ ᓇᓗᔭᐅᔪᖅ — Name unknown
26 ᐅᓪᓕᓴᐅᑎᑕᓕᒃ — Ullisautitalik
27 ᒪᔅᓴᐅᔭᖅ/ᐃᒐᓕᖅᑑᖅ — Massaujaq/Igaliqtuuq
28 ᓯᐅᕋᖅᑐᔪᖅ — Siuraqtujuq
29 ᑕᓕᕉᔭᖅ — Taliruujaq
30 ᑕᓕᕉᔭᐅᑉ ᑲᖏᐊ — Taliruujaup kangia
31 ᐊᓚᓂᖅ — Alaniq
32 ᐊᓚᓂᐅᑦ ᐅᑲᓕᖅᑐᔪᖓ — Alaniut ukaliqtujunga
33 ᐱᖑᐊᓗᐃᑦ — Pingualuit
34 ᐱᖑᐊᓗᐃᑦ — Pingualuit

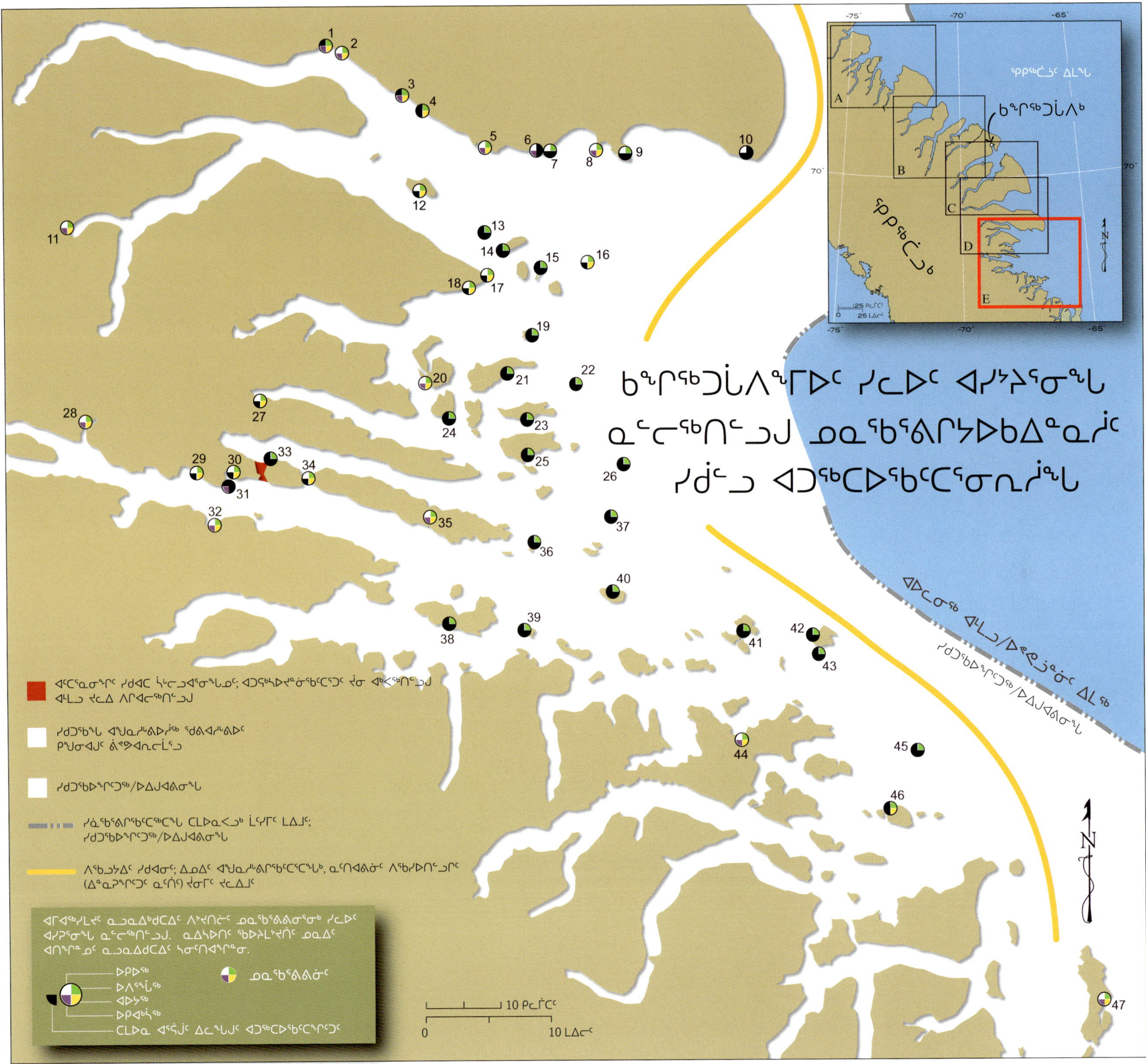
ᑳᖕᒋᖅᑐᓛᐱᖕᒥᐅᑦ ᓯᓚᐅᑦ ᐊᓯᔾᔨᕐᓂᖓ
ᓇᓪᓕᖅᑎᓪᓗᒍ ᓄᓇᖅᑲᕐᕕᒋᔭᐅᑲᐃᓐᓇᓲᑦ
ᓯᑰᓪᓗ ᐊᑐᖅᑕᐅᖅᑲᑦᑕᕐᓂᕆᓲᖓ
ᐊᑦᑕᕐᓇᓂᖏᑦ ᓯᑯᐊᑕ ᓵᓪᓕᓗᐊᕐᓂᖓᓄᑦ; ᐊᑐᕐᓴᐅᔪᓐᓃᖅᑕᑦᑕᕐᑐᑦ ᔫᓂ ᐊᒃᐸᖅᑎᓪᓗᒍ ᐊᒻᒪᓗ ᔪᓚᐃ ᐱᒋᐊᓕᖅᑎᓪᓗᒍ
ᓯᑯᑐᖅᑲᖓ ᐊᖑᓇᓱᒃᑲᐅᓲᖅ ᖁᕕᐊᓱᒃᑲᐅᑦ ᑭᖑᓂᐊᒍᑦ ᕚᕗᐊᓇᓕᒫᕐᓗ
ᓯᑯᑐᖅᑲᐅᖏᑦᑐᖅ/ᐅᐃᒍᐊᕙᓂᖓ
ᓯᓈᖅᑲᕐᕕᒋᖅᑲᑦᑕᖅᑕᖓ ᑕᒪᐅᓇᐸᓗᒃ ᒫᑦᓯᒥᑦ ᒪᐃᒧᑦ; ᓯᑯᑐᖅᑲᐅᖏᑦᑐᖅ/ᐅᐃᒍᐊᕙᓂᖓ
ᐱᖅᑲᓗᔾᔨᑦ ᓯᑯᐊᓂᑦ; ᐃᓄᐃᑦ ᐊᖑᓇᓱᒃᕕᒋᖅᑲᑦᑕᕐᑕᖓᒃ, ᓇᑎᐊᕙᓃᑦ ᐱᖅᑲᓯᐅᑎᓪᓗᒋᑦ (ᐃᓐᓇᕈᖏᑦᑐᑦ ᓇᑏᖅ) ᔫᓂᒥᑦ ᔪᓚᐃᒧᑦ
10 ᑭᓛᒥᑕᑦ
10 ᒪᐃᓚᑦ
A
B
C
D
E

ᓯᓚᐅᑦ ᐊᓯᕈᕐᓂᖓ ᓇᓪᓕᖅᑎᓪᓗᒍ ᓄᓇᒦᔭᐅᓲᑦ ᐊᑎᖏᑦ ᓄᓇᙳᐊᖅ E

1	ᓇᖅᓴᖅ/ᐊᕐᕚᖅᑑᖅ	Naqsaq/Arvaaqtuuq
2	ᐊᕐᕚᖅᑑᖅ	Arvaaqtuuq
3	ᐅᒥᐊᖃᑦᑕᒃ	Umiaqattak
4	ᑐᐱᕐᕕᒡᔪᐊᖅ	Tupirvigjuaq
5	ᑎᑭᖅᑲᑦ	Tikiqqat
6	ᓂᐊᖁᕐᓈᕈᓯᖅ	Niaqurnaarusiq
7	ᓂᓚᒃᑕᕆᐊᕐᕕᒃ	Nilaqtariarvik
8	ᐃᐱᐅᑕᓕᒃ	Ipiutalik
9	ᓂᐊᖁᕐᓇᖅ	Niaqurnaq
10	ᑰᒃᑕᓕᒃ	Kuuktalik
11	ᖃᖏᖅᑐᒑᐱᕈᓗᒃ	Kangiqtugaapiruluk
12	ᐅᑦᑑᒃ	Uttuuk
13	ᑕᔅᓯᑲᒃ	Tassikak
14	ᐃᕕᓵᑦ	Ivisaat
15	ᓴᓪᓕᕌᐱᒃ	Salliraapik
16	ᐊᕝᕙᔾᔭᓕᒃ	Avvajjalik
17	ᐊᕈᔮᖅᑑᖅ	Arrujaaqtuuq
18	ᐊᕈᔮᖅᑑᖅ ᑕᓕᕈᐊ	Arrujaaqtuuq talirua
19	ᑕᑦᑕᐅᔭᖅ	Tattaujaq
20	ᐃᒡᓗᑕᓕᒃ	Iglutalik
21	ᑐᒃᑐᓐᓂᐊᖅᕕᒃ	Tuktunniaqvik
22	ᐊᒡᓕᕈᓕᒃ	Aglirulik
23	ᐊᒥᑦᑐᖅ	Amittuq
24	ᐆᒑᕐᔪᐊᖅ	Uugarjuaq
25	ᕿᑭᖅᑖᓗᑲᓪᓚᒃ	Qikiqtaalukallak
26	ᐃᔾᔪᕐᑑᖅ	Ijjurtuuq
27	ᐃᖃᓗᒑᕐᔪᐃᑦ	Iqalugaarjuit
28	ᓴᕐᕙᓕᒃ	Sarvalik
29	ᓵᑦᑐᒑᖅᑑᖅ ᑲᖏᓪᓕᖅ	Saattugaqtuuq kangilliq
30	ᓵᑦᑐᒑᖅᑑᖅ	Saattugaqtuuq
31	ᓵᑦᑐᒑᖅᑑᖅ ᑭᑎᖅᓕᖅ	Saattugaqtuuq kitiqtliq
32	ᖃᕐᒪᖅᑕᓕᒃ	Qarmaqtalik
33	ᕿᑭᖅᑖᓗᒐᔮᑉ ᑲᖏᖓᖓ	Qikiqtaalugajaap kangingaanga
34	ᕿᑭᖅᑖᓗᒐᔮᑉ ᐃᑎᓪᓕᑯᓗᐊ	Qikiqtaalugajaap itillikulua
35	ᕿᑭᑖᓗᒐᔮᒃ	Qikitaalugajaak
36	ᓇᐸᕈᑕᓕᒃ	Naparutalik
37	ᑭᐊᒃᑐᔪᖅ	Kiaktujuq
38	ᕿᑭᖅᑕᕈᓗᒃ	Qikiqtaruluk
39	ᐅᖁᑕᓕᒃ	Uquutalik
40	ᑭᐊᒃᑐᔪᖅ	Kiaktujuq
41	ᖃᖅᑲᓕᑲᓪᓚᒃ	Qaqqalikallak
42	ᓴᑦᑎᑦᑐᖅ/ᓴᔾᔨᑦᑐᖅ	Sattittuq/Sajjittuq
43	ᑭᙵᐅᓐᓇᖅ	Kinngaunnaq
44	ᓄᓪᓗᐃᑦ	Nulluit
45	ᐳᔭᑐᐊᕐᔪᒃ	Pujatuarjuk
46	ᐱᓚᒃᑐᐊᖅ	Pilaktuaq
47	ᓇᓪᓗᖅᓯᐊᖅ	Nalluqsiaq

ᐱᓕᕆᔾᔪᑎᑦ/ᐃᖅᑲᓇᐃᔭᐅᑎᑦ ᐊᓐᓄᕌᑦᓗ

ᐱᓕᕆᔾᔪᑎᒍᑦ ᐊᒻᒪᓗ ᐊᓐᓄᕌᒍᑦ
ᐃᒪᐃᑐᐃᓐᓇᖏᒻᒪᑕ ᐱᔾᔪᑎᖃᑦᓚᕆᒃᑐᑎᒃ
ᑕᒪᑐᒧᖕᒐ ᐃᓅᓯᑦᑕ ᐊᒃᑐᐊᓂᖕᒐᓄᑦ
ᐊᒻᒪᓗ ᐱᓕᕆᖃᑦᑕᕐᓂᑦᑎᓐᓂᒃ ᓯᑯᒥ,
ᑭᓯᐊᓂᓕᑦᑕᐅᖅ ᓴᓇᓯᒪᑦᑎᐊᕐᓂᖏᑦ
ᐱᐅᓪᓗᑎᒃ ᑕᑯᒥᓇᖅᑐᑎᒃ ᐊᒻᒪᓗ
ᑕᒪᑐᒧᖕᒐ ᐱᓕᕆᓂᕆᖃᑦᑕᖅᑕᑦᑎᓐᓄᑦ
ᐋᖅᑭᑦᑎᐊᖅᓯᒪᓪᓗᑎᒃ.

ᔫᑯ ᐅᓯᒪ

ᐱᓕᕆᔾᔪᑎᕗᑦ ᐱᕈᓐᓇᒃᓯᒪᑦᑎᐊᖅᑐᑎᒃ,
ᐊᑐᑐᐃᓐᓇᓂᐊᖅᑲᖅᑐᑎᒡᓗ ᐊᑐᑦᑎᐊᕈᓐᓇᕐᓂᖏᑦ
ᐱᖃᓯᐅᑎᖕᒪᑕ ᑭᓇᑐᐃᓐᓇᓗᑦ ᐊᖑᓇᓱᒃᑎᓗᑦ.
ᑕᒪᓐᓇ ᐊᐳᑎ ᐅᖁᑖᖅ ᓯᑯᒥ ᑲᖏᖅᑐᒫᐱᐅᑦ
ᓯᓚᑖᓂ ᑕᑯᖅᑯᔾᔨᖕᒪᑦ ᓯᑯᒥ ᐱᓕᕆᔾᔪᑎᓂᒃ
ᓇᖕᒥᓂᖅ; ᐅᖁᑖᖅ ᐱᓪᓚᕆᐅᖕᒪᑦ ᑖᔅᓱᒧᖕᒐ
ᑐᐱᖅᒧᑦ ᑕᑯᒃᓴᐅᔪᒧᑦ ᑐᓄᑦᑎᐊᖕᒐᓂ. ᑕᒪᓐᓇᓗ
ᐅᖅᑯᐊᓕᐊᓂᓯᒪᔫᖅ ᐃᓪᓕᓂᖃᑦᑎᐊᕋᐅᓪᓗᓂ
ᐱᓕᕆᔾᔪᑎᓂᒃ ᓇᓗᓇᐃᖅᑎᓯᒪᓪᓗᑎᒃ
ᓇᖕᒥᓂᓕᖕᓄᑦ. ᕿᒥᕿᐊᖅᑕᐅᑦᑎᐊᕈᓂ, ᑕᒪᒃᑯᐊ
ᐃᖅᑲᓗᐃᑦ ᖁᐊᖑᓪᓗᑎᒃ ᐱᓕᕆᔾᔪᑎᓄᑦ
ᐊᑑᑎᖃᐅᖅᐳᑦ (ᐊᒻᒪᓗ ᑕᐃᓖᑦᑎᐊᖅ
ᓂᕿᐅᓂᕐᒥᓄᑦ ᒪᒪᑦᑎᐊᖅᐳᑦ).

ᐱᓪᓚᕆᐅᑖᖑᔪᖅ ᐱᓕᕆᐊᔾᔪᑎ ᓱᑯᒦᓪᓗᓂ ᐅᑯᐊᒃ ᓱᑰᑦ ᖃᓄᐃᓪᓘᓂᖓᓂᒃ ᑐᑭᓯᓯᒪᓂᖅ ᐊᒻᒪᓗ ᖃᐅᔨᒪᓂᕐᓗ ᑕᒪᑐᒧᖓ ᐊᑐᑦᑎᐊᕐᓗᒍ.

ᐃᒫᒃ ᐅᖃᖅᓯᒪᓪᓗᓂ, ᓈᒻᒪᑖᖑᕗᖅ ᐱᓕᕆᐊᔾᔪᑎᖃᐅᑎᐊᕐᓗᓂ ᓈᒪᔪᓂᒃ ᓱᑯᒦᓪᓗᓂ, ᐊᐅᓪᓚᖅᓯᒪᓗᓂ, ᐊᖑᓇᓱᒃᓗᓂ, ᐱᓕᕆᐊᕆᑦᑎᐊᕐᓂᐊᕐᓗᒍ ᓂᕐᔪᑦ ᑖᓐᓇ ᐊᖑᑕᐅᓯᒪᔪᖅ. ᐱᓕᕆᐊᔾᔪᑎᑦ/ᓴᓇᕿᑎᑦ ᐊᒻᒪᓗ ᐊᓐᓄᕌᑦ ᐃᓄᖕᓄᑦ, ᐃᓄᓪᕼᐅᐃᓄᑦ, ᐊᒻᒪᓗ ᐃᓄᐱᐊᓄᑦ ᓴᓇᔭᐅᓯᒪᕗᑦ ᐊᒻᒪᓗ ᐋᖅᑭᒋᐊᖅᑕᐅᕙᒃᑐᑎᒃ ᑕᐃᒪᙵᓂᑦ ᐊᑯᓂᐅᓕᕐᑐᖅ, ᐋᖅᑮᕙᓪᓚᐊᓪᓗᑎᒃ ᐱᐅᔪᓂᒃ/ᑕᑯᒥᓇᖅᑐᓂᒃ ᐊᑎᔭᒃᓴᓂᒃ ᐊᒻᒪᓗ ᐊᑑᑎᖃᑦᑎᐊᖅᑐᓂᒃ ᐱᔪᑎᖃᑦᑎᐊᖅᑐᑎᒃ. ᐅᓪᓗᒥ, ᓄᑖᒡᒍᑏᑦ ᐊᑑᑎᖃᖅᑐᑦ ᐊᑐᖅᑕᐅᖃᑦᑕᓕᖅᐳᑦ ᐊᒻᒪᓗ ᓴᓇᔭᐅᓯᒪᔪᑦ ᐊᑐᖅᑕᐅᖃᑦᑕᓕᓇᓪᓗᑎᒃ, ᑭᓯᐊᓂ ᐊᑐᖅᑕᐅᖃᑦᑕᓚᐅᖅᑐᑎᑐᑦ ᓴᓇᓯᒪᐅᖅᑐᑦ ᐅᕝᕙᓘᓐᓃᑦ ᐅᐊᑦᑎᕈᕐᓂᓴᐸᓗᒃᑎᑐᑦ ᐊᔪᕆᓯᒪᐸᓗᒃᑐᑎᒃ. ᓇᐅᓚᐃᑦ/ᑑᒃᑲᑦ ᐃᒪᐃᑦᑐᒦᙶᖅᑐᑎᒃ ᖃᑯᕐᓚᒃ ᐊᒻᒪᓗ ᓴᕖᕐᔭᖕᓂᑦ, ᑭᓯᐊᓂᓚ ᑖᓐᓇ ᓇᐅᓚᖅ/ᑑᒃᑲᖅ ᐊᓯᔾᔨᖅᓯᒪᓗᐊᖏᓪᒪᑦ ᓂᕐᔪᑎᒦᓚᖀᖓᒥᒃ ᑕᐃᒫᒃ ᓯᓕ. ᓇᓄᖀᒃ ᓯᓚᐹᒃ, ᖁᓕᑦᑕᖅ, ᓇᑦᑎᕋᔮᒃ ᐳᐊᔫᒃ ᐊᒻᒪᓗ ᓇᓴᖅ ᑕᐃᒫᒃ ᐅᖅᑰᔪᒐᒥᒃ ᐊᒻᒪᓗ ᓴᓇᔭᐅᖃᑦᑕᕐᓂᖏᑦ ᖃᓄᑐᐃᓐᓇᖅ ᑕᒪᒃᑯᐊ ᐊᑐᖅᑕᐅᖃᑕᕐᒪᑕ.

ᐊᓐᓄᕌᑦ ᕿᐅᔾᔭᐃᒃᑯᑎᑐᐃᓐᓇᐅᖏᓪᒪᑕ ᐊᑑᑎᒥᒍᑦ ᐃᓚᖅᑲᒃᑲᓐᓂᖅᑐᑎᒃ. ᖁᓕᑦᑕᐃᑦ ᐳᒃᑕᓛᕐᓂᐅᓴᖕᒪᑕ ᐃᒫᓂ ᐊᒻᒪᓗ ᑭᕙᑎᑦᑎᓂᐅᓴᓇᑎᒃ ᑭᓇᑐᐃᓐᓇᕐᒥᑦ ᐃᒫᖅᑐᖃᖅᐸᑦ, ᖁᓕᑦᑕᖅᓯᒪᐃᓐᓇᑐᐊᕈᓂ ᐊᑐᓂᑦ ᒥᖅᑯᖏᑦ ᓱᓪᓗᖃᐅᕐᒪᑕ. ᑯᑯᒃᐹᓖᑦ ᓄᔭᖏᑕᓘᓐᓃᑦ ᐋᖅᑭᒃᓯᒪᓂᖏᑦ ᑕᑭᔫᑎᓂᒃ ᓄᔭᖃᖃᑦᑕᔪᖕᒪᑕ ᐋᖅᑭᒃᓯᒪᔪᐅᕙᖕᓂᖅᐳᑦ ᐃᓅᓯᖃᕐᓂᐊᕐᓂᐅᑦ ᒥᒃᓵᓄᒃ ᓯᑯᒥ ᐃᓕᕆᖃᓯᐅᑎᓪᓗᒍ: ᑎᒍᔭᐅᕙᖃᖅᑎᑦᑎᖕᒪᑕ ᐃᒫᖅᑐᖃᖅᐸᑦ. ᐅᑦᕿᐊᒡᕙᖕᒥ, ᖃᐅᓪᓗᖅᑕᓂ ᑲᐱᑕᕐᓂᒃ ᐊᑐᖃᑦᑕᕐᓂᖅᐳᑦ ᐊᒻᒪᓗ ᐊᑐᖃᑦᑕᖅᑐᑎᒃ ᑕᐃᒪᐃᑦᑐᒪᔪᑦ ᑕᖅᓴᐅᔪᓐᓃᕈᑎᒥᓂᒃ ᐊᐳᑎᒧᑦ ᐊᒻᒪᓗ ᓯᑯᒧᑦ ᐊᖑᓇᓱᒃᑐᑎᒃ.

ᐊᒥᓯᐊᓘᖕᒪᑕ, ᐃᓚᖏᓪᓗ ᓂᕆᐅᙱᓈᖅᑕᐅᓇᓪᒪᕆᒃᑐᑦ, ᓯᑯᒥᓄᑦ ᐱᔾᔪᑎᓖᑦ ᐊᒻᒪᓗ ᓴᓇᔭᐅᓯᒪᔪᑦ ᐱᓕᕆᐊᔾᔪᑎᑦᑎᓐᓄᑦ ᐊᒻᒪᓗ ᐊᓐᓄᕌᓄᑦ. ᐊᑐᖅᑕᒥ ᐊᑑᑎᖃᑦᑎᐊᕐᓂᖏᑦᑎᒍᑦ ᖃᓂᒌᖕᓂᖅᓴᐅᓂᕐᒥᒍᑦ ᐊᒻᒪᓗ ᑐᑭᖏᑎᒍᑦ, ᐃᓛᒃᑲᓐᓂᖅ, ᐊᒻᒪᓗ ᑕᐃᒪᙵᓕᒫᖅ ᑕᒪᒃᑯᐊ ᐊᑐᓕᖅᑕᐅᑎᓪᓗᒋᑦ ᐃᒪᐃᑦᑕᕆᐊᖃᓚᐅᕐᒪᑕ ᐸᖅᑭᑦᑎᐊᖅᑕᐅᓗᑎᒃ ᐊᒻᒪᓗ ᑐᖅᑯᖅᑕᐅᓗᑎᒃ ᐊᒻᒪᓗ ᐊᑐᖅᑕᐅᑦᑎᐊᕐᓗᑎᑦ.

ᐅᓇ ᐅᓂᒃᑲᐅᓯᖃᕐᓂᖅ ᐱᔾᔪᑎᖃᖅᐳᖅ ᑕᐃᒫᑦᑎᐊᖑᓇᓂ ᐊᔾᔨᒋᑦᑎᐊᕐᓇᓂᐅᒃ ᑕᐃᔾᓯᒪᙵᑦ ᐅᓂᒃᑳᕆᔭᐅᓯᒪᔪᒥᑦ ᓯᕗᓪᓕᕐᓂᑦ. ᖃᐅᔨᒪᔭᕆᓴᓯᒥᓂᒃ ᐊᑐᖅᑐᐃᓐᓇᐃᒃ ᑖᔅᓯᒥᙵᑦᑕᐃᓐᓇᖅ ᐊᒻᒪᓗ ᐊᑐᖅᑕᐅᖃᑦᑕᖅᑐᑦ ᑭᓯᑐᐃᓐᓇᐃᑦ ᐋᖅᑭᒃᑕᐅᖃᑦᑕᖅᐳᑦ ᓄᓇᓕᖕᓂ ᐊᐅᓚᔩᒥᓂᒃ ᐊᑐᖅᑐᑎᒃ, ᐱᒋᐊᕈᑎᒋᓗᒍ ᐅᑦᕿᐊᒡᕙᒃ, ᑲᖏᖅᑐᒑᐱᐅᓕᕆᓪᓗᓂ, ᑖᒃᑯᐊᓗ ᖃᓈᕐᒥᐅᑦ. ᓄᓇᑖᑦ ᐊᑐᓂᑦ ᓇᓗᓇᐃᖅᓯᓯᒪᔪᑦ ᑎᑎᖅᑲᑎᒍᑦ ᐃᖅᑲᓇᐃᔭᐅᑎᒥᓂ/ᐱᓕᕆᐊᔾᔪᑎᓂᒃ ᐊᒻᒪᓗ ᑐᓂᕐᕈᑕᐅᓯᒪᔪᓂᒃ ᐊᒥᓯᓂᒃ ᐱᓕᕆᐊᔾᔪᑎᒋᕙᒃᑕᒥᓂᑦ ᓇᓗᓇᐃᖅᓯᒪᓪᓗᑎᒃ ᑎᑎᕋᐅᔭᖅᓯᒪᔪᑦ ᐊᒻᒪᓗ ᐊᔾᔨᓕᐅᖅᓯᒪᔪᓂᒃ, ᑕᒪᐅᓇ ᐱᓪᓗᒍ ᑐᑭᓯᓇᑦᑎᐊᒃᑲᓐᓂᓕᖅᐳᖅ ᐸᐸᑦᑕᕆᐊᖏᑦ ᑲᑎᙵᓗᑎᒃ ᓄᓇᖃᖅᕕᒃᐸᓯᖕᒥᓂ. ᐅᑦᕿᐊᒡᕙᒃ ᐊᒻᒪᓗ ᑲᖏᖅᑐᒑᐱᒃ ᐃᒪᐃᒃᑭᓪᓗᑎᒃ ᑐᓂᓯᐅᖅᑐᑦ ᖃᔾᔮᓐᓇᐅᓚᓗᐊᓂᒃ ᑎᑎᕋᖅᓯᒪᔪᓂᒃ ᐅᖃᐅᓯᖃᐅᖅᑐᓂᒃ ᐱᔾᔪᑎᒋᔭᒥᓂᒃ, ᐅᑯᐊ ᖃᓈᕐᒥᐅᑦ ᐱᓕᕆᐊᖃᕐᓂᖅᓴᐅᓪᓗᑎᒃ ᑎᑎᕋᐅᔭᖅᓯᒪᔪᓂᒃ ᐊᒻᒪᓗ ᓇᓗᓇᐃᖅᓯᑦᑎᐊᖅᓯᒪᓪᓗᑎᒃ ᑎᑎᕋᐅᔭᓕᖏᑦ ᑕᑯᖅᑯᔾᔨᓪᓗᑎᒃ ᓯᑯᒧᑦ ᐃᖅᑲᓇᐃᔭᐅᑎᓂᑦ/ᐱᓕᕆᐊᔾᔪᑎᓂᒃ ᐊᒻᒪᓗ ᐊᓐᓄᕌᓂᒃ. ᐅᐃᔅᓚ ᐊᐃᑲᓐ ᐅᑦᕿᐊᒡᕙᖕᒥᐅᑕᖅ ᐅᖃᖅᑐᓂ "ᐃᖅᑲᓇᐃᔭᐅᑎᖃᖅᐳᒍᑦ/ᐱᓕᕆᐊᔾᔪᑎᓂᒃ ᐊᒥᓯᓂᒃ ᐊᑐᖃᑦᑕᖅᑕᑦᑎᓐᓂᒃ ᑕᐅᓇᓂ ᓯᑯᒥ, ᐊᒻᒪᓗ ᖁᕕᐊᒃᑭᓪᓗᑕ ᐃᓚᔅᓯᓐᓂᒃ ᐊᑐᖃᑎᖃᕈᓐᓇᕐᓂᑦᑎᓐᓂᒃ ᐃᓚᓯᓐᓂᒃ".

ᐃᒫᖑᖅᑰᕐᒪᑦ ᐱᓪᓚᕆᐅᓂᖅᐹᖑᔪᑦ ᐊᒻᒪᓗ ᐱᐅᑦᑎᐊᖅᑐᑎᒃ ᓯᑯᒥ ᐃᖅᑲᓇᐃᔭᖅᑐᓂ/ ᐱᓕᕆᐊᔾᔪᑎᒋᔭᕆᐊᖏᑦ ᐊᑐᖅᑕᑦᑕᖅᑕᑦᑎᓐᓄᑦ ᐊᒻᒪᐃᑦ ᐃᓄᖕᓄᑦ. ᐃᖅᑯᒃ ᐊᖑᑎᔪᐊᖅ ᑲᖏᖅᑐᒑᐱᖕᒥᐅᑕᖅ (ᓴᐅᒥᖕᒦᑦᑐᖅ) ᐊᒻᒪᓗ ᓚᐊ ᖁᖅᑲᓯᖅ ᑲᖏᖅᑐᒑᐱᖕᒥᐅᑕᖅ (ᐊᓪᓚᖅ).

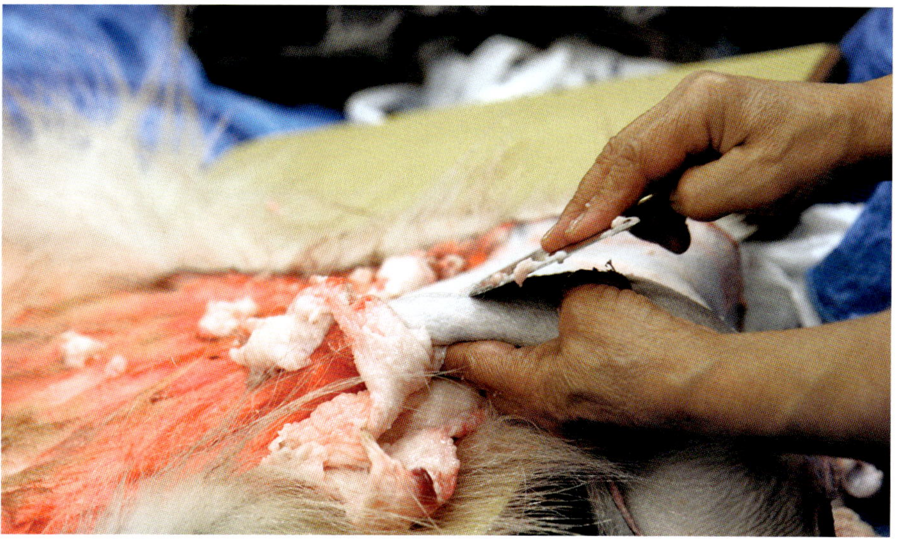

ᐊᑭᑦᑎᖅ ᓴᖑᔭ, ᐃᓐᓇᖅ ᑲᖏᖅᑐᓖᐱᖕᒥᐅᑕᖅ, ᐃᑯᒪᓖᓇᒃᓴᖅᑐᖅ ᖁᓪᓕᕐᒥᒃ ᖁᓪᓕᖑᓇ ᑲᖏᖅᑐᓖᐱᖕᒥ, ᖁᓪᓕᖅ ᐊᑯᑭᑦᑐᓂ, ᑭᓯᐊᓂ ᑕᒪᒃᑮᖕᓂ ᓇᔪᖅᑕᐅᔫᖕᓂ ᐃᒃᐱᒍᓱᖕᓂᖅ ᐊᒻᒪᓗ ᐊᒃᑑᑎᓯᒪᓂᖅᑲᕐᓂᖅ ᑕᒪᑐᒧᖓ ᐅᖅᑰᓂᕐᒧᑦ ᐊᒻᒪᓗ ᐃᓅᓯᕐᒧᑦ ᓯᑯ ᐱᖅᓯᐅᑎᓪᓗᒍ ᐊᔾᔨᒌᒃᑑᒃ.

ᓕᓇ ᑭᐅᓪᓴᓐ ᕼᐅᒻ

ᐅᑉᓐᓄᓪᓕ, ᑕᒪᑐᒪ ᓯᑰᑦ ᐃᓯᒪᑎᖅᑲᑦᑕᖅᐸ̇ᖓ ᑐᓂᓯᖅᑯᐃᔾᓪᓗᓂᖓ ᖁᐅᓇᖏᑦᑐᒥᒃ ᐊᒻᒪᓗ ᖃᐅᒪᓂᕐᒥᒃ. ᐃᒪᐃᑦᑑᖏᑦᑐᒥᒃ ᑭᓯᑦᖃᖏᑦᑎᐊᖅᑐᖅ ᒪᓇ ᖁᐊᖑᓪᓗᓂ ᐃᒪᐃᑎᖅᑲᑦᑕᕐᒪᖓ ᐊᒥᓯᐊᖅᑎᑐᓂᖓ ᑕᐃᒪᐃᑦᑑᑎᖅᑲᑦᑕᕐᒪᖓ. ᐱᑕᖅᑲᓪᓗᓂᑦᑕᐅᖅ ᐱᓗᐊᙱᐊᕐᒥᔪᒥᒃ ᐱᓕᓇᐊᓇᔭᐅᖅᑲᑦᑕᖅᑐᒥᒃ ᐃᓄᐃᑦ ᒪᑭᒪᔾᔪᑎᕆᖅᑲᓯᐅᑎᔭᖓᑦ ᐊᓐᓇᐅᒪᑦᑎᐊᖅᑐᑎᒃ, ᖁᓪᓕᖅ, ᐅᖅᓱᖅᑲᖅᑐᓂ ᐃᑯᒪᑎᑕᐅᔪᖅ, ᐊᖅᓇᒧᑦ ᐃᑯᒻᒪᒃᓴᖅᑕᐅᔪᖅ. ᐃᑯᒫᑕ ᑕᕝᕙ ᖃᐅᒪᑎᑉᐸ̇ ᑖᓇ ᖁᓪᓕᖅ-ᐅᖅᓱᖅᑲᖅᑐᓂ ᓇᑦᑎᐅᑦ ᐅᖅᓯᐊᓂᒃ, ᐊᐃᕕᐅᑦ, ᖃᓪᓗᕚᐃᑦ, ᐊᒻᒪᓗ ᐊᒥᖏᑦ ᓂᕿᑎᑦ; ᑕᒻᑯᐊ ᓂᕿᑎᑦ ᓯᑯᒦᙶᖅᑐᑦ. ᐊᒻᒪᓗᑦᑕᐅᖅ ᐅᐊᑦᑎᕈᕐᓂᓴᐃᑦ ᑖᓇ ᐃᑯᒪᖓ ᑐᑭᖅᑲᖅᑐᓂ ᐅᖅᑰᑎᑦᑎᓂᕐᒥᒃ ᐊᒻᒪᓗ ᖃᐅᒪᑎᑦᑎᓂᕐᒥᒃ ᐃᓚᒌᓂᑦ ᐊᑐᖅᑕᐅᓪᓗᓂ ᐅᓂᒃᑳᖅᑕᐅᖅᑐᑎᒃ, ᖃᐅᔨᒪᔭᒥᓂᑦ, ᐊᒻᒪᓗ ᐃᓪᓚᖅᑲᑦᑕᕐᒥᓂᒃ. ᐅᖅᑰᔾᔨᒫᖑᐊᓇᑦ ᐊᒻᒪᓗ ᓴᐃᓕᓇᖅᑐᒥ ᐊᖑᓇᓯᒃᑎᐅᑦ ᐃᒃᐱᕆᕗᔭᖅᑕᖓᓂᒃ ᑕᕝᕙᓂ ᓇᖏᓂᖅ ᓇᔪᖅᑕᒥᓂ ᐊᖏᕐᕋᕐᓂ ᐊᖑᓇᓯᕆᐊᖅᓯᒪᑐᖅᑲᐅᔭᓚᐅᕐᓗᓂ ᐅᑭᐅᒃᑯᑦ, ᑖᖅᑎᓪᓗᒍ, ᐊᒻᒪᓗ ᑕᑯᓗᓂᐅᒃ ᖃᐅᒪᔪᖅ ᐃᒡᓗᕕᒐᒃᑯᑦ ᖁᓪᓕᖅ ᐅᖓᓯᒃᑎᓪᓗᒍ ᐃᓕᑉᑦ ᐃᒡᓗᕕᒐᖓᑦ. ᑕᒪᓇ ᓯᑯ, ᐃᒪᐃᒻᒥᖕᒪᑦ, ᐱᑕᖅᑐᓂ ᐃᑯᒪᔾᔫᑦ ᐅᖅᓯᓇᔾᔭᓇᖅᑕᖓᓂᒃ, ᐅᖅᑰᑎᑦᑎᔾᔭᓇᖅᑐᒥᒃ, ᖃᐅᔨᒫᔭᓇᓪᓗᒍ, ᖁᓪᓕᒃᑯᑦ, ᐊᑑᑎᖅᑦᑎᐊᖅᑐᓂ ᐊᑐᖅᑕᐅᔪᖅ ᐃᓄᓕᒫᓂᑦ ᐊᒻᒪᓗ ᐃᓅᓯᒥ ᓯᑯᒥᑦᑐᓂ.

ᐅᑦᖅᑭᐊᒡᕕᒃ

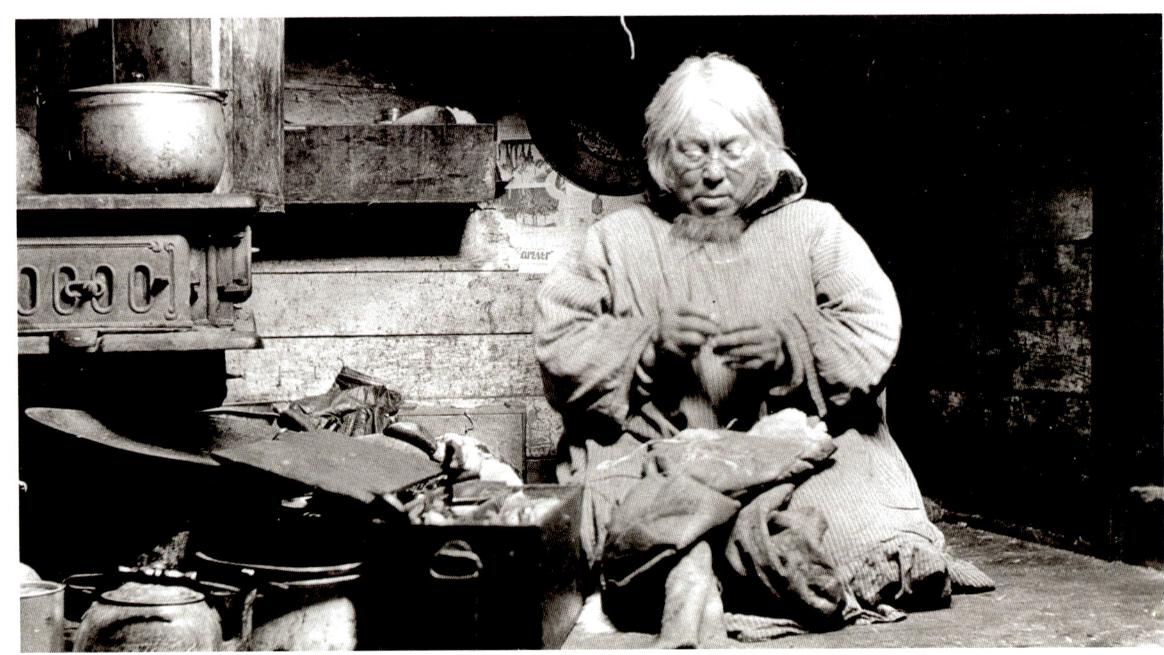

204 *ᑲᐃᔫᖅ, ᓂᖏᐅᓇᔭᐅᔪᖅ ᑕᐃᔅᓯᒪ Hᐊᕆᐊᑦ Hᐊᑉᓴᓐ ᐅᑦᖅᑭᐊᒡᕕᖕᒥᐅᑕᖅ, ᒥᖅᓱᖅᑐᖅ ᐊᖏᖅᖁᒥᓂ, c. 1920-ᕈᔪᓃ.*

ᐅᐃᔅᓕ ᐊᐃᑲᓐ

ᐊᓐᓂᕌᑦ ᐊᑐᖅᑲᑦᑕᖅᑕᕗᑦ ᓄᓇᑦᑎᓐᓂ ᐃᒃᐱᒍᓱᖅᑲᖓᑦᑐᒥ ᐊᕙᑎᑦᑎᓐᓂ ᓴᓇᓯᒪᖓᒪᑕ ᒥᖅᑯᓕᖓᓂᑦ ᑕᒪᒃᑯᓈᖓᑦ ᓂᕐᔪᑎᓂᑦ ᐊᖑᓇᓱᒃᑲᑦᑕᖅᑕᑦ ᐃᓚᖏᓐᓂᑦ. ᒪᒃᑯᒃᑐᖓ, ᐃᓚᒃᑲ ᐊᓐᓂᕋᓂᒃ ᐊᑐᖅᑲᑦᑕᓚᐅᕐᒪᑕ ᑐᒃᑐᕋᔭᓂᒃ. ᖁᓕᑦᑕᕗᑦ, ᑲᒥᒃᐸᑦ, ᖁᒃᑐᕋᐅᑎᑦ, ᐊᒻᒪᓗ ᐸᐊᓗᐃᑦ ᐋᓇᒪ ᓴᓇᓯᒪᓚᐅᕐᒪᒋᑦ. ᓄᑲᓗᒐᔭᐃᑦ ᑐᒃᑐᑕᐅᖅᑲᑦᑕᓚᐅᕐᒥᖓᑕ ᐋᒡᑮᓯᐅᑦ ᑕᖅᑭᖓ ᐊᑐᖅᑎᑦᑐᒍ ᒥᖅᑯᖏᑦ ᓈᒻᒪᒃᓯᑦᑎᐊᖅᑎᑦᑐᑎᑦ/ ᐃᓂᖅᑎᑦᑎᐊᖅᑎᑦᑐᑎᑦ ᐊᒻᒪᓗ ᐊᓐᓂᕋᓕᐊᖑᖅᑲᑦᑕᓚᐅᕐᒪᑕ ᐃᓚᓕᒫᓄᑦ. ᐃᒡᓗᐃᑦ ᐋᓇᒪ ᐊᑐᖅᑲᑦᑕᓚᐅᖅᑕᖏᑦ ᒥᖅᓱᓕᕌᖓᒥ ᐊᓐᓂᕋᔾᔭᐅᖅᑕᐅᓪᓗᑕ ᑐᒃᑑᑦ ᐅᓕᐅᑎᖓᑦ.

ᑲᒦᑦ ᐅᓪᓗᒥ ᐊᑐᖅᑲᑦᑕᓕᖅᑕᕗᑦ ᐊᒻᒥᐅᖅᑕᐅᓯᒪᓂᖓᑦ ᑎᓯᔪᒥᒃ ᐊᖑᑕᓯᒪᔪᓂᑦ ᐊᑐᖑᖅᑲᐅᖅᐸᑦ ᐅᒻᔪᕙᔭᒥᒃ. ᑕᑯᓐᓈᖅᑲᖅᑕᓚᐅᖅᓯᒪᔭᖃ ᐋᓇᒐ ᐊᖑᑕᑎᑦᑐᒍ ᑭᒍᑎᒥᓄᑦ ᐊᑐᖑᒃᓴᓂᒃ. ᐃᓐᓇᐅᓂᖅᓴᐃᑦ ᐊᖅᓇᐃᑦ ᓯᕗᐊᖏᑦ ᓄᖑᓯᒪᖅᑲᑦᑕᖅᑐᑦ. ᐅᓪᓗᒥᓕ, ᑮᓪᓚᔫᑦ ᐊᑐᖅᑕᐅᖅᑲᑦᑕᓕᖃᒥᒃ ᐊᖑᑕᔪᓂᑦ ᐱᔭᕐᓂᕐᓂᖅᓴᐅᖅᑲᑦᑕᓕᖅᐸᑦ ᑭᒍᑎᒥᓅᖑᓂᑦᑐᖅ.

ᓴᓇᕐᕈᑎᑦ ᐅᓪᓗᒥ ᐊᑐᖅᑲᑦᑕᓕᖅᑕᕗᑦ ᐊᑐᐃᓐᓇᕆᓯᒪᓕᖅᑎᒍᑦ ᐅᐊᑦᑎᐊᕈᓂᑦ ᑕᐃᒪᐃᓪᓗᐊᖅᑲᑎᒌᒃᑐᑦ ᐊᒥᓱᐊᖅᑎᓕᖅᐸᑦ ᐃᓅᖅᑲᑦᑕᖅᑐᑦ. ᐊᖅᑫᒐᓱᖕᓇᖅᑎᓪᓗᒍ, ᐊᖅᕕᐅᕈᑎᓂᒃ ᐊᑐᖅᑲᑦᑕᖅᐸᒍᑦ ᐊᓐᓇᐅᒪᔭᕆᐊᖅᑲᖃᑦᑕ ᓯᑯᒥ. ᐃᓚᖓᑦᑕᐅᖅ ᓈᒡᐸᐅᖃᖅ, ᐃᐸᑯᑖᓕᒃ ᓄᕗᖅᑲᖅᑐᓂ ᓴᕕᖃᔭᒃ ᐃᓯᐊᑕ ᐃᒡᓗᐊᒍᑦ ᐃᒡᓗᐊᓗ ᓂᒃᓯᖅᑲᖅᑐᓂ. ᑖᓐᓇ ᐱᓕᕆᔾᔪᑎ ᐱᓱᒡᕕᒃᓴᐅᒻᒪᖓᑦ ᖃᐅᔨᓴᐅᑎ.

ᑐᓴᐅᒪᖏᓚᖓ ᐊᖑᓇᓱᒃᑏᑦ ᐊᑐᖅᓯᒪᔪᑦ ᓈᒡᐸᐅᕋᖅᒥᒃ ᖃᑭᓇᓱᒃᑐᑎᒃ ᓯᑯᒃᑯᑦ ᑲᑦᑐᕝᕕᓂᐅᓪᓗᑎᒃ. ᕿᔪᑰᒃ ᐊᑐᖅᑐᓂᔾᔪᒃ ᓯᕗᓕᖅᑎᓪᓗᓂᔾᔪᒃ ᐊᒻᒪᓗ ᑕᒪᓐᓇ ᐅᖅᑯᒪᐃᓐᓂᓂ ᓴᐊᒻᒪᖓᑎᓐᓇᓱᒃᑐᓂᔾᔪᒃ ᑕᐃᒫᒃ ᐃᔾᔪᓂᖓᓅᖅᐸᓪᓕᐊᓪᓗᑎᒃ ᓇᖏᐊᖅᓇᖏᑦᑐᒧᑦ.

ᐃᖅᑲᓇᐃᔭᐅᑎᒃᑲᓐᓂᑦᑕᐅᖅ ᐊᑐᖅᑲᑦᑕᖅᒥᔭᕗᑦ ᒪᓇᖅ ᓇᑦᑎᖅᓂᒃ ᐱᓇᓲᑎ ᑐᖅᑯᖓᔪᓂᒃ. ᓴᓇᓯᒪᑦᓗᓂ ᓂᒃᓯᓕᒃ ᐃᐱᒃᑐᓂᒃ ᓄᕗᐊ ᖃᐃᕋᑦᑐᖅ ᖅᑭᔫᓂᖅᒥᒍᑦ ᐊᒃᑐᓇᐅᔭᖅᓗ ᑕᑭᔪᖅ. ᓇᐅᒃᑭᐅᔾᔭᐅᓪᓗᓂ ᓇᑦᑎᐅᑦ ᒥᒃᓵᓄᑦ ᐊᒻᒪᓗ ᓄᓯᒃᓯᔾᔪᑎᑎᓪᓗᒍ ᐊᖑᑕᖅᓂᒃ. ᑕᑯᓯᒪᖕᒥᔭᖅᑕᐅᖅ ᑕᒪᓐᓇ ᐱᓕᕆᔾᔪᑎ ᐊᑐᖅᑕᐅᑎᓪᓗᒍ ᐊᖅᕙᓯᖕᓂᖅᒥ ᑕᕿᔪᒥᒃ ᐊᒃᑐᓈᒥᒃ ᐊᑐᖅᑕᐅᔭᕆᐊᖅᑲᖅᑐᖅᑲᖅᑎᓪᓗᒍ ᓱᑲᑕᐅᔭᕆᐊᖅᑲᖅᑎᓪᓗᒍ ᓵᑦᑐᔮᖅ ᐅᖓᑕᖏᖅᑕᐅᓇᓱᒃᑎᓪᓗᒍ ᓴᖅᐱᖏᑎᒍᑦ.

ᐊᒥᓱᑦ ᓱᓕ ᐱᓕᕆᔾᔪᑎᖃᑦᑕᓚᐅᖅᑐᑦ ᐅᐊᑦᑎᐊᕈ ᐊᑐᖅᑕᐅᔭᕆᐊᖃᕐᒪᑕ ᐅᓪᓗᒥ, ᓲᕐᓗ ᑕᒪᒃᑯᐊ ᓈᒡᐸᐅᕋᖅ, ᑕᑯᒃᓴᐅᔪᖅ ᐊᐳᒻᒥ ᐃᓕᓯᒪᔪᖅ, ᐅᓈᖑᓂᖅᑲᖅᑐᓂ ᐃᓪᓗᐊᒍᑦ ᐊᒻᒪᓗ ᓂᒃᓯᖅᑲᖅᑐᓂ ᐃᓪᓗᖕᒫᖓᒍᑦ. ᐅᓇ ᐊᔾᔨᙳᐊᖅ ᑕᑯᒃᓴᐅᔪᖅ ᐊᓪᓗᐊᓕᐅᖅᑐ ᐃᖃᓗᓕᐅᓪᓚᕝᕕᒃᓴᒥᒃ *c.1920-ᕈᔪᖕᓂ.*

206 ᑖᓇᑦᑕᐅᖅ ᐱᓕᕆᔾᔪᑎᐅᕆᒐᖅ
ᒪᓇᖅ ᐊᖑᑕᒥᒃ
ᓅᔫᒃᓯᔾᔪᑕᐅᑦᑐᓂ.

ᐃᓚᒋᖕᒥᔾᖓᑦ ᐱᓪᓚᕆᐅᓪᓗᓂ ᐱᓕᕆᔾᔪᑦ ᐊᑐᖅᑲᑦᑕᕐᒥᔭᕗᑦ ᐃᐱᒃᑐᖅ ᓴᕕᒃ ᐅᒥᐊᐱᐊᕐᒥᑎᖅᑲᑦᑕᖅᑕᕗᑦ (ᐅᒥᐊᖅ, ᐊᒥᖅᑲᖅᑐᓂ). ᓇᐅᑎᐅᒪᓪᓗᓂ ᐃᒪᐃᑳᓪᓚᖕᓂᖅᐸᒃ ᑕᒪᓇ ᐊᓕᖅ ᑭᐱᔭᐅᔭᕆᐊᖅᑐᐃᓐᓇᕆᐊᖅᒪᑦ ᐅᕙᓘᓐᓃᑦ ᐊᕐᕕᖖᒎᖑᔪᖅ ᐱᔾᔪᑎᒋᓪᓗᒍ ᓇᒃᑎᑉᐸᑦ ᓴᖅᐱᖏᓐᓂᑦ, ᐊᑐᐃᓐᓇᖅᑲᕆᐊᖅᑲᖅᐳᑦ ᓴᕕᖕᒥᒃ ᐃᐱᒃᑐᒥᒃ.

ᑐᑲᖅᑎ ᐊᕙᑕᐅᖕᒪᑦ ᐊᓕᖅᑲᖅᑐᓂ (ᐊᓕᖅ ᐳᒃᑕᖅᑯᑎᒎᖑᔪᖅ) ᐊᒻᒪᓗ ᑕᒪᓇ ᐊᒃᑐᓈᖅ ᐊᑎᖅᑲᖅᑐᓂ ᖃᓕᐅᑕᖅ ᐊᒻᒪᓗ ᐊᑐᖅᑲᑦᑕᖅᑕᕗᑦ ᑲᓕᔾᔪᑎᕆᕙᒃᑐᑎᒍᑦ ᐊᕐᕙᒃᑕᐅᔪᒍᑦ ᑲᓗᑎᕆᓪᓗᑎᒍᑦ. ᐊᒥᓱᒃᑲᓪᓚᐃᑦ ᐊᕐᕙᖓᓱᑏᑦ ᐅᒥᐊᑦ ᕿᓚᒃᓯᖓᔭᕐᒪᑕ, ᐃᒡᓗᕇᖕᓂᒃ, ᑲᓕᔾᔪᑎᒥᓂᒃ ᐊᕐᕕᐅᕐᕕᕆᔭᐅᓂᐊᖅᑐᒍᑦ ᓇᓗᓇᐃᖅᑕᐅᓯᒪᔪᒍᑦ ᓯᑯᒥ ᑐᕙᐅᑎᐊᕐᓗᓂ ᖃᑭᑎᕙᐅᓂᐊᕐᓗᓂ 20-ᒥᑦ 40-ᓄᑦ ᑕᓐᓂᒃ ᐅᕐᑯᒪᐃᓐᓂᓕᖕᒥᒃ ᐊᕐᕕᖕᓂᑦ.

ᐃᖅᑲᓇᐃᔭᐅᑎᖅᑲᖅᐳᑦ ᐱᓕᕆᔾᔪᑎᑦᑎᓐᓂᒃ ᐊᑐᖅᑲᑦᑕᖅᑕᑦᑎᓐᓂᒃ ᑕᐅᓇᓂ ᓯᑯᒥ ᖁᕕᐊᑦᑐᖓᓗ ᐅᖅᑲᐅᑎᕆᖅᑲᓯᐅᑎᔭᕆᐊᒃᓴᖅ ᐃᓕᓯᓐᓄᑦ ᖃᐅᔨᒪᖅᑲᑎᕆᕐᖓᓂᐊᕋᓯ ᑕᒪᒃᑯᓂᖓ. ᑐᖅᑯᑎᐊᖅᑲᑦᑕᖅᓯᐅᒃ ᐱᓕᕆᔾᔪᑎᓯ ᐊᑐᕐᖏᓐᓂᕐᖏᓐᓂ.

Larry Aitken 09

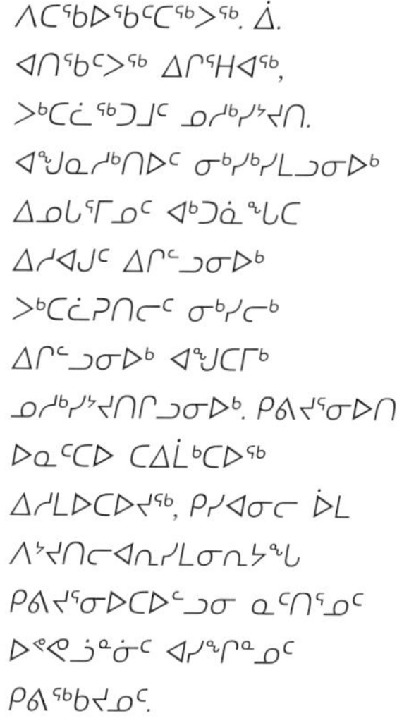

ᒪᓇᖅ ᐊᔾᔨᕌᕆᑦᑐᒐᓚᖕᓂᒃ ᐱᑕᖅᑲᐅᖅᑲᑦᑕᖅᐳᖅ. ᐄ. ᐊᑎᖅᑲᑦᐳᖅ ᐃᒋᖅᕼᐊᖅ, ᐳᒃᑖᖅᑐᒍᑦ ᓄᓯᒃᓯᔾᔪᑎ. ᐊᖑᓇᓱᒃᑎᐅᑦ ᓂᒃᓯᒃᓯᒪᓗᓂᐅᒃ ᐃᓄᒑᕐᒥᓄᑦ ᐊᒃᑐᓈᖓᑕ ᐃᓱᐊᒍᑦ ᐃᒋᓪᓗᓂᐅᒃ ᐳᒃᑖᕈᑎᓕᑦ ᓂᒃᓯᓕᒃ ᐃᒋᓪᓗᓂᐅᒃ ᐊᖑᑕᒥᒃ ᓄᓱᒃᓯᔾᔪᑎᒋᓗᓂᐅᒃ. ᑭᕙᓪᓕᕐᓂᐅᑎ. ᐅᓇᑦᑕᐅ ᑕᐃᒫᒃᑕᐅᖅ ᐃᓱᒪᐅᑕᐅᔪᖅ, ᑭᓯᐊᓂᓕ ᐆᒪ ᐱᔾᔪᑎᓕᐊᖅᓯᒪᓂᖅᓴᖑᕚ ᑭᕙᓪᓕᕐᓂᐅᑕᐅᓪᓗᓂ ᓇᑦᑎᕐᓄᑦ ᐅᕝᕙᓘᓐᓃᑦ ᐊᓯᖏᓐᓄᑦ ᑭᕙᖅᑲᔪᓄᑦ.

ᓴᐅᒥᖕᒦᑦᑐᖅ ᐊᔾᔨᕌᕆᑦᑐᒐᓚᐃᑦ ᐱᓕᕆᔾᔪᑎᑦ ᐱᕙᕌᖅᑕᐅᓯᒪᕗᑦ ᐊᑐᖅᑕᐅᑐᐃᓐᓇᕆᐊᖅᑲᖅᑐᑎᒃ ᐅᒥᐊᒦᑦᑐᑦ ᑐᐊᕕᐊᑲᕐᓗᓂ ᐊᑐᐃᓐᓇᐅᔪᑦ. ᑕᒪᓇ ᐅᐸᓗᐃᔾᔨᐃᖅᓯᒪᓂᖅ, ᐊᒻᒪᓗ ᐊᑐᖅᑕᐅᕙᓪᓕᐊᔪᓐᓇᕐᓂᖕᒋᓐᓄᑦ ᐱᓕᕆᔾᔪᑏᑦ, ᐊᓯᐳᖅᑕᐅᓗᐊᖅᓯᒪᖕᒋᑦᑐᑦ ᐊᑯᓂᒃᑳᓘᓕᖅᑑᒐᓗᐊᖅ ᐅᑦᕿᐊᒡᕕᖕᒥ. ᑖᒃᑯᐊ ᑕᑯᒃᓴᑦ ᐃᒪᐃᑦᑑᑕᐅᕗᑦ ᑐᕇᖅᑎᓪᓗᓂ ᖁᑭᐅᑎ (ᓴᐅᒥᖕᒦᑦᑐᓂ) ᐅᓈᖅ (ᓴᓐᓂᖕᒐᔪᖅ) ᐊᒃᑐᓇᐅᔭᕐᓄᑦ ᕿᕐᓗᑎᓯᒪᓪᓗᓂ ᖁᕝᕙᓯᐊᕐᔪᒃᑐᓂ ᓴᐅᒥᒃᐸᓯᐊᓂᑦ, ᓴᕕᒃ ᐅᖅᓱᐃᔭᐃᔾᔪᑎ. ᓂᒃᓯᒃ ᓇᑦᑎᕐᓂᒃ ᐱᔾᔪᑕᐅᓪᓗᓂ, ᑑᒃᑲᐅᑦ ᔫᖓ (ᑐᒃᑐᕐᔭ ᐅᕝᕙᓘᓐᓃᑦ ᓇᑦᑎᕐᔭᐅᔪᓐᓇᕆᓪᓗᓂ, ᐃᓗᒥᒎᖑᖅ ᒥᖅᑯᖅᑲᖅᑐᓂ).

ᐅᐊᕋᓐ ᒪᑐᒥᐊᖅ

ᐅᖅᑯᒃᓴᐅᑎᑦ ᐊᓯᔾᔨᑦᑎᐊᖅᓯᒪᙱᓚᑦ ᑕᐃᒪᙶᑦ ᒪᒃᑯᒃᑰᓚᐅᖅᓯᒪᓂᓐᓂᑦ. ᐱᕈᖅᓴᓚᐅᖅᓯᒪᒐᑦᑕ ᖁᓕᑦᑕᖃᐅᖅᑐᑕ, ᓯᓚᐸᖕᓂᒃ, ᑲᒦᖕᓂᒃ, ᐊᒻᒪᓗ ᐸᐊᓘᖕᓂᒃ. ᐅᓪᓗᒥᐅᓕᖅᑐᕐᓕ, ᑕᐅᖅᓲᖔᖃᑦᑕᓕᕋᑦᑕ ᑐᒃᑐᕋᔮᒃ ᐸᐊᓘᒃ ᐊᒪᕈᕋᔭᖔᖕᓄᑦ ᓲᐱᕋᔭᖔᖕᓄᓪᓘᓐᓃᑦ ᐅᕝᕙᓘᓐᓃᑦ ᐸᐊᓘᖕᓂᒃ ᓂᐅᕕᐊᒃᓵᖕᓂᒃ.

ᐊᑐᖃᑦᑕᖅᑐᖓ ᓯᓚ ᐅᖅᑰᔫᖕᓂᒃ ᑲᒦᖕᓂᒃ ᓇᑦᑎᕋᓵᖕᓂᒃ ᐅᕝᕙᓘᓐᓃᑦ ᐊᒪᕈᕋᓵᖕᓂᒃ ᓂᐅᖕᓂᒃ ᒥᖅᓱᖅᓯᒪᔫᖕᓂᒃ ᕿᑐᒻᒪᒃᓴᖅᓯᒪᓪᓗᑎᒃ ᐊᑐᓈᒃ (ᐊᑐᖔᒃ) ᐅᒡᔪᒐᔭᐅᓪᓗᑎᒃ. ᑕᒪᒃᑯᐊ ᑲᒦᑦ ᐃᓯᒐᐃᔭᖅᓇᖏᒻᒪᑕ ᐅᕿᑦᑐᑎᒡᓗ ᐊᒻᒪᓗ ᐊᐃᒡᓖᓇᑦᑎᐊᕋᑎᒡᓗ ᒪᑯᑎᑐᓇᖅ ᐃᓯᒐᐃᔭᖅᓇᖏᑦᑐᑎᑐᑦ ᐊᑐᖅᑕᐅᖃᑦᑕᖅᑐᑦ ᐅᓪᓗᒥᐅᓕᖅᑐᖅ. ᑲᒦᑦ ᐊᑐᖅᑕᐅᖃᑦᑕᕐᒥᔪᑦ ᐊᓐᓄᕌᓇᒃᓴᖅᑐᓂ ᐅᓪᓗᑦ ᓱᕐᓗ ᐃᓅᖃᑎᒌᑦ ᑭᐸᒋᖅ ᑲᑎᓯᒪᑎᓪᓗᒋᑦ ᐱᔾᔪᑎᖃᑦᑎᐊᖅᑐᑎᒍᑦ ᐅᕝᕙᓘᓐᓃᑦ ᐃᓄᐃᑦ ᔪᒥᖅᑐᑎᒃ ᐊᐅᓚᑕᐅᖃᑦᑕᖅᑐᑎᑦ ᓇᓗᒃᑕᖅ ᐊᑑᑎᑎᓪᓗᒍ. ᓇᓗᒃᑕᖅ ᐊᑐᖅᑕᐅᖃᑦᑕᖅᐳᖅ ᔫᓂ ᑕᖅᑭᖓᓂ ᐊᒻᒪᓗ ᐊᐅᓚᑕᐅᓪᓗᓂ ᑕᒪᒃᑯᓇᙶᑦ ᐊᕐᕙᓚᐅᖅᑐᑦ ᑲᐱᑕᐃᖏᓐᓂᑦ.

ᐅᓪᓗᒥᐅᓕᖅᑐᕐᓕ ᐊᑐᖃᑦᑕᖅᑕᕋᓗᐊᕗᑦ ᓯᓚ ᔭᐃᑲᕗᑦ ᒥᖅᓱᖅᑕᐅᓯᒪᔪᑦ ᓴᓇᔭᐅᓪᓗᑎᒃ ᖁᓕᑦᑕᕗᓪᓗ ᒥᖅᑯᓖᑦ. ᔭᐃᑲᑦ ᖁᓕᑦᑕᐃᓪᓗ ᓄᓇᑦᑎᓐᓂ ᓴᓇᔭᐅᖃᑦᑕᖅᑐᑦ ᐅᑦᕿᐊᒡᕕᖕᒥ ᐱᔭᐅᔪᒪᖕᒪᑕ ᓯᓂᑦᑎᐊᕙᖅᑲᐅᖅᓂᖏᓐᓄᑦ ᐅᖅᑰᓂᖏᑦᓄᑦᓗ. ᖁᕕᐊᑉᐳᖓ ᐊᕐᓇᐃᑦ ᓄᓇᑦᑎᓐᓂ ᒥᖅᓱᕐᓂᕐᒥᓂᒃ ᐊᑐᒐᖃᓪᓚᑦᑖᕐᒪᑕ ᖁᓕᑦᑕᕐᓂᒃ ᑕᐃᒪᐃᓕᐅᖏᓐᓇᖅᑐᑎᒡᓗ ᐅᓪᓗᒥ.

ᐱᓪᓚᑦᑖᓇᖅᓯᐅᑎᖕᒥᔭᕗᑦᑕᐅᖅ ᐊᓐᓄᕌᑦᑕ ᐃᓚᖓᑦ ᖃᑎᖅᓂᓯ ᐅᕝᕙᓘᓐᓃᑦ ᖃᑯᖅᑕᖅ ᐊᐳᑎᓕᒃᓯᐅᑕᐅᓪᓗᓂ ᖁᓕᑦᑕᑦᑕ ᓯᓚᑖᒍᑦ ᐊᑐᖃᑦᑕᖅᑕᕗᑦ. ᐊᔪᓇᖅᓲᔾᔭᐅᑦᑎᐊᖅᓯᒪᕗᒍᑦ ᑕᒪᒃᑯᐊ ᐱᖃᓇᐊᒃᓴᖅ ᖃᑎᖅᓂᓯᓂᒃ ᕿᒪᒃᓯᑎᑦᑎᓂᐊᖏᓐᓇᑦᑕ ᐊᕐᕕᖕᓂᒃ ᐸᐃᔪᓂᒃ ᖃᓂᓈᖅᑐᓂᒃ ᑕᖕᒫᖅᓯᒪᕕᒋᔭᑦᑎᓄᑦ ᓯᓈᖓᓂ. ᐊᑐᖅᑕᐅᖃᑦᑕᕐᒥᔪᑦ ᓂᕐᓕᖕᓂᐊᓕᕌᖓᑦᑕ.

ᑕᒪᒃᑯᐊ ᐱᓕᕆᔾᔪᑎᑦ ᐅᓪᓗᒥ ᓯᓚ ᐊᑐᖅᑲᑦᑕᖅᑕᕗᑦ ᐃᓚᖅᑲᖅᑐᑎᒃ ᖃᓄᕐᒥᐊᕐᒥ ᐅᒃᑯᑕᐅᓪᓗᓂ ᑐᖅᑯᓴᐃᔾᔪᑎ ᐊᕙᑎᒥᒃ. ᐊᑐᕐᓇᖅᑎᐊᖅᐸᒃ ᖃᓗᕆᐊᑦ ᐊᑐᖅᑕᐅᖃᑦᑕᖅᓯᒪᓪᓗᑎᒃ ᑐᖅᑯᑎᓇᓱᒃᑐᖅ ᐃᑭᓕᕐᒥᒃ ᐊᕙᑎᒥᒃ.

ᐱᓕᕆᔾᔪᑎᒃᑲᓂᖅᑕᐅᖅ ᐊᑐᖃᑦᑕᕐᒥᔭᕗᑦ ᓱᒃᓚᖅ ᐅᕙᓐᓄᓐᓂᑦ ᑑᖅ ᓯᑯᑦ ᐃᓪᓕᓂᓕᐅᕈᑎ ᐃᕗᓂᖅᑎᒍᑦ ᑕᕆᖅᓯᒪᕙᓐᓄᑦ ᐅᑕᖅᑭᐅᕕᑦᑎᓐᓄᑦ ᐊᕐᕙᓗᒃᑐᑦ. ᖃᓄᖅᐅᑎᖃᐊᖅᑲᕗᑎᑦ ᐊᑐᐃᓐᓇᖅᓂᒃ ᐊᐳᑕᐃᔭᐃᔪᑎᕆᖅᑲᖅᑕᓂᐊᖅᑕᖅᓂᒃ ᐊᐳᑎᖅᓯᐃᕝᑲᖅᑕᖅᓗᑎᓪᓗᓐᓄᑦ ᓄᑦᑕᓂᒃ ᐃᓪᓕᓂᖅᒥ.

ᐊᑐᖅᑕᐅᖃᑦᑕᖅᑐᑐᖃᖅ ᖁᑭᐅᑦ ᓴᕕᒃᑕᖃᖅᑐᓂ ᐋᖅᑭᒃᓯᒪᔪᒥᒃ ᑐᑭᐊᒍᑦ ᐱᒻᒪᕆᐅᖕᒥᖕᒪᑦ ᐊᑐᕐᓗᒍ ᐊᕐᕌᒍᓕᒫᓗᓂ. ᖁᑭᐅᑦ ᓴᕕᒃᑖᑦ ᑲᐱᓯᔪᓕᕐᑕᐅᑎᓪᓗᒍ ᐊᕕᖓᒍᑦ ᖁᕐᑭᓇᕐᓂᐊᖅᒪᑦ ᐊᕐᕌᒍᓱᑎᒥᒃ ᖃᖅᑕᓂᕐᒥᒃ ᖁᑭᖅᓯᔾᔪᑕᐅᖃᑦᑕᖅᑐᖅ ᐊᕕᖕᒥᒃ. ᐊᕙᑕᖅ ᕿᓚᒃᓯᒪᓪᓗᓂ ᓴᕕᒃᑕᖓᓄᑦ ᐊᓕᑯᑖᖅᑐᓂ ᑕᖅᓴᐅᓇᓱᖅᑲᑦᑕᖅᑐᑦ ᐊᐅᐸᔪᒃᑑᓪᓗᑎᒃ ᐊᒥᐊᖏᑦ. ᐊᕕᒃ ᖁᑭᖅᑕᐅᒃᐸᑦ ᑕᑯᓐᓇᕐᔪᐊᓗᐊᑦ ᓇᐅᒃᑯᑦ ᐳᐃᖓᒪᖓᑦ. ᐃᖕᒌᓐᓇᑦᑎᐊᖅ ᑕᕝᕙ ᓵᕕᑎᓪᓗᑕ ᐅᒥᐊᓂᒃ ᐊᕕᒃ ᒪᓕᒃᓴᖅᑐᑎᒍ ᓯᑯ ᓯᓚᓗ ᐱᔪᓐᓇᖅᑎᑦᑎᑎᓪᓗᒋᑦ, ᑕᕝᕙ ᐊᕐᕙᓰᖑᔪᑦ.

ᐊᓯᐳᖅᓯᒪᓪᓚᓇᒃᑐᖃᕐᒥᒪᑦ ᐊᕐᕙᓗᐃᑎᓂᒃ ᐊᖑᓱᐃᑎᑐᐃᓐᓇᕐᓂᓪᓗ ᐅᓪᓗᒥ ᐊᑐᖅᑕᐅᔪᓂᒃ ᑕᒪᔾᔭᐅᓕᓇᓪᓗᑎᒃᑕᐅᖅ ᓯᑭᑑᑦ ᕿᒧᒃᓯᓂᒃ ᑭᖑᕙᐅᔾᔪᑦ, GPS ᑭᖑᕙᐅᑎᓪᓗᑎᒃ ᑕᓪᒪᓈᒃᑯᑎᓂᒃ, VHF ᐅᖅᑲᓚᐅᑎᑦ ᐊᑐᖅᑕᐅᒃᑕᖅᑐᑦ ᐅᖅᑲᓪᓚᖅᑎᒌᒍᓐᓇᕐᓂᒃᑯᑦ ᐊᕐᕙᓗᒃᑎᐅᖅᑲᑎᒌᓄᑦ. ᐱᖏᓐᓇᖏᓐᓂᖅ ᐱᖅᑲᖅᓯᐅᑎᓕᕆᑎᒍ ᑕᒪᕐᑯᐊ ᐱᓕᕆᔾᔪᑏᑦ ᐊᑐᓇᐊᖏᑦ.

ᐃᒡᓗᐊᓃᑦᑐᖅ: ᐃᓄᐱᐊᖅ ᐊᖑᓇᓱᒃᑎ ᐃᒃᓯᕚᖅᑐᖅ ᖃᒧᒃᓯᖅᑐᖅᓯᐅᑏᓐᓂᒃ ᖃᒧᑏᖕᓂ, ᐅᖅᑯᒃᓴᐅᓯᖅᓯᒪᓪᓗᓂ ᐅᐊᑦᑎᐊᕈᖅᓂᐅᑕᓂᒃ ᑐᒃᑐᖅᔭᓂᒃ, ᐱᖃᓯᐅᑎᓪᓗᒋᑦ ᑐᒃᑐᖅᔮᖕᓂᒃ ᑲᒦᖕᓂᒃ ᐊᑐᖓᕆᒃᑲᖅᑐᑎᒃ ᐅᔭᕆᔮᖕᓂᒃ, *c 1920-ᓂ*.

ᖁᓪᓕᓂᒥᑦ: ᐅᐊᖄᖅ ᒪᑐᒥᐊᖅ (ᑕᓕᖅᐱᖕᒥᑦᑐᑦ ᓵᓂᑎᐊᖓᓂ ᐃᒃᓯᕚᖅᑐᖅ) ᐃᖕᒋᖅᑐᓂ ᕿᓚᐅᔭᖅᑐᓂᓗ ᐱᖅᑎᖃᐅᖅᑐᓂ ᐋᓯᑭᔫᓂᒃ ᒧᒥᖅᑎᑦᑎᔪᓂᒃ ᒧᒥᖅᑎᑦᑎᓪᓗᑎᒃ ᐸᓂᖓ ᑖᓖᓐ ᒪᑐᒥᐊᖅ ᑲᒪᒃ ᒧᒥᖅᑎᓪᓗᒍ ᓵᑎᐊᖓᓂ. ᒧᒥᖅᑎᑦᑎᔪᑦ ᐊᑐᖅᑐᑦ ᑲᒥᖕᒥᒃ ᒧᒥᖅᑎᑦᑎᓂᕐᒥᓂ ᐊᑐᖅᑲᓯᐅᑎᔭᒥᒃ ᒧᒥᖅᑎᑦᑎᓂᕐᒧᑦ ᐊᓐᓄᕌᖅᓯᒪᓪᓗᑎᒃ.

ᐊᕐᕙᓗᒃᑏᑦ ᑕᑯᓐᓈᖅᑐᑎᒃ ᓂᐱᖅᑲᕐᓇᑎᒃ ᐃᓚᖏᓪᓗ ᐊᕐᕙᓗᒃᑎᓪᓗᒋᑦ ᐅᒥᐊᖅᑐᖅᑐᑎᒃ. ᐊᑐᓂᑦ ᐊᕐᕙᓗᒃᑏᑦ ᐊᑐᖅᑐᑦ ᖃᑎᕐᓂᓯᒥᓂᒃ ᐊᑐᐃᓐᓇᖅᑕᒥᓂᑦ ᐅᑕᖅᑭᐅᕐᓂᕐᒥᓂᒃ ᓯᓈᖓᓂ.

ᔫ ᓕᕕᑦ

ᐊᕙᓗᓯᓕᕚᕆᓪᓕᑕ ᐅᖅᑯᔅᓴᐅᑎᕗᑦ ᐊᑐᐃᓐᓇᖅᑲᑦᑕᖅᑕᕗᑦ ᐋᓚᐅᖅᓯᒪᔪᓐᓃᖅᑐᑎᒍᑦ ᓯᕿᓐᖑᔾᔭᖅ ᑲᓯᓕᖅᑭᒃᑖᒐᓗᐊᖅᑎᓪᓗᒍ, ᓯᓂᖃᑦᑕᖅᑐᒍᓪᓘᓐᓂᑦ ᐊᑐᖅᑐᑎᒍᑦ. ᐊᕕᕈᓐᓇᕆᐊᖃᖅᑐᒃ ᐸᕐᓇᓕᕈᑦᑕ ᑕᒫᖅᓯᒪᕕᒋᔭᑎᓐᓂᑦ ᐃᒪᐃᑳᓪᓚᒃᐸᑦ ᓯᐅᔭᒃᑯᖕᖓᔫᒃᑯᑦ ᓱᑯᐃᕈᔾᔭᐅᑐᐃᓐᓇᕆᐊᖃᕐᓂᐊᕐᒪᑦ. ᐃᒪᐃᑦᑐᐃᓐᓇᕆᐊᖅᑲᕆᕗᒍᑦ

ᐊᑐᖅᑲᑦᑕᖅᑐᒍᑦ ᖃᐅᖅᑕᓂᒃ ᐊᐳᒥᑦᑐᖅᓯᐅᑎᓂᒃ ᖁᓕᑦᑕᐅᔭᑦᑕ ᓯᓚᒌᒍᑦ ᑕᖅᓴᐅᕆᑦᑐᖅᓯᐅᑎᑦᑎᓐᓂᒃ ᐅᑕᖅᑭᐅᖅᑐᓕᒫᑦ ᐊᑐᖅᑲᑦᑕᖅᑐᑦ. ᑐᒃᑐᕌᔭᑦ ᐊᓪᓕᓂᕆᖅᑲᑦᑕᖅᑕᕗᑦ ᐅᕿᑦᑐᑎᒃ ᐊᑲᐅᓪᓗᑎᓪᓗ ᓯᓂᕕᒋᓪᓗᒋᑦ. ᐳᐊᓗᕆᒃᑲᓐᓂᖅᑲᑦᑕᓪᓗᑕ ᐅᒥᐊᒦᑎᑦᑐᑎᒍᑦ ᐊᑐᐃᓐᓇᐅᓪᓗᑎᒃ ᑭᓇᑐᐃᓐᓇ ᕿᐅᓕᕈᓐᓇᖅᓯᒪᑦ ᐅᒥᐊᖅᑐᖅᑐᓂ.

ᐃᓄᐱᐊᓄᑦ, ᐊᑦᑕᕐᓇᖅᑕᐃᓕᒪᓂᖅ ᐱᓪᓚᓇᐅᖅᑲᖅᓯᐅᑎᓐᖓᒪᑦ ᐊᕐᕌᓇᒃᑐᓂ ᓯᑯᒥ. ᐊᑦᑕᕐᓇᖅᑕᐃᓕᒪᓂᖅ ᖃᐅᔨᒪᓇᖅᐳᖅ ᓯᑯᒃᑯᖅᑐᓂ ᓵᑦᑐᒃᑯᑦ. ᓯᑯᕋᑦᑖᖅᑐᖅ, ᕿᓄ, ᓯᑯᓕᕋᒥ ᑖᔨᖕᖑᕗᖅ. ᐃᒫᖑᒃᑲᑦᑕᕗᖅ ᑭᓇᑐᐃᓐᓇᖅ ᐱᓯᒍᓐᓇᖅᐳᖅ ᓵᑦᑐᒃᑯᑦ ᐅᓪᓘᓐᓂᒃ ᒪᕿᑦᓕᖅᐸᑦ. ᐊᑐᖅᑕᐅᓗᓂ ᐱᓯᒃᑲᕆᔭᐅᔪᓐᓇᖅᐳᖅ ᖃᖓᒐᒍᑦ ᑕᒪᐅᓇ ᓂᓕᕈᔪᒃᐸᓪᓕᐊᓕᖅᐸᑦ ᖁᒻᒧᑦ ᐃᓄᐱᐊᑦᑕᐅᖅ ᖃᐅᔨᔭᐅᑎᖃᕈᑦ ᐃᔾᔪᓂᖕᒐᓄᑦ ᐊᑎᓕᖕᒥᒃ ᓈᖅᐸᐅᕋᖅ, ᑕᑭᔪᑖᖕᖑᓪᓗᓂ ᐃᓪᓗᐊᒍᑦ ᓄᕙᑦᑎᐊᕆᒃᑐᓂ ᓂᒃᓯᖅᑲᓪᓗᓂ ᐃᓪᓗᖕᖔᖕᖑᑦ. ᑕᒪᑐᒧᖓ ᑕᑭᔪᑖᖕᒧᑦ ᓯᑯᕋᑦᑖᖅᑐᖅ ᑑᖅᐸᒃᑐᒍ.

ᓴᐅᒥᖕᒥᑦ: ᒪᐃᑯᓪ ᑖᓇᕗᓐ ᐊᐳᑎᒦᑦᑐᖅᓯᐅᑎᒥᓂᒃ ᐊᑐᖅᑐᖅ ᐱᓯᒪᓪᓗᓂ ᐅᓈᕐᒥᓂᒃ (ᓈᖅᐸᐅᕋᕐᒥᓂᑦ).

ᓵᓕ ᕼᐋᐸᓐ ᓯᑯᒦᑦᑐᖅ ᐊᑐᖅᑐᓂ ᐊᑐᖅᑲᑦᑕᖅᑕᑐᖅᑲᕐᒥᓂᒃ ᖃᑎᖅᓂᓯ ᐊᒻᒪᓗ ᓇᓄᕌᖕᓂᒃ ᐊᐃᖅᑲᕝᕙᖕᓂᒃ ᐳᐊᓗᓯᒪᓪᓗᓂ. ᑕᓯᑉ, ᐊᑦᑕᕐᓇᐃᖅᓯᒪᔾᔪᑎᒥᓂᒃ ᐊᑐᖅᑐᖅ ᐅᖃᐅᑎᕆᓯᒪᔭᖕᖓᓂᒃ ᔫ ᓕᕙᑦ, ᓂᕕᖕᖓᓪᓗᓂ ᐊᐳᑎᓕᖕᒦᑦᑐᖅᓯᐅᑖᑕ ᑐᓄᖕᓖᖕᖓᓂ.

ᓇᐅᑦᑐᓯᒃᑲᐅᑦᑐᕈᓐᓇᓇᐊᒃᓴᖅ ᐊᕕᖕᒥᒃ ᖃᓂᓈᖅᑐᖅᑲᖅᑲᑦ ᐅᑕᖅᑭᐅᕝᕕᒋᔭᑦᑎᒍᑦ. ᐅᖅᑰᔾᔪᑎᒋᐅᔅᓴᓗᑦ ᐅᖅᑯᔅᓴᐅᑎᑦ ᐊᓐᓄᕌᑎᓐᓂ ᑲᒥᒃ ᐊᑐᒐᒃᓴᐅᓪᓗᑎᒃ ᐅᓪᓗᓄᑦ ᑎᓴᒪᓄᑦ ᐊᓯᔾᔨᓚᐅᕆᓪᓗᑎᒃ ᐸᓂᖅᓯᐊᕆᓂᐊᕐᓗᑎᒃ. ᐊᓯᕐᕆᑦ ᓯᓚᓪᓕᕐᒥᓪᓕᑦ ᑲᒥᑦ ᐅᕝᕙᓘᓐᓃᑦ ᐊᑐᖕᓕᑎᐊᕆᒃᑐᑦ ᐊᓯᔾᔨᕆᐊᖃᖅᑲᖅᑕᑦᑕᑕ ᐸᓂᖅᓯᐊᕆᔭᐅᓗᓂᓪᓗ ᖃᐅᑕᒫᑦ. ᐱᓂᕋᕆᒃᑲᓂᕆᐊᖃᖅᑐᑦ, ᐊᓕᖅᓯᑎᐊᕙᕐᓂᒃ, ᑲᒥᐊᓗᒃᑲᓐᓂᕐᓂᓪᓗ ᓇᒃᓴᖃᕈᑎᔭᕆᐊᓕᑦ ᐊᕙᓗᓯᒪᓗᓂ ᑕᒫᖅᓯᒪᕕᖕᒥ.

ᐊᖑᓇᓱᒃᑎ ᐱᓱᐃᓐᓇᖅᐸᑦ, ᖃᐅᔨᓴᐃᓐᓇᖅᑐᓂᐅᒃ ᓯᕗᓂᑦᑎᐊᓂ. ᑕᒪᓐᓇ ᑎᑐᒥᐊᖅᑕᖓ ᖃᐅᔨᓴᐅᑎᒋᓪᓗᓂᐅᒃ ᐃᒪᐃᖃᓯᐅᑎᖕᒥᖕᒪᑦ ᐅᖁᒪᐃᓐᓂᕐᒥᒃ ᓯᐊᒻᒪᖃᓯᐅᔾᔨᓪᓗᓂ ᓯᑯᒃᑯᑦ, ᐱᓗᐊᙳᐊᖅᑐᒥᒃᑕᐅᖅ ᖃᑭᔾᔭᑎᒋᔪᓐᓇᖅᑐᓂᐅᒃ ᑕᒪᐅᓇ ᑲᑕᒃᑯᓂ. ᐅᖁᒪᐃᓐᓃᑦ ᓯᐊᒻᒪᒃᑲᓐᓂᕈᓐᓇᖅᑕᐃᑦ ᐹᒻᒪᕝᕕᒋᓗᒍ ᑕᒪᓐᓇ ᑕᑭᔪᑯᑖᒃ ᓴᕝᕕᖕᓄᑦ. ᐅᖁᒪᐃᓐᓂᕐᒥᒃ ᓯᐊᒻᒪᐃᓯᒪᓂᖅ, ᑭᓇᑐᐃᓐᓇᖅ ᖃᑭᔪᓐᓇᖅᐳᖅ ᑲᑕᒃᓯᒪᕕᒋᔭᒥᓂᑦ.

ᑕᔅᓯᒃ (ᐃᒪᐃᑦᑑᒐᔪᒃᑐᖅ ᐊᒃᑐᓇᐅᔭᖅ) ᕿᓚᒃᓯᒪᓪᓗᓂ ᖁᓚᑦᑕᐅᔭᕐᒧᑦ ᐱᓪᓚᓇᐅᒋᕗᖅ ᑕᔅᓯᒋᓪᓗᒍ ᐅᖅᑯᒃᓴᐅᑎᑦᑎᓐᓄᑦ ᓯᑯᓚᐊᖅᑐᓂ. ᑕᔅᓯᒃ ᒪᓴᑦᑕᐅᑎᕆᑎᑦᑎᖕᒋᒻᒪᑦ ᐊᓐᓄᕌᕐᓂ ᐸᒃᑖᖅᑎᑦᑎᓗᓂᓗ, ᖃᐅᔨᒪᖃᓯᐅᑎᑦᑐᒍᑐ ᐃᒦᓂ ᐹᒻᒪᖕᒐᒍᕕᑦ ᓇᓪᓚᖕᒑᕈᕕᑦ ᐃᒪᖃᖕᒋᓐᓂᖅ ᐊᓯᐅᓲᖕᖑᖕᒪᑦ ᑭᕝᕙᖕᓛᓕᕐᓗᑎᑦ. ᐃᒦᒃᑲᓐᓂᕐᓗ, ᐊᖑᓇᓱᒃᑎ ᐱᓯᒪᔭᒥᓂᒃ ᓴᕝᖃᐅᔭᐃᓐᓇᕐᒪᑦ ᐃᒪᐃᑐᐃᓐᓇᓇᐊᖅᑲᕐᒥᖕᒪᑦ ᖃᑭᔪᓐᓇᐃᑦᑕᓗᓂ ᐃᒦᕈᓂ.

ᐊᑐᕐᓇᖅᐸ ᓴᕕᒃ ᕿᓯᐳᔾᔪᑎᒋᓗᓂᐅᒃ ᓯᑯᒧᑦ ᑑᖅᑎᖅᑕᑦᑕᓗᓂᐅᒃ ᓯᑯᒧᑦ, ᖃᑭᔾᔪᑎᒋᓗᓂᐅᒃ. ᑖᓇ ᓴᕕᒃ ᐊᑑᑎᖅᑲᑦᑎᐊᕈᓐᓇᕐᒪᑦ ᐊᑐᕐᓇᖅᐸᑦ ᑭᓴᐅᑎᒋᔭᖅᑎᑐᑦ ᐃᒫᓂᑦ ᖃᑭᔾᔪᑎᒋᓗᒍ, ᓇᓄᖅᑎᑐᑦ ᑕᐃᒫᒃᑕᐅᖅ ᐃᒫᓂᑦ ᖃᑭᓱᖑᒪᑕ ᐃᒥᒥᓂᒃ ᓯᑯᒃᑯᑦ ᓵᑦᑐᒃᑯᑦ, ᐹᖅᑯᓕᑦᑐᓂ ᐃᔾᔭᓂᖅᓴᒧᑦ ᓵᓗᐊᖕᒋᑦᑐᒍᑦ.

ᐊᔾᔨᙳᐊᖅ: ᔫ ᓚᕕᑦ (ᓴᐅᒥᖕᒥᑦ) ᐃᖅᑯᒃ ᐊᖑᑎᒃᔪᐊᖅ ᓯᓈᖕᒐᓂ ᐅᑦᕿᐊᕝᕕᖕᒥ.

ᑕᒪᕐᒥᒃ ᐊᑐᖅᑑᒃ ᖃᑎᓂᓲᖕᓂᒃ ᐃᖅᑯᓪᓗ ᑕᔅᓯᒃᓯᒪᓪᓗᓂ ᐱᖅᑲᓯᐅᑎᓯᒪᔪᒥᒃ ᓯᑲᒃᑲᓐᓂᕐᓗᒍ ᐃᒻᒪᒃᑎᑦᑎᔭᐃᒃᑯᑎᒃᑲᓐᓂᐅᔪᓐᓇᖅᑐᒥᒃ ᐃᓗᒻᒧᑦ ᐊᓐᓄᕌᕐᓂ.

ᐅᒥᐊᖅ
ᑕᑯᔭᒐᐅᑲᐃᓐᓇᖅᑎᑕᐅᔪᖅ
ᐊᐅᔭᒃᑯᑦ, ᐱᖃᓯᐅᔾᔨᑦᑐᓂ
ᓇᐅᒃᑭᐅᒻᒥᒃ ᖄᖅᑕᔾᔪᓕᖕᒥᒃ
ᐊᕙᑕᖅᑐ. ᐅᑯᐊ ᐊᕙᑕᑦ
ᐊᓯᖕᒋᑦᑐ ᐊᕐᕌᒍᓯᑎᓄᑦ,
ᐱᓕᕆᔾᔪᑎᑦ, ᐅᐊᑦᑎᐊᕈ
ᐊᑐᖅᑕᐅᖃᑦᑕᖅᑐᕙᓃᑦ ᐅᑦᑐᒥ
ᓯᓚ ᐊᑐᖅᑕᐅᖃᑦᑕᖅᑐᑦ.

ᓯᑯᓕᕆᔾᔪᑎᑦ ᐃᓄᐱᐊᓄᑦ ᐅᑦᑭᐊᒡᕕᖕᒥ ᖃᓂᒋᔾᔭᓂᓗ ᓴᓇᓯᒪᕐᔪᐊᖏᑦᑎᐊᖅᑐᑦ ᑭᓯᐊᓂᓚ ᐱᔪᓐᓇᑦᑎᐊᕐᓂᕐᒥᒍᑦ ᐊᑐᖅᑕᐅᓂᖏᑦ ᐱᐅᔪᑦ ᑕᒻᒪᖅᑕᐅᖏᑦᑎᐊᖅᑐᑎᒃ. ᐅᒥᐊᑦ ᑕᑯᖅᑯᔾᔪᒥᓇᖅᐸᑦ ᑐᑭᖃᐅᑦᑎᐊᕐᓂᖏᑎᒍᑦ. ᐅᕐᑭᑦᑐᓂ ᐅᒡᔪᒐᔭᓗ ᑕᓯᙱᑦᑎᐊᖅᑐᓂ ᑐᓕᒫᒥᓂᑦ ᓱᑲᖕᒍᑦᑎᐊᖅᑐᓂᓗ. ᐸᐃᓯᒪᔪᖅ ᐊᖅᕕᒃ ᐅᐹᓇᓪᓗᒍ ᐅᒥᐊᖅ ᐃᒪᕐᓗᖕᒋᒻᒪᑦ ᑐᓴᖅᓴᐅᔪᖅᑲᖏᒻᒪᑦ. ᓂᐱᑮᓴᕐᓗᓂ ᐊᖅᕕᖑᑦ ᐅᐸᒍᑎᕙᓪᓚᐊᓗᓂ ᐊᖅᕙᒐᓱᒃᑏᑦ ᐊᑕᐅᑦᑎᒃᑰᖅᑕᑦᑎᐊᖅᑐᑎᒃ ᐊᖑᐊᓇᐊᖅᑲᖅᐸᑦ, ᐊᖏᖅᑲᑎᒋᑦᑎᐊᖅᓯᒪᓗᒍ ᐱᔾᔨᑎᖅᑲᑎᐊᕐᒥᒃ. ᐅᒥᐊᖅᐸᑦᑕᐅᖅ ᐊᑐᖅᑲᑦᑕᓇᕙᕈᑦ ᓯᑯᐊᖏᔭᐃᔾᔨᑎᑦᑐᑦ ᖃᓄᐊᖏᔭᐃᔾᔨᑎᑦᑐᖑᖏᑦ ᓯᓈᖑᓇᑦ ᑭᒡᓕᖑᓂᑦ ᑕᖕᒫᖅᓯᒪᕕᒋᔭᑦᑕ ᖃᓂᒌ. ᐊᖏᔩᑎᑲᑦᓚᐃᑦᑐ ᓯᑯᐃ ᐊᔭᐅᖅᑲᑦᑕᖅᒥᔭᕗᑦ ᐅᒥᐊᕗᑦ ᐊᔭᐅᖅᓯᔾᔨᑎᑦᑐᑎᒍᑦ. ᐅᒥᐊᑦ ᖃᓇᖏᑦ ᐊᖅᑯᒍᑦ ᐊᕆᑎᓂᒃ ᐊᑐᕈᓇᐳᑦ. ᐊᒥᖓ ᑕᒪᓇ ᐅᒡᔪᒐᔭ ᐊᓯᔾᔨᓇᖅᑲᖅᑕᖅᑕᖅᐳᖅ ᐊᖅᑯᑦ ᐱᖓᓱᑦ ᑎᓴᒪᑦᔫᓐᓂᑦ ᐊᓂᒍᖅᖓᑕ, ᐊᑐᕈᓇᖅᑑᒐᓗᐊᑦ ᐊᖅᑯᓄᑦ ᐊᖅᕕᓂᓪᓕᑦ ᒪᕐᕉᖕᓂᒃ (7). ᐱᓇᓱᒃᑕᒥᒃ ᓂᖅᔪᑎᑦᑕᓐᓂᖅᑐᓂ, ᑕᒪᓇ ᖃᐃᓯᒃ (ᐅᒡᔪᒐᔭ) ᐊᑐᖅᑕᐅᓕᖅᑲᑦᑕᖅᐳᖅ ᒪᑉᖁᖅ (ᒪᑉᖁᖅᑐᒃ ᐅᒡᔪᒐᔭᒥᑦ ᖁᒻᒧᑦ ᖀᒋᖅᑎᑕᐅᖅᑲᑦᑕᖅᑐᑦ ᐃᓄᒐᓪᓚᖑᓄᑦ ᐊᕙᑖᓂᑦ ᖁᒻᒨᒃᑎᑕᐅᓪᓗᑎᒃ) ᐃᒪᐃᑎᓪᓗᒋᑦ ᓇᓗᒃᑕᖅ ᖁᔭᓕᖅᑲᑎᒋᒃᑐᑎᒃ ᖁᕕᐊᓱᖅᑲᑎᒌᓕᖑᕙᑕ. ᓵᓚᒋᔨᓐᓇᙳᕆᑕᐃᑦ ᐅᒥᐊᖅ ᐊᒥᓕᒃ. ᓲᒃᑲᓕᖕᒪᑕ, ᐅᖅᑭᑦᑐᑎᒃ, ᐊᖅᑭᑦᑎᐊᖅᓯᒪᒐᒥᒡᒎ ᐊᑦᑕᕐᓇᕐᓇᑎᒃ. ᐊᖅᕙᑲᓯᒃᐱᑦ ᐃᓚᖏᑦ ᑐᐱᒃᓴᔭᓂᒃ ᐊᒥᖅᑲᖅᑎᑦᑎᖅᑲᑦᑕᖅᑐᑦ ᐅᒥᐊᒥᓂᒃ, ᐃᓚᖏᑦ ᑲᑎᑦᑕᓇᐊᓕᖕᓂᒃ ᑎᓯᑦᑎᓱᓂᒃ ᐸᓂᕆᖕᒐᒥᒃ (fiber glass). ᐊᕆᒍᑦᑎᓐᓂ ᑖᒪᓂ ᐊᑐᖅᑐᑦ ᐃᒪᐃᑦᑐᓕᖕᒥᒃ ᑲᑎᑦᑕᓇᐊᓕᖕᓂᒃ ᑎᓯᑦᑎᓱᓂᒃ ᐸᓂᕆᖕᒐᒥᒃ (fiber glass) ᐅᒥᐊᓖᑦ ᐅᑎᓇᐊᖅᑲᓚᐅᖅᓯᒪᔪᑦ ᓂᓚᖕᒥᒃ ᐊᒃᑐᖅᓯᓪᓗᑎᒃ ᐅᒥᐊᖑᑦ ᐊᖕᒪᕐᓂᕐᒪᑦ. ᓵᓚᒋᔨᓐᓇᙳᕆᑕᑎᑦ ᐊᒥᓕᖕᒥᒃ ᐅᒥᐊᓖᑦ.

ᐊᖅᕙᑲᓯᒃᐱᑦ ᓵᕕᒃᑲᒥᒃ ᐅᒥᐊᒥᓄᑦ ᑕᒫᙵᑦ ᓯᓈᖓᓂᑦ ᒪᓕᖅᓱᖅᓂᐊᖅᑐᑎᒃ ᐊᖅᕕᖕᒥᒃ ᐱᑦᓚᕆᐅᕆᕗᖅ ᐊᑕᖏᖅᓱᑎᒃ ᖃᐅᔨᒪᔭᕆᐊᖃᑦ ᐊᑐᕆᐊᖅᑲᖅᑕᒥᓂᒃ. ᐊᑖᑕᒪ ᐃᓕᑎᓯᒪᕗᐃᑦ ᖃᑖᒍᑎᖅ ᐊᖑᑏᑦ ᖃᐅᔨᒪᓂᐊᖅᒪᑕ ᐃᓕᙳᓂᐊᖅᒪᑕᓗ ᐊᑐᓂᑦ ᑕᒪᒃᑯᐊ ᐃᓂᕆᔭᐅᖃᑦᑕᖅᑐᓕᒫᑦ ᖃᓄᖅ ᐱᓕᕆᕙᕆᔭᓇᐊᖅᑲᒪᑕ ᓇᓕᐊᖕᓂᑐᐃᓐᓇᖅ ᐃᒃᓯᕚᖅᓱᐊᕈᕙᑦ ᐅᒥᐊᒥ. ᐊᑦᑕᖅᓈᖅᑭᑦᑕᐃᓚᒪᓂᖅ ᓯᒍᑦᓕᖅᐸᐅᖑᔭᐃᓇᖅᒪᑦ ᐃᒪᖅ ᐊᑐᓂᑦᑕᐅᖅ ᐃᓚᒥᓂᑦ ᑐᕌᓇᖅᑲᑎᕆᓯᐅᖑᒪᑕ ᑕᒪᒃᑯᐊ ᐱᓂᖅᑐᖑᓇᖅᑐᑦ ᐊᑐᖅᑕᐅᖅᑯᔦᒥᓇᖏᑦᑐᑦ ᐊᑐᖅᑕᐅᓕᕈᓐᓇᖅᒪᑕ.

ᐊᖅᑯᑎ ᑕᐃᓐᓇ ᐊᖅᑯᐊᓂᑦᑐᖅ ᐊᖅᑯᒪᑦ. ᓇᐅᒃᑭᐊᖅᑎ, ᑲᐱᓯᔨ, ᓯᕗᐊᓃᓱᖑᒪᑦ ᓇᐅᒃᑯᒥᑦ ᖄᓱᓕᖕᒥᒃ ᓇᐅᒃᑭᐅᓯᔪᓱᖅ. ᐊᕙᑕᓱᒃᑎᐅᑦ ᐃᓚᖑᑦ ᑐᓄᑦᑎᐊᖑᑕᓂ ᐃᒃᓯᕚᖅᑐᖅ, ᐃᑭᑦᑎᔨᐅᓪᓗᓂ ᐊᕙᑕᖅᐸᖕᒥᒃ (ᐊᕙᑕᖅᒥᒃ) ᐊᖅᑲᒃ ᓇᐅᓚᒃᑕᐅᑐᐊᖅᐸᑦ. ᐊᕙᑕᓱᒃᑎᐅᑦ ᓯᓚ ᐃᓚᖑᑦ ᓇᐅᓚᒃᓯᔨᐅᑦ ᑐᓄᐊᓃᒻᒥᔪᖅ ᖁᑭᓇᐊᖅᑎᐅᓪᓗᓂ ᐊᖅᑲᒃᓯᐅᒻᒧᑦ. ᐊᕙᑕᓱᒃᑎᐅᖅᑕᐅᔪᑦ ᐱᓕᕆᐊᖅᑲᓪᓗᑎᒃ ᐊᖑᐊᖅᓂᕐᒥᒃ ᓂᐱᖅᑲᖅᑐᒥᒃ, ᐊᖑᐊᕐᓗᖓᖏᑦ ᑐᓴᕐᓂᖏᑦᑐᑎᒃ ᐃᒪᒍᑦ ᐊᖅᑲᖑᑦ ᑎᑭᐅᑎᔪᖕᖓᒥᒃ.

ᓯᖅᑭᖖᒎᔭᐅᑦ ᐃᖕᒋᖅᖃᓂᖕᒐᑐᑦ:
ᐅᒥᐊᒃᑯᑦ ᓱᒃᑲᓂᑭᓴᐅᑎᔪᑦ
ᔪᓚᐃ 4-ᖑᓕᕌᖓᑦ
ᐱᙳᐊᓕᖅᑲᑦᑕᖅᑐᑦ. ᐊᐅᓚᐅᑎᓕᒃ
ᐅᒥᐊᖅ ᐅᖕᒐᑦᓕᖅᐹᖕᒍᔪᖅ
ᐱᖅᕈᐊᖅᑭᔪᖅᑲᖅᐸᑦ ᓇᐅᑦᑎᐅᒪᔪᖅ.

ᐊᖅᕙᓯᒃᑎ ᐅᑕᖅᑭᐅᓇᔭᒃᑐᑦ.
ᐊᖅᕙᒃ ᑕᑯᔭᐅᒃᐸᑦ, ᐅᒥᐊᖅ
ᓵᕙᑉᐳᑦ ᓂᐱᑭᔮᖅᑐᑎᒃ ᐃᒫᓄᑦ
ᐊᖅᕙᓯᒃᑏᑦᑐ ᐸᐅᓕᖅᑐᑎᒃ
ᐊᑐᓇᐊᖅᑲᖅᑕᒥᓂᒃ ᐊᑐᖅᑐᑎᒃ
ᐊᖅᕙᖕᒥᒃ ᒪᓕᖅᓯᓕᖁᒥᒃ.

ᑖᓐᓇ ᐅᒥᐊᖅ, ᖃᓄᖅ
ᓴᓇᔭᐅᖕᒪᖕᒑᑦ,
ᓯᑯᒃᑯᑦᑐ ᐅᒥᐊᓕᔭᖅᑐᑦ
ᐊᓯᕈᖅᓯᒪᑦᑎᐊᖖᒋᓚᖅ
ᐊᑯᓂᐊᓗᒃ.

ᐊᔾᔨᖑᐊᖅ ᓕᕚᑦ ᐊᕐᕌᒐᓯᒃᑏᑦ
ᑕᐃᔅᓱᒪᓂ 1986-ᖑᑎᑦᑐᒍ
ᓴᐅᒥᖕᒥᑦ ᔫᑐ ᓕᕚᑦ
ᓄᑲᖅᑎᖅ., ᐃᐊᑦ ᕘᕝᐃᔅ, ᒪᒡᑯᓚᑦ ᐅᐱ,
ᐃᐅᑦᑕᓐ ᖠᐃᓯ, ᐅᐊᑦᑐ ᐊᒃᐱᒃ
ᓄᑲᖅᑎᖅ., ᔫ ᒥᐊᓗ ᓕᕚᑦ ᐊᒻᒪᓗ
ᔫᓇ ᓕᕚᑦ (ᓇᐅᒃᑭᐊᖅᑎ).

ᖁᐊᒃᑯᕕᒃ ᓄᓇᐅᑦ ᐃᓗᐊᓈᖓᔪᖅ, ᐃᓗᓕᐅᖅᑕᐅᓯᒪᓪᓗᓂ ᓄᓇᒧᑦ ᖁᐊᕐᒧᑦ, ᐱᓪᓚᕆᐊᓘᕐᑲᓯᐅᑎᒋᕗᖅ ᓯᑯᒥ ᐱᓕᕆᔾᔪᑎᓄᑦ ᐃᓚᒋᔭᐅᔪᖅ. ᐱᓪᓚᕆᐊᓗᒋᔭᕗᑦ ᖁᐊᒃᑯᕕᐅᖓᒧᑦ ᓂᕿᒃᑯᕕᐅᓪᓗᓂ. ᑲᒪᒋᔭᐅᑎᐊᕈᓂ ᓴᓇᔭᐅᓗᓂᓗ ᐃᓂᑦᑎᐊᕚᖓᒥ, ᑖᓐᓇ ᖁᐊᒃᑯᕕᑦ ᐊᑯᓂᐊᓗᒃ ᐊᑐᕈᓐᓇᕐᒪ. ᓴᓗᒻᒪᖅᑕᐅᖃᑦᑕᖅᐳᖅ ᐊᕐᕌᒍᑕᒫᑦ ᐊᕐᕙᓯᖕᓇᖅᑐᖅ ᐱᒋᐊᓚᐅᖏᓐᓂᖓᓂ, ᐊᐅᓚᒫᑦ ᑯᑦᖂᕖᓃᓪᓗ ᐊᐅᒃᐸᓪᓕᐊᔪᒥᑦ ᓂᓚᖕᒥᑦ ᐲᔭᖅᑕᐅᓪᓗᑎᒃ. ᓴᓗᒻᒪᖅᑕᐅᔭᕇᕐᒪᑦ, ᐊᐳᓯᖅᑕᐅᓪᓗᓂ ᓄᑖᒥᒃ ᓇᑎᖓᒍᑦ. ᑕᐃᒫᒃ ᖁᐊᒃᑯᕕᒃ ᖃᐅᒪᒃᐸᓪᓕᖅᑐᓂ ᐊᑐᑐᐃᓐᓇᕆᐊᖃᓕᖅᑐᓂᓗ ᑕᕝᕙᖓᖅᑕᐅᔪᓂᒃ. ᐊᕝᕕᑦ ᐱᓐᓇᕆᖃᑦᑎᒍᑦ ᐃᓂᒋᓕᕐᓂᐊᖅᑕᖕᒋᓪᓗ ᓴᓗᒪᓗᑎᒃ ᖁᐊᒃᑯᕖᑦ ᓂᕿᒃᑯᕕᑦᑎᐊᕙᐅᓕᕐᓗᑎᒃ. ᑕᐃᒪᓕ ᑕᕝᕚ ᐃᓕᖕᒪᒍᒧᑦ ᐃᓐᓇᑦᑎᓐᓂᑦ.

ᖁᓪᓕᕐᒥᑦ: ᔫ ᐊᒪᓗ ᓅᓯ ᐊᖅᑲᖅᑎᕆᐊᕝᕕᖓᓂᒃ ᓕᕕᑦᑯᑦ ᓯᒡᓗᐊᖓ (ᓯᕐᓗᐊᖓᑦ) ᖁᐊᒃᑯᕕᖓᓐᓂ.

ᒪᔪᖅᑐᓂ ᐊᓂᕙᓪᓕᐊᓗᓂ ᖁᐊᒃᑯᕕᐅᑦ ᓯᓚᑖᓄᑦ.

ᒪᖑᓚᑦ ᐅᐱ

ᔨᐊᓐᔅ ᓕᕚᑦ ᐃᓚᒌᑦ ᓯᕐᓗᐊᕐᒐᑦᑕ ᐃᓗᐊᓃᑦᑐᖅ ᐅᑦᑭᐊᕝᕙᕐᒥ ᖁᐊᒃᑯᕙᕐᒥᐅᑕᖅᑲᕕᖅᑲᑦᑕᖅᑕᑯᑦ ᓂᕿᔅᓯᐊᖅ, ᓂᕿᑦᑎᐊᕙᒍᑦ (ᐊᖃᐅᑦ ᓂᕿᕐᒋᑦ) ᐊᒻᒪᓗ ᒪᒃᑕᐃᑦ (ᐊᖃᐅᑦ ᒪᒃᑕᕐᒋᑦ ᐅᖅᓱᖓᑦ) ᐊᕐᕙᑖᖅᓯᒪᓪᓗᑕ ᐊᕐᕙᕐᒐᓯᕐᓇᖅᓂᕐᒐᓂ.

ᑕᐃᔅᓯᒪᓂ 1990-ᒥ ᐊᓂᒐᓗ ᔨᐊᓐᔅ ᐱᓕᕆᐊᓕᓚᐅᖅᓯᒪᒍᒃ ᓯᕐᓗᐊᒍᑦ ᐱᓕᕆᐊᕆᓕᖅᑐᑎᒃ (ᖁᐊᒃᑯᕙᒃ) ᐃᑲᓂ ᐅᐱᒃᑯᑦ ᓯᓂᒃᑕᕆᐊᖃᕐᒐᓐᓂ ᓄᓇᒥᓚᐅᖅᑲᑦᑕᖅᑕᕐᒐᓐᓂ. ᓯᒍᓪᓕᖅᒥᒃ, ᑰᒃᑯᑦ ᑎᒻᒨᕈᒪᓪᓗᓄᒃ ᑕᑯᔭᖅᑐᖅᓗᑎᒃᑯᒃ ᒪᖅᐆᒃ ᖁᐊᒃᑯᕚᒃ ᐊᑐᖅᑕᐅᔫᒃ ᐃᓚᑦᑎᓐᓂᑦ ᐃᒡᓗᒋᖅᑲᑦᑕᖅᑕᕐᒋᓐᓂ. ᑕᒪᓐᓇ ᐊᕚᑖ ᖃᒥᖅᑭᐊᓚᐅᖅᑐᑎᒃᑯᒃ ᐊᒻᒪᓗ ᐅᔾᔨᖅᓱᑦᑎᐊᖅᑐᑎᒃᑯᒃ ᖃᓄᖅ ᑕᒪᑐᒪ ᒪᓂᖑᕐᒐ ᐊᑲᐅᒐᔭᕐᒪᕐᒫᑦ ᖁᐊᒃᑯᕙᖅᑲᕕᕆᓗᒍ. ᑖᕝᕙ ᑕᒪᓐᓇ ᖃᒥᖅᑭᐊᖅᑐᑎᒃᑯᒃ ᖃᓄᖅ ᓵᓗᖅᑮᑦ ᖃᔪᐃᓪᓗ ᐋᖅᑭᒃᓱᖅᓯᒪᓂᕐᒋᑦ ᐃᓯᕙᕐᒐᓗ ᑭᓯᑯᑦᑎᐊᓅᒻᒪᕐᒫᑦ. ᖃᐅᔨᓴᕆᐊᖅᑎᒃᑯᒃ ᖃᓄᖅ ᐊᑲᐅᓂᖅᓴᐅᒐᔭᕐᓂᕐᒐ, ᖃᕐᒐ, ᐊᒻᒪᓗ ᓇᒥ, ᐊᓯᐃᓪᓚᒃ ᐱᕆᐊᓕᖅᑐᑎᒃᑯᒃ.

ᓯᒍᓪᓕᖅᕚᒥᒃ ᐃᒪᐃᓕᐅᓕᖅᑐᓄᒃ ᐃᓗᓕᐅᕆᓪᓗᓄᒃ ᑖᒪᓂ ᒪᓂᖅᑲᒥ ᓄᓇᒥ ᐃᒫᐸᓗᒃ ᐊᖏᑎᕆᐅᒥᒃ ᐃᓗᓕᐅᕆᕆᐊᓕᕐᓗᓄᒃ ᐱᖑᓯᑦ ᐃᓯᒐᑦ ᓴᓂᒎᑦ, ᑐᑭᒍᑦ ᑎᓴᒪᑦ ᐃᓯᒐᑦ ᓯᑯᒎᑦ ᑑᖅᒥᒃ ᐊᑐᖅᑐᓄᒃ. ᓇᓚᐅᑦᑎᓪᓗᐊᖅᑐᓄᒃ ᐃᓂᑦᑎᐊᕙᐅᒐᔭᖅᑐᒥᒃ ᐊᒻᒪᓗ ᑕᕝᕙ ᖁᐊᖑᓂᖓ ᑎᑭᑦᑐᒍ. ᔨᐊᓐᔅᓗ ᓂᕿᑦᑖᖅᑐᓄᒃ ᐃᓗᓪᓕᖅᓱᖅᓯᒪᔪᖅ ᑖᓐᓇ 5-ᒦᓚ ᐴᖅᑲᐃᕙᕆᔭᒐᒃ ᐊᓂᑦᑎᔾᔪᑎᕆᓪᓗᑎᒃᑯᒃ ᓄᓇᒥᒃ ᐲᔭᖅᑕᑦᑎᓐᓂᒃ ᐊᒻᒪᓗ ᑕᒪᑐᒪ ᐊᑖᒍᑦ ᐅᔭᖃᑦᑎᐊᖅᔪᐊᕐᒍᑦ ᐲᔭᖅᑐᑎᒃᑯᑦ. ᐅᐊᑦᑎᐊᕈᖕᒎᖃᓗᐊᖅᑎᓪᓗᒍ ᐃᑲᔪᖅᑕᐅᓕᖅᑐᓄᑦ ᐃᓚᒍᑦ ᖃᑕᖕᖑᑎᒍᑦ ᑎᑭᒻᒪᑕ ᓄᓇᒋᖅᑲᑦᑕᖅᑕᑦᑎᓐᓄᑦ. ᐃᓗᓕᐅᕆᐊᓕᖅᑐᓄᒃ ᔫᓂᒥ ᐱᓕᕆᐊᕆᓪᓗᑎᒍᓪᓗ ᐊᐅᔭᓕᒫᖅ, ᐱᔮᓕᖅᑐᑎᒍᑦ ᐊᐅᔭᕈᒃᑲᓐᓂᕐᒪᑦ ᑭᓯᐊᓂ.

ᐃᓂᓕᐅᕆᓂᑦᑎᓐᓂ ᓄᓇ ᑕᒪᓐᓇ ᑕᒪᐅᖓᑦᑕᐃᓐᓇᖅ ᓄᐊᑉᐸᓪᓕᐊᓚᐅᖅᑐᒍ ᐅᐊᑦᑎᐊᕈᖕᒎᕐᒪᑦ ᓄᐊᑕᕙᓂᖅᐳᑦ ᓄᓇ ᐋᖅᑭᒃᓯᕆᐊᒃᑲᓐᓂᖅᓯᔾᔪᑎᕆᓕᖅᑐᑎᒍᑦ ᓴᓇᔭᑦᑕ ᐃᓚᖑᓄᑦ ᑕᒪᐅᖓ ᖄᖑᓄᑦ. ᑕᓐᓇ ᓄᓇᐅᑦ ᐃᓚᖓ ᐊᒃᑐᐃᑦᑐᐊᔫᓪᓗᓂ ᓄᓇᐅᓂᖅᒥᓄᑦ ᐃᕙᒃᑖᖅᑐᓂᓗ ᐆᔭᐅᔭᓂᒃ ᑕᑭᔫᑕᐅᓪᓗᑎᓪᓗ ᐊᐅᔭᕈᒃᑲᓐᓂᕐᒪᑦ ᐊᕆᒍᑎᓪᓗᒍ. ᑕᐃᒪᙵᓂᑦ ᓯᕐᓗᐊᓕᐅᖅᓯᒪᓕᕆᒐᒍᑦ ᖄᖑᒍᑦ ᑖᔅᓯᒪ ᖁᐊᒃᑯᕙᐅᑦ ᓄᓗᐊᙳᐊᐸᔫᔭᕐᓂᓪᓗ ᐳᑐᑦᑑᑎᓂᒃ ᐋᖅᑭᒃᓯᕙᕆᓪᓗᑎᒍᑦ ᑕᐃᒃᑯᐊ ᓯᒃᓰᑦ ᑖᒪᓃᖁᓇᑎᒍᑦ.

ᓯᓚᐅᑦ ᐊᓯᕈᖅᐸᓪᓕᐊᓂᖕᒐᑕ ᐅᖅᑰᓯᕙᓪᓕᐊᓪᓗᓂ ᐊᒃᑐᖅᑎᓯᒪᑦᑎᐊᖅᑐᑦ ᓄᓇᑦᑎᓐᓄᑦ ᖃᐅᔨᕝᒥᓇᕆᒐᕐᓗ ᖃᓄᑎᒋ ᐊᑯᓂᐅᑎᕆᔭᖅ ᐊᑐᕈᓐᓇᕐᓂᐊᕐᒪᖔᑦᑎᒍᑦ ᓯᕐᓗᐊᒍᑦ. ᐃᒍᓇᐅᓂᐊᖅᑐᖅ, ᑎᐱᖅᑲᑦᑎᐊᕐᓂᕆᔭᖕᒐ ᑭᖑᓂᖅᑲᓈᕐᓂᐊᖅᑕᒍᑦ ᒪᒃᑕᐅᑦ ᖁᐊᖅᑭᒃᓯᒃᑎᓪᓗᒋᑦ ᑎᑉᐸᒃᑕᐅᓯᒪᑎᓪᓗᒋᑦ ᓯᕐᓗᐊᒥᑦ (ᖁᐊᒃᑯᕙᒃ).

ᖁᓪᓕᖅᐹᖅ ᑕᓕᖅᐱᖕᒦᑦᑐᖅᑐ: ᓯᖅᑐᐊᖅ ᖁᐊᒃᑯᕕᓕᒃ ᓴᓇᔭᐅᑎᓪᓗᒍ ᐅᐱᑯᑦ ᓄᓇᒥᑲᐃᓐᓇᖅᑲᑦᑕᖅᑕᖕᒐᓐᓂ ᑕᐃᔅᓱᒪᓂ *1990.*

ᐊᓪᓕᖅᐹᖅ: ᑲᒪᑲ ᖃᑉᖃᓐ Hᐃᐸ, ᐊᖅᑳᒍᖅᑲᖅᑎᓪᓗᒍ ᑕᓪᓕᒪᓂᒃ (5), ᐃᐅᓪᑕᓐ Fᐃᓱ, Fᐅᕋᔅᑦ ᓂᐊᑯᒃ ᕿᓚᓐ Hᐃᐸᓗ ᖃᒧᑎᖕᒋᑦ ᐅᓱᔪᑦ ᐊᖅᕕᕕᓂᖅᓂᒃ ᑐᖅᑯᖅᑕᐅᓂᐊᖅᑐᓂᒃ ᓕᕕᑦ ᐊᖅᕆᒐᓱᒃᑎᖕᒋᑕ ᓯᖅᑐᐊᖕᒐᓐᓄᑦ.

ᐱᖕᓇ ᐊᒻᒪᓗ ᐃᒡᓗᖕᒫᖕᒪᓃᑦᑐᖅ:
ᐊᓄᓖᕐᑎᕙᓚᐅᖅᑕᒥᓂᒃ ᐊᑐᖅᑐᑦ,
ᐅᑦᕿᐊᒃᕕᒃ, ᐊᓛᓯᑲ, 1900-ᑦ
ᐱᒋᐊᕐᓂᕈᔪᖕᒋᓐᓂ.

ᓈᓯ ᓂᐊᖁᒃ ᓕᕕᑦ

ᐱᓕᕆᔾᔪᑎᑦ/ᓴᓇᕐᕈᑎᑦ ᐃᓄᐱᐊᓅᙱᖅᑐᑦ ᐱᒋᔭᐅᓯᒪᓕᕐᒪᑕ ᐊᑯᓂᐊᓗᒃ ᑕᐃᒪᙵᑦ ᓴᖅᑭᑕᐅᓂᕕᓂᕐᒥᓂᑦ ᑖᒃᑯᓇᙵᑦ ᐊᖑᓇᓱᒃᑎᒋᔭᐅᔪᓂᑦ. ᑕᒪᒃᑯᐊ ᓴᓇᕐᕈᑎᑦ ᐊᑐᖅᑕᐅᕐᑲᑦᑕᖅᑐᑦ ᒫᓐᓇ ᐊᓐᓂᕐᓇᕐᒪᑕ ᑐᖅᑯᖅᑕᐅᓯᒪᓪᓗᑎᒡᓗ ᐱᔭᐅᔾᔭᐃᖅᑕᐅᓯᒪᔪᑦ ᐊᑐᖅᑕᐅᔭᓇᐊᖅᑲᓕᕈᑎᒃ ᑭᓯᐊᓂ. ᑕᐃᒫᒃ ᖃᐅᔨᒪᔭᕋ ᐊᑖᑕᓐᓂᑦ, ᐅᐊᕋᓐ ᓂᐊᖁᒃ. ᓱᕈᓯᐅᓪᓗᑕ, ᐃᓂᖅᑎᖅᑕᐅᓚᐅᖅᓯᒪᕗᒍᑦ ᐱᙳᐊᖅᑲᖅᑯᔭᐅᓇᑕ ᐊᖑᓇᓲᑎᖏᓐᓂᒃ. ᓇᑎᕋᓲᑎᓂᒃ ᐱᑕᖅᑲᐅᔪᖕᒪᑦ, ᐊᒃᑐᓈᖅ ᒥᑭᑦᑐᕐᓗ ᕿᔫᓪᓗᓂ ᐳᒃᑖᓱᖑᓪᓗᓂ ᓂᒃᓯᖅᑲᖅᑐᓂ ᐃᐱᒃᑐᒥᑦ ᐊᒃᑐᓈᖑᑕ ᐃᓱᐊᒍᑦ. ᐊᒧᐊᖅᓯᔾᔪᑕᐅᔪᔪᖅ ᐊᖑᑕᒥᒃ. ᕿᔪᑯᑖᒃᑕᖅᔪᕆᓪᓗᓂ 6-ᓂᒃ ᐃᓯᒐᖕᓂᒃ ᑕᑭᓂᖅᑲᖅᑐᓂ ᐊᑐᖅᑕᐅᖅᑲᑦᑕᖅᑐᖅ ᖃᐅᔾᓴᐅᑎᒋᔭᐅᓪᓗᓂ ᓯᑯᒃᑯᑦ ᐱᓱᒡᓗᓂ. ᐊᑖᑕᒐ ᐃᑳᖅᓯᖅᑲᑦᑕᓚᐅᖅᓯᒪᖕᒥᔪᖅ ᑕᓯᐅᔭᕐᒥᒃ ᐅᐱᕐᖒᒃᑯᑦ.

ᐃᓚᒃᑲ ᐊᓐᓄᕌᖅᓯᒪᖅᑲᑦᑕᔪᔪᑦ ᑐᒃᑐᕋᔭᖕᓂᒃ. ᐊᓐᓄᕋᖅᑲᐅᔪᖕᒥᔪᒍᑦ ᑐᒃᑐᕋᔭᖕᓂᒃ ᖁᓕᑦᑕᑦ, ᓯᓚᐸᑦ ᑲᒦᑦ ᐳᐊᓗᐃᑦᓗ. ᑲᒥᑦᑕ ᐊᑐᖓᖏᑦ ᐅᖊᒐᔭᐅᓪᓗᑎᒃ. ᐊᒥᖅᑲᖅᑕᓚᐅᖅᓯᒪᖕᒥᔪᒍ ᓇᑎᕋᔮᖕᓂᒃ. ᐅᖅᑯᒃᓴᐅᑎᑦᑎᓪᓗᑎᒃ ᐊᑯᓂᐅᖅᑲᑦᑕᓚᐅᖅᓯᒪᔪᑦ ᐆᒃᑐᖅᑕᐅᓂᖏᓪᓗ. ᑕᑯᕋᓈᖅᑲᑦᑕᖅᓯᒪᖕᒥᔪᖕᒐ ᐊᕐᓇᓂᒃ ᓄᓇᑯᓗᒋᔪᔭᑎᓐᓂ ᐳᐊᐃᑦ ᓚᐃ, ᐊᓖᓯᒃᑲᒥ ᒥᖅᓱᖅᑐᓂᒃ ᐅᑭᐅᖅᓯᐅᑎᒃᓴᓂᒃ ᐃᓚᒥᓄᑦ. ᒥᖅᓱᑎᐊᖅᑲᑦᑕᕐᓂᖏᑦ ᑲᒃᑭᓯᐅᕋᑦᑎᐊᖅᑐᓂᔾᔪᒃ ᐊᑐᓂᑦ ᒥᖅᓱᖅᑕᓂ ᓴᓇᔭᐅᓪᓗᑎᒃ ᓇᒡᓕᖕᓂᖅ ᐱᓪᓗᒍ ᐸᖅᑭᔭᐅᑦᑎᐊᖅᑲᑦᑕᓚᐅᖅᓯᒪᓕᖅᐳᑦ. ᐊᓯᖏᓐᓂᒃ ᐊᔾᔨᒋᓗᓂᒋᑦ ᓂᐅᕕᕋᒃᓴᐅᓚᐅᖅᓯᒪᖏᑦᑐᑦ ᐅᖅᑰᒋᓪᓗᑎᒍᓪᓗ ᓇᔪᖅᑕᑦᑎᓐᓂ.

ᓇᓗᓇᐃᖅᓯᒪᐅᖅᑐᑦ ᑎᑎᕋᖅᓯᒪᓪᓗᑎᒃ ᐃᓄᐱᐊᑦ ᓯᑯᓕᕆᔾᔪᑎᖏᑦ ᐅᑦᑐᕿᐊᒡᕕᖓᓐᓂ

ᐊᕐᕌᒍᑉᓯᐊᓂᒃ ᑕᑯᒃᓴᐅᑎᔪᒪᔭᖅᑕᐅᔪᑦᓴᐅᓚᐅᕐᓂᐅᔪᑦ ᐊᐅᓚᓂᐊᕈᑎᒃᓴᕐᓂᒃ ᐅᑦᑐᕿᐊᒡᕕᖓᓐᓂ, ᑲᒪᓇᖏᑦᑎᐊᕆᑦᑐᑦ ᓯᑯᓕᕆᔾᔪᑎᖏᑦ ᐋᖅᑭᒃᓱᕆᐊᖃᕐᓂᖓᑦ ᐱᓗᐊᕐᒍᑎᒋᔭᐅᔪᑦ ᐅᓐᓄᒃᑯᑦ ᐊᕐᕌᒍᑉᓯᐊᓂᒃ. ᓇᑦᑎᖅᓯᐅᑎᓂ ᒥᑎᖅᓯᐅᑎᓄ ᐊᑐᖅᑕᐅᖏᒪᑕ ᓯᑯᒥ, ᐊᑐᖅᑕᐅᔪᓐᓇᖅᑐᑦ ᑭᓯᐊᓂ ᐊᕐᕌᒍᑉᓯᐊᓂᑦ ᐊᒡᕕᐊᕆᑎᖏᑦᑐᓂ. ᓇᓗᓇᐃᕐᒧᑦ ᑕᒪᓐᓇ ᖅᑭᓚᒥᑕᐅᓐ, ᑎᖏᐊᕋᓱᒃᑕᑦᑕᐅᖅᓯᒪᖓᑕ ᑐᓴᖅᓴᐅᖏᑦᑐᑎᒍᑦ, ᐊᕐᕕᖕᓂᒃ ᖄᒪᒃᓯᑎᑦᑎᑦᑕᐃᓕᒪᑦᑐᑎᒃ. ᐅᑦᑐᕿᐊᒡᕕᖓᓐᓂ ᑎᑎᕋᖅᑕᐅᓯᒪᔪᑦ ᓴᓇᖅᑭᑦ ᓇᓗᓇᐃᖅᓯᒥᖓᑕ ᐊᑦᑕᕐᓇᐃᖅᓯᒪᔪᓂᒃ ᐱᔾᔪᑎᖃᖅᑐᑎᒃ ᐃᓱᒪᒋᔭᐅᓗᓂᒃᑐᓂ, ᓵᑦᑐᒥᑦ, ᓯᐊᕆᑲᐅᖅᑐᖅᑎᓪᓗᒋᑦ ᐊᒃᑐᓈᑦ, ᐃᒪᐅᑦ ᐃᖏᕐᕋᓂᖏᓐᓂᑦ ᓇᓄᐃᓪᓗ. ᑕᒪᒃᑯᐊ ᓴᓇᖅᑮᑦ ᐊᑑᑎᖏᓪᓗ ᐋᖅᑭᑦᐊᒃᑲᓂᖅᑕᐅᓯᒪᖏᑦᑕ ᐅᐊᑦᑎᐊᕈᐊᓗᓂᑦ ᐱᔭᕐᓂᕐᓇᑎᒃ ᐊᑐᖅᑕᒥᓂᑦ ᐱᔾᔪᑎᖃᐅᖅᑐᑎᒃ ᐃᒫᒃ ᖃᓄᖅ ᑕᒪᖏᑦᑐᓐᓇᖅᐸᑦ-ᐊᒻᒪᓗ ᖃᓄᖅ ᑕᒪᕈᑎᒃᓴᐅᕙᑦ-ᓯᑯᒥ.

ᑎᑎᕋᖅᓯᒪᐅᖅᑐᑦ ᓇᓗᓇᐃᖅᓯᒪᓪᓗᑎᒃ ᓯᑯᓕᕆᔾᔪᑏᑦ ᑕᐃᒃᑲᙵᑦ ᐅᑦᕿᐊᕝᕕᖕᒥᑦ

Kiviuqsraun	ᑭᕕᐅᖅᓴᕋᐅᓐ	ᐅᕐᑯᒪᐃᓐᓂᖓ ᑖᓯᒪ ᐊᑐᖅᑕᑦᑕᕐᑐᖅ ᖃᓄᑎᒋ ᐃᖏᕐᕋᓂᖓ ᓴᖏᑎᒋᖕᒪᖕᖑᑦ. ᑖᓐᓇ ᐊᑐᖅᑕᐅᔪᖅ ᐅᕐᑯᒪᐃᕌᕐᔪᓯᐅᖑᖕᒪᑦ ᓴᕙᕋᔭᐅᓪᓗᓂ ᑭᕙᑎᑕᐅᓯᒪᓪᓗᓂ ᐃᐱᐅᑦᑎᖅᓯᒪᓪᓗᓂ ᐃᒪᐅᑦ ᐃᖅᑲᖑᓂᑦ. ᐊᕝᕙᓱᒃᑏᑦ ᖃᐅᔨᓵᓐᓇᖅᑕᖏᑦ ᐃᖏᕐᕋᓂᖓᓄᒃ ᐊᒥᓱᐊᖅᑎᕐᓗᒍ ᐅᓪᓗᐃᓐᓇᖅ ᐃᖏᕐᕋᓂᖓ ᐅᔾᔨᕐᓇᖅᐸᑦ. ᐅᐊᕋᓐ ᒪᑐᒥᐊᖅ ᑕᒪᑐᒧᖓ ᑭᕕᐅᖅᓴᕋᐅᓐ: ᓯᓚᖅᑭᑦᑎᐊᖅᑎᓪᓗᒍ ᐅᔾᔨᕆᓱᒃᑐᖓ ᐊᐅᓚᔪᒥᒃ ᐃᖏᕐᕋᓂᕐᒥᒃ ᐃᒫᓂ.ᐃᓱᖏᑦᑎᐊᖅᑐᖅ ᐃᒪᖅ ᑕᑯᑎᐊᕐᓇᕐᓂᖅᓴᐅᙳᖅ ᐃᖏᕐᕋᓂᕐᓂᖓᓂᒃ ᐃᒪᐃᓕᖅᐸᓪᓕᐊᓕᖅᑎᓪᓗᒍ ᑲᑉᐸᓪᓕᐊᓪᓗᓂ ᐊᒧᑦ ᐊᒨᒃᑲᓂᕐᓗ. ᑕᒪᓐᓇ ᑕᐃᒪᐃᓕᖅᑎᓪᓗᒍ, ᓯᑯ ᓄᑎᒃᑐᓂ ᐃᖅᐸᓕᖅᑐᓂᓗ ᐊᑯᓐᓂᑦᑎᒎᑦ ᑕᖕᒫᖅᓯᒪᕙᕆᔭᑦᑕ ᓯᒡᔭᐅᓪᓗ ᐊᑯᓐᓂᖑᒎᑦ. ᑕᖕᒫᖅᓯᒪᔪᖓᑦᑕ ᐊᕐᕕᐅᕐᕕᐅᕋᐛᖅᑐᕙᓂᐅᑦ ᖃᓂᕆᔭᓂ ᐊᕙᒃᑐᖅᑲᕋᑖᓚᐅᖅᑎᓪᓗ. ᐸᕐᓇᒃᑲᐅᑦᑐᖅᑐᑕ ᑕᖕᒫᖅᓯᒪᕕᕆᔭᑦᑎᓐᓂᑦ ᐃᑳᓇᐊᖅᑲᔪᖕᒥᔭᕗᑦ ᑕᒪᓐᓇ ᐃᖅᐸᖅᑐᐊᓗᒃ ᐃᑭᑦᑐᔪᐊᓘᓕᖅᑐᓂ ᐅᒥᐊᐱᐊᑦᑎᓐᓄᑦ, ᐱᓕᕆᔾᔪᑎᕗᑦ ᐅᓯᑦᕈᑎᓪᓚᐅᖅᑐᕆᑦ, ᐊᕝᕙᓱᒃᑏᑦ ᕿᒻᒥᕗᑦᑐ. ᐃᑳᖅᓯᔭᓇᐊᖅᑲᓚᐅᖅᓯᒪᔪᒍᑦ ᒪᕈᒃᑲᓅᖕᓂᒃ ᐃᖅᐸᖅᑑᖕᓂᒃ ᐅᑎᓕᕈᑦᑕ, ᑭᓯᐊᓂᓕ ᑕᐃᒃᑯᐊ ᐃᑭᖅᑐᔪᐊᓗᔪᖏᓪᒪᑎᒃ ᓯᕗᓪᓕᖅᐹᑎᑐᑦ. ᑕᐃᒪᐃᑐᐃᓐᓇᓚᐊᖅᑲᕐᓂᖏᑦ ᐅᔾᔨᖅᑐᑦᑎᐊᕐᓗᒋᑦ ᐊᐅᓚᔾᔭᒃᑐᖅᑲᑐᐃᓐᓇᓚᐊᓕᒃ ᐃᖏᕐᕋᓂᕐᒥ ᐃᒫᓂᑦ.
Niksigaq	ᓂᒃᓯᒑᖅ	ᓂᒃᓯᒃ, ᐃᐱᐅᑖᖅᑲᓰᖑᓪᓗᓂ ᐊᑐᖅᑕᐅᓰᖅ ᐅᒥᐊᒥᒃ ᖃᕆᓕᑎᑦᑎᕆᐊᒃᑲᓂᖅᓯᓪᓗᓂ ᓯᑰᑭᓪᓕᖕᒪᖓᑦ.
Niksigauraqpak	ᓂᒃᓯᒐᐅᕋᖅᐸᒃ	ᕿᔪᑯᑖᒃ ᓂᒃᓯᖅᑲᖅᑐᓂ ᐊᑑᑎᓕᒃ ᐋᖅᑭᒋᐊᖅᓯᔾᔪᑕᐅᓪᓗᓂ ᐊᕝᕚᒃᐊᒧᔭᐅᓂᐊᓕᖅᐸᑦ.
Tuggautaq	ᑐᒑᐅᑕᖅ	ᕿᔪᑯᑖᒃ ᓴᕕᖅᑲᖅᑐᓂ ᐃᓱᐊᑕ ᐃᒡᓗᐊᑐᑦ ᐊᕝᕙᐅᕈᑎ ᐊᕝᕙᖑᑦ

Manaq	ᒪᓇᖅ	ᓄᓯᐊᖅᓯᔾᔪᑎ ᓴᓇᐅᓂᖓ ᓂᒃᓯᖅᑲᖅᑐᓂ ᐃᐱᒃᑐᓂᒃ ᐅᓚᒥᖅᑐᒥᒃ ᕿᔪᖕᒥᒃ ᐃᕗᖅᑲᖅᑐᓂ ᐊᒃᑐᓈᑯᑖᖅᑲᖅᑐᓂ. ᐊᑐᖅᑕᐅᕐᑲᑦᑕᖅᑐᖅ ᓇᑦᑎᕐᓂᒃ ᐊᒻᒪᓗ ᐊᑐᖅᑕᐅᔪᓐᓇᕐᓇᓪᓗᓂ ᓯᑯᒧᑦ ᑐᓚᒍᑕᐅᓗᓂ.
Akłunaaq	ᐊᒃᑐᓈᖅ	ᐊᒃᑐᓈᖅ. ᐊᒃᑐᓈᒃᑲᓂᖅ ᓇᐅᑦᑎᐅᒪᔪᖅ ᓇᒃᓴᖅᑕᐅᖑᔭᐃᓐᓇᖅᑐᖅ ᐅᒥᐊᖅᐱᐊᒥ ᐊᑑᑎᒋᔪᓐᓇᖅᑕᖕᒪᓄᑦ ᐊᑐᐃᓐᓇᐅᔪᖅ. ᐊᒃᑐᓈᖅᑕᖅᑲᒃᑲᓂᓪᓗᓂ ᕿᓚᒃᓯᒪᓪᓗᓂ ᐅᒥᐊᑦ ᐊᕐᑯᐊᓄᑦ ᐅᒥᐊᖅ ᑲᓚᑕᐅᓗᓂ ᑭᖑᒧᑦ ᓯᓈᖕᖓᓂᒃ ᐊᕝᕙᖕᒥᒃ ᓇᐅᓕᒃᓯᔪᖅᑲᖅᐸᑦ.
Nagruqtuutit	ᓇᒡᕈᖅᑑᑎᑦ	ᐱᓕᕆᔾᔪᑎᑦ ᓱᕐᕈᑎᓪᓗ ᐊᑐᖅᑕᐅᖅᑲᑦᑕᖅᑐᑦ ᑐᕐᑯᑦᑎᔾᔪᑕᐅᓪᓗᑎᒃ ᐊᕝᕙᖑᑦ ᐃᑭᓕᖑᑦ. ᐊᑐᖅᓯᐅᑎᔭᓇᐊᖅᑐᐃᓐᓇᓇᐊᓕᒃ ᖃᓗᕆᐊᖅ (ᑲᐱᓯᒪᓗᒍ ᖃᓗᕆᐊᖅᓴᐅᑎ) ᐊᕝᕙᖕᒥᒃ ᑐᕐᑯᑎᓗᓂ. ᑕᒪᓐᓇ ᐅᒥᐊᒦᖑᔭᐃᓐᓇᓇᐊᓕᒃ ᐊᑑᑎᖅᑲᑎᐊᖅᑐᐊᔫᖕᒪᑦ ᓱᕆᐅᑕᐅᓪᓗᓂ.

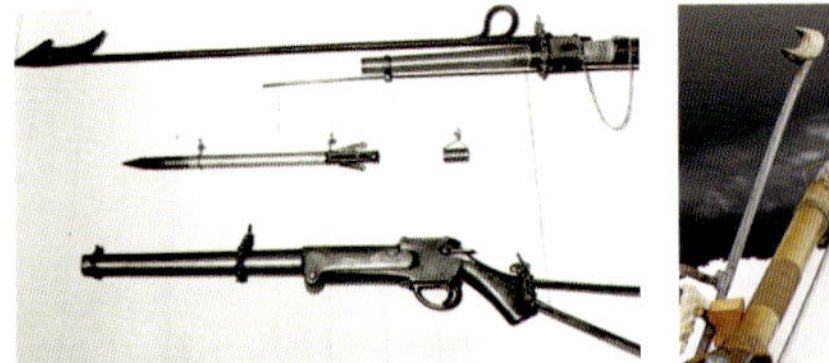

Qaġruun	ᖄᒡᕉᓐ	ᖃᖅᑖᕐᔫᖅ ᓇᐅᒃᑯᑎᒦᑦᑐᖅ ᐊᒻᒪᓗ ᖁᑭᐅᑎ ᐆᖅᓯᒪᖅᑲᑦᑕᖅᑐᑦ ᐆᒪ ᐃᓗᐊᓂ ᖃᒡᕉᓐ.

Immuaq or Akłunaaqapak	ᐃᒻᒨᐊᖅ ᐅᕝᕘᓗᓐᓂᑦ ᐊᒃᑐᓈᖅᐸᒃ	(ᑐᑭᖅᑲᖅᑐᖅ ᐊᒃᑐᓈᖅ ᑕᑭᔪᐊᓗᒃ) ᐃᒧᓯᒪᔪᖅ ᐊᒃᑐᓈᖅ ᐊᑐᖅᑕᐅᖅᑲᑦᑕᖅᑐᖅ ᑲᓕᔾᔪᑕᐅᓪᓗᓂ ᐊᕝᕙᖕᒥᒃ ᑐᕐᑯᑕᐅᓯᒪᓕᖅᑎᓪᓗᒍ.
Taktuksiun (Compass)	ᑕᒃᑐᒃᓯᐅᓐ (ᑕᒻᒪᖏᒃᑯᑎ)	ᑕᒻᒪᖏᒃᑯᑎ ᐱᑦᓚᖓᐅᖕᒥᖕᒪᑦ ᐱᒋᔭᖓᐊᓕᒃ ᖃᐅᔨᓴᐅᑎᒋᓗᒍ ᓯᑰᑦ ᐊᐅᓚᔾᔨᖕᓂᖕᖑᓄᑦ. ᓯᑯᒧᑦ ᐃᓕᔭᐅᓰᖅ ᖃᐅᔨᓴᖅᑕᐅᕙᒃᑐᓂ ᐊᑯᓂᐅᖏᑦᑐᖅ. ᐊᑐᖅᑕᐅᖅᑲᑦᑕᓪᓗᓂᓗ ᐃᒫᒍᑦ ᐃᖏᕐᕋᔪᓄᑦ. ᑖᓐᓇ GPS (ᑕᑯᒃᓴᐳᖅᑐᓂᑦ ᓇᒦᔾᔨᓯᕐᒥᒃ ᓇᓗᓇᐃᖅᓯᖅᑲᑦᑕᖅᑐᖅ ᑕᕝᕙᐅᒻᒥᖕᒪᑦ ᐊᑑᑎᖅᑲᑦᑎᐊᖅᑐᖅ ᑕᐃᒫᒃ ᓴᓇᓯᒪᔪᖅ ᓇᒦᔾᔨᓯᕐᒥᒃ ᓴᖅᑭᔮᖅᑎᑦᑎᓰᖅ ᐊᕝᕙᖓ ᓇᒥ ᓱᕋᐊᖅᑕᐅᖕᒪᖕᖓᑦ ᐊᑐᖅᑕᐅᖏᓐᓇᓰᖅ ᐅᒥᐊᖅᑐᖅᑐᓂ.

Supputit (Rifles)	ᓱᑉᐳᑎᑦ (ᖁᑭᐅᑎ)	ᖁᑭᐅᑎᑦ ᐱᓯᒪᔭᓇᐊᓛᑦ ᑎᑭᕌᖅᑕᐅᓗᑕ ᓇᓄᕐᔪᑦ ᐊᐃᕙᕐᔪᑦᑑᓐᓃᑦ.
Trail Markers	ᐃᓪᓚᓂᕐᔪᑦ ᓇᓗᓇᐃᖅᓯᔾᔪᑏᑦ	ᐃᓪᓚᓂᕐᔪᑦ ᓇᓗᓇᐃᖅᓯᔾᔪᑏᑦ ᐃᓂᖅᑲᖅᑎᑕᐅᓲᑦ ᓱᑯᑦ ᐃᓚᔭᐅᓪᓗᑎᒃ ᐅᔾᔨᕐᓇᕈᑕᐅᖕᒪᑕ ᓇᓗᓇᐃᒃᑯᑕᐅᓪᓗᑎᒃ ᑕᕝᕗᖕᒐ ᑕᕝᕙᖖᒐᓪᓗᓐᓂᑦ ᐊᕐᕌᒍᓱᒃᑐᑦ ᑕᖕᒫᓯᒪᕕᒋᔭᖏᓐᓂ. ᐃᑲᔫᑎᖅᑲᑦᑎᐊᖅᑐᑎᒃ ᐃᓪᓚᓂᖅ ᓇᐅᒃᑯᖕᒐᖕᒪᖔᑦ ᐊᑐᖅᑐᒍ ᓇᒥ ᐊᕐᕋᒃᑐᖅᑲᕐᒪᖔᑦ.
Av	ᐊᕙᑕᖅᐸᒃ	ᐊᕙᑕᖅ ᓇᐅᑦᑯᑎᓘᖕᒐᕙᖅ ᓇᓗᓇᐃᖅᓯᖅᑲᑦᑕᕐᑐᖅ ᓇᒦᒻᒪᖔᑦ ᑕᐃᓐᓇ ᐊᕐᕕᒃ ᓇᐅᓕᒃᑕᐅᓯᒪᕙᖅ. ᐅᐊᑦᑎᐊᕈ, ᐱᒋᔭᐅᖅᑲᑦᑕᖅᑐᖅ ᓇᑦᑎᖅ ᓯᒥᓂᑦ ᐊᕙᑕᑦ ᐊᑐᖅᑕᐅᖅᑲᑦᑕᕐᓂᕐᒪᑕ. ᐅᓪᓗᒥᓕ ᐱᖅᑲᓕᕋᑦᑕ ᑕᖅᓴᐅᕙᓂᒃ ᐊᐅᐸᕈᕙᒃᑐᓂᒃ ᐊᕐᕌᒍᓯᒃᑐᓄᑦ ᓇᓗᓇᐃᖅᓯᔾᔨᓂᒃ ᑕᒃᓴᐅᓪᓗᑎᒃ ᐊᕙᑕᕐᒥ.
Pualuk	ᐳᐊᓗᒃ	ᑕᒪᒃᑯᐊ ᐳᐊᓗᐃᑦ ᓴᓇᔭᐅᖅᑲᑦᑕᕐᒪᑕ ᓯᓚᑖ ᒥᖅᑯᖅᑲᖅᑐᓂ, ᐃᑎᒪᓕᖅᑕᐅᓲᖑᓪᓗᑎᒃ ᐃᖅᑲᖅᑎᐅᔭᒥᒃ ᐅᑭᐅᓃᓐᓂᑦ ᐊᓯᐊᓂᒃ ᒥᖅᑯᐊ ᐃᓗᐊᓃᖕᒑᑐᓂ ᐳᐊᓘᑦ.
Savik/ Saviuraqtuun	ᓴᕕᒃ/ᓴᕕᐅᕋᖅᑑᓐ	ᓴᕕᒃ; ᓴᕕᐅᕋᖅᑑᓐ (ᓴᕕᒃᑕᑯᑖᓚᒃ). ᑖᓐᓇ ᓴᕕᒃ ᕿᒪᒋᐊᖅᑲᖕᒋᑦᑐᖅ ᐱᓯᒪᐃᓐᓇᕐᓗᒍ ᐅᒥᐊᒥ ᑭᐱᓯᔭᓇᐊᕐᑲᑳᓪᓚᒃᑯᕕᑦ ᐅᓂᐅᑕᕐᒥᒃ ᐊᒃᑐᓈᒥᒃ.
Unaaqpauraq	ᐅᓈᖅᐸᐅᕋᖅ	ᑭᔪᑖᒃ ᐊᑐᖅᑕᐅᓲᖅ ᓱᒎᑦ ᐃᔾᔪᓂᖕᒐᓄᑦ. ᐊᑐᓇᐊᖅᑲᕐᒪᑦ ᑕᒪᓐᓇ ᐱᓚᓇᔾᔪᑎ ᐊᑐᐃᓐᓇᓇᓗᒍ ᐃᓅᓚᔪᓐᓇᖅᑐᓂᑦᑐ ᐊᑐᑦᑎᐊᕐᓗᒍ ᐅᖁᒪᐃᓐᓂᕐᒥᒃ ᓯᐊᒻᒪᖅᓯᔾᔪᑎᒋᒃᑲᓂᖃᒃᓴᐅᖕᒪᑦ ᓱᒎᑦ ᖃᖕᒑᓂ.
Qilamitaun	ᕿᓚᒥᑕᐅᓐ	ᓴᕖᑦ ᐊᑐᖅᑕᐅᖅᑲᑦᑕᖅᑐᑦ ᒥᑎᖃᓱᒃᑐᓄᑦ. ᐊᕐᕕᖅᑲᓚᖅᑎᑦᑐᒍ ᑭᒃᑯᐃᓐᓇᐃᑦ ᐋᖅᑭᓛᕐᓂᐅᑎᒥᒃ ᐊᑐᓇᐊᖅᑲᖕᒋᑦᑐᑦ.
Kuyapigaurat	ᑯᔭᐱᒐᐅᕋᑦ	ᐊᒍᓛᑦ ᐊᑐᖅᑕᐅᓲᑦ ᐊᕐᕕᖕᒥᒃ ᖃᑭᑦᑎᔾᔭᑕᐅᓪᓗᑎᒃ. ᐱᑐᒃᓯᒪᓪᓗᓂ ᐅᖅᓯᐅᑕᖅ ᐅᑭᐅᓃᓐᓂᑦ ᓄᕕᓯᒪᓪᓗᓂ ᓱᑯᑦ ᐲᕐᓂᐅᓴᖕᒋᑦᑐᑦ.
Uqsiutaq	ᐅᖅᓯᐅᑕᖅ	ᐅᖕᒐᑕᖕᒋᖅᓯᔾᔪᑎ ᐊᑐᖅᑕᐅᓲᖅ ᓴᖅᐱᖕᒋᓐᓂᒃ ᐊᒧᓯᓚᕌᖕᒐᒥᒃ ᐊᕐᕕᖕᒥᒃ ᓱᒎᑦ ᖃᖕᒐᓄᑦ ᐊᕐᕕᐅᖅᑕᐅᓂᐊᖅᑐᒥᒃ.
Tuuq	ᑑᖅ	ᑕᑭᔫᓪᓗᓂ ᑎᒍᔭᒐᖕᒐ ᐊᑦᑕᕐᓇᖕᒋᑦᑐᖅ ᓱᑯᑦ ᐊᓪᒍᐃᓯ ᐃᓪᓚᓂᓚᐅᖅᐸᓪᓚᐊᓪᓗᓂ. ᐊᕐᕌᒍᓱᒃᑏᑦ ᐊᑐᖃᔭᖅᑐᑦ ᐊᒥᓯᒃᑲᓪᓚᖕᓂᒃ ᓱᑯᑦ ᐊᓪᒍᐃᔾᔪᑎᓂᒃ ᐃᒍᓂᒃᑯᑦ ᐳᖅᑐᔫᒃᑯᑦ. ᖃᓗᖃᐅᑦ ᐊᑲᐅᒋᓪᓗᓂ ᐊᑐᖅᑕᐅᔭᓇᐊᒃᓴᖅ ᐃᓪᓚᓂᓚᐅᕐᓗᓂ.
Anuun	ᐊᓅᓐ	ᐃᐳᑎ
Niksigaqpaq	ᐅᑭᐅᓃᓐᓂᑦᓚ	ᑕᑭᔪᐊᓗᒃ ᓂᒃᓯᒃ ᐅᖕᒐᑕᖕᒋᖅᓯᔾᔪᑎᒥᒃ ᕿᓚᒃᓯᔾᔪᑎᒋᔭᐅᔪᓐᓇᖅᑐᖅ.
Niksigaurat	ᓂᒃᓯᒐᐅᕋᑦ	ᓂᒃᓰᑦ ᐊᑐᖅᑕᐅᓲᑦ ᓄᓯᒃᓯᔾᔪᑎᒋᔭᐅᓪᓗᑎᒃ ᐊᒻᒪᓗ ᐅᓂᐊᕈᑎᒋᔭᐅᓗᑎᒃ ᐊᕕᐅᑦ ᓂᖅᑭᖕᒐᓄᑦ ᐊᒻᒪᓗ ᐅᖅᓯᐊᓄᑦ ᐊᕕᒃ ᐊᕕᐅᖅᑕᐅᑎᓪᓗᒍ. ᐊᑐᖅᑕᐅᓪᓚᓇᓱᑦ ᐱᓚᓇᓪᓗᑎᒃ ᓂᓂᕐᒥᑦ (ᓂᖅᕿᓯᐊᓇᔭᐅᔪᓂᒃ ᓄᑖᕋᔭᓂᒃ). ᐊᑐᓂᑦ ᐊᕐᕌᒍᓱᒃᑎᑦ ᓇᓗᓇᐃᖅᓯᓯᒪᔪᑦ ᐱᖁᑎᒥᓂᒃ.
Snowmachines	ᓯᑭᑐᒃ	ᓯᑭᑐᐃᑦ ᐊᑐᖅᑕᐅᖅᑲᑦᑕᖅᑐᑦ ᐅᒥᐊᖅᑕᐅᑎᒋᔭᐅᓪᓗᑎᒃ ᐊᒻᒪᓗ ᖃᒧᑏᒃ ᐅᓯᓚᖅᓱᖅᓯᒪᓪᓗᑎᒃ ᑐᐱᖅ, ᑕᖁᐊᑦ, ᐊᒻᒪᓗ ᐊᖑᓇᓱᑏᓂᒃ ᐊᕐᕌᒍᓱᑎᓄᑦ. ᐊᕕᒃᑕᖅᑲᐅᓚᖅᑎᓪᓗᒍ ᐊᖅᑯᓵᖅᑕᓚᖅᑎᓪᓗᒋᑦ, ᓯᑭᑐᐃᑦ ᖃᓂᒋᔭᓃᑲᑕᒋᐊᖅᑲᖕᒋᑦᑐᑦ ᑕᖕᒫᖅᓯᒪᕕᐅᔫᑦ ᓂᐱᒃᑭᐅᓗᐊᖅᑐᑎᒃ, ᐊᕕᖕᓂᒃ ᐊᓯᐊᒎᖅᑎᑦᑎᑐᐃᓐᓇᓇᐊᖅᑲᒪᑕ.

ᓕᕕᑦ ᐊᕿᕋᓯᒃᐅᑦ ᐊᒥᖅᓯᔪᑦ

ᐊᒥᖅᓯᔪᑦ ᓄᑕᐅᓂᖅᓴᒥᒃ ᐅᓪᔪᒐᔭᒥᒃ ᐅᒥᐊᐱᐊᕐᒥᓂᒃ

ᐆᒪ ᒪᒃᑐᓚᑦ ᐅᐱ
ᑲᐱᑕᐃ ᑐᓪᓚᖓ, ᓕᕕᑦ ᐊᕿᕋᓯᒃᐅᑦ, ᐅᑦᕿᐊᒡᕕᒃ, ᐊᖠᓯᑲ
ᐋᖅᑭᒃᓱᖅᑐᓂᐅᒃ ᐆᒪ ᔪᐊᔾᔨ ᑑᒃᑲᖅ ᓕᕕᑦ

1. ᐱᕆᔫᓯᖅ ᒥᖅᓱᖅᓂᐊᖅᓂᖅᒥᓂᒃ ᐅᓪᔪᒐᔭᒥᒃ ᐅᒥᐊᑐᖅᑲᑎᓐᓄᑦ, ᐅᕝᕆᓘᓐᓂᑦ ᐅᒥᐊᐱᐊᖅ, ᐊᖅᑰᑐᓛᖅ ᐱᓕᕆᐊᕆᔭᕆᐊᓕᒃ. ᐅᒥᐊᑦᑕ ᓴᐅᓂᖓ ᓈᒻᒪᒃᓭᔾᔪᑎᖅ ᑕᓪᓕᒪᓂᒃ ᐅᓪᔪᒐᔭᓂᒃ ᐊᒥᖅᑐᒍ. ᐅᓪᔪᒐᓯᓚᐅᖅᑐᑕ (ᐅᓪᔪᒃ) ᐊᐅᔭᐅᑦ ᑕᖅᑭᖕᕆᓐᓂ ᓯᑯ ᓯᓪᔭᒧᑦ ᖃᓂᓐᓂᖓᓂ. ᐱᓇᓱᐊᕈᓯᓚᖓᖅ ᐅᓪᔪᒐᓱᖕᓇᖅᑐᓂ ᐅᕝᕙᓘᓐᓃᑦ ᐅᖓᑖᓄᑦ ᐅᓪᔪᒐᔭᖕᓂᒃ ᓈᒻᒪᓯᓇᓱᓪᓗᓂ ᑭᓯᐊᓂ ᓯᓚᐅᑦ ᓯᑯᖃᖅᓂᖓᓗ ᓈᒻᒪᒃᐸᑦ.

2. ᐊᖅᓇᒐᓚᐃᑦ ᐊᕿᕋᓯᒃᑎᐅᖅᑲᑎᕆᓂᑦ ᐱᓕᕆᖅᑲᑎᖕᕆᓯᒢᒍᑎᑦ ᐅᓪᔪᑦ ᐱᓚᒃᑕᐅᓪᓗᓂ. ᐅᖅᓱᐃᔭᖅᑕᐅᓚᐅᖅᑐᓂ ᐊᒻᒪᓗ ᐅᖅᓱᖅᑯᑎᕆᔭᐅᓂᐊᖅᒥ. ᓂᕿᖓ ᓂᕖᖕᖓᖅᑕᐅᓪᓗᓂ ᓂᒃᑯᓐᓂᐊᖅᒪᑦ ᐊᒻᒪᓗ ᐱᑐᐃᓐᓇᓇᐊᖅᑲᓪᓚᖅᒪᑦ ᐆᖅᑕᐅᓪᓗᓂ ᐅᓪᔫᑦ ᐅᖅᓱᖓᓄᑦ. ᐊᕆᓈᑲᓪᓚᒃᑐᒍᑦᑕᐅᖅ ᐅᖅᓱᐊ ᐊᑐᓂᑦ ᐅᓪᔪᕐᒥᑦ ᓄᑖᒥᒃ. ᐅᓪᔪᒐᔭ ᓯᖅᓗᐊᒨᖅᑐᑎᒍᑦ ᐆᖅᓯᒪᓪᓗᓂ ᐊᒻᒪᓗ ᐃᓚᓪᓗᒍ ᓯᖅᑭᓐᓂᕆᑦᑐᒧᑦ ᐅᑭᐅᒃᑯᑦ. ᐅᑭᐅᓚᒦᖅ, ᐆᕆᑦ ᒧᒥᒃᑕᐅᕙᒃᑐᑎᒃ ᐅᖅᓱᖅ ᑕᒪᓐᓇ ᐃᓪᓗᐃᓐᓇᕐᓗᓄᑦ ᑭᓂᓇᓂᐊᕆᓪᒪᑦ.

3. ᐊᒥᓕᐊᓇᓇᓯᒃᑐᒍ ᐅᓪᔪᒐᔭ ᐅᒥᐅᒧᑦ ᐋᖅᑭᖕᓂᐊᖅᑐᒍ ᐱᓕᕆᔭᕆᐊᖅᒃᑐᐃᓐᓇᐅᖕᒪᑕ ᐊᕿᕋᓱᖕᓂᖅᒧᑦ ᐱᓕᕆᕓᓚᒫᑦ. ᐅᓪᔪᒐᔭ ᐃᑎᖅᑭᖅᑕᐅᓪᓗᓂ ᐊᓪᓚᕋᓚᒻᒧᑦ ᖃᔪᖕᒧᑦ ᐅᖅᓱᐃᔭᖅᑕᐅᓂᐊᖅᒪᑦ ᐅᓗᒧᑦ.

4. ᐅᖅᓱᐃᔭᖅᑕᐅᔭᕇᖅᒪᑦ, ᐅᓪᔪᒐᔭ ᑐᖅᑯᖅᑕᐅᓂᐊᖅᓂᖕᖓᓄ ᐱᓕᕆᐊᖑᖕᓚᓕᕆᒐᖅ. ᑐᖅᑯᖅᑕᐅᒐᒥᒃ ᐅᑭᐅᓚᒦᖅ ᐃᓂᒥᓃᑎᑕᐅᓕᖅᐳᖅ ᑕᐃᔅᓯᒪᓂ ᐱᓕᕆᐊᖑᒃᑲᓂᖃᕐᒥᒃ.

5. ᓇᓐᓯ (ᓴᐅᒥᖕᒦᑦᑐᖅ) ᐊᒻᒪᓗ ᑯᑰᖅ ᐅᖅᓱᐃᔭᐃᔭᕇᖅᑑᒃ ᐅᓪᔪᒐᔭᒥᑦ.

6. ᓈᕝᕗᐊᕆᐅᑦ ᐱᒋᐊᕋᑖᕐᓂᖅᑕᓂᑦ, ᐊᐅᒃᓯᐊᕆᓪᓗᑎᒃ ᐅᒡᔪᒐᔭᐃᑦ ᐅᓪᓗᒐᓴᐅᕐᒋᑦᑑᒐᓗᐊᓂᒃ. ᐃᑎᖅᑭᕆᓪᓗᑎᕐᒍᑦ ᐅᒡᔪᒐᔭᐃᑦ ᖃᐅᖅᑎᕐᓂᐊᕋᑦᑎᒍᑦ ᒥᖅᑯᕐᒋᑦ ᐱᔭᕐᓂᖅᑐᑰᓗᓂ ᑕᐃᒪᐃᓕᒐᔭᕐᓂᕐᒋᑦ ᐱᓕᕆᐊᕐᒎᑦᑎᐊᖅᓯᒪᑐᐊᖅᐸᑕ. ᐊᒥᐊᒃᑰᓂᕐᒋᑦ ᐅᖅᓯᐊᑕ ᒥᖅᑯᐊᑕᓗ ᑭᓕᐅᖅᑐᖅᑕᐅᔭᕇᕐᒪᑕ ᐊᑐᓂᑦ ᐅᒡᔪᒐᔭᑦ, ᑕᕝᕙ ᐃᓄᒐᐃᔭᕈᓐᓇᖅᓯᕗᑦ ᑖᒃᑯᐊ ᑕᓕᕈᕐᒥᒃ, ᓯᖅᑯᕐᒋᑦ, ᐊᒻᒪᓗ ᐸᒥᐅᕐᒐ. ᐱᑦᓕᕆᐅᕐᒥᕐᒪᑦ ᐋᑦᑎᐊᕐᓗᒋᑦ ᐊᒻᒪᓗ ᐅᒡᔪᒐᔭᖅᑲᕇᑦᑎᐊᕐᓗᒋᑦ ᑖᒃᑯᐊ ᐱᓕᕆᐊᕆᔭᑦ ᐅᒡᔪᒐᔭᖅᑲᕇᕈᓐᓇᖅᓂᕐᒋᓐᓄᑦ.

7. ᑖᓐᓇ ᐱᔭᕇᖅᑐᖅ.

8. ᐊᓂᖅᓂᖅᑲᖅᓇᕐᒋᑦᑐᒍᑦ ᐊᑏ ᐃᕐᒋᖅᕋᓯᓚᖅᓚᖅ! ᐃᓖᑦᓕᕆᐅᒐᓗᐊᖅ, ᒥᖅᓯᕈᓐᓇᖅᓯᕗᑦ, ᐊᖅᓇᐃᓪᓗ ᐊᑐᐃᓐᓇᕈᖅᐳᑦ ᐊᑐᖅᓗᑎᒃ ᐊᓐᓄᕋᒥ ᖄᕐᒐᒍᑦ 'ᐊᓂᖅᓂᖅᑲᖅᓇᕐᒋᑦᑐᒦᑦᑐᖅᓯᐅᑎᒥᓂᒃ'. ᑕᕝᕙ ᐊᑐᐃᓐᓇᐅᓕᖅᐳᑦ ᐱᔭᕐᓂᕐᒋᑦᑐᒥᒃ ᐱᓕᕆᔭᕆᐊᒃᓴᖅ.

ᓴᐅᒥᕐᒥᑦ ᑕᓕᖅᐱᕐᒧᑦ, ᐅᕐᒐᓪᓖᓪ: ᓈᕐᓯ ᓕᕙᑦ, ᐃᓴᕙᐊᓪ ᑲᓇᔪᖅ, ᒪᒡᒍᓕᑦ ᐅᐱ, Fᐅᐃᑐᕆᑲ ᓕᕙᑦ, ᑐᐊᓃᓐ ᐊᒋᐊᒃ

ᓵᒃᑏᑦ ᓴᐅᒥᕐᒥᑦ: ᐃᐊᒪ ᓂᐊᑯᒃ, ᑯᐊᕋ ᑰᕋᐅᕈᖅ, ᕋᕘᑕ ᓕᕝᕕᑦ

9. ᐊᕐᓇᐃᑦ ᕿᒥᕐᕈᐊᑦᑎᐊᓚᐅᖅᑐᑎᒃ ᐃᓯᕙᖕᒐᔪᓂᒃ ᐅᒡᔪᒐᔭᓂᒃ ᐊᒻᒪᓗ ᑕᕝᕙ ᓇᓚᐊᒃ ᐅᒡᔪᒐᔭ ᓇᒧᑦ ᐃᓂᖅᑲᑦᑎᐊᕐᓂᐊᕐᒪᖔᑦ ᓇᑖᖕᒐᓄᑦ ᐊᒻᒪᓗ ᓯᕗᐊᓅᕐᓂᐊᕐᒪᖔᑦ ᓇᓚᐊᖕᓄᑦ ᑕᕝᕗᖕᒐ ᓴᐅᓂᖕᒐᓄᑦ. ᓄᓂᕋᔭᐃᑦ ᓯᕗᖅᐸᓯᐊᓄᑦ ᐊᕐᑯᖅᐸᓯᐊᓄᓪᓗ ᐃᓂᖅᑲᖅᑎᑕᐅᓯᒫᖑᒍᑦ ᐃᔾᔪᓂᖅᓴᐅᖕᒪᑕ, ᑭᓯᐊᓂᓚ, ᐱᓕᕆᐊᖅᑲᕈᓐᓇᖅᐳᒍᑦ ᐱᓯᒪᔭᑐᐃᓐᓇᑦᑎᓐᓂᒃ.

10. ᐃᓂᒋᓂᐊᖅᑕᕐᒋᑦ ᐊᒥᕆᔭᐅᓂᐊᕐᓗᑎᒃ ᐱᔭᕐᓂᖅᑐᑰᕐᒋᒻᒥᕐᒪᑦ ᑕᒪᒃᑯᐊ ᐊᕐᓇᓂᑦ ᐳᑐᔭᐅᑐᐃᓐᓇᖅᑲᑦᑕᖅᑐᑦ ᑕᓕᕈᕐᒋᓐᓂᒃ. ᐊᕐᒪᖅᑕᐅᒃᑲᓐᓂᕆᓪᓗᓂ ᓈᖅᐸᓯᐊᒍᑦ ᒍᓕᕐᒋᒃᑕ ᖃᓂᒋᔭᑯᓗᐊᒍᑦ ᐊᒻᒪᓗ ᐱᓚᒃᑕᐅᓪᓗᓂ 4 ᐃᓐᓯᓯᐸᓗᕐᒥᒃ ᒫᒃᐲᕐᓂᒃ ᑕᒪᕐᒥᒃ ᐊᕐᒪᔪᕐᒋᑎᒍᑦ.

6.
7.
8.
9.
10.

11.

12.

13.

14.

15.

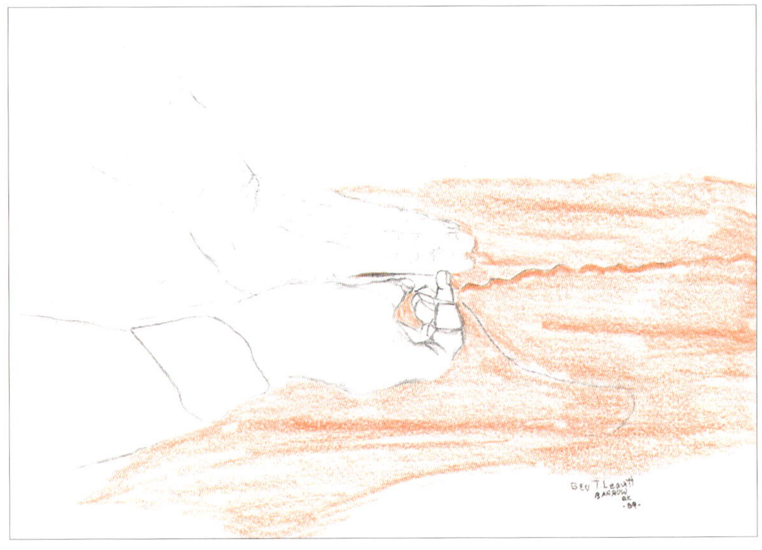

11. ᐸᐅᒍᐊᓯᖅᓯᒪᓪᓗᑎᒃ ᐊᖕᒪᔪᖕᒋᒃᑎᖕᒍᒃ ᐊᒻᒪᓗ ᑕᓯᑕᐅᓯᒪᓪᓗᑎᒃ ᓱᑲᒐᔪᒥᒃ ᐊᖕᒍᑏᖕᓄᒃ ᒪᕐᕿᖕᓄᒃ ᐅᓪᔪᒐᔭᐅᑦ ᐃᓪᓗᐃᓐᓇᖕᒐ. ᐱᓚᒃᑕᐅᓪᓗᓂ ᓴᕙᖕᒧᑦ ᐃᐱᒃᑐᒧᑦ ᐊᓯᐊᓄᑦ ᓈᖕᒐᑕ ᐊᑎᑦᑎᐊᖕᒐᒍᑦ ᑕᓯᑦᑐᓐᓇᖕᒋᑦᑐᒃᑯᑦ.

12. ᑖᓯᒪ ᑕᓯᑦᑐᓐᓇᖅᑑᑦ ᐃᓚᖕᒐ ᐲᖅᑕᐅᓪᓗᓂ.

13. ᓯᕗᐊ ᐊᕐᑯᐊᓗ ᐊᔾᔩᖕᒋᑦᑐᒥᒃ ᐃᓚᙵᖅᑕᐅᓪᓗᑎ. ᐸᐅᒃᓯᓯᒪᔫᒃ ᕿᔫᒃ ᒪᕿᒃ ᒪᕿᖕᓄᒃ ᐊᖕᒪᔫᖕᓄᒃ ᑕᓕᕈᖅᑲᖅᕙᖕᒋᖕᓄᒃ ᑕᓯᑎᑕᐅᓪᓗᑎᒃ ᓲᒃᑕᐅᓪᓗᑎᓪᓗ. ᑕᒪᕐᒥᒃ ᐅᓪᔪᒐᔮᒃ ᐱᔭᓈᖅᑕᐅᖕᒪᑎᒃ, ᐃᓕᓯᒋᓪᓗᑎᒃ ᒪᕿᖕᓂᒃ ᐊᖕᒋᓂᖅᔮᖕᓂᒃ ᐅᓪᔪᒐᔮᖕᓂᒃ ᓯᕗᐊᓅᖅᑐᖅ ᐊᕐᑯᐊᓅᖅᑐᒃᓴᕐᓗ. ᐊᑯᓐᓂᒐᓅ ᐅᔪᑦ ᐅᓪᔪᒐᔭᐃᑦ ᐋᖅᑭᒃᑕᐅᕗᑦ ᐃᒪᐃᓕᖕᒐᓪᓗᑎᒃ ᑭᐳᙳᐊᐅᖅᑐᑎᒃ ᓂᐊᕐᑯᖅᑲᖅᕙᖕᒐ-ᓯᖅᑯᖅᑲᖅᕙᖕᒐ-ᓂᐅᕐᑯᖅᑲᖅᕙᖕᒐ.

14. ᐅᓪᔪᒐᔭᐃᑦ ᑕᕝᕙ ᒥᖅᓱᑐᐃᓐᓇᓇᐊᖅᑲᓕᖅᐳᑦ ᐃᕙᓗᖅᑲᖅᓗᓂ ᑐᒃᑑᑦ ᐃᕙᓗᐊᓂᒃ

15. ᒥᖅᓱᖅᑕᐅᓕᖅᒪᑕ ᐅᓪᔪᒐᔭᐃᑦ ᐃᒪᐃᓕᖕᒐᓪᓗᑎᒃ ᓯᓚᑖᓂᑦᑐᖅ ᐃᓗᓪᓕᖅᓗ ᑕᓯᓯᒪᓪᓗᒋᑦ ᑕᐃᒫ ᑭᓗᖕᒋᑦ ᐅᔅᓯᒃᓯᑎᑕᐅᕙᒃᑐᑦ. ᐱᒻᒪᕆᐅᖅᑲᓯᐅᑎᒋᕗᖅ ᑕᕝᕙ ᐃᕙᓗ ᐅᖅᓯᕈᔪᐃᓐᓇᐅᓗᓂ (ᓇᕐᓯᖕᒥ, ᓇᑦᑎᐅᑦ) ᐅᖅᓱᐊᓂᑦ, ᐅᓪᓘᑦ ᐅᖅᓱᖕᒋᓐᓂᐅᖕᒋᑦᑐᖅ ᒥᖅᓯᑕᐅᑎᓪᓗᒋᑦ.

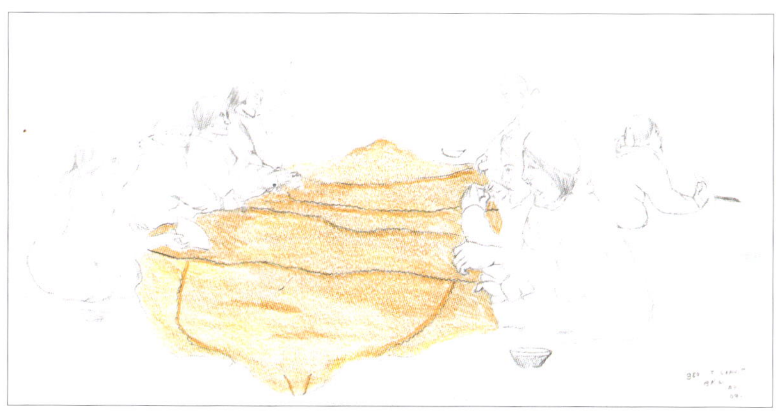

16. ᐊᕐᓈᒃ ᒫᕐᕉᒃ ᐊᑭᓕᓇᒃᑐᑎᒃ ᕿᑎᖓᓂᑦ ᒥᖅᓱᓇᐊᓕᖅᐳᒃ.

17. ᐃᓗᐊᑕ ᑕᑯᒃᓴᐅᓂᖓ ᐃᒻᒪᒃᑕᕈᓐᓃᖅᑐᑎᒃ ᑭᓘᖏᑎᒧᑦ.

18. ᐊᒥᓕᖅᑕᐅᓂᐊᖅᑐᖅ, ᑖᓐᓇ ᐅᒥᐊᑦ ᓴᐅᓂᖓ ᓇᑦᑎᐅᑦ ᐅᖅᓱᐊᓂᑦ ᐅᖅᓱᖅᑎᖅᑕᐅᓪᓗᓂ ᐊᕐᕋᓚᔅᑎᓂᑦ.

19. ᐅᒡᕚᓚᔾ ᐅᒥᐊᑦ ᓴᐅᓂᖓᑕ ᖄᖓᓅᖅᑕᐅᕙᖅ.

20. ᐅᒡᕚᓚᔾ ᐅᒥᐊᑦ ᓴᐅᓂᖓᑕ ᖄᖓᓅᖅᑕᐅᓚᒥ, ᑕᕝᕙ ᐃᓐᓂᖅᑐᑎᑐᐸᓗ ᓄᖃᑎᑦᑕᐅᔭᓇᐊᑭᒡᓕᓚᒥ ᐅᒥᐊᑦ ᐃᓱᐊᓄᑦ.

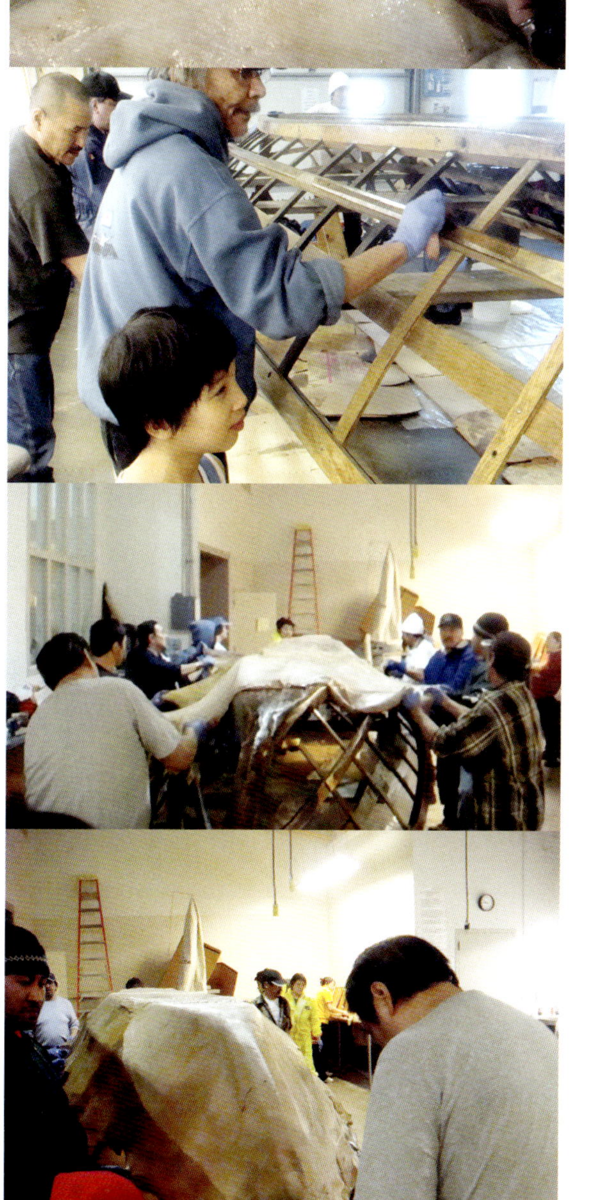

16.

17.

18.

19.

20.

21. ᓚᕕᑦ ᐊᕐᕿᒐᔾᑏᑦ ᑲᐱᑕᐃᖕᒐᑦ ᔫᑐ ᓚᕕᑦ ᓄᑲᖅᑎᖅ. ᓄᕐᑲᐃᑐᐃᓐᓇᓂᐊᕐᑲᓚᖅᐳᖅ ᐅᒡᕙᒐᔭᖕᒥᒃ ᓴᐅᓂᖓᓄᑦ.

22. ᒫᑯ ᖃᐅᔨᓴᖅᑐᖅ ᐅᒥᐊᑦ ᐊᑖᓂ. ᓱᑭᓱᑦ ᑕᐃᒫᒃ ᐱᖃᑕᐅᑎᑕᐅᖃᑦᑕᖅᑐᑦ ᖃᐅᔨᓗᑎᒃ ᓴᓇᔪᒪᓕᖅᐸᑦᓕᐊᓂᐊᕐᒪᑕ, ᐃᓚᒌᑦ ᑖᒃᑯᐊ ᐱᓕᕆᐊᕆᓱᒪᔭᖏᓐᓂᒃ ᐅᐊᑦᑎᐊᕈᐊᓗᓂᑦ.

23. ᐱᔭᕇᕆᐊᑭᓪᓚᓪᓗᑎᑦ ᐱᐊᕐᕆᑎᑕᐅᓇᓱᒃᑐᓂ ᓴᐅᓂᖓᑕ ᖄᖓᒍᑦ.

24. ᔩ ᒥᐊᓗ ᓚᕕᑦ ᕿᓚᒃᓱᖅᑐᓂᒋᑦ ᓴᓂᕋᖏᒃ ᐊᑖᓂ.

25. ᐊᒻᒪᓗ ᐱᔭᕇᖅᑐᑕ, ᑖᓐᓇ ᓄᑕᕋᖅ ᑯᐊᕋ ᐃᑭᒪᓪᓗᓂ ᓚᕕᑦ ᐊᖅᕿᒐᔾᑎᖏᑕ ᐅᒥᐊᖕᒐᓐᓂ.

Fᐅᕋᑐᓇᒃ ᓕᕕᑦ ᐊᕐᕙᒐᓱᒃᑎᖏᑕ ᐅᒥᐊᑦ ᓴᓂᑦᑎᐊᖓᓂ ᓇᖏᖅᑐᖅ ᐅᑦᕐᑭᐊᒡᕕᒃ, ᐊᓛᓯᒃ. ᑖᓐᓇ ᐊᕐᓇᐅᖅᑲᑎᖏᑦᑐ ᐃᓚᒌᑦ ᐊᒻᒪᓗ ᐊᕐᕙᒐᓱᒃᑏᑦ ᒥᖅᓱᓚᐅᖅᑐᑦ ᐊᒥᖓᓂᒃ ᐅᒥᐊᑦ ᐊᒻᒪᓗ ᐅᒥᔾᔨᐅᓐᓂᖅ ᐃᓚᒌᓂᑦ ᐱᓕᓇᐊᖑᓲᖑᕗᑦ (ᑖᓐᓇ ᐅᓂᒃᑳᖑᔪᖅ ᑕᑯᓗᒍ).

ᑲᖏᖅᑐᒑᐱᒃ

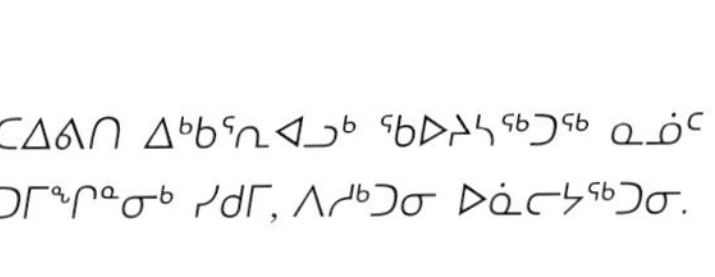

230 ᑕᐃᕙᑎ ᐃᒃᑲᕐᓇᐊᓗᒃ ᖃᐅᔨᓴᖅᑐᖅ ᓇᓅᑦ ᑐᒥᖏᓐᓂᒃ ᓯᑯᒥ, ᐱᓱᒃᑐᓂ ᐅᓈᓕᓴᖅᑐᓂ.

ᐃᖅᑯᒃ ᐊᖑᑎᕐᔪᐊᖅ ᑕᐃᕙᑎ ᐃᒃᑲᕐᓇᐊᓗᒃᑯᒃ

ᐊᑦᑕᕐᓈᕿᖏᑦᑐᓂ ᓯᑯᒃᑯᑦ ᑕᐃᒫᖑᖕᒪᑦ. ᐅᓈᕐᓂᒃ ᓱᓕ ᐊᑐᖅᑕᖅᑐᑎᑦ ᓯᑰᑦ ᐃᔾᔪᓂᖓ ᖃᐅᔨᒪᓂᐊᕋᑦᑎᑎᑦ. ᑕᒪᓐᓇ ᐊᑐᓇᐊᖅᒪᑦ ᐱᑦᓚᓇᐅᑦᑐᓂ ᐊᒻᒪᓗ ᑕᐃᒪᐃᖅᑲᑦᑕᕐᓗᓂ ᐊᓯᕈᖅᓯᒪᖏᒻᒪᑦ. ᓯᑯ ᑲᐱᓂᐊᖅᑕᕗᑦ ᖃᐅᔨᓴᕐᓗᑎᒍᑦ ᐅᓈᕐᔪᑦ ᖃᓄᖅ ᐃᔾᔪᑎᖏᓐᒪᖔᑦ ᑐᑎᓚᐅᖏᑦᑐᒍ/ ᐊᑐᓚᐅᖏᑦᑐᒍ. ᓯᑯᓕᓵᖅᑎᑦᑐᒍ, ᓯᑯ ᑑᕐᓗᒍ ᖃᐅᔨᓴᕐᓗᒍ ᐊᑦᑕᕐᓇᖏᒃᑲᓗᐊᕐᒪᖔᑦ. ᐊᑕᐅᓯᐊᕋᒃᓴᐅᒃᐸᑦ ᐱᓯᙵᒃᓴᐅᔪᒃᓴᐅᕗᖅ. ᒪᕿᐊᖅᑎᕋᒃᓴᐅᒃᐸᑦ ᑮᖑᑦᑐᕐᒥᒃ ᐊᖏᕐᓗᓂ, ᓯᑭᓗᙵᒃᓴᐅᕗᖅ. ᐊᑐᓂᑦ ᐊᖑᓇᓱᒃᐲᑦ ᖃᐅᔨᒪᔭᒥᓂᒃ ᐊᑐᖅᑕᖅᐳᑦ ᐊᑦᑕᕐᓇᕐᓂᖓ ᐊᑦᑕᓇᖏᓐᓂᖕᖓᓗ ᖃᐅᔨᑦᑐᒍ, ᐊᒻᒪᓗ ᖃᐅᔨᒪᓂᖅ ᐊᒻᒪᓗ ᐱᓕᕆᐊᕆᔭᖅ ᖃᐅᔨᒪᑦᑐᒍ ᐱᓕᕆᔾᔪᑎᓂᒃ ᐊᑐᑦᑎᐊᕆᐊᒃᓴᖅ ᐃᓕᑕᐅᕙᓪᓕᐊᔪᓐᓇᖅᐳᖅ ᐊᑯᓂᒃᑲᓪᓚᐅᓚᐅᔪᐊᖅ.

ᑕᐃᔅᓯᒪᓂᓕ, ᐃᓄᐃᑦ ᐊᑐᖅᑕᕐᓂᖅᐳᑦ ᓯᑯ ᑕᒪᓐᓇ ᐱᓕᕆᔾᔪᑎᒋᑦᑐᒍ. ᐃᓄᖕᓂᒃ ᓂᕿᒃᑯᕕᓕᐅᖅᑐᖅᑲᖅᑕᓚᐅᖅᓯᒪᔪᖅ ᓯᑯᒥᑦ ᑭᐸᓐᓂᒃᑐᓂᒃ. ᐊᑎᖅᑐᖅᑐᑎᒃ ᑐᓚᓕᐊᓚᖅ. ᓴᓇᖅᑲᑦᑕᓚᐅᖅᓯᒪᕆᕗᑦᑕᐅᖅ ᖃᒡᒋᐊᓂᒃ, ᓂᕐᔪᑎᓂᒃ ᐱᓇᓲᑎᐅᑦᑐᑎᒃ ᓱᕐᓗ ᒪᑯᐊ ᑎᑎᓚᓂᐊᑦ ᓇᓄᐃᑦ ᔫᓐᓃᑦ. ᓂᒃᐸᔫᑦ (ᑕᐃᒃᑯᐊ ᐃᒡᓗᖕᓖᖕᓚᓃᑦᑐᑦ) ᐃᓛᓐᓂᑦ ᓂᓚᖕᒥᒃ ᐋᖅᑭᒃᓯᒪᔾᔪᑎᖃᓚᐅᖅᐸᒃᑐᑎᒃ. ᓱᕐᓗᐊᖅᑲᖅᑕᓚᐅᖅᓯᒪᖕᒥᔪᑦ ᓂᓚᖕᓂᒃ ᓯᑯᒥᑦ ᑭᓱᐃᓐᓇᒃᑯᕕᒋᓂᐊᖅᑕᑦᑎᓐᓂᒃ. ᓂᕐᔪᑎᓂᑦ ᐃᓱᖅᑕᐅᔪᓐᓇᖅᑲᑦᑕᓚᐅᖅᓯᒪᖕᒋᑦᑐᑦ ᓲᖅᑲᐃᓪᒪ ᐊᓪᓚᒃᑕᐅᔪᓐᓇᖅᑲᑦᑕᓚᐅᖅᓯᒪᖕᒋᓪᒪᑦ ᓂᓚᒃᑯᑦ ᖃᒧᑎᙳᐊᑎᓯᐅᖅᑲᑦᑕᓚᐅᖅᓯᒪᖕᒥᔪᑦ ᓯᑰᑦ ᓂᓚᖕᒋᑦ (ᖃᒧᑎᙳᐊᑦ) ᑕᐃᒫᒃ ᐊᑐᖅᑕᐅᖅᑲᑦᑕᓚᐅᖅᓯᒪᒐᑦ ᓱᑭᓯᓂᑦ.

ᐊᓐᓄᕌᓂᑦ, ᐊᔾᔨᙵᕐᒥᓪᓕᑕ ᑖᒃᑯᐊ ᐅᑦᑐᒥ ᐊᓐᓄᕌᑦ ᐊᑐᖅᑕᐅᖃᑦᑕᖅᑐᑦ ᐊᒻᒪᓗ ᐅᐊᑦᑎᐊᕈ. ᓂᐅᕕᕐᕕᖕᒥᙯᓚᐅᖅᑐᑦ ᐊᓐᓄᕌᑦ ᓯᕐᑯᑕᐅᖕᒥᓪᓕᑕ ᓯᑭᓪᓗᒃᑐᖅᓯᐅᑎᑦ, ᑭᓯᐊᓂ ᓴᓇᔭᐅᓯᒪᔪᑦ ᐃᓄᖕᓄᑦ ᐊᓐᓄᕌᑦ ᐱᐅᒥᐊᒃᑲᓐᓂᖅᑐᑎᒃ ᕿᒧᒃᓯᖅᑐᓂ. ᑕᒪᕐᒥᒃ ᐅᖅᑰᔭᓐᓇᖅᑐᑎᒃ, ᐊᐃᑉᐸᖕᒋᑦ ᕿᐅᔭᓂᐅᓴᓇᖕᒋᓐᓂᖅᓴᐃᑦ ᐊᐃᑉᐸᖕᒋᓐᓂᑦ. ᒥᖅᑯᓖᑦ ᐊᓐᓄᕌᑦ ᖃᐅᓯᓕᕚᖕᒋᒃ, ᐃᔅᓯᒐᒃᓴᐅᓪᓗᑎᒃ ᖃᐅᓯᐅᓂᖕᒋᑦ. ᖃᓪᓗᓈᑦ ᓄᓇᖕᒐᓃᙱᓚᐅᖅᑐᑦ ᖃᐅᓯᓕᕚᖕᒋᒃ, ᐃᔅᓯᒌᖑᓪᓗᑎᒃ. ᖃᐅᓯᓕᕈᓐᓂ, ᖁᐊᕐᓂᐊᖅᑐᖅ. ᑕᐃᒪᒃ ᑕᒫᓂ ᐱᓪᓗᒍ ᑕᐃᒃᑯᐊ ᐃᓄᒡᕼᐅᐃᑦ ᐊᑯᑭᑦᑐᓂ ᓇᓄᕐᓂᒃ ᓯᑕᒃᓯᒪᒃᑲᓐᓂᖅᑐᑦ, ᓱᖅᑲᐃᒪ ᖃᐅᓯᓕᕋᓗᐊᕈᑎᒃ ᐃᔅᓯᒪᓕᖕᒋᙵᐅᖅᑐᑦ. ᐳᐊᓗᐃᑦᑕᐅᖅ ᓇᓄᕋᐃᑦ ᐱᐅᔪᐊᓘᕐᓗᑎᒃ. ᓇᓄᕐᒥᑦ ᕿᐅᒪᔪᓗᑎᒃ ᐊᒻᒪᓗ ᑕᕆᐅᖅ ᐃᒪᖅ ᐃᔅᓴᐅᑎᖃᑦᑕᕐᓇᓂ.

ᑕᒪᓐᓇ ᓂᕈᐊᑎᓐᓂᙶᖅᑐᓂᒃ ᐊᓐᓄᕌᖅᑲᓂᖅ ᐊᒃᓱᒃᑲᓐᓂᓪᓚᕆᐅᑦᑐᓂ ᓄᑕᖅᓄᑦ ᐊᓐᓄᕌᕆᔭᐅᖕᒥᖕᓚᑕ. ᐅᐊᑦᑎᐊᕈ, ᓇᑦᑎᐊᕐᔭᐃᑦ ᖁᖅᑕᕐᕕᐅᖃᑦᑕᓚᐅᖅᓯᒪᖕᓚᑕ, ᑕᐃᔅᓱᒪᓂ ᖁᖅᑕᕐᕕᖕᓂᒃ ᐊᑐᖃᑦᑕᓚᐅᖅᑎᓐᓇᑕ ᐅᑦᑐᒥᑦᑐᑦ. ᐃᔅᓱᒪᓪᓗᐊᖕᓚᑕ ᖃᐃᕐᓯᓂᕐᓗᐊᖕᒋᑦ ᐊᒻᒪᓗ ᑖᒃᑯᐊ ᐊᑐᒃᑲᓂᓕᕐᓗᒋᑦ.

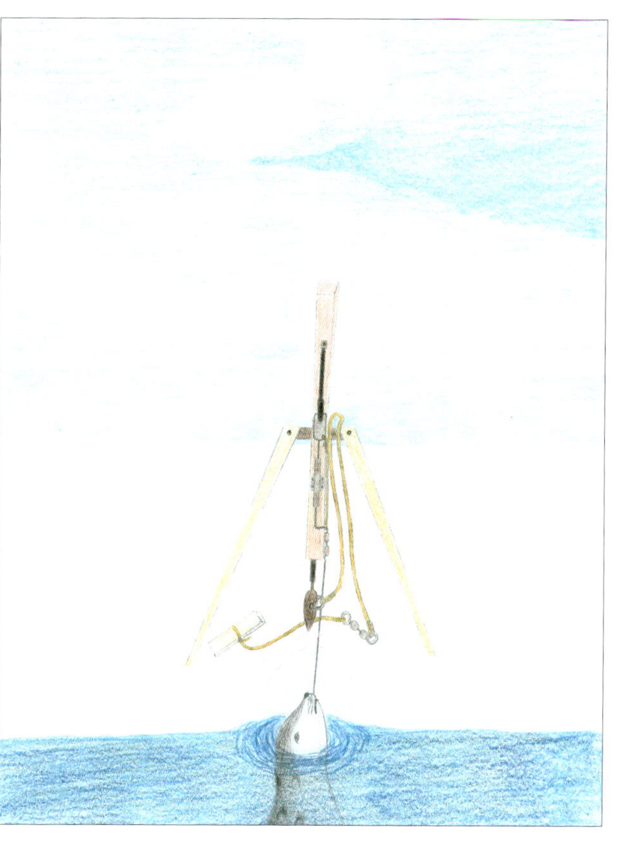

ᓂᒃᐸᔾᔫᖅ ᖁᑭᐅᑎ ᐊᖅᑭᒃᓯᒪᓪᓗᓂ ᓯᑯᒥ ᐊᒡᒍᑦ ᖁᓛᓂ ᐃᒡᓗᒃᑐᑦ ᓂᐅᖅᑳᖅᑐᓂ (ᐅᕝᕙᓘᓐᓃᑦ ᐊᔾᔨᓕᐅᕈᑎᐅᑦ ᐃᑯᕐᖕᒋᓐᓂᒃ ᐊᔾᔨᓕᐅᖅᑕᐅᓯᒪᔪᖅ) ᐊᒻᒪᓗ ᖁᑭᕆᐊᑐᐃᓐᓇᕆᐊᖅᑲᖅᑐᓂ ᓇᐅᑕᕐᒥᓃᑦ ᑲᐱᓯᓗᓂ ᓇᑦᑎᕐᒥᒃ. ᖁᑭᐅᑎ ᓇᐅᑕᓕᖅᓯᒪᓪᓚᑦ ᓯᑦᑐᒥᒍᑦ ᐊᒻᒪᓗ ᐊᔭᐅᑕᖅᑲᖅᑐᓂ ᕿᑐᔭᕚᖕᕚ ᕿᑐᓚᔭᖅᑐᖅ ᑕᒪᓐᓇ ᐃᒫᓃᖕᕚᑦᑐᓂ. ᓇᑦᑎᖅ ᐳᐃᒃᐸᑦ ᐊᒡᒍᒃᑯᑦ ᐊᓂᖅᓵᕆᐊᖅᑐᖅᑐᓂ, ᐊᔭᐅᑕᖕᕚ ᐊᔭᒃᐸᒍ ᓂᐊᖁᕐᒥᓃᑦ ᐊᒻᒪᓗ ᕿᑐᔭᕚᖕᕚ ᑕᕝᕙ ᕿᑐᕗᖅ. ᖁᑭᐅᑎ ᖁᑭᕆᐊᖅᐸᑦ ᓇᐅᑕᖕᕚ ᐊᒡᒍᒨᖅᑐᓂ ᐊᒻᒪᓗ ᓇᑦᑎᖅ ᓇᐅᓕᒡᒍᓂᐅᒃ ᓴᓐᓂᕆᐊᖕᕚᓃᑦᑐ ᖃᓚᒃᓯᒪᑦᑐᓂ ᓇᐅᑕᖕᕚᓂᑦ ᐊᒻᒪᓗ ᖄᖕᕚᓃᑦᑐᓂ ᓯᑰᑦ ᐋᖅᑭᒃᓯᒪᔪ ᓇᑦᑎᖅ ᑖᓃᖕᒋᓐᓇᖅᓂᐊᕐᒪᑦ ᐃᐱᑐᓂ ᑕᕝᕗᖕᕚ ᐅᑎᖅᓂᐊᕐᒪᑦ ᐊᖑᓇᓱᒃᑎ.

ᖁᑦᑕᖅᐸᓃᑦ ᓴᐅᒥᖕᒥᑦ ᐊᑯᑦᑕᖅᐸᓃᖅᑐ:
ᓂᒃᐸᔾᔫᖅ, c 1970. ᑎᑎᕋᐅᔭᖅᑎᐅᑦ
ᑐᑭᓯᓇᖅᓯᑎᑕᖕᕚ, ᑖᔅᓯᒪ
ᐊᐃᒡᕚ ᕼᐊᐃᓐᓄ.

ᓯᕿᓐᖑᔭᐅᑦ ᐅᐃᔾᔫᕐᓂᖓᑐᑦ ᓯᕗᓪᓕᖅᐸᐅᑐᓂ ᓴᐅᒥᖕᒥᑦ ᐊᐃᑦᑕᐃᓐᓇ ᐃᖅᑲᓗᒡᔪᐊᖅ ᑯᒥᒡ ᓅᔭᖅᑐᖅ ᓇᓄᕐᒥᒃ ᑲᖏᖅᑐᓛᐱᖕᒥ 1960-ᒋᔪᓐᓂ.

ᓇᓄᕌᒃ ᓯᓚᐹᒃ, ᑲᖏᖅᑐᓛᐱᖕᒥᐅᑎᑐᑦ ᓴᓇᓯᒪᔫᒃ.

ᐊᓄᕌᕆᔭᐅᓰᑐᖅᑲᐃᑦ ᑐᒃᑐᕋᔭᐃᑦ ᐅᑭᐅᒃᑯᑦ ᑲᖏᖅᑐᓛᐱᖕᒥᐅᓄᑦ ᑕᐃᒫᒃ ᓴᓇᔭᐅᓰᖑᓪᓗᑎᒃ ᐊᔾᔨᖑᐊᖅ ᐊᔾᔨᓕᐅᖅᑕᐅᓯᒪᔪᖅ ᓄᓇᓕᕋᓛᓂ ᐊᕙᖅᑐᔪᖅ ᑕᐃᔅᓯᒪᓂ 1973.

ᐊᑐᓪᓚᓂᒃᑭᒐᖅ ᐃᒫᒡᓗ ᑕᑯᔭᐅᖅᑲᑦᑕᐃᓐᓇᖅᓗᑎᒃ ᑕᒪᒃᑯᐊ ᐅᑯᐊᓗ ᐊᔾᔨᒌᖕᒋᑦᑐᑦ ᖃᓪᓗᓈᖅᑕᑦ ᐅᖅᑯᒃᓴᐅᑎᑦ ᐊᒻᒪᓗ ᓂᕐᔪᑎᓃᖕᒫᖅᑐᑦ ᐅᖅᑯᒃᓴᐅᑎᑦ. ᐊᐃᑉᐸᖓ ᐃᔅᓯᔾᔪᖕᒍᑦᑐᓂ ᐊᐃᑉᐸᖓᓗ ᑭᓂᓇᓴᕿᐃᓐᓂᖅᓴᐅᓪᓗᓂ. ᓂᕐᔪᑎᐅᑦ ᐊᒥᖕᒋᑦ/ᕿᓯᖕᒋᑦ, ᖃᐅᓯᖅᑎᓪᓗᒋᑦ, ᐸᓂᖅᑎᑕᐅᔪᓐᓇᖅᐳᑦ ᐃᓯᒃᑕᐅᓗᑎᒃ (ᐃᒪᖓ ᓂᐅᖓᕐᓗᒍ ᐲᔭᕐᓗᒍ) ᐊᐳᑎᒧᑦ. ᐃᒥᕈᔫᒃ ᐊᑕᖕᒋᖅᑖᓗᒋᖕᒋᓪᓗᒍ, ᖃᓪᓗᓈᖅᑕᒥᑦ ᖃᐅᓯᖕᒋᓐᓂᖅᓴᐅᓪᓕᕐᓗᓂ. ᓂᐅᕕᐊᕐᒍᓯᒪᔪᑦ ᐊᓄᕌᑦ ᖁᐊᕐᓂᐅᓴᖕᒪᑕ ᖃᐅᓯᓪᓕᕌᖕᒐᒥᒃ, ᑭᓯᐊᓂ ᓂᕐᔪᑎᓃᖕᒫᖅᓯᒪᔪᑦ, ᖃᐅᓯᓪᓕᕌᖕᒐᒥᒃ ᖁᐊᕐᓗᑎᒃ ᑎᕆᖕᖓᔫᓪᓕᕐᓗᑎᐅᓂᐅᓴᖕᒋᑦᑐᑦ. ᑕᒪᕐᒥᒃ ᐊᑐᖅᑕᐅᔪᓐᓇᖅᑑᒃ, ᐊᐃᑉᐸᖓ ᑭᓯᐊᓂ ᐱᖕᒋᖓᖕᓇᖕᒋᓐᓂᖅᓴᖅ ᑕᐃᒫᖕᔫᔭᐃᓐᓇᕐᓗᓂᐅᖕᒋᒻᒥᔪᖅ.

ᖃᐅᔨᒪᖅᑲᑕᐅᖅᑯᔨᒐᑦᑕ ᑕᒪᑐᒥᖓ ᖃᐅᔨᒪᔭᑦᑎᓐᓂᒃ ᓂᕐᔪᑎᖅᔭᐃᑦ ᒥᒃᓵᓄᑦ, ᐱᓪᓚᕆᐊᔫᖕᒥᖕᒪᑦ ᐆᒪᖁᕆᔭᑦᑎᓐᓂ ᐊᒻᒪᓗ ᓯᑯᒥ ᐱᓕᕆᖅᑲᑦᑕᖅᑎᓪᓗᑕ.

ᓇᓄᖅ ᓯᓚᐹ

ᐊᑦᑕᒃᑲᓕᒃ ᐸᓪᓗᖅ ᐃᓕᓐᓂᐊᖅᑎᑦᑎᔪᖅ ᐱᓕᕆᔪᓂᒃ ᑲᖏᖅᑐᓛᐱᖕᒥ ᒪᒃᑯᒃᑐᓂᑦ ᐊᖓᓂᒃ ᑐᒃᑐᕋᔭᓂᒃ ᐱᓕᕆᓪᓗᑎᒃ (2006). ᐊᖓᐃᑦ ᓱᓕ ᑲᖏᖅᑐᓛᐱᖕᒥ ᒥᖅᓱᖅᑲᑦᑕᕐᒪᑕ ᐅᖅᑯᒃᓴᐅᑎᒋᔭᐅᓲᓂᒃ ᐅᐊᑦᑎᐊᕈᓂᒃ ᐊᑐᖅᑕᐅᓲᓂᒃ ᐊᔪᕆᖅᓱᕐᔾᔨᒃᑐᑎᓪᓗ ᑕᒪᑐᒥᖓᓗ ᐱᔪᓇᖅᓂᕐᒥᒃ ᑕᒪᒃᑯᓄᖓᓗ ᐊᖓᔪᑦ ᒪᒃᑯᖕᓂᖅᓴᓄᑦ.

ᐊᓪᓚᑦ ᓴᐅᒥᖕᒥᑦ: ᑕᐃᕕᑎ ᐃᒃᑲᖅᓇᐊᓗᒃ (ᓴᐅᒥᖕᒦᑦᑐᖅ) ᐊᒻᒪᓗ ᔭᐃᓕ ᓴᖖᔪ ᓇᑦᑎᖅᑎᓪᓗᒍ ᐊᒡᓗᒃᑯᑦ (ᐊᒡᓗ). ᐊᑐᖅᑐᑎᒃ ᖃᓪᓗᓈᖅᑕᓂᒃ ᒥᖅᓱᖅᑕᐅᓪᓗᑎᒃ ᓴᓇᔭᐅᓯᒪᔪᓂᒃ ᓚᓐᓇ, ᑭᓯᐊᓂ ᐊᖑᓇᓱᒃᑎᑎᑐᑦᑕᐅᖅ ᐊᓯᖏᓐᓂᒃ ᐊᓐᓄᕌᕆᓐᓇᕆᓪᓗᑎᒃ ᓂᖅᔪᑎᓃᖅᓛᖅᑐᓂᒃ ᓂᐅᕕᐊᕕᓂᖅᓂᒡᔫᓐᓃᑦ ᖃᓄᐃᓐᓈᖅᑐᑦ, ᐊᐅᓪᓚᖅᓯᒪᓂᕐᒥᓂ, ᐱᓕᕆᐊᕆᔭᒥᓂᒡᓗ.

ᖁᓕᑦᑕᐅᓴᓕᐅᕈᕕᑦ ᐅᑭᐅᖅᓯᐅᑎᒥᑦ ᐃᑭᐊᖅᑎᓕᕈᓐᓇᕐᒥᔭᐃᑦ ᐊᑕᐅᓯᐅᖕᒋᑦᑐᒥᒃ ᐃᓗᐊᒎᑦ ᐅᕝᕙᓘᓐᓃᑦ ᓄᓇᓕᒃᓯᐅᑎᐅᓗᒍ ᓴᓇᔪᓐᓇᕐᒥᔭᐃᑦ. ᓄᐃᑖᓕᕈᕕᐅᒃ ᕿᒻᒥᓱᙱᒃ, ᐱᐅᓂᖅᓴᐅᒋᕗᖅ ᐊᑐᖅᑕᑦᑕᕐᓗᒍ ᓯᓚᒥ.

ᐅᖅᑯᒃᓴᐅᑎᑦ ᓴᓇᔭᐅᓯᒪᔪᑦ ᖃᑦᑐᓈᖅᑕᓂᑦ ᐊᑐᖅᑕᐅᖅᑲᑦᑕᕐᒪᑕ ᓯᑯᒥ ᐅᑦᑐᒥ. ᑕᒪᒃᑯᐊ ᑕᐃᒪᐃᓕᖓᔪᓕᐊᖑᑦᑐᑎᒃ ᓴᓇᔭᐅᖃᑦᑕᖅᑐᑦ ᐊᒻᒪᓗ ᐆᒃᑐᖅᑕᐅᓯᒪᓂᖏᑦ ᐅᐊᑦᑎᐊᕈᑎᑐᑦᑕᐅᖅ, ᐅᕝᕙᓘᓐᓃᑦ ᐅᐊᑦᑎᐊᕈᕐᓂᓴᑎᑐᐸᓗᒃ ᐊᔪᕆᓯᒪᑦᑐᑎᒃ, ᐊᑐᖅᑐᑎᒃ ᖃᑦᑐᓈᖅᑕᓂᒃ ᒪᑯᓂᖓ ᐊᐅᒃᑕᔫᓂᒃ, ᐊᓐᓄᕋᒃᓴᑦᑎᐊᕙᓂᒃ, ᐊᓕᒃᓴᕐᐃᖓᑦᑐᓂᒃ. ᑖᑎᐊ ᖃᔫᖅ, ᑲᖏᖅᑑᒐᐱᖕᒥ ᓴᓇᙳᐊᖅᑎ, ᑕᖁᖅᑯᔾᔨᕗᖅ ᐅᑭᐅᖅᓯᐅᑎᒥᒃ ᖁᓕᑦᑕᐅᓴᕐᒥᒃ ᐊᒻᒪᓗ ᓯᓚᐹᖕᓂᒃ ᓴᓇᔭᐅᖃᑦᑕᓖᐸᓗᒃᑐᓂᑦ ᖃᑦᑐᓈᖅᑕᓂᑦ.

ᓯᓚᐹᓕᐅᕈᕕᑦ, ᖁᓕᑦᑕᐅᓴᓕᐅᖅᑐᑎᑦ ᓴᓇᔪᓐᓇᕈᑎᑦ (ᐃᑭᐊᓕᕐᓗᒍ).

ᔪᐃᓕ ᐊᐃᒡᒐ ᓴᖑᔭᒃᑯᒃ

ᐊᓐᓄᕌᑦ ᐱᔾᔪᑎᒋᔪᒋᑦ ᐃᒪᐃᓕᖓᒐᑦᑕ ᓴᓇᔾᔨᓯᑦᑎᓐᓂᒃ ᐊᑐᓂᑦ ᓄᓇᓖᑦ ᓇᖏᓂᖅ ᐆᑦᑐᕈᓯᖃᐅᕐᒪᑕ, ᑕᐅᑦᑐᖏᑦᑐ ᐊᑐᖅᑕᐅᑦᑐᑎᒃ, ᐊᒻᒪᓗ ᖃᓄᐃᑦᑐᕋᔭᓂᑦ ᓴᓇᔭᐅᖕᒪᖖᒋᑕ. ᐅᐊᑦᑎᐊᕈ, ᐅᑦᑐᒥᓘᓐᓃᑦ, ᖃᐅᔨᔫᓐᓇᖅᐸᕗᑦ ᑭᓇᑐᐃᓐᓇᕋᓗᑦ ᐊᑐᖅᑕᐅᔫᑦ ᑕᐅᑦᑐᖏᓐᓄᑦ ᖁᓕᑦᑕᐅᔭᖏᑕ (ᖁᓕᑦᑕᐅᔭᖅ) ᐅᕝᕙᓘᓐᓂᑦ ᐊᒪᐅᑎᖏᓐᓂᑦ (ᐊᕐᓇᐃᑦ ᐊᒪᐅᑎᖏᑦ ᓄᑕᕋᕐᓂᒃ ᐊᒫᕐᑲᑦᑕᖅᑐᑦ). ᐆᒃᑐᖅᑕᐅᓂᖏᓐᓂᑦ, ᑕᐅᑦᑐᖏᑦ ᑕᐃᒪᐃᓕᖓᕗᑦ, ᐅᕝᕙᓘᓐᓃᑦ ᑖᒃᑯᓈᒐᑦ ᑕᑭᓂᖏᓐᓂᑦ ᑭᓗᖏᓐᓂᓪᓘᓐᓃᑦ. ᐱᖃᓯᐅᑎᖏᔫᖅᑕᐅᖅ ᐊᓐᓄᕌᕗᑦ ᐃᓅᓯᑦᑎᓐᓄᑦ ᐊᑐᖅᑎᑦᑎᐊᕐᒥᒐᑦᑎᔪᑦ ᐊᒻᒪᓗ ᐱᓕᕆᖅᑲᑦᑕᕐᓂᑦᑎᓐᓄᑦ ᓯᑯᒥ. ᑲᖏᖅᑐᒑᐱᖕᒥ, ᐊᓐᓄᕌᕆᔭᐅᖃᑦᑕᓪᓚᕆᑕᐅᖅᑐᑦ ᓇᑦᑎᕐᔭᐃᑦ ᑐᒃᑐᕐᔭᐃᓪᓗ.

ᓯᑯ ᑕᕇᓐᓇᖅᓂᖕᒐᓂ, ᓯᑯᖅᑲᑖᖅᓯᒪᐸᓗᒃᑎᑦᑐᒍ ᑐᕙᕈᖅᑎᓐᓇᒍ ᓯᓚ, ᓇᑦᑎᕐᔭᓂᒃ ᐊᑐᓲᖑᕗᒍᑦ (ᒥᖅᑯᓕᖕᓂᒃ ᐃᖅᑲᖅᑎᓂᓪᓗᓐᓃᑦ). ᐃᒻᒪᒃᓴᕐᐃᖏᒻᒪᑕ ᐊᒻᒪᓗ ᑕᕇᓗᐊᕈᓐᓇᕐᓇᑎᒃ. ᓇᑦᑎᕐᔭᖕᓂᑦ ᐊᑐᓲᖑᔪᒍᑦ ᓂᒡᓚᓱᓗᐊᖅᑎᓐᓇᒍ ᑕᕇᕈᔪᖕᓇᖅᑎᑦᑐᒍ. ᑐᒃᑐᕐᔭᓂᒃ ᐊᑐᓲᖑᔪᒍᑦ ᐊᐳᑎᖅᑲᓕᖅᑎᑦᑐᒍ ᑕᓇᐅᖅ ᖃᔮᓕᖅᑕᐅᑦᑐᓂ (ᔫᓐᓄᐊᕆ/ᕖᕝᕗᐊᕆ). ᑐᒃᑐᕐᔭᑦ ᐊᑑᑎᖅᑲᑦᑎᐊᕐᒥᖓᑕ ᓂᒃᓚᔫᒃᑐᐊᑑᑎᑦᑐᒍ, ᓇᓄᕐᐃᑦᑐᑦᑕᐅᖅ ᐅᖅᑯᒃᓴᐅᑎᒋᑦᑐᒋᑦ. ᑭᖑᓂᖓᒍᑦ ᑕᒫᓂ ᒫᑦᓯ, ᐊᐃᕆᓕ, ᒪᐃᒥᓗ ᐊᑐᓲᖑᓪᓗᑕ ᓇᓄᕐᓂᒃ ᓇᑦᑎᕐᔭᓂᒃ, ᑕᒫᓂᑭᐊᒃ ᓇᑦᑏᑦ ᐃᕐᓂᐅᓕᖅᑲᑦᑕᕐᒪᑕ.

ᐊᒻᒪᓗᑦᑕᐅᖅ ᐊᓐᓄᕌᓄᑦ ᓯᓕ, ᐱᖅᑲᓯᐅᑎᖕᒥᖕᒪᑦ ᐊᖑᑏᑦ ᐅᖅᑯᒃᓴᐅᑎᖅᑲᕐᓗᑎᒃ ᐊᒻᒪᓗ ᐊᕐᓇᐃᑦ ᑕᑯᒥᓇᑦᑎᐊᕐᓗᑎᒃ. ᐊᕐᓇᐃᑦ ᑕᑯᒥᓇᓇᐊᖅᑲᕐᒪᑕ, ᐊᖑᑏᑦ ᖅᑭᐅᖅᑲᑦᑕᖏᑦᑐᑎᒃ. ᐱᑦᑕᓇᐅᑕᐅᓇᕗᖅᑕᐅᖅ, ᐃᓐᓇᖅᓂᑦ ᐅᖅᑲᐅᓯᓇᔭᐅᓯᒪᑦᑐᓂ. ᐊᖑᑏᑦ ᓱᕈᓰᑦᑐ ᐅᖅᑰᔪᓂᒃ ᐅᖅᑯᒃᓴᐅᑎᖅᑲᓇᐊᖅᑲᓚᐅᖅᒪᑕ ᓯᕙᖕᖏᑦᑐᑎᓪᓗ.

ᐅᑦᑐᒥᕐᓂᓴᑦ
ᐊᒪᐅᑏᑦ
ᑲᖏᖅᑐᒑᐱᖕᒥ.

ᑐᒃᑐᕐᔫᒃ ᐳᐊᓘᒃ ᐅᑭᐅᖅᓯᐅᑏᒃ

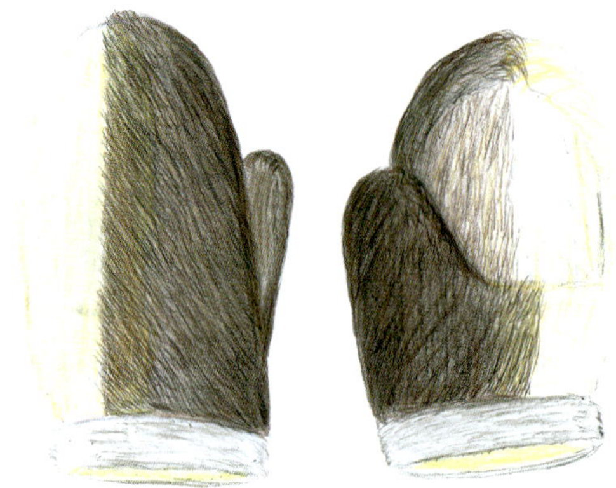

ᑐᒃᑐᔭᐃᑦ ᐅᖅᑯᒃᓴᐅᑎᑦ ᐊᑐᖅᑕᐅᖃᑦᑕᖅᑐᑦ ᓂᒡᓚᐅᑎᓪᓗᒍ ᑕᖅᑭᓐᖑᓐᓂ, ᔫᓐᓄᐊᕆᒥᑦ ᒫᔾᔪ ᐱᖅᑲᓯᐅᑎᓪᓗᒍ.

ᑲᖏᖅᑐᒡᒑᐱᖕᒥ ᓴᓇᙳᐊᖅᑎ ᓵᑎᐊ ᖃᔮᖅ

ᖁᓕᑦᑕᖅ

ᓯᓚᐹᒃ ᑐᒃᑐᕐᔫᒃ

ᑲᒥᒃᐹᒃ ᑐᒃᑐᕐᔫᒃ

A

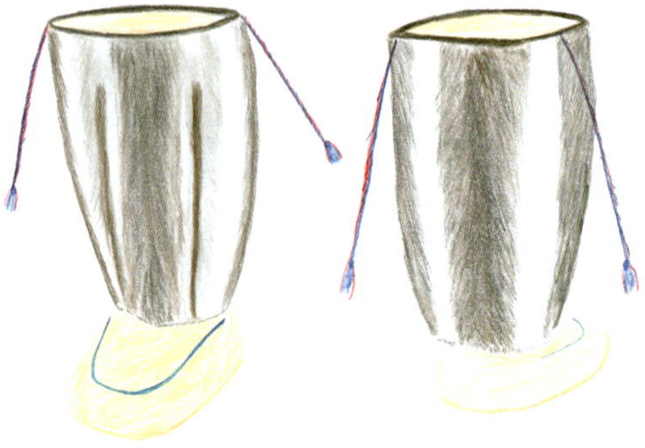

ᐅᑭᐅᖅᓯᐅᑏᑦ ᓇᑦᑎᕐᓴᔾᔭᑦ “ᓇᑦᑎᖅ”

ᓇᑦᑎᕐᑯᑏᑦ, ᓇᑦᑎᕐᓴᐅᓪᓗᑎᒃ ᓯᓚᑉᐹᒃ

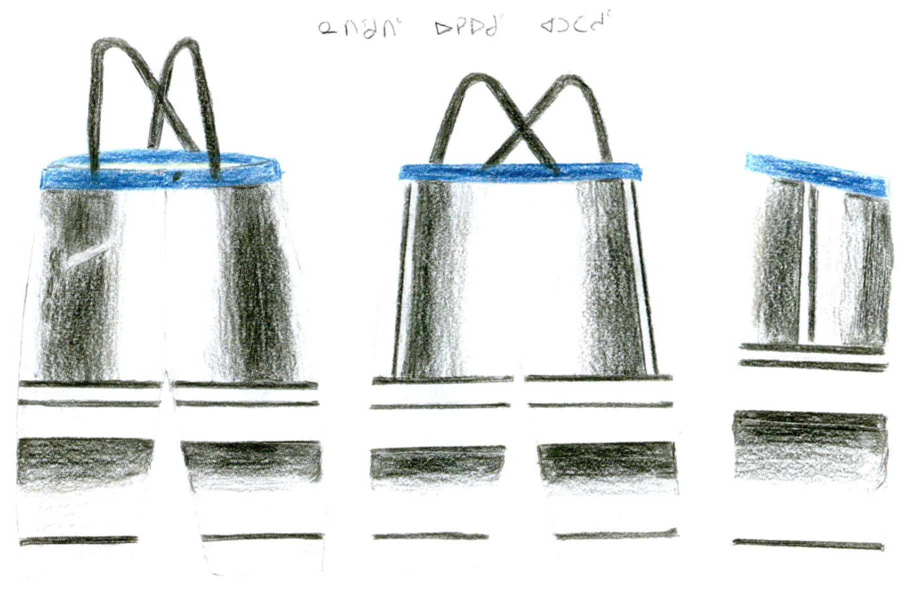

ᓇᑦᑎᕐᓵᔾᔭᒃ ᑲᒦᒃ ᐃᖅᑲᖅᑎᐅᓪᓗᑎᒃ

ᐃᒻᒪᔭᕐᒋᑦᑑᒃ ᑲᒦᒃ ᐊᑐᖅᑕᐅᓰᒃ ᐅᐱᕐᓛᒃᑯᑦ ᐊᐅᔭᒃᑯᓪᓗ. ᓇᑦᑎᕐᓴᔭᐃᑦ ᐊᓐᓄᕌᑦ ᐊᕐᕓᒍᒥ ᖃᖓᒍᐃᓐᓇᑦᑎᐊᒃᑯᑦ ᐊᑐᖅᑕᐅᔪᓐᓇᖅᑐᑦ ᑭᓯᐊᓂᓕ ᐱᐅᔪᐊᔫᕐᒥᔪᑦ ᓯᑯᕋᑖᖅᑎᓪᓗᒍ, ᑕᕆᐅᙳᑕᓂᐅᓴᓇᖅᑎᓪᓗᒍ.. ᓯᑯᕋᑖᖅᑎᓪᓗᒍ, ᑕᕆᐅᖑᓰᖑᒪᑦ ᑕᒪᓐᓇ ᖃᖓ ᐊᒪᓗ ᖃᐅᓯᐅᔪᓐᓇᖅᑐᓂ.

ᑲᕐᒋᖅᑐᓚᐱᕐᒥᐅᑕᖅ ᓴᓇᙳᐊᖅᑎ ᓖᑎᐊ ᖃᔾᔮᖅ

ᓇᑦᑎᐅᑦ ᖃᕿᓯᖕᒋᒃ, ᐳᐊᓘᒃ ᒥᖅᑯᓖᒃ

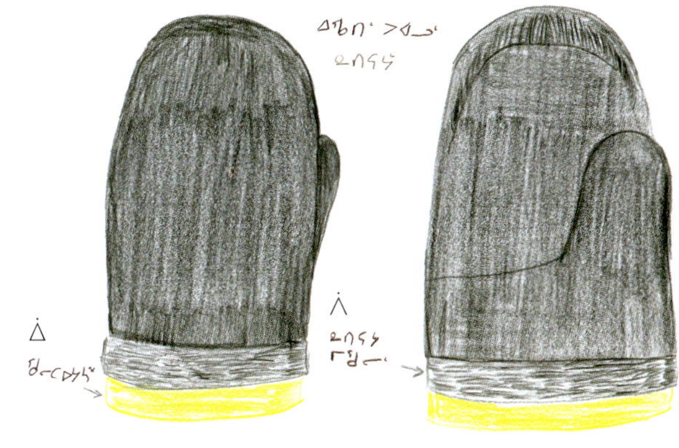

ᐃᖅᑲᖅᑏᒃ, ᒥᖅᑯᖅᑲᕐᒋᑦᑑᒃ ᐳᐊᓘᒃ

ᐃᑲ ᖃᑦᑐᓈᖅᑕᐃᑦ ᐃᒪᐃᑦᑑᓯᓴᖑᓃᑦ, ᖁᓕᑦᑕᐅᔭᒃᓴᑦ ᐲ ᓇᑦᑎᕐᓴ

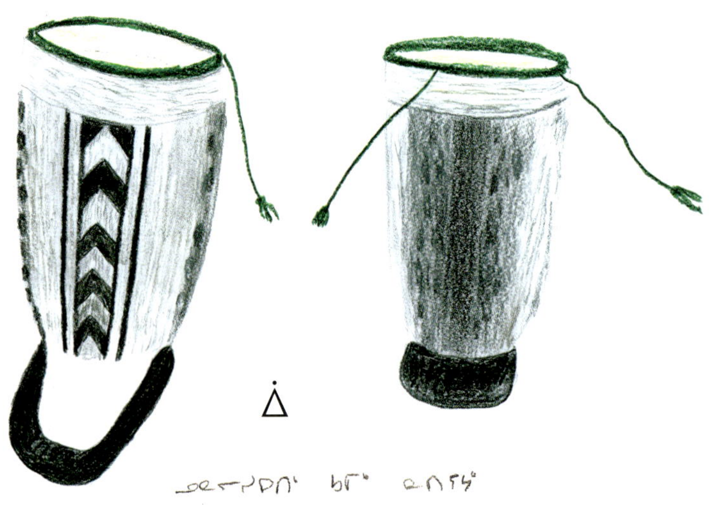

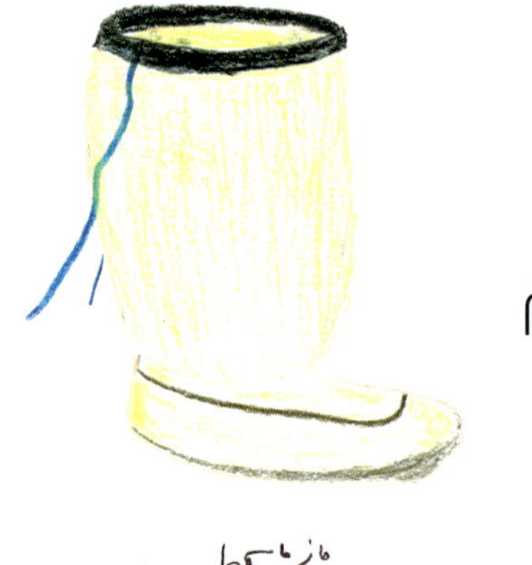

ᐊᕐᓇᐃᑦ ᑲᒥᖏᑦ

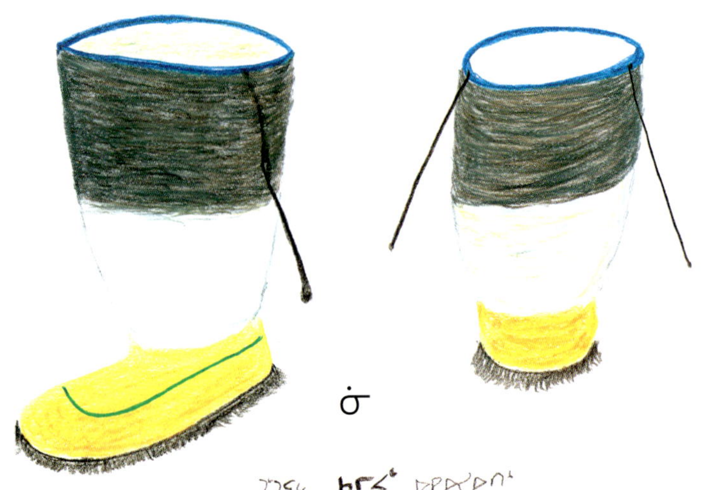

ᐄ ᒥᖅᑯᓕᒃ - ᓇᑦᑎᕋᔫᒃ ᑲᒦᒃ ᓄᓇᓕᒃᓯᐅᑏᒃ ᒥᖅᑯᖅᑲᖅᑐᑏᒃ.

ᐲ ᒥᖅᑯᓕᒋᐊᑦ - ᒥᖅᑯᓖᒃ ᑲᒦᒃ ᐊᒡᓚᓈᒃ

ᑏ ᓇᓗᐊᒃ - ᓇᑦᑎᕋᔫᒃ ᓇᓗᐊᒃ, ᑭᐊᒃᑕᐅᓚᐅᖅᑐᑎᒃ ᓇᓗᐊᓇᔭᐅᑦᑐᑎᒃ (ᓯᕿᓂᕐᒧᑦ ᓇᓗᐊᖅᓯᒪᔫᒃ) ᐊᑯᓂᑲᑦᑕᒃ.

ᑮ ᑭᐊᒃᑖᒃ - ᓇᑦᑎᕋᔫᒃ ᑭᐊᒃᓯᒪᔫᒃ ᐊᒻᒪᓗ ᐸᓂᖅᓯᖅᓯᒪᑦᑐᑎᒃ ᓇᓗᐊᖑᓇᑎᒃ.

ᒌ ᑲᒥᒃᐹᒃ ᓇᓄᕋᐅᑦᑐᑎᒃ ᒥᖅᑯᐊ ᓯᓚᑖᓃᑦᑐᓂ (ᓴᐅᒥᖕᒥᑦ) ᐊᒻᒪᓗ ᓇᓄᕌᖕᓂᒃ ᐊᓗᖅᑐᐋᒃ (ᑕᓕᖅᐱᖕᒥᑦ).

ᒦ ᑲᒦᒃ ᐃᒡᓗᓯᐅᑏᒃ (ᓴᐅᒥᖕᒥᑦ) ᐊᒥ ᐱᓂᕉᒃ; ᐊᑐᖅᑕᐅᓲᒃ ᐊᓚᖅᓯᐅᑦ ᑲᒥᐅᑦᑐ ᐊᑯᓐᓂᖓᒍᑦ (ᑕᓕᖅᐱᖕᒥᑦ).

ᓃ ᐅᑭᐅᖅᓯᐅᑏᒃ ᑲᒥᒃᐹᒃ ᑑᒃᑐᕋᔫᖕᓂᒃ ᐊᓗᖅᑑᑖᒃ.

ᑲᖏᖅᑐᓘᐱᖕᒥᐅᑕᖅ ᓴᓇᙳᐊᖅᑎ ᑖᑎᐊ ᖄᔫᖅ

ᓴᐅᒥᖕᒥᑦ ᑕᓕᖅᐱᖕᒧᑦ ᐃᖅᑯᒃ ᐊᖑᑎᕐᔪᐊᖅ: (ᓴᐅᒥᖕᒦᑦᑐᓂ) ᓄᓕᐊᖓᓗ ᑲᑦᓗᒃ ᐊᖏᕐᕋᖅᓯᒪᔫᒃ ᑲᖏᖅᑐᒫᐱᖕᒥ. ᑲᑦᓗᒃ ᐊᑐᖅᑐᓂ ᐱᐅᔪᐊᓗᖕᒥᒃ ᓴᐸᖓᓕᖅᓱᖅᓯᒪᔪᒥᒃ ᐊᒪᐅᑎᒥᒃ ᓴᓇᔭᕕᓂᕐᒥᓂᒃ.

ᑕᑯᒃᓴᐅᑎᑕᐅᕋᑖᖅᑐᕕᓃᑦ ᑲᖏᖅᑐᒫᐱᖕᒥ ᓇᓕᐅᓯᒪᔪᖅᑲᖅᑎᑦᓗᒍ ᑲᖏᖅᑐᒫᐱᖕᒥ, ᓇᓃ ᐸᓖᑦᑐᖅ ᐊᒻᒪᓗ ᐆᔾᒥᐊᓇ ᐋᓇᐊᒃ ᐊᓐᓄᕌᒥᓂᒃ ᑕᕐᑯᖅᑯᔾᔨᔫᒃ ᐊᑐᖅᑕᐅᕙᓕᐅᖅᑐᓂᒃ ᐅᖅᑯᒃᓴᐅᑎᓂᒃ. ᑖᒃᑯᐊ ᑐᒃᑐᕋᔭᐃᑦ ᓱᕈᓯᕐᓂᑦ ᐊᑐᖅᑕᐅᔪᑦ ᐅᖅᑰᔾᔪᑎᒋᔭᐅᑦᓗᑎᒃ ᐊᒻᒪᓗ ᐃᓛᒃ ᑐᒃᑑᑦ ᓇᓪᔪᖏᓐᓂᑦ ᓴᓇᔭᐅᓯᒪᑦᓗᑎᒃ. ᑎᒍᒥᐊᖅᑐᓂ ᑲᐃᒻᒥᐊᓚᕐᒥᒃ ᐱᙳᐊᕐᒥᒃ ᓇᕐᑎᐊᙳᐊᕐᒥᒃ ᓇᕐᑎᐊᕋᔭᐅᑦᓗᓂ. ᓂᕕᐊᖅᓵᑯᓘᑦ ᑲᒥᒃᐸᖏᒃ ᑐᒃᑐᕋᔭᐅᑦᓗᑎᒃ ᓇᓅᖕᓂᒃ ᐊᓗᖅᑲᖅᑐᑎᒃ.

ᒥᐊᓇ ᑕᓯᒐᑦ

ᐊᑎᖅᑲᖅᑐᖓ ᒥᐊᓇ ᑕᓯᒐᑦ. ᐃᓅᔪᕕᓂᐅᔪᖓᒎᖅ ᕿᕕᑦᑑᒥ, ᑕᐃᓐᓇ ᑲᖏᖅᑐᓛᐱᐅᑦ ᐅᖅᑯᖕᓛᖓᓃᑦᑐᖅ, ᕿᑭᖅᑕᖅᔪᐊᑦ ᖃᓂᒌᔭᓂ. ᑭᓯᐊᓂ ᖃᐅᔨᒪᓪᓚᓇᖖᒋᓚᕆ ᐊᖅᑰᒍ ᑭᓲᑎᓪᓗᒍ ᐃᓅᓐᓂᖅᒪᖕᒫᖅᒪ, ᑭᓯᐊᓂ ᐊᐅᔭᐅᑎᓪᓗᒎᓗᐊᖅ, ᐋᕐᕿᓯᐅᑎᓪᓗᒍ. ᑕᐃᒪ ᑭᓯᐊᓂ ᐸᑲᐅᓚᐅᖅᑐᖅ ᖃᐅᔨᒪᓚᐅᖅᑑᓗᐊᖅ ᐊᖅᑰᒍ ᐃᓅᕕᕕᓂᕆ. ᐊᓈᓇᖅᑲᓐᓃᖅᑐᕕᓂᐅᔪᖓ ᒪᒃᑯᒃᑐᑯᓘᑦᓗᖓ.

ᐱᓱᖅᓴᓚᐅᖅᓯᒪᔪᖓ ᕿᕕᑦᑑᒥ ᓱᕈᓯᐅᑦᓗᖓ. ᓱᖅᑯᐃᒋᔭᖅᑲᐅᖅᑐᖓ ᑕᐃᔅᓯᒪᓂ ᑕᐃᑲᓃᑦᑐᑕ, ᐃᓚᖏᑦᑕᐅᖅ ᓱᖅᑯᐃᒋᖕᒥᓇᒋᑦ. ᓱᕈᓯᐅᑦᓗᖓ ᓱᓕ ᐊᖅᑰᖅᑑᒥ ᓄᓇᖅᑲᓕᓚᐅᖅᓯᒪᔪᒍᑦ ᑕᐅᕗᓂᕈᔪᒃ, ᑕᐅᕗᓂ ᓈᑕᓇᐃᓗ ᐱᓱᖅᓴᑎᓚᐅᖅᓯᒪᔪᒃ.

ᑕᐃᔅᓯᒪᓂ ᓱᕈᓯᐅᓚᐅᖅᓯᒪᒐᒪ ᑭᓯᐊᓂ ᐅᐊᑦᑎᐊᕈᖖᒍᖅᑎᓪᓗᒍ ᑲᖏᖅᑐᓛᐱᖕᒧᑦ ᐊᐅᑦᓛᓚᐅᖅᓯᒪᔪᒍᑦ, ᓄᓇᖅᐸᖃᑦᑕᓚᐅᖅᓯᒪᔪᒍᑦ ᑐᒃᑐᓕᐊᖅᑐᑕ. ᐱᔭᓇᐊᖅᑲᖃᑦᑕᓚᐅᖅᓯᒪᒐᑦᑕ ᑐᒃᑐᕋᔭᓂᒃ ᐱᑕᓇᐊᓇᔪᓐᓇᕐᓂᐊᖅᑕᑦᑎᓐᓂᒃ, ᐊᓐᓄᕋᔅᓴᐅᖅᑐᑕ ᐅᖅᑯᓴᐅᑎᓂᒃ ᐅᑭᐅᖅᒧᑦ. ᓄᓇᖅᐸᖃᑦᑕᓚᐅᖅᓯᒪᔪᒍᑦ ᐊᐅᔭᑕᒫᑦ ᑐᒃᑐᓕᐊᖅᑐᑕ. ᑕᐃᒫᒃ ᐊᓐᓄᕌᖃᕈᓐᓇᑦᑎᐊᓚᐅᖅᓯᒪᒐᑦᑕ ᐊᑐᑦᑎᐊᖅᑐᓂᒃ. ᐃᓐᓇᐅᓕᕋᓗᐊᖅᑐᖓ, ᑕᐃᒪᐃᖏᓐᓇᖃᑦᑕᓚᐅᖅᓯᒪᕗᒍᑦ ᐊᐅᔭᒃᑯᑦ, ᐊᖅᖀᖅᑑᒃᑰᖅᐸᓚᐅᖅᓯᒪᔪᒍᑦ.

ᐃᓄᐃᑦ ᑐᒃᑐᕋᔭᓂᒃ ᐊᓐᓄᕋᔅᓴᐅᖅᑎᓪᓗᒋᑦ, ᑕᑯᕋᖅᓈᖃᑦᑕᓚᐅᖅᓯᒪᔭᒃᑲ ᐅᔾᔨᕆᑦᑎᐊᖅᓴᓯᒃᑐᑎᑦ. ᐃᓛᓐᓂᑦ ᐃᓄᐃᑦ ᐃᓚᖏᑦ ᑲᖖᒍᓯᓕᖃᑦᑕᓚᐅᖅᓯᒪᔪᒃ ᑕᑯᕋᖅᓈᓗᐊᓕᖓᒪ. ᑕᐃᒫᒃ ᑕᕝᕙ ᒥᖅᓱᕋᓱᖃᑦᑕᓕᓚᐅᖅᓯᒪᕗᖓ, ᑕᑯᕋᖅᓈᓚᐅᖅᐸᒃᑐᒋᑦ ᐊᓐᓄᕋᔅᓴᐅᖅᑐᑦ.

ᐃᓱᒪᕐᑲᑦᑕᓚᐅᖅᓯᒪᔪᖓ ᖃᓄᖅ ᑕᐃᒫᒃ ᓴᓇᔪᓐᓇᕐᒪᖔᕐᒪ ᑕᐃᒃᑯᓂᑐᓇᖅ. ᐊᓱᐃᓛᒃ, ᐊᓐᓄᕌᔾᔭᐅᕐᑲᑦᑕᓕᖅᐸᓪᓕᐊᓕᖅᑐᖓ.

ᓂᕕᐊᖅᓵᖑᓚᐅᖅᓯᒪᔪᖓ ᑲᒥᓇᓱᖅᑲᑦᑕᓕᖅᐸᓪᓕᐊᓕᖅᑐᖓ (ᓇᑦᑎᕋᔮᒃ ᑲᒦᒃ). ᓂᖏᐅᒃᓴᖏᓚᐅᖅᑕᒪ ᐊᕐᓇᐅᔭᐅᑦ ᑕᓯᐅᒃᑎᐳᑎᓚᐅᖅᓯᒪᓕᖑᖓ ᓯᕗᓪᓕᖅᐹᒥᒃ ᑲᒥᓇᓱᖕᓂᐊᓕᕋᒪ. ᑐᓂᓯᔪᓇᐅᓚᐅᖅᓯᒪᓕᖑᖓ ᓇᑦᑎᕋᔭᒥᒃ ᓇᖕᒥᓂᖅ ᓴᓇᓂᐊᖅᑕᖓᓂᒃ.

ᐃᓄᐃᑦ ᐊᓐᓄᕌᔭᐅᕐᑲᑦᑕᓚᐅᖅᓯᒪᔪᑦ ᐊᒥᓱᐊᓗᖕᓂᒃ ᑐᒃᑐᕋᔭᓂᒃ. ᐊᒦᑦ ᑕᓱᐅᒃᑎᖅᑕᐅᑦᑎᐊᖅᑲᑦᑕᓚᐅᖅᓯᒪᔪᑦ. ᑕᓱᐅᒃᑎᖅᑕᐅᔭᕆᕐᖑᑕ ᕿᑐᓪᓚᑦᑎᐊᖅᑲᑦᑕᓚᐅᖅᓯᒪᔪᑦ ᒥᖅᓱᕐᓂᐊᖅᑕᕐᑎᑦ, ᐃᒪᐃᒻᒥᖑᒪᑦ ᑕᓱᐅᒃᑎᑦᑎᐊᖅᓯᒪᓕᑎᓐᓇᕐᑎᑦ ᒥᖅᓱᕆᐊᖑᕐᑎᑦ ᒥᖅᓱᕐᑎᐊᕐᓂᖕᕐᓂᖅᓴᐅᖕᒪᑕ. ᐊᒥᖅ ᐸᓂᖅᓯᐊᕆᓚᐅᖑᕐᑦᓗᒍ, ᑕᓯᓯᓚᐅᕐᓗᒍ ᓱᕐᓕᖅᓯᐊᕆᓕᕐᓗᒍ. ᑕᐃᒫᒃ ᑕᓱᐅᒃᑎᕐᓂᕐᓂᖅᓴᐅᓯᔭᕐᒪᑦ. ᐃᓚᓐᓂᑦ ᐊᒥᓕᕆᓪᓗᓂ ᐱᔭᕐᓂᖕᒋᒥᖓᒪᑦ. ᐃᖅᑲᐅᒪᖕᒥᔪᖓ ᓇᑦᑎᕋᔭᒥᒃ ᑕᓱᐅᒃᑎᖅᑐᖓ ᐃᑦᑕᒃᓴᕐᒥᒃ ᐃᑦᑕᒃᓴᓕᐊᕆᓚᐅᖅᓯᒪᔭᕐᑎᓂᒃ. ᑕᖅᑭᐊᓘᓚᐅᖅᓯᒪᔪᖓ ᑕᓱᐅᒃᑎᕆᓪᓗᖓ ᑕᓱᐅᒃᑎᕆᔪᓐᓇᕐᓂᓚᐅᖅᓯᒪᔪᖓ ᐊᕝᕙᐃᓐᓇᖕᒋᑦ ᐱᓕᕆᐊᕆᓪᓗᒋᑦ ᐃᑦᑕᒃᓴᕐᒥᒃ! ᐱᔭᕇᓚᐅᖅᓯᒪᓪᓚᕆᑦᑲ ᑕᓱᐅᒃᑎᖅᑐᑦ ᕿᓯᐊᓂ ᖃᒃᐅᑎᓪᓗᒍ. ᐊᒻᒪᓗᑦᑕᐅᖅ ᐅᓪᓗᒥ ᐱᓕᕆᐊᕆᓴᕆᐊᒃᓴᖅ ᖁᕕᐊᒋᓪᓗᒍ, ᓲᖃᐃᒻᒪ ᓴᓇᓴᕆᐊᒃᓴᖅ ᐱᐅᕆᔭᕋ.

ᓄᓇᖅᑲᖁᑎᓐᓂ ᐊᕙᑖᖅᑑᒥᑦᑐᑎᒍᑦ, ᐊᓐᓄᕌᓄᑦ, ᓇᑦᑎᕋᔭᖕᓂᒃ ᐊᑐᖅᑲᑦᑕᓚᐅᖅᓯᒪᖕᒋᑦᑐᒍᑦ ᑕᐃᓯᒪᓂ, ᑐᒃᑐᕋᔭᓂᒃ ᐅᖅᑯᒃᓴᐅᑎᖅᑲᑦᑕᓚᐅᖅᓯᒪᔪᑦ. ᑐᒃᑐᕋᔭᐃᑦ ᐅᖅᑯᒃᓴᐅᑎᑦᑎᐊᕗᐅᑦᓯᐅᖑᒪᓚᑦ ᐱᓪᓚᕆᐊᓗᐊᓪᓗᑎᓪᓗ ᐅᑭᐅᒃᑯᑦ; ᐱᐅᑦᓯᐅᓪᓗᑎᓪᓗ ᑕᐃᒪᐃᑎᓪᓗᒍ. ᓇᑦᑎᐅᑦ ᕿᓯᖕᒋᑦ ᐃᓗᓂᐅᓴᖕᒪᑕ. ᐅᑭᐊᒃᑯᑦ ᓯᑯ ᑕᕆᐅᕐᒍᓂᖕᒪᑦ, ᓇᑦᑎᕋᔭᓂᒃ ᐊᓐᓄᕋᖅᑲᖕᒋᓐᓂᖅᑎᓐᓄᑦ ᑕᐅᕙᓂ ᓄᓇᖅᑲᖕᕕᖕᒋᔭᑦᑎᓐᓇᓂ, ᐊᑐᖅᓱᖅᑲᑦᑕᓚᐅᖅᓯᒪᔪᑦ ᐊᓐᓄᕋᑐᖅᓯᓂ ᐊᑐᖅᓂᕈᖕᒋᓐᓂᒃ, ᑕᕆᓯᒪᓂᐊᖕᒋᓪᓚᑦ ᐅᖅᑯᖅᓴᐅᑎᒍᑦ ᓄᑖᑦ. ᐃᓄᐃᑦ ᐃᑕᖕᒋᑦ ᓇᑦᑎᕋᔭᖕᖏᓂᑦ ᐊᑐᓱᑦ ᑕᕇᓇᖅᓴᖕᖑᓂ. ᑕᕆᐅᓇᖅᑲᓗᐊᖅᓂᖑᓂ ᑲᒥᓂᑦ ᐊᑐᖅᑲᑦᑕᓚᐅᖅᓯᒪᔪᑦ ᓇᑦᑎᕋᔭᖕᓂᒃ. ᓯᓚ ᐊᓱᐃᓐᓕᑦ ᐊᐱᓪᓗᓂᓗ ᓯᑯ, ᐃᓄᐃᑦ ᑐᒃᑐᕋᔭᓂᒃ ᑲᒥᖅᑲᐅᖕᖑᓕᖅᑲᓪᓗᑎᒃ.

ᐊᐅᔭᒃᑯᑦ, ᑐᒃᑐᕋᔭᐃᑦ ᐸᓂᕐᓂᖅᓴᐅᓱᖑᖕᒪᑕ ᐊᒥᓪᓗ ᑲᑕᖅᑐᑎᒃ. ᑕᓯᐅᒃᑎᖅᑐᑎᑦ ᒥᖅᑯᐃᔭᖅᑲᑦᑕᐅᖅᓯᒪᔭᖕᖑᖅ ᑕᐃᒫᒃ ᐊᒥᖅᑯᑎᕆᓕᖅᐸᒃᑐᑎᑦ. ᐊᑎᕆᓚᐅᖅᑲᑦᑕᓚᐅᖅᓯᒪᖕᒥᔭᖕᑕᐅᖅ, ᐊᑐᕈᓇᓛᖅᑎᖕᑐᑦ ᓄᓇᖅᐸᓕᖑᓂᕐᓂᖅ ᓴᖅᑐᑯᓘᓪᓗᑎᒃ ᐱᓕᕆᐊᖑᓯᒪᓕᖅᑲᕐᒥᒃ ᑕᓯᐅᒃᑎᖅᑕᐅᓯᒪᓕᑦᑎᐊᓕᖅᑐᑎᓗ. ᐊᑐᕐᓇᓚᐅᖅᓯᒪᖕᒥᔭᖕᓂᖕᖑ ᑕᒪᒃᑯᐊ ᐅᑭᐊᒃᑲᖕᒃᑯᑦ, ᐃᔾᔪᓂᖅᓴᐅᓪᓗᑎᒃ. ᐅᑭᐅᒃᑯᑦ ᐊᓐᓄᕋᓂᒃ ᐅᑭᐅᖅᓯᐅᑎᖅᑲᑦᑕᓚᐅᖅᓯᒪᓕᑕᑦᑎᑦ ᐅᑭᐅᒃᑯᑦ. ᑕᐃᓯᒪᓂᓕ ᑦᑕᕝᕙᖕ ᐊᐅᓛᖅᑎᑦ ᑭᓯᐊᓂ ᓄᓇᓕᖕᓄᑦ ᑕᒪᒃᑯᓂᖕ ᑕᐃᒪᐃᑦᑐᓂᒃ ᐊᓐᓄᕋᓂᒃ ᐊᑐᖅᑲᑦᑕᕈᓐᓂᓚᐅᖅᓯᒪᔪᑦ. ᐃᓱᒪᖅᓱᕐᑐᐃᓐᓇᓕᖅᑲᑦᑕᓚᐅᖅᓯᒪᖕᒋᑦᑐᑦ ᑕᐃᓯᒪᓂ ᓄᓇᖅᐸᓖᖕᖑᑦᑕ. ᕿᑐᖕᖑᕙᑦ ᐃᓕᓐᓂᐊᕆᐊᖅᑲᓚᐅᖅᓯᒪᖕᒪᑕ, ᓄᓇᓕᖕᓄᑦ ᐊᐅᓛᑦᓯᐊᖅᑲᓚᐅᖅᓯᒪᔪᑦ.

ᐊᓐᓄᕋᔅᓴᐅᓕᖅᑳᖕᖑᑦᑕ, ᐊᔾᔨᖏᖕᒋᑦᑐᓂᒃ ᐆᒃᑐᖅᑲᑦᑕᓚᐅᖅᓯᒪᔪᑦ. ᐊᒻᒪᓗ ᐊᖑᑎᑦ ᐅᖅᑯᒃᓴᐅᑎᖕᒋᑦ ᑐᖅᑯᓂᖅᓴᐅᖅᑲᑦᑕᓚᐅᖅᓯᒪᔪᑦ ᓱᖃᐃᒪ ᐃᖕᒋᖅᑲᖅᑲᑦᑕᓚᐅᓯᒪᖕᒪᑕ ᐊᒻᒪᓗ ᐊᖑᓇᓱᒃᐸᒃᑐᑎᒃ. ᑕᒪᒃᑯᐊ ᖁᓕᑦᑕᖕᒋᑦ ᓈᒪᑦᑎᐊᖅᑐᑎᒃ ᓱᖅᑲᖅᓯᒪᓇᑎᒃ ᓯᓚᑎᖕᒋᑦ ᐃᓗᐊᒍᑦᓗ ᐊᑎᒋᓯᒪᓪᓗᑎᒃ ᐃᓗᓪᓕᕐᓂᒃ. ᐊᖑᑎᑦ ᓂᒪᔪᖕᓂᐊᖅᒥᒃ ᓯᓚᒥ ᐊᖑᓇᓱᒡᓗᑎᒃ, ᐊᖅᓇᐃᓪᓕ ᐱᓕᕆᖕᒥᓗᑎᒃᑕᖅ ᓄᓇᒥᓂ ᐱᓕᕆᓐᓇᖅᒥᓗᑎᒃᑕᖅ ᐃᒡᓗᑦᑎᓐᓂ, ᑕᐃᒫᒃ ᑕᕝᕙ ᐊᔾᔨᖏᖕᒋᑦᑐᓂᒃ ᐊᓐᓄᖅᑲᖅᑲᑦᑕᓚᐅᖅᓯᒪᒐᓗᑦ. ᐊᖑᑎᑦ ᐅᖅᑯᒃᓴᐅᑎᖕᒋᑦ ᓯᕗᓪᓕᐅᔭᕆᐊᖅᑲᖅᑲᑦᑕᓚᐅᖅᓯᒪᔪᑦ ᐊᓐᓄᕌᔾᔭᐅᓕᖅᑲᖕᖑᑦᑕ. ᓄᖅᑲᐃᑦ ᐊᒥᖕᒋᑦ ᓯᑭᓯᑦ ᐊᓐᓄᖅᑲᕆᕙᓚᐅᖅᓯᒪᔭᖕᒋᑦ. ᐊᒻᒪᓗ ᓯᑭᓯᑦ ᖃᐅᓕᖅᑲᑦᑕᓚᐅᖅᓯᒪᖕᒋᑦᑐᑦ ᐊᓃᖅᑲᓗᐊᖅᑐᑎᒃ. ᐃᓗᓪᓕᐅᓂᐊᖅᑐᓂ ᐊᓐᓄᕌᔾᔭᐅᓕᖅᑲᖕᖑᑦᑕ, ᑐᖅᑭᔭᕆᐊᖅᑲᖕᖑᑦᑐᑦ ᐃᓗᓪᓕᓪᓕᑦ. ᑕᐃᒪ ᑭᓯᐊᓂ ᓯᓚᑦᓕᐅᓂᐊᖅᑐᑦ ᐅᔾᔭᖅᑐᑦᑎᐊᕆᐊᖅᑲᖅᑲᑕ ᐆᒃᑐᑦᑎᐊᖅᑐᕆᑦᓗ ᒥᖅᓱᕐᓂᐊᖅᓗᕆᑦ ᐊᒦᑦ.

ᓇᑦᑎᐅᑉ ᕿᓯᖕᒋᓐᓂᒃ ᑐᐱᓕᐊᕆᓯᒪᔪᖅ ᐃᑦᑕᖅᔫᓐᓃᑦ.

ᐱᖕᓇ: ᐊᐃᒡᒐ Hᐊᐃᓐᓄ ᓴᐅᒥᖕᒦᑦᑐᖅ ᐊᒻᒪᓗ ᒥᐊᓇ ᑕᓯᒐᑦ.

ᐊᐃᒡᒐ Hᐊᐃᓐᓄ ᓴᓇᙳᐊᖅᑎ ᐃᓕᓴᐃᔨᐅᑉᓗᓂᓗ ᑲᖏᖅᑐᓛᐱᖕᒥᐅᑕᖅ, ᐱᓕᕆᖅᑲᑎᖃᖅᑐᓂ ᒥᐊᓇ ᑕᓯᒐᒥᒃ ᐅᓂᒃᑳᖅᑲᖅᑎᑦᑐᒍ (ᑕᐃᓐᓇ ᓯᕗᓂᑦᑎᐊᖕᒐᓂᖅᑲᐅᔪ ᒪᒃᐱᕐᑐᒍ) ᐊᒻᒪᓗᑦᑕᐅᖅ ᐃᓅᓂᕐᒥᓂ ᐊᑐᓚᐅᖅᑕᖕᒋᑕ ᐃᓚᖕᒋᑦ ᐅᖃᐅᓯᕆᑎᑦᑐᓂᒋᑦ ᐊᕐᓇᖅ ᐊᔪᕆᖅᓲᔾᔨᑎᑦᑐᒍ ᑐᒃᑐᖃᔭᓂᒃ ᐊᓐᓄᖃᔾᔨᐅᖅᓂᕐᒥᒃ ᐊᐅᔭᒃᑯᑦ ᐅᑭᐊᒃᓵᒃᑯᓪᓗ (ᐅᓇ ᐊᑐᐃᓐᓇᐅᔪᖅ).

ᑕᐃᓯᒪᓂᐅᓚᐅᖅᑐᖅ ᒥᐊᓇ ᐅᖃᖅᑎᒋᓪᓗᑎᒍᑦ ᑕᐃᒫᒃ ᑐᓂᕐᕈᑎᒋᖅᑲᓯᐅᑎᔭᖕᒐᓂᒃ ᕿᒥᕐᕈᐊᒐᓕᐊᑦᑎᓐᓄᑦ ᓯᑯᓕᕆᓂᐅᑦ ᒥᒃᓵᓄᑦ, ᑕᒪᓐᓇ ᐊᑐᓪᓚᕆᖕᒥᔪᖅ ᐅᖃᐅᑎᒋᔭᖕᒐ ᐊᕐᓇᐅᑦ ᐊᓐᓄᕋᐃᔭᐅᕐᓂᖕᒐᓗ ᐊᑐᖅᓯᒪᓪᓚᕆᖕᒪᑦ, ᐊᒻᒪᓗ ᐊᑑᑎᖃᑦᑎᐊᖕᒋᓇᕐᓂᐊᖅᑐᓂ, ᐃᓅᓯᕐᒥ ᓯᑯᒥᓗ ᐱᓕᕆᖃᑦᑕᕐᓂᕐᒥ. ᖃᐅᔨᒃᑲᓂᕐᓂᕆᔭᖏᑦ ᐱᐅᑦᑎᐊᖅᐳᖅ ᒥᐊᓂᒧᑦ ᑐᕌᖓᓪᓗᓂ ᑐᓂᕐᕈᑎᖃᐅᕐᓂᖕᒐᓄᑦ ᐅᓂᒃᑳᒥᓂᒃ ᑭᓯᐅᑎᐊᓂᓪᓗ ᓴᓇᔭᐅᓯᒨᖕᒍᖕᒪᖔᑕ ᐅᕙᑦᑎᓐᓄᑦ. ᐊᐃᒡᒐ ᐱᓕᕆᖅᑲᑎᖃᖅᑐᓂ ᒥᐊᓇᒥᒃ ᓴᖅᑮᑦᑐᑎᓪᓗ ᑐᒃᑐᖃᔭᓂᒃ ᐊᓐᓄᖃᔾᔨᐅᖅᓂᕐᒥᒃ ᑭᓯᐅᑎᐊᓂᓪᓗ ᐆᒃᑐᖅᑕᐅᓯᒨᖕᒍᖕᒪᖔᑕ ᒪᒃᐱᓂᐊᑕᑦᑎᓐᓂ ᐱᑕᖅᑲᐅᖅᓂᐊᖅᑐᑦ.

ᐸᐊᓘᒃ

ᐸᐊᓘᒃ - ᐊᒃᑲᒃᓯᐅᑏᒃ

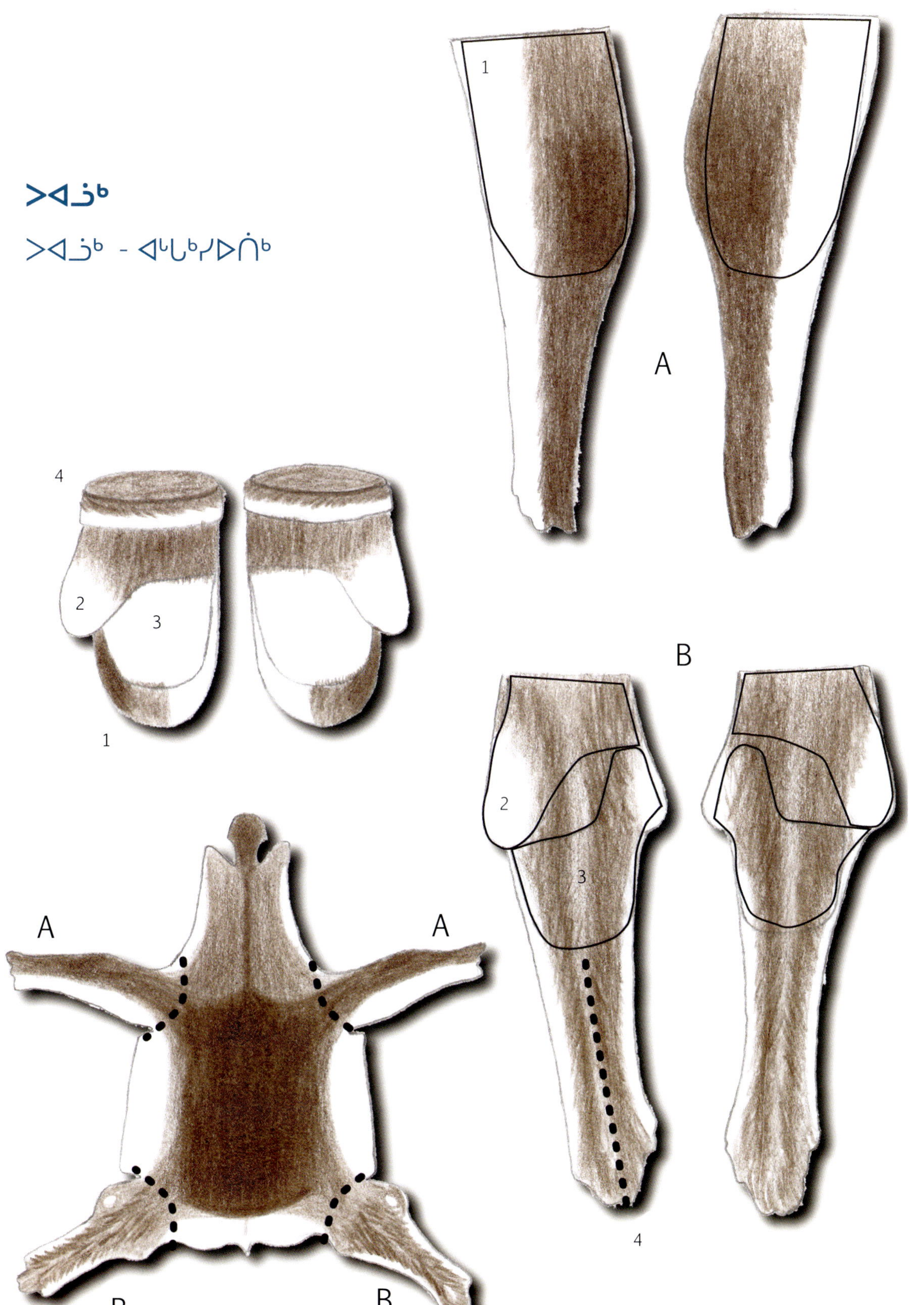

1. ᓱᕗᑦᑖᒃ / ᓱᕗᑦᑖᖏᒃ

2. ᑭᙳᑦᑖᒃ / ᑭᙳᑦᑖᖏᒃ

3. ᐃᑎᒪᖓ
4. ᖁᓚᖓ

ᑕᕝᕙ ᐱᑦᓚᕆᐅᒋᕗᖅ ᑖᓇ ᓇᓗᓇᐃᖅᓯᒪᔪᖅ ᐆᒃᑑᑎ ᑖᓇ ᑕᑯᒃᓴᐅᔪᖅ ᐋᖅᑭᒃᓯᒪᓂᖓ ᒥᐊᕆ ᑕᓯᕚᐅᑦ ᐆᒃᑑᑎᒋᓲᕆᖓᒧ. ᒥᖅᓱᖅᑲᑦᑕᖅᑐᑦ ᓄᓇᑖᑦ ᐊᓯᖏᓐᓂ, ᐊᔾᔨᒋᙳᕆᑕᖓᓂᒃ ᐆᒃᑐᖅᑲᑦᑕᖅᑐᑦ ᐊᒻᒪᓗ ᐊᓐᓄᕋᔾᔭᐅᕈᓯᖓᑕ ᐊᔾᔨᒋᖏᑦᑐᓂᒋ. ᒥᖅᓱᖅᑲᑦᑕᖅᑐᑦ ᐅᑭᐅᖅᑕᖅᑐᒥ ᑕᑯᑐᐃᓐᓇᕆᐊᓖᑦ ᐊᔾᔨᒋᙳᕆᑕᖓᒍᑦ ᒥᖅᓱᖅᑲᑦᑕᕆᐊᒃᓴᖅ ᐊᓐᓄᕋᔾᔭᐅᖅᑐᑎᒃ ᒥᐊᕆᐅᑦ ᑎᑎᕋᐅᔭᖅᓯᒪᔭᕆᐊᓂᑦ. ᑕᐃᒫᙱᑦᑐᐊᖅᑲᑎᒌᒍᑎᖅᑲᑐᐃᓐᓇᕆᐊᓖᑦ ᒥᖅᓱᖅᑏᑦ, ᐃᓖᒃ, ᐊᖅᑭᒃᓯᒪᑦᑎᐊᖅᑖᕈᖕᒥᓂᒃ, ᓴᓇᔾᔪᓯᕐᒥᓂᒃ, ᐱᔭᕐᓂᖕᒋᓐᓂᖕᒋᓐᓂᒡᒎ ᓴᓇᑦᑎᐊᖅᓯᒪᒍᐊᒍᑦ ᐃᓄᐃᑦ ᐃᓚᑏᑦ ᐅᖅᑯᒃᓴᖅᑕᐅᓲᖑᔾᔪᓯᖕᒋᓐᓂᒃ ᐅᐊᑦᑎᐊᕈᐊᓗᓂᑦᓗ.

ᓯᓚᐹᒃ

ᐅᑯᐊ ᐆᒃᑐᖅᓯᒪᔪᑦ ᐃᓚᖏᑦ ᐅᖅᑲᓛᖅᑐᓄᑦ ᐅᔾᔨᕆᔭᐅᓂᐊᖅᑐᑦ ᓇᓗᓇᐃᖅᓯᒪᓂᖏᑕ ᐃᓚᖏᑦ ᐊᔾᔨᒋᖏᒻᒪᒋᑦ ᐊᒥᕐᒦᑦᑑᑦ ᐅᔾᔨᕆᔪᒋᑦ ᒥᖅᓱᖅᑕᐅᓯᒪᓕᖅᑎᑦᑐᒋᑦ ᐊᑐᕋᔭᖅᑕᒍᑦ. ᓇᐃᓴᐅᓯᖅᓱᖅᓯᒪᔪᑦ ᑎᑎᕋᖅᓯᒪᔪᑦ ᓇᓗᓇᐃᖅᓯᑎᑦᑎᓯᒪᖕᒪᑕ ᑕᐃᒍᖅᑕᐅᓕᕐᓂᖏᑕ ᐊᔾᔨᒋᔭᓐᓃᖅᑲᑦᑕᖅᑕᖏᑦ ᐊᑐᓂᑦ ᐊᒻᒪᓗ ᐅᖅᑲᓛᖅᑏᑦ ᐅᔾᔨᕈᓱᖕᓂᖅᓴᐅᓕᕈᓐᓇᖅᐳᑦ ᐆᒃᑐᖅᑕᐅᓯᒪᓕᖅᑎᑦᑐᒋᑦ ᐊᒥᕐᒥᑦ ᓇᐃᓴᐅᑎᖏᑦ ᒪᓕᒃᑐᒋᑦ ᓇᐃᓴᐅᑎᑦ ᐊᑐᓂᑦ ᐊᒥᕐᒥᑦ ᐊᒻᒪᓗ ᓴᓇᔭᐅᓯᒪᔪᒥᑦ.

1. ᕐᑯᖏᐊᖓᓂᑦ
2. ᓴᓂᖅᓱᐊᖓᓂᑦ
3. ᐅᒃᐸᑎᖓᓂᑦ
4. ᐳᑭᖓᓂᑦ
5. ᓴᓂᖅᓱᖓ
6. ᕐᑭᒥᕐᓗᐊᓂᑦ

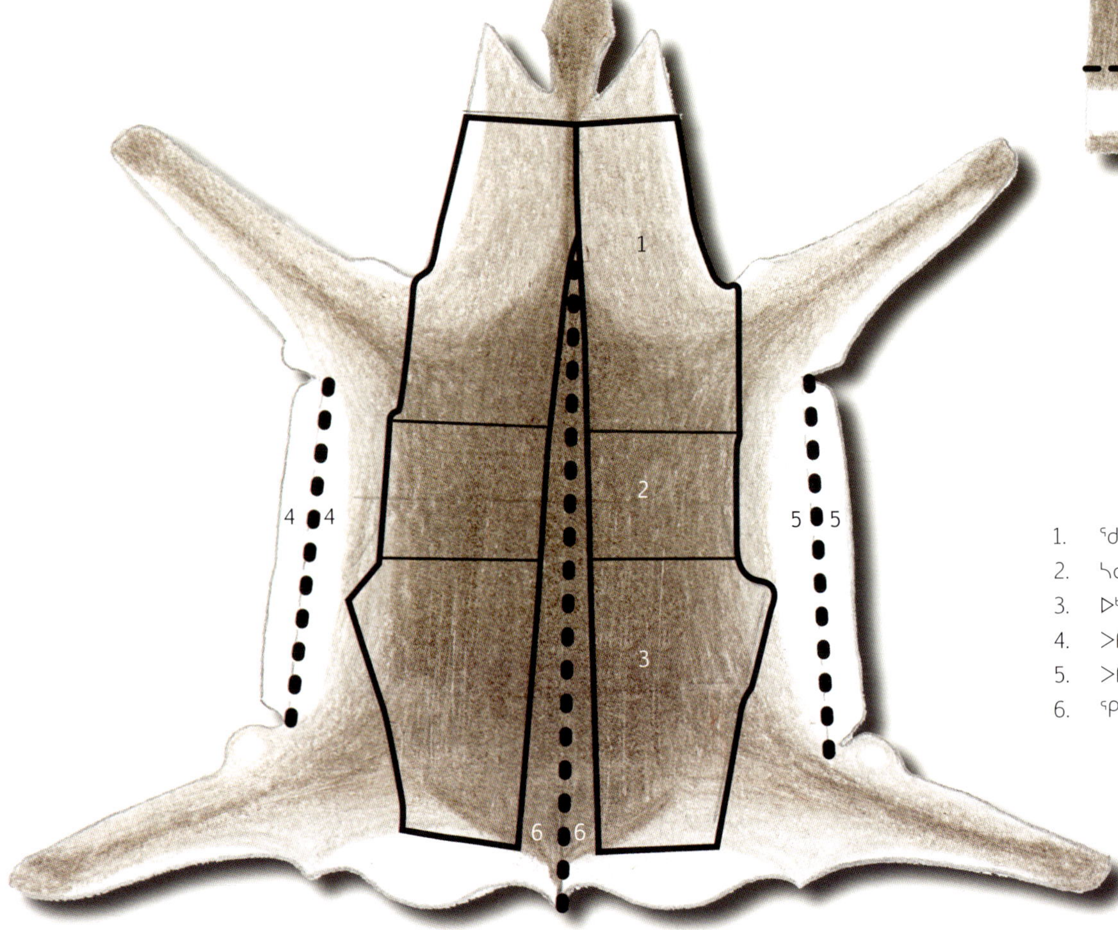

1. ᕐᑯᖏᐊᖓ
2. ᓴᓂᖅᓱᐊ
3. ᐅᒃᐸᑎᖓ
4. ᐳᑭᖓ
5. ᐳᑭᖓ
6. ᕐᑭᒥᕐᓗᐊ

7 6 7 6

3A 2A 1A 1B 2B 3B 4A 4B

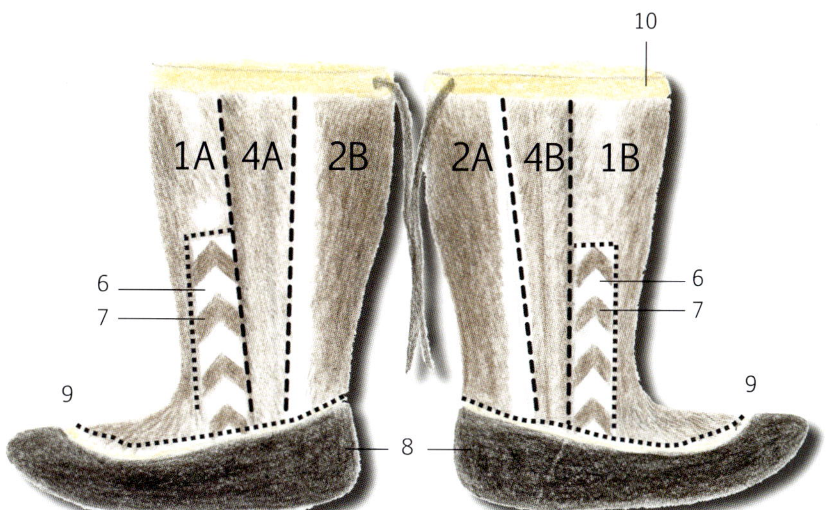

ᒥᖅᑯᑖᑦ

1A. ᑭᖑᑦᑖᒃ
1B. ᑭᖑᑦᑖᒃ
2A. ᓯᖁᑦᑖᒃ
2B. ᓯᖁᑦᑖᒃ
3A. ᓯᖁᑦᑖᒃ
3B. ᓯᖁᑦᑖᒃ
4A. ᑭᖑᑦᑖᖅ ᖁᐱᓗᒍ
4B. ᑭᖑᑦᑖᖅ ᖁᐱᓗᒍ
6. ᐳᑭᖓ
7. ᕿᒥᕐᓗᐊ
8. ᓇᑦᑎᖅᓯ/ᐅᒡᔪᖅᓯ/ᖃᐃᕈᓕᖅᓯ
9. ᓇᓗᐊᖅ
10. ᖃᑦᑐᓈᖅᑕ

ᖁᓕᑦᑕᖅ ᐊᖑᑎᒧᑦ

ᖁᓕᑦᑕᖅ (ᑐᒃᑐᕐᔭ) ᑕᖅᑯᔾᔨᑲᖅ ᑕᒪᒃᑯᓂᖓ ᑭᓱᑦᑎᐊᓂᑦ ᐆᒃᑐᖅᑕᐅᓯᒪᖕᒪᖕᒫᑕ ᐊᒻᒪᓗ ᐋᖅᑭᒡᓗᐊᖅᓯᒪᓪᓗᑎᒃ ᑕᐃᒫᒃ ᐊᕐᓇᓂᑦ ᐋᖅᑭᒃᑕᐅᓯᒪᔪᓂᑦ ᐅᐊᑦᑎᐊᕈᐊᓗᓂᑦ ᐊᒻᒪᓗ ᐅᖅᑯᒃᓴᐅᑎᓚᐊᖑᔭᐅᓪᓗᑎᒃ. ᑐᑭᓕᐅᑎᓗᒍ, ᓵᑦᑑᑎᐅᓂᖕᓂᑦ ᐊᒥᐅᑦ ᐊᑐᖅᑕᐅᖕᒥᖕᒪᑕ ᐅᖅᑯᒃᓴᐅᑎᓚᐊᖑᔭᐅᔪᒥ ᑕᒪᒃᑯᖑᖕᒐ ᕿᑐᒡᒋᑲᑕᖕᓂᖕᒋᓐᓄᑦ ᐅᕝᕙᓘᓐᓃᑦ ᐅᓘᑎᐱᔪᖕᓂᐅᓴᓂᖕᒋᓐᓄᑦ ᐊᑐᐊᖅᑲᕐᒪᑕ, ᑕᒪᒃᑯᐊ ᐅᓂᖅᐸᓯᖕᒦᑦᑐᖅ ᐅᕝᕙᓘᓐᓃᑦ ᖁᖕᒐᓯᖕᒐᑕ ᓴᓂᕋᖅᐸᓯᐊᓃᑦᑐᑦ. ᓇᓕᐊᑐᐃᓐᓇᐅᑦ ᖁᓕᑦᑕᐅᑦ ᓂᒡᔭᖕᒋᑕ ᑕᑭᓂᖕᒋᑦ ᓯᓚ ᓈᒻᒪᒡᓗᒍ ᐋᖅᑭᒃᑕᐅᓯᒪᕐᑲᑦᑕᖅᑐᑦ ᓇᐃᓪᓕᒋᐊᖅᑕᐅᔪᓐᓇᖅᑐᑎᒃ, ᑕᑭᔫᑕᐅᓂᖅᓴᐅᓗᑎᒃ ᐅᑭᐅᒃᑯᑦ ᑭᐱᔭᐅᔪᓐᓇᖅᑐᑎᒡᓗ ᐊᐅᔭᒃᑯᑦ (ᓂᒐᕙᑐᐃᓐᓇᕆᐊᕐᑲᕐᒪᑕ ᑕᑭᔫᑕᐅᓗᐊᕈᑎᒃ ᐅᖅᑰᓂᖅᓴᐅᑎᑦᓗᒍ ᐊᐅᔭᒃᑯᑦ). ᒥᖅᑯᖕᒋᑕ ᖃᓄᐃᓕᖕᒐᓂᖕᒋᑦ ᐋᖅᑭᑦᑎᐊᖅᓯᒪᔭᕆᐊᖅᑲᕐᒥᔪᑦ ᐊᓐᓄᕗᓄᑦ ᐊᒻᒪᓗ ᒪᒃᓯᖕᒐᖕᒪᖕᒋᑦᑐᑎᒃ ᑕᐃᒫᒃ ᓴᓇᔭᐅᓰᖑᔪᓂᖕᒋᑦ ᐊᑐᕐᓗᒋᑦ, ᑭᓱᐊᓂᑦᑕᐅᖅ ᐃᓐᓇᐃᑦ ᐅᓪᓗᒥ ᐅᖅᓰᖑᕆᖕᒎᑦ ᑕᒪᒃᑯᐊ ᐋᖅᑭᒃᓯᒪᓂᖕᒋᑦ ᐱᔾᔪᑎᖃᐅᕐᒥᔪᑦ. ᐳᐊᑑᓪᓚ ᒥᖅᑯᖕᒋᑦ ᓄᕗᖕᒋᖕᓅᖕᒐᖕᒪᑕ', ᑲᒦᑦᑐ ᐊᒧᖕᒐᖕᒋᑦᑐᑎᒃ ᑭᓱᐊᓂᑦᑕᐅ ᓴᓂᒧᖕᒫᖕᒐᓰᖑᖕᒥᔪᑦ. ᑯᑯᒃᐹᖕᒐ ᓇᓴᖕᒐᓂ (ᑎᑎᕋᐅᔭᖅᓯᒪᔪᖅ ᑕᑯᓗᒍ) ᐋᖅᑭᒃᓯᒪᖕᒪᒃ ᕿᓚᒃᓯᕕᐅᑦᑎᐊᕈᓇᕐᓗᓂ ᓄᐃᑕᖕᒐ ᑮᓇᕐᒧᑦ ᐊᒃᑐᐊᔭᓇᐊᑭᑦᓗᓂ (ᐅᖕᒋᕈᑎᕐᑲᖅᐸᑦ). ᓇᓴᖕᒐ ᕿᓚᒃᓯᒪᑦᓗᓂ ᖄᖕᒐᓗᑦ, ᑕᑦᑕᖅᐸᓯᐊᔫᖕᒋᑦᑐᖅ, ᐊᒻᒪᓗ ᓇᓪᔪᖕᒋᒃ ᓄᕐᕋᕐᒥᑦ ᐅᕝᕙᓘᓐᓃᑦ ᓄᑲᑐᓪᓚᕐᒥᑦ ᐋᖅᑭᒃᑕᐅᔪᓐᓇᕐᒪᑎᒃ ᑯᑯᒃᐹᖅᐸᓯᐊᓄᑦ ᑕᑯᒥᓇᐅᑎᒋᓗᓂᒋᒃ (ᓇᓪᔫᖕᒋᒃ). ᐅᐊᑦᑎᐊᕈ, ᐊᖑᓇᓯᒃᑏᑦ ᐃᓱᖅᓯᓯᒪᖅᑲᑦᑕᔪᖕᒪᑕ ᑯᑯᒃᐹᖕᒋᓐᓂᒃ ᐊᖑᓇᓯᓕᕆᖕᒐᒥᒃ. ᖁᓕᑦᑕᒃᑲᓐᓂᑦᑕᐅᖅ ᓴᓇᔭᐅᓰᖑᔪᒐᑦ ᑯᑯᒃᐹᖅᑲᖕᒋᑦᑐᑎᒃ, ᑯᑯᒃᐹᑯᑖᖅᑲᖅᑐᑎᒃ ᐊᑐᖅᑐᑎᒃ ᐊᑦᑕᕐᓇᐃᖅᓯᒪᓂᕐᒧᑦ ᓯᑯᒥ; ᑎᒍᔭᐅᔪᓐᓇᖅᑐᑎᒃ ᐃᓄᖕᒥᒃ ᐃᓖᖅᑐᖅᑲᖅᑎᓪᓗᒍ.

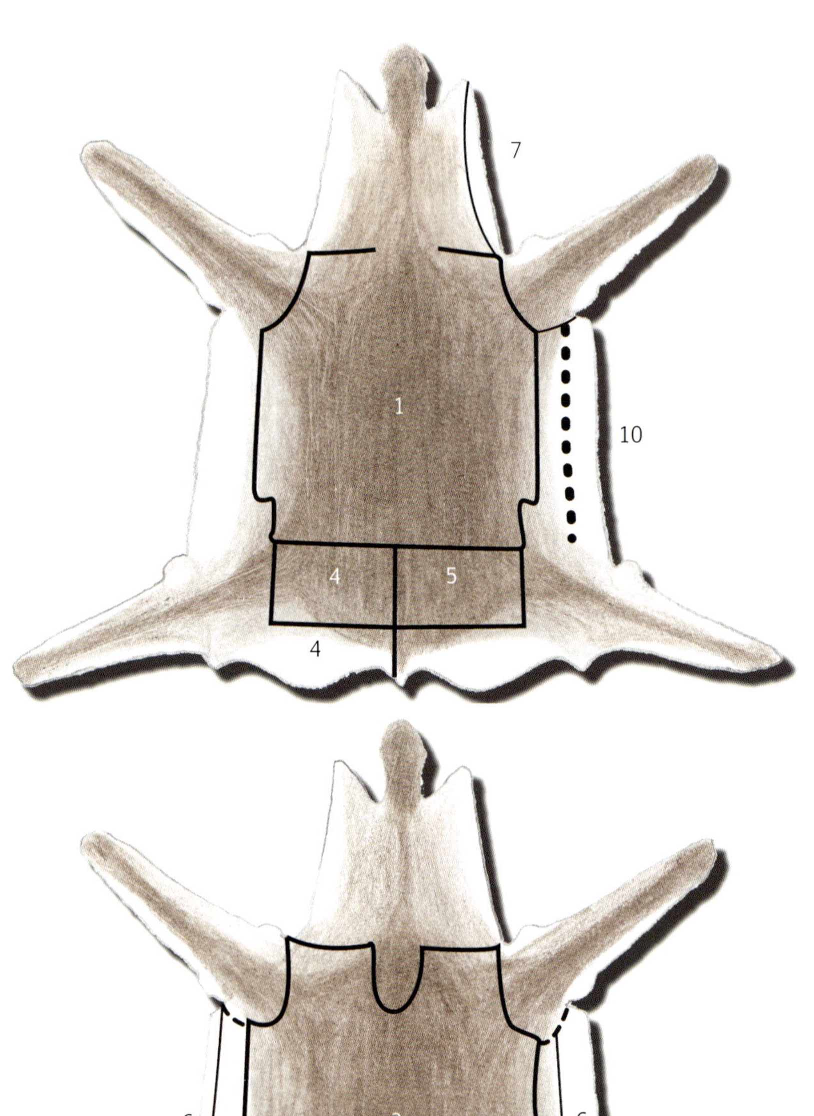

1. ᑐᓄᐊ
2. ᐃᖅᑯᖕᒐ
3. ᑐᓄᐊ
4. ᓴᐅᒥᖕᒐ, ᐃᖅᑯᖕᒐ
5. ᑕᓕᖅᐱᖕᒐ, ᐃᖅᑯᖕᒐ
6. ᐳᑭᖕᒐ
7. ᑎᖕᒐᔪᖕᒐ
8. ᕿᒥᕐᓗᐊ
9. ᐃᖅᑯᖕᒐ
10. ᐳᑭᖕᒐ

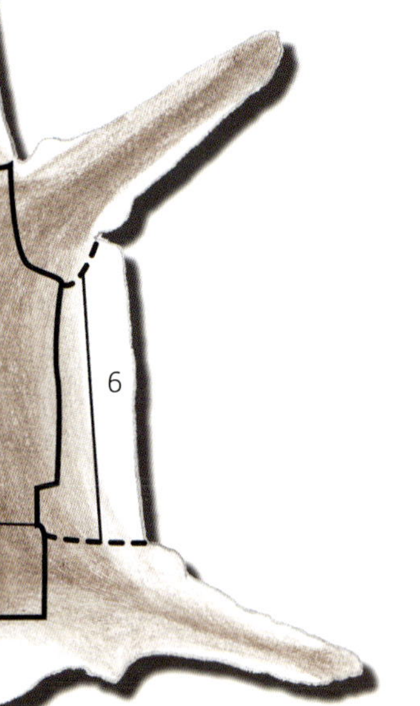

1. ᑐᓄᐊ ᑐᓄᐊᓂᑦ
2. ᐃᖅᑯᖕᒐᓂᑦ
3. ᓵᖕᒐ ᑐᓄᐊᓂᑦ
4. ᐃᖅᑯᐊᓂᑦ
5. ᐃᖅᑯᐊᓂᑦ
6. ᐳᑭᖕᒐᓂᑦ
7. ᑎᖕᒐᔪᖕᒐᓂᑦ
8. ᕿᒥᕐᓗᐊᓂᑦ
9. ᐃᖅᑯᐊᓂᑦ
10. ᐳᑭᖕᒐᓂᑦ

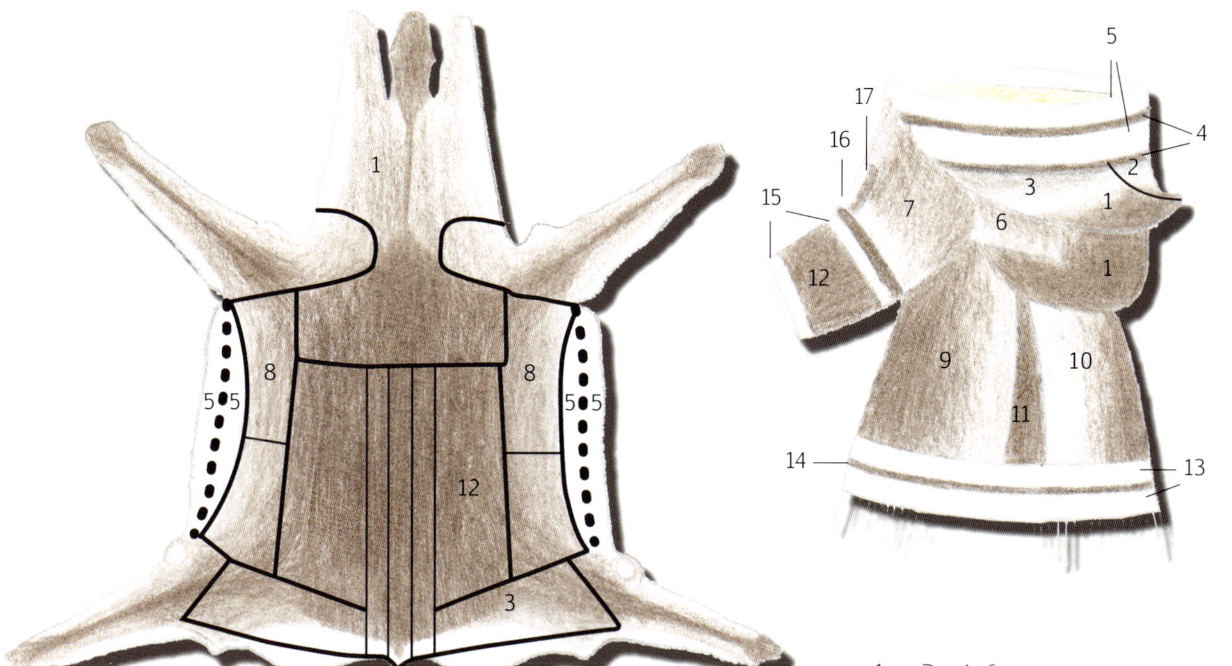

1. ᑐᓄᐊᓂᑦ
2. ᕿᙯᒍᐊ
3. ᐃᖅᑯᐊᓂᑦ
4. ᕿᒥᕐᓗᐊᓂᑦ
5. ᐳᑭᖓᓂᑦ
6. ᓴᓂᖅᓯᐊᖓᓂᑦ
7. ᐅᒃᐸᑎᖓᓂᑦ
8. ᓴᑭᐊᖓᓂᑦ
9. ᓵᖓ ᑐᓄᐊᓂᑦ
10. ᖁᖏᐊᖓᓂᑦ
11. ᓴᓂᖅᓯᐊᖓᓂᑦ
12. ᑭᐸᖅᑐᐊᖅᑯᑎᐊ ᑐᓄᐊᓂᑦ
13. ᐳᑭᖓᓂᑦ
14. ᕿᒥᕐᓗᐊᓂᑦ
15. ᐃᖅᑯᐊ
16. ᐃᓕᕐᓂᑯᓂᒃ ᓴᓇᔭᐅᔪᓐᓇᖅᑐᖅ
17. ᐃᓕᕐᓂᑯᓂᒃ ᓴᓇᔭᐅᔪᓐᓇᖅᑐᖅ

1. ᖁᓂᒍᐊ/ᐱᑯᐊ
2. ᕿᙯᒍᐊ
3. ᐃᖅᑯᐊ
4. ᕿᒥᕐᓗᐊ
5. ᐳᑭᖅ
6. ᓴᓂᖅᓯᐊ
7. ᐅᒃᐸᑎᖓ
8. ᓴᑭᐊᖓ
9. ᑐᓄᐊ
10. ᖁᖏᐊᖓ
11. ᓴᓂᖅᓯᐊ
12. ᑐᓄᐊ
13. ᐳᑭᖓ
14. ᕿᒥᕐᓗᐊ
15. ᐃᖅᑯᐊ

ᖁᓕᑦᑕᖅ ᐊᕐᓇᖅᓯᐅᑦ

ᖁᓕᑦᑕᖅ ᐊᕐᓇᖅᓯᐅᑦ (ᐊᕐᓇᐃᑦ ᖁᓕᑦᑕᖓᑦ) ᐋᖅᑭᑦᑎᐊᖅᓯᒪᔪᐊᓘᑦᑐᓂ ᓴᓇᓯᒪᖕᒪᒃ ᐆᒃᑐᖅᑕᐅᓯᒪᑦᑎᐊᖅᑐᓂᓗ. ᖁᓕᑦᑕᖅ ᐊᒪᐅᑎ (ᑐᒃᑐᕋᔭ ᐊᒪᐅᑎ), ᓄᑕᕋᖅ ᓂᖏᓚᓃᑦᑐᓐᓇᖅᑐᓂ (ᐊᓈᓇᖓᑕ ᑐᓄᐊᓃᑦᑐᓂ, "ᓇᓴᖓᓂᐅᖏᑦᑐᖅ" ᑕᐃᒫ ᑐᑭᓯᔭᐅᙱᖔᖕᒪᑦ). ᓇᓴᖓ ᐊᖏᔫᖕᒪᑦ ᑕᒪᒃᐱᖕᓄᑦ ᓇᓴᖅᓯᒪᔪᐃᑎᕐᔭᐅᕙᓐᓇᖅᑐᓂ ᐊᓈᓇᖓᓄᑦ ᓄᑕᕋᖓᓄᑦᑐ. ᐊᐃᕐᒋᒃ ᓂᐅᖓᓪᓗᑎᒃ, ᑐᑭᓕᐊᕐᓇᑎᒃ, ᐃᒪᐃᑦᑐᓇᕋᓯᒃᓯᒪᓪᓗᑎᒃ ᐊᐅᓚᖅᑲᑦᑕᕕᒋᓂᐊᕐᒪᒋᒃ ᐊᒻᒪᓗ ᓄᓯᒋᐊᖅᑲᓗᑎᒃ ᐅᕙᔪᓐᓂᑦ ᑕᐃᒪᐃᑦᑕᕆᐊᖅᑲᓇᑎᒃ ᑕᓕᖏᒃ ᐃᓯᕙᖕᒋᓪᓗᑎᒃ. ᐊᐃᕐᕕᖏᒃ ᑐᐃᖏᒃᑕᓗ ᓇᓕᖏᒃ ᓂᕈᑐᒋᓪᓗᑎᒃ ᐋᓈᓇᖓᑕ ᑕᓕᖏᒃ ᖁᒦᒎᓇᕐᓂᐊᕐᒪᑎᒃ ᐱᔭᕐᓂᖅᓴᒥᒃ ᐅᖅᑰᓂᖅᓱᒋᑦ ᐊᒻᒪᓗ ᑖᓐᓇ ᓄᑕᕋᖅ ᐋᒦᖅᑕᐅᔪᖅ, ᑐᓄᒥᓂᑦ ᓵᖕᒥᓅᖅᑕᐅᔪᓐᓇᕐᒪᑦ ᐋᒫᒪᒃᑎᑕᐅᓇᓱᒍᓂ. ᐱᖅᑯᓂ ᖁᖅᑕᕐᕕᒃᑯᕕᐅᔪᓐᓇᖅᑐᒥᒃ ᐊᒻᒪᓗ ᐊᓯᖏᓐᓂᑦ ᐱᖅᓯᐅᔾᔨᓯᒪᔪᖅ ᖁᓕᑦᑕᓕᐊᕆᔭᐅᓯᒪᓂᖓᑕ ᐊᓂᒍᐃᑎᖅᓯᒪᐅᑎᔭᖓ. ᑭᓯᐊᓖᖏᑦ ᐋᖅᑭᑦᑎᐊᖅᓯᒪᕗᑦ ᐊᒪᐅᑎᓕᐊᕆᓯᒪᓪᓗᓂ ᐋᒫᖅᑕᕐᓗ ᐸᖅᑭᓗᒍ ᐱᓕᕆᕕᐅᔪᓐᓇᕐᑎᐊᕐᓗᒍ ᐊᐅᓚᑦᑎᐊᕈᓐᓇᕐᓗᒍ ᐃᓗᐊᓂ, ᐊᓯᖏᓐᓂᓪᓗ ᐱᓕᕆᓗᓂ, ᐃᖏᕐᕋᒥ. ᐊᕐᓇᐃᑦ ᐊᒪᐅᑎᖏᑦ ᑕᖅᓴᐅᓂᖅᓴᐅᖅᑳᕐᕆᓪᓚᑦ ᐊᖑᑎᑦ ᖁᓕᑦᑕᖏᓐᓂ, ᑐᒃᑐᐅᓴᕐᐃᓐᓂᖅᓴᕕᓃᑦ (ᓴᓪᓚᐅᓂᖅᓴᐅᓪᓗᑎᒃ) ᑐᒃᑐᐅᔭᕕᓃᑦ ᐊᐅᔭᒃᑯᑦ (ᓴᓪᓚᐅᓂᖅᓴᐃᑦ). ᑕᖅᓴᐅᑦᑎᐊᕐᓂᖅᓴᐃᑦ ᓴᓪᓚᐅᓂᖅᓴᐃᑦ ᑕᑯᒥᓇᕐᓂᖅᓴᐅᖕᒪᑕ ᐊᒻᒪᓗ ᐅᖅᑰᑎᒋᔭᐅᓯᒪᓪᓗᑎᒃ ᐅᐊᑦᑎᐊᕈ ᑖᒃᑯᑎᒎᓇᖅ ᐅᓂᒃᑳᑎᒍᑦ, ᐊᕐᓇᐃᑦ ᐊᓐᓄᕌᖏᑦ ᓴᓇᔭᐅᓯᒪᖕᒪᑕ ᑕᑯᒥᓇᕐᓗᑎᒃ ᐱᐅᓂᖅᓴᐅᖅᑯᔭᐅᓪᓗᑎᒃ (ᐊᑑᑎᖅᑲᑦᑎᐊᕈᓇᕐᓗᑎᓪᓗ).

ᐄ. ᖃᕐᓕᑲᓪᓛᒃ

1. ᐃᒃᐸᒃ
2A. ᐳᑭᖅ ᐅᖏᐊᕐᕕᖓ
2B. ᐳᑭᖅ ᐅᖏᐊᕐᕕᖓ
3. ᓴᓂᖅᓯᒃ

ᐲ ᖁᒃᑐᕋᐅᑏᒃ

4A. ᖁᖏᐊᖓ
4B. ᖁᖏᐊᖓ
5A. ᐱᑯᖓᓂᑦ
5B. ᐱᑯᖓᓂᑦ
6. ᐃᒥᖅᑯᑕᖅ
7. ᐳᑭᖓ

ᖃᕐᓕᑲᓪᓛᒃ ᖁᒃᑐᕋᐅᑏᒡᓗ ᐊᑐᖅᑕᐅᓲᑦ ᓂᕕᐊᖅᓵᓄᑦ ᐊᒻᒪᓗ ᐊᕐᓇᓄᑦ ᐃᓐᓇᕐᓄᑦ ᐅᑭᐅᒃᑯᑦ, ᐅᐱᕐᖔᒃᑯᑦ, ᐊᓯᐊᒍᓪᓗ ᐊᕐᕿᔪᑦ ᐃᓚᖓᒍᑦ. ᖁᒃᑐᕋᐅᑏᒃ ᖃᕐᓕᑲᓪᓛᖕᓄᑦ ᐱᑐᒃᓯᒪᓪᓗᑎᒃ ᓇᐃᓪᓗᖓᓗᐊᕐᒧᑦ ᑖᑯᐊᒃ ᐊᑐᖅᑕᐅᔫᒃ ᓯᓚᓪᓕᖅᐹᖑᓪᓗᑎᒃ ᖃᕐᓕᑲᓪᓛᒃ ᖁᓪᓕᐅᓪᓗᑎᒃ ᖁᒃᑐᕋᐅᑦ (ᐃᐱᐊᓪᓚᐅᑏᒃ) ᕿᓚᒃᓯᒪᔫᒃ ᓄᕐᓅᖕᓄᑦ ᑕᑯᒃᓴᐅᖕᒥᔫᒃ ᓯᓚᑖᒍᑦ ᖁᒃᑐᕋᐸᓯᖕᒥᒃᑎᒃᑯᒃ ᖃᕐᓕᑲᓪᓛᒃ. ᕿᓚᕈᑎᑯᓗᒃᑕᖃᓇᓪᓗᓂ ᐃᓗᐊᒍᑦ ᖁᓪᓕᖅᑎᐅᑦ ᖁᖕᑐᕋᐅᑎᙳᐊᒃ (ᐱᑐᒃᑐᕋᖅ) ᕿᓚᓰᖕᓂᒃ ᐃᓗᖕᒫᖕᒪᓄᑦ ᖃᕐᓕᑲᓪᓛᒃ.

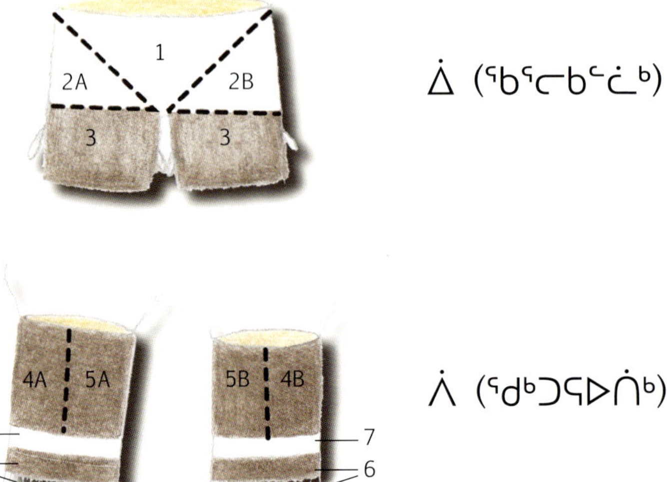

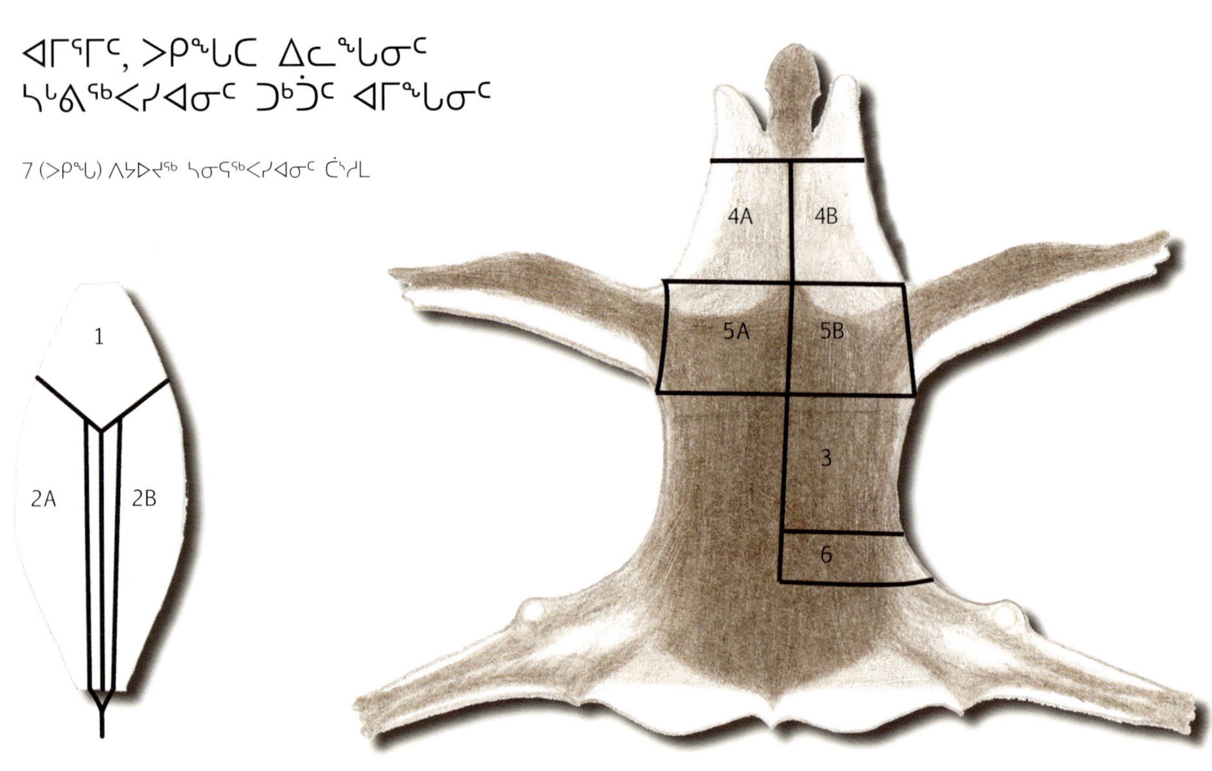

ᐊᒥᕐᒥᑦ, ᐳᑭᖓᑕ ᐃᓚᖓᓂᑦ ᓴᓐᕙᖅᐸᓯᐊᓂᑦ ᑐᒃᑑᑦ ᐊᒥᖓᓂᑦ

7 (ᐳᑭᖓ) ᐱᔭᐅᔪᖅ ᓴᓂᕋᖅᐸᓯᐊᓂᑦ ᑖᓯᒪ

1. ᐱᑯᒃ
2. ᐸᑭᖅ
3. ᐸᑭᖅ
4. ᖁᖏᐊᖅ
5. ᐅᒃᐸᑖ
6. ᐃᖅᑯᒃ
7. ᕿᙳᖅ
8. ᐸᑭᖅ
9. ᓴᓂᖅᓯᐊ

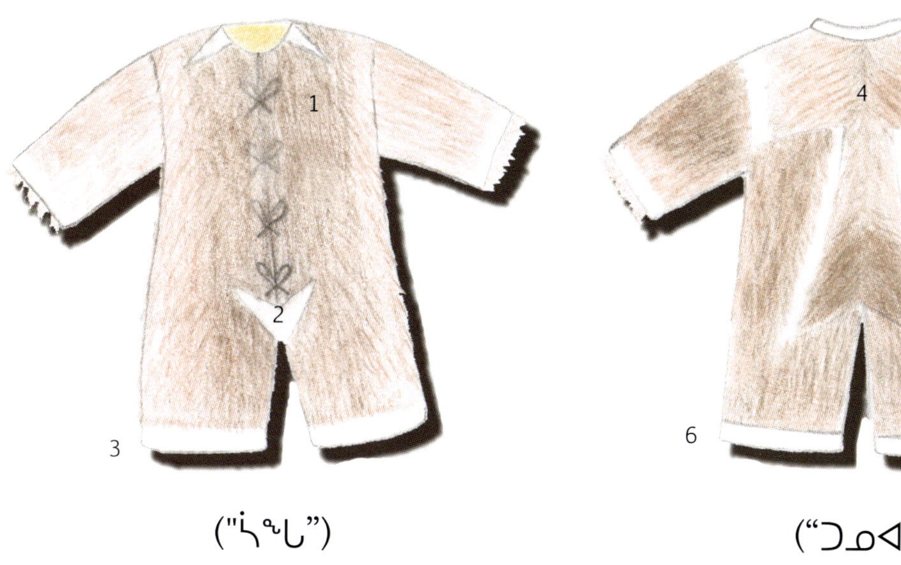

("ᓵᖓ") ("ᑐᓄᐊ")

ᓇᓴᖅ

7. ᕿᙳᖓᓂᑦ
8. ᐸᑭᖓᓂᑦ
9. ᓴᓂᖅᓯᐊᖓᓂᑦ

ᐊᕐᓇᒧᑦ ᓇᓴᖅ, ᓇᒧᓇᐃᖅᓯᒪᔪᖅ ᐱᖓᓲᖕᒪᑕ ᖁᐱᓴᕈᐊᖏᑦ ᖁᔾᔪᐃᑦ (ᐃᒪᐃᒃᑲᓗᐊᓂᓪᓗᓂ ᐊᑐᖅᑕᐅᔪᓐᓇᖅᑐᓂ ᐊᑐᓂᒃ ᓂᕕᐊᖅᓵᓄᑦ ᓄᑉᐱᐊᓄᓐᓅᓐᓃᑦ). ᓄᑉᐱᐊᓄᑦ ᓇᓴᖅ ᒪᕐᕉᖕᓂᒃ ᑖᕐᓕᖓᓂᖅᓵᖕᓂᒃ ᖁᐱᓴᕈᐊᓕᖅᓯᒪᒐᔭᖅᑐᖅ ᒪᕐᕉᖕᓂᓪᓗ ᖁᔾᔫᖕᓂᒃ ᖁᐱᓴᕈᐊᓕᖅᓯᒪᓗᓂ. ᑕᒪᕐᒥᓪᓗ ᐃᒥᖅᑯᑕᖅᑲᖅᑐᐃᓐᓇᐅᑦᑐᑎᒃ (ᓂᓪᔭᖏᓐᓂᒃ/ᐱᑑᑕᖏᖕᓂᒃ) ᖁᖓᓯᖏᓐᓄᑦ ᓯᕕᔾᔭᐃᒃᑯᑎᖏᓐᓂᒃ.

ᐹᖅ

1. ᐱᑯᖓᓂᑦ ᒪᓄᐊᓘᓐᓃᑦ
2. ᐃᒥᖅᑯᑕᖅ
3. ᐸᑭᖓᓂᑦ
4. ᖁᖏᐊᖓᓂᑦ
5. ᐅᒃᐸᑖᓂᑦ
6. ᓇᑦᓗᖏᒃ

ᐅᓇ ᐹᖅ ᐱᓯᒋᐅᕋᑖᖅᑐᒧᑦ ᐊᑐᖅᑕᐅᓲᖅ ᐊᒻᒪᓗ ᓱᕈᓯᑯᓗᖕᓄᑦ. ᐊᑯᓈᖓ (2) ᓴᓇᓯᒪᖕᒥᔪᖅ ᐃᖅᐸᖅᑕᖅᑐᒥᒃ ᐃᖅᐸᓲᖑᑦᑐᓂ ᐊᕐᑯᕕᖓᔪᒧᑦ, ᓱᕈᓯᖅ ᐊᑐᓇᐊᖅᑲᖅᑕᒥᓂᒃ ᐊᑐᕐᓂᐊᕐᒪᑦ ᐊᓐᓄᕋᐃᔭᖏᑦᑐᓂ.

ᓯᕿᓐᓇᔫᔭᐅᑦ ᐃᖏᕐᕋᓂᖓ ᒪᓕᒡᓗᒍ: ᔪᐃᓕ ᓴᖑᔭ ᓇᑦᑎᕐᒥᒃ ᐱᓚᒃᑐᖅ ᓯᑯᒥ ᐅᓯᓕᐅᑎᓂᐊᖅᑕᒥᓂᒃ ᖃᒧᑏᖕᓄᑦ, ᐅᓯᑦᑎᐊᖅᑑᒃ ᓇᑦᑎᕙᓂᕐᓂᒃ ᕿᒥᖅᑯᑎᒃᓴᓂᒃ.

ᐊᐅᓪᓚᖅᓯᒪᓪᓗᑎᒃ ᓯᓂᒃᑕᓇᐊᖅᓯᒪᓪᓗᑎᒡᓗ ᓯᑯᒥ ᐊᑐᓇᐊᖅᑲᖅᑕᖅᑐᑦ ᐱᓕᕆᔾᔪᑎᓂᒃ ᐊᔾᔨᑯᖕᒋᑦᑐᓂᒃ ᐊᒻᒪᓗ ᖃᐅᔨᒪᓪᓗᓂᔾᔪᒃ ᖃᓄᖅ ᐊᑐᓇᒃᓴᖅ.

ᑕᐃᒪᙵᑦ ᑲᖏᖅᑐᓖᐱᖕᒥᐅᑦ ᓯᑭᓗᖅᑲᖅᑕᓕᕐᒥᒃ, ᓴᓇᕈᑎᓂᒃ ᓄᑖᓂᒃ ᖃᐅᔨᒪᓂᕐᒥᒡᓗ ᐊᔪᓇᖅᓰᔭᐅᓪᓗᑎᒃ. ᑕᒪᔾᔭ ᑕᒪᒃᑯᐊ ᐱᓯᒪᔭᓇᐊᖅᑲᓪᓚᓇᒃᑐᑦ ᐊᐅᓪᓚᖅᓯᒪᓪᓗᓂ ᓯᑯᒥ ᐅᓪᓗᒥ.

ᑕᐃᓯᒪᓂ 1973-ᒥᔪᖕᒥ, ᓂᕕᐊᖅᓵᑯᓗᒃ ᐱᓯᒪᓪᓗᓂ ᐅᓈᕐᒥᒃ ᑕᓕᖅᐱᖕᒥᓂ ᓂᒃᓯᓕᔭᖅᑐᓂᓗ ᓴᐅᒥᖕᒥᓂ, ᐱᓕᕆᔾᔪᑎᑦ ᑕᒪᒃᑯᐊ ᐊᑐᖅᑕᐅᓯᒪᓕᖅᑐᑦ ᐅᐊᑦᑎᐊᕈᐊᓗᓂᑦ ᑕᑯᒃᓴᐅᔫᑦ ᓯᕗᓂᐊᓗᐊᓂᑦ ᐅᓪᓗᒥᓗ ᓯᓕ ᐊᑐᖅᑕᐅᓪᓗᑎᒃ.

ᑲᖏᖅᑐᒫᐱᖕᒥ ᓱᑯᒥ ᐱᓕᕆᔾᔪᑎᑦ; ᑐᑭᓯᓇᐅᑎᖏᑦ ᐱᔾᔪᑎᖃᐅᓯᕆᔭᖏᓪᓗ

ᖃᒧᑏᒃ	*Qamutiik*	ᑕᑭᓃᖏᑦ ᓈᒻᒪᒋᔭᐅᓚᔫᒃᑐᑦ (-16'-ᓂᑦ) ᐊᖑᓇᓱᒃᑐᓂᑦ ᐊᑐᖅᑕᐅᓲᑦ ᐅᓯᔾᔪᑕᐅᕙᒃᑐᑎᒡᓗ
ᖃᒨᒃᑳᒃ	*Qamukkaak*	ᖃᒧᑏᒃ ᓇᐃᑦᑑᒃ (12' ᓇᐃᓐᓂᖅᓵᒡᒎᓐᓃᑦ) ᐅᓯᔾᔪᑕᐅᕚᖕᒥᔪᑦ ᒥᑭᔫᑎᓂᑦ
ᖃᒧᑏᒃ ᑕᑭᔫᒃ (ᐊᐅᓪᓚᕈᑏᒃ) ᖃᒧᑎᑯᑖᒃ	*Qamutiik takijuuk (Aullaarutiik)* *Qamutikutaak*	ᖃᒧᑎᑯᑖᒃ, ᐃᒫᑎᒋᐸᓗᒃ ᑕᑭᓃᓪᓗᑦ 24'-ᓂᒃ, ᐅᖓᓯᒃᑐᒧᑦ ᐅᓯᔾᔪᑕᐅᖅᑲᑦᑕᖅᑐᑦ
ᓯᑭᓗᒃ	*Sikiluk*	ᓄᒃᑕᕈᑕᐅᓲᑦ
ᓇᐳ	*Napu*	ᖃᔫᓪᓗᑎᒃ ᖃᒧᑎᑕᖏᓐᓄᑦ ᐃᑳᖓᔪᑦ
ᓇᐳᐊᕆᒃᑯᑏᒃ (ᓵᓗᑭᓃᑦ)	*Napuariikkutiik (Saalukinit)*	ᓵᓗᖅᑭᑦ ᓇᐳᖏᑕ ᖄᖓᓃᖑᖅᑐᑦ ᖃᒧᑏᖓ ᓇᐳᐊᔾᔭᐃᒃᑯᑎᐅᓪᓗᑎᒃ ᐅᖅᑯᒪᐃᑦᑐᓂᒃ ᐅᓯᓗᑎᒃ
ᓇᐳᓕᐅᑎ	*Napuliutit*	ᐊᒃᑐᓇᐅᔾᔭᑦ ᓂᖖᑰᔦᓅᓐᓃᑦ ᐊᒥᑦᑐᑦ ᓇᐳᓕᖅᓯᐃᔪᓄᑦ ᖃᓚᒃᓯᔾᔪᑕᐅᖅᑲᑦᑕᖅᑐᑦ ᖃᒧᑎᖏᖕᓄᑦ
ᑲᓗᑎ ᓴᕕᕋᔭᒃ	*Kaluti savirajak*	ᑎᒋᖓᓪᓗᓂ ᓴᕕᕋᔭᒃ ᑲᓗᑎ ᖃᒧᑏᖕᓄᑦ ᐊᑕᔪᖅ ᓯᑭᓗᖕᒧᑦ ᑲᓗᓯᕐᕕᐅᓪᓗᓂ
ᑲᓗᑎ ᐊᒃᑐᓈᖅ	*Kaluti aktunaaq*	ᐊᒃᑐᓇᐅᔾᔭᑦ ᖃᒧᑏᖕᓅᖓᔪᑦ ᓯᑭᓗᖕᒧᓪᓗ
ᑑᖅ	Tuuq	ᐊᑑᑎᖅᑲᐅᖅᑐᖅ: ᓱᑰᑦ ᐃᔾᔪᓂᖓᓂᒃ ᖃᐅᔨᓴᕐᓗᓂ, ᐱᑕᐃᔾᔪᑎ, ᓇᑦᑎᕐᓗᓂ ᐊᒡᒍᖓᓄᑦ ᑑᖅᓯᔾᔪᑎ, ᓂᓚᒃᑕᕐᓗᓂ ᑑᕈᑎ, ᑖᔫᒃᓯᔾᔪᑎ, ᐊᓯᖏᓐᓄᓪᓗ ᐊᑑᑎᖅᑲᐅᓇᓪᓗᓂ
ᐅᓈᖅ	*Unaaq*	ᐊᑑᑎᖅᑲᐅᖅᑐᖅ: ᓱᑰᑦ ᐃᔾᔪᓂᖓᓂᑦ ᖃᐅᔨᓴᕐᓗᓂ, ᓱᑯᒃᑯᑦ ᐱᑕᐃᓗᓂ, ᓇᑦᑎᖅᑕᐅᑦ ᐊᒡᒍᐊ ᑑᕐᓗᒍ, ᓂᓚᒃᑕᕐᓗᓂ ᑑᕈᑎᒋᓗᒍ
ᓂᒃᓯ	*Niksik*	ᓴᕕᕋᔭᐅᓪᓗᓂ ᐃᓯᐊ ᐃᐳᖅᑲᓲᑦ ᖃᔫᖕᒥᒃ (ᑕᑭᓕᕆᒃᑐᑎᒃ) ᓂᒃᓯᒃᓯᔾᔪᑕᐅᓲᑦ ᓇᑦᑎᖅᑕᐅᔪᓂᒃ, ᖃᑭᑦᑎᔾᔪᑎᒋᔭᐅᓪᓗᑎᒃ ᓇᑦᑎᕐᒥᒃ ᓱᑯᒧᑦ, ᓂᒃᓯᒃᓯᔾᔪᑎᒋᔭᐅᓲᑦ ᑎᒍᔭᕆᐊᖓ ᐊᑐᐃᓐᓇᐅᖏᑦᑐᓂᑦ, ᐱᓚᒡᓗᓂ ᓂᕿᓕᕆᓗᓂᓗ, ᐊᓯᒃᑲᓂᖏᓐᓂᒡᓗ ᐊᑑᑎᖅᑲᐅᒃᑲᓐᓂᕆᓪᓗᓂ
ᕿᒻᒥᑦ	*Qimmit*	ᐃᖏᕐᕋᔾᔪᑕᐅᓲᑦ
ᕿᒻᒦᑦ	*Qimmiit*	
ᕿᒧᒃᓰᑦ	*Qimuksiit*	ᕿᒧᒃᓰᑦ, ᐱᔾᔪᑎᖃᐅᖅᑐᖅ ᕿᒧᒃᓯᐅᑕᐅᖅᑲᑦᑕᖅᑐᑦ ᕿᒻᒦᑦ ᓈᒪᓗᑎᒃ ᑭᓯᑐᐃᓐᓇᐃᓪᓗ ᕿᒧᒃᓯᒥ ᐊᑐᖅᑕᐅᓲᑦ; ᕿᒧᒃᓰᑦ ᓘᓐᓃᑦ 'ᐊᒥᓲᓂᖏᓐᓄᑦ'

ᑲᖏᖅᑐᒑᐱᖕᒥ ᓯᑯᒥ ᐱᓕᕆᔾᔪᑎᑦ; ᑐᑭᖃᐅᓯᖏᑦ ᐱᔾᔪᑎᒋᔭᖏᑦᑐ, ᐊᑏᓗᒃᑲᓐᓂᐅᕗᑦ...

ᕿᒧᒃᓯᖅ	*Qimuksiq*		ᕿᒧᒃᓯᒥ ᐃᖏᕐᕋᓗᓂ; ᕿᒻᒥᓄᑦ ᐊᑐᕐᓗᒋᑦ ᐃᖏᕐᕋᔾᔪᐊᑎᒋᓗᒋᑦ
ᕿᒧᒃᓯᖅᑎ	*Qimuksiqti*		ᕿᒧᒃᓯᖃᑦᑕᖅᑎᐅᔪᖅ
ᐃᐱᐅᑕᐃᑦ (ᐃᐱᐅᑕᖅ, ᐊᑕᐅᓯᖅ)	*Ipiutait (Ipiutaq, singular)*	ᐃᐱᐅᑕᑦ	ᐊᒃᑐᓇᐅᔭᐃᑦ ᓇᑦᑎᕋᔭᐃᑦᔫᓐᓃᑦ ᐊᒃᑐᓈᑦ ᕿᒻᒦᑦ ᐃᐱᐅᑕᖏᑦ (ᐊᓄᖏᓐᓂᙱᓚᖅᑐᑦ) ᖃᒧᑏᖕᓂᒃ ᐅᓂᐊᕈᑎᖏᑦ
ᓱᐴᔫᒃᑯᕕᒃ	*Supuujuukkuvik*	ᓱᐴᔫᒃᑯᕕᒃ	ᐃᒃᑎᖅᕕᐅᔭᖅ ᐴᓇᔭᐅᖃᑦᑕᖅᑐᖅ ᓱᐴᔫᑦ, ᓂᕿᓄᑦ, ᐊᒻᒪᓗ ᐊᓯᖏᓐᓄᑦ ᐊᑐᖅᑕᐅᖃᑦᑕᖅᑐᓄᑦ; ᖃᒧᑏᖕᓂ ᐅᓯᔭᐅᖃᑦᑕᖅᑐᖅ
ᐊᓄᐃᓐᓇᖅ	*Anuinnaq**		ᐊᓄᐃᓐᓇᖅ ᐊᒃᑐᓈᕐᒥᑦ ᐊᑕᐅᓯᕐᒥᑦ ᓴᓇᔭᐅᓰᑦ
ᐊᓄ	*Anu*	ᐊᓄ (ᕿᒻᒥᓄ)	ᐊᓄ ᐱᕐᕋᕐᒥᑦ ᓵᑦᑐᔾᔭᒥᒃ ᓴᓇᓯᒪᔪᖅ ᓇᑦᑎᕋᖕᒥᒡᔫᓐᓃᑦ ᒥᖅᓱᖅᓯᒪᓪᓗᓂ ᕿᒻᒥᒧᑦ ᓈᒻᒪᒃᑐᖅ; ᕿᒻᒥᓄᑦ ᐊᑐᖅᑕᐅᓰᑦ ᐃᓄᖕᒧᑦᔫᓐᓃᑦ ᐅᓂᐊᕋᓱᒃᒧᑦ ᑭᓯᑐᐃᓐᓇᕐᒥᒃ
ᓇᕿᑕᕈᑎ	*Naqitarut*	ᓇᕿᑕᕈᑎ	ᓇᕿᑕᓇᔾᔪᐊᑎᒋᔭᐅᖃᑦᑕᖅᑐᑦ ᑭᓯᑐᐃᓐᓇᕐᓂᒃ ᖃᒧᑏᖕᓄᑦ
ᓴᓐᓂᕈᔭᖅ	*Sanniruujaq*	ᓴᓐᓂᕈᔭᖅ	ᑑᓚᕕᓂᐅᓰᖅ, ᓇᒡᔪᕕᓂᖅ, ᐅᙳᔫᓐᓃᑦ ᐅᕿᑦᑐᐊᕐᔪᒐᔭ ᓴᕕᕋᔭᒃ; ᓴᓐᓂᕈᔭᖅᓯᔾᔪᐊᑎᒋᔭᐅᖃᑦᑕᖅᑐᖅ ᐊᓄᒥᑦ ᐃᐱᐅᑕᕐᒧᑦ
ᐅᖅᓯᖅ	*Uqsiq*		ᓄᕕᔭᐅᖃᑦᑕᖅᑐᖅ ᐱᑑᖕᓄᑦ
ᐱᑑᒃ	*Pituuk*		ᐊᒃᑐᓇᐅᔭᖅ/ᐊᒃᑐᓈᖅ ᖃᒧᑏᖕᓅᖕᒐᓪᓗᓂ ᕿᒻᒦᑦᑐ ᐃᐱᐅᑕᖏᓐᓄᑦ ᓄᕕᓯᐅᕋᖅᓯᒪᓪᓗᑎᒃ, ᐱᑑᒃ ᐃᐱᐅᑕᐃᑦ ᖃᒧᑏᒡᓗ ᐊᑯᓐᓂᖓᓐᓂᑦᑐᖅ
ᐹᖅᑎᕋᐅᑦ	*Paaqtiraut*		ᓴᓐᓂᕉᔭᖅᑎᑐᐸᓗᒃᑕᐅᖅ ᐊᑑᑎᖃᕐᒥᔪᖅ, ᓴᓐᓂᕈᔭᖅᓯᔪᖅ/ᐋᖅᑎᑦᑎᔪᖅ ᐱᑑᑦ ᐅᖅᓯᓂᒃ ᓄᕕᓯᔾᔪᑖᓄᑦ
ᐃᑳᖅᓴᐅᑎ	*Ikaaqsauti*		ᐊᒃᑐᓇᐅᔭᖅ ᐃᑳᖅᑎᓯᒪᓪᓗᓂ ᐅᐃᕐᓂᒃ ᖃᓕᐊᕈᑎᖏᖕᓄᑦ ᐃᐱᐅᑕᓂᒃ ᐃᖕᓂᖅᑐᐃᔾᔭᐃᒃᑯᑎ
ᑐᓪᓕᕈᑏᒃ	*Tuglirutiik*		ᓴᓂᓇᐊᖅᓯᓯᒪᔫᒃ ᐱᑑᖕᓂᒃ ᖃᒧᑏᖕᓄᑦ
ᖃᓕᐊᕈᑕᖅ	*Qaliarutaq*		ᖃᒧᑏᑦ ᐅᐃᕐᓂᖏᒃᑕ ᖃᖓᓂᑦᑐᖅ
ᖁᑭᐅᑦ	*Qukiut*	ᖁᑭᐅᑎ	ᐊᖑᓇᓱᑦᑎᐅᔪᖅ; ᓇᓄᖅᑕᐅᔾᔭᐃᒃᑯᑕᐅᑦᑐᓂ ᐅᑦᑐᒥ
ᐊᒃᑐᓇᐅᔭᖅ	*Aktunaujaq*	ᐊᒃᑐᓇᐅᔭᖅ	ᐊᑑᑎᖃᐅᖅᑐᓂ; ᓇᕿᑕᕈᑎᐅᔪᓐᓇᖅᑐᖅ, ᐃᐱᐅᑕᖅᑯᑎᐅᔪᓐᓇᖅᑐᖅ, ᐊᓯᖏᓐᓄᑦᑐ...
ᓴᕕᒃ	*Savik*	ᓴᕕᒃ	ᐊᑑᑎᖃᐅᖅᑐᖅ; ᐱᓚᐅᑎᐅᑦᑐᓂ, ᐊᒃᑐᓈᓂᒃ ᑭᐱᔾᔪᑕᐅᑦᑐᓂ, ᓂᓇᔾᔪᑕᐅᑦᑐᓂ, ᐊᓯᖏᓐᓄᑦᑐ

ᑭᓪᓘᑦ	*Killuut*	ᐊᐳᑎᓯᐅᑎ (ᑎᒍᒥᐊᕐᓗᒍ)	ᐊᑑᑎᖃᐅᖅᑐᖅ; ᐃᒡᓗᓕᓗᓂ, ᐅᖅᑯᐊᓕᐅᕐᓗᓂ/ᐊᕙᓗᑕᓕᐅᕐᓗᓂ ᐅᖅᑯᑦᑎᐅᕐᓗᓂ ᑐᐱᕐᒧᑦ, ᐃᓄᖕᓄᑦ, ᕿᒻᒥᓄᑦ ᑎᓯᒐᓕᐅᕐᓗᓂ, ᑭᓯᑐᐃᓐᓇᕐᓄᑦᓗ ᐊᓄᓇᒥ ᐱᖅᓯᕐᒥᓗ
ᑏᓕᐅᕈᑦ & ᐅᒃᑯᓯᒃ	*Tiiliurut & ukkusik*	ᑎᓕᐅᕈᑎ ᐅᒃᑯᓯᒡᓗ	ᑏᓕᐅᕈᑎ ᐅᒃᑯᓯᒡᓗ ᓱᐴᔫᑦ ᖃᖓᓂ
ᖃᓗᕋᐅᑦ	*Qaluraut*	ᖃᓗᕋᐅᑦ	ᐊᑐᖅᑕᐅᓲᖅ ᐊᐳᑕᐃᔭᐃᔾᔨᑎᒋᔭᐅᓗᓂ ᓯᑯᒥ
ᐅᒥᐊᖅ	*Umiaq*	ᐊᒥᖅ ᐅᒥᐊᓕᐊᓇᓯᒪᔪᖅ	ᐅᒥᐊᖅᑑᑎ, ᐊᖑᓇᓲᑎ
ᐅᒥᐊᙳᖅ	*Umianngaq*	ᐅᒥᐊᖅ ᐊᐃᒃᓯᐅᑎ	ᓇᑦᑎᖅᑕᐅᔪᓂᒃ ᐊᐃᒃᓯᐅᑎ ᓯᓈᖓᓂ
ᖃᔭᖅ	*Qajaq**	ᖃᔭᖅ	ᖃᔭᖅᑑᑎ, ᐊᖑᓇᓲᑎ
ᐃᐳᑏᑦ	*Iputiit**	ᐃᐴᑎᑦ	ᐃᐳᑦᓗᓂ ᐅᒥᐊᕐᓗ ᐊᐅᓚᑦᓗᒍ ᓇᒧᑐᐃᓐᓇᖅ
ᐃᐳᕝᕕᒃ	*Ipuvvik*	ᐃᐳᒡᕕᒃ	ᐃᐳᑎᐅᑦ ᐃᓂᖏᒃ
ᐊᖑᑎ	*Anguuti*	ᐊᖑᑎ (ᑭᓯᑦᓚᓇ)	ᐅᒥᐊᒥᒃ ᐊᐅᓚᑦᑎᔾᔪᑎ
ᐸᐅᑎ	*Pauti*	ᐸᐅᑎ (ᐊᑐᖅᑕᐅᓂᖓ) ᖃᔭᕐᒧᓗᐊᖅ ᐊᑐᖅᑕᐅᓲᖅ	ᖃᔭᕐᒥᒃ ᐊᐅᓚᑦᑎᔾᔪᑎ
ᐱᓲᑎ	*Pisuuti*		ᕿᔪᒃ ᑕᑭᐊᕐᔪᒃᑐᓂ ᐱᑕᖅᓯᒪᔪᒃᑯᑦ ᓯᑯᒃᑯᑦ ᑐᕙᖓᑕ ᐊᑖᒍᑦ ᐅᖓᓯᖕᓂᖓ ᓈᒻᒪᒃᓯᖕᒪᑦ ᐱᑕᓚᐅᖅᑐᒍ ᖃᑭᑦᑐᒍ ᓄᓗᔾᔮᐅᑎᒋᑦᓗᒍ
ᓂᐅᑕᖅ	*Niutaq**		ᕿᓯᒃ ᑕᓯᓯᒪᓪᓗᓂ ᕿᔪᖕᒧᑦ ᐊᖕᒪᓗᑮᓴᓕᐊᓇᓯᒪᔪᒧᑦ ᐅᖕᒐᓗᑕᖅᑎᑐᑦ ᐋᖅᑭᒃᓯᒪᓪᓗᓂ ᐊᑐᖅᑕᐅᓲ ᓲᒃᑲᐃᓕᑎᑦᑎᔾᔪᑎ ᐃᒪᕐᒥᐅᑕᒥᒃ ᓇᐅᓕᒃᑕᐅᓯᒪᔪᒥᒃ ᑲᐃᑦᑎᑐᑦ ᐃᒫᓂ, ᓂᕐᔪᑎᒧᑦ ᑲᓕᑕᐅᓪᓗᓂ
ᑎᓗᒃᑑᑦ	*Tiluktuut**		ᐊᐳᑕᐃᔭᐃᔾᔨᑎ ᐊᓐᓄᕌᑦ ᑎᓗᒃᑐᕐᓗᒋᒃ ᖃᓪᓗᓈᖅᑕᑦ ᐊᒥᕆᔭᐃᓪᓘᓐᓃᑦ ᒥᖅᑯᓛᑦ
ᖃᐃᖅᑲᒃᓴᐅᑎ (ᐱᐊᒃᓴᐅᒧᑦ)	*Qaiqqaksauti (piaksaungmut)**		ᓵᑦᑑᔮᖑᑦᓗᓂ ᓴᕕᕆᔭᒃ, ᐊᖕᒪᖅᑎᖅᓯᒪᓪᓗᓂ ᐃᒡᓗᐃᓐᓇᖕᓂᑦ; ᖃᒧᑎᐅᑦ ᐱᐊᖅᓴᐅᑎᖏᖕᓄᑦ
ᐸᓇ	*Pana**	ᐊᐳᓯᓇᔾᔨᑎ ᓴᕕᒃ ᑑᒐᒥᑦ ᓇᒡᔪᕐᒥᒡ ᓘᓐᓃᑦ ᐊᕐᕙᖅᑐᓂ	ᐱᒋᔭᐅᕙᓚᐅᖅᑐᑦ ᓴᕕᐅᑦᓗᑎᒃ ᐃᑭᐅᕋᐃᔾᔨᑎᑦ; ᐊᐳᓯᓇᔾᔨᑕᐅᑦᓗᑎᒃ
ᓂᒡᓕᓱᐃᑦᑐᖅ	*Niglisuittuq*	ᓂᒡᓕᓱᐃᑦᑐᖅ	ᐃᒥᖅ ᐆᓇᖅᑐᖅ ᐊᑐᐃᓐᓇᐅᖁᖅ ᐆᓇᖅᑐᒥᒃ ᐃᒥᕐᓂᐊᖅᑐᓄᑦ
ᐃᖑᕆᖅ	*Inguriq*	ᐃᖑᕆᖅ	ᐃᒻᒧᓯᕐᓯᔾᔭᑕᐅᓲᖑᑦᓗᓂ ᐊᒻᒪᓗ ᐊᒃᑐᓇᐅᔭᕐᒧᑦ ᓇᕿᑕᓴᐅᓯᒪᓪᓗᓂ ᑲᑕᒐᖅᑕᐃᓕᒪᔾᔨᑎ ᖃᒧᑎᖕᓂᑦ; ᐊᓪᓕᖅᐸᓴᐅᓲᖑᑦᓗᓂ ᑐᐱᕐᒥ ᖁᑳᓴᐅᓪᓗᓂᓘᓐᓃᑦ/ᐅᓕᒋᔭᐅᓪᓗᓂᓘᓐᓃᑦ ᕿᐱᒃᑎᑦ

ᓯᕐᑭᓐᖑᔭᐅᑦ ᐃᖏᕐᕋᓂᖓ ᒪᓕᒡᓗᒍ:

ᐅᒥᐊᓐᖓᖅ ᐅᓯᔭᐅᔪᖅ ᓯᓈᖓᓄᑦ ᕚᖕᒍᐊᕆᐅᑎᓪᓗᒍ. ᐊᐃᒃᓯᐅᑕᐅᓂᐊᕐᒥ ᓇᑦᑎᖅᑕᓄᑦ ᐃᒫᓂᑦ ᓯᓈᖓᓂ.

ᐃᒡᓗᕕᖅ ᐱᓕᕆᔾᔪᑎᑕᖅᑲᐅᖅᑐᓂ ᐃᓕᐅᕋᖅᓯᒪᔪᓂᒃ: (ᓴᐅᒥᖓᒥᑦ) ᓂᒃᓯᒃ, ᖁᑭᐅᑦ, ᐅᓈᖅ, ᓴᕕᒃ, ᐊᓄ, ᓴᕕᒃ, ᑭᓪᓘᑦ.

ᐊᑭᑦᑎᖅ ᓴᓐᒍᔭ ᓄᖅᓯᑎᓂᒃ ᐋᖅᑭᒃᓯᐃᔪᖅ ᐃᒡᓗᕕᒐᕐᒥ ᐃᓗᐱᕈᓕᕐᓂᐊᖅᑕᒥᓂ (ᐃᓗᐱᕈᖅ).

ᑲᖏᖅᑐᒑᐱᖕᒥ ᐃᓐᓇᖅ ᐊᑭᑦᑎᖅ ᓴᓐᒍᔭ ᐃᑯᒻᒪᒃᑐᖅ ᐃᒡᓗᕕᒐᕐᒥ ᐃᓗᐱᕈᓕᕐᒥ.

ᑲᖏᖅᑐᒐᐱᖏᑦ ᓯᑯᒥ ᐱᓕᕆᔾᔪᑎᑦ; ᑐᑭᖏᑦ ᐱᔾᔪᑎᖏᓪᓗ, ᐊᑏᓗ...

ᑐᒃᑐᕋᔭ	*Tukturaja*	ᐊᓪᓚᓂᕆᔭᐅᓲᑦ, ᕿᐱᒋᔭᐅᓲᑦ, ᐅᕙᓘᓐᓃᑦ ᐊᓪᓚᖅᐸᕆᔭᐅᓪᓗᑎᒃ, ᐃᖑᕆᕆᔭᐅᓱᖓᓪᓗᑎᒃ ᐅᕙᓘᓐᓃᑦ ᐊᓈᕋᔾᔨᐅᖑᓲᖓᓪᓗᑎᒃ
ᓇᑦᑎᕋᔭ	*Nattirajak**	ᐃᒡᓚᕐᒥ ᐊᑐᖅᑕᐅᓲᑦ, ᐊᓪᓚᖅᐹᕆᔭᐅᓲᑦ, ᐃᒪᔾᔭᐃᒃᑯᑕᐅᓲᑦ ᐊᓈᕌᕆᔭᐅᓪᓗᑎᒃ
ᑐᐱᖅ	*Tupiq*	ᑐᐱᕆᔭᐅᓲᑦ
ᖁᓪᓕᐊᓗ	*Qullialuk*	ᖃᐅᒪᒋᔭᐅᓲᑦ
ᓲᐴᔫᖅ	*Supuujuuq*	ᐅᖅᑰᓴᐅᑎᒋᔭᐅᓪᓗᑎᒃ ᓂᖅᑎᐅᕆᑎᒋᔭᐅᓪᓗᑎᒡᓗ
ᐅᖅᑰᓴᐅᑦ	*Uqquusaut*	ᐅᖅᑰᓴᐅᑕᐅᓪᓗᓂ ᐅᕙᓘᓐᓃᑦ ᓂᖅᑎᐅᕈᑕᐅᓪᓗᓂ ᖃᓄᐃᑦᑑᓂᖓᓄᑦ ᑭᓯᐊᓂ ᓇᓗᓇᖏᑦᑐᖅ; ᐊᔾᔨᒌᖏᑦᑐᓂᒃ ᐅᖅᓯᖃᓱᖑᓪᓗᑎᒃ, ᓱᕐᓗ ᐸᓪᓚᓂᒃ
ᐸᑎᐅᔭᖅ	*Patiujaq*	ᐸᑎᐅᔭᑐᐃᓐᓇᐃᑦ, ᑐᓐᓄᑦ ᐴᓂᕐᓂᖓᓄᑦ, ᐅᕙᓘᓐᓃᑦ ᓇᑦᑎᐅᑦ ᐅᖅᓯᐊᓄᑦ ᖃᐅᒪᓗᓂ ᐊᒻᒪᓗ ᐅᖅᑰᔾᔨᑎᒋᔭᐅᓗᓂ
ᐸᓂᑲᒃ	*Panikak*	ᓂᐅᖅᓯᔾᔨᑕᐅᕙᒃᑐᑦ
ᐊᓘᑎ	*Aluuti*	ᓂᕆᔾᔨᑕᐅᕙᒃᑐᑦ
ᑮᓪᓚᔫᒃ	*Kiillajuuk*	ᖃᓄᐃᓐᓇᖅ ᐊᑐᖅᑕᐅᔫᒃ
ᓴᓇᕈᑎᑦ	*Sanarrutit*	ᑲᑎᖕᒪᐅᖅᑐᑦ ᓴᓇᕈᑎᑦ
ᐅᓕᒪᐅᑦ	*Ulimaut*	ᐅᓕᒫᔾᔨᑕᐅᔫᖅ ᓯᑯᒥᒃ, ᓂᕿᒥᒃ
ᐴᒃᑕᔫᖅ	*Puuktajuuq*	ᐊᑑᑎᖃᐅᖅᑐᖅ; ᐋᖅᑭᒃᓯᐃᔾᔨᑕᐅᓪᓗᓂ, ᓴᓇᔾᔨᑕᐅᓪᓗᓂ, ᓂᕆᔾᔨᑕᐅᓪᓗᓂ
ᑲᓱᒃ	*Kasuk*	ᓲᐴᔫᒥᒃ ᐃᑭᑦᑎᔾᔨᑎᒋᔭᐅᔫᖅ ᐅᕙᓘᓐᓃᑦ ᐃᑭᑦᑎᔾᔨᑎᒋᔭᐅᑐᐃᓐᓇᖅᑐᓂ ᐃᑯᒪᓂᐊᖅᑐᒥᒃ
ᒥᖅᑯᑎ	*Miqquti*	ᒥᖅᓱᖅᑐᓂ ᒪᑦᑎᕆᑐᓂᑐ
ᐃᕙᓗᙱᐊᖅ	*Ivalunnguaq*	ᒪᑦᑎᓯᑐᓂ, ᒥᖅᓱᖅᑐᓂ
ᐃᐸᕋᖅ	*Iparaq*	ᐊᒃᑐᓈᖅ ᓇᐅᓚᕐᔫᖓᓪᓗᓂ ᓇᐅᓚᑦ ᐊᔾᔨᒌᖕᒋᑦᑐᑦ ᐳᐃᔾᔪᓄᑦ ᐊᖏᔫᑕᐅᖏᑦᑐᓄᑦ ᑕᒪᒃᑯᓄᖓ ᓇᑦᑎᕐᓄᑦ ᑕᐃᒪᐃᑎᒋᐅᕋᖅᑐᓄᑦ, ᓇᓄᕐᓄᑦ; ᐊᒃᑐᓈᑦ ᓯᓇᕐᔪᐃᔭᖅᓯᒪᓪᓗᑎᒃ ᐊᓚᒃᓴᕋᐃᑦᑑᔪᓃᖅᑎᓯᒪᓪᓗᑎᒃ ᓯᓇᕐᔪᐃᔭᖅᓯᒪᔪᑦ

ᑳᖏᖅᑐᓛᐱᖓᒥᑦ ᓱᑯᒥ ᐱᓕᕆᔾᔪᑎᑦ; ᑐᑭᖏᑦ ᐱᔾᔪᑎᖏᓐᓄ, ᐊᑏᓄ...

ᐊᓕᖅ	*Aliq*		ᐃᐸᖅᑎᑑᖕᒐᔮᒐᓗᐊᖅ, ᓯᓚᖕᓂᖅᓴᑐᐃᓐᓇᖅ ᐅᓈᕐᒧᑦᑕᐅᖅ ᐊᑐᖅᑕᐅᕙᖕᒥᔪᖅ ᐃᒪᕐᒥᐅᑕᓄᑦ ᐊᖏᓂᖅᓴᐅᔪᓄᑦ ᐊᒻᒪᓗ/ᐅᕝᕙᓘᓐᓃᑦ ᓂᙳᓂᖅᓴᑦ, ᑕᒪᒃᑯᓄᖓ ᕿᓚᓗᒐᕐᓄᑦ ᑕᐃᒪᐃᑦᑑᑎᕈᔪᖕᓄᑦ ᐊᑐᖅᑕᐅᓲᑦ
ᑑᒃᑲᖅ	*Tuukkaq*		ᑑᒃᑲᐃᑦ ᓇᐅᓚᕐᓂᑦ ᐊᖏᓂᖅᓴᑦ, ᐊᖏᔫᑕᐅᓂᖅᓴᓄᑦ ᐃᒪᒥᐅᑕᓄᑦ
ᓇᐅᓚᖅ	*Naulaq*		ᓇᐅᓚᖅ (ᐊᑐᖅᑕᐅᒡᒍᔪᖅ) ᓇᑦᑏᓐᓇᐸᓗᖕᓄᑦ
ᐃᒡᓗᕕᒐᖅ	*Iqluvigaq*	ᐊᐳᑎ ᐃᒡᓗᕕᒐᓕᐊᕆᓯᒪᔪᖅ	ᒪᒃᑲᐅᔨᖓᓪᓗᓂ ᐃᓯᖅᓯᒪᕕᒃᓴᖅ ᐊᐳᑎᓂᑦ ᓴᖂᔭᖅᑐᐊᓂᑦ
ᐱᕐᕌᒃ (ᓴᕕᕋᔮᒃ)	*Pirraak (savirajaak)**	ᓴᕕᕋᔮᒃ ᖃᒧᑎᐅᑉ ᐱᕐᕌᖏᒃ	ᓴᕕᕋᔮᒃ ᖃᒧᑎᐅᑦ ᐱᕐᕌᖏᒃ
ᐱᕐᕌᒃ	*Pirraak**	ᐱᕐᕌᒃ	ᓇᓗᓇᐃᖅᑕᐅᔾᔪᑎᖏᑦ ᐱᐊᒍᑕᐅᔪᑦ, ᖃᓄᐃᑦᑐᑐᐃᓐᓇᕐᓂᑦ ᓴᓇᔭᐅᓲᑦ
ᐃᔾᔪᖅ	*Ijjuq**	ᐱᕐᕌᒃ	ᐃᔾᔪᖅ ᓄᓇᒦᙱᓚᖅᑐᖅ/ᐃᔾᔪᕐᒥᑦ
ᐸᓗᐊᒑᖅᑎᕈᑎ	*Paluagaaqtiruti**		ᓂᐱᙵᒐᑎᑦᑎᑦᑎᐊᕐᓂᖅᓴᖅ/ᑭᓂᕈᔪᒃᑐᓂ ᐸᓗᐊᒑᕐᒥᑦ ᐃᖑᓯᒪᔪᖅ ᐱᐊᒃᓴᐅᑎᐅᑦ ᓂᐳᑖ ᖃᒧᑎᐅᑦ ᐱᕐᕌᖏᓐᓂ
ᐊᐅᒃᑎᕈᑎ	*Auktiruti**		ᓂᐳᓯᐅᑎᓯᒪᔪᖅ/ᓂᕆᔪᑎᐅᑦ ᐊᐅᖓᓂᑦ ᐱᐊᒃᓴᐅᑏᖕᓄᑦ ᐱᕐᕌᖕᓄᑦᑐ ᓂᐳᑎᒋᔭᖓ
ᐊᒃᓴᓗᐊᑦ	*Aksaluat**	ᐊᒃᓴᓗᐊᑦ (ᑲᓕᕈᑏ)	ᖃᑭᑦᑎᔾᔪᑎ ᓂᕐᔪᑎᑕᒥᒃ (ᐊᒃᑐᓂᒃ ᓂᕐᔪᑎᓂᒃ)
ᐅᔭᕋᑦᑎᐊᖅ	*Ujarattiaq*	ᐅᔭᕋᑦᑎᐊᖅ	ᐊᑐᖅᑕᐅᓲᖅ ᐊᒻᒪᓗ ᓴᓇᔭᕆᐊᖃᒃᑲᓐᓂᖅᑐᓄᑦ
ᑭᑭᐊᒃ	*Kikiak*	ᑭᑭᐊᒃ	ᐊᑐᖅᑕᐅᓲᖅ ᐊᒻᒪᓗ ᓴᓇᔭᕆᐊᖃᒃᑲᓐᓂᖅᑐᓄᑦ
ᐸᓚ	*Pala*	ᐸᓚ	ᐸᓚᒋᔭᐅᖃᑦᑕᖅᑐᑦ ᐅᖅᓴᐃᔪᓄᑦ ᐅᖅᓯᖃᐅᑎᓄᑦ
ᖁᓪᓕᖅ	*Qulliq**	ᐅᖅᓯᕐᒨᖅᑐᖅ ᖁᓪᓕᖅ	ᐅᐊᑦᑎᐊᕈᓂᑦ ᐊᑐᖅᑕᐅᓯᒪᔪᑦ ᐅᖅᑰᔾᔪᑎᒋᔭᐅᓪᓗᑎᒃ, ᖃᐅᒪᒋᔭᐅᓪᓗᑎᒃ, ᓂᖅᑎᐅᕈᑎᒋᔭᐅᓪᓗᑎᒃ; ᓂᕐᔪᑏᑦ ᐅᓱᖕᒋᑦ ᐃᑯᒪᔾᔪᑎᒋᔭᐅᓪᓗᑎᒃ; ᐅᓪᓗᒥ ᓯᓚ ᐊᑐᖅᑕᐅᖃᑦᑕᖅᑐᑦ ᓇᓪᓕᐅᓐᓂᖅᓯᐅᖅᑐᓄᑦ ᐊᒻᒪᓗ ᑐᐱᕐᓂᑦ ᐃᓛᓐᓂᑦ ᓯᓂᒃᑕᕆᐊᕐᕕᐅᓯᒪᔪᓂᑦ ᑑᓐᓂᑦ, ᑭᓯᐊᓂᓕ ᐅᐊᑦᑎᐊᕈᓂᑦ ᐊᑐᖅᑕᐅᓪᓗᑎᒃ ᓖᓐᓇ ᐊᑐᖅᑕᐅᕙᓚᒍᓐᓃᖅᑐᑦ
ᒪᓂᒃᓴᑦ	*Maniksat*	ᒪᓂᒃᓴᑦ	ᖁᓪᓕᕐᒧᑦ ᒪᓂᓇᔭᐅᓲᑦ, ᖁᓪᓕᐊᓗᖕᒧᑦᑐ, ᐊᓯᖏᓐᓄᑦᑐ ᖃᐅᒪᒋᔭᐅᔪᓐᓇᖅᑐᓄᑦ; ᖃᑦᓗᓈᖅᑕᐅᔪᓐᓇᖅᑐᑎᒃ ᐅᕝᕙᓘᓐᓃᑦ ᓄᓇᑐᐃᓐᓇᕐᒥᑦ
ᐊᒃᓴᓕᒃᑕᑦ	*Aksaliktat**	ᐊᒃᓴᓕᒃᑕᑦ	ᑲᑎᑕᐅᓪᓗᑎᒃ ᐊᒃᓴᓕᒃᑕᐅᓯᒪᔪᑦ ᓄᓇᑐᐃᓐᓇᕐᒦᙶᓚᐃᑦ ᖁᓪᓕᕐᓄᑦ ᐊᑐᖅᑕᐅᓲᑦ
ᐱᑐᐊᑦ	*Pituat**	ᖁᓪᓕᐅᑉ ᐊᓪᓖᖅ	ᕿᔫᑦᓗᑎᒃ ᖁᓪᓕᕐᒧᑦ ᐃᓂᒋᔭᐅᖃᑦᑕᖅᑐᑦ

ᐸᐅᒍᓰᑦ	Paugusiit*	ᐃᓐᓂᓴ	ᐸᓂᖅᓲᕖᑦ ᖁᓪᓗᐅᑦ ᖁᓛᓃᓯᑦ ᐸᓂᖅᓲᕕᒋᔭᐅᓪᓗᑎᒃ
ᐃᕐᖓᐅᓯᖅᕕᒃ	Irngausiqvik*		ᐃᒪᖅᑲᓰᖑᓪᓗᑎᒃ ᐃᕐᖓᐅᑎᑦ ᖁᓪᓗᐅᑦ ᑯᑦᕕᒋᔭᖏᑦ
ᐃᓐᓂᕐᕕᒃ	Unnirvit	ᐃᓐᓂᕐᕕᒃ	ᕿᓯᖏᓂᒃ ᐃᓐᓂᕐᕕᒋᔭᐅᓪᓗᑎᒃ ᐸᓂᖅᓲᕕᒋᔭᐅᓯᑦ
ᐸᐅᒃᑑᑎᑦ	Pauktuutit	ᕿᔪᐊᕐᔪᑯᑖᑦ	ᕿᔪᐃᑦ ᐸᐅᒃᑑᑎᑦ ᑕᓯᙵᑎᑦᑎᓪᓗᑎᒃ ᐊᒻᒪᓗ ᐸᓂᖅᑎᑦᑎᔾᔪᑎᒋᔭᐅᓪᓗᑎᒃ ᒪᓂᖅᑲᒥ
ᐃᓗᐱᕈᖅ	Ilupiruq		ᐃᓪᓗᕕᒐᐅᑦ ᐃᓗᖖᒍᖑᓂ ᐃᓗᐱᕈᑦ; ᖃᓪᓗᓈᖅᑕᖅ ᐋᖅᑭᒃᓯᒪᔪᖅ ᐃᓪᓗᕕᒐᐅᓂᖑᑕ ᖃᓂᒌᔾᔪᑦ ᐊᐳᑕᐅᓂᖓ ᐊᐅᒃᓴᕆᐃᓐᓂᐊᖏᓪᒪᑦ ᐅᖅᑰᑎᑦᑎᒃᑲᓐᓂᕐᓗᓂᓗ; ᐃᒫᒃᑲᓐᓂᖅᑕᐅ ᐅᕐᑲᐅᓯᐅᕐᑲᑎᖑ ᐳᐊᓘᑦ ᓇᑦᑎᕋᔭ ᓯᓚᓪᓚᐅᓗᓂ ᐊᒻᒪᓗ ᑑᒃᑐᕋᔭ ᐃᓗᓪᓚᐅᓗᓂ
ᓄᖅᓱᑎᑦ	Nuqsutit		ᕿᔪᖃᖅᑐᑎᒃ ᐊᒃᑐᓈᑯᓗᐃᑦ ᐃᓗᐱᕈᕐᒧᑦ ᓄᖅᓱᑎᑦ ᐃᓪᓗᕕᒐᑦᑕᖑᓄᑦ ᐳᑦᑐᑎᓯᒪᓪᓗᑎᒃ
ᐊᓪᓚᕇᕐᒥᒃ	Alliraarmik*		ᐊᓪᓚᕇᕐᒥᒃ ᕿᓯᖕᒥᑦ ᐊᒥᕐᒥᓪᓚᓐᓂᑦ ᐊᑐᖅᑐᖅ ᐅᓂᐊᖅᑕᐅᓪᓗᓂ ᐃᓄᖕᒧᑦ ᕿᒻᒥᓂᓪᓚᓐᓂᑦ
ᐊᓪᓚᓂᖅ	Alliniq	ᐊᓪᓚᓂᖅ	ᐊᒥᐅᓪᓗᓂ ᐊᓯᐊᓂᒡᓚᓐᓂᑦ ᓂᕈᒥᒃᓯᑎᑦᑎᕝᕕᓪᓚᕐᓂᐊᖅᑐᖅ ᐃᒡᓚᕆᔭᒥᒃ
ᐊᓪᓚᖅᐹᖅ	Alliqpaaq	ᐊᓪᓚᖅᐹᖅ	ᐊᑯᓪᓚᐅᓪᓗᓂ ᐊᓪᓚᓂᒥᑦ ᓄᓇᒥᓪᓗ ᕿᐅᔾᔭᐃᒃᑯᑎᒃᑲᓂᖅ ᐊᒻᒪᓗ ᖃᐅᓯᓪᔾᔭᐃᒃᑯᑕᐅᓪᓗᓂ ᐊᒻᒪᓗ ᐅᖅᑰᑎᑦᑎᕝᕕᓪᓚᖅᑐᓂ
ᕿᐲᒃ	Qipiik	ᕿᐲᒃ (ᐴᖅ)	ᕿᐱᖏᔭᐅᓯᖅ; ᐊᒥᐅᔪᓐᓇᖅᑐᓂ ᐴᒡᓘᓐᓂᑦ ᕿᐲᒃ (ᓴᓇᔭᐅᓯᒪᔫᒃ)
ᑐᑎᕆᐊᖅ	Tutiriaq		ᐊᒥᐅᑦ ᐃᓚᒋᓪᓗᓂᐅᒃ, ᑑᒃᑐᕋᔭ, ᓇᓄᕋᕐᓘᓐᓂᑦ ᓇᖏᕐᕕᒋᔭᖅ ᓂᒃᐸᖅᑐᓂ ᐊᓪᓘᑦ ᓴᓂᐊᓂ ᐃᓯᒐᐃᔾᔾᔭᐃᒃᑐᑕᐅᓪᓗᓂ ᕿᑭᕋᖅᑲᕐᓇᕐᓇᓂ ᐊᖑᓇᓱᒃᑎᒧᑦ ᑲᑕᔾᔭᐃᒃᑯᑎ ᓯᑯᒃᑯᑦ
ᐃᑯᕋᐅᑕᖅ	Ikurrautaq	ᐃᑯᕋᐅᑕᖅ	ᓂᒃᐸᖅᑐᒧᑦ ᐃᑯᕋᖅ
ᑲᐅᑕᖅ	Kautaq		ᓂᓚᒃ ᐅᖁᒪᐃᓗᐊᕋᓂ, ᐃᓖᓐᓂᑦ ᐊᒃᑐᓈᖅᑲᖅᐸᒃᑐᓂ ᑎᒍᒥᐊᕐᕕᖑᓂᒃ, ᐊᑐᖅᑕᐅᓯᖅ ᓇᑦᑎᐊᕐᒥᒃ ᑐᖁᑦᑎᔾᔪᑎᒋᔭᐅᓪᓗᓂ
ᓴᒃᑯᑦ (ᖁᑭᐅᒻᒧᑦ)	Sakkut (qukiummut)	ᓴᒃᑯᑦ	ᐊᖑᓇᓱᒃᑐᓄᑦ ᐊᑐᖅᑕᐅᓯᑦ
ᓴᒃᑯ (ᓇᐅᓚᖅ)	Sakku (Naulaq)	ᓇᐅᓚᖅ	ᐊᖑᓇᓱᒃᑐᓄᑦ ᐊᑐᖅᑕᐅᓯᑦ; ᑖᓇ ᐅᖃᐅᓯᖅ ᑲᖏᖅᑐᓖᐱᖕᒥᐅᓃᕐᖖᓪᓚᓐᓂᖏᑦᑐᖅ, ᖁᑦᑎᒃᑐᓇᔭᑦᑎᓐᓂ ᓄᓇᓚᖕᓂ ᐊᑐᖅᑕᐅᓂᖅᓴᖅ
ᓄᓗᐊᑦ	Nuluat	ᓄᓗᐊᑦ	ᐊᑐᖅᑕᐅᓯᑦ ᐃᖃᓗᖕᓂᐊᕈᑕᐅᓪᓗᑎᑦ ᐅᕙᓘᓐᓂᑦ ᐃᒪᕐᒥᐅᑕᓂᒃ

ᑳᖏᖅᑐᒑᐱᖕᒥᑦ ᓯᑯᒥ ᐱᓕᕆᔾᔪᑎᑦ; ᑐᑭᖏᑦ ᐱᔾᔪᑎᖏᓪᓗ, ᐊᑏᓗ...

ᐃᓕᐅᖅᑖᕈᑦ	*Iliuqtaarut*	ᐃᓕᐅᖅᑖᕈᑦ	ᒪᓂᖅᑲᐃᔾᔪᑎᒋᔭᐅᖃᑦᑕᖅᑐᑦ ᖃᒧᑏᑦ ᐱᕐᖒᕐᖏᓐᓂᒃ, ᓂᓪᓚᖕᒥᒃ ᖃᐃᖅᑲᒃᓴᐃᔾᔪᑕᐅᓪᓗᑎᒃ, ᕿᔪᖕᒥᒃ, ᐅᕝᕙᓘᓐᓃᑦ ᐊᐅᒃᑖᖕᓂᒃ ᐱᕐᖒᕐᓂᒃ
ᑲᐅᓚᔾᔪᑎᑦ	*Kaulajjutit*	ᑲᐅᓚᔾᔪᑎᑦ	ᐊᐳᑎ ᑲᐅᓚᓗᒍ, ᓴᕕᕋᔭᐅᓪᓗᓂ ᕿᔪᓪᓘᓐᓃᑦ
ᓂᒃᐸᔫᖅ	*Nikpajuuq*		ᖁᑭᐅᑎ ᐋᖅᑭᒃᑕᐅᓪᓗᓂ ᓂᒃᐸᔫᖅ ᐊᓪᓗᒥ, ᓇᑦᑎᐅᑦ ᐊᔭᐅᑕᖓ ᐊᔭᖓᒪᒍ ᖁᑭᓚᐊᖅᑐᓂ ᐳᐃᔭᕐᖓᒥᒃ
ᓯᑯᐊᖅᓯᐅᑦ	*Sikuaqsiut*	ᓯᑯᐊᖅᓯᐅᑦ	ᓂᐅᖓᓪᓗᓂ ᓴᕕᕋᔭᑯᑖᒃ ᐊᑐᖅᑕᐅᓰᖅ ᐊᓪᓘᑦ ᖃᑎᖓᓂᒃ ᓇᓂᓯᔾᔪᑕᐅᓇᓯᒃᑐᓂ
ᐊᔭᐅᑕᖅ	*Ajautaq*	ᐊᔭᐅᑕᖅ	ᓂᒃᐸᔩᑦ ᐃᓚᖓ; ᕿᑦᓕᖅᑕᐅᓪᓗᓂ ᐊᒥᑦᑐᖅ ᓴᕕᕋᔭᑯᑖᒃ ᓇᑦᑎᖅ ᐳᐃᒃᐸᑦ ᐊᓂᖅᓵᓕᐊᖅᑐᕐᓗᓂ ᐊᔭᐅᑕᖓ ᐊᔭᓪᓗᓂᐅᒃ ᓂᒃᐸᔫᖅ ᖁᑭᓕᐊᕐᓗᓂ
ᓂᒃᐸᔫᒧᑦ ᐅᓈᖅ	*Nikpajuumut unaaq*	ᐅᓈᖅ	ᓂᒃᐸᔩᑦ ᐃᓚᖓ; ᖁᑭᓕᐊᖅᐸᑦ ᓇᐅᒃᑭᐊᕐᓗᓂ ᓇᑦᑎᕐᒧᑦ
ᑑᕈᑎ	*Tuuruti*	(ᓂᓪᓚᖕᒧᑦ) ᑑᕈᑎ	ᓂᓪᓚᖕᒥᒃ ᓯᖁᓪᓗᐃᔾᔪᑎ
ᐊᕙᑕᖅ	*Avataq*	ᐳᒃᑕᖅᑯᑎ	ᓇᑦᑎᐅᑦ ᕿᓯᖓᓂᒃ ᐊᕙᑕᓕᐅᖅᑐᖅᑲᖅᑕᓚᐅᖅᓯᒪᔪᖅ, ᑕᐃᔾᔨᒪᓂ ᐊᕙᑕᐃᑦ ᐊᑐᖅᑕᐅᖃᑦᑕᖅᑎᓪᓗᑎᑦ, ᐊᑐᖅᑕᐅᕙᒃᑐᑎᒃ ᐃᒪᕐᒥᐅᑕᒥᒃ ᓇᐅᓕᒃᓯᔾᔭᖃᕐᖓᑦ
ᐃᒋᖃᖅᑕᖅ	*Igiqaqtaq*		ᐃᒋᖃᑦᑕᖅᑎᑐᑦ ᐱᙳᐊᖅᑎᑐᑦ ᖃᑦᑖᕐᔭᓛᑦ ᒪᑐᐊᑐᑦ; ᑐᖄᖅᑎᑦᑐᒍ ᐊᒻᒪᓗ ᐃᒋᑦᑐᒍ ᓂᓚᒃ ᓇᐸᑎᓪᓗᒍ
ᑭᕕᔪᕐᓂᐅᑎ	*Kivijurniuti*	ᓂᒃᓯ	ᑭᕕᖅᑲᔪᒥᒃ ᐃᒪᕐᒥᐅᑕᕐᒥᑦ ᖃᕝᕙᖅᑎᑦᑎᔾᔪᑎ ᑭᕕᔪᕐᓂᐅᑎ
ᐅᖂᑕᖅ	*Uquutaq*	ᐅᖂᑕᖅ	ᑭᓯᑐᐃᓐᓇᖅ ᐅᖂᑕᓕᐊᓕᐅᓗᒍ ᐊᓄᖄᖅᑎᓪᓗᒍ; ᐊᐳᑎ, ᕿᔪᒃ, ᖃᓪᓗᓈᖅᑕ, ᐊᓯᖏᓪᓗ
ᐆᕚᖅ (ᐅᖄᓚᐅᑎ)	*Uuvaaq (Uqaalautit)*	VHF ᐅᖄᓚᐅᑎᕋᓛᖅ	ᐊᑐᖅᑕᐅᓰᖅ ᐅᖃᓪᓚᖃᑎᖃᖅᓗᓂ ᑭᓇᑐᐃᓐᓇᕐᒥᒃ ᓇᔪᙱᑕᒥᒃ; ᐅᖃᐅᓯᖅ 'ᐆᕚᖅ ᐊᑐᖅᑕᐅᓯᒪᔪᖅ ᖃᓪᓗᓈᑦ ᐅᖃᐅᓯᖏᓐᓂᑦ ᐅᖃᐅᓯᖓᑦ "over", ᐊᑐᖅᑕᐅᓰᖅ ᓈᓚᐅᑎᒃᑯᑦ ᐅᖃᓪᓚᖃᑎᖃᖅᑐᓂ
ᑎᓪᓚᖅᑯᑎ	*Tillaqquti*		ᐊᒥᐊᓕᔾᔪᑎᑐᖅ ᓂᕈᐊᑎᒦᙵᖅᑐᖅ ᐃᒥᕐᒥᒃ ᖃᒧᑏᑦ ᐱᕐᖑᕐᖓᓂᑦ ᐱᐊᒃᓴᐃᑐᓂ ᓂᓚᒃ ᐱᐊᒃᓯᔾᔪᑎᒋᓪᓗᒍ
ᑎᓪᓚᕆᕕᒃ	*Tillarivik*		ᐃᒪᖅᑲᖅᑐᓂ ᖃᒧᑏᙶᓂᑦ ᐱᐊᒃᓴᐅᑎᒃᓴᒥᒃ ᐱᕐᖑᓂᑦ ᖁᐊᖅᑐᓂ ᐱᐊᒃᓴᐅᑎᒋᓗᒍ
ᑕᓗᐊᖅ	*Taluaq*		ᑕᓗᐊᖅ; ᖃᑯᖅᑕᐅᓪᓗᓂ ᐊᒥᖅ ᐅᕝᕙᓘᓐᓃᑦ ᖃᓪᓗᓈᖅᑕᖅ ᐊᖑᓇᓱᒃᑎᒧᑦ ᑕᓗᐊᓕᔭᐅᓰᖅ ᐊᑐᖅᑕᐅᓪᓗᓂ ᐆᑦᑐᕆᐊᖅᑐᒧᑦ ᐊᖑᓇᓱᒃᑐᒧᑦ ᓯᑯᒥ

** ᑕᒪᒃᑯᐊ ᐊᑐᖅᑕᐅᕙᓪᓚᐅᖅᑐᑦ ᐱᓕᕆᔾᔪᑎᑦ ᐊᑐᖅᑕᐅᖃᑦᑕᕈᓐᓃᖅᑐᑦ ᐅᓪᓗᒥ*

ᓯᕿᓐᖑᔭᐅᑦ ᐃᖏᕐᕋᓂᖓ ᒪᓕᒃᑐᒍ
ᓴᐅᒥᖕᒥᑦ: ᓴᕕᑦᑎᐊᕚᑦ
ᐋᑑᑎᖅᑲᑦᑎᐊᖅᑲᑦᑕᖅᑐᑎᒃ ᓯᑯᒥ ᐊᒻᒪᓗ
ᐊᖑᓇᓱᒃᑏᑦ ᓇᒃᓴᖅᐸᒃᑐᑎᒃ ᐊᔾᔨᒌᖕᒋᑦᑐᓂᒃ.
ᑖᓐᓇ ᐊᑐᖅᑕᐅᒐᖅ
ᐱᓕᒃᓯᔾᔪᑎᒋᔭᐅᑦᑎᐊᖅᑐᓂ ᖁᐊᒫᔾᔪᕆᒃ
ᐃᖃᓗᕕᓂᕐᒥᒃ ᓂᐅᖅᑲᐃᓐᓇᕐᓇᖅᑎᑦᑐᒍ.

ᓄᓗᔾᔨᕐᓂᐊᓕᖅᑐᖅ (ᓇᑎᕐᓂᐅᑎᓂᒃ)
ᓇᒡᒍᑎᒃᑯᑦ ᓯᑯᓕᐊᕕᓂᐅᑎᑦᑐᒍ.

ᐃᖅᑯᒃ ᐊᖑᑎᕐᔪᐊᖅ ᐅᖄᓚᔪᖅ ᐃᒡᓗᕋᓵᒥ
ᐆᕚᒃᑯᑦ, ᐊᑐᕆᐊᖅᑦᓚᕆᒃᑐᖅ ᓯᑯᒥ
ᐊᑐᖅᑕᐅᔪᖅ ᑲᖏᖅᑐᒑᐱᖕᒥ ᐅᑦᑐᒥ.

ᑕᐃᒫᒃ ᐊᑐᖅᑕᐅᑦᑎᐊᕐᒥᔪᖅ
ᓂᕿᑕᐅᑎᒋᔭᐅᑦᑐᓂ - ᐅᖏᕐᓚᒃ.
ᓇᑦᑏᑦ ᐱᓚᒃᑕᐅᖑᔭᐃᓐᓇᕐᒪᑕ ᐊᒻᒪᓗ
ᓂᕿᖏᑦ ᐅᖏᕐᓚᒃᑕᐅᑦᑐᑎᒃ ᕿᓯᖏᓐᓄᑦ.
ᕿᓯᖓ ᐅᖏᖅᑎᑕᐅᑦᑐᓂ ᖄᖓᒍᑦ
ᐅᖏᕐᓚᒃᑕᐅᑦᑐᓂ, ᕿᓚᒃᑕᐅᓯᒪᑦᑐᓂ
ᕿᓯᖓ ᓄᕕᓯᒪᐅᖅᑐᑎᒃ ᐳᑐᖏᑎᒍᑦ
ᑭᒡᓕᖓᒍᑦ ᐊᒻᒪᓗ ᕿᓚᑦᑎᐊᖅᓯᒪᑦᑐᓂ.
ᐅᖏᕐᓛᒃ ᐃᖅᐸᖅᑎᑕᐅᑲᐅᖅᑐᕈᓐᓇᖅᑐᓂ
ᕿᓚᕈᔾᔮᖅᑕᐅᓗᓂ ᐅᕙᔫᓐᓃᑦ ᕿᓚᕈᑖ
ᑭᐱᔭᐅᓗᓂ ᐅᖏᕐᓚᒃᓯᒪᐅᑎᒋᔭᖓ. ᑕᕙᓂ
ᐊᔾᔨᙳᐊᒥ ᐃᓇᓗᐊᖏᑦ ᐊᓯᐊᓃᑦᑐᑎᒃ.
ᓯᕿᖏᔭᖅᓯᒪᑦᑐᑎᒃ ᐊᒻᒪᓗ ᓄᕕᑦᓚᖅᓯᒪᔪᑦ
ᐅᓯᔭᕐᓂᕐᓂᐊᖅᒪᑕ - ᐃᓇᓗᐊᖏᑦ
ᓄᕕᑦᓚᖅᓯᒪᔪᑦ (ᑕᑯᓗᒍ ᐅᓂᒃᑳᑦᑕᐅᖅ
ᓯᑯᓂᖔᖓᓃᑦᑐᑦ ᓂᕿᑦ ᒥᒃᓵᓄᑦ).

ᖄᓅᖅ

ᑖᓐᓇᓐᖑᐊᖅ ᐱᐊᓇ

ᐅᒡᔪᒃ

ᐅᒡᔪᑲᔭᒃ

ᐊᒃᑐᓇᔾᔾᐊᓇᔭᐅᖃᑦᑕᖅᑐᖅ (ᐊᒃᑐᓈᖅ), ᐊᑐᕐᓚᓕᐊᕐᒍᑦᑐᓂ (ᐊᑐᕐᓛᒃ), ᐃᐸᕋᐅᑦᑎᓕᐊᕐᒍᑦᑐᓂᑐ. ᐅᒡᔪᐊᕋᐅᑦᑐ ᐅᒡᔪᑲᔭᕐᒥᑦ ᑭᐊᒃᑕᐅᖃᑦᑕᖅᑐᑦ/ ᖃᑯᖅᑑᓕᖅᑐᑎᒃ (ᒥᖅᑯᕐᒥᑦ ᐲᔭᖅᑐᑎᒃ ᐊᒻᒪᑐ ᓇᑐᐊᓇᑦᑐᒥᑦ ᓯᕿᓐᓂᖅᑐᒥ, ᐊᓐᓄᕋᔾᔾᐊᓇᔭᐅᑦᑐᑎᒃ) ᐊᒻᒪᑐ ᐃᐸᕋᐅᑦᑎᓕᐊᓇᔭᐅᒡᒍᑦᑐᑎᒃ ᐃᐱᕋᐅᑕᔅᓯᐊᓇᓂᖃᖏᓐᓇᓯᕗᑦ.

ᒪᒥᕐᕆᐊᖅᑕᐅᑦᑐᓂ ᒥᖅᑯᐃᖅᑕᐅᑦᑐᓂ ᐃᖅᑲᖅᑎᓖᑦ/ᐃᖅᑲᖅᑎᖅᑲᖅᑐ / ᐅᒡᔪᑲᔭᐅᓂᕐᓚᑕ ᐃᐸᕐᓚ ᐃᒪᐃᑦᑐᓕᐊᕐᒍᒎᖅ ᓯᕐᕿᔅᓕᐊᓇᓂᖃᑦᑕᖅᐳᖅ/ ᓯᕐᕿᒃᓴᓕᐊᕐᒍᖃᑦᑕᖅᐳᖅ / ᓯᕐᕿᒃᓴᓕᐊᓇᔭᐅᑦᑐᑎᒃ ᐊᒻᒪᑐ ᓱᑐᕋᖅ/ ᓱᑐᕋᒃᓴᓕᐊᓇᔭᐅᑦᑐᑎᒃ/ᐃᐸᕋᐅᑎᐅᑦ ᓱᑐᕋᕐᒥᑦ (ᐃᐸᕋᐅᑎᐅᑦ ᓱᑐᕋᕐᒥᑦ). ᐅᐊᑦᑎᐊᕿᓚᐅᖅᑐᖅ, ᐊᑦᑐᓈᑦ/ᐊᒃᑐᓈᑦ ᐊᑐᖅᑕᐅᖃᑦᑕᓚᐅᖅᓯᒪᔪᑦ ᐊᐃᕝᕙᓗᒃᑐᓂᑦ, ᐊᒻᒪᑐ ᐊᑦᑐᓈᕐᓯᐊᖅᑯᑎᓚᑐᒍ/ ᐊᒃᑐᓈᑦ ᐃᒪᕐᒥᐅᑕᓄᑦ ᐊᑐᖅᑕᐅᔪᑦ. ᓇᑎᕋᐃᑦ

ᑐᑭᒧᕐᓛᖅ ᓱᒃᑕᐅᖃᑦᑕᔪᔪᑦ ᐊᒻᒪᑐ ᖃᓄᑐᐃᓐᓇᖅ ᐊᔾᔾᐃᓐᖏᑦᑐᓂᒃ ᐊᒥᓱᓂᒃ ᐊᑑᑎᖃᕈᓐᓇᖅᑐᑎᒃ. ᑕᒪᕐᒥᒃ ᐃᖅᑲᖅᑎᕐᓚ / ᒪᒥᕐᓚᑕᑐ ᐃᐸᕐᓚ / ᐃᑐᑦᑎᖅ ᒪᑦᑕᑦᑖᕐᓚ, ᐸᓂᖅᑐᑎᒃ, ᐊᒻᒪᑐ ᐃᖅᑲᖅᑎᕐᓚ / ᐃᐸᕐᓚ/ ᐃᖅᑲᖅᑎᖅᑲᖅᓂᕐᓚ ᑭᐊᒃᑕᐅᑦᑐᓂ / ᖃᑯᖅᓯᑦᑐᓂ (ᓇᑐᐊᓇᔭᐅᑦᑐᓂ) ᕿᓯᒃ.

ᓂᖅᑭᕐᓚ

ᐅᒡᔪᕝᕕᓂᖅ (ᐅᒡᔫᑦ ᓂᖅᑭᕐᓚ) ᓂᓇᔭᐅᓲᕐᒍᔪᖅ ᐃᓄᕐᓄᑦ ᐊᒻᒪᑐ ᖅᑭᒥᖅᑯᑎᒃᓴᓇᔭᐅᓲᕐᒍᑦᑐᓂ. ᐊᕐᒍᓇᓱᒃᑎᓚᓚᐃᑦ ᐅᒡᔫᒃᑲᑐᐊᖅ<ᑕ, ᓂᖅᑭᑖᕈᓐᓇᖅᑐᐃᓐᓇᐅᕐᒪᑕ, ᐋᖅᑭᒃ<ᐱᖅᓯᒪᕐᒪ ᐊᑐᖅᑕᐅᔪᖅ ᓂᕐᒋᖅᑐᐃᓐᓇᐅᖃᑦᑕᖅᑐᑎᒃ. ᓂᖅᑭᕐᓚᑐ ᓂᖅᑭᒃᑯᕖᕐᔫᖅᑲᖅᑕᐅᔪᓐᓇᖅᑐᓂ <<ᑕᐅᑐᓂ ᐊᒻᒪᑐ ᓂᖅᑭᑐᖅᑲᖅᑯᑎᒋᔭᐅᑐᓂ, ᒪᒪᖅᓯᖃᑦᑕᖅᑐᖅ, ᐱᑐᐊᓐᖑᐊᖅᑐᒥᒃ ᓂᐊᖅᑯᐊ ᖁᕐᓚᓯᖃᖅᓯᒫᖅᔫᑐᓂ ᐅᒡᔪᑲᔭᕐᓚᓄᑦ ᖅᑭᓚᒃᓯᒪᑐᓂ. ᐊᔾᔾᐱᕐᒥᑦᑐᑦ ᐅᒡᔪᓄᑦ ᐊᔾᔾᐱᕐᒥᑦᑐᓄᑦ ᐊᐱᑦ ᐱᑕᖅᑲᓇᒍᑦ ᐅᑯᐊᕐᒍᑦᑐᑎᒃ: ᐅᑐᖅᑲᖅᓯᐊᖅ / ᐃᓇᑦᑕᓇᒃ ᐅᒡᔪᑐᖅᑲᖅ, ᖅᑭᖅᓂᖅᓯᓂᖅ / ᖅᑭᖅᓂᖅᒥᒃ ᓂᐊᖅᑯᓚᒃ, ᓈᓇᔅᓯᖅ / ᓈᑎᐊᓇᒃᑐᖅ, ᐅᔅᓯᒪᐃᖅᓯᐊᖅ ᐸᐊᑐᓚᓐᖑᑦᑐᓂᑐ ᓇᓄᓯᐊᖅᓂᑦᓯᓐᖑᐊᖅ / ᐅᒡᔪᐊᕋᖅ "ᐸᐊᑐᓯᒪᑦᑐᓂ" ᓇᓄᖅᓯᓐᓂᑦᑐᖅ / ᓇᓄᖅ.

ᐋᑖᑦ ᑕᐃᔫᑖᑦ — ᖃᐃᕈᓕᐅᓚᑐᐊᖅᑕᐅᖅ

ᐃᓐᓇᖅ ᖃᐃᕈᓕᒃ / ᐅᔭᒃᑎᐅᑎᓐᖑᐊᓕᒃ

ᖅᑭᖅᓂᖅᑕᖅ / ᖅᑭᖅᓂᖅ

ᐊᓚᑑᖅ / ᐅᑭᓕᓇᐊᑖᔪᖅ, ᒫᓇᖅᓯᒪᓕᑐᖅ.

ᐅᐊᑦᑎᐊᕈ ᑭᕐᒍᓂᕐᓖᑦᑎᓐᓂ, ᖅᑭᓯᕐᒥᑦ ᑭᐊᒃᑕᓇᔭᐅᒡᒍᓂᓚᐅᓯᒪᔾᔪᑦ / ᖅᑭᓯᕐᒥᑦ ᒥᖅᑯᖅᑲᖅᓇᑎᒃ (ᓇᑐᐊᓇᔭᐅᓯᒪᑦᑐᑎᒃ) ᐃᑐᖅ<ᓯᕐᓛᕐᓚ ᓂᕈᒥᕐᓂᖅᓴᐅᕐᒪᑕ ᖅᑭᓯᕐᒥᑦ. ᑭᓯᐊᓂ ᐃᖅᑲᖅᑎᕐᓚ / ᐃ<ᐅᑐᓂ ᕌᑐᑯᑑᓂᖅᓴᐅᑦᑐᓂ ᓇᑦᑎᐅᖅᑲᑎᕐᒥᓐᓂᑦ, ᓂᖅᑭᕐᓚᓚ ᓂᓇᔭᐅᓚᔪᐃᑐᑦᑐᓂ ᒪᒪᓇᔭᐅᕐᒥᓐᓇᒥ, ᐱᑐᐊᖅᑐᑦ ᐅᑭᓕᓇᐊ<ᑐᒃᑐᑦ/ ᓇᑎᑦᓚᓇᕐᓂᒃ ᐱᑕᖅᑲᐅᖅᒪᑦ ᐊᑐᐃᓐᓇᐅᑦᑐᑎᒡᑐ. ᐅᐊᑦᑎᐊᕈ ᑭᕐᒍᓂᕐᓖᑦᑎᓐᓂ ᑕᐅᖅᔫᔾᔪᑎᒋᔭᐅᕙᒃᑐᕕᓃᑦ ᓂᖅᑭᑦ.

ᓇᓄᕋᖅ ᓴᓗᐊᖅᓯᖅᑐᖅ ᖃᓈᕐᒥ.

ᒪᒪᕈᑦ ᑯᓇᔅᑕᓐᓴᓐ

ᓇᓄᖅ

ᓇᓅᑉ ᐊᒥᐊᑕ (ᓇᓄᕋᓛᑕ) ᓇᓪᓄᔅᕋ / ᖃᓄᖅ ᓴᓇᒃᓴᖅᑕᐅᓲᖑᓐ ᒪᖕᒑᑕ

ᓂᖏᕐᓂᖅ / ᓂᕿᑖᖅᑲᑎᒌᖕᓂᖅ: ᑎᓴᒪᐅᓈᖅᑎᓪᓗᒋᑦ ᐊᖑᓇᓱᒃᑐᑦ ᓇᓐᓄᒃᑐᖅᑲᖅᑐᓂ, ᓇᓐᓄᒃᑐᖅ ᑭᐊᑎᖅᐸᓯᐊᓂᑦ ᐱᓗᓂ, ᕿᖑᓪᓕᖅ ᐱᓗᓂ ᑕᒡᓯᓈᖅ / ᐅᓂᖓᑕ ᕿᖑᓂᑦᑎᐊᖓᓂ ᐅᓯᐊᓄᑦ. ᕿᖑᓪᓖᖕᒋᒃ ᐊᕕᒃᑕᐅᓪᓗᑎᑦ ᕿᖑᓪᓕᖅᐹᖕᓄᒃ ᐃᓅᖕᓄᒃ. ᓇᓄᕋᖓ ᐅᐊᓴᖅᓯᒪᓕᖅᑎᓪᓗᒍ ᐊᒻᒪᓗ ᐸᓂᖅᓯᐊᖑᓯᒪᓕᖅᑐᓂ ᐃᓐᓂᕝᕕᖕᒥ, ᐅᖅᓯᐃᔭᑎᐊᖅᓯᒪᓕᖅᑐᓂᓗ. ᐊᑎᓴᔅᓴᙳᕐᑕᕐᐳᖅ / ᐊᓐᓄᕋᔾᔭᐊᖑᓪᓗᓂ.

ᐱᑎᐊᕐᓂᖓᓂᑦ, ᐸᓂᖅᑎᖅᑳᓚᐅᕐᓗᒍ ᓇᓄᕋᖓ ᕿᑐᙵᒃᓴᕐᒥᓗᒍ.

ᓇᓄᑦ / ᓇᓄᕌᒃ ᓯᓚᐹᒃ: ᓂᐅᖏᒃᑕ ᓇᓄᕋᖏᒃ ᑲᒥᓕᐊᓇᔭᐅᓪᓗᑎᒃ, ᑳᑯᐊ ᑲᓕᔅᓯᐃ / ᓯᕗᓪᓖᖏᒃ, ᐃᒪᐃᑦᑐᓕᐊᓇᔭᐅᖅᑲᑦᑕᖅᐸᑦ ᐊᕐᓇᓄᑦ ᖁᓕᔅᓴᑦ / ᑲᒥᖏᒃᑕ ᖁᓕᑖᓇᓪᓗᓂᒋᑦ ᑲᒥᖏᒃᑕ. ᓇᓄᕋᖓᑕ ᐃᓚᖏᑦ ᐸᐊᓘᖕᓄᑦ ᖁᓕᓕᐊᓇᔭᐅᓲᖑᕗᑦ (ᒪᐅᕼᐊ / ᓂᒡᔭᐸᓘᑦᑐᑎᒃ ᐅᙱᓘᓐᓃᑦ ᓯᕙᔾᔭᐃᒃᑯᑕᓕᐊᓇᔭᐅᓪᓗᑎᒃ), ᑲᒦᖕᓄᓪᓗ. ᓇᓄᕋᖓᑦᑕᐅᖅ ᐃᓚᖓ ᖁᓕᑦᑕᐅᑦ ᓯᓂᐊᓅᖅᑕᐅᓲᖑᕆᕗᖅ ᐊᑖᓄᑦ / ᖁᓕᑦᑕᐅᑦ ᑐᒃᑐᕋᔭᐅᑦ ᐊᒻᒪᓗ ᑲᐱᑕᐅᑦ / ᖁᓕᑦᑕᖅ ᑎᓇᒐᓂᐊᕋᔭ. ᓯᓚᑦᓕᖅᐹᓕᐊᓇᔭᐅᕙᒃᑐᑦ ᓱᕈᓯᐅᑦ ᓇᓴᖓᑕ ᖁᖓᓯᖅᐸᓯᐊᓂᑦᑐᒧᑦ, ᐊᒻᒪᓗ ᐊᕐᓇᐃ ᓇᓄᑦ / ᓯᓚᐹᑦ.

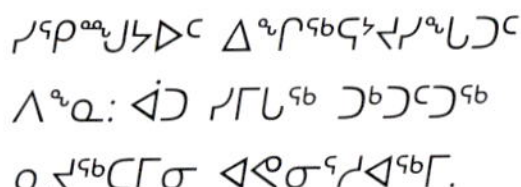

ᓯᕐᕿᓐᖑᔭᐅᑦ ᐃᖏᖅᑕᕐᔪᐊᓯᖓᒍᑦ
ᐱᖓ: ᐋᑐ ᓯᒥᒐᖅ ᑐᒃᑐᑐᖅ
ᓇᔪᖅᑕᒥᓂ ᐊᕙᓂᖅᓯᐊᖅᒥ.

ᐅᒥᖕᒫᒃ - (ᐅᒥᖕᒫᒃ)

ᐋᑐ ᓯᒥᒐᖅ ᐅᑲᓕᖅᑐᖅ.

ᑐᒃᑐ

ᖁᓕᑦᓴᙱᑦᑕᕐᐳᖅ / ᑐᒃᑐᕐᔭᐃᑦ ᖁᓕᑦᑕᑦᑕᐊᓇᔭᐅᓱᖕᖑᕙᑦ / ᖁᓕᑦᑕᖅ. ᑐᒃᑐᕐᔭᐃᑦ ᓂᐅᖏᑦ ᐳᐊᓗᓕᐊᓇᔭᐅᓪᓗᑎᒃ ᐊᒻᒪᓗ ᐊᕐᓇᓄᑦ ᐃᓗᓕᓕᐅᓪᓗᑎᒃ ᑲᒥᖏᓐᓄᑦ. ᐃᓱᒻᒪᓕᐊᓇᔭᐅᓱᖑᕐᑦᓗᑎᒃ / ᓇᐃᑦᑐᕙᓗᓪᓗᑎᒃ ᑲᒥᐅᑦ ᓯᓚᑦᑐᑦ ᐊᑐᖅᑕᐅᓪᓗᑎᒃ. ᑐᒃᑐᕐᔭᐃᑦ ᐊᓪᓚᓂᓇᔭᐅᓱᖑᓪᓗᑎᒃ ᐅᖅᑯᓱᖕᓂᑦ ᐃᖑᓇᓇᔭᐅᓪᓗᑎᒃ ᖃᒧᑎᖕᓄᑦ.

ᑎᓕᒐᓂᐊᖅ

ᑎᓕᒐᓂᐊᑦ ᒥᖅᑯᖏᑦ ᓴᓇᔭᐅᓯᓐᖑᐊᑦ ᐃᒪᐃᑦᑐᓕᐊᓇᔭᐅᓪᓗᑎᒃ ᑲᐸᑦ / ᑎᓕᒐᓂᐊᕐᔭᑦ ᖁᓕᑦᑕᖅᑎᑐᖅ, ᓯᕗᓯᕐᓄᑦ ᓇᓴᓕᐊᓇᔭᐅᓪᓗᑎᒃ, ᐅᕝᕙᓘᓃᑦ ᐊᕐᓇᓄᑦ ᖃᑦᓕᑦᑕᓕᓕᓇᔭᐅᓪᓗᑎᒃ. ᐃᒪᐃᑦᑐᓕᐊᓇᔭᐅᓯᖑᕐᑦᓗᑎᒃ ᒪᐅᕼᐊ / ᓯᓈᓄᑦ ᐋᖅᑭᒃᑕᐅᓪᓗᑎᒃ ᑎᓕᒐᓂᐊᑦ ᐸᕐᒥᐅᖏᑦ ᐊᒻᒪᓗ ᐊᑐᖅᑕᐅᓯᖑᕐᑦᓗᑎᒃ ᑲᒦᖕᓂ, ᐊᓕᕐᓯᒃ / ᐃᓗᓕᓕᐅᓪᓗᑎᒃ, ᐊᒻᒪᓗ ᐳᓯᕐᖅ / ᓄᐃᓚᓕᐊᓇᔭᐅᓪᓗᑎᒃ ᖁᓕᑦᑕᕐᔪᑦ.

ᐅᑲᓕᖅ

ᐅᑲᓕᕐᔭᖕᖓ ᐊᓕᖅᓯᕆᔭᐅᓯᖅ / ᐃᓗᓕᓕᐅᓪᓗᓂ ᑲᒥᖕᒥ ᐊᒻᒪᓗ ᐃᒪᐃᑦᑐᑦ ᑐᖕᖏᑦ / ᑲᒥᐅᑦ ᓯᓂᖕᖏᓐᓂ.

ᐅᒥᒻᒪᒃ

ᐅᒥᖕᒪᕐᔭᐃᑦ ᐊᑐᖅᑕᐅᓯᑦ ᐃᒪᐃᑦᑐᓇᔭᐅᓪᓗᑎᒃ ᖃᖅᐸ / ᐊᓪᓚᓂᖅ ᐊᒻᒪᓗ ᐃᒪᐃᑦᑐᓇᔭᐅᓪᓗᑎᒃ ᑐᖕᖏᑦ / ᑲᒦᑦ ᓯᓈᓄᑦ. ᐅᐊᑦᑎᐊᕈ ᕿᖑᓂᖕᖠᑦᑎᓂ, ᐊᑐᖅᑕᐅᒃᑲᑦᓯᓇᕗᑦ ᐃᒪᐃᑦᑐᓇᔭᐅᓪᓗᑎᒃ ᑭᕙᓯᐊᖅᐃᒃ / ᕿᐱᒃ (ᐳᒃ).

ᐊᓐᓄᕌᑦ ᖃᓈᕐᒥ
ᐃᒪᐃᓕᖕᒐᑐᐃᓐᓇᙱᓚᑦ ᐃᓅᓯᕐᒥᒃ
ᐊᒃᑐᐃᓯᒪᑐᐃᓐᓇᕐᓗᑎᒃ ᐊᒻᒪᓗ
ᓯᑯᒥ ᐱᓕᕆᓂᕐᒧᑦ, ᐃᒫᓪᓕᑦᑕᐅᖅ
ᑕᑯᒥᓇᑦᑎᐊᖅᑐᑎᒃ ᓴᓇᓯᒪᓂᖏᓐᓄᑦ
ᐊᒻᒪᓗ ᓴᓇᔾᔪᓂᕆᓯᒪᓂᖏᑦᑐ
ᐱᔪᒥᖅᑲᐅᑎᐊᖅᑐᑎᒃ. ᑭᖑᕚᓃᓄᑦ,
ᐊᖑᓇᓱᒃᑎᑦᓚᓃᑦ ᐊᖑᖅᑲᑦᑕᖅᓯᒪᒋᕙᑦ
ᑕᒪᑐᒪ ᓂᖅᔪᑎᖏᓐᓂᒃ
ᓂᖅᑭᖅᑲᖅᑎᑦᑎᔪᓂᒃ ᐊᒻᒪᓗ
ᐊᒥᖅᑲᖅᑐᑎᒡᓗ ᐋᑎᖅᑲᑦᑎᐊᖅᑐᓂᒃ
ᐊᕐᓇᐃᑦ ᓴᓇᖅᑲᑦᑕᖅᓯᒪᕙᑦ
ᐋᑎᖅᑲᑦᑎᐊᖅᑐᓂᒃ ᐊᓐᓄᕌᓂᒃ.

ᐊᔾᔨᙳᐊᖅ: ᐋᑐ ᓯᒥᒐᖅ
ᐊᓐᓄᕌᖅᓯᒪᓪᓗᓂ ᐅᑯᓂᖓ ᖁᓕᑦᑕᖅ
(ᐊᖑᑎᓯᐅᑎ ᖁᓕᑦᑕᖅ), ᓇᓄᕘᒃ
ᐳᐊᔫᒃ (ᐊᐃᖅᑲᑎᑦ ᕿᑐᓕᒃᓵᑦ), ᓇᓄᕘᒃ
ᓯᓚᐹᒃ (ᓇᓄᑦ), ᐊᒻᒪᓗ ᓇᑦᑎᖅᓰᒃ ᑲᒦᒃ
(ᐊᖑᑎᑉ ᑲᒦᖏ ᕿᑐᓕᐦᐋᑦ).

ᖄᓈᕐᒥᐅᑦ ᐊᓐᓄᕌᖕᒋᑦ

ᑲᐸᑕᖅ (ᑎᓇᒪᓂᐊᕋᔭ ᖁᓕᑦᑕᖅᑎᑑᖕᒪᔪᖅ)
ᐃᒪᐃᑎᑦᑎᓂᐊᖅᑐᖅ ᐊᖑᓇᓱᒃᑎᒥᒃ ᐆᑐᓇᖅ
ᐊᐃᐱᓚᙳᐊᖅ ᓯᒥᒪᖅ ᕿᐅᖕᒋᑦᑎᐊᖅᑐᓂ
ᑕᖅᑮᑦ ᓂᒡᓚᓯᖕᓂᖅᐹᖕᒋᓐᓂ

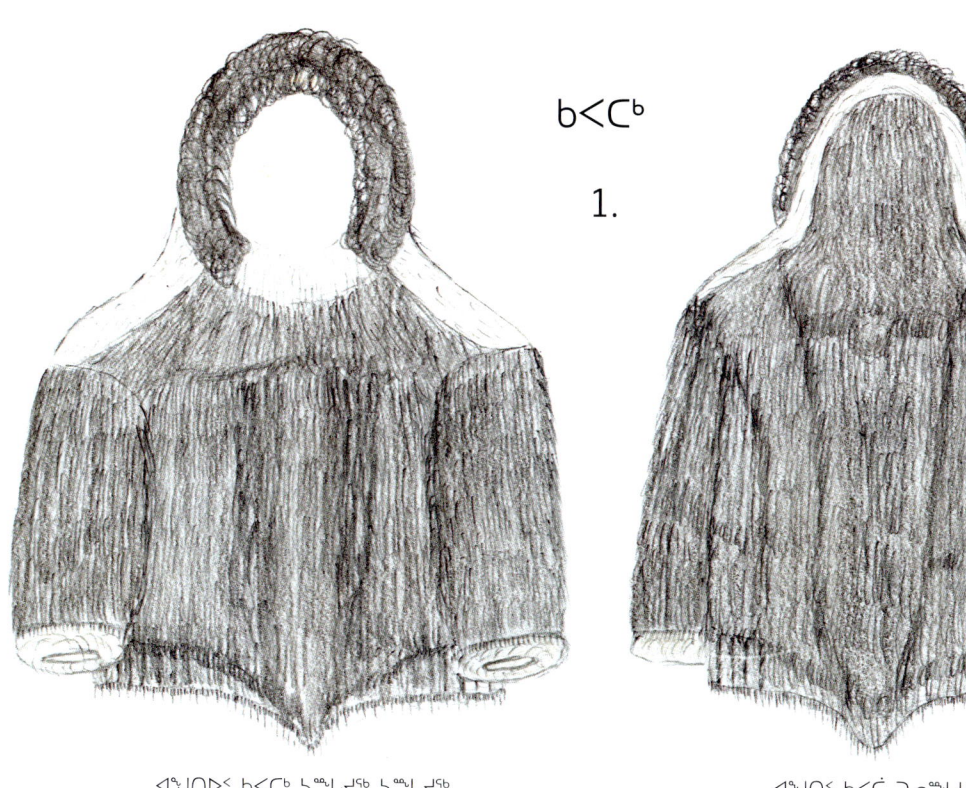

ᑲᐸᑕᒃ

1.

ᐊᖑᑎᐅᑉ ᑲᐸᑕᒃ ᓵᙵᔪᖅ ᓵᙵᔪᖅ

ᐊᖑᑎᑉ ᑲᐸᑖ ᑐᓄᙵᕼᐅᖅ

ᖁᓕᑦᑕᖅ

2.

ᐊᖑᑎᑉ ᖁᓕᑦᑖ ᕼᐊᒻᒥᕼᐅᖅ

ᐊᖑᑎᑉ ᖁᓕᑦᑖ ᑐᓄᙵᕼᐅᖅ

ᒥ. M.Oshima

ᐅᑯᐊᒃ ᒪᕿᒃ ᖁᓕᑦᑖᒃ ᖁᓕᑦᑕᓕᐊᕆᔭᐅᓯᒪᔫᒃ ᐊᖑᓇᓯᒃᑎᓂᒃ ᕿᐅᓇᖏᑦᑐᓕᐊᕆᓯᒪᓪᓗᑎᒃ ᑕᖅᑮᑦ ᓂᒡᓕᓯᖕᓂᖅᐹᖏᓐᖏᓂ

1. ᑲᐸᑕᒃ, ᑎᓇᒐᓂᐊᖅᓴᐅᓪᓗᓂ ᐊᒻᒪᓗ ᐅᖅᑰᓪᓗᓂ ᐅᑭᐅᒃᑯᑦ. ᐊᖑᑎᐅᑦ ᑲᐸᑖ ᓵᙵᔪᖅ, ᓵᖕᒐ ᐊᖑᑎᓯᐅᑎᐅᑦ ᑲᐸᑕᖕᒐᑕ ᐊᒻᒪᓗ ᐊᖑᑎᐅᑦ ᑲᐸᑖ ᑐᓄᙵᔪᖅ, ᑐᓄᐊ ᐊᖑᑎᐅᑦ ᑲᐸᑕᒃ. 10-ᖑᓪᑎᒃ ᑎᓇᒐᓂᐊᖅᓴᑦ ᓴᓇᔭᐅᓲᖑᒍᑦ ᐊᖑᑎᓯᐅᑎᓄᑦ ᑲᐸᑕᒃ, ᐊᒻᒪᓗ 8-ᖑᓪᓗᑎᒃ ᐊᕐᓇᓄᑦ. ᓇᓄᖅᕋᒃ ᓂᐅᔅᑲᖅᑎᑕᐅᓪᓗᓂ ᐊᒻᒪᓗ ᑭᒡᓕᖓᓄᑦ ᖁᓕᑦᑕᐅᑦ.

2. ᓵᖕᒐ ᐊᒻᒪᓗ ᑐᓄᐊ ᐊᖑᑎᓯᐅᑎ ᖁᓕᑦᑕᖅ ᑐᒃᑐᖅᓴ, ᖁᓕᑦᑕᖅ, ᐊᑐᖅᑕᐅᓲᖑᒐᑦ ᓂᒡᓕᓯᒃᑎᓪᓗᒍ ᐅᑭᐅᑦ ᑕᖅᑭᖏᓐᓂ.

ᓯᕐᑭᖔᔪᔭᐅᑦ ᐃᖕᒋᕐᕋᓂᖕᒐ ᒪᓕᒃᑐᒍ:
ᐊᑐᖅᑐᖅ ᐊᓐᓄᕌᖅᒥᒃ ᖃᔪᖅᑐᖅᑐᖅ
ᐊᐅᔭᒃᑯᑦ.

(ᓴᐅᒥᖕᒥᑦ) ᐋᑐ ᓯᒥᒐᖅ, ᐃᓚᖔᐊᖅ ᖃᐃᖕᒑᖅ, ᓛᑖᓐ ᐆᓛᖅ, ᐊᒻᒪᓗ ᓇᐃᒻᒫᖏᑦᓯᖅ ᑯᓇᔅᑕᓐᓴᓐ ᕿᐅᖕᒋᑦᑎᐊᖅᐳᑦ ᐊᒻᒪᓗ ᐸᓂᖅᑐᓂᒃ ᐊᑐᖅᑐᑎᒃ ᓯᑯᒥ ᐊᓐᓄᕌᓇᖅᑦᑕᖅᑕᒥᓂᒃ ᐊᑐᖅᑐᑦ ᐱᖃᓯᐅᔾᔭᐅᓪᓗᓂ ᖁᓕᑦᑖᖅᑐᖅ, ᖁᓕᑦᑕᖅ (ᑕᓕᖅᐱᖕᒦᑦᑐᖅ), ᓴᓇᔭᐅᓯᒪᔪᑦ ᐊᓐᓄᕌᖕᒐᑦ (ᔭᐃᑲᐃᑦ), ᐊᒻᒪᓗ ᓇᓄᑦ (ᓇᓄᕐᐃᑦ ᓯᓚᐹᑦ).

ᐅᓇ ᐊᔾᔨᓕᐅᖅᑕᐅᓯᒪᔪᖅ ᐆᒪ ᖃᐃᖁᓚᖅ ᓃᐅᕐᓴᓐ ᐊᕌᒍᑦ 30 ᐊᓂᒍᖅᓯᒪᓕᖅᐳᑦ ᐊᖑᓇᓱᒃᑏᑦ ᐊᓐᓄᕌᖕᒥᑦ ᐊᓯᕿᐊᕐᔪᑯᑐᐃᓐᓇᖅᓯᒪᔪᑦ ᐊᕐᕌᒍᒐᓴᖕᓂᒃ. ᓴᓇᔭᐅᔾᔪᓯᓇᖅᑦᑕᖅᓯᒪᓂᖕᒥᑦ ᐊᒻᒪᓗ ᖃᓄᐃᑦᑐᓂᑦ ᐊᑐᖅᑦᑕᕐᓂᖕᒥᑦ ᐱᑦᓚᓇᐅᖅᓯᐅᑎᖕᒪᑕ ᐊᑦᑕᕐᓇᖕᒥᓐᓂᕐᒧᑦ ᐊᒻᒪᓗ ᐊᑲᕐᓇᓂᕐᒧᑦ ᓯᑯᒦᑦᑐᓂ ᐅᑦᑐᒥ.

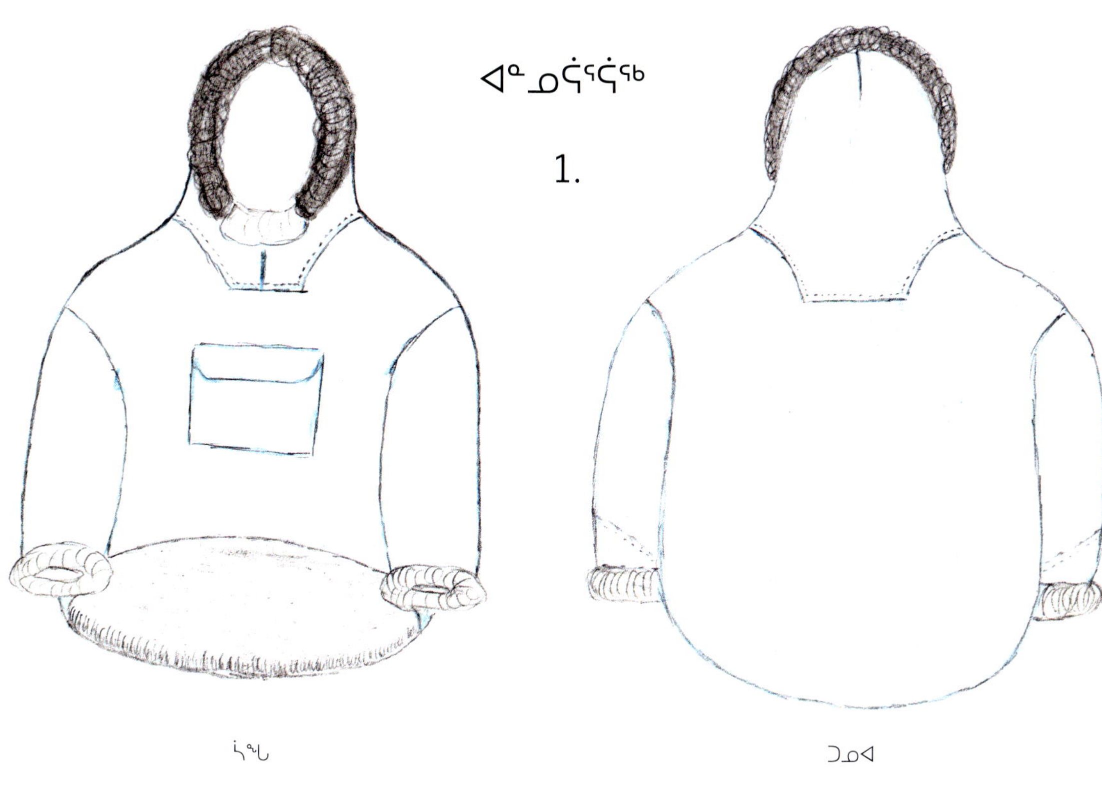

1. ᐊᓐᓄᕌᖅᕌᖅ ᐅᖅᑰᓪᓗᓂ ᖁᓕᑦᑕᐅᔭᐅᒐᖅ ᖃᑦᑐᓈᖅᑕᒥᑦ ᓴᓇᓯᒪᓪᓗᓂ ᐃᓚᖅᑲᒡᒍᑦᓗᓂ ᓰᐱᕋᔭᒥᒃ ᐃᓗᐊ ᐊᒻᒪᓗ ᑎᓇᒐᓂᐊᑦ ᐸᒥᐅᖓᓂᒃ ᓄᐃᓚᖅᑲᖅᑐᓂ ᓇᓴᖓ. ᐅᑯᐊ ᖁᓕᑦᑕᐅᔭᑦ ᐅᖏᕈᑎᖅᑲᐅᕐᒪᑕ ᐊᒃᑐᓇᐅᔭᑯᓗᖕᒥᒃ ᓄᐃᓚᖏᑎᒍᑦ.

2. ᑖᓇ ᐊᓐᓄᕌᖅ ᐅᖅᑭᑦᑑᑦᓗᓂ ᖃᑦᑐᓈᖅᑕᒥᑦ ᓴᓇᓯᒪᔪᖅ ᐊᖑᓇᓯᒃᑎᓂᑦ ᐊᑐᖅᑕᐅᓲᖅ ᖁᓕᑦᑕᐅᑦ ᐃᓗᐊᒍᑦ ᐊᒻᒪᓗ ᖃᔭᖅᑐᖅᑐᓄᑦ ᐊᑐᖅᑕᐅᓲᖑᒋᑦᓗᓂ. ᖃᑯᖅᑕᖅ ᐊᓐᓄᕌᖅ ᐊᑐᖅᑕᐅᓲᖅ ᓇᑦᑕᐅᓐᓂᖅᓯᖅᑐᓄᑦ ᓲᕐᓗ ᑐᒃᓯᐊᓇᐊᖅᓇᖅᑎᑦᓗᒍ ᐊᒻᒪᓗ ᐊᑐᖅᑕᐅᓚᔪᒃᑐᑦ ᑖᒃᑯᐊ ᑲᑎᑎᑕᐅᓃᑦ ᐊᒻᒪᓗ ᐆᖅᑎᑕᐅᔪᑦ.

M.Oshima

268 ᓇᓄᑦ (ᓇᓄᕐᑳᒃ ᓯᓚᐹᒃ), ᐱᓪᓚᕆᔾᔪᐊᑦ ᐃᓄᒃHᐅᐃᑦ ᐊᖑᓇᓱᒃᑎᖏᓐᓄᑦ, ᐊᑐᕆᓪᓚᕆᐅᓪᓗᑎᒃ ᐊᑐᖅᑎᒥᓂᒃᑯ ᕿᐅᑎᑦᑎᖏᑦᑎᐊᖅᑐᑎᒃ ᐊᒻᒪᓗ ᐸᓂᖅᑎᑦᑎᑦᑎᐊᖅᑐᑎᒃ. ᓇᓄᕐᐃᑦ ᐅᕿᑦᑐᑎᒃ ᑭᓯᐊᓂ ᐊᑐᑰᒍᓐᓇᖅᑐᑎᒃ ᐊᒻᒪᓗ ᐱᓕᕆᐊᕆᔾᕐᓂᖅᑐᑎᒃ. ᓇᓄᑦ ᐃᓚᖃᐅᖅᐳᑦ ᐋᑐᑎᖃᑦᑎᐊᖅᑐᓂᒃ ᓴᓇᔾᐅᓯᒪᔪᓂᒃ ᒪᑯᓂᖕᒐ ᓇᑦᑎᕐᔾᓂᑦ ᖁᓕᖃᖅᑐᑎᒃ ᖃᓪᓗᓈᖅᑕᓂᒃ ᐃᒃᐱᐊᕐᔪᕐᑲᖅᑐᑎᒃ ᒥᖅᓱᖅᑕᐅᓯᒪᔪᓂᒃ ᐊᒡᒐᐃᔭᐃᖅᓯᕝᕕᒃᓴᓂᒃ (4, 5-ᑐ). ᓄᐃᕕᖕᒐ ᓇᓄᕐᐅᓪᓗᓂ (6) ᐱᕆᑕᒃᓴᐅᓪᓗᓂ (ᒥᖅᑯᖅᑲᖅᑐᓂ ᐃᓗᖕᒫᖕᒐᒍᑦ) ᐅᑯᐅᓘᓐᓃᑦ ᓯᓚᒻᒧᖕᒫᖅ (ᒥᖅᑯᐊ ᓯᓚᑖᓃᖕᒫᕐᓗᓂ) ᖃᓄᐃᓐᓇᓐᖏᓛᒃ ᑲᒦᒃ ᖁᓕᖅᑲᖅᐸᑎᒃ ᒥᖅᑯᓖᖕᓂᒃ (ᒪᐅHᐊ) ᖁᓛᒍᑦ ᓯᕕᔾᔭᐃᒃᑯᑎᖅᑲᖅᐸᑎᒃ ᓯᓚᐹᖕᒋᒃᑕ ᓂᐅᖕᒋᒃᑕ ᐃᓗᐊᓄᑦ. ᓇᓄᑦ ᐅᐊᑦᑎᐊᕈ ᐊᑐᖅᑕᐅᖃᑦᑕᔾᔪᑦ ᐊᖑᑎᓄᑦ ᐊᒻᒪᓗ ᓱᕈᓯᕐᓄᑦ ᑭᓯᐊᓂᓚ ᐅᓪᓗᒥ ᐊᕐᓇᐃᑦ ᐊᑐᖃᑦᑕᕆᔾᔪᑦ ᐊᐅᓪᓚᖅᑐᑎᒃ ᓄᓇᓖᑦ ᓯᓚᑖᓄᑦ ᐅᑯᐅᓘᓐᓃᑦ ᓱᑯᒃᑯᑦ.

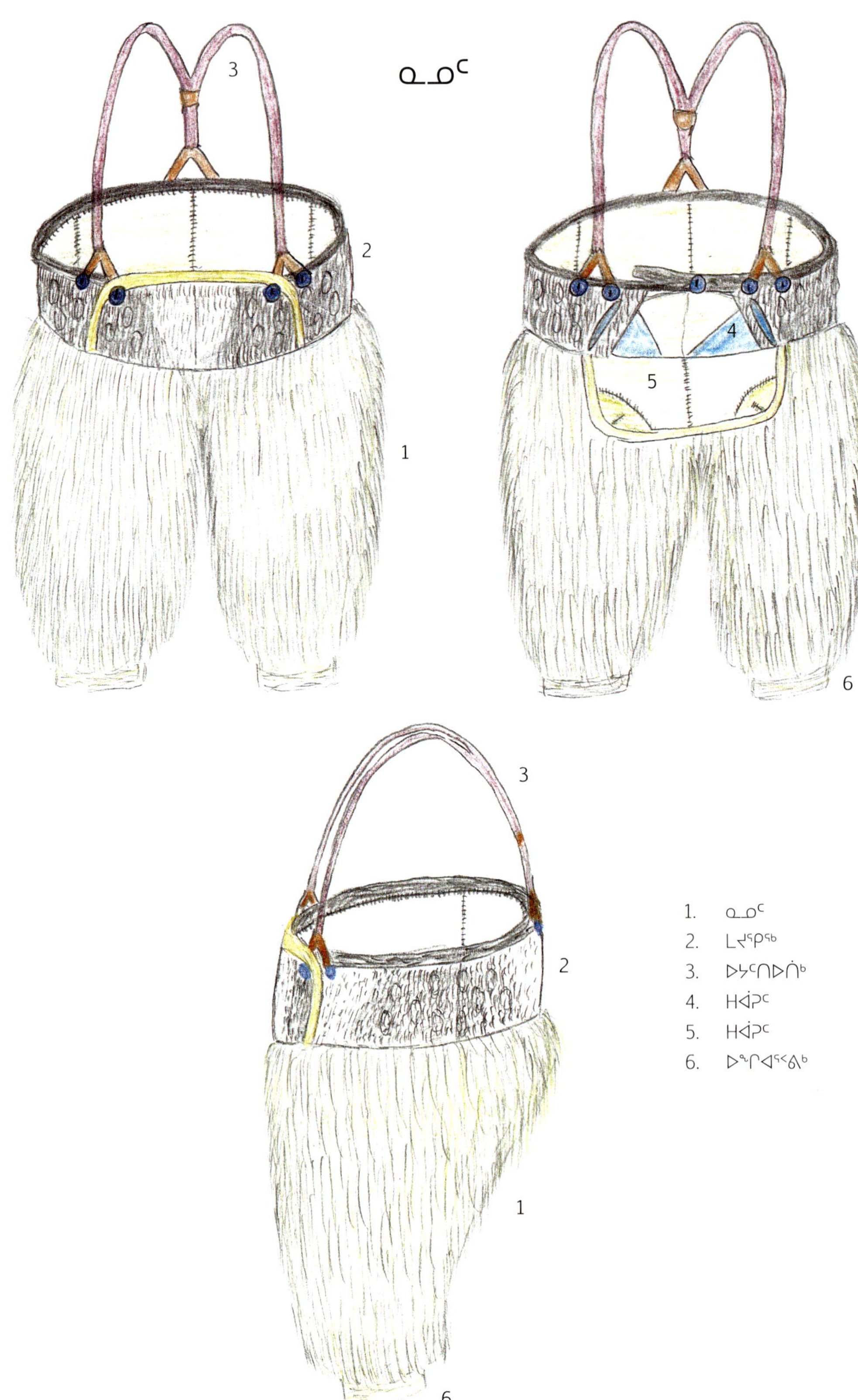

ᓯᕿᙵᒍᔭᐅᑦ ᐃᖏᕐᕋᓂᖓ ᒪᓕᒃᑐᒍ ᓴᐅᒥᖕᒥᑦ: ᓇᓄᑦ ᕿᐅᔾᔭᐃᖅᓯᓯᒪᐃᓐᓇᖅᓯᒪᕗᑦ ᐃᓄᒃᕼᐅᐃᓂᒃ ᐊᖑᓇᓱᒃᑎᓂᒃ ᓯᑯᒥ ᐅᐊᕐᑎᐊᕈᐊᓗᓂᑦ.

ᓕᓇ ᑭᐅᓪᓴᓐ ᕼᐅᒻ ᐊᑐᓚᐅᖅᐳᖅ ᓇᓄᓐᓂᒃ ᐊᐅᓪᓚᖅᑕᐅᓪᓗᓂ ᓯᑯᒃᑯᑦ. ᓇᓄᑦ ᓲᖅᑯᐊᑕ ᐊᑎᕐᑎᐊᑯᓗᐊᒎᖅᐴᒃ, ᓇᓄᕌᖕᓂᒡᓗ ᑲᒥᒃᐸᒃᓯᒪᓪᓗᓂ, ᐊᑐᓚᐅᖅᑕᖕᒐᓕ ᕿᐅᖕᒋᕐᑎᐊᖅᑐᓂ ᓇᓄᕋᕐᓄᑦ ᕿᐅᖕᒋᕐᑎᐊᖅᑐᓂ ᐳᑐᒍᕐᒥᓄᑦ. ᓴᐅᒥᐊᓃᑦᑐᖅ ᑐᖅᓲᖕᓂ ᑕᕝᕙᐅᕗᖅ ᐊᓐᓄᕌᕋᖅ ᓲᐱᕋᔭᒥᒃ ᐃᓚᓯᒪᓪᓗᓂ.

ᑕᓛᓚᙵᒍᐊᖅ ᐱᐊᕆ ᑎᒍᒥᐊᖅᑐᓂ ᐃᕐᓂᒥᓂᒃ ᕌᔅᒪᔅ ᐱᐊᕆᒥᒃ ᐊᑐᖅᑐᖅ ᓇᓄᑦᕋᓛᒍᓘᖕᓂᒃ ᐊᒻᒪᓗ ᐊᓐᓄᕌᖅ.

270 ᑖᓐᓇ ᐊᕐᓇᖅᓯᐅᑎ ᓇᑦᓯᐊ
(ᐊᕐᓇᐃ ᓇᑦᑎᖅᓴᐅᑦᑐᓂ ᓇᑦᑎᖓ)
ᐊᑐᖅᑕᐅᔪᓐᓇᖅᑐᖅ ᖃᖓᑐᐃᓐᓇᑦᑎᐊᒃᑯᑦ
ᐊᒻᒪᓗ ᐊᔾᔨᒋᓐᖏᑦᑐᔾᔭᖅᑐᓂᑦ
ᐊᑐᖅᑕᐅᖃᑦᑕᖅᑐᓂᑦ ᐱᓕᕆᐊᕆᔭᐅᔪᓂᑦ.
ᑕᓇ ᐊᕐᓇᐅᑦ ᓇᑦᑎᐊ ᓇᓗᓇᐃᖅᓯᒪᒋᕗᖅ
ᐊᑯᐊᓄᑦ ᐊᒻᒪᓗ ᓴᓇᓯᒪᓂᖓ
ᐊᖑᑎᓯᐅᑎᐅᑦ ᐊᔾᔨᖃᓂᐅᒃ.

ᐊᖑᑎᑉ ᓇᑦᓯᐊ

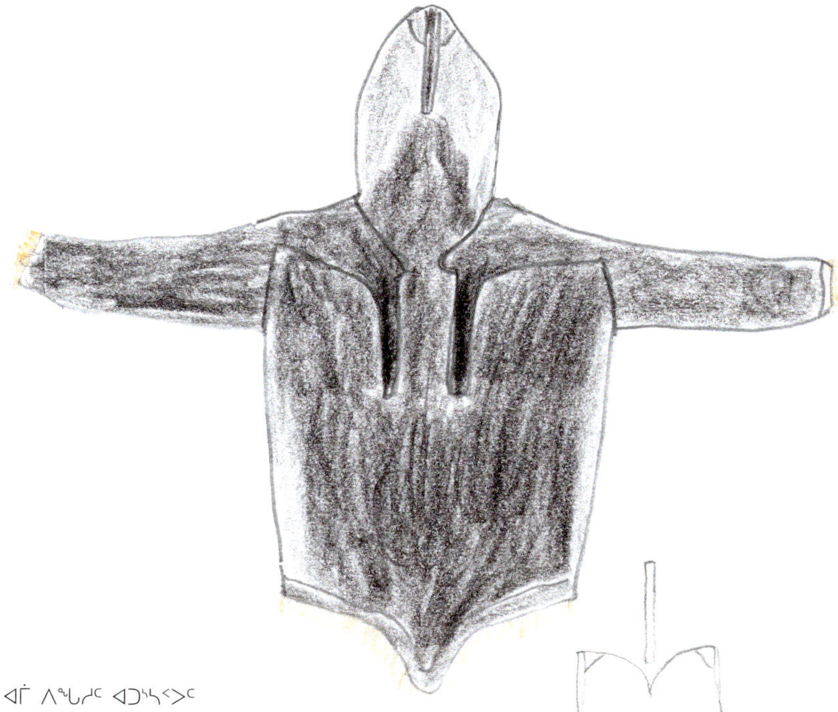

ᑖᓐᓇ ᐊᖑᑎᑉ ᓇᑦᓯᐊ (ᐊᖑᑎᐅᑦ ᓇᑦᑎᖓ) ᖃᖓᒍᐃᓐᓇᒃᑯᑦ ᐊᑐᖅᑕᐅᔪᓐᓇᖅᑐᖅ ᐊᒻᒪᓗ ᐊᔾᔨᒌᖏᑦᑐᓂᒃ ᐱᓕᕆᐊᖃᐅᑎᓂᑦ ᐊᑐᖅᑕᐅᔪᓐᓇᖅᑐᓂ.

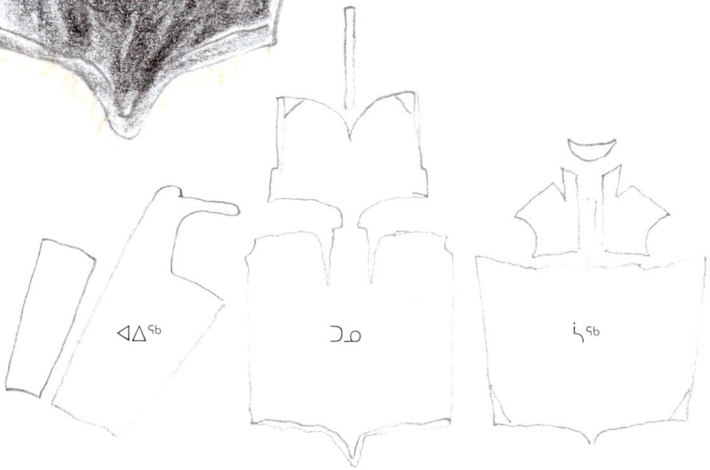

ᐱᖓ: ᐋᑐ ᓯᒥᑲᖅ ᓇᑦᑎᕐᒥᒃ ᐊᑐᖅᑐᖅ ᓇᓅᖕᓂᓪᓗ.

ᐊᓪᓚᖅ: ᐃᓚᖖᒍᐊᖅ ᖃᐃᖕᒫᖅ ᓇᑦᑎᕐᒥᒃ ᐊᑐᖅᑐᖅ ᐊᒻᒪᓗ ᓇᓅᖕᓂᒃ.

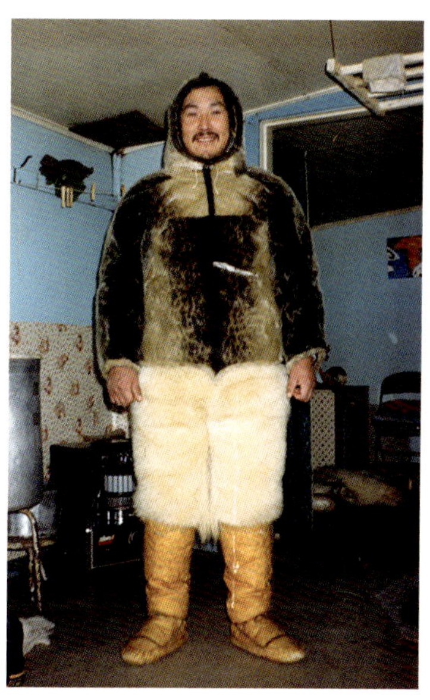

ᐊᐃᖅ ᑐᓄ ᓵᖅ

ᑕᔅᓱᖓ ᐳᐃᓯᑦ ᐊᒦ ᐱᖓᓯᑦ ᐊᑐᔅᓴᐸᑦ

ᐊᐃᖅᑲᑎᑦ ᖅᑭᑐᓕᓵᑦ ᒥᖅᓱᖅᑕᐅᑦᑐᑎᒃ
ᐸᐊᓗᓕᐊᕆᔭᐅᓯᒪᔪᑦ ᑑᑯ ᐅᓯᒪ ᓴᖅᑮᔭᖅᑐᑦ
ᓇᖅᑎᕋᔭᐅᑦᑐᑎᒃ ᐊᒻᒪᓗ ᖁᓖ ᒥᖅᑯᓕᒃ
ᓇᓄᕋᕐᓂᒃ, ᑎᕆᒐᓂᐊᕋᔭᓐᓂᒃ, ᐊᒻᒪᓗ
ᖅᑭᒻᒥᓱᖕᓂᒃ.

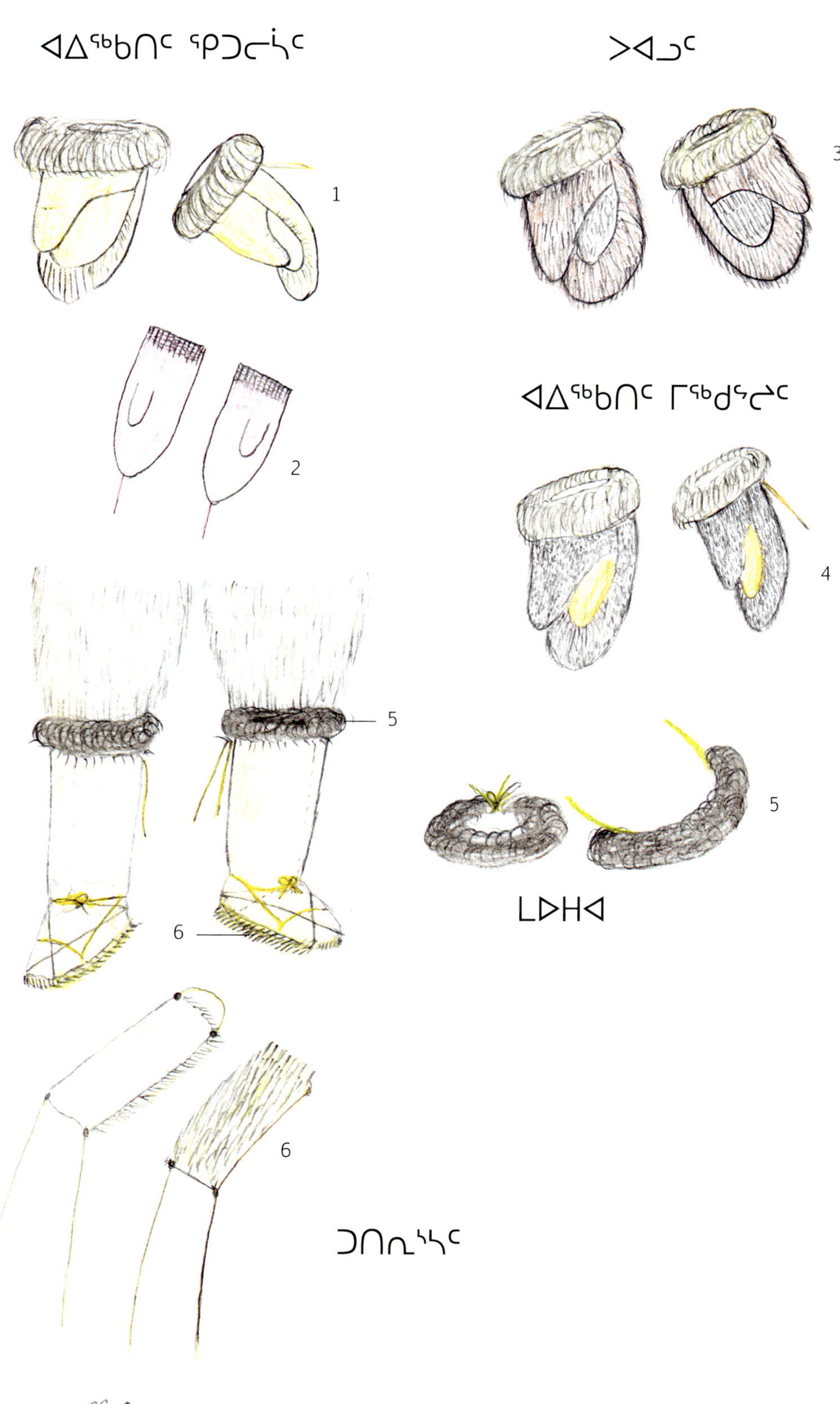

1. ᐊᐃᖅᑲᑎᑦ ᕿᑐᓕᕌᑦ ᕿᓯᓪᓚᑦᑖᖑᓪᓗᑎᒃ ᐳᐊᓗᑦ ᐊᑐᖅᑕᐅᖅᑲᑦᑕᖅᑐᖅ ᖃᐅᑕᒫᑦ ᐱᓕᕆᔪᓄᑦ. ᐅᖅᑰᓪᓗᑎᒃ ᐊᒻᒪᓗ ᐊᑐᑯᑖᒍᓐᓇᖅᑐᑎᒃ ᐊᒻᒪᓗ ᓴᓇᓯᒪᓪᓗᑎᒃ ᕿᑐᒪᔪᒥᑦ ᓇᑦᑎᕋᔭᕐᒥᑦ. ᖁᓕᕐᒋᑦ ᐳᐊᓗᐃᑦ ᓴᓇᔭᐅᔪᓐᓇᕐᒪᑕ ᓇᓄᕐᒥᑦ ᐅᕙᓘᓐᓃᑦ ᕿᒻᒥᓱᕐᒥᑦ.

2. ᐅᑯᐊ ᓇᑦᑎᕋᔭᐃᑦ ᕿᔫᑦ (ᒥᖅᑯᓛᑦ) ᐅᕙᓘᓐᓃᑦ ᓗᕕᖅᓴᖅᓯᒪᔪᑦ ᐃᓗᐱᕈᐃᑦ ᐊᑐᖅᑕᐅᔪᓐᓇᖅᑐᑦ ᐃᓗᓪᓕᐅᓗᑎᒃ ᖃᓄᐃᑦᑐᑐᐃᓐᓇᕐᓄᑦ ᐳᐊᓗᓄᑦ ᐅᖅᑰᑎᑦᑎᕚᓪᓕᕐᒪᑕ.

3. ᐳᐊᓗᑦ ᐅᖅᑰᓛᖑᕐᒪᑕ ᐳᐊᓗᓂᑦ, ᐳᐊᓗᓕᐊᕆᓯᒪᓪᓗᑎᒃ ᑐᒃᑐᕋᔭᐃᑦ, ᓇᓄᕋᐃᑦ, ᐅᒥᖕᒪᕋᔭᐃᑦ, ᐅᕙᓘᓐᓃᑦ ᕿᒻᒥᓱᐃᑦ ᐊᒻᒪᓗ ᐊᑐᖅᑕᐅᓪᓗᑎᒃ ᓂᓪᓚᐅᓂᖏᓐᓂ ᑕᖅᑮᑦ.

4. ᐊᐃᖅᑲᑎᑦ ᒥᖅᑯᕐᓛᑦ ᓇᑦᑎᕋᔭᐃᑦ ᐳᐊᓗᑦ (ᐅᖅᑰᓂᖅᓴᐅᓪᓗᑎᒃ ᐅᑯᓇᙱᑦ 1-ᒥ ᓇᐃᓴᐅᑎᓕᖕᓂᑦ, ᑭᓯᐊᓂ ᐅᖅᑰᓂᖅᓴᐅᖕᒋᒻᒥᔪᑦ ᓇᐃᓴᐅᑎᓕᖕᓂᒃ 3-ᒥᒃ) ᒥᖅᑯᖅᑲᖅᑐᑎᒃ ᐊᒻᒪᓗ ᐃᑎᒪᖏᒃ ᒥᖅᑯᖅᑲᖅᑐᑎᒃ ᐃᓗᖕᓛᖕᒋᑎᒍᑦ ᐅᕙᓘᓐᓃᑦ ᒥᖅᑯᐃᖅᓯᒪᓪᓗᑎᒃ. ᖁᓕᖕᒋᑦ ᐃᒪᐃᑦᑑᔪᓐᓇᖅᑐᑦ ᓇᓄᕋᐃᑦ ᐅᕙᓘᓐᓃᑦ ᕿᒻᒥᓱᐃᑦ.

5. ᐊᒻᒪᓗ 6, ᑕᒪᒃᑯᐊ ᓇᐅᑦᑎᐅᒪᖕᒥᔪᑦ ᐊᑐᖅᑕᐅᔪᓐᓇᖅᑐᑎᒃ, ᑭᓯᐊᓂ ᐊᑐᓇᐊᖅᑲᓕᖅᑎᓪᓗᒋᑦ ᓇᐅᑦᑎᐅᒪᔪᑦ. ᒪᐅᕼᐊ ᒥᖅᑯᑲᖅᑐᓂ ᐋᖅᑭᒃᑕᐅᕙᒃᑐᑦ ᑲᒥᖕᒥ (ᑲᒦᒃ) ᖁᓕᖕᖔᖕᖓᓄᑦ ᓯᕕᓗᔾᔭᐃᒃᑯᑎᒋᔭᐅᓪᓗᑎᒃ ᐃᓯᖅᑎᓇᔾᔭᐃᒃᑯᑎᒋᔭᐅᓪᓗᑎᒡᓗ ᐊᐳᒻᒥᒃ ᑲᒥᖏᑦᑕ ᓇᓄᖏᒃᑕᓗ ᐊᑯᓐᓂᖕᖓᒍᑦ; ᓯᕕᓗᔾᔭᐃᒃᑯᑕᖅ ᐅᖅᑯᒃᓴᐅᑎᐅᑦ ᐃᓚᖕᖓᑦ ᓇᐅᑦᑎᐅᒪᖅᑲᓯᐅᑎᔪᖅ. ᑕᑯᖅᑯᔾᔭᐅᖕᒥᔪᖅ ᐅᕙᓂ ᑕᒪᒃᑯᐊ ᒪᐅᕼᐊ ᑎᓇᖓᓂᐊᑦ ᐸᒥᐅᖕᒋᓐᓂᑦ. ᑐᑎᓴᔅᓴᑦ ᐃᒪᐃᑦᑑᖕᒪᑕ "ᐊᓗᖅᑑᑦ" ᓇᓄᕋᐅᓪᓗᑎᒃ, ᒥᖅᑯᐊ ᐊᐳᑎᒨᖕᖓᖕᖔᖅᑐᓂ, ᓯᖏᖅᑕᐅᖅᑲᑦᑕᖅᑐᑦ ᑲᒦᒃ ᐊᓗᐊᓄᑦ ᐊᖑᓇᓯᒃᑐᑎᒃ ᓯᑯᒥ. ᓇᓄᕋᐃᑦ ᕿᑭᖅᑲᖅᔾᔭᐃᒃᑯᑎᐅᖕᒪᑕ ᐱᓯᖕᒥ ᑐᕙᕐᒥ ᐊᐳᑎᖅᑲᖅᑐᒥ ᓇᑦᑏᑦ ᑐᓴᕐᓂᐊᖕᒋᒻᒪᑕ ᐊᖑᓇᓯᒃᑐᒥᒃ ᐊᒡᒍᓗᒍᑦ ᐅᐸᒍᑎᕙᓪᓕᐊᔪᒥᒃ.

ᐊᖑᑎᑉ ᑲᒥᖓ ᕿᑐᓕᕼᐋᑦ
(ᐊᖑᑎᓯᐅᑎᑦ ᑲᒦᑦ)

1. ᐅᑯᐊ ᓇᑦᑎᕋᔭᐃᑦ ᑲᒦᑦ ᒥᖅᑯᐃᖅᓯᒪᔪᑦ ᖃᐅᑕᒫᑦ ᐊᑐᖅᑕᐅᔪᓐᓇᖅᑐᑦ ᖃᖓᑐᐃᓐᓇᒃᑯᑦ ᐊᕿᖑᒥ. ᕿᓰᑦ ᓇᑦᑎᕋᔭᐃᑦ ᐅᓯᒃᑲᒥᒃ ᐃᒪᔭᖏᒪᑕ ᐊᓯᒥᓂᑦ ᓂᕿᑎᕋᔭᐃᑦ ᐊᒥᖏᓐᓂᑦ ᐊᒪᓗ ᐊᑐᖓᖏᑦ (12) ᐅᔾᔪᕌᔭᐅᓪᓗᑎᒃ (10, 11, ᐅᓇᓗ 13 ᑕᑯᒃᓴᐅᔪᑦ ᐆᒃᑐᖅᓯᒪᖔᑕ ᒥᖅᓱᐃᓐᓇᕆᐊᖅᑐᑎᒃ ᑲᒥᓕᐊᕆᓗᒋᑦ). ᓇᓄᕐᖅ ᑭᑖᖅᓯᒪᔪᖅ ᑲᒥᒃᓴᐅᑦ ᖁᓕᑦᑎᐊᖓᓂ ᑕᑭᔫᖏᑦᑐᖅ ᓲᖃᐃᒪ ᑕᒪᒃᑯᐊ ᐱᓕᕆᔾᔪᑕᐅᖕᒪᑕ ᐊᒪᓗ ᑐᕈᓂᖅᓴᐃᑦ ᓱᕈᒃᑲᐅᓂᖅᓴᐅᑦᓗᑎᒃ.

2. ᐃᕼᐃᒐᒻᒫᑦ ᑲᒥᑉᐹᑦ ᐅᖅᑰᔫᒃ ᑲᒥᐅᑦ ᓯᓚᑖᒍᑦ ᐊᑎᔭᐅᓰᒃ ᕿᒻᒥᓰᒃ, ᓲᐱᕋᔫᒃ, ᓇᓄᕌᒃ, ᐅᑉᐱᔫᓐᓃᑦ ᑐᒃᑐᕋᔫᒃ ᐃᓗᓕᖕᒐᒍᑦ ᒥᖅᑯᓖᒃ. ᐅᖅᑰᔪᑦ ᑲᒥᐅᑦ ᓯᓚᑖᒍᑦ ᐊᑎᔭᐅᓰᒃ ᐃᓯᒐᐃᔭᕐᓇᕈᓃᖅᐹᑦᓕᖅᑎᑦᑎᔫᒃ ᐊᒪᓗ ᐅᐊᑦᑎᐊᕈ ᐊᑐᓚᐅᖅᑕᑦᑎᓐᓂ ᐃᑭᐊᖅᑎᓕᖅᑕᐅᖃᑦᑕᓚᐅᖅᑐᑦ ᐊᒃᓯᒃᑲᓂᖅ ᐃᑭᐊᖏᑎᒍᑦ ᐃᕕᖓᓂᒃ ᐸᓂᖅᑐᓂᒃ.

3. ᕿᓰᑦ ᓇᑦᑎᕋᔭᐃᑦ ᑲᒦᑦ ᒥᖅᑯᖃᖅᑐᑎᒃ, ᓇᑦᑎᑐᐃᓐᓇᑦᑎᓐᓂᑦ ᐅᑉᐱᔫᓐᓃᑦ ᐊᑯᑭᑦᑑᑦ ᓇᑦᑎᖏᑦ ᐊᑐᖑᖃᖅᑐᑎᒃ ᐅᖓᕙᔭᓂᒃ. ᑕᒪᒃᑯᐊ ᑲᒦᑦ ᐱᐅᖕᒥᔪᑦ ᓂᒡᓚᐸᓗᖕᒥ ᑭᓯᐊᓂ ᐅᖅᑰᖏᓐᓂᖅᓴᐃᑦ ᓇᐃᓴᐅᑎᓕᖕᓂᑦ 1-ᒥᒃ ᖃᐅᔨᓕᕐᓇᕐᑎᓪᓗᒍ.

4. ᓇᓄᕋᐃᑦ ᑲᒥᒃᐸᐅᓪᓗᑎᒃ ᒥᖅᑯᖃᖅᑐᑎᒃ ᓯᓚᑖᒍᑦ ᓂᒡᓚᓱᒃᑎᓪᓗᒍ ᐱᐅᔪᑦ. ᐅᑯᐊ ᑲᒻᒥᐊᕆᔭᐅᓯᒪᔪᑦ ᓇᓄᕋᐅᑦ ᓂᐅᖏᖕᓂᑦ, ᓂᙱᓂᖕᒐᓂᑦ ᐃᔾᔪᓂᖕᒐᓂᑦ ᓇᓄᕋᐅᑦ. ᑲᒥᒃᐹᖕᓄᑦ ᐃᓚᓕᐅᔾᔭᐅᓯᒪᔪᖅ ᐅᖏᕐᕕᖕᒐ ᕿᑐᒪᓪᓗᓂ ᓇᑦᑎᕋᔭᐅᓪᓗᓂ. ᑲᒥᓕᒫᑦ ᖁᓕᖅᑲᐅᖅᐳᑦ ᑎᕆᒐᓂᐊᕋᔭᓂᒃ, ᐅᑲᓕᕋᔭᓂᑦ, ᐅᑉᐱᔫᓐᓃᑦ ᓇᑦᑎᕋᔭᓂᑦ ᒥᖅᑯᓕᖕᓂᒃ.

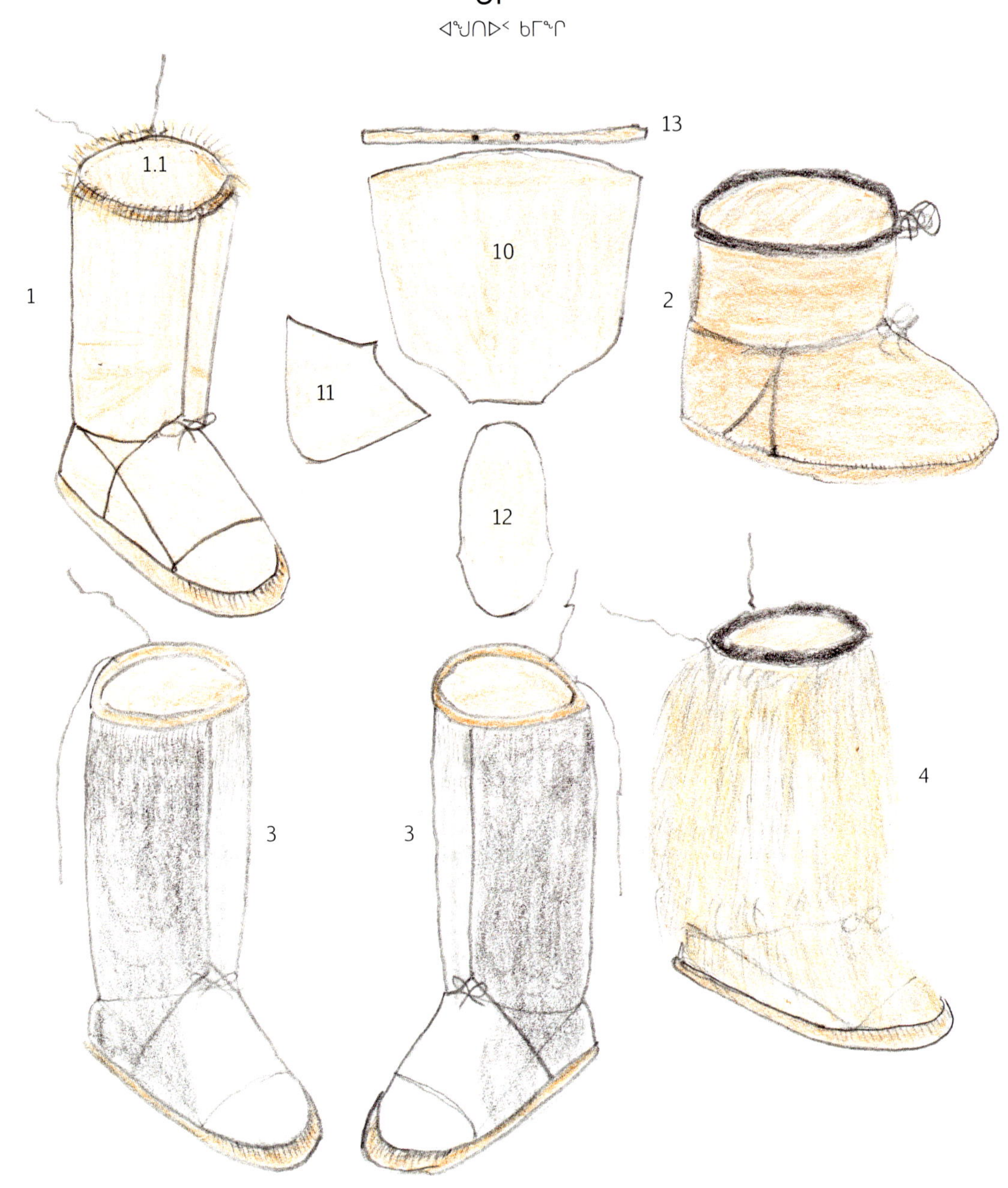

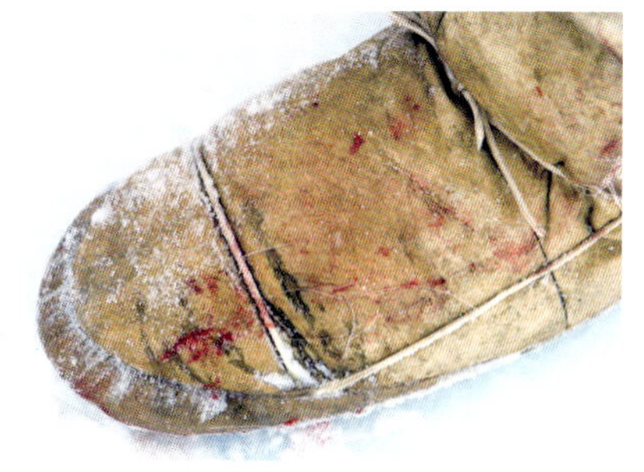

ᓯᖅᑭᓐᖑᔭᐅᑦ ᐃᖏᕐᕋᓂᖓ ᑭᖑᒨᕐᓚᕐᓗᒍ
ᓴᐅᒥᖕᒥᑦ ᖁᓪᓕᖅᐹᖑᓂᖓᓂᑦ: ᐊᖑᑎᐸ
ᑲᒥ ᖄᒧᑎᐋᑦ ᐊᑐᖅᑕᐅᓲᖑᔪᑦ
ᖃᐅᑕᒫᑦ ᐱᓕᕆᓂᕐᒥ ᑭᓯᐅᑎᓈᕐᓂᒃ,
ᐱᓕᕆᐊᖅᑖᕆᓚᐅᖅᑲᐅᔪᕐᓗᓂ ᖃᓄᐃᓈᓇᖅ
ᐊᑐᕈᓐᓇᕐᑎᐊᖅᑐᑦ ᓯᑯᒥ.

ᓴᐃᓕᓗᓂ ᑦᖃᐃᖅᓯᕐᑎᐊᖅᕕᒃᓴᖅ ᐃᒡᓗᕐᓛᒥ,
ᐅᖅᑯᒃᓴᐅᑎᑦ ᐸᓂᖅᓯᖅᑐᑎᒃ ᐃᓂᓯᒪᔪᑦ
ᐊᑐᖅᑕᐅᓛᕐᒥᒐᒥᒃ.

ᐊᔾᔨᖕᖏᓛᒃ ᓇᑦᑎᕐᔫᒃ ᒥᖅᑯᐃᖅᓯᒪᓪᓗᑎᒃ
(ᓴᐅᒥᖕᒥᑦ). ᒥᖅᑯᓛᒃ ᓇᓄᖅ ᑲᒥᒃᐹᒃ.

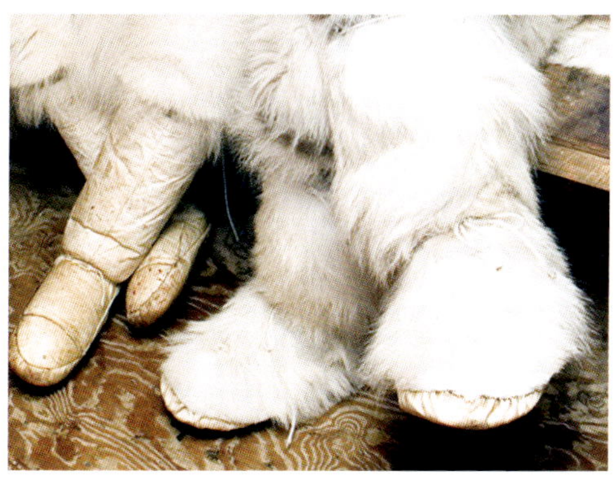

ᐊᖅᓇᑉ ᑲᒦ (ᐊᖅᓇᐃᑦ ᑲᒥᖏᑦ) ᐊᔾᔨᖅᑲᓂᐊᑭᐅᑉᐳᑦ ᐊᖑᑎᓯᐅᑎᓂᒃ ᑭᓯᐊᓂ ᐊᑑᑎᖏᑦ ᐊᔾᔨᒌᖏᖦᖢᑎᒋᕙᐃᑦ.

5-ᒥᒃ ᓇᐃᓭᑎᓕᑦ ᐊᔾᔨᖅᑲᓂᐊᑭᐅᑉᐳᖅ ᐊᖑᑎᑉ ᑲᒦ ᖃᑐᓕᕼᐋᑦ (1) ᐊᖑᑏᑦ ᑲᒥᖏᓐᓂᒃ ᑕᑯᒃᓴᐅᑎᑕᐅᔪᓂᒃ, ᑲᒻᒥᐊᕆᓯᒪᔪᓂᒃ ᑕᐃᒪᐃᑦᑐᓂᒃ ᓇᑎᕋᔭᖕᓂᑦ ᐸᓂᖅᑐᓂᒃ (ᒥᖅᑯᐃᖅᓯᒪᔪᓂᑦ) ᑭᓯᐊᓂ ᐅᖓᕐᕕᖕᒋᑦ ᐱᖃᓯᐅᑎᓇᒋᑦ ᐊᖅᓇᐃᑦ ᑲᒥᖏᑦ ᑕᑭᓂᖅᓴᐅᓪᓗᑎᒃ ᓇᓄᕋᐃᑦ ᒥᖅᑯᓖᑦ (ᑕᒪᒃᑯᓇᙱᑦ ᑐᕋᓂᖕᒋᓐᓂᑦ ᓇᓄᐃᑦ ᓂᐅᖕᒋᓐᓂᑦ), ᓲᖃᐃᒻᒪ ᐊᖅᓇᐃᑦ ᑲᒥᖏᑦ ᐱᐅᓯᓂᐊᖅᑲᓚᑕ. ᑕᒪᒃᑯᑎᑐᓇᖅᑕᐅᖅ ᐊᖑᑏᑦ ᑲᒥᖏᑎᑐᑦ, ᐊᖅᓇᐃᑦ ᑲᒥᖏᑦ ᖁᓕᖅᑲᓪᓗᑎᒃ ᑎᓇᒐᓂᐊᕋᔭᓂᒃ, ᐅᑲᓕᕋᔭᓂᒃ, ᐅᕝᕙᓘᓐᓃᑦ ᓇᑎᕋᔭᓂᒃ. ᐊᑑᑎᖃᓪᓗᑎᒃ ᐊᑐᒐᖕᒋᓐᓂ, ᐊᖅᓇᐃᑦ ᐊᖑᑎᓯᐅᑎᑑᖕᒐᔪᓂᒃ ᐊᑐᕐᓇᖅᑐᑎᒃ, ᑭᓯᐊᓂᓕ ᐊᖑᑏᑦ ᐊᖅᓇᖅᓯᐅᑎᑑᖕᒐᔪᓂᒃ ᐊᑐᕐᓇᖕᒋᑦᑐᑦ. ᑖᓐᓇᑦᑕᐃᓐᓇᖅ.

ᓇᐃᓭᑎᖅᑲᐅᖅᑐᖅ 6-ᒥᑦ - 8-ᒧᑦ ᐊᑐᖅᑕᐅᔪᓐᓇᖅᐳ ᐊᖑᑎᓄᑦ ᐊᖅᓇᓄᑦ. ᑖᒃᑯᐊ ᑐᒃᑐᖅᓴᐅᕗᑦ ᑲᒻᒥᐊᖑᓯᒪᔪᑦ ᑐᒃᑑᑦ ᓂᐅᖏᑦ ᑲᑎᑕᐅᓪᓗᑎᒃ.

ᖁᓪᓖᓐᓂᑦᑐᖅ: ᑑᑯ ᐅᓪᓚᒃᓴᖅᑐᖅ ᖃᒧᒃᓯᐅᑉ ᖃᓂᒋᔮᓃᑦᑐᓂ ᐅᖃᐅᑦᑐᖅᔭᖕᓂᒃ ᑲᒥᒃᓯᒪᓪᓗᓂ ᑐᒃᑐᖅᔮᖕᓂᒃ ᑲᒦᖕᓂᒃ.

ᐊᖅᓇᑉ ᑲᒦ

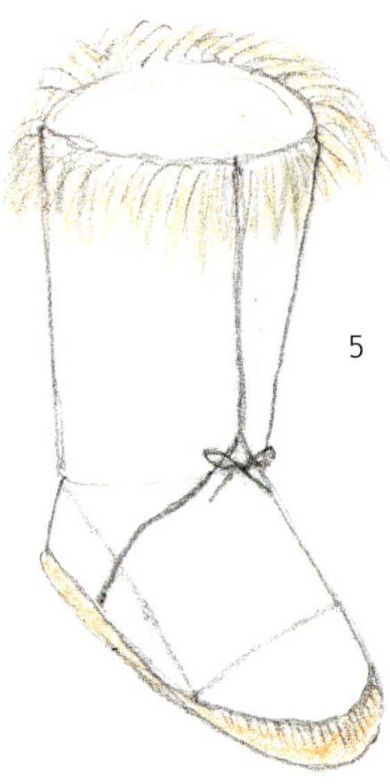

ᐊᖑᑎᑉ & ᐊᖅᓇᑉ ᑲᒦ

ᑲᒦᒃ ᓯᓚᒥ ᐃᒐᓛᑦ ᓯᓚᑎᑦᑎᐊᕐᒪᓂ
ᐸᓂᖅᓯᖅᔫᒃ ᖃᓈᕐᒥ, ᑕᑯᒃᓴᐅᖅᑲᓯᐅᑎᓪᓗᓂ
ᖁᓚᐅᓯᒪᓪᓗᒍ ᐅᑭᐅᖅᑕᖅᑐᒥᐅᑕᖅ
ᐊᒃᓴᑳᔪᓕᖕᒍᑦ ᐃᖕᒋᕐᕋᖅᑲᑦᑕᕐᕕᒃ
ᓱᑦᑐᓕᒃᑎᑐᑦ ᐊᕝᕙᖅ ᓯᓚᕐᔪᐊᕐᒥ.

ᐅᐊᑦᑎᐊᕈᓂᑦ, ᑖᒃᑯᐊ ᐊᓐᓄᕌᑦ ᐊᑐᖅᑕᐅᖃᑦᑕᓚᐅᖅᐳᑦ ᐊᕐᓇᓂᑦ ᖃᐅᑕᒫᑦ ᐊᑐᖅᑕᐅᖃᑦᑕᑐᐃᓐᓇᓕᕆᒐᓪᓕ ᓇᓪᓚᐅᓐᓂᖅᓯᐅᖅᑐᓂᒃ.

ᖁᕝᕙᓯᒃᑐᑦ (ᐊᓐᓄᕌᖅ ᓇᐃᓴᐅᑎᓖᒃ 1, 2-ᒥᓪᓗ) ᖃᓪᓗᓈᖅᑕᕐᒥᑦ ᐊᒻᒪᓗ ᐊᑐᓂᑦ ᐊᕐᓇᑦ ᑕᐅᑦᑐᕆᖁᔦᒥᙵᓂᒃ ᐱᖅᖃᑦᑕᖅᐳᑦ ᐊᒻᒪᓗ ᓴᓇᓯᒪᓂᐊ ᑖᕝᕙ ᓈᒻᒪᕆᑉᒥᐅᒃ. ᑕᐅᑦᑐᖏᑦ ᐊᔾᔨᖒᖕᓇᑎᒃ ᐆᒃᑐᖅᓯᒪᓂᖏᓪᓗ ᓇᖕᒥᓂᖅ ᐋᖅᑭᓪᓗᓂᐅᒃ.

ᑕᒪᒃᑯᐊ ᓇᓄᑦ (3) ᖃᕐᓕᑲᓪᓚᐅᕗᑦ ᑎᓴᒪᓂᐊᖅᔭᐅᓪᓗᑎᒃ ᖁᓛ ᑕᒪᓐᓇ ᖃᓪᓗᓈᖅᑕᐅᓪᓗᓂ ᓂᐅᖏᔾᔭᐃᒃᑯᑎᖅᑲᖅᑐᓂ ᒪᑯᓇᙵᑦ ᐊᕐᓇᑰᑦ (4), ᓯᕝᕕᐊᖅᐸᓯᐊᓅᖕᖓᓪᓗᑎᒃ ᑲᒥᑯᑖᖏᒃ ᓂᓪᓚᓯᒃᑐᒥ ᐸᓂᖅᓯᐊᕕᓂᕐᒥᒃ ᓇᑎᕐᔭᒥᑦ ᐅᕝᕙᓘᓐᓃᑦ ᐅᓪᔪᐊᕐᕕᓂᕐᒥᑦ (ᒥᖅᑯᖅᑲᖏᑦᑐᒥᒃ). ᑐᒃᑐᖅᔭᒥᒃ ᐊᓕᖅᓯᖅᑲᖅᑐᑎᒃ ᐃᓗᐊᒍᑦ ᒥᖅᑯᐊ ᐃᓗᓪᓚᐅᖕᓘᖅᑐᒥᒃ. ᖁᓕᓕᖅᓯᒪᓪᓗᑎᒃ ᑐᖅᑭᓂᕐᒥᑦ ᓇᓄᕐᒥᒃ ᓂᐅᖓᓂᑦ ᑕᑯᒥᓇᐅᓯᖅᓯᒪᓪᓗᑏᒃ ᐊᕐᓇᑰᑦ ᐱᐅᓴᐅᑎᕆᓪᓗᓂᔾᔪᒃ ᐊᒻᒪᓗ ᓯᕗᓗᔾᔭᐃᒃᑕᓇᓪᓗᓂᔾᔪᒃ, ᐊᑐᖕᒐᖏᑦ ᐅᓪᔪᒐᔭᐅᓪᓗᑎᒃ.

ᐅᖅᑰᔪᖅ ᖁᓕᑦᑕᖓ ᐊᑐᖅᑐᓂᐅᒃ (5) ᑎᓴᒪᓂᐊᖅᔭᐅᓪᓗᓂ (ᐊᕐᓈᖅᑐᖅ ᑲᐱᑕᓕᒃ). ᖁᔾᔪᒥᑦ ᓵᖓᓃᑦᑐᖅᑲᖅᑐᓂ ᐃᓕᓴᕐᓇᐅᑕᖓᓂ ᐊᕐᓇᖅᓯᐅᑕᐅᖕᒪᑦ. ᓂᕕᐊᖅᓵᓄᑦ ᐊᕐᓈᖅᑐᖅ ᑲᐸᑕᓕᒃ ᖁᒻᒧᑦ ᓯᒍᒃᓯᒪᓚᔭᖅᑐᓂ ᖁᖓᓯᖓᓄᑦ.

ᐊᕐᓇᑦ

5

1

3

2

4

1. ᐊᓐᓄᕌᖅ Hᐋᖕᖓ
2. ᐊᓐᓄᕌᖅ ᑐᓄᐊ
3. ᓇᓄᑦ
4. ᐊᕐᓈᑦ
5. ᐊᕐᓈᖅᑐᑦ ᑲᐸᑕᓕᒃ

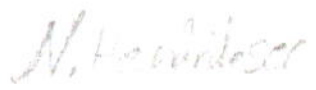

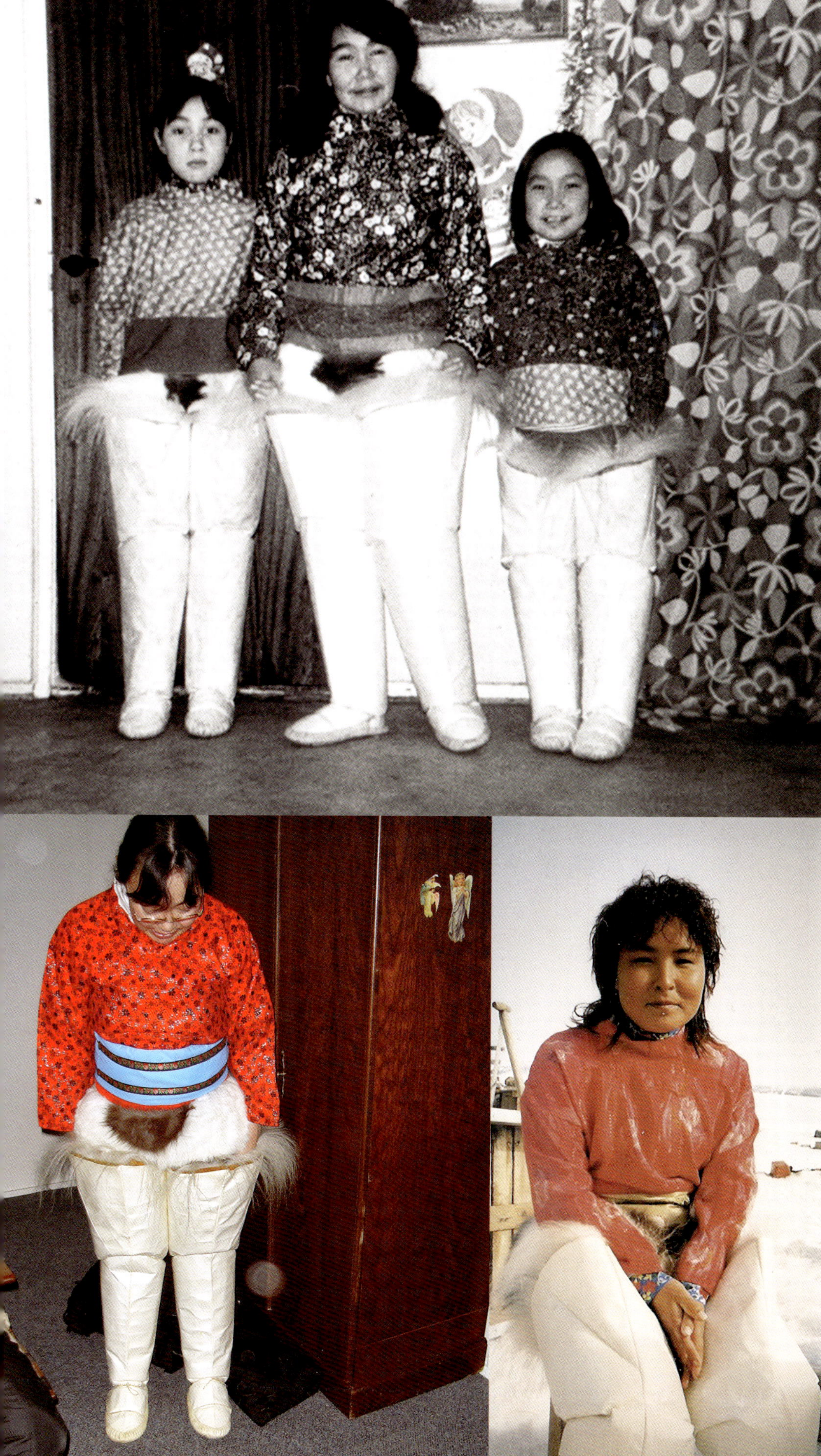

ᓯᖅᑭᓐᖑᔭᐅᑦ ᐃᖏᖅᕋᓂᖓ ᒪᓕᒃᑐᒍ
ᖁᑦᓕᖅᐹᖓᓂᑦ: ᑕᑖᓚᓐᖑᐊᖅ ᐱᐊᕆ
ᑕᑯᖅᑯᔾᔨᒍᖅ ᑖᓯᓯᒥᖓ ᐊᔾᔨᓐᖑᐊᒥᒃ
ᐱᐅᑦᑎᐊᖅᑐᒥᒃ ᐊᕐᓇᐃᑦ ᐊᓐᓄᕖᑐᖅᑲᖏᓐᓂᒃ
ᐊᑐᖅᑐᓂᒃ. ᓇᔪᓇᐃᖅᑐᒍ ᐊᑐᓂᑦ ᑕᒪᒃᑯᐊ
ᓴᓇᖑᐊᒐᑦ ᑐᖅᐅᑎᓯᒪᓪᓗᑎᒃ ᑖᓯᓱᖓ
ᓂᕕᐊᖅᓵᓗᑦ ᐊᒻᒪᓗ ᐊᕐᓇᓗᑦ.

ᓴᐅᒥᖕᒥᑦ: ᑐᑯᒧᖅ ᐱᐊᕆ,
ᓴᙱᐊᒃ ᐱᐊᕆ, ᐊᒻᒪᓗ ᐱᑐᖃ ᑑᓂᖅ.

ᑑᑯ ᐅᓯᒪ ᓇᖕᒥᓂᖅ ᐱᒥᓂᒃ
ᓂᕈᐊᕆᓯᒪᔪᒥᓂᒃ ᐊᓐᓄᕌᖅ.

ᑐᑯᒧᖅ ᐱᐊᕆ ᐊᓐᓄᕌᖅᒥᓂᒃ ᐊᑐᖅᑐᖅ,
ᓇᓄᑦ, ᐊᒻᒪᓗ ᐊᕐᓇᑑᑦ ᑕᐃᓯᒪᓂ
2009-ᖑᑎᓪᓗᒍ.

ᓇᕼᐊᑦ
ᑎᓇᒐᓂᐊᑉ ᐊᒥᐊᓂᒃ ᕼᐊᓈᑦ

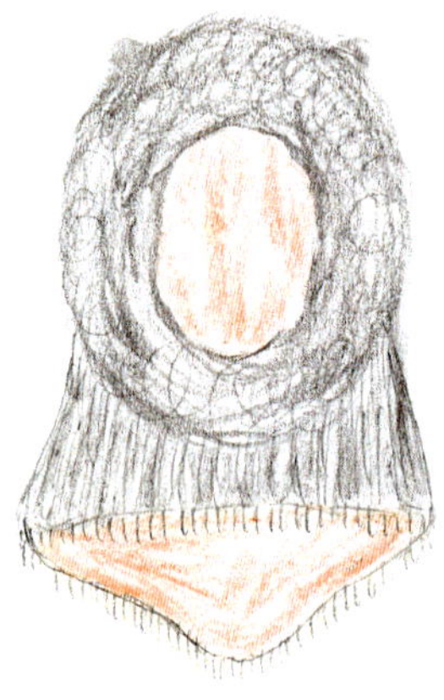

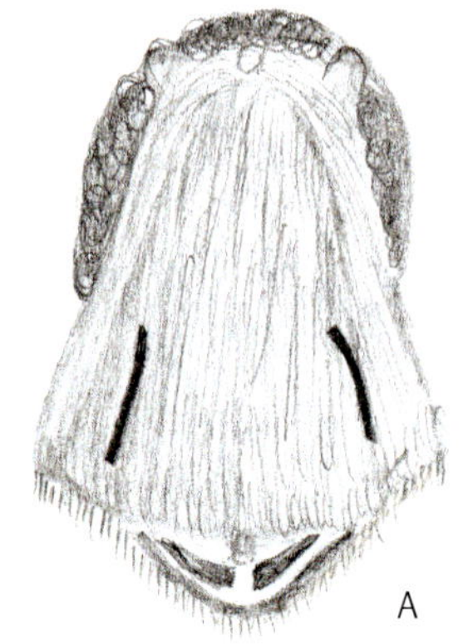

1. ᓄᑲᑉᐱᐊᖅᑲᑉ ᓇᕼᐋ

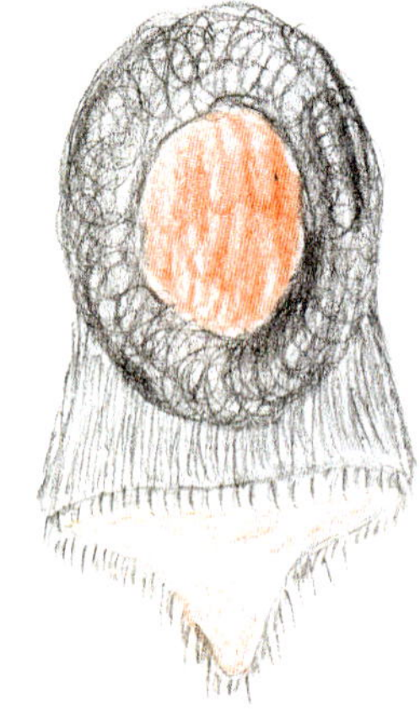

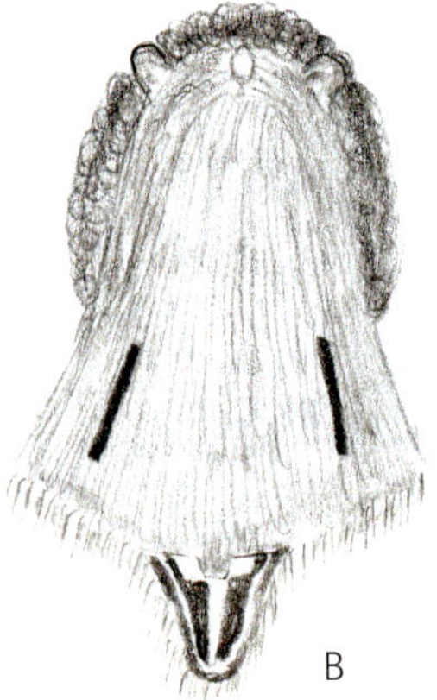

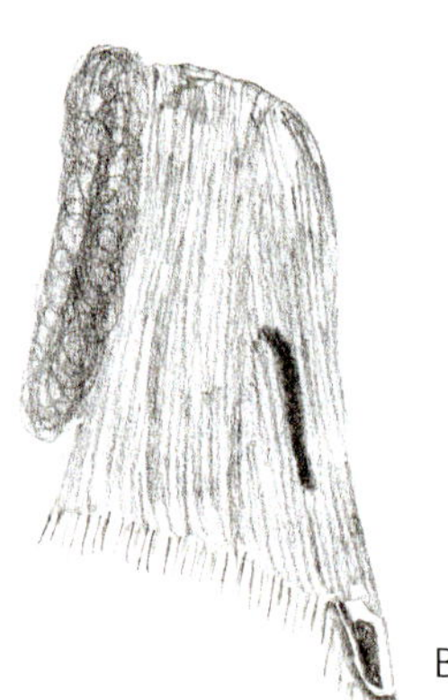

2. ᓂᕕᐊᕐᕆᐊᖅᑲᑉ ᓇᕼᐋ

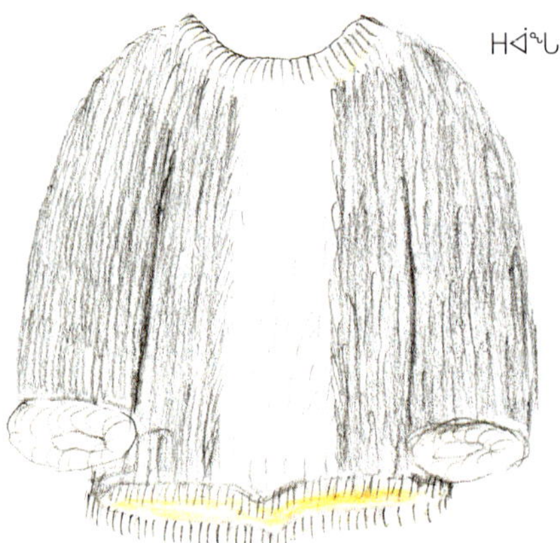

3. ᐱᕿᑦ ᑲᐸᒑ

ᑎᓇᒐᓐᓂᐊᑉ ᐊᒥᐊᓂᒃ ᕼᐊᓈᑦ

1. ᓄᑲᑉᐱᐊᖅᑲᑉ ᓇᕼᐋ, ᑖᓐᓇ ᓇᓴᖅ ᓄᑲᑉᐱᐊᓄᑦ ᐊᒻᒪᓗ 2. ᓂᕕᐊᕐᕆᐊᖅᑲᑉ ᓇᕼᐋ, ᑖᓐᓇ ᓇᓴᖅ ᓂᕕᐊᖅᑮᓄᑦ, ᐊᔾᔨᒌᒃᐊᑭᑦᑐᒃ ᐃᓗᓯᖓᒃ ᐸᐱᖓᒃ (ᐸᒥᐅᖓᒃ (A) ᐊᒻᒪᓗ (B)) ᑐᓄᖓᒃᑎᒃᑯᒃ ᓇᓗᓇᕿᑎᒃ ᓂᕕᐊᖅᑮᓄᑦ ᐊᒻᒪᓗ ᓄᑲᑉᐱᐊᓄᑦ ᓇᓵᒃ. ᐊᑕᐅᓯᖅ ᑎᓇᒐᓂᐊᕿᔭ ᐊᑐᖅᑕᐅᖃᑦᑕᖅᐳᖅ ᓇᓴᓕᐊᕆᔭᐅᓪᓗᓂ.

2. ᐱᕿᑦ ᑲᐸᒑ ᓯᕗᓯᑯᓗᖕᒍᑦ ᑎᓇᒐᓂᐊᕿᔭ ᓄᐃᔭᒐᖅ. ᓂᕕᐊᖅᑮᒍᑦ, ᖁᔭᒡᒎᓗᓂ ᓵᖓ ᑎᑭᐅᑎᓯᒪᓪᓗᓂ ᖁᖓᓯᖓᒐᓄᑦ. ᓄᑲᑉᐱᐊᓄᑦ ᓄᐃᔭᒐᖅ ᐊᔾᔨᒌᔭᙱᒑ ᑕᐅᑐᐊᓘᓐᓃᑦ, ᑲᔪᐃᓐᓇᕈᔫᓗᓂ ᖁᔭᓂᖅᑯᕐᓗᓂ ᑐᐃᖓᒃᑎᒃᑯᒃ, ᐊᖑᑎᑎᑐᑦ ᐃᓐᓇᖅᑐᑦ ᖁᓕᑦᑕᖓᑎᑐᑦ. ᓯᓈ ᑕᒻᒪ ᓯᓂᓕᖅᑕᐅᓯᒪᓪᓗᓂ ᖁᓕᑦᑕᐅᑦ ᓇᓄᕿᒥᒃ (ᑕᑯᓗᒍ ᒪᒃᐱᖅᓯᒪᔫᑦ ᐃᒡᓗᐊᓂ).

ᓴᐅᒥᖕᒥᑦ: ᕿᓴᒪᓯ ᐱᐊᕆ ᐊᓐᓄᕋᖅᑐᖅᑲᖅᒥᒃ ᐊᑐᖅᑐᖅ ᓄᑲᑉᐱᐊᖅᓯᐅᑎᒥᒃ ᑎᕆᒐᓂᐊᕐᔭᒥᒃ ᒥᖅᑯᓕᖕᒥᒃ ᓄᐃᔭᒐᕐᒥᒃ ᐊᒻᒪᓗ ᓇᓴᕐᒥᒃ, ᓇᓄᑦ, ᐊᒻᒪᓗ ᑲᒥᖕᖏᒃ.

ᐱᖕᓇ: ᑑᑯ ᐅᓯᒪ ᖃᓱᔩᓇᒍᓗᖕᓂᒃ ᐊᕿᒍᖅᑲᖅᑎᓪᓗᒍ ᑕᕝᕙᓂ ᐊᔾᔨᙳᐊᒥ. ᐊᑐᕐᒥᔪᖅ ᐊᓐᓄᕋᕆᔭᐅᓰᖕᒍᓚᐅᖅᑐᓂᒃ ᓂᕕᐊᖅᓛᖅᓯᐅᑎᓂᒃ, ᑎᕆᒐᓂᐊᕐᔭᒥᒃ ᒥᖅᑯᓕᖕᒥᒃ ᓄᐃᔭᒐᖅᓯᒪᔪᖅ ᖁᔾᔪᑦᑐᓂ ᓵᖕᑲ, ᖃᕐᓕᑲᓪᓚᒃᓯᒪᓪᓗᓂᓗ ᑎᕆᒐᓂᐊᕐᔮᖕᓂᒃ ᓇᓄᑦ, ᐊᒻᒪᓗ ᑕᑭᔫᖕᓂᒃ ᐊᕐᓇᒎᑦ ᐊᑐᖅᑐᖅ ᓱᕈᓯᖅᓯᐅᑏᖕᓂᒃ.

ᖄᓈᖅᒥᐅᑦ ᐱᓯᓇᔾᔪᑎᖏᑦ/ᐃᖅᑲᓇᐃᔭᐅᑎᖏᑦ

ᓯᑯᒥ ᐱᓕᕆᔾᔪᑏᑦ ᐃᖅᑲᓇᐃᔭᐅᑏᑦ ᐊᑐᖅᑕᐅᖃᑦᑕᖅᐳᑦ ᐃᓄᒡᕼᐅᐃᓄᑦ ᖄᓈᕐᒥ ᑕᑯᖅᑯᔾᔭᐅᔪᑦ ᐊᒥᓱᑦ ᐅᔾᔨᕐᓇᑦᑎᐊᖅᑐᑦ ᑕᒪᒃᑯᓄᖓ ᑲᖏᖅᑐᒑᐱᖕᒥᐅᑦ ᐊᒻᒪ ᐅᑦᕿᐊᒡᕕᒥᐅᑦ ᐱᖏᑎᑐᑦ, ᐱᔾᔪᑎᖃᖅᑐᓄᑦ ᐊᖑᓇᓱᖕᓂᕐᒥᒃ ᐊᒻᒪ ᓯᑯᒥ ᐊᑦᑕᕐᓇᐃᔭᖅᓯᒪᓂᕐᒥᒃ. ᕿᓯᐊᓂ ᐊᔾᔨᒌᖕᖏᓐᓂᖅᑲᐅᖅᑐᑎᒃ. ᐃᓄᒡᕼᐅᐃᑦ ᐃᓱᒪᓕᐅᖅᓯᒪᔪᑦ ᓯᑭᓗᖕᓂᒃ ᐊᑐᕈᒪᓇᑎᒃ ᐊᒍᓇᓱᒡᓗᑎᒃ, ᐃᓕᖅᑯᓯᑐᖃᕐᒥᓂᒃ ᐊᖑᓇᓱᒡᓗᑎ ᐊᒻᒪ ᓇᒧᑐᐃᓐᓇᖅ ᐃᖏᕐᖑᓗᑎᒃ ᕿᒧᒃᓯᒃᑯᑦ ᑕᒪᓐᓇ ᐊᑐᐃᓐᓇᕐᓗᒍ. ᐊᖏᔪᕐᑯᑎᒍᑦ, ᐊᔭᓂᖅᑐᔪᑦ ᖃᒧᑎᑦ (ᖃᒧᑏᑦ) ᓴᓇᔭᐅᓯᒪᒍᑦ ᐅᓯᕐᔪᐊᕈᓐᓇᖅᑑᓗᑎᒃ ᑕᒪᒃᑯᓂᖓ ᓇᑦᑏᑦ, ᓇᓄᐃᑦ, ᐊᒻᒪ ᐊᐃᕖᑦ ᐊᒻᒪ ᐊᑐᕈᓐᓇᕐᓗᑎᒃ ᐃᓪᓕᓂᖅᑕᑦᑕᕐᓗᒋᑦ. ᓯᑯ ᓯᕐᑯᑦᑎᕈᓐᓇᕐᒪᑦ ᓂᓇᐅᓈᖏᑦᑐᓂ ᑖᒥᓂ ᓇᔪᖅᑕᑦᑎᓐᓂ, ᓯᓂᒃᑕᕐᓗᓂ ᓯᑯᒥ ᐊᖑᓇᓱᒃᑏᑦ ᑐᐱᖅᑲᑦᑕᖅᐳᑦ ᖃᒧᑎᓂ ᑐᐱᕐᕕᕆᖅᑲᓯᐅᑎᓪᓗᓂᔾᔪᒃ. ᐃᒪᐃᒃᑳᓪᓚᒃᐸᑦ ᐃᖏᕐᕋᓯᑲᐅᖅᑐᓇᐊᖃᕐᓗᑎᒃ, ᐸᕐᓇᒋᐊᑭᓪᓗᑎᒃ ᑐᐊᕕᒥ ᐊᒻᒪ ᐃᖏᕐᕋᓯᔭᓇᐊᑭᒃᑲᔭᖅᐳᑦ ᐅᔾᔨᕈᓯᓕᓇᐊᙵᓗᑎᒡᓗ. ᐊᖑᓇᓱᒃᑏᑦ ᐱᓕᕆᖅᑎᖅᑕᑦᑎᐊᕐᓚᑕ ᐃᓚᒌᒃᑐᑎᒡᓗ ᕿᒻᒥᓈᑦ. ᕿᒧᒃᓯᐅᑕᐅᓴᕐᐃᑉᐸᒃᑐᑎᒃ, ᕿᒻᒥᖕᒋᒃ ᐃᓕᙱᑎᑕᐅᒍᑦ, ᐃᖃᐃᖕᖏᑦᑎᐊᑐᑎᒃ, ᐊᒻᒪ ᐊᖑᓇᓱᒃᑏᑦ ᕿᒻᒥᖃᕈᓐᓇᖅᐳᑦ 25 ᐅᖕᒑᓃᑦᑐᓂᒡᔫᓐᓃᑦ ᕿᒻᒥᐅᖃᑎᕇᓂᒃ ᐅᖁᒪᐃᑦᑐᓂᒃᓗ ᐅᓂᐊᕈᓐᓇᖅᑐᑎᒃ. ᐱᓕᕆᔾᔪᑏᑦ/ᐃᖅᑲᓇᐃᔭᐅᑏᑦ ᐃᒪᐃᒃᑭᒍᑦ ᓴᓇᑦᑎᐊᖅᓯᒪᓪᓗᑎᒃ ᓴᓇᐅᒪᓂᖕᒋᑦ ᐊᒻᒪ ᐸᖅᑭᔭᐅᑦᑎᐊᖅᑐᑎᒃ ᑖᒥᓂ ᓇᔪᖅᑕᒥᓂ ᐊᕙᑎᒥᖕᓂ ᐊᒻᒪ ᓇᐅᑦᑎᐅᒪᑦᑎᐊᖅᑐᑎᒃ ᐃᓅᓯᕆᔭᒥᓂ ᓯᑯᒥ ᑕᒪᕐᒥ ᐊᑐᕋᕐᓂᖅᑐᑎᒃ ᐊᒻᒪ ᐊᑑᑎᑲᑦᑎᐊᖅᑐᑎᒃ, ᐊᒻᒪ ᐃᒫᒃ ᐃᓱᒪᕆᑦᑎᐊᖅᑕᐅᓯᒪᓪᓗᑎᒃ.

ᑖᒃᑯᖕᓄᖕᒐᑦᑕᐅᖅ ᐅᑦᕿᐊᒡᕕᖕᒥ ᐊᒻᒪ ᑲᖏᖅᑐᒑᐱᖕᒥ, ᐱᑕᖃᓗᒍᖅ ᐊᑎᖕᒋᓐᓂᒃ ᑕᐃᒍᖅᑕᐅᔪᑎᖕᒋᓐᓂᒃ ᐊᒥᓱᓄᑦ ᓯᑯᓕᕆᔾᔪᑎᓄᑦ ᖄᓈᕐᒥ. ᑕᖁᖅᑯᔾᔨᓯᒪᔪᑦ ᖃᓄᐃᑦᑑᓂᖕᒋᓐᓂᒃ ᐅᑯᖕᓇᙳᑦ ᒫᔅᓴᙳᐊᖅ ᐅᓯᒪ ᐊᒻᒪ ᓃᓪᔅ ᒥᐅᙵᕆ ᒪᒃᐱᕐᓂᐊᑕᕐᓂ ᓯᕗᓂᖕᒫᖕᖓᓂ ᑕᑯᖅᑯᔾᔨᕗᑦ ᖃᓄᖅ ᓴᓇᔭᐅᓯᒪᓂᖕᒋᓐᓂᒃ ᐊᒻᒪ ᐅᐊᑲᓪᓚᕆᓇᖅᑐᑎᒃ ᓴᓇᔾᔪᓯᖕᒋᑦ ᑕᐃᒫᒃ ᐃᓄᒡᕼᐅᐃᑦ ᐱᓕᕆᔾᔪᓯᖕᒋᑦ/ᐃᖅᑲᓇᐃᔭᐅᓯᖕᒋᑦ.

ᐱᖕᓇ: ᓯᑯᒥ ᐱᓕᕆᔾᔪᑏᑦ ᖁᔭᓈᖅᓯᖕᒋᒻᒪᑕ ᐱᓕᕆᔾᔪᑕᐅᖕᒥᔪᓂᒃ ᐊᑐᖅᑕᐅᕙᓕᕐᒥᔪᓂᒃ ᓯᕗᕙᖅᓯᒪᖅᑯᐃᔾᔪᓂᒃ ᑕᐅᕙᓂ ᖄᓈᕐᒥ. ᐅᖄᓚᐅᑎᑦ ᓇᒥᑐᐃᓐᓇᖅ ᐊᑐᖅᑕᐅᔪᓐᓇᖅᑐᑦ ᐱᐅᒍᑦ ᐊᒻᒪ ᐅᖄᓚᐅᑎᒃ ᐊᑲᐅᓪᓗᑎᒃ ᐊᒻᒪ ᓇᔪᖅᑎᕆᓇᖅᑐᑎᒃ ᓯᑯᒥ (ᒪᑯᑎᑐᓇᖅ ᕚᓚᓐᑕᐃᓐ ᑐᓂᖅ, ᐅᖄᓚᔪᓐᓇᖅᑐᖅ ᓯᑯᒥᑦ ᐊᐅᓪᓚᖅᐸᓪᓕᐊᓪᓗᓂ ᓄᓇᓕᖕᓂᑦ ᕿᒧᒃᓯᒥ).

ᑕᒪᒃᑯᓄᖓ ᓯᑯᒥ ᐱᓕᕆᔾᔪᑎᓄᑦ/ᐃᖅᑲᓇᐃᔭᐅᑎᓄᑦ ᖃᓈᕐᒥ, ᐊᐱᖅᑯᑎᒃᓴᖅᑕᖃᕆᑦᑎᐊᖅᐳᖅ ᐱᒋᐊᕈᑎᖃᕆᐊᖃᖅᑐᒍᑦ ᕿᒻᒥᒥᒃ. ᕿᒻᒥᖅ, ᐊᑯᑭᑦᑐᕐᒥᐅᑦ ᕿᒻᒥᕐᑯᑖᑦ, ᐅᐊᑦᑎᐊᕈᕐᓂᓴᐅᖓᓚᑕ ᕿᒻᒥᐅᖃᑎᒌᑦ ᑕᒪᒃᑯᐊ ᑭᙵᐅᕚᓇᔭᐅᖓᓚᑕ ᕿᒻᒥᓂᑦ ᐊᑯᑭᑦᑐᓅᕈᔾᔭᕙᓂᕐᓂᑦ ᐃᓄᖕᓂᑦ ᓯᕗᓪᓕᐅᔪᕙᓂᕐᓂᑦ. ᕿᒻᒥᓇᔪᒥᓇᑦᑎᐊᕐᓚᑕ ᐱᓕᓇᔫᑉᓗᑎᒃ ᐱᓐᓇᓇᔭᐅᔾᔪᑎᑲᖅᑐᑦ ᓴᙱᓂᖏᓐᓄᑦ ᐊᒻᒪᓗ ᑦᑲᓴᕋᐃᖏᓐᓂᖏᓐᓄᑦ. ᐊᑯᑭᑦᑐᓂ, ᐋᖅᑭᖅᑕᐅᓯᒪᖕᒥᖕᒪᑦ ᑕᒪᑦᑯᐊ ᓴᐳᒻᒥᔭᐅᓗᑎᒃ ᕿᒻᒥᐅᔾᔪᓯᖏᑦ ᑕᐃᒪᐃᑦᑑᖏᑦᑐᓂᒃ ᕿᒻᒥᖅᑕᖅᑲᓇᐊᖅᑭᓐᓃᖅᑎᑕᐅᓯᒪᓪᓗᓂ ᓄᓇᖅᖃᕆᐅᔪᒥ ᐅᑭᐅᖅᑕᖅᑐᒥᖓᑕ ᓇᓗᓇᐃᖅᓯᒪᓪᓗᓂ ᑎᑎᖅᓯᒪᓂᖓᑕ ᖁᑖᓄᑦ (ᕿᒻᒥᐅᖅᑲᑎᓕᖏᑦᑐᑦ ᑲᑎᖁᔭᐅᓇᑎᒃ ᖃᑐᖅᖏᐅᓕᖁᔭᐅᓇᑎᒃ) ᐊᒻᒪᓗ ᑕᐃᒫᒃ ᓂᕈᐊᕆᔭᖅᑲᖅᓯᒪᓪᓗᑎᒃ ᑕᐃᒪᐃᑦᑑᖕᖏᓐᓇᖁᔨᒧᑦ ᐊᒻᒪᓗ ᓯᑭᓗᖕᓂᒃ ᐊᖑᓇᓰᑎᖅᑲᕈᒪᓇᑎᒃ. ᕿᒻᒥᖅ ᐱᓪᓚᕆᔭᐅᖓᓪᓕ ᐃᓚᒋᑎᑕᐅᑎᐊᕐᒪᑦ ᐆᒪᔪᓂᑦ ᓯᑯᒥ ᑕᐅᕗᓂ ᐊᕗᓂᖅᓯᐊᒥᑦ ᐅᓪᓗᒥ.

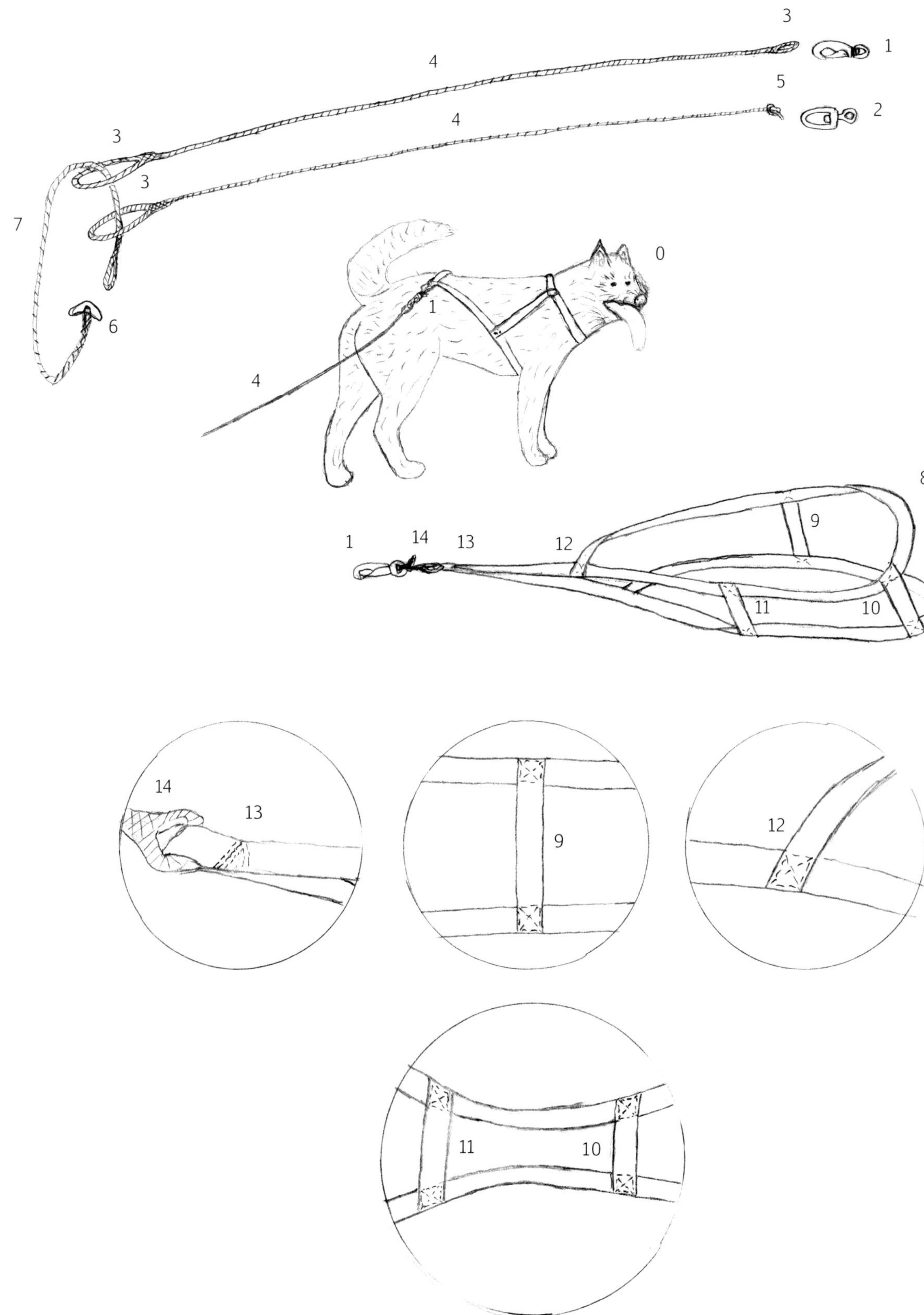

0. ᕿᒻᒥᖅ - ᕿᒻᒥᖅ; ᐱᓗᐊᖅᑐᓂ ᐊᑯᑭᑦᑐᕐᒥᐅᑦ ᕿᒻᒥᙵᑦ
1. ᐲᖅᕋᐅᑦ
2. ᕿᔅᓴᕈᑦ
3. ᐅᖅᓇᐊ
4. ᐃᐱᐅᑕᖅ - ᐃᐱᐅᑕᖅ ᐅᕝᕙᓘᓐᓃᑦ ᐊᒃᑐᓈᖅ, ᐊᑕᓪᓗᓂ ᕿᒻᒥᒧᑦ ᐊᓄᐊᓄᑦ ᖃᒧᑏᓐᓄᓪᓗ
5. ᐅᙳᐊᖅ
6. ᐲᖅᕋᐅᑦ
7. ᓄᒡᒋᑦ - ᐊᒃᑐᓈᖅ ᖃᒧᑏᒃ ᓯᕗᓂᑦᑎᐊᖓᓂ ᐃᐱᐅᑕᓅᖓᔪᖅ
8. ᐊᓄᖅ - ᐊᓄ
9. ᐋᓇᐊᖅᑯᑦ - ᓴᓐᓂᖓᔪᖅ ᐋᓇᐊᒍᑎᖓ ᖃᑦᑕᖅᐹᖓᓂ ᕿᒻᒥᐅᑦ ᐊᓄᐊᑕ
10. ᖐᕈᑖ - ᓴᓐᓂᖓᔪᖅ ᓴᑭᐊᒍᑖ ᓯᕗᓂᙶᖓᓃᑦᑐᖅ ᕿᒻᒥᐅᑦ ᐊᓄᐊᑕ
11. ᕼᐊᑭᐊᖅᑯᑦ - ᓴᓐᓂᖓᖕᒥᔪᖅᑕᐅᖅ ᓴᑭᐊᒍᑖ ᓴᑭᐊᖓᑕ ᒥᒃᓵᓂ ᕿᒻᒥᐅᑦ ᐊᓄᐊᑕ ᐃᓚᖓ
12. ᐊᑦᓯᖅᖓ
13. ᐸᐱᔅᓴᕋᖅ
14. ᑕᔅᓴᖅ (ᑕᔅᓴᐊ) ᐊᖕᒋᔅᓴᑐᖅᑯᑦ

2009

M. Oshima

ᓯᕿᓐᕈᔭᐅᑦ ᐃᖏᕐᕋᔾᔪᓯᖓ ᒪᓕᒃᑐᒍ: ᖃᒧᑎᑦ ᐃᓄᖕᓂᒃ ᐅᓯᓰᒃ, ᐱᕐᑯᑎᒋᔭᐅᔫᒃ, ᐊᒻᒪᓗ ᐊᑐᑦᑎᐊᖅᑐᑎᒃ ᓯᑯᒃᑯᑦ ᐊᐳᑎᒃᑯᓪᓗ. ᑲᒧᑎᑦ ᖃᒧᓯᐊᖑᓲᖑᔫᑦ ᑕᑭᓕᓈᒃᑐᑎᒃ ᐱᔾᔪᑎᒋᓪᓗᒍ ᖃᓄᖅ ᐊᑐᖅᑕᐅᖃᖅᑕᕐᓂᐊᕈᓯᖏᖔᒃ. ᖃᓄᐃᑦᑐᓅᖔᖅᓯᒪᓂᖏᑦ ᓴᓇᔭᐅᖃᑦᑕᖅᓯᒪᓂᖏᑦ ᐊᓯᔾᔩᖅᐸᓪᓕᐊᓯᒪᒋᕗᑦ ᐅᐊᑦᑎᐊᕈᓂᑦ (ᐱᔾᔪᑎᒋᖃᓯᐅᑎᓪᓗᒍ ᑎᑭᑎᑕᐅᖃᑦᑕᖅᑐᑦ ᕿᔪᐃᑦ ᓴᐅᓂᐅᖕᖏᖔᖅᑐᑦ, ᐊᒻᒪᓗ ᐊᐅᒃᑕᔩᖓᓂᒃ ᐱᕋᖅᑲᐅᖅᑐᑎᒃ ᓂᓚᐅᖏᑦᑐᒥᒃ), ᓴᓇᔭᐅᓯᒪᓂᖏᑦ ᑕᐃᒪᐃᓕᖓᐃᓐᓇᖅᓯᒪᕗᑦ ᐅᐊᑦᑎᐊᕈᐊᓗᓂᑦ. ᐅᕙᓂ, ᐋᑐ ᓯᒥᒐᖅ ᐱᐊᒃᓴᐃᕗᖅ ᐱᕐᕌᒥᓂᒃ ᓄᖅᑲᖓᓂᕐᒥᓂ ᐃᖏᕐᕋᓐᓗᑎᒡ.

ᑲᖏᖅᑐᒫᐱᖕᒦᖔᖅᑐᑑᖏᑦᑐᑦ ᖃᒧᑎᑦ ᐊᑦᑎᒃᑐᐃᓐᓇᐅᓇᑎᒃ ᐅᓪᓗᒥ ᓴᓇᓯᒪᓂᖏᑦ, ᖄᓇᕐᒥ ᖃᒧᑎᑦ ᓇᐸᑕᐊᖅᑲᒪᑕ ᑎᒍᓕᖅᖃᑐᑎᒃ ᐃᖅᑯᐊᒍᑦ ᓱᒃᓴᖅᑎᐅᑦ ᓴᕿᐊᒃᑲᓂᕈᓇᕐᓂᐊᕐᒪᒋᑦ ᖃᒧᑏᒃ ᒪᓃᑎᒍᑦ ᓯᑯᒥ ᐊᒻᒪᓗ ᓄᓇᒃᑯᑦ ᐊᐅᓚᖃᑦᑕᓇᖃᓚᓇᒃᑎᓪᓗᒋᑦ ᑭᐱᓯᑦᑕᕐᓗᑎᒃ ᐃᒡᓕᓂᕐᓂᒃ ᐊᑐᖅᑕᒥᓂ.

ᐃᓛᓐᓂᑦ ᕿᒻᒦᑦ ᕿᒧᒃᑐᑦ ᐅᓂᐊᕆᐊᖃᖃᑦᑕᕐᒥᔪᑦ ᕿᒻᒥᐅᖃᑎᒥᓂᒃ ᖃᒧᑏᖕᓂ ᐃᑭᒪᔪᓂᒃ. ᑑᑯ ᐅᓯᒪᐅᑦ ᕿᒻᒥᖓ ᐱᕿᒃᓯᒪᔪ ᓚᒃᑭ ᐃᑭᒪᕗᖅ.

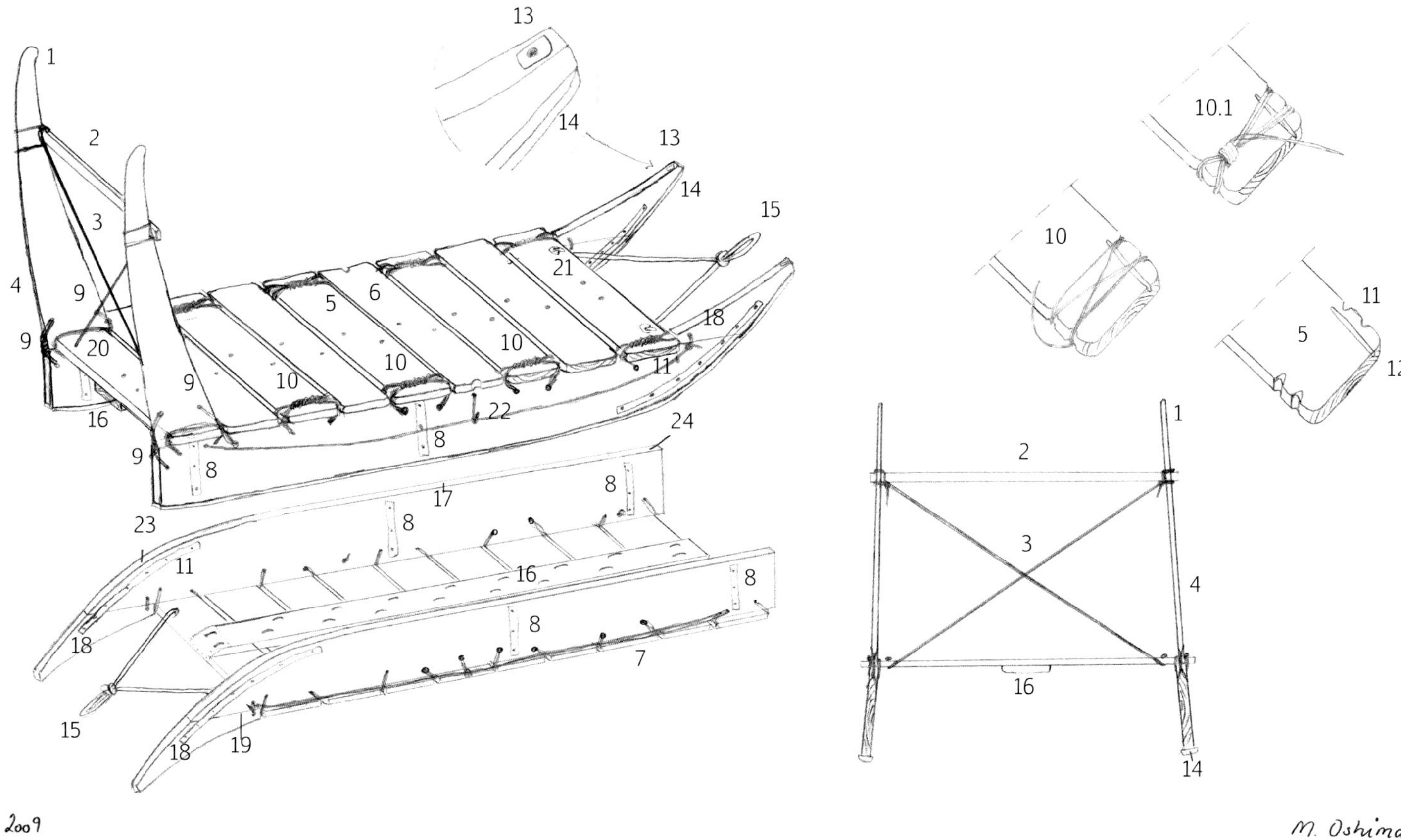

1. ᐋᒋᐊᖅ
2. Hᐊᓐᓂᕈᑦ (ᓇᐳᖅ) - ᓴᓐᓂᖕᖓᔪᖅ ᓇᐸᒃᑎᐊᕈᑖ ᐋᖅᑭᑦᑎᐊᖅᓯᒪᔾᔪᑎᖓ ᖃᒧᑏᖕᓂ
3. ᓄᓘᑎ - ᓇᐸᑦᑎᐊᕈᑎᖏᒃ
4. ᓇᐸᕆᐊᖅ - ᖁᒻᒧᖓᑦᑎᐊᕐᓗᑎᒃ ᐋᖅᑭᑦᑎᐊᖅᓯᒪᔾᔪᑎᖓ ᖃᒧᑏᒃ
5. ᓇᐳᖅ - ᐋᖅᑭᒃᓯᒪᔪ ᕿᔪᑳᒃ/ᓇᐳ
6. ᓇᒃᑲᓖᒃᑯᑦ
7. ᓇᖅᑲᑦᕝᕕᒃ - ᐊᒃᑐᓇᐅᔾᔭᖅ ᖃᒧᑏᒃ ᑐᑭᓐᖓᖅᑲᑎᒋᑦᑐᓂᐅᒃ ᖃᒧᑎᓐᖓᓚᑦ ᓇᕿᑕᓕᕝᕕᖓ (ᐊᒃᑐᓇᐅᔾᔭᖅ ᐊᑦᑐᕐᖏᖅᓯᒪᔪᖅ ᖃᒧᑏᖕᓄᑦ)
8. ᐊᑦᑕᑎᑦ
9. ᓇᐸᕆᔾᔪᑎᑦ - ᓇᐸᕆᐊᑦ ᐃᓕᑦᑎᐊᖅᓯᒪᕝᕕᖓ
10. ᓇᐳᓕᐅᑦ - ᓇᐳᓕᐅᓯᖅᓯᓂᖅ (ᓂᒥᕐᓂᕋ ᓄᓇᖅᕋᖅᑐᕐᓂᕐᒥᒃ ᑖᓂᖅᑲᕋᕐᐳᖅ / ᓇᐳᓕᐅᓯᖅᑐᒍ ᑕᐃᔭᐅᕗᖅ ᓄᓇᖅᕋᕐᑐᕐᓂᖅ)

10.1 ᓄᓇᖅᕋᖅᑐᕐᓂᖓ - ᓂᒥᖅᑕᐅᑦᑐᓂ ᓯᑲᑎᖅᑕᐅᓂᖓ

11. ᓂᐊᖅᑭᕐᕈᕐᓂᖕᒋ
12. ᑰᖅᑭᕐᕈᕐᓂᖓ - ᑖᓐᓇ ᓇᐳᑦ ᖁᕙᖅᑕᕐᓂᖓ
13. ᒧᓕᒃᑐᓂᖓ
14. ᐱᕐᕍᑦ - ᐱᖅᕍᖅ
15. ᐱᑐᒃ - ᐱᑑᒃ ᐊᖅᑖᓯᖅ ᕿᒻᒥᑦ ᐃᐱᐅᑕᖕᒋᑦ ᓄᕕᓯᒪᔪᑦ
16. ᓇᐳᐊᕐᓇᕖᒃᑯᑦ - ᓇᐳᐊᓖᒃᑯᑦ
17. ᖃᒧᑎᑦ ᐊᓗᐊ - ᖃᒧᑎᖓᑕ ᐊᓗᐊ
18. ᐅᐃᕐᓂᖅ; ᐅᕝᕙᓘᓐᓃᑦ ᖃᓕᐊᕈᑦ
19. ᐱᕐᓂᖓ
20. ᐃᖅᑯᖅᓯᖅ (ᐃᖅᑯᐊ) - ᐃᖅᑯᐊ
21. Hᐃᐅᖅᓯᖅ (HᐃᕗᐊI) - ᐅᐃᕐᓂᖓ
22. ᓄᓇᖅᕋᒃ
23. ᕿᖖᑐᐊ - ᒪᖖᑐᐊ
24. ᑭᒻᒥᐊ - ᑭᖕᒥᖓ

ᖁᓪᓕᖅᑲᖅᕕᒃ

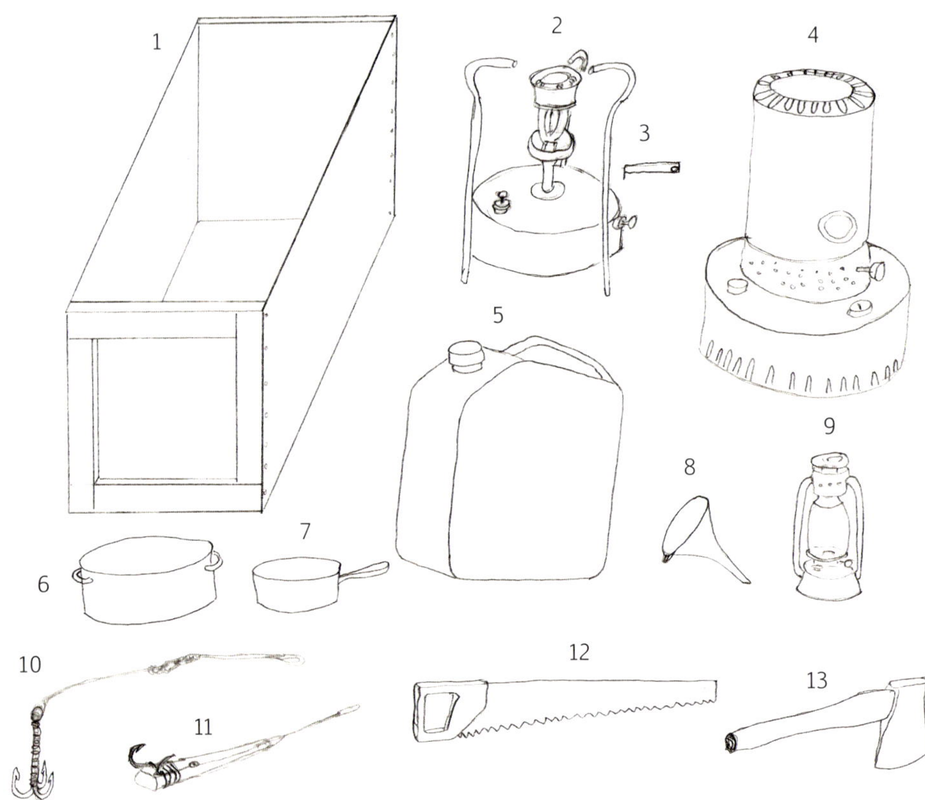

ᐅᓇ ᑭᓯᐅᐃᓐᓇᙳᐊᓂ ᑕᑯᖅᑯᔾᔩᓯᒪᔫᖅ ᓲᐳᔫᒃᑯᕕᖕᒥᐅᑕᓂᒃ (ᑕᒪᒃᑯᐊ ᐱᓯᒪᔭᐅᖃᑦᑕᖅᑐᑦ ᓲᐳᔫᒃᑯᕕᖕᒥ (ᓇᓂᕿᑎ/ᐃᒃᑰᓛᖅᑐᖅ ᓲᐳᔫᖅ ᓲᐳᔫᒃᑯᕕᒃ). ᓲᐳᔫᒃᑯᕕᖕᒥᐅᑕᑦ ᒪᑯᐊᙳᓲᙳᕗᑦ ᐊᑐᕆᐊᖅᑲᖅᑐᑦ ᓲᐳᔫᒃᑯᕕᖕᒥᐅᑕᐅᓲᙳᕗᑦ ᒪᑯᐊ ᐃᒃᑰᓛᖅᑐᑦ ᓲᐳᔫᑦ, ᐅᖅᓱᒃᓴᑦ, ᓇᓂᕿᑎ, ᐅᖅᑰᓴᐅᑎ, ᑏᓕᐅᕿᑎ, ᑭᓪᓘᑎ, ᐃᖅᑲᓗᒐᓰᑎᑦ, ᐊᒻᒪᓗ ᑭᓯᐅᐃᓐᓇᖅᓄᑦ ᐊᑐᒐᒃᓴᐃᒃ ᐅᓕᒪᐅᑎᕋᓛᖅ.

ᑲᓐᓇ: ᐋᑐ ᓯᒥᒎᖅ ᐃᑭᑦᑎᓇᓱᒃᑐᖅ ᓲᐳᔫᒥᒃ ᓲᐳᔫᒃᑯᕕᖕᒥᓂᒃ ᐅᖅᑯᐊᖅᑲᖅᑐᓂ.

1. ᖁᓪᓕᖅᑲᖅᕕᒃ - ᓲᐳᔫᒃᑯᕕᒃ
2. ᖁᓪᓕᐸᓗᒃ ᓂᐲᑐᖅ - ᐃᒃᑰᓛᖅᑐᖅ ᓲᐳᔫᖅ
3. ᖃᖅᑭᓕᕈᑦ - ᑲᐅᓴᐅᑎ
4. ᑭᐊᑉᐸᓛᕈᑦ - ᐅᖅᑰᓴᐅᑎ
5. ᐅᖅᕈᖅᑲᖅᕕᒃ - ᐅᖅᓱᒃᓴᖅ
6. ᖁᓕᔅᓯᐅᑦ - ᖃᑦᑕᖅ
7. ᑏᓕᐅᕈᑦ - ᑏᓕᐅᕿᑎ
8. ᑯᒻᒥᕕᒃ - ᐸᓚ
9. ᓇᓂᕿᐊᖅᕕᒃ - ᓇᓂᕿᑎ
10. ᐋᕼᐃᐅᑎᑦ - ᓂᒃᓯᖅᑕᐅᑎ
11. ᐃᖅᑲᑦᑖᒃᑲᑦ - ᐃᖅᑲᑦᑕᖅᓗᒍ ᓂᒃᓯᓕᒃ
12. ᐱᓚᒃᑰᑎᑦ - ᑭᓪᓘᑎ
13. ᐃᑰᑕᖅ - ᐅᓕᒪᐅᑎ

ᐃᑉᐱᐊᕿᒃ

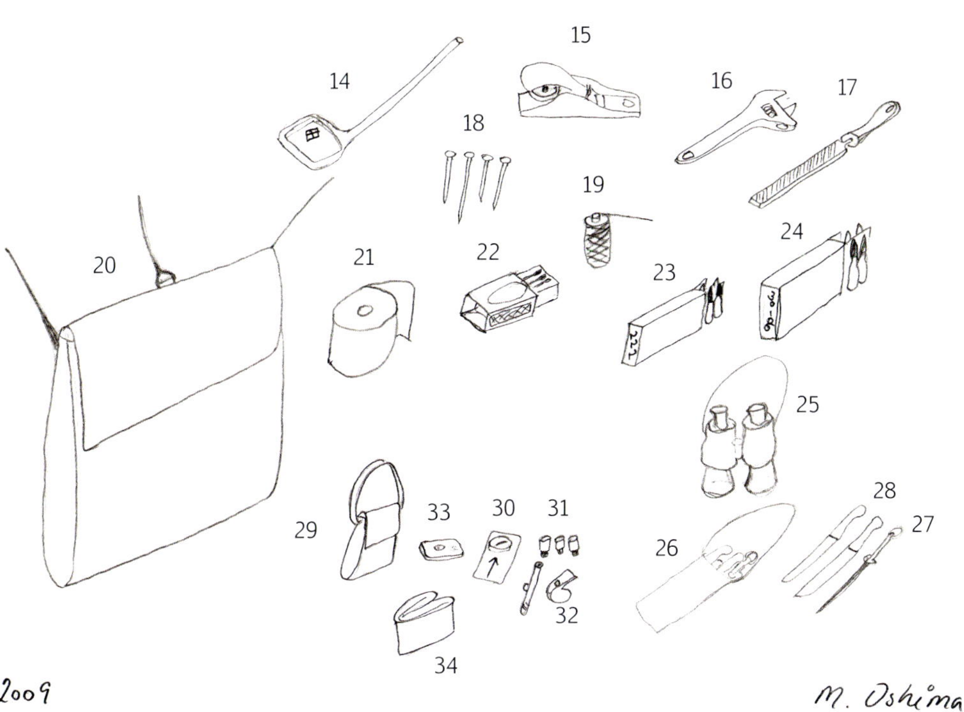

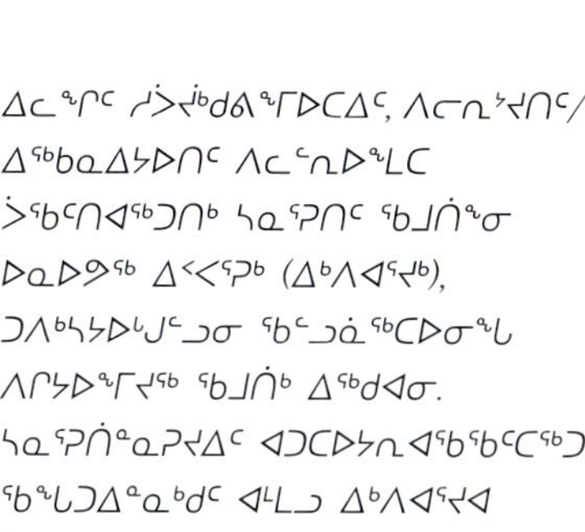

ᐃᓚᖏᑦ ᓱᐴᔫᒃᑯᕕᖕᒥᐅᑕᐃᑦ, ᐱᓕᓇᕐᔪᑎᑦ/ᐃᖅᑲᓇᐃᔭᐅᑎᑦ ᐱᓚᑦᓇᐅᖕᒪᑕ ᐆᖅᑦᑎᐊᖅᑐᑎᒃ ᓴᓇᕿᑎᑦ ᖃᒧᑏᖕᓂ ᐅᓇᐅᒐᖅ ᐃᑉᐸᕿᒃ (ᐃᒃᐱᐊᕐᔫᒃ), ᑐᐱᒃᓴᔭᐅᒡᒍᑦᑐᓂ ᖃᑦᑐᓈᖅᑕᐅᓂᖔ ᐱᒋᔭᐅᖕᒥᔫᖅ ᖃᒧᑏᒃ ᐃᖅᑯᐊᓂ. ᓴᓇᕿᑏᓐᓇᕋᔪᐃᑦ ᐊᑐᑕᐅᔭᓇᐊᖅᑲᖅᑕᖅᑐᑦ ᖃᖕᒐᑐᐃᓐᓇᒃᑯᑦ ᐊᒻᒪᓗ ᐃᒃᐱᐊᕐᔪᐊ ᐆᑦᑎᐊᕚᐅᑦᑐᓂ ᐊᑐᐃᓐᓇᐅᑦᑐᓂ.

ᐱᖓ: ᑰᑯ ᐅᓯᒪ ᐅᑦ ᐃᒃᐱᐊᕐᔪᐊ 2007-ᖑᑎᑦᑐᒍ.

14. ᑕᕐᕋᕐᑑᑦ - ᑕᕐᕋᖅᑑᑦ
15. ᑭᓕᐅᕈᑦ - ᐃᓕᐅᖅᑖᕈᑎ
16. HᐅᕐᕋᕆᐃᕐᓇHᐃᑦ - ᐊᐃᑦᑕᖅᐸᓪᓕᐊᓱᕐᖅ ᕿᐳᔫᖅᓯᓯ
17. HᐃHᐊᒃ - ᐊᒋᐊᖅ
18. ᑭᑭᐊᐃᑦ - ᑭᑭᐊᑦ
19. ᐊᕐᕆᓇᐅHᐊᖅ - ᐃᕙᓗᒃᓴᐅᑎ
20. ᐃᑉᐱᐊᕿᒃ - ᐃᒃᐱᐊᕐᔪᒃ
21. ᐃᕐᑰᑎᒡᒋᐊᖅ - ᐃᕐᑰᑎᒃᓴᖅ
22. ᐃᓐᓂᓇᑦ - ᐃᑯᒪᑦ
23. ᐃᓗᓕᒡᒐᑦ ᓴᑯ - ᓴᒃᑯᑦ ᓴᑯ ᕐᑯᑭᐅᑎᒧᑦ (.222)
24. ᐃᓗᓕᒡᒐᑦ ᖃᖅᑲᒨᒧᑦ - ᓴᒃᑯᑦ .30-06 ᕐᑯᑭᐅᑎᒧᑦ
25. ᕿᕐᖑᑎᑦ - ᐃᒡᒐᐅᔫᒃ
26. Hᐊᕙᐅᑉ ᐆᖅ - ᓴᕙᒃᑯᕙᒃ
27. ᐃᐱᒡᒐᐅᑦ - ᐃᐱᒃᓴᐅᑎ
28. Hᐊᕚᑦ - ᓴᕚᑦ
29. ᐊᓐᓇᓐᓂᐅᑦ (ᐊᓐᓇ) - ᐃᓅᓕᓴᐅᑎᑦ ᐋᓐᓂᖅᑐᒧᑦ ᓘᓐᓅᑦ ᒪᑦᑐᑎᒃᓴᑦ
30. ᐳᔪᕐᓇᐅᑦ - ᑕᒻᒪᓅᒃᑯᑎ
31. ᕐᑯᒻᒧᑮᕐᑕᐅᑎᑦ - ᕐᑯᒻᒧᐊᒃᑕᔫ ᖃᐅᒪᓲᑦ
32. ᐅᐃᙱᐊᕐᑕᐅᑦ - ᐅᕚᙱᐊᑑᑎ
33. ᑕᕐᕋᕐᑑᑦ - ᑕᕐᕋᖅᑑᑎ
34. ᕿᐅᓕᕿᒧᑦ ᐆᖅ - ᕿᐅᔪᐊᓘᓕᖅᑐᒧᑦ ᐅᓕᒃᓴᖅ

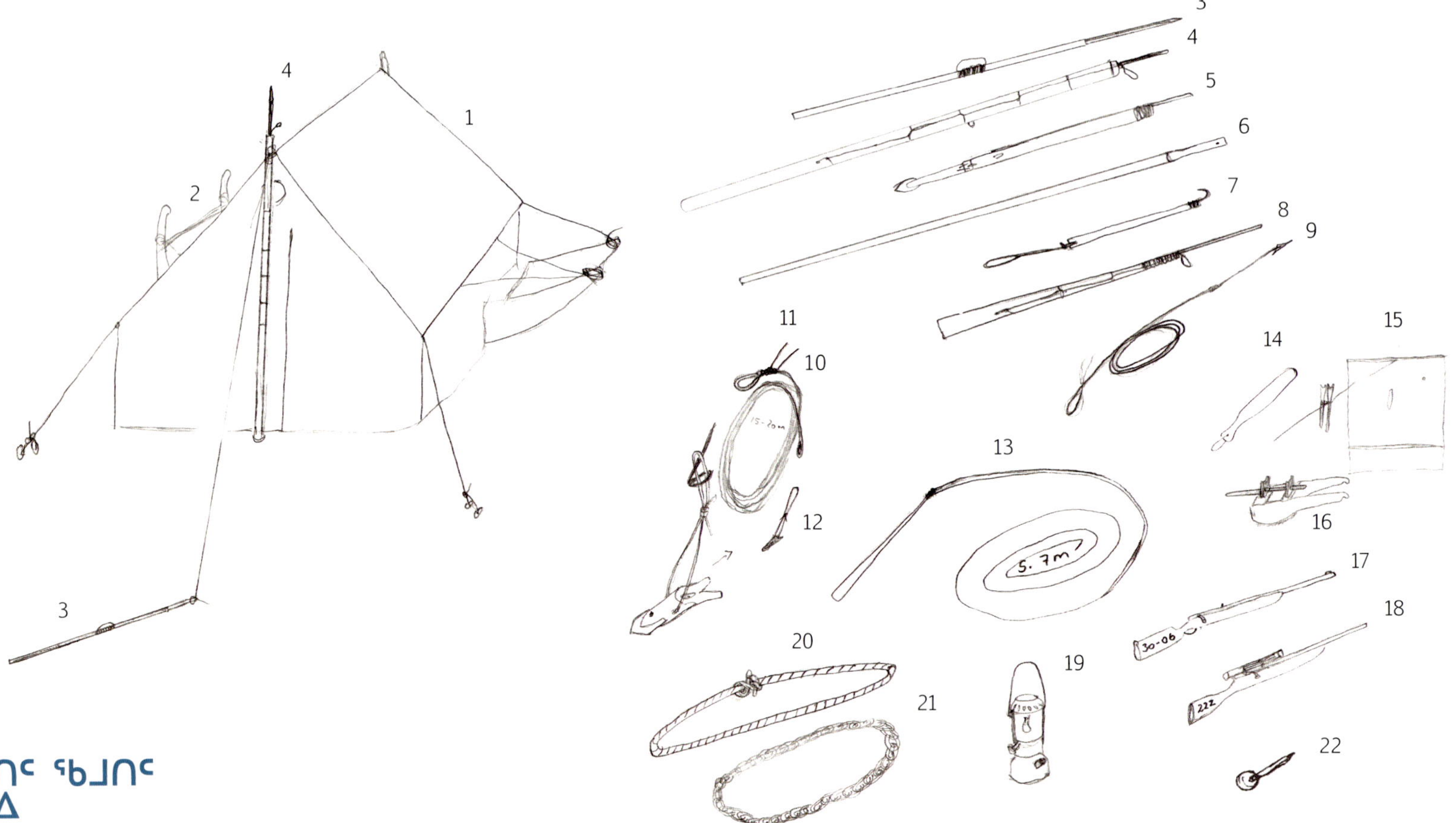

ᐱᕼᕼᐅᑎᑦ ᖃᒧᑎᑦ ᐱᕼᐊᑕᐃ

ᐱᓕᕆᔾᔪᑎᑦ/ᐃᖅᑲᓇᐃᔭᐅᑎᑦ ᓇᒃᓵᖅᑕᐅᓲᑦ ᖃᒧᑏᖕᓂᓲᑦ

ᑕᐃᒃᑯᑎᑐᓇᖅ ᓯᕗᕖᒃᑯᕕᖕᒥᐅᑕᑎᑐᑦ, ᑖᒃᑯᐊ ᐱᓕᕆᔾᔪᑎᑦ/ᐃᖅᑲᓇᐃᔭᐅᑎᑦ ᐱᒻᒪᕆᐅᖕᒪᑕ ᐊᖑᓇᓱᒡᒍᓂ ᐊᒻᒪᓗ ᐊᐅᓪᓚᖅᓯᒪᓗᓂ ᓯᑯᒥ. ᑕᒪᒃᑯᐊ ᑕᑯᔫᑎᑦ ᑭᓯᑐᐃᓐᓇᐃᑦ ᕿᑦᑐᑎᔭᐅᓯᒪᖃᑦᑕᖅᑐᑦ ᖃᒧᑏᖕᓂ ᐅᓯᔭᐅᓪᓗᑎᒃ ᐃᖑᓇᐅᑦ ᐊᑖᓂ, ᖃᓰᑦ, ᐊᒻᒪᓗ ᐊᓯᖏᑦ ᓱᓂᒃᑕᐅᑏᑦ ᐊᖑᓇᓱᒃᑏᒃ ᐃᒃᓯᕙᐅᑕᓇᖅᑲᑦᑕᖅᑐᑦ. ᑕᒪᒃᑯᐊ ᑭᓯᑐᐃᓐᓇᐃᑦ ᕿᑦᑐᔭᐅᑦᑎᐊᖃᑦᑕᕐᒪᑕ ᐊᒻᒪᓗ ᑎᒍᔭᓇᐊᕈᑦᑐᑎᒃ, ᑭᓯᐊᓂ ᕿᑦᑐᑎᓯᒪᓪᓗᑎᒃ ᑲᑦᔭᐃᖅᓯᒪᓪᓗᑎᒃ ᖃᒧᑏᖕᓂ ᓯᕗᔭᐃᖅᑕᐅᓯᒪᓕᒪᕆᒃ ᐃᖏᕐᕋᒥ.

1. ᑐᐱᖅ - ᑐᐱᖅ
2. ᖃᒧᑎᑦ ᐃᔅᓰᐅᕼᐅᑦ - ᖃᒧᑎᑦ ᐃᒡᓕᐅᕗᑦ
3. ᑑᕈᑦ - ᑑᖅ ᓄᕙᓕᒃ
4. ᐅᓈᖅ - ᐅᓈᖅ
5. ᑑᖅ ᐊᖑᐃᒪᒐᖅᑕᓕᒃ - ᑑᖅ ᐊᖑᐃᒪᒐᖅᑕᓕᒃ
6. ᐳᐃᖅᓴᐃᑦ - ᑑᖅ
7. ᓂᒡᒋᒃᑎᒡᒍᑦ - ᓂᒃᓯᒃ ᐊᒃᑐᓇᐅᔭᓕᒃ ᐳᑐᓕᖕᒥᒃ
8. ᐃᒫᖅ - ᐅᓈᖑᓂᖅᑯᑐᓂ ᓴᕕᖃᔭᖕᒥᒃ, ᑕᐃᒍᖅᑕᐅᒃᑳᓂᓇᓪᓗᓂ ᐃᓴᕆᓕᒃ ᓇᐅᒃᑯᑎ (ᐊᑐᖅᑕᐅᓲᖅ ᐊᒡᓗᒃᑯᑦ ᓇᑎᖃᓱᒃᑐᒧᑦ)
9. ᐊᕐᓗᓇᐃᑦᓯᐊᖅ - ᐊᒃᑐᓇᐅᔭᖅ
10. ᕿᓕᖅᑐᕋ - ᐊᒃᑐᓈᖅ ᐊᑑᑎᓕᓐ (15 20-ᒦᑕᓂᒃ ᑕᑭᓂᓕᒃ)
11. ᐊᕐᓗᓈᖅ - ᐊᒃᑐᓈᖅ
12. ᕼᐊᒃᑯᖅ - ᑑᒃᑲᖅ
13. ᐃᐸᖅᑐᖅ - ᐊᑐᖅᑕᐅᓯᒌᑦ ᐃᐸᖅᑐᑕᐃᑦ ᖃᒧᑎᓯᓂ (5 - 7-ᒦᑕᓂᒃ ᑕᑭᓂᖏᒃ)
14. ᑎᓗᒃᑑᑦ - ᕿᕚᒃ ᐊᐳᑕᐃᔭᐃᔾᔪᑎ ᐊᓄᕕᓂᒃ, ᐊᓂᕐᓂᒃ, ᐊᓯᖏᓐᓂᓪᓗ.
15. ᑕᕐᕋᖅ - ᑕᓗᐊᖅ ᐊᑐᖅᑕᐅᓲᑦ ᐆᑦᑐᓕᐊᖅᑐᓂᑦ ᓇᑦᑎᕋᓱᒃᑐᒧᑦ
16. ᖃᒧᑖᕐᐳᐃᑦ - ᖃᒧᑎᕋᓛᒃ ᖁᐱᐅᑎᒥᒃ ᐅᓯᒌᒃ ᐆᑦᑐᓕᐊᖅᑐᓂ ᓇᑦᑎᕐᒥᒃ ᑕᓗᐊᖅᑐᓂ
17. ᖃᖅᑲᒨᖅ ᕼᐃᖅᑰᑦ - .30-06 ᖁᑭᐅᑎ
18. ᓴᑯ ᕼᐃᖅᑰᑦ - ᓴᑯ ᖁᑭᐅᑎ (.222)
19. ᖃᒪᕼᐅᑉᐳᒃ - ᖁᑦᓕᐊᓗᒃ
20. ᑭᓇᑦᓪᑰᑦ ᐊᕐᓗᓇᐅᕼᐊᖅ - ᐃᖕᓂᖅᑎᕈᑎ ᐊᒃᑐᓇᐅᔭᖅ
21. ᑭᓇᑦᓪᑰᑦ ᑲᓗᓐᓂᓇᑦ - ᐃᖕᓂᖅᑎᕈᑎ ᐊᖅᑮᖅᑑᔭᖅ
22. ᖃᐳᑦᖅ - ᐱᓕᕆᔾᔪᑎᑦᓴᓇᒃ ᓯᑯᒃᑯᑦ ᐃᖏᕐᕋᑦᓗᓂ. 8" ᑕᑭᓂᖅᑲᖅᑐᓂ ᕿᕚᒃᑯᒃ ᖃᒥᖅᑦ ᐃᐱᐅᑕᖏᓐᓂᒃ ᐊᑦᑐᖕᒋᖅᓯᔭᐃᔾᔪᑎ ᒪᓂᓚᖅᓯᐅᖅᑐᓂ, ᒪᓂᓚᑯᑦ. ᐃᓯᕋᖅᑐᕝᕕᒃ ᐊᕙᓗᒋᑦᑎᑦᓴᐃᒃᑯᑎ ᐊᒻᒪᓗ ᖃᒧᒃᑐᓂ ᓇᒃᑎᑦᓴᐃᒃᑯᑎ ᒪᓂᓚᖅᓯᐅᖅᑐᓂ.

ᐱᖓ: ᓇᓗᓇᐃᖅᑕᐅᓯᒪᓚᐅᕐᒪᑦ, ᖃᒧᑎᑦ ᐊᑲᐅᓪᓗᑎᒃ ᐃᒡᓕᕐᑎᐊᕚᐅᖕᒪᑕ (2) ᖁᑖᒍᑦ ᑐᐱᖅᓯᒪᓪᓗᑎᒃ (1) ᐅᖅᑰᓴᕐᑎᐊᕈᓐᓇᕐᒪᑕ ᐃᓯᖅᓯᒪᕕᕐᑎᐊᕚᐅᓪᓗᑎᓪᓗ, ᑐᐊᕕᐊᕆᓗᒋᑦ ᐸᕐᓈᕆᑲᐅᑦᑐᕐᖅᓴᐅᖕᒪᑕ ᑕᐃᒫᖑᔭᕆᐊᕐᑲᖅᑎᓪᓗᒍ. ᑕᐃᒃᑯᓂᖓ ᐊᕙᓂᕐᓯᐊᕐᒥᐅᑦ ᐊᖑᓇᓱᒃᑎᖏᓐᓄᑦ ᓯᑯᒥ ᐱᓕᕆᓚᖅᑕᖅᑐᓄᑦ, ᐊᑦᑕᕐᓈ ᕿᖕᒋᓐᓂᖅ ᑐᑭᕐᑲᕐᒪᑦ ᐸᕐᓇᑲᐅᑦᑐᕈᓐᓇᖅᑐᓂ ᓄᐊᑦᑎᑲᐅᖅᑐᕐᓗᓂ ᓯᑯ ᐊᐅᓚᔾᔭᒃᑎᓪᓗᒍ.

ᓴᐅᒥᖕᒥᑦ: ᐊᑕᐅᓱᖅᑕᐅᖅ ᐊᑐᖅᑕᐅᖅᑲᑦᑕᐃᓐᓇᕐᒥᔪᖅ ᓯᑯᒥ ᐃᓄᖕᓂᑦ ᐅᑭᐅᖅᑕᖅᑐᒥ ᐅᐊᑦᑎᐊᕈᓂᑦ ᑖᓐᓇ ᑕᓗᐊᖅ (15; ᖄᓈᖅ) (ᑖᓗᑕᖅ ᐅᑦᕿᐊᒡᕕᖕᒥ; ᑕᓗᐊᖅ ᑲᖏᖅᑐᓚᐱᖕᒥ). ᐊᑐᖅᑕᐅᔪᑦ ᓯᓕ ᐊᕙᓂᕐᓯᐊᑦ ᐊᖑᓇᓱᒃᑎᖏᓐᓂᑦ ᐅᑦᓗᒥ, ᑖᓐᓇ ᑕᓗᐊᖅ, ᖃᒧᑖᕐᕈᐃᑦ ᖃᖓᓂᑦᑐᓂ (ᑕᐃᒫᒃᑕᐅᖅ ᖃᒧᑎᑎᑐᕐ), ᑕᓗᐊᕆᔭᐅᖅᑲᑦᑕᖅᑐᖅ ᐆᑦᑐᓚᐊᖅᑐᒧᑦ ᓂᐱᑭᓵᖅᑐᓂ ᐆᑦᑐᑦ ᓯᑯᒦᑦᑐᓂᑦ ᑕᑯᔭᐅᖅᑲᑦᑕᕐᑎᑦᑐᕐ. ᐊᑐᖅᑕᐅᔭᕆᐊᖅᑲᖅᑕᖅᐳᑦ ᐃᓄᒡᕼᐅᐃᓂᑦ ᓯᑯᒥ ᐊᑐᓚᕆᔭᐅᓚᒥᒃ.

ᐅᒥHHᐄHᐊᕐᑐᖅ

ᖃᒧᑏᑦ ᐅᒥᐊᖅᑕᓕᔭᖅᑐᑦ

ᐃᓄᒡHᐅᐃᑦ ᕿᓚᓗᒐᕐᓂᐊᖃᑦᑕᕐᒪᑕ ᑕᕝᕙᖓᑦ ᖄᓐᓇᒥᑦ (ᖃᔭᖅ), ᓯᓈᖓᓂ ᐊᒻᒪ ᐊᐅᔭᒃᑯᑦ. ᓇᐅᓕᒃᓯᒋᐊᖓᓰᑦ ᖃᔭᕐᒥᑦ ᐊᒻᒪᓗ ᑭᖑᓂᐊᒍᑦ ᐊᐅᓚᐅᑎᓕᖕᒧᑦ ᐃᑲᔪᖅᑕᐅᓕᖅᑲᑦᑕᖅᑐᑦ ᕿᓚᓗᒐᖅᑕᐅᔪᖅ ᑲᓕᑦᑕᖅᑐᖅᓯᓐᓈᖅᑐᒍ. ᐅᒥᐊᖅᑐᖅᑲᑦᑕᖅᑐᑦ ᓯᑯᒃᑯᑦ ᖃᒧᑏᖕᓄᑦ ᐅᓯᑦᑐᓂᔾᔪᒃ, ᑕᒪᒃᑯᐊᓗ ᐊᑐᖅᑕᐅᔭᕆᐊᓖᑦ ᓇᒃᓴᖅᑲᓯᐅᑎᑦᑐᓂᔾᔪᒃ ᕿᓚᓗᒐᕐᓂᐊᖅᑐᑎᒃ ᐊᒻᒪᓗ ᐅᒥᐊᒥ ᐊᑐᕆᐊᓖᑦ (ᑕᑯᓗᒍ 1 - 21-ᒧᑦ).

ᐱᖕᓇ: ᐊᐃᒃᓯᓯᒪᔪᖅ ᕿᓚᓗᒐᕐᒥᒃ ᐅᒥᐊᖅᑐᖅᑐᑎᒃ, ᖃᔭᕐᒥᒃ ᕿᓚᓗᒐᖅᑕᐅᓚᐅᖅᑎᑦᑐᒍ.

ᑖᒃᑯᐊ ᐃᒡᓗᖔᖓᓃᑦᑐᑦ ᖁᑦᑕᖅᐹᖓᓂ ᐊᑦᑕᖅᐹᖓᓄᑦ: ᕿᓚᓗᒐᓯᒋᐊᖅᑐᑦ ᐅᒥᐊᒃᑯᑦ ᓵᕙᑦᑐᑎᒃ, ᖃᔭᕐᒥᒡᓗ ᐅᓯᑦᑐᑎᒃ. ᑕᒪᒃᑯᐊ ᑕᑯᓐᓇᖅᑲᑦᑕᖅᑐᑦ ᐊᓯᕈᖅᓯᒪᓗᐊᕋᑎᒡᓗ ᐅᑦᑐᒥᒧᑦ.

ᐃᓚᙳᐊᖅ ᖃᐃᖔᖅ ᐸᕐᓇᒃᐳᖅ ᐅᒥᐊᒥᓂ ᐊᒻᒪᓗ ᖃᔭᖓ ᐊᐅᔭᒥ ᐊᑐᕐᓂᐊᖅᑕᖓ ᐊᖑᓇᓯᓪᓗᓂ.

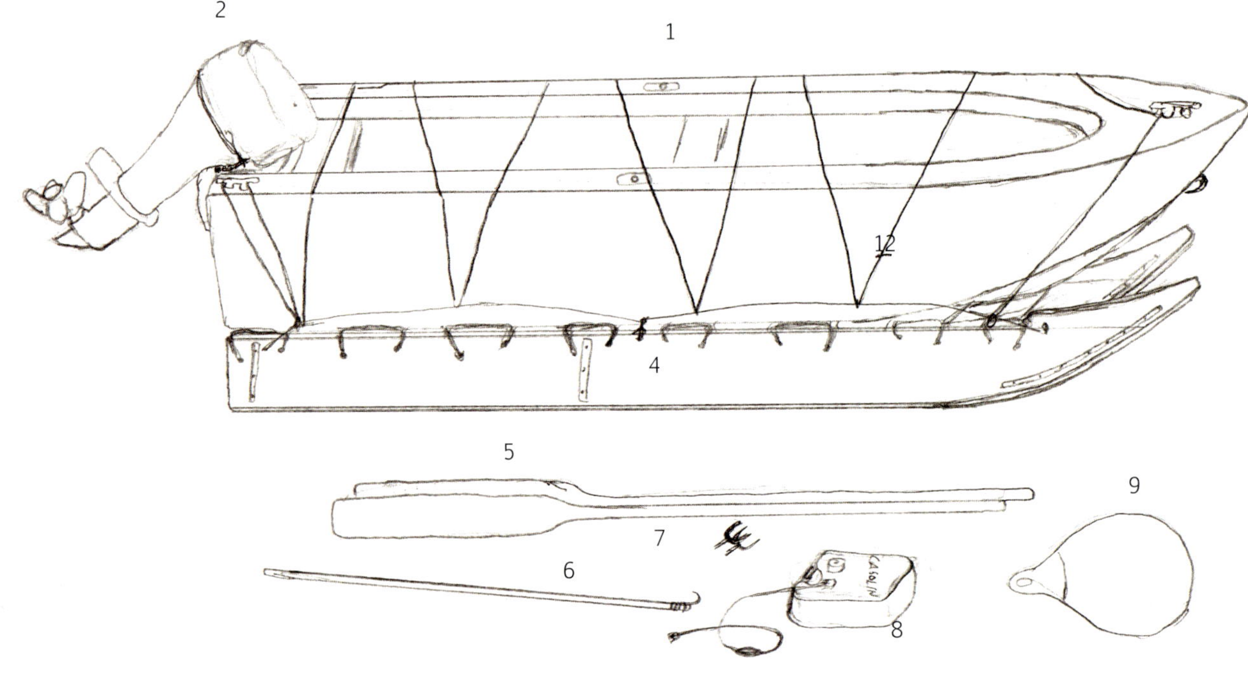

1. ᐅᒥHHᐃHᐊᕐᑐᖅ - ᐅᒥᐊᖅᑕᖅᑐᖅ
2. ᐊᕐᑰᑎᕋᓚᒃ - ᐊᐅᓚᐅᑎᑦ
3. ᖃᐃᓐᓂHᐊᕐᑐᖅ - ᖃᒧᑏᒃ ᖃᔭᕐᒥᒃ ᐅᓯᔫᒃ
4. ᖃᒧᑎᑦ ᐅᐱᕐᖔᕐᓇᐅᑎᑦ - ᐅᐱᕐᖔᒃᑯᑦ ᐊᑐᖅᑕᐅᓰᒃ ᖃᒧᑏᒃ
5. ᐸᐅᑎᑦ - ᐃᐳᑎᑦ
6. ᓂᒡᒋᒃ - ᓂᒃᓯᒃ
7. ᐸᐅᕐᕚᑦ - ᐃᐳᓯᕐᕚᒃ
8. ᐅᕐᕈᖃᕐᕚᒃ - ᐅᖅᓱᖃᐅᑎ
9. ᐊᕙᑕᐅHᐊᖅ - ᐊᕙᑕᖅ (ᓂᐅᕙᐊᕙᓂᖅ)
10. Hᐃᖅᑰᑎᑉ ᐆᖓ - ᖃᕐᔪᕐᕚᒃ
11. Hᐃᖅᑰᑦ - ᖁᑭᐅᑎ
12. ᓇᖃᑕᕈᑦ - ᓇᕿᑕᕈᑦ
13. ᖁᕐᓛᖃᕐᕚᒃ - ᓲᐴᔫᒃᑯᕚᒃ
14. ᐅᓈᖅ - ᐅᓈᖅ
15. ᓄᕐᕋᖅ - ᓇᐅᒃᑭᐊᖅᑐᓯᐅᑎ (ᐊᑐᖅᑕᐅᓲᖅ ᓇᐅᒃᑭᐊᖅᑐᑦ ᐱᖀᑦᓕᐅᑎᒋᖕᒪᒍ)
16. ᐊᖑᐃᒐᖅ - ᖃᓗᒋᐊᖅ
17. ᐸᐅᑎᑦ - ᐸᐅᑎ
18. ᑑᒃᑲᖅ - ᑑᒃᑲᖅ
19. ᐊᓕᖅ - ᐊᓕᖅ
20. ᐊᕙᑕᖅ - ᐊᕙᑕᖅ
21. ᓂᐅᑕᒃ - ᓂᐅᑕᖅ

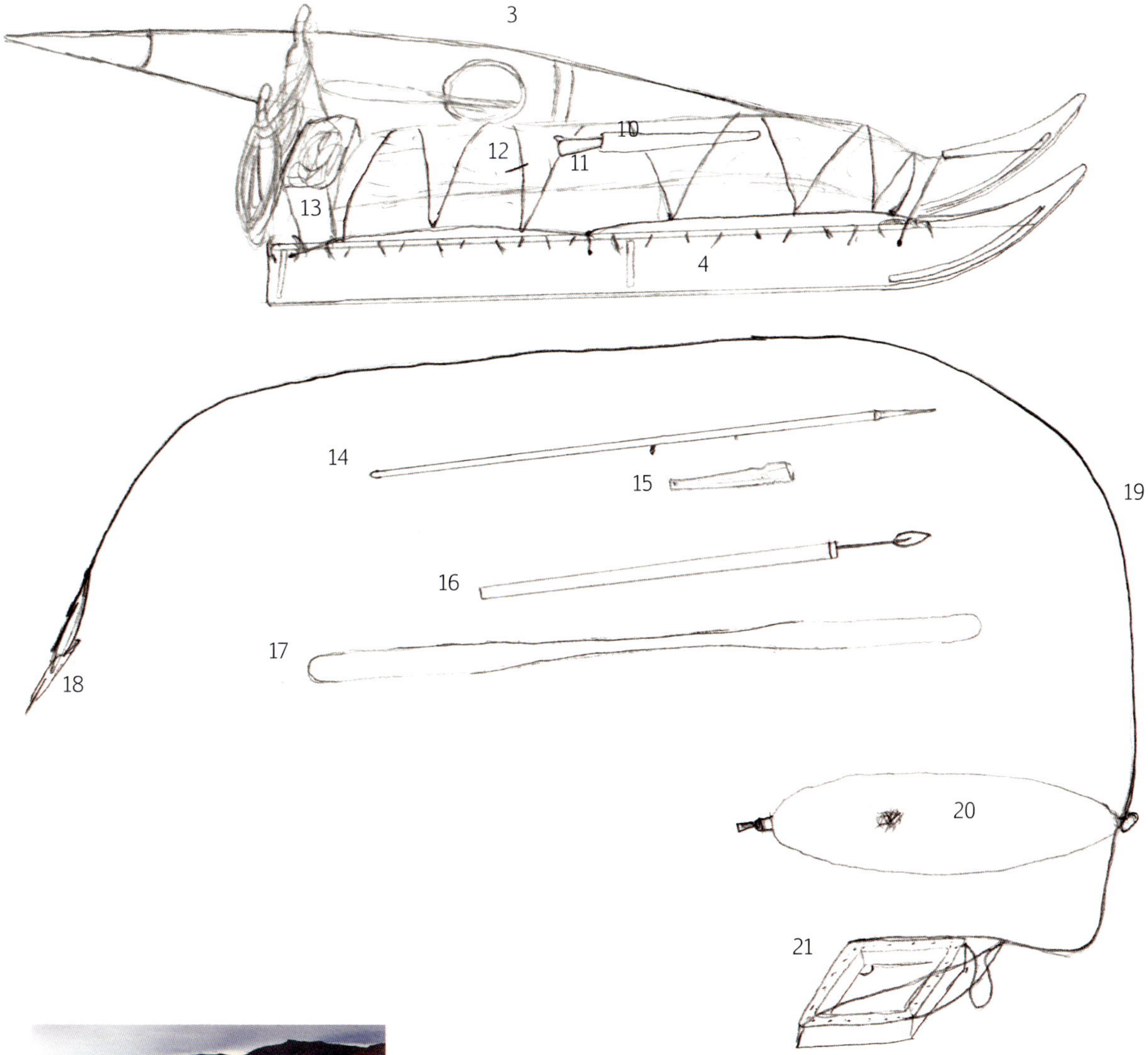

ᖃᐃᓐᓂᕼᐊᕐᑐᖅ

ᖃᔭᖅᑕᖅᑐᖅ

ᐱᓕᕆᔾᔪᑎᑦ ᓯᑯᒥ ᐊᒻᒪᓗ ᐃᒪᕐᒥ ᐊᑕᐅᑦᑎᒃᑰᖅᑕᐅᒐᔪᒃᐳᑦ. ᐃᓄᐃᑦ ᐅᑭᐅᖅᑕᖅᑐᒥ ᐊᕙᑖᓂ, ᒪᕐᕉᒃ ᐊᕕᒃᓯᒪᓐᖏᑦᑑᒃ, ᐃᒪᖅ ᐃᓚᒋᓐᒪᒍ ᓯᑰᑦ ᐊᑦᓪᓗᓂᓗ. ᐊᒻᒪᓗ, ᑕᑯᓯᒪᓕᖅᑎᓪᓗᑎᒍᑦ ᑖᒃᑯᐊ ᐱᖕᒐᓱᑦ ᓄᓇᓖᑦ ᑖᒃᑯᑎᒎᓇᖅ "ᓯᑰᑉ ᑐᑭᖏᑦ", ᑭᒡᓕᖅᑲᐅᓚᐅᖅᐳᑦ ᐃᒪᕐᒥᒃ ᐊᒻᒪᓗ ᓯᑰᑦ ᐊᒃᑐᐊᓪᓗᓂᐅᒃ ᑕᒫᓂ ᐊᖑᓇᓱᖕᓂᖅ ᐊᑐᖅᑕᐅᓗᐊᙱᐊᖃᑦᑕᕐᒪᑦ, ᐊᑐᖅᑕᐅᓪᓚᑎᒃᐳᖅ ᓯᓚᐅᑦᑕᐅᖅ ᐊᐅᓚᒻᒥᔭᖓ ᓂᕐᔪᑎᖃᖃᑦᑕᕐᓂᐅᓪᓗᓂᓗ, ᐊᖑᓇᓯᒃᑎᑦ ᐅᐸᖃᑦᑕᕐᒥᔭᖓᑦ.

1. ᐅᑐ - ᐅᑐ
2. ᐃᕿᕐᓇᑦ - ᐅᐊᓴᐅᑎᑦ
3. ᑭᓕᐅᑕᖅ - ᓴᓕᒎᑎ
4. ᑑᖅ ᐊᖑᐃᒪᕐᑕᓕᒃ (ᑎᑳᒍᑎᓕᒃ) - ᑑᖅ ᓇᐅᓕᒃᓯᑐᓂ ᓄᕗᓕᒃ
5. ᐅᓈᖅ (HᐃᑯHᐃᐅᑦ (ᑎᑳᒍᑎᓕᒃ)) - ᐅᓈᖅ, ᓯᑯᒥᑦ ᐊᑐᖅᑕᐅᓲᖅ
6. ᐅᓈᖅ (ᖃᔮᕐᓇᐅᑦ) - ᐅᓈᖅ, ᖃᔭᖅᑐᖅᑐᒧᑦ ᐊᑐᖅᑕᐅᓲᖅ
7. ᓄᕐᕋᖅ - ᐅᓂᐊᒪᓕᒃ ᕿᔪᒻᒥᒃ ᐱᓖᓪᓕᖅᑎᑦᑎᔪᖅ (ᐊᒃᓱᒃᑲᓂᐅᑎ)
8. ᐆᒪᖅ - ᓇᐅᒃᑭᐅᑎᐅᖅ ᒥᖅᑯᑖ, ᑕᐃᔭᐅᒋᓪᓗᓂ 'ᐃᓴᕈᓕᒃ ᓇᐅᒃᑯᑦ'
9. Hᐊᒃᑯᖅ - ᓇᐅᓚᖅ
10. ᑑᒃᑲᖅ (ᕿᓚᓗᒐᕐᓂᐅᑦ) - ᑑᒃᑲᖅ ᕿᓚᓗᒐᕐᓂᐅᑦ
11. ᐊᓕᖅ (ᕿᓚᓗᒐᕐᓂᐅᑦ) - ᐊᓕᖅ ᕿᓚᓗᒐᕐᓂᐅᑦ
12. ᐊᕐᔪᓈᖅ - ᐃᐸᕋᖅ
13. ᐊᕙᑕᖅ - ᐊᕙᑕᖅ
14. ᐳᐃᖖᒐᒃ & Hᐃᒥᐊᖅ - ᐳᒐᕐᒐᒃ & ᓯᒥᖓ
15. Hᐊᓐᓂᓇᒐᐊᖅ - ᓴᓐᓂᓇᐊᕐᒐᐊ
16. ᓂᐅᑕᒃ - ᓂᐅᑕᖅ
17. ᐸᐅᑎᑦ - ᐸᐅᑎ
18. ᐲᕐᕋᐅᑦ - ᓴᓐᓂᕉᔭᖅ
19. ᐅᕐᓇᖅ - ᐅᖅᓯᖅ (ᐳᑐᖅᑲᖅᑐᓂ) ᓴᐅᓂᕐᒥᑦ ᓴᓇᓯᒪᔪᖅ ᕿᒻᒦᑦ ᐃᐱᐅᑕᖏᓐᓂ ᐱᓘᖕᓄᑦ ᓄᒐᔭᐅᓲᖅ (ᐱᓘᒃ ᓄᒐᓯᒪᓪᓗᑎᒃ ᖃᒧᑏᖕᖒᖕᒪᔫᒃ)
20. ᑎᓗᒃᑑᑦ - ᑎᓗᒃᑑᑦ ᕿᔫᒃ ᐊᐳᑕᐃᔭᐅᑎ ᐊᓐᓄᕌᓂᒃ, ᐊᐅᒻᒥᓯᕐᓂᒃ, ᐊᓯᖏᓐᓂᓪᓗ.
21. Hᐊᒐᒃ - ᓴᒐᒃ
22. ᐃᓐᓂᖖᒐᒃ - ᐃᓐᓂᕐᒐᒃ
23. ᐃᓐᓂᐊᖅ - ᐃᓐᓂᐊᖅ ᑕᓯᓯᒪᓪᓗᓂ ᐸᓂᖅᓯᖅᑐᖅ
24. ᐃᓐᓂᐅᑦ - ᐃᓐᓂᐅᑎ ᐊᒃᑐᓇᐅᔭᖅ ᐊᒥᑦᑑᓪᓗᓂ ᐃᓐᓂᐅᑎᒋᔭᐅᖃᑦᑕᖅᑐᖅ

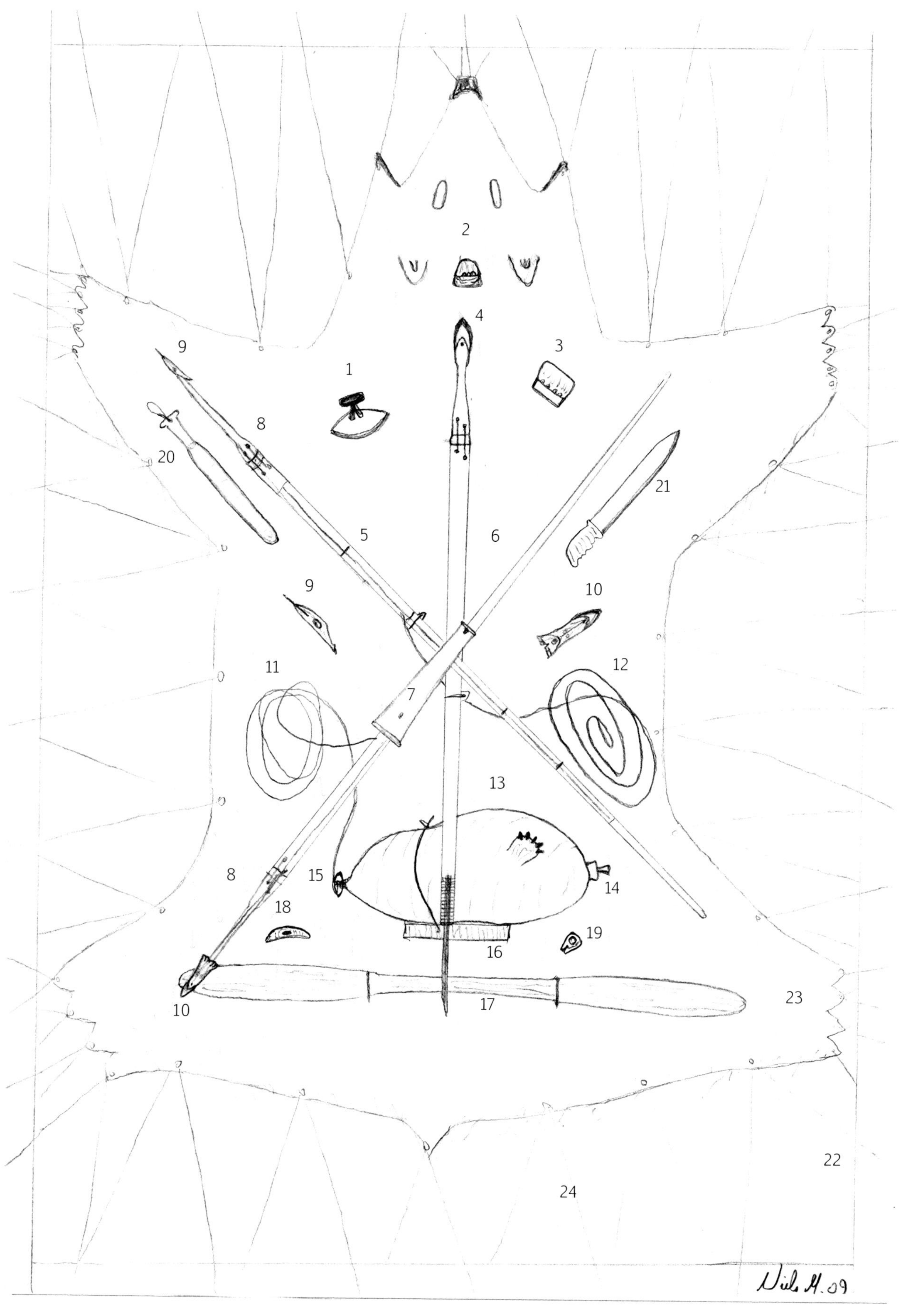

ᖄᓈᕐᒥᐅᑕᖅ ᑎᑎᕋᐅᔭᖅᑎ
ᓃᐅᕐ ᒥᐅᖕᒋ ᑎᑎᕋᐅᔭᖅᓯᒪᒍᖅ
ᓇᑐᓇᐃᖅᓯᓯᒪᑦᑎᐊᖅᑐᖅ
ᑕᒪᒃᑯᓂᖕᒐ ᓯᑯᒥ
ᐊᑐᖅᑕᐅᖃᑦᑕᖅᑐᓂᒃ
ᐱᓕᕆᔾᔪᑎᓂᒡᓗ ᐊᑐᖅᑕᐅᓲᓂᒃ
ᐃᓅᕼᐅᐃᓂᑦ, ᓇᓄᙱᐊᒃᑯᑦ
(ᓇᓄᖅ) ᐃᓐᓂᐊᙱᐊᑯᑦ.

ᓱᑰᑦ ᖃᓄᐃᑦᑑᓕᖃᑦᑕᕐᓂᕐᒥᓄᑦ ᐅᖃᐅᓰᑦ ᐋᖅᑭᒃᓯᒪᕗᑦ

ᓱᑯ ᒪᓐᓇ ᐊᓯᕈᖅᑕᐅᔭᐃᓐᓇᕐᒪᑦ ᐊᒻᒪᓗ ᐃᓄᐱᐊᑦ, ᐃᓄᐃᑦ, ᐊᒻᒪᓗ ᐃᓄᒡᕼᐅᐃᑦ ᐊᑦᑏᓯᒪᐅᖅᑐᑎᑦ ᖃᓄᐃᑦᑑᓕᕐᓂᖓ ᓇᓗᓇᐃᖅᑐᒍ ᑐᑭᓯᓇᐅᑎᒋᓪᓗᓂᐅᒃ ᓱᑰᑦ ᑕᐅᑦᑐᐊ ᐊᓯᕈᖅᐸᓪᓕᐊᑎᓪᓗᒍ, ᐊᑐᕈᒥᓇᖅᑎᓐᓇᒍ, ᐊᐅᖃᑦᑕᖅᑎᓪᓗᒍᓗ ᐊᕿᒍᑕᒫᑦ.

ᖃᐅᔨᒪᓂᖅ ᓱᑯᒥᒃ ᐋᖅᑭᑦᑎᐊᕐᓴᐅᖕᒪᑦ ᖃᓄᐃᑦᑑᓂᖓ ᓱᑰᑦ ᐅᖃᐅᓯᒃᑯᑦ ᓇᓗᓇᐃᑦᑎᐊᕈᓐᓇᖅᑐᒍ ᑕᐃᔭᐅᖅᑯᓯᕙᓗᑦ. ᑐᑭᓕᐅᑎᓗᒍ ᑲᖏᖅᑑᐱᖕᒥ, ᑖᓇ ᐅᖃᐅᓯᖅ ᖁᕝᕕᖅᑯᐊᖅ, ᑕᕝᕙ ᓱᑯᕙᓪᓕᐊᓛᓕᕐᒥ ᑕᐃᒪᐃᓕᖅᐳᖅ, ᑐᑭᖓ "ᖁᕝᕕᐅᓕᓂᕐᒥᑦ" (ᕿᐊᔪᒥᑎᑐᑦ). ᐅᖃᐅᓯᖅᑕᖓ ᓇᓚᐅᑦᑎᑦᑎᐊᕐᒪᑦ ᑐᑭᖓᓂᒃ ᑕᐅᑦᑐᐊᓂᓪᓗ ᖁᕝᕕᖅᑯᐊᑦ ᑰᒐᖅᕕᕕᓂᖅᑎᑐᑦ ᐅᕝᕙᓘᓐᓃᑦ ᐃᒥᐅᑦ ᐃᓂᖓᑎᑐᑦ ᑰᒃᑐᕝᕕᓂᐅᑦ ᐃᒪᐅᑦ ᖄᖓᒍᑦ ᐅᖅᑯᓗᑦ. ᐅᑦᕿᐊᓪᕕᖕᒥ, ᕿᒻᒥᐊᖅᕈᒐᐅᕋᖅ ᐅᖃᐅᓯᖅ ᑖᓇ ᓇᓗᓇᐃᖅᓯᔾᔪᑎᒋᔭᐅᖕᒥᔪᖅ ᓱᑰᑦ ᑐᓴᖅᓴᐅᓂᖓᓂᑦ ᑭᓕᐅᖅᐸᓪᓕᐊᑎᓪᓗᒍ. ᐅᖃᐅᓯᖅᑕᖓ ᐃᒪᐃᑦᑐᒦᓛᖅᑐᖅ, ᕿᒻᒥᒥᑦ, ᓂᐱᒥᑦ ᕿᒻᒥᕿᓗᒃᑐᒥᑦ ᐅᕝᕙᓘᓐᓃᑦ ᕿᒻᒥᓛᑦ ᕿᐊᒻᒥᐊᑐᖅᑐᑦ. ᐅᑯᐊ ᒥᒃᓴᐅᑎᓂᖏᒃ ᒪᕿᒃ ᐊᖏᔪᒦᓚᖅᑑᒃ ᐊᒻᒪᓗ ᐅᖃᐅᓰᑦ ᐋᖅᑭᒃᓯᒪᓂᖏᓐᓂᑦ ᐊᔾᔨᒌᖏᑦᑐᑦ.

ᑖᒃᑯᓇᓂ ᐅᖃᐅᓯᕆᔭᐅᔪᑦ ᐅᓕᕐᓇᐃᖅᓯᔾᔪᑎᒋᔭᐅᔪᓂ (ᓵᑉᑕ), ᑐᑭᓯᖃᑎᒌᒃᐸᒍᑦ ᓱᑰᑦ ᓇᓗᓇᐃᖅᑕᐅᓂᖏᓐᓂᒃ ᐊᒻᒪᓗ ᐅᖃᐅᓯᖃᕈᑎᒋᔭᐅᓂᖏᓐᓂᑦ ᑕᐃᒫᑦ ᐅᓕᕐᓇᐃᖅᑕᐅᖕᒪᑕ ᓄᓇᖃᖅᑎᓂᑦ ᖃᐅᔨᒪᔪᑎᒃ ᐃᑲᔫᑎᖃᐅᖅᑐᓂᑦ. ᐅᖃᐅᓯᖅᑕᖏᑕ ᑐᑭᖃᐅᓯᖏᑦ ᑐᑭᓯᓇᑦᑎᐊᖅᑐᑯᓘᔪᑎᐅᙱᓚᖅ ᑐᑭᖃᐅᓯᕐᒥᑎᒍᑦ, ᑭᓯᐊᓂ ᑕᒪᒃᑯᓂᖓ ᐅᖃᐅᓯᕐᓂᒃ ᐱᔪᑎᖃᐅᖅᐳᑦ ᑐᑭᖃᖅᑐᑎᒃ ᐃᑲᔪᖅᑐᑦ ᐃᒃᐱᒋᔭᒥᒍᑦ ᐱᑦᓚᕆᐅᖕᒪᑕ ᑕᒪᑐᒥᖓ ᑐᓴᖃᑎᖃᐅᕐᓗᑎᒃ. ᐅᖃᐅᓰᑦ ᐃᓚᖏᑦ ᓂᕆᐅᓇᙱᑐᐃᓐᓇᕆᐊᖃᖅᐳᑦ ᐅᖃᓖᖅᑎᓄᑦ ᓱᑯᖃᖏᑦᑐᕐᒥᐅᑕᓄᑦ. ᐱᖃᓯᐅᔾᔭᐅᓯᒪᕗᑦ ᓱᑯᒥᒃ ᐱᔪᑎᖃᖅᑐᑎᒃ ᐅᖃᐅᓯᕐᓂᒃ, ᑭᓯᐊᓂᑦᑕᐅᖅ ᐊᐳᑎ ᐱᖃᓯᐅᑎᓪᓗᒍ, ᐊᐅᔪᐃᑦᑐᑦ, ᐊᕙᑎᑦᑕ ᐋᖅᑭᒃᐸᓪᓕᐊᓂᖏᑦ, ᒪᑯᐊᓘᓐᓃᑦ ᕿᒻᒦᑦ ᐊᒻᒪᓗ ᓇᔪᖅᑕᐅᖃᑦᑕᖅᑐᑦ. ᐱᑕᖃᐅᓇᓪᓗᓂᑦᑕᐅᖅ ᐅᖃᐅᓯᖅᑕᓂᑦ ᐃᓚᐅᖅᓯᒪᔪᓂᒃ ᐊᑐᖅᑕᐅᔪᓂᒃ ᓇᓗᓇᐃᖅᓯᓯᒪᓪᓗᑎᒃ ᓱᑰᑦ ᖃᓄᐃᑦᑑᓂᖓᑕ ᒥᒃᓵᓄᑦ. ᐃᓚᖃᒃᑲᓐᓂᖅᑐᓂ, ᑕᒪᒃᑯᑎᒎᓇᖅ ᐅᖃᐅᓰᑦ ᓇᓚᐅᑦᑎᓕᕐᓂᖏᑎᒍᑦ ᐅᑯᑎᒎᓇᖅ ᐱᖃᓯᐅᔭᐅᔪᓂᑦ ᐱᔭᕇᖅᓯᒪᕆᑦᑐᓂᒃ, ᑐᑭᓯᓇᖅᑐᑎᒃ ᑐᑭᖃᐅᓯᖏᓐᓂᒃ ᐃᑲᔪᖅᑎᒋᔭᑦ ᐃᓚᖏᑦ ᑐᑭᓯᖃᑎᖃᑦᕿᒪᔪᓂᒃ ᐊᑐᖅᓯᒪᔭᖏᑕ ᐃᓚᖏᓐᓂᒃ. ᐊᒻᒪᓗ,

ᐅᖃᐅᔾᔮᒃᑲᓐᓂᕈᒪᓪᓗᑕ ᐅᖃᐅᑎᒋᓯᒪᔭᑦᑎᓐᓂᒃ ᐅᖃᓕᒫᖅᑎᓄᑦ ᑕᒪᒃᑯᐊ ᑎᑎᕋᖅᓯᒪᓂᖏᑦ ᐊᑐᖅᑎᑕᐅᔪᑦ ᑕᐃᔅᓯᒪ ᐃᑲᔪᖅᑑᑦ ᐊᑐᖅᓯᒪᖕᒪᒋᑦ, ᐊᒻᒪᓗ ᑐᑭᖃᐅᓯᖏᑦ ᑖᒃᑯᑎᒎᓇᖅ ᑕᐃᒫᒃ ᐅᖃᐅᓯᖃᐅᖅᑐᓃᙶᖅᓯᒪᓪᓗᑎᒃ ᐊᒻᒪᓗ ᓄᓇᓖᑦ ᐊᓯᖏᓐᓂᑦ ᐊᔾᔨᒋᔭᐅᖏᑦᑐᐃᓐᓇᓇᐊᖃᓇᓪᓗᑎᒃ.

ᑎᑎᕋᐅᔭᖅᑎᐅᔪᑦ ᓄᓇᒥᓂ ᑐᓂᔭᐅᓯᒪᔪᓂᒃ ᑕᑯᖅᑯᔾᔨᓯᒪᔪᑦ ᐊᒻᒪᓗ ᑎᑎᕋᐅᔭᖅᓯᒪᔭᒥᓂᒃ ᐱᖃᓯᐅᔾᔨᓯᒪᓪᓗᑎᒃ ᐊᒥᓱᓂᒃ ᑐᑭᖃᐅᓯᖃᐅᖅᑐᓂᒃ ᑕᒪᒃᑯᓇᓂ ᐊᑐᓂᑦ ᐅᓂᒃᑲᐅᓯᐅᔪᓂ (ᓵᑉᑕᓂ). ᑕᑯᖅᑯᔾᔭᐅᓯᒪᔪᑦ ᓇᓗᓇᐃᖅᓯᓯᒪᑦᑎᐊᕐᒪᑕ ᑕᑯᒃᓴᐅᑎᑦᑎᑦᑎᐊᖅᑐᑎᒃ ᖃᓄᐃᓕᖓᓂᖏᓐᓂᒃ ᓄᓇᖅᑲᑎᒌᑦ ᑐᑭᓯᓯᒪᔭᖏᓐᓂ ᓱᑯᒧᑦ, ᐊᒻᒪᓗ ᐊᔾᔨᒌᖏᓐᓂᖏᓐᓂᒃ, ᐊᒻᒪᓗ ᑐᑭᖃᑎᒌᒃᑐᓂᒃ, ᓄᓇᓕᖏᓂ ᖃᐅᔨᒪᔭᐅᔪᓂ ᐊᒻᒪᓗ ᓱᑰᑦ ᖃᓄᐃᑦᑑᔾᔪᓯᖏᓐᓂᒃ.

ᐱᖃᓯᐅᔾᔨᓯᒪᒐᒍᑦ ᑕᒪᒃᑯᓂᖓ ᑕᑯᖅᑯᔾᔭᐅᔪᓂᒃ ᐅᓂᒃᑳᓇᔭᐅᔪᓂ ᐊᔾᔨᒌᖏᑦᑐᓂ ᑐᑭᖃᑎᒌᒃᑐᓂ ᐊᒻᒪᓗ ᐊᔾᔨᒌᖏᑦᑐᓂ ᓄᓇᓕᖏᓂ ᐊᑐᖅᑕᐅᓪᓗᑎᒃ ᐱᑕᖃᐅᖅᑐᓂ. ᑕᒪᒃᑯᓇᓂ ᑕᑯᒃᓴᐅᔪᓂ ᐊᔪᓇᖅᓰᑎᕆᓴᐅᔪᓂ, ᐊᑐᖅᑕᑯᑦ ᓱᑰᑦ ᑐᑭᓯᓇᐅᑎᖏᑦ ᐊᑐᖅᑕᐅᖃᑦᑕᕐᒪᑕ ᓄᓇᓕᖏᓐᓂᑦ ᑕᐃᔅᓯᒪᓂ ᑎᑎᕋᐅᔭᖅᑎᐅᑦ ᓄᓇᖏᓂ. ᐅᐊᑦᑎᕈᒃᑲᓐᓂᖅ ᑕᑯᒃᓴᐅᓂᐊᖅᑐᓂ, ᐱᖃᓯᐅᔾᔨᒋᕙᒍᑦ ᐅᓕᕐᓇᐃᖅᓯᔾᔪᑎᓂᒃ ᑕᒪᒃᑯᓂᖓ ᐱᔾᔨᑎᓕᖕᓂᒃ ᓱᑰᑦ ᒥᒃᓵᓄᑦ ᓇᓗᓇᐃᖅᓯᓯᒪᔪᓂᒃ ᐊᒻᒪᓗ ᑐᑭᖏᓐᓂᒃ ᑕᒪᑯᓇᙵᒃ ᓄᓇᓕᖏᓂᑦ.

ᖁᒻᒧᖕᓃᑦ ᐊᒻᒪᓗ ᐱᖃᓗᔭᐃᑦ

ᖁᒻᒧᖕᓃᑦ ᐊᒻᒪᓗ ᐱᖃᓗᔭᐃᑦ ᐅᔾᔨᕐᓇᓪᓛᖑᖅᑰᕐᒪᑕ ᑕᑯᔅᓴᐅᓂᖏᓐᓂᒃ ᓯᑯᒥ. ᐅᖓᓯᒃᑐᒥᑦ ᑕᑯᔅᓴᐅᓚᖅᑲᑦᑕᕐᒪᑕ ᐊᒻᒪᓗ ᓇᓗᓇᐃᒃᑯᑕᐅᓚᖅᑐᑎᒃ. ᐃᒪᐃᓚᙱᒃᑐᑎᒡᓗ ᐃᒃᑲᕐᓂᓯᒪᓪᓗᑎᒃ ᐃᖅᑲᖓᓄᑦ ᐊᒻᒪᓗ ᐃᑲᔫᑎᖅᑲᖅᐸᒃᑭᓪᓗᑎᒃ ᑭᑭᐊᒃᓯᓯᒪᙱᑎᑐᑦ ᓯᑯᒥᒃ ᓯᒡᔭᒥᑦ. ᐱᖃᓗᔭᐃ ᐊᑐᐃᓐᓇᐅᒋᕗᑦ ᓂᓪᓕᑎᐊᕙᐅᓂᕐᒥᓂᒃ ᑕᐃᒪᐃᒃᑲᒥᒃ ᐃᒻᒥᐅᖅᑕᐅᓪᓗᑎᑦ ᐊᒻᒪᓗ ᐃᒥᓄᔭᐅᓚᖅᑐᑎᒃ.

298 **ᖄᓈᖅ**

ᐱᖃᓗᔭᒃ (ᐃᓗᓕᐊᖅ ᐅᕙᓘᓐᓃᑦ ᐃᓗᓕᐊᕇᕐᕈᒃ - ᐱᖃᓗᔮᕐᓇᖅ) ᐊᕙᓗᔭᐅᓯᒪᓪᓗᑎᒃ ᓯᑯᒧᑦ (Hᐃᑯ). ᐃᒪᐅᑦ ᓯᑯᐊ ᖁᕝᕙᓰᖑᓪᓗᓂ ᐊᒻᒪ ᐊᒃᐸᓰᖑᓪᓗᓂ ᐅᓕᓐᓂᕐᒧᑦ, ᐳᑦᑕᖅᑲᓕᖅᑲᑦᑕᖅᐳᑦ ᓯᒻᔭᖕᒐᒧᑦ ᐱᖃᓗᔭᐃᑦ, ᐃᓛᓪᓂᑦ ᖄᒥᓰᖑᓪᓗᑎᒃ (Hᐃᓚᒃᓯᐊᓐᓂᖅ). ᐱᖃᓗᔭᐃᑦ ᕿᓗᒻᔪᖅᑲᓕᖅᑲᑦᑕᓂᕙᑦ (ᐊᐳHᐃᓇᖅ). ᐃᓚᖕᒋᑦᑕᐅᖅ ᐅᖃᐅᓯᖅᑕᓂᔭᖕᒋᑦ: ᐊᐳᑦ (ᐊᐳᑎ), ᐃᒻᒪᑉ ᓇᖅᑲ ᓄᓇ (ᐃᖅᑲᖓ ᓄᓇᐅᑎᓪᓗᒍ), ᐃᒪᖅ (ᐃᒪᖅ), ᐊᒻᒪᓗ ᐃᑦᑎᓂᖅ (ᐃᒫᓂ ᑮᕕᖅᑲᓂᖓ). ᑎᑎᕋᐅᔭᖅᑐᖅ: ᑑᑯ ᐅᓯᒪ ᖄᓈᖅ

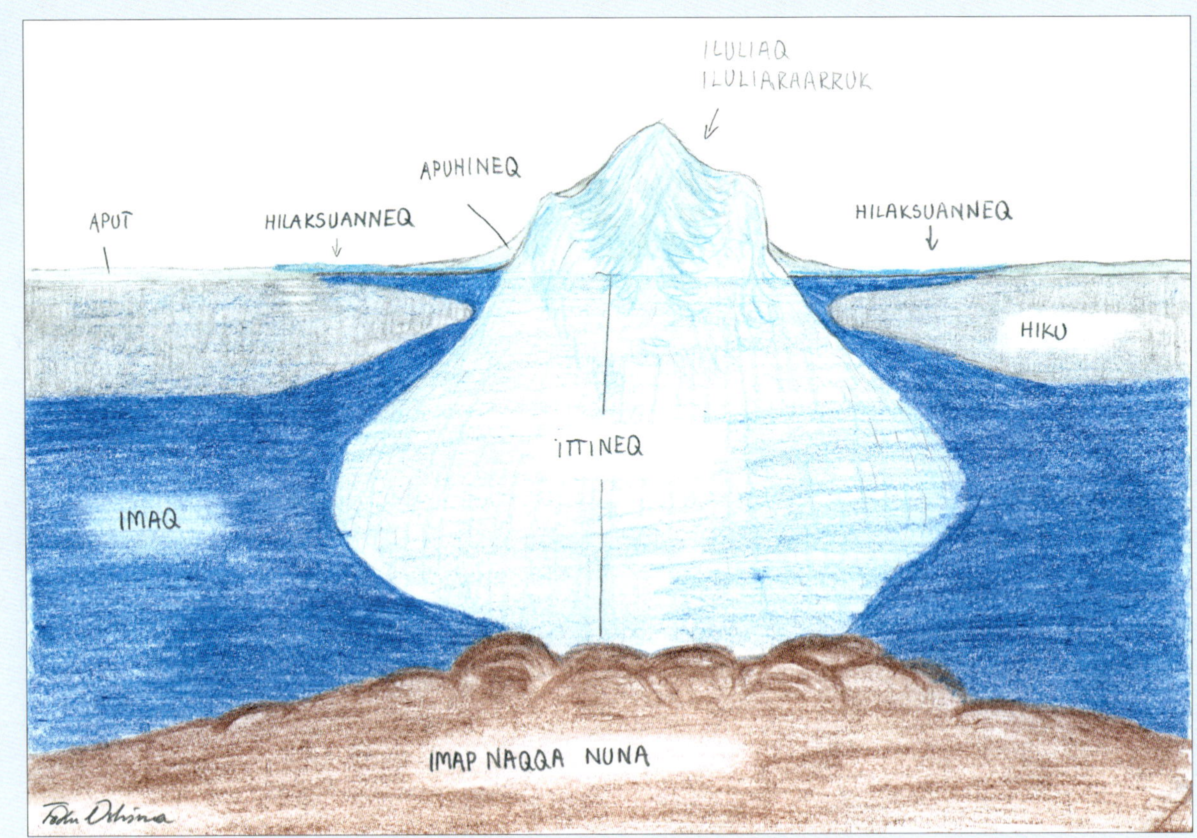

ᑲᖏᖅᑐᒑᐱᒃ 299

ᐱᖅᑲᓗᔭᒃ (ᐱᖅᑲᓗᔭᒃ (1)) ᓱᒃᑯᔅᔭᐅᓯᒪᔪᖅ (ᐊᑕᖏᐸᓗᒃᑐᑎᒃ ᐱᖅᑲᓗᔭᙳᐊᑦ ᑎᑎᕋᐅᔭᖅᑕᐅᓯᒪᔪᑦ). ᐱᖅᑲᓗᔭᐃᑦ ᐊᖅᑯᓵᖅᑲᑦᑕᖅᐳᑦ ᖃᓄᐃᓐᓇᑦᑎᐊᖅ ᐃᓚᖅᑯᓯᖅᑲᕐᓗᑎᒃ ᐊᒻᒪᓗ ᐊᖏᓂᖏᑦ ᐊᔅᓴᕆᖕᓇᑎᒃ ᐊᒻᒪᓗ ᐊᔅᓴᕆᖏᑦᑐᓂᒃ ᑕᐃᔫᓯᖅᑲᖅᑎᑕᐅᓪᓗᑎᒃ. ᖄᖏᑦ ᒪᓂᕋᔅᔫᒥᔭᕌᖓᒥᒃ ᑕᐃᔭᐅᖅᑲᑦᑕᖅᐳᖅ ᓇᓐᑎᓐᓇᖅ (2) (ᐅᖅᑲᐅᓯᖅᑕᖓ ᓇᑦᑎᕐᒦᙲᖅᑐᖅ, ᓇᓗᓇᐃᖅᓯᒪᓪᓗᓂ ᑕᒪᒃᑯᐊ ᐱᖅᑲᓗᔭᐃᑦ ᑕᐅᑦᑐᖅᑲᖅᑯᐃᔾᔪᑎᒃ ᓇᑦᑎᕐᒥᒃ ᐆᑦᑐᕐᒥᒃ ᓯᑯᒥ). ᐊᒥᓱᑦ ᐱᖅᑲᓗᔭᐃᑦ ᐊᖏᓂᖅᑳᓗᖕᓂᒃ ᑕᑯᒃᓴᐅᖏᓐᓂᖅᑲᖅᐳᑦ ᐃᒫᓃᓐᓂᕐᒥᓂᒃ ᑭᕙᖅᑲᓂᕐᒥᓂᒃ (ᑭᕙᖓᓂᖓ (4) ᐊᒻᒪᓗ ᐃᒃᑲᕐᓇᓯᒪᓕᕈᓐᓇᓇᓪᓗᑎᒃ ᐃᒪᐅᑦ ᐃᖅᑲᖑᓄᑦ (ᐃᒃᑲᕐᓇᓯᒪᓂᖓ (5)). ᐃᒃᑲᕐᓇᓯᒪᔪᖅ ᐱᖅᑲᓗᔭᒃ ᑭᓴᖅᓯᒪᔫᖅᐳᖅ ᑐᕝᐅᑎᑦᑎᔪᑎᑐᑦ ᓯᑯᒥᒃ ᑭᑭᐊᒃᓯᓯᒪᖅᑯᐃᔾᔪᖅ. ᑎᑎᕋᐅᔭᖅᑎ: ᔪᐃᓕ ᓴᙳᔭ, ᑲᖏᖅᑐᒑᐱᒃ.

300 **ᖄᓈᖅ**

ᓇᑦᑎᓐᓇᖅᑎᓘᐸᓗᒃᑐᖅ ᑲᖏᖅᑐᒫᐱᖕᒦᑦᑑᑦ ᐊᔾᔨᐸᓗᐊ, ᖄᓈᖑᕆᑦ ᑕᐃᔭᐅᕗᖅ tabular icebergs ᓇᕆᓐᓇᖅ. ᓇᕆᓐᓇᐃᑦ ᐳᖅᑐᓂᖏᑦ ᑕᐃᒪᐃᓪᓗᐊᖅᑎᖒᖕᒪᑕ ᖃᒥᒍᑦ, ᑭᓯᐊᓂ ᑕᒪᓐᓇ ᖃᓂᒫᖕᒐ ᒪᓂᕿᑦᑐᐃᓐᓇᐅᖏᑦᑐᑦ ᐅᕝᕙᑑᓐᓃᑦ ᐊᔾᔩᒃᑐᑯᓘᖏᑦᑐᕿ, ᑕᑯᒃᓴᑎᑐᕿ. ᐅᓇ ᐱᖃᓗᔾᔪᒃ ᖁᐊᕈᑎᓯᒪᕗᖅ ᓯᑯᒧᑦ (HΔd) ᐊᒻᒪᓗ ᐊᕙᓗᔭᐅᓯᒪᓪᓗᓂ ᖁᖕᓂᓗᕿ, ᖃᒥᑕᐅᓯᒪᓪᓗᓂᓗ ᐃᒫᓂᑦ ᑕᕙᐅᒥᑦ (HΔᓚᒃᓯᐊᓐᓂᖅ). ᑎᑎᕋᐅᔭᖅᑎ ᐋᑐ ᓯᒥᒐᖅ, ᓯᐅᕋᐸᓗᒃ.

ᓇᑦᑎᓐᓈᕐᕈᒃ ᐃᒪᐃᑦᑐ tabular iceberg ᐃᒪᐃᑦᑐᖅᑎᑐᑦ ᓇᕆᓐᓇᖅ, ᑭᓯᐊᓂ ᖄᖕᒐ ᒪᓂᕿᔾᔫᒥᔪᖅ ᓄᑦᑕᖅᑲᐅᕋᓂ. ᓴᖅᑮᔭᖅᑎᑕᐅᕗᖅ ᓯᒃᑯᔾᔭᐅᓯᒪᓪᓗᓂ (HΔd) ᐊᒻᒪᓗ ᐊᕙᓗᐊ ᖁᖕᓂᖃᐅᑐᓂ, ᐃᒫᓂ ᐳᒃᑕᖕᒥᔪᖅ ᖄᒥᓯᒪᓪᓗᓂ ᐊᕙᑖ (HΔᓚᒃᓯᐊᓐᓂᖅ). ᑎᑎᕋᐅᔭᖅᑎ: ᐋᑐ ᓯᒥᒐᖅ, ᓯᐅᕋᐸᓗᑦ.

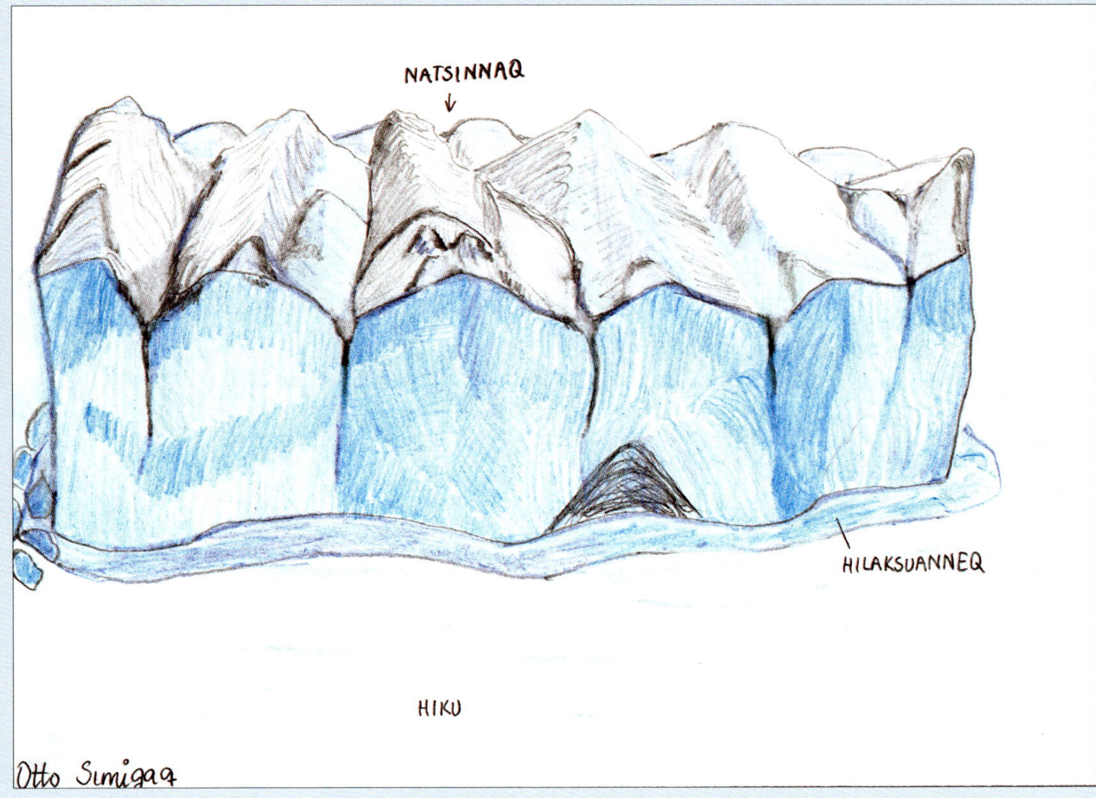

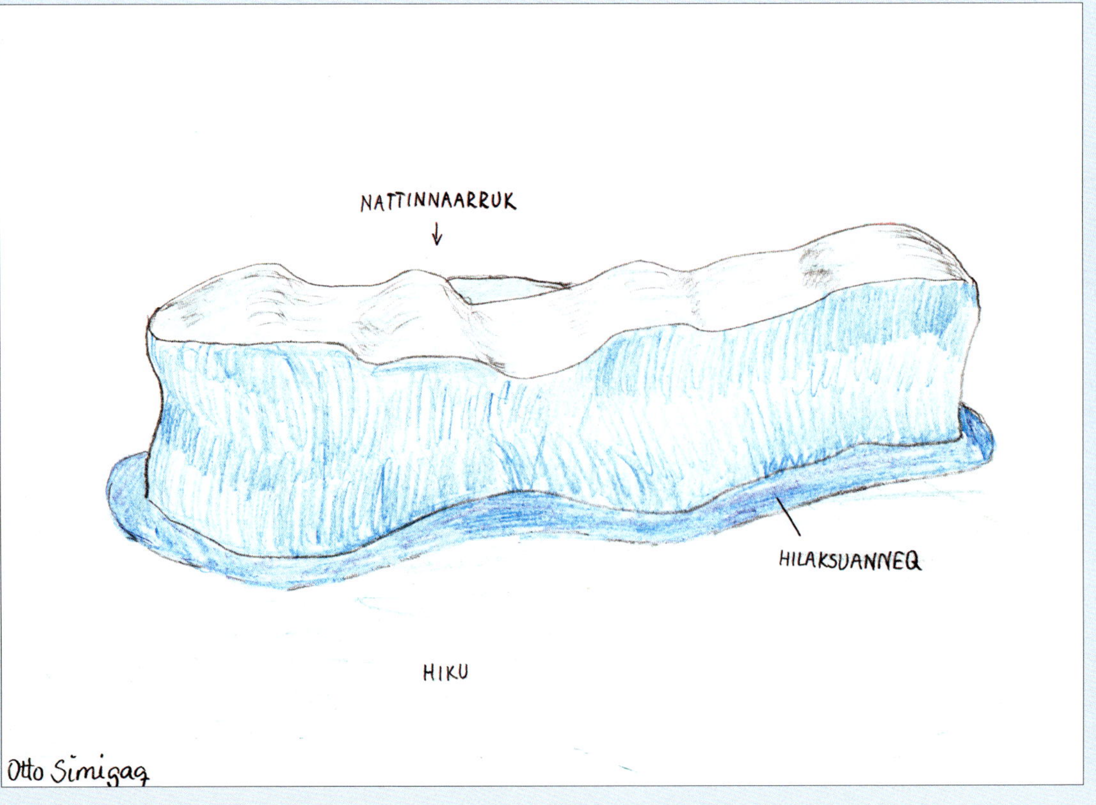

ᐅᑦᕿᐊᒡᕕᒃ

ᐳᒃᑖᑦ ᓯᑯᐊᓂ (ᐳᒃᑖᖅ) ᐊᖅᑯᓵᖅᑲᑦᑕᕐᒥᔪᑦ ᐊᔾᔨᒌᖕᒋᑦᑐᑦ ᐊᒻᒪᓗ ᐊᖕᒋᓕᓃᒃᑐᑎᒃ. ᑎᑎᕋᐅᔭᖅᑎ: ᓕᐅᓇ ᐊᐃᑲᓐ, ᐅᑦᕿᐊᒡᕕᒃ.

ᑲᖕᒋᖅᑐᒑᐱᒃ

ᐃᖕᒋᖅᑕᓂᖕᒐ ᐊᒻᒪᓗ ᐊᓄᓇᐊ ᓂᒐᔪᑕᖅᑲᖅᑎᑦᑎᔪᓐᓇᖅᐳᑦ ᐊᒻᒪᓗ ᓯᑯᓕᐊᕕᓃᑦ ᓯᑯᒥ (ᓂᒐᔪᑦ (2)), ᐱᓗᐊᖅᑐᒥᒃ ᓯᑯᕗᑦᓕᐊᓕᖅᑎᑦᑐᒍ ᐃᑳᓐᓂᒃᑯᑦ. ᓇᕿᑦ ᑕᒪᒃᑯᓂᖕᒐ ᐊᑐᖅᑲᑦᑕᕐᒥᔪᑦ ᐊᒡᓗᐊᕐᕕᒋᔭᐅᑦᑐᑎᒃ ((7) ᐊᒡᓗᐃᑦ). ᓯᑯ ᓄᑦᑕᖅᑲᓕᔫᖕᒍᖕᒪᑦ ᐱᖅᑲᓗᔭᐃᑦ ᐊᖅᑯᓵᖅᑕᐅᓯᒪᑦᑐᑎᒃ, ᖁᒡᓗᖕᓂᖅᑕᖅᑲᓚᐅᓰᑦ ᐃᑳᓐᓂᑦᑐ ᐱᓚᕆᐊᕐᓂᖅᑲᓚᐅᓰᖕᒍᑦᑐᑎᒃ (ᐱᓚᕆᐊᕐᓂᖅ (3)). ᑖᓐᓇ ᐱᖅᑲᓗᔭᒃ (ᐱᖅᑲᓗᔭᒃ (6)) ᓯᑯᔾᔪᔾᔭᐅᓯᒪᔪᖅ ᐊᒻᒪᓗ ᑲᑖᒐᓂᖅᑕᖅᑲᐅᖅᑐᓂ (ᑲᑖᒐᓃᑦ) (4)). ᑖᓐᓇ ᐱᖅᑲᓗᔭᒃ ᓂᑦᓕᓇᖕᒋᓂᑯᑖᖅᑲᕐᒪᑦ, ᐃᒪᐃᓯᒪᔪᖅ ᐃᒥᑦᑎᐊᕗᑦ ᑕᓖᓂ ᓯᑯᓯᒪᑦᑐᓂ ᖁᖕᓇᐅᔭᖕᒐᓄᑦ. ᑕᐃᒪᐃᑐᑦ ᓂᓚᐃᑦ (ᓂᑦᓚᓇᒃᓃᑦ (1)), ᓄᓇᒦᓐᓂᖕᒋᓐᓂ ᐃᒻᒥᓲᖕᒍᖕᒪᑕ, ᑕᓯᖅᑎᑐᖅ, ᐱᖅᑲᓗᔭᐃᑦ, ᐅᕝᕙᓘᓐᓃᑦ ᐊᖕᒋᓈᕐᓂᖅᓴᐅᔪᓐᓇᖅᑐᑎᒃ. ᐃᒪᕐᓗᒃ (5) ᐃᒫᓃᖖᒫᖅᑐᖅ ᖃᒥᓐᓂᑯ ᐅᓕᑦᑐᕕᒡᔪᐊᖕᒍᑎᑦᑐᒍ ᐱᖅᑲᓗᔭᐅᑦ ᓯᒡᔭᖕᒐᒍᑦ. ᑎᑎᕋᐅᔭᖅᑎ: ᔪᐃᓕ ᓴᖕᒍᔭ, ᑲᖕᒋᖅᑐᒑᐱᒃ.

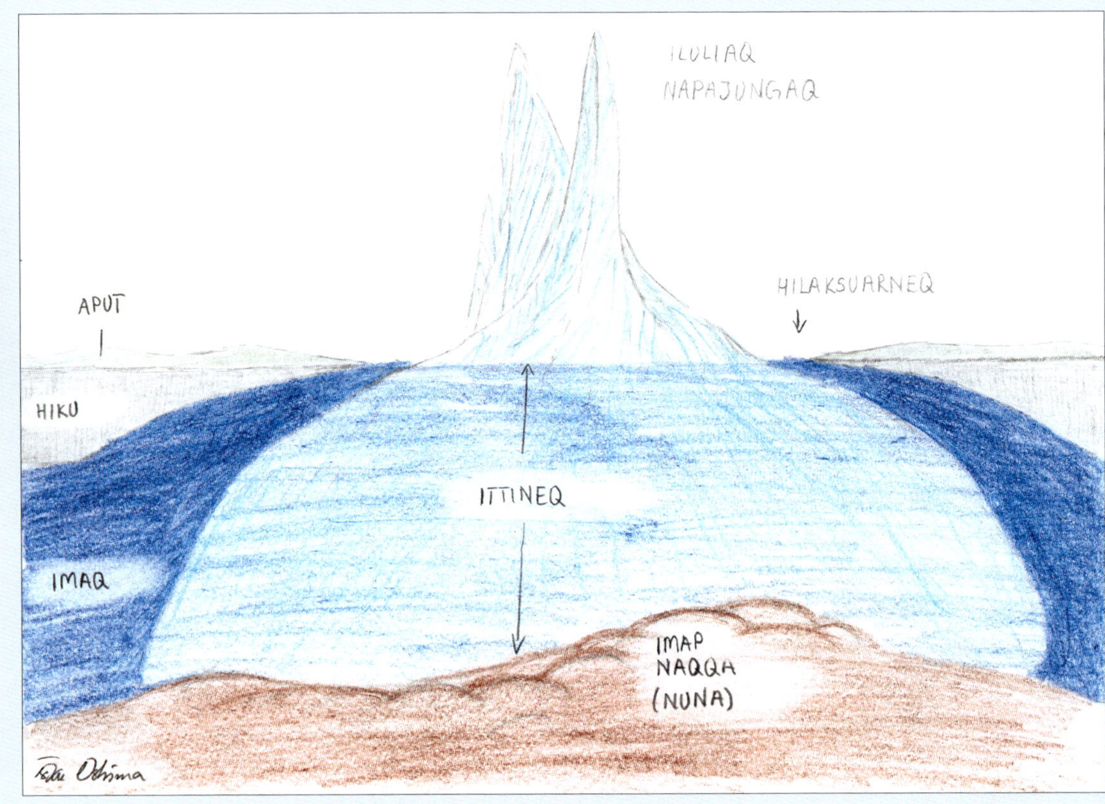

ᖃᓈᖅ

ᖁᒻᒧᑦ ᓇᑉᐸᓇᓐᓂᓛᑦ ᐱᖅᑲᑐᔭᐃᑦ ᑕᐃᔭᐅᕗᑦ ᐃᓗᓕᐊᖅ ᓇᐸᔪᖕᒐᖅ. ᑖᓐᓇ ᐃᒃᑲᕐᓇᓯᒪᓪᓗᓂ ᐊᒻᒪᓗ ᐊᕙᑖᑕ ᓯᓚᑎᑦᑎᐊᖕᒐᒍᑦ ᓯᖁᓂᖅᑲᖅᑐᓂ (ᕼᐃᑯ) ᐊᒻᒪᓗ ᐃᒪᖅᑕᖅᑲᖅᑐᓂ ᖃᓚᓈᖕᓂᖕᒐᑕ ᐊᑯᓐᓂᖕᒐᒍᑦ (ᕼᐃᓚᒃᓱᐊᓐᓂᖕ). ᑎᑎᕋᐅᔭᖅᑎ: ᑑᑯ ᐅᓯᒪ, ᖃᓈᖅ.

ᐊᓄᓇ ᐊᒻᒪᓗ ᐃᖕᒋᖅᑯᓃᑦ ᖃᓚᓈᓚᖅᑎᑦᑎᔪᓐᓇᖅᒪᑕ ᓯᑯᒥᒃ ᐅᕝᕙᓘᓐᓃᑦ ᑕᐃᒪᐃᓕᔾᔪᑎᒋᔭᐅᓗᑎᒃ. ᑕᐃᒪᐃᓕᑎᓪᓗᒍ, ᓯᑯ ᓯᖅᑯᑦᑎᓲᖑᕗᖅ, ᖃᓚᓈᓚᖅᐸᓪᓕᐊᓪᓗᓂ ᐅᒦᓇᔭᐅᔪᑦ (ᐃᕗᓂᖅ ᖃᓚᓈᒡᒋᓐᓂᖅ) ᐅᕝᕙᓘᓐᓃᑦ ᖃᓚᓈᓚᖅᑐᓂ ᐃᕗᓪᓗᓂ (ᐃᕗᓂᖅ ᐅᕝᕙᓘᓐᓃᑦ ᕼᐃᑯ ᐃᕗᕼᐅᖅ). ᑎᑎᕋᐅᔭᖅᑎ: ᐋᑐ ᓯᒥᒐᖅ, ᓯᐅᖃᐸᓗᒃ.

303

ᖄᓈᖅ

ᒫᓂᓛᖅ ᓱᑯ ᐃᒪᐃᓲᖑᕗ ᓱᑯᑦ ᓱᖅᑎᖅᓯᒪᓂᖏᑦ ᖃᓪᓃᒃᑐᑎᒃ. ᐊᑐᖅᑲᐅᑉᐸᑦ ᓲᓕ (ᕿᒧᒃᓯᕐᕕᒥᓗᒍ), ᑕᐃᔭᐅᒐᔭᖅᑐᖅ ᒫᓂᓛᖅ, ᐊᖏᔫᑕᐅᓗᑎᑦ ᓱᑯᖏᑦ ᒫᓂᓛᑦ ᑕᐃᒍᖅᑕᐅᒐᔭᖅᑐᖅ ᒫᓂᓚᖅᖄᖅ. ᑎᑎᖅᐅᔭᖅᓯᒪᔪᖅ: ᐋᑐ ᓯᒥᒐ, ᓯᐅᖅᐸᓗᒃ.

304 **ᐅᑦᕿᐊᒡᕕᒃ**

ᐃᕗᓂᖅ, ᐃᕗᓂᖅ ᐊᖏᔫᑕᐅᓪᓗᑎᒃ
ᓯᕐᑯᓪᓗᖅᓯᒪᓂᖏᑦ, ᐃᒪᓘᓕᖅᑎᑦᑎᔪᓐᓇᖅᐳᑦ
ᓂᒍᓇᐊᖅᑲᓕᕐᓗᒍ ᐃᖏᕐᕋᓗᓂ ᓯᑯᒃᑯᑦ.
ᑎᑎᕋᐅᔭᖅᑐᖅ: ᓕᐅᓂ ᐊᐃᑲᓐ, ᐅᑦᕿᐊᒡᕕᒃ.

ᐃᕗᓂᖅ ᐃᕗᑎᑕᐅᒃᐸᑦ
ᓯᑯᒧᑦ ᐊᔭᒃᑕᐅᕙᓪᓕᐊᔪᒧᑦ,
ᐃᒪᐃᓪᓘᓕᕈᓐᓇᖅᐳᖅ
ᐳᖅᑐᓯᓯᒪᔪᐊᓘᓗᓂ
ᓇᓗᓇᐃᒃᑯᑕᓇᔭᐅᓕᕐᓗᓂ (ᓇᐸᐃᔪᒃ)
ᑎᑎᕋᐅᔭᖅᑐᖅ:
ᓕᐅᓂ ᐊᐃᑲᓐ, ᐅᑦᕿᐊᒡᕕᒃ.

ᐅᑦᕿᐊᒡᕕᒃ

ᐊᓄᓇᒧᑦ ᐃᒍᑎᑕᐅᒃᐸᑦ ᐊᒻᒪᓗ ᐃᖏᕐᕋᓂᕐᒧᑦ, ᓯᑯ ᐃᒪᐃᑦᑑᓕᕈᓐᓇᓇᒍᖅ ᖁᒻᒧᖕᒑᖅ ᖃᖕᒐᔾᔭᓂᐅᓕᕐᓗᑎᒃ (ᐱᖁᐊᓂᖅ). ᑎᑎᕋᐅᔭᖅᑎ: ᔪᐊᔾᔨ ᑏ ᓕᕚᑦ, ᐅᑦᕿᐊᒡᕕᒃ.

ᐱᐊᒃᑐᑦ ᐊᒻᒪᓗ ᐊᐅᒃᐸᓪᓕᐊᔪᑦ ᑯᓯᒐᖅᑲᕈᓐᓇᕐᒪᑕ ᖃᖕᒐᔾᔭᓂᖕᒋᑦ ᐊᑎᖕᒋᑎᒧᑦ (ᐱᖁᐊᓂᖅ). ᑕᕝᕙᓂ ᑕᑯᖅᑯᔾᔭᐅᔪᒥ ᐊᖑᑎ ᕿᒻᒥᓈᒃ ᐊᖑᓇᓱᒃᑑᒃ ᓇᒡᒍᑎᒥ ᐱᖁᓂᐅᑦ ᖃᓂᒋᔮᓂ. ᑎᑎᕋᐅᔭᖅᑎ ᔪᐊᔾᔨ ᑏ ᓕᕚᑦ, ᐅᑦᕿᐊᒡᕕᒃ.

ᑭᓛᓂᑦ ᐊᒻᒪᓗ ᐋᔪᕋᑦ

ᑭᑦᓚᐃᑦ ᐊᒻᒪᓗ ᐋᔪᕋᑦ ᓯᑯᒥ ᐊᑲᐅᖏᑦᑑᔪᓐᓇᖅᑐᑦ ᐃᖏᕐᕋᔪᓄᑦ, ᑭᓯᐊᓂ ᑕᒪᒃᑯᓂᑐᓇᖅᑕᐅᖅ ᐊᓪᓗᑎᑐᑦ ᐊᒻᒪᓗ ᐃᒪᕐᒥᐅᑕᓄᑦ, ᐃᒪᐃᑦᑑᕆᓪᓗᑎᒃᑕᐅᖅ ᐊᖑᓇᓱᓪᓚᑦᑎᐊᕙᐅᓪᓗᑎᒃ. ᐊᓪᓗᑦ ᐃᒪᕐᒥᐅᑕᓄᑦ ᐱᑕᖅᑕᐅᓯᒪᖕᒪᑕ ᐊᓪᓗᓕᐊᕆᔭᐅᓪᓗᑎᒃ ᐅᑯᓘᓐᓃᑦ ᐃᓛᓐᓂᓪᓗ ᐃᒪᐅᑦ ᐃᖏᕐᕋᓂᖓᓄᑦ ᓯᑰᑦ ᐊᑖᓂᑦ. ᓄᑦᑕᖅᑲᐅᓕᖅᐸᓪᓕᐊᖅᑲᑦᑕᖅᐳᖅ ᐊᔭᒃᑕᐅᓂᕐᒧᑦ ᑭᓯᐊᓂ ᓄᓯᒃᑐᒧᑦ, ᐊᓄᕆᐅᑦ ᐊᐅᓚᑕᖏᓐᓄᑦ, ᐃᒪᐅᑦ ᒪᓪᓕᖓᓄᑦ, ᐃᖏᕐᕋᓂᕐᒧᑦ ᐅᑯᓘᓐᓃᑦ ᓯᑰᑦ ᐊᑐᖅᑎᓪᓗᒋᑦ.

306 **ᑲᖏᖅᑐᒑᐱᒃ**

ᓄᑦᑕᑦ ᐊᒻᒪᓗ ᐋᔪᕋᐃᑦ ᐱᑕᖅᑲᐅᓕᕈᓐᓇᕐᒪᑕ ᓯᑯᒃᑯᑦ (ᓯᑯ (1)), ᑐᕌᓗᐊᒃᑯᑦ (ᓯᑯᑐᖅᑲᖅ) (2)), ᖃᖓᑐᐃᓐᓇᒃᑯᑦ. ᐋᔪᕋᑦ (4) ᐋᔪᕋᐅᕗᑦ ᐋᔪᕋᕈᖅᑲᑦᑕᖅᑐᑦ ᐅᖅᑰᓯᕙᓪᓕᐊᖕᓛᓕᖅᑎᓪᓗᒍ ᐅᑭᐅᖑᓚᐅᖅᑐᓂ ᐊᒻᒪᓗ ᓯᑯᒃᑲᓂᕋᑎᒃ. ᐊᐳᑎ ᓯᑰᑦ ᑳᖓᓃᑦᑐᖅ ᐊᐅᒃᑎᓪᓗᒍ, ᑕᓯᐊᕐᔪᑯᓗᖕᓂᒃ ᐅᑯᓘᓐᓃᑦ ᐃᒻᒪᒃᑎᓐᓂᕐᓂᒃ (ᐃᒻᒪᒃᑎᓐᓂᑦ (3)). ᐃᒻᒪᒃᑎᓐᓃᑦ ᐊᐳᑎᒦᖖᓛᖅᑐᑦ ᓯᑯ ᓵᓪᓕᕆᓪᓕᐊᑎᓪᓗᒍ ᐃᖏᕐᕋᓂᕐᒧᑦ ᐊᑎᖅᑲᖅᐳᑦ ᐃᒻᒪᒃᑎᓐᓂᑦ. ᑎᑎᕋᐅᔭᖅᑐᖅ: ᔪᐃᓚ ᓴᖑᔭ, ᑲᖏᖅᑐᒑᐱᒃ.

ᑳᖕᒋᖅᑑᓚᐱᒃ

ᑖᓐᓇ ᑕᑯᖅᑯᔾᔭᐅᖕᒥᔪᖅ ᑎᑎᕋᐅᔭᖅᑕᐅᓯᒪᔪᖅ ᓯᑯ ᐅᐱᕐᓛᒃᑯᑦ ᑳᖕᒋᖅᑑᓚᐱᖕᒥᑦ ᐊᐅᒃᐸᓪᓚᐊᓚᖅᑎᓪᓗᒍ ᐊᒻᒪᓗ ᐋᔪᕋᖅ ᑕᑯᔪᓐᓇᖅᑐᑎᒍ (1) (ᓇᕐᑏᑦ ᐆᑦᑑᑎᓪᓗᒥᑦ) ᐊᒻᒪᓗ ᐃᒻᒪᒃᑎᓐᓃᑦ (2). ᐃᒻᒪᒃᑎᓐᓂᑦ ᑭᓪᓚᕈᕈᓐᓇᕐᒪᑕ (ᑭᓪᓚᑦ (3)) ᑕᐃᒫᒃ ᑖᑦᑑᕗᑦ. ᐊᒻᒪᓗ ᐃᒻᒪᒃᑎᓐᓃᑦ ᑯᔾᔨᖃᑦᑕᖅᑐᑎᒃ (ᑯᔾᔨᓂᖅ (4)) ᑰᖃᑦᑕᖅᑐᑦ ᐋᔪᕋᕐᓄᑦ ᐊᒻᒪᓗ ᐊᖑᓄᒃ. ᑎᑎᕋᐅᔭᖅᑐᖅ: ᔪᐃᓕ ᓴᖑᔭ, ᑳᖕᒋᖅᑑᓚᐱᒃ.

ᐅᑦᕿᐊᒡᕕᒃ

ᑖᑦᑑᓂᖅ ᐊᖕᒋᔫᖕᒋᑦᑐᖅ ᓯᑯᒥ ᑕᐃᒍᖅᑕᐅᕗᑦ ᓂᒐᔪᖅ ᐊᒻᒪᓗ ᐊᑑᑎᖃᕈᓐᓇᓂᓪᓗᑎᒃ ᐃᒪᕐᒥᐅᑕᒧᑦ ᐳᐃᓯᒪᕕᒋᔭᐅᓗᑎᒃ ᐊᓂᖅᑳᖅᑐᕐᕕᒋᔭᐅᓗᑎᒃ ᓰᕐᓗ ᑕᒪᒃᑯᐊ ᐊᒡᕕᑦ (ᐊᕐᕖᑦ), ᑕᑯᒃᓴᐅᑎᑕᐅᔪᖅ ᐳᐃᓯᒪᔪᖅ ᑕᕝᕙᓂ ᑕᑯᖅᑯᔾᔭᐅᓯᒪᔪᒥ. ᑎᑎᕋᐅᔭᖅᑐᖅ: ᔪᐊᔾᔨ ᑎ ᓕᕕᑦ, ᐅᑦᕿᐊᒡᕕᒃ.

ᐅᑦᕿᐊᒡᕕᒃ

ᓇᑦᑎᐅᑦ ᐊᒡᓗᖏᑦ ᑕᐃᒎᖅᑕᐅᕗᑦ ᐊᓪᓗ ᐃᓄᐱᐊᖅᑎᑐᑦ. ᓇᑦᑏᑦ ᐊᒡᓗᒥᓂᒃ ᐸᖅᑭᓯᑦᑎᐊᖃᖅᑕᖅᑐᑦ ᐅᑭᐅᒃᑯᑦ ᐊᒻᒪᓗ ᐊᒡᓗᖏᑦ ᓂᕈᑦᑐᖅᐸᓪᓚᐊᓚᖃᑦᑕᖅᑐᑦ ᐅᐊᑦᑎᐊᕈᙳᖅᑎᓪᓗᒍ ᐅᖅᑰᓯᕙᓪᓚᐊᑎᓪᓗᒍ. ᓇᑦᑏᑦ ᐆᑦᑑᖃᑦᑕᓚᕐᓂᐊᖅᑐᑦ ᓱᑯᒥ ᐃᒪᐃᓚᖅᑎᓪᓗᒍ ᐆᑦᑑᕙᓚᕐᓗᑎᒃ ᓯᕿᓐᓂᖅᑎᓪᓗᒍ. ᑕᒪᒃᑯᐊ ᐊᒡᓗᐃᑦ ᐱᔾᔪᑎᖃᖅᑎᑕᐅᒥᓪᓗᑎᒃ ᐊᖑᓇᓱᒃᑎᓂᑦᑕᐅᖅ. ᑕᐃᒃᑯᐊ ᐃᒪᐃᑦᑐᑐᐃᓐᓇᐅᑎᑕᐅᖕᒋᒻᒪᑕ ᓇᑦᑎᕐᒍᑦ, ᐅᑐᖅᑕᐅᒃᑲᓐᓂᕈᓐᓇᕐᒥᖕᒪᑕ ᐃᒥᕐᒥᒃ ᐱᕕᐅᔪᓐᓇᖅᑐᑎᒃ ᐊᒻᒪᓗ ᖃᐅᔨᓇᓱᒡᕕᒋᔭᐅᓗᑎᒃ ᐃᒪᐅᑦ ᐃᖏᕐᕋᓂᖓᓂᒃ. ᐊᖑᓇᓱᒃᑏᑦ ᖃᐅᔨᓇᓱᖅᑲᑦᑕᕐᒥᖕᒪᑕ ᐃᖏᕐᕋᓂᖓ ᓇᑮᖓᕐᒪᖓᑦ ᐊᒻᒪᓗ ᐃᖏᕐᕋᓂᖅᑐᓂᖓ ᓱᖁᑦ ᐊᑖᒎᑦ ᐃᒫᖒᖅᑎᑦᑎᓪᓗᑎᒃ ᐅᖁᒪᐃᐸᓘᔭᖅᑐᒥᒃ ᐃᒫᓄᑦ, ᐃᒪᐃᑦᑐᐸᓗᖕᓂᒃ ᐅᔭᕋᑎᐊᓂᒃ, ᐊᒃᑐᓈᓚᖅᓯᒪᓪᓗᒍ ᐊᒻᒪᓗ ᑕᑯᓐᓈᖅᑐᒍ ᐃᖏᕐᕋᓂᖓᑕ ᐊᐅᓚᒻᒪᒍ ᓴᕆᐅᓂᖓ ᐅᖁᒪᐃᓐᓂᖓᑕ. ᑕᒪᓐᓇ ᖃᐅᔨᓴᕐᓂᖅ ᑐᑭᓯᕚᓪᓕᕈᑎᒋᓗᒍ ᐊᒻᒪᓗ ᓇᓚᐅᑦᑖᕈᑎᒋᔭᓐᓇᕐᓗᒍ ᖃᓄᑎᒋ ᓱᑯᑦ ᐊᐅᓚᔾᔭᒃᑕᐅᔪᓐᓇᕐᓂᖓ ᐊᓄᓈᖃᕈᓐᓇᕐᓂᖓᓗ ᐊᒻᒪᓗ ᓯᓚᐅᑦ ᐊᓯᐅᖅᐸᓪᓕᐊᓂᖓ. ᑎᑎᕋᐅᔭᖅᑐᖅ: ᓕᐅᓇ ᐊᐃᑲ, ᐅᑦᕿᐊᒡᕕᒃ.

ᓇᑦᑏᑦ ᐊᒡᓗᑖᖃᑦᑕᕐᒪᑕ ᓇᖕᒥᓂᖅ (ᐊᓪᓗ) ᒪᓂᕋᐅᓂᖏᓐᓂ ᓱᑯᒥ (ᖃᐃᖅᓯᐊᖅ). ᒪᓂᕋᐅᓃᑦ ᖃᐅᔨᓴᕋᐃᕝᕕᐅᔪᓐᓇᕐᒪᑕ ᐃᖅᓯᓇᖅᑐᓄᑦ ᐅᐸᒃᑕᐅᕙᓪᓕᐊᓕᕋᖕᒥᒃ. ᑎᑎᕋᐅᔭᖅᑎ: ᔪᐊᔾᔨ ᑏ ᓕᕕᑦ, ᐅᑦᕿᐊᒡᕕᒃ.

ᐃᓚᖑᐊᖅ ᖃᐃᖕᒫᖅ ᑐᓂᕈᑎᖃᓇᓪᓗᓂ ᐆᒥᖓ ᑎᑎᕋᐅᔭᓚᕐᒥᒃ ᑕᑯᖅᑯᔾᔭᔪᒥᒃ ᓄᓇᔾᙳᐊᒥᒃ (ᓄᓇᖅᖃᒃ) ᓱᑯᒥ (Hᐃᑯ) ᐊᒻᒪᓗ ᑕᕝᕙᓂ ᐳᒃᑖᑦ ᐅᖅᑯᐊᓂ (ᐃᓗᓕᐊᕌᕈᒃ) ᓇᑦᑏᑦ ᓄᓇᔾᔭᓕᐅᕐᓯᖑᖕᒪᑕ ᐊᐳᑎᒃᑯᑦ ᓱᑯᑦ ᖃᖕᒫᖕᒐᒍᒃ ᑕᒫᓂ ᓇᑎᐊᖅᑲᓕᖅᐸᒃᑐᑎᒃ ᐊᒻᒪᓗ ᐸᖅᑭᑦᑐᓂᔾᔪᒃ ᓂᕕᐅᖑᑦᑐᓂᔾᔪᒡᓗ. ᐊᕐᓇᖏᑦ ᐊᖅᑲᓚᐅᖅᐸᒡᓗᓂ ᐅᑎᖅᐸᒡᓗᓂ ᐊᒡᓗᒥᒍᑦ ᓱᑯᒃᑯᑦ (ᐊᑦᓗᐊᖅ), ᓇᑎᐊᓂ ᕿᒪᒃᐸᒃᑐᓂᐅᒃ ᓄᓇᔾᔭᒥᓄᑦ ᐊᐳᑎᒥ (ᐊᐳHᐃᓂᖅ). ᐃᔾᔭᖅᓯᒪᔭᑎᑐᑦ ᑕᐃᒪᐃᓕᖓᓚᓗᐊᕐᒪᑕ ᐱᔪᔾᔭᐃᖅᑕᐅᓯᒪᓪᓗᑎᒡᓗ ᓯᓚᖓᓂᑦ ᐃᓯᖅᓯᒪᖕᒫᕐᒪᑕ ᓄᓇᔾᔭᒥ, ᓇᑎᐊᑦ ᓯᓚ ᐱᔪᑐᐃᓐᓇᓇᐊᖅᑲᖅᐳᑦ ᓇᓄᕐᓂᑦ ᑕᐃᒃᑯᐊ ᓇᐃᔭᓐᓇᕐᒪᑕ ᓄᓇᔾᔭᓂᒃ ᐊᐳHᐃᓂᒃᑯᑦ. ᓇᓄᐃᑦ ᐃᒥᒃᓯᔭᓐᓇᕐᒪᑕ ᓄᓇᔾᔪᖕᓂᒃ ᐊᐳᑎᒥ ᐊᒻᒪ ᓇᑎᐊᖅ ᐱᓗᓂᐅᒃ.

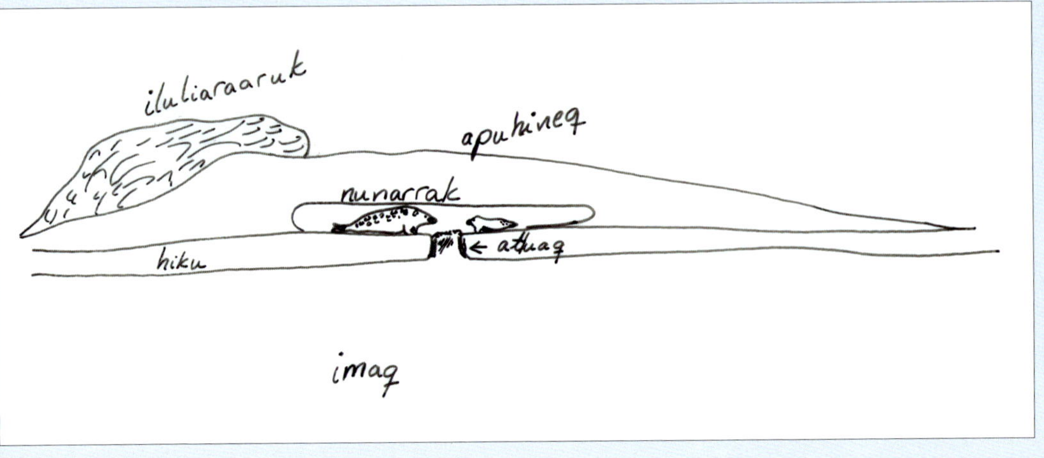

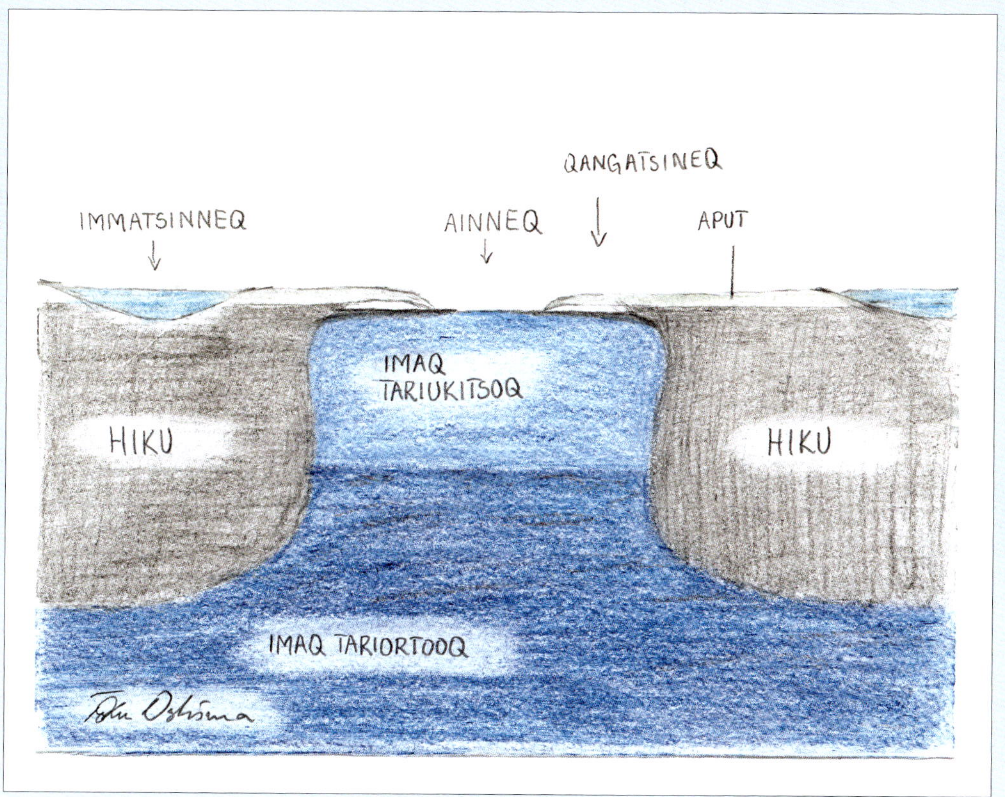

ᑲᖏᖅᑐᒑᐱᒃ

ᓂᒐᔪᑕᐃᑦ (1) ᐃᒪᐅᓂᐅᖕᒪᑕ ᓯᑯᕋᑖᖅᑎᓪᓗᒍ ᐃᒪᐅᑎᑕᐅᑲᐃᓐᓇᖃᑦᑕᖅᑐᑦ ᐊᓄᓇᒍᑦ ᐊᒻᒪᓗ/ ᐅᕝᕙᓘᓐᓃᑦ ᐃᖏᕐᕋᓂᕐᒍᑦ. ᓂᒐᔪᑦᑕᑦ ᓯᑯᔭᖒᖕᒐᑕ, ᓵᓐᓂᖅᓴᐅᖃᑦᑕᕐᒪᑕ ᐊᕙᑎᒥᓂᑦ ᓯᑯᒥᑦ ᐊᒻᒪᓗ ᑕᐃᒪᐃᑦᑐᑦ ᑕᐃᒍᖅᑕᐅᒋᕗᑦ ᓂᒐᔪᑕᕕᓂᖅ. ᐊᒡᓗᑕᖃᒐᔪᒃᑐᑦ (ᐊᒡᓗᐃᑦ (2) ᑕᕝᕙᓂ ᓵᓐᓂᐅᔪᒥ ᓯᑯᓯᒪᔪᒥ, ᐃᒪᖃᖅᑎᑕᐅᔪᒥ ᐃᒪᕐᒥᐅᑕᕐᒧᑦ ᐊᑐᖅᑕᐅᕙᒃᑐᓂ. ᕿᒧᒃᓰᑦ (3) ᑕᕝᕙᓂ ᑕᑯᖅᑯᔾᔭᐅᔪᒥ ᑕᒪᑐᒥᖓ ᐊᑕᖓᔭᒃᑐᖅ ᒪᓂᕋᕐᒥᒃ (4), ᒪᓂᕋᑦᑐᓂ ᐊᒻᒪᓗ ᓇᓚᒍᑦᑐᐃᓐᓇᐅᓪᓗᓂ ᓯᑯ. ᑎᑎᕋᐅᔭᖅᑐᖅ: ᔪᐃᓚ ᓴᖑᔭ, ᑲᖏᖅᑐᒑᐱᒃ.

ᖄᓈᖅ

ᐅᐱᕐᖔᒃᑯᑦ, ᐊᐳᑎ ᐊᐅᖕᓂᕋᒥ ᐃᒻᒪᒃᑎᓐᓂᐅᓕᖅᑐᓂ ᓯᑯᑦ ᖄᖓᓂ (ᐃᒻᒪᑦᓯᓐᓂᖅ). ᐃᒥᖅ ᐊᐅᒃᓯᒪᓕᖅᑐᖅ ᐃᒥᑦᑎᐊᕙᐅᖕᒪᑦ ᐋᔪᕋᕐᓄᑦ ᑰᒃᐸᑦᑕᐊᑦᓗᓂ (ᐊᐃᓐᓂᖅ) ᐳᒃᑖᖅᐸᒃᑐᓂᓗ (ᐃᒪᖅ ᑕᕆᐅᑭᑦᓱᖅ) ᖁᑦᑕᐅᑦᓗᓂ ᑕᕆᐅᕐᒥᑦ ᑕᓖᓂ (ᐃᒪᖅ ᑕᕆᐅᕐᑑᖅ). ᐃᑖᓂᑦ ᐊᐳᑎ ᑕᒪᓐᓇ ᓯᑰᑦ ᖄᖓᓃᑦᑐᖅ (ᐊᐳᑦ) ᖃᖓᑕᓂᐅᓲᖑᒻᒥᔪᖅ ᐋᔪᖅᑎᒍᑦ. ᑕᐃᒫᒃ ᓇᖏᐊᕐᓇᕈᓐᓇᖅᑐᖅ ᐃᓄᖕᓄᑦ ᐃᖏᕐᕋᔪᓄᑦ ᓯᑯᒃᑯᑦ ᐅᔾᔨᕆᔭᐅᖏᑦᑐᓇᕐᒪᑦ ᖃᓄᑎᒋ ᖃᖓᑕᓂᖅᑎᒋᖕᒪᖔᑕ ᐋᔪᖅᑯᑦ. ᖃᖓᑕᓂᖓ ᐊᑎᖃᖅᐳᖅ ᖃᖓᑦᓯᓂᖅ. ᑎᑎᕋᐅᔭᖅᑐᖅ: ᑑᑯ ᐅᓯᒪ, ᖄᓈᖅ.

ᖄᓈᖅ

(ᖁᓚᖔᖓᓂᑦ ᑕᑯᓪᓗᒍ ᐊᒻᒧᑦ) ᐋᔪᕋᖅ
ᓯᑯᒃᑯᑦ (ᐊᐃᓐᓂᖅ)
ᓄᕗᐊᖅᔪᖕᓃᙶᖓᖖᒍᖕᒪᑕ
ᓯᖕᔭᒥᑦ (ᓄᓇ, ᓄᓇ) ᓯᓚᒻᒧᑦ ᐃᑭᖅᔫᖓᓪᓗᑎᒃ
ᐋᔪᕋᐃᑦ. ᐋᔪᕋᐃᑦ ᐋᔪᕋᖅᑲᓚᖅᑲᑦᑕᖅᑐᖅ
ᓯᖕᔭᒥᑦ ᑕᒫᙵᑦ ᐅᓚᑦᑕᖅᑐᒥᑦ
(ᑕᑯᒃᑲᓂᖅᓗᒋᑦ ᓇᓗᓇᐃᖅᑕᐅᓯᒪᔪᑦ
ᑕᐤᕙᓂ "ᓯᑯ ᐊᒃᑐᐊᖕᒪᑦ ᓄᓇᒧᑦ" ᐃᓚᖓ
ᐱᖅᑲᓯᐅᑎᓗᓂ). ᑕᒪᓇ ᐋᔪᕋᖅ ᐃᒥᖅᒧᑦ
ᑰᖕᕕᐅᓗᓂ (ᑰᔅᓯᓂᖅ) ᐃᒫᓂᑦ
ᐊᐅᒃᐸᓪᓚᐊᔪᒥᑦ ᐊᒻᒪᓗ
ᑕᐃᒪᐃᑉᐸᓪᓚᐊᑎᓪᓗᒍ ᐋᔪᕋᖅ
ᐃᑎᔮᓚᖅᐸᓪᓚᐊᓪᓗᓂ ᐊᒻᒪᓗ ᒪᐅᔭᕋᐃᑦ
ᐃᑳᕋᖅᓂᕈᓐᓃᕈᓐᓇᖅᑐᑎᒃ. ᒪᐅᔭᕋᐃᑦ
ᐊᑎᖅᑲᓐᓇᕗᑦ Hᐃᖕᖓᖅᒍᖕᒍᐃᑦ ᐅᐤᕙᔫᓐᓃᑦ
ᐳᑦᑖᑦ. ᖃᐃᙵᖅ ᓂᓚᐅᕆᕗᖅ ᓯᖕᔭᒥ
ᑕᐃᒪᐃᓚᓯᒪᓪᓗᓂ ᐅᑭᐊᒃᓵᒃᑯᑦ ᒪᓚᖕᓄᑦ,
ᖃᓖᖅᓄᑦ, ᐅᐤᕙᔫᓐᓃᑦ
ᑎᓂᑉᐸᓪᓚᐊᓂᖓᓄᑦ
ᐃᒪᖅ ᖁᐊᖅᐸᓪᓚᐊᓪᓗᓂ ᓯᖕᔭᒥ.
ᑕᒪᒃᑯᓇᓂ ᒪᓂᕋᓂᖅᓴᓂ ᑕᒪᓇ ᓯᖕᔭᖅ
ᖃᐃᕋᒃᑲᒥ. ᖃᐃᙵᖅ ᓯᖕᔭᒥ
ᓄᖖᑎᑦᑎᕙᓪᓚᐊᖕᕆᓐᓂᖅᓴᐅᕗᖅ.
ᑕᑯᒃᑲᓂᖅᓗᒍ ᐊᐃᑉᐸᖓᒍᑦ "ᓯᑰᑦ ᓄᓇᒧᑦ
ᐊᒃᑐᐊᓂᖓᒍᑦ". ᑎᑎᕋᐅᔭᖅᑐᖅ: ᔫᑯ ᐅᓯᒪ,
ᖄᓈᖅ.

(ᖁᑖᓂᖔᖅ ᑕᑯᓪᓗᒍ ᐊᒻᒧᑦ) ᐋᔪᕋᐃᑦ
ᓄᕗᐊᖅᔪᖕᓂᑦ ᓄᑎᒃᓯᒪᓚᓲᖖᒍᕗᑦ
ᐱᖅᑲᓗᔭᒃᑎᒍᑦ (ᐃᓗᓚᐊᑦ),
ᐋᔪᕋᖅᑲᐅᖅᑐᐃᓐᓇᐅᓲᖖᒍᖕᒋᑦᑐᑦ ᐊᒻᒪᓗ
ᐃᑳᖅᕚᒃᓴᐅᓂᖅᑲᓲᖖᒍᓪᓗᑎᒃ ᐊᑯᓐᓂᖕᒋᑎᒍᑦ
ᐋᔪᕋᐅᑦ ᐃᓱᐊᒍᑦ ᑕᒪᐅᓇ ᐋᔪᕋᐅᑦ
ᓄᑦᑕᖅᑕᖅᑲᖕᒋᓐᓂᖓᒍᑦ (ᓄᔫᖅᓂᖅ).
ᑎᑎᕋᐅᔭᖅᑐᖅ: ᔫᑯ ᐅᓯᒪ, ᖄᓈᖅ.

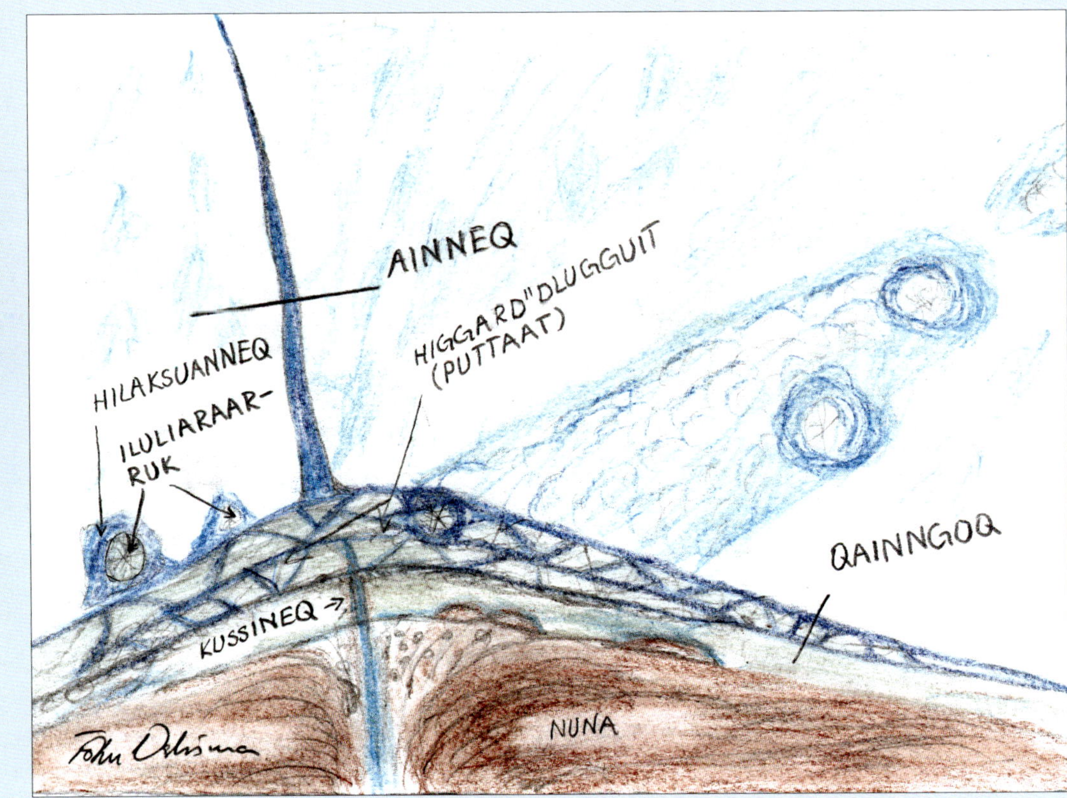

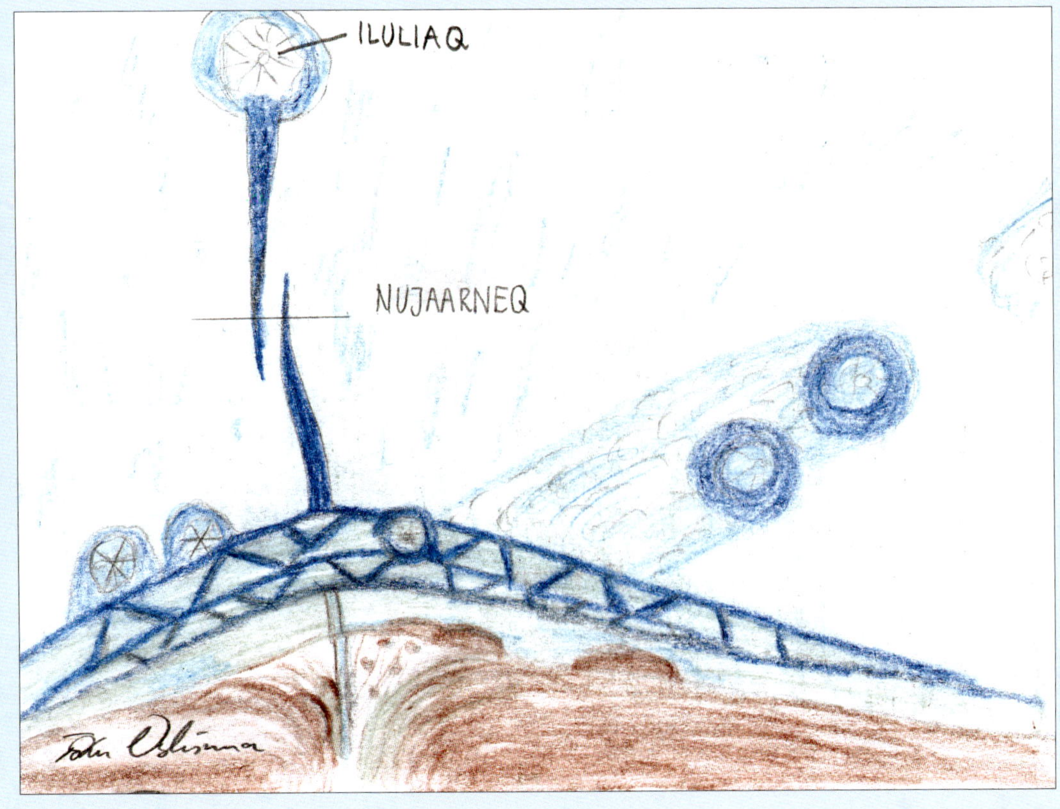

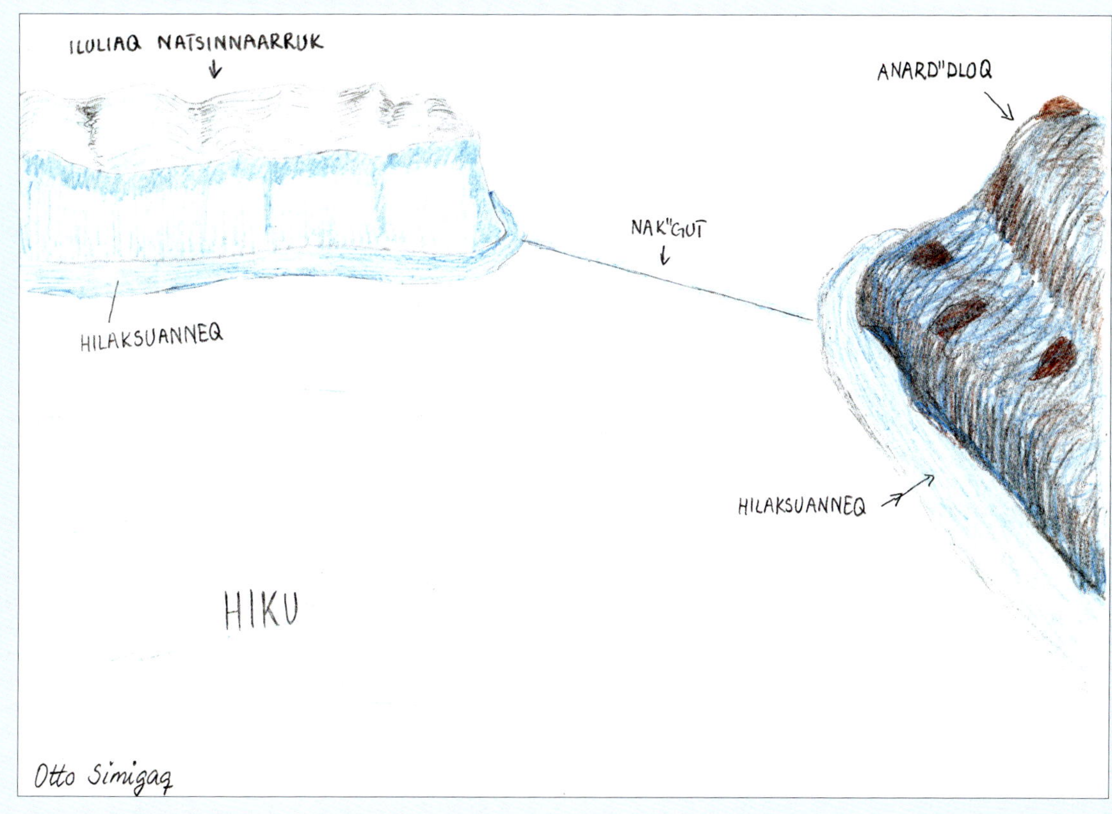

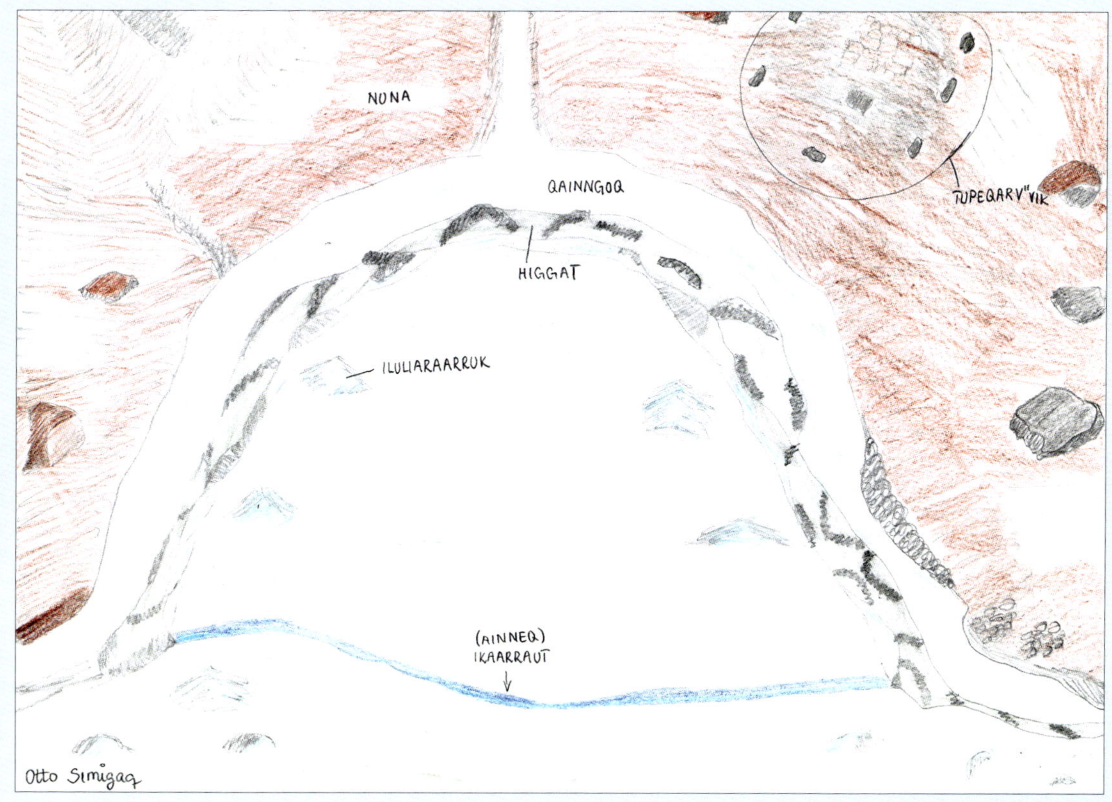

ᖄᓈᖅ

Hᐃᓚᒃᓯᐊᓐᓂᖅ ᐱᑕᖅᑲᓕᖅᑲᑦᑕᖅᐳᖅ ᐅᓕᑦᑕᕌᖓᑦ ᖁᖕᓂᖅᑎᒍᑦ ᐃᒪᖅᑲᓕᖅᐸᒃᑐᑦ ᐅᔭᕋᐃᑦ ᑭᒡᓕᖕᒋᑦ ᐅᕝᕙᓘᓐᓃᑦ ᐱᖅᑲᓗᔭᐃᑦ (ᐃᓗᓕᐊᑦ) ᐊᕙᑎᖕᒋᑎᒍᑦ ᓯᑯᓯᒪᔪᑦ (Hᐃᑯ). ᐋᔪᖅᑲᓕᓲᖑᒋᓪᓗᑎᒃ ᖅᑭᑭᖅᑕᐃᑦ ᐅᕝᕙᓘᓐᓃᑦ ᐱᖅᑲᓗᔭᐃᓪᓘᓐᓃᑦ ᐊᑯᓐᓂᖕᒋᑎᒍᑦ. ᑕᒪᒃᑯᐊ ᖁᐊᒃᑲᓐᓂᕐᒥᒐᒥᒃ ᐅᑭᐅᒃᑯᑦ, ᑕᐃᔭᐅᕙᑦ ᓇᒃᑐᑦ. ᓇᑦᓯᓐᓈᖅᐳᒃ ᖄᖕᒋᑦ ᒪᓂᖅᑯᒪᔪᑦ ᐱᖅᑲᓗᔭᐅᓚᓗᐊᑦ ᓄᑦᑕᖅᑲᖕᒋᑦᑐᑦ ᖄᖕᒋᑎᒍᒃ. ᐊᓇᖅᕈᖅ ᐱᖅᑲᓗᔭᐅᖕᒥᖕᒪᑦ ᖄᒥᐅᑕᓖᑦ ᓯᖅᑯᓪᓗᖅᓯᒪᔪᓂᒃ ᐅᔭᕋᖕᓂᒃ, ᑕᐅᑦᑐᖕᒋᑦ ᓲᕈᖅᓯᒪᖅᑯᐃᔾᔪᑦ. ᑎᑎᕋᐅᔭᖅᑐᖅ: ᔫᑯ ᐅᓯᒪ, ᖄᓈᖅ.

(ᖁᓕᖕᓖᖕᒐᓂᑦ ᑕᑯᓪᓗᒍ ᐊᒻᒧᑦ) ᐋᔪᖅᑲᓕᕌᖕᒐᑕ ᐃᒃᐱᐊᒃᔪᐃᑦ ᐊᑭᒥᓄᑦ, ᑕᐃᔭᐅᕙᑦ ᐃᑳᖅᑐᑦ. ᑕᒪᒃᑯᐊ ᑕᑭᔫᓪᓗᑎᒃ, ᐊᑭᒧᓕᒨᖅ ᐋᔪᕋᐃᓐᓇᐅᓪᓗᑎᒃ ᐊᒻᒪᓗ ᑕᐅᑦᑐᖕᒋᑦ ᐊᔾᔨᒋᓇᓂᒋᑦ ᐋᔪᕋᐃᑦ ᐊᑯᓐᓂᖕᒋᓐᓂ Hᐃᒡᒐᑦ, ᓄᑎᒃᓯᒪᓕᖅᑲᑦᑕᖅᑐᑦ ᓯᒡᔭᒥᑦ. ᑖᓐᓇ ᑕᑯᖅᑯᔾᔨᔪᖅ ᐃᒪᐃᓕᖕᒐᒃᑲᓐᓂᕆᕙᖅ ᓇᓗᓇᐃᖅᓯᒪᓪᓗᓂ ᐊᓯᖕᒋᓪᓗ ᑕᒪᒃᑯᐊ ᓴᖅᑮᔭᖅᑎᑕᐅᔪᓅᖅᓯᒪᔪᑦ ᓯᕗᓂᐊᒍᑦ ᐱᖅᓯᐅᔾᔨᓪᓗᑎᒃ ᓄᓇᒥᒃ, ᖃᐃᙳᖅ, ᐊᒻᒪᓗ ᐃᓗᓕᐋᖅᐳᒃ. ᓯᒡᔭᖕᒐᓂ ᑕᑯᓯᒪᒋᕗᒍᑦ ᑐᐱᖅᑲᖅᕕᒃ, ᑐᐱᖅᕕᕕᓂᖅ ᐅᔭᕋᖕᓄᑦ ᐋᖅᑭᒃᓯᒪᔪᕕᓂᖅ ᓯᓂᒃᑕᕐᕕᐅᖅᑲᑦᑕᖅᑐᕕᓂᕐᒥ. ᑎᑎᕋᐅᔭᖅᑐᖅ: ᐋᑐ ᓯᒥᒐᖅ, ᓯᐅᕋᐸᓗᒃ.

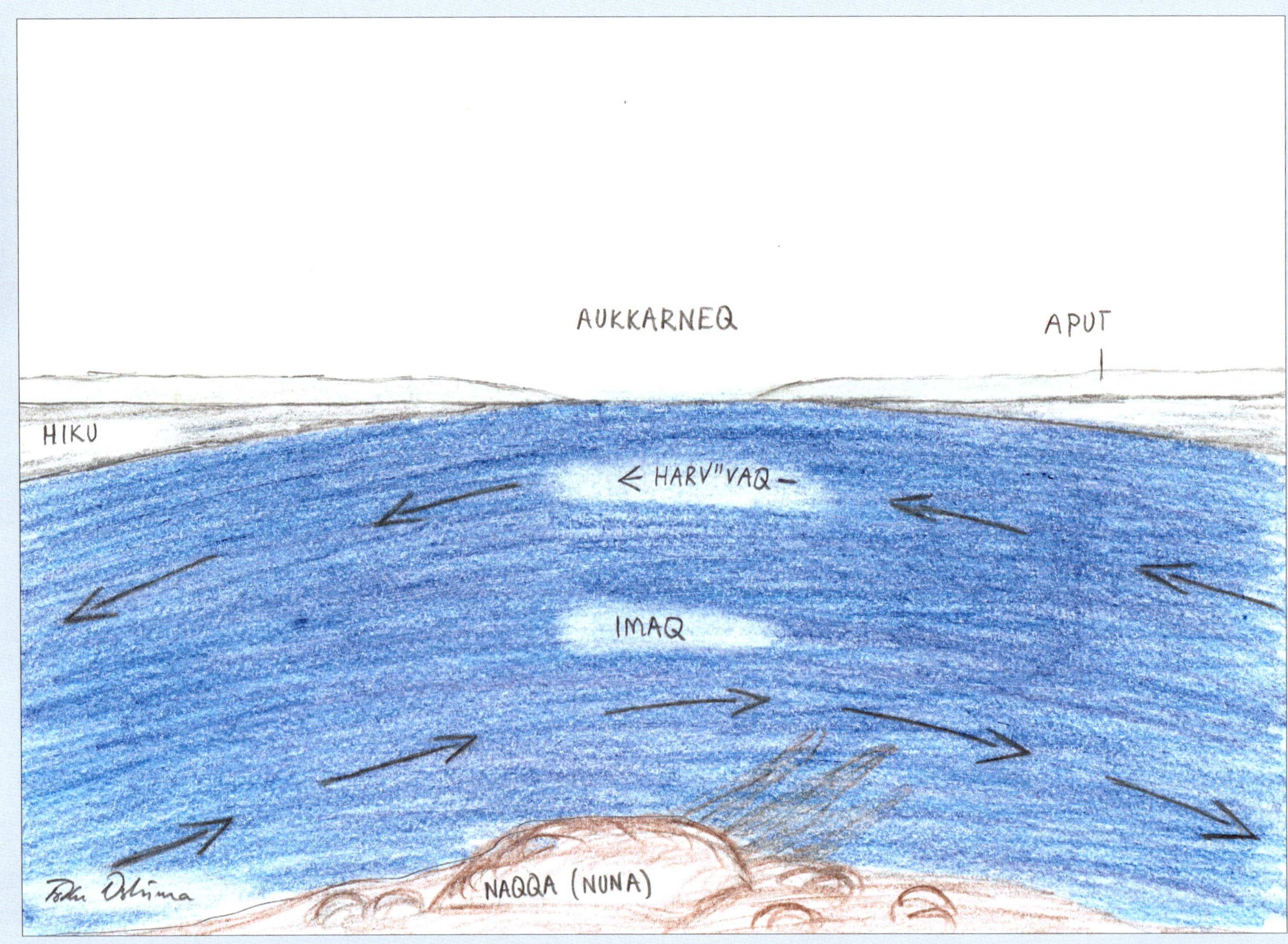

ᖄᓈᖅ

ᐱᑕᖃᐅᕐᒥᖕᒪᑦ ᐃᒪᐃᓕᖕᒐᔪᓂᒃ
ᐃᖕᒋᕐᕋᓂᖃᕐᓂᐅᓪᓗᓂ ᓯᑰᑦ ᐊᑖᒍᑦ
(Hᐊᕐᕝᕙᖅ) ᐃᖕᒋᕐᕋᓂᖃᕐᓃᑦ, ᓯᑯ
ᓵᓐᓂᐅᓕᖃᑦᑕᕐᒪᑕ ᐊᑎᖕᒫᖕᒐᓂᑦ
ᓯᑯᑕᖃᖕᒋᓐᓂᖅᓴᐅᓕᖃᑦᑕᖅᑐᖅ
ᓄᖕᒍᑦᑕᕌᖕᒐᒥᒃ. ᐃᒪᐃᕐᑐᑦ ᑕᐃᒍᖅᑕᐅᕗᑦ
ᐊᐅᒃᑲᕐᓂᖅ ᐊᒻᒪᓗ
ᓇᖕᒋᐊᕐᓇᕐᓂᐅᔪᓐᓇᖅᑐᑎᒃ ᐱᔾᔪᑎᖃᕐᒥᔪᑦ
ᓯᑯᖕᒋᑦ ᓵᓗᐊᖅᑎᓪᓗᒋᑦ ᐊᒻᒪᓗ
ᖃᖕᒐᔅᑕᓂᖃᕋᓗᐊᖅᑐᑎᒃ ᐊᐳᑎᒥᒃ
(ᖃᖕᒐᑦᑎᓂᖅ) ᑭᒡᓕᖕᒋᑎᒍᑦ. ᑎᑎᕋᐅᔭᖅᑐᖅ:
ᑑᑯ ᐅᓯᒪ, ᖄᓈᖅ.

ᑕᒪᓐᓇ ᓯᑯ ᐊᒃᑐᐊᓯᖑᖅ ᓄᓇᒥᒃ

ᑲᑎᑉᐹᒃ ᑖᒃᑯᐊᒃ ᓯᑯ ᐊᒻᒪᓗ ᓄᓇ ᑕᒪᓐᓇ ᐱᑦᑐᐊᖑᒻᒥᖕᒪᑦ ᐊᐅᓚᓂᖅᒧᑦ ᖁᑲᖅᓯᔾᔪᑎᒥᓂᐊᖅᑕᖓ ᓯᑰᑦ ᓄᓇᒧᑦ ᐊᒃᑐᐊᓂᖓ ᐊᒻᒪᓗ ᐃᓄᖕᓂᑦ ᐊᑐᖅᑲᑦᑕᖅᓂᐊᖅᑕᖖᑦ ᓄᓇᒥᑦ ᓯᑯᒧᑦ. ᓯᑯ ᑲᑎᑎᓯᒪᓂᖓ ᓄᓇᒥᒃ ᑕᒪᐅᓇ ᓯᓪᔭᒃᑯᑦ ᐊᒻᒪᓗ ᓯᑯᖅᑲᓇᐊᓕᖅᓂᓇᔭᖖᓂᑦ, ᐊᒻᒪᓗ ᑕᒪᓐᓇ ᑕᐃᒪᐃᙱᓯᔭᖖ, ᐅᓕᓐᓂᐅᑦ ᐊᓯᔾᔨᖅᑕᖅᓂᓇᓪᓗᓂᐅᒃ. ᑕᐃᒪᐃᓕᖖᓂᖖ ᐃᒪᐃᙱᓯᒥᓂᐊᖅᒪᒍ ᖁᖕᓂᖅᑖᑐᖅᙱᓯᒧᓂᐅᒃ ᐊᒻᒪᓗ ᐃᓵᓐᓂᑦ ᐅᓕᑎᓪᓗᒍ ᖃᒥᓚᐅᖅᐸᓪᓗᓂ

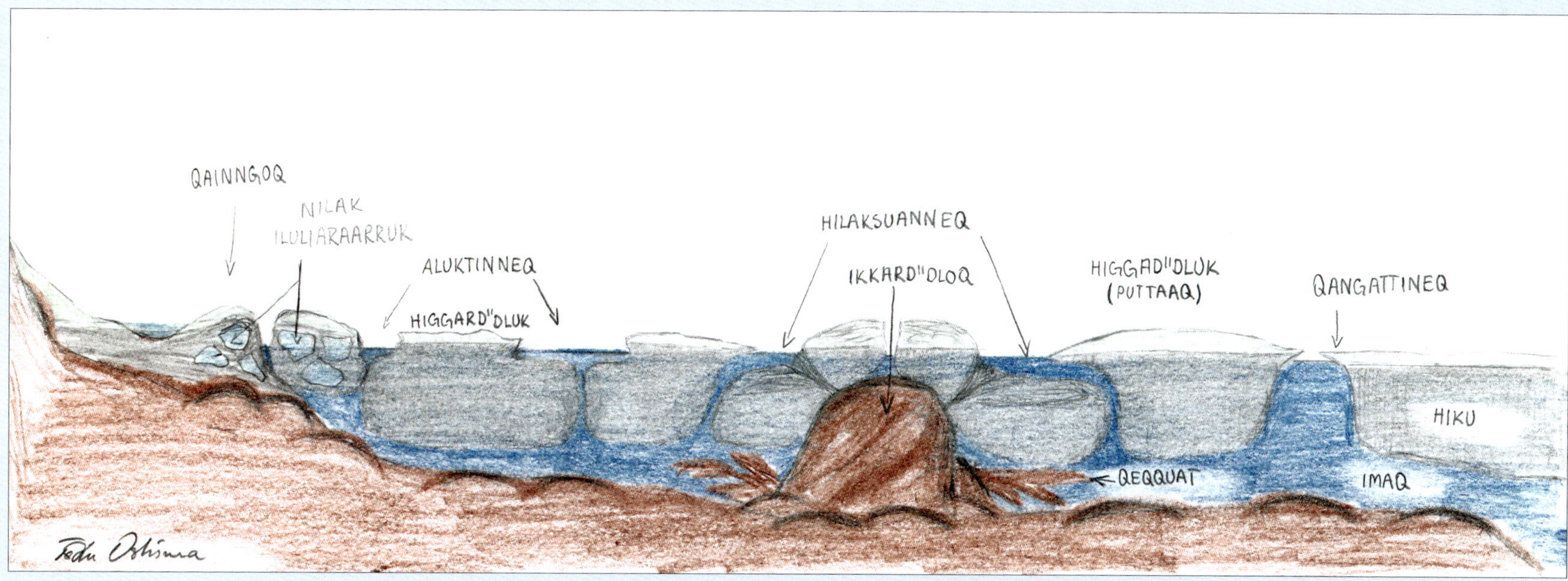

ᖄᓈᖅ

ᑖᓐᓇ ᑕᑯᖅᑯᔾᔭᐅᓯᒪᔪᖅ ᐊᑦᖏᕆᒍᖅ ᓯᑯᒥᒃ ᐅᐱᖅᖠᒃᑯᑦ. ᐅᑭᐊᒃᓵᖑᑎᓪᓗᒍ, ᖃᐃᙳᖅ ᐱᑕᖅᑲᓕᓚᐅᖅᒪᑦ, ᒪᓕᒃᑐᑎᔪᖅ ᐊᒻᒪᓗ ᖃᓘᖅᓂᙵ ᓄᓇᒧᑦ ᖁᐊᖅᐸᑦᓚᐊᑦᓗᓂ. ᒥᑭᔫᑕᐅᑦᓗᑎᒃ ᓂᓚᐃᑦ ᐊᐅᔭᐃᑦᑐᒦᖑᓖᖅᓂᑯᕕᓃᑦ (ᓂᓚᒃ) ᐊᒻᒪᓗ ᐱᖅᑲᑐᔭᕕᓃᑦ (ᐃᑐᓚᐊᖅᑭᒃ) ᐃᒫᓃᖖᓖᖅᑐᑦ ᐃᒪᐃᓕᖅᑎᓪᓗᒍ ᖃᐃᙳᒧᑦ ᐃᓚᓕᐊᑎᖅᑲᑦᑕᖅᒪᑕ. ᐊᑯᓂᑲᑦᓚᐅᓕᖄᖕᒐᑦ, ᐅᓕᖅᑲᖅᑕᖅᓂᖓᑕ ᑎᓂᖅᑲᑦᑕᖅᓂᖓᑕᓗ ᓯᑯ ᐊᓪᒍᓕᔫᖑᒪᑦ ᐃᒪᐃᑦᑐᑭᐊᑦᓗᑎᒃ ᐃᓚᖖᑦ (HIᓪᓛᖅ) ᓯᓪᔭᐅᑦ ᖃᓂᒌᔭᓂ ᑕᐃᒪᐃᓕᖅᑲᑦᑕᖅᑐᑦ. ᑕᒪᒃᑯᐊ ᒪᓂᖅᑲᐅᖕᒋᓐᓂᐅᓕᖅᑲᑦᑕᖅᑐᑦ ᐅᐊᑦᑎᐊᕈᖖᒍᖅᑲᓗᐊᖅᑎᓪᓗᒍ (HIᓪᓚᖅᖅᓗᒃ), ᐱᓗᐊᖅᒥᔪᒥᒃᑕᐅᖅ ᐅᐱᖕᓚᖅᑎᓪᓗᒍ, ᐃᖕᒋᖅᖅᑲᕕᒋᓇᓯᒃᑐᒋᑦ ᐱᔭᖅᓂᖕᒋᓐᓂᐅᓰᖑᓪᓗᑎᒃ. ᐅᓕᑎᓪᓗᒍ ᖁᖕᓂᑦ ᐃᒫᓃᓕᖅᑲᑦᑕᖅᒪᑕ ᐊᑯᓐᓂᖕᒋᑎᒍᑦ, ᐃᒪᐃᓕᖖᓚᖅᑐᑎᒃ

ᕼᐃᓚᒃᓯᐊᓐᓂᖅ (ᖃᖓᑦᔭᓃᑦ ᖃᖓᑦᑎᓂᖅ ᑕᑯᖅᑯᔾᔭᐅᓯᒪᓕᓪᓗᓂ) ᐊᒻᒪᓗ ᐃᑳᓐᓂᒃᑯᑦ ᓯᑯᐃᑦ ᓄᑎᒐᖓᒥᒃ ᐹᒃᑕᓪᓚᓱᖑᓪᓗᑎᒃ (ᐃᒃᑲᖅᖅᕈᖅ) ᐱᓗᐊᕆᓪᓗᓂ ᐅᓕᓕᖅᑎᓪᓗᒍ ᐊᒻᒪᓗ ᑎᓂᓕᖅᑎᓪᓗᒍ ᐱᓗᐊᖅᑐᒥᒃ. ᐅᓕᑦᑕᖄᖕᒐᒥ ᓯᑯᐃᑦ ᐹᒃᑕᓪᓚᖅᑕᖅᒪᒥᑦ ᐅᔭᖅᑲᖕᓂᑦ, ᑕᕝᕙ ᐃᔾᔪᖅᑎᒃᑲᓐᓂᕈᓐᓇᖅᑕᖅᐸᑦ ᐊᒻᒪᓗ ᖃᑎᒃᓯᕚᓪᓕᐊᓪᓗᑎᒃ ᐅᔭᖅᑲᐃᑦ ᓇᓕᖕᒋᓐᓂ ᑎᓂᑦᑕᖄᖕᒐᑦ. ᐊᑯᓂᑲᑦᓛᓕᖄᖕᒐᒥᒃ, ᓯᑯ ᐅᔭᖅᑲᓯᓪᔪᐃᑦ ᖁᓛᓃᑦᑐᑦ ᓯᑰᑦ ᐊᑎᖖᒋᑦ ᐃᔾᔪᖅᑎᓐᓂᖅᓴᐅᖅᑕᖅᑕᖅᒪᑦ ᐊᕝᕕᑎᒥᓂᑦ. ᑕᒪᓐᓇ ᓯᓪᔭᐅᑦ ᖃᓂᒋᔭᖓ ᒪᓂᖅᑲᑐᓐᓃᖅᑲᖓ ᐃᖕᒋᖅᑲᕕᒋᔭᓇᐊᖓ. ᕿᖅᑯᐊᑦ, ᑕᑯᓯᐅᔪᑦ ᐃᖅᑲᖓᓂ, ᑕᒪᒃᑯᐊᖑᔪᑦ ᐃᒪᓂ ᐱᕈᖅᑐᒃ. ᑎᑎᖅᑲᐅᔭᖅᑐᖅ: ᑑᑯ ᐅᓯᒪ, ᖄᓈᖅ.

ᖄᓈᖅ

ᐃᓛᓐᓂᑦ ᑕᒪᒃᑯᐊ ᐳᒃᑖᖅᑐᑦ ᓯᑯᑦ (HIᑯ) ᓱᒡᔭᐅᑦ ᖃᓂᒋᔮᓂ ᐊᔭᖅᑭᑦᑕᒑᖕᒐᒥᒃ ᐊᔪᓕᔩᖑᖕᒪᑕ ᑕᒪᒃᑯᓄᖕᒐ HIᒡᒐᑦ, ᐃᒪᐃᓕᒑᖕᒐᒥᒃ ᐳᒃᑕᓪᓚᖅᑲᓯᐅᑎᓇᑎᑦ ᐅᓕᑦᑐᒧᑦ, ᖄᒥᔩᖑᖕᒪᑕ ᐃᒫᓂᑦ ᖁᖕᓂᖅᑎᒍᑦ ᐅᓕᑦᑐᒧᑦ ᓯᑯᒃᑯᑦ. ᐃᒪᖅ ᑕᒪᓐᓇ ᖄᒥᓐᓂᖅ ᖁᐊᖅᑐᓂ ᓯᑯᔭᒑᖕᒐᑦ ᑕᐃᔭᐅᕗᖅ ᖃᐅᒃᓯᐊᓐᓂᖅ. ᑕᒪᓐᓇ ᓯᑯ ᐅᓕᓐᓂᕐᒥᒃ ᖄᖕᒑᖕᒐᒍᑦ ᓯᑯᑎᑦᑐᒍ, ᑕᒪᐅᖕᒐ ᐊᒥᐊᒃᑰᔪᑦ ᑕᓇᐅᒑᓗᔩᖑᖕᒪᑦ ᐊᒻᒪᓗ ᖁᐊᖅᑐᐃᓐᓇᓗᓇᓂ ᓂᒡᓚᓯᒃᑐᐊᓗᒐᓗᐊᖅᑎᑦᑐᒍ. ᑕᒪᓐᓇ ᐃᖕᒋᖅᕋᕕᒋᖅᑲᓯᐅᑎᑦᑐᒍ ᐱᔭᖅᓂᖕᒋᒻᒥᖕᒪᑦ ᓱᒡᔭᐅᑦ ᖃᓂᒋᔭᖕᒐ. ᑎᑎᕋᐅᔭᖅᑐᖅ: ᔫᑯ ᐅᓯᒪ, ᖄᓈᖅ.

ᖃᓂᒥᑦᑐᒍ ᓯᑯ ᖄᓈᑦ ᓱᒡᔭᖕᒐᓂ (ᑕᑯᑐᒍ ᑕᑯᖅᑲᐅᔭᕗᑦ ᑕᑯᖅᑯᔾᔭᐅᓯᒪᔪᖅ). ᓯᑯ ᓱᒡᔭᒥ ᓯᑯᒦᖕᒑᖅᓯᒪᖕᒪᑦ (HIᑯ), ᓱᒡᔭᖅᓱᖅᑐᒥᑦ ᓂᓚᒃᓯᒪᔪᖅ (ᖃᐃᖕᖑᖅ) ᐊᒻᒪᓗ ᒥᑭᔫᑕᐅᒐᓗᐊᑦ ᓂᓚᐃᑦ (ᓂᓚᒃ) ᐅᕝᕙᓘᓐᓃᑦ ᒥᑭᔫᑎᑦ ᓂᓚᐃᑦ ᐱᖅᑲᓗᔭᖕᓃᖕᒑᖅᓂᑯᑦ (ᐃᓗᓕᐊᕌᖅᕈᒃ) ᓱᖅᑯᓪᓗᖅᓯᒪᔪᑦ (HIᒡᒐᑦ), ᐅᓯᕈᖅᓯᒪᐅᖅᑐᑦ ᖁᖕᓂᖅᓄᑦ (ᖁᑉᐸᑦ) ᐊᒻᒪᓗ ᐊᐳᑎᒧᑦ ᖃᔾᔭᖅᑕᐅᓯᒪᔪᑦ. ᑕᒪᓐᓇ ᐃᑳᕋᓱᒡᓗᒍ ᐊᑯᓐᓂᖓ ᓄᓇᐅᑦ ᐊᒻᒪᓗ ᓯᑰᑦ ᐃᖖᒌᓐᓈᖅᓇᖕᒋᑦᑐᖅ. ᑎᑎᕋᐅᔭᖅᑐᖅ: ᔫᑯ ᐅᓯᒪ, ᖄᓈᖅ

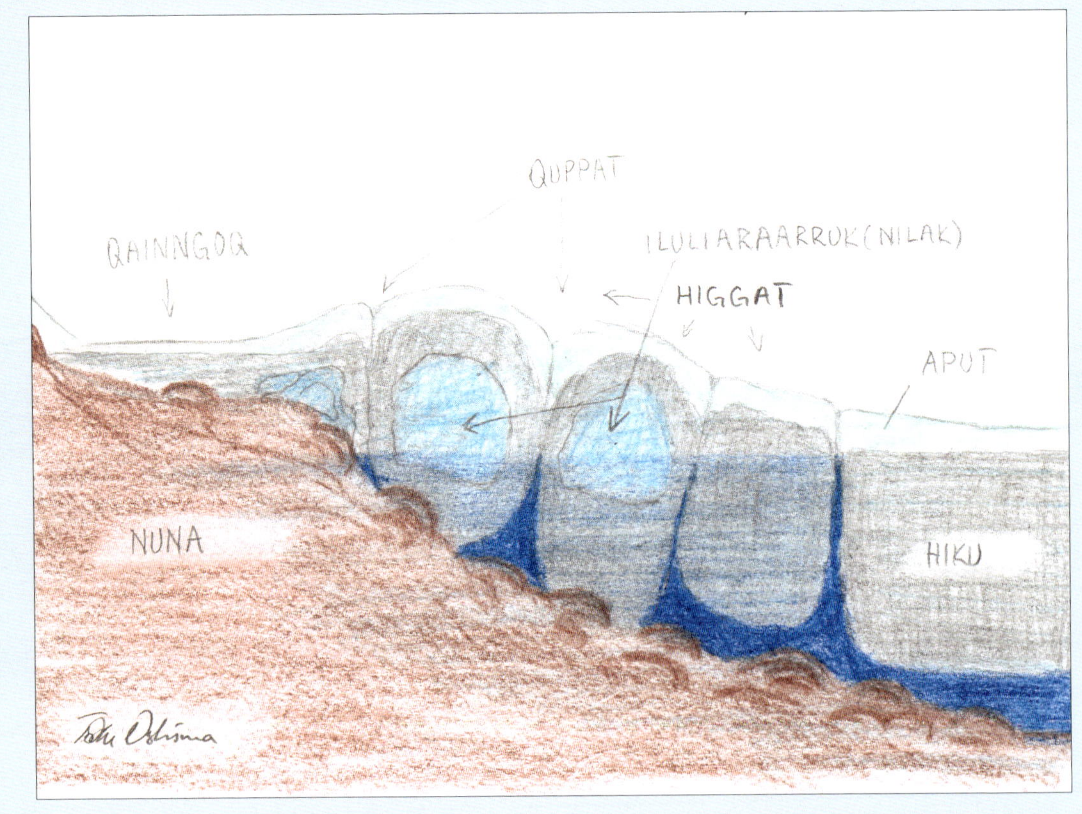

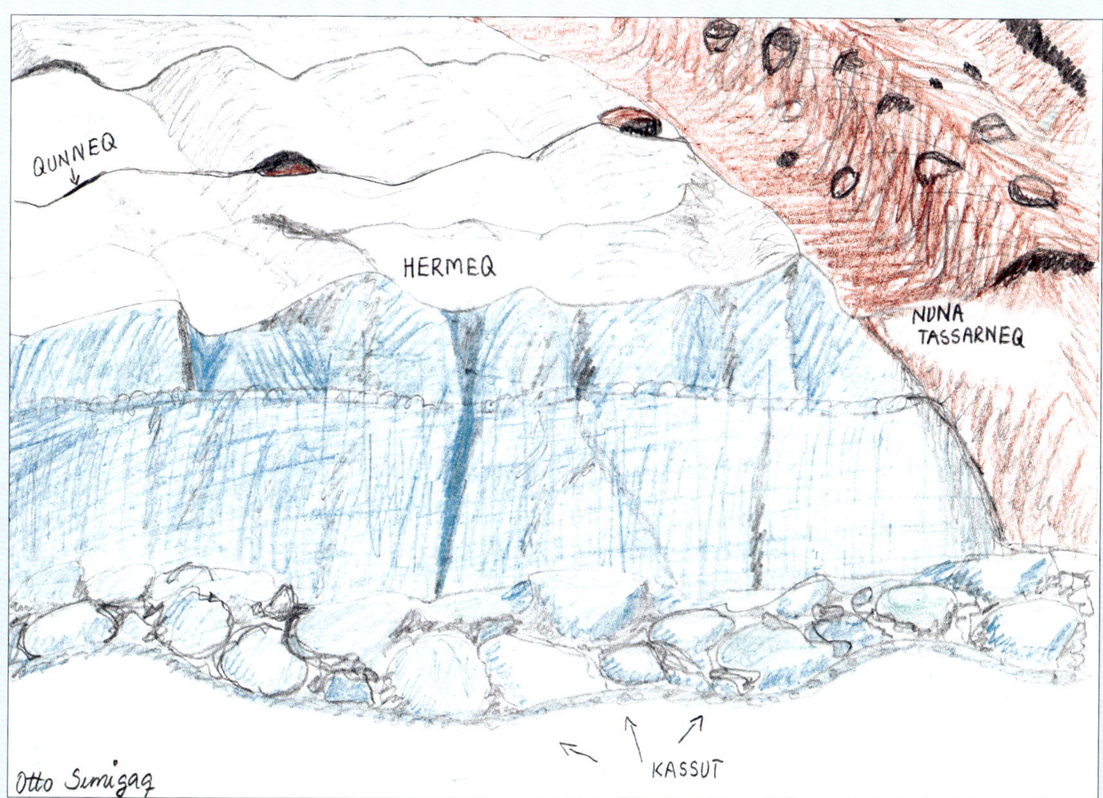

ᖄᓈᖅ

ᐊᐅᔪᐃᑦᑐᖅᑕᖅᑲᐅᕐᒪᑦ (Hᐃᕐᒥᖅ) ᐃᖏᕐᕋᔪᓂᒃ ᓄᓇᒥᑦ ᐃᒫᓄᑦ. ᑕᒪᒃᑯᐊ ᐊᐅᔪᐃᑦᑐᑦ ᓯᖅᑎᔪᓐᓇᕐᒪᑕ ᓯᕐᑯᓪᓗᕐᓗᑎᒃ ᒥᑭᔫᑕᐅᓈᖅᑎᕐᓗᑎᒃ (ᑲᔅᓯᕐ), ᓯᑯᑎᓪᓗᒍᓗ ᓯᒃᑯᔾᔭᐅᔪᓐᓇᖅᑐᑎᒃ. ᑎᑎᕋᐅᔭᖅᑐᖅ: ᐋᑐ ᓯᒥᒐᖅ, ᓯᐅᕋᐸᓗᒃ.

ᐅᑦᕿᐊᒡᕕᒃ

ᐅᑭᐊᒃᓴᖅᑎᓪᓗᒍ, ᓯᓚᔭᖅ ᓯᓚ ᐃᒪᐅᑎᓪᓗᒍ, ᒪᓖᑦ, ᐃᒪᖅ ᖃᓖᖅᑐᓂ ᐊᒻᒪᓗ ᑎᓂᓚᖅᑎᓪᓗᒍ ᖃᐃᖑᕚᓪᓚᐊᓚᖅᑐᓂ (ᖃᐃᒻᒍᖅ). ᖃᐃᒻᒍᖅ (ᑕᑯᒃᓴᐅᓯᒪᔪᖅ ᑎᑎᕋᐅᔭᖅᑕᐅᓯᒪᔪᒥ ᑳᓈᕐᒥᐅᓂᑦ ᑎᑎᕋᐅᔭᖅᑕᐅᓯᒪᔪᖅ ᖃᐃᙳᖅ, ᐊᒻᒪᓗ ᖃᐅᔨᒪᓇᖅᑐᓂ ᑲᖏᖅᑑᓚᐱᖕᒥ ᐃᒫᖑᓪᓗᓂ ᖃᐃᙳᖅ) ᓯᓚᔭᐅᑦ ᓄᖑᑉᐸᓪᓕᐊᓂᖓᓂᒃ ᓱᒃᑲᐃᓚᖅᑎᑦᑎᕚᓪᓚᖅᑐᖅ ᓯᓚᔭᖅᓯᖅᑐᒥᑦ. ᑎᑎᕋᐅᔭᖅᑐᖅ: ᔪᐊᔾ ᑏ ᓚᕙᑦ, ᐅᑦᕿᐊᒡᕕᒃ.

316 **ᐅᑦᕿᐊᒡᕕᒃ**

ᐊᓛᓯᑲᒥ, ᓄᓇᒧᑦ ᐊᒃᑐᐊᔪᖅ ᓯᑯ ᐊᒻᒪᓗ ᐊᑦᑕᕐᓇᕈᓐᓃᖅᑎᑕᐅᓯᒪᕗᖅ ᐃᕝᕗᓂᑦ ᐃᒃᑲᖅᓇᓯᒪᔪᓂᑦ. ᓇᖏᐊᖅᓇᖏᑦᑎᐊᖅᓂᖓ ᑐᕙᐅᑦ ᐊᑯᓐᓂᐊᓂ ᓯᒡᔭᐅᑦ ᐊᒻᒪᓗ ᖃᓂᓐᓂᖅᐸᐅᔫᑦ ᐃᕗᓂᐅᑦ, ᑕᐃᒍᖅᑕᐅᔪᑦ ᐃᒡᓂᒡᓇᖅ. ᑕᒪᓐᓇ ᖁᒫᕕᐅᖃᑦᑕᖅᑐᖅ ᐊᕿᒡᓯᒃᑎᓂᑦ ᓯᑕᖓ ᐃᓱᒫᓗᓇᖅᓯᑎᑦᑐᒍ ᓯᓈᖓᓂ ᓯᑰᑦ ᓄᓇᒨᖓᓂᖓ ᐅᑕᖅᑭᐅᕕᒋᔭᕐᒥᓂᑦ. ᑎᑎᕋᐅᔭᖅᑐᖅ: ᔪᐊᔾᔨ ᑏ ᓚᕕᑦ, ᐅᑦᕿᐊᒡᕕᒃ.

ᓯᑯᑦ ᓄᓇᕈᔪᒥᓯᒪᑎᑦᑐᒥᑦ ᐃᖅᑲᖓᓂ ᑕᐃᒍᖅᑕᐅᑦᑐᑎᒃ ᐊᓇᒡᒐ. ᓄᓇᒧᑦ ᐱᖅᑲᓯᐅᑎᔾᔪᓐᓇᕐᒪᑦ ᐃᕗᓂᕐᓄᑦ (ᐃᕗᓂᖅ) ᑭᓚᐅᓯᔭᕕᓂᐅᑎᑦᑐᒥᑦ ᐃᖅᑲᖓᓂᑦ. ᓄᓇᕈᔫᓚᕈᓐᓇᓇᕗᑦ ᐃᒫᓂᑦ ᐃᓯᖅᑐᒥᑦ ᓯᑯᔪᒥᑦ. ᑎᑎᕋᐅᔭᖅᑐᖅ: ᔪᐊᔾᔨ ᑏ ᓚᕕᑦ, ᐅᑦᕿᐊᒡᕕᒃ.

ᑲᖏᖅᑐᓛᐱᒃ

ᐅᑭᐊᒃᑯᑦ, ᓯᑯᐊᖅᑐᖅ ᓯᕗᓪᓕᖅᐸᐅᓪᓗᓂ ᓵᓪᓘᓪᓗᓂ (ᓯᑯᐊᖅ (1)) ᐅᖅᑯᐊᖑᓂᕐᓂ ᐃᒪᖓᓂ ᐊᒻᒪᓗ ᑕᒪᐅᖓ ᖃᐃᙳᒧᑦ ᓂᐱᙵᓗᓂ (ᖃᐃᙳᖅ (2)) ᑎᓂᑦᑕᕌᖓᑦ ᓂᓚᕈᖅᐸᑦᓕᐊᖅᑲᑦᑕᖅᑐᒧᑦ. ᑎᑎᕋᐅᔭᖅᑐᖅ: ᐋᐃᓕ ᓴᖑᔭ, ᑲᖏᖅᑐᓛᐱᒃ.

ᓯᓈᖓᓂ ᐊᒻᒪᓗ ᓵᖔᖓᓂ

ᓄᓇᐅᑦ ᓯᑯᐊᑕ ᑭᒡᓕᖓ ᐊᔾᔨᒌᖏᑦᑐᓂᒃ ᑕᑯᕕᒃᓴᐅᓂᐅᖕᒪᑦ ᓯᑯᕐᔪᐊᓪᓗ ᓵᖅᑯᓚᐅᖅᐸᒃᑐᑎᒃ ᐊᒻᒪᓗ ᐃᖅᓯᓇᖅᑐᖅᑕᖅᑲᓚᐅᖅᐸᒃᑐᓂ ᐊᒻᒪᓗ ᑕᒪᒃᑯᐊ ᓂᕆᔭᐅᖅᑲᑦᑕᖅᑐᑦ ᑲᑎᓚᐅᖅᐸᒃᑐᑎᒃ. ᓄᓇᐅᑦ ᓯᑯᐊᑕ ᑭᒡᓕᖓ ᑲᑎᓯᑐᐃᓐᓇᓇᐊᖅᑲᓇᓪᓗᓂ ᐃᒪᑐᐃᓐᓈᓗᖕᒥᒃ ᑕᑯᒃᓴᐅᓂᖓᑕ ᐅᖓᑖᓅᖅᓯᒪᔪᒥᒃ, ᐋᔪᕋᓪᓗ ᐃᑭᖅᑐᔪᑦ (ᐋᔪᕋᑦ) ᓯᑯᑕᖅᑲᓚᐅᖅᐸᒡᓗᑎᒃ ᐃᒪᐅᓂᖏᑎᒍᑦ ᐊᑭᖏᑎᒍᑦ, ᐅᕝᕙᓘᓐᓃᑦ ᓯᑯᑕᖅᑲᐅᖅᓗᓂ ᐃᖏᕐᕋᔪᓂᒃ. ᑕᒪᓐᓇᐅᖕᒪᑦ ᑭᒃᑯᑐᐃᓐᓇᐃᑦ ᖃᐅᔨᓴᓇᐊᖅᑲᖅᐸᒃᐳᑦ ᐊᒻᒪᓗ ᐋᖓᐃᑦᑑᔭᓇᐊᖅᑲᖅᑐᑦ ᐊᓯᔾᔨᕈᓐᓇᖅᓂᖓᓄᑦ, ᓯᑰᑦ, ᐃᒪᐅᓪᓗ ᐃᖏᖅᑕᓂᖓᓄᑦ.

ᐅᑦᖅᑭᐊᓐᓇᒃ

ᐃᑭᖅᑐᓯᓯᒪᓪᓗᑎᒃ ᐃᒪᐅᓃᑦ ᑕᐃᒍᖅᑕᐅᕙᑦ ᐅᐃᓐᓂᖅ ᑕᐅᕙᓂ ᐅᑦᖅᑭᐊᓐᓇᖕᒥ. ᑕᕙ ᑕᒫᓂ ᐊᖅᕙᓴᓕᒃᓃᑦ ᑕᖕᒫᖅᓯᒪᔭᓇᐊᖅᑲᖅᐳᑦ ᐊᖅᕙᓴᓕᒃᑐᑎᒃ (ᐊᕐᕕᑦ) ᐅᐱᕐᖓᒃᑯᑦ ᑕᐅᕙᖓᐃᓐᓇ ᐃᖏᖅᑕᑦᑐᑎᒃ ᐅᑭᐅᖅᑕᖅᑐᒧᑦ ᒥᒃᓵᓄᑦ ᐊᓵᓯᒃᐅᑦ ᓱᓴᖓᑕ ᖃᓂᒋᔭᖓᑦ. ᑎᑎᖅᑲᐅᓯᖅᑐᖅ: ᓚᐅᓇ ᐊᐃᑲᓐ, ᐅᑦᖅᑭᐊᓐᓇᒃ.

ᓂᒡᓚᓯᒃᑎᑦᑐᖑ, ᐃᑯᑦᑕᐊᖅᑐᓂ ᓯᓈᖓᓂ ᐅᐃᓐᓂᖅᑲᐅᑕᖅᑎᑦᑐᒍ, ᓯᑯᕋᑖᖅᑐᑦ (ᓯᑯᑕᐊᖅ) ᓯᑯᐊᕈᓐᓇᖅᐳᖅ ᐃᒫᓂ. ᓯᑯᑕᐊᖅ ᓯᐊᕐᓇᐅᖅᑯᐃᓰᑦᑐᓂ ᐊᒻᒪᑐ ᐊᑦᑕᕐᓇᖅᑯᐃᓱᓇᓂ ᐱᓱᒡᕕᒋᔭᕆᐊᖓ. ᑎᑎᕋᐅᔭᖅᑐᖅ: ᔪᐊᔾᓯ ᑏ ᓚᕖᑦ, ᐅᑦᕿᐊᒡᕕᒃ.

ᓯᑯᓪᓛᑦ ᑕᒫᓃᕐᓇᓪᓗᑎᒃ ᐳᒃᑖᖅᑐᑎᒃ ᐃᒫᓂ ᑕᐃᒍᖅᑕᐅᒐᑦ ᓯᕐᑯᒻᓂᖅ. ᐊᖑᓇᓯᑦᑏᑦ ᑕᑯᐃᓐᓇᓂᐊᖅᑲᖅᐳᑦ ᓯᕐᑯᒻᓂᕐᓂᒃ ᐅᑕᖅᑭᐅᕐᑐᑎᒃ ᐊᕐᕕᖓᓂᒃ (ᐊᒡᕕᑦ) ᐃᒫᒍᑦ ᐃᒪᐃᓐᓇᓕᖅᑐᓂᒃ (ᐅᐃᓂᖅ) ᐅᕿᓘᓐᓃᑦ ᐊᐃᕙᖅᓯᐅᕐᑐᓂ ᐊᐅᔭᒃᑯᑦ ᓯᑯᐃᖅᓯᒪᓕᖅᑎᑦᑐᒍ ᓄᓇᒨᖓᔪᓂᑦ ᓯᕿᐃᔭᖅᓯᒪᓕᖅᑎᑦᑐᒥᑦ. ᑎᑎᕋᐅᔭᖅᑐᖅ: ᓕᐅᓇ ᐊᐃᑲᓐ, ᐅᑦᕿᐊᒡᕕᒃ.

ᐅᑦᕿᐊᒡᕕᒃ

ᐱᖅᑲᓗᔭᐃᑦ ᐱᑕᖅᑲᒐᓚᖕᒋᑦᑐᑦ ᐅᑭᐅᖅᑕᖅᑐᐊᓂ ᐊᓛᓯᑲᐅᑦ, ᑭᓯᐊᓂ ᐅᖕᒋᕚᑕᐅᓂᖕᒋᑦ ᐳᒃᑕᓛᖅᑐᑦ ᓯᑯᐃᑦ ᑕᐃᒍᖅᑕᐅᕙᑦ ᐳᒃᑖᒡᕈᐊᒃ. ᐊᖕᒋᕘᑎᐊᔫᓂᖕᒋᑦ ᐳᒃᑖᒡᕈᐊᒃ ᖃᑯᑎᑯᑕᖅᓂᖅᓴᐅᓚᖅᑐᑦ ᑕᒪᒃᑯᐊ ᐱᑐᖅᑲᐅᓂᖅᓴᐃᑦ ᐊᒻᒪᓗ ᐃᔾᔪᓂᖅᓴᐃᑦ ᓯᑯᐃᑦ ᐱᑕᖅᑲᐅᕈᓐᓃᕐᒪᑕ. ᑎᑎᕋᐅᔭᖅᑐᖅ: ᓚᐅᓇ ᐊᐃᑲᓐ, ᐅᑦᕿᐊᒡᕕᒃ.

ᑲᖏᖅᑐᒑᐱᒃ

ᓯᓈᖓ (ᓯᓈᖓ, ᓯᓈᖅ ᐅᕙᓘᓐᓃᑦ ᓯᓈᖓ (1)), ᐃᒪᐃᒐᖁᒃᑐᖅ ᓯᑯᐊᑕ ᑐᕗᐅᓂᖓ ᐊᔾᔩᖕᓇᑎᒃ ᓯᑯᐊᑕ. ᐃᔾᔪᐊᓗᒃ ᑕᒪᓐᓇ ᓯᑯ ᐊᑎᖅᑲᖅᐳᖅ ᑐᕗᖅ (2) ᐊᒻᒪᓗ ᓇᖕᒋᐊᕐᓇᖕᒋᒃᑲᓗᐊᖅᑐᓂ ᐊᑐᓇᐊᖓ ᐊᒻᒪᓗ ᓯᓂᒃᑕᕐᕕᒋᓗᒍ. ᓯᑰᖕᒥᔪᖅᑕᐅᖅ ᑕᒪᓐᓇ ᑐᕗᐅᑦ ᑭᒡᓚᖕᖓᒍᑦ ᓴᖕᓛᖕᖓᒍᑦ ᓵᓐᓂᖅᓴᐅᖅᑲᑦᑕᖅᐳᖅ ᓯᓈᕕᓂᕐᒥᑦ. ᓯᑯ ᑕᒪᓐᓇ ᐊᑦᑕᕐᓇᖕᒋᒃᑲᓗᐊᖅᑐᓂ ᐃᖕᒋᕐᕕᒋᔭᕆᐊᖓ, ᑭᓯᐊᓂ ᓂᖕᒋᔭᖅᑐᖅ ᓂᒡᓚᓯᖕᓂᖅᓴᐅᓪᓗᓂᓗ ᐊᑎᖅᑲᖅᐳᖅ ᓯᑯᓕᐊᕕᓂᖅ (3). ᐅᐃᒍᐊᖅ (4) ᑕᒪᓐᓇ ᑕᒫᓃᒻᒥᔪᖅ ᓵᓐᓂᖅᓴᐅᓪᓗᓂ ᓯᑯᓕᐊᕕᓂᕐᒥᑦ ᐊᒻᒪᓗ ᓇᖕᒋᐊᕐᓇᖅᑐᒃᓴᐅᓪᓗᓂ ᐱᓱᒡᕕᒋᔭᕆᐊᖓ. ᑎᑎᕋᐅᔭᖅᑐᖅ: ᔪᐃᓚ ᓴᖕᖑᔭ, ᑲᖏᖅᑐᒑᐱᒃ.

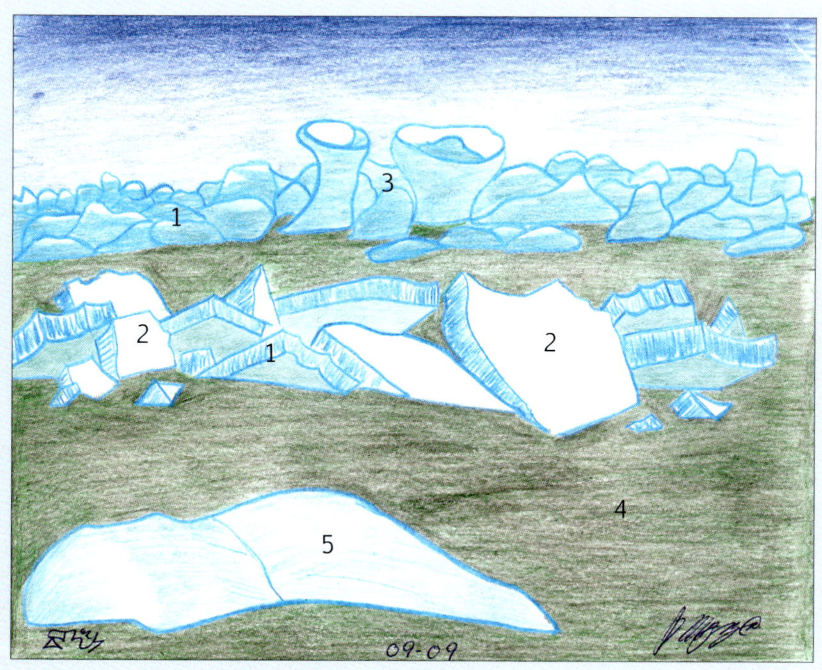

ᑲᖏᖅᑐᓕᐱᒃ

ᓯᓚᑖᓐᓂ ᑲᖏᖅᑐᐃᑦ ᑲᖏᖅᑐᓕᐱᐅᑦ ᓯᓚᑖᓂ, ᓯᑯ ᒪᓃᓛᕌᓗᒃ ᐊᒻᒪᓗ ᐊᔾᔨᒌᖕᒋᑦᑐᑦ ᓇᓂᓯᒃᓴᐅᖕᒪᑕ ᖃᓂᒋᔮᓂ. ᒪᓃᓛᓕᐊᓗᒃ (ᒪᓃᓛᑦ (1) ᒪᓂᕋᕐᒥᒃ ᑭᒡᓕᖅᑲᓰᖑᓪᓗᓂ (ᒪᓂᕋᖅ (4)) ᐃᖏᕋᕚᒃᓴᑦᑎᐊᖑᓪᓗᓂ. ᑕᐃᒪᐃᑦᑐᒥᓕ ᑕᒪᓐᓇ ᓯᑯᕋᑖᖅ (4), ᓯᑯᓕᐊᕙᓂᖅ, ᐊᑐᕋᒃᓴᐅᑎᐊᖅᑐᓂ. ᒪᓃᓛᑦ ᓯᑯ ᓰᕋᑎᓯᒪᓪᓗᓂ (ᓯᑯᕋᑖᕙᓂᖅ (2) ᐅᕝᕙᓘᓐᓃᑦ ᓯᑯᑐᖅᑲᐃᑦ (ᓯᑯᑐᖅᑲᖅ (3)). ᓯᑯᕋᑖᕙᓂᖅ ᓄᑎᒃᑐᑎᒃ ᑭᒡᓕᖅᑲᐅᑎᐊᖅᑐᑎᒃ ᐊᕙᒃᑐᕌᖓᒥᒃ, ᑕᒪᒃᑯᐊ ᓯᑯᑐᖅᑲᐃᑦ ᐊᕙᖕᓂᑯᖅᑲᐅᑎᐊᖅᑯᐃᔾᔭᓇᑎᒃ ᐊᐅᔭᒃᑯᑦ ᐊᐅᒃᐸᓪᓕᐊᖅᑲᑦᑕᕐᒥᒃ ᐊᒻᒪᓗ ᐊᓄᓇᐅᑦ ᓄᖑᐸᓪᓕᐊᓪᓗᓂᒋᑦ. ᐳᒃᑖᑦ ᐊᐅᔨᐃᑦᑐᓐᓂᙱᕐᓂᑯᐃᑦ (ᐳᒃᑖᖅ (5)) ᓯᑯᖃᓯᐅᑎᖃᑦᑕᕐᒥᖔᑕ. ᑎᑎᕋᐅᔭᖅᑐᖅ: ᔨᐃᓕ ᓴᖑᔭ, ᑲᖏᖅᑐᓕᐱᒃ.

ᖃᓈᖅ

(ᖁᓪᓕᖅ ᖁᓛᓂᑦ ᑕᑯᓪᓗᒍ, ᐊᓪᓕᖅ ᓴᓂᒧᑦ ᑕᑯᓪᓗᒍ). ᓯᑯᕋᑖᖅᑐᖅ ᓯᓈᖓᒍᑦ (ᕼᐃᑯᑉ ᕼᐃᓈ) ᑕᐃᒍᖅᑕᐅᕙᖅ ᕼᐃᓂᕈᑦ. ᐱᔾᔪᑎᒋᓪᓗᖑ ᓯᑰᑦ ᐃᔾᔪᓂᖕᒋᒃ, ᖁᑦᑎᖕᓂᖄᔾᔪᖕᓂᐊᖅᑐᖅ ᑖᓂ ᕼᐃᑯᑉ ᕼᐃᓈ, ᑕᒪᓐᓇ ᐃᔾᔪᓂᖅᓴᖅ ᖁᑦᑎᖕᓂᖅᓴᐅᕌᖅᔪᖕᓂᐊᖅᑐᖅ ᐊᐳᑎᖅᑲᖅᓗᓂ (ᐊᐳᑦ) ᓯᑯᑐᖅᑲᐅᓂᖅᓴᒥ ᐊᒻᒪᓗ ᐊᐳᑎᖅᑲᖅᓗᓂ ᑕᒪᓐᓇ ᕼᐃᓂᖅᕈᑦ. ᑎᑎᕋᐅᔭᖅᑐᖅ: ᐋᑐ ᓯᒥᒐᖅ, ᓯᐅᕋᐸᓗᒃ.

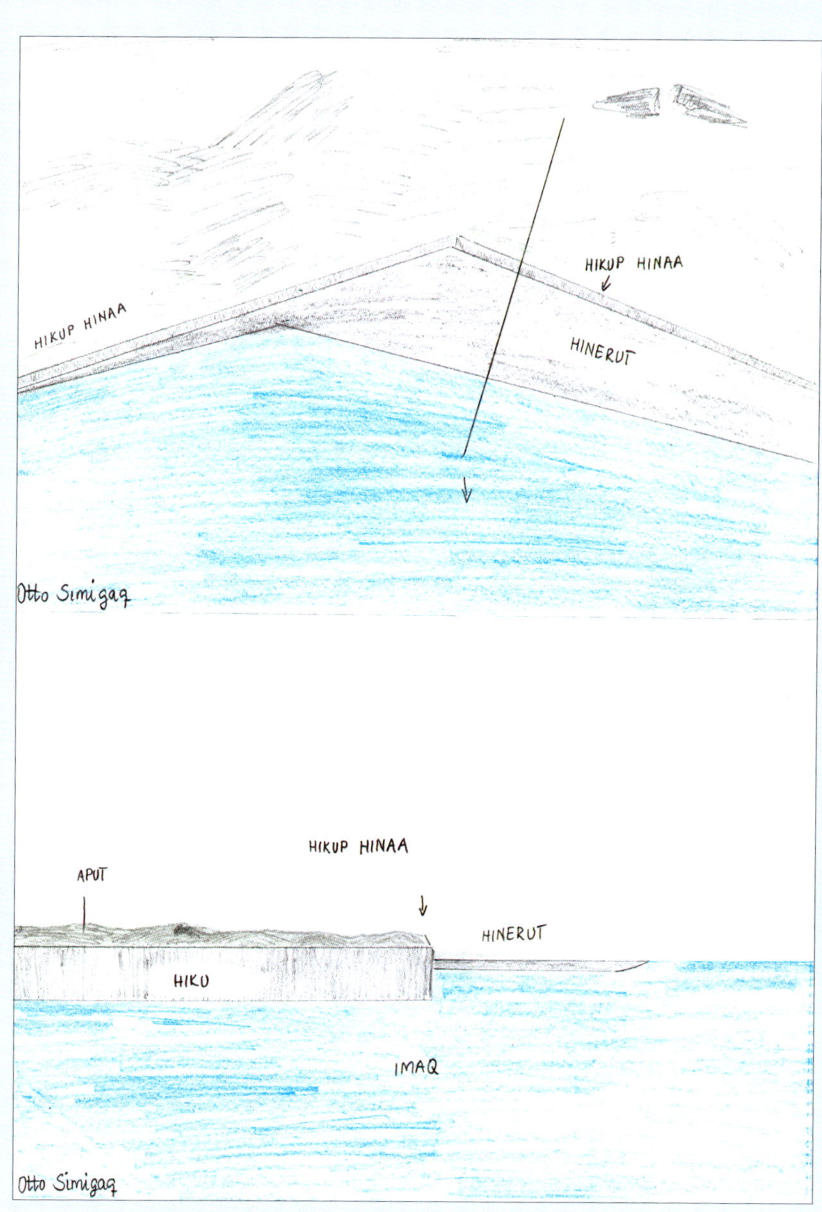

ᓯᑰᑉ ᐅᖃᐅᓯᖅᑕᖏᑦᑕ ᑐᑭᖏᑦ: ᐅᑦᕿᐊᒡᕕᒃ

Tagium sikua	ᓯᑯ	ᓯᑯ ("ᐃᒪᕕᐅᑦ ᓯᑯᐊ") "ᓯᑯ" = ᓂᓚᒃ
Qinuaqtalqsuq	ᕿᓄᐊᖅᑕᓕᖅᓱᖅ	ᓯᑰᓚᕐᓂᖓᑕ ᓂᖁᐅᓇᖅᓯᓂᖓᑕ ᓯᕗᓪᓕᖅᐹᖓᑦ; ᑕᐅᑦᑐᐊ ᓯᑯᕈᔪᖕᒥᒃ ᑕᒃᓯᖅᑯᐃᔾᔪᖅ ᐃᒦᓂ
Sikuluraq	ᓯᑯ ᒪᖖᒎᒪᔪᖅ ᓯᓕ	ᓯᑯᕙᓪᓕᐊᓕᖅᑐᓂ, ᐊᖅᑭᑦᑐᐃᓐᓇᐅᓪᓗᓂ
Sikuliaq	ᓯᑯ ᓵᑦᑐᖅ	ᓵᑦᑐᑯᓗ, ᐱᓱᒡᕕᒃᓴᐅᓕᕋᓗᐊᖅᑐᓂ
Sikuliagruaq	ᓯᑯ ᓇᖏᐊᖅᓇᕉᓐᓃᖅᑐᖅ	ᓯᑯᒐᒋ ᐊᒻᒪᓗ ᐃᔾᔭᖅᑎᐊᖅᔭᒃᑐᓂ
Tuvagruaq	ᑑᕙᐅᑦ ᓯᑯᐊ	ᑑᕙᐅᑦ ᓯᑯᐊ; ᑕᒪᐅᖓ ᐊᑦᑐᖏᖅᑐᖅ
Piqaluyak	ᓯᑯᑐᖅᑲᖅ	ᓯᑯᑐᖅᑲᖅ; ᓯᑰᓗᐊᖅ ᑕᕆᐅᖑᔪᓐᖏᖅᑐᖅ (ᐱᐊᒍᓐᖏᖅᑐᖅ)
Puktaaq	ᐳᒃᑖᖅ	ᓯᑯᑲᓪᓚᒃ ᐳᒃᑕᓛᖅᑐᖅ
Alliviniq	ᓯᑯ ᐊᖅᑲᐅᒪᔪᕕᓂᖅ	ᐊᖏᔫᓪᓗᓂ, ᐃᔾᔪᔫᒐᓗᐊᖅᑐᓂ ᐊᖅᑲᐅᒪᔪᕕᓂᖅ
Sagvak	ᓴᖅᕙᒃ	ᒪᖅᕈᐃᒃ ᐊᐅᓚᓃᒃ ᐊᒋᐅᑎᑎᓪᓗᒋᑦ ᐊᒃᑐᐊᒐᓗᐊᖅᑐᑎᒃ, ᓇᖏᐊᖅᓇᖅᑑᒃ
Nigayuq	ᓂᒐᔪᑕᖅ	ᐃᒪᐅᓪᓗᓂ ᑖᑦᓲᓂᖅ; ᐃᒪᐃᓂᖅ
Sikuqqammiaq	ᓯᑯᖃᑖᖅᑐᕕᓂᖅ	ᓯᑰᓕᖃᑖᖅᑐᕕᓂᖅ
Augniq/Aunniq	ᐊᐅᓐᓂᖅ/ᐊᐅᓂᖅ	ᐊᐅᖕᓂᖃᒋ ᑖᑦᓲᓕᖅᑐᖅ ᐅᕝᕙᓲᓐᓂᑦ ᑕᓯᐅᔭᐅᓂᖅ ᐅᐱᕐᖑᒃᑯᑦ
Sagvaqturuq	ᐃᖏᕐᕋᓂᖅᑲᖅᓂᖅ	ᐃᖏᕐᕋᓂᖅᑲᖅᓂᖅ, ᐃᖏᕐᕋᓂᖓ ᓱᒃᑲᓂᖅ
Killaq	ᑭᓪᓚᖅ	ᐊᐅᓯᒪᓂᐅᓪᓗᓂ ᐊᖕᒪᔪᖅ
Kilautingaruq	ᑭᓪᓚᐅᑎᓯᒪᓂᓚᒃ	ᑭᓪᓚᖅᑲᖅᓂᐅᔪᖅ
Allu	ᐊᓪᓗ	ᓇᑦᑎᐅᑦ ᐊᓪᓗᐊ
Immaktinniq	ᐃᒻᒪᒃᑎᓐᓂᖅ	ᐃᒪᐅᓂᖅ ᓯᑰᑦ ᖄᖓᓂ ᐅᐱᕐᖑᒃᑯᑦ

Isuqtuq	ᐃᓱᖅᑐᖅ	ᐃᓱᖅᑐᖅ, ᐃᒪᖅ ᑕᐱᓪᓗᒍ ᑕᑯᓐᖏᑦᑐᖅ
Killingiqsinniq	ᑭᓪᓕᓂᖅᓱᖅᑐᖅ	ᑕᓯᐅᑦ ᐃᒪᐅᓪᓘᓐᓃᑦ ᑭᓪᓕᖓ ᐃᒪᐅᓂᖅ
Qiiminniq	ᖀᒥᓐᓂᖅ	ᖀᖓ ᐃᒻᒪᖕᓂᖅᑐᓂ ᓯᑯᓯᒪᓕᖅᑐᖅ
Aputainniq	ᐊᐳᑎᖃᖏᑦᑐᖅ	ᐊᐳᑎᖃᖏᑦᑐᖅ, ᓂᓚᑦᑕᐃᓐᓇᖅ
Qaigsuaq	ᒪᓂᕋᖅ	ᒪᓂᕋᐅᓂᖅ
Qaigiiluuraq	ᓯᑯᓂᖅ ᒪᓃᓚᖅᑲᐅᓪᓛᔪᖅ	ᓯᑯᖅᑲᖅᓂᖓ ᒪᓃᓚᒐᓛᖅᑲᓪᓛᔪᖅ
Qagiilaq	ᒪᓃᓛᓂᖅ	ᓯᑰᑦ ᒪᓃᓛᖅᑲᖅᓂᖓ
Iglaunaqtuq	ᐊᑐᕋᒃᓴᐅᓂᖓ	ᐃᖏᖅᕋᕕᒋᓗᒍ ᐊᑐᒐᒃᓴᖅ ᐅᕝᕙᓲᓐᓂᑦ ᐃᖏᖅᕋᕕᒃᓴᖅ ᑕᒪᓇ ᓯᑯ
Ivunigaurat	ᐊᒋᐅᓐᓂᖓ	ᐊᒋᐅᑎᓐᓃᑦ ᓯᑯᒋ
Ivuniq/Ivungich	ᐃᕗᓂ	ᐃᕗᓂᖅ ᑕᑭᔫᓪᓗᓂ ᐅᕝᕙᓲᓐᓂᑦ ᖃᓕᓈᑦᑎᓯᒪᔪᖅ ᓯᑯ
Ignignaq	ᐃᕗᓂᖅ ᐃᒃᑲᖅᓇᓯᒪᔪᖅ	ᐃᒃᑲᖅᓇᓯᒪᔪᖅ ᐃᕗᓂᖅ ᓯᓪᓴᒧᑦ ᖃᓂᑦᑑᑦᓗᓂ; ᐊᖅᕕᖕᓂᒃ ᓴᐳᔾᔨᓯᒪᓕᖅᑯᐃᔾᔨᖅᑲᑦᑕᖅᑐᖅ
Piquniq	ᐱᖁᖕᓂᖅ	ᖃᑦᑎᖕᓂᖅ ᓯᑯᒋ
Nutagun	ᓄᑎᖅᑲᑦᑕᖅᓂᖅ / ᓯᓚᒃᓯᕙᓪᓚᐊᔪᖅ	ᓇᒡᒍᑏᑦ ᓄᑎᒃᑲᓐᓂᖅᐸᒃᑐᑎᒃ ᓯᓚᒃᓯᕙᓪᓚᐊᔪᑦ
Nutaqutaq	ᓄᑎᖁᑖᖅᓂᑯ	ᓄᑦᑕᖅ ᓄᑖᖅ
Uiniq	ᐅᐃᓐᓂᖅ	ᐋᔪᖅᑎᑐᑦ ᓄᑎᒃᑲᒋ ᐃᖅᐸᖅᓯᒪᔪᖅ
Aiyugaq	ᖁᓪᓗᖕᓂᖅ	ᓄᑦᑕᖅ ᓄᑎᒃᓯᒪᔪᖅ ᐊᑭᖖᒎᖓᒍ ᐅᕝᕙᓲᓐᓂᑦ ᑕᓯᒃᑯᑦ ᐊᖏᔫᒃᑯᑦ
Quppaq	ᖁᐸᖅ	ᓄᑦᑕᖅ

Qimmiaqrugauraq - Qimmiayaaq	ᓃᖅᑯᓗᒃᑐᖅ	ᓃᖅᑯᓗᒃᑐᖅ ᓱᑰᑦ ᐊᐅᓚᓂᖓᓄᑦ ᓄᑦᑕᖏᑎᑐᑦ ᐊᒃᑐᐊᓪᓗᑎᒃ ᖁᕝᕙᖅᑕᕐᓂᖓ; ᑐᓴᖅᓴᐅᓂᖓ ᕿᒻᒥᓛᖑᕙᓕᑦᑎᖅᑯᐃᔾᔭᖅ ᕿᐊᒻᒥᐊᑐᖅᑐᖅ ᐊᕐᓇᒥᓄᑦ
Siqumniq	ᓯᖁᒻᒪᖅ	ᑕᒫᓃᕐᓇᔭᖅ ᓱᑯ
Quvlungaruq	ᖁᓪᓗᒃᓯᒪᐅᖅᑐᖅ	ᖁᓪᓗᒃᓯᒪᐅᖅᑐᖅ, ᓄᑦᑕᕐᑲᐅᖅᑐᖅ
Aulaniq	ᐊᐅᓚᓂᖅ	ᓱᑯᐃᑦ ᐃᖏᕐᕋᔪᒃ
Sinaani	ᓯᓂᖓ, ᑭᒡᓕᖓ	ᓯᓈᖓ ᐅᑉᐸᓘᓐᓃᑦ ᓯᔭᖓ
Qaimguq	ᖃᐃᖖᒎᖅ	ᓯᒡᔭᖅ ᓯᒡᔭᖅᓰᖅᑐᒧᑦ ᐅᕙᓘᓐᓃᑦ ᖃᐳᓕᓂᖓᓄᑦ, ᒥᕿᑦᑕᕐᓂᖓᓄᑦ; ᐊᔾᔨᕇᖅᑲᑦᑕᖏᑦᑐᖅ ᐅᑦᕿᐊᓪᕙᖕᒥ ᐊᖅᑰᒍᑕᒫᑦ
Nunam sininga, taggium sinaa	ᓯᒡᔭᖅ	ᓯᒡᔭᖅ, ᑭᒡᓕᐊ ᓄᓇᐅᑦ ᑕᕆᐅᑦᓗ
Sugainnguq	ᐃᓗᐃᒃᑲ	ᐊᖏᔫᑦᓗᓂ ᓱᑯ ᑕᒫᒍ ᖅᓯᓚᔭᖅ (ᓯᖁᑦᑎᖅᓯᒪᓇᓂ); ᓱᑯᖅᑲᐅᑦᓗᓂ
Puktaagruaq	ᐳᒃᑖᕐᔪᐊᖅ, ᐱᖅᑲᓗᔾᔪᖅᓇᖅ	ᐊᖏᔫᑦᓗᓂ ᓱᑯ ᐳᒃᑕᔭᖅ
Sugainnguqpask	ᐃᓗᐃᒃᑲᖅ ᐊᖏᔪᐊᓗᒃ	ᐊᖏᔪᐊᓗᒃ ᐃᓗᐃᒃᑲ, ᓯᖁᑦᓗᖅᓯᒪᓇᓂ, ᓱᑯᖅᑲᐅᑦᓗᓂ
Anaglu	ᐊᓇᕐᓗᒃ	ᒪᕐᕈᓐᓂᓕᒃ ᐅᕙᓘᓐᓃᑦ ᑕᖅᓴᐅᓂᓕᒃ ᐳᒃᑕᖅᑲᓯᐅᑎᔭᖅ ᓱᑯᒥ, ᓄᓇᒧᑦ ᐊᒃᑐᐊᔪᕕᓂᖅ ᓯᒡᔭᒥ
Napaayuq	ᐸᖅᑐᓂᖅ	ᖁᑦᑎᒃᓯᓯᒪᔭᖅ ᓱᑯ ᐃᒡᓯᒪᒧᑦ ᓇᓗᓇᐃᒃᑯᑕᕆᔭᐅᔭᖅ
Uupkaaqtuq	ᐆᒃᑳᔭᖅ	ᐃᓚᖕᖑᖅᑐᖅ, ᓰᖅᓗ ᑕᒪᒃᑯᑎᑐᓇᖅ ᖃᖑᔾᔨᓂᖅᑎᑐᑦ
Siqummagniq	ᓯᖁᑦᑎᖅᓂᖅ	ᓯᖁᒻᒪᖅ ᓱᑯ

Puktallaktuq	ᐳᒃᑕᓪᓚᒃᑐᖅ	ᐊᖅᑲᐅᒪᓚᐅᕋᓗᐊᖅᑐᓂ ᐳᒃᑕᓪᓚᒃᑐᖅ; ᓱᑰᑦ ᐃᓚᖓᓂᒃ ᐱᔭᑎᓕᑦ ᓱᑰᑦ ᐃᓚᖓ ᓯᖁᒪᖅ ᐳᒃᑕᓪᓚᒃᑐᖅ ᐊᖅᑲᐅᒪᓂᖓᓂᑦ ᐊᒻᒪᓗ ᐳᒃᑕᓪᓚᒃᑐᓂ
Migialaaqtuq	ᐃᒍᔭᖅ	ᓯᖁᑦᓗᖅᑐᖅ, ᐃᒍᔭᑎᑐᑦ
	ᐊᖑᕋᒃᑐᖅ / ᐅᐃᔾᔭᑦᓚᒃᑐᖅ	ᐅᐃᔾᔭᑦᓚᓪᓗᓂ ᐅᖑᑦᓕᐅᓚᐅᑐᖅ ᑐᖑᓃᖑᓕᕐᓗᓂ
Mugaliq	ᕿᑐᑦᑐᖅ	ᓂᕈᒻᒪᑑᑦᓗᓂ, ᕿᓄᐊᖅᑎᑐᑦ
Kitchinit	ᐱᖅᑲᓗᔭᕐᔭᐊᖅ	ᐱᖅᑲᓗᔭᒃ ᐊᖏᔪᐊᓗᒃ
Sarri	ᒪᓃᓛᖅ	ᒪᓃᓛᖅᑐᖅ
Tuvaq	ᑐᕙᖅ	ᓱᑎᐊᕐᖑᖅᓯᒪᒐᒥ ᓯᒍᑦᓕᐅᑦᓗᓂ ᑐᕙᐅᒍᖅ
Siktaq	ᑑᖅ	ᑑᖅ
Isuq	ᐃᓱᖅᑐᖅ	ᐃᐸᒃᑐᖅ, ᓰᖅᓗ ᓄᒍᔭᖅ
Ingiuliit	ᐃᖏᐅᓖᑦ	ᒪᓖᑦ ᐊᖏᔩᑎᑦ
Nikpaq	ᓂᒃᐸᖅᑐᖅ	ᐅᑕᖅᑭᔭᖅ ᓂᕆᐅᒃᑐᓂ (ᐱᓕᕆᓂᕐᒧᑦ ᐅᖅᑲᐅᓯᖅ)
Irri	ᓂᒡᓚᖅ	ᓂᒡᓚᓱᒃᑐᖅ
Uli	ᐅᓕᑦᑐᖅ	ᐅᓕᑦᑐᖅ
Tagiuqsiutikput	ᑕᕆᐅᖅᓯᐅᑎᒍᑦ	"ᐃᒪᒃᑯᑦ ᐋᑑᑎ ᐃᑭᒪᕕᒃ", ᐃᒪᒃᑯᑦ ᐃᖏᕐᕋᔾᔭᑎ; ᓱᑯᔅᓱᒃ
Palusungnak	ᐸᓗᓱᖕᓇᒃ	ᐆᓇᕈᔪᒃᑑᑦ ᐊᓄᕋᔮᑦ ᑕᐅᓈᖑᑦ ᐅᖁᔫᑦ ᑲᓐᓇᐸᓗᖕᒥᑦ ᐊᓄᕋᔮᑦ ᓱᑯ ᐊᑭᖖᒍᖅᐹ; ᑐᑭᖅᑲᖅᐳᖅ ᓱᑯ ᑎᑭᓐᓂᐊᓕᖅᐳᖅ
Uyuayuk	ᐃᖏᕐᕋᓂᖅ ᐊᓄᑎᓗ ᐹᖅᐴᒃ	ᐃᒪᐃᑎᓪᓗᒍ ᐃᒪᐅᑦ ᐃᖏᕐᕋᓂᖓ ᐊᒻᒪᓗ ᐊᓄᑎ ᐹᖅᑎᓪᓗᕆᒃ

ᓱᑰᑉ ᐅᖃᐅᓯᖅᑕᖏᑕ ᑐᑭᖏᑦ: ᐅᑦᕿᐊᒡᕕᒃ, ᐅᐃᒍᖏᑦ

Sagraq	ᓱᑯᐊᕐᔪᒃ	ᓱᑯᑯᓗᒃ ᐳᒃᑕᑖᖅᑐᖅ
Nigayuqpak	ᐃᒪᐅᓂᖅ	ᐊᖏᔫᓗᓂ ᐃᒪᐅᓂᖅ
Kurriniq	ᒪᓂᕋᐅᓂᕐᒥ ᐃᒪᐅᖃᑎᒌᒃ	ᒪᓂᕋᐅᓂᕐᒥ ᐃᒪᐅᓂᖅ ᐃᒪᐅᓂᐅᖃᑎᓚᒃ
Qaisagnaq	ᐅᐊᓕᓂᕐᒦᙶᖅᑐᖅ ᐃᖏᕐᕋᓂᖅ	ᐅᐊᓕᓂᕐᒦᙶᖅᑐᖅ ᐃᖏᕐᕋᓂᖅ
Pirugagnaq	ᑲᓇᖕᓇᕐᒦᙶᖅᑐᖅ ᐃᖏᕐᕋᓂᖅ	ᑲᓇᖕᓇᕐᒦᙶᖅᑐᖅ ᐃᖏᕐᕋᓂᖅ
Palusagnaq	ᓂᒡᒋᕐᒦᙶᖅᑐᖅ ᐃᖏᕐᕋᓂᖅ	ᐃᖏᕐᕋᓂᖅᑐᖅ ᓯᒡᔭᒧᑦ (ᐊᐅᔭᒃᑯᑦ ᑭᓯᐊᓂ)
Atchagnaq	ᓯᓚᒻᒧᑦ	ᐃᖏᕐᕋᓂᖓ ᑕᒫᙵᑦ ᓯᒡᔭᒥᑦ
Ilumuktuqtuaq	ᐃᓗᒻᒧᒃᑐᖅ	ᐃᖏᖅᕋᓂᖅ ᓯᒡᔭᐅᑦ ᒥᒃᓯᖕᒑᖕᒐᓄ ᐃᐱᑕᖕᒐᒐᓗᐊᖅᑐᓂ ᐃᖏᕐᕋᓂᖅᑐᖅ (ᐊᖅᕌᒍᓕᒫᖅ)
Aulaniq	ᐊᐅᓚᓂᖅ	ᓱᑯ ᐃᖏᕐᕋᔪᖅ ᐃᓵᓐᓂᑦ ᓄᖅᑲᓚᐅᖅᐸᒃᑐᓂ ᐃᖏᕐᕋᓯᒃᑲᓐᓂᖅᐸᒃᑐᓂ
Atuagnaq	ᐊᑐᐊᖓᔪᖅ	ᐊᓄᕆᖓ ᑭᕙᖓᑕ (south) ᐅᐊᖕᓇᐸᓗᐊᓂ ᑕᒪᐅᖓᑦᑕᐃᓐᓇ ᐃᖏᕐᕋᖃᑎᒋᑎᑦᑐᓂᐅᒃ ᓄᓇᒦᙶᑐᑦ ᓱᑯᐃᑦ ᒥᒃᓵᓄᑦ
Nuvugaq	ᓄᕗᐊ	ᓄᕗᐊ ᓄᓇᐅᑦ ᐅᕝᕙᓘᓐᓃᑦ ᓱᑰᑦ
Nuvugauraqpak	ᓄᕗᐊᕐᔪᑯᑖᒃ	ᓄᕗᐊᕐᔪᑯᑖᒃ ᐊᒥᑦᑐᑯᑖᖑᑦᑐᓂ
Iluliaq	ᕿᙳᐊ	ᕿᙳᖅᐸᓯᐊ ᐃᒃᐱᐊᕐᔫᑦ ᐅᕝᕙᓘᓐᓃᑦ ᐃᓗᓕᐅᒪᓂᐅᑦ
Pituqqiq	ᐳᐃᕕᐅᒐᔪᒃᑐᖅ	ᑖᓐᓇ ᓱᑰᑦ ᓴᓂᕋᑦᑎᐊᖓ ᐊᕐᕕᖕᓄᑦ ᐳᐃᕕᐅᒐᔪᒃᑐᖅ
Kangiqtuk	ᑲᖏᖅᑐᒃ	ᑲᖏᖅᑐᖅ ᐅᕝᕙᓘᓐᓃᑦ ᐃᓗᓕᐅᒪᓂᖅ ᓄᓇᐅᑦ ᓱᑯᐊᓂᑦ
Manilinaaq	ᓄᕗᐊᕐᔫᒪᓂᖅ	ᐊᕐᕙᒐᓯᒃᑐᓄᑦ ᓄᓇᒋᔭᐅᔪᒃ ᐅᔭᐅᒪᓯᑦᑎᐊᖅᑐᓂ ᐊᕐᕕᖕᓂᒃ ᐃᖏᕐᕋᔪᓂᒃ; ᐃᓗᓕᐅᒪᙱᖕᒑᖅᑐᖅ
Puktaagruaq	ᐳᒃᑖᕐᔪᐊᖅ	ᐊᖏᔪᐊᓗᒃ ᐳᒃᑖᖅ
Nigayuq	ᓂᒐᔪᑖᕐᔪᒃ	ᐃᒪᐅᓂᑯᓗᒃ ᒥᑭᔪᖅ
Uivraluktaq	ᐅᐃᕝᕙᓪᓚᒃᑐᖅ	ᐅᐃᕝᕙᓪᓚᒡᓗᓂ (ᐊᐅᓚᓂᖓ); ᐊᑑᑎᔪᓐᓇᖅᑐᖅ ᓂᓚᖕᒧᑦ ᐃᒫᓃᑦᑐᒧᑦ ᐅᐃᕝᕙᓪᓚᒃᑐᒧᑦ

ᓯᑰᑉ ᐅᖃᐅᓯᖅᑕᖏᑦᑕ ᑐᑭᖏᑦ: ᑲᖏᖅᑐᒑᐱᒃ

Siku	ᓯᑯ	ᐅᖃᖅᑕᐅᔾᔪᑎᖓ ᓇᓗᓇᐃᖅᓯᔪᖅ ᐃᒪᐃᓚᐅᕐᓗᓂ ᓯᑯᓗᓂ, ᐃᓚᖓ ᓯᓚ ᐃᒪᐅᓪᓗᓂ; ᐅᑯᖕᓂᖓ ᐅᖃᐅᓯᖃᖅᑐᖅ ᐅᑯᓂᖓᓗᐊᙳᐊᖅ ᐃᒪᖅ ᑕᕆᐅᖅ ᐅᕝᕙᓃᓐᓂᑦ ᑲᑭᐊᒃᑐᖅ ᐃᒥᖅ ᓯᑯᒃᐸᑎᒃ; ᐅᖃᐅᓯᓇᔭᕈᓪᓚ ᓯᑯ
Qainngujuq (process) Qainnguq (result)	ᖃᐃᙳᔪᖅ ᖃᐃᙳᖅ	ᖃᐃᙳᕙᓪᓕᐊᔪᖅ ᐃᒫᒃ ᓲᕐᓗ ᐹᓪᓕᐅᒐᖅ ᖄᓕᐅᖅᑐᒍ ᑭᓂᖅᑐᒥᒃ; ᓄᓇ ᑕᒪᓇ ᖃᖅᑖᖅᐸᓪᓕᐊᓪᓗᓂ ᓯᔾᔭᖑᒍᑦ ᐃᒫᓄ ᓯᑯᕙᓪᓕᐊᔪᒥᒃ; ᒪᓕᐅᑦ ᑕᐃᒪᐃᑎᑉᐸᓪᓕᐊᓪᓗᓂᐅᒃ, ᐃᒫᓂᑦ ᓯᕿᔪᒧᑦ, ᐅᓕᑦᑐᖅ ᑎᓂᑦᑐᕐᓗ; ᑕᒪᓇ ᓂᓚᒃᐸᓪᓕᐊᔪᖅ ᑕᐃᔭᐅᒐᖅ ᖃᐃᙳᖅ; ᖃᐃᙳᕙᓪᓕᐊᓚᐅᖅᑐᓂ ᓯᑯᕙᓪᓕᐊᓂᓇᓪᓗᓂ
Qinuaq	ᕿᓄᐊᖅ	ᑕᒫᓂᑦᑕᐃᓐᓈᖏᑦᑐᖅ; ᓯᑯᔪᒪᓪᓕᖅᑐᑎᑦ; ᓯᑰᑦ ᕿᑲᕈᓐᓇᐃᓪᓕᓂᖓᑎᑦ; ᓲᕐᓗ ᒫᓇ ᐊᐅᓚᓂᐅᓴᑐᐃᓐᓇᓕᖅᑐᖅ; ᑕᐃᒫᑐᐊᖅ ᑭᓯᐊᓂ ᐅᓕᖅᑐᖅ, ᐳᔩᖅᑯᐃᔾᔪᖅ ᓂᓚᒐᓛᑦ ᐃᒫᓂ; ᑕᕝᕙᑲᑦᓚᐅᓪᓗᑎᒃ, ᓯᑯᐊᕈᔪᒃ ᖃᐅᓯᖅᑐᓂ ᐃᒫᓂ ᐳᒃᑕᓛᖅᑐᖅ, ᐳᒃᑕᓛᖅᑐᓂ, ᑭᓴᖅᓯᒪᖏᑦᑐᑎᑦ
Quvviqquaq	ᖁᕝᕕᖅᑯᐊᖅ	ᐆᒪᙱᑦ ᐅᖃᐅᓯᕐᒥᑦ "ᖁᕝᕕᖅ", ᓯᑯᐊᕈᔪᑰᑦ ᓂᐱᖅᑲᖕᓇᒃᑎᑐᖅ ᑲᑎᙵᓂᐅᓴᓪᓗᑎᒃ ᐃᒫᓂ ᐊᒻᒪᓗ ᑕᑭᒡᓕᑰᒃᓯᒪᓪᓗᑎᒃ ᐊᓄᕆᔮᖅᑎᓪᓗᒍ ᐅᖅᑯᒧᑦ ᑰᒐᓛᖅᑯᐃᔾᔪᑦ; ᑕᕝᕙ ᕿᓄᐊᒃᓴᓕᐅᕐᓂᐅᑦ ᐱᑎᐊᕐᓂᖓ;
Qisuk	ᕿᓱᒃ	ᓂᒡᓕᓱᒃᑎᓪᓗᒍ ᐃᒪᐅᑦ ᐳᔪᐊ
Qisuktuq	ᕿᓱᒃᑐᖅ	ᕿᓱᖕᓂᖓ ᑎᒃᑕᐅᕙᓪᓕᐊᓪᓗᓂ (ᐊᓄᕋᓵᖅᑎᓪᓗᒍ) ᑕᑯᔪᓐᓇᖅᑕᐃ ᖃᓂᒋᓗᒍ
Sikuaq	ᓯᑯᐊᖅ	ᓵᑦᑐᒍᓗᒃ ᓯᑯᐊᖅ; .25 ᐅᐊᓐ ᐃᓐᓯᒥ ᐃᔾᔪᓂᖓ; ᓇᒧᑐᐃᓐᓈᖅᑕᖏᑦᑐᕐᑕ ᖁᕝᕕᖅᑯᐊᖅᑎᑐᑦ ᐅᕝᕙᓃᓐᓂᑦ ᕿᓄᐊᖅᑎᑐᑦ; ᑎᓯᒃᑎᓯᒪᔪᖅ ᐃᒍᐃᑦᑑᓪᓗᓂ ᑭᓯᐊᓂ ᐊᑦᑐᖏᖅᓯᒪᖏᑦᑐᖅ ᓯᓚ, ᐊᓄᓇᐅᑦ ᓯᐱᔪᓐᓇᖅᑐᓂᐅᒃ ᐅᕝᕙᓃᓐᓂᑦ ᓯᖁᑦᑐᖅᑕᐅᓗᓂ ᐊᓄᓇᒧᑦ ᐅᕝᕙᓃᓐᓂᑦ ᐃᖏᕐᕋᓂᕐᒧᑦ; ᐅᖃᐅᓯᖅᑕᐅ ᐊᔾᔨᖓ ᐊᑐᖅᑕᐅᖕᒥᔪᖅ ᑕᓯᕐᓄᑦ, ᑭᓯᐊᓂ ᓯᑯᐊᖅ ᑕᓯᕐᓂ ᕿᑲᕐᓂᖅᓴᖅ/ᓯᑯᕙᓪᓕᐊᓕᖅᑎᓪᓗᒍ
Sikurataaq	ᓯᑯᕋᑖᖅ	ᓯᑯᑖᖅᑐᖅ
Sikuliaviniq	ᓯᑯᓕᐊᕕᓂᖅ	ᐃᔾᔪᓂᖅᓴᐅᓪᓗᓂ ᓯᑯᕋᑖᖅᑐᒥᑦ, ᓯᓚ ᓵᑦᑐᖅ, ᐊᐳᑎᖅᑲᖏᑦᑐᖅ; ᑕᐃᒪᐃᑦᑐᕈᖅᑲᑦᑕᖅᑐᖅ ᐃᔾᔪᓂᖅᓴᖅᑕᖅᑲᓕᖅᑎᓪᓗᒍ, ᐃᓚᖓ ᐋᓚᐅᖅᐸᒃᑐᓂ, ᐊᓯᐊᓂᒃ ᓯᑯᒃᑲᓐᓂᖅᐸᒃᑐᓂ ᐋᖅᑐᕕᓂᒃᑯᑦ - ᑕᒪᓇ ᓯᑯᕋᑖᖅᑐᕕᓂᐊ ᑕᐃᔭᐅᒐᖅ ᓯᑯᓕᐊᕕᓂᖅ; ᐅᖃᐅᑎᒋᔭᐅᓲᖅ ᐊᒍᖓᐅᔨᓯᒪᓪᓗᓂ ᓯᐊᒻᒪᖅᓯᒪᔪᖅ, ᐊᑐᖅᑕᐅᓗᐊᖏᑦᑐᖅ ᓯᑯᔭᕕᓂᕐᒥ ᐃᖅᐸᕐᓂᕕᓂᐅᓪᓗᓂ; ᐃᓛᒡᓗ ᖃᐅᔨᒪᔭᐅᓪᓗᓂ ᓂᒡᓕᓱᖕᓂᖑᓂᒃ ᑕᒪᓇ ᓯᑯᓕᐊᕕᓂᖅ ᐊᐳᑎᖅᑲᖏᓐᓇᒥ
Niumattainnaq	ᓂᐅᒪᑦᑕᐃᓐᓇᖅ	ᐊᐱᕆᔪᒃᓯᒪᖅᑯᐃᔾᔪᖅ ᐃᒻᒥᓃᓐᓇᖅ ᑕᒪᓇ ᓯᑯ, ᓯᓚᑐᐃᓐᓇᕐᒥᑦ ᑲᑕᒐᖅᑐᒥᐅᖏᑦᑐᖅ; ᓯᑯ ᐃᔅᓵᕿᕈᔪᒃᑎᓪᓗᒍ ᐃᒫᒃ ᑕᕝᕙ ᐳᐃᒪᔪᖅ ᓯᑯᒦᙳᖅᑐᖅ ᐃᔾᔪᖅᑎᒃᑲᓐᓂᖅᐸᓪᓕᐊᑎᓪᓗᒍ ᖁᐊᖅᐸᓪᓕᐊᓗᓂ ᑕᒪᓇ ᓯᑰᑦ ᖄᖓ; ᖃᓪᓕᖅᐹᓇᔭᐅᓪᓗᓂ ᐱᖓᔪᕆᔭᐅᔪᖅ ᑕᒪᓇ 'ᐊᐳᑎᐅᔮᖅᑐᖅ' ᓂᐅᒪ; (ᐱᓗᐊᙳᐊᖅᐳ ᖃᓐᓂᕋᑖᖅᑎᓪᓗᒍ), ᐱᐊᓚᐅᖏᒃᑲᓗᐊᖅᑐᓂ ᐊᒻᒪᓗ ᑕᒪᓇ ᖄᖓ ᐃᒻᒥᐅᖃᒃᓴᐅᓪᓗᓂ, ᐊᓪᓕᖅ ᑕᒪᓇ ᑕᓄᐅᙳᓪᓗᓂ; ᐃᒪᐃᑦᑐᓂ ᑲᑎᙵᔪᓐᓇᖅᑐᓂ ᓄᐊᑕᐅᒍᓂ ᐊᐃᖁᖅᑎᑐ ᐃᖅᑲᐃᓯᒋᔭᒃᓴᐅᓪᓗᓂ ᐃᕕᖕᒍᑦ ᓄᓇᒥ
Sikutuqaq	ᓯᑯᑐᖅᑲᖅ	ᑐᑭᖏᒃ ᒪᕐᕉᒃ - (1) ᑕᒫᓂ ᐊᕐᕋᒍᒥ ᓯᑯᔪᖅ ᐃᓯᓘᒃ ᒪᕐᕉᒃ ᐃᔾᔪᓂᖓ ᐅᕝᕙᓃᓐᓂᑦ ᐃᔾᔪᓂᑦᓴᖅ; (2) - ᓯᑯᑐᖅᑲᑦ ᑎᑭᐅᑎᑕᐃᓐᓇᑐᖅ ᑕᒪᐅᖓ

ᓯᑰᑉ ᐅᖃᐅᓯᖅᑕᖏᑕ ᑐᑭᖏᑦ: ᑲᖏᖅᑐᒑᐱᒃ, ᐊᑏᓗ

Tuvaq	ᑐᕙᖅ	ᓯᑯ ᐃᔾᔪᔪᖅ, ᐊᒡᓗᒧᑦ ᐃᑦᑐᐊᕈᕕᑦ ᐊᒻᒪᓗ ᑕᑯᔪᓐᓇᖅᑕᐃᑦ ᓯᑰᑦ ᑐᕚᖓᑕ ᓇᔪᒃᓯᒪᓂᖓ (ᐊᒡᓘᑦ ᓇᔪᒃᓯᒪᓂᖓᑕ ᑐᕚᖓ) ᓯᑯᒃᑯᑦ, ᑕᒪᔾᔭ ᑕᐃᒍᖅᑕᐅᔪᖅ ᑐᕙᖅ; ᐊᒡᓗᒃᑯᑦ ᐃᑦᑐᐊᕈᕕᑦ ᓯᑯᓕᐊᕕᓂᒃᑯᑦ, ᐃᒪᐃᓐᓇᖅ ᑕᒪᔾᔭ ᑕᑯᒃᓴᐅᓗᓂ; ᓇᔪᒃᓯᒪᓂᖓ ᑕᑯᒍᕕᐅᒃ/ᑐᕙᖅ ᓇᑦᑎᐅᑦ ᐊᒡᓗᖓᒍᑦ, ᑕᒪᔾᔭ ᑕᐃᒍᖅᑕᐅᔪᖅ ᑐᕙᖅ
Sikutuqaviniq	ᓯᑯᑐᖃᕕᓂᖅ	ᓯᑯᑐᖃᕕᓂᖅ; 'ᓯᑯ ᑖᓐᓇ ᑎᑭᑦᑐᖅ' (ᐊᒡᒍᑦᑎᓐᓂᑦ ᒥᑦᑎᒪᑕᓕᐅᑦ ᒥᒃᓵᓂᑦ, ᐃᖏᕐᕋᓂᒃᑯᑦ ᑕᒪᐅᙵᖅᑐᖅ); ᖃᖓ ᑖᓯᒪ ᓯᑰᑦ ᐃᒥᑦᑎᐊᕙᒃ
Puktaaq	ᐳᒃᑖᖅ	"ᐳᒃᑖᖅ" ᐃᒫᓂ ᐳᒃᑕᔪᖅ; ᓵᑦᑐᔫᖑᓇᓂ, ᐊᖕᒪᓗᓇᐊᕿᐅᔭᖅᑐᓂ; ᓂᓕᐅᒐᓗᐊᖅ ᓄᓇᒦᙶᕈᓐᓇᖅᑐᓂ ᐅᕝᕙᓘᓐᓃᑦ ᓯᑯᑐᖃᕕᓂᕐᓗᓐᓃᑦ; ᓯᐅᔮᒦᓕᖅᑲᑦᑕᖅᑐᑦ
Nillariktuq	ᓂᓪᓚᕆᒃᑐᖅ	ᓂᓪᓚᕆᒃᑐᖅ; ᐃᒥᑦᑎᐊᕙᐅᖑᔭᐃᓐᓇᖅᑐᖅ; ᑕᐃᒪᐃᑦᑐᕈᕈᓐᓇᕐᒥᔪᖅ ᑕᓯᖅᑎᑦᑐᑦ, ᐱᖅᑲᓗᔾᔭᒃᑯᑦ, ᐊᐅᔭᐃᑦᑐᒃᑯᑦ; ᓲᖅᓗ - ᐃᒥᐅᓕᖅᓗᓂ ᐱᖅᑲᓗᔾᔪᒥ ᐅᕝᕙᓘᓐᓃᑦ ᐊᐅᓯᐃᑦᑑᑦ ᓄᑦᑕᖓ ᐃᒻᒥᓕᐅᖅᓗᓂ ᓂᓪᓚᒡᓗᓂ ᓂᓪᓚᕆᒡᓗᓂ, ᐊᓕᒍᖅᑎᑐᖅ ᑎᓯᔪᐊᓗᒃᑎᑐᖅ; ᑕᓯᖅᒥ ᓂᓪᓚᕆᒃᑎᓪᓗᒍ ᐊᒻᒪᓗ ᑕᓯᐅᑦ ᐃᖅᑲᖓ ᑕᑯᒃᓴᐅᓯᒍᖕᒪᑦ, ᑕᑯᓐᓈᕐᕕᒋᔭᐃᑦ ᑖᕝᕙ ᓂᓪᓚᕆᒃᑐᖅ
Nigajutat	ᓂᒐᔪᑕᑦ	ᐃᒪᐅᓂᖅ ᐃᒪᐅᑎᑕᐅᔪᖅ ᐃᖏᕐᕋᓂᕐᒧᑦ ᐊᓄᓇᒧᑦᓗ (ᑕᒪᕐᒥᙵ ᓅᖑᔭᐃᓐᓇᖏᑦᑐᖅ, ᓇᓚᐊᖅᓄᑐᐃᓐᓇᐅᔭᓐᓇᖅᑐᖅ) ᓯᑯᕐᑖᕕᓂᕐᒥ ᓯᑯᕙᓚᐊᓚᖅᑎᓪᓗᒍ
Nigajutaviniq	ᓂᒐᔪᑕᕕᓂᖅ	ᓂᒐᔪᑕᕕᓂᖅ; ᑖᓐᓇ ᓯᑯᔪᖅ ᓵᑦᑑᖕᒪᑦ; ᓵᓐᓂᖅᓴᐅᓪᓗᓂ ᐊᕙᑎᒥᓂᑦ
Kujjiniq	ᑯᔾᔨᓂᖅ	ᐊᐅᒃᐸᓪᓕᐊᔪᖅ ᓄᓇᒥᑦ ᐅᕝᕙᓘᓐᓃᑦ ᓯᑯᒥᑦ (ᐊᐳᑎ ᐊᐅᒃᐸᓪᓕᐊᔪᖅ) ᑯᔾᔨᓂᖅᑖᖅᐸᓪᓕᐊᒍᖅ ᖁᖓᓂᕐᒧᖅ, ᐊᒡᓗᓄᑦ ᐋᔪᕋᕐᓄᑦᑐ ᓯᑯᒦᑦᑐᓄᑦ; ᑕᐃᒪᐃᑦᑐᓐᓇᓄᑦᑐᓂᑦᑕᐅᖅ ᓯᕐᒥᓂ ᐊᐅᔭᐃᑦᑐᓂ
Aukkarniq	ᐊᐅᒃᑲᕐᓂᖅ	ᐃᒪᐅᓂᖅ ᐃᖏᕐᕋᓂᐅᓂᕐᒧᑦ ᐊᐅᒃᑲᖅᑎᑕᐅᔪᖅ ᐊᒻᒪᓗ ᐃᒪᐃᓐᓇᐅᓕᖅᐸᒃᑐᓂ/ᐋᕋᒍᑦᑐ ᐃᓚᖏᑦ ᐊᐅᒃᑲᕐᓂᖅᑲᓚᐅᓲᑦ ᓯᑯᒥ
Sarvaq	ᓴᕐᕙᖅ	ᐊᐅᒃᑲᕐᓂᖅᑎᑐᑦᑕᐅᖅ ᑕᐃᒫᒃ ᑕᐃᒪᐃᑎᑕᐅᖕᒥᔪᖅᑕᐅᖅ ᐃᒪᐅᓂᐅᑎᑕᐅᓪᓗᓂ ᓴᖅᕙᐅᓂᕐᒧᑦ; ᐃᒪᐅᑎᑕᐅᔪᖅ ᐃᖏᕐᕋᓂᕐᒧᑦ ᐅᕝᕙᓘᓐᓃᑦ ᖃᓚᐃᕐᓂᕐᒧᑦ ᐃᒫᓂ
Killaq	ᑭᓪᓚᖅ	ᑖᓐᓄᐃᑦ ᓯᑯᒥ ᐱᑕᖅᑲᐅᓪᓕᖅᑲᑦᑕᕆᕗᑦ; ᐊᖕᒪᖅᑐᑦ ᓄᖑᑉᐸᓪᓕᐊᓂᕐᒧᑦ; ᐊᐅᒃᐸᓪᓕᐊᔪᒧᑦ ᓯᑯ ᑭᓚᖕᓂᖅᑲᐅᓕᖅᑲᑦᑕᖅᐳᖅ ᓇᐅᒃᑯᑐᐃᓐᓇᖅ
Augutiniq	ᐊᐅᒍᑎᓂᖅ	ᐃᒪᖅᑲᖅᓂᐅᓪᓗᑎᒃ ᑭᓯᑐᐃᓐᓇᕐᒧᑦ ᓯᑰᑦ ᖃᖓᓂᑦᑐᒧᑦ ᐅᔭᕋᖕᒧᑦ, ᓇᑦᑎᕙᓂᕐᒧᑦ, ᕿᖅᑯᐊᒧᑦ, ᐊᓯᖏᓐᓄᓪᓗ, ᓯᖅᑭᓂᐅᑦ ᐊᐅᒍᑎᑕᖏᑦ ᐊᑭᖕᒥᖕᓂᖓᑕ ᑕᒪᒃᑯᐊ ᑕᖅᓴᐅᔪᑦ ᑭᓯᑐᐃᓐᓇᐃᑦ ᓯᑯᒦᑦᑐᑦ; ᐃᒪᐅᓂᐅᓕᖅᑲᑦᑕᖅᑐᑦ ᑭᓯᑐᐃᓐᓇ ᑕᒫᓃᓐᓂᖓᓄᑦ, ᓲᕐᓗ: ᑕᐃᕙᑎ ᐃᒃᑲᕐᓇᐊᓗᒃ ᐅᓂᒃᑳᖅᑐᖅ ᐅᔭᕋᖕᒥᒃ ᐃᓕᓯᓪᓗᓂ ᓯᑯᒧᑦ ᐊᑦᑐᖏᖅᓯᒪᔫᑦ ᓇᑦᑎᐅᑦ ᓄᓗᐊᖅᓯᒪᔫᑦ ᓇᓛᒍᑦ ᖃᐅᓛᕿᒥᐅᒃ ᓯᑯᒥᑦ ᓯᖅᑭᑎᓗᐊᖅᓯᖏᓪᓗᓂ ᓯᑯ ᑑᖅᓗᓂᐅᒃ -ᐅᑕᖅᑭᑐᐃᓐᓇᓕᖅᓗᒍ ᐅᔭᖅᐅᑦ ᐊᐅᒍᑎᓂᐊᖅᓂᖓ ᐲᔭᑦᑎᐊᕇᖅᓗᒍ

Aglu	ᐊᒡᓗ	ᐊᒡᓗᑦ ᐃᒪᕐᒥᐅᑕᕐᒧᑦ ᐳᐃᔨᒧᑦ ᓴᓇᔭᐅᕐᑲᑦᑕᖅᑐᑦ ᐱᓗᐊᖕᒍᐊᖅᑐᒥᒃ ᓇᑦᑏᑦ ᐊᒡᓗᕐᑲᓲᖑᕗᑦ, ᐅᒡᔪᐃᑦ, ᕿᓚᓗᒐᐃᒃ, ᐊᐃᕖᑦ, ᓇᑦᑏᑦᓗ ᐱᓕᕈᑎᓲᖑᑦᓗᑎᒃ ᓵᑦᑐᒃᑯᑦ ᓯᑯᒃᑯᑦ ᐊᒻᒪᓗ ᑭᒡᓕᖓ ᓯᖑᒨᖅᑎᑦᑎᕕᒋᑦᓗᓂᐅᒃ ᓴᖅᑮᔭᖅᑎᑦᑎᕕᒋᑦᓗᓂᐅᒃ ᐃᔾᔪᖅᑎᑎᑉᐸᑦᑕᐊᓲᓇᑦᓗᓂᐅᒃ, ᓄᐃᓖᖓ ᑕᒪᓐᓇ ᐊᒡᒐᒃᑐᓂᐅᒃ ᐳᐃᕕᓕᐅᓲᑦ ᐊᒡᓗᒥᓂ; ᓇᓗᓇᐃᕐᒥᓗᒍ ᐃᖅᑲᓗᑦᑕᐅᖅ ᐃᒪᐅᑎᑦᑎᔪᓐᓇᕐᒥᔪᑦ ᐃᖅᑲᓗᓕᐊᓗᖕᒥ ᐃᖏᕐᕋᕕᒋᔭᖏᑦ ᑖᓇᑦᑕᐃᓐᓇᑦ ᐃᖏᕐᕋᓂᕐᒧᑦ ᐃᒪᐅᓂᐅᓕᓲᖑᖓᑕ
Immaktinniq	ᐃᒻᒪᒃᑎᓐᓂᖅ	ᐃᒻᒪᒃᑎᓐᓃᑦ ᓯᑰᑦ ᖄᖕᖓᖕᖓᓃᓲᖑᕗᑦ; ᑕᒪᒃᑯᐊ ᐅᖅᑲᐅᓯᓇᓗᒥᑦ ᓯᑯᒥ ᐅᕝᕙᓘᓐᓃᑦ ᑕᓯᐅᑦ ᓯᑯᐊᓂ; ᑕᐃᒪᐃᑲᐃᓐᓇᖅᑐᑦ ᐃᒪᐅᓂᐅᓪᓗᑎᒃ; ᐅᐱᕐᖔᖅᑐᐊᖑᕆᑦᑐᒃᑯᑦ, ᐱᑦᑲᓚᐅᓲᖑᕆᔪᖅ ᐅᑭᐅᒃᑯᑦ ᓵᒡᓕᑎᑕᐅᓯᒪᑲᐃᓐᓇᖅᑎᓪᓗᒍ ᐃᖏᕐᕋᓂᕐᒧᑦ (ᓵᓐᓂᖓᒍᑦ) ᐃᖏᕐᕋᓂᐅᑦ ᐊᒻᒪᓗ ᐊᐳᑎᐅᑦ ᑭᕕᑎᑕᖏᓐᓄᑦ ᓯᑯᑦ ᖃᖓ ᐃᒪᖅᑕᖅᑲᐅᓕᖅᑐᓂ, ᐃᒪᖅᑕᖅᑲᐅᓕᖅᑎᓪᓗᒍ ᑕᐃᔭᐅᔪᓐᓇᖅᐳᖅ ᐃᒻᒪᒃᑎᓐᓂᖅ
Imarluit	ᐃᒪᕐᓗᐃᑦ	"ᐃᒪᕐᓗᐃᑦ"
Isuqtuq	ᐃᓱᖅᑐᖅ	ᐃᓱᖅᑐᑦ; ᐃᒥᐅᔪᓐᓇᖅᑐᖅ ᐊᐅᓐᓂᑰᓗᓂ ᓯᑰᑦ ᖄᖕᖓᖕᖓᓂ, ᐅᕝᕙᓘᓐᓃᑦ ᑰᖕᒥ
Imaqquit	ᐃᒪᖅᑯᐃᑦ	ᑕᒪᒃᑯᐊ ᓇᓂᔭᒃᓴᐅᓯᐅᖑᓪᓗᑎᑦ ᓯᒡᔭᒥ ᓄᑦᑕᖅᑕᖅᑎᓪᓗᒍ ᐅᓕᑦᑑᑦ ᑎᓂᑦᑑᓗ ᑕᐃᒪᐃᓕᑎᑕᕕᓂᖓᓂᒃ; ᑕᓯᐊᕐᔫᓃᑦ/ᑕᓯᑦ ᐅᓕᑦᑐᒧᑦ ᑎᓂᑦᑐᒧᑦᓗ ᑰᒡᕕᐅᔭᕕᓃᑦ ᓄᑎᒃᓯᒪᔫᒃᑯᑦ; ᑕᒪᒃᑯᐊ ᐃᒪᖅᑯᐃᑦ ᐊᖏᒡᓕᕚᓪᓕᐊᕐᑲᑦᑕᖅᑐᑦ ᐊᒻᒪᓗ ᑕᒪᓐᓇ ᓂᓚᒃ ᐊᔪᑉᐸᓪᓕᐊᓕᖅᑲᑦᑕᖅᑐᓂ ᑕᓖᖕᖓᑦ ᖄᖕᖓᖕᖓᓂᑦ (ᐊᑖᓂᐅᖏᑦᑐᖅ)
Qaaminniq	ᖄᒥᓐᓂᖅ	ᖁᐊᖅᓯᒪᓕᖅᑐᖅ ᖄᒥᑦᑐᕕᓂᐅᓐᓗᓂ; ᑖᓐᓇ ᐅᖅᑲᐅᓯᖅ ᐊᑐᕈᓐᓇᖅᑐᖅ ᑕᒪᕐᒦᖕᓄᑦ ᐃᒥᑐᐃᓐᓇᕐᒧᑦ ᑕᕆᐅᕐᒧᑦᓗ ᖁᐊᖅᓯᒪᓕᖅᑐᒧᑦ; ᑰᑦ ᖄᒥᒡᒍᓂᖅᓴᐃᑦ ᑕᕆᐅᕐᒥᑦ ᓯᑯᒥᑦ
Kiviniku	ᑭᕕᓂᑯ	ᑭᕕᖅᑲᔪᖅ ᓯᑯ; ᓯᑯ ᖄᒥᒃᑲᒥ ᐃᒥᐅᑦ ᐅᖅᑯᒪᐃᓐᓂᖓᑕ ᑭᕕᑎᑉᐹ; ᐊᒻᒪᓗ ᑕᐃᒪᐃᑎᑕᐅᔪᓐᓇᓇᓪᓗᓂ ᐊᐳᑎᒧᑦ ᓄᐊᑉᐸᓪᓕᐊᔪᒧᑦ ᐊᐱᕆᓪᓕᐊᔪᒧᑦ ᑕᒪᐅᖓ ᓯᑯᒧᑦ; ᑕᒪᕐᒥ ᑲᑭᐊᒃᑐᑦ ᐊᒻᒪᓗ ᑕᕆᐅᑦ ᓯᑯᐊ
Aputainnaq	ᐊᐳᑕᐃᓐᓇᖅ	ᓇᖏᐊᕐᓇᖅᑐᖅ ᑕᐃᒪᐃᑎᑕᐅᔪᖅ ᓂᒡᓚᐅᔪᓐᓃᑲᓪᓚᖅᑑᑦ ᐃᖏᖅᕋᓂᐅᓪᓗ ᐊᐳᑎᕐᑲᕐᓂᐅᓪᓗᓂᓗ ᓯᑯ ᓄᖑᑦᑐᖅ ᓵᓚᐅᕋᒥ ᐊᑎᖕᓖᖕᖓᓂᑦ; ᑕᐅᑦᑐᐊ ᐅᔮᕐᓇᕐᓂᖅᑲᑐᐃᓐᓇᓇᐊᓕᒃ ᐅᔮᕐᓇᑦᑎᐊᖏᓪᓗᓂᓘᓐᓃᑦ ᐊᐳᑕᐃᓐᓇᖅ; ᓇᖏᐊᕐᓇᖅᑐᖅ ᑕᐃᒪᐃᑦᑎᐊᖅᑐᕆᔭᐅᑐᐃᓐᓇᓇᐊᖅᑲᕐᒪᑦ ᐊᐳᑳ
Anngiujaq	ᐊᖖᒋᐅᔭᑦ	'ᑭᑭᐊᑦ ᐊᖖᒋᐅᔭᖓ' ᐅᕝᕙᓘᓐᓃᑦ 'ᐃᓯᓇᐅᑕᐅᔭᖅ'; ᐹᓐᑲᐃᒃᑎᑐᑦ ᑕᐅᑦᑐᓕᑦ ᓯᑯ; ᓯᑯᐊᖅ ᐊᐅᓚᓪᓗᓂ ᐊᖕᒪᓗᖅᓯᓚᐅᓲᖑᖓᑕ ᐊᖏᔫᑕᐅᓇᑎᒃ, ᐸᓕᐊᖅᑎᑐᑦ ᐊᖏᑎᒋᐸᔫᔭᖅᑐᑎᒃ, ᑕᕝᕙ ᑕᐃᒪᐃᑦᑐᖅ ᐊᖖᒋᐅᔭᖅ
Maniraq	ᒪᓂᕋᖅ	ᖃᑦᑎᖕᓂᖅᑲᐅᕋᓂ ᒪᓂᕋᖅ, ᒪᓂᕋᖅ
Ikkalukisaaq	ᐃᒃᑲᓗᑭᓵᖅ	ᕿᕐᓂᕋᔮᒃᑐᑎᑐᑦ ᓯᑯ; ᐅᔪᓛᕐᓇᖅᑐᖅ ᐃᖏᕐᕋᕕᒋᓪᓗᒍ
Maniilagalaak	ᒪᓃᓚᒐᓛᒃ	ᒪᓂᕋᖏᓐᓂᖅᓴᐅᓪᓗᓂ ᐃᒃᑲᓗᑭᓵᒃᑐᒥᑦ; ᐊᔪᖅᓯᖕᓇᕋᓂ ᑐᑭᓕᐊᕐᓇᖖᒋᑐᐃᓐᓇᖅᑐᖅ ᑕᒪᓐᓇ ᓯᑯᐊ; ᐊᑐᕋᒃᓴᐅᓪᓗᓂ, ᑐᑭᓕᐊᖓᖏᑐᑦ ᐃᒡᓕᓃᑦ

ᓯᑰᑉ ᐅᖃᐅᓯᖅᑕᖏᑕ ᑐᑭᖏᑦ: ᑲᖏᖅᑐᓖᐱᒃ, ᐊᑏᓗ

Maniilaaq	ᒪᓃᓛᖅ	ᒪᓃᓛᖅ; ᐊᑐᒐᒃᓴᐅᔪᓐᓇᖅᑐᖅ, ᑭᓯᐊᓂ ᐊᖅᑯᑎᑦᑎᐊᕙᐅᓂᖓᒍᑦ ᐃᖏᕐᓇᖅᑐᖅ; ᖃᖅᑲᓕᐊᖅᐸᒡᓗᓂ ᐊᑐᖅᓴᐅᓂᖓ ᐊᑲᐅᓛᖅ ᓇᐅᒃᑯᑦ ᐊᑐᕆᒪᕐᓂᖅᓴᐅᖕᒪᖔᑦ ᖃᐅᔨᖃᑦᑕᕐᓗᒍ
Maniilaatualuk	ᒪᓃᓛᑐᐊᓗᒃ	ᐊᑐᖅᓴᐅᖏᑦᑐᖅ ᖃᒧᓯᔅᓗᓂ/ᓯᑭᓗᒡᓗᓂ/ᖁᒧᒃᓯᕐᓗᓂ, ᐱᓱᖕᒥ ᐊᑐᖅᓴᐅᖅᑰᖅᑑᓪᓗᐊᖅ, ᐊᑐᖅᓴᐅᒃᐸᑦ ᑭᓯᐊᓂ; ᐊᓯᐊᒎᕐᓗᒍ ᑭᓯᐊᓂᐅᔪᖅ
Tumittuq	ᑐᒥᑦᑐᖅ	ᐃᖏᖅᖃᕙᒃᓴᐅᖏᑦᑎᐊᖅᑐᖅ, ᐊᑐᖅᓴᐅᖏᑦᑐᖅ; ᓇᓄᐃᑦ ᐊᖏᖅᓴᖕᒐᑦ; ᑖᓐᓇ ᐅᖃᐅᓯᖅ ᐊᑐᖅᑕᐅᒐᓕᖏᑦᑐᖅ ᖃᑯᑎᒃᑯᑦ ᑭᓯᐊᓂ
Ivuniq	ᐃᕗᓂᖅ	ᒪᖅᑰᖕᒪᑎᒃ ᐅᖃᐅᓯᕆᔭᐅᔫᒃ/ᐊᖏᔪᐃᓐᓇᐅᑦᑐᑎᒃ ᓯᑰᑦ ᐃᓕᖅᑲᓂᖏᒃ ᓯᖁᒦᕙᑦᑕᐊᒐᒥᒃ ᖃᓕᕖᒃᑎᐅᖅᐸᑦᑕᐊᑦᑐᑎᒃ/ᑕᐃᒪᐃᓕᕙᑦᑕᐊᔪᖅ ᐊᐅᓚᑕᐅᒐᒥ (ᐃᖏᖅᓴᓂᖁᑦ, ᒪᓕᖕᓄᑦ, ᐅᕝᕙᓗᓐᓂᑦ ᐊᓄᓇᖁᑦ) ᐊᒻᒪᓗ ᓯᑯ ᖃᓕᕖᒃᑎᐅᖅᑐᓂ; ᒪᖅᑰᒃ ᓯᑰᑦ ᑲᑎᒃᑲᒥᒃ ᐊᒻᒪᓗ ᖃᓕᕖᒃᑎᐅᖅᑐᑎᒃ
Tuqqujaktinniq	ᑐᖅᑯᔭᒃᑎᓐᓂᖅ	ᓯᑰᑦ ᐃᓚᖓ ᑐᐱᖅᑎᑐᑦ ᐅᕝᕙᓘᓐᓃᑦ ᐊᓂᙵᒃᑐᓂ ᑕᑎᔭᐅᕈᕝᖓᓂᕐᒥᓄᑦ ᓯᑯᒧᑦ (ᐊᓂᙵᒃᑐᖅ ᐅᕝᕙᓘᓐᓃᑦ ᖃᑦᑎᒃᓯᑯᑖᒃᑐᓂ ᓯᑰᑦ ᐃᓚᖓ); ᐊᖏᔫᔭᓐᓇᖅᑐᓂ ᐅᕝᕙᓘᓐᓃᑦ ᐊᖏᔫᓂᖅᓴᐅᓗᓂ; ᓇᑦᑏᑦ ᓄᓇᔅᖃᕕᒋᔭᓐᓇᖅᑕᖓ ᑕᕝᕙᓂ, ᖃᖓᑦᑖᖑᓕᖅᑲᑦᑕᕐᒪᑕ, ᖃᖓᑦᑖᖑᓂᐅᓪᓗᑎᒃ ᓯᑰᑦ ᑐᖅᑯᔭᒃᑎᓐᓂᐅᑦ ᐊᑖᓂ
Quglungniq	ᖁᒡᓗᖕᓂᖅ	ᓄᑎᒃᑲᒥ ᐃᖅᐹᖅᔫᒃᑐᓂ ᐅᑭᐅᒃᑯᑦ, ᓯᑯᕆᓪᓗᓂ, ᑕᑎᓕᒃᑲᓐᓂᕐᒥᒐᒥ ᑭᑎᖓᒍᑦ ᓇᓗᓇᐃᖅᑐᓂ ᖃᑦᑎᑯᑖᒃᑐᒥᒃ ᐊᐅᓚᔾᔪᖕᓂᕙᓂᖓ ᓇᓗᓇᖏᑦᑐᖅ ᖄᖓᓂᑦ
Nagguti	ᓇᒡᒍᑎ	ᓇᒡᒍᑎ; ᖁᖕᓂᐅᖏᑦᑐᖅ ᓯᒡᔭᒃᑰᖏᑦᑐᖅ, ᑭᓯᐊᓂ ᓯᑯᒃᑯᑦ, ᐱᕆᐊᖅᓂᖅᑲᓲᖑᓪᓗᑎᒃ ᐱᖅᑲᓗᔭᖕᒥᑦ ᐅᕝᕙᓘᓐᓃᑦ ᓄᕗᐃ ᓄᕗᐊᖅᔪᖕᒥᑦ ᓄᓇᒥᑦ; ᓇᒡᒍᑎᕈᖅᑲᖕᒐᑕ ᐃᓄᖕᓂᑦ ᐊᑐᖅᑕᐅᓪᓗᑎᒃ ᓇᑦᑎᖅᓯᓪᕕᐅᓯᑦ
Iqparniq	ᐃᖅᐸᕐᓂᖅ	ᓯᓕᒃᓯᓯᒪᓪᓗᓂ ᐃᑳᓇᐊᖓ ᓯᓕᓗᐊᖅᑐᖅ ᐃᒪᐅᑎᓪᓗᒍ; ᐊᑐᖅᓴᐅᓪᓗᓂ ᓯᑰᓕᖅᑎᓪᓗᒍ; ᓯᑯᓯᒪᓕᖅᑎᓪᓗᒍ ᑕᐃᔭᐅᔪᖅ ᐃᖅᐸᕐᓂᕕᓂᖅ
Aajuraq	ᐋᔪᕋᖅ	ᐋᔪᕋᖅ ᐃᒪᐅᓪᓗᓂ ᐅᐱᕐᖓᒃᓵᒃᑯᑦ ᐅᐱᕐᖔᒃᑯᓪᓗ; ᐃᒪᕈᕈᓂ ᓯᑯᑲᓐᓂᔾᔫᖏᑦᑐᖅ
Nuttaq	ᓄᑦᑕᖅ	ᓄᑖᖑᓪᓗᓂ, ᐊᒥᑦᑐᒍᔫᓪᓗᓂ ᓯᑰᑦ ᓯᖑᓂᖓᓄᑦ ᓄᑎᒃᑐᖅ; ᓯᓕᒃᓯᖏᑦᑎᐊᑐᖅ ᓯᓕ, ᓄᑎᒃᓯᒪᑐᐃᓐᓇᖅᑐᖅ
Niiqquluktuq	ᓃᖅᑯᓗᒃᑐᖅ	ᓂᐱ ᑕᒪᑐᒪ ᓯᑰᑦ ᑐᓴᖅᓴᐅᑎᑕᖓ ᐊᒋᐅᑎᕈᔫᒃᑐᑎᒃ ᐊᒃᑐᐊᔫᒃ; ᓯᓚᕈᔫᑎᓪᓗᒍ ᐊᒻᒪᓗ ᒪᓕᖅᑲᖅᓂᖓᓄᑦ, ᓯᑯ ᐊᒋᐅᑎᓂᐊᖅᑐ ᐊᒻᒪᓗ ᓃᖅᑯᓗᓕᖅᓗᓂ, ᖄᓕᖅᑭᐅᒥᔭᖕᓇᖅᑐᖅ ᓂᐱᖓ, ᐅᑭᐅᖅ, ᐊᒻᒪᓗ ᐅᐱᕐᖓᒃᓵᒃᑯᑦ
Siqummaaniq	ᓯᖁᒻᒫᓂᖅ	ᓯᖁᑦᑎᖅᓯᒪᔪᑦ, ᐳᒃᑕᓛᖅᑐᑦ ᓯᑯᑦ, ᐊᒃᑐᐊᖅᑲᑦᑕᐅᑎᓗᐊᕐᑎᒃ ᐅᕝᕙᓘᓐᓃᑦ ᐅᐳᓇᒃ
Naggurniq	ᓇᒡᒍᕐᓂᖅ	ᑕᒪᐅᖓᑦᑕᐃᓈᖓᓪᓗᑎᒃ ᓄᑦᑕᖏᑦ ᓄᑎᐅᖅᑐᑦ ᐊᐅᓚᓂᕐᒧᑦ ᐊᓄᖅᑎᓪᓗᒍ
Aulaniq	ᐊᐅᓚᓂᖅ	ᓴᑦᑎᒃᑐᒥ, ᓯᖕᔭᒥᓪᓗ ᐋᔪᖅᑲᓕᖅᑎᓪᓗᒍ ᐃᑭᕐᒨᖓᔪᓂᒃ, ᓴᑦᑎᖕᓂᖅᐹᑦ ᐱᖃᓗᔭᐃᑦ ᑭᑖᓄᑦ ᐃᒃᑲᕐᓇᓯᒪᔪᑦ ᓯᑯᖃᖅᑎᑦᑎᔪᑦ ᓄᓇᔫᖓᔪᒥᑦ, ᐊᐅᓚᓂᖅ ᓴᕝᕗᐅᕈᔫᔭᐅᔭᐃᓐᓇᖅᑐᖅ ᓄᓇᐅᑦ ᑲᔾᔮᖓᑕ ᒥᒃᓵᓂᑦ; ᓯᑯᐃᑦ ᓯᖁᒥᓯᒪᐅᖅᑐᑦ ᐊᖅᑯᓵᖅᐸᓪᓕᐊᓪᓗᑎᒃ ᐊᒋᐅᖅᐸᒡᓕᐊᓂᖓᒍᖅᑲᖅᑕᖅᑐᑦ

Sinaaq	ᓯᓈᖅ	ᓯᓈᙵ; ᓄᓇᐅᑦ ᓯᑯᐊᑕ ᑭᒡᓕᐊ ᐃᒪᐅᓂᖅ
Sigjaq	ᓯᒋᐊᖅ	ᓯᒡᔭᖅ; ᓯᑰᑦ ᓄᓇᐅᑉᓗ ᑭᒡᓕᙵ
Qungniit	ᖁᖕᓃᑦ	ᖁᖕᓃᑦ ᓯᒡᔭᐅᑦ ᖁᖕᓂᖕᒋᑦ ᐅᓕᖅᑲᑦᑕᖅᑐᒧᑦ ᑎᓂᖅᑲᑦᑕᖅᑐᒧᑉᓗ ᖁᓂᐅᑎᐅᔾᑦ
Pilagiarniq	ᐱᓚᒋᐊᕐᓂᖅ	ᐋᔾᖃᐅᑦ ᓄᖕᖑᓐᓂᖕᒋᒃᑕ ᐃᓱᖕᒋᒃ ᐊᓖᑦᓕᓅᒃᑑᒃ; ᐋᔾᖃᐅᑦ ᓯᒡᔭᒃᑰᙵᓂᙵ, ᖃᑭᖅᑕᓄᑦ, ᐊᒻᒪᓗ ᐱᖅᑲᓗᔭᖕᓄᑦ; ᐅᐱᕐᖖᑯᑦ ᐃᓄᐃᑦ ᐋᔾᖃᕐᒥᑦ ᐊᑐᐊᖅᓯᖅᑲᑦᑕᖅᑐᑦ ᐱᓚᒋᐊᕐᓂᙵᓂᒃ ᕿᓂᖅᑐᑎᒃ ᐃᑳᕐᕙᒋᓂᐊᖅᑕᒥᓂᒃ
Piqalujak	ᐱᖅᑲᓗᔭᒃ	ᐱᖅᑲᓗᔭᒃ, ᐃᓗᓕᐊᑦ
Nattinnak	ᓇᑦᑎᓐᓇᒃ	ᖃᓄᑐᐃᓐᓇᖅ ᐊᖕᒋᑎᒋᔾᓐᓇᖅᑐᖅ; ᐊᖕᒋᔾᐊᓘᓗᓂᓘᓐᓃᑦ
Piqalujagjuaq	ᐱᖅᑲᓗᔭᒡᔪᐊᖅ	ᐱᖅᑲᓗᔭᒃ ᐊᖕᒋᔾᐊᓗᒃ, ᑲᐸᐊᓇᖅᑐᐊᓗᐃᑦ ᑕᒪᒃᑯᐊ ᓯᖁᒥᑎᑦᓗᒋᑦ
Piqalujaarnaq	ᐱᖅᑲᓗᔮᕐᓇᖅ	ᖃᐅᔨᒪᓇᖃᓗᐊᖅᑐᓂ ᐱᖅᑲᓗᔭᐅᓂᖕᒑᓂᒃ ᑭᓯᐊᓂ ᒥᑭᑦᑐᑦ
Anarluk	ᐊᓇᕐᓗᒃ	ᓱᐴᖅᓯᒪᔪᖅ ᓯᑯ ᐊᑐᓂᑦ, ᐃᑉᐸᒃᓯᒪᔪᖅ, ᐅᕝᕙᓘᓐᓃᑦ ᓄᓇᐳᔪᕐᒥᒃ ᖃᖓ ᐱᑕᖅᑲᖅᑐᖅ, ᓲᕐᓗ - ᐅᔭᖃᖅᑲᖅᑐᒃᑯᑦ ᑲᑕᒍᖅᕘᐅᓯᒪᑉᓗᓂ, ᒪᖃᖅᑲᖅᑐᒃᑯᑦ ᐃᖕᒋᖅᖃᐅᔮᖅᔫᒃᑐᕙᓂᖅ ᒪᕐᓇᓐᓂᖅᑐᓂ ᐱᖅᑲᓗᔭᖕᓂᑦ ᒥᑭᓐᓂᖅᓴᐅᑉᓗᓂ, ᐅᕝᕙᓘᓐᓃᑦ ᐃᖅᑲᙵᓄᑦ ᐊᒃᑐᐊᔪᕙᓂᖅ ᓄᓇᐳᔪᐳᖃᒥ ᐊᓇᕐᓗᐳᖅᐸᖅ
Uijjallaktuq	ᐅᐃᔾᔭᓪᓚᒃᑐᖅ	ᐱᖅᑲᓗᔭᒃ ᐅᕐᐳᓯᒪᕗᖅ/ᐅᐃᔾᔭᓪᓚᒃᓯᒪᕗᖅ; ᑭᓇᑐᐃᓐᓇᖅ ᐱᖅᑲᓗᔭᖕᒥᒃ ᒪᓂᖃᑦᑐᑯᓗᖕᒥᒃ ᑕᑯᓐᓂᐳᓂ, ᑕᐃᒪ ᐅᐃᔾᔭᓪᓚᖕᓂᑰᕗᖅ
Nuvulik	ᓄᕗᓕᒃ	ᐱᖅᑲᓗᔭᒃ ᓄᕗᓕᒃ ᓄᕗᖅᑲᐅᕐᓗᓂᓘᓐᓃᑦ, ᐅᐃᔾᔭᓪᓚᒃᓯᒪᖕᒋᓐᓇᒥ
Uviqtuq	ᐅᕖᖅᑐᖅ	ᐆᑲᙵᔪᖅ ᐱᖅᑲᓗᔭᒃ, ᐅᐃᔾᔭᓚᒃᓯᒪᓇᓂ; ᐃᒫᓃᓐᓂᕙᓂᙵ ᑕᑯᒃᓴᐅᕗᖅ - ᐃᓚᖓ ᑕᒪᓐᓇ ᐳᐃᖅᑲᔪᕙᓂᐅᑲᓗᐊᖅ ᐊᖅᑲᐅᒪᖅᑲᓯᐅᑎᓕᖅᑐᓂ, ᐊᖅᑲᐅᒪᓂᕙᓂᙵᑕ ᐃᓚᖓ ᐳᐃᖅᑲᓕᖅᑐᓂ
Sirmik kataktuq	ᓯᕐᒥᒃ ᑲᑕᒃᑐᖅ	ᓯᕐᒥᒃ ᐃᓚᖖᑲᖃᒥ ᐃᒫᓄᑦ ᑲᑕᒃᑐᓂ; "ᐃᒫᓅᖃᑖᖃᒥ" ᐱᖅᑲᓗᔭᐅᓕᖅᐳᖅ; ᑕᒪᓐᓇᑦᑕᐃᓐᓇᖅ ᐊᐅᔾᐃᑦᑐᖅ ᐊᔾᔨᖖᒋᑕᙵᓂᒃ ᐊᑎᖅᑲᒃᑲᓐᓂᕆᕗᖅ ᓄᓇᒦᑦᑐᓂ ᐊᑎᖕᒋᒃ ᓯᕐᒥᒃ ᐅᕝᕙᓘᓐᓃᑦ ᐊᐅᔾᐃᑦᑐᖅ, ᐃᒫᓃᓕᖃᒥ ᐊᑎᖅᑲᓕᕆᕗᖅ ᐱᖅᑲᓗᔭᒃ
Aujuittuq	ᐊᐅᔪᐃᑦᑐᖅ	ᓄᓇᐅᑦ ᖃᙵᓃᑐᐃᓐᓇᖅᑐᖅ ᐅᕝᕙᓘᓐᓃᑦ ᑰᒃᑐᑎᑐᑦ ᐃᖕᒋᖅᖃᐅᔮᖅᔫᒃᑐᖅ; ᐊᐳᑎ ᐊᖅᖄᔪᓕᒫᒥᒃ ᑖᓃᑦᑐᖅ; ᐅᖅᑲᐅᓯᖅᑕᙵ 'ᐊᐅᖅᑲᑦᑕᖕᒋᓪᓚᑦᑖᖅᑐᑦ"; ᐊᐳᑎ ᓇᔪᖅᑕᒥᓃᖕᒋᓐᓇᖅᑐᖅ ᐊᖄᔪᓕᒦᖅ ᐊᒻᒪᓗ ᑎᓯᒃᑎᓯᒪᖕᒋᒃᑐᖅ ᓱᓕ ᑕᐃᔭᐅᕗᖅ ᐊᓂᐅᕝ, ᐊᖄᔪᐸᐸᑦ ᓂᓚᐳᓛᖅᑐᓂ (ᐊᐅᔾᐃᑦᑐᖅ); ᑕᐃᒫᒃᑕᐅᖅ ᑕᐃᒪᐃᑦᑐᐳᖅᐸᑉᓕᐊᖕᒥᔪᑦ ᐊᐳᑕᐅᓚᐅᖅᑐᑎᒃ ᐊᒻᒪᓗ ᐊᐅᔾᐃᑑᓕᖅᑐᑎᒃ
Suraktuq	ᓱᖃᒃᑐᖅ	ᓱᖃᒃᑐᖅ
Siqummaq nilak	ᓯᖁᒻᒪᖅ ᓂᓚᒃ	ᐲᖅᑐᕙᓂᖅ ᐊᖕᒋᖅᑭᔭᒥᓂᑦ (ᓱᖃᐅᔾᔪᕙᓂᖅ)

ᓯᑰᑉ ᐅᖃᐅᓯᖅᑕᖏᑕ ᑐᑭᖏᑦ: ᑲᖏᖅᑑᒐᐱᒃ, ᐊᑏᓗ

Aqqaumaninga piqalujaut	ᐊᖅᑲᐅᒪᓂᖓ ᐱᖃᓗᔭᐅᑦ	ᐱᖃᓗᔭᐅᑦ ᐃᓚᒐᓗᐊᖓ ᐃᒦᓂ ᐊᖅᑲᐅᒪᔪᖅ; ᑕᒪᓇ ᑕᑯᒃᓴᐅᓂᖓ ᐱᖓᓱᐊᖅᑎᐅᑎᑦᑐᐊᖓᓂᑦ ᖁᓛᖅᓲᑎᑦᑐᐊᖓᓄᑦ ᐊᖏᓂᖅᓴᐅᑦᑐᓂ ᐃᓚᖓ
Puktallaqtuq	ᐳᒃᑕᓪᓚᖅᑐᖅ	ᐳᒃᑕᓪᓚᖅᑐᖅ; ᓯᑯ ᐃᓚᖕᖓᕋᒥ ᐊᖅᑲᐅᒪᓂᕐᒧᑦ ᐃᓚᖕᖓᐅᔾᔪᖅ ᐳᒃᑕᓪᓚᖅᐳᖅ, ᐃᓚᖕᖓᐅᑎᔪᖅ ᑕᕝᕙᖕᖓᑦ ᓂᓚᖓᒥᑦ ᐊᖅᑲᐅᒪᓂᖓᓂᑦ ᐳᒃᑕᓪᓚᖅᐳᖅ
Uukaqtuq	ᐆᒃᑲᖅᑐᖅ	ᓯᑯ ᐊᑕᐃᔾᔪᑎᔪᖅ, ᐲᖅᑐᖅ
Illaujaq	ᐃᓪᓚᐅᔭᖅ	ᐃᒥᑦᑎᐊᕙᒃ, ᐅᕙᔫᓐᓂᑦ ᑕᒪᓇ ᐃᒥᑦᑎᐊᕙᒃ ᑕᕆᐅᕐᒧᑦ ᐊᒃᑑᑎᖓᒪᑦ, ᓂᓪᓚᓇᒃᑐᑦ ᐅᕙᔫᓐᓂᑦ 'ᑯᓯᖓᑦ' ᖁᐊᖅᑐᑦ ᓯᑯᒥᑦ; ᑯᓯᒐᐅᖅᑯᐃᔾᔭᓪᓗᑎᒃ ᐊᓗᖅ ᓂᕕᖓᔪᑦ ᓯᑯᒨᖓᓪᓗᑎᒃ ᑕᒫᖓᑦ ᖃᖓᓂᑦ ᐊᓪᓚᒎᖅᑯᐃᔾᔭᓪᓗᑎᒃ ᑲᑭᐊᒃᑑᒧᑦ ᑖᒥ ᓯᑯᒥ; ᐅᔾᔨᖅᓇᖅᑐᑎᒃ ᐅᐱᕐᖔᒃᑯᑦ ᑭᓯᐊᓂ ᐊᐳᑎ ᓯᑯᓗ ᐊᐅᒃᐸᓪᓕᐊᑎᓪᓗᑎᒃ
Uiguaq	ᐅᐃᒍᐊᖅ	ᓯᑯ ᓵᑦᑑᑦᑐᓂ ᓯᑯᕗᖅ ᓯᓈᖓᓂᑦ, ᓯᓈᖓᑕ ᐅᐃᒍᒥᓕᖅᑐᓂᐅᒃ, ᑕᐅᕙᓇ ᐅᖓᑖ ᐃᒪᐅᑦᑐᓂ; ᓇᖏᐊᕐᓇᑐᐃᓐᓇᓇᐊᖅᑲᖅᑐᓂ ᐅᕙᔫᓐᓂᑦ ᓇᖏᐊᕐᓇᖖᒋᑐᐃᓐᓇᓇᐊᖅᑲᖅᑐᓂ ᐊᑐᕐᓗᒍ ᐃᔾᔪᓂᖓ ᓇᓗᓇᖏᔾᔪᑎᒋᓴᖅᐸᑉ, ᑕᕝᕙ ᑕᐃᒫᑦ ᑕᐃᒎᖅᑕᐅᕗᖅ ᐅᐃᒍᐊᖅ
Agluaq	ᐊᒡᓗᐊᖅ	ᐃᓄᖕᒧᑦ ᐊᒡᓗᐊᓕᐊᖑᓯᒪᔪᖅ, ᐱᑕᖅᑕᐅᑦᑐᓂ ᐊᐅᓚᓴᕐᕕᓕᐊᖑᓯᒪᔪᖅ ᐃᖅᑲᓗᒐᓯᒃᑐᒧᑦ
Tuvaijaqtuq	ᑐᕙᐃᔭᖅᑐᖅ	ᑕᒪᓇ ᑐᕙᖅ ᐂᔭᖅᑎᑦᑐᒍ ᓯᑯᐃᔭᖅᑐᓂ ᐅᐱᕐᖔᒃᑯᑦ
Sikurluktuq	ᓯᑯᕐᓗᒃᑐᖅ	ᓯᑯᕐᓗᒃᑐᖅ, ᒪᓂᕐᖏᑦᑐᖅ ᓯᑯᐊ, ᐃᒪᐃᑦᑐᖅᑎᑐᑦ ᒪᓂᓛᖅ, ᑭᓯᐊᓂ ᑕᒪᓇ ᒪᓂᓚᒐᓛᒃᑐᖅ ᐊᓄᓇᖅᑲᑦᑎᑦᑐᒍ ᓯᑯᔭᕕᓂᖅ; ᑕᐃᒎᖅᑕᐅᖅᑲᓯᐅᔾᔭᐅᔪᖅ ᑕᐃᒫᒃ (ᓲᕐᓗ - ᒪᓂᕐᓇᓂ ᓯᑯᔪᖅ, ᓯᑯᑐᖅᑲᐃᑦᑐ ᒪᓂᕐᖏᑦᑐᑦ, ᒪᓂᕐᖏᑦᑐᖅ ᓯᑯ ᐊᓄᓇᒧᑦ ᑕᐃᒪᐃᑎᑕᐅᔪᑦ (ᓯᑯᕐᓗᒃᑐᖅ))
Sirmik	ᓯᕐᒥᒃ	ᐊᐅᔭᐃᑦᑐᖅ ᓄᓇᒥ
1. Quanguvaluktuq 2. Qiqqaattivaluktuq	1. ᖁᐊᖑᕙᓗᒃᑐᖅ 2. ᕿᖅᑳᑦᑎᕙᓗᒃᑐᖅ	ᓇᓗᓇᐃᖅᑕᐅᓯᒪᔪᖅ ᑐᓴᖅᓴᐅᖓᒪᑦ ᕿᑭᖅᑳᖅᐸᓪᓕᑦᑎᔪᖅ ᐊᐳᑎᒃᑐᑦ ᑎᓯᔪᒧᑦ ᐅᕙᔫᓐᓂᑦ ᖁᐊᓂᒃ ᐊᑐᖅᐸᓗᒃᑐᓂ; ᑐᓴᖅᓴᐅᓂᖓ ᐱᓯᒃᑑᑦ ᐊᑐᖅᑕᖏᑦ ᖁᐊᖑᕙᓪᓕᑦᑎᓪᓗᑎᒃ ᐅᕙᔫᓐᓂᑦ ᑎᓯᔪᐊᔫᕙᓪᓕᑦᑎᔪᑦ; ᕿᑭᖅᑳᖅᐸᓪᓕᑦᑎᓂᖓ ᐊᐳᑎᒃᑯᑦ ᑐᓴᖅᓴᐅᔪᖅ ᐱᓯᒃᑎᓪᓗᒍ, ᐱᓗᐊᙳᐊᑐᖅ ᓂᕈᐊᑎᒧᑦ ᑎᓯᔪᓂᒃ ᑯᑭᓪᓕᒃ ᑕᒪᒃᑯᑎᑐᓇ ᑐᒃᑐᑎᑐᑦ; ᑐᓴᖅᓴᐅᓂᖓ ᐅᔾᔨᖅᓇᓗᐊᙳᐊᖅᑐᖅ ᓈᓚᒡᓗᓂ ᐊᒡᓗᕕᐅᑦ ᐃᓗᐊᓂᑦ
Tuvaruqpalliajuq	ᑐᕙᕈᖅᐸᓪᓕᐊᔪᖅ	ᓯᑯ ᐃᔾᔪᖅᑎᑉᐸᓪᓕᐊᔪᖅ, ᐃᒪᐃᑦᑐᕈᖅᐸᓪᓕᐊᔪᖅ ᓯᑯ ᑐᕙᖅ
Sikutattiqtuq	ᓯᑯᑕᑦᑎᖅᑐᖅ	ᐃᒪᐅᑎᓪᓗᒍ ᐅᑭᐊᒃᓵᒃᑯᑦ ᓯᑯᐃᔭᓕᖅᑎᓪᓗᒍᓗ ᓯᑯ ᓄᐊᑦᑐᖅ ᐊᖅᑯᓵᖅᑐᑦᔫᓐᓂᑦ, (ᑲᖏᖅᑑᒪᓂᕐᒧᑦ ᑖᒥᓂᑐᐃᓐᓇᕐᔫᓐᓂᑦ) ᐊᓄᓇᒧᑦ ᐃᖏᕐᖃᓂᕐᒧᑦᔫᓐᓂᑦ
Qangajjaniq	ᖃᖓᔾᔭᓂᖅ	ᖃᖓ ᐃᒦᓂᖕᒋᓐᓂᖓ ᐋᔪᕐᐅᑦ ᑭᒡᓕᖓᓄᑦ ᐊᐱᔾᔪᑎᓯᒪᔪᖅ; ᑕᒪᓇ ᓯᑯᐊᑕ ᑐᕙᐅᓂᖓ ᓄᖑᑉᐸᓪᓕᐊᖓᑦ ᑕᒪᓇ ᖃᖓ ᐋᔪᕐᐅᑦ ᑭᒡᓕᖓᓄᑦ ᐊᒃᑐᐊᔪᖅ ᖃᖓᔾᔭᓂᕈᖅᐳᖅ, ᓇᖏᐊᕐᓇᖅᑐᓂ, ᑲᑕᖕᓇᖅᑐᓂ
Piturniq	ᐱᑐᕐᓂᖅ	ᑕᖅᑭᖅ ᐃᓗᐃᑦᑑᑎᓪᓗᒍ; ᑕᕝᕙ ᐃᖏᕐᖃᓂᖓ ᓱᒃᑲᒃᑎᓯᒪᕗᖅ ᐅᓚᓐᓂᖓᓗ ᐅᓚᕐᑲᑦᑕᕐᓂᖅᓴᐅᑦᑐᓂ

Pukajaaq	ᐳᑲᔮᖅ	ᐳᑲᔭᒃᑐᖅ ᐊᐳᑎ ᓄᓇᒥ ᐅᕝᕙᓘᓐᓃᑦ ᓯᑯᒥ; ᐊᐳᑎᐅᑦ ᐊᑎᖓᖓ; ᓂᒡᓚᓱᒃᑐᐊᓘᑎᓪᓗᒍ, ᐃᒡᓗᓕᕕᑦᑎᐊᕙᐅᖏᑦᑐᖅ ᖄᖓᓂ; ᐃᒻᒥᐅᒐᑦᑎᐊᕙᐅᓪᓗᓂ
Quasaq	ᖁᐊᓴᖅ	ᖁᐊᓴᖅ
Quaraaluk	ᖁᐊᕌᓗᒃ	ᖁᐊᓇᒃᑐᖅ, ᖁᐊᓴᐅᔭᓇᐊᓕᒃ
Tisijualuk (tisijua, tisimat, tisijuq)	ᑎᓯᔪᐊᓗᒃ (ᑎᓯᔪᐊ, ᑎᓯᒪᑦ, ᑎᓯᔪᖅ)	ᐊᐳᑎ ᐊᓅᕋᖅᓯᒪᓕᖅᑎᓪᓗᒍ ᐊᓄᕌᓚᓇᒃᑐᒧᑦ; ᓯᑯᒥ ᓄᓇᒥᓪᓘᓐᓃᑦ, ᓯᖁᓪᓗᕐᓂᐅᓴᓪᓗᓂ ᓴᕙᖕᒧᑦ ᐅᕝᕙᓘᓐᓃᑦ ᐅᓈᕐᒧᑦ
Qiluqqaijaqtuq	ᕿᓗᖅᑲᐃᔭᖅᑐᖅ	ᓯᑯ ᖁᕐᖁᖅᐸᓪᓚᐊᓗᓂ; ᑕᐃᒪᐃᓕᖅᑲᑦᑕᖅᑐᖅ ᓯᑯᔭᕌᖓᒥ, ᓯᑯ ᖁᕐᖁᖅᐸᓪᓚᐊᖅᑲᑦᑕᖅᑐᖅ ᐃᔾᔪᖅᑎᖅᐸᓪᓚᐊᓪᓗᓂ; ᓇᒡᒍᓯᖅᓯᓕᖅᑲᑦᑕᖅᐳᖅ
Ququttittuq	ᖁᖁᑦᑎᑦᑐᖅ	ᓄᑕᐅᑎᑦ ᐃᖅᐸᕐᔪᕐᒥᓚᐅᖅᐸᒃᑐᑎᒃ ᖁᕐᖁᕐᔫᒥᕚᒃᑐᑎᒃ (ᐊᑯᓂᐅᕐᓂᑦᑐᖅ ᑕᐃᒪᐃᓕᐅᖅᑐᑎᒃ ᐅᓪᓗᖅ ᑕᒪᓐᓇᑦᑕᐃᓐᓇᖅ ᐅᕝᕙᓘᓐᓃᑦ ᖃᐅᑎᓪᓗᒍ)
Kagvait	ᑲᒡᕙᐃᑦ	ᐅᖃᐅᓯᒃᑲᓐᓂᖅ ᓯᑯᑐᖃᕐᓄᑦ, ᑲᖏᖅᑐᒑᐱᖕᒥᐅᑦ ᐅᖃᐅᓯᓕᒐᓚᙱᑕᖕᒐᑦ ᐅᖃᕈᓯᕐᒥᑎᒍᑦ ᑭᓯᐊᓂ ᑲᖏᖅᑐᒑᐱᖕᒥᐅᑦ ᐃᓄᐃᑦ ᐃᓚᖏᓐᓄᑦ ᐊᑐᖅᑕᐅᑐᐃᓐᓇᓇᐊᓕᒃ; ᑐᑭᖃᐅᑎᖕᒐ ᑕᒪᓐᓇ ᐊᕙᑖ ᓇᙵᓇᓂᐅᖕᒪᑦ ᑲᒡᕙᐃᑦ, ᐳᖅᑐᔪᐊᔫᖕᒋᒃᑲᓗᐊᕐᑐᑎᒃ; ᐅᖃᐅᑎᒋᔭᐅᒐᔪᖅ ᑲᖏᖅᑐᒑᐱᖕᒥᐅᓄᑦ ᐃᒫᒃ ᓯᑯᑐᖃᖅ
Naannguaq	ᓈᙳᐊᖅ	ᒪᓂᕋᒃᑲᓗᐊᖅᑐᑎᒃ ᐊᓂᖕᖓᓂᐅᓪᓗᑎᒃ ('ᓈᖅᑎᑐᑦ ᑕᐅᑦᑐᖅᑲᐸᓗᒃᑐᑎᒃ') ᐊᐳᑏᑦ ᐊᓄᓇᒧᑦ ᑕᐃᒪᐃᓕᑎᑕᐅᓯᒪᔪᑦ; ᓯᑯᒦᑦᑐᓐᓇᖅᑐᑦ
Sikkujjaujuq	ᓯᒃᑯᔾᔭᐅᔪᖅ	(1) ᑐᑭᖃᐅᓯᖕᒐ ᐃᒫᓐᓂᑦᑐᖅᑲᖅᑎᓪᓗᒍ ᐊᐃᔪᒪᔭᒥᒃ (ᓲᖅᓗ - ᐅᒥᐊᖅ, ᓇᑦᑎᖅ) ᐅᑦᑭᖅᔭᓇᐊᖅᑲᕐᓇᖅᑐᖅ ᓯᑯ ᐊᑐᕋᒃᓴᐅᓕᖅᓯᐊᓇᓗᒍ ᐊᐃᓂᐊᕐᓗᒍ; (2) ᖁᐊᕐᒍᓪᓗᓂ ᓯᒃᑯᔾᔭᐅᓯᒪᔪᖅ, ᒪᑯᐊ ᕿᓚᓗᒐᐃᑦ ᓯᒃᑯᔾᔭᐅᓯᒪᔪᑦ ᐳᐃᕝᑦᖃᐅᖅᑐᑎᒃ (ᕿᓚᓗᒐᐃᑦ ᐳᐃᕕᖕᓂᖕᓂᒃ)
Quaqtuq	ᖁᐊᖅᑐᖅ	ᖁᐊᖅᑐᖅ, ᓯᑯ ᐳᐃᒪᓚᐅᖅᑐᓂ ᑭᖑᓂᖓᒍᖅ ᖁᐊᖅᑐᖅ
Mannguumajuq	ᒪᙴᒪᔪᖅ	ᐊᐳᑎᐅᑦ ᒥᒃᓵᓄᑦ ᐊᕿᓪᓕᒃᐸᑦ ᓯᓚᐅᑦ ᓂᓪᓚᐅᔮᓐᓂᕐᓂᖓᓄᑦ
Tisaingajuq	ᑎᓴᐃᖓᔪᖅ	ᑐᑭᖃᐅᑎᕆᖕᒥᔭᖕᒐ ᓯᑯ ᖁᐊᖑᕆᓪᓗᓂ ᐊᕿᑦᑑᓗᓂ ᐃᔾᔪᖅᑎᖅᐸᓪᓚᐊᓕᖅᑎᓪᓗᒍ; ᖁᐊᖑᕆᑦᑐᖅ ᓯᓚ, ᑕᕝᕙ ᐃᒪᐃᐸᖅ ᖁᐊᓴᐅᓇᓂ, ᐊᕿᑦᑐᖅ ᓯᓚ ᓯᑯ
Siiqsinniq	ᓰᖅᓯᓐᓂᖅ	ᐃᒥᖅ, ᐃᒪᖅ ᓯᑰᑦ ᖃᖓᒎᖅᐸᑦ; ᒪᑯᑎᑐᓇᖅ ᑰᒃᑎᑐᑦ ᓯᑯᒨᖅᓗᓂ ᐊᒻᒪᓗ ᖁᐊᖅᓗᓂ (ᓰᖅᓯᑦᑐᖅ)
Piquarniq	ᐱᖁᐊᕐᓂᖅ	ᖃᑦᑎᒃᓯᓯᒪᓂᐅᓪᓗᑎᒃ ᐅᔭᕋᐃᑦ ᓯᓪᔭᒦᑦᑐᖅ ᓇᓚᖕᒋᑦ ᐅᕝᕙᓘᓐᓃᑦ ᑭᓯᑐᐃᓐᓇᐃᑦ ᐃᒃᑲᑦᑐᒦᑦᑐᑦ ᓯᓪᔭᒥ ᑕᐃᒪᐃᓕᑎᑕᐅᔪᑦ ᐅᓕᖅᑲᑦᑕᕐᓂᖓᓄᑦ ᑎᓂᖅᑲᑦᑕᕐᓂᖓᓄᓪᓗ; ᐊᖏᓪᓕᕙᓪᓕᐊᖅᑲᑦᑕᖅᑐᑦ ᓯᑯ ᐃᔾᔪᖅᑎᖅᐸᓪᓚᐊᑎᓪᓗᒍ

ᓯᑰᑉ ᐅᖃᐅᓯᖅᑕᖏᑕ ᑐᑭᖏᑦ: ᑲᖏᖅᑐᓕᐱᒃ, ᐊᑏᓗ

Tujjaarnaqtuq	ᑐᔾᔮᕐᓇᖅᑐᖅ	ᑖᔅᓯᒪ ᑐᑭᖓ ᐱᔾᔪᑎᖃᕐᓗᐊᙳᐊᑐᖅ ᕿᒻᒥᓄᑦ ᕿᒨᖃᑦᑕᖅᑐᓄᑦ ᐊᒻᒪᓗ ᓯᑯᒧᑦ; ᖃᑦᑕᖓᓖᖅ ᐊᐳᑎ ᐅᐱᕙᓖᒃᑯᑦ ᐊᐅᒃᑎᓪᓗᒍ, ᓄᕚᖃᐅᑕᖅᑐᑎᒃ ᓂᓚᓚᑖᕿᔫᑕᖅᑐᑎᒃ ᑕᐃᒪᐃᑕᖃᑦᑕᕐᒪᑕ ᐃᒪᖃᕈᔪᒃᐸᑦᑕᐊᔪᓂᒃ ᕿᒻᒥᕐᓂᒃ ᑐᔾᔭᖅᐸᑦᑕᐊᑕᖅᑎᑦᑎᖃᑦᑕᖅᑐᑦ ᐃᓯᓚᖏᓐᓂᒃ
Akia	ᐊᑭᐊ	"ᐊᑭᐊ"; ᓯᑯ ᐃᑭᖅᓯᒪᒃᐸᑦ ᐊᒻᒪᓗ ᐊᑭᐊ ᑕᑯᒃᓴᐅᓗᓂ ᐃᒪᐅᓗᓂ ᐊᑯᓐᓂᖓ ᑕᐅᕙ ᐊᑭᐊ, ᐅᖓᓯᒃᑑᔪᓐᓇᖅᑐᓂ, ᑕᑯᔭᒃᓴᐅᓂᐅᓭᖅ
Tuvaqtaq	ᑐᕙᖅᑕᖅ	ᐃᓗᐃᒃᑲᐅᑦᓗᓂ ᓯᑯ ᐊᑐᓂᑦ ᐳᒃᑖᖅᑐᖅ, ᓯᑯᑐᖃᐅᔪᓐᓇᕐᒥᔪᖅ; ᑐᕖᓘᓗᓂ; ᐅᒦᓇᕚᒃᓴᐅᓗᓂ ᖃᖓᓄᑦ (ᑲᓅᕐᓄᑦ)
Puktailat	ᐳᒃᑕᐃᓚᑦ	ᓯᑯ ᓱᕐᑯᒪᓇᔭᐅᓗᓂ ᓯᑯᑐᒧᑦ ᐅᕘᕙᓘᓐᓂᑦ ᓯᑯ ᓴᐱᔭᐅᓯᒪᔪᖅ ᐳᐃᓗᓂ ᐋᑖᓃᑦᓕᕐᓗᓂ ᓱᑰᖃᑦᑕ, ᑕᒪᒃᑯᐊ ᖃᐃᕋᑦᑑᑦᓗᑎᒃ ᓲᖃᐃᒻᒪ ᐊᖅᑲᐅᒪᓯᒪᓚᒥᒃ ᐅᑯᓂᑲᑦᑕᒃ; ᐅᐱᕚᓖᒃᑯᑦ ᑭᓯᐊᓂ ᑕᐃᒪᐃᓲᑦ; ᑲᑉᐱᐊᓇᕈᓐᓇᖅᑐᑦ
Punnirniq	ᐳᓐᓂᕐᓂᖅ	ᐊᐳᑎ ᑕᕆᐅᕐᒥᒃ ᐃᔅᓯᖃᖅᑐᓂ; ᐅᖃᐅᑎᒋᔭᐅᔪᑦ ᑕᖏᑖᑦ
Masangniviniq	ᒪᓴᖓᓂᕕᓂᖅ	ᓯᑯ ᐃᓖᕋᒥ ᖃᒥᒍᑦ ᐊᐳᑎᑕᐊᔫᑦᓗᓂ, ᑌᕙᑕ ᐃᓴᒃᑐᓂ, ᖁᐊᕐᒥᒐᒥ ᑌᕙ ᒪᓴᖕᓂᕕᓂᖅ
Aputaangajaaq	ᐊᐳᑖᖓᔮᖅ	ᐊᕿᑦᑑᑦᓗᓂ ᓯᑯ; ᐅᓈᕐᒧᑦ ᑲᐱᔭᒃᓴᐅᑦᓗᓂ; ᖃᖓᑐᐃᓇᑦᑎᐊᒃᑯᑦ ᑕᐃᒪᐃᑦᑐᔪᓐᓇᖅᑐᖅ ᐊᒻᒪᓗ ᓇᓂᔭᐅᔪᓐᓇᕈᑦᓗᑎᒃ ᐱᑕᖅᑲᕐᓂᖏᓐᓂ
Aqilluaqtuq	ᐊᕿᓪᓗᐊᖅᑐᖅ	ᓯᑯᕋᑖᖅᑎᑦᓗᒍ ᐊᒻᒪᓗ ᐊᑐᕋᒃᓴᐅᑕᖅᑐᓂ ᐃᖏᕋᕕᒋᔭᒃᓴᐅᑕᖅᑐᓂ, ᖃᓐᓂᕐᕕᐅᓗᓂ ᑐᒥᖃᕐᓇᖅᓯᓗᓂ ᐊᒻᒪᓗ ᐊᕿᒡᒐᓗᓂ ᐊᒻᒪᓗ ᓇᖏᐊᕐᓇᖅᓯᓗᓂ; ᑕᒪᑐᒪ ᐊᐳᑎᐅᑦ ᖁᐊᖑᔪᓐᓃᖅᑎᑉᐸᑦᑕᕐᒪᒍ ᖃᑕᐅᑎᒐᒥ ᑕᒪᓐᓇ ᓯᑯ

ᓯᑰᑉ ᐅᖃᐅᓯᖅᑕᖏᑕ ᑐᑭᖏᑦ: ᖄᓈᖅ

Hikuapajaannguaq	Hᐃᑯᐊᐸᔮᙱᐊᖅ	ᓵᑐᑯᔫᑦᑐᓂ ᓯᑯᐊᖅᑐᖅ ᐃᒫᓂ ᐅᖓᔫᓐᓃᑦ ᓄᓇᒥ (ᑕᓯᑦ); (0-5m m)
Hikuaq	Hᐃᑯᐊᖅ	ᐃᔾᔪᓂᖅᓵᕐᔪᓚᕆᐊᖅᑐᓂ Hᐃᑯᐊᐸᔮᙱᐊᒥᑦ; ᒪᑯᖕᓂᖓ ᐱᔪᖅ ᐃᒪᖅ ᐅᖓᔫᓐᓃᑦ ᑕᓯᑦ; (0-5c m); ᑕᒪᓇ ᓯᑯᐊᖅᑐᖅ ᖁᐊᓴᐅᑦᑐᓂ
Anngiuhat	ᐊᙱᐅHᐊᑦ	ᒪᓕᖕᒋᑦ ᐊᖕᒪᔪᖅᑐᓂᒃ ᓇᔪᓇᐃᖅᑐᖅᑲᖅᑲᑦᑕᓕᖅᑐᑦ (ᓲᖅᑐ ᐹᓐᑲᐃᒃ ᓯᑯᑦ) ᒥᑭᔫᑎᓂᑦ ᐊᖕᒋᔫᑎᐊᔪᖕᓄᑦ
Qinuaq	ᕿᓄᐊᖅ	ᐊᓄᓇᖅᑲᖅᑎᓪᓗᒍ ᐊᒻᒪᓗ ᐊᙱᐅHᐊᑦ (ᐅᖓᔫᓐᓃᑦ ᓯᑯ) ᓯᑯᐊᑦ ᐊᒋᐅᑎᓪᓗᑎᑦ ᓱᖅᑯᓪᓗᖅᑐᑎᒃ ᒥᑭᔫᑕᐅᓈᖅᑎᖅᑐᑎᒃ ᐊᐳᑎᑎᑑᖅᑯᐃᓴᔪ ᓱᖅᑯᓪᓗᖅᑎᒋᓪᓗᑎᒃ; ᐊᓄᓇᐅᑦ ᑎᒃᑕᐅᑎᑦᑐᓂᒋᒃ ᓄᓇᒧᑦ; ᓄᓇᒧᓪᓗ ᖃᓂᑦᑐᑯᔫᔭᓇᖅᑐᓂ ᐅᖓᔫᓐᓃᑦ ᐃᒫᓃᓪᓗᓂ; ᑕᐅᑦᑐᖃᕈᓐᓇᖅᑐᑦ ᐊᐳᑕᐅᖅᑯᐃᓴᓗᓂ ᐃᒫᓂ; ᖄᖓᒍᑦ ᓯᑯᐊᓕᕐᓗᓂ (ᑕᑯᓗᒍ ᕿᓄᐊᕐᕈᐊᖅ); ᐃᖕᒋᖅᖁᕕᒃᓴᐅᖕᒋᑦᑐᖅ ᑕᒪᑐᒪ ᕿᓄᐊᖅ ᖄᖓᒍᑦ
Qinorruaq	ᕿᓄᐊᕐᕈᐊᖅ	ᓲᖅᑐ ᒪᓇ ᕿᓄᐊᖅ, ᑭᓯᐊᓂ ᐃᔾᔪᓪᓗᓂ; ᓲᒃᑲᐃᓇᖅᑐᑯᓗ ᐅᒥᐊᖅᑐᖅᕕᒋᓗᒍ; ᐃᖕᒋᕐᖁᕕᒃᓴᐅᓇᓂ ᕿᓄᐊᕐᕈᐊᖅ
Hiku	Hᐃᑯ	ᑕᐃᓇ ᐱᔾᔪᑎᒋᓪᓗᒍ 1. ᓯᑯ; 2. ᑕᓯᐅᑦ ᓯᑯᐊ; 3. ᐋᓯᑯᓛ
Hikuliaq	Hᐃᑯᓕᐊᖅ	ᓯᑯᖁᑖᖅᑐᖅ; ᑕᒪᒃᑮᖕᓂᒃ ᐱᔾᔪᑎᓕᒃ ᓯᑯᒥᒃ ᐊᒻᒪᓗ ᑕᓯᕐᓂᒃ; ᐊᑐᕐᓴᐅᓐᓗᓂ; ᑕᒪᓇ ᓯᑯᖁᑖᖅᑐᖅ ᖁᐊᓴᐅᔪᖅ
Haard"dloq	Hᐋᕐᖢᖅ	ᓵᑦᑐᕕᕐᔪᐊᑯᓗᒃ, ᓯᑯᖁᑖᖅ; ᐊᑐᕐᓴᐅᖕᒋᑦᑐᖅ ᓯᓚ
Eqinnikkalaat	ᐃᖄᓐᓂᒃᑲᓛᑦ	ᓯᑯᐊᖅ ᐅᖓᔫᓐᓃᑦ Hᐃᑯᐊᐸᔮᙱᐊᖅ ᓱᖅᑯᓪᓗᖅᑎᓪᓗᒍ; ᑕᒪᒃᑯᐊ ᓯᑯᐊᑦ ᓱᖅᑯᓪᓗᖅᓯᒪᔪᑦ ᐊᓚᒍᖅᑎᑐᑦ ᑕᐅᑦᑐᖅᑲᖅᑐᑎᒃ; ᕿᓪᓕᑦ ᐊᓗᖕᒋᓐᓂᒃ ᑭᓕᖅᓯᓛᔭᓇᖅᑐᑦ ᕿᒧᒃᑐᑦ ᐅᖓᔫᓐᓃᑦ ᐃᓄᐃᑦ ᐊᓪᓚᖕᒋᓐᓂᒃ/ ᐅᕕᓂᖕᒋᓐᓂᒃ

Hikuliaminiq	Hᐃᑯᓕᐊᒥᓂᖅ	Hᐃᑯᓕᐊᖅ ᐃᔾᔪᖅᑎᓕᖅᐸᑦ (ᐃᔾᔪᖅᑎᐊᕐᔪᓪᓗᓂ ᑭᓯᐊᓂ ᓯᑯᑐᖅᑲᐅᖕᒋᓪᓗᓂ); ᑕᒪᓇ ᓯᑯ ᐃᔾᔪᖅᑎᐸᒡᓚᐊᕙᒥ ᓲᖅᑐ ᒪᑯᐊ "ᖁᐊᖑᓪᓗᑎᒃ ᓄᓇᖁᐃᑦ" (ᑲᓃᑦ) ᓯᑰᑦ ᖃᖓᓂ (ᒪᐅᓇᖅᑲᓚᕐᒥ ᑕᒪᓇ ᓯᑯ ᐃᔾᔪᖅᑎᐸᒡᓚᐊᓪᓗᓂ, ᑲᑕᖅᑐᒥᐅᖕᒋᑦᑐᖅ); ᖁᐊᓴᐅᔭᓐᓂᖅᑐᖅ ᑕᒪᑐᒨᖓ ᑲᓂᐅᑎᔪᒧᑦ; ᓇᖕᒋᐊᕐᓇᕈᓐᓂᖅᑐᓂᓗ, ᐊᑐᕐᓴᐅᑎᐊᓕᖅᑐᓂ ᐃᖕᒋᕐᖁᕕᒋᓗᒍ; 5-50 ᓴᓐᑎᒦᑕᑦ
Maaneq	ᒫᓂᖅ	ᑕᒪᒃᑯᑎᑐᓇᖅ ᕿᓄᕐᕈᐊᖅ, ᑕᐃᒪᐃᖅᑲᑦᑕᖅᑐᑦ ᓴᒃᑎᒃᑐᒥ ᓯᓪᔭᒥᑦ; ᐊᒋᐅᑎᓯᒪᔪᑦ ᓯᑯᒥᑦ ᓯᑯᕕᓂᐅᓴᓗᐊᑦ ᓯᑯᐃᑦ ᐊᑯᓐᓂᖕᒋᓐᓃᑦᑐᑦ ᐅᖓᔫᓐᓃᑦ ᐃᒪᑐᐃᓇᕐᒥ ᐊᒻᒪᓗ ᓯᑯᕙᑦᓚᐊᑎᓪᓗᒍ ᓯᑯᖅᑲᓯᐅᑎᖅᑲᑦᑕᖅᑐᑦ ᐃᔾᔪᓂᖅᓴᐃ ᐊᑯᓐᓂᖕᒋᓐᓂ; ᐊᑐᕐᓴᑦᑎᐊᖑᓕᖅᑲᑦᑕᖅᑐᑦ ᓯᑯᖅᑲᓯᐅᑎᔭᖐᖑᒥᒃ, ᕿᒨᒃᓯᓄᑦ ᐊᑐᖅᑕᐅᔭᓇᑦᑎᐊᖅᑐᑦ ᐃᖄᕐᕕᒋᓗᒋᑦ
Hikuuhaq/ Hikuuharraaq	HᐃᑰHᐊᖅ/ HᐃᑰHᐊᕐᕋᖅ	ᓯᑯ ᐱᑐᖃᖅ; ᓯᑯᖅᑲᓯᐅᑎᓯᒪᔪᖅ ᓯᑯᑎᓪᓗᒍ ᑕᐃᒪᙵᑦ ᓯᑯᖕᒪᑦ; ᐊᐳᔭᐅᓯᒪᖅᑲᓯᐅᑎᔪᖅ (ᐊᒋᐅᑉᐱᓂᖅ); ᐅᖓᔫᓐᓃᑦ ᐊᐳᑎᑐᐃᓇᓇᖅ
Angnerruartorng	ᐊᖕᓂᕐᕈᐊᕐᑐᖕ	ᑕᒪᓇ ᓯᑯᖅᑲᓂᐅᖕᒋᓇᓇᖅᑐᖅ ᐊᕐᖑᒍᓛᕐᒫᖅ; ᓯᑰᖕᒋᓇᕐᓂᖓ ᐊᐅᔭᐅᓚᐅᐊᖅᑎᓪᓗᒍ ᓯᑯᖅᑲᓯᐅᑎᓚᐅᖅᑐᖅ ᓯᑯᓕᕐᒪᖅ
Hikuuhaq	HᐃᑰHᐊᖅ	ᓯᑯ ᑕᒪᓇ ᑎᑭᐅᑎᔪᖅ ᓂᓪᓚᓱᒃᑐᖕᓛᖕᒥᕐᒥᑦ ᓄᓇᐅᑦ ᑲᔾᔮᑕ ᒥᒃᓯᖕᓛᖑᓂᑦ; ᐃᔾᔪᔪᐊᔫᑦᑐᓂ; ᓯᑯᑐᖅᑲᐅᔭᓇᖅᑐᖅ
Qainngoq	ᖃᐃᙴᖅ	ᓯᑯᑦᑕᐅᖅ ᑖᒥᓂ ᑕᐃᒪᐃᓕᑦᑐᓂ ᓯᓪᔮᓕᖅᑲᑦᑕᖅᑐᖅ; ᑕᐃᒪᐃᓕᑎᑕᐅᖅᑲᑦᑕᖅᑐᖅ ᐅᓕᑦᑐᒧᑦ ᐅᖓᔫᓐᓃᑦ ᒪᓕᖅᑑᑦ ᐊᐅᓚᓂᖓᓄᑦ
Kussiniq	ᑯᔅᓯᓂᖅ	ᑯᔾᔨᓂᖅ (ᓲᖅᑐᑦᑕᐅᖅ - ᐃᑐᓕᐅᒪᓂᐅᑦᑐᑎᒃ, ᐊᖕᒪᔪᑦ) ᐃᒥᕐᒧᑦ ᓄᓇᒥᑦ ᐅᖓᔫᓐᓃᑦ ᐱᖅᑐᔭᖕᒥᑦ; ᓲᖅᑐᑦᑕᐅᖅ - ᐃᒥᐅᑦ ᑰᓪᕕᖓ ᖃᐃᙳᑦ ᖄᖑᒍᑦ ᐅᖓᔫᓐᓃᑦ ᐱᖅᑐᔭᐅᑦ

ᓯᑰᑉ ᐅᖃᐅᓯᖅᑕᖏᑕ ᑐᑭᖏᑦ: ᖄᓈᖅ, ᐊᑏᓗ

Higgat	ᕼᐃᒡᒐᑦ	ᐊᑯᓐᓂᖓᓂ ᖃᐃᙶᑦ ᐅᕝᕙᓘᓐᓃᑦ ᓄᓇᐅ ᐊᒻᒪᓗ ᓯᑰᑦ, ᐊᖏᔫᑕᐅᓪᓗᑎᒃ ᓯᑯᕗᑦ ᒪᓖᑦ ᐊᐅᓚᓂᖏᓐᓄᑦ ᐊᒻᒪᓗ/ᐅᕝᕙᓘᓐᓃᑦ ᐅᓕᑦᑕᕐᓂᖓᓚᑕ; ᓇᒡᒍᐊᑎᑦᑐᑦ ᐊᐅᓚᓪᓗᑎᒃ (ᐃᑯᓯᒃᑎᑦᑐᑦ, ᐅᕝᕙᓘᓐᓃᑦ ᐃᓄᒐᙳᐊᑎᑦᑐᑦ) ᐊᑯᓐᓂᖓᓂ ᓄᓇᐅᑦ ᐊᒻᒪᓗ ᐃᒪᐅᑦ; ᐃᒪᐃᑦᑐᓐᓇᕆᓪᓗᑎᒃ ᑕᓯᖅᑖᖅᑎᑦᑎᓗᑎᒃ ᑎᓂᑦᑕᕐᓂᖓᓚᑕ ᐊᐅᓚᓪᓗᓂᒋᑦ, ᑕᒦᓂᓗ ᓯᑯᒥ
Higgard'dluk (Puttaaq)	ᕼᐃᒡᒐᕐᖢᒃ (ᐳᑦᑖᖅ)	ᐃᒦᑎᒋ ᓯᒡᔭᖅ ᐊᑐᖅᓂᕈᓐᓃᖅᑎᓪᓗᒍ ᐃᖏᕐᕋᕕᒋᓇᓱᓪᓗᒍ ᓄᓇᒥᑦ ᑕᐅᓄᖓ ᓯᑯᒧᑦ, ᓵᕐᓗ - ᐅᐱᕐᖔᒃᑯᑦ, ᑕᐃᒎᓯᖅᑲᓇᕗᖅ ᕼᐃᒡᒐᕐᖢᒃ; ᑕᒃᑯᐊ ᐊᖏᔫᑎᐅᒐᓗᐊᑦ ᑕᐃᒍᖅᑕᐅᓯᔫᖑᒪᑕ ᐳᑦᑖᖅ
Qunnerit/Quppat	ᖁᓐᓂᕆᑦ/ᖁᑉᐸᑦ	1. ᐃᑭᖅᑐᓂᖏᑦ (ᐋᔭᕋᐃᑦ/ᖁᖕᓃᑦ) ᐊᑯᓐᓂᖏᓐᓂ ᐳᒃᑖ ᐊᖏᔪᑦ ᓯᑯᒦᑦᑐᑦ ᓯᒡᔭᖓᓂᑦ, 2. ᐋᔭᕋᐃᑦ ᖁᖕᓃᑦ (ᖃᓄᑐᐃᓐᓇᑦᑎᐊᖅ ᐃᑭᖅᑐᑎᒋᔪᑦ) ᐊᐅᔪᐃᑦᑐᓂ (ᓯᕐᒥᓂ)
Aluktinneq	ᐊᓗᒃᑎᓐᓂᖅ	ᐃᒥᖅ ᖁᐸᑉᓂᑦ ᖃᑦᑕᐅᖕᓖᖅᑐᑦ; ᐅᐱᕐᖔᒃᑯᑦ ᑕᐃᒪᐃᓕᓲᑦ (ᐅᐱᕐᖔᒃᑯᑦ ᐃᒥᖅ ᐊᐅᖕᓂᑯ); ᑕᒪᒃᑯᐊ ᐃᒥᑐᐃᓐᓇᐅᓕᕐᓂᕆᖅᑲᑦᑕᖅᑕᖏᑦ ᐅᔭᕋᖕᓅᖏᑦᑐᖅ ᓯᑰᑦ ᐊᑖᓃᑦᑐᓄᑦ, ᑕᐃᒍᖅᑕᐅᕗᑦ ᐊᓗᒃᑎᓐᓂᖅ, ᑕᐃᒪᐃᓕᒃᐸᑕ ᐅᔭᕋᐅᑦ ᐊᑎᖏᓐᓂᑦ ᑕᐃᒍᖅᑕᐅᓪᓗᑎᒃ ᕼᐃᓚᒃᓱᐊᓐᓂᖅ (ᑕᑯᓗᒍ ᑕᑯᖅᑯᔅᓴᓯᒪᔪᑦ)
Qauksuanneq	ᖃᐅᒃᓱᐊᓐᓂᖅ	ᑎᓐᓂᒐᑎᓪᓗᒍ, ᓯᑯ ᐊᒃᐸᖅᐹᓪᓕᔫᖑᒪᑦ ᐊᒻᒪᓗ ᑕᒦᓃᖏᓐᓇᓕᕈᓐᓇᖅᑐᓂ ᐊᔭᓕᕐᓗᓂ ᓯᒡᔭᒥ. ᐅᓕᑎᓪᓗᒍ ᐊᒻᒪᓗ ᖁᕝᕙᕈᓐᓇᐃᓪᓕᓪᓗᓂ, ᖄᒥᐅᔾᔭᖅ ᐃᒪᖅ ᓯᒡᔭᒦᑦᑐᖅ ᐊᒻᒪᓗ ᖁᐊᕚᖓᒥ ᐃᒪᐃᑦᑐᕈᖅᑲᑦᑕᖅᐸᖅ ᖃᐅᒃᓱᐊᓐᓂᖅ; ᑕᒪᓐᓇ ᑕᐃᒪᐃᓕᔪᓐᓇᖅᑐᖅ ᐃᒪᕐᒥ ᐊᒻᒪᓗ ᑕᓯᕐᓂ
Hilaksuanneq	ᕼᐃᓚᒃᓱᐊᓐᓂᖅ	ᐃᒥᖅ ᐊᐅᒃᐸᑦ ᐅᔭᕋᐅᑦ ᑭᒡᓕᖓᒍᑦ ᓄᓇᒥᓪᓗ ᖁᕝᕙᕆᒥ ᓯᑯᐃᓐᓇᕐᒦᓕᖅᑐᓂ, ᐅᕝᕙᓘᓐᓃᑦ ᐱᖃᓗᔭᐅᑦ ᐊᑖᒍᑦ; ᒪᑐᐃᖓᔪᓐᓇᖅᑐᓂ ᐅᕝᕙᓘᓐᓃᑦ ᖁᐊᖅᓯᒪᓗᓂ; ᐃᒦᓂ ᑕᓇᐅᕐᒥ ᐅᕝᕙᓘᓐᓃᑦ ᑕᓯᕐᓂ
Qaaminneq	ᖄᒥᓐᓂᖅ	ᓂᕐᔪᑎ ᐳᐃᒃᐸᑦ ᐊᒡᓗᒃᑯᑦ ᐊᒻᒪᓗ ᐃᒪᖓ ᖁᒻᒧᑦ ᐊᔭᖃᓯᐅᑎᓪᓗᓂᐅᒃ ᖄᒥᑦᑐᓂᐅᒃ ᑖᔅᓯᒎᓇ ᐊᒡᓗᒃᑯᑦ ᐊᒻᒪᓗ ᖁᐊᖅᑐᓂ, ᑕᒪᓐᓇ ᓯᑯᐊᓄᑦ ᐃᓚᓕᐅᔾᔪᖅ ᖄᒥᓐᓂᖅ
Maneraq	ᒪᓂᕋᖅ	ᓯᑯ ᓇᓕᓇᒃᑐᖅ, ᓇᒥᑐᐃᓐᓇᑦᑎᐊᖅ ᓯᑯ ᓇᓕᓇᒃᐸᑦ ᐅᖓᓯᒃᑐᒨᖓᓗᓂ, ᑕᒪᔅᓴ ᒪᓂᕋᖅ
Maniilakkalaaq	ᒪᓃᓚᒃᑲᓛᖅ	ᒪᓂᕋᑦᑐᐃᓈᔫᖏᑦᑐᖅ, ᓇᐅᒃᑯᐃᓇ ᒪᓃᓚᒐᓛᖕᓂᖅᑲᐅᖅᑐᖅ; ᐊᑐᖃᒃᓴᐅᒐᓗᐊᖅᑐᑎᒃ ᕿᒧᑦᓯᕐᓗᓂ
Maniilaq	ᒪᓃᓚᖅ	ᒪᓂᕋᖏᑦᑐᖅ ᒪᓃᓛᖅ; ᕿᒧᒃᓯᒃᑯᑦ ᓱᓕ ᐊᑐᖅᑕᐅᔪᓐᓇᖅᑐᖅ
Maniilarraaq	ᒪᓃᓚᕐᕌᖅ	ᒪᓃᓛᕌᓗᒃ; ᐊᑐᒐᕐᓂᖏᑦᑐᐊᓘᓪᓗᓂ ᐃᖏᕐᕋᕕᒋᓇᓱᓪᓗᒍ ᕿᒧᒃᓯᒥ
Putsinneq	ᐳᑦᓯᓐᓂᖅ	ᐃᒥᐅᓕᖅᑐᖅ ᐊᐅᖕᓂᑯ ᐊᐳᑎᖅᑲᖅᑐᓂ ᖄᖓᒍᑦ ᐊᐳᑎᐅᑦ ᖃᐅᓯᖅᑑᑦ ᓯᑯᒧᑦ ᐊᒃᑐᐊᓂᖓᓚᑕ; ᒦᓂᑦᑐᓂ ᐊᑯᓐᓂᕐᒥᐅᑕᐅᓪᓗᓂ ᐊᒋᐅᑉᐱᓂᖅ
Immatsinneq	ᐃᒻᒪᑦᓯᓐᓂᖅ	ᐃᒥᖅ ᐊᐳᑎᒥᑦ ᐊᐅᒃᑐᕕᓂᖅ ᖃᑦᑕᐅᖕᓖᖅᑐᓂ ᓯᑰᑦ ᖄᖓᓃᑦᑐᖅ
Qud"dlunneq	ᖁᕐᖢᓐᓂᖅ	ᐱᓇᓯᒪᓪᓗᓂ ᓯᑯ ᑕᑎᓗᐊᓕᖅᓯᒪᔫᒃ ᐊᑐᓂᑦ ᑮᒻᒥᖅᑲᑦᑕᐅᑎᓗᐊᒧᑦ, ᓯᑯ ᓯᕐᑯᒥᓇᓂ, ᑭᓯᐊᓂ ᐊᓂᖓᓂᑐᐃᓐᓇᐅᓕᖅᑐᖅ ᐅᕝᕙᓘᓐᓃᑦ ᐱᓇᙵᓂᐅᓕᖅᑐᓂ
Aukkarneq	ᐊᐅᒃᑲᕐᓂᖅ	ᐃᒪᐅᓂᖅ ᓯᑯᒥ ᑕᐃᒪᐃᓕᑎᑕᐃᔭᖅ ᐃᖏᕐᕋᓂᕐᒧᑦ ᓯᑰᑦ ᐊᑖᓂᑦ; ᐃᒪᐅᓂᖅ ᐅᕝᕙᓘᓐᓃᑦ ᐋᔭᕋᖅ, ᓇᖏᐊᕐᓇᖅᑐᖅ
Aputainnaq	ᐊᐳᑕᐃᓐᓇᖅ	ᐊᐳᑕᐃᓐᓇᕐᒥᒃ ᖃᓕᒃ ᐃᒪᖅ; ᓇᖏᐊᕐᓇᖅᑐᐊᓗᒃ
Harv'vaq	ᕼᐊᕐᕝᕙᖅ	ᐃᖏᕐᕋᓂᖅ
Nagk"gut	ᓇᒃᒍᑦ	ᓄᑦᑕᖅ ᓯᑯᓯᒪᔪᖅ ᓯᑯᒥ ᐅᑭᐅᒃᑯᑦ
Ainneq	ᐊᐃᓐᓂᖅ	ᐋᔭᕋᖅ ᓯᑯᒥ ᐅᐱᕐᖔᒃᑯᑦ

Nujaarneq	ᓄᔮᕐᓂᖅ	ᐱᓚᒋᐊᕐᓃᒃ; ᐋᔪᕿᒃ ᒪᕐᕉᒃ ᑭᐳᖅᑦᑕᐅᑎᓯᒪᔫᖅ ᐃᓱᖕᒋᒃ ᐊᑯᓐᓂᖕᒐᒎᕐᕕᒃᓴᐅᑦᑐᓂ ᐃᑳᕐᕕᒃᓴᐅᑦᑐᓂ (ᑕᑯᔭᒐᓕᐊᕆᓯᒪᔪᖅ ᑕᑯᓗᒍ)
Ikaarraut	ᐃᑳᕐᕋᐅᑦ	ᐋᔪᕋᖅ ᐃᑳᕈᓐᓇᕐᕕᒃᑕᕐᑲᖅᑐᓂ ᓄᕗᐊᕐᔫᒃ ᒪᕐᕉᒃ (ᐃᒫᒃᑕᐅᑦ - ᐃᒃᐱᐊᕐᔪᖕᒥ ᐊᑭᖁᑦ)
Nutarng"neq	ᓄᑕᕐᖕᓂᖅ	ᓄᑎᖕᓂᖅ ᓯᑯᒥ, ᐃᒪᐅᓇᓂ, ᐊᓚᒍᒃᑯᑦ ᓄᑦᑕᖅᑎᑐᑦ, ᓄᑦᑕᖅ, ᐃᒪᐅᓇᓂ
Aulaneq	ᐊᐅᓚᓂᖅ	ᓯᑯ ᓱᕋᒃᑎᖅᑎᑦᑐᒍ ᐊᒻᒪᓗ ᐃᖏᕐᕋᓚᖅᑐᓂ; ᐃᒫᖑᔪᓇᖅᑐᖅ ᒥᑭᔫᑎᐅᓗᑎᒃ ᐃᓚᖏᑦ ᐊᖏᔫᑕᐅᓗᑎᒃ
Imartaq	ᐃᒪᕐᑕᖅ	ᐃᒪᐅᓂᖅ ᓯᑯᒥ; ᐅᐊᑦᑎᐊᕈᑎᑐᑦ ᕼᐋᕐᓘᖅ ᑕᐃᒪᐃᑦᑑᓗᓂ, ᐃᒪᐃᓐᓇᐅᑦᑐᓂ - ᐃᒪᕐᑕᖅ
Imartmineq	ᐃᒪᕐᑕᒥᓂᖅ	ᐃᒪᐃᓕᕚᑦᓚᐊᔪᖅ ᐃᒪᕐᑕᖅ ᓯᑯᕚᑦᓚᐊᑦᑐᓂ
Aulassanneq	ᐊᐅᓚᔅᓴᓐᓂᖅ	ᓯᑯ ᐊᐅᓚᔾᔭᒃᑐᓂ ᐊᒻᒪᓗ ᓱᕋᒃᑐᓂ/ᓄᑦᑖᑦᑐᓂ, ᑭᓯᐊᓂ ᐊᐅᓚᔾᔭᓗᐊᕐᓇᓂ, ᒪᑯᑎᑐᓇᖅ ᐊᐅᓚᓂᖅ, ᑭᓯᐊᓂ ᑕᒪᓐᓇ ᓯᑯ ᐃᖏᕋᓯᓇᓂ
Hinaa	ᕼᐃᓈᖅ	ᓯᓈᖅ; ᓄᓇᐅᑦ ᓯᑯᐊᑕ ᑭᒡᓕᖓ
Hinerut	ᕼᐃᓂᕈᑦ	ᓯᑯᐊᖅᑐᖅ ᓯᓈᖓᓂᑦ; ᐃᖏᕋᕕᒋᔭᕆᐊᖓ ᐊᑐᕋᒃᓴᐅᔪᓇᖅᑐᓂ
Tinumihaartoq	ᑎᓄᒥᕼᐋᕐᑐᖅ	ᓯᑯ ᓯᕐᑯᒻᒦᓯᒪᔪᖅ ᐃᖏᕋᓯᑎᑦᑐᒍ (ᒪᑯᐊᑦᑕᐅ ᔫᕐᓗ - ᒪᓕᖕᓂ) ᐊᒻᒪᓗ ᑐᓴᖅᓴᐅᓕᖅᑐᑎᒃ
Nagk"gornerit	ᓇᒡᒍᕐᓂᕆᑦ	ᓯᑰᑦ ᓯᕐᑯᒻᒦᓂᕆᔭᖓ (ᐅᑭᐅᖑᔪᓇᖅᑐᓂ, ᐊᐅᔭᖅ, ᖃᖓᑐᐃᓐᓇᑦᑎᐊᖅ)
Puktaat	ᐳᒃᑖᑦ	1. ᓯᕐᑯᒪᖅ, ᐳᒃᑕᓛᖅᑐᖅ ᓯᑯ; 2. ᓯᑰᑦ ᐃᓚᖁᓗᐊᖓ ᓯᓪᔭᒦᙳᖅᑐᕕᓂᖅ
Hiku ivuhoq Givuneq	ᕼᐃᑯ ᐃᕗᕼᐅᖅ (ᐃᕗᓂᖅ)	1. ᓯᑯ ᑕᑎᓗᐊᕐᓂᑯᖑᑦ ᐃᕗᓂᐊᓗᒃ, 2. ᓯᑯ ᓄᓇᒧᑦ ᖄᖓᓄᑦ ᐃᕗᓯᒪᔪᖅ ᐊᒻᒪᓗ ᐃᕗᓂᑯᔅᓯᐊᓘᓕᖅᓯᒪᓪᓗᓂ

Haliunneq	ᕼᐊᓕᐅᓐᓂᖅ	ᓯᑰᒃ ᒪᕐᕉᒃ ᐸᖅᓯᒪᓪᓗᑎᒃ ᐊᔭᒃᓯᒪᖅᑲᑦᑕᐅᔾᔫᒃ; ᖃᑦᑎᖕᓂᐅᓕᖅᑐᑎᒃ ᐃᕗᓂᖅᑐᑦ, ᐊᔭᖅᑲᑦᑕᐅᑎᓯᒪᓂᖏᒃ ᑕᐃᒪᐃᓪᓗᐊᖅᑐᑎᒃ ᓴᓂᓕᕕᒃ, ᐊᔭᐅᖅᑲᑦᑕᐅᑎᔪᓐᓃᖅᑑᒃ
Auttoqqunneq	ᐊᐅᑦᑐᖅᑯᓐᓂᖅ	ᑕᖅᓴᐅᔪᖅ ᑭᓱᐃᓐᓇᖅ ᐊᐅᒍᑎᔪᖅ ᓯᑯᒃᑯᑦ ᐊᒻᒪᓗ ᐱᑕᐅᑎᓪᓗᓂ
Ad"dlu	ᐊᕝᓗ	ᐆᒪᔪᑦ ᐊᒡᓗ
kid"dlaq	ᑭᕝᓚᖅ	ᐱᑕᐅᑎᓯᒪᔪᖅ ᓯᑯᒃᑯᑦ; ᐊᒡᓗᐊᖅ ᐅᖅᑲᐅᓯᓇᔭᐅᒡᒍᑦᑐᓂ ᐅᖅᑲᐅᓯᖅᑕᓇᔭᐅᔪᖅ ᑕᐃᒪᐃᓕᖓᔪᓄᑦ (ᐊᖕᒪᔪᖅ ᕿᔪᒃᑐᑦ, ᐅᔭᕋᒃᑯᑦ, ᐊᖏᓯᑎᒍᑦᑐ)
Kid"dlinneq	ᑭᑦᕝᓕᓐᓂᖅ	ᓄᑖᖅ, ᓄᑦᑕᕈᖃᑖᕐᓂᑯ ᐊᑯᓐᓂᖓᓂ ᓄᓇᐅᑦ ᐊᒻᒪᓗ ᓯᑰᑦ ᐅᕙᓘᓐᓃᑦ ᓯᒡᔭᐅᑦ ᐊᑯᓐᓂᖓᒍᑦ
Agiuppineq	ᐊᒋᐅᑉᐱᓂᖅ	ᐊᐳᑎ ᓯᑰᑦ ᖃᖓᓃᑦᑐᖅ ᐅᕙᓘᓐᓃᑦ ᑭᓱᐃᓐᓇᑦᑎᐊᑦ ᖃᖓᓃᑦᑐᖅ; ᑎᓯᔩᑦᑐᓂ ᐊᐳᑎ ᐊᓄᕆᒧᑦ ᖃᖓᓅᖅᑕᐅᓂᑰᑦᑐᓂ ᐅᕙᓘᓐᓃᑦ ᓴᓂᕋᖓᓄᑦ (ᓈᖅᑎᑐᑦ) ᐊᓄᕆᐅᑦ ᑕᐃᒪᐃᓕᖓᑎᑕᖓ
Qimiagguk	ᕿᒥᐊᒡᒍᒃ	ᕿᒧᒡᔪᒃ ᐊᐱᓂᑯ ᑭᓱᐃᓐᓇᐅᑦ ᐅᖅᑯᖕᖔᖓᓄᑦ
Qangattineq	ᖃᖓᑦᑎᓂᖅ	ᐊᐳᑎ ᓂᓚᒡᔫᓐᓃᑦ ᐊᐱᔾᔪᑎᓯᒪᔪᖅ ᐃᒪᐅᑦ ᖁᓕᖕᖔᖓᓃᑦᑐᖅ (ᔫᓗ ᒪᑯᐊ - ᐋᔪᕋᐃᑦ)
Nunarrak	ᓄᓇᕐᕋᒃ	ᓄᓇᖅᔭᒃ
Apuhineq	ᐊᐳᕼᐃᓂᖅ	ᐊᐳᔾᔭᕆᖕᓂᐊᔫᑦᑐᓂ ᐅᖅᑯᐃᒪᓂᕐᒧᑦ ᓄᐊᓯᒪᔪᖅ; ᐊᐳᑎ ᑕᒪᓐᓇ ᖄᖓᒍᑦ ᐱᓯᒡᕕᒃᓴᐅᑦᑐᓂ; ᓇᑦᑏᑦ ᓄᓇᖅᔭᓕᐅᖅᑲᑦᑕᖅᑐᑦ ᐊᐳᑕᐅᓂᖓᓂ, ᑭᓯᐊᓂ ᓇᑦᑏᑦ ᓄᓇᖅᔭᓕᐅᓰᖑᖕᒪᑕ ᐊᑎᖕᖘᖓᓂᑦ

ᓯᑰᑉ ᐅᖃᐅᓯᖅᑕᖏᑦᑕ ᑐᑭᖏᑦ: ᖄᓈᖅ, ᐊᑏᓗ

Qaleriigginneq	ᖃᓕᕇᒡᒋᓐᓂᖅ	ᓯᑰᑦ ᐃᓚᖏᑦ ᑲᕐᖓᓚᑎᑐᑦ ᐊᕕᒃᑐᖅᓯᒪᔪᑦ ᑲᑎᑦᑐᑎᒃ ᐊᒻᒪᓗ ᖃᓕᕇᕈᖅᑐᑎᒃ; ᐳᒃᑕᑦᓚᓇᒃᑐᐃᓐᓇᐅᔪᓐᓃᖅᑐᑎᒃ ᓇᔪᖅᑕᒥᓂ ᐃᓚᖏᑦ ᐳᒃᑖᕋᓗᐊᖅᑐᑎᒃ, ᓲᖅᓗ ᐃᒪᓐᓇᑎᑐᑦ - ᐱᑕᐃᕕᐅᓇᓱᒃᑐᖅᑲᕋᔭᖅᐸᑦ ᑕᒪᐅᓇ ᓯᑯᒃᑯᑦ ᐊᒻᒪᓗ ᐅᔾᔨᕈᓯᓕᖅᓗᓂ ᑕᒪᓐᓇ ᒪᖅᑭᐃᖕᒎᔪᖅ ᖃᓕᕇᒃ ᐊᑐᓂᑦ
Kakia"toq (hoqqoriggoq)	ᑲᑭᐊᑦᑐᖅ (ᕼᐅᖅᑯᕆᒡᒍᖅ)	ᑲᑭᐊᒃᑐᖅ; ᐃᒥᖅ ᐃᓱᖕᖏᑦᑎᐊᖅᑐᖅ
Ihoqtoq	ᐃᕼᐅᖅᑐᖅ	ᑲᑭᐊᖕᖏᑦᑐᖅ ᐃᒥᖅ, ᑲᔪᕈᔫᑦᓗᑕ ᐃᒥᖅ ᐃᓱᖅᑐᖅ
Hermeq	ᕼᐃᖅᒥᖅ	ᓱᖅᒥᖅ
Nilak	ᓂᓚᒃ	ᐊᐅᔭᐃᑦᑑᑦ ᐃᓚᖓ ᓂᓚᒃ, ᐅᑯᓘᓐᓃᑦ ᐃᒥᑦᑎᐊᕙᒃ ᐃᒥᖅᑕᐅᖅᑲᑦᑕᖅᓗᓂ ᐃᒥᖅ
Iluliaraarruk (sermermiit)	ᐃᓗᓕᐊᕌᖅᕈᒃ (ᓱᖅᒥᖅᒦᑦ)	ᐱᖅᑲᓗᔮᖅᓇᒃ
Kassut	ᑲᔅᓱᑦ	ᐊᒥᓲᑦᓗᑎᒃ ᐱᖅᑲᓗᔮᖅᓇᐃᑦ ᐅᑯᓘᓐᓃᑦ ᐱᖅᑲᓗᔭᐃᑦ ᐃᓚᕕᓂᖏᑦ; ᐱᖅᑲᓗᔭᖕᓃᖕᖔᖅᑐᑦ ᑕᐃᓐᓇ ᐱᑕᖅᑲᕈᓐᓂᖅᑐᓂ ᓱᖅᑎᒐᒥ
Iluliaq	ᐃᓗᓕᐊᖅ	ᐱᖅᑲᓗᔭᒃ
Iluliaq napajungaq	ᐃᓗᓕᐊᖅ ᓇᐸᔪᖕᒐᖅ	ᓄᕗᓕᒃ ᓇᑉᐸᖕᒐᔪᒥᒃ ᐱᖅᑲᓗᔭᒃ
Iluliarrasaq	ᐃᓗᓕᐊᖅᓴᖅ	ᐱᖅᑲᓗᔭᒡᔪᐊᖅ
Anard'dloq	ᐊᓇᖅᖅᖢᖅ	ᐊᓇᖅᓗᒃ
Natsinnaq/ Natsinnarraaq	ᓇᑦᓯᓐᓇᖅ/ᓇᑦᓯᓐᓇᖅᓵᖅ	ᐊᖏᔪᐊᓗᒃ ᓇᓕᓇᒃᑐᓂ ᐱᖅᑲᓗᔭᐅᒐᓗᐊᖅᑐᓂ ᐊᒻᒪᓗ ᐳᖅᑐᓂᖓᑕ ᖄᖓ ᓇᓕᒧᑦᑐᓂ, ᑭᓯᐊᓂ ᖄᖓ ᒪᓂᕋᑦᑎᐊᖅᑐᑯᓘᓇᓂ
Natsinnaarruk	ᓇᑦᓯᓐᓈᖅᕈᒃ	ᐊᔾᔨᖓ ᐱᖅᑲᓗᔭᐅᑦ, ᖄᖓ ᑭᓯᐊᓂ ᓇᓕᓇᒃᑐᖅ, ᓄᑎᙵᓂᒃᑲᐅᙱᑦᑐᖅ
Uukkartoq	ᐆᒃᑲᖅᑐᖅ	ᑭᓱᑐᐃᓐᓇᑦ ᓱᕋᒡᓗᓂ ᐃᓚᙴᒐᖅᐸᑦ ᐅᑯᓘᓐᓃᑦ ᑕᒫᓃᖅᓇᓕᖅᐸᑦ; ᐃᖅᓂᔪᑎᑐᑦ
Ihittoq	ᐃᕼᐃᑦᑐᖅ	ᑕᕝᕙ ᐃᓄᒃ, ᖅᑭᒻᒥᖅ, ᐊᓯᖏᑦᓘᓐᓃᑦ - ᐊᒦᖅᐸᑦ; ᐱᖅᑲᓗᔭᒃ ᑲᑕᒐᖅᐸᑦ ᐃᒦᓄᑦ
Oq"rad"dlartoq	ᐅᖅᑲᖅᓚᑐᖅ	ᐱᖅᑲᓗᔭᒃ ᐅᖅᑯᒃᐸᑦ
Putad"dlartoq	ᐳᑕᖅᖤᖅᑐᖅ	ᑭᓱᑐᐃᓐᓇᖅ (ᓲᖅᓗᒃᑲᐃ - ᓯᑯ) ᐳᐃᒃᐸᑦ ᐳᒃᑕᖅᖤᖅᓗᓂ ᐃᒥᓂ
Itsineq	ᐃᑦᓯᓂᖅ	ᐊᖅᑲᐅᒪᓂᖓ ᐱᖅᑲᓗᔭᐅᑦ ᐅᑯᓘᓐᓃᑦ ᐅᒥᐊᑦ; ᑕᒪᓐᓇ ᐊᖅᑲᐅᒪᓂᖓ
Qeqquat	ᖅᑭᖅᑯᐊᑦ	ᐃᒪᐅᖅ ᐱᕈᖅᑐᖏᑦ
Immap Naqqa	ᐃᒻᒪᑉ ᓇᖅᑲ	ᐃᒪᐅᑦ ᐃᖅᑲᖓ

ᓯᑰᑉ ᐅᖃᐅᓯᖅᑕᖏᑦ ᐊᒻᒪᓗ ᐃᔾᔪᓂᖓ ᑕᐃᑲᓂ ᖄᓈᖅ

	ᕼᐃᑯᑭᐊᐸᔮᖕᒍᐊᖅ	0 - 5 ᒥᓚᒦᑕ
ᐋᒡᒌᓯ - ᓯᑏᐱᓇ	ᕼᐃᑯᐊ	0 - ca 5 ᓴᓐᑕᒦᑕ
	ᐊᖖᒋᐅᕼᐊᑦ	0 - 2 ᓴᓐᑕᒦᑕ
ᐆᑦᑑᐱᓇ	ᕿᓄᐊᖅ/ᕿᓄᐊᖅᕈᐊᖅ	2 - 5 ᓴᓐᑕᒦᑕ
ᐆᑦᑑᐱᓇ - ᓅᕖᐱᓇ	ᕼᐃᑯ	5 ᓴᓐᑕᒦᑕ ᐃᔾᔪᓂᖅᓴᖅᓗ
	ᕼᐃᑯᓕᐊᖅ	ca 5 ᓴᓐᑕᒦᑕ
	ᕼᐋᕐᓘᖅ	1 ᒥᓚᒦᑕ - ca 5 ᓴᓐᑕᒦᑕ
	ᐃᖅᑭᓐᓂᒃᑲᓛᑦ	0 - 5 ᒥᓚᒦᑕ
	ᕼᐃᑯᓕᐊᒥᓂᖅ	5 - 50 ᓴᓐᑕᒦᑕ
	ᒫᓂᖅ	50 ᓴᓐᑕᒦᑕ - 2 ᒦᑕ
ᐊᐃᖅᓇᓕ - ᒪᐃ	ᕼᐃᑯᑐᖅᑲᖅ ᕼᐃᑯᑐᖅᑲᖅᓰᖕ	50 - 150 ᓴᓐᑕᒦᑕ

ca = ᖃᓂᒋᔮᓂᑦᑐᖅ

ᐱᓕᕆᐊᕆᓴᐅᓂᖅᒐ ᑖᓐᓇ
ᓯᑯ - ᐃᓄᐃᑦ - Hᐃᓚ
ᐱᔾᔪᑎᒋᓴᐅᑦᓗᓂ

ᐅᑯᐊ ᖃᓕᖅᑭᐊᒐᑦ ᑐᙵᓂᖅᑲᖅᓯᒪᒍᑦ ᐱᓕᕆᐊᕆᔭᐅᔪᒥᒃ ᐅᑯᐊ ᓯᑯ-ᐃᓄᐃᑦ-ᕼᐃᓚ (Sea Ice-People-Weather) ᐅᑯᓇᓂ ᐱᓕᕆᐊᕆᔭᐅᔪᔪᑦ ᐅᑦᕿᐊᖕᕕᒃ, ᐊᑖᓯᒃ; ᑲᖏᖅᑐᒡᓗᐱᒃ, ᓄᓇᕗᑦ, ᑲᓇᑕ; ᐊᒻᒪᓗ ᖄᓈᖅ, ᐊᑯᑭᑦᑐᑦ, ᑕᐃᔅᓯᒪᓂᓂᑦ 2006-ᒥᑦ ᑕᐃᑯᖓ 2010-ᒧᑦ. ᐱᔾᔪᑎᓕᓴᐅᖅᑕᖓᑦ ᑕᒪᑐᒪ ᓯᑯ-ᐃᓄᐃᑦ-ᕼᐃᓚ ᑖᒃᑯᐊ ᑲᑎᖅᑲᑦᑕᑖᕐᒪᑕ ᐃᓄᐃᑦ, ᐃᓄᐱᐊᑦ, ᐃᓄᒡᕼᐅᐃ, ᐊᒻᒪᓗ ᐳᓚᕋᖅᑲᑦᑕᐅᔾᔪᑦ ᑭᒡᓚᓯᓂᐊᖅᑏᑦ ᑲᑎᖅᑲᑦᑕᕐᓗᑎᒃ ᖃᐅᔨᒪᔭᒥᓂᒃ ᑕᐅᖅᔫᖅᑲᑎᒌᓪᓗᑎᒃ, ᐊᑐᖅᓯᒪᔭᒥᓂᒃ, ᐊᒻᒪᓗ ᐱᔪᓐᓇᐅᑎᒋᓕᖅᑕᒥᓂ ᑕᒪᑐᒧᖓ ᓯᑯᓕᕆᓂᕐᒧᑦ ᐊᒃᑐᐊᔪᒥᒃ. ᐱᖃᑕᐅᓯᒪᔪᑦ ᓇᑐᓇᐃᖅᑕᐅᓯᒪᒍᑦ ᑐᓂᖅᕿᑎᖅᑲᐅᖅᓂᖏᑎᒍᑦ ᓇᑐᓇᐃᖅᓯᒪᓂᖏᑎᒍᑦ. ᐱᔾᔪᑎᒋᖅᑲᓯᐅᑎᔭᑦᑕ ᐃᓚᖓ ᑐᑭᓯᑎᐊᖅᑲᑎᒌᒍᒪᓪᓗᑕ ᐊᑏᑎᖅᑲᖅᓂᖓᑕ ᐃᓅᑦ-ᓯᑯᓗ ᐱᓕᕆᖅᑲᑎᒌᖕᓂᖏᖕᓂᒃ ᐅᑭᐅᖅᑕᖅᑐᒥ - ᑕᐃᒫᒃ ᐱᑦᑐᒍ, ᖃᓄᖅ ᒪᑯᐊ ᐃᓄᐃᑦ ᐃᓅᓯᖓᑦ ᑖᒪᓂ ᓯᑯᓕᖕᒥ ᑐᑭᓯᓯᒪᔪᑦ ᐊᒻᒪᓗ ᐊᑐᖅᑐᓂᔾᔪᒃ? ᐊᓯᐃᑦᑖᒃ ᑕᕝᕙᖓ ᐱᓕᕆᐊᕆᓂᐊᖅᑕᑦᑎᓐᓄᑦ ᐃᖏᕋᓯᔪᑐᑦ ᑕᐃᒪᐃᑉᐳᒍᑦ, ᐃᒫᒃ ᐊᒥᓯᒃᑲᓐᓂᒃ-ᒪᓕᒐᖅᑲᐅᖅᑐᑕ ᐊᒻᒪᓗ ᐊᒥᓯᒃᑲᓐᓂᒃ-ᐃᓕᖅᑯᓯᓕᐅᑦᑐᑕ ᐃᓕᖁᓕᖅᐳᒍᑦ, ᓇᑐᓇᐃᖅᔪᒥᓯᒋᐊᓕᖅᑐᑕ ᑕᒪᑐᒥᖓ ᓯᑯᒥᒃ ᐊᒻᒪᓗ ᐊᑐᖅᑕᐅᔪᑎᒋᔫᖓᓂᒃ ᐃᓄᖕᓂᑦ ᐊᑐᓂᑦ ᓄᓇᓕᖕᓂᑦ ᐊᒻᒪᓗ ᐅᓂᒃᑲᐅᓯᓕᐊᕆᑦᑐᑎᒍᑦ ᐊᓯᔾᔨᕐᓂᖏᑦ ᓯᑯᒥ, ᐊᒃᑐᖅᑕᐅᔾᔪᓯᕆᓯᒪᔪᖏᑦᑐ ᐃᓄᖕᓂᑦ ᐊᑐᖅᑕᐅᑦᑐᓂ, ᐊᒻᒪᓗ ᐃᓄᐃᑦ ᐅᖃᐅᓯᕆᔪᓐᓇᖅᑕᖏᑦ ᑕᒪᒃᑯᐊ ᐊᒃᑐᖅᑕᐅᔾᔪᓯᕆᓯᒪᔪᖏᑦ. ᐅᑯᐊ ᖃᓕᖅᑭᐊᒐᑦ ᐃᓚᒋᔭᐅᔪᑦ ᖃᐅᔨᓴᕐᑲᑦᑎᓐᓂᑦ. ᐋᖅᑭᒃᓯᒪᕚᑮᓚᐅᖅᓯᒪᖏᑦᑐᖅ ᐱᓕᕆᐊᒃᓴᓂᒃ ᐋᖅᑭᒃᐸᕿᖅᑲᑕᐅᓯᒪᓗᓂ, ᑭᓯᐊᓂ ᑕᒪᓐᓇ ᐃᓯᒪᓇᖅᑐᖅ ᐋᖅᑭᒃᐸᑦᓕᐊᓕᓚᐅᖅᓯᒪᒐᖅ ᐱᓕᕆᖅᑕᑎᑦᑎᖕᓂᑦᑎᓐᓂ ᐊᖅᕐᒍᓗᓴᖕᓂ. ᐃᒫᑐᐃᓐᓇᐅᖏᓪᓗᑦ ᖃᐅᔨᓪᓚᓯᖕᓂᖏᑦ ᓯᑰᑦ ᒥᒃᓴᓄᑦ, ᑐᑭᓪᓚᓯᖏᓐᓂᒡᓚ ᓯᑯᒧᑦ ᐊᒃᑐᐊᔪᓂᒃ ᐱᔾᔪᑎᖃᐅᖅᑐᓂᒃ ᐊᒥᓱᓂᒃ ᐱᖃᓯᐅᑎᑦᑐᒋᑦ ᐱᑦᓚᓯᐅᓂᖏᓐᓂᒃ ᐱᓕᕆᖃᑎᓯᑦᑕ ᓇᑐᓇᐃᖅᑕᖏᓐᓂᒃ ᑖᒃᑯᓈᓇ ᖃᓕᖅᑭᐊᒐᖅᑎᒍᑦ ᐊᖏᖅᑲᐃᑦ, ᓂᖄᑦ, ᐃᓯᒪᖅᓱᖅᓃᑦ, ᐊᒻᒪᓗ ᐱᓕᕆᔾᔪᑎᖏᑦ ᐃᖅᑲᓇᐃᔭᐅᑎᖏᑦ ᐊᒻᒪᓗ ᐊᓄᖅᑳᖏᑦ. ᑖᒃᑯᐊ ᖃᓕᖅᑭᐊᒐᑦ ᐃᒪᐃᓕᔪᓇᖅᑎᑦᑎᒋᔭᑦ ᖃᐅᔨᓇᓱᖕᓂᖅᒥᒃ ᐊᒻᒪᓗ ᐃᑉᐱᒋᔭᒥᒃ ᓇᑐᓇᐃᖅᓯᓂᖅ ᖃᓄᖅ ᓯᑯ ᑐᑭᖅᑲᐅᓱᖑᓂᒃ, ᐊᒥᓲᑦᑐᑎᒃ ᑐᑭᖅᑲᐅᓯᖏᑦ, ᑕᒪᒃᑯᓄᖓ ᐃᓅᓯᖅᑲᖅᑐᓄᑦ ᐊᑐᐃᓐᓇᖅᑲᖅᑐᑎᒃ.

ᑕᒪᓐᓇᑦᑕᐅᖅ ᐃᓚᖓ ᖃᓕᖅᑭᐊᒐᐃᑦ ᐊᑐᐃᓐᓇᐅᑎᑦᑎᒋᖅ ᑕᑯᔭᒃᓴᓂᒃ ᑖᒃᑯᓈᙵᑦ ᓯᑯ-ᐃᓄᐃᑦ-ᕼᐃᓚ ᖃᐅᔨᓴᕐᔪᑎᓕᔪᓂᑦ ᐊᒻᒪᓗ ᑖᓐᓇᑦᑕᓂᒃ ᐱᓕᕆᐊᕆᔭᐅᔪᖅ ᖄᓐᖏᑕᖓ ᑖᒃᑯᓇᓂ ᑕᒪᔅᓴ ᓯᑏᑦ ᐱᔾᔪᑎᒋᓴᖓ. ᖃᐃᖁᔨᑦᑐᑕ ᐃᓕᖕᓂᒃ ᐅᖅᑲᓖᖅᓂᐊᖁᕕᑦ ᐊᓯᖕᒋᓐᓂᒃᑕᐅᑦ ᑎᑎᕋᖅᓯᒪᔪᓂᒃ ᑕᑯᒃᓴᐅᔪᓂᒃ ᓴᖅᑭᑎᑕᐅᓯᒪᔪᓂᒃ ᑖᒃᑯᓈᙵᑦ ᓯᑯ-ᐃᓄᐃᑦ-ᕼᐃᓚ ᐱᓕᕆᔪᓂᑦ, ᓇᑐᓇᐃᖅᓯᒪᔪᑦ ᐅᖅᑲᓖᒐᐃᑦ ᐃᓯᐊᓂ, ᐊᑐᐃᓐᓇᐅᑎᑦᑎᖕᒥᔪᑦ ᑐᑭᓯᒃᑲᓂᕈᑕᐅᔪᓐᓇᖅᑐᓂᒃ ᐊᒻᒪᓗ ᐃᒪᐃᓕᖓᓕᖅᐳᑦ ᐱᓕᕆᓂᕆᓚᐅᖅᑕᖏᓐᓂᑦ, ᐃᓚᖅᑲᒃᑲᓂᖅᑐᓂ ᓇᑐᓇᐃᖅᑕᐅᓯᒪᔪᓂᒃ ᑕᒪᑐᒪ ᖃᐅᔨᓴᕐᓂᐅᓚᐅᖅᑐᑦ ᐋᖅᑭᒍᑎᒌᓪᓕᐊᓂᖓᒍᑦ.

ᑖᒃᑯᓇᓂ ᓱᑯ-ᐃᓄᐃᑦ-ᕼᐃᓚ, ᐱᓕᕆᖃᑎᒌᒃᑐᑎᒍᑦ ᖃᐅᔨᒪᓂᑦᑎᓐᓂᒡᒎ ᑕᐅᕐᓯᐅᕋᕐᑐᑕ ᓱᖁᑦ ᒥᒃᓵᓄᑦ ᑖᒃᑯᐊᒃ ᒪᕿᒃ ᐊᑐᓗᐊᖑᐊᑐᑎᒍᑦ: (i) ᐱᓕᕆᖃᑎᒌᒃᑐᑦ ᐱᖓᓱᐃᑦ ᓂᐅᕿᖃᑦᑕᐅᑎᖃᑦᑕᕐᓂᖏᑎᒍᑦ ᐃᖏᕋᔭᕐᑐᕐᑐᑎᒃᓱᒃᑯᑦ ᐊᑕᐅᑦᑎᒌᕐᑐᑎᒃ ᐊᒻᒪᓗ ᐃᓕᐸᑉᐸᓕᐊᓪᓗᑎᒃ ᓄᓇᖃᕐᑏᑦ ᖃᐅᔨᒪᔾᔪᑎᖏᓐᓂᒃ ᐊᒻᒪᓗ ᓱᑯᒥᒃ ᐊᑐᕈᓯᖏᓐᓂᒃ ᐊᑐᕈᓰᒥᑎᒍᑦ; (ii) ᐋᕐᑭᖃᑎᒌᒃᐸᓪᓕᐊᓪᓗᑎᒡᓗ ᓱᑯᒥᒃ ᖃᐅᔨᒪᓪᓚᕆᓐᓂᕐᒥᓂᒃ ᐱᓕᕆᖃᑎᒌᒃᑐᑦ ᐊᑐᓂᑦ ᑖᒃᑯᓇᓂ ᓄᓇᓕᖕᓂ ᑲᑎᕐᑲᑦᑕᕐᑐᑎᒃ ᐅᖃᓪᓚᐅᑎᕐᑲᕐᐸᒃᑐᑎᒃ ᐊᒻᒪᓗ ᑐᓴᕐᑲᑎᒌᒃᐸᒃᑐᑎᒡᓗ ᖃᐅᔨᒪᔭᒥᓂᒃ ᓱᑯᑦ ᒥᒃᓵᓄᑦ, ᐊᒻᒪᓗ ᓱᕗᓕᕐᑎᐅᓪᓗᑎᒃ ᖃᐅᔨᓇᓱᒃᓂᐅᑦ ᐋᑐᑎᒋᔭᖑᓄᑦ ᒪᑯᓄᖑᑦᑕᐅᕐ ᓄᓇᖑᐊᓕᐅᕐᓂᕐᑎᒍᑦ, ᐋᕐᑭᒃᓱᐃᕙᓪᓕᐊᓪᓗᑎᒡᓗ ᓱᑯᓕᕆᓂᐅᑦ ᐅᖃᐅᓯᕐᑕᖏᓐᓂᒃ ᓇᓗᓇᐃᕐᓱᓪᓗᑎᒃ ᑎᑎᕐᑲᑎᒍ, ᑎᑎᕋᕐᑐᑎᒡᓗ ᐃᓇᐃᑦ ᐅᓂᒃᑳᖏᓐᓂᒃ, ᐋᕐᑭᒃᓱᕙᓪᓕᐊᓪᓗᑎᒡᓗ ᑕᑯᔭᐅᓯᓇᕐᑐᓂᒃ ᖃᐅᔨᕖᓪᓕᕈᑎᐅᓯᓇᕐᑐᓂᒃ, ᐊᒻᒪᓗ ᖃᐅᔨᓴᐃᓇᕐᑐᑎᒃ ᐊᒻᒪᓗ ᓇᓗᓇᐃᕐᓱᓪᓗᑎᒃ ᐱᓕᕆᐊᕆᔭᐅᓯᑦ ᓴᕿᑉᐸᓪᓕᐊᓂᖏᓐᓂᒃ.

Coca-Cola
Coca-Cola

ᑭᐳᑦᑐᑎᒃ ᓂᐅᕐᕿᖅᑎᕇᖕᓂᖅ ᓄᓇᓕᖕᓄᑦ ᐊᑲᐅᓯᖅᑲᑦᑕᖅᑐᓄᑦ ᐊᑲᐅᓪᓗᓂᓗ ᐱᓕᕆᖅᑎᕇᒃᑐᑎᒍᑦ ᓂᐅᕐᕿᖅᑲᑦᑕᐅᑎᖅᑲᑦᑕᕐᓂᕐᒧᑦ, ᑕᑯᔭᕆᐅᖅᐸᒃᑐᑕ, ᐊᒻᒪᓗ ᐃᓕᑉᐹᓪᓕᖅᑲᑦᑕᖅᑐᑕ ᓂᐅᕐᕿᕕᒋᔭᕐᑎᓐᓂᒃ ᓄᓇᓕᖕᓂᑦ ᐊᒻᒪᓗ ᐊᕝᕙᑎᖕᒋᑕ ᓯᑯᐊᓂᒃ ᐊᒻᒪᓗ ᓯᑯᒥᓂᒃ ᐊᑐᕐᓂᖕᒋᓐᓂᒃ. ᓂᐅᕐᕿᓂᓇᖅᑲᑦᑕᖅᑕᒐᑦ ᐱᓪᓚᓇᐅᓛᖑᖅᑲᑦᑕᓚᐅᕐᒪᑕ ᐊᐅᓪᓚᖅᓯᒪᑲᐃᓐᓇᕐᓂᑦᑕ ᓯᑯᒥ, ᑕᕝᕙ ᐅᖅᑲᓪᓚᖅᑎᓖᖅᐸᒃᑐᑕ ᑐᔪᕐᒥᕕᒋᔭᕐᑎᓐᓄᑦ ᐅᑎᖅᓯᒪᓕᕌᖕᖓᑦᑕ, ᐊᒻᒪᓗ ᐸᕐᑯᓴᖕᓂᕐᒧᓪᓗ ᐳᓚᕋᓚᐅᖅᐸᒃᑐᑕ ᐊᒻᒪᓗ ᐃᓅᖅᑎᕇᖕᓂ ᐊᑐᖅᐸᒃᑐᑎᒍ. ᐳᓖᓇᐊᕐᓂᒍᑦ ᐱᖃᓯᐅᑎᓪᓗᒋᑦ ᐊᓯᒃᑲᓐᓂᐊᓗᖕᒋᑦ ᓄᓇᓕᖕᓂ ᐃᓅᖅᑎᒋᔭᐅᖕᒥᔪᑦ ᐱᓕᕆᖅᑎᒋᔭᑦ ᐊᓯᒋᖕᒥᔭᖕᒋᑦ ᐅᕝᕙᓘᓐᓃᑦ ᖃᐅᔨᒪᔨᑕᐅᔪᓪᓗ ᑖᒃᑯᐊ. ᑕᐃᒃᑯᓇᖓ ᐃᓄᑉᕼᐅᐃᕐᑯᑎᑦᑎᓐᓄᑦ, ᐃᓄᐃᑦ, ᐊᒻᒪᓗ ᐃᓄᐱᐊᑦ ᐱᓕᕆᖅᑎᕇᒃᑐᓄᑦ, ᐳᓚᕋᖅᑎᕇᖕᓃᑦ ᐊᑲᐅᔾᔪᑎᒋᒃᑲᓐᓂᓚᐅᕐᒥᔪᖓ ᖃᐅᔨᒪᔭᓪᓚᓇᖕᒥᓂᒃ ᖃᐅᔨᒪᓂᕐᒥᓂᒃ ᓯᑯᒥᒃ ᑕᒪᒃᑯᓇᖓ ᓄᓇᖅᑎᒥᙱᑦᑕᒥᓄᒃ ᑐᓂᕐᕿᑎᖅᑲᒃᑲᓂᖅᑐᑎᒃ ᖃᐅᔨᒪᔭᐅᒃᑲᓂᕐᓂᐊᖅᑐᓂᒃ, ᐃᓕᖅᑯᓯᕐᒥᒃ, ᓴᓇᕿᑎᒥᒃ ᐃᖅᑲᓇᐃᔭᕿᑎᒥᒃ, ᐊᒻᒪᓗ ᑐᕌᓇᓇᓗᐊᙳᐊᖅᑐᓂ ᐃᓅᖅᑎᒥᒃ ᓇᖕᒥᓂᖅ ᐃᓕᖅᑯᓯᕐᒥᑎᒍᑦ. ᑕᐃᒃᑯᓇᖓ ᐳᓖᓇᐊᖅᓯᒪᔪᓄᑦ ᖃᐅᔨᓇᓱᒃᑎᓄᑦ, ᐃᒪᐃᔪᕆᒐᖅᑕᐅᖅ ᐊᑲᐅᓈᓇᕆᓪᓗᑎᒃ ᖃᐅᔨᒪᔭᒥᓂᒃ ᐋᖅᑭᒋᐊᒃᑲᓂᖅᓯᔪᓐᓇᕋᒥᒃ ᐱᓕᕆᐊᒥᑎᒍᑦ, ᐃᓕᒃᑲᓂᕆᐊᒃᓴᖅ ᓄᓇᓖᑦ ᖃᐅᔨᒪᔭᖕᒋᓐᓂᒃ, ᐊᒻᒪᓗ ᐅᖅᑲᐅᓯᖅᑲᐅᓇᓪᓗᑎᒃ ᓇᖕᒥᓂᖅ ᖃᐅᔨᒪᔭᕐᒥᓂᒃ ᓯᑰᑦ ᒥᒃᓵᓄᑦ. ᑕᐃᒃᑯᓇᖓᓕᒫᖅ, ᐃᒪᐃᔪᖕᒪᑦ ᖃᐅᔨᒪᔭᒥᒃ ᑭᐳᖅᑲᑦᑕᐅᑎᓂᕐᒥᒃ, ᖃᐅᔨᒪᓂᓇᔭᖕᒋᑕ ᐊᒃᓲᓕᒃᑲᓂᕈᑎᒋᓂᐊᖅᑕᖕᒋᓐᓂᒃ, ᑕᐃᒫᒃ ᐱᓕᕆᖅᑎᕇᒃᑐᑦ ᖃᐅᔨᒪᔭᒥᓂᒃ ᑭᐳᖅᑲᑦᑕᐅᑎᓗᒥᒃ ᖃᐅᔨᒪᓂᑐᐊᖑᖅᑎᑦᑐᒥᒃ ᓯᑰᑦ ᒥᒃᓵᓄᑦ, ᐱᖃᓯᐅᑎᓪᓗᒋᑦ ᐱᔭᓐᓇᐅᑎᒋᔭᐅᖕᒥᔪᑦ, ᐅᓂᒃᑳᑦ, ᐃᓪᓚᕐᓇᖅᑐᑦ, ᐊᓐᓄᕌᑦ ('ᖁᓕᑦᑕᐅᔭᐃ ᓂᐅᕕᐊᓇᓚᒎ'), ᓴᓇᕿᑎᑦ ᐃᖅᑲᓇᐃᔭᐅᑎᑦ, ᐱᙳᐊᕿᑎᑦ, ᐊᔾᔨᙳᐊᑦ, ᑐᓴᕐᓂᖅᑐᑦ, ᒧᒥᕐᓂᖅ, ᓂᖀᑦ, ᐊᒻᒪᓗ ᐊᓯᒃᑲᓐᓂᐊᓗᖕᒋᑦ.

AIR
C-GH
PEPSI

ᑲᖏᖅᑐᒐᐱᖏᒥᐅᑦ ᐊᔪᓇᑉᐹᓪᓕᔪᕆᒍᑦ ᕿᒻᒦᑦ ᐊᓄᖏᓐᓂᒃ ᖃᓄᖅ ᓴᓇᔭᐅᓰᖑᓂᖏᓐᓂᒃ ᖄᓈᕐᒥᐅᓂᑦ. ᐊᑕᖏᖅᑐᑎᒃ ᑎᑎᕌᕐᔪᔪᕆᒍᑦ ᒪᒃᑕᒃ (ᐊᕐᕚᑦ ᒪᒃᑕᖕᖓᓂᒃ ᐊᒻᒪᓗ ᐅᖅᓱᐊᓂᒃ) ᓂᕿᓕᐅᕈᓯᓇᔭᐅᔪᓂᒃ ᐅᑦᕿᐊᒃᕙᖏᑦ (ᐱᖃᓯᐅᔾᔫᓪᓗᑎᒃ ᐃᓄᐱᐊᑦ ᒧᒥᐅᑎᖏᑕ ᐊᐅᓚᓂᖏᓐᓂᒃ!). ᐃᒪᐃᑦᑐᑎᒃ ᐊᐅᓪᓚᖃᑎᒌᖃᑦᑕᖅᑐᑎᒃ ᐱᖃᓐᓇᓃᓕᖅᐹᓪᓕᔪᔪᑦ ᐊᒻᒪᓗ ᑲᑎᖃᑦᑕᓕᒃᑲᓂᖅᑐᑎᒡᓗ ᑕᒪᒃᑯᐊ ᐱᓕᕆᖃᑎᒌᒃᑐᑦ. ᑕᐃᒫᒃ ᐋᖅᑭᖃᑎᒌᑦᑐᑦ ᐱᓖᓪᓕᐅᑎᔪᐊᔫᔪᔪᖅ ᐱᓕᕆᓂᖏᑕ ᐊᐅᓚᓪᓚᖅᐹᓪᓕᓂᖓᓂᒃ, ᓲᖅᑲᐃᒻᒪ ᐊᑕᖏᑦᑎᐊᖅᑐᑕ ᑕᒪᑐᒥᖓ ᐱᓕᕆᐊᕆᔭᑦᑎᓐᓂ ᐅᕙᑦᑎᓐᓄᐃᓐᓇᐅᔪᓐᓃᔪᖕᒪᑦ ᐅᕝᕙᓘᓐᓃᑦ ᕿᓂᒃᑲᓂᕐᓗᑕ ᖃᐅᔨᒪᓂᒃᑲᓂᕐᒥᒃ, ᑭᓯᐊᓂ ᐊᑐᓂᑦ ᐅᕙᑦᑎᓐᓄᑦ. ᐃᑲᔪᖅᑲᑦᑕᐅᑎᓂᖅᓴᐅᓕᖅᑐᑎᒡᓗ, ᐊᒻᒪᓗ ᐱᓗᐊᖑᐊᕐᒥᔪᒥᒃ ᐃᒫᒃ ᓴᖅᑭᑎᑦᑎᓂᐊᓕᕐᓂᕐᒥᓂᒃ ᑕᒪᓐᓇ "ᓯᑯᑉ ᑐᑭᖏᑦ" ᐊᑕᖏᖅᑐᑎᒃ ᐱᓕᕆᑎᐊᖅᑐᐊᓘᔪᖕᒪᑕ ᑕᒪᒃᑯᑎᒎᓇᖅ ᑐᓂᕿᑎᕆᔭᐅᔪᑦ ᐱᖃᓯᐅᑎᓪᓗᑎᑦ ᐱᔾᔪᑎᖃᒃᑲᓂᓚᓪᓗᑎᒃ ᐱᓕᕆᐊᕆᔭᖅ ᐱᔾᔪᑎᒋᓪᓗᒍ ᖃᐅᔨᒪᔭᒥᓂᒃ ᑕᐃᒃᑯᐊ ᐃᓚᓪᓚᑦᑖᕆᖔᕆᑕᓂ ᐱᓕᕆᓂᖏᓐᓂᒃ.

ᑖᒃᑯᐊ ᖃᐅᔨᒪᔨᑕᕆᔭᐅᓪᓗᑎᒃ ᐱᓕᕆᔨᓂᑦ ᓯᕗᓕᖅᑎᖃᓚᐅᖅᐳᑦ ᔫ ᓕᕙᑦ ᑕᐃᑲᓂ ᐅᑦᖅᑭᐊᒡᕕᒃ, ᔪᐃᓕ ᓴᖑᔭ ᑕᐃᑲᓂ ᑲᖏᖅᑐᒑᐱᒃ, ᐊᒻᒪᓗ ᑑᑯ ᐅᓯᒪ ᑕᐃᑲᓂ ᖃᓈᖅ. ᑖᒃᑯᐊ ᑲᔪᖏᓚᐅᖅᑐᑦ ᐱᓕᕆᖅᑎᒦᑦ ᐊᖑᓇᓱᒃᑎᓂᒃ ᐊᒻᒪᓗ ᐃᓐᓇᕐᓂᒃ ᑲᑎᓚᐅᖅᑦᑕᓚᐅᕐᒪᑕ ᑕᒪᓐᓇ ᐱᓕᕆᐊᕆᔭᐅᔪᖅ ᐊᑑᑎᑎᓪᓗᒍ ᐅᖅᑲᓪᓚᐅᑎᖅᑲᖅᐸᒃᑐᑎᒃ ᐊᒻᒪᓗ ᓇᓗᓇᐃᖅᓯᕙᓪᓕᐊᓪᓗᑎᒃ ᐊᔾᔨᒌᖕᒋᑦᑑᒐᓗᐊᓂᒃ ᐱᓕᕆᐊᕆᔭᒥᓂᒃ ᓯᑰᑦ ᒥᒃᓵᓄᑦ ᓴᙱᔪᒥᒃ (ᓲᖅᓗ ᒪᑯᐊ- ᓯᑰᑦ ᐃᓕᖅᑯᓯᓇᑲᐃᓐᓇᖅᑲᑦᑕᖅᑕᖏᑦ ᑕᖅᑭᖅᓂᒃ ᓇᑦᑎᖅᓯᒪᔪᓂᒃ ᐅᐊᑦᑎᐊᕈ ᐊᔾᔨᒋᔪᓐᓃᖅᒪᖔᒥᑦ, ᓯᑯᕚᓪᓕᐊᓂᖏᑕ ᖃᓄᐃᑉᐸᓪᓕᐊᓂᖏᑦ, ᒫᓐᓇᕋᑖᖑᔪᓂᓗ ᑲᑉᐱᐊᓇᓚᐅᖅᑲᑦᑕᖅᑐᑦ, ᐊᖑᓇᓱᒃᑐᓪᓗ ᖃᓅᓚᐅᖅᑲᑦᑕᕐᒪᖔᑕ, ᐊᓯᖏᓐᓂᒡᓗ.). ᑕᒪᒃᑯᐊ ᐅᖃᐅᓯᕆᔭᐅᓂᐊᖅᑐᑦ ᓇᓗᓇᐃᖅᑕᐅᙱᑦᑐᑎᑦ ᑲᑐᔾᔨᔪᓂᑦ ᐱᓕᕆᔪᓂᑦ. ᐅᐊᑦᑎᐊᕈᙳᖅᑎᓪᓗᒍ, ᑕᐃᔅᓯᒪᓂ ᐱᓕᕆᖅᑎᒦᒃᑐᓕᒫᑦ ᐃᓯᒪᓕᐅᓕᔪᕆᒍᑦ ᑭᖑᓪᓕᖅᐹᒥᒃ ᑲᑎᓕᖅᑐᑎᒃ ᑲᖏᖅᑐᒑᐱᖕᒥ ᑕᐃᔅᓯᒪᓂ 2008-ᖑᑎᓪᓗᒍ ᑕᐃᒫᒃ ᐅᖃᓕᒫᒐᓕᐅᕆᓕᖅᐳᒍᑦ, ᑖᒃᑯᐊ ᖃᐅᔨᒪᔨᓪᓚᕆᑦ ᑐᕌᒐᖅᑲᓕᖅᑐᑎᒃ ᐱᓕᕆᓂᐊᖅᓗᑎᒃ ᑐᕌᒐᖅᑲᖅᓗᑎᒃ ᑎᓴᒪᓂᒃ ᐱᓗᐊᙳᐊᖅᑐᓂᒃ ᑖᒃᑯᓇᙵᑦ ᓂᕈᐊᕆᔭᐅᓪᓗᑎᒃ ᑕᕝᕙᓂ ᐅᖃᓕᒫᒐᖅᓂ ᐋᖅᑭᒍᑎᒋᔭᐅᓂᐊᖅᑐᓂᒃ: ᐊᖏᕐᕋᖅ, ᓂᖅᑭ, ᐃᓱᒪᖅᓱᕐᓂᖅ (ᐃᖏᕐᕋᖅᑲᑦᑕᕐᓂᖅ), ᐊᒻᒪᓗ ᐱᓕᕆᔾᔪᑎᑦ ᐃᖅᑲᓇᐃᔭᐅᑎᑦ ᐊᒻᒪᓗ ᐊᓐᓄᕌᑦ. ᐊᕐᕌᒎᒃ ᒪᕐᕉᒃ ᐊᑐᓕᖅᑎᓪᓗᒋᒃ, ᖃᐅᔨᒪᔨᓪᓚᕆᑦ ᐱᓕᕆᔫᑦ, ᐃᑲᔪᖅᑕᐅᓗᑎᒃ ᓄᓇᒥᓂᑦ ᑐᓂᖅᕈᑎᖃᐅᕐᒥᔪᓂᑦ, ᐅᖃᐅᓯᖅᑲᕋᓴᖅᓗᑎᒃ, ᑎᑎᕋᖅᓗᑎᒃ, ᑎᑎᕋᐅᓴᖅᓗᑎᒃ, ᓄᓇᙳᐊᑦ, ᐊᔾᔨᙳᐊᑦ ᐊᒻᒪᓗ ᐊᓯᖏᑎᒍᑦ ᐊᒥᓱᑲᑦᓚᒃᑎᒍᑦ ᐅᖃᐅᓯᖅᑲᐅᖅᓗᑎᒃ ᓇᖕᒥᓂᖅ ᐊᒃᑐᐊᓂᖅᒥᓂᒃ ᑖᒃᑯᓄᖓ ᑎᓴᒪᓄᑦ ᓂᕈᐊᖅᑕᐅᓯᒪᔪᓄᑦ ᐱᔾᔪᑎᒋᔭᖏᑦ ᖃᓂᒌᖕᓂᖅᓴᐅᒐᓴᖅᒪᑕ ᑕᒪᒃᑯᓂᖓ ᐱᓕᕆᐊᕆᔪᒪᔭᑦᑎᓐᓂᒃ ᑕᐅᖅᓲᖅᑲᑎᖅᑲᐅᕈᑎᒋᒐᔭᖅᑕᑦᑎᓐᓂᒃ ᐅᖃᓕᒫᖅᑎᐅᒐᔭᖅᑐᓄᑦ ᐱᔾᔪᑎᖅᑲᖅᑐᓄᑦ ᓯᑯᒥᒃ - ᖃᓄ ᑐᑭᖅᑲᕈᑎᒋᔭᖕᒐᓂᒃ ᐊᒥᓱᓄᑦ ᐃᓄᖕᓄᑦ ᐃᓅᓯᖅᑲᐅᖅᑐᓄᑦ ᓯᑯᓕᕆᓂᖅᒥ.

NORTHUMBERLAND Ø
Ca-30-40 m
HIKULIAMIN
ILULIARPASSUIT
Aukkarneq

AARRUJA
Clyde Riv

ᑖᒃᑯᐊ ᖃᐅᔨᒪᔩᓪᓚᕆᑦ ᐱᓕᕆᖃᑎᖏᑦ ᑎᑎᕋᖅᓯᒪᓪᓗᑎᒃ ᐅᖃᐅᑎᕐᔪᒥᓂᒃ ᓇᓗᓇᐃᖅᓯᒪᓪᓗᑎᒃ ᖁᔭᓐᓇᒦᒃ ᑎᑎᖅᑲᓂᒃ ᐱᓯᒪᐅᔪᓯᑦ ᑎᑎᕐᖃᒥᑦ ᓂᐱᓕᐅᖅᓯᕙᓕᐊᔪᑦ ᑕᒪᒃᑯᐊ ᑲᑎᒪᔾᔪᑎᓯᒪᐅᔪᑦ ᐊᒻᒪᓗ ᑎᑎᕋᖅᑕᐅᔪᑦ ᐅᖃᓪᓚᐅᑎᓯᒪᐅᔪᑦ ᖃᓪᓗᓈᑎᒍᑦᑕᐅᑎᑕᐅᓪᓗᑎᓪᓗ (ᒪᒡᒍᑦ ᐅᐱ ᐊᒻᒪᓗ ᓈᓯ ᓕᕕᑦ ᐅᑦᖄᕈᑎᓐᓇᕐᒥ, ᐊᕕᒡᒐ ᓴᖖᑦ ᑲᖏᖅᑐᒑᐱᖕᒥ, ᐊᒻᒪᓗ ᑑᑯ ᐅᓯᒪ, ᐹᓪ ᐋᓕᒃᔅ ᐲᕙᓴᓐᔭ, ᐊᒻᒪᓗ ᒎᓐᓯᓯ ᐲᕙᓴᓐᔭ ᖁᒑᕐᒥ). ᑕᒪᓐᓇ ᐱᓕᕆᐊᖏᔪᐊᖅ ᐊᐅᓚᑎᓪᓗᒍ, ᓯᐋᕆ ᕚᒃᔅ ᒋᐅᕼᐊᑦ ᐅᐸᒍᑎᓯᒪᒃᑕᕝᕙᖅ ᖃᐅᔨᒪᔩᓪᓚᕆᑦ ᐱᓕᕆᖅᑎᒃᑯᑦ ᑲᑎᒪᑎᓪᓗᑎᑦ ᑲᖏᖅᑐᒑᐱᖕᒥ. ᒋᐅᕼᐊᑦ ᐊᒻᒪᓗ ᓕᓇ ᑭᐅᓪᓴᓐ ᕼᐅᒻ ᐳᖓᓂᐊᕈᓐᓇᓚᐅᖅᓯᒪᓚᐅᑎᒃ ᖃᓈᕐᒧᑦ ᐱᓕᕆᖃᑎᖏᑦ ᒪᕈᐊᖅᑎᖅᑐᑎᒃ ᐱᓇᓱᐊᕈᓯᓚᐃᕐᒥ ᐃᓕᓐᓂᐊᖅᓯᓐᓈᖅᑐᑎᒃ ᑲᑎᒪᑎᓪᓗᑎᑦ ᑕᐃᔅᓯᒪᓂ 2009-ᖑᑎᓪᓗᒍ ᐊᒻᒪᓗ ᕼᐅᒻ ᑕᐃᑯᓐᖑᐊᕐᓇᓕᐅᖅᓯᒪᕆᓪᓗᓂ ᑕᐃᔅᓯᒪᓂ 2012-ᖑᑎᓪᓗᒍ ᕿᒥᕐᕈᐊᖅᑎᖃᓚᐊᖅᖢᓂ ᑭᒥᕈᐊᓚᑦ ᓴᓇᔭᐅᕙᓪᓕᐊᓕᖅᑎᓪᓗᑎᑦ ᑕᐃᒃᑯᓇᖓ ᐱᓕᕆᖃᑎᖏᓐᓄᑦ ᐊᒻᒪᓗ ᐊᓯᖏᑦ ᑐᓴᕈᑎᒃᓯᕐᒥᔪᒥᒃ. ᕼᐋᐃᓐᓇ ᕼᐋᓐᑎᖕᑖ ᐊᒻᒪᓗ ᐋᑎ ᒪᕼᐆᓂ ᐳᓖᕆᐊᓚᐅᖅᓯᒪᓪᓗᑎᒃ ᐅᑦᕿᐊᒡᕕᖕᒧᑦ ᐱᓕᕆᖃᑎᒃᑐᑦ ᐱᓕᕆᖅᑎᔭᖅᑐᖅᑐᕐᔪᒃ ᐊᒥᓯᐊᖅᑎᐊᕐᔪᑎᒃ - ᐊᒻᒪᓗ ᒪᕿᕐᓂᒃ ᐅᓪᓗᕐᓂᒃ ᐅᖃᓪᓚᐅᑎᖃᓚᐊᖅᑐᖅᑐᑎᒃ ᑕᐃᔅᓯᒪᓂ 2008-ᖑᑎᓪᓗᒍ, 2009-ᖑᑎᓪᓗᒍ ᐊᒻᒪᓗ 2010.

ᖃᐅᔨᒪᔩᓪᓚᕆᑦ ᐱᓕᕆᔨᐅᔪᑦ ᐱᓕᕆᐊᕕᓂᕐᒥᒃ ᕿᒥᕐᕈᐃᓐᓇᓂᓪᓚᐅᖅᑐᑎᒃ ᐊᒻᒪᓗ ᐱᓕᕆᐊᕆᓯᒪᔭᕐᒥᒃ ᐋᖅᑭᒃᓱᐃᖅᓯᒪᓐᓇᖅᑐᑎᒃ ᐊᑯᓂᒃᑖᕐᔪᓕᕋᓗᐊᖅᑎᓪᓗᒍ. ᓱᕐᓗᑦᑕᐅᖅ, ᓄᐊᑕᐅᓯᒪᔫᒐᓗᐊᑦ ᓯᑯ ᐱᔭᕇᑎᓪᓗᒍ ᐅᖃᐅᓯᖅᑕᐅᔪᑦ ᓄᐊᑕᐅᓯᒪᓪᓗᑎᒃ ᐋᖅᑭᒃᓱᖅᑕᐅᓚᐅᖅᓯᒪᓂᖅᑐᑎᓪᓗ ᐊᑐᓂᑦ ᓄᓇᓕᖕᓂ ᐊᒻᒪᓗ ᐅᖃᐅᑎᓯᒪᔪᖅᑐᑎᒃ ᑖᒃᑯᓇᖓ ᐱᖑᓯᐃᓄᑦ ᓄᓇᓕᖕᓄᑦ ᑲᑎᑦᑐᑎᒃ. ᐊᑐᓂᑦ ᐱᓕᕆᖃᑎᒃᑯᑦ ᓄᓇᒥᓂ ᕿᒥᕐᕈᓇᓂᓕᕆᓪᓗᑎᒃ ᓇᖕᒥᓂᖅ ᐱᓕᕆᐊᕆᓯᒪᔪᒥᒃ ᐋᖅᐱᑎᐊᖅᓯᒪᓪᓚᑦᑐᐊᕐᒪᖔᑦ ᖃᐅᔨᓇᕐᓂᕐᔭᕐᓈᖅᑐᑎᒃ, ᐱᔭᕇᖅᑎᐊᖅᓯᒪᓪᓚᑦᑐᐊᕐᒪᖔᑕᓗ, ᑎᑎᕐᖃᓯᒪᓂᖏᑦ, ᐊᒻᒪᓗ ᐊᓯᒃᑲᓂᖏᑦ, ᓇᓂᓯᒃᑲᓂᖅᐸᒃᑎᓪᓗᑎᒃ ᑭᑭᑕᕕᓂᕐᒥᒃ ᐊᔾᔨᓪᓗᖏᓐᓂᒃ ᐅᖃᐅᓯᕐᓂᒃ ᑕᐃᔅᓱᖓᓂᒃ ᑎᑎᕐᖃᓯᒪᔪᓂᒃ ᓄᓇᓖᑦ ᐊᓯᖏᓐᓂᒃ. ᑎᑎᕋᐅᔭᖅᑏᑦ

ᐋᖅᑭᐊᑦᑎᐊᖅᓯᕗᒍᑎᑦ ᐊᒻᒪᓗ ᐊᓯᖑᕆᖕᒐᓂᐅᓕᖅᐸᒃᑐᑎᒃ ᑕᒃᑯᓂᖓ ᑕᑯᔅᓱᐃᓯᒪᔪᓂᒃ ᐊᒻᒪᓗ ᑎᑎᕋᐅᔭᖅᓯᒪᔪᓂᒃ ᑖᒃᑲᓂ ᕿᒥᕐᕈᐊᕈᓂ ᐱᒃᔪᐊᒃᑲᓐᓂᖅᓯᒪᕙᓯᓐᓂᑦ ᐃᓐᓂᓐᓂᑦ ᐊᒻᒪᓗ ᖃᐅᔨᓴᐅᔪᓂᒃ ᐱᓕᕆᔪᑎᑦ ᐊᑐᖅᑕᐅᔪᑦ, ᐅᕙᓗᐃᓐᓂᑦ ᐊᓯᖏᓐᓂᒃ ᐅᔾᔨᖅᑐᐃᖅᑎᖏᑦᑐᒃ ᑕᑯᔅᓴᐅᑎᑕᓕᖕᒪᑕ ᐊᕐᕌᒍᖓᐅᑦ ᓯᑯᒥ, ᓱᕐᓗᓐᓂᑎᓪᓗᒍ. ᑲᖏᖅᑐᒑᐱᖕᒥ ᐊᒻᒪᓗ ᖃᐃᕐᒥ, ᐃᓕᓐᓂᐊᖅᑏᑦ ᐅᖃᓪᓚᐅᑎᖃᖅᑐᑎᒃ ᓇᖕᒥᓂᖅ ᐊᐅᓪᓚᖅᓯᒪᒃᑕᑦᑕᓂᖕᒥᒃ ᓯᑯᒥ ᐊᒻᒪᓗ ᑎᑎᕋᐅᔭᖅᑐᑎᒃ ᐅᓂᒃᑳᓂᖕᒥᓂᑦ ᑖᒃᑯᓇᖓ ᑕᕝᕙ "ᓯᑰᑉ ᑐᑭᖏᑦ".
ᖄᓇᕐᒥ ᐊᒻᒪᓗ ᐅᑦᕿᒃᕕᖕᒥ ᐱᓕᕆᖃᑕᐅᔪᑦ ᐅᖃᓪᓚᒃᕕᖕᒦᖃᑦᑕᖅᓯᒪᓪᓗᑎᒃ ᐅᖃᐅᔾᔭᐅᒃᑲᓐᓂᖅᓂᕈᓯᒪᔭᖅᑕᒥᒃ ᓂᕈᐅᒃᑐᑎᒃ, ᐃᓗᓯᒐᔭᖅᑐᒥᒃ, ᐊᒻᒪᓗ ᓄᓇᒥᓂᑦ ᐃᓯᒪᑖᕈᑎᒃᓴᒃᑲᓐᓂᖅᓂᒃ. ᓴᖅᑭᑦᑐᑦ ᑕᒪᒃᑯᐊ ᑕᕝᕙᖕᖓᑦ ᐱᓕᕆᐊᕆᔭᐅᓂᕙᓂᖕᒋᓐᓈᓂᑦ, ᑖᒃᑯᐊ ᕿᒥᕐᕈᐊᓚᑦ ᓴᖅᑭᑎᑕᖕᒋᑦ, ᐊᕙᖅᓯᒪᐅᕐᒪᑕ ᑲᑎᓯᒪᐅᔭᖅᑐᑎᒃ ᐃᓯᒪᓕᐅᕆᑎᑦ ᑕᐃᒃᑯᓇᖖᒑᑦ ᖃᐅᔨᒪᔨᓂᑦ ᐱᓕᕆᔨᐅᔪᓂᑦ ᐊᒻᒪᓗ ᐊᖅᑯᑎᕆᖅᑲᓯᐅᑎᓪᓗᒍ ᓯᑰᑦ ᒥᒃᓵᓄᑦ ᓂᐅᕿᖃᑦᑕᖅᑎᕆᓯᒪᔭᕗᑦ, ᑕᐃᒃᑯᓈᖑᑦ ᑭᒡᓕᓯᓂᐊᖅᑎᓂ ᓂᐅᕿᖃᑕᐅᖃᑦᑕᓚᐅᖅᑐᓂᑦ ᐊᐱᖅᑯᑎᒃᓴᑦ, ᐊᒻᒪᓗ ᑕᐅᖅᔪᖅᑎᖅᑲᑦᑕᖅᓯᓂᖅᑲᑦ ᐃᓯᒪᓕᐅᕈᑎᒃᓴᑦ ᖃᐅᔨᒪᔨᐅᔪᓂᒃ ᓄᓇᒥᓂᑦ, ᐃᓐᓇᖅᓯᓂᑦ, ᓄᓇᖅᑲᑎᕆᔪᐅᔪᓂᑦ, ᑎᑎᕋᐅᔭᖅᑎᓂᑦ, ᐊᒻᒪᓗ ᒪᒃᑯᒃᑐᓂᑦ. ᑕᕝᕙ ᐃᒫᖑᒐᖅ, ᐊᑐᓂᑦ ᑖᒃᑯᐊ ᖃᐅᔨᒪᔩᑦ ᐊᕕᒃᑐᕐᓗᒋᑦ ᓄᓇᖅᑲᑎᖏᓐᓂᑦ ᐊᔾᔨᖖᒋᐊᕐᔪᒃᑐᓂᒃ ᑕᐅᑦᑐᖕᒋᑦ ᑕᐃᒪᐃᒻᒪᑕ, ᑕᐃᒪᐃᖅᑲᑎᖏᓪᓚᑦᑖᕐᑎᒃ ᐱᓕᕆᔾᔪᔨᕐᒧ, ᐃᓅᓯᕐᒥ ᓱᓕ. ᐅᑦᕿᐊᒡᕕᒃ ᑎᑎᕋᖅᓯᒪᔪᑦ ᓇᓗᓇᐃᖅᓯᒪᑦᑎᐊᖅᑐᓂᒃ. ᖃᓈᖅ ᐊᑐᐃᓐᓇᐅᑎᑦᑎᓪᓗᓂ ᐋᖅᑭᒃᓱᖅᓯᒪᔪᓂᒃ ᓄᓇᙳᐊᓂᒃ, ᑕᑯᓴᐅᑎᑕᒥᓂᒃ, ᐊᒻᒪᓗ ᐋᔾᔨᙳᐊᓂᒃ. ᑲᖏᖅᑐᒑᐱᖕᒥᑦ ᑎᑎᕋᐅᔭᖅᓯᒪᔪᑦ ᓇᓗᓇᐃᖅᓯᓯᒪᔪᓂᒃ ᐊᒻᒪᓗ ᑎᑎᕋᐅᔭᒐᕐᓂᒃ.
ᐃᒪᐃᓕᓇᕐᒃᓯᒪᖕᒋᑦᑐᒍᑦ ᓈᒻᒪᒃᓯᑎᓐᓇᕐᓗᑐᑎᒍᑦ ᑐᓂᕈᑎᒋᔭᐅᕙᒃᑐᑦ, ᑭᓯᐊᓂᓪᓚ ᓈᒻᒪᒃᑮᕐᒥᔫᕐᒥᒃ ᐃᓕᓯᕙᒃᓴᖅᑕᖅᑎᑎᓇᕐᒃᑕᑦ ᑖᒃᑯᓇᖓ ᐱᓕᕆᔨᐅᔪᓄᑦ ᑐᓂᕈᑎᕆᓯᒪᔭᕆᑦ ᑕᒪᒃᑯᐊ ᐱᖅᑕᐅᑎᓪᓗᑎᑦ ᐱᖅᓯᐅᑎᖅᑯᔭᐅᔪᑦ, ᑐᑭᖅᑕᑎᐊᖅᓂᓴᐅᑎᑎᓂᐊᖅᒪᑕ ᑐᓂᕈᑎᕆᔭᒥᓂᒃ.

061006
1 ÅR

ᐊᑕᐅᓯᖅᑕᐅᖅ ᐱᔾᔪᑎᒋᖕᒥᔭᖕᒐ ᓇᖕᒥᓂᖅ ᐱᓕᕆᓇᓱᖕᓂᐅᑦ ᐃᒪᐃᑦᑑᖕᒪᑦ ᖃᔅᓲᓐᓇᐃᑦ ᐱᓕᕆᐊᕆᔭᒃᓴᑦ ᓇᓗᓇᐃᖅᓯᒪᖕᒪᑕ ᑐᑭᓯᓇᑦᑎᐊᖅᑐᑎᒃ. ᐅᖖᖁᓐᓃᑦ ᐅᓂᒃᑳᑐᐃᓐᓇᐅᓚᓗᐊᑦ, ᑐᓴᐅᒪᓇᖅᑎᑦᑎᔪᑦ, ᐊᔾᔨᖕᒍᐊᑦ, ᐊᒻᒪᓗ ᐃᓯᒪᓕᐅᕈᑎᒋᔭᐅᔪᑦ ᑖᒃᑯᑎᒎᓇᖅ ᖅᑭᒥᖅᑭᐊᓚᑎᒍᑦ ᑕᑯᒃᓴᐅᑎᑕᐅᔪᑦ ᓄᓇᓖᑦ ᐊᖕᒋᕈᑎᒋᔭᖕᒋᑦ. ᐃᒫᖕᖓᖅᑕ, ᐱᓯᒪᓚᖅᑎᒍᑦ ᐃᓅᒻ ᓇᖕᒥᓂᖅ ᑕᑯᓯᒪᔭᖕᒋᑦ, ᐋᖅᑭᒃᓯᒪᓪᓗᑎᒃ ᓴᓂᓕᓈᒃᓱᖅᓯᒪᓪᓗᑎᒃ ᐅᖃᐅᑎᒋᔭᐅᔪᓂ, ᐊᒻᒪᓗ ᖃᐅᔨᓇᓱᒃᓯᒪᓪᓗᑎᒍᑦ ᑕᒪᒃᑯᐊ ᐅᐸᒃᑕᐅᖃᑦᑕᖅᓯᒪᔪᑦ ᑕᑯᔪᒥᓇᖅᒪᑕ ᑖᔅᓱᒧᖕᒍ ᐃᓄᖕᒎᑦ ᐅᐸᒍᑎᓯᒪᔪᕕᓂᖅᒎᑦ. ᓱᓕᔪᖅᓴᖅᐳᒍ ᑦ, ᐅᖃᓪᓚᖃᑦᑕᖅᓯᒪᓪᓗᑕ ᐊᒥᓱᒃᑲᓪᓚᖕᓂᒃ ᐱᖃᓐᓇᕆᔭᑦᑎᓐᓂᒃ, ᐃᓚᒌᑦ, ᐊᒻᒪᓗ ᐱᓕᕆᖃᑎᒋᓲᒌᑦ, ᑕᒫᓂᑦᑐᒍᑦ ᐊᑐᐃᓐᓇᐅᒌᒍᑦ ᓱᓕᔪᖅᓴᖅᑐᑕᓗ ᖅᑭᒥᖅᑭᐊᖅᓗᕆᑦ ᑖᒃᑯᐊ ᑐᑭᖅᑲᐅᑎᒋᔭᖕᒋᑦ ᓯᕗᑦ ᓄᓇᓕᖕᓂ ᐱᖕᒐᓯᐃᓂ. ᑕᐃᒪᐃᒃᑲᓗᐊᖅᑎᓪᓗᒍ, ᐃᓕᓴᖅᓯᖕᒥᔪᑦ ᐱᐅᓂᖅᓴᖅᑕᖅᑲᖅᒥᖕᒪᑦ ᑕᑯᓗᒍ ᓯᑯ ᐅᑯᓇᓂ ᐱᓕᕆᐊᕆᔭᐅᖅᑕᐅᓯᒪᖕᒋᑦᑐᒥᒃ, ᐊᓯᐊᒍᑦᑕᐅᖅ ᓯᑯ ᐊᒻᒪᓗ ᖃᐅᔨᒪᓂᖅ ᐊᒻᒪᓗ ᓯᑰᑦ ᐊᑐᕈᓐᓇᕐᓂᕆᖕᒥᔭᖕᒐ ᐅᖅᑲᐅᑎᒋᓯᒪᖕᒋᒻᒥᔭᕗᑦ, ᐊᒻᒪᓗ ᓴᐱᕐᓇᕐᓂᖅᓴᐅᓂᖕᒐᓂᒃ ᐋᖅᑭᒃᓯᒪᓂᖕᒐ ᑕᑯᖅᑲᓯᐅᑎᓇᑎᒍᑦ ᓇᓕᐊᒃ ᐊᔾᔨᒌᖕᒋᓐᓂᖕᒋᒃ ᖃᐅᔨᒋᐊᓗᒋᒃ ᐱᓇᓱᒃᓯᒪᙱᑕᕗᑦ. ᓂᕈᐊᕆᒃᓐᓂᕈᓐᓇᖅᑕᑦᑎᓐᓂ ᓇᖕᒥᓂᖅ ᐱᓕᕆᐊᕆᓕᖅᑕᑦᑎᓐᓂᑦ, ᐃᒪᐃᓐᓇᓱᒃᓯᒪᒋᕗᒍᑦ ᕿᓂᒃᑲᓐᓂᖅᓱᒃᓯᒪᓪᓗᑕ ᖃᓄ ᓯᕗᑦ ᑐᑭᖅᑲᐅᑎᒋᔭᖕᒐ ᐃᒫᒃ ᖃᓄᖅ ᒪᓐᓇ ᓯᕗᑦ ᐃᔪᓂᖕᒐ.

HONDA

ᐃᓚᒋᖃᓯᐅᑎᔭᖕᖓᓂᒃ ᓱᑯᓕᕆᓂᕐᒧᑦ ᐊᐅᓪᓚᖃᑦᑕᕐᓂᐅᑦ
ᐊᒻᒪᓗ ᐱᓕᕆᖃᑎᒌᒃᑐᑦ ᑲᑐᔾᔨᓪᓗᑎᒃ, ᑖᒃᑯᐊ ᓱᑯ-
ᐃᓄᐃᑦ-Hᐃᓚ ᐱᓕᕆᔪᑦ ᐋᕐᖃᒃᓯᓚᐅᖅᓯᒪᖕᒪᑕ
ᓄᓇᓕᖕᓂᑦ-ᐱᓕᕆᐊᖑᓪᓗᓂ ᓱᑯᓕᕆᔪᑦ ᖃᐅᔨᓴᖅᑐᑎᒃ
ᐱᓕᕆᐅᕋᖅᑐᑦ ᐱᖕᖓᓯᐃᓂ ᓄᓇᓕᖕᓂ. ᐋᓐᑎ ᒪHᐆᓂ,
ᐱᓕᕆᖃᑎᒌᒃᑐᑦ ᓱᑯᓕᕆᓂᕐᒥᒃ ᓯᓚᐅᑦ ᐱᖕᒋᓐᓂᒃ
ᐊᐅᓚᑕᖕᒋᓐᓂᒃ, ᐱᖃᓯᐅᑎᓪᓗᑎᒃ ᓄᓇᓕᖕᓂᑦ
ᖃᐅᔨᒪᔾᔪᓂᒃ, ᐋᖅᑭᒃᓯᓪᓗᑎᒃ ᐊᐅᓚᑦᑕᓇᐊᖕᖓ-
ᐱᔭᕐᓂᖅᑐᒥᒃ ᐃᒪᐃᒃᑭᓪᓗᓂ ᓴᙱᓪᓗᓂ
ᐱᔪᓐᓇᑦᑎᐊᖅᑐᓂ ᐊᑦᑕᕐᓇᕋᓂᓗ ᐊᐅᓚᑕᖑᖅ
ᐊᑐᓇᐊᖃᖅᑐᓂ ᕿᔪᑯᑖᓂᒃ ᐊᒻᒪᓗ 'ᐆᓇᖅᓯᔪᓐᓇᖅᑐᓂᒃ
ᐅᐊᔭᓂᒃ' ᓯᓕᐊᕐᔪᒃᑐᑎᒃ ᖃᐅᔨᓴᐅᑕᐅᓪᓗᑎᒃ ᓱᑯᒥᒃ
ᐊᒻᒪᓗ ᐊᔾᑎᒥᒃ ᖃᓄᐃᓕᙱᓪᓕᐊᓲᖑᓂᖕᒋᓐᓂᒃ
ᖃᐅᔨᓴᖑᐅᓪᓗᓂ ᓱᑰᑦ ᐃᔾᔪᖅᑎᑉᐸᓪᓕᐊᓲᖑᓂᖕᖓᓂᒃ
ᐊᒻᒪᓗ ᓵᓪᓕᙱᓪᓕᐊᓲᖑᓂᖕᒋᖕᓂᒃ ᖄᖕᖓᓂᑦ ᐊᑖᓂᓪᓗ
ᑕᒪᑐᒪ ᓱᑰᑦ. ᓄᓇᖃᖅᑎᐅᔪᑦ ᑕᐃᒪᐃᑦᑐᒥᒃ
ᐃᓕᑎᑕᐅᓚᐅᖅᓯᒪᔪᑦ ᐋᖅᑭᒃᓱᐃᔭᓇᐊᒃᓴᖅ
ᓱᑯᓕᖅᑎᓪᓗᒍ, ᐆᒃᑐᖃᑦᑕᕐᓗᒋᑦ ᐱᓇᓱᐊᕈᓯᑕᓖᑦ, ᐊᒻᒪᓗ
ᐲᔭᕐᓗᒋᑦ ᓱᑯᐃᔭᓇᐊᕿᓪᓕᑎᓪᓗᒍ
ᐃᖕᒋᕐᕋᕙᑦᑎᐊᕗᐅᔪᓐᓈᕐᖁᖕᖓᑦ. ᑕᒪᒃᑯᐊ
ᑎᑎᖅᑕᐅᕙᓪᓕᐊᖃᑦᑕᖅᑐᑦ ᑕᐃᒪᐃᑦᑐᒥᒃ
ᐱᓕᕆᔨᐅᓪᓗᓂ ᖃᐅᔨᕙᓪᓕᐊᔭᒃᓴᑦ ᓱᑯᒥᒃ ᐱᓕᕆᔨᐅᔪᑦ
ᐊᒻᒪᓗ ᐃᑲᔪᕆᓪᓗᑎᒃ ᐱᓕᕆᔨᓂᒃ ᖃᐅᔨᕙᓪᓕᐊᓪᓗᒍ
ᓱᑰᑦ ᑕᒪᑐᒪ ᖃᓄᐃᑦᑐᕈᖅᐸᓪᓕᐊᓂᖓ. ᑭᐅᔾᔪᑎᒋᔭᖏᑦ
ᑕᒪᒃᑯᐊ ᖃᐅᔨᓴᖅᑎᐅᑦ ᐃᒪᐃᒃᓇᓕᖅᑎᑦᑎᓲᖑᖕᒪᑕ
ᖃᐅᔨᓴᕐᓂᖓ ᐱᓕᕆᐊᒥᓄᑦ ᐃᑲᖅᑎᑉᐹᓪᓕᖅᑐᓂ
ᐅᐊᑦᑎᐊᕉᓕᕋᓗᐊᖅᑎᓪᓗᒍ.

ᑖᒃᑯᐊ ᓯᑯ-ᐃᓄᐃᑦ-ᕼᐃᓚ ᐱᓕᕆᔪᑦ ᑮᓇᐅᔭᖅᑲᖅᑎᑕᐅᓚᐅᖅᑐᑦ ᒥᐊᓕᒐᐃᑦ ᓯᓚᕐᔪᐊᕐᒥ ᑭᒡᓕᓯᓂᐊᖅᑏᑦ ᑐᖖᒐᕕᖕᒋᑦ (NSF ᑐᓂᕐᕈᑦ BCS 0624344"H SD: ᑖᒃᑯᐊ ᑲᔪᖕᒋᖅᑐᑦ ᓴᖖᒋᔫᑦᑐᑎᒃ ᐃᓅᑦ-ᓯᑯ ᐃᓚᒌᖅᑲᑎᒌᒃᑐᑦ: ᐊᔾᔨᒌᖕᒋᓐᓂᖕᒋᑦ ᐊᓯᕈᖅᐸᓪᓕᐊᓂᖕᒋᑦ ᐊᕙᑎᒥᒃ ᐅᑯᓇᓂ ᐊᓛᓯᑲᒥ, ᓄᓇᕘᒥ, ᐊᒻᒪᓗ ᐊᑯᑭᑦᑐᓂ") ᐊᒻᒪᓗ ᐊᐅᓚᑕᐅᑦᑐᑎᒃ ᐅᑯᑎᒎᓇᖅ ᓯᓚᕐᔪᐊᕐᒥ ᐊᐳᑎ ᐊᒻᒪᓗ ᓂᓚᒃ ᑎᑎᖅᑲᑎᒍᑦ ᓇᓗᓇᐃᖅᑕᐅᓯᒪᔪᑦ ᐅᐸᒐᖅ (NSIDC), ᑲᑐᔾᔨᖅᑲᑎᒌᒃᑐᑦ ᐅᐸᒃᓯᒪᔭᒐᖅ ᑕᒪᒃᑯᓄᖓ ᖃᐅᔨᓇᓱᒃᑐᓄᑦ ᒪᑐᒥᖓ ᐊᕙᑎᑦᑎᓐᓂᒃ ᑭᒡᓕᓯᓂᐊᖅᑏᑦ (CIRES), ᓯᓚᑦᑐᖅᓴᕐᕕᒡᔪᐊᖅ ᑕᒫᓂ ᑳᓗᕌᑐ ᕘᕐᑐ. NSIDC ᑭᒡᓕᓯᓂᐊᖅᑎ ᑖᒃᑕ. ᓯᐋᕆ ᕖᒃᔅ ᒋᐅᕐᕼᐊᑦ, ᓇᔪᒐᖅᑲᖅᑐᓂ ᓄᓇᖅᑲᖅᑐᖅ ᑲᖏᖅᑐᒑᐱᖕᒥ, ᐱᓕᕆᐊᕆᔭᓂᒃ ᐊᖕᒋᔪᖅᑳᖕᒍᓚᐅᖅᐳᖅ ᓯᕗᓕᖅᑎᐅᑦᑐᓂ ᖃᐅᔨᕚᑦᓕᐊᓇᓱᒃᑕᐅᔪᒥᒃ. ᐃᑲᔪᖅᓯᖅᑎᒐᒃᓴᐃᑦ ᐊᒻᒪᓗ ᑮᓇᐅᔭᖅᑲᖅᑎᑦᑏᔾᔪᑦ ᐱᔪᒪᔭᖅᑲᖅᑲᓯᐅᑎᓚᐅᖅᐳᑦ ᐱᓕᕆᐊᕆᔭᑦᑎᓐᓄᑦ ᐊᒻᒪᓗ ᐋᖅᑭᒃᓱᐸᑦᓕᐊᑎᑦᑐᑎᒍᑦᑐ ᑖᓐᓇ "ᓯᑰᑉ ᑐᑭᖕᒋᑦ" ᓇᓂᔭᒃᓴᐅᕗᑦ ᐃᓕᓴᕆᔭᐅᕕᖕᒥ ᐃᓚᖕᒐᓂ ᐅᑯᓄᖓ ᕿᒥᕐᕈᐊᒐᕐᓄᑦ.

ᓯᑯ-ᐃᓄᐃᑦ-ᕼᐃᓚ ᐱᕈᖅᐹᓪᓕᖅᓯᒪᓕᕐᒪᑦ ᖃᐅᔨᓇᓱᖕᓂᑐᐃᓐᓇᕐᒥᑦ ᐱᓂᖅᓴᐅᓕᖅᑐᓂ ᐱᓕᕆᖅᑎᖕᒌᓄᑦ ᐱᖃᓐᓇᕇᒃᑐᓄᑦ ᐊᒻᒪᓗ ᐱᓕᕆᖅᑎᒌᓚᐅᖃᑦᑕᖅᑐᓄᑦ ᑲᔪᓯᑦᑐᑎᒃ ᐱᔪᒪᔭᖅᑲᕐᒥᒃ ᑐᑭᓯᑐᑎᒃ ᓯᑯ ᐊᓯᕈᖅᐸᓪᓕᐊᔪᒥ ᐊᕙᑎᒥ ᐊᑐᖅᑐᑎᒃ ᑕᒪᕐᒥᒃ ᓄᓇᓕᖕᓂᒃ ᐊᒻᒪᓗ ᑭᒡᓕᓯᓂᐊᕐᓂᐅᑦ ᖃᐅᔨᒪᓂᖕᒋᓐᓂᒃ. ᐃᓚᒃᑲᓐᓂᖓ ᑕᕝᕙᖓ ᕿᒥᕐᕈᐊᒐᕐᓄᑦ, ᑖᒃᑯᐊ ᓯᑯ-ᐃᓄᐃᑦ-ᕼᐃᓚ ᐱᓕᕆᓂᖅ ᐃᒪᐃᓕᒃᑲᓐᓂᖅᓯᒪᓕᕐᒥᖕᒪᑕ ᓴᖅᑭᑦᑐᖅᑲᒃᑲᓐᓂᖅᑐᑎᒃ ᓄᑖᕐᒥᒃ ᓯᑯ ᖃᐅᔨᓴᕐᕕᖕᒥᒃ ᐱᓕᕆᐊᕆᔭᐅᔪᒥᒃ ᐅᑭᐅᖅᑕᖅᑐᒥᒃᑕᐅᖅ ᓄᓇᓖᑦ ᐊᒻᒪᓗ ᐊᐱᖅᑯᓯᒃᓴᓂᒃ ᓴᖅᑭᑦᑐᖅᑲᒃᑲᓐᓂᖅᓯᒪᓕᕆᑦᑐᓂ ᐱᓕᕆᖅᑎᒌᓄᑦ ᐅᖅᑲᐅᑎᒋᔭᐅᖅᑲᑦᑕᓕᖅᑐᑎᒃ ᓄᑖᑦ ᑐᒃᓯᕋᐅᑎᓕᐊᕆᔭᐅᓯᒪᔪᑦ ᐊᒻᒪᓗ ᑲᔪᓰᓐᓇᖅᑐᑦ ᖃᐅᔨᓇᓱᖕᓃᑦ. ᐸᕐᓇᒃᐸᓪᓕᐊᓯᒪᓕᕐᒥᔪᑦ ᐅᑯᐊ ᑲᓇᑕᒥᐅᑦ ᐊᒻᒪᓗ ᐊᑯᑭᑦᑐᕐᒥᐅᑦ ᐱᓕᕆᐊᒃᓴᒥᒃ ᐱᓕᕆᔪᑦ ᑕᐃᔅᓯᒪᓂ ᕿᔪᒃᓯᒃᑯᑦ ᐃᖕᒋᕐᕋᓂᖅᑲᕐᑐᑎᒃ ᓇᑭᑦ ᐱᒋᐊᕐᕕᖅᑲᕐᑐᑎᒃ ᓄᓇᖅᑲᑎᒋᙱᑦᑎᒥᓅᕐᑐᑎᒃ. ᐅᕝᕙᑑᓐᓃᑦ ᐋᖅᑭᒃᓯᒃᑲᓇᓂᕐᒥᑐᑎᒃ ᐃᖕᒋᕐᕋᓂᕐᒥᒃ ᐊᑯᑭᑦᑐᕐᒥᐅᑦ ᐊᕐᕌᒍᒐᓴᐅᓕᖅᑐᑦ ᐅᑦᕿᐊᒡᕕᖕᒍᑦ ᕿᒍᒃᓯᕐᑐᑎᒃ. ᐃᓯᒪᕆᔭᖅᑲᐅᖅᑐᖅᑲᖅᐳᖅ ᐱᖃᓐᓇᕇᓕᖃᑖᖅᓯᒪᔪᓄᑦ, ᓯᑯ ᑕᐃᒪᐃᕐᑯᔾᔭᒃᐸᑦ...

Alaska Airlines

ᑖᒃᑯᐊ ᓂᐅᕐᕿᖅᑕᑦᑕᓚᐅᖅᑐᑦ

ᖃᓈᖅ, ᐊᑯᑭᑦᑐᑦ, ᒫᑦᓯ 2007

ᐅᕙᓂ ᓄᓇᓕᖕᓂ ᖃᐅᔨᒪᔨᑦᓚᖏᑦ: ᒪᒫᑦ ᑯᓇᔅᑕᓴᓐ, ᑑᑯ ᐅᓯᒪ, ᖃᐃᖅᑰᖅ ᓃᐅᕐᓴᓐ (ᓴᕙᔅᓯᕙᒃ)

ᐃᓄᐱᐊᑦ ᖃᐅᔨᒪᔨᑦᓚᖏᑦ, ᐅᑦᕿᐊᒡᕚᒃ: ᐅᐊᕋᓐ ᒪᑐᒥᐊᒃ, ᔩ ᓕᕙᑦ, ᓈᓐᓯ ᓕᕙᑦ

ᐃᓄᐃᑦ ᖃᐅᔨᒪᔩᑦ, ᑲᖏᖅᑐᕐᓗᐱᒃ: ᐃᖅᑯᒃ ᐊᖑᑎᕐᔪᐊᖅ, ᔪᐃᓕ ᓴᖑᔭ, ᐊᐃᕐᒐ ᓴᖑᔭ

ᑭᒡᓕᓯᓂᐊᕐᓂᕐᒧᑦ ᐱᓕᕆᖃᑎᒌᑦ: ᐃᕖᓐ ᒃᓵᓐᑯ (ᓅᒃ), ᓯᐋᕆ ᕖᒃᔅ ᒋᐅᕐᕼᐊᑦ (ᑲᖏᖅᑐᕐᓗᐱᒃ, ᖂᑦᑐ, ᑳᓗᕋᑐ), ᓕᓇ ᑭᐅᑦᓴᓐ ᕼᐅᒻ (ᓅᒃ), ᐋᓐᑎ ᒪᕼᐆᓂ (ᖂᑦᑐ, ᑳᓗᕋᑐ)

ᑲᖏᖅᑐᕐᓗᐱᒃ, ᓄᓇᕗᑦ, ᐊᐃᕐᓕᓕ 2008

ᐅᕙᓂ ᓄᓇᓕᖕᓂ ᖃᐅᔨᒪᔩᑦ: ᐃᖅᑯᒃ ᐊᖑᑎᕐᔪᐊᖅ, ᑕᐃᕙᑎ ᐃᒃᑲᕐᓇᐊᓗᒃ, ᓚᐃᒥᑭ ᐸᓪᓗᖅ, ᔮᐃᑯᐱ ᐸᓂᒃᐸᒃ, ᔪᐃᓕ ᓴᖑᔭ, ᐊᐃᕐᒐ ᓴᖑᔭ, ᔮᓚ ᑎᑐᓪᓚᒐᖅ

ᐃᓄᐱᐊᑦ ᖃᐅᔨᒪᔨᑦᓚᖏᑦ, ᐅᑦᕿᐊᒡᕚᒃ: ᐅᐊᕋᓐ ᒪᑐᒥᐊᒃ, ᔩ ᓕᕙᑦ, ᓈᓐᓯ ᓕᕙᑦ

ᐃᓄᒡᕼᐅᐃᑦ ᖃᐅᔨᒪᔨᑦᓚᖏᑦ, ᖃᓈᖅ: ᖃᐃᖅᑰᖅ ᓃᐅᑦᓴᓐ (ᓴᕙᔅᓯᕙᒃ), ᒪᒫᑦ ᑯᓇᔅᑕᓴᓐ, ᑑᑯ ᐅᓯᒪ

ᑭᒡᓕᓯᓂᐊᕐᓂᕐᒧᑦ ᐱᓕᕆᖃᑎᒌᑦ: ᐃᕖᓐ ᒃᓵᓐᑯ (ᓅᒃ), ᓯᐋᕆ ᕖᒃᔅ ᒋᐅᕐᕼᐊᑦ (ᑲᖏᖅᑐᕐᓗᐱᒃ, ᖂᑦᑐ, ᑳᓗᕋᑐ), ᓕᓇ ᑭᐅᑦᓴᓐ ᕼᐅᒻ (ᓅᒃ), ᕼᐊᐃᓐᓄᓇ ᕼᐊᓐᑎᖕᑕᓐ (ᐋᒍᑦ ᓇᕙ, ᐊᑖᓯᑲ), ᐋᓐᑎ ᒪᕼᐆᓂ (ᖂᑦᑐ, ᑳᓗᕋᑐ)

ᐅᑦᕿᐊᒡᕚᒃ, ᐊᑖᓯᑲ,ᐊᐃᕐᓇᓕ/ᒪᐃ 2007

ᐅᕙᓂ ᓄᓇᓕᖕᓂ ᖃᐅᔨᒪᔨᑦᓚᖏᑦ: ᐋᕐᓄᕐ ᕗᕋᐊ ᐊᖏᔫᒃᑎᖅ., ᐅᐊᕋᓐ ᒪᑐᒥᐊᒃ, ᑖᔩᓐ ᒪᑐᒥᐊᒃ-ᑲᒐᒃ (ᐅᑦᕿᐊᒡᕚᒃ 2007, ᐅᕙᓂ ᓄᓇᓕᑦ ᖃᐅᔨᒪᔨ), ᔩ ᓕᕙᑦ, ᓈᓐᓯ ᓕᕙᑦ

ᐃᓄᒡᕼᐅᐃᑦ ᖃᐅᔨᒪᔨᑦᓚᖏᑦ, ᖃᓈᖅ: ᖃᐃᖅᑰᖅ ᓃᐅᑦᓴᓐ (ᓴᕙᔅᓯᕙᒃ), ᒪᒫᑦ ᑯᓇᔅᑕᓴᓐ, ᑑᑯ ᐅᓯᒪ

ᐃᓄᐃᑦ ᖃᐅᔨᒪᔨᑦᓚᖏᑦ, ᑲᖏᖅᑐᕐᓗᐱᒃ: ᐃᖅᑯᒃ ᐊᖑᑎᕐᔪᐊᖅ, ᔪᐃᓕ ᓴᖑᔭ, ᐊᐃᕐᒐ ᓴᖑᔭ, ᔮᓚ ᑎᑐᓪᓚᒐᖅ

ᑭᒡᓕᓯᓂᐊᕐᓂᕐᒧᑦ ᐱᓕᕆᖃᑎᒌᑦ: ᓯᐋᕆ ᕖᒃᔅ ᒋᐅᕐᕼᐊᑦ (ᑲᖏᖅᑐᕐᓗᐱᒃ/ᖂᑦᑐ, ᑳᓗᖍᑐ), ᕼᐊᐃᓐᓄᓇ ᕼᐊᓐᑎᖕᑕᓐ (ᐋᒍᑦ ᓇᕙ, ᐊᑖᓯᑲ), ᐋᓐᑎ ᒪᕼᐆᓂ (ᖂᑦᑐ, ᑳᓗᖍᑐ)

ᑖᒃᑯᐊ ᖃᐅᔨᒪᔨᑦᓚᓈᑦ ᐱᓕᕆᔨᐅᖃᑎᒌᑦ

ᐃᕼᐋᖑᒃ

364

ᖄᓈᖅ:

ᐅᐸᓗᖅ: ᑑᑯ ᐅᓯᒪ
ᒪᒪᕉᑦ ᑯᓇᔅᑕᓐᓯᓐ
ᖃᐃᖕᒎᖅ ᓃᐅᑦᓯᓐ (ᓴᕙᔅᓯᕙᒃ)
ᐃᓚᙳᐊᖅ ᖃᐃᖕᒎᖅ
ᖄᕙᓘᙳᐊᖅ ᕿᓱᒃ
ᐆᓚᐃ ᐲᑕᓴ
ᖁᓗᑕᙳᐊᖅ ᔨᐅᓂᒥᐊᔅᓴ
ᐆᓴᒃᑳᒃ ᕼᐊᓐᓴ
ᐆᓴᒃᑳᒃ ᖁᔭᐅᑭᑦᓴᖅ
ᑕᑖᓚᙳᐊᖅ ᐱᐊᓇ
ᐋᑐ ᓯᒥᒐᖅ (ᓯᐅᕋᐸᓗᒃ)

ᑲᖏᖅᑐᒑᐱᒃ:

ᐅᐸᓗᖅ: ᔪᐃᓂ ᓴᙳᔭ
ᐊᐃᒡᒐ ᓴᙳᔭ
ᐃᖅᑯᒃ ᐊᙳᑎᖅᔪᐊᖅ
ᑕᐃᕙᑎ ᐃᒃᑲᖅᓇᐊᓗᒃ
ᓚᐃᒥᑭ ᐸᓪᓗᖅ
ᔭᐃᑯᐱ ᐸᓂᒃᐸᒃ

ᐅᑦᕿᐊᓪᕙᒃ:

ᐅᐸᓗᖅ: ᔫ ᓂᕙᑦ
ᓈᓐᓯ ᓂᕙᑦ
ᒪᓪᒍᓚᑦ ᐅᐱ
ᐅᐊᕋᓐ ᒪᑐᒥᐊᒃ
ᐅᐊᔅᓂ ᐊᐃᑲᓐ
ᕙᐊᓐ ᐃᑦᑕ

ᐅᖅᑲᓕᒫᒐᒃᓴᒃᑲᓐᓃᑦ

Blackman, Margaret. 1992. Sadie Brower Neakok: An Iñupiaq Woman. University of Washington Press.

Bockstoce, John. 1995. Whales, Ice, and Men: The History of Whaling in the Western Arctic. University of Washington Press.

Brower, Charles. 1994. Fifty Years Below Zero: A Lifetime of Adventure in the Far North. University of Alaska Press.

Erlich, Gretel. 2010. In the Empire of Ice: Encounters in a Changing Landscape. National Geographic.

Krupnik I., Aporta C., Gearheard S., Laidler G., and Kielsen Holm, L. (editors). 2010. SIKU: Knowing Our Ice: Documenting Inuit Sea-Ice Knowledge and Use. Springer.

Malaurie, Jean. 2003. Ultima Thule: Explorers and Natives in the Polar North. W.W. Norton Press.

Malaurie, Jean. 2007. Hummocks: Journeys and Inquiries Among the Canadian Inuit. McGill Queens University Press.

McGhee, Robert. 2002. Ancient People of the Arctic. University of Washington Press.

McGhee, Robert. 2007. The Last Imaginary Place: A Human History of the Arctic World. University of Chicago Press.

Nuttall, Mark (ed.). 2007. Encyclopedia of the Arctic, Volumes 1-3. Taylor & Francis.

Wenzel, George. 1991. Animal Rights, Human Rights: Ecology, Economy, and Ideology in the Canadian Arctic. University of Toronto Press.

ᐅᕝᕙᒃᑲᓐᓃᑦᑕᐅᖅ ᐅᑯᓄᖕᖓ ᓯᑯ-ᐃᓄᐃᑦ-ᕼᐃᓚ ᐱᓕᕆᐊᖕᒍᓚᐅᖅᑐᓄᑦ

Huntington, H.P., Gearheard, S., Mahoney, A., and Salomon, A.K. 2011. Integrating Traditional and Scientific Knowledge Through Collaborative Natural Science Field Research: Identifying Elements for Success. Arctic 64(4): 437-445.

Huntington, H.P. Gearheard, S., and Kielsen Holm, L. 2010. The Power of Multiple Perspectives: Behind the Scenes of the Siku-Inuit-Hila project. In: Krupnik, I., Aporta, C., Gearheard, S., Laidler, G.J., and Kielsen Holm, L., eds. SIKU: Knowing Our Ice. Dordrecht, Netherlands: Springer: 257-274.

Mahoney, A., Gearheard, S., Oshima, T., and Qillaq, T. 2009. Sea Ice Thickness Measurements from a Community-Based Observing Network. Bulletin of the American Meteorological Society 90: 370-377.

Mahoney, A., and Gearheard, S. 2008. Handbook for Community-Based Sea Ice Monitoring. NSIDC Special Report 14. National Snow and Ice Data Center, Boulder, CO. http://nsidc.org/pubs/special/nsidc_special_report_14.pdf

Kalaallit Nunaata Radioa (KNR) TV, 2007. Documentary film on the Siku-Inuit-Hila project, "Inuit Isaannit Silaannaq" (Greenlandic). http://www.knr.gl/kl/tv/15-05-2007-inuit-isaannit-silaannaq (last accessed February 3, 2013).

ᐊᔾᔨᖑᐊᓂᑦ ᐊᒻᒪᓗ ᓴᓇᖑᐊᖅᓯᒪᔪᑦ ᑐᓂᔨᓯᒪᔪᑦ ᓇᓗᓇᐃᖅᑕᐅᓯᒪᔪᑦ

Cover – Aimo Paniloo; X – From left: Peter Lourie, Darlene Matumeak-Kagak, Gretchen Freund; Xi – From left: Shari Gearheard, Lene Kielsen Holm, Toku Oshima; Xii/xiii – Dorothia Rohner; Xviii – Christian Morel / www.ourpolarheritage.com; Xix – From left: Courtesy of the Brower Family, Shari Gearheard; Xx – From left: Shari Gearheard, Gretchen Freund; Xxi – From left: Toku Oshima, Lene Kielsen Holm; Xxii – From left: Courtesy of the Aiken Family, Vera Saltzman, Lene Kielsen Holm, Henry Huntington; Xxiii – From left: Peter Iqalukjuak, Shari Gearheard, Shari Gearheard; Xxiv – From left: Shari Gearheard, Margaret Opie; Xxv – From left: Lene Kielsen Holm, Shari Gearheard, Henry Huntington; Xxvi – From left: Elizabeth White, Henry Huntington, Margaret Opie; Xxvii – From left: Christian Morel / www.ourpolarheritage.com, Shari Gearheard, Andy Mahoney, Lene Kielsen Holm; Xxviii – From left: Courtesy of Margaret Opie, Toku Oshima, Henry Huntington, Elizabeth White; Xxix – From Left: Gretchen Freund, Dave Mitchell, Nina Qillaq; Xxx – From left: Shari Gearheard, Tamás Farkas, Jens Danielsen; Xxxi – From left: Lene Kielsen Holm, Jacob Matumeak-Kagak; Xxxii – Sidebar, clockwise from top: Andy Mahoney, Shari Gearheard, Shari Gearheard, Christian Morel / www.ourpolarheritage.com, Andy Mahoney, Shari Gearheard, Shari Gearheard, Shari Gearheard, Shari Gearheard; photo of J. Hainnu by Aimo Paniloo; Xxxii – Courtesy of the Aiken Family; Xxxiv – Shari Gearheard; Xxxvi – Shari Gearheard; Xxxvii – Christian Morel / www.ourpolarheritage.com; Xxxviii – Courtesy of The Peary-MacMillan Arctic Museum, Bowdoin College; Xl– Lene Kielsen Holm; Xli – Jens Danielsen; Xliv/1 – Andy Mahoney; 2 – Tamás Farkas; 3 – Courtesy, Carnegie Museum of Natural History; 4 – Andy Mahoney; 6 – Larry Aiken; 7 – Courtesy of the Brower Family; 11 – From left: Shari Gearheard, Shari Gearheard, Henry Huntington; 12 – All Shari Gearheard; 13 – Shari Gearheard; 14 – Both Shari Gearheard; 15 – Shari Gearheard; 16 – From left: Christian Morel / www.ourpolarheritage.com, Courtesy, Carnegie Museum of Natural History; 17 – Robert Kautuk; 20 – Shari Gearheard; 21 – Shari Gearheard; 22 – Shari Gearheard; 23 – Shari Gearheard; 25 – Shari Gearheard; 26 – Henry Huntington; 27 – From top: Shari Gearheard, Henry Huntington; 28 – Both Henry Huntington; 29 – Left: Henry Huntington; Top and bottom: Shari Gearheard; 30 – Lukas Eipe; 31 – From top: Shari Gearheard, Aqattannguaq Eipe; 34 – From top: Shari Gearheard, Hans Jensen; 35 – Shari Gearheard; 37 – Both Tamás Farkas; 38/39 – Lars Poort; 40 – Andy Mahoney; 41 – Andy Mahoney; 43 – Shari Gearheard; 45 – Andy Mahoney; 46 – Tamás Farkas; 48 – Both Shari Gearheard; 49 – Shari Gearheard; 51 – Inukitsoq Sadorana; 52 – Inukitsoq Sadorana; 60/61 – Shari Gearheard; 62 – Gretchen Freund; 63 – Top three: Dave Mitchell; Bottom: Lars Poort; 64 – Shari Gearheard; 65 – From top: Shari Gearheard, Christian Morel / www.ourpolarheritage.com; 66 – Margaret Opie; 67 – Shari Gearheard; Background image: Larry Aiken; 68 – Both George T. Leavitt; 69 – Courtesy of Darlene Matumeak-Kagak; 70/71 – Joelie Sanguya; 72-75 – All courtesy of Qaerngaaq Nielsen; 78-79 – All Niels Miunge; 80 – Vera Saltzman; 81 – From top: Tyson Palluq, Reepa Tigullaraq; 82 – Gretchen Freund; 83 – From top: Tamás Farkas, Shari Gearheard, Tamás Farkas; 84/85 – Gretchen Freund; 86 – Shari Gearheard; 87 – Shari Gearheard; 88 – Esa Qillaq; 89 – Both Shari Gearheard; 90 – Courtesy of Jacopie Panipak; 91 – Igah Hainnu; 92 - Christian Morel / www.ourpolarheritage.com; 93-94 – All Gretchen Freund; 95 – Courtesy of the Iñupiat Heritage Center, Alfred Henley Hopson Collection; 96 - Courtesy of the Iñupiat Heritage Center, Terza Hopson Collection; 98-99 – All Shari Gearheard; 100 – Larry Aiken; 101 – From top: Henry Huntington, Shari Gearheard, Shari Gearheard; 102 – Gretchen Freund; 103 – Courtesy of Mamarut Kristiansen; 104-105 – Ilannguaq Qaerngaaq; 107- Toku Oshima; 108 – Clockwise from top: Gretchen Freund, Gretchen Freund, Courtesy of Ilkoo Angutikjuak; 109 – Toku Oshima; 111 – Nuka Kristiansen; 114-115 – Ilannguaq Qaerngaaq; 118/119 – Background image: Gretchen Freund; 121 – K.D. Sanguya; 122 – Dorothia Rohner; 123 – Shari Gearheard; 124 – Courtesy of Joelie Sanguya; 132/133 – Background image: Shari Gearheard; 134/135 – Laimikie Palluq; 136 – From top: Courtesy of Toku Oshima, Tamás Farkas; 137 – From top: David Iqaqrialu, Matthew Druckenmiller; 138 – All courtesy of Toku Oshima; 139 – From top: Laimikie Palluq, David Iqaqrialu; 140 – Joelie Sanguya; 141 – From top: Courtesy of Jacopie Panipak, Amosie Sivugat; 142 – All in left hand column: Courtesy, Carnegie Museum of Natural History; Right: David Iqaqrialu; 143 – Lena Qaqqasiq; 144 – Courtesy of the Aiken Family; 145 – From top: Henry Huntington, Henry Huntington, Margaret Opie; 146 – From top: Courtesy of Henry Huntington, Shari Gearheard; 147 – Courtesy of the Iñupiat Heritage Center, James Ahyakak Collection; 148 – Gretchen Freund; 149 – From top: Tamás Farkas, Gretchen Freund; 150 – Shari Gearheard; 151 – From top: Margaret Opie, Andy Mahoney; 152 – Shari Gearheard; 154-155 – All Courtesy, Carnegie Museum of Natural History; 156/157 – Gretchen Freund; 158 – Gretchen Freund; 159 – Gretchen Freund; 160/161 – Joelie Sanguya; 162/163 – Shari Gearheard; 164 – Gretchen Freund; 165 – Top row left to right: Tamás Farkas, Gretchen Freund; Middle row left to right: Tamás Farkas, Joelie Sanguya, Joelie Sanguya, Gretchen Freund; Bottom row left: Tamás Farkas; Bottom row top right: Gretchen Freund; Bottom row bottom right: Tamás Farkas; 166-167 – All Margaret Opie; 168-169 – All Henry Huntington; 170 – From top: Margaret Opie, Shari Gearheard; 171 – Shari Gearheard; 172 – Andy Mahoney; 173 – Shari Gearheard; 176 – Clockwise from top left: Lars Poort, Shari Gearheard, Lars Poort; 177 – Lars Poort; 180 – Uusaqqak Qujaukitsoq; 182 – Background image: Uusaqqak Qujaukitsoq; 184 – Clockwise from top left: Shari Gearheard, Laura Churchill, Laimikie Palluq, Shari Gearheard; 185-195 – Background images: Shari Gearheard; 196 – Top: Shari Gearheard; Bottom row, clockwise from left: Shari Gearheard, Jake Gearheard, Joelie Sanguya, Dave Mitchell, Igah Sanguya, Courtesy of Taliilannguaq Peary; 197 – Clockwise from top left: Shari Gearheard, Courtesy of Henry Huntington, Shari Gearheard, Kalluk Angutikjuak, Courtesy of Henry Huntington, Qaerngaaq Nielsen, David Iqaqrialu, Esa Qillaq; 198/199 – Gretchen Freund; 200 – Joelie Sanguya; 201 – From top: Christian Morel / www.ourpolarheritage.com, Dave Mitchell; 202/203 – Shari Gearheard; 204 – Courtesy of the Iñupiat Heritage Center, Terza Hopson Collection; 205 - Courtesy of the Iñupiat Heritage Center, Joseph Sonnenfeld Collection; 206 – Larry Aiken; 207 – Top: Larry Aiken; Bottom: Courtesy of the Iñupiat Heritage Center, Joseph Sonnenfeld Collection; 208- Courtesy of the Iñupiat Heritage Center, Marvin Peter Collection; 209 – Both Shari Gearheard; 210 – From left: Andy Mahoney, Marcel Nicolaus; 211 – Shari Gearheard; 212 - Courtesy of the Iñupiat Heritage Center, Joseph Sonnenfeld Collection; 213 – Clockwise from top: Margaret Opie, Margaret Opie, Courtesy of the Iñupiat Heritage Center, Joseph Sonnenfeld Collection, Henry Huntington; 214 – Margaret Opie; 215 – From top: Andy Mahoney, Shari Gearheard; 216 – Margaret Opie; 217 – All Margaret Opie; 218 - Courtesy of the Iñupiat Heritage Center, Henry Greist Collection; 219 - Courtesy of the Iñupiat Heritage Center, Henry Greist Collection; 220/221 – Andy Mahoney; 222 – Left column: Courtesy of the Iñupiat Heritage Center, Joseph Sonnenfeld Collection; Right column, top: Courtesy of the Iñupiat Heritage Center, Joseph Sonnenfeld Collection, Shari Gearheard; Bottom: both Shari Gearheard; 223 – Left column, top: Margaret Opie; Bottom, both Shari Gearheard; Right column, top: Courtesy of the Iñupiat Heritage Center, Joseph Sonnenfeld Collection; Middle: Shari Gearheard; Bottom: Courtesy of Andy Mahoney; 224 – All photos Margaret Opie; Illustration George T. Leavitt; 225 - All photos Margaret Opie; Illustration George T. Leavitt; 226 - All photos Margaret Opie; Illustration George T. Leavitt; 227 - All photos Margaret Opie; Illustrations George T. Leavitt; 228 - All photos Margaret Opie; Illustrations George T. Leavitt; 229 – Andy Mahoney; 230 – Shari Gearheard; 231 – Top row, left and centre: Courtesy, Carnegie Museum of Natural History; Top right: Esa Qillaq; Bottom: Igah Hainnu; 232 – Clockwise from top left: Courtesy of Ilisaqsivik Society, Lydia Qayaq, Courtesy, Carnegie Museum of Natural History (both photos bottom right); 233 – Clockwise from top left, first four: Shari Gearheard; Bottom left: Laimikie Palluq; 234 – Both Lydia Qayaq; 235 – Both Vera Saltzman; 236-238 – All Lydia Qayaq; 239 – Left: Vera Saltzman; Right: Shari Gearheard; 240 - Vera Saltzman; 241 – Courtesy of Ilisaqsivik Society; 242 – Left: Shari Gearheard; Right: Igah Hainnu; 243-249 – All Igah Hainnu; 250 – Clockwise from top: Laimikie Palluq; Courtesy of Jacopie Panipak, Shari Gearheard, Courtesy, Carnegie Museum of Natural History; 254 – Clockwise from left: David Iqaqrialu, David Iqaqrialu, Shari Gearheard, Shari Gearheard; 259 – Clockwise from top left: Kelly Elder, David Iqaqrialu, Shari Gearheard, Shari Gearheard; 260 – Gretchen Freund; 261 – Gretchen Freund; 262 – All Tamás Farkas; 263 - Tamás Farkas; 264 – Gretchen Freund; 265 – Maassannguaq Oshima; 266 – Clockwise from left: Gretchen Freund, Gretchen Freund, Qaerngaaq Nielsen; 267 - Maassannguaq Oshima; 268 - Maassannguaq Oshima; 269 – Clockwise from left: Gretchen Freund, Shari Gearheard, Courtesy of Taliilannguaq Peary; 270 – Nukappiannguaq Hendriksen; 271 - Clockwise from left: Nukappiannguaq Hendriksen, Tamás Farkas, Courtesy of Ilannguaq Qaerngaaq; 272 – Toku Oshima; 273 - Maassannguaq Oshima; 274 - Nukappiannguaq Hendriksen; 275 – All Tamás Farkas; 276 – Photo: Shari Gearheard; Illustrations: Nukappiannguaq Hendriksen; 277 - Shari Gearheard; 278 - Nukappiannguaq Hendriksen; 279 – Clockwise from top: Taliilannguaq Peary, Courtesy of Toku Oshima, Shari Gearheard; 280 - Maassannguaq Oshima; 281 – From left: Taliilannguaq Peary, Courtesy of Toku Oshima; 282 - Tamás Farkas; 283 – Lars Poort; 284 – Gretchen Freund; 285 - Maassannguaq Oshima; 286 – Clockwise from top: Tamás Farkas, Shari Gearheard, Shari Gearheard; 287 – Maassannguaq Oshima; 288 – Photo: Tamás Farkas; Illustration: Maassannguaq Oshima; 289 - Photo: Shari Gearheard; Illustration: Maassannguaq Oshima; 290 - Maassannguaq Oshima; 291 – All Tamás Farkas; 292 – Photo: Gretchen Freund; Illustration Maassannguaq Oshima; 293 – Photos clockwise from top right: Taliilannguaq Peary, Gretchen Freund, Gretchen Freund; Illustration: Maassannguaq Oshima; 294 - Tamás Farkas; 295 – Niels Miunge; 297 - Christian Morel / www.ourpolarheritage.com; 298-321 – Artist's name included in caption with each illustration; 338/339 – Henry Huntington; 340 – Clockwise from left: Shari Gearheard, Henry Huntington, Andy Mahoney, Henry Huntington; 341 – Top row: All Christian Morel / www.ourpolarheritage.com; Middle row from left: Shari Gearheard, Christian Morel / www.ourpolarheritage.com; Bottom row from left: Toku Oshima, Shari Gearheard, Christian Morel / www.ourpolarheritage.com, Henry Huntington; 342 – All Shari Gearheard except top left: Hans Jensen; and Centre: Christian Morel / www.ourpolarheritage.com; 343 – Left column: Shari Gearheard; Right: Christian Morel / www.ourpolarheritage.com; 344 – Top row from left: Toku Oshima, Toku Oshima, Shari Gearheard; Second row from left: Andy Mahoney, Henry Huntington, Shari Gearheard, Toku Oshima; Clockwise starting third row from left: Shari Gearheard, Henry Huntington, Henry Huntington, Joelie Sanguya, Henry Huntington; 345 – Clockwise from top: Shari Gearheard, Toku Oshima, Christian Morel / www.ourpolarheritage.com; 346 – Left: Henry Huntington; Bottom right: Shari Gearheard; 347 – Top: Shari Gearheard; Bottom from left: Henry Huntington, Shari Gearheard (top), Toku Oshima (bottom), Shari Gearheard; 348 – All Shari Gearheard; 349 – From left: Shari Gearheard, Joelie Sanguya, Henry Huntington; 350 – Clockwise from top left: Andy Mahoney, Shari Gearheard, Shari Gearheard, Ilkoo Angutikjuak, Christian Morel / www.ourpolarheritage.com, Andy Mahoney, Shari Gearheard; 351 – Top: Christian Morel / www.ourpolarheritage.com; Bottom row: all Shari Gearheard; 352 Christian Morel / www.ourpolarheritage.com; 353 – Clockwise from top left: Shari Gearheard, Nina Qillaq, Shari Gearheard, Dave Mitchell, Christian Morel / www.ourpolarheritage.com, Shari Gearheard, Shari Gearheard; 354 – Andy Mahoney; 355 – Left column from top: Andy Mahoney, Henry Huntington, Shari Gearheard; Middle photo and below: Shari Gearheard; Top right and right column: Shari Gearheard, Henry Huntinton, Shari Gearheard; 356 – Clockwise from top left: Christian Morel / www.ourpolarheritage.com, Christian Morel / www.ourpolarheritage.com, Hans Jensen, Shari Gearheard, Peter Iqalukjuak, Toku Oshima, Peter Iqalukjuak, Peter Iqalukjuak; 357 – Clockwise from top: Henry Huntington, Shari Gearheard, Henry Huntington, Andy Mahoney, David Iqaqrialu, Peter Iqalukjuak, David Iqaqrialu; 358 – Clockwise from top left: Peter Iqalukjuak, Henry Huntington, Peter Iqalukjuak, Henry Huntington; 359 – Clockwise from top left: Henry Huntington, Henry Huntington, Toku Oshima, Peter Iqalukjuak, Henry Huntington, Henry Huntington; 360 – Clockwise from top left: Shari Gearheard, Shari Gearheard, Shari Gearheard, Andy Mahoney, Lene Kielsen Holm (bottom row); 361 - Christian Morel / www.ourpolarheritage.com; 363 – Shari Gearheard; 364-365 – Background image: Shari Gearheard